一流本科专业一流本科课程建设系列教材
普通高等教育电气工程/自动化系列教材

电 机 学

王成元 董 婷 彭 兵 夏加宽 编著

机械工业出版社

本书除对电机进行了稳态分析外，还采用空间矢量法对交流电机进行了动态分析。当电机由变频器驱动时，对由变频器、控制电路和电机本体构成的电机系统予以一体化分析；在此基础上，分析了基于矢量控制的交流调速和伺服驱动的原理和系统构成。

本书共10章。主要内容有：磁场、磁路与磁能，机电能量转换原理，空间矢量，直流电机稳态和动态分析，无刷直流电机，交流电机基本问题，同步电机和感应电机的稳态和动态分析，感应发电机和双馈电机，交流电机的矢量控制与直接转矩控制，交流电机的谐波问题，电机的发热与冷却，变压器。

本书可作为高等院校电气工程及其自动化、自动化专业本科生和电机与电器、电力电子与电力传动学科研究生教材，也可供从事电气工程和电力传动技术的研究与开发人员参考。

图书在版编目（CIP）数据

电机学/王成元等编著. —北京：机械工业出版社，2022.4

普通高等教育电气工程自动化系列教材

ISBN 978-7-111-60821-9

Ⅰ.①电… Ⅱ.①王… Ⅲ.①电机学-高等学校-教材 Ⅳ.①TM3

中国版本图书馆CIP数据核字（2022）第021391号

机械工业出版社（北京市百万庄大街22号 邮政编码100037）

策划编辑：王雅新 责任编辑：王雅新 杨晓花

责任校对：樊钟英 刘雅娜 封面设计：张 静

责任印制：郜 敏

北京富资园科技发展有限公司印刷

2022年8月第1版第1次印刷

184mm×260mm · 29.5印张 · 769千字

标准书号：ISBN 978-7-111-60821-9

定价：79.80元

电话服务

客服电话：010-88361066

010-88379833

010-68326294

网络服务

机 工 官 网：www.cmpbook.com

机 工 官 博：weibo.com/cmp1952

金 书 网：www.golden-book.com

机工教育服务网：www.cmpedu.com

前言

PREFACE

长期以来，交流电机（三相同步电机和三相感应电机）的基本运行方式都是直接连接电网，作为功率电机稳态运行，因此在《电机学》教材中，对交流电机的分析基本是以稳态分析为主：在分析方法上，主要是运用电磁感应原理，将电机磁场和磁路问题化为电路来分析；由于电机内时变量（基波部分）按正弦规律变化，故可采用时间相量，利用相量方程、相量图和等效电路在时域内分析电机的运行特性。但时至今日，在越来越多的应用领域，要求交流电机在作为功率电机运行时还要具有调速或伺服功能。此时，由变换器、控制电路和电机本体构成了一体化的电机系统，电机运行状态已与直接接于电网时的稳态运行大不相同，通常是在不同工况下处于动态之中，特别是在不同控制条件和控制策略的作用下，交流电机会呈现出不同的动态性能，甚至会改变其固有的运行特性，因此必须将电机系统作为一个整体予以一体化分析，此时仅使用稳态分析方法已不能满足要求，还需要采用更为有效的动态分析方法。因此，本书对交流电机除了进行稳态分析外，还将动态分析的内容纳入其中。除了电机设计和制造外，同时考虑了控制及应用的需求。

交流电机的电磁转矩为非线性项，电机的运动方程为一组非线性方程。在时域内进行稳态分析，无法给出控制瞬态电磁转矩的有效方法，因此在很长一段时间内，交流调速和伺服系统的动态性能始终无法达到直流系统的水平。直到 1971 年，交流电机矢量控制的提出，实现了电机内磁场的快速、准确控制，从而有效地解决了瞬态转矩控制问题，由此构建了电机现代控制技术。目前矢量控制已成为实现高性能伺服驱动的核心技术，并正向更前沿的智能化方向发展。依托矢量控制技术构成的伺服驱动装置，已广泛用于高档数控机床、机器人、电动汽车和大型风力发电机等，同时也是构成工业自动化不可或缺的基本单元。考虑到这一因素，本书将矢量控制的内容纳入其中。正是由于电机分析在理论上取得了突破性进展，才使得交流电机运动控制的研究步入了全新的发展阶段。本书不是从技术层面单纯地介绍矢量控制，而是从电机分析的角度阐述了依托矢量分析和电机统一理论构建的动态分析法，并在此基础上建立了交流电机基于磁场定向的运动方程，分析了矢量控制交流电机的动态性能和运行特性，介绍了三相永磁同步电动机、三相感应电机和双馈电机典型的矢量控制系统。

本书对直流电机和交流电机均进行了稳态分析和动态分析。虽然对交流电机的稳态运行和动态运行分别采用了相量分析和矢量分析，但具体分析中并没有将这两种分析方法截然分开。实际上运用空间矢量已将电机分析由时域扩展到了空间，将时间变量由按正弦规律变化扩展为可任意变化，即将稳态分析提升为了动态分析；而通过时间相量和空间矢量在时空上的内在联系，又将稳态分析和动态分析自然地统一起来。

改革开放以来，特别是近十几年来，我国的工业生产正逐步实现高度自动化，且向智能化和数字化方面快速发展；在绿色能源领域，大型风力发电和新型核能发电技术已步入世界前沿；在装备制造领域，以高精度数控机床为代表的先进制造取得长足进步；还有世界领先的超高压西电东输和新能源电动汽车，以及令世界瞩目的航天空间站，等等。这些成就都与电机学科的进步和贡献息息相关。创新和发展是永恒的主题，富国强军是我们的历史使命，为此要不断地探索和追求，这也是尝试编著此书的初衷。

本书共10章。第1章介绍了空间矢量和转矩生成；第2章介绍了直流电机的稳态分析、动态分析和运动控制，以及无刷直流电机；第3章介绍了交流电机理论的基本问题；第4、5章介绍了三相同步电机和感应电机的稳态分析、动态分析和矢量控制；第6章介绍了感应发电机和双馈电机；第7章介绍了交流电机的矢量控制系统和直接转矩控制系统；第8章介绍了交流电机的谐波问题；第9章介绍了电机的发热与冷却；第10章介绍了变压器。

由于作者水平有限，加之编著中尝试纳入了一些较新的内容，书中难免有错误和不妥之处，尚请广大读者批评指教。

作　者

目 录

CONTENTS

第 1 章 机电能量转换及转矩生成

1.1 磁场、磁路与磁能

双线圈励磁的铁心如图 1-1 所示，铁心上装有线圈 A 和 B，匝数分别为 N_A 和 N_B。主磁路由铁心磁路和气隙磁路串联构成，两段磁路的断面面积均为 S。假设外加电压 u_A 和 u_B 为任意波形电压，励磁电流 i_A 和 i_B 为任意波形电流，图 1-1 中给出了电压和电流的正方向。

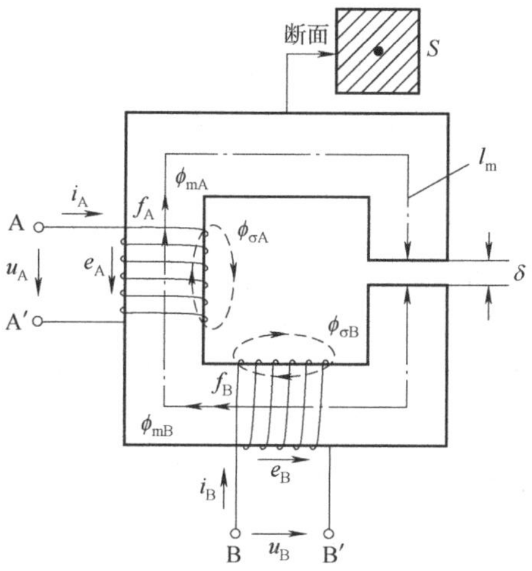

图 1-1 双线圈励磁的铁心

1.1.1 单线圈励磁

先讨论仅有线圈 A 励磁时的情况。当电流 i_A 流入线圈时，便会在铁心内产生磁场。根据安培环路定律，则有

$$\oint_L \boldsymbol{H}\mathrm{d}\boldsymbol{l} = \sum i \tag{1-1}$$

安培环路定律如图 1-2 所示，即沿着任意一条闭合回线 L，磁场强度 $\boldsymbol{H}$ 的积分值 $\oint_L \boldsymbol{H}\mathrm{d}\boldsymbol{l}$ 恰好等于该闭合回线所包围的总电流 $\sum i$(代数和)，若电流正方向与闭合回线 L 的环行方向符合右手螺旋关系，i 便取正号，否则取负号。

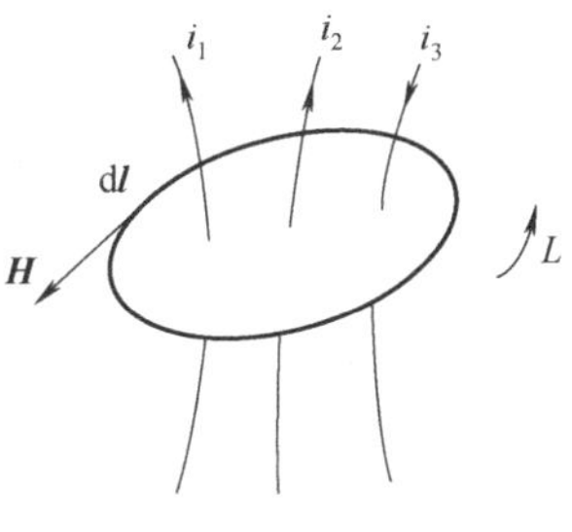

图 1-2 安培环路定律

图 1-1 中，取铁心断面中心线为闭合回线，环行方向为顺时针方向。假设在铁心磁路内，磁场强度 $\boldsymbol{H}_{mA}$ 的方向与环行方向一致，且大小处处相等，对于气隙磁路内的磁场强度 $\boldsymbol{H}_{\delta A}$ 亦如此。于是有

$$H_{mA}l_m + H_{\delta A}\delta = N_A i_A \tag{1-2}$$

式中，l_m 为铁心磁路的长度；δ 为气隙长度。

定义

$$f_A = N_A i_A \tag{1-3}$$

f_A 为作用于磁路的磁动势，单位为 A，方向为自下往上（与线圈电流 i_A 符合右手螺旋关系），如图 1-1 所示。

式（1-2）表明，线圈 A 提供的磁动势 f_A 是产生磁场强度 $\boldsymbol{H}$ 的“源”，类似于电路中的电

动势，$H_{mA}l_m$ 和 $H_{\delta A}\delta$ 分别为磁位降，f_A 将消耗在铁心和气隙磁路的磁位降中。

1. 磁场

在铁心磁路内，各处磁场强度 $\boldsymbol{H}_{mA}$ 产生的磁感应强度 $\boldsymbol{B}_{mA}$ 为

$$\boldsymbol{B}_{mA}=\mu_{Fe}\boldsymbol{H}_{mA}=\mu_{rFe}\mu_0\boldsymbol{H}_{mA} \tag{1-4}$$

式中，μ_{Fe} 为铁磁材料的磁导率。这里假设磁介质各向同性，且不计铁心损耗，即 $\boldsymbol{B}_{mA}$ 与 $\boldsymbol{H}_{mA}$ 方向一致，此时 μ_{Fe} 为一实数。

$$\mu_{Fe}=\mu_{rFe}\mu_0$$

式中，μ_{rFe} 为相对磁导率；μ_0 为真空磁导率。

铁磁材料包括铁、钴、镍以及它们的合金，$\mu_{rFe}=2000\sim8000$，故 $\mu_{Fe}=(2000\sim8000)\mu_0$。铁磁材料内部存在着许多很小的被称为磁畴的天然磁化区，每一个磁畴可以看成是一个微型磁铁。铁磁材料未置于磁场之前，这些磁畴杂乱而自然地排列着，其磁效应互相抵消，对外部不呈现磁性。一旦将铁磁材料置入磁场之中，在外磁场作用下，各磁畴的指向就逐步趋于一致，会形成一个附加磁场叠加在外磁场上，这一过程被称之为磁化。磁化是磁性材料的特性之一。磁化结果使合成磁场大为增强。在同一磁场作用下，铁磁材料内产生的附加磁场要远大于非铁磁材料，故铁磁材料的磁导率 μ_{Fe} 要比非铁磁材料大很多。非铁磁材料（包括空气）的磁导率近似于真空磁导率 μ_0。

通常将 $B=f(H)$ 关系曲线称为磁化曲线。在非铁磁材料中，磁感应强度 B 和磁场强度 H 之间呈线性关系，直线的斜率就等于 μ_0，如图 1-3 中虚线所示。铁磁材料的 B 与 H 之间则是非线性关系。将某一尚未磁化的材料进行磁化，当磁场强度 H 由零逐渐增大时，磁感应强度 B 将随之增大，曲线 $B=f(H)$ 就称为初始磁化曲线，如图 1-3 中实线所示。初始磁化曲线大体可分为四段：开始磁化时，外磁场较弱，仅有少量磁畴可以转向，故磁感应强度 B 增长缓慢，如图中 Oa 段所示；随着外磁场的增强，大量磁畴开始转向，逐步趋向外磁场方向，使得 B 增加得很快，如图中 ab 段所示，且此段磁化曲线接近于直线；若外磁场继续增加，因磁畴中的大部分已转向外磁场，可转向的磁畴已越来越少，使 B 增加得越来越慢，如图中 bc 段所示，这种现象称为饱和；饱和以后，磁化曲线基本上与非磁性材料特性曲线 $B=\mu_0H$ 相平行，如图中 cd 段所示。常将磁化曲线开始拐弯的点（b 点）称为膝点，过膝点后，磁化便进入了饱和状态。可以看出，磁化曲线 $B=f(H)$ 为非线性曲线。显然，这是因为 $\mu_{Fe}=f(H)$ 为非线性曲线。导磁特性为非线性是铁磁材料的另一个特性。

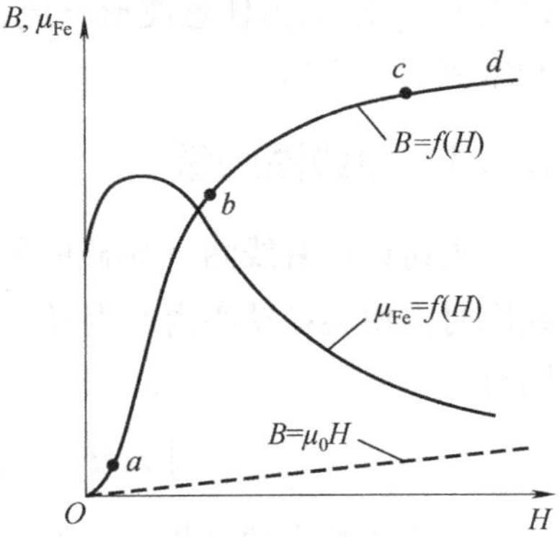

图 1-3　铁磁材料的初始磁化曲线 $B=f(H)$ 和磁导率 $\mu_{Fe}=f(H)$

图 1-4 所示为铁磁体在外磁场 $\boldsymbol{H}$ 的作用下，磁化后在其端面呈现的极性。可以看出，若 $\boldsymbol{H}$ 方向为穿出端面，则该端面为 N 极；否则，该端面为 S 极。

在磁场内，穿过任意面积 S 的磁通量 ϕ 可表示为

$$\phi=\int_S \boldsymbol{B}\mathrm{d}\boldsymbol{s} \tag{1-5}$$

式中，面积元 $\mathrm{d}\boldsymbol{s}$ 的方向与该面积元的法线方向一致。

对于图 1-1 所示的铁心磁路，由于各截面内的 $\boldsymbol{B}_{mA}$ 为均匀分布，且垂直于各截面，故磁通量 ϕ_{mA} 等于磁感应强度 B_{mA} 直接乘以截面积 S，即有

$$\phi_{mA}=B_{mA}S$$

若不考虑气隙磁场的边缘效应，可认为气隙磁场也为均匀分布，如图 1-5 所示，可得

$$\phi_{\delta A}=B_{\delta A}S$$

通常，将铁心磁路内磁通 ϕ_{mA} 称为主磁通，将气隙中磁通 $\phi_{\delta A}$ 称为气隙磁通。

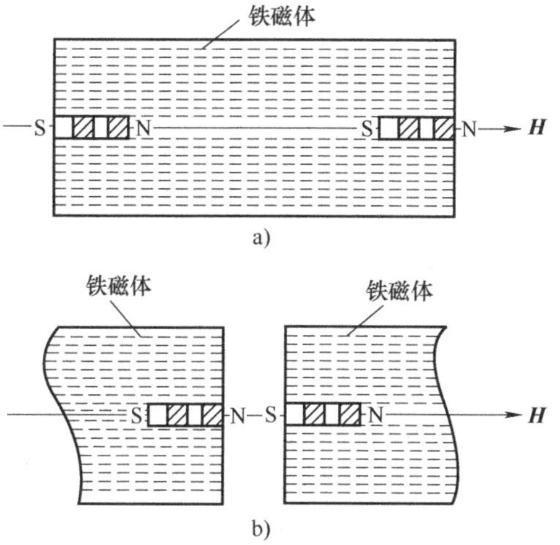

图 1-4　磁化后的铁磁体在端面呈现的极性

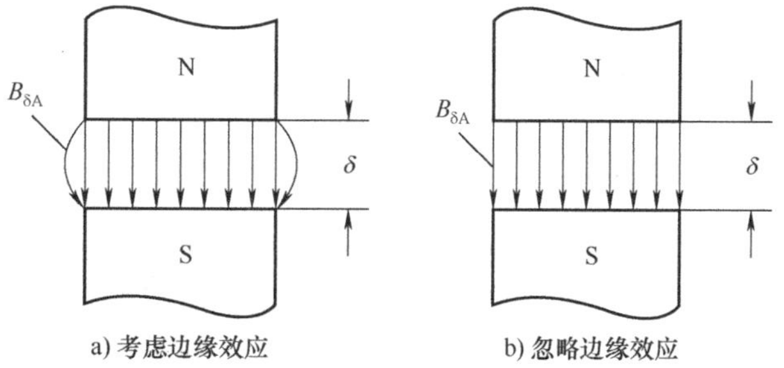

图 1-5　气隙磁场

根据磁通连续性原理，可知

$$\phi_{mA}=\phi_{\delta A} \tag{1-6}$$

磁感应强度 B_{mA} 和 $B_{\delta A}$ 也可看成是通过单位截面积的磁通量，故又称为磁通密度，简称为磁密。且有

$$B_{mA}=B_{\delta A}$$

2. 磁路

由式（1-4），可将式（1-2）改写为

$$f_A=\frac{B_{mA}}{\mu_{Fe}}l_m+\frac{B_{\delta A}}{\mu_0}\delta$$

可得

$$\begin{aligned} f_A &=B_{mA}S\frac{l_m}{\mu_{Fe}S}+B_{\delta A}S\frac{\delta}{\mu_0 S} \\ &=\phi_{mA}R_{mA}+\phi_{\delta A}R_\delta \\ &=\phi_{\delta A}R_{m\delta A} \end{aligned} \tag{1-7}$$

式中，R_{mA} 和 R_δ 分别为铁心磁路磁阻和气隙磁路磁阻，$R_{mA}=\dfrac{l_m}{\mu_{Fe}S}$，$R_\delta=\dfrac{\delta}{\mu_0 S}$；$R_{m\delta A}$ 为串联磁路的磁阻，又称为主磁路磁阻，$R_{m\delta A}=R_{mA}+R_\delta$。

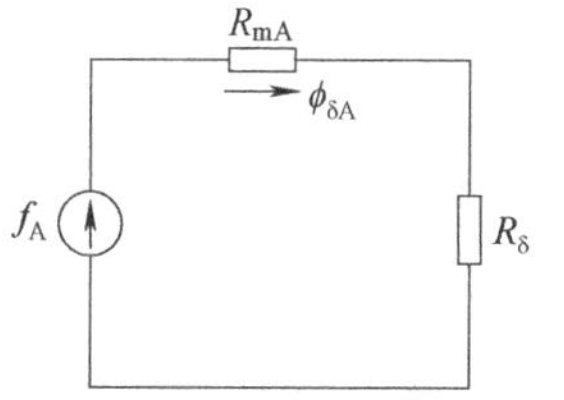

图 1-6　主磁路的等效磁路图

通常将式（1-7）称为磁路的欧姆定律。图 1-6 为主磁路的等效磁路图，可将图中的磁动势 f 比拟为电路中的电动势 e，将磁通量 ϕ 比拟为电路中的电流 i，将磁阻 R 比拟为电阻 R。但应指出的是，这种比拟仅是一种数学形式上的类比，而不是物理本质上的相似。事实上，铁心磁

路中的磁场描述的是铁磁物质在某一时刻的磁化状态，磁路中并没有类似于电荷那样的物质在流动；在物理上，磁通 ϕ 与电流 i 性质迥然不同，磁场恒定（ϕ 值不变）时，磁路中没有损耗（即不存在磁滞和涡流损耗），而电流 i 无论变化与否，总会在电路中产生损耗 i^2R。

可将式（1-7）表示为

$$f_A=\frac{\phi_{mA}}{\dfrac{1}{R_{mA}}}+\frac{\phi_{\delta A}}{\dfrac{1}{R_{\delta A}}}=\frac{\phi_{mA}}{\Lambda_{mA}}+\frac{\phi_{\delta A}}{\Lambda_\delta}=\phi_{mA}\left(\frac{1}{\Lambda_{mA}}+\frac{1}{\Lambda_\delta}\right)$$

可得

$$f_A\Lambda_{m\delta A}=\phi_{mA}=\phi_{\delta A} \tag{1-8}$$

式中，Λ_{mA} 为铁心磁路磁导，$\Lambda_{mA}=\dfrac{1}{R_{mA}}=\dfrac{\mu_{Fe}S}{l_m}$；$\Lambda_\delta$ 为气隙磁路磁导，$\Lambda_\delta=\dfrac{1}{R_\delta}=\dfrac{\mu_0 S}{\delta}$；$\Lambda_{m\delta A}$ 为串联磁路磁导，又称为主磁路磁导，$\Lambda_{m\delta A}=\dfrac{1}{R_{mA\delta}}=\dfrac{\Lambda_{mA}\Lambda_\delta}{\Lambda_{mA}+\Lambda_\delta}$。

式（1-8）为磁路欧姆定律的另一种表达方式。

为了使铁心处于适度饱和状态，应尽量使铁心磁路运行点处于图 1-3 所示磁化曲线的膝点（b 点）上，此时 μ_{Fe} 位于高值区，这既有效利用了铁磁材料良好的导磁性能，又不会因为铁心过度饱和陡然增加铁心磁路磁动势，于是在一定磁动势 f_A 的作用下，尽可能地提高了气隙中的磁密，充分体现了铁心磁路对气隙励磁的作用，这也是采用铁磁材料构造主磁路的主要缘由。

式（1-7）表明，作用于闭合磁路的总磁动势恒等于各段磁路磁位降的代数和，显然这是由安培环路定律所决定的。式中，虽然铁心长度 l_m 远大于气隙长度 δ，但因 $\mu_{Fe}=(2000\sim8000)\mu_0$，只要 δ 不是足够小，仍有 $R_\delta\gg R_{mA}$，使气隙磁路磁位降还是比铁心磁路磁位降大得多；从磁场角度看，因 $B_{mA}=B_{\delta A}$，故有 $\dfrac{B_{mA}}{\mu_{Fe}}\ll\dfrac{B_{\delta A}}{\mu_0}$，即铁心中的磁场强度 H_{mA} 远小于气隙中磁场强度 $H_{\delta A}$，由式（1-2）可见，只要 δ 不是足够小，铁心磁路中消耗的磁动势通常要比气隙磁路中消耗的磁动势小得多。在有些情况下，为了问题分析的简化，可忽略铁心磁路磁阻（假设 $\mu_{Fe}=\infty$），此时励磁线圈 A 提供的磁动势 f_A 将全部消耗在气隙磁路中，即有

$$f_A=H_{\delta A}\delta=\frac{B_{\delta A}}{\mu_0}\delta=\phi_{\delta A}R_\delta \tag{1-9}$$

图 1-1 中，在磁动势 f_A 的作用下，还会产生没有穿过气隙，经由部分铁心和空气路径而闭合的磁场，称之为漏磁场，记为 $\phi_{\sigma A}$。图 1-7 是计及漏磁后的铁心等效磁路图，其中 $R_{\sigma A}$ 为漏磁路磁阻，由于漏磁场路径大部分为空气，故 $R_{\sigma A}$ 比主磁路磁阻 $R_{m\delta A}$ 大得多，多数情况下漏磁场路径十分复杂，使漏磁阻（漏磁导）难以解析计算。

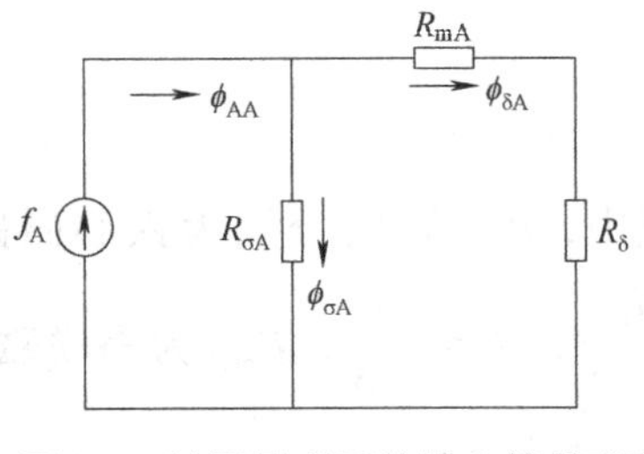

图 1-7　计及漏磁后的铁心等效磁路

线圈 A 单独励磁时，漏磁通 $\phi_{\sigma A}$ 与主磁通 ϕ_{mA} 均由 f_A 产生，故漏磁路与主磁路构成了并联磁路，通过线圈 A 的磁通 ϕ_{AA} 应为

$$\phi_{AA}=\phi_{\sigma A}+\phi_{mA}$$

ϕ_{AA} 全部是由线圈 A 自身产生，具有自感性质，故称为自感磁通。

定义线圈 A 的励磁磁链（主磁链）为

$$\psi_{mA}=\phi_{mA}N_A \tag{1-10}$$

由式（1-8）和式（1-10），可得

$$\psi_{mA}=f_A\Lambda_{m\delta A}N_A=N_A^2\Lambda_{m\delta A}i_A$$

定义线圈 A 的励磁电感 L_{mA} 为

$$L_{mA}=\frac{\psi_{mA}}{i_A}=N_A^2\Lambda_{m\delta A} \tag{1-11}$$

L_{mA}表征了线圈 A 单位电流产生磁链 ψ_{mA}的能力。L_{mA}的大小与线圈匝数二次方成正比，与主磁路磁导 $\Lambda_{m\delta A}$成正比。由于 $\Lambda_{m\delta A}$与铁心的磁饱和程度（μ_{Fe}大小）有关，因此 L_{mA}是一个与励磁电流 i_A 相关的非线性参数。若忽略铁心磁路磁阻（$\mu_{Fe}=\infty$），则有 $\Lambda_{m\delta A}=\Lambda_\delta$，$L_{mA}$便为常值，且仅与气隙磁导 Λ_δ 和匝数 N_A 相关，即有

$$L_{mA}=N_A^2\Lambda_\delta \tag{1-12}$$

同理，定义线圈 A 的漏电感（简称漏感）为

$$L_{\sigma A}=\frac{\psi_{\sigma A}}{i_A} \tag{1-13}$$

式中，$\psi_{\sigma A}$为线圈 A 的漏磁链；$L_{\sigma A}=N_A^2\Lambda_{\sigma A}$，通常情况下，$L_{\sigma A}$为线性参数。

由式（1-11）和式（1-13），可得

$$\psi_{AA}=\psi_{\sigma A}+\psi_{mA}=L_{\sigma A}i_A+L_{mA}i_A=L_Ai_A \tag{1-14}$$

式中，ψ_{AA}是线圈 A 自身产生的磁链，称为自感磁链；L_A 为线圈 A 的自感，$L_A=L_{\sigma A}+L_{mA}$。显然，L_A 也是与励磁电流 i_A 相关的非线性参数。

3. 磁能

磁场能量分布在磁场所在的整个空间。对于 μ 为常值的磁性介质，单位体积内的磁能 w_m 可表示为

$$w_m=\frac{1}{2}BH=\frac{1}{2}\frac{B^2}{\mu} \tag{1-15}$$

式（1-15）表明，在一定磁感应强度下，介质的磁导率 μ 越大，磁场的储能密度就越小，否则相反。

图 1-1 中，在线圈 A 单独励磁时，铁心和气隙中的励磁磁场储能可表示为

$$W_m=\frac{1}{2}\frac{B_{mA}^2}{\mu_{Fe}}V_m+\frac{1}{2}\frac{B_{\delta A}^2}{\mu_0}V_\delta$$

式中，V_m 和 V_δ 分别为铁心和气隙磁路的体积。若忽略铁心磁路磁阻（$\mu_{Fe}=\infty$），则可认为主磁路磁场能量全部储存在气隙中，即有

$$W_m=\frac{1}{2}\frac{B_{\delta A}^2}{\mu_0}V_\delta \tag{1-16}$$

当励磁电流 i_A 变化时，自感磁链 ψ_{AA}会随之发生变化，由电磁感应定律可知，一定会在线圈 A 中感生电动势 e_{AA}，称 e_{AA}为自感电动势。图 1-1 中，若设定 e_{AA}正方向与 i_A正方向一致，依据电磁感应定律，则有

$$e_{AA}=-\frac{d\psi_{AA}}{dt} \tag{1-17}$$

根据电路基尔霍夫第二定律，由图 1-1 可将线圈 A 的电压方程表示为

$$u_A = R_A i_A - e_{AA} = R_A i_A + \frac{d\psi_{AA}}{dt}$$

式中，R_A 为线圈 A 的电阻。

当励磁电流 i_A 由零开始上升时，在时间 dt 内输入铁心线圈的电能为 $u_A i_A dt$，去除线圈的铜耗 $R_A i_A^2 dt$ 后，余下即为输入铁心磁路的净电能增量，则有

$$dW_{eAA} = (u_A i_A - R_A i_A^2)dt = -e_{AA} i_A dt = i_A d\psi_{AA}$$

若不计线圈 A 的漏磁场，则有

$$dW_{eAA} = i_A d\psi_{mA}$$

由于铁心线圈静止，依靠感应电动势 e_{AA}，由电源输入的净电能增量 dW_{eAA}只能转换为磁场的磁能增量 dW_m，于是有

$$dW_m = dW_{eAA} = i_A d\psi_{mA}$$

当磁链由零增加到 ψ_{mA}时，磁能 W_m 应为

$$W_m = \int_0^{\psi_{mA}} i_A d\psi \tag{1-18}$$

式中，已将积分上限 ψ_{mA}（终值）取为变量，故式中的自变量改用 ψ 来表示。

由于铁心磁路的存在，线圈 A 的励磁电流 i_A 与主磁通 ϕ_{mA}间呈非线性关系，如图 1-8 中的 ψ-i 曲线所示，该曲线实为主磁路的磁化曲线，可以用来计算式（1-18）中的 W_m，图中阴影面积 $OabO$ 就代表了主磁路内储存的磁能。

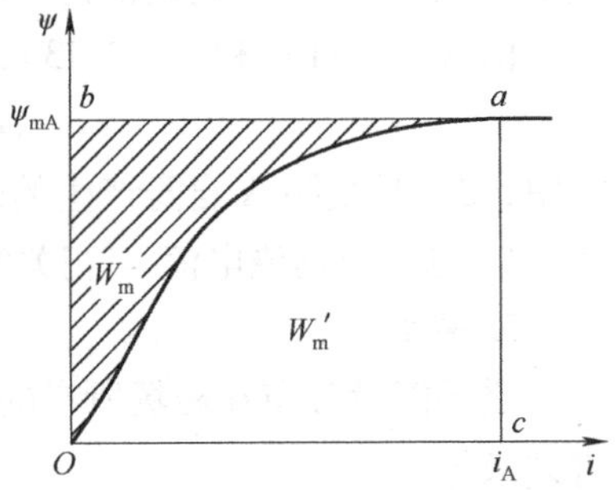

图 1-8 主磁路磁化曲线

若以电流为自变量，对磁链进行积分，则有

$$W'_m = \int_0^{i_A} \psi_{mA} di$$

式中，W'_m 称为磁共能。

图 1-8 中，磁共能可用面积 $OcaO$ 来表示。显然，在主磁路为非线性情况下，磁能和磁共能互不相等。磁能和磁共能之和为

$$W_m + W'_m = i_A \psi_{mA} \tag{1-19}$$

若忽略铁心磁路磁阻，图 1-8 中的 ψ-i 曲线便为一条直线，则有

$$W_m = W'_m = \frac{1}{2} i_A \psi_{mA} = \frac{1}{2} L_{mA} i_A^2 \tag{1-20}$$

此时磁场能量全部储存在气隙中，由式（1-20）可得

$$W_m = W'_m = \frac{1}{2} i_A \psi_{mA} = \frac{1}{2} f_A B_{\delta A} S \tag{1-21}$$

将 $f_A = H_{\delta A}\delta$ 代入式（1-21），可得

$$W_m = W'_m = \frac{1}{2} H_{\delta A} B_{\delta A} V_\delta = \frac{1}{2} \frac{B_{\delta A}^2}{\mu_0} V_\delta \tag{1-22}$$

式（1-22）与式（1-16）具有相同的形式。

若计及线圈 A 的漏磁场储能，则有

$$W_m = W'_m = \frac{1}{2} i_A \psi_{AA} = \frac{1}{2} L_A i_A^2 \tag{1-23}$$

以上对线圈 A 单独励磁所做的分析对线圈 B 单独励磁时同样适用。

1.1.2　双线圈励磁

1. 线圈 A 和 B 的互感

当线圈 A 和线圈 B 同时励磁时，由于铁心磁路磁导具有非线性，在总磁动势(f_A+f_B)的作用下产生的总磁场，一定不同于由 f_A 和 f_B 分别单独作用而得到的合成磁场，因此不能采用叠加原理来分析和计算非线性磁路和磁场。只有磁路为线性时，才可采用叠加原理。若忽略铁心磁路磁阻，磁路即为线性，故可分别计算由磁动势 f_A 和 f_B 各自产生的磁场，此时线圈 B 的自感磁链为

$$\psi_{BB}=\psi_{\sigma B}+\psi_{mB}=L_{\sigma B}i_B+L_{mB}i_B=L_Bi_B \tag{1-24}$$

式中，$\psi_{\sigma B}$和 ψ_{mB}分别为线圈 B 的漏磁链和励磁磁链；$L_{\sigma B}$、L_{mB}和 L_B 分别为线圈 B 的漏电感、励磁电感和自感，$L_B=L_{\sigma B}+L_{mB}$。

双线圈励磁时，线圈 B 产生的磁通同时要与线圈 A 交链，反之亦然。这部分相互交链的磁通称为互感磁通。在图 1-1 中，因励磁磁通 ϕ_{mB}全部与线圈 A 交链，故电流 i_B 在线圈 A 中产生的互感磁链 ψ_{mAB}为

$$\psi_{mAB}=\psi_{mB}=\phi_{mB}N_A=i_BN_B\Lambda_\delta N_A \tag{1-25}$$

定义线圈 B 对线圈 A 的互感 L_{AB}为

$$L_{AB}=\frac{\psi_{AB}}{i_B} \tag{1-26}$$

式中，$\psi_{AB}=\psi_{mAB}+\psi_{\sigma AB}$，$\psi_{\sigma AB}$为线圈 B 漏磁通与线圈 A 交链的互感磁链。

这里假设线圈 B 产生的漏磁通与线圈 A 没有交链，则有 $\psi_{\sigma AB}=0$；同样有 $\psi_{\sigma BA}=0$。

由式（1-25）和式（1-26）可得

$$L_{AB}=\frac{\psi_{AB}}{i_B}=\frac{\psi_{mAB}}{i_B}=N_AN_B\Lambda_\delta \tag{1-27}$$

同理，定义线圈 A 对线圈 B 的互感为

$$L_{BA}=\frac{\psi_{BA}}{i_A} \tag{1-28}$$

则有

$$L_{BA}=\frac{\psi_{BA}}{i_A}=\frac{\psi_{mBA}}{i_A}=\frac{\psi_{mA}}{i_A}=N_AN_B\Lambda_\delta \tag{1-29}$$

由式（1-27）和式（1-29）可知，线圈 A 和 B 的互感相等，且有

$$L_{AB}=L_{BA}=N_AN_B\Lambda_\delta \tag{1-30}$$

图 1-1 中，当电流 i_A 和 i_B 方向同为正时，两者产生的励磁磁场方向一致，因此两线圈互感为正值；若改变 i_A 或 i_B 的方向，或者改变其中一个线圈的绕向，则两者的互感便成为负值。

应强调的是，如果 $N_A=N_B$，则有 $L_{mA}=L_{mB}=L_{AB}=L_{BA}$，即两线圈不仅励磁电感相等，且励磁电感又与互感相等。若令 $L_{mA}=L_{mB}=L_{AB}=L_{BA}=L_m$，则线圈 A 和 B 的全磁链 ψ_A 和 ψ_B 可分别表示为

$$\psi_A=L_{\sigma A}i_A+L_{mA}i_A+L_{AB}i_B=L_Ai_A+L_{AB}i_B=L_Ai_A+L_mi_B \tag{1-31}$$

$$\psi_B=L_{\sigma B}i_B+L_{mB}i_B+L_{BA}i_A=L_Bi_B+L_{BA}i_A=L_Bi_B+L_mi_A \tag{1-32}$$

2. 磁场储能

当 ψ_A 和 ψ_B 随时间变化时，将分别在线圈 A 和 B 中感生电动势 e_A 和 e_B，两者分别为

$$e_A=-\frac{d\psi_A}{dt}=-\left(L_A\frac{di_A}{dt}+L_{AB}\frac{di_B}{dt}\right) \tag{1-33a}$$

$$e_B=-\frac{d\psi_B}{dt}=-\left(L_B\frac{di_B}{dt}+L_{BA}\frac{di_A}{dt}\right) \tag{1-33b}$$

当 i_A 和 i_B 同时由零开始增大时，在时间 dt 内，外部电源输入铁心线圈 A 和 B 的净电能 dW_e 为

$$dW_e=-(e_Ai_A+e_Bi_B)dt=\left(i_A\frac{d\psi_A}{dt}+i_B\frac{d\psi_B}{dt}\right)dt=i_Ad\psi_A+i_Bd\psi_B \tag{1-34}$$

显然，净电能增量 dW_e 全部转换为了磁场磁能的增量 dW_m，即有 $dW_e=dW_m$，可得

$$dW_m=i_Ad\psi_A+i_Bd\psi_B \tag{1-35}$$

当两个线圈全磁链分别由零增至 ψ_A 和 ψ_B 时，整个电磁装置的磁场储能为

$$W_m(\psi_A,\psi_B)=\int_0^{\psi_A}i_Ad\psi+\int_0^{\psi_B}i_Bd\psi \tag{1-36}$$

式（1-36）表明，磁能大小决定于积分终值 ψ_A 和 ψ_B，亦即磁能 W_m 是 ψ_A 和 ψ_B 的函数。同式（1-36）一样，若以电流为自变量，可得磁共能为

$$W'_m(i_A,i_B)=\int_0^{i_A}\psi_Adi+\int_0^{i_B}\psi_Bdi \tag{1-37}$$

式（1-37）表明，W'_m 是 i_A 和 i_B 的函数。

可以证明，磁能和磁共能之和为

$$\begin{aligned}W_m+W'_m&=\int_0^{\psi_A}i_Ad\psi+\int_0^{\psi_B}i_Bd\psi+\int_0^{i_A}\psi_Adi+\int_0^{i_B}\psi_Bdi\\&=i_A\psi_A+i_B\psi_B\end{aligned} \tag{1-38}$$

若磁路为线性，则有

$$W_m=W'_m=\frac{1}{2}i_A\psi_A+\frac{1}{2}i_B\psi_B$$

由式（1-31）和式（1-32）可得

$$W_m=W'_m=\frac{1}{2}L_Ai_A^2+L_{AB}i_Ai_B+\frac{1}{2}L_Bi_B^2 \tag{1-39a}$$

式（1-39a）表明，磁能和磁共能不仅与自感 L_A 和 L_B 相关，还与互感 L_{AB}相关。

当 $N_A=N_B$ 时，则有

$$W_m=W'_m=\frac{1}{2}L_Ai_A^2+L_mi_Ai_B+\frac{1}{2}L_Bi_B^2 \tag{1-39b}$$

式中，$L_m=L_{AB}=L_{BA}=L_{mA}=L_{mB}$。

1.2 机电能量转换原理

1. 具有定、转子绕组和均匀气隙的机电装置

对于图 1-1 所示的电磁装置，只能进行电能与磁能之间的转换。改变电流 i_A 和 i_B，只能增加或减小磁场储能，而不能将磁能转换为机械能，也就无法将电能转换为机械能。这是因

为电磁装置是静止的，其中没有运动部分，无法将磁场储能释放出来转换为机械能。现将该电磁装置改造为图 1-9 所示的机电装置，其定、转子铁心仍由铁磁材料构成，将线圈 A 嵌放在定子槽中，成为定子绕组，将线圈 B 嵌放在转子中，成为转子绕组，且定、转子绕组匝数相同，即 $N_A = N_B$。

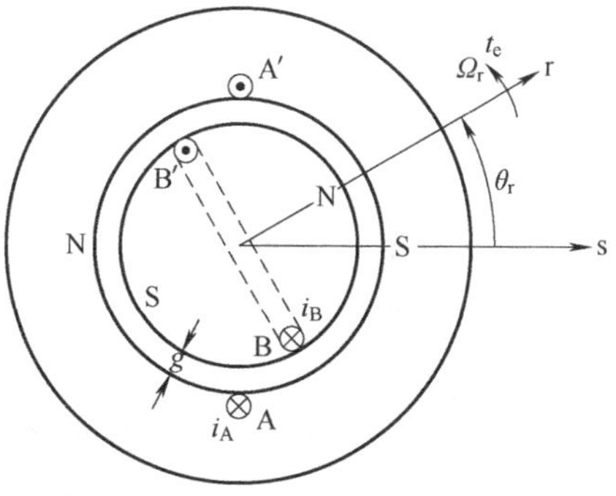

图 1-9　具有定、转子绕组和均匀气隙的机电装置

为简化计算，下面分析中假设定、转子铁心磁路磁阻为零，这样磁场能量就全部储存在气隙中；不计定、转子齿槽效应影响，气隙是均匀的，定、转子间单边气隙长度为 g，总气隙长度 $\delta = 2g$；定、转子电流为集中电流。

图 1-9 中，给出了定、转子绕组电流 i_A 和 i_B 的正方向（分别由首端 A 和 B 流入，由末端 A′和 B′流出），i_A 和 i_B 可为任意波形和任何瞬时值。当定子电流 i_A 为正时，i_A 在气隙中建立的径向分布磁场如图 1-10 所示。这是因为，由安培环路定律可知，绕组 A 产生的磁动势将全部消耗在两个气隙中，即有

$$H_{mA}g + H_{mA}g = N_A i_A \tag{1-40}$$

式中，H_{mA} 为气隙中径向磁场强度。因气隙均匀，故有 $H_{mA}g = \dfrac{N_A i_A}{2}$，又因式（1-40）对每一径向穿过气隙的积分路径均成立，故 H_{mA} 在气隙内各处大小相同，为均匀分布，方向如图 1-10 所示。在绕组 A-A′所构成平面的左侧，$\boldsymbol{H}_{mA}$ 均由定子内缘指向气隙，参照图 1-4，可知定子左侧为 N 极；在该平面右侧，$\boldsymbol{H}_{mA}$ 均由气隙指向定子内缘，故定子右侧为 S 极。

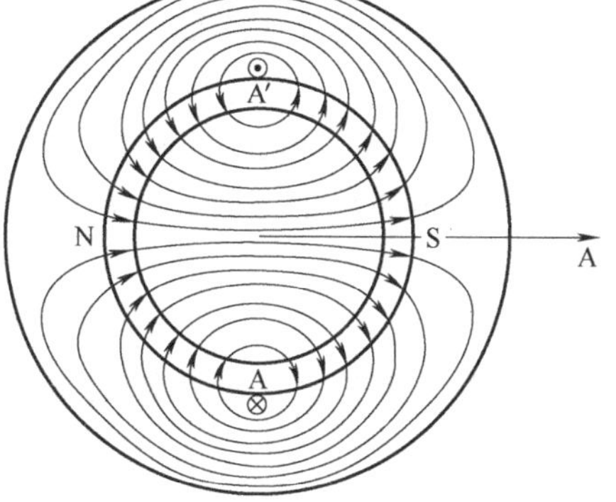

图 1-10　定子绕组产生的径向气隙磁场

由 $\boldsymbol{B}_{mA} = \mu_0 \boldsymbol{H}_{mA}$ 可知，定子绕组 A 在气隙中产生的径向磁场 $\boldsymbol{B}_{mA}$ 亦为均匀分布，方向与 $\boldsymbol{H}_{mA}$ 相同，即 $\boldsymbol{B}_{mA}$ 在气隙中的空间分布为一个矩形波磁场，现取其基波，幅值为 $\hat{B}_{mA}$，定义 $\hat{B}_{mA}$ 所在处的径向线为此正弦分布磁场的轴线 s，由以后分析可知，因气隙均匀，此 s 轴与绕组 A 通入正向电流时产生的基波磁动势轴线一致，故其与定子绕组 A 的轴线取得一致，应强调的是，轴线 s 是在定子绕组电流 i_A 为正的前提下定义的，如图 1-11 所示。

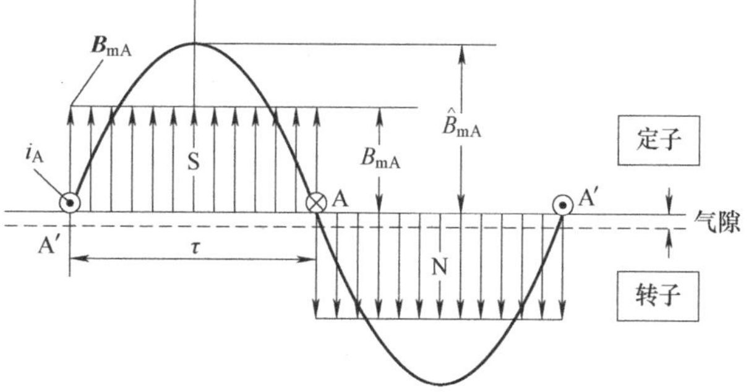

图 1-11　定子绕组 A 建立的径向气隙磁场及其基波分量

当转子绕组流入电流 i_B 时，同样会在气隙中建立矩形波磁场，其基波幅值为 $\hat{B}_{mB}$。当 $i_B>0$ 时，同样可确定转子外缘极性和基波磁场轴线 r，如图 1-9 所示。

图 1-9 中，设定作用于转子的电磁转矩 t_e 的正方向为逆时针方向；转子瞬时的机械角速度为 Ω_r(rad/s)，Ω_r 正

方向与t_e正方向一致；取 s 轴为空间参考轴，θ_r为转子位置角（机械角度），则有

$$\theta_r = \int_0^t \Omega_r \mathrm{d}t + \theta_{r0} \tag{1-41}$$

式中，θ_{r0}为转子初始位置角。

对比图 1-1 和图 1-9 可以看出，相当于将电磁装置中的线圈 A 和 B 分别改造为机电装置中的定、转子绕组。图 1-1 中，线圈 A 和 B 以铁心为公共磁路，主磁通均通过气隙δ，两者处于全耦合状态；而图 1-9 中，当$\theta_r=0$时，绕组 A 和 B 则以定、转子铁心为公共磁路，通过气隙δ同样处于全耦合状态，此时两者在磁路结构上没有实质差别。不同的是，前者的气隙磁场是均匀的，而设定后者的气隙磁场是正弦分布的（仅取磁场的基波，分别称为定子基波磁场和转子基波磁场），故绕组 A 和 B 的励磁电感L_{mA}和L_{mB}对应的是正弦分布磁场，而不再是均匀磁场。因气隙均匀，故转子旋转时，定、转子绕组产生的基波磁场均保持不变，即L_{mA}和L_{mB}为常值，且有$L_{mA}=L_{mB}$，另有$L_A=L_B$。但是绕组 A 和 B 间的互感$L_{AB}(L_{BA})$不再是常值，而是转子位置θ_r的函数；当$\theta_r=0$时，绕组 A 和 B 处于全耦合状态，互感值最大；当$\theta_r=90°$时，两者轴线 s 和 r 正交，绕组 A 和 B 间为零耦合，互感值为零；于是对于基波磁场而言，可得

$$L_{AB}(\theta_r)=L_{BA}(\theta_r)=L_{m1}\cos\theta_r \tag{1-42}$$

式中，L_{m1}为互感$L_{AB}(L_{BA})$最大值（$L_{m1}>0$），且有$L_{m1}=L_{mA}=L_{mB}$。互感中仍没有计及绕组 A 和绕组 B 间因漏磁场产生的耦合。

2. 由虚位移法求电磁转矩

与图 1-1 所示的电磁装置相比，在图 1-9 所示的机电装置中，因互感不为常值，气隙中磁能W_m不仅是ψ_A和ψ_B的函数，同时又是转子位置θ_r的函数；磁共能W'_m不仅为i_A和i_B的函数，同时还是θ_r的函数。即有

$$\begin{cases} W_m = W_m(\psi_A, \psi_B, \theta_r) \\ W'_m = W'_m(i_A, i_B, \theta_r) \end{cases} \tag{1-43}$$

于是，由于定、转子绕组磁链ψ_A、ψ_B和转子位置角θ_r变化而引起的磁能增量$\mathrm{d}W_m$（全微分）应为

$$\mathrm{d}W_m = \frac{\partial W_m}{\partial \psi_A}\mathrm{d}\psi_A + \frac{\partial W_m}{\partial \psi_B}\mathrm{d}\psi_B + \frac{\partial W_m}{\partial \theta_r}\mathrm{d}\theta_r \tag{1-44}$$

由式（1-35），可将式（1-44）改写为

$$\mathrm{d}W_m = i_A\mathrm{d}\psi_A + i_B\mathrm{d}\psi_B + \frac{\partial W_m}{\partial \theta_r}\mathrm{d}\theta_r \tag{1-45}$$

同理，由于定、转子电流i_A和i_B转子位置角θ_r变化引起的磁共能增量$\mathrm{d}W'_m$（全微分）可表示为

$$\begin{aligned} \mathrm{d}W'_m &= \frac{\partial W'_m}{\partial i_A}\mathrm{d}i_A + \frac{\partial W'_m}{\partial i_B}\mathrm{d}i_B + \frac{\partial W'_m}{\partial \theta_r}\mathrm{d}\theta_r \\ &= \psi_A\mathrm{d}i_A + \psi_B\mathrm{d}i_B + \frac{\partial W'_m}{\partial \theta_r}\mathrm{d}\theta_r \end{aligned} \tag{1-46}$$

与式（1-35）比较，式（1-45）右端多出了第 3 项，它是由转子角位移引起的磁能变化。转子之所以会发生角位移，是因为转子受到电磁转矩t_e的作用。设想在$\mathrm{d}t$时间内转子转过一个微小的角度$\mathrm{d}\theta_r$（虚位移或者实际位移），且在这一过程中，转子角速度Ω_r保持不变，电磁转矩为克服负载转矩所做的机械功为$\mathrm{d}W_{mech}$，即有

$$dW_{mech}=t_e d\theta_r \tag{1-47a}$$

根据能量守恒原理，机电系统的能量关系为

$$dW_e=dW_m+dW_{mech}=dW_m+t_e d\theta_r \tag{1-47b}$$

式中，等式左端为 dt 时间内输入的净电能；等式右端第 1 项为 dt 时间内磁场吸收的总磁能，等式右端第 2 项为 dt 时间内转换为机械能的总能量。

将式（1-34）和式（1-45）分别代入式（1-47b），则有

$$t_e d\theta_r=dW_e-dW_m=(i_A d\psi_A+i_B d\psi_B)-\left(i_A d\psi_A+i_B d\psi_B+\frac{\partial W_m}{\partial\theta_r}d\theta_r\right)=-\frac{\partial W_m}{\partial\theta_r}d\theta_r$$

可得

$$t_e=-\frac{\partial W_m(\psi_A,\psi_B,\theta_r)}{\partial\theta_r} \tag{1-48}$$

式（1-48）表明，当转子发生微小角位移时，如果系统的磁能同时发生了变化，则转子上将会受到电磁转矩作用，电磁转矩的值等于磁能对转角（机械角度）的偏导数$\frac{\partial W_m}{\partial\theta_r}$（磁链约束为常值），电磁转矩的方向为在恒磁链下趋使系统磁能减小的方向。这是以磁链和转角作为自变量，用磁能表示的电磁转矩表达式。

由式（1-34）和式（1-38），可得

$$\begin{aligned}t_e d\theta_r&=dW_e-dW_m=(i_A d\psi_A+i_B d\psi_B)-d(i_A\psi_A+i_B\psi_B-W'_m)\\&=-(\psi_A di_A+\psi_B di_B)+dW'_m\end{aligned} \tag{1-49}$$

将式（1-46）代入式（1-49），则有

$$t_e=\frac{\partial W'_m(i_A,i_B,\theta_r)}{\partial\theta_r} \tag{1-50}$$

式（1-50）表明，若转子发生微小角位移，引起系统的磁共能发生了变化，转子上就会受到电磁转矩的作用。电磁转矩的值等于磁共能对转角（机械角度）的偏导数$\frac{\partial W'_m}{\partial\theta_r}$（电流约束为常值），电磁转矩的方向应为在恒流下倾向使系统磁共能增加的方向。这是以电流和转角为自变量，用磁共能表示的电磁转矩表达式。

应该指出，式（1-48）和式（1-50）对线性和非线性磁路均适用，具有普遍性；当对 W_m 和 W'_m 求偏导数时，约束磁链或电流为常值，这只是求偏导数时的一种数学约束，并不是对系统实际的电磁约束；两种表达式均由虚位移法导出，只是自变量的选取不同，实际应用时究竟选用哪一种表达式，取决于给定条件和运算是否简捷；无论选择哪一种表达式，得到的结果一定相同，即有$\frac{\partial W_m}{\partial\theta_r}=-\frac{\partial W'_m}{\partial\theta_r}$，现分析如下。

为简化分析和易于表达，现以一个单励磁装置为例，假设转子作微小角位移（$\Delta\theta_r$）时，系统储能发生了变化。图 1-12 中，曲线$\widehat{OA}$为转角 $\theta_r=\theta_0$ 时磁路的磁化曲线 $\psi=f(i)$，曲线$\widehat{OA''}$为 $\theta_r=\theta_0+\Delta\theta_r$ 时的磁化曲线。如图 1-12a 所示，发生角位移 $\Delta\theta_r$ 时，若保持磁链为常值（如保持 A 点的 ψ_1 不变），磁能的增量为面积 $OAA''O$，即有

$$\Delta W_m|_{\psi=\psi_1}=(\text{面积 } OAA''O)=\text{正值}$$

如图 1-12b 所示，若保持电流不变（保持 A 点的 i_1 不变），磁共能的增量为面积 $OAA'O$，

即有

$$\Delta W'_{\mathrm{m}}\big|_{i=i_1}=(\text{面积 }OAA'O)=\text{负值}$$

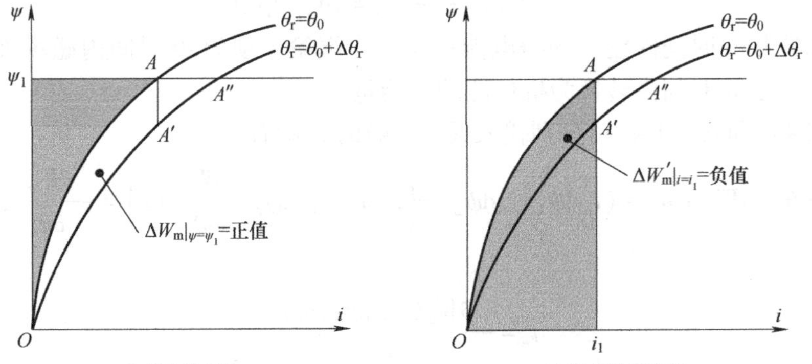

图 1-12 单励磁机电装置的磁场储能变化

可以看出，采用磁链约束时磁能是增加的（ΔW_{m} 为正值），而采用电流约束时磁共能将是减小的（$\Delta W'_{\mathrm{m}}$ 为负值）。

由图 1-12 可知

$$\Delta W_{\mathrm{m}}\big|_{\psi=\psi_1}=-(\Delta W'_{\mathrm{m}}\big|_{i=i_1}+\text{面积 }AA''A')$$

由于面积 $AA''A'$ 相对面积 $OAA'O$ 为二阶无穷小，故有

$$\lim_{\Delta\theta_{\mathrm{r}}\to 0}\Delta W_{\mathrm{m}}\big|_{\psi=\psi_1}=-\lim_{\Delta\theta_{\mathrm{r}}\to 0}\Delta W'_{\mathrm{m}}\big|_{i=i_1}$$

则有

$$\frac{\partial W_{\mathrm{m}}}{\partial\theta_{\mathrm{r}}}=-\frac{\partial W'_{\mathrm{m}}}{\partial\theta_{\mathrm{r}}}$$

由式（1-39a）和式（1-42）可知，对于图 1-9 所示的机电装置，气隙磁场储能可表示为

$$\begin{aligned}W'_{\mathrm{m}}&=\frac{1}{2}L_{\mathrm{A}}i_{\mathrm{A}}^2+i_{\mathrm{A}}i_{\mathrm{B}}L_{\mathrm{AB}}(\theta_{\mathrm{r}})+\frac{1}{2}L_{\mathrm{B}}i_{\mathrm{B}}^2\\&=\frac{1}{2}L_{\mathrm{A}}i_{\mathrm{A}}^2+i_{\mathrm{A}}i_{\mathrm{B}}L_{\mathrm{m1}}\cos\theta_{\mathrm{r}}+\frac{1}{2}L_{\mathrm{B}}i_{\mathrm{B}}^2\end{aligned}\tag{1-51}$$

式（1-51）是以电流和转角为自变量的磁共能表达式。

将式（1-51）代入式（1-50），可得电磁转矩为

$$t_{\mathrm{e}}=i_{\mathrm{A}}i_{\mathrm{B}}L_{\mathrm{m1}}\frac{\partial L_{\mathrm{AB}}(\theta_{\mathrm{r}})}{\partial\theta_{\mathrm{r}}}=-i_{\mathrm{A}}i_{\mathrm{B}}L_{\mathrm{m1}}\sin\theta_{\mathrm{r}}\tag{1-52}$$

可以看出，此时由磁共能表达式求取电磁转矩十分方便和简捷，这也是选择电流为自变量和引入磁共能的一个原因。

图 1-9 中，已设定 t_{e} 正方向为逆时针方向，在图中所示时刻，由式（1-52）得出的电磁转矩为负值，说明转矩的实际方向与正方向相反；由式（1-51）也可以看出，若保持 i_{A} 和 i_{B} 为常值，只有 θ_{r} 减小才会使磁共能增大，由此也可以判断出实际的电磁转矩应以顺时针方向作用于转子。

如果设定 t_{e} 正方向与 θ_{r} 方向相反，即为顺时针方向，式（1-52）中的负号应去掉，则有

$$t_{\mathrm{e}}=i_{\mathrm{A}}i_{\mathrm{B}}L_{\mathrm{m1}}\sin\theta_{\mathrm{r}}\tag{1-53}$$

3. 机电能量转换过程

在图 1-9 所示的定、转子绕组 A 和 B 中，设定感应电动势 e_A 和 e_B 的正方向分别与绕组电流 i_A 和 i_B 正方向一致，当磁场 ψ_A 和 ψ_B 发生变化时，e_A 和 e_B 可分别表示为

$$e_A=-\frac{d\psi_A}{dt}=-\frac{d}{dt}[L_A i_A+L_{AB}(\theta_r)i_B]$$

$$=-\left[L_A\frac{di_A}{dt}+L_{AB}(\theta_r)\frac{di_B}{dt}+i_B\frac{\partial L_{AB}(\theta_r)}{\partial\theta_r}\frac{d\theta_r}{dt}\right] \tag{1-54a}$$

$$e_B=-\frac{d\psi_B}{dt}=-\frac{d}{dt}[L_B i_B+L_{BA}(\theta_r)i_A]$$

$$=-\left[L_B\frac{di_B}{dt}+L_{BA}(\theta_r)\frac{di_A}{dt}+i_A\frac{\partial L_{BA}(\theta_r)}{\partial\theta_r}\frac{d\theta_r}{dt}\right] \tag{1-54b}$$

式（1-54）中，等号右端第 1 项为绕组 A 和绕组 B 的自感电动势，记为 e_{AA}和 e_{BB}，且有

$$\begin{aligned} e_{AA}&=-L_A\frac{di_A}{dt}=-\frac{d\psi_{AA}}{dt}\\ e_{BB}&=-L_B\frac{di_B}{dt}=-\frac{d\psi_{BB}}{dt}\end{aligned} \tag{1-55}$$

式中，ψ_{AA}、ψ_{BB}分别为其自感磁链，$\psi_{AA}=L_A i_A=L_{\sigma A}i_A+L_{mA}i_A$，$\psi_{BB}=L_B i_B=L_{\sigma B}i_B+L_{mB}i_B$；$L_{\sigma A}$、$L_{\sigma B}$分别为绕组 A 和 B 的漏电感；$L_{mA}$、$L_{mB}$分别为其励磁电感；$L_A$、$L_B$ 分别为其自感。

式（1-54）中，等号右端第 2 项是 θ_r = 常值，绕组 A 和 B 相对静止，因对方绕组励磁电流（励磁磁场）发生变化而引起的互感电动势，记为 e_{AB}和 e_{BA}，且有

$$\begin{cases} e_{AB}=-L_{AB}(\theta_r)\dfrac{di_B}{dt}=-L_{mB}\dfrac{di_B}{dt}\cos\theta_r=-\dfrac{d\psi_{mB}}{dt}\cos\theta_r\\ e_{BA}=-L_{BA}(\theta_r)\dfrac{di_A}{dt}=-L_{mA}\dfrac{di_A}{dt}\cos\theta_r=-\dfrac{d\psi_{mA}}{dt}\cos\theta_r\end{cases} \tag{1-56}$$

式中，ψ_{mA}、ψ_{mB}分别为绕组 A 和 B 的励磁磁链，$\psi_{mA}=L_{mA}i_A$，$\psi_{mB}=L_{mB}i_B$。当 $\theta_r=0$ 时，绕组 A 和 B 处于全耦合状态，图 1-9 在磁路上就与图 1-1 相当，此时 ψ_{mA}和 ψ_{mB}也是绕组 A 和 B 交链的互感磁链，故电流变化时在对方绕组中感生的互感电动势最大；当 $\theta_r=90°$时，绕组 A 和 B 为零耦合，定、转子绕组间的互感电动势为零。

通常，将上面的自感电动势和互感电动势统称为变压器电动势。

式（1-54）中，等号右端第 3 项是 i_A 和 i_B 保持不变，即绕组 A 和 B 的基波励磁磁场保持不变，因两绕组相对位移（θ_r 改变）而引起的电动势，实质为运动电动势，记为 $e_{\Omega A}$和 $e_{\Omega B}$，且有

$$e_{\Omega A}=-i_B\frac{\partial L_{AB}(\theta_r)}{\partial\theta_r}\frac{d\theta_r}{dt}=\Omega_r i_B L_{m1}\sin\theta_r=\Omega_r\psi_{mB}\sin\theta_r \tag{1-57}$$

$$e_{\Omega B}=-i_A\frac{\partial L_{AB}(\theta_r)}{\partial\theta_r}\frac{d\theta_r}{dt}=\Omega_r i_A L_{m1}\sin\theta_r=\Omega_r\psi_{mA}\sin\theta_r \tag{1-58}$$

式中，$\dfrac{\partial L_{AB}(\theta_r)}{\partial\theta_r}=-L_{m1}\sin\theta_r$；$\dfrac{d\theta_r}{dt}=\Omega_r$，$\Omega_r$ 为转子的瞬时机械角速度。可以看出，$e_{\Omega A}$和 $e_{\Omega B}$是绕组 A 和 B 各自在对方基波磁场下旋转而产生的运动电动势。如图 1-9 所示，当 $\theta_r=0$ 时，绕

组的两个线圈边正处于对方基波磁场为零的位置，故有 $e_{\Omega A}=e_{\Omega B}=0$；当 $\theta_r=90°$时，绕组的两个线圈边正处于对方基波磁场幅值的位置，故 $e_{\Omega A}$和 $e_{\Omega B}$可获得最大值。这种情形与感生互感电动势时恰好相反。

对比式（1-54）和式（1-33）可知，两式中等式右端前两项形式上相同，电磁关系上也没有实质差别。两者的主要差别在于式（1-54）中的第 3 项，即图 1-9 所示的机电装置中，由于转子旋转在定、转子绕组中还各自产生了运动电动势。

在单位时间内，由电源输入绕组 A 和 B 的净电能（电功率）可表示为

$$\begin{aligned} w_e &= -i_A e_A - i_B e_B \\ &= -i_A(e_{AA}+e_{AB}+e_{\Omega A}) - i_B(e_{BB}+e_{BA}+e_{\Omega B}) \\ &= w_{eAT}+w_{eBT}+w_{eA\Omega}+w_{eB\Omega} \end{aligned} \tag{1-59}$$

式中，w_{eAT}和 w_{eBT}是绕组 A 和 B 中由变压器电动势吸收的瞬时电功率，$w_{eAT}=-i_A(e_{AA}+e_{AB})$，$w_{eBT}=-i_B(e_{BB}+e_{BA})$；$w_{eA\Omega}$和 $w_{eB\Omega}$是绕组 A 和 B 中由运动电动势 $e_{\Omega A}$和 $e_{\Omega B}$吸收的瞬时电功率，$w_{eA\Omega}=-i_A e_{\Omega A}$，$w_{eB\Omega}=-i_B e_{\Omega B}$。且有

$$w_{eA\Omega}=w_{eB\Omega}=-\Omega_r i_A i_B L_{m1}\sin\theta_r=t_e\Omega_r \tag{1-60}$$

式（1-60）表明，绕组 A 和 B 由运动电动势吸收的电功率两者相等。

由式（1-47a），可得单位时间内系统输出的机械功率为

$$\frac{dW_{mech}}{dt}=t_e\Omega_r=P_\Omega \tag{1-61}$$

机械功率是由电能转换为机械能的功率（以字母 P_Ω 来表示），这部分电功率称为转换功率。

式（1-60）和式（1-61）表明，只有绕组中存在运动电动势时，才会产生机电能量转换，转换功率等于两绕组中运动电动势所吸收电功率的 1/2。

由式（1-59）和式（1-60）可得单位时间内磁场中的磁能为

$$\begin{aligned} w_m &= w_e - w_{mech} \\ &= w_{eAT}+w_{eBT}+w_{eA\Omega}+w_{eB\Omega}-t_e\Omega_r \\ &= w_{eAT}+w_{eBT}+\frac{1}{2}(w_{eA\Omega}+w_{eB\Omega}) \end{aligned} \tag{1-62}$$

式（1-62）表明，耦合场磁能随时间的变化率应当等于由绕组 A 和 B 变压器电动势所吸收的瞬时电功率，加上由运动电动势所吸收的瞬时电功率的 1/2。

可以看出，气隙中的磁场是电能与机械能转换的耦合场。机电能量转换是以气隙中的耦合磁场为媒介，先是由电能转换为磁能，再将部分磁能转换为机械能（或相反）。在机电能量转换过程中，感应电动势和电磁转矩起到不可或缺的作用。感应电动势是电系统与磁场间的耦合项，产生感应电动势是耦合场从电源吸收电能的必要条件。与此同时，当转子位移引起耦合场内磁能发生变化时，转子将受到电磁转矩作用，通过电磁转矩将部分磁能（由定、转子运动电动势所得磁能的一半）转换为了机械能，这部分功率成为转换功率，因此电磁转矩是磁场与机械系统间的耦合项。这期间，感生运动电动势是通过耦合场实现机电能量转换的关键。感应电动势与电磁转矩构成了一对机电耦合项，是机电能量转换的核心部分。

1.3 电磁转矩的生成

如 1.2 节所述，运用动态电路法和基于机电能量转换原理可以求得电磁转矩。还可以从

不同角度来分析电磁转矩的生成，分析中仍假设定、转子铁心的磁导率 $\mu_{Fe}=\infty$。

1.3.1　“场”的观点

对于图 1-9 所示的机电装置，由机电能量转换原理和虚位移法可知，倘若转子发生微小角位移，只有在能够引起磁场储能发生变化时，转子上才会受到电磁转矩的作用，否则便不会有转矩生成。下面从气隙磁场变化的角度，进一步分析电磁转矩的生成。

1. 电磁转矩可看成是定、转子基波磁场相互作用的结果

现将图 1-9 中定、转子绕组各自在气隙中建立的基波磁场以图 1-13 来表示。图 1-14 所示为定、转子气隙基波磁场及其合成磁场。

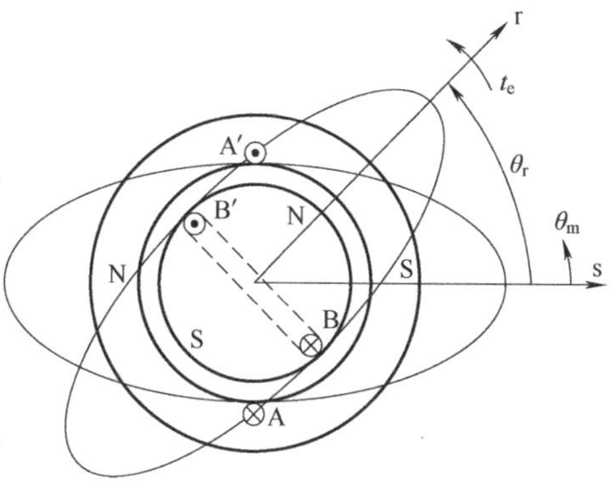

图 1-13　定、转子绕组各自在气隙中建立的基波磁场

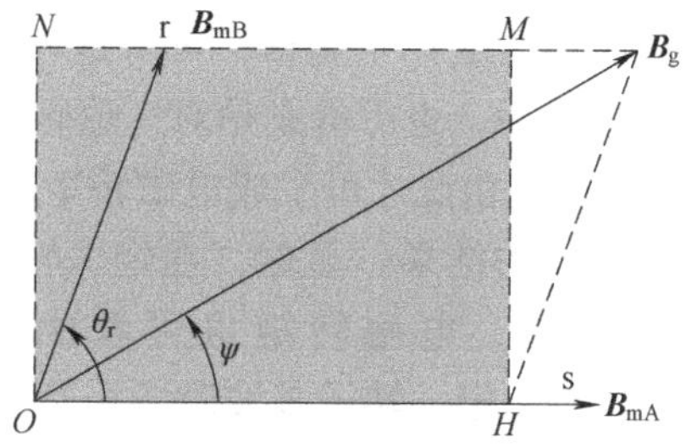

图 1-14　定、转子气隙基波磁场及其合成磁场

气隙磁场可表示为

$$\begin{aligned} B_g &= B_{mA}+B_{mB} \\ &= \hat{B}_{mA}\cos\theta_m+\hat{B}_{mB}\cos(\theta_m-\theta_r) \end{aligned}$$

式中，θ_m 为以定子绕组轴线 s 处作为原点的机械角度；$\hat{B}_{mA}$ 和 $\hat{B}_{mB}$ 分别为各自基波磁场的幅值，$\hat{B}_g$ 为气隙基波合成磁场（称为气隙磁场）的幅值。

气隙内磁共能为

$$\begin{aligned} W'_m &= \int_V \frac{B_g^2}{2\mu_0}\mathrm{d}v \\ &= \frac{1}{2\mu_0}gl\int_0^{2\pi}(B_{mA}+B_{mB})^2R\mathrm{d}\theta_r \\ &= \frac{1}{2\mu_0}Rgl\pi(\hat{B}_{mA}+\hat{B}_{mB}+2\hat{B}_{mA}\hat{B}_{mB}\cos\theta_r) \end{aligned} \tag{1-63}$$

式中，l 为定、转子铁心轴向长度；R 为气隙平均半径。

式（1-63）中，等式右端前两项均与转子位移无关，第 3 项则与转子位置 θ_r 相关。由虚位移法，可得电磁转矩为

$$t_e=\frac{\partial W'_m}{\partial\theta_r}=-\frac{1}{\mu_0}Rgl\pi\hat{B}_{mA}\hat{B}_{mB}\sin\theta_r \tag{1-64}$$

式（1-64）表明，电磁转矩大小分别与定、转子基波磁场幅值和两者轴线的相对位置有关，转

矩的实际方向与图 1-13 所示的正方向相反，即为倾向使气隙磁共能增大的方向。当定、转子基波磁场轴线重合时（$\theta_r=0°$或$\theta_r=180°$），电磁转矩为零；当两者正交时，电磁转矩可达到最大值。

可将式（1-64）表示为

$$
\begin{aligned}
t_e &= -\frac{1}{\mu_0}Rgl\pi\hat{B}_{mA}\hat{B}_{mB}\sin\theta_r \\
&= -\frac{1}{\mu_0}Rgl\pi\hat{B}_{mA}\hat{B}_{mBq} \\
&= -\frac{1}{\mu_0}Rgl\pi\hat{B}_{mB}\hat{B}_{mAq}
\end{aligned}
\tag{1-65}
$$

式中，$\hat{B}_{mAq}$和$\hat{B}_{mBq}$分别为定、转子基波磁场相互的正交分量。

式（1-65）表明，只有转子基波磁场相对定子基波磁场存有正交分量时，才会有电磁转矩生成，反之亦然。或者说，只有定、转子基波磁场相互间存有正交分量时，气隙磁场（耦合场）的轴线才会产生偏移，可将这种轴线偏移视为气隙磁场发生了畸变。其中，转子基波磁场的这种作用，也可看成是对气隙磁场的扰动。换言之，在转子基波磁场扰动下，使气隙磁场发生了畸变，由此才可生成电磁转矩。同样，气隙磁场的畸变，也可看成是定子基波磁场对气隙磁场扰动的结果。显然，在定、转子基波磁场相互作用下才可能使气隙磁场发生畸变，从这一角度看，电磁转矩也可看成是定、转子基波磁场相互作用的结果。当$\theta_r=0°$（或 180°）时，定、转子基波磁场相互作用的结果，只是改变了气隙磁场的幅值，而不会使其轴线发生偏移，此时$\partial W'_m/\partial\theta_r=0$，故不能生成电磁转矩。

式（1-65）中，$\hat{B}_{mA}\hat{B}_{mBq}=\hat{B}_{mB}\hat{B}_{mAq}$，电磁转矩大小与图 1-14 中的面积 *OHMN* 成正比。可以看出，电磁转矩大小即决定于定、转子基波磁场幅值和空间的相对位置。当定、转子基波磁场相互正交（$\theta_r=90°$）时，面积 *OHMN* 达最大值，由虚位移法可知，在此位置时，气隙磁共能 W'_m 相对转子位移 θ_r 的变化率最大。由图 1-13 也可看出，此时定、转子绕组两个线圈边正处于对方基波磁场幅值处，感生的运动电动势也最大。

可将式（1-65）表示为

$$
t_e=-\frac{1}{L_{m1}}\psi_{mA}\psi_{mB}\sin\theta_r \tag{1-66}
$$

其中

$$
\psi_{mA}=N_1\phi_{mA}=N_1\frac{2}{\pi}\hat{B}_{mA}l\tau
$$

$$
\psi_{mB}=N_1\phi_{mB}=N_1\frac{2}{\pi}\hat{B}_{mB}l\tau
$$

$$
L_{m1}=\mu_0\frac{4}{\pi^2}\frac{\tau l}{g}N_1^2
$$

式中，τ 为极距，$\tau=\pi R$；$\phi_{mA}=\frac{2}{\pi}\hat{B}_{mA}l\tau$，$\phi_{mB}=\frac{2}{\pi}\hat{B}_{mB}l\tau$，$\frac{2}{\pi}\hat{B}_{mA}$和$\frac{2}{\pi}\hat{B}_{mB}$分别为定、转子基波磁场的平均值；$N_1=N_A=N_B$。式（1-66）是定、转子基波磁场相互作用生成电磁转矩的另一种表达式，相比式（1-65）更为明了和简捷。

由式（1-66），可得

$$
t_e=-i_Ai_BL_{m1}\sin\theta_r \tag{1-67}
$$

式中，$L_{m1}=\psi_{mA}/i_A=\psi_{mB}/i_B$。

式（1-67）与式（1-52）形式相同，表明由“场”的观点和由电机能量转换原理得出的电磁转矩结果是一致的。若设定 t_e 正方向与 θ_r 方向相反，式（1-67）中的负号应去掉，式（1-67）便与式（1-53）相同。

2. 磁阻转矩

现将图 1-9 所示机电装置分别改造为图 1-15 所示的形式，且仍有 $N_A=N_B$。对比图 1-9 和图 1-15 可以看出，前者的定、转子均为隐极结构，不计齿槽影响时，气隙是均匀的；后者的定、转子同为凸极结构，或者仅转子为凸极结构，因此气隙是不均匀的。

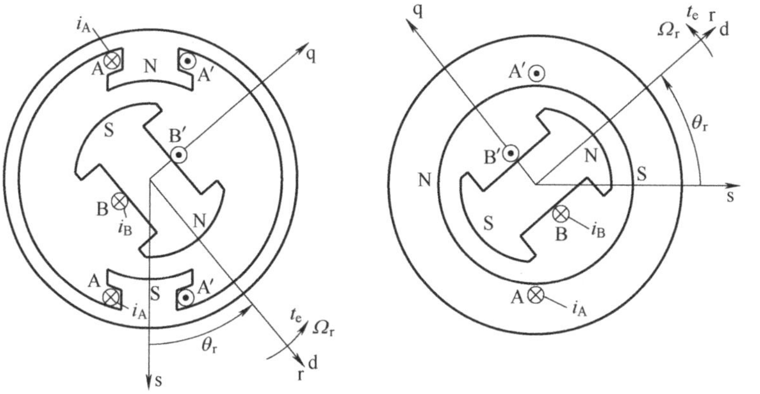

a) 定、转子同为凸极结构　　b) 转子为凸极结构

图 1-15　定、转子为凸极结构的机电装置

现假设图 1-15a 中的转子铁心上没有安装绕组，气隙磁场仅由定子绕组产生，如图 1-16 所示，图中只画出了定子铁心的部分磁路，并将转子铁心磁路做了简化。

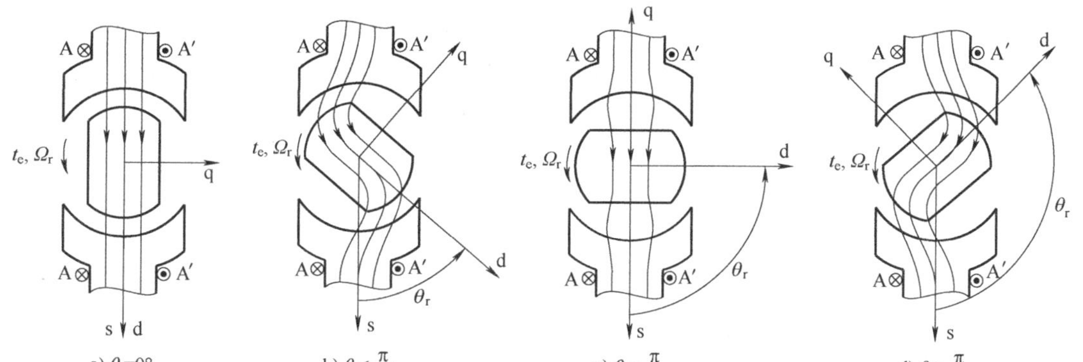

a) $\theta_r=0°$　　b) $\theta_r<\dfrac{\pi}{2}$　　c) $\theta_r=\dfrac{\pi}{2}$　　d) $\theta_r>\dfrac{\pi}{2}$

图 1-16　气隙磁导变化及磁阻转矩生成

图 1-16 中，当 $\theta_r=0°$时，凸极转子直轴 d 与定子绕组轴线重合，此时气隙磁导最大，将转子在此位置时的定子绕组 A 的自感定义为直轴电感 L_d（其中的 L_{md}与气隙基波磁场相对应）；随着转子逆时针旋转，气隙磁导逐步减小，当 $\theta_r=\dfrac{\pi}{2}$时，转子交轴 q 与定子绕组轴线 s 重合，此时气隙磁导最小，将转子在此位置时定子绕组 A 的自感定义为交轴自感 L_q（其中的 L_{mq}与气隙基波磁场相对应）。转子在旋转过程中，定子绕组自感 L_A 要在 L_d 和 L_q 间变化，其变化曲线

如图 1-17 所示。当 $\theta_r=0°$或 $\theta_r=\pi$ 时，L_A 达到最大值 L_d；当 $\theta_r=\frac{\pi}{2}$或$-\frac{3\pi}{2}$时，L_A 达到最小值 L_q。当仅计及气隙基波磁场影响时，可以认为 L_d 与 L_q 间的差值随转子位置角 θ_r 按余弦规律变化。即有

$$L_A(\theta_r)=L_0+\Delta L\cos2\theta_r \tag{1-68}$$

其中

$$L_0=\frac{1}{2}(L_d+L_q) \tag{1-69}$$

$$\Delta L=\frac{1}{2}(L_d-L_q) \tag{1-70}$$

式（1-68）表明，定子绕组自感 L_A 有一个平均值 L_0 和一个幅值为 ΔL 的余弦变化量。其中，$L_0=\frac{1}{2}(L_d+L_q)=L_{\sigma A}+\frac{1}{2}(L_{md}+L_{mq})$，$L_d=L_{\sigma A}+L_{md}$，$L_q=L_{\sigma A}+L_{mq}$，$L_{\sigma A}$为定子绕组漏电感，其大小与转子所处位置无关。

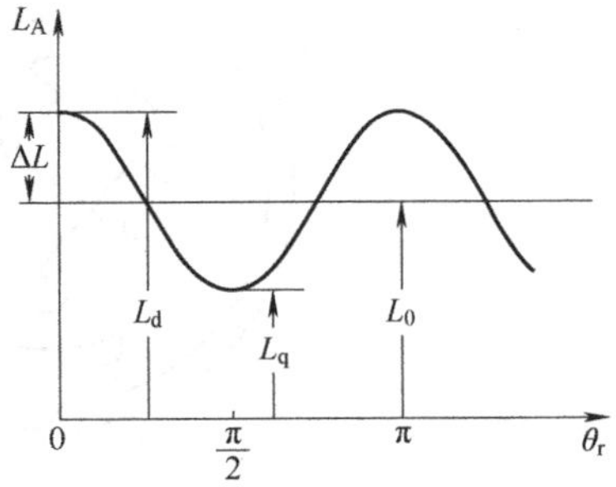

图 1-17　定子绕组自感随转子位置的变化曲线

对于图 1-16 所对应的机电装置，可将气隙磁共能表示为

$$W'_m=\frac{1}{2}L_A(\theta_r)i_A^2 \tag{1-71}$$

忽略气隙中谐波磁场的影响，由虚位移原理，可得电磁转矩为

$$t_e=\frac{\partial W'_m}{\partial\theta_r}=\frac{1}{2}i_A^2\ \frac{\partial L_A(\theta_r)}{\partial\theta_r}=-\Delta Li_A^2\sin2\theta_r=-\frac{1}{2}(L_d-L_q)i_A^2\sin2\theta_r \tag{1-72}$$

图 1-16 中，因 θ_r 是按转子逆时针方向旋转而确定的，故转矩的正方向也为逆时针方向。在图 1-16b 所示时刻，由式（1-72）得出的转矩为负值，表示实际转矩方向为顺时针方向，此时同式（1-71），θ_r 减小可使磁共能增大。若设定顺时针方向为转矩正方向，则可将式（1-72）表示为

$$t_e=\frac{1}{2}(L_d-L_q)i_A^2\sin2\theta_r \tag{1-73}$$

式（1-73）表示的转矩不是由于转子绕组励磁引起的，而是由于直、交轴气隙磁阻不相等而引起，将由此产生的电磁转矩称为磁阻转矩。相应地将由转子励磁生成的电磁转矩称为励磁转矩。图 1-16 中，磁阻转矩的作用方向总是趋使转子 d 轴与定子绕组轴线重合（一致或相反），即倾向使磁共能增加的方向。

图 1-16 中，气隙磁场即为定子绕组产生的励磁磁场。当转子位置角 $\theta_r=0°$时，气隙磁场轴线没有发生偏移，即气隙磁场没有产生畸变，此时$\partial W'_m/\partial\theta_r=0$，故不会产生电磁转矩；当 $0°<\theta_r<\frac{\pi}{2}$时，转子位置的变化使气隙磁场轴线发生了偏移，显然气隙磁场的这种畸变，是受凸极转子扰动的结果，可见即使没有转子励磁磁场的作用，凸极转子的位置变化也会使气隙磁场畸变，引起气隙储能的变化，从而生成电磁转矩。在此转矩作用下，d 轴总是要与 s 轴重合（$\theta_r=0°$），力求减小和消除气隙磁场畸变（驱使 $L_A(\theta_r)$增加），由此决定了磁阻转矩的实

际作用方向（顺时针）；当 $\theta_r=\frac{\pi}{2}$时，虽然气隙磁场轴线没有偏移，不会产生电磁转矩，但此时转子处于不稳定状态；当$\frac{\pi}{2}<\theta_r<\pi$ 时，其状态与 $0°<\theta_r<\frac{\pi}{2}$时相似，只是气隙磁场轴线偏移方向不同，磁阻转矩作用方向倾向使转子逆时针旋转，以求 d 轴与 s 轴重合（$\theta_r=\pi$）。

对比式（1-67）和式（1-72）可以看出，前者在 $\theta_r=\frac{\pi}{2}$时电磁转矩（励磁转矩）最大，因为此时定、转子基波磁场正交，转子基波磁场对气隙磁场扰动作用最大，使$\partial W'_m/\partial\theta_r$ 达最大值，且转子因励磁原因存在极性，故励磁转矩的变化周期为 2π；后者最大转矩发生在转角 $\theta_r=\frac{\pi}{4}$、$\frac{3\pi}{4}$等位置，由图 1-16 也可看出，此时凸极转子对气隙磁场扰动作用最大，$\partial W'_m/\partial\theta_r$ 可达最大值，且因转子自身不存在极性，故磁阻转矩的变化周期为 π。

图 1-15b 中，定子为隐极结构，假设气隙磁场为正弦分布，定、转子绕组间的互感同式（1-42），此时 L_{m1} 为定、转子绕组间互感最大值，即为转子绕组轴线与定子绕组轴线取得一致时的互感值；定子绕组自感仍同式（1-68）；则电磁转矩可表示为

$$t_e=-i_A i_B L_{m1}\sin\theta_r-\frac{1}{2}(L_d-L_q)i_A^2\sin2\theta_r \tag{1-74}$$

式中，右端第 1 项是因转子励磁生成的励磁转矩，即同式（1-52）；第 2 项是因转子凸极生成的磁阻转矩，即同式（1-72）。

若将作用于转子的电磁转矩正方向取为顺时针方向，则有

$$t_e=i_A i_B L_{m1}\sin\theta_r+\frac{1}{2}(L_d-L_q)i_A^2\sin2\theta_r \tag{1-75}$$

由于 $\psi_{mB}=L_{mB}i_B=L_{m1}i_B$，故还可将式（1-75）表示为

$$t_e=\psi_{mB}i_A\sin\theta_r+\frac{1}{2}(L_d-L_q)i_A^2\sin2\theta_r \tag{1-76}$$

若令 $i_A>0$，$i_B>0$，且 i_A 和 i_B 均为常值，由式（1-75）便可得到如图 1-18 所示的电磁转矩曲线。

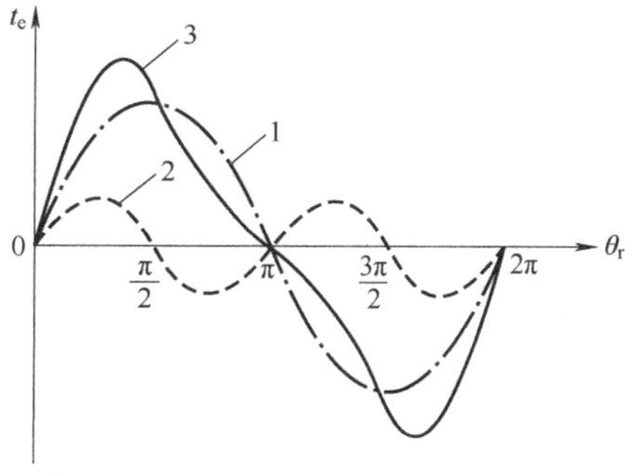

图 1-18　电磁转矩曲线

1—励磁转矩　2—磁阻转矩　3—电磁转矩

1.3.2 “*Bli*”观点

图 1-13 中，转子绕组 B 的两个线圈边 B-B′通入电流 i_B 后，在定子基波磁场 $\boldsymbol{B}_{mA}$ 作用下，将产生电磁力 f_B 和 f'_B，如图 1-19 所示。图中，$\hat{B}_{mA}$ 为定子基波磁场幅值。

根据“*Bli*”观点，作用于线圈边 B 的电磁力 f_B 可表示为

$$f_B=\hat{B}_{mA}\sin\theta_r l i_B N_B \tag{1-77}$$

作用于线圈边 B′的电磁力 $f'_B=f_B$，于是可得作用于转子的电磁转矩（励磁转矩）为

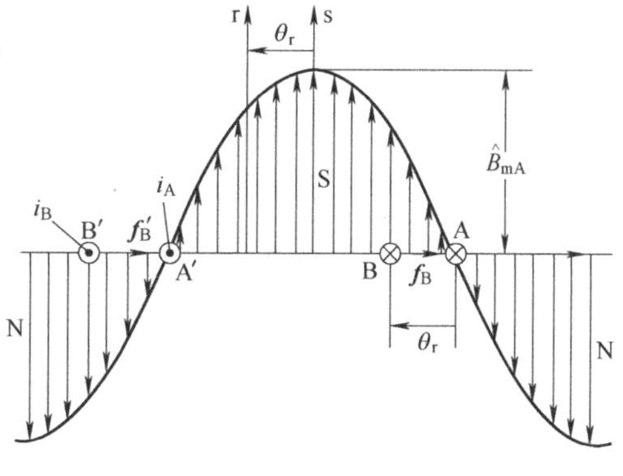

图 1-19　定子基波磁场与转子电流所受电磁力

$$t_e=(f_B+f'_B)R_r=\left(\frac{2}{\pi}\hat{B}_{mA}\tau l\right)N_B i_B\sin\theta_r=\psi_{mA}i_B\sin\theta_r \tag{1-78}$$

式中，$\phi_{mA}=\frac{2}{\pi}\hat{B}_{mA}\tau l$；$\psi_{mA}=\phi_{mA}N_A$，$N_A=N_B$，$R_r=\frac{\tau}{\pi}$，$R_r$ 为转子半径。

式（1-78）在形式上表述了转子载流导体与定子基波磁场作用生成了作用于转子的电磁转矩，转矩的实际方向为顺时针方向；与此同时，定子载流导体与转子基波磁场作用生成了作用于定子的电磁转矩。两者大小相等方向相反。

可将式（1-78）表示为

$$\begin{aligned} t_e &=\psi_{mA}i_B\sin\theta_r \\ &=i_A i_B L_{m1}\sin\theta_r \\ &=\psi_{mB}i_A\sin\theta_r \\ &=\frac{1}{L_{m1}}\psi_{mA}\psi_{mB}\sin\theta_r \end{aligned} \tag{1-79}$$

式（1-79）表明，对于图 1-9 所示的机电装置，采用“*Bli*”的观点与采用“场”观点求取电磁转矩（励磁转矩）会得到一致的结果。

事实上，图 1-19 中，转子线圈两个线圈边 B-B′通入电流 i_B 后，同时会在气隙中建立起正弦分布的转子基波磁场（见图 1-13）；亦即，转子电流 i_B 在定子基波磁场作用下产生电磁力的同时，转子基波磁场也会与定子基波磁场相互作用。式（1-79）从不同角度表述了电磁转矩生成的机理，或者说从不同角度反映了同一物理事实。图 1-19 中，当 $\theta_r=\frac{\pi}{2}$时，转子绕组两个线圈边 B-B′正好位于定子基波磁场幅值下，由“*Bli*”可知，产生的电磁转矩最大；而此时转子绕组产生的基波磁场与定子基波磁场也正好正交，从“场”观点看来，产生的电磁转矩也最大。

1.3.3 由转换功率求取电磁转矩

某直线长度为 l、通入电流为 i 的载流导体，在外磁场 B（磁场方向与导体正交）作用下，产生了电磁力 f，$f=Bli$；在此电磁力作用下，导体的运动速度为 v，产生的机械功率为 p_Ω；同时在载流导体内，感生了运动电动势 e。即有

$$p_\Omega=fv=(Bli)v=ei$$

式中，$e=Blv$。e 吸收的电功率为 ei，这部分电功率转换为机械功率 p_Ω，成为转换功率。由转换功率可求得电磁力，$f=p_\Omega/v=ei/v$。

在图 1-19 所示时刻，转子绕组 B-B′在电磁转矩作用下，以线速度 v_r 顺时针旋转，在转子绕组中感生的运动电动势 $e_{\Omega B}$ 为

$$e_{\Omega B}=(\hat{B}_{mA}\sin\theta_r)lv_r 2N_B=\Omega_r\left(\frac{2}{\pi}\hat{B}_{mA}l\tau\right)N_B\sin\theta_r=\Omega_r\psi_{mA}\sin\theta_r \tag{1-80a}$$

式中，$v_r=R_r\Omega_r$。式（1-80a）与式（1-58）具有相同的形式。

也可看成转子静止，而定子相对转子逆时针旋转，此时在定子绕组中感生的运动电动势 $e_{\Omega A}$ 为

$$e_{\Omega A}=(\hat{B}_{mB}\sin\theta_r)lv_r 2N_A=\Omega_r\psi_{mB}\sin\theta_r \tag{1-80b}$$

式（1-80b）与式（1-57）具有相同的形式。

可以判断出 $e_{\Omega B}$ 与 i_B 方向相反，$e_{\Omega A}$ 与 i_A 方向相反，由 $e_{\Omega B}$ 和 $e_{\Omega A}$ 吸收的电功率转换为了机械功率 p_Ω。p_Ω 为定、转子吸收电功率的 1/2，即有

$$p_\Omega=\frac{1}{2}(e_{\Omega A}i_A+e_{\Omega B}i_B)$$

电磁转矩 t_e 则为

$$t_e=\frac{p_\Omega}{\Omega_r}=\frac{1}{\Omega_r}\frac{1}{2}(e_{\Omega A}i_A+e_{\Omega B}i_B)=\frac{1}{\Omega_r}e_{\Omega B}i_B=\frac{1}{\Omega_r}e_{\Omega A}i_A \tag{1-81}$$

将式（1-80a）和式（1-80b）分别代入式（1-81），可得

$$t_e=\psi_{mA}i_B\sin\theta_r=\psi_{mB}i_A\sin\theta_r=i_Ai_BL_{m1}\sin\theta_r \tag{1-82}$$

式（1-82）表明，由转换功率求取电磁转矩，与由机电能量转换虚位移法、“场”的观点和“*Bli*”观点所得的结果一致。图 1-19 中，转子绕组在电磁转矩作用下旋转，同时在绕组内感生了运动电动势，从电源中吸收了电功率，这部分电功率转换为机械功率。由转换功率可求得电磁转矩。

1.4　空间矢量

假设电机为理想电机。理想电机的基本假设如下：

1）定、转子铁心的磁导率 $\mu_{Fe}=\infty$，即忽略了铁心的磁阻，不计铁心损耗。

2）定、转子内外表面设为光滑，不计齿槽影响。

3）气隙中径向磁场为正弦分布，磁场中的谐波忽略不计。

在电机内，可将在空间按正弦分布的物理量以及与其相关的某些物理量表示为空间矢量。

在如图 1-20 所示的电机断面内，可任取一空间复坐标 Re-Im 来表示空间复平面。现取定子 A 相绕组的轴线作为实轴 Re，虚轴 Im 超前 Re 以 90°电角度。若以实轴 Re 作为空间参考轴，则任一空间矢量可表示为

$$\boldsymbol{r}=R\mathrm{e}^{\mathrm{j}\theta} \tag{1-83}$$

式中，R 为空间矢量的模（或幅值）；θ 为空间矢量轴线与参考轴 Re 间的空间电角度，为空间矢量的相位。

图 1-20 中，G 点为空间矢量 $\boldsymbol{r}$ 的顶点，$\boldsymbol{r}$ 在运动中 G 点所描述的空间轨迹称为 $\boldsymbol{r}$ 的运动轨迹。

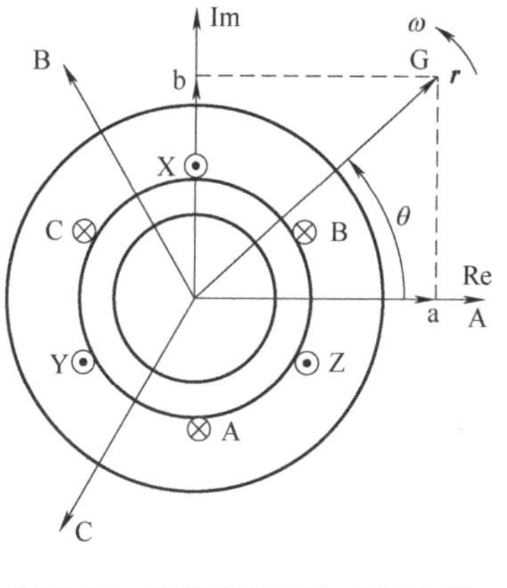

图 1-20　空间复平面与空间矢量

式（1-83）为空间矢量表达式的指数形式。根据欧拉公式 $\mathrm{e}^{\mathrm{j}\theta}=\cos\theta+\mathrm{j}\sin\theta$，还可以将式（1-83）表示为

$$\boldsymbol{r}=R\cos\theta+\mathrm{j}R\sin\theta \tag{1-84}$$

或者

$$\boldsymbol{r}=a+\mathrm{j}b \tag{1-85}$$

式中，$a=R\cos\theta$；$b=R\sin\theta$。

式（1-84）和式（1-85）分别为空间矢量的三角函数表达式和代数表达式。

1.4.1 磁动势矢量

图 1-10 所示的径向气隙磁场是由定子 A 相绕组磁动势产生的，当由安培环路定律计算相电流 i_A 在气隙中产生的磁场强度时，可将图 1-21a 中每一径向穿过气隙的闭合回路视为积分路径。无论取哪一个闭合回路为积分路径，所得的单边气隙磁位降均为 $N_Ai_A/2$，故气隙中各处的磁位降大小相等。如图 1-21a 所示，当 $i_A>0$ 时，在线圈边 A-A′所构成平面的左侧，磁动势方向由定子内缘指向气隙，而在该平面右侧，磁动势方向则由气隙指向定子内缘，由此将磁动势分为两部分，在气隙中形成了一个一正一负、矩形分布的磁动势波，幅值大小各为 $N_Ai_A/2$，如图 1-21b 所示，此磁动势波建立了如图 1-11 所示的矩形波磁场。

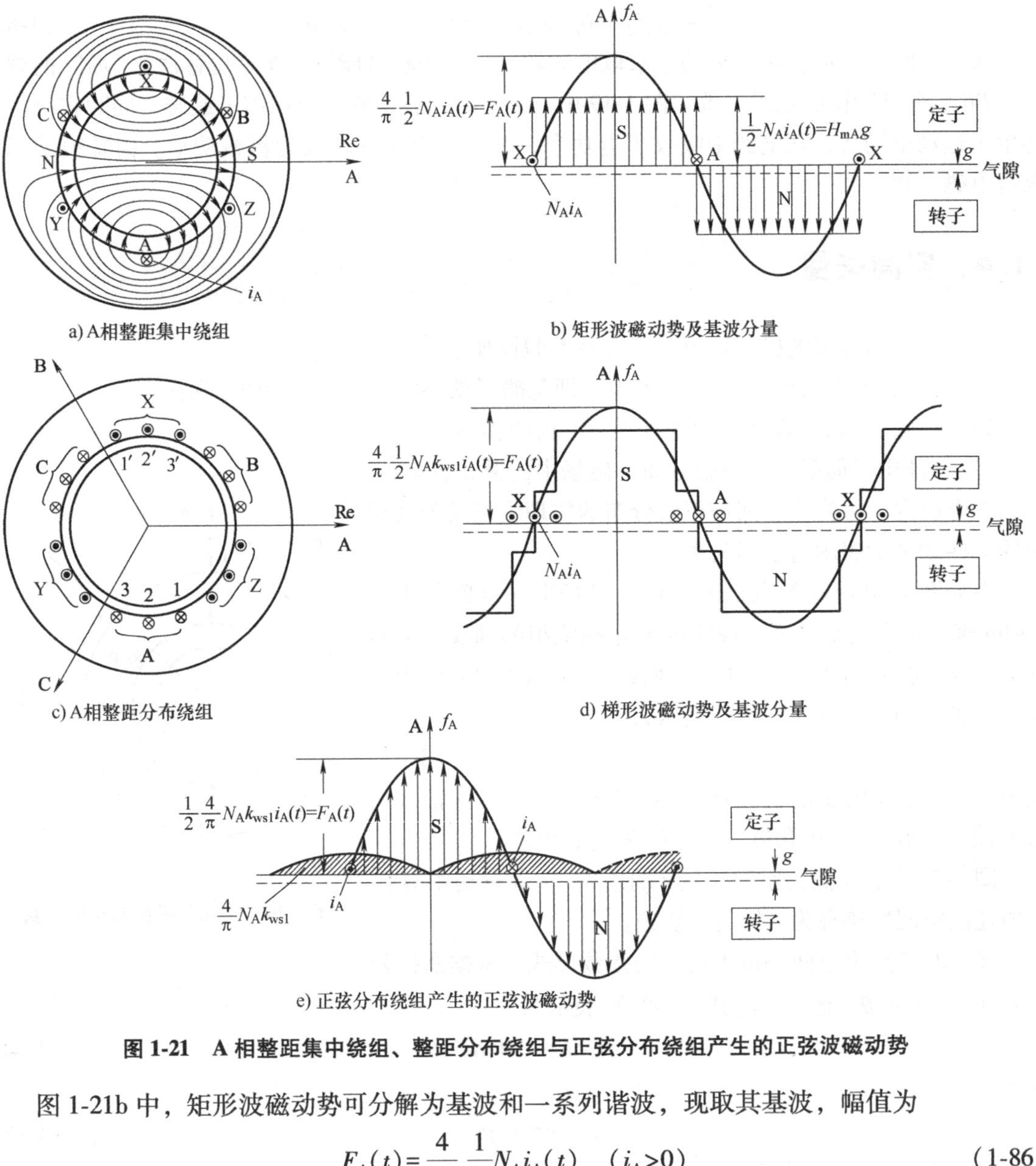

a) A相整距集中绕组

b) 矩形波磁动势及基波分量

c) A相整距分布绕组

d) 梯形波磁动势及基波分量

e) 正弦分布绕组产生的正弦波磁动势

图 1-21 A 相整距集中绕组、整距分布绕组与正弦分布绕组产生的正弦波磁动势

图 1-21b 中，矩形波磁动势可分解为基波和一系列谐波，现取其基波，幅值为

$$F_A(t)=\frac{4}{\pi}\frac{1}{2}N_Ai_A(t)\quad(i_A>0)\tag{1-86}$$

定义 $i_A(t)$ 为正值时，相绕组磁动势基波幅值所在处的径向线为基波磁动势的轴线，又定

义其为相绕组的轴线。当气隙均匀时，基波磁动势与其产生的基波磁场轴线一致。图 1-11 中的基波磁场可认为是由基波磁动势产生的。

采用分布和短距绕组可以削弱或消除磁动势波中的某些次谐波，使磁动势更接近于正弦分布。图 1-21c 中，定子 A 相绕组为整距分布绕组，3 个整距线圈 1-1′、2-2′、3-3′依次分布在 6 个槽内，各线圈匝数相同且为串联连接，总匝数仍为 N_A。每个整距线圈产生的磁动势仍为矩形波，且幅值相同。由于矩形波磁动势在空间相隔一定角度，因此将 3 个矩形波逐点相加，所得合成磁动势是一个阶梯波，如图 1-21d 所示。在以后的分析中可知，还可以采用短距分布绕组，使阶梯形磁动势更接近于正弦波，其基波幅值可表示为

$$F_A(t)=\frac{4}{\pi}\frac{1}{2}N_A k_{ws1} i_A(t) \quad (i_A>0) \tag{1-87}$$

式中，$k_{ws1}<1$，称为相绕组基波磁动势的绕组因数，表示在总匝数 N_A 不变条件下，将整距集中绕组改为短距分布绕组后，基波磁动势幅值相对减小的幅度。对于整距集中绕组，$k_{ws1}=1$；对于短距分布绕组，$k_{ws1}<1$，$N_A k_{ws1}$ 为相绕组有效匝数。

既然通过绕组的分布形式可以改善磁动势的波形，那么满足什么条件，可由相绕组直接产生完全正弦分布的磁动势呢？图 1-21e 中，假设 A 相绕组的导体在空间连续排列且按正弦规律分布（称为正弦分布绕组），如图 1-22 所示，其总匝数为 $\frac{4}{\pi}N_A k_{ws1}$，通入电流仍为 $i_A(t)(i_A>0)$。设绕组空间密度（单位弧度内匝数）最大值为 η_{Amax}，则有

$$\int_0^{\pi}\eta_{Amax}\sin\theta_s \mathrm{d}\theta_s=\frac{4}{\pi}N_A k_{ws1}$$

可得

$$\eta_{Amax}=\frac{2}{\pi}N_A k_{ws1} \tag{1-88}$$

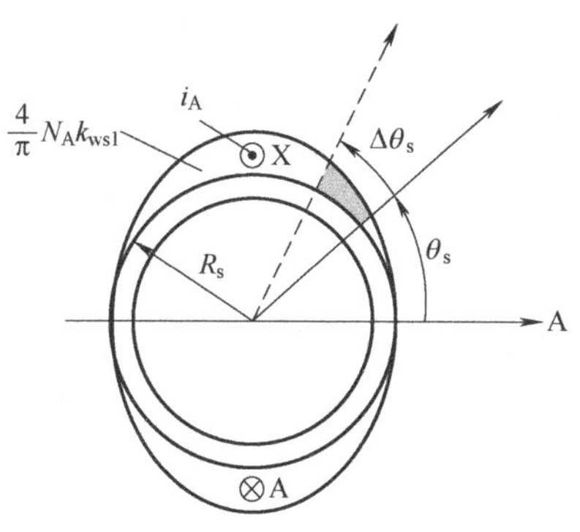

图 1-22　正弦分布的相绕组

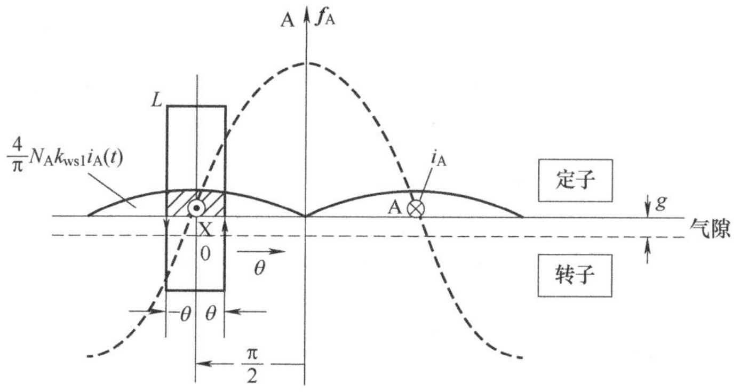

图 1-23　正弦分布绕组产生的磁动势

图 1-23 中，A 相绕组为正弦分布绕组。在 $\theta=0°$处，即在绕组空间密度幅值处，取一窄小的闭合回路 L，环行方向与电流 i_A 正方向符合右手螺旋关系。

由安培环路定律，可得

$$2H_{mA}g=\int_{-\theta}^{\theta}i_A(t)\eta_{Amax}\cos\theta \mathrm{d}\theta$$

则有

$$f_A = H_{mA}g = \frac{4}{\pi}\frac{1}{2}N_A k_{ws1} i_A(t)\sin\theta = F_A(t)\sin\theta \quad (i_A>0) \tag{1-89}$$

磁动势波f_A 的幅值为

$$F_A(t) = \frac{4}{\pi}\frac{1}{2}N_A k_{ws1} i_A(t) \quad (i_A>0) \tag{1-90}$$

式（1-89）中，在$\theta=0$处，磁动势$f_A=0$；随着闭合回路的左右扩展，闭合回路包围的安匝数随之增大，磁动势则按正弦规律变化；当闭合回路包围了一个极下的所有安匝时，于A轴处f_A 达到最大值。

式（1-90）与式（1-87）具有相同的形式，说明短距分布绕组与正弦分布绕组产生了同一正弦分布磁动势，就产生正弦波磁动势f_A 而言，可将短距分布相绕组等效为正弦分布相绕组；也可以理解为，式（1-86）和式（1-87）表示的基波磁动势分别是由等效的正弦分布绕组产生的，该正弦分布绕组的匝数为原绕组有效匝数的$4/\pi$倍。

若取A轴为空间参考轴，角度θ_s 正方向如图1-24a所示，则f_A 可表示为

$$f_A = F_A(t)\cos\theta_s \tag{1-91}$$

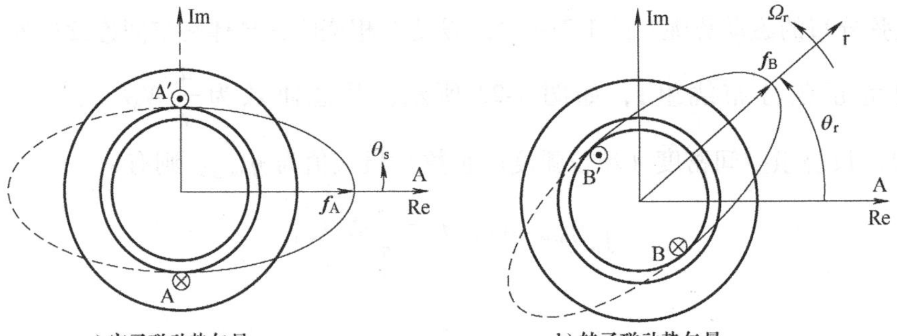

a) 定子磁动势矢量　　b) 转子磁动势矢量

图1-24　定、转子磁动势矢量

式（1-91）表明，f_A 表示的是整个正弦分布的磁动势波，而不仅仅是某一点的磁动势。f_A 的空间分布如图1-24a所示，显然可将这个正弦分布的磁动势波表示为空间矢量，记为$\boldsymbol{f}_A$。在以A轴为实轴的空间复平面内，则有

$$\boldsymbol{f}_A = F_A(t)e^{j0^\circ} = \frac{4}{\pi}\frac{1}{2}N_A k_{ws1} i_A(t)e^{j0^\circ} \tag{1-92}$$

式（1-92）表明，当$i_A(t)>0$时，$F_A(t)>0$，$\boldsymbol{f}_A$ 相位为零，表示$\boldsymbol{f}_A$ 的方向与A轴一致；当$i_A(t)<0$时，$F_A(t)<0$，$\boldsymbol{f}_A = |F_A(t)|e^{j180^\circ}$，$\boldsymbol{f}_A$ 相位为180°，其方向与A轴相反。

对于图1-9中的转子绕组B，无论绕组形式是集中还是分布的，总可以将其等效为正弦分布绕组，可将其产生的正弦波磁动势表示为空间矢量，如图1-24b所示。则有

$$\boldsymbol{f}_B = F_B(t)e^{j\theta_r} \tag{1-93}$$

式中，θ_r 为相位角，$\theta_r = \int_0^t \Omega_r dt + \theta_{r0}$；$\Omega_r$ 为转子瞬时机械角速度；θ_{r0}为初始相位角。

由图1-21可以看出，相绕组磁动势具有如下的时空特征：①磁动势波的波形（矩形波、阶梯波、正弦波）仅决定于空间因素，即决定于相绕组的结构形式（整距集中、短距分布、正弦分布），而与相电流（时间变量）的波形无关；②相绕组结构和匝数确定后，基波磁动势的幅值和方向将仅决定于相电流的瞬时值（大小和正负）；③任何波形的（时间）相电流均

可产生沿相绕组轴线正弦分布（基波）的（空间）磁动势波（磁动势矢量）。

实际上，由式（1-87）也可以看出，当 N_A 一定时，$\frac{4}{\pi}\frac{1}{2}N_A k_{ws1}$ 仅决定于绕组的结构形式（整距集中绕组 $k_{ws1}=1$，短距分布绕组 $k_{ws1}<1$），反映了相绕组结构不同，产生基波磁动势的能力不尽相同，而一旦绕组结构形式确定后，$F_A(t)$ 就仅决定于相电流的瞬时值 $i_A(t)$。例如，图 1-24a 中，$i_A(t)$ 随时间变化的波形若如图 1-25a 所示，则在 $0\sim t_1$ 时间内，$\boldsymbol{f}_A$ 将与 A 轴一致，幅值大小将按正弦规律变化，最大值决定于相电流幅值；在 $t_1\sim t_2$ 时间内，$\boldsymbol{f}_A$ 则与 A 轴反向，但幅值仍按照正弦规律变化；亦即，$\boldsymbol{f}_A$ 是一个沿着 A 轴脉动的基波磁动势，脉动规律将决定于相电流 $i_A(t)$ 的时变规律。若 $i_A(t)$ 的时变波形如图 1-25b 所示，则 $\boldsymbol{f}_A$ 将是一个静止的基波磁动势，只有电流 $i_A(t)$ 改变方向时，$\boldsymbol{f}_A$ 才会改变方向。若 $i_A(t)$ 的时变波形如图 1-25c 所示，则可看出，$i_A(t)$ 实为一个变化不规则的动态电流，此时 $\boldsymbol{f}_A$ 虽仍为空间正弦分布的磁动势波，但其幅值和方向将随电流在时域内的变化而变化。

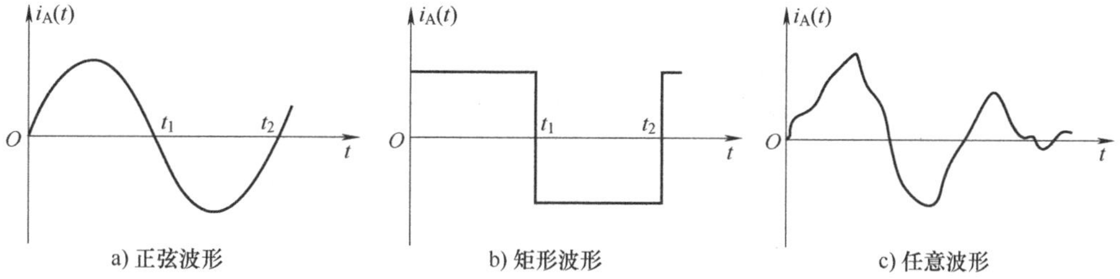

图 1-25　定子相电流波形

相绕组电流在时域内不仅可以是正弦电流，也可以是非正弦电流；不仅可以是稳态电流，也可以是动态电流。这表明，运用磁动势矢量，不仅可以分析电机稳态运行，也可以分析电机动态运行。

1.4.2　电流矢量

图 1-22 中，正弦分布绕组 A-X 通入相电流 $i_A(t)$ 后，便以安匝形态在空间按正弦规律分布。于是可将相绕组安匝效应等效为沿定子内缘分布的面电流，而面电流密度按正弦规律分布。

设面电流密度（单位周长上的安匝数）的幅值为 $\hat{J}_A$，定子内圆半径为 R_s，则有

$$\int_0^{\pi}\hat{J}_A\sin\theta_s R_s \mathrm{d}\theta_s = \frac{4}{\pi}N_A k_{ws1} i_A$$

可得

$$\hat{J}_A = \frac{4}{\pi}\frac{N_A k_{ws1}}{2R_s} i_A \tag{1-94}$$

式（1-94）表明，定子内圆半径确定后，面电流密度幅值便决定于相绕组有效匝数 $N_A k_{ws1}$ 和电流 i_A。这意味着，匝数仅起倍比作用，而不会改变相电流正弦分布的实质。从这一角度看，可将相电流表示为空间矢量 $\boldsymbol{i}_A$。

由图 1-23 可以看出，定子电流为正时，产生的基波磁动势其轴线即为 A 轴。若取 A 轴为实轴，则可将 $\boldsymbol{i}_A$ 表示为

$$\boldsymbol{i}_A = i_A(t)\mathrm{e}^{\mathrm{j}0°} \tag{1-95}$$

当 $i_A(t)<0$ 时，$\boldsymbol{i}_A$ 将与 A 轴方向相反。

由式（1-92）和式（1-95），可得

$$\boldsymbol{f}_A=\frac{4}{\pi}\ \frac{1}{2}N_A k_{ws1}\boldsymbol{i}_A \tag{1-96}$$

式（1-96）表明，$\boldsymbol{f}_A$ 与 $\boldsymbol{i}_A$ 间仅存有倍比关系，$\boldsymbol{f}_A$ 与 $\boldsymbol{i}_A$ 的方向始终一致，如图 1-26 所示。

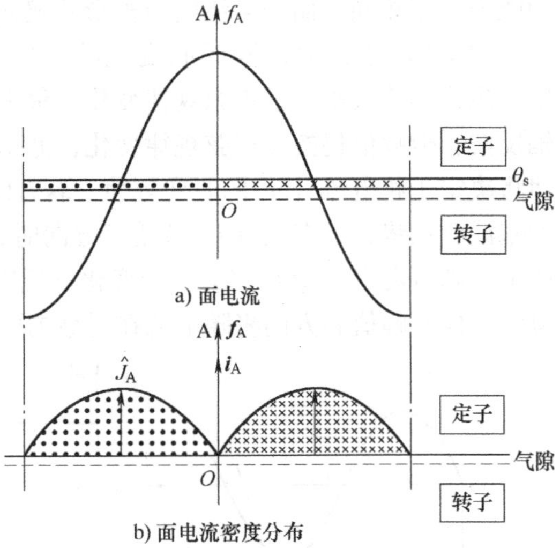

图 1-26 面电流及面电流密度分布

在时域内控制相电流 $i_A(t)$，实则在控制 $\boldsymbol{i}_A$（沿 A 轴正弦分布的面电流），进而在控制 $\boldsymbol{f}_A$（沿 A 轴正弦分布的磁动势波），也就是在控制 A 相绕组建立的正弦分布径向磁场（基波磁场的幅值和方向），体现了电流空间矢量具有的时空特征和作用。这在交流电机矢量控制中具有十分重要的意义。

同理，可将图 1-9 中转子电流 $i_B(t)$ 表示为空间矢量 $\boldsymbol{i}_B$，在空间复平面内，若以 A 轴为实轴，则有

$$\boldsymbol{i}_B=i_B(t)\,e^{j\theta_r} \tag{1-97}$$

应该指出的是，电流矢量是由正弦波磁动势衍生而来，亦即只有在磁动势按正弦分布（或者仅对于其基波）时，时域内电流才被赋予了空间矢量的含义。

1.4.3 磁链矢量

电机气隙内磁场应为正弦分布，这是能够运用空间矢量分析电机运行的前提和基础。图 1-9 中，A 相绕组在气隙中产生的基波磁场如图 1-27a 所示。图中，f_A 表示沿轴线 A 正弦分布的磁动势波，磁动势波上每一点的磁动势值大小等于该处的气隙磁位降，决定了磁场强度 $\boldsymbol{H}_{mA}$，亦即 f_A 的作用是在气隙中产生了整个正弦分布径向磁场，而不是某一点的磁场。气隙中正弦分布径向 $\boldsymbol{H}_{mA}$ 场产生了正弦分布的径向 $\boldsymbol{B}_{mA}$ 场，两个磁场的轴线均与磁动势矢量 $\boldsymbol{f}_A$ 一致，如图 1-27b 所示。磁场强度 H 和磁感应强度 B 是描述磁场空间分布的基本物理量，但是某一点的 H 与 B（微观磁场量）不能代表整个正弦分布磁场及其对外作用，所以不能将它们表示为空间矢量。

在 1.2 节中，采用虚位移法，由 $\partial W'_m/\partial\theta_r$ 求取电磁转矩时，考虑的是整个正弦分布气隙磁场的储能，而不是气隙中某一点的磁能；当采用“Bli”观点求取电磁转矩时，涉及的也是气隙中整个基波磁场，而不仅仅是某一点的磁场值，因此，在转矩表达式（1-78）和式（1-79）中，定、转子基波磁场的整体作用最终是体现在物理量磁链上，实质是反映在磁通上。

在图 1-27b 中，磁通 ϕ_{mA} 可表示为

$$\phi_{mA}=\int_{-\frac{\pi}{2}}^{\frac{\pi}{2}}\hat{B}_{mA}\cos\theta_s lR_s\,d\theta_s=\frac{2}{\pi}\hat{B}_{mA}l\tau \tag{1-98}$$

式（1-98）中，磁通 ϕ_{mA} 表示的是磁感应强度（磁密）B_{mA} 在一个极下的集合（积分值），表示的是气隙中整个的正弦分布磁场，更客观地反映了磁场的整体性。于是，可将 ϕ_{mA} 定义为空间矢量，$\boldsymbol{\phi}_{mA}$ 的模可由式（1-98）求得，在电机结构确定后，$\boldsymbol{\phi}_{mA}$ 大小仅与 $\hat{B}_{mA}$ 成正比，而

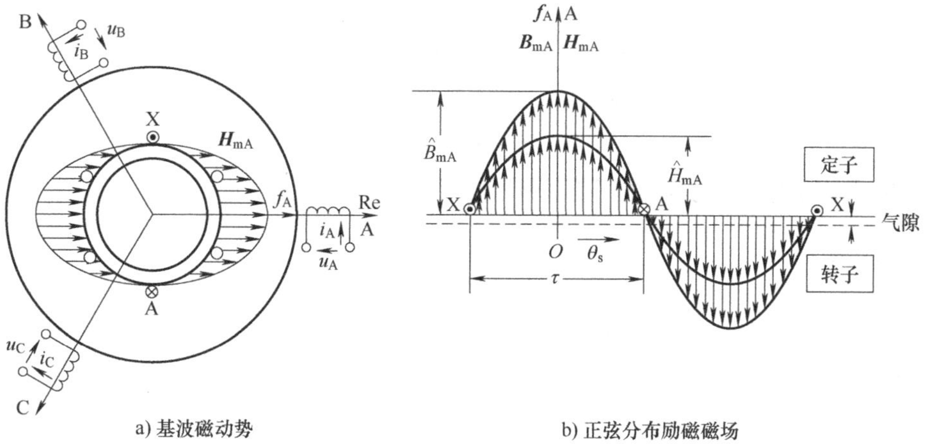

a) 基波磁动势　　b) 正弦分布励磁磁场

图 1-27　A 相绕组产生的正弦分布励磁磁场

$\hat{B}_{mA}$反应了正弦分布磁场的强弱；$\boldsymbol{\phi}_{mA}$的方向和空间相位则与正弦分布磁场轴线一致。应该指出，只有与基波磁场及其空间分布状态联系在一起时，原本为标量的磁通才被赋予了空间矢量的含义。

A 相绕组的励磁磁链可表示为

$$\boldsymbol{\psi}_{mA}=N_A k_{ws1}\boldsymbol{\phi}_{mA}$$

可以看出，ψ_{mA}与 ϕ_{mA}仅存在固定的倍比关系，故可将磁链定义为空间矢量。定义磁链矢量的实际意义在于，磁链矢量中注入了有效匝数因素。事实证明，这会给感应电动势和转矩的分析与计算，以及空间矢量分析与控制带来极大的方便。例如，图 1-19 中，作用于转子的电磁转矩如式（1-78）所示，即有

$$t_e=\boldsymbol{\phi}_{mA}N_B i_B\sin\theta_r \tag{1-99}$$

式（1-99）表明，转矩是转子绕组（安匝数为 $N_B i_B$）在定子基波磁场作用下生成的。若仅将 $\boldsymbol{\phi}_{mA}$和 i_B 定义为空间矢量，则转矩表达式中会存留匝数 N_B。现因定、转子匝数相同 $N_B=N_A$，故可得

$$t_e=\boldsymbol{\phi}_{mA}N_A i_B\sin\theta_r=\psi_{mA}i_B\sin\theta_r$$

由于将 ψ_{mA}定义为空间矢量，不仅很好地解决了这一问题，也客观地反映了转子电流（安匝）在定子基波磁场整体作用下生成转矩的物理事实。

从电磁场角度看，定、转子基波磁场归根结底是由定、转子电流产生的。例如，定子电流矢量 $\boldsymbol{i}_A$ 的励磁路径可用图 1-28 来表示。可以看出，$\boldsymbol{\psi}_{mA}$与 $\boldsymbol{i}_A$ 具有因果关系。由于气隙均匀且不记铁心损耗，故有 $\boldsymbol{\psi}=L\boldsymbol{i}$，可得

$$\boldsymbol{\psi}_{mA}=L_{m1}\boldsymbol{i}_A$$

亦即，通过 A 相绕组励磁电感 L_{m1}，可由 $\boldsymbol{i}_A$ 直接获得 $\boldsymbol{\psi}_{mA}$，若无特殊需要，已不必通过$\boldsymbol{f}_A$和 $\boldsymbol{\phi}_{mA}$来计算 $\boldsymbol{\psi}_{mA}$。

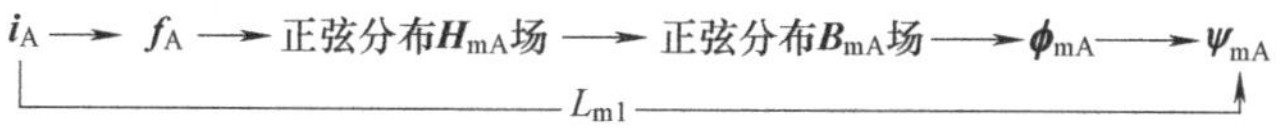

图 1-28　定子电流矢量 $\boldsymbol{i}_A$ 的励磁路径

气隙磁场是机电能量转换的媒介，气隙磁场由电流产生。如 1.3 节所述，无论是从定、

转子磁场相互作用的角度，还是从“*Bli*”角度来分析转矩生成，定、转子磁链和电流均是不可或缺的元素，因此磁链矢量和电流矢量是非常重要的物理量。

同理，可将图 1-9 中转子基波磁场 ψ_{mB} 表示为空间矢量，若取 A 轴为实轴，则有

$$\boldsymbol{\psi}_{mB}=\psi_{mB}e^{j\theta_r} \tag{1-100}$$

式中，ψ_{mB} 为 $\boldsymbol{\psi}_{mB}$ 的模；θ_r 为 $\boldsymbol{\psi}_{mB}$ 的空间相位角。

1.4.4 电压矢量

图 1-9 中，定、转子绕组端电压 u_A 和 u_B 可以为任意波形和任一时刻瞬时值。两绕组时域内的相电压方程可表示为

$$u_A=R_Ai_A-e_A=R_Ai_A+\frac{d\psi_A}{dt} \tag{1-101}$$

$$u_B=R_Bi_B-e_B=R_Bi_B+\frac{d\psi_B}{dt} \tag{1-102}$$

式（1-101）和式（1-102）表明，对定、转子绕组而言，u_A 和 u_B 相当于外部激励，可以通过调节相电压改变相电流或磁链，进而改变作用于相绕组轴线上的基波磁动势和磁场；另一方面，既然可将式中的电流和磁链表示为空间矢量，端电压和感应电动势也应为空间矢量，两者作用方向一定与相绕组轴线一致或相反。但应指出，只有将外加相电压和感应电动势与绕组所产生的基波磁动势和磁场联系起来时，两者才被赋予了空间矢量的含义。

电磁感应定律同样适用于空间矢量分析，即有

$$\boldsymbol{e}=-\frac{d\boldsymbol{\psi}}{dt} \tag{1-103}$$

利用式（1-103），由磁链矢量可直接获得感应电动势矢量。

在一定条件下，可将式（1-103）表示为

$$\boldsymbol{e}=-L\frac{d\boldsymbol{i}}{dt} \tag{1-104}$$

在电机矢量控制中，可以通过控制外加电压矢量来有效控制电流矢量，进而控制电磁转矩，将这种控制方式称为矢量控制；也可以通过控制外加电压矢量来控制磁链矢量，以达到控制电磁转矩的目的，通常将这种控制方式又称为直接转矩控制。

1.5 空间矢量与转矩生成

1.5.1 定、转子面电流及气隙磁场

图 1-9 中的机电装置也可为多极，现假设 $p_0=2$，p_0 为极对数，如图 1-29a 所示，此时定子整距集中绕组具有两组线圈，两组线圈首尾相连，形成了串联结构，总匝数为 N_s，定子绕组通入正向电流($i_A>0$)时，定子基波磁场路径和定子极性如图 1-29b 所示。图中，A 轴为定子绕组轴线，转子绕组结构与定子完全相同，其总匝数 $N_r=N_s=N_1$，转子电流 $i_B>0$ 时，在转子上同样构成了 4 极励磁磁场。按图 1-21 所示原则，可将定、转子绕组等效为正弦分布绕组，如图 1-29c 所示。

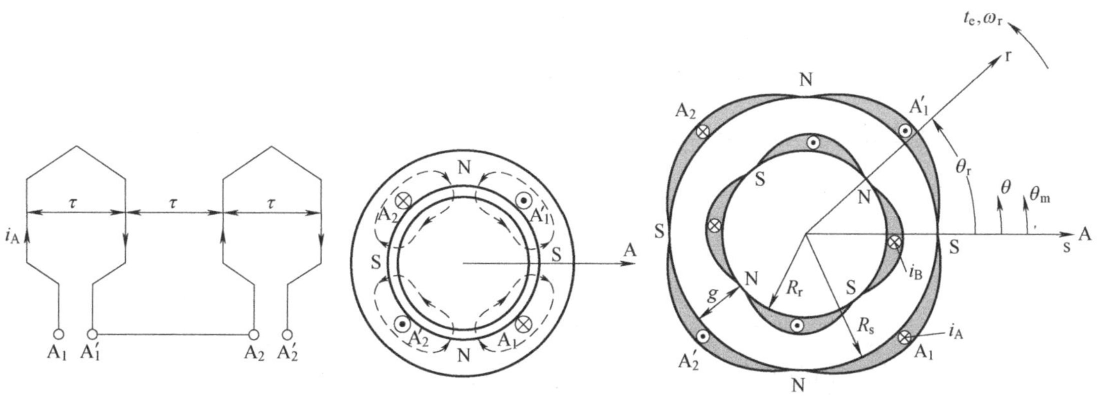

a) 整矩集中绕组的串联结构　b) 定子励磁磁场的路径与定子内缘极性　c) 将定、转子绕组等效为正弦分布绕组

图 1-29　极对数 $p_0=2$ 的机电装置

同取 s(A) 轴为空间复平面实轴和空间参考轴；转子旋转方向和电磁转矩正方向与图 1-9 设定的相同；θ_m 为机械角度；θ 为电角度，$\theta=p_0\theta_m$；θ_r 为转子轴线 r 的空间相位角（电角度）；$\omega_r=p_0\Omega_r$，ω_r 为转子瞬时电角速度。

下面计算定子面电流在气隙内建立的径向和切向基波磁场，以及两者的空间分布情况。假设定、转子铁心的磁导率 $\mu_{Fe}=\infty$。

图 1-30 给出了定子面电流的空间分布，面电流密度的幅值为 $\hat{J}_A$，若定子绕组原为整距分布或短距分布绕组，则有

$$\int_0^{\pi/p_0}\hat{J}_A\sin p_0\theta_m R_s \mathrm{d}\theta_m=\frac{4}{\pi}\frac{N_1k_{ws1}}{p_0}i_A$$

可得

$$\hat{J}_A=\frac{4}{\pi}\frac{N_1k_{ws1}}{2R_s}i_A \tag{1-105}$$

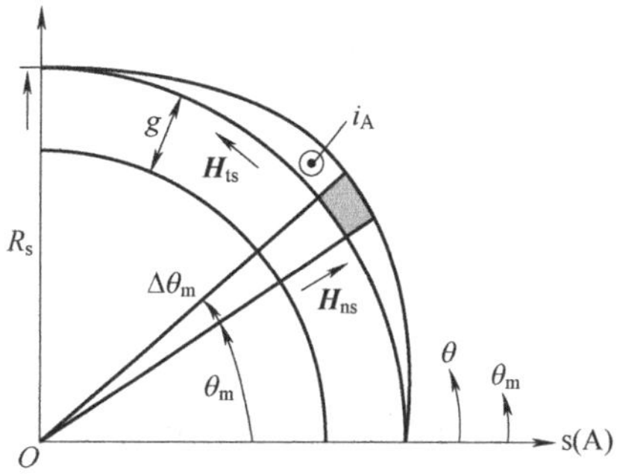

图 1-30　定子面电流产生的气隙磁场

式（1-105）与式（1-94）具有相同的形式。

定子面电流在气隙中建立了径向磁场 $\boldsymbol{H}_{ns}$（相当于 1.1~1.3 节中的 $\boldsymbol{H}_{mA}$）和切向磁场 $\boldsymbol{H}_{ts}$，其正方向如图 1-30 所示。位于 θ_m 处的 $\boldsymbol{H}_{ns}(\theta_m)$ 可表示为

$$2H_{ns}(\theta_m)g=\int_{\theta_m}^{\theta_m+\pi/p_0}\hat{J}_A\sin p_0\theta_m R_s\mathrm{d}\theta_m$$

则有

$$H_{ns}=\frac{R_s}{p_0g}\hat{J}_A\cos p_0\theta_m=\frac{R_s}{p_0g}\hat{J}_A\cos\theta \tag{1-106}$$

式（1-106）表明，$\boldsymbol{H}_{ns}$ 在气隙内按正弦规律分布，磁场轴线与 s 轴一致，幅值为

$$\hat{H}_{ns}=\frac{R_s}{p_0g}\hat{J}_A$$

安培环路定律的微分形式为 $\mathrm{rot}\boldsymbol{H}=\boldsymbol{J}$，可知定子面电流在定子内缘上建立的切向磁场 H_{ts} 大小等于 J_A，在图 1-30 所示的 $\boldsymbol{H}_{ts}$ 和 $\boldsymbol{J}_A$ 正方向下，则有

$$H_{ts}=-\hat{J}_A\sin p_0\theta_m=-\hat{J}_A\sin\theta \tag{1-107}$$

式（1-107）表明，切向磁场 $\boldsymbol{H}_{ts}$ 在定子内缘为正弦分布，且有 $\hat{H}_{ts}=\hat{J}_A$。

式（1-106）和式（1-107）表明，$\boldsymbol{H}_{ns}$ 与 $\boldsymbol{H}_{ts}$ 的空间相位相差 90°电角度，在图 1-30 中，$\hat{H}_{ns}$ 位于 s 轴处（此处为 $\boldsymbol{f}_A$ 幅值处，$\boldsymbol{J}_A=0$），$\hat{H}_{ts}$ 位于 $\theta=\dfrac{\pi}{2}$ 处（此处的 $\boldsymbol{f}_A=0$，$J_A=\hat{J}_A$）；两者的幅值关系为

$$\hat{H}_{ns}=\frac{R_s}{p_0 g}\hat{H}_{ts} \tag{1-108}$$

通常情况下，$R_s \gg g$，故有 $\hat{H}_{ns}\gg\hat{H}_{ts}$，可知 $\hat{B}_{ns}\gg\hat{B}_{ts}$。对于转子而言，同样有 $\hat{B}_{nr}\gg\hat{B}_{tr}$。所以在计算气隙磁场储能时常将切向磁场的作用忽略不计。

1.5.2 气隙内磁场强度的分布

图 1-31 中，转子面电流正方向为由里向外，$\boldsymbol{H}_{nr}$ 和 $\boldsymbol{H}_{tr}$ 分别为转子面电流建立的径向和切向磁场，其正方向如图中所示。

对于窄小的闭合路径 *ABEF* 和 *ACDF*，由安培环路定律分别可得

$$(-H_{nr\theta_m+\Delta\theta_m}+H_{nr\theta_m})(g-x)-H_{tr\theta_m}R_r\Delta\theta_m=0 \tag{1-109}$$

$$(-H_{nr\theta_m+\Delta\theta_m}+H_{nr\theta_m})g-J_B(\theta_m)R_r\Delta\theta_m=0 \tag{1-110}$$

式中，R_r 为转子半径。

由式（1-109）和式（1-110），可得

$$H_{tr\theta_m}=J_B(\theta_m)\frac{g-x}{g} \tag{1-111}$$

可知

$$H_{tr\theta_m}\big|_{x=0}=J_B(\theta_m)$$

$$H_{tr\theta_m}\big|_{x=g}=0$$

式（1-111）表明，转子面电流 J_B 在气隙中建立的切向磁场 H_{tr} 与 x 呈线性关系，在转子表面，H_{tr} 等于面电流 $J_B(\theta_m)$，而至定子内表面其值便衰减为零，同理定子面电流产生的切向磁场亦如此，因此定子或转子电流产生的切向磁场均不能穿过气隙而进入对方铁心，说明切向磁场的性质属于漏磁场范畴，不能作为机电能量转换耦合场。但是，切向磁场在能量传递中却起着十分重要的作用。应强调的是，这里所说的漏磁场是针对图 1-31 中等效面电流而言的，并非实际转子绕组产生的漏磁场。

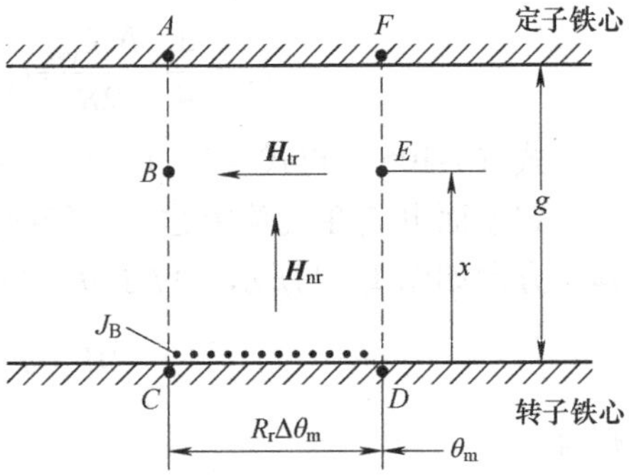

图 1-31 转子面电流产生的漏磁场和气隙磁场

定、转子电流在气隙中产生的径向磁场其大小与 x 无关，且可以穿过气隙进入对方铁心，属于励磁磁场。在负载条件下，气隙中的径向基波磁场实为定、转子径向基波磁场的合成磁场，称为气隙磁场。

图 1-29c 中定、转子面电流及其产生的径向、切向基波磁场，在电机气隙中的空间分布如图 1-32 所示。由于定、转子绕组轴线间存在空间相位差，故转子绕组的物理量相对于定子在空间分布上均呈现了滞后。

1.5.3　磁链矢量与转矩生成

根据电磁场理论，可得作用于转子表面的切向磁应力为

$$t_{tr}=B_{ns}H_{tr} \tag{1-112}$$

由图 1-32，可将式（1-112）表示为

$$t_{tr}=\hat{B}_{ns}\cos\theta\hat{H}_{tr}\sin(\theta-\theta_r) \tag{1-113}$$

且有

$$\hat{H}_{tr}=\frac{p_0g}{R_r}\hat{H}_{nr}=\frac{1}{\mu_0}\frac{p_0g}{R_r}\hat{B}_{nr} \tag{1-114}$$

作用于转子的电磁转矩则为

$$\begin{aligned}t_e &=\int_0^{2\pi}R_rlt_{tr}R_r\mathrm{d}\theta_m\\ &=\frac{1}{\mu_0}p_0lR_rg\hat{B}_{ns}\hat{B}_{nr}\int_0^{2\pi}\frac{1}{2}[\sin(2p_0\theta_m-\theta_r)-\sin\theta_r]\mathrm{d}\theta_m\\ &=-\frac{1}{\mu_0}p_0lR_rg\pi\hat{B}_{ns}\hat{B}_{nr}\sin\theta_r\end{aligned} \tag{1-115}$$

式（1-115）中，等式右端积分式中第 1 项为周期函数，积分结果为零，第 2 项为平均值。若令 $p_0=1$，式（1-115）便于式（1-64）具有相同的形式，其中 $\hat{B}_{ns}=\hat{B}_{mA}$，$\hat{B}_{nr}=\hat{B}_{mB}$，$R_r\approx R$。

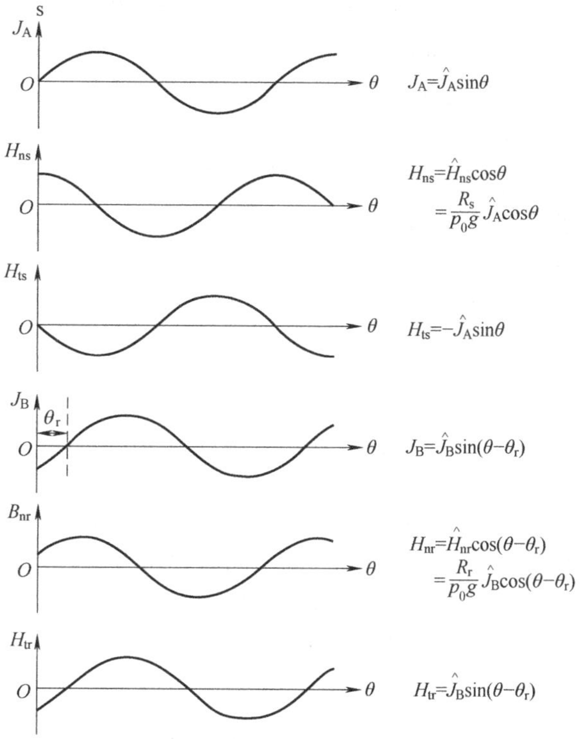

图 1-32　定、转子面电流和由其建立的径向、切向基波磁场的空间分布

可将式（1-115）改为

$$t_e=-p_0\frac{1}{L_{m1}}\psi_{mA}\psi_{mB}\sin\theta_r \tag{1-116}$$

其中

$$\psi_{mA}=N_1k_{ws1}\phi_{mA}=N_1k_{ws1}\frac{2}{\pi}\hat{B}_{ns}l\tau$$

$$\psi_{mB}=N_1k_{ws1}\phi_{mB}=N_1k_{ws1}\frac{2}{\pi}\hat{B}_{nr}l\tau$$

$$L_{m1}=\mu_0\frac{4}{\pi^2}\frac{\tau l}{g}\frac{(N_1k_{ws1})^2}{p_0} \tag{1-117}$$

或者

$$L_{m1}=\mu_0\frac{4}{\pi}\frac{Rl}{g}\left(\frac{N_1k_{ws1}}{p_0}\right)^2 \tag{1-118}$$

根据图 1-33 所示的矢量运算规则 $\boldsymbol{a}\times\boldsymbol{b}=|\boldsymbol{a}||\boldsymbol{b}|\sin\theta$（$\theta$ 为按右手法则，由 $\boldsymbol{a}$ 至 $\boldsymbol{b}$ 的空间电角度），可将式（1-116）表示为矢量积形式；图 1-29c 中，按右手法则，θ_r 为 $\boldsymbol{\psi}_{mA}$ 至 $\boldsymbol{\psi}_{mB}$ 的空间电角度，则有

$$t_e=-p_0\frac{1}{L_{m1}}\boldsymbol{\psi}_{mA}\times\boldsymbol{\psi}_{mB} \tag{1-119}$$

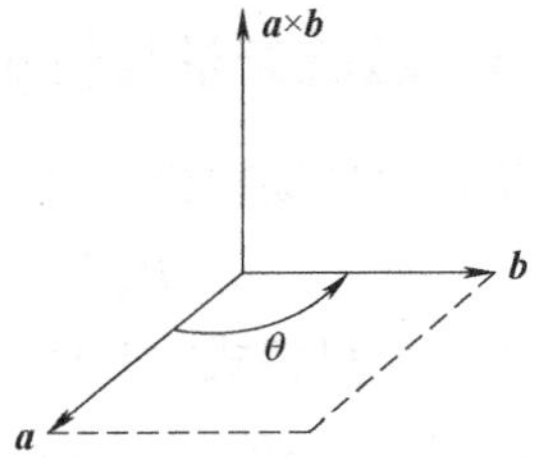

图 1-33　空间矢量的矢量积运算

式（1-115）与式（1-64）具有相同的形式，说明由磁应力和虚位移法求取电磁转矩会得到相同的结果。原因是转子面电流在产生切向磁场 $\boldsymbol{H}_{tr}$ 的同时，还会产生径向磁场 $\boldsymbol{H}_{nr}(\boldsymbol{B}_{nr})$，两者关系见式（1-114）。这意味着 $\boldsymbol{H}_{tr}$ 在与定子径向磁场 $\boldsymbol{B}_{ns}$ 作用产生磁应力的同时，$\boldsymbol{B}_{nr}$ 还会与 $\boldsymbol{B}_{ns}$ 一起构成气隙磁场 $\boldsymbol{B}_n$，也可以认为是定、转子基波磁场相互作用，在一定条件下使气隙磁场发生畸变，改变了气隙磁场储能，产生了电磁转矩。定、转子基波磁场的这种相互作用关系在微观上体现于式（1-115）中，在宏观上则体现于式（1-119）中，$\boldsymbol{\psi}_{mA}$ 和 $\boldsymbol{\psi}_{mB}$ 代表了定、转子基波磁场，矢量积“×”形象地表达了这两个磁场的相互作用关系，$\boldsymbol{\psi}_{mA}\times\boldsymbol{\psi}_{mB}$ 表示转矩逆时针作用于定子，作用于转子的转矩则与其大小相等、方向相反。

式（1-115）中，当 $\theta_r=0$ 时，由磁应力 t_{tr} 构成的转矩其平均值为零；此时式（1-119）中，$\boldsymbol{\psi}_{mA}$ 与 $\boldsymbol{\psi}_{mB}$ 方向一致，故不会产生电磁转矩。当 $\theta_r=\frac{\pi}{2}$ 时，由 t_{tr} 产生的转矩其平均值最大，而此时 $\boldsymbol{\psi}_{mA}$ 与 $\boldsymbol{\psi}_{mB}$ 则处于相互正交的位置，产生的电磁转矩自然也最大。式（1-119）中，两磁链矢量的模和两者间的空间相位角可随时间任意变化，因此既可用于稳态分析，也可用于动态分析，又可用于瞬态转矩控制。

参照图 1-14，可得

$$\hat{B}_{nr}\sin\theta_r=\hat{B}_g\sin\psi$$

式中，ψ 为气隙磁场 $\boldsymbol{B}_g$ 与定子基波磁场 $\boldsymbol{B}_{ns}$ 间的空间相位角（电角度）。于是，可将式（1-115）表示为

$$\begin{aligned}t_e&=-\frac{1}{\mu_0}p_0 lR_r g\pi\hat{B}_{ns}\hat{B}_g\sin\psi\\&=-p_0\frac{1}{L_{m1}}\psi_{mA}\psi_g\sin\psi\\&=-p_0\frac{1}{L_{m1}}\boldsymbol{\psi}_{mA}\times\boldsymbol{\psi}_g\end{aligned} \tag{1-120}$$

式中，$\boldsymbol{\psi}_g$ 为与气隙磁场相对应的磁链矢量。

式（1-120）表明，电磁转矩也可看成是定子基波磁场与气隙磁场相互作用的结果。此外，还可以看成是转子基波磁场与气隙磁场作用的结果，即有

$$t_e=-p_0\frac{1}{L_{m1}}\boldsymbol{\psi}_g\times\boldsymbol{\psi}_{mB}=-p_0\frac{1}{L_{m1}}\psi_g\psi_{nr}\sin(\theta_r-\psi) \tag{1-121}$$

但是，气隙磁场无论与定子基波磁场作用，还是与转子基波磁场作用，反映的仍是定、转子基波磁场间的作用。例如，可将式（1-120）表示为

$$\begin{aligned}t_e&=-p_0\frac{1}{L_{m1}}\boldsymbol{\psi}_{mA}\times\boldsymbol{\psi}_g=-p_0\frac{1}{L_{m1}}\boldsymbol{\psi}_{mA}\times(\boldsymbol{\psi}_{mA}+\boldsymbol{\psi}_{mB})\\&=-p_0\frac{1}{L_{m1}}\boldsymbol{\psi}_{mA}\times\boldsymbol{\psi}_{mB}\end{aligned}$$

式中，利用了运算规则 $\boldsymbol{a}\times\boldsymbol{a}=0$。

同样，有

$$t_e=-p_0\frac{1}{L_{m1}}\boldsymbol{\psi}_g\times\boldsymbol{\psi}_{mB}=-p_0\frac{1}{L_{m1}}(\boldsymbol{\psi}_{mA}+\boldsymbol{\psi}_{mB})\times\boldsymbol{\psi}_{mB}$$
$$=-p_0\frac{1}{L_{m1}}\boldsymbol{\psi}_{mA}\times\boldsymbol{\psi}_{mB}$$

按矢量运算规则 $\boldsymbol{a}\times\boldsymbol{b}=-\boldsymbol{b}\times\boldsymbol{a}$，可将式（1-119）表示为

$$t_e=-p_0\frac{1}{L_{m1}}\boldsymbol{\psi}_{mA}\times\boldsymbol{\psi}_{mB}$$
$$=p_0\frac{1}{L_{m1}}\boldsymbol{\psi}_{mB}\times\boldsymbol{\psi}_{mA}$$

式中，$\boldsymbol{\psi}_{mB}\times\boldsymbol{\psi}_{mA}$表示电磁转矩作用于转子。此时按右手法则，图 1-29c 中的 θ_r 角应为按顺时针方向由 $\boldsymbol{\psi}_{mB}$至 $\boldsymbol{\psi}_{mA}$的电角度，电磁转矩应顺时针作用于转子，这也是转矩的实际方向。

1.5.4　电流矢量与转矩生成

图 1-29c 中，转子面电流 $\boldsymbol{J}_B$ 在定子径向磁场 $\boldsymbol{B}_{ns}$作用下，会受到电磁力作用。即有

$$\boldsymbol{f}_{tr}=\boldsymbol{J}_B\times\boldsymbol{B}_{ns} \tag{1-122}$$

式中，$\boldsymbol{f}_{tr}$为作用于转子的切向力，可以构成电磁转矩。

由图 1-32，可将作用于转子面电流的电磁力表示为

$$f_{tr}=\hat{J}_B\sin(\theta-\theta_r)\hat{B}_{ns}\cos\theta \tag{1-123}$$

式中，$\hat{J}_B=\frac{4}{\pi}\frac{N_1k_{ws2}}{2R_r}i_B$；$k_{ws2}$为转子绕组因数。

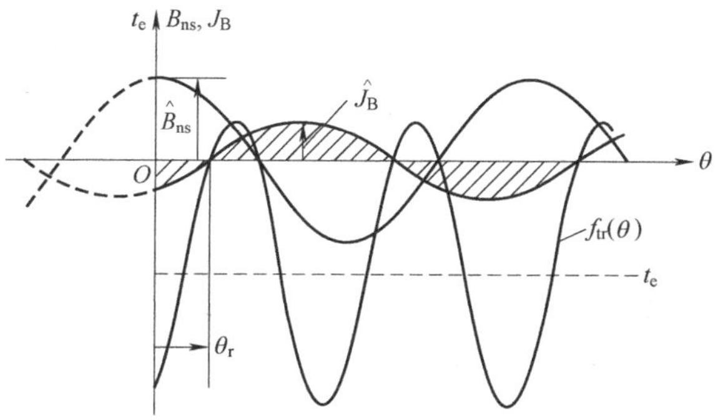

图 1-34　转子面电流在定子基波磁场作用下的转矩生成

图 1-34 表明，电磁力在转子表面的分布具有周期性，平均值与转子相位角 θ_r 相关。由式（1-123），可得作用于转子的电磁转矩平均值，即有

$$t_e=\int_0^{2\pi}R_rf_{tr}lR_r\mathrm{d}\theta_m$$
$$=R_r^2l\hat{B}_{ns}\hat{J}_B\int_0^{2\pi}\frac{1}{2}[\sin(2p_0\theta_m-\theta_r)-\sin\theta_r]\mathrm{d}\theta_m$$
$$=-p_0\psi_{mA}i_B\sin\theta_r$$
$$=-p_0\boldsymbol{\psi}_{mA}\times\boldsymbol{i}_B \tag{1-124}$$

式中，$R_r=\frac{p_0\tau}{\pi}$。

式（1-124）中，矢量 $\boldsymbol{\psi}_{mA}$表示定子基波磁场，矢量 $\boldsymbol{i}_B$ 表示正弦分布的转子面电流，矢量积表示定子基波磁场对转子面电流的作用，故式（1-124）宏观上表述了转子电流在定子基波磁场作用下生成转矩的物理事实。但是，由式（1-123）可以得到电磁力（电磁转矩）的空间分布状态，而式（1-124）只能给出转矩平均值。

可将式（1-124）表示为

$$t_e = p_0 \boldsymbol{i}_B \times \boldsymbol{\psi}_{mA}$$

式中，$\boldsymbol{i}_B \times \boldsymbol{\psi}_{mA}$表示 t_e 为作用于转子的电磁转矩。

式（1-124）中，$\boldsymbol{i}_B = \dfrac{\boldsymbol{\psi}_{mB}}{L_{m1}}$，故由式（1-124）可直接得到转矩矢量表达式式（1-119）。事实上，如图 1-34 所示，转子面电流 $\boldsymbol{J}_B$ 在定子基波磁场 $\boldsymbol{B}_{ns}$ 直接作用下会产生电磁力。与此同时，$\boldsymbol{J}_B$ 在转子表面将产生切向磁场 $\boldsymbol{H}_{tr}$，$\boldsymbol{H}_{tr}$在同一定子径向磁场 $\boldsymbol{B}_{ns}$ 作用下，还会有磁应力产生，见式（1-113）。由图 1-32 可知，由于 H_{tr}等于面电流 J_B，式（1-123）便与式（1-113）相同，因此无论由电磁力还是由磁应力求取电磁转矩，结果一定是相同的。

由 $\boldsymbol{\psi}_{mA} = L_{m1}\boldsymbol{i}_A$，还可以将式（1-124）表示为

$$\begin{aligned} t_e &= -p_0 \boldsymbol{\psi}_{mA} \times \boldsymbol{i}_B \\ &= -p_0 \frac{1}{L_{m1}} \boldsymbol{\psi}_{mA} \times \boldsymbol{\psi}_{mB} \\ &= -p_0 L_{m1} \boldsymbol{i}_A \times \boldsymbol{i}_B \end{aligned} \tag{1-125}$$

即有

$$\begin{aligned} t_e &= -p_0 L_{m1} \boldsymbol{i}_A \times \boldsymbol{i}_B \\ &= -p_0 L_{m1} i_A i_B \sin\theta_r \end{aligned} \tag{1-126}$$

若 $p_0 = 1$，式（1-126）便于式（1-52）形式相同。可见，由机电能量转换原理，磁应力和电磁力得到的结果一致。

由式（1-125），可得

$$\begin{aligned} t_e &= -p_0 L_{m1} \boldsymbol{i}_A \times \boldsymbol{i}_B \\ &= -p_0 \boldsymbol{i}_A \times \boldsymbol{\psi}_{mB} \end{aligned} \tag{1-127}$$

式（1-127）表明，电磁转矩也可看成是定子（面）电流在转子基波磁场作用下生成的。

由式（1-125）还可得

$$\begin{aligned} t_e &= -p_0 \frac{1}{L_{m1}} (\boldsymbol{\psi}_{mA} + \boldsymbol{\psi}_{mB}) \times \boldsymbol{\psi}_{mB} \\ &= -p_0 \frac{1}{L_{m1}} \boldsymbol{\psi}_g \times \boldsymbol{\psi}_{mB} \\ &= -p_0 \boldsymbol{\psi}_g \times \boldsymbol{i}_B \end{aligned} \tag{1-128}$$

或者

$$\begin{aligned} t_e &= -p_0 \frac{1}{L_{m1}} \boldsymbol{\psi}_{mA} \times (\boldsymbol{\psi}_{mA} + \boldsymbol{\psi}_{mB}) \\ &= -p_0 \frac{1}{L_{m1}} \boldsymbol{\psi}_{mA} \times \boldsymbol{\psi}_g \\ &= -p_0 \boldsymbol{i}_A \times \boldsymbol{\psi}_g \end{aligned} \tag{1-129}$$

式（1-128）和式（1-129）表明，电磁转矩还可以看成是转子或定子（面）电流在气隙磁场作用下生成的；由于采用了气隙磁场，故也适用于磁路为非线性的场合。

1.5.5　能量流传与转换

1. 转子绕组中的运动电动势

现取图 1-29c 中的一对极来研究，如图 1-35 所示。图中，在设定正方向下，转子电流在

定子基波磁场 $\boldsymbol{B}_{ns}$ 作用下逆时针旋转，同时在转子绕组中将会感生运动电动势，可将其表示为

$$\boldsymbol{E}_B=\boldsymbol{v}_r\times\boldsymbol{B}_{ns} \tag{1-130}$$

式中，$\boldsymbol{E}_B$ 为绕组导体单位长度内的电动势（电场强度）；$\boldsymbol{v}_r$ 为绕组线速度，正方向与 $\boldsymbol{\omega}_r$ 正方向相同。$\boldsymbol{E}_B$ 正方向决定于式（1-130），由右手法则可知，其正方向为由里向外，但转子线速度 $\boldsymbol{v}_r$ 的实际方向与正方向相反（转子实际为顺时针旋转），故 $\boldsymbol{E}_B$ 实际方向应与正方向相反，则有

$$E_B=-v_rB_{ns}=-v_r\hat{B}_{ns}\cos\theta \tag{1-131}$$

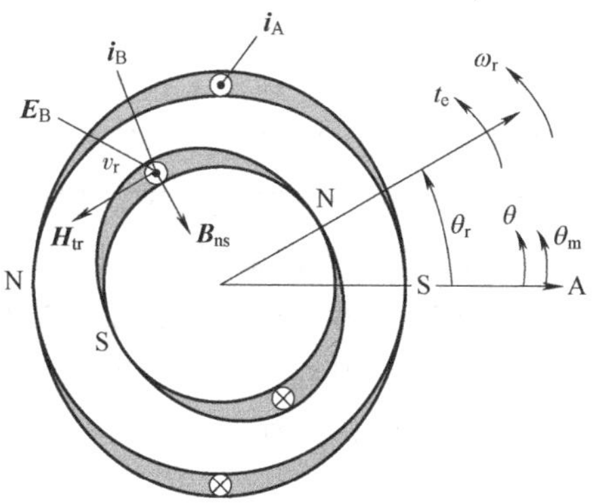

图 1-35　转子绕组中感生的运动电动势

在转子绕组内感生的运动电动势则为

$$\begin{aligned} e_{B\Omega} &= \int_0^{2\pi} lE_B\eta_{Bmax}\sin(\theta-\theta_r)\mathrm{d}\theta_m \\ &= -\int_0^{2\pi} lv_r\hat{B}_{ns}\cos\theta\eta_{Bmax}\sin(\theta-\theta_r)\mathrm{d}\theta_m \\ &= p_0\Omega_r\psi_{mA}\sin\theta_r \\ &= \omega_r\psi_{mA}\sin\theta_r \end{aligned} \tag{1-132}$$

式中，$v_r=R_r\Omega_r$；$\omega_r=p_0\Omega_r$；$R_r=\dfrac{p_0\tau}{\pi}$；$\eta_{Bmax}=\dfrac{2}{\pi}N_1k_{ws1}$，为转子正弦绕组空间密度幅值。若 $p_0=1$，式（1-132）便于式（1-58）形式相同。

2. 转子运动电动势吸收的电功率

转子绕组通过运动电动势从电源吸收的电功率为 $p_{\Omega B}$，其功率密度 $\Delta p_{\Omega B}$ 可表示为

$$\Delta p_{\Omega B}=E_BJ_B \tag{1-133}$$

即有

$$\Delta p_{\Omega B}=-v_r\hat{B}_{ns}\cos\theta\hat{J}_B\sin(\theta-\theta_r) \tag{1-134}$$

式中，$\hat{J}_B=\dfrac{4}{\pi}\dfrac{N_1k_{ws1}}{2R_r}i_B$。则有

$$\begin{aligned} p_{\Omega B} &= -\int_0^{2\pi} lE_BJ_BR_r\mathrm{d}\theta_m \\ &= -\int_0^{2\pi} lv_r\hat{B}_{ns}\cos\theta\hat{J}_B\sin(\theta-\theta_r)R_r\mathrm{d}\theta_m \\ &= p_0\Omega_r\psi_{mA}i_B\sin\theta_r \\ &= \omega_r\psi_{mA}i_B\sin\theta_r \end{aligned} \tag{1-135}$$

$p_{\Omega B}$ 在数值上则为

$$p_{\Omega B}=\Omega_rp_0\psi_{mA}i_B\sin\theta_r=t_e\Omega_r \tag{1-136}$$

3. 坡印亭能流向量

由电磁场理论已知，坡印亭能流向量 $\boldsymbol{s}$ 为

$$\boldsymbol{s}=\boldsymbol{E}\times\boldsymbol{H} \tag{1-137}$$

式中，$\boldsymbol{s}$ 为单位时间穿出与能流方向相垂直的单位面积上的电磁能流，表示的是功率密度，$\boldsymbol{s}$ 的方向即为功率流动的方向。

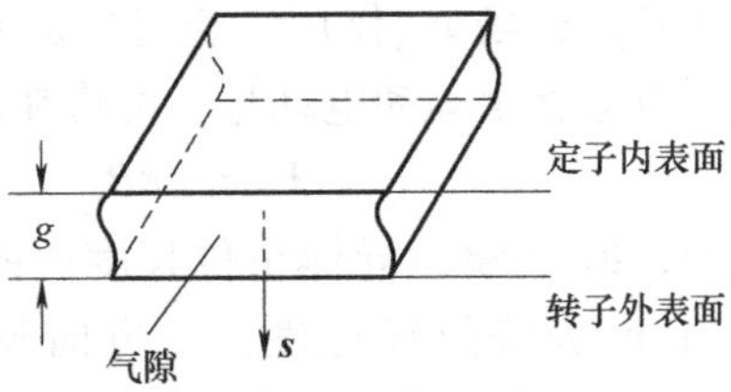

图 1-36　坡印亭能流向量 s 的正方向

将电机气隙看成是由定、转子内外表面和两个端面所包围的闭合体，且规定 **s** 正方向由闭合体表面垂直向外。假设在两端面没有能流与外界流传，能流均通过定、转子内外表面进入或穿出气隙。现分析转子侧的坡印亭能流向量，**s** 的正方向如图 1-36 所示。

图 1-35 中，$\boldsymbol{E}_B$ 的实际方向为由外向里，$\boldsymbol{H}_{tr}$ 实际方向为由右向左，则 $\boldsymbol{s}_B$ 的实际方向与正方向相反，即由转子表面进入气隙，且有

$$s_B = E_B H_{tr} \tag{1-138}$$

式中，$H_{tr}=J_B$。于是式（1-138）和式（1-133）即成为同一表达式，则有

$$s_B = \Delta p_{\Omega B} \tag{1-139}$$

式（1-139）表明，由转子运动电动势吸收的电功率是通过坡印亭向量进入气隙的。

分析可知，由定子绕组运动电动势吸收的电功率 $p_{\Omega A}$，同样是通过坡印亭能流向量进入气隙中，且有 $p_{\Omega A}=p_{\Omega B}$。

转换功率则为

$$P_\Omega = \frac{1}{2}(p_{\Omega A}+p_{\Omega B}) = t_e \Omega_r \tag{1-140}$$

式（1-140）表明，定、转子运动电动势所吸收电功率的 1/2 成为转换功率，这部分功率以气隙磁场为媒介，由电能转换为机械能。

4. 电磁转矩平均分量的生成条件

图 1-29c 中，如果定子极对数为 p_{0A}，转子极对数为 p_{0B}，且有 $p_{0A}\neq p_{0B}$，由式（1-123），可将作用于转子面电流的电磁力表示为

$$f_{tr} = \hat{J}_B \sin(p_{0B}\theta_m - \theta_r)\hat{B}_{ns}\cos p_{0A}\theta_m \tag{1-141}$$

作用于转子的电磁转矩为

$$\begin{aligned} t_e &= \int_0^{2\pi} R_r f_{tr} l R_r \mathrm{d}\theta_m \\ &= R_r^2 l \hat{B}_{ns}\hat{J}_A \int_0^{2\pi} \frac{1}{2}\{\sin[(p_{0A}+p_{0B})\theta_m - \theta_r] + \sin[(p_{0A}-p_{0B})\theta_m - \theta_r]\}\mathrm{d}\theta_m \\ &= 0 \end{aligned} \tag{1-142}$$

式（1-142）表明，当 $p_{0A}\neq p_{0B}$时，尽管磁应力分布仍为周期性函数，但已不存在平均分量，因此定、转子极对数必须相等。

5. 平均电磁转矩的生成条件

要连续地进行机电能量转换，转换功率在一个周期内的平均值不能等于零，即

$$P_\Omega = \frac{1}{2}(p_{\Omega A}+p_{\Omega B})_{av} = (t_e \Omega_r)_{av} \neq 0 \tag{1-143}$$

其中，转子的机械角速度 Ω_r 不能为零，即机电能量转换必须在旋转中进行，另外电磁转矩亦不能为零。

显然，图 1-9 所示的机电装置在一个周期内的转换功率为零，不能满足式（1-143）给出的条件，即不能构成可连续旋转的电机装置。

6. 恒定电磁转矩的生成条件

要得到恒定电磁转矩，除了定、转子极对数必须相等以及需满足平均电磁转矩的生成条

件之外，由式（1-119）可知，当电机气隙均匀，且不考虑磁饱和时，定、转子基波磁场的幅值必须恒定不变，且两磁场轴线间的空间相位角始终保持为常值。以后分析表明，隐极同步电机和感应电机必须满足这一条件。对于转子为凸极的同步电机，且在磁饱和情况下，由式（1-129）可知，此时气隙磁场和定子基波磁动势的幅值以及两者轴线间的空间相位角均应保持不变。当然这一条件同样适用于隐极式交流电机。关于直流电机生成恒定转矩的条件，将在第 2 章的分析中予以说明。

显然，图 1-9 所示的机电装置在结构上尚不能满足生成恒定电磁转矩的条件。但是，在此基础上，通过结构性改造，可采用不同的方式来满足生成恒定电磁转矩的条件，由此构建了各具特点的直流电机和交流电机。

例　题

【例 1-1】 图 1-37 所示为直流励磁的铁心磁路，线圈匝数为 1000 匝，铁心各处截面积 $S_m=0.015\text{m}^2$，磁场均匀分布，忽略气隙内磁场的边缘效应，当铁心长度 $l_m=1.0\text{m}$ 保持不变时，试求在气隙长度 $\delta=0$、$\delta=1.0\text{mm}$、$\delta=1.0\text{cm}$ 三种情况下，为在铁心内产生 1.5×10^{2}Wb 的磁通，所需的励磁磁动势和电流。

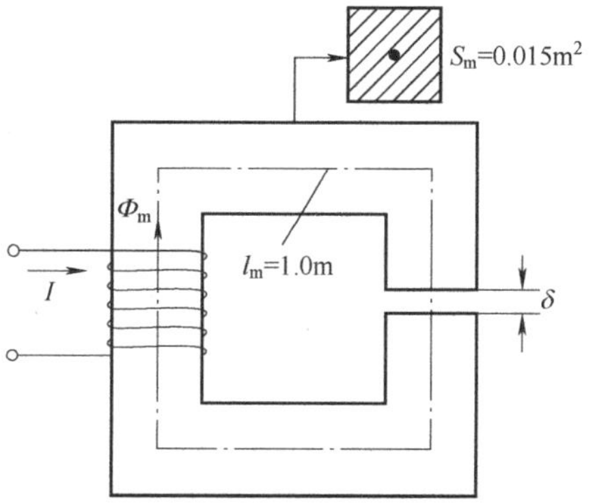

图 1-37　直流励磁的铁心磁路

解： 1）$\delta=0$。铁心内的磁通密度 B_m 为

$$B_m=\frac{\Phi_m}{S_m}=\frac{1.5\times10^{-2}}{0.015}\text{T}=1.0\text{T}$$

由铁磁材料磁化曲线查得，$B_m=1.0\text{T}$ 时，$H_m=400\text{A/m}$，于是有

$$F_m=H_m l_m=400\times1.0\text{A}=400\text{A}$$

$$I=\frac{F_m}{N}=\frac{400}{1000}\text{A}=0.4\text{A}$$

2）$\delta=1.0\text{mm}$。此时铁心内磁通密度 B_m 和 H_m 没有改变，故仍有

$$F_m=400\text{A}$$

气隙内，$B_\delta=B_m$，则有

$$F_\delta=\frac{B_\delta}{\mu_0}\delta=H_\delta\delta=\frac{1.0}{4\pi\times10^{-7}}\times1.0\times10^{-3}\text{A}\approx796\text{A}$$

$$F=F_m+F_\delta=(400+796)\text{A}=1196\text{A}$$

$$I=\frac{F}{N}=1.196\text{A}$$

3）$\delta=1.0\text{cm}$。此时的励磁磁动势和电流为

$$F_m=400\text{A}$$

$$F_\delta=7960\text{A}$$

$$F=F_m+F_\delta=8360\text{A}$$

$$I=\frac{F}{N}=\frac{8360}{1000}\text{A}=8.36\text{A}$$

由例 1-1 可见，当 $\delta=1.0\text{mm}$ 时，气隙长度 δ 仅为铁心长度 l_m 的 1/1000，但 $F_\delta\approx2F_m$，说明磁动势主要消耗于气隙磁路中；当 $\delta=1.0\text{cm}$ 时，虽然气隙长度 δ 仅为铁心长度的 1/100，

但$F_\delta \approx 20F_m$，励磁电流随之增大了 20 多倍，此时磁动势基本消耗于气隙磁路中。其原因是，对于铁心磁路，铁磁材料的磁导率$\mu_{Fe}=B_m/H_m=1/400=0.25\times10^{-2}$，而对于气隙磁路，$\mu_0=4\pi\times10^{-7}$，铁磁材料的相对磁导率$\mu_{rFe}\approx2000$，故当$l_m \gg \delta$时，气隙磁路的磁阻$R_\delta$仍远大于铁心磁路的磁阻$R_m$。

【例 1-2】 图 1-38 所示为交流励磁的铁心磁路，线圈匝数为N，铁心各处截面积为S，铁心长度为l。铁心内磁场均匀分布，忽略漏磁场。试分析铁心内铁磁物质的交变磁化过程及产生的铁心损耗。

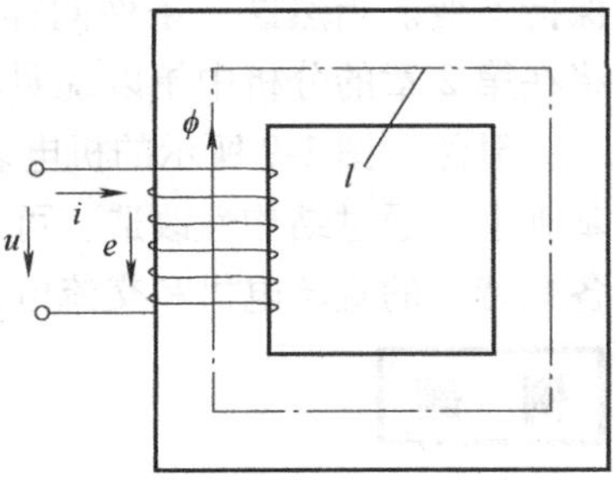

图 1-38　交流励磁的铁心磁路

解： 1）铁心内铁磁物质的交变磁化过程。当铁心磁路由交流电流励磁时，如图 1-39a 所示，当H从 0 增加到H_m时，B相应地从 0 沿曲线Oa增大到B_m，曲线Oa即为图 1-3 所示的初始磁化曲线。此后H逐渐减小，B将沿曲线ab下降，H下降为 0 时，B值并不为 0，而等于B_r，这相当于将外磁场去掉后，铁磁材料仍可保留一定的磁通密度，故将B_r称为剩余磁通密度（简称剩磁）。要使B值由B_r减小到 0，必须加上一定的反向磁场（此时励磁电流i反向），将此反向磁场强度H_c称为矫顽力。剩磁B_r和矫顽力H_c是铁磁材料的重要参数。可以看出，磁通密度B的变化始终滞后于磁场强度H的变化，将这种现象称为铁磁物质的磁滞。磁滞现象是铁磁材料的另一个重要特性。

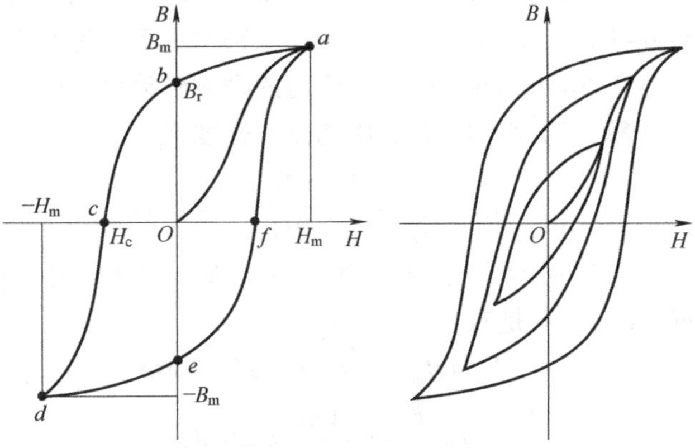

a) 磁滞回线　　b) 基本磁化曲线

图 1-39　铁磁磁路的磁滞回线和基本磁化曲线

如图 1-39a 所示，磁场强度由H_m到$-H_m$再到H_m，便得到B-H闭合曲线$abcdefa$，称为磁滞回线。严格说来，即使H_m和$-H_m$不变，每一循环过程都会得到不同的磁滞回线，但最终会趋近于一个对称原点的磁滞回线。当H_m不同时，经反复磁化后，可得一系列大小不同的磁滞回线，如图 1-39b 所示。将这些回线的顶点连接起来构成的曲线称为基本磁化曲线。基本磁化曲线不同于初始磁化曲线，但两者差别不大。基本磁化曲线可用于直流磁路计算。

根据磁滞回线形状的不同，铁磁材料可分为软磁材料和硬磁（永磁）材料，软磁材料的磁滞回线窄，剩磁B_r和矫顽力H_c都很小。电机和变压器中常用的软磁材料有硅钢片、铸铁和铸钢等。

2）铁心损耗。铁心内磁场交变时，铁磁物质因磁畴间相互摩擦会产生损耗，称为磁滞损耗。磁场变化时，铁心内将感生电动势，由于铁心是导电的，因此会产生环流，称为涡流，涡流在铁心中引起的损耗称为涡流损耗。磁场变化时，铁心内只有磁滞和涡流两种损耗，故将这两种损耗之和称为铁心损耗。

分析表明，单位体积内磁滞损耗与磁滞回线面积大小有关；由于硅钢片的磁滞回线面积小，故电机和变压器的铁心常由硅钢片叠成。此外，磁滞回线还与交变磁场的频率f和幅值B_m有关。

铁心体积为 V 的磁滞损耗 p_h 可表示为

$$p_h = C_h f B_m^n V$$

式中，C_h 为磁滞损耗系数，与材料性质有关；对一般电工钢片，$n=1.6\sim2.3$。

硅钢片中的涡流如图 1-40 所示。分析表明，交变磁场的频率 f 和幅值 B_m 越高，感应的涡流越大，涡流损耗就越大；材料的电阻率越高，涡流流经路径越长，涡流损耗就越小。对于体积为 V 的叠片铁心，涡流损耗可表示为

$$p_e = C_e \Delta^2 f^2 B_m^2 V$$

式中，C_e 为涡流损耗系数，大小决定于材料的电阻率；Δ 为硅钢片厚度，通常为 0.35~0.5mm。

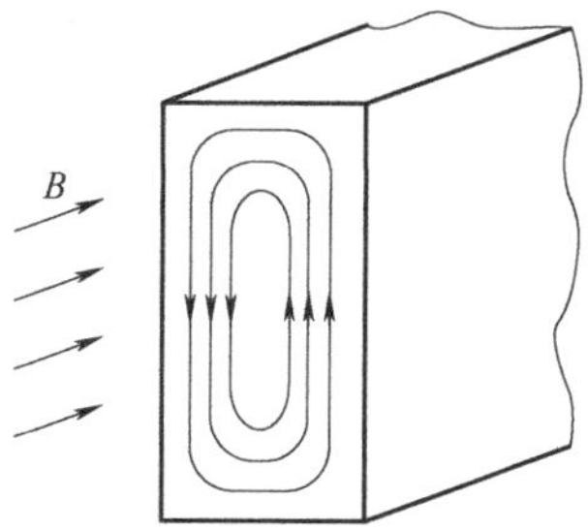

图 1-40　外磁场与硅钢片中涡流

对于一般的电工钢片，运行磁通密度通常在 1~1.8T 范围内，可将铁心损耗近似地表示为

$$p_{Fe} \approx C_{Fe} f^{1.3} B_m^2 G$$

式中，C_{Fe}为铁心损耗系数；G 为铁心重量。

【例 1-3】　图 1-38 中，若励磁电流 $i=I_m\sin\omega t$，试分析当考虑铁心磁饱和而不计磁滞和涡流影响时，主磁通 ϕ、感应电动势 e 和电压 u 的波形。

解： 在图 1-38 所示的铁心磁路中，主磁通 $\phi=BS$，磁动势 $iN=Hl$，若忽略磁滞和涡流影响，且将 i 记为 i_μ，则由磁化曲线 $B=f(H)$，便可得到铁心磁路的磁化曲线 $\phi=f(i_\mu)$，如图 1-41a 所示。

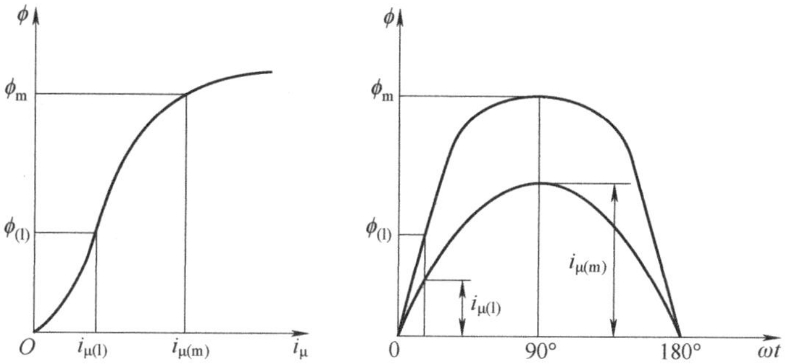

图 1-41　已知磁化电流 i_μ 为正弦波，从磁化曲线来确定主磁通 ϕ 的波形

如图 1-41b 所示，当磁化电流 i_μ 随时间正弦变化时，由于磁化曲线为非线性，因此导致主磁通 ϕ 成为了平顶波，其中除了基波外，还包含有 3 次谐波。主磁通 ϕ 在线圈内感生的电动势 e 则为

$$e=-N\frac{d\phi}{dt}$$

显然，感应电动势也为非正弦波。线圈的电压方程可写为

$$u=Ri_\mu-e$$

由于感应电动势为非正弦量，因此电压应为非正弦量。

【例 1-4】　例 1-3 中，若外加电压为正弦波，试分析此时感应电动势 e、主磁通 ϕ 和磁化电流波形。

解： 图1-38中，当外加电压为正弦量时，由于磁化电流很小，忽略电阻电压降Ri_{μ}，主磁通感生的电动势应为正弦量，故主磁通也应随时间正弦变化。但是，由于磁路的磁化曲线为非线性，因此励磁电流i_{μ}为非正弦量，而成为尖顶波。亦即，当磁通中不含3次谐波时，电流中应含有3次谐波；而当电流中不含有3次谐波时，磁通内就会出现3次谐波。

在工程计算中，常用一个等效正弦波磁化电流来代替非正弦波磁化电流。等效的条件是两者具有相同的频率和有效值，且应保持各部分平均功率不变。等效的含义虽然只是一种"相近似"，而非在所有方面皆与非正弦波等值，但是这种处理方式为采用相量分析提供了可能。

由于磁化电流引入的平均功率为零，i_{μ}为无功电流，因此等效正弦量$\dot{I}_{\mu}$应与主磁通相量$\dot{\Phi}_{m}$相位一致，如图1-42所示。若以相量$\dot{\Phi}_{m}$为参考正弦量，则可将主磁通表示为

$$\phi=\Phi_{m}\sin\omega t$$

式中，Φ_{m}为主磁通幅值。感应电动势则为

$$e=-N\frac{d\phi}{dt}=-\omega N\Phi_{m}\cos\omega t=\omega N\Phi_{m}\sin\left(\omega t-\frac{\pi}{2}\right)$$

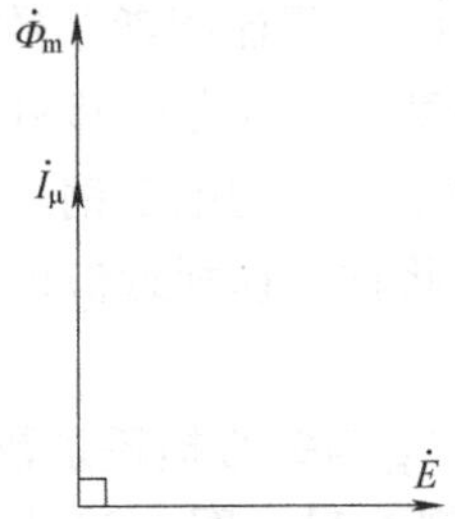

图1-42　不考虑铁耗时的相量图

感应电动势的有效值为

$$E=\sqrt{2}\pi fN\Phi_{m}=4.44fN\Phi_{m}$$

式中，$\omega=2\pi f$。感应电动势相量$\dot{E}$滞后$\dot{\Phi}_{m}$以90°电角度，如图1-42所示。

【例1-5】 例1-4中，已知主磁通随时间按正弦规律变化。若考虑磁滞和涡流影响，试分析此时励磁电流的构成及各自的波形。

解： 先考虑仅受磁滞影响的情况。此时不能再采用基本磁化曲线，而应采用磁滞回线。当主磁通为正弦波交变磁通时，由作图可得到励磁电流i，如图1-43所示。可以看出，由于受磁滞的影响，励磁电流畸变更为严重，其中除了原有的尖顶波磁化电流i_{μ}外，还增加了附加电流i_{h}，i_{h}波形接近于正弦波，但实际并非为正弦波，可代之以等效正弦波相量$\dot{I}_{h}$。$\dot{I}_{h}$超前$\dot{\Phi}_{m}(\dot{I}_{\mu})$以90°电角度，而与$\dot{E}$方向相反，表明由于$\dot{I}_{h}$的存在而将输入电路的有功功率完全转换为了磁滞损耗。

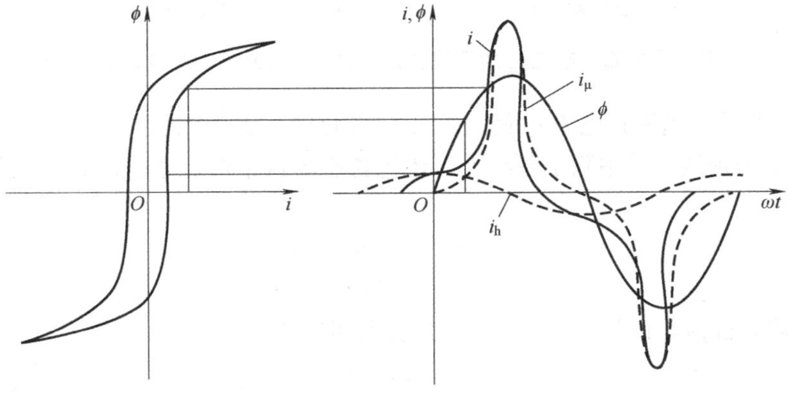

图1-43　考虑磁滞影响时的励磁电流波形

铁磁物质内的涡流同铁心线圈中的磁化电流一样，同样会产生磁动势。由于涡流磁动势的存在，为了维持主磁通$\phi(t)$不变，故铁心线圈励磁电流中还要包含一个抵消涡流磁动势的

分量 i_e，i_e 为正弦波电流，可将其表示为正弦量 $\dot{I}_e$。由于涡流与感应电动势相位一致，故 $\dot{I}_e$ 应与 $\dot{E}$ 方向相反，如图 1-44 所示。此时因 $\dot{I}_e$ 输入电路的功率全部转换为了涡流损耗。通常情况下，因电工钢片中含有了硅，所以涡流损耗相对较低。

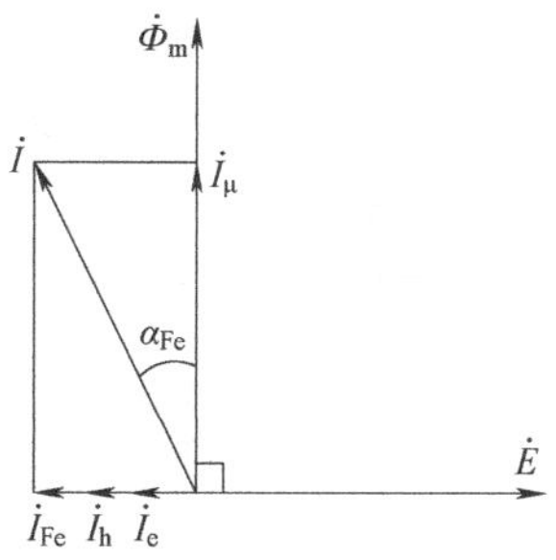

图 1-44　考虑磁滞和涡流损耗的相量图

图 1-44 中，由相量 $\dot{I}_\mu$、$\dot{I}_h$ 和 $\dot{I}_e$ 可得到励磁电流 $\dot{I}$。严格说来，$\dot{I}$ 与非正弦电流 $i=i_\mu+i_h+i_e$ 的等效正弦波相量尚有一定差别，但可近似认为两者相等。此时有

$$\dot{I}_{Fe}=\dot{I}_h+\dot{I}_e \quad I=\sqrt{I_\mu^2+I_{Fe}^2}$$

式中，I_{Fe}为铁耗电流；I 为励磁电流。

【例 1-6】 接例 1-5，试进一步推导复数磁导率和铁心磁路的励磁阻抗。

解： 1）复数磁导率。计及磁滞和涡流损耗时，铁心磁化曲线为一动态的磁滞回线。此时若磁通密度随时间正弦变化，则磁场强度波为尖顶波，可将前者表示为正弦量 $\dot{B}$，将后者代之以等效正弦量 $\dot{H}_\mu$。对于由磁滞和涡流引起的磁场强度波，可代之以等效正弦量 $\dot{H}_{Fe}$。合成的磁场强度波可表示为正弦量 $\dot{H}$，$\dot{H}=\dot{H}_\mu+\dot{H}_{Fe}$，如图 1-45 所示。可以看出由于磁滞和涡流损耗的存在，$\dot{H}$ 将超前于 $\dot{B}$，超前角度为 α_{Fe}，称为铁耗角。$\dot{B}$ 与 $\dot{H}$ 的关系可表示为

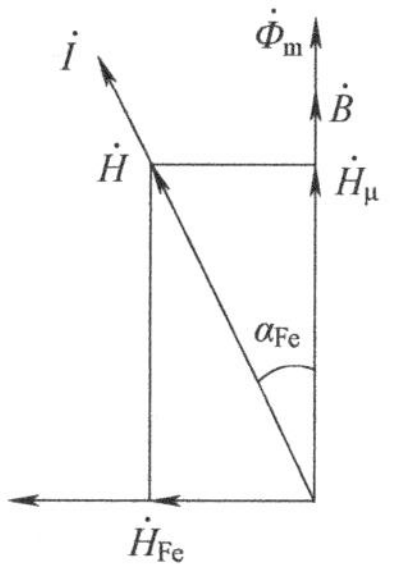

图 1-45　计及铁耗时 $\dot{H}$ 超前于 $\dot{B}$ 以 α_{Fe} 角度

$$\mu_{Fe}=\frac{\dot{B}}{\dot{H}}$$

式中，μ_{Fe}称为铁心复数磁导率。可以看出，μ_{Fe}与磁通密度和铁心损耗有关。若不计铁耗，则 $\alpha_{Fe}=0$，在铁心磁路内各处，$\boldsymbol{H}=\boldsymbol{H}_\mu$，$\boldsymbol{B}$ 与 $\boldsymbol{H}$ 方向一致，此时 μ_{Fe} 为一实数，同式（1-4），此时 μ_{Fe}便仅与铁心磁路的饱和程度相关，见图 1-3。

由于 $\dot{\Phi}=\dot{B}S$，$\dot{I}=\dfrac{1}{N}\dot{H}l$，因此励磁电流 $\dot{I}$ 将超前于 $\dot{\Phi}_m$（极大值）以 α_{Fe}角度，如图 1-45 所示。

2）励磁阻抗。输入铁心线圈的有功功率 p_{Fe} 即为铁心损耗，铁耗电流 $\dot{I}_{Fe}$ 为有功电流。可认为 $p_{Fe}=R_{Fe}I_{Fe}^2$，R_{Fe}为铁耗电阻。有功功率 p_{Fe}是依靠感应电动势 $\dot{E}$ 输入电路的，如图 1-44 所示，$\dot{I}_{Fe}$与 $\dot{E}$ 方向相反，在电路上，则有

$$\dot{I}_{Fe}=-\frac{\dot{E}}{R_{Fe}}$$

若铁心内磁通密度幅值 B_m 不超过基本磁化曲线的“膝点”值，便可认为铁心磁路是线性的。此时，感应电动势 e 可表示为

$$e=-L_{1\mu}\frac{\mathrm{d}i_\mu}{\mathrm{d}t}$$

将 i_μ 由等效正弦波相量 $\dot{I}_\mu$ 表示时，则有

$$\dot{E}=-\mathrm{j}\omega L_{1\mu}\dot{I}_\mu \quad 或 \quad \dot{I}_\mu=-\frac{\dot{E}}{\mathrm{j}X_{1\mu}}$$

式中，X_μ 为磁化电抗，$X_\mu=\omega L_{1\mu}$；$L_{1\mu}$为磁化电感，$L_{1\mu}=N^2\Lambda_m$，Λ_m 为铁心磁路磁导。

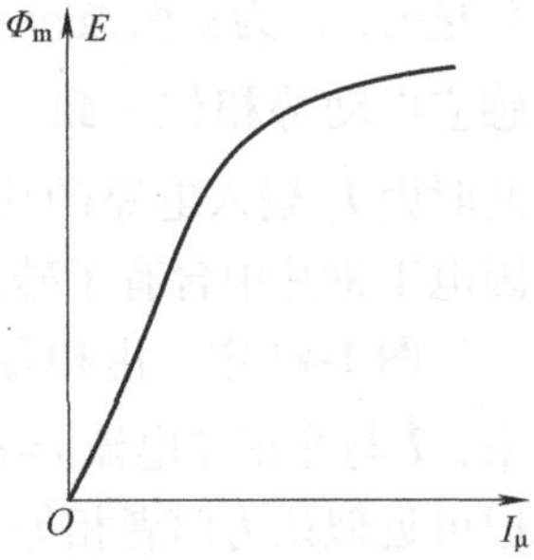

图 1-46 以 $\Phi_m=f(I_\mu)$ 表示的磁路磁化曲线

铁心磁路饱和时，由基本磁化曲线 $B=f(H)$，可得磁路的磁化曲线。通常情况下，为表明磁路的工作点和饱和情况，磁通量以其幅值 Φ_m 表示，磁化电流（磁动势）则以有效值表示，如图 1-46 所示。通过 Φ_m 可以得感应电动势 E。

由 R_{Fe} 和 X_μ 可将铁心线圈励磁电流表示为

$$\dot{I}=\dot{I}_{Fe}+\dot{I}_\mu=-\dot{E}\left(\frac{1}{R_{Fe}}+\frac{1}{jX_\mu}\right)$$

也可以用一个等效的串联阻抗 Z_m 来代替这两个并联分支，即有

$$\dot{I}=-\frac{\dot{E}}{Z_m} \quad 或 \quad \dot{E}=-Z_m\dot{I}=-(R_m+jX_m)\dot{I}$$

式中，Z_m 为励磁阻抗，$Z_m=R_m+jX_m$；R_m 为励磁电阻；X_m 为励磁电抗。R_m 和 X_m 是表征铁心磁化性能的等效参数。由于铁心的磁化曲线是非线性的，因此 E 与 I 之间也是非线性的，即 Z_m 不是常值，而是随工作点饱和程度的不同而改变。

习 题

1-1 电磁感应定律可写成 $e=-\frac{d\psi}{dt}$，此时对电动势和磁场的正方向是如何规定的?

1-2 试述安培环路定律，说明其物理意义。

1-3 磁路计算时，在什么情况下才可以采用叠加原理，为什么?

1-4 图 1-1 中，满足什么条件后，线圈 A 和 B 间的互感才等于各自的励磁电感? 为什么?

1-5 铁心线圈的励磁电感 $L_m=N^2\Lambda_m$，L_m 与线圈的匝数和磁路磁导有关，为什么考虑磁饱和后，L_m 还与励磁电流相关?

1-6 说明在什么条件下，可将 $e=-\frac{d\psi}{dt}$ 写成 $e=-L\frac{di}{dt}$，此时对 e 和 i 的正方向是如何规定的?

1-7 说明交流磁路内铁心损耗产生的原因；铁心损耗与哪些因素有关?

1-8 说明铁心线圈自感、漏电感、励磁电感和互感的物理意义。互感在什么情况下为正值，在什么情况下为负值。

1-9 图 1-1 中，两铁心线圈的自感电动势和互感电动势感生的原因有什么不同? 两者的大小各与哪些因素有关?

1-10 图 1-9 中，定子绕组中的变压器电动势和运动电动势感生的原因是什么? 两者的大小各与哪些因素有关?

1-11 如图 1-47 所示的直流铁心磁路，试求气隙和铁心磁路的磁位降之比以及气隙和铁心内储存的磁能之比。图中，铁心各处截面积相同，$l_{Fe}=100$mm，$\delta=1$mm，铁心磁导率 $\mu_{Fe}=2000\mu_0$，忽略气隙磁场的边缘效应。

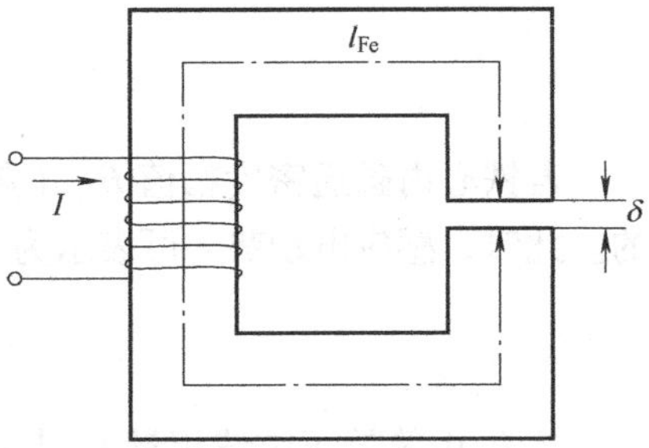

图 1-47 直流铁心磁路

1-12 说明气隙磁场在机电能量转换过程中所起的作用。

1-13 说明何为磁能和磁共能，试解释以磁能和磁共能表示的电磁转矩公式的物理意义。

1-14 试解释运动电动势和电磁转矩在机电能量转换过程中所起的作用。

1-15 为什么电磁转矩可看成是定、转子基波磁场相互作用的结果? 试从气隙磁场储能和 $t_e=\frac{\partial W'_m}{\partial \theta_r}$ 的角度解释之。

1-16　试述磁阻转矩生成的机理。为什么磁阻转矩的变化周期为 π，而不是 2π？

1-17　从“场”的观点和“Bli”观点求取电磁转矩，两者之间有什么内在联系？

1-18　相绕组的轴线是如何定义的？相绕组磁动势矢量的幅值和方向决定于什么？

1-19　试述相绕组磁动势矢量的时空特征。任意波形的定子电流通入相绕组后能否产生基波磁动势？为什么？

1-20　为什么可将相绕组基波磁动势看成是等效的正弦分布绕组产生的？

1-21　可将相电流定义为空间矢量，其物理依据是什么？

1-22　为什么相绕组电流矢量与磁动势矢量之间仅存在倍比关系？

1-23　电流标量 i 与电流矢量 $\boldsymbol{i}$ 间有什么区别，又有什么内在联系？

1-24　为什么电机气隙内磁场为正弦分布是可以运用空间矢量分析电机运行的前提和基础？

1-25　可将原本为标量的磁通定义为空间矢量的物理依据是什么？磁通矢量的轴线、模和方向是如何定义的？

1-26　为什么通常情况下多采用磁链矢量而不采用磁通矢量？

1-27　在什么前提下，原本为标量的电压才能够被赋予空间矢量的含义？

1-28　说明矢量积 $t_e=p_0\dfrac{1}{L_m}\boldsymbol{\psi}_{mB}\times\boldsymbol{\psi}_{mA}$ 和 $t_e=p_0\boldsymbol{i}_B\times\boldsymbol{\psi}_{mA}$ 各自表述的物理意义，两者有什么内在联系？

1-29　说明矢量积 $t_e=p_0\boldsymbol{i}_B\times\boldsymbol{\psi}_g$ 表述的物理意义。在磁饱和情况下，$t_e=p_0\boldsymbol{i}_B\times\boldsymbol{\psi}_g$ 能否改写为 $t_e=p_0\boldsymbol{i}_B\times\boldsymbol{\psi}_{mA}$？

1-30　试述可以产生恒定转矩的必备条件。

1-31　电磁转矩平均值与平均电磁转矩有什么不同？

第 2 章 直流电机

2

2.1 直流电机的工作原理和基本结构

2.1.1 直流电机的工作原理

1. 直流电动机的工作原理

对于图 1-9 所示的机电装置，如式（1-53）所示，当定、转子电流均为恒定直流时，转子旋转一周，平均电磁转矩为零，因此转子不能连续旋转。那么如何才能产生平均电磁转矩呢？方法之一是，仍保持定、转子电流 i_A 和 i_B 为恒定直流，而当式（1-53）中的 $\sin\theta_r$ 项变为负值时，能随之改变转子电流 i_B 的方向，平均电磁转矩就将不再为零，这便是直流电动机工作的基本原理。

图 2-1 是一台最简单的 2 极直流电动机的模型。与图 1-9 比较，定子已改为凸极结构，定子绕组 A 改造为了励磁绕组 f，绕组轴线 f 仍然固定不动，通入恒定的励磁电流 I_f，便构成了直流电机励磁的主磁极。转子铁心仍为圆柱形结构，称为电枢铁心，而转子绕组 B 改造为了电枢绕组，两个线圈边 B-B′分别连接到两个半圆弧形的铜片 K_1 和 K_2 上，此铜片称为换向片，由换向片构成的整体称为换向器，换向器固定在转轴上，随转子一道旋转。在两个换向片上各自放置一对固定不动电刷 M_1 和 M_2，电枢绕组通过换向片和电刷与外电路相连。外电路供电电流 I_a 为恒定直流。

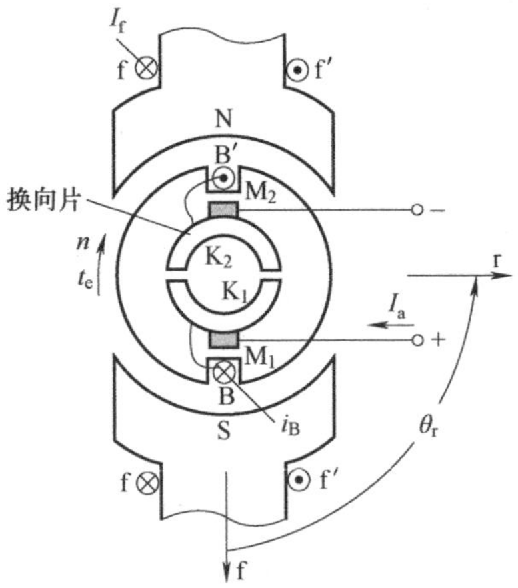

图 2-1 2 极直流电动机模型

图 2-1 中，假设主磁极径向励磁磁场为正弦分布，电枢电流 i_B 的方向如图中所示，此时电枢绕组两个线圈边 B′-B 分别处于主磁极磁场 N 极和 S 极区的幅值处，产生的电磁转矩最大，电枢（转子）将顺时针旋转。随着电枢旋转，电磁转矩也将随之按正弦规律减小。电枢绕组轴线 r 与定子励磁绕组轴线 f 取得一致时，线圈边 B′-B 便运行到主磁极径向励磁磁场几何中性线处（径向磁场为零处），电磁转矩便为零。若转子继续旋转，线圈边 B′-B 将分别由主极磁场 N(S)极区进入 S(N)极区，此时电磁转矩方向本应改变，但在电刷和换向器作用下，线圈边 B′-B 中的电流方向也随之改变（称为换向），使电磁转矩方向仍保持不变。电枢旋转一周，尽管外电路供电电流方向始终保持不变，而电枢电流的方向却发生了一次交变，

这里假设电枢电流 i_B 换向可瞬间完成且电枢旋转速度不变，如图 2-2 所示。

图 2-2b 中，在 $t_1 \sim t_2$ 区间内，由于电枢电流改变了方向，使电磁转矩方向可保持不变，电动机旋转一周，平均电磁转矩不再为零，其大小如图 2-2c 中虚直线所示；如果电枢电流不能实现换向，区间 $t_1 \sim t_2$ 的电磁转矩便如图中虚线所示，平均电磁转矩将为零。

如图 2-2 所示，电刷和换向器将外部电路通入的直流电流，改变成了电枢绕组中的交变电流，电刷和换向器实质起到的是“逆变”作用。

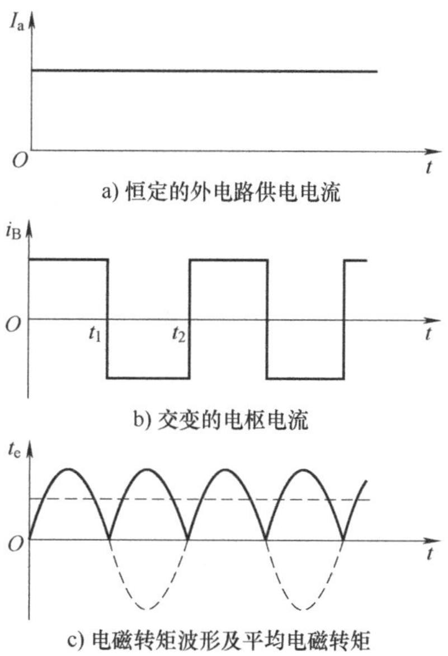

a) 恒定的外电路供电电流

b) 交变的电枢电流

c) 电磁转矩波形及平均电磁转矩

图 2-2　电枢电流与电磁转矩

2. 直流发电机的工作原理

图 2-1 中，假设电枢绕组为开路，电枢由原动机拖动，以恒速顺时针方向旋转。在图中所示位置，线圈边 B′中运动电动势 $e_{B'}$ 的方向为由外向里，而线圈边 B 中运动电动势方向为由里向外，电枢绕组内运动电动势 $e_{B\text{-}B'}$ 的方向则为由 B′→B。当两线圈边 B′-B 分别由主极磁场 N(S)极区旋转至 S(N)极区时，两线圈边内运动电动势 $e_{B'}$ 和 e_B 的方向将随之改变，电枢绕组内运动电动势 $e_{B\text{-}B'}$ 的方向则改变为由 B→B′，电枢旋转一周，$e_{B\text{-}B'}$ 的方向便交变一次，如图 2-3a 所示。

由图 2-1 可见，无论电枢绕组两线圈边旋转到什么位置，电刷 M_1 将始终与运动电动势方向由里向外的线圈边相连，而电刷 M_2 将始终与运动电动势方向由外向里的线圈边相连。这样尽管电枢绕组内运动电动势 $e_{B\text{-}B'}$ 的方向是交变的，而电刷 M_1 与 M_2 间电动势 $e_{M_1\text{-}M_2}$ 的方向却保持不变，如图 2-3b 所示。电刷间输出电动势 $e_{M_1\text{-}M_2}$ 是脉动的，虚直线所示为其平均值。可以看出，对直流发电机而言，电刷和换向器所起的是一种“整流”作用。

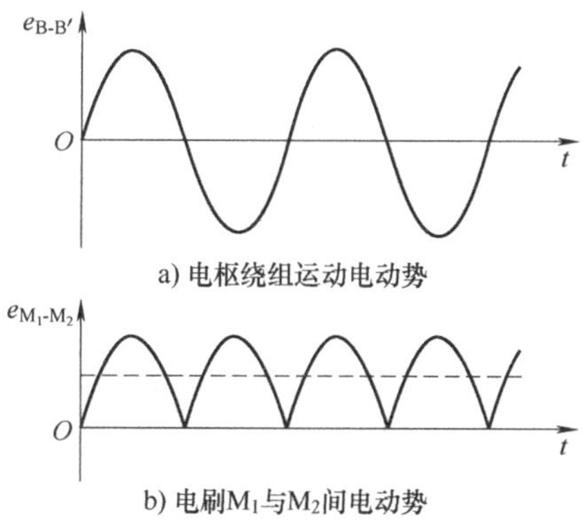

a) 电枢绕组运动电动势

b) 电刷M_1与M_2间电动势

图 2-3　电枢绕组运动电动势和电刷 M_1 与 M_2 间电动势

2.1.2　直流电机的基本结构

直流电机由定子和转子两部分组成，在定子和转子之间有一个存储磁能的气隙。图 2-4 为一台小型直流电机的结构图。定子和转子的构成如下。

1. 定子

定子主要由主磁极、换向极、机座、端盖和电刷装置组成。

（1）主磁极

主磁极简称主极，由主极铁心和励磁绕组构成，如图 2-5 所示，其主要作用是在气隙中建立主磁场。主极铁心通常由 1~1.5mm 的低碳钢板冲片叠压而成。事先绕制好的励磁绕组套在主极铁心上，励磁绕组可以串联，也可以并联，但必须使相邻的主极呈 N、S 极交替排列。主极下部的扩大部分称为极靴，极靴的两侧称为极尖。极靴内缘的宽度和曲率会直接影响到气隙大小和不均匀程度，将会直接影响到主磁场的波形。

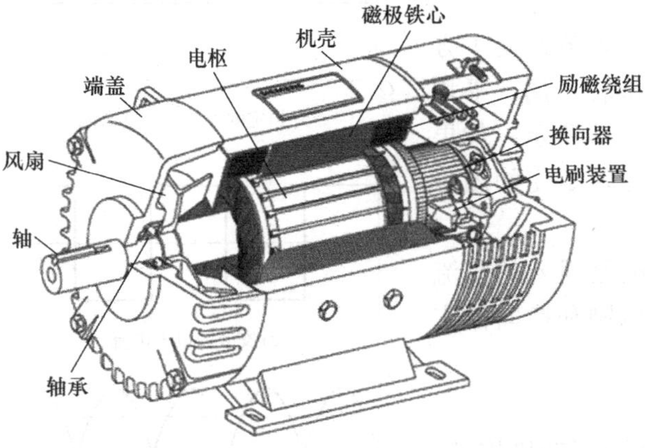

图 2-4 小型直流电机的结构图

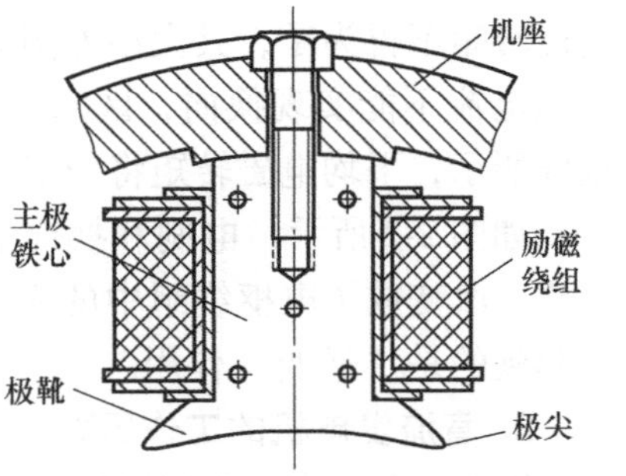

图 2-5 直流电机的主磁极

（2）换向极

通常在两相邻主磁极之间要安装换向极，其作用是改善换向。换向极也由铁心和套在上面的绕组构成，如图 2-6 所示。铁心可用整块钢板或用 1~1.5mm 的钢板冲片叠压而成。换向极绕组匝数少且与电枢绕组串联。

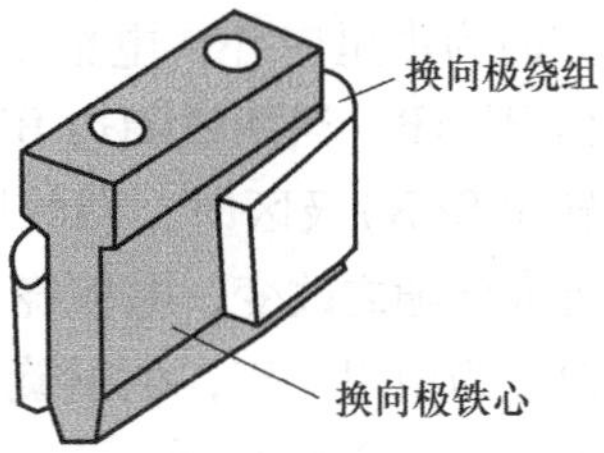

图 2-6 换向极

（3）机座

机座一方面可起导磁作用，作为磁极间磁通磁路的一部分，也称为磁轭；另一方面在结构上用来固定主磁极、换向极和端盖。机座通常由铸钢铸成（小型机座可用铸铁件）或者由厚钢板构成。

（4）电刷装置

电刷装置是将电枢电流引入或引出的装置，如图 2-7 所示。电刷放在刷握里，用弹簧压在换向器上。电刷是由石墨或金属粉末与石墨混合做成的导电体。

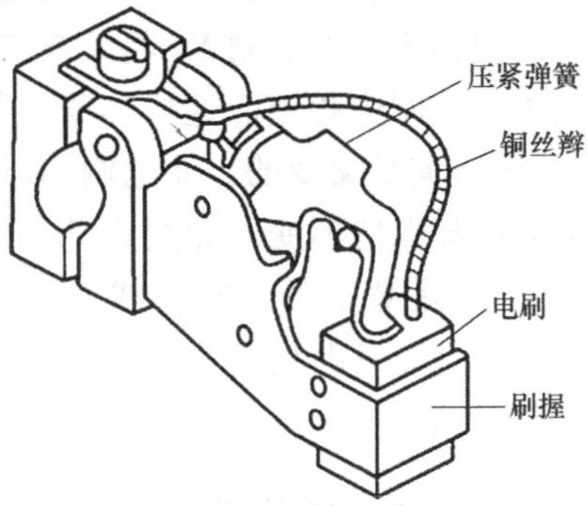

图 2-7 电刷装置

2. 转子

转子主要由电枢铁心、电枢绕组、换向器和转轴等组成。

（1）电枢铁心

电枢铁心用于嵌放电枢绕组，同时又是主磁路的组成部分，称为电枢磁路。由于电枢铁心在主磁场下旋转，因此会在铁心内产生铁耗。为了减少铁耗，电枢铁心通常用 0.5mm 厚的涂有绝缘漆的硅钢片叠压而成。小型直流电机的电枢铁心冲片直接压装在转轴上，大型直流电机的电枢铁心冲片则先压装在转子支架上，而后再将支架固定在转轴上。

（2）电枢绕组

电枢绕组由许多线圈按一定规律连接而成，构成了直流电机的主电路。各线圈由绝缘圆形或矩形截面的导线绕成，分上、下两层嵌放在电枢铁心槽内，上、下层以及线圈与铁心间均应绝缘，如图 2-8 所示。

（3）换向器

如图 2-9 所示，换向器由许多燕尾形的换向片排列而成一个圆筒，片间用云母片绝缘，再借助两端的V形钢制套筒和V形环将其固定，并用环形螺母压紧使之成为一个整体。换向片与V形套筒和V形环之间均用云母绝缘。每个电枢线圈的首端和末端的引线分别焊接到相应的换向片上。如前所述，对于电动机或发电机而言，换向器分别起到了整流或逆变作用，通常将这种机械换向方式称为机械换向。

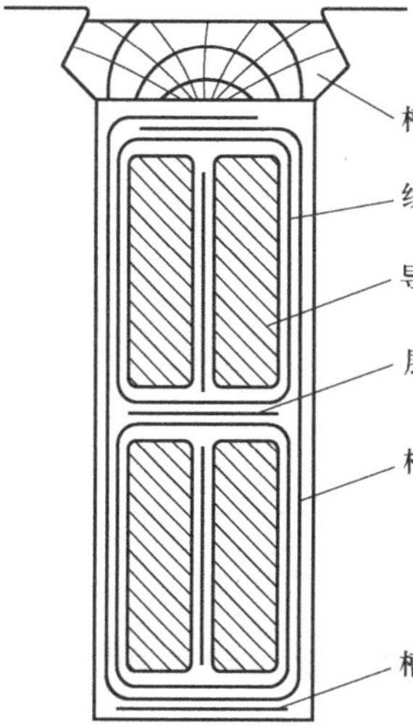

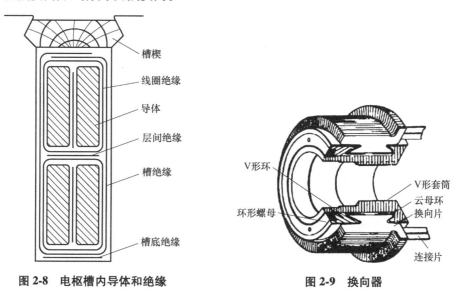

图 2-8 电枢槽内导体和绝缘

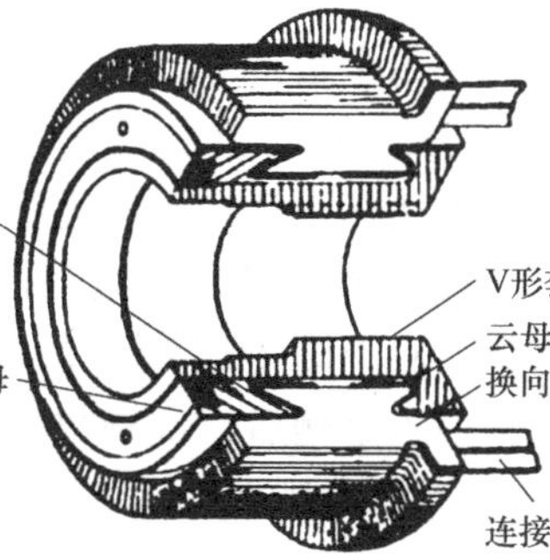

图 2-9 换向器

2.2 直流电枢绕组

电枢绕组是直流电机的主电路，也是实现机电能量转换的枢纽。电枢绕组的构成原则是，在一定的导体数下能产生尽可能大的感应电动势，并允许通过一定的电枢电流，以产生所需要的电磁转矩和功率，且要求结构简单，运行可靠，维护方便。按绕组的连接方式，直流电机的电枢绕组可分为叠绕组、波绕组和混合绕组等三种类型，其中单叠绕组和单波绕组为基本形式。下面仅对这两种绕组的组成和连接规律予以说明。

2.2.1 电枢绕组的构成

构成电枢绕组的基本单元是结构形式相同的元件。元件是指两端分别与两个换向片连接的单匝或多匝线圈，图 2-10 所示为一个两匝的叠绕元件和波绕元件。

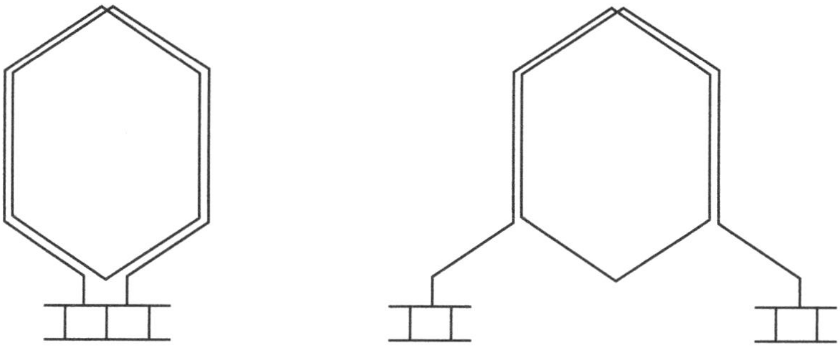

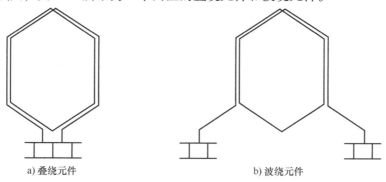

a) 叠绕元件　　b) 波绕元件

图 2-10 电枢绕组的元件

元件由两条元件边和前、后端接线组成，如图 2-11 所示。两元件边置于槽内，可“切割”主极磁场而感应电动势，故也称为有效边。两端的端接线处于铁心之外，不产生感应电动势，仅起连接作用，故也称为端接。元件依次嵌放在槽内，一条有效边放在槽的上层，称为上元件边；另一条放在另一槽的下层，称为下元件边，构成了双层绕组。

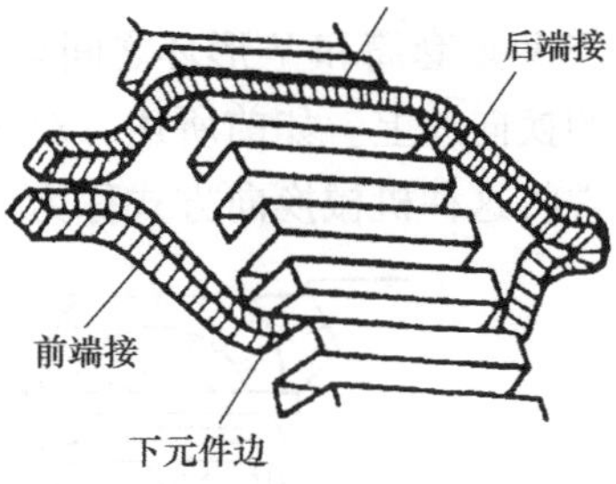

图 2-11　元件的结构形式

若电枢每个槽内的上、下层各有一个元件边，则整个绕组的元件数 S 应等于槽数 Z。为了改善电机的性能，通常希望用较多的元件构成电枢绕组，但电枢铁心有时不能开出太多的槽，只能在每个槽的上、下层各放若干个元件边。如图 2-12 所示，槽内上、下层各放了两个元件边。此时，为了确切标定每一元件边所处的具体位置，通常将一个上层和一个下层元件边在槽内所占的空间定义为一个虚槽，对于图 2-12 所示的情况，一个槽则分了两个虚槽，引入虚槽后，虚槽数 Z_u 即等于元件数 S，也等于换向片数 K，则有

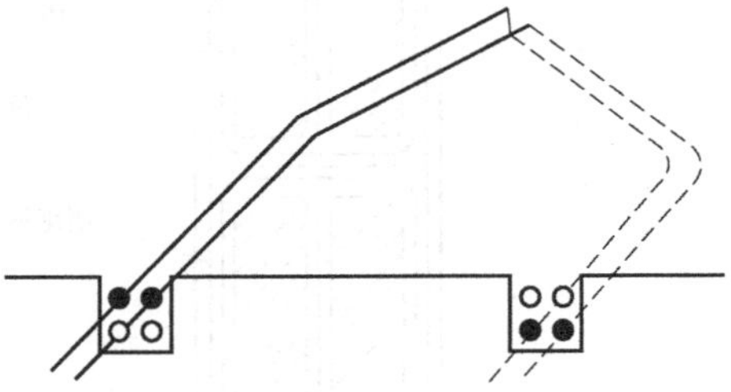

图 2-12　$u=2$ 的槽内元件分布图

$$S=K=Z_u=uZ$$

式中，u 为槽内每层所嵌放的元件边数。

为了更好地说明电枢绕组的连接方法和规律，下面引入绕组三个节距的概念。

2.2.2　电枢绕组的节距

1. 第一节距

同一个元件的两个元件边在电枢表面所跨的距离（跨距），称为第一节距。第一节距又称线圈节距，用 y_1 表示，如图 2-13 所示。y_1 常用所跨的虚槽数来计算，y_1 为一个整数，选择 y_1 时应尽量令元件中感应电动势最大，即 y_1 应等于或接近于一个极距 τ。极距 τ 定义为

$$\tau=\frac{Z_u}{2p_0}$$

式中，p_0 为极对数。

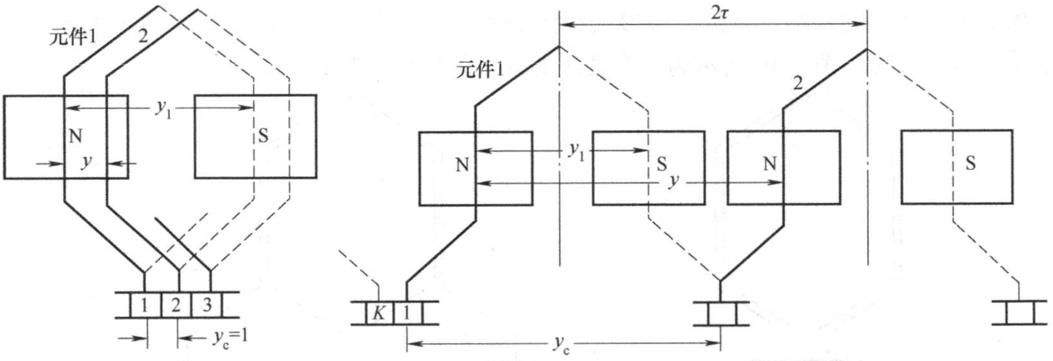

图 2-13　绕组的节距

由于τ不一定为整数，而y_1必须为整数，故有

$$y_1=\frac{Z_u}{2p_0}\pm\varepsilon$$

式中，ε为使y_1为整数的小数。

$y_1=\tau$的绕组称为整距绕组（或称全距绕组），$y_1>\tau$的绕组称为长距绕组，$y_1<\tau$的绕组称为短距绕组。短距绕组的电动势虽然比整距绕组小些，但对换向有利，对于叠绕组还可节约端部用铜，故常被采用。

2. 合成节距

紧接着串联的两个元件的对应元件边在电枢表面所跨的距离，称为合成节距。合成节距用y表示，y也用虚槽来计算。元件的连接次序和连接规律即取决于合成节距。对于叠绕组，$y=1$，这意味着后一个元件总是叠在前一个元件上，如图2-13a所示；每连接一个元件，元件的对应边在电枢表面就前进一个虚槽，故称这种连接方式为叠绕。对于波绕组而言，$y\approx\frac{Z_u}{p_0}$，如图2-13b所示，可以看出，元件串联起来后就像波浪一样向前延伸，故称这种连接方式为波绕；每连接一个元件，元件的对应边在电枢表面就前进了近乎2τ的距离。

3. 换向器节距

在换向器表面，同一元件首、末端所连两个换向片间所跨的距离称为换向器节距，用y_c来表示，y_c以换向片数来计算。显然就数值而言，换向器节距应与合成节距相等，即有

$$y_c=y$$

2.2.3 单叠绕组的构成

图2-1中，电枢绕组仅有一个元件，可获得的运动电动势和电磁转矩数值有限，电机空间和材料没得到充分利用，影响了电机容量，而且转矩和运动电动势还是脉动的。用多个元件组成电枢绕组即可解决这一问题。下面以$2p_0=4$、$S=K=Z_u=Z=16$、$u=1$的情况为例，说明单叠绕组的连接规律和构成。对于单叠绕组，合成节距和换向片节距均为1，即有

$$y=y_c=1$$

第一节距y_1为

$$y_1=\frac{Z_u}{2p_0}\pm\varepsilon=\frac{16}{4}\pm\varepsilon=4$$

由于$\varepsilon=0$，$y_1=\tau$，故电枢绕组为整距绕组。

图2-14a是将电枢的圆柱形表面切开，展开成平面时的绕组展开图。图中将主极置于绕组之上，4个磁极均匀分布。电枢上共有16个槽，每个槽内有上、下两层。每个元件的上层有效边用实线表示，下层边用虚线表示。元件顶上的序号为元件号，中间的序号为虚槽号，下面的序号为换向片号。各序号均自左至右依次编号，编号的原则是三者应一致。

如图2-14a所示，1号元件的上层边嵌放在1号槽内，下层边嵌放在5号槽内，节距$y_1=4$，为整距绕组，其特点是可以获得最大感应电动势和电磁转矩。由图2-1可知，元件的两个边必须与两个换向片相连，电刷的位置应保证两元件边位于几何中性线位置时进行电流换向。

图2-14a中，元件1的两个元件边分别与换向片1和2相连。在图中所示位置，两元件边恰好处于两个主极中间的几何中性线位置，此时电刷A_1将换向片1和2短路，可使元件1完成电流换向。电枢向前旋转一个极距后，两元件又处于几何中性线位置，此时换向片1和2

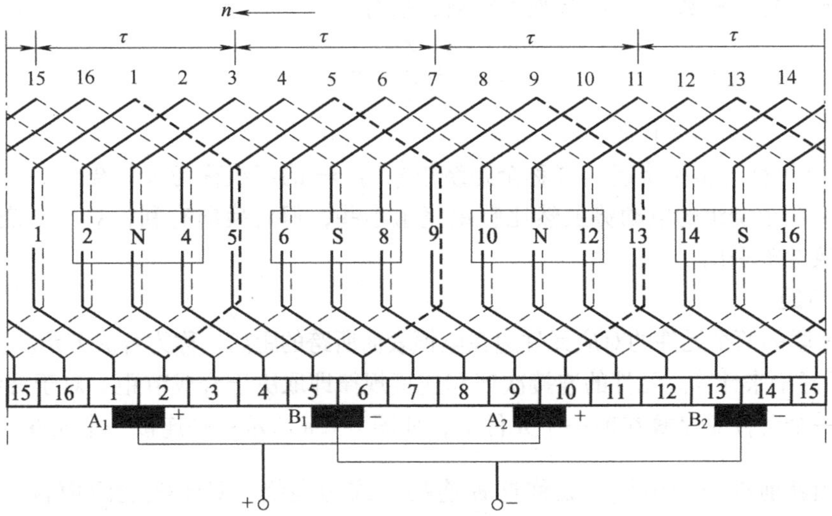

a) 展开图

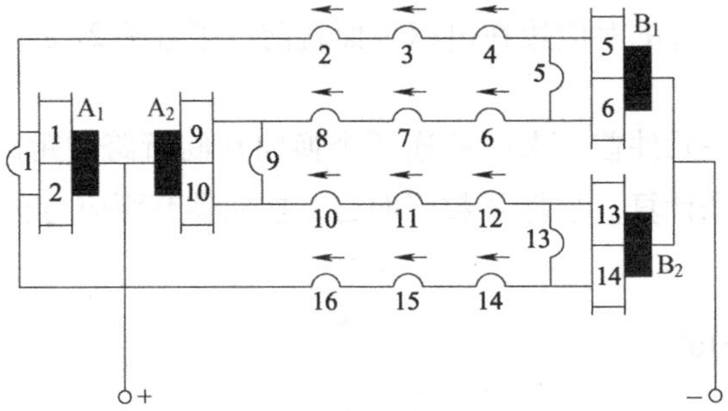

b) 电路图

图 2-14　4 极直流电动机单叠绕组展开图和电路图

又将被电刷 B_2 短路，可完成在主极下的另一次电流换向。可见，单个元件的电流换向原理和过程与图 2-1 所示没有什么不同。

图 2-14a 中，元件 2 上层边与元件 1 下层边通过换向片 2 实现了串联连接，每串联一个元件就向右移动一个槽，同时元件的出线端在换向器上随之向右移动一个换向片。通过这种连接方式，可将所有元件串联起来，构成单叠绕组，最后形成一个闭合回路。

根据主极的极性和电枢的旋转方向，可以确定各元件中运动电动势的方向以及电刷的极性。对图 2-14a 所示的瞬间，元件 2、3、4 的上层边都处于 N 极下，下层边都处于 S 极下，其运动电动势方向均是由元件末端指向首端；而元件 6、7、8 的上层边都处于 S 极下，下层边都处于 N 极下，其运动电动势方向均是由首端指向末端；于是，由元件 2、3、4 和 6、7、8 分别构成了两条支路，但两者的电动势方向相反。同理，由元件 10、11、12 和 14、15、16 构成了另外两条性质相同的支路。12 个元件构成了 4 条并联支路，如图 2-14b 所示。应强调的是，各支路中标出的每一电动势均指一个元件两个元件边的合成电动势。

图 2-14 中，电刷位于不同支路交界处，电刷 A_1、A_2 端为正极性，电刷 B_1、B_2 端为负极性。由于被电刷短路的换向元件 1、5、9、13，其两个元件边分别位于几何中性线位置，电动势为零，因此可保证正、负电刷间引出的电动势最大，如图 2-14a 所示。此时，电刷置于主极中心线下，但从电流换向角度看，被电刷短路的元件其两个元件边正好位于几何中性线位置，

故也形象地将电刷位置表述为“电刷位于几何中性线上”。

图2-14b所示虽然只是图2-14a瞬间的情况，但在其他时刻，电路的形态基本不变，不同的仅是组成各支路的元件在不断地依次转换，因此图2-14b即可作为单叠绕组的电枢电路图。图中，每一支路均是由主极下的元件串联而成，故单叠绕组的并联支路数$2a_=$应等于电机的极数$2p_0$，$a_=$为电枢绕组的支路对数，即有

$$a_= = p_0 \tag{2-1}$$

由图2-14a可见，为实现电流换向，每一主极下均放置一组电刷，故单叠绕组的电刷组数一定等于主极的极数。

单叠绕组主要用于中等容量、正常电压和转速的直流电机。

2.2.4　单波绕组的构成

现以$2p_0=4$，$S=K=Z_u=Z=15$，$u=1$的直流电机为例，说明单波绕组的连接规律和特点。绕组展开图如图2-15a所示，第一节距y_1为

$$y_1 = 3 < \frac{15}{4}\ (\text{短距绕组}) \tag{2-2}$$

合成节距y和换向器节距y_c为

$$y = y_c = 7 = \frac{Z_u - 1}{p_0} \tag{2-3}$$

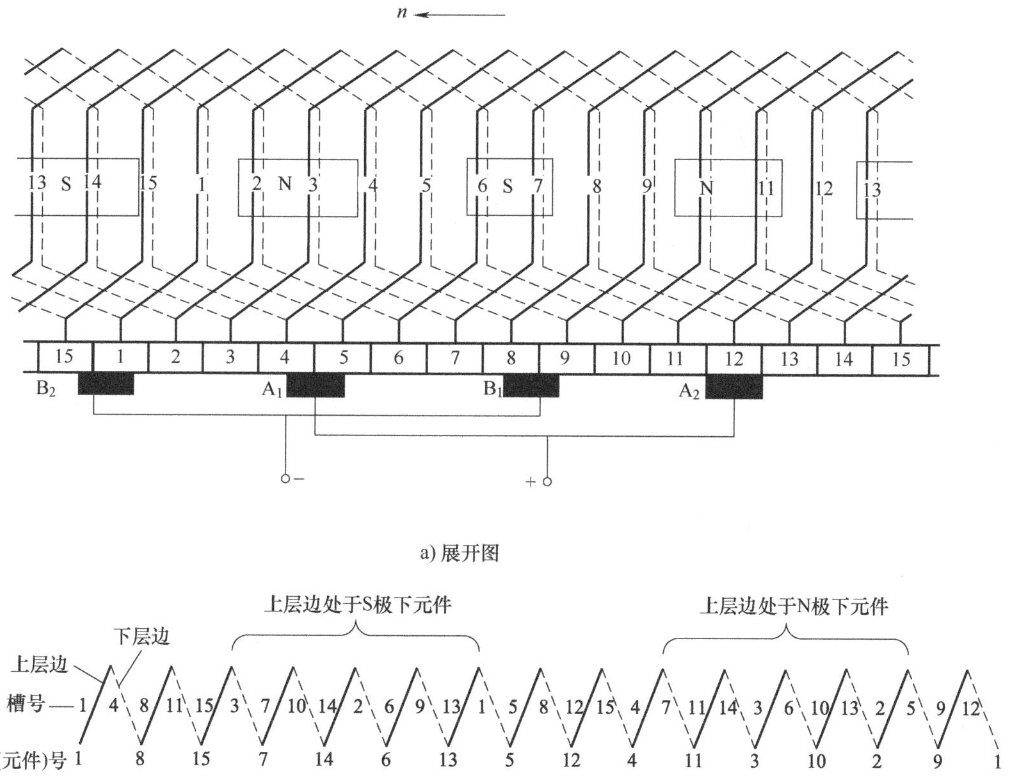

a) 展开图

b) 连接图

图2-15　4极直流电机单波绕组展开图和元件连接图

单波绕组与单叠绕组不同，合成节距和换向器节距不等于1，而约等于一对极距，故绕组

的连接方式不会相同。图 2-15 中，从 1 号元件和 1 号换向片开始，1 号元件上层边嵌放于 1 号槽，则下层边应嵌放在 4 号槽内；因 $y=7$，故下层边应与 8 号换向片相连；8 号换向片与 8 号元件上层边相连，其下层边嵌入 11 号槽，且与 15 号换向片相连。这样，两个元件在电枢和换向片表面绕过一周后，便落回到了与 1 号换向片（槽）相邻的 15 号换向片（槽）。按此规律继续连接，将 15 个元件全部连接起来后，最后又回到了 1 号换向片（槽），由此构成了一个闭合电路。元件的连接次序如图 2-15b 所示。

由图 2-15b 可以看出，单波绕组的连接规律是从某一换向片和虚槽出发，将相隔约一对极距的同极性磁极下对应位置的所有元件依次串联起来沿电枢和换向器绕过一周后，恰好回到出发换向片的前面一片；从此换向片再出发，继续绕连，直到全部元件串联完，最后又回到了起始的换向片，构成了一个闭合回路。

图 2-16 是与图 2-15a 所示瞬间相对应的电路图。可以看出，元件 15、7、14、6、13 的上层边均在 S 极下，串联起来构成了一条支路。元件 4、11、3、10、2 的上层边均在 N 极下，串联起来构成了另一条支路。各支路内电动势方向相同，但两支路的电动势方向相反。为使引出的电动势最大，如图 2-15a 所示，电刷应当放在主极中心线下（也可表述为放在几何中性线上）。由图 2-16 可见，此时元件 5、12 被电刷 A_1、A_2 短路，元件 1、8、9 被电刷 B_1、B_2 短路。由于这五个换向元件的感应电动势均接近于零，对整个支路电动势值影响有限，短路时环流也很小。

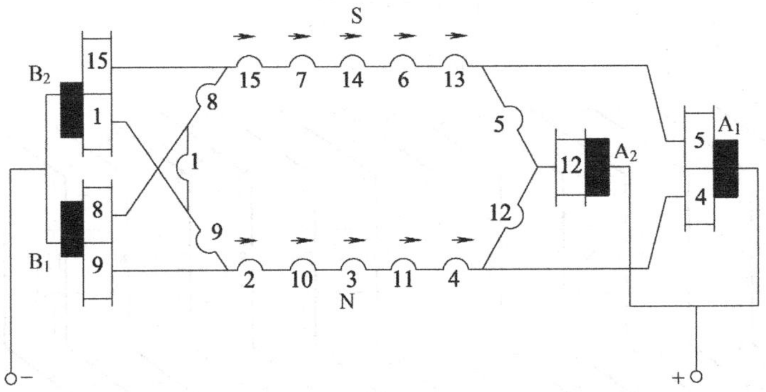

图 2-16　与图 2-15a 所示瞬间相对应的电路图

对比单叠绕组，单波绕组的构成要素是 y_1 与 y_c 均近似等于一对极距，由此决定了单波绕组的构成特点是同一主极极性下各元件串联起来组成了一条支路，所以无论电机极数为多少，单波绕组只有两条并联支路，即支路对数 $a_=$ 为

$$a_= = 1 \tag{2-4}$$

此外，单波绕组的电刷组数仍取为磁极数。

单波绕组主要用于小容量和电压较高或转速较低的电机。

如图 2-14b 和图 2-16 所示，直流电枢电路是一个有源多支路电路。电枢旋转时，元件中感应出交流电动势，但通过换向器和电刷引出的支路电动势是直流电动势。

若电枢恒速旋转，主极励磁磁场恒定且为正弦分布，则单个元件中的感应电动势和经换向器整流后的电动势便如图 2-3b 所示。由于电枢电路支路由多个元件串联组成，其电动势为多个线圈电动势瞬时值之和，故支路电动势脉动大为减小，近似为恒定，如图 2-17 所示。

图 2-18 是以 2 极电机表示的直流电机表意图。为简化计，假设电枢表面光滑，绕组为全距，元件只画出一层，构成元件的导体均匀地分布于电枢表面，省去了换向器和元件的端接

线，将电刷直接放在几何中性线处的导体上（实际是放在换向器上且对准主极中心线）。在实际直流电机中，电枢支路电流是通过电刷引入和引出的，故电刷位置是电枢表面电流分布的分界线。通常，将主极励磁绕组轴线定义为 d 轴（直轴），而将与 d 轴正交的轴线定义为 q 轴（交轴），q 轴超前 d 轴 90°电角度，且 q 轴与几何中性线总是重合的。

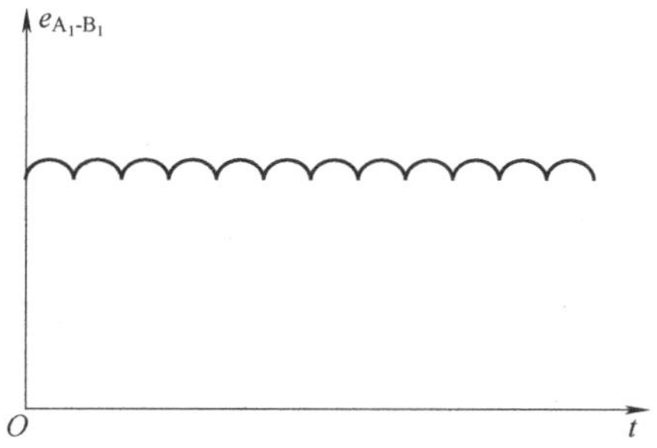

图 2-17 多元件支路的感应电动势

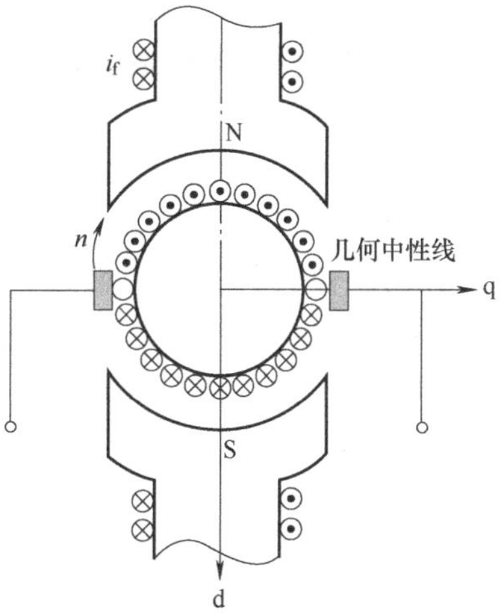

图 2-18 2 极直流电机表意图

2.3 直流电机的磁场

为了分析直流电机稳态和动态运行时的电磁过程，必须对直流电机内部的磁场予以了解，特别是气隙内磁场，因为气隙磁场是机电能量转换的耦合场。

1. 空载运行时的磁场

直流电机空载运行时的磁场是指电枢电流为零（或者很小，可以忽略不计）时的磁场状态。空载时电机内磁场由励磁绕组单独励磁所产生，如图 2-19a 所示。图中主极的磁通分为主磁通 Φ_f 和漏磁通 $\Phi_{f\sigma}$ 两部分。主磁通穿过气隙，形成了空载气隙磁场（又称为主磁场）；主极漏磁通不穿过气隙，仅与励磁绕组自身交链，由于漏磁场路径经过极间气隙，故相对较弱，仅占主极磁通的一小部分。

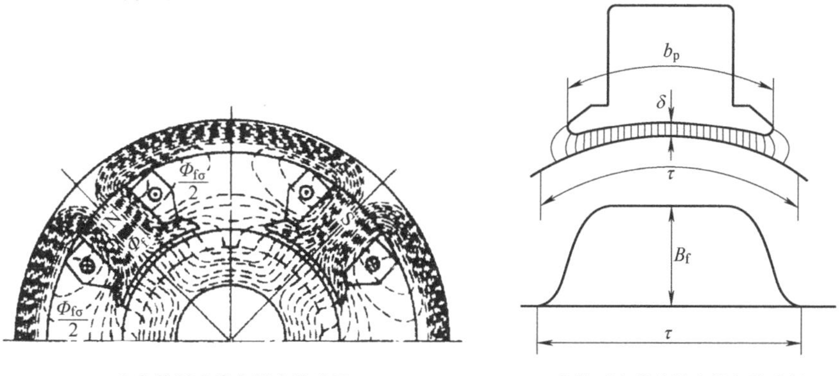

a) 空载时直流电机内的磁场　　b) 空载时直流电机内的气隙磁场

图 2-19 空载时直流电机内的磁场和气隙磁场

若不计电枢表面齿槽的影响，电枢表面为光滑，空载气隙磁场 B_f 的空间分布便如图 2-19b 所示。在主极极靴 b_p 范围内，气隙较小，故极靴下沿电枢圆周各点的主磁场较强；在极靴范围以外，气隙较大，主磁场逐步减弱，到两极之间的几何中性线处，磁场减小为零。由于极靴面对的气隙近乎均匀，故空载气隙磁场波形接近于平顶波。图中，τ 为极距，$\tau=\pi D_a/(2p_0)$，D_a 为电枢外径。如不特别说明，气隙磁场指的是气隙内径向分布的磁场。

2. 负载运行时的交轴电枢磁动势和交轴电枢反应

（1）交轴电枢磁动势

电机在负载情况下，电枢电流不为零，电枢绕组将会产生磁动势。将图 2-18 从几何中性线处展开后，如图 2-20 所示。

设电枢表面单位周长上的安培导体数为 A，A 即为电流线密度，亦称为线（电）负荷，则有

$$A=\frac{Z_a}{\pi D_a}i_{a=}=Z_\theta i_{a=} \tag{2-5}$$

式中，Z_a 为电枢绕组的总导体数；D_a 为电枢外径；Z_θ 为电枢表面单位周长上的导体数，$Z_\theta=\dfrac{Z_a}{\pi D_a}$；$i_{a=}$ 为导体内电流，即为支路电流。

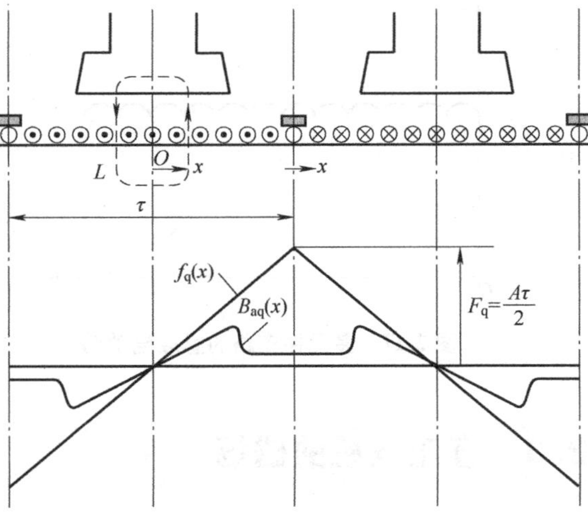

图 2-20 交轴磁动势分布图

图 2-20 中，以主极中心线下的电枢表面处作为原点，在距原点 x 处的电枢磁动势 $f_q(x)$ 应为

$$f_q(x)=Ax \quad -\frac{\tau}{2}<x<\frac{\tau}{2} \tag{2-6}$$

式（2-6）表明，电枢磁动势沿电枢表面呈三角形分布。当 $x=\tau/2$ 时，即在交轴处磁动势将达到其幅值 F_q，电枢磁动势的轴线与交轴重合，故称其为交轴电枢磁动势。交轴电枢磁动势的幅值 F_q 为

$$F_q=A\,\frac{\tau}{2}=\frac{1}{2}\left(\frac{Z_a i_{a=}}{2p_0}\right) \tag{2-7}$$

式中，$\dfrac{Z_a i_{a=}}{2p_0}$ 为一个极下电枢的安培导体数。

如图 2-18 和图 2-20 所示，电枢磁动势的轴线总是与电刷的轴线重合，只当电刷位于几何中性线上时，电枢磁动势轴线才与 q 轴重合，而且无论电枢静止还是旋转时均是如此。当电枢旋转时，组成各支路的元件尽管在不断轮换，但由于电刷和换向器的作用，每一支路的电流方向总保持不变，使得电枢磁动势（轴线）总是固定不动。通常，将具有这种特征的直流电机电枢绕组又称为换向器绕组。

（2）交轴电枢气隙磁场与交轴电枢反应

若忽略铁心的磁阻，由交轴电枢磁动势可得出交轴电枢气隙磁场 B_{aq} 在电枢表面的分布，即有

$$B_{aq}=\mu_0\frac{f_q(x)}{\delta(x)} \tag{2-8}$$

式中，$\delta(x)$为气隙长度。由于极靴下的气隙较小，而极间部分的气隙较大，故交轴电枢气隙磁场在气隙中近似为马鞍形分布，且磁场轴线与交轴磁动势轴线一致，如图2-20所示。

交轴电枢磁动势产生了交轴气隙磁场，此交轴气隙磁场将会影响到原来气隙磁场的大小和分布，这种影响被称为交轴电枢反应。

下面以发电机为例来分析交轴电枢反应的性质。设图2-21a中的电枢逆时针旋转，在主磁场作用下，电枢绕组中的运动电动势方向如图中所示，电流方向与电动势方向相同，产生的交轴电枢气隙磁场如虚环线所示，由磁场的空间分布可以看出，交轴电枢气隙磁场的轴线与交轴一致，即与主磁场轴线正交。

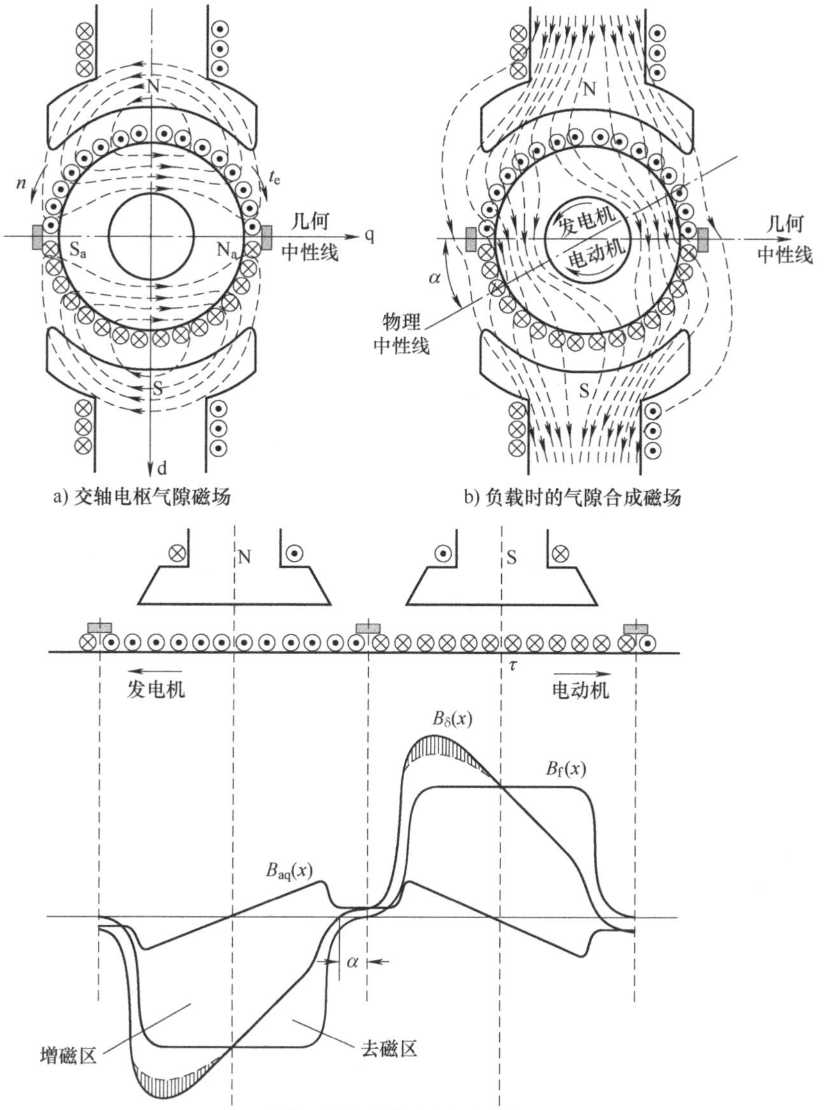

图2-21 交轴电枢反应

如图 2-21a 所示，在主极 N 极区的右半部分，交轴电枢气隙磁场的方向由电枢表面指向主极，对主极磁场起去磁作用；在 N 极区的左半部分，交轴电枢气隙磁场的方向由主极指向电枢表面，对主极起增磁作用。图 2-21b 为负载时由主极和交轴电枢磁动势共同建立的气隙合成磁场（简称气隙磁场），明显看出，交轴电枢反应引起了气隙磁场畸变，使电枢表面磁通密度等于零的位置（称为物理中性线）偏离了几何中性线。对发电机，物理中性线将顺着电机旋转方向移过 α 角；对电动机，物理中性线将逆着电机旋转方向移过 α 角。如第 1 章所述，负载时气隙磁场畸变是机电能量转换过程中必然发生的现象。

不计饱和时，可以采用叠加原理，由图 2-19b 所示主磁场 $B_f(x)$ 和图 2-20 所示交轴电枢气隙磁场 $B_{aq}(x)$，可得负载时气隙磁场 $B_\delta(x)$ 的分布图，如图 2-21c 所示。此时的增磁部分与去磁部分恰好相等，表明交轴电枢反应既无增磁也无去磁作用，每极下的磁通量保持不变，仍等于主极磁通，但磁场的分布发生了畸变，如图 2-21c 中实线所示，此时电枢表面磁通密度为零的位置向左移动了 α 角度。

考虑饱和时，增磁边使该部分主极铁心的饱和程度提高，导致磁导率减小，使该处实际的气隙磁场 $B_\delta(x)$ 比不计饱和时减弱，如图 2-21c 中虚线所示；而去磁边的实际气隙磁场与不计饱和时基本一致，因此负载时，每极下的磁通量比空载时有所减小。亦即，饱和时交轴电枢反应不仅会引起气隙磁场畸变，对主极磁场还具有一定的去磁作用。

严格来说，考虑饱和时，叠加原理不再适用，气隙磁场 $B_\delta(x)$ 应由主极和交轴电枢磁动势来共同决定，但这不会改变上述交轴电枢反应的性质。

2.4　电枢的感应电动势和电磁转矩

2.4.1　电枢绕组的感应电动势

如图 2-21b 所示，电枢在气隙磁场中旋转，由“Blv”可知，电枢绕组中将会感生运动电动势。由于电枢绕组各支路是并联的，因此支路电动势 e_a 即为电枢绕组电动势。

将图 2-21c 中一个极距内的气隙磁场和电枢表面导体表示为图 2-22 的形式。

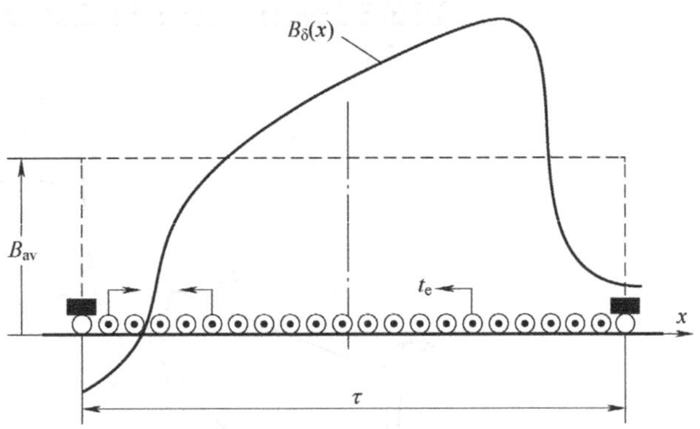

图 2-22　气隙磁场分布和感应电动势与电磁转矩计算

已知电枢表面单位周长上的导体数为 Z_θ，则在 Z_θ 个导体内感生的运动电动势 e_θ 为

$$e_\theta = Z_\theta B_\delta(x) lv \qquad (2\text{-}9)$$

式中，l 为导体的有效长度；v 为电枢表面线速度；$B_\delta(x)$ 为导体所在位置的气隙磁通密度。

假如导体在电枢表面为连续分布，则在一个极距内电枢表面导体内感生的电动势 e_τ 可表示为

$$\begin{aligned} e_\tau &= \int_{-\frac{\tau}{2}}^{\frac{\tau}{2}} Z_\theta lvB_\delta(x)\mathrm{d}x \\ &= Z_\theta lv\tau B_{av} \end{aligned} \qquad (2\text{-}10)$$

且有

$$B_{av}=\frac{1}{\tau}\int_{-\frac{\tau}{2}}^{\frac{\tau}{2}}B_{\delta}(x)\mathrm{d}x$$

式中，B_{av} 为一个极距内的平均气隙磁通密度。

支路电动势 e_a 应为

$$e_a=\frac{1}{2a_{=}}2p_0e_{\tau} \tag{2-11}$$

将式（2-10）代入式（2-11），考虑到 $v=2p_0\tau\frac{n}{60}$，n 为转子每分钟转数，则有

$$e_a=\frac{p_0Z_a}{60a_{=}}n\phi=C_en\phi \tag{2-12}$$

式中，ϕ 为每极的总磁通量，$\phi=B_{av}l\tau$；C_e 为电动势常数，$C_e=\frac{p_0Z_a}{60a_{=}}$。式（2-12）即为电枢绕组的运动电动势表达式，对电动机和发电机均适用。

式（2-12）表明，直流电机结构确定后，电枢运动电动势 e_a 除与转速成正比外，还与每极下的气隙磁通 ϕ 成正比。图 2-22 中已假设元件为整距，当实际元件为短距时，感应电动势值应有所减少。

式（2-12）中，转速若以机械角速度 Ω_r(rad/s) 来表示，由 $\Omega_r=2\pi\frac{n}{60}$，则有

$$e_a=C_{e\Omega}\Omega_r\phi \tag{2-13}$$

此时，电动势常数 $C_{e\Omega}=\frac{p_0Z_a}{2\pi a_{=}}$。

电机磁路为线性时，交轴电枢反应对主极磁场没有去磁作用，如图 2-21c 所示，主极磁通 ϕ_f 则与气隙磁通 ϕ 数量相同。虽然交轴电枢反应使气隙磁场发生了畸变，但感应运动电动势与气隙磁场的分布情况无关，因此可将式（2-12）和式（2-13）分别表示为

$$e_a=C_en\phi_f \tag{2-14}$$

$$e_a=C_{e\Omega}\Omega_r\phi_f \tag{2-15}$$

实际上，导体在电枢表面不是连续分布的，而是离散分布的。可以证明，此时的电枢感应电动势仍如式（2-12）所示。

2.4.2　电枢的电磁转矩

图 2-22 中，电枢电流与气隙磁场相作用，便会产生电磁转矩。作用在 Z_θ 个导体上的电磁转矩 t_θ 为

$$t_\theta=Z_\theta B_\delta(x)li_{a=}\frac{D_a}{2} \tag{2-16}$$

假设导体在电枢表面为连续分布，作用于一个极距下载流导体的合成电磁转矩 t_τ 应为

$$\begin{aligned}t_\tau&=\int_{-\frac{\tau}{2}}^{\frac{\tau}{2}}Z_\theta B_\delta(x)li_{a=}\frac{D_a}{2}\mathrm{d}x\\&=Z_\theta\tau li_{a=}\frac{D_a}{2}B_{av}\end{aligned} \tag{2-17}$$

其中 B_{av} 见式（2-10）。

每个极距下的气隙磁场分布情况相同，载流导体中的电流大小相同，磁场极性改变时，电流大小不变仅方向随之改变，因此作用于各极距下载流导体的合成电磁转矩的大小和方向相同，于是由式（2-17）可直接得到作用于整个电枢绕组的电磁转矩。即有

$$t_e = 2p_0 t_\tau \tag{2-18}$$

将式（2-17）代入式（2-18），考虑到 $i_{a=} = i_a/(2a_=)$，i_a 为电枢电流，则有

$$t_e = \frac{p_0}{2\pi}\frac{Z_a}{a_=}\phi i_a = C_T\phi i_a \tag{2-19}$$

式中，C_T 称为转矩常数，$C_T = \frac{p_0}{2\pi}\frac{Z_a}{a_=}$。

式（2-19）即为直流电机转矩表达式，对发电机和电动机均适用。可以看出，电磁转矩与电枢电流和每极下的气隙磁通成正比，而与气隙磁场的分布情况无关。

导体在电枢表面是离散分布的，可以证明，此时的电磁转矩仍如式（2-19）所示。

若运动电动势表达式中的转速以 Ω_r 表示，则电动势常数与转矩常数相等，即有 $C_{e\Omega} = C_T$。

当电机磁路为线性，电刷位于几何中性线上时，电磁转矩可表示为

$$t_e = C_T\phi_f i_a \tag{2-20}$$

事实上，此时电枢电流只有在主极磁场作用下才会生成电磁转矩。

从“场”的角度看，如图 2-21b 和图 2-21c 所示，气隙磁场因交轴电枢反应发生了畸变，如第 1 章所述，将会生成作用于转子的电磁转矩。当将电刷移动 90°电角度后，电刷轴线将与主极轴线重合，电枢磁动势就成了直轴电枢磁动势。由于直轴电枢磁场不能使气隙磁场发生畸变，故不会有电磁转矩生成。从“*Bli*”的观点看，此时同一支路元件一半置于主极 N 极区，另一半置于 S 极区，合成转矩应为零。因此，直轴电枢反应只会对气隙磁场起增磁或去磁作用，而不会生成电磁转矩。这表明，只有存在交轴电枢反应时，才会有电磁转矩生成。

2.4.3 直流电机的励磁方式和额定值

1. 励磁方式

励磁方式是指励磁绕组的供电方式，分为他励和自励两种，如图 2-23 所示。

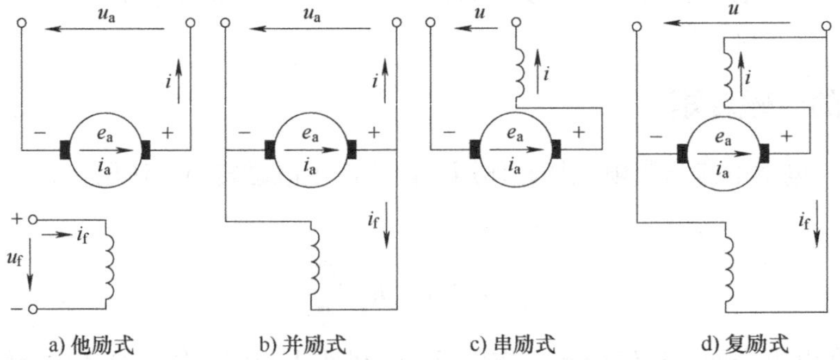

图 2-23 直流发电机的励磁方式

（1）他励式

如图 2-23a 所示，励磁绕组与电枢绕组不相连接，直流电机的励磁绕组由其他电源独立供电。

(2) 自励式

在自励式发电机中，利用电机自身发出的电流来励磁；在自励式电动机中，励磁绕组和电枢绕组由同一电源供电。根据励磁绕组和电枢绕组的连接方式，又分为并励、串励和复励等三种。图2-23b中励磁绕组与电枢绕组并联，称为并励式；图2-23c中励磁绕组与电枢绕组串联，称为串励式；图2-23d中，直流电机铁心上装有两套励磁绕组，一套是与电枢绕组并联的并励绕组，另一套是与电枢串联的串励绕组，称为复励式。

(3) 电流与电压约束

对于他励式，励磁电压 u_f 与电枢端电压 u_a 无关，电枢电流 i_a 与线路电流 i 的关系为

$$i_a=i$$

对于并励式，励磁绕组与电枢绕组并联，故有

$$u_f=u_a$$

作为发电机运行时，励磁电流 i_f 由电枢供给，则有

$$i_a=i+i_f$$

作为电动机运行时，励磁电流 i_f 和电枢电流 i_a 均由外电源供给，则有

$$i=i_a+i_f$$

对于串励式，由于励磁绕组与电枢绕组串联，因此线路电流 i、电枢电流 i_a、串励绕组中电流 i_f 三者为同一电流，应有

$$i_f=i_a=i$$

2. 额定值

直流电机稳态运行时的额定值包括以下几项：

1) 额定功率 P_N(W或kW)：指电机在铭牌规定的额定状态下运行时，电机的输出功率。对发电机，额定功率是指出线端输出的电功率；对电动机，则是指轴上输出的机械功率。

2) 额定电压 U_N(V)：指额定状态下电枢出线端的电压。

3) 额定电流 I_N(A)：指电机在额定电压下运行，输出功率为额定功率时，电机的线电流。

4) 额定转速 n_N(r/min)：指额定状态运行时转子的转速。

5) 额定励磁电压 U_{fN}(V)：指额定状态下运行时他励式电机励磁绕组所加的电压。

2.5 直流电机的基本方程

在推导出运动电动势和电磁转矩表达式后，便可以推导出直流电机稳态和动态运行时的电压方程和转矩方程，这两种方程是直流电机的基本方程。

2.5.1 直流电动机的电压方程

1. 稳态电压方程

他励直流电机作为电动机运行时，如图2-24a所示，电枢电流 I_a 由电网输入，电枢感应电动势 E_a 与 I_a 方向相反，端电压 U_a 必定大于电枢的感应电动势 E_a。采用电动机惯例，以输入电流为电枢电流正方向，则有

$$U_a=I_aR+2\Delta U+E_a \tag{2-21}$$

式中，U_a、I_a、E_a 均为常值；E_a 同式(2-12)或式(2-13)；R 为电枢绕组的电阻；$2\Delta U$ 为

正、负电刷上的接触电压降，对石墨电刷，$2\Delta U\approx2V$，对金属石墨电刷，$2\Delta U\approx0.6V$。

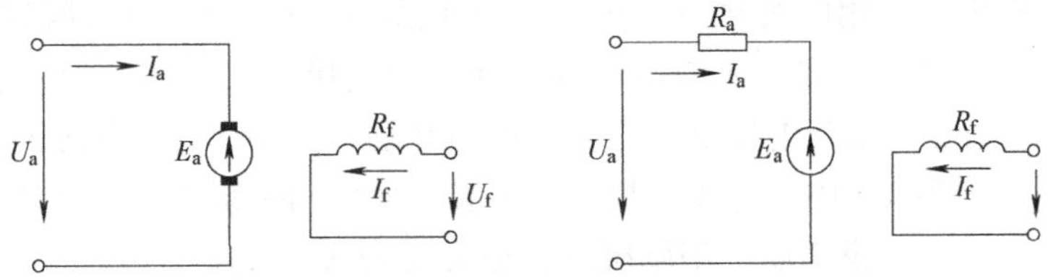

a) 表象图　　b) 电路图

图 2-24　他励直流电动机稳态运行时的电路图

可将式（2-21）简写为

$$U_a=I_aR_a+E_a \tag{2-22}$$

式中，R_a 为电枢回路总电阻，包括电枢的绕组电阻和电刷的接触电阻，$R_a=R+2\Delta U/I_a$；若电枢电流在一定范围内，可认为 R_a 近乎为常值。可将图 2-24a 表示为图 2-24b 的形式。

式（2-21）和式（2-22）对各种励磁方式都适用。

2. 动态电压方程

他励直流电动机动态运行时可将图 2-24b 表示为图 2-25 的形式。图中电枢电路的各物理量已为时变量，励磁电路中的励磁电流（电压）可为恒定值，也可为时变量。

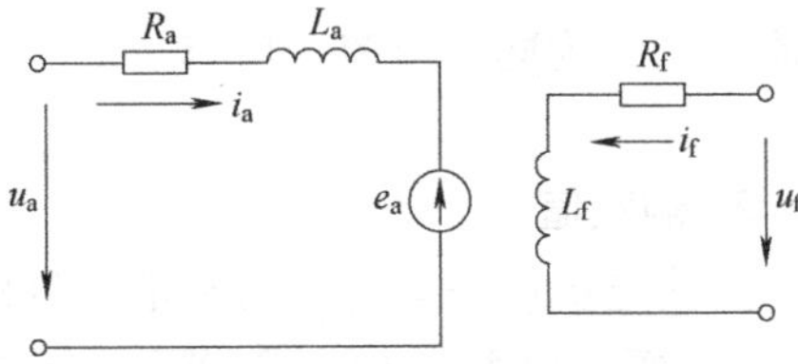

图 2-25　他励直流电动机动态运行时的电路图

主极磁场是由主极励磁电流 i_f 产生的，因此可由 i_f 来求取 ϕ_f，于是可将式（2-15）表示为

$$e_a=G_{af}i_f\Omega_r \tag{2-23}$$

式中，G_{af}为运动电动势系数。

与稳态运行时不同，图 2-21 中，变化的交轴电枢磁场将会在电枢绕组中感生自感电动势，不计磁饱和时，自感电压则为 $L_a\dfrac{di_a}{dt}$，L_a 为电枢绕组的自感。同样，变化的主极磁场也会在励磁绕组中感生自感电动势，不计磁饱和时，自感电压则为 $L_f\dfrac{di_f}{dt}$，L_f 为励磁绕组自感。因电刷位于几何中性线处，励磁绕组与电枢绕组轴线相互正交，故不会在对方绕组中感生互感电动势。由图 2-25 可得

$$u_a=i_aR_a+L_a\frac{di_a}{dt}+e_a=i_aR_a+L_a\frac{di_a}{dt}+G_{af}i_f\Omega_r \tag{2-24}$$

$$u_f=i_fR_f+L_f\frac{di_f}{dt} \tag{2-25}$$

式中，R_f 为励磁绕组电阻。

2.5.2　直流发电机的电压方程

1. 稳态电压方程

他励直流电机作为发电机运行时，如图 2-26a 所示，发电机向外（负载或电网）供电，此时电枢电流 I_a 与运动电动势 E_a 方向一致，E_a 必定大于端电压 U_a。按发电机惯例，以输出电流作为电枢电流正方向，则有

$$E_a = I_a R + 2\Delta U + U_a \tag{2-26}$$

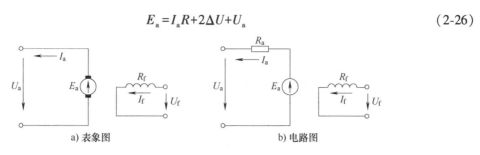

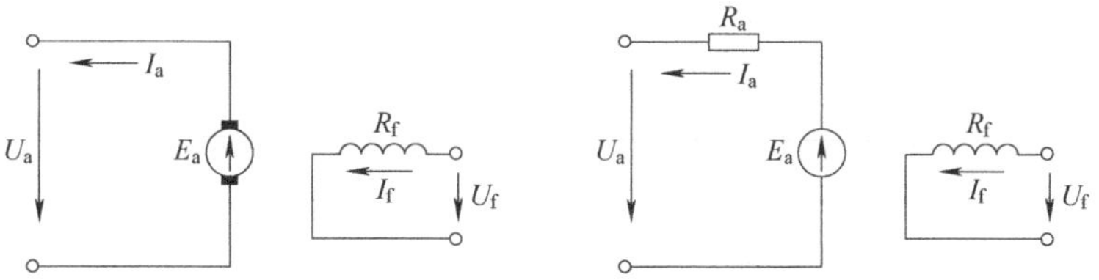

图 2-26 他励直流发电机稳态运行时的电路图

按式（2-21）的处理方式，同样可将式（2-26）表示为

$$E_a = I_a R_a + U_a \tag{2-27}$$

于是，可将图 2-26a 表示为图 2-26b 的形式。

2. 动态电压方程

与稳态运行时不同，他励直流发电机动态运行时，主极磁场和电枢磁场均可为时变磁场，可分别在励磁绕组和电枢绕组中感生自感电动势，但不会在对方绕组中感生互感电动势，这与直流电机作电动机运行时情况相同。另外，式（2-23）同样适用于发电机。于是，可将图 2-26b 表示为图 2-27 的形式，不计磁饱和时，他励直流发电机的动态电压方程则为

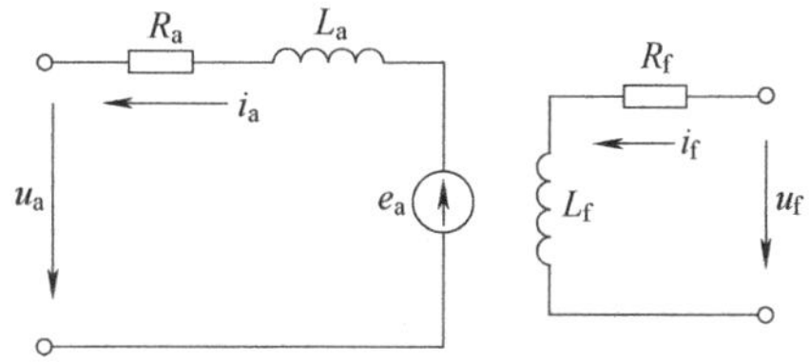

图 2-27 他励直流发电机动态运行时的电路图

$$u_a = -i_a R_a - L_a \frac{\mathrm{d}i_a}{\mathrm{d}t} + e_a = -i_a R_a - L_a \frac{\mathrm{d}i_a}{\mathrm{d}t} + G_{af} i_f \Omega_r \tag{2-28}$$

$$u_f = i_f R_f + L_f \frac{\mathrm{d}i_f}{\mathrm{d}t} \tag{2-29}$$

式中，R_f 为励磁绕组电阻；L_a、L_f 分别为电枢和励磁绕组的自感。

2.5.3 电磁功率与转换功率

直流电动机于负载下稳态运行时，由式（2-22），可将电源输入电枢的电功率表示为

$$U_a I_a = I_a^2 R_a + E_a I_a \tag{2-30}$$

式中，$E_a I_a$ 为电磁功率，记为 P_e。即有

$$P_e = E_a I_a \tag{2-31}$$

当电刷位于几何中性线处且不计磁饱和时，由式（2-15）和式（2-20）可得

$$E_a I_a = C_{e\Omega} \Phi_f \Omega_r I_a = T_e \Omega_r \tag{2-32}$$

式（2-32）表明，电枢电动势 E_a 从电源吸收的电磁功率（$E_a I_a$）转换为了机械功率（$T_e \Omega_r$），说明在机电能量转换过程中，电磁功率就是由电能转换为机械能的转换功率。这与第 1 章的分析结果一致。能量转换是通过电枢电路和气隙磁场（耦合磁场）进行的。

式（2-32）可表示为

$$E_a I_a = C_{e\Omega} \Phi_f \Omega_r I_a = G_{af} I_f I_a \Omega_r \tag{2-33}$$

式（2-33）表明，此时电磁功率分别与电枢电流 I_a 和主极磁场 Φ_f（励磁电流 I_f）成正比关系。

图 2-1 中，不计磁饱和时，线圈边 B′（这里假设为单匝线圈）通入电流 I_a，在主磁场 B_f

的作用下，产生的电磁力 $f_{B'}=B_f l I_a$，设线圈边 B′的线速度为 $v_{B'}$，产生的机械功率 $f_{B'}v_{B'}=B_f l I_a v_{B'}=e_{B'}I_a$，另有 $f_{B'}v_{B'}=f_{B'}R_r\Omega_r=T_{B'}\Omega_r$，故有 $e_{B'}I_a=T_{B'}\Omega_r$。这一结果与式（2-32）所示结果在形式上相同，只是式（2-32）中将线圈 B-B′改造为了电枢绕组。

事实上，就机电能量转换而言，图 2-1 与图 1-9 所示的物理模型无实质区别。图 1-9 中，当转子旋转时，定、转子绕组中同时会感生运动电动势，每个运动电动势吸收的瞬时电功率相等，两者吸收电功率的 1/2 为转换功率，见式（1-140）。但是，当将图 1-9 中的转子线圈改造为直流电机电枢绕组后，如图 2-21a 所示，交轴电枢反应磁场不会在励磁绕组中感生运动电动势，故转换功率中仅包括由电枢运动电动势所吸收的电磁功率，见式（2-32）。

当直流电机作为发电机，在稳态下负载运行时，由式（2-27）可得

$$U_aI_a+I_a^2R_a=E_aI_a \tag{2-34}$$

此时，式（2-32）中，$T_e\Omega_r$ 是原动机为克服电磁转矩而输入电枢的机械功率，E_aI_a 为电枢发出的电功率，两者相等，即通过 T_e 和 E_a 的作用将机械功率转换为了电功率。

以上分析表明，在直流电机中，电磁功率就是能量转换过程中电能转换为机械能或相反的转换功率。

稳态运行时，励磁电流 I_f 为恒定电流（励磁绕组的输入电功率全部转变为励磁绕组内的电阻损耗，励磁绕组与机械系统之间没有能量转换），电枢电流 I_a 也为恒定电流，因此磁场储能不会发生变化，此时磁场在机电能量转换过程中仅起媒介作用。

电磁转矩也可由电磁功率（转换功率）求得，即

$$T_e=\frac{1}{\Omega_r}E_aI_a$$

对于他励直流电动机和发电机，由式（2-30）和式（2-34）可知，若不计电枢绕组的电阻损耗，电磁功率也可由电枢输入或输出电功率求得。但在动态情况下，此法不可行。如对电动机而言，由式（2-24）可得输入的电功率为

$$u_ai_a=R_ai_a^2+i_aL_a\frac{\mathrm{d}i_a}{\mathrm{d}t}+G_{af}i_fi_a\Omega_r=R_ai_a^2+i_a\frac{\mathrm{d}\psi_a}{\mathrm{d}t}+G_{af}i_fi_a\Omega_r$$

式中，右端第 1 项为电枢绕组的电阻损耗；第 2 项为磁场储能增加率；第 3 项为转换功率。此时，即使忽略电阻损耗，输入电枢的电功率也将不再与转换功率相等。

2.5.4 功率方程和转矩方程

1. 稳态功率方程和转矩方程

（1）并励直流电动机

并励直流电动机于负载下稳态运行时，电源输入电动机的总功率 P_1 可表示为

$$P_1=U_aI=U_a(I_a+I_f)=U_aI_f+I_a^2R_a+E_aI_a$$

可得

$$P_1=p_{Cuf}+p_{Cua}+P_e \tag{2-35}$$

式中，p_{Cuf} 为励磁损耗，$p_{Cuf}=U_aI_f$；p_{Cua} 为电枢回路的总铜耗，$p_{Cua}=I_a^2R_a$；P_e 为电磁功率，$P_e=E_aI_a$。

从电磁功率 P_e 中扣除铁心损耗 p_{Fe}、机械损耗 p_{mec}、杂散损耗 p_Δ（因电枢齿槽等因素引起的损耗），余下即为电动机输出的机械功率 P_2，则有

$$P_e=p_{Fe}+p_{mec}+p_\Delta+P_2 \tag{2-36}$$

由式（2-35）和式（2-36），可将并励直流电动机的功率方程表示为

$$P_1=p_{Cuf}+p_{Cua}+p_{Fe}+p_{mec}+p_{\Delta}+P_2 \tag{2-37}$$

图2-28为并励直流电动机的功率图。

可将式（2-36）表示为

$$P_e=P_0+P_2 \tag{2-38}$$

式中，P_0 为空载损耗，$P_0=p_{Fe}+p_{mec}+p_{\Delta}$。这里假设负载和空载运行时杂散损耗 p_{Δ} 不变。

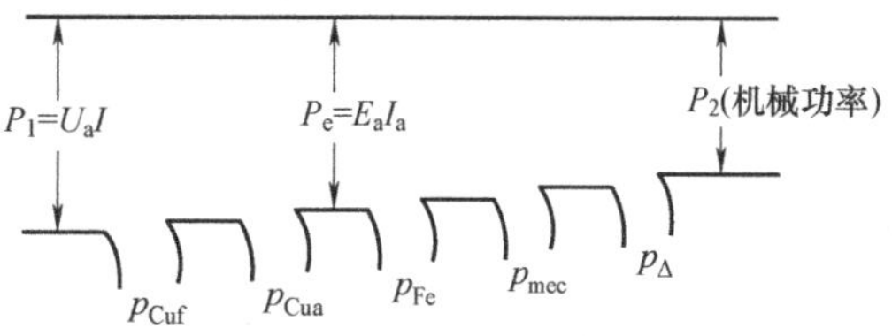

图2-28 并励直流电动机的功率图

由式（2-38），可得

$$\frac{P_e}{\Omega_r}=\frac{P_0}{\Omega_r}+\frac{P_2}{\Omega_r}$$

$$T_e=T_0+T_2 \tag{2-39}$$

式中，T_0 为由空载损耗引起的空载阻力转矩（简称空载转矩），$T_0=\dfrac{P_0}{\Omega_r}$；$T_2$ 为轴上输出的驱动转矩，$T_2=\dfrac{P_2}{\Omega_r}$。式（2-39）即为并励直流电动机稳态运行时的转矩方程，也适用于其他励磁方式的直流电动机。

（2）并励直流发电机

当并励直流电机作为发电机运行时，$U_a=U_f$，$I_a=I+I_f$，由式（2-27），可得

$$E_aI_a=U_aI+U_aI_f+I_a^2R_a$$

则有

$$P_e=P_2+p_{Cuf}+p_{Cua} \tag{2-40}$$

式中，P_2 为输出电功率，$P_2=U_aI$；p_{Cuf} 为励磁损耗，$p_{Cuf}=U_aI_f$；p_{Cua} 为电枢回路总损耗，$p_{Cua}=I_a^2R_a$。

另有

$$P_1=P_0+P_e \tag{2-41}$$

$$P_0=p_{Fe}+p_{mec}+p_{\Delta} \tag{2-42}$$

式中，P_1 为原动机输入的机械功率；P_0 为空载损耗。

由式（2-40）~式（2-42），可得功率方程为

$$P_1=p_{\Delta}+p_{mec}+p_{Fe}+p_{Cua}+p_{Cuf}+P_2 \tag{2-43}$$

图2-29为并励直流发电机的功率图。

由式（2-41）可得

$$\frac{P_1}{\Omega_r}=\frac{P_0}{\Omega_r}+\frac{P_e}{\Omega_r}$$

$$T_1=T_0+T_e \tag{2-44}$$

式中，T_1 为原动机输入的驱动转矩；T_0 为空载损耗引起的空载阻力转矩；T_e 为电磁转矩。

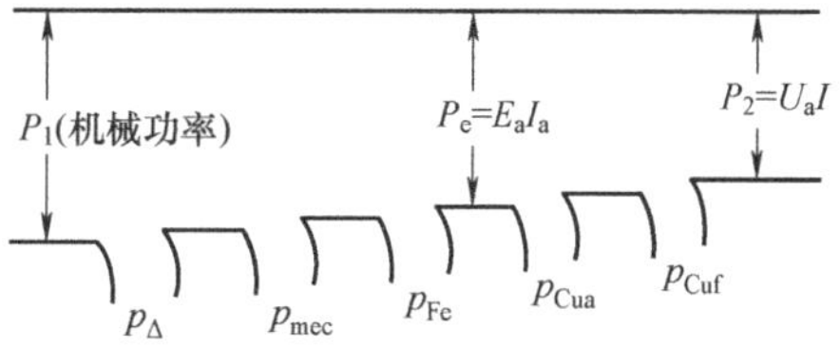

图2-29 并励直流发电机的功率图

式（2-44）即为并励直流发电机稳态运行时的转矩方程，同样适用于其他励磁方式的直流发电机。

2. 动态转矩方程

并励直流电动机于负载下动态运行时，功率方程式（2-35）已不成立，转矩方程式（2-39）

亦不适用于动态运行。

无论稳态还是动态运行，电磁功率均为转换功率。由式（2-23）可得

$$e_a i_a = G_{af} i_f \Omega_r i_a = t_e \Omega_r \tag{2-45}$$

式（2-45）表明，当电刷位于几何中性线处，不计磁饱和时，直流电动机动态运行时的电磁转矩可表示为

$$t_e = G_{af} i_f i_a \tag{2-46}$$

图 2-30a 所示为拖动负载的他励直流电动机，各物理量正方向如图中所示。根据动力学原理，可列写出运动系统的动态转矩方程为

$$t_e = J\frac{d\Omega_r}{dt} + R_\Omega \Omega_r + t_L \tag{2-47}$$

式中，J 为运动系统转动惯量（包括电枢）；R_Ω 为负载系统的阻尼系数，通常是转速 Ω_r 的非线性函数，$R_\Omega \Omega_r$ 为阻尼转矩，具有制动性质；t_L 为阻转矩，其中包括了负载转矩和电动机空载转矩；$J\frac{d\Omega_r}{dt}$为加（减）速转矩，是作用于系统的净转矩。

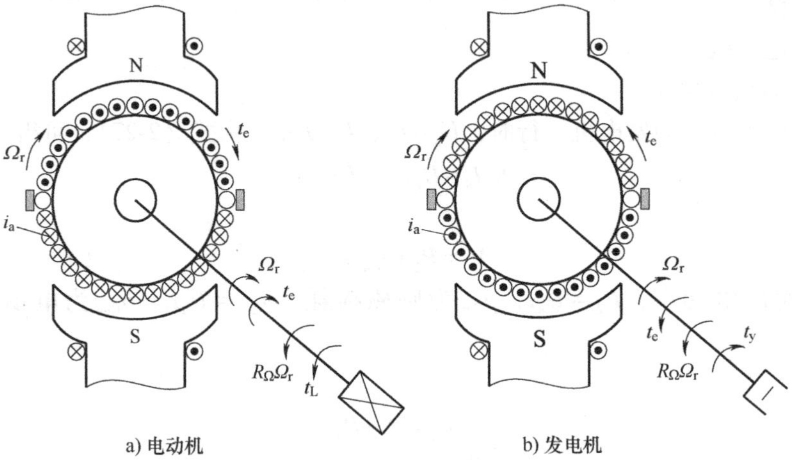

图 2-30　直流电机运动系统的动力学模型

式（2-47）中，如果电磁转矩 $t_e > R_\Omega \Omega_r + t_L$，则有 $J\frac{d\Omega_r}{dt} > 0$，运动系统将处于加速状态，否则则相反；如果 $t_e = R_\Omega \Omega_r + t_L$，则有 $J\frac{d\Omega_r}{dt} = 0$，运动系统转速不变，将处于平衡状态。可见，控制电磁转矩就可以控制系统的运动状态，或者说，对系统的运动控制只能通过控制电磁转矩来实现。

对于图 2-30b 所示的他励直流发电机系统，按发电机惯例，各物理量正方向如图所示，动态转矩方程可表示为

$$t_y = J\frac{d\Omega_r}{dt} + R_\Omega \Omega_r + t_e \tag{2-48}$$

式中，t_y 为由原动机提供的净驱动转矩（驱动转矩扣除发电机空载转矩部分）。稳态运行时，若忽略负载系统的阻尼转矩 $R_\Omega \Omega_r$，则有 $t_y = t_e$，即 t_y 与具有制动性质的电磁转矩相平衡。

2.5.5 运动方程

对于他励直流电动机，由电枢绕组和励磁绕组的动态电压方程式（2-24）和式（2-25）以及转矩表达式（2-46）和转矩方程式（2-47），可构成系统的运动方程，即有

$$\begin{cases} L_a \dfrac{di_a}{dt} + R_a i_a + G_{af} i_f \Omega_r = u_a \\ L_f \dfrac{di_f}{dt} + R_f i_f = u_f \\ J \dfrac{d\Omega_r}{dt} + R_\Omega \Omega_r + t_L = G_{af} i_f i_a \end{cases} \tag{2-49}$$

若以电流 i_a、i_f 以及转速 Ω_r 为变量，则有

$$\begin{bmatrix} \dfrac{di_a}{dt} \\ \dfrac{di_f}{dt} \\ \dfrac{d\Omega_r}{dt} \end{bmatrix} = \begin{bmatrix} -\dfrac{R_a}{L_a} & 0 & -\dfrac{G_{af}}{L_a} i_f \\ 0 & -\dfrac{R_f}{L_f} & 0 \\ \dfrac{G_{af}}{J} i_f & 0 & -\dfrac{R_\Omega}{J} \end{bmatrix} \begin{bmatrix} i_a \\ i_f \\ \Omega_r \end{bmatrix} + \begin{bmatrix} \dfrac{1}{L_a} & 0 & 0 \\ 0 & \dfrac{1}{L_f} & 0 \\ 0 & 0 & -\dfrac{1}{J} \end{bmatrix} \begin{bmatrix} u_a \\ u_f \\ t_L \end{bmatrix} \tag{2-50}$$

或者

$$\dot{\boldsymbol{x}} = \boldsymbol{A}\boldsymbol{x} + \boldsymbol{B}\boldsymbol{u} \tag{2-51}$$

其中

$$\boldsymbol{x} = [\, i_a \quad i_f \quad \Omega_r \,]^T, \quad \boldsymbol{u} = [\, u_a \quad u_f \quad t_L \,]^T$$

$$\boldsymbol{A} = \begin{bmatrix} -\dfrac{R_a}{L_a} & 0 & -\dfrac{G_{af}}{L_a} i_f \\ 0 & -\dfrac{R_f}{L_f} & 0 \\ \dfrac{G_{af}}{J} i_f & 0 & -\dfrac{R_\Omega}{J} \end{bmatrix}, \quad \boldsymbol{B} = \begin{bmatrix} \dfrac{1}{L_a} & 0 & 0 \\ 0 & \dfrac{1}{L_f} & 0 \\ 0 & 0 & -\dfrac{1}{J} \end{bmatrix}$$

式（2-50）或式（2-51）为运动系统状态方程。可以看出，倘若励磁电流 i_f 和阻尼系数 R_Ω 为常值，则矩阵 $\boldsymbol{A}$ 为常值矩阵，说明运动方程式（2-49）为一组线性微分方程。因此，可以利用线性控制理论来分析直流电机运动与控制问题，这也是直流电机的优点之一。原因是不计磁饱和时，电磁转矩 t_e 仅与电枢电流 i_a 成正比，两者间呈线性关系，这是对直流电动机可进行线性控制的基础和关键。

2.5.6 直流电机的可逆性

从原理上讲，任何电机既可作为发电机运行也可作为电动机运行，这就是电机的可逆性。对直流电机亦是如此。

假设图 2-30b 中的直流发电机接于直流电网，电网电压为 U，$U_a = U$，且励磁电流 I_f 保持不变。电磁转矩方向与电枢转向相反，是制动转矩；由原动机提供的驱动转矩克服了制动的电磁转矩和阻尼转矩使电枢顺时针方向旋转。可判断出电枢运动电动势 e_a 方向与电枢电流 i_a 方向相

同，说明直流电机作为发电机运行，稳态时电枢电路如图 2-26b 所示，此时 $E_a>U_a(U)$，电枢向电网输出电流，直流发电机将机械能转化为了电能。

若减小原动机驱动转矩，则发电机将减速，引起感应电动势下降，当电枢电动势与电网电压相等时，电枢电流和电磁转矩均变为零，发电机就处于输出为零的空载状态。此时，若进一步去掉原动机，并在轴上加上机械负载，则电机的转速和电动势将进一步下降，当 $e_a<U$ 时，电网将向电机输入电流，如图 2-25 所示；随着电枢电流方向的改变，如图 2-30a 所示，电磁转矩即成为驱动转矩，电机随之进入了电动机状态。

2.6 直流电机的运行特性

2.6.1 直流发电机的运行特性

直流发电机的稳态运行特性主要有标志输出电压质量的外特性、反映励磁调节规律的调整特性、表征力能指标的效率特性。

1. 他励直流发电机的运行特性

（1）外特性

外特性是指发电机转速 $n=n_N$=常值、励磁电流 I_f=常值（通常 $I_f=I_{fN}$）时，发电机端电压与负载电流间的关系 $U_a=f(I_a)$。外特性反映了负载变化时，输出电压是否稳定。

由式（2-27）可知，发电机端电压 U_a 为

$$U_a=E_a-I_aR_a=C_en\Phi-I_aR_a \tag{2-52}$$

当电刷放于几何中性线处，且不计磁饱和影响时，若保持励磁电流和转速不变，则感应电动势 E_a 为常值，于是随着负载电流的增大，电枢电阻电压降增加，发电机端电压将略有下降，此时外特性为一条从空载电压稍有下倾的直线。但若计及磁饱和影响，交轴电枢反应有一定去磁作用，随着负载电流的增大，气隙磁通会略有下降，使感应电动势有所减小，致使外特性变为一条下倾的曲线，如图 2-31 所示。

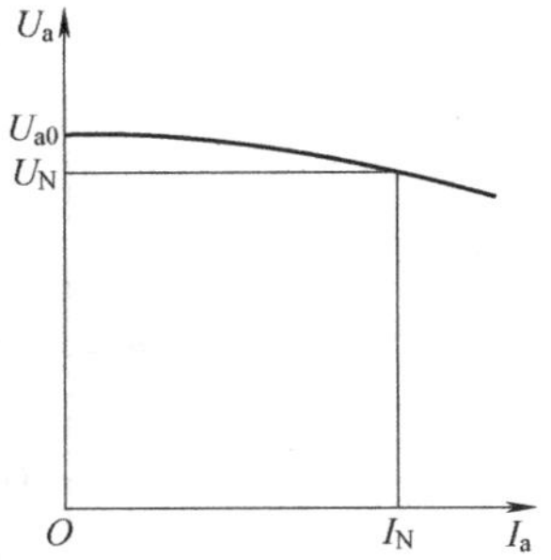

图 2-31 他励直流发电机的外特性

负载电流增大时，他励发电机端电压的稳定性可由额定电压调整率（简称电压调整率）ΔU_N 来衡量。将 ΔU_N 定义为：$n=n_N$ 和 $I_f=I_{fN}$时，发电机从额定运行过渡到空载运行时，电枢端电压的变化值与额定电压之比，即有

$$\Delta U_N=\frac{U_{a0}-U_N}{U_N}\times100\% \tag{2-53}$$

他励直流发电机的 ΔU_N 大约为 5%~10%，在一定条件下，可视其为恒定直流电源。

（2）调整特性

调整特性是指保持 $n=n_N$ 和 $U_a=U_N$ 时，负载电流与励磁电流间的关系 $I_f=f(I_a)$，如图 2-32 所示。调整特性反映了负载变化时，励磁电流的调节规律。

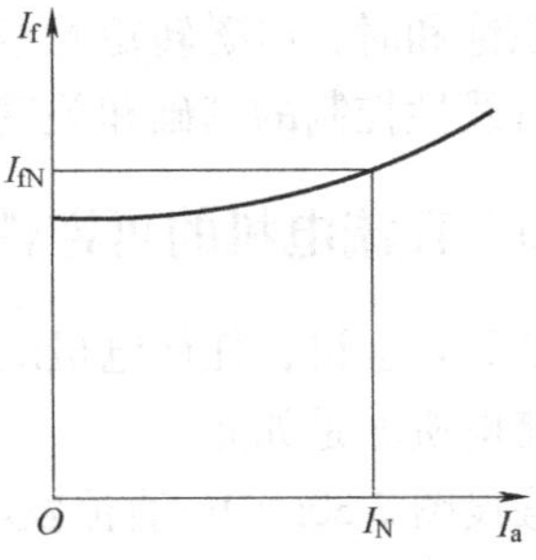

图 2-32 他励直流发电机的调整特性

调整特性随负载电流增大而上翘，这是因为负载电流

增大时，为保持端电压为常值，励磁电流必须随之增加，以抵消交轴电枢反应的去磁作用和电枢电阻电压降的影响。当负载电流 $I_a=I_N$ 时，所需的励磁电流即为额定励磁电流。

（3）效率特性

在图 2-29 所示的并励直流发电机的功率图中，去除其中的励磁损耗（他励直流发电机的励磁功率由其他电源提供），即为他励直流发电机的各项损耗。

由于直流发电机（他励或并励）通常在 $n=n_N$ 和 $U_a=U_N$ 的状态下运行，机械损耗 p_{mec} 和铁耗 p_{Fe} 仅与转速和电枢铁心内的磁通密度有关，而与负载电流大小无关，故属于不变损耗；电枢铜耗 p_{Cua}（包括电阻损耗 I_a^2R 和电刷接触电压降损耗 $2\Delta UI_a$）、励磁损耗 p_{Cuf} 和杂散损耗 p_Δ 随负载的变化而变化，故为可变损耗。

效率特性是指 $n=n_N$ 和 $U_a=U_N$ 时，效率与输出功率间的关系 $\eta=f(P_2)$。直流发电机总损耗确定后，即有

$$\eta=1-\frac{\sum p}{P_2+\sum p} \tag{2-54}$$

式中，P_2 为输出功率；$\sum p$ 为总损耗。通常小型直流发电机的额定效率 $\eta=70\%\sim90\%$，中、大型发电机的额定效率 $\eta=90\%\sim96\%$。

2. 并励直流发电机的自励和外特性

（1）自励条件

并励直流发电机的励磁绕组与电枢并联，如图 2-23b 所示，其励磁电流由电枢发出的电流供给，但电枢电压在建立之前不会提供励磁电流，由于这个原因，并励直流发电机必须有自励能力。

并励直流发电机要自励和建立起电压需满足以下条件：

1）电机的磁路中必须要有剩磁，电枢在剩磁磁场内旋转时，能产生一个剩磁电动势 E_{or}。并励直流发电机空载时，电枢电流等于励磁电流，但大小仅为额定电流的一小部分，故并励直流发电机的空载特性与他励发电机基本一致，如图 2-33 所示。由于磁滞的原因，通常情况下，均有 2%~5%的剩磁。如果失去剩磁，可以用其他直流激励一次以获取剩磁。

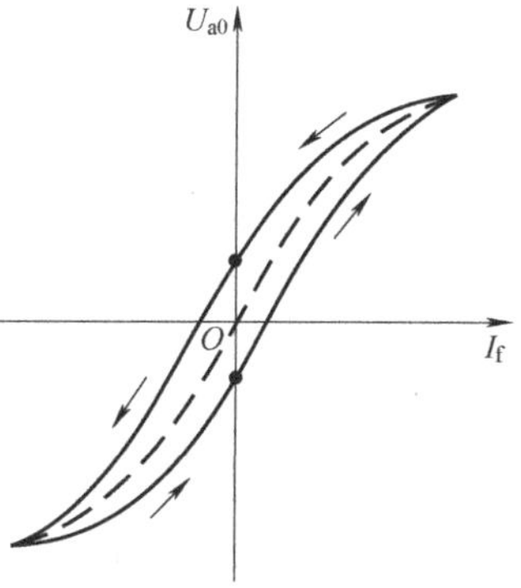

图 2-33 并励直流发电机的空载特性

2）励磁磁场与剩磁磁场两者的方向必须相同。电枢剩磁电动势可在励磁绕组中产生一个很小的励磁电流。若励磁磁动势方向与剩磁方向相同，则会形成正反馈，如此往复，发电机的端电压将会逐步建立起来；若励磁磁动势方向与剩磁方向相反，则会形成负反馈，剩磁磁场将被抑制，端电压就建立不起来。为形成正反馈，在一定转速下，励磁绕组与电枢端点的连接要正确。

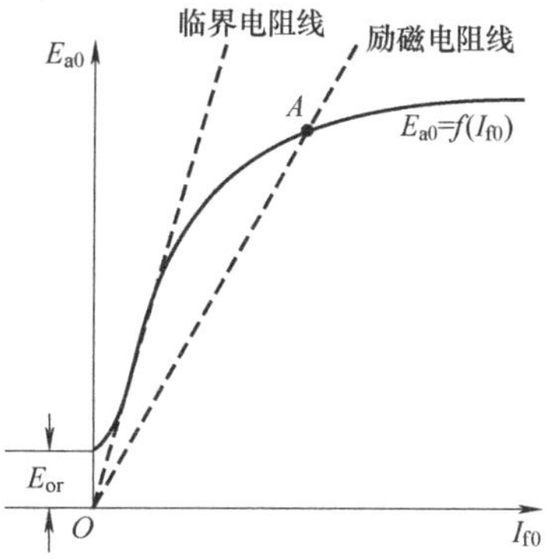

图 2-34 并励直流发电机自励时的稳态空载电压

3）励磁回路的总电阻值必须小于它的临界值。由于空载时励磁电流很小，故可不计其在电枢中引起的电阻电压降和电枢反应的去磁作用，则有

$$E_{a0}\approx I_{f0}R_f \tag{2-55}$$

式中，E_{a0} 为空载时的电枢电动势；R_f 为励磁回路总电阻。$I_{f0}R_f$ 即为励磁回路的伏安特性（励磁电阻线），因此图 2-34

中的交点 A 就是自励后发电机的空载运行点。若励磁电阻线的斜率较大，与空载特性的交点会很低，端电压将建立不起来。图 2-34 中，与空载特性相切的励磁电阻线为临界电阻线，对应的励磁总电阻称为临界电阻。显然，为使端电压建立起来，励磁回路总电阻必须小于临界电阻。

（2）外特性

并励直流发电机的外特性是指 $n=n_N$，且励磁回路电阻 R_f=常值时，发电机的端电压与负载电流间的关系 $U=f(I)$。

与他励直流发电机不同，并励直流发电机的励磁绕组与电枢相并联，励磁电流随端电压而改变。当负载电流增大时，除了电枢电阻电压降和电枢反应使端电压下降之外，端电压下降同时还会使励磁电流减小，又会引起电枢电动势和气隙磁通进一步下降，故在同一负载电流下，端电压要比他励时下降得多，如图 2-35 所示。

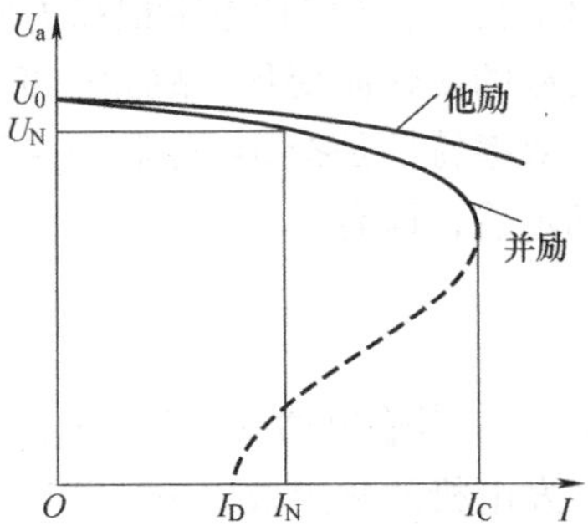

图 2-35　并励直流发电机的外特性

与他励直流发电机外特性的另一不同点是，并励直流发电机外特性出现了拐弯现象。这是因为，负载电流 $I=U/R_L$（R_L 为负载电阻），R_L 减小时，负载电流 I 增大，端电压下降。在外特性的上半部，端电压还较高，磁路仍处于饱和状态，此时励磁电流的减小使端电压下降程度有限。随着 R_L 进一步减小，磁路将趋于低饱和甚至不饱和状态，会使电枢电动势大幅度下降。当负载电流 I 增大到 I_C（称为临界电流）后，再使 R_L 减小时，由于端电压 U 的下降比 R_L 减小来得更快，使得负载电流 I 不升反降。通常并励发电机的 $I_C \approx (2\sim3)I_N$。

稳态短路时，$R_L=0$，$U=0$，$I_f=0$，短路电流 $I_D=E_{or}/R_a$，E_{or}为图 2-34 所示的剩磁电动势，故短路电流较小。

并励直流发电机的调整特性与他励直流发电机相似。另外，计算效率特性和额定功率时，总损耗应加入励磁损耗 p_{Cuf}。

3. 复励直流发电机的外特性

复励直流发电机的励磁绕组包括并励和串励两部分。并励和串励绕组均套装在主磁极上，其中并励绕组与电枢并联，匝数较多，励磁电流较小，而串励绕组与电枢串联，一般只有几匝。若串励绕组磁动势与并励绕组磁动势方向相同，则称为积复励；反之，称为差复励。常用的复励直流发电机多为积复励。

在积复励直流发电机中，并励磁动势起主要作用，可保证空载时端电压能达到额定值，串励磁动势则用以补偿电枢回路的电阻电压降和电枢反应去磁作用。若串励绕组补偿作用适中，外特性基本为一条直线，且在额定负载下端电压仍能保持为额定时，则称为平复励；若补偿作用过度，使额定负载时端电压高于额定值，则称为过复励；若补偿作用不足，外特性略有下降，则称为欠复励。三条外特性如图 2-36 所示。

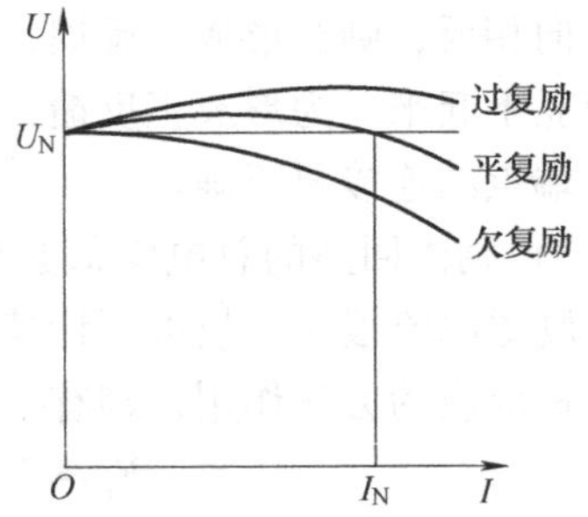

图 2-36　积复励直流发电机的外特性

2.6.2　直流电动机的运行特性

1. 并励直流电动机的运行特性

（1）工作特性

并励直流电动机的工作特性是指端电压 $U_a=U_N$ 和励磁电流 $I_f=I_{fN}$时，电动机转速 n、电磁转矩 T_e 和效率 η 与输出功率 P_2 之间的关系，即转速特性 $n=f(P_2)$、转矩特性 $T_e=f(P_2)$和效率特性 $\eta=f(P_2)$。

1）转速特性。由直流电动机电压方程式（2-22）和电动势表达式（2-12），可得

$$n=\frac{E_a}{C_e\Phi}=\frac{U_a}{C_e\Phi}-\frac{R_a}{C_e\Phi}I_a \tag{2-56}$$

式（2-56）为直流电动机的转速公式。此式表明，当输出功率 P_2 增加时，电枢电流 I_a 随之增大，若气隙磁通为常值，则转速 n 将随 P_2 的增加而线性下降，由于电枢电阻压降很小，故转速下降不多；实际上，当计及电枢反应的去磁作用时，Φ 会随负载的增大而有所减小，又会使转速略有上升。两个因素的影响部分地互相抵消，使负载时并励直流电动机的转速变化很小。为保证并励直流电动机的稳定运行，常将电动机设计为具有稍微下降的转速特性，如图 2-37 所示。

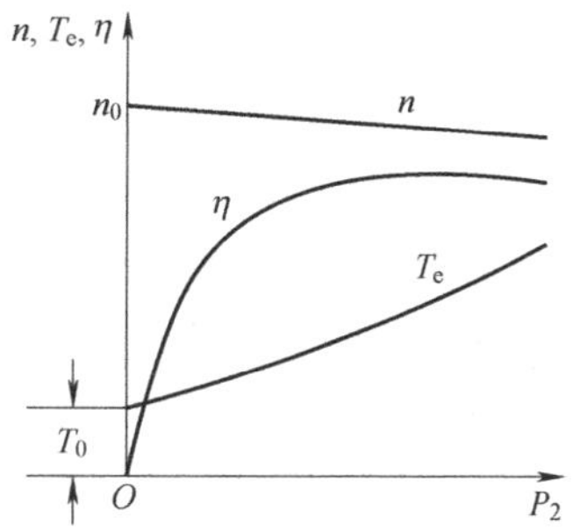

图 2-37　并励直流电动机的工作特性

若将空载转速 n_0 与额定转速 n_N 之差 Δn 以额定转速的百分比来表示，则有

$$\Delta n=\frac{n_0-n_N}{n_N}\times100\%$$

式中，Δn 为转速调整率。对于并励直流电动机，通常 $\Delta n=3\%\sim8\%$，基本上是一种恒速电动机。

应强调的是，并励直流电动机运行时，励磁绕组绝对不能开断。在重载下，励磁绕组开断，将导致电磁转矩不能克服负载转矩，电动机会停转，使电枢电流增大为起动电流，引起电动机过热甚至烧毁；在轻载下，由式（2-56）可知，由于气隙磁通已下降为剩磁磁通，因此会使转速迅速上升，造成“飞车”，这是十分危险的。

2）转矩特性。并励直流电动机的转矩方程为

$$T_e=T_0+T_2=T_0+\frac{P_2}{\Omega_r} \tag{2-57}$$

式（2-57）表明，若转速为常值，则转矩特性 $T_e=f(P_2)$为一条斜直线。由转速特性 $n=f(P_2)$已知，P_2 增大时，转速略有下降，故转矩特性 $T_e=f(P_2)$会略微向上弯曲，如图 2-37 所示，且有 $P_2=0$ 时，$T_e=T_0$。

3）效率特性。并励直流电动机的效率特性与并励直流发电机相似，如图 2-37 所示。

（2）机械特性

并励直流电动机的机械特性是指电动机端电压 $U_a=U_N$、励磁回路电阻 R_f=常值时，电动机转速与电磁转矩的关系 $n=f(T_e)$。

已知直流电动机的转速公式和电磁转矩表达式分别为

$$n=\frac{U_a}{C_e\Phi}-\frac{R_a}{C_e\Phi}I_a,\ T_e=C_T\Phi I_a$$

可得

$$n=\frac{U_a}{C_e\Phi}-\frac{R_a}{C_TC_e\Phi^2}T_e \tag{2-58}$$

如果忽略电枢反应的影响，则 Φ 为常值，且因 $R_a \ll C_TC_e\Phi^2$，故机械特性 $n=f(T_e)$ 为一条稍微下降的直线，如图 2-38 所示。

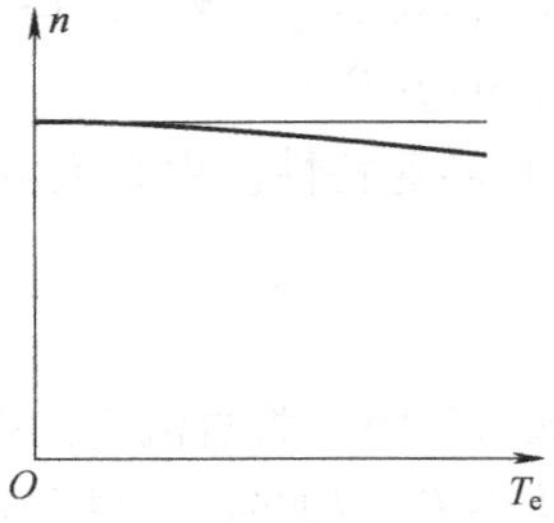

图 2-38 并励直流电动机的机械特性

如果计及磁饱和，交轴电枢反应会有一定的去磁作用，气隙磁通将有所减少，特性曲线的下降程度也将减小，甚至可使其变为水平或上翘。

总体而言，并励直流电动机的机械特性接近于水平，这种特性称为硬特性。机械特性是电动机十分重要的特性。

2. 直流电动机稳定运行的条件

电动机与所驱动的负载构成了电力传动系统，电力传动系统的稳定性十分重要。稳定性是指系统受到某种扰动（如负载转矩或电源电压波动等）后，系统的运行状态（如转速）将发生变化，当扰动消失后，系统是否能返回到原运行点，若能复原，则系统在该点的运行是稳定的，否则便是不稳定的。

由直流电动机构成的电力传动系统，系统运行的稳定性与其机械特性有着密切关系。

图 2-39a 中，设定直流电动机的机械特性 $n=f(T_e)$ 是下降的，而负载的机械特性 $n=f(T_L)$ 近乎为恒定转矩（将电动机空载转矩 T_0 忽略不计）。A 点为两条机械特性的交点，也是传动系统的稳定运行点，对应的转速为 n_1。

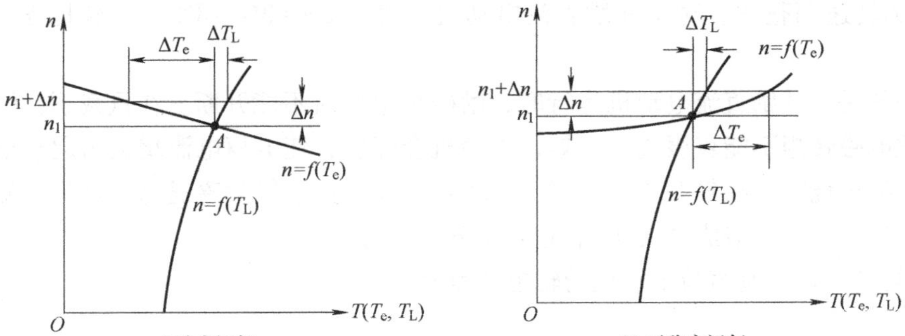

图 2-39 直流电动机运行稳定性分析

假设因某种扰动使直流电动机的转速发生了变化，从 n_1 增加到 $n_1+\Delta n$，由图 2-39a 可以看出，电磁转矩 T_e 将减小，而负载转矩 T_L 却有所增大，此时因 $T_L>T_e$，故电动机转速将趋于下降；一旦扰动消失，系统便会返回到原运行点 A。可见，因某种扰动使得系统的转速下降时，在扰动消失后，系统依然能返回到原运行点 A，因此传动系统在 A 点的运行是稳定的。

图 2-39b 中，负载的机械特性不变，而电动机的机械特性是上升的。若因某种扰动使系统转速由 n_1 上升到 $n_1+\Delta n$，可以看出，虽然 T_e 和 T_L 均有所增大，但电动机电磁转矩的增量 ΔT_e 超过负载转矩增量 ΔT_L，则因 $T_e>T_L$，会使转速进一步上升，甚至会导致“飞车”；若某种扰

动使传动系统的转速下降，系统转速将会一步步地持续下降，直到电动机停转为止。因此，系统在 A 点的运行是不稳定的。

由以上分析可知，传动系统于工作点是否能够稳定运行，要看系统于工作点的转速发生微小变化 Δn 后，电磁转矩增加量 ΔT_e 是大于还是小于负载转矩的增量 ΔT_L，稳定条件可表示为

$$\frac{dT_e}{dn}<\frac{dT_L}{dn} \tag{2-59}$$

反之，如果

$$\frac{dT_e}{dn}>\frac{dT_L}{dn} \tag{2-60}$$

则系统在该工作点是不稳定的。

通常情况下，负载转矩为恒转矩，或者随转速上升而增大。若为恒转矩，则有 $\frac{dT_L}{dn}=0$，此时式（2-59）就变为

$$\frac{dT_e}{dn}<0$$

若负载的机械特性随转速上升而增大，则有 $\frac{dT_L}{dn}>0$。因此，只要电动机的机械特性是下降的，就可以保证系统的稳定运行。

2.7　直流电机的换向

电枢旋转时，如图 2-14 所示，元件从一条支路经过电刷短路后进入另一条支路，元件中电流要从一个方向变为另一个方向。元件被电刷短路，元件内电流方向改变的过程，被称为换向过程。

1. 电流的换向过程

图 2-40 所示为一单叠绕组元件 1 的电流换向过程。设电刷宽度等于换向片宽度 b，换向片（电枢绕组）从右向左移动，线速度设为 v_k。

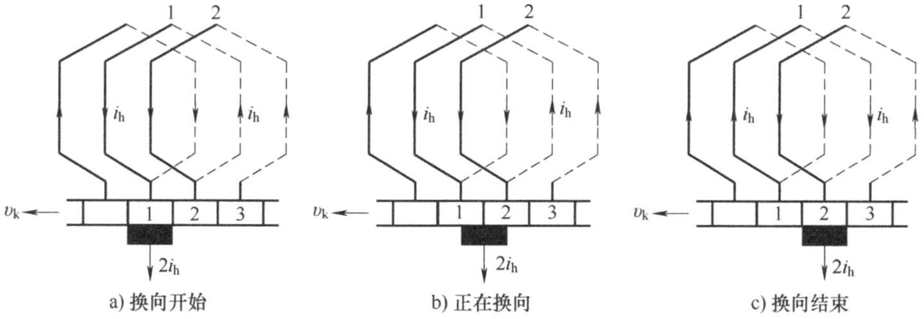

图 2-40　元件 1 中电流的换向过程

图 2-40a 中，元件 1 属于右边一条支路，其电流方向从右元件边流向左元件边，为 $+i_h$；当电枢运动到图 2-40b 所示位置时，电刷同时与换向片 1 和换向片 2 接触，元件 1 被短路后便

进入了换向过程；直至电刷与换向片 2 完全接触，如图 2-40c 所示，电流方向从左元件边流向右元件边，变为 $-i_h$，换向过程随之结束。正在进行换向的元件称为换向元件，换向经历的时间为 T_h，称为换向期，通常只有几毫秒。

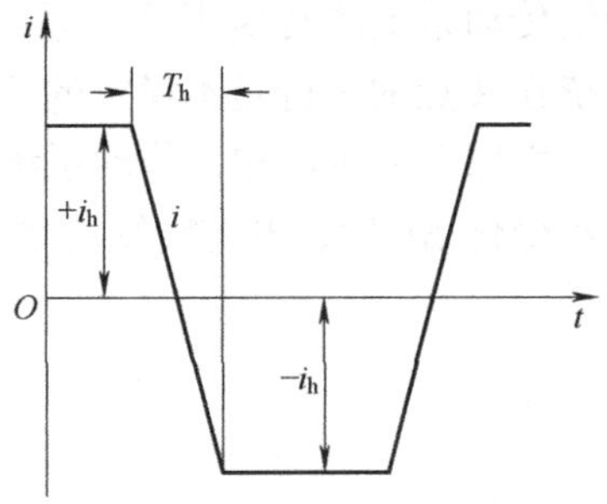

图 2-41 理想的换向电流变化过程

若换向过程中，换向回路中无任何电动势作用，且电刷与换向片间的接触电阻与接触面成反比，以及换向元件本身的电阻可忽略不计，则换向电流随时间按线性规律变化，称为直线换向，如图 2-41 所示。此时换向元件内电流的变化均匀，整个电刷接触面上电流密度均匀分布，是一种理想条件下的换向过程。

2. 换向元件中的感应电动势

在实际换向过程中，换向电流不会按线性规律变化，主要原因是换向回路中存在感应电动势，影响了换向电流的变化，导致实际换向过程与理想换向差异很大。

（1）运动电动势

当电刷位于几何中性线位置时，如图 2-21c 所示，由于交轴电枢磁场的存在，在几何中性线处的气隙磁场不为零，换向元件“切割”该磁场时，将会产生运动电动势 e_c。

（2）电感电动势

由于换向元件具有漏磁，当换向元件内电流由 $+i_h$ 变化到 $-i_h$ 时，在换向元件内将感生具有自感性质的感应电动势 e_r，根据楞次定则，此感应电动势要阻碍电流变化，因此 e_r 的方向总是与换向前元件的电流方向相同。可以判定出，无论是发电机还是电动机，e_c 和 e_r 的方向总是一致的。

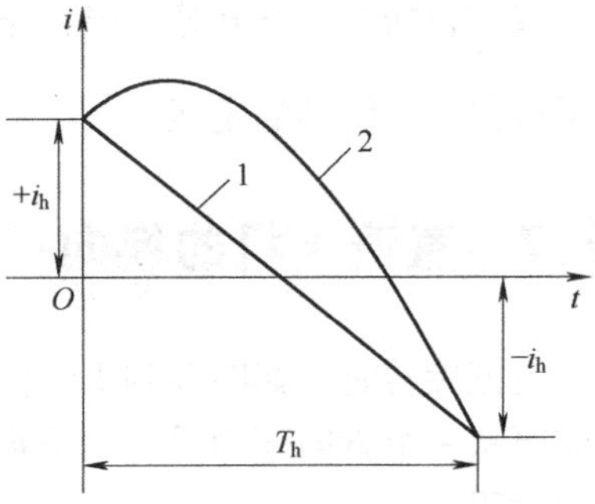

图 2-42 直线换向和延迟换向

1—直线换向 2—延迟换向

因为换向元件内存在电动势 e_c 和 e_r，在这两种电动势作用下，换向元件中电流改变方向的时刻将比直线换向时有所后延，如图 2-42 中曲线 2 所示，将这种换向情况称为延迟换向。严重延迟换向时，后刷边（电刷脱离换向片的一边）的电流密度会增大，当换向片滑出电刷时，因断开电流的密度较大，将会导致火花的产生。

3. 改善换向的方法

当火花达到一定程度时，换向极表面会受到损伤，严重时使电机无法正常运行。改善换向的目的在于减小或消除火花，但换向过程十分复杂，除电磁原因外，还涉及机械、电化学、电热等多种因素，又彼此相互影响。尽管如此，装置换向极、移动电刷位置等措施仍是行之有效的方法。

（1）装置换向极

通常情况下，除了小容量直流电机外，直流电机均在定子的几何中性线处装设换向极，如图 2-43 中的 N_c 和 S_c 所示。换向极的磁动势除了抵消交轴磁动势外，还应在换向区产生一个与交轴磁动势相反的换向磁场 B_c，使换向元件切割 B_c 后产生的运动电动势 e_c 能与电感电动势 e_r 相抵消，使换向元件中的合成电动势为零，让换向过程尽量接近于直线换向。

换向极的磁场方向应与交轴电枢气隙磁场方向相反，可按这一原则来确定换向极的极性。

图 2-43 中，主磁场方向为由上至下，当电机作为发电机且逆时针旋转时，电枢电流方向如图中所示，则交轴电枢气隙磁场方向为自左至右，故换向极磁场方向应为自右至左，即右边的换向极为 N_c，左边的为 S_c。亦即，在发电机中，换向极的极性应与顺着旋转方向的下一个主极的极性相同；在电动机中，换向极的极性应与此时相反。

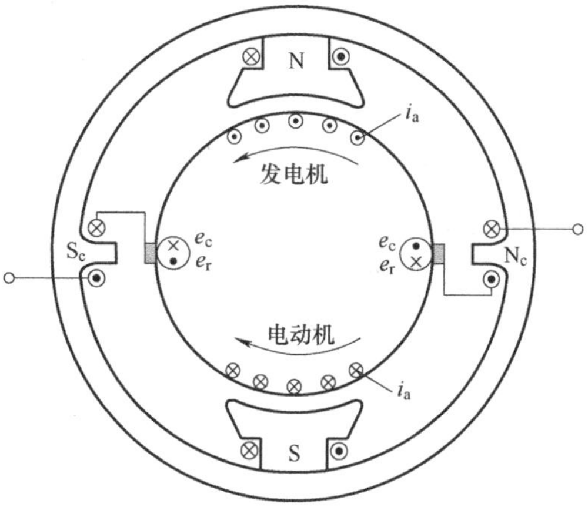

图 2-43 装置换向极改善换向

由于运动电动势 e_c 决定于 B_c 在换向区域分布的波形，而电感电动势 e_r 决定于换向电流随时间的变化规律，因此两者的变化规律难以一致，但可要求在换向期内两者的平均值互相抵消。因为电感电动势 e_r 在换向期内的平均值与电枢电流成正比，故换向极磁场 B_c 也应与电枢电流成正比，使得 e_r 和 e_c 在不同负载下均可抵消，为此换向极绕组与电枢绕组应相互串联。

（2）移动电刷位置

对于小型直流电机，也可通过移动电刷来改善换向。

将电刷从换向器几何中性线处移开一适当的角度，换向区域也随之从电枢上的几何中性线处进入主极之下，利用主磁场代替换向极所产生的换向磁场，可获得用以抵消电感电动势的运动电动势 e_c。与确定换向极极性方法相似，对于发电机，应顺着旋转方向移动电刷；对于电动机，应逆着旋转方向移动电刷；而且电刷移动的角度必须大于物理中性线移动的角度。这种方法有两方面不足：一是电刷移动后会产生去磁的直轴电枢反应；二是电感电动势 e_r 随负载而变化，而电刷位置固定后，不能随负载变化而自行调节。

除上述方法外，选择合适和高质量的电刷，采用特殊形式的绕组等，也可以改善换向。

2.8 直流电动机的换向器绕组

1. 换向器绕组的基本特征

直流电动机中，具有换向器和电刷的电枢绕组是一种特有的绕组结构，可将其称为换向器绕组。

换向器绕组的基本特征如下：电枢绕组本来是旋转的，产生的磁动势其轴线在空间却固定不动；如图 2-18 所示，当电刷处于几何中性线位置时，电枢旋转过程中电枢磁动势轴线始终与 q 轴一致。

2. 换向器绕组的等效

现以单叠绕组为例来讨论换向器绕组的等效。等效在以下假定条件下进行：

1）磁路为线性，没有剩磁，不计磁滞和涡流效应。

2）气隙中磁场按正弦规律分布（或者仅计及基波）。

3）电动机的结构对于直轴和交轴均为对称，不计定、转子表面齿槽的影响。

（1）电枢磁动势的等效

如图 2-20 所示，电枢绕组产生的交轴磁动势为一三角波。由谐波分析可知，其基波磁动

势的幅值为三角波幅值的$\frac{8}{\pi^2}$倍，即

$$F_{q1}=\frac{8}{\pi^2}F_q=\frac{8}{\pi^2}\frac{1}{2}\tau A=\frac{4}{\pi^2}\frac{Z_a}{2p_0}i_{a=} \tag{2-61}$$

图 2-44a 是以一对极表示的直流电动机，电刷位于几何中性线处，支路电流为 $i_{a=}$。现将换向器绕组等效为有两并联线圈构成的静止的整距集中绕组，其轴线与 q 轴一致，每个线圈的匝数为 N_q，每个线圈电流 $i_{q=}=i_{a=}$。等效的原则之一是两者产生的基波磁动势相等。

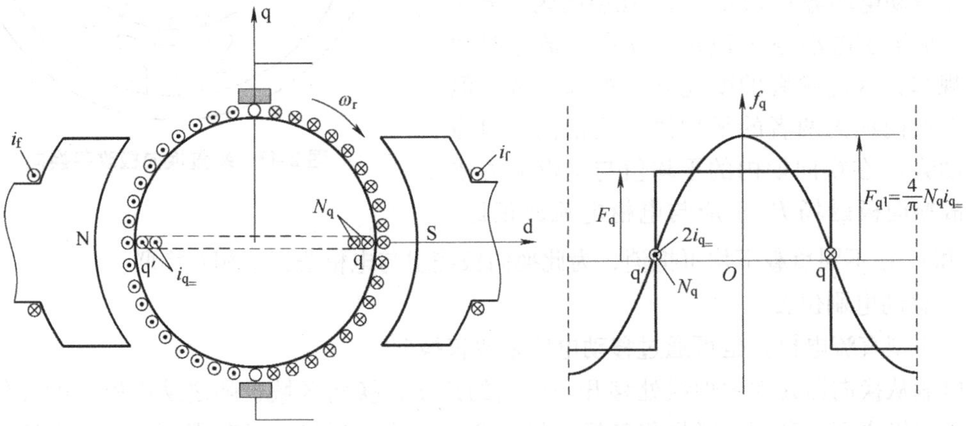

a) 等效的交轴绕组　　b) 等效交轴电枢绕组产生的基波磁动势

图 2-44　交轴换向器绕组的等效

由图 2-44b 可知，等效交轴电枢绕组产生的基波磁动势幅值为

$$F_{q1}=\frac{4}{\pi}N_q i_{q=} \tag{2-62}$$

由式（2-61）和式（2-62）可得

$$N_q=\frac{2}{\pi}\frac{1}{2}\frac{Z_a}{2p_0} \tag{2-63}$$

式（2-63）表明，为满足基波磁动势等效原则，每个等效交轴电枢线圈匝数应等于一个支路串联元件总匝数的$\frac{2}{\pi}$倍。或者

$$N_q=\frac{2}{\pi}\frac{1}{2}\tau Z_\theta \tag{2-64}$$

若 Z_θ 以电枢表面单位弧度的导体数来表示，则有 $Z_\theta=\frac{Z_a}{2\pi}$，于是可将式（2-63）表示为

$$N_q=\frac{1}{p_0}Z_\theta \tag{2-65}$$

（2）变压器电动势的等效

将图 2-44a 中的电枢绕组表示为图 2-45 所示的形式。由于交轴电枢气隙磁场为正弦分布，在机械角度 θ_m 处，则有

$$B_{mq}(\theta_m)=\hat{B}_{mq}\cos p_0\theta_m \tag{2-66}$$

式中，$\hat{B}_{mq}$ 为磁感应强度最大值。

若电枢绕组某个单匝整距线圈的两个线圈边分别位于 $\pi/p_0+\theta_m$ 和 θ_m 位置，则通过该线圈的交轴电枢气隙磁通为

$$\int_{\pi/p_0+\theta_m}^{\theta_m} \hat{B}_{mq}\cos(p_0\theta_m)lR_r d\theta_m = \phi_{mq}\sin p_0\theta_m \tag{2-67}$$

式中，ϕ_{mq}为交轴电枢气隙磁通；l 和 R_r 分别为电枢铁心长度和半径。

若交轴电枢气隙磁通 ϕ_{mq}随时间变化，便会在电枢绕组中感生变压器电动势，此时电刷间的变压器电动势 e_{aT}为

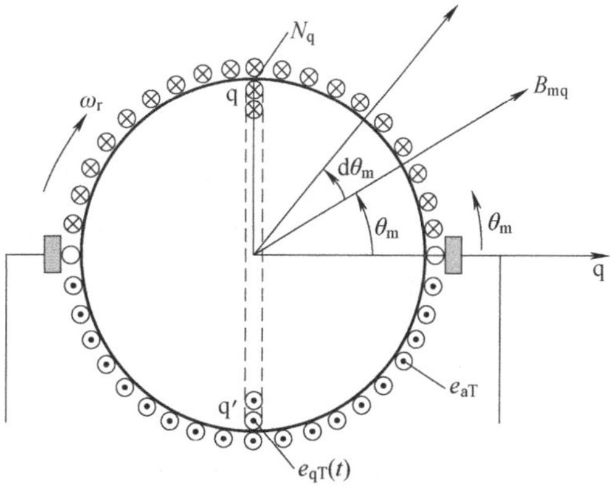

图 2-45 等效交轴电枢绕组中的变压器电动势

$$e_{aT} = -\int_0^{\pi/p_0} \frac{d}{dt}\left[\phi_{mq}\sin(p_0\theta_m)\frac{Z_\theta}{2}\right]d\theta_m = -\frac{d}{dt}\left(\phi_{mq}\frac{1}{p_0}Z_\theta\right) = -\frac{d}{dt}(N_q\phi_{mq}) \tag{2-68}$$

式中，$N_q=\frac{1}{p_0}Z_\theta$。

假设等效交轴电枢绕组中感生的变压器电动势为 e_{qT}，若使其与 e_{aT}相等，则有

$$e_{qT}=e_{aT}=-\frac{d}{dt}(N_q\phi_{mq}) \tag{2-69}$$

由式（2-69），可得

$$e_{qT}=-\frac{d\psi_{mq}}{dt} \tag{2-70}$$

式中，ψ_{mq}即为链过等效电枢绕组的交轴电枢反应磁链，$\psi_{mq}=N_q\phi_{mq}$。

式（2-69）和式（2-70）表明，若等效交轴电枢绕组匝数 N_q 满足式（2-65）的要求，当交轴气隙磁场变化时，在等效交轴电枢绕组中感生的变压器电动势便与实际电枢绕组相同，电动势大小则同式（2-70）。

（3）运动电动势的等效

换向器绕组就产生磁动势而言，相当于静止绕组；但实际上它是旋转的，还会在其中感生运动电动势。

式（2-63）中，$\frac{1}{2}\frac{Z_a}{2p_0}$实际为一条支路串接元件的总匝数。若元件跨距为整距，电枢恒速旋转，则各元件中的运动电动势将随时间按正弦规律变化，由于元件空间分布的原因，各元件电动势间将依次存在相位差，总相位差为 π，若元件电动势用相量表示，则如图 2-46 所示。图中，用圆周的诸折线代表各元件的电动势相量，各元件电动势相量之和即与图 2-46 中直径(2R)相对应。可见，式（2-63）中的 2/π 即为换向器支路分布绕组的分布因数，而图 2-44a 中等效整距集中线圈的匝数 N_q 即等于此支路分布绕组的有效匝数。

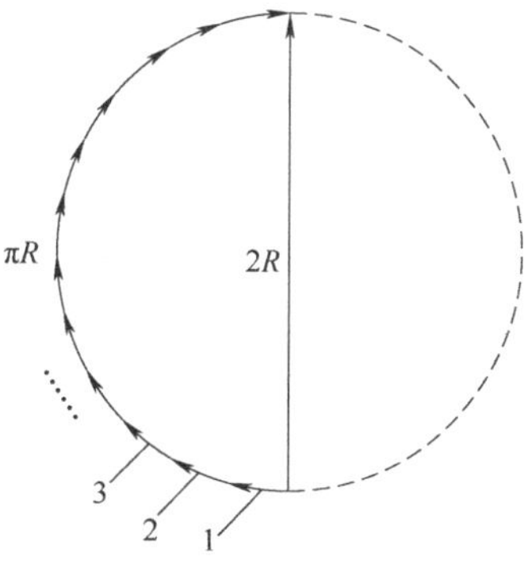

图 2-46 换向器绕组支路元件电动势相量表示

换向器绕组产生的运动电动势同式（2-15），其中 $C_{e\Omega}=\frac{p_0}{\pi}\frac{Z_a}{2a_=}$，可得

$$e_{a\Omega}=p_0\frac{2}{\pi}\frac{1}{2}\left(\frac{Z_a}{2a_=}\right)\phi_f\Omega_r=p_0N_q\phi_f\Omega_r=\omega_r\psi_f \tag{2-71}$$

式中，$N_q=\frac{2}{\pi}\frac{1}{2}\frac{Z_a}{2p_0}$；$\psi_f=N_q\phi_f$，$\psi_f$ 为等效交轴电枢绕组交链三极磁场的磁链。

图 2-44a 中，等效交轴电枢线圈的两个线圈边位于主磁场 d 轴处，设想两者若在此处以转子电角速度 ω_r 旋转，则每个线圈产生的运动电动势可表示为

$$e_{q\Omega}=2N_q\hat{B}_f l v_r=\left(\frac{2}{\pi}\hat{B}_f l\tau\right)p_0N_q\Omega_r=\omega_r N_q\phi_f=\omega_r\psi_f \tag{2-72}$$

式中，$\hat{B}_f$ 为主磁场磁感应强度幅值；$\phi_f=\frac{2}{\pi}\hat{B}_f l\tau$；$v_r=R_r\Omega_r$；$\pi R_r=p_0\tau$。

式（2-71）和式（2-72）表明，从运动电动势等效角度看，若设想等效交轴电枢线圈的两个线圈边，在主磁场的幅值处以转子电角速度 ω_r 旋转，此刻其中感生的运动电动势与实际换向器绕组中感生的运动电动势相等。亦即，只有将等效的交轴电枢线圈看作伪静止线圈时，它才可反映出换向器绕组的特征。

（4）电磁转矩的等效

换向器绕组生成的电磁转矩同式（2-20），即有

$$t_e=C_T\phi_f i_a=p_0\frac{2}{\pi}\frac{1}{2}\frac{Z_a}{2p_0}\phi_f i_q=p_0N_q\phi_f i_q=p_0\psi_f i_q \tag{2-73}$$

式中，$i_a=i_q$，$i_a=2p_0i_{a=}$，$i_q=2p_0i_{q=}$。

图 2-44a 中，两个等效交轴电枢线圈的线圈边分别位于主磁场幅值处，可得电磁转矩为

$$t_e=2p_0\hat{B}_f l2N_q i_{q=}R_r=p_0N_q\phi_f i_q=p_0\psi_f i_q \tag{2-74}$$

式（2-74）与式（2-73）结果一致，说明等效交轴电枢线圈的线圈边位于主极磁场幅值处时，生成的电磁转矩与实际换向器绕组的电磁转矩相等。

3. 换向器绕组转矩生成的特点

图 2-44a 中，采用绕组归算，可令励磁绕组匝数 $N_f=N_q$，则在式（2-74）中，可令 $\psi_f=L_{mf}i_f$，L_{mf}为励磁绕组的励磁电感，于是可得

$$t_e=p_0\psi_f i_q=p_0L_{mf}i_f i_q \tag{2-75}$$

若令 $\psi_{mq}=L_{mq}i_q$，L_{mq}为等效交轴电枢绕组的励磁电感，则有

$$t_e=p_0\frac{1}{L_{mq}}\psi_f\psi_{mq} \tag{2-76}$$

对比图 2-18 和图 1-9 可以看出，直流电动机相当于将图 1-9 中的定子绕组 A 改造成了定子励磁绕组，而将转子绕组 B 改造成了换向器绕组。此时既可使转子连续旋转，又可获得恒定的电磁转矩，由此将图 1-9 所示的机电装置改造成了电机装置，构成了直流电机的特有结构。当电刷位于几何中性线上时，在一定假设条件下，可将换向器绕组等效为整距集中的交轴电枢绕组，如图 2-44a 所示，这相当于将图 1-9 中的转子绕组 B 进一步改造为了伪静止绕组。此时式（1-53）中的 $\theta_r=\pi/2$，定、转子绕组轴线已经正交，无论从“*Bli*”角度看，还是从定、转子磁场相互作用的角度看，获得的电磁转矩也最大。

对比式（2-75）和式（1-53）可以看出，电磁转矩生成已消除了空间因素（$\sin\theta_r$）的影响，即消除了定、转子基波磁场之间空间相位变化这一不确定因素；当直流电动机单独励磁时，若控制励磁电流 i_f 恒定，则转矩仅与电枢电流成正比，于是可以实现对转矩的线性控制。这

种转矩生成与控制的特点，使得直流电动机在交流电机实现矢量控制之前，一直在电力传动领域占据着主导地位。

应该强调的是，上面分析直流电机转矩生成时，一直强调气隙内的径向磁场为正弦分布。对于实际直流电机，气隙内的径向磁场不为正弦分布，但感应电动势和电磁转矩大小仅与一个极下的直轴磁通量有关，而与气隙磁场的空间分布无关，因此分析结果仍能反映换向器绕组的基本特征。

4. 具有直轴和交轴电枢绕组的直流电机

图 2-47 中，在换向器绕组上，沿直、交轴方向各装设有一对电刷，使得沿直、交轴方向上各自构成了一套电枢绕组，分别称为直轴电枢绕组和交轴电枢绕组，图中将 d 轴电枢绕组中的电流正方向标在线圈外，将 q 轴电枢绕组中电流正方向标在线圈内。d、q 轴电枢绕组虽然共用一套电枢绕组，但可将 d、q 轴电枢绕组看作为相互独立、彼此正交，且 q 轴电枢绕组轴线超前 d 轴电枢绕组轴线 90°电角度。

由图 2-47 所示的电枢绕组，可构成图 2-48 所示的等效直流电机，并将其看作是统一化直流电机。图中定子直轴和交轴方向上各有一套励磁绕组，分别用 D 和 Q 来表示，两者均为整距集中绕组。除了 D、Q 绕组外，在 d、q 轴上，还可以安置其他用途的定子绕组。电枢直、交轴上各有一套换向器绕组，如前所述，已分别用两个具有伪静止特征的整距集中绕组等效之。图中按电动机惯例标出了各绕组电流、电压、转速和电磁转矩的正方向。

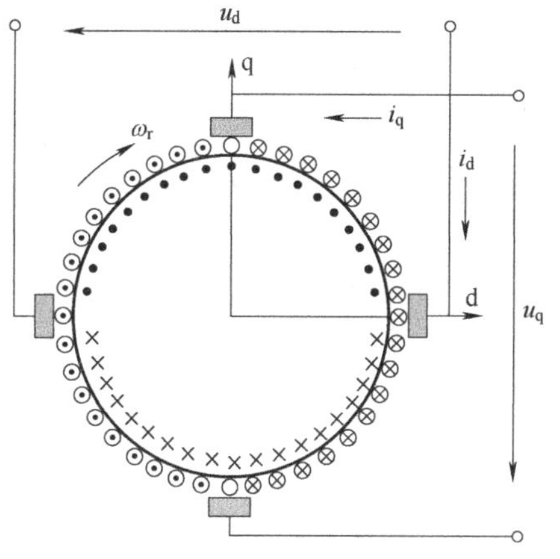

图 2-47 直轴和交轴电枢绕组

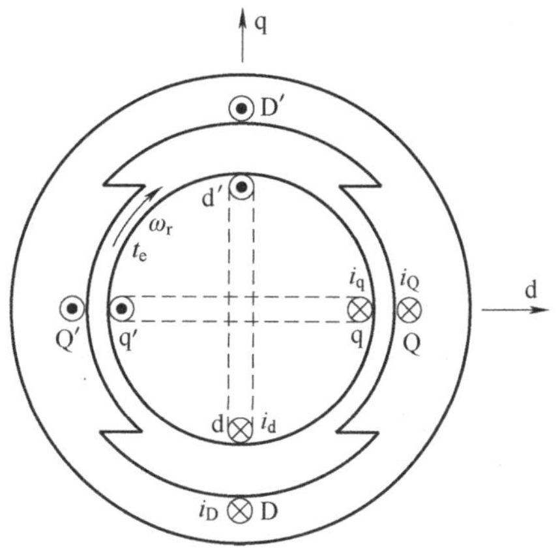

图 2-48 以 2 极电机表示的统一化直流电机

由图 2-48 所示的统一化直流电机，可列写出运动方程，用来分析不同类型直流电机的运行与控制。

2.9 一般化电机

一般化电机可看成是从统一化直流电机延伸和抽象得出的，这是一种转子具有换向器绕组和 d、q 轴线的双轴电机。

1. 一般化电机的简化表示

可将图 2-48 中的统一化直流电机简化表示为图 2-49 所示的形式。图中位于 d、q 轴上的定子 D、Q 绕组代表的是静止的普通绕组，转子 d、q 绕组代表的是图 2-48 中的伪静止绕组，实为直、交轴换向器绕组。

2. 基本假定

为使一般化电机的运动方程能清晰地反映各个变量之间的关系，并便于求解，尚需进行以下假定：

1）磁路为线性，没有剩磁，不计磁滞和涡流效应，可以采用叠加原理来分析；需要考虑饱和时，可依据饱和程度确定饱和参数，以计及饱和影响。

2）气隙中磁场为正弦分布；当气隙中磁场为非正弦分布时，可通过修正运动方程中的参数来计及这一影响。

3）电机的结构对于直轴和交轴均为对称；不计齿槽的影响，定、转子表面设为光滑。

3. 正方向规定

图2-49中，对各物理量正方向的规定不是唯一的，所选的正方向不同，得出的运动方程中有关各项的正、负号也会不尽相同。现对各物理量正方向进行以下规定：

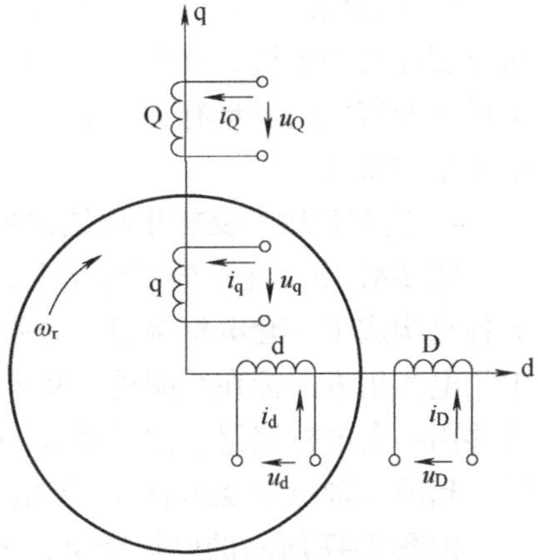

图2-49 一般化电机的简化表示

1）取主磁场正方向为d轴正方向，q轴正方向超前d轴正方向90°电角度。

2）定、转子各电路中，按电动机惯例，规定电流以流入方向为正方向，电压与电流正方向相同；感应电动势正方向与电流正方向一致，以符合楞次定律；按这一规定，若电压与电流均为正值，则瞬时电功率即为输入电路的功率，当电机处于发电机运行时，功率将为负值。

3）所有磁链的正方向均规定为沿轴线方向径向向外，当线圈中流过正向电流时，建立的磁场与轴线方向一致，磁链应取为正值。

4）取顺时针方向为转速正方向；转矩方向与转速方向一致时，取为正值，转矩方向与转速方向相反时，取为负值。

4. 运动方程

一般化电机的运动方程包括电压方程和转矩方程。

（1）磁链方程

同一轴线上的定、转子绕组，既产生自感磁链，又产生互感磁链。因为d、q轴线相互正交，电机结构对于d、q轴线均为对称，所以d、q轴绕组之间没有磁耦合。由图2-49可得定、转子磁链方程为

$$\psi_D = L_D i_D + L_{Dd} i_d \tag{2-77}$$

$$\psi_Q = L_Q i_Q + L_{Qq} i_q \tag{2-78}$$

$$\psi_d = L_{dD} i_D + L_d i_d \tag{2-79}$$

$$\psi_q = L_{qQ} i_Q + L_q i_q \tag{2-80}$$

式中，ψ_D、ψ_Q、ψ_d、ψ_q分别为定、转子D、Q、d、q绕组的全磁链；L_D、L_Q、L_d、L_q为其自感；$L_{Dd}(L_{dD})$、$L_{Qq}(L_{qQ})$为同轴定、转子绕组间的互感。由于磁路为线性，故自感和互感均为常值，且与转子位置无关；由于正向电流建立的励磁磁场与绕组轴线方向一致，故同轴定、转子绕组间的互感均为正值。现假定气隙磁场为正弦分布，故磁链方程中所有电感和磁链均是在气隙磁场为正弦分布条件下确定的。

（2）电压方程

图2-49中，定、转子绕组的电压方程可表示为

$$u_{\mathrm{D}}=R_{\mathrm{D}}i_{\mathrm{D}}+\frac{\mathrm{d}\psi_{\mathrm{D}}}{\mathrm{d}t} \tag{2-81}$$

$$u_{\mathrm{Q}}=R_{\mathrm{Q}}i_{\mathrm{Q}}+\frac{\mathrm{d}\psi_{\mathrm{Q}}}{\mathrm{d}t} \tag{2-82}$$

$$u_{\mathrm{d}}=R_{\mathrm{d}}i_{\mathrm{d}}+\frac{\mathrm{d}\psi_{\mathrm{d}}}{\mathrm{d}t}-\omega_{\mathrm{r}}\psi_{\mathrm{q}} \tag{2-83}$$

$$u_{\mathrm{q}}=R_{\mathrm{q}}i_{\mathrm{q}}+\frac{\mathrm{d}\psi_{\mathrm{q}}}{\mathrm{d}t}+\omega_{\mathrm{r}}\psi_{\mathrm{d}} \tag{2-84}$$

式中，R_{D}、R_{Q}、R_{d}、R_{q} 分别为定、转子绕组的电阻；ω_{r} 为转子瞬时电角速度。

通常，将上述电压方程称为派克-戈烈夫方程。

式（2-81）和式（2-82）中，等式右端第 1 项为电阻电压降；第 2 项为变压器电压（变压器电动势的负值）；虽然转子在旋转，但转子 d、q 绕组产生的气隙磁场其轴线总是固定不动，故不会在定子绕组中感生运动电动势。

式（2-83）和式（2-84）中，等式右端第 1 项为电阻电压降；第 2 项为变压器电压，由于已假设气隙磁场为正弦分布，故参照式（2-70），且将漏磁场考虑在内，可将变压器电动势分别表示为$-\frac{\mathrm{d}\psi_{\mathrm{d}}}{\mathrm{d}t}$和$-\frac{\mathrm{d}\psi_{\mathrm{q}}}{\mathrm{d}t}$；第 3 项为运动电动势，因为转子 d、q 绕组为伪静止绕组，所以除了会产生变压器电动势外，还会在另一轴下的气隙磁场中旋转感生运动电动势，参照式（2-72），运动电动势大小可分别表示为$\omega_{\mathrm{r}}\psi_{\mathrm{mq}}$和$\omega_{\mathrm{r}}\psi_{\mathrm{md}}$，其中，$\psi_{\mathrm{mq}}=L_{\mathrm{qQ}}i_{\mathrm{Q}}+L_{\mathrm{mq}}i_{\mathrm{q}}$，$\psi_{\mathrm{md}}=L_{\mathrm{dD}}i_{\mathrm{D}}+L_{\mathrm{md}}i_{\mathrm{d}}$，$L_{\mathrm{md}}$和$L_{\mathrm{mq}}$分别为转子 d、q 绕组的励磁电感，$\psi_{\mathrm{mq}}$和$\psi_{\mathrm{md}}$分别对应于交、直轴上定、转子绕组共同产生的气隙磁场；假定转子 d、q 绕组的漏磁场所起的作用也与正弦分布气隙磁场相同，故分别用 ψ_{q} 和 ψ_{d} 代替了 ψ_{md}和 ψ_{mq}。

运动电动势的正、负号可做如下判断。如图 2-48 所示，转子 d 绕组两个线圈边在 q 轴轴线处以电角速度 ω_{r} 顺时针方向“切割”q 轴气隙磁场，感生的运动电动势大小为 $\omega_{\mathrm{r}}\psi_{\mathrm{mq}}$，方向与电流 i_{d} 正方向相同，此运动电动势起助推电流的作用，故应取为负号（按电路基尔霍夫定律列写电路电压方程时，应取为负号），实际上此运动电动势起的作用是向外输出功率（起发电机作用），按电动机惯例列写电路电压方程时，也应取为负号。同理，可判断出式（2-84）中的运动电动势 $\omega_{\mathrm{r}}\psi_{\mathrm{d}}$ 应取为正号。

运动电动势的符号可按以下规则确定：令感生运动电动势的转子绕组沿转子旋转方向旋转 90°电角度，倘若其转子轴线与感生该电动势的磁场轴线方向一致，则该运动电动势应取正号；反之，则取为负号。例如，将 d 轴转子绕组顺时针旋转 90°电角度，转子绕组轴线将与 q 轴方向相反，故将 $\omega_{\mathrm{r}}\psi_{\mathrm{q}}$ 取为负值。

将式（2-77）~式（2-80）分别代入式（2-81）~式（2-84），可得以电流为变量的电压方程，即有

$$\begin{cases} u_{\mathrm{D}}=R_{\mathrm{D}}i_{\mathrm{D}}+L_{\mathrm{D}}\dfrac{\mathrm{d}i_{\mathrm{D}}}{\mathrm{d}t}+L_{\mathrm{Dd}}\dfrac{\mathrm{d}i_{\mathrm{d}}}{\mathrm{d}t} \\ u_{\mathrm{Q}}=R_{\mathrm{Q}}i_{\mathrm{Q}}+L_{\mathrm{Q}}\dfrac{\mathrm{d}i_{\mathrm{Q}}}{\mathrm{d}t}+L_{\mathrm{Qq}}\dfrac{\mathrm{d}i_{\mathrm{q}}}{\mathrm{d}t} \\ u_{\mathrm{d}}=R_{\mathrm{d}}i_{\mathrm{d}}+L_{\mathrm{d}}\dfrac{\mathrm{d}i_{\mathrm{d}}}{\mathrm{d}t}+L_{\mathrm{dD}}\dfrac{\mathrm{d}i_{\mathrm{D}}}{\mathrm{d}t}-\omega_{\mathrm{r}}L_{\mathrm{qQ}}i_{\mathrm{Q}}-\omega_{\mathrm{r}}L_{\mathrm{q}}i_{\mathrm{q}} \\ u_{\mathrm{q}}=R_{\mathrm{q}}i_{\mathrm{q}}+L_{\mathrm{q}}\dfrac{\mathrm{d}i_{\mathrm{q}}}{\mathrm{d}t}+L_{\mathrm{qQ}}\dfrac{\mathrm{d}i_{\mathrm{Q}}}{\mathrm{d}t}+\omega_{\mathrm{r}}L_{\mathrm{dD}}i_{\mathrm{D}}+\omega_{\mathrm{r}}L_{\mathrm{d}}i_{\mathrm{d}} \end{cases} \tag{2-85}$$

可得

$$\begin{bmatrix} u_D \\ u_Q \\ u_d \\ u_q \end{bmatrix} = \begin{bmatrix} R_D+L_D\mathrm{p} & 0 & L_{Dd}\mathrm{p} & 0 \\ 0 & R_Q+L_Q\mathrm{p} & 0 & L_{Qq}\mathrm{p} \\ L_{dD}\mathrm{p} & -\omega_r L_{qQ} & R_d+L_d\mathrm{p} & -\omega_r L_q \\ \omega_r L_{dD} & L_{qQ}\mathrm{p} & \omega_r L_d & R_q+L_q\mathrm{p} \end{bmatrix} \begin{bmatrix} i_D \\ i_Q \\ i_d \\ i_q \end{bmatrix} \tag{2-86}$$

可将式（2-86）写为

$$\boldsymbol{u}=(\boldsymbol{R}+\boldsymbol{L}\mathrm{p}+\omega_r\boldsymbol{G})\boldsymbol{i} \tag{2-87}$$

其中

$$\boldsymbol{u}=\begin{bmatrix} u_D \\ u_Q \\ u_d \\ u_q \end{bmatrix},\quad \boldsymbol{i}=\begin{bmatrix} i_D \\ i_Q \\ i_d \\ i_q \end{bmatrix} \tag{2-88}$$

$$\boldsymbol{R}=\begin{bmatrix} R_D & 0 & 0 & 0 \\ 0 & R_Q & 0 & 0 \\ 0 & 0 & R_d & 0 \\ 0 & 0 & 0 & R_q \end{bmatrix},\quad \boldsymbol{L}=\begin{bmatrix} L_D & 0 & L_{Dd} & 0 \\ 0 & L_Q & 0 & L_{Qq} \\ L_{dD} & 0 & L_d & 0 \\ 0 & L_{qQ} & 0 & L_q \end{bmatrix} \tag{2-89}$$

$$\boldsymbol{G}=\begin{bmatrix} 0 & 0 & 0 & 0 \\ 0 & 0 & 0 & 0 \\ 0 & -L_{qQ} & 0 & -L_q \\ L_{dD} & 0 & L_d & 0 \end{bmatrix} \tag{2-90}$$

在某些情况下，可通过绕组归算，令定子 D、Q 绕组的有效匝数 N_D、N_Q 与转子绕组匝数 N_d、N_q 相同，即有 $N_D=N_Q=N_d=N_q$，则有

$$\begin{cases} L_{mD}=L_{md}=L_{dD}=L_{Dd} \\ L_{mQ}=L_{mq}=L_{qQ}=L_{Qq} \end{cases} \tag{2-91}$$

式中，L_{mD}、L_{md}、L_{mQ}、L_{mq} 分别为 D、Q、d、q 绕组的励磁电感。

此时，可将式（2-77）~式（2-80）和式（2-86）表示为

$$\begin{cases} \psi_D=L_D i_D+L_{md} i_d \\ \psi_Q=L_Q i_Q+L_{mq} i_q \\ \psi_d=L_{mD} i_D+L_d i_d \\ \psi_q=L_{mQ} i_Q+L_q i_q \end{cases} \tag{2-92}$$

$$\begin{bmatrix} u_D \\ u_Q \\ u_d \\ u_q \end{bmatrix} = \begin{bmatrix} R_D+L_D\mathrm{p} & 0 & L_{md}\mathrm{p} & 0 \\ 0 & R_Q+L_Q\mathrm{p} & 0 & L_{mq}\mathrm{p} \\ L_{mD}\mathrm{p} & -\omega_r L_{mQ} & R_d+L_d\mathrm{p} & -\omega_r L_q \\ \omega_r L_{mD} & L_{mQ}\mathrm{p} & \omega_r L_d & R_q+L_q\mathrm{p} \end{bmatrix} \begin{bmatrix} i_D \\ i_Q \\ i_d \\ i_q \end{bmatrix} \tag{2-93}$$

如果电机气隙为均匀，则可令

$$L_m=L_{mD}=L_{mQ}=L_{md}=L_{mq} \tag{2-94}$$

于是，有

$$\begin{cases}\psi_{\mathrm{D}}=L_{\mathrm{D}}i_{\mathrm{D}}+L_{\mathrm{m}}i_{\mathrm{d}}\\ \psi_{\mathrm{Q}}=L_{\mathrm{Q}}i_{\mathrm{Q}}+L_{\mathrm{m}}i_{\mathrm{q}}\\ \psi_{\mathrm{d}}=L_{\mathrm{m}}i_{\mathrm{D}}+L_{\mathrm{d}}i_{\mathrm{d}}\\ \psi_{\mathrm{q}}=L_{\mathrm{m}}i_{\mathrm{Q}}+L_{\mathrm{q}}i_{\mathrm{q}}\end{cases} \tag{2-95}$$

式中，$L_{\mathrm{D}}=L_{\sigma\mathrm{D}}+L_{\mathrm{m}}$，$L_{\mathrm{Q}}=L_{\sigma\mathrm{Q}}+L_{\mathrm{m}}$；$L_{\mathrm{d}}=L_{\sigma\mathrm{d}}+L_{\mathrm{m}}$，$L_{\mathrm{q}}=L_{\sigma\mathrm{q}}+L_{\mathrm{m}}$；$L_{\sigma\mathrm{D}}$、$L_{\sigma\mathrm{Q}}$、$L_{\sigma\mathrm{d}}$、$L_{\sigma\mathrm{q}}$分别为定、转子D、Q、d、q绕组的漏电感。

电压方程可表示为

$$\begin{bmatrix}u_{\mathrm{D}}\\u_{\mathrm{Q}}\\u_{\mathrm{d}}\\u_{\mathrm{q}}\end{bmatrix}=\begin{bmatrix}R_{\mathrm{D}}+L_{\mathrm{D}}\mathrm{p} & 0 & L_{\mathrm{m}}\mathrm{p} & 0\\ 0 & R_{\mathrm{Q}}+L_{\mathrm{Q}}\mathrm{p} & 0 & L_{\mathrm{m}}\mathrm{p}\\ L_{\mathrm{m}}\mathrm{p} & -\omega_{\mathrm{r}}L_{\mathrm{m}} & R_{\mathrm{d}}+L_{\mathrm{d}}\mathrm{p} & -\omega_{\mathrm{r}}L_{\mathrm{q}}\\ \omega_{\mathrm{r}}L_{\mathrm{m}} & L_{\mathrm{m}}\mathrm{p} & \omega_{\mathrm{r}}L_{\mathrm{d}} & R_{\mathrm{q}}+L_{\mathrm{q}}\mathrm{p}\end{bmatrix}\begin{bmatrix}i_{\mathrm{D}}\\i_{\mathrm{Q}}\\i_{\mathrm{d}}\\i_{\mathrm{q}}\end{bmatrix} \tag{2-96}$$

(3) 功率和电磁转矩

由式（2-87），可得由电源输入电机的电功率，即有

$$\boldsymbol{i}^{\mathrm{T}}\boldsymbol{u}=\boldsymbol{i}^{\mathrm{T}}\boldsymbol{R}\boldsymbol{i}+\boldsymbol{i}^{\mathrm{T}}\boldsymbol{L}\mathrm{p}\boldsymbol{i}+\boldsymbol{i}^{\mathrm{T}}\omega_{\mathrm{r}}\boldsymbol{G}\boldsymbol{i} \tag{2-97}$$

式中，等式右端第1项为电阻损耗；第2项为磁场储能的增量；第3项为转化为机械功率的电磁功率P_{e}，即有

$$P_{\mathrm{e}}=\boldsymbol{i}^{\mathrm{T}}\omega_{\mathrm{r}}\boldsymbol{G}\boldsymbol{i} \tag{2-98}$$

电磁转矩则为

$$t_{\mathrm{e}}=\frac{P_{\mathrm{e}}}{\Omega_{\mathrm{r}}}=p_0[L_{\mathrm{dD}}i_{\mathrm{D}}i_{\mathrm{q}}-L_{\mathrm{qQ}}i_{\mathrm{Q}}i_{\mathrm{d}}+(L_{\mathrm{d}}-L_{\mathrm{q}})i_{\mathrm{d}}i_{\mathrm{q}}] \tag{2-99}$$

式中，等式右端第1、2项为励磁转矩；第3项为因直、交轴磁路磁阻不等引起的磁阻转矩，若电机气隙均匀，则有$L_{\mathrm{d}}=L_{\mathrm{q}}$，此项转矩便为零。

绕组归算后，由式（2-91）可得

$$t_{\mathrm{e}}=p_0[L_{\mathrm{mD}}i_{\mathrm{D}}i_{\mathrm{q}}-L_{\mathrm{mQ}}i_{\mathrm{Q}}i_{\mathrm{d}}+(L_{\mathrm{d}}-L_{\mathrm{q}})i_{\mathrm{d}}i_{\mathrm{q}}] \tag{2-100}$$

式中，$L_{\mathrm{mD}}i_{\mathrm{D}}$、$L_{\mathrm{mQ}}i_{\mathrm{Q}}$分别与定子D、Q绕组产生的基波磁场相对应。

如图2-48所示，转子电流i_{q}与定子D绕组的基波磁场相互作用，生成的励磁转矩为驱动转矩；而转子电流i_{d}与定子Q绕组的基波磁场相作用，生成的励磁转矩为制动转矩。此外，由于$L_{\sigma\mathrm{d}}=L_{\sigma\mathrm{q}}$，可知$L_{\mathrm{d}}-L_{\mathrm{q}}=L_{\mathrm{md}}-L_{\mathrm{mq}}$，这说明转子漏磁场与电磁转矩生成无关，对于定子绕组漏磁场亦如此，这是因为漏磁场不能参与机电能量转换，故不能作为机电能量转换的媒介。

对于他励直流电动机，式（2-100）中，$i_{\mathrm{d}}=0$，$i_{\mathrm{Q}}=0$，$i_{\mathrm{D}}=i_{\mathrm{f}}$，$L_{\mathrm{mD}}=L_{\mathrm{mf}}$，故有

$$t_{\mathrm{e}}=p_0\psi_{\mathrm{f}}i_{\mathrm{q}}=p_0L_{\mathrm{mf}}i_{\mathrm{f}}i_{\mathrm{q}}$$

此式即为式（2-75）。

只有由运动电动势吸收（发送）的电功率，才能成为转换功率，故由式（2-83）和式（2-84）可得

$$P_{\mathrm{e}}=\omega_{\mathrm{r}}\psi_{\mathrm{d}}i_{\mathrm{q}}-\omega_{\mathrm{r}}\psi_{\mathrm{q}}i_{\mathrm{d}}=\omega_{\mathrm{r}}(\psi_{\mathrm{d}}i_{\mathrm{q}}-\psi_{\mathrm{q}}i_{\mathrm{d}}) \tag{2-101}$$

电磁转矩则为

$$t_{\mathrm{e}}=p_0(\psi_{\mathrm{d}}i_{\mathrm{q}}-\psi_{\mathrm{q}}i_{\mathrm{d}}) \tag{2-102}$$

式（2-102）右端第1项可看成是转子交轴电流与转子直轴磁场作用生成的电磁转矩；第2项为转子直轴电流与转子交轴磁场作用生成的电磁转矩。

由式（2-102）也可以得到式（2-99）或式（2-100）。

在图 2-49 所示的 dq 轴系中，已假设电机气隙内磁场为正弦分布，故可将电磁转矩表达式以空间矢量来表示。现取 d 轴为实轴，q 轴为虚轴，由式（2-102），可得

$$t_e = p_0[(\psi_d + j\psi_q)\times(i_d + ji_q)]$$
$$= p_0 \boldsymbol{\psi}_r \times \boldsymbol{i}_r \tag{2-103}$$

式中，$\boldsymbol{\psi}_r$ 为转子磁链矢量，$\boldsymbol{\psi}_r = \psi_d + j\psi_q$；$\boldsymbol{i}_r$ 为转子电流矢量，$\boldsymbol{i}_r = i_d + ji_q$。

由式（2-103）所示的电磁转矩既包括了励磁转矩，又包括了磁阻转矩。这是因为式中的转子电流矢量出于非凸极侧，能够反映出定子凸极对转子基波磁场的扰动作用。

（4）转矩方程

一般化电机作为电动机运行时，转矩方程可表示为

$$t_e = J\frac{d\Omega_r}{dt} + R_\Omega \Omega_r + t_L \tag{2-104}$$

式（2-104）与式（2-47）形式相同。一般化电机作为发电机运行时，转矩方程则与式（2-48）形式相同。

由以上分析可知，在某些假定条件下，可以将统一化直流电机抽象为一般化电机。一般化电机运动方程的特点是在一定条件下，便于求解。例如，在转速不变时，其微分方程的系数即为常数。由后面的第 4 章和第 5 章分析可知，同步电机和感应电机的电压微分方程其系数随转子转角的变化而变化，求解十分困难。但是通过坐标变换，可以将它们的运动方程变换为类似于一般化电机的运动方程。从物理意义上看，这相当于将两者变换为了等效的直流电机，使其运动方程在一定条件下可变为常系数的线性微分方程。

20 世纪 20 年代，派克（P. H. Park）提出了 dq0 变换，并实现了这种坐标变换。在此基础上，20 世纪 30 年代，克朗（Kron）阐明，任何电机都可以以原型电机（一般化电机为第一种原型电机）导出，并用统一的方法来求解，由此形成了电机统一理论，这是电机理论上的一个飞跃。1971 年，勃拉舒克（Blaschke）根据坐标变换理论，运用空间矢量，提出了交流电机的矢量变换控制，即运用交流电机统一理论，将交流电机等效为直流电机，实现了交流电机的磁场解耦，能够模拟直流电机转矩控制规律，使得交流电动机的转速和位置的控制水平取得了突破性进展，基本达到直流电动机的水平，为交流调速和伺服系统取代直流系统奠定了理论基础。

2.10　直流电动机运动控制

2.10.1　电动机运动控制及基本要求

电动机运动控制通常是指对电动机转速和转角（转子位置）的控制。图 2-50 所示为电动机负载运行示意图。直流电动机负载运行时的转矩方程见式（2-104）。若设定转子旋转的机械角度为 θ_m，则有

$$\frac{d\theta_m}{dt} = \Omega_r \tag{2-105}$$

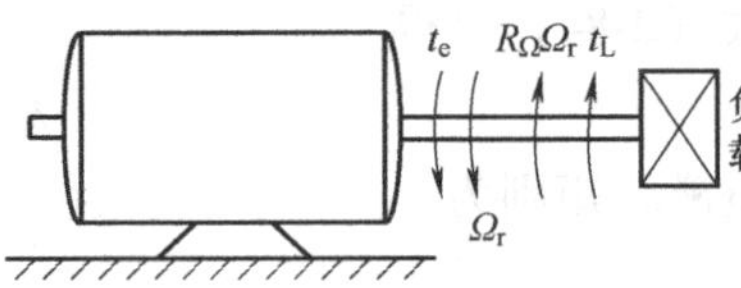

图 2-50　电动机负载运行

或者

$$\theta_{m}=\int_{0}^{t}\Omega_{r}\mathrm{d}t+\theta_{m0} \tag{2-106}$$

式中，θ_{m0}为初始位置角。

将式（2-105）代入式（2-104），可得

$$t_{e}=J\frac{\mathrm{d}^{2}\theta_{m}}{\mathrm{d}t^{2}}+R_{\Omega}\frac{\mathrm{d}\theta_{m}}{\mathrm{d}t}+t_{L} \tag{2-107}$$

式（2-104）和式（2-107）表明，对电动机转速或者转角的控制，只能通过控制电磁转矩来实现，或者说对电动机的运动控制归根结底是对电磁转矩的控制。为构成高性能运动控制系统，就需要对电磁转矩具有很强的控制能力。

如果电力传动对系统的转速提出控制要求，如能够在一定范围内平滑地调节转速，或者能够在所需转速上稳定地运行，或者能够根据指令准确地完成加（减）速、起（制）动以及正（反）转等运动过程，这就需要构成调速系统。

在生产实践中，负载运动的表现不一定都是转速，也可能是电力传动对旋转角位移提出控制要求，这就需要构成位置随动系统。位置随动系统又称为伺服系统，主要解决位置控制问题，要求系统对位置指令具有准确的跟踪能力。

接下来的问题是，如何评价电机运动系统的控制品质？如何才能提高运动系统的控制品质？为使分析更具一般性，设定系统在给定信号（又称参考输入信号）$R(t)$作用下，输出量为$C(t)$，给定信号$R(t)$不同，系统输出响应$C(t)$也不会相同。通常将输出量初始值为零时，在阶跃信号作用下，系统的阶跃响应作为典型的跟随过程，如图 2-51 所示，并确定如下跟随性能指标作为评价指标。

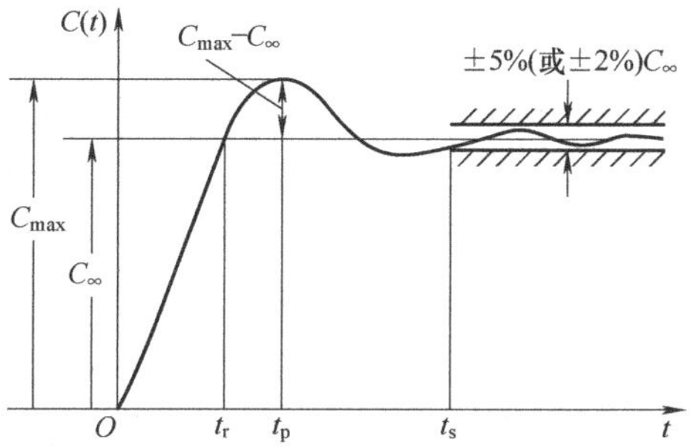

图 2-51 典型的阶跃响应过程和跟随性能指标

1. 跟随性能指标

（1）上升时间 t_r

输出量$C(t)$从零起第一次上升到稳态值C_∞所经过的时间称为上升时间，它表示动态响应的快速性。

（2）峰值时间 t_p 与超调量 σ

阶跃响应在 t_p 时达到最大值 C_{max}，然后回落。t_p 称为峰值时间。C_{max}超过稳态值C_∞的百分数称为超调量σ，即有

$$\sigma=\frac{C_{max}-C_{\infty}}{C_{\infty}}\times 100\%$$

超调量反映了系统的相对稳定性。超调量越小，则相对稳定性越好，即动态响应比较平稳。

（3）调节时间 t_s

调节时间又称为过渡过程时间，指从加入输入量的时刻起，到输出量进入稳态允许误差带内（且不再超出此误差带）所需的时间。允许误差带一般取稳态值的±5%（或±2%）。

调节时间既反映了系统的快速性，又包含了系统的稳定性。

2. 抗扰性能指标

控制系统中，扰动量的作用点通常不同于给定量（参考输入量）的作用点，因此系统的

抗扰动态性能也不同于跟随动态性能。如调速系统稳态运行时突加一个扰动量 F 后，输出量由降低（或上升）到恢复至稳态值的过渡过程就是一个扰动过程。典型的抗扰响应曲线如图 2-52 所示，且确定如下抗扰指标作为评价指标。

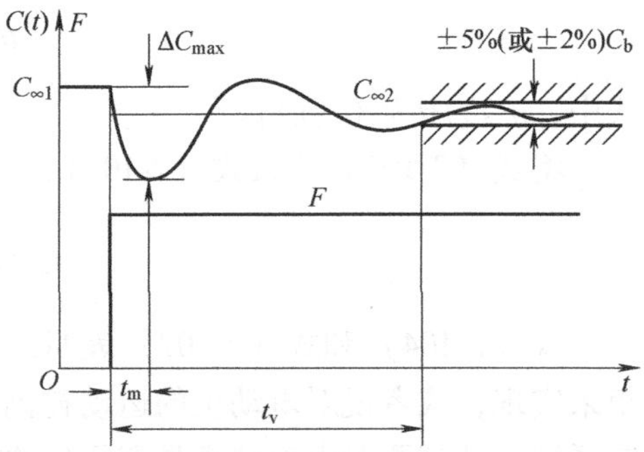

图 2-52 突加扰动的过程和抗扰性能指标

（1）动态降落 ΔC_{max}

系统稳态运行时，突加一个约定的标准扰动量（一般为阶跃信号，如图 2-52 所示 F），所引起的输出量最大降落值为 ΔC_{max}，称为动态降落。一般用 ΔC_{max} 占输出量原稳态值 $C_{\infty 1}$ 的百分数 $(\Delta C_{max}/C_{\infty 1})\times 100\%$ 来表示，或用某基准值 C_b 的百分数 $(\Delta C_{max}/C_b)\times 100\%$ 来表示。输出量在动态降落后逐渐恢复，最后达到新的稳态值 $C_{\infty 2}$，$C_{\infty 2}-C_{\infty 1}$ 为系统在该扰动作用下的稳态误差，即静差。

（2）恢复时间 t_v

t_v 是从阶跃扰动开始到输出量进入新稳态值的误差带（且以后不再超出此误差）所需的时间。误差带的大小为基准值 C_b 的±5%（或±2%），C_b 为抗扰指标中输出量的基准值，视具体情况选定。

在实际应用中，为获得高性能调速系统和伺服系统，均需配置带有负反馈的自动控制系统，亦即只有提升自动控制系统的性能，才能提高电力传动系统的运行性能。电力传动自动控制系统的性能一般从以下三个方面评价。

（1）稳定性

稳定性是对控制系统的最基本要求。所谓系统稳定，粗略而言，是指当系统受到扰动后，系统的被控量偏离了原来的平衡状态，扰动一旦撤离，经过一段时间后，系统若仍能回到原来的平衡状态，则系统是稳定的。

（2）快速性

控制系统仅仅满足稳定性要求是不够的，还必须对其过渡过程的形式和快慢提出要求，一般称为动态性能。动态性能是决定系统控制品质的重要性能。如图 2-51 中，若提高控制系统的跟随性能（缩短上升时间 t_r 和调节时间 t_s）就必须提高系统的快速响应能力。图 2-52 中，突加的阶跃信号可看成是他励直流电动机突加的负载（突加负载对转速控制可看作是外加的扰动），在突加负载的作用下，若使该系统转速尽快恢复到原有的稳态值（缩短恢复时间 t_v），就需要提高控制系统的响应速度。

（3）准确性

稳态精度是衡量系统控制是否准确的重要标志，通常以稳态误差来表示。在参考输入信号作用下，系统达到稳定后，其稳态输出与参考输入要求的期望输出之差为给定稳态误差。如图 2-51 所示，误差越小，表示系统的输出跟随参考输入的精度越高。在扰动信号作用下，如图 2-52 所示，系统经自动调节后，达到了平衡状态，此时系统的输出量若不能恢复到原平衡状态时的稳态值，所产生的误差为扰动稳态误差。

由于被控对象的具体情况不同，对控制系统上述三个方面的性能要求也各有侧重。对调速系统而言，当要求在恒值给定下能够在某一转速下稳定运行时，则侧重要求系统的稳定性和抗干扰能力；对伺服系统而言，位置指令经常变化，是个随机变量，为了能够准确跟随给定量变化，系统必须具有良好的跟随性能，这就要求提高系统的响应速度和稳态精度。对同一控制系统，为同时达到上述三个方面的要求，通常是相互矛盾和制约的。如为了提高稳态精度和响应速度，需要提高系统的放大能力，而放大能力的增强，又会使系统的动态性能变差，甚至使系统变得不稳定；反之，为提高系统动态过程中的稳定性，应减小放大倍数，而这又会导致系统稳态精度降低和动态响应变慢。因此，控制系统的设计目标应该是能均衡而又能全面地满足技术上的要求。但是，从自动控制原理的角度看，首先要弄清楚的是控制对象是线性系统还是非线性系统，对于这两种系统，在自动控制理论和分析方法上将有很大差异，在理论和技术的成熟度上也有很大不同。

2.10.2 电力传动采用的自控理论与分析方法

电机运动控制系统可分为线性控制系统和非线性控制系统。线性连续控制可以用线性微分方程来描述，其一般形式为

$$
\begin{aligned}
&a_0\frac{\mathrm{d}^n}{\mathrm{d}t^n}c(t)+a_1\frac{\mathrm{d}^{n-1}}{\mathrm{d}t^{n-1}}c(t)+\cdots+a_{n-1}\frac{\mathrm{d}}{\mathrm{d}t}c(t)+a_nc(t)\\
&=b_0\frac{\mathrm{d}^m}{\mathrm{d}t^m}r(t)+b_1\frac{\mathrm{d}^{m-1}}{\mathrm{d}t^{m-1}}r(t)+\cdots+b_{m-1}\frac{\mathrm{d}}{\mathrm{d}t}r(t)+b_mr(t)
\end{aligned}
\tag{2-108}
$$

式中，$c(t)$为被控量；$r(t)$为系统输入量。

式（2-108）中，当系数$a_0,a_1,\cdots,a_n$和$b_0,b_1,\cdots,b_m$为常系数时，系统称为定常系统；当系数$a_0,a_1,\cdots,a_n$和$b_0,b_1,\cdots,b_m$随时间变化时，称为时变系统。

控制系统中只要有一个元件或者控制环节的输入-输出特性为非线性，这个系统就是非线性系统，必须用非线性微分方程来描述其特性。非线性方程形式多样，难以用一般形式来表述，但其特点是系数与变量有关，或者方程中含有变量及其导数的高次幂或乘积项。如

$$\frac{\mathrm{d}^2y(t)}{\mathrm{d}t^2}+y(t)\frac{\mathrm{d}y(t)}{\mathrm{d}t}+y^2(t)=r(t)$$

$$\frac{\mathrm{d}^2x}{\mathrm{d}t^2}+(x^2-1)\frac{\mathrm{d}x}{\mathrm{d}t}+x=0$$

线性系统的重要性质是可以应用叠加原理，这也是与非线性系统的重要区别之一。叠加原理有两重含义，即具有可叠加性和齐次性。如线性微分方程为

$$\frac{\mathrm{d}^2C(t)}{\mathrm{d}t^2}+\frac{\mathrm{d}C(t)}{\mathrm{d}t}+C(t)=f(t)$$

式中，当$f(t)=f_1(t)$时，方程的解为$C_1(t)$，当$f(t)=f_2(t)$时，方程的解为$C_2(t)$，则当$f(t)=f_1(t)+f_2(t)$时，方程的解必有$C(t)=C_1(t)+C_2(t)$，这就是可叠加性；而当$f(t)=Af_1(t)$时，若A为常数，则方程的解必为$C(t)=AC_1(t)$，这就是齐次性。

对于非线性系统而言，目前尚没形成普遍适用的理论分析方法，现有各种分析方法在工程应用上均有局限性；而线性系统已形成了比较完善和成熟的线性控制理论和分析方法，且在工程上得到了广泛的应用。

若系统的运动方程是常系数线性微分方程，则不论外加激励是什么函数形式，总可以用古典解析法求出其响应，从而可以确定系统的运行特性。但是，若微分方程阶次较高，求解就很困难。此外，对于控制系统而言，不仅要了解其在给定激励下的输出响应，还要了解系统结构、参数与输出响应间的关系，显然采用求解微分方程的原始方法不能达到此目的。在控制工程中，一般并不需要精确地求得系统微分方程的解（响应曲线），而是希望能够采用简

单方式即可判断系统是否稳定，以及动态过程中的主要特征，以此判别和分析系统结构、参数和加入的校正装置对系统性能的影响，采用拉普拉斯变换求解法，通过对传递函数的分析就可以做到这一点，由此构建了经典的控制理论。

拉普拉斯变换法的要点是：通过对拉普拉斯变换本身的积分变换，将变量从实时域（t 域）变换到复频域（s 域），将原来的线性微分方程变换为线性代数方程。由于拉普拉斯变换是一种线性变换，故必然同微分方程一样，能够表征系统的固有特性，成为描述系统运动的另一形式和数学模型。

设定式（2-108）为线性定常系统，将式中的微分算子 d/dt 代之以复变量 s，将 $r(t)$ 和 $c(t)$ 分别转换为象函数 $C(s)$ 和 $R(s)$，即可由微分方程得到相应的传递函数，则有

$$\frac{C(s)}{R(s)}=G(s)=\frac{b_0s^m+b_1s^{m-1}+\cdots+b_{m-1}s+b_m}{a_0s^n+a_1s^{n-1}+\cdots+a_{n-1}s+a_n} \tag{2-109}$$

且有

$$C(s)=G(s)R(s) \tag{2-110}$$

式中，$G(s)$ 即为传递函数，可将其定义为零初始条件下系统输出量的拉普拉斯变换与其输入量的拉普拉斯变换之比。

传递函数的分子多项式和分母多项式经因式分解后，可写为连乘积的形式，即有

$$G(s)=\frac{b_0(s+z_1)(s+z_2)\cdots(s+z_m)}{a_0(s+p_1)(s+p_2)\cdots(s+p_n)}$$

$$=K\frac{\prod_{i=1}^{m}(s+z_i)}{\prod_{j=1}^{n}(s+p_j)}\quad n\geqslant m \tag{2-111}$$

式中，$s=-z_1,-z_2,\cdots,-z_m$，为传递函数分子多项式等于零时的根，称其为 $G(s)$ 的零点；$s=-p_1,-p_2,\cdots,-p_n$，为传递函数分母多项式等于零时的根，称其为 $G(s)$ 的极点；K 为常数，$K=a_0/b_0$，称其为传递系数或增益。

可以看出，式（2-111）中传递函数的分母多项式就是式（2-108）微分方程的特征方程式，传递函数的极点就是相应微分方程的特征根。在数学上，线性微分方程的解有特解和齐次方程的通解，通解由微分方程的特征根所决定。若 n 阶微分方程的特征根为 $\lambda_1,\lambda_2,\cdots,\lambda_n$，且无重根，则齐次方程的通解为 $e^{\lambda_i t}(i=1,2,\cdots,n)$ 的线性组合，即有

$$y_0(t)=c_1e^{\lambda_1 t}+c_2e^{\lambda_2 t}+\cdots+c_ne^{\lambda_n t} \tag{2-112}$$

式中，系数 $c_1,c_2,\cdots,c_n$ 为由初始条件决定的常数。通解代表的是自由运动，函数 $e^{\lambda_i t}$ 称为自由运动的模态，也称为振型，每一模态代表一种类型的运动形态。在强迫运动中（即零初始条件下的响应）也会包含这些自由运动的模态。如某线性系统的传递函数为

$$G(s)=\frac{C(s)}{R(s)}=\frac{6(s+3)}{(s+1)(s+2)}$$

式中，极点 $p_1=-1$，$p_2=-2$，零点 $z_1=-3$，自由运动的模态为 e^{-t} 和 e^{-2t}。当 $r(t)=r_1+r_2e^{-5t}$，即 $r(s)=\frac{r_1}{s}+\frac{r_2}{s+5}$ 时，可求得系统的零初始条件下的响应为

$$C(t)=9r_1-r_2e^{-5t}+(3r_2-12r_1)e^{-t}+(3r_1-2r_2)e^{-2t}$$

式中，前两项具有与输入函数 $r(t)$ 相同的模态，后两项中均包含由极点 p_1 和 p_2 所形成的自由

运动模态（系统“固有”部分），其系数与输入函数有关，因此可以认为这两项是受输入函数激发而形成的，这意味着传递函数的极点可以受输入函数的激发，在输出响应中形成自由运动的模态。此外也可证明，传递函数的零点虽然不形成自由运动的模态，但它们影响各模态在响应中所占的比重，因此也影响响应曲线的形状。此例说明，线性系统的响应与传递函数的零点、极点息息相关，通过对传递函数的分析，可获得影响系统稳定性和动态性能的重要信息，由此形成了经典控制理论中的根轨迹法和频率响应法，成为线性定常数系统卓有成效的分析和设计方法。

经典控制理论的不足是传递函数只适用于零初始条件下的单输入-单输出的线性定常系统，尚不能分析时变系统以及非线性系统；传递函数只能描述系统输入与输出间的关系，不能涉及和反映系统内部状态的信息；由于忽略了初始条件的影响，传递函数也不能包括系统的所有信息，因此这种描述存在局限性。

20世纪50年代后期提出的状态空间分析法，至今已成为现代控制理论的基础。其特点是将高阶微分方程或传递函数改写为一阶微分方程组，即系统的状态方程；系统设计时，除了传统的输出反馈外，还能充分利用系统内部的状态变量进行反馈，在一定条件下，可使系统的闭环极点得到合理配置；不仅适用于多输入-多输出定常系统，还适用于时变系统；在对系统进行分析时，可将初始条件考虑进去；在一定条件下，可用于分析非线性问题。目前，现代控制理论不断发展和完善，实际应用范围也在不断拓展。

2.10.3 他励直流电动机的运动方程和动态结构图

1. 运动方程

假设他励直流电动机磁路为线性，励磁电流恒定不变，且忽略转动部分阻尼转矩 $R_\Omega \Omega_r$ 的影响。他励直流电动机的运动方程本可由一般化电机的运动方程得出，但为了还原电动机的“个性”，仍根据2.5节列写运动方程，可得

$$u_a = R_a i_a + L_a \frac{di_a}{dt} + e_a \tag{2-113}$$

$$e_a = C_e \Phi_f n = K_e n \tag{2-114}$$

$$t_e = J \frac{d\Omega_r}{dt} + t_L \tag{2-115}$$

$$t_e = C_T \Phi_f i_a = K_t i_a \tag{2-116}$$

式中，K_e 为电动势系数，$K_e = C_e \Phi_f$；K_t 为转矩系数，$K_t = C_T \Phi_f$，$K_t = \frac{30}{\pi} K_e$。

在实际控制系统中，通常以转速 n(r/min)来代替式（2-115）中的 Ω_r，以飞轮矩 GD^2 代替转动惯量 J，即有

$$\Omega_r = 2\pi \frac{n}{60} \tag{2-117}$$

$$J = \frac{GD^2}{4g} \tag{2-118}$$

$$J \frac{d\Omega_r}{dt} = \frac{GD^2}{375} \frac{dn}{dt} \tag{2-119}$$

式中，G 为转动部分的重力(N)；D 为转动惯性直径(m)；g 为重力加速度，$g = 9.81\text{m/s}^2$。

将式（2-116）和式（2-119）代入式（2-115），可将转矩方程表示为

$$i_a - i_{aL} = \frac{1}{K_t}\frac{GD^2}{375}\frac{dn}{dt} \tag{2-120}$$

式中，i_{aL}为负载电流，$i_{aL}=t_L/K_t$。电动机稳态运行时，$i_{aL}=i_a$。

由电压方程式（2-113）和机械方程式（2-120）构成了他励直流电动机的动态运动方程，即有

$$\left(T_m T_l \frac{d^2 n}{dt^2} + T_m \frac{dn}{dt} + n\right)K_e = u_a - R_a\left(T_l \frac{di_{aL}}{dt} + i_{aL}\right) \tag{2-121}$$

式中，T_l 为电枢回路电磁时间常数，$T_l=\frac{L_a}{R_a}$；T_m 为机电时间常数，$T_m=\frac{R_a}{K_e K_t}\frac{GD^2}{375}$。

稳态运行时，式（2-121）便转换为式（2-22）的形式。

可将式（2-121）右端第 2 项看作系统的外加扰动量。当不计此扰动时，式（2-121）便与式（2-108）具有相同的形式，说明在一定条件下，他励直流电动机的运动系统为单输入-单输出的线性定常系统，其中$u_a(t)$为系统输入量，$u_a(t)$改变时，$n(t)$将随之改变，可以实现调压调速。

应强调的是，他励直流电动机的运动方程之所以为常系数线性微分方程，原因是：①假设磁路为线性，且励磁保持恒定，故电枢电压方程式（2-113）为线性微分方程；②励磁恒定时，电磁转矩 t_e 仅与电枢电流成正比；当不计 $R_\Omega \Omega_r$ 影响时，转矩方程［式（2-115）］亦为线性微分方程。

由于他励直流电动机的运动方程为常系数线性微分方程，因此可以采用线性控制理论和分析方法来构建自动控制系统，可以获得高性能直流调速系统和伺服系统，因此一直到 20 世纪 70 年代，即在交流电机采用矢量控制技术之前，在电力传动领域直流控制系统始终占据着主导地位。

2. 动态结构图和传递函数

现采用经典控制理论来分析他励直流电动机的运动控制问题。

可将他励直流电动机的运动方程式（2-121）变换为

$$(T_m T_l s^2 + T_m s + 1)K_e n(s) = U_a(s) - R_a(T_l s + 1)I_{aL}(s) \tag{2-122}$$

由式（2-122）可得如图 2-53 所示的动态结构图和传递函数。

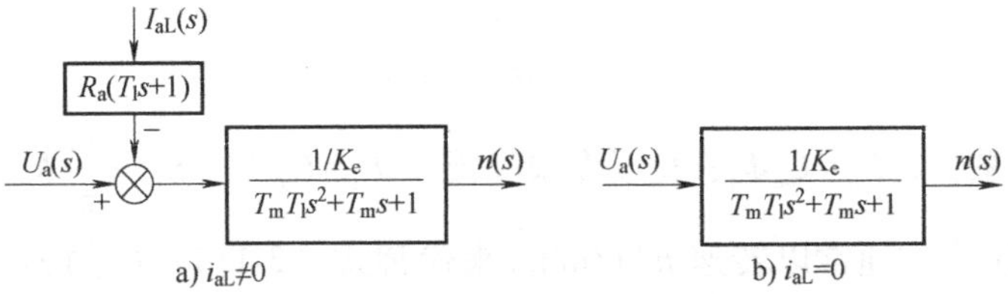

图 2-53　负载扰动下的他励直流电动机动态结构图和传递函数

在构造他励直流电动机自动控制系统时，为了清楚地反映电机内部的电磁关系，还可以做如下处理。将电压方程式（2-113）和转矩方程式（2-120）分别表示为

$$u_a - e_a = R_a\left(i_a + T_l \frac{di_a}{dt}\right) \tag{2-123}$$

$$i_a - i_{aL} = \frac{T_m}{R_a}\frac{de_a}{dt} \tag{2-124}$$

可得

$$\frac{I_a(s)}{U_a(s)-E_a(s)}=\frac{1/R_a}{T_l s+1} \tag{2-125}$$

$$\frac{E_a(s)}{I_a(s)-I_{aL}(s)}=\frac{R_a}{T_m s} \tag{2-126}$$

由式（2-125）和式（2-126）可得如图 2-54 所示的动态结构图。若将图 2-54c 中扰动量 I_{aL}的综合点移前，并进行等效变换，便得到图 2-53a。

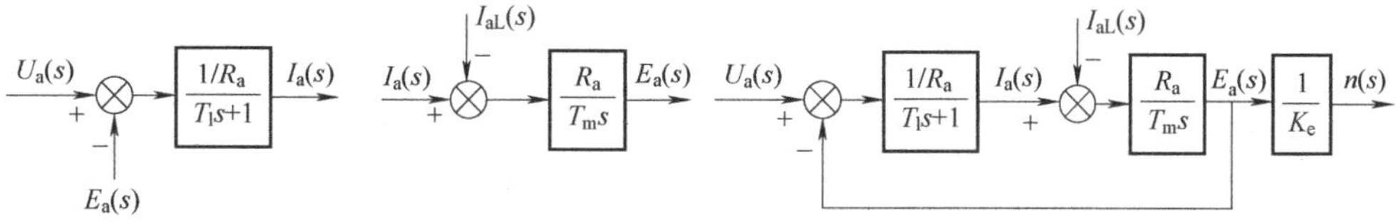
a) 电压方程式(2-125)的结构图
b) 机械方程式(2-126)的结构图
c) 整体结构图

图 2-54 表示他励直流电动机内部与负载扰动下的动态结构图

2.10.4 单闭环直流调速系统

1. 系统构成

根据自动控制原理，将系统的被调节量作为反馈量引入系统的比较环节，利用比较后的差值对系统进行控制，可维持被调量很小变化或不变，这便是反馈控制的基本原理。图 2-55 所示为具有负反馈和比例调节器的单闭环直流调速系统原理图。图中，被调量为转速，采用在电动机轴上的测速发电机 G 来实现转速负反馈，其输出是与转速成正比的直流电压 U_n。U_n^* 是给定直流电压，U_n 与 U_n^* 比较后，得到偏差电压 ΔU_n，经过比例放大器 A（又称比例调节器、P 调节器），产生了电力电子变换器所需的控制电压 U_c。

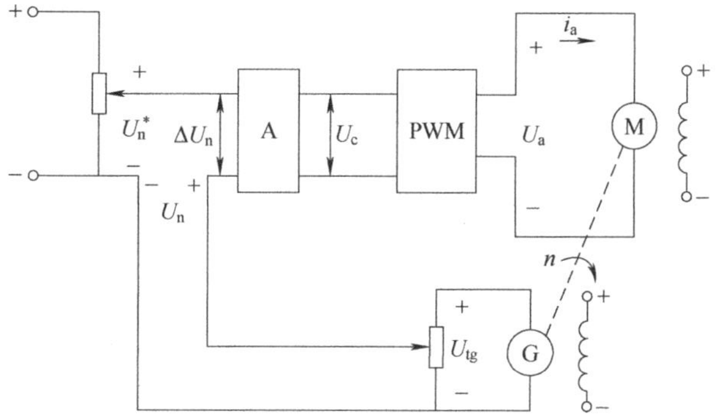

图 2-55 具有负反馈和比例调节器的单闭环直流调速系统原理图

电力电子变换器利用脉宽调制（pulse width modulation，PWM）技术将直流电压斩波为直流脉冲序列，如图 2-56 所示。图中，VT 为全控型开关器件，由脉宽可调的脉冲电压 U_g 驱动。在一个开关周期内，当 $0 \leqslant t \leqslant t_{on}$时，$U_g$ 为正，VT 饱和导通，电枢两端电压为 U_s；当 $t_{on} \leqslant t<T$ 时，U_g 为负，VT 关断，电枢电路中的电流通过续流二极管 VD 续流，电枢电压近乎为零。电枢两端电压的平均值可表示为

$$U_a=\frac{t_{on}}{T}U_s=\rho U_s \tag{2-127}$$

式中，ρ 为占空比。

改变 ρ 值，即可改变电枢电压 U_a。图 2-56b 中给出了电枢电流的波形。由于 PWM 开关频率较高，依靠电枢电感的作用便可获得脉动很小的直流电流，其平均值为电枢负载电流 i_{aL}，图中还给出了电枢电动势。图 2-55 中，当控制电压 U_c 改变时，占空比随之改变，PWM 变换

器的输出平均电压U_a将按线性规律变化，但其响应会有延迟，最大延迟时间是一个开关周期T，故可将PWM看成是一个滞后环节，其传递函数可表示为

$$W_s(s)=\frac{U_a(s)}{U_c(s)}=K_s e^{-T_s s} \tag{2-128}$$

式中，K_s为PWM装置的放大系数；T_s为PWM装置的延迟时间，$T_s<T$。

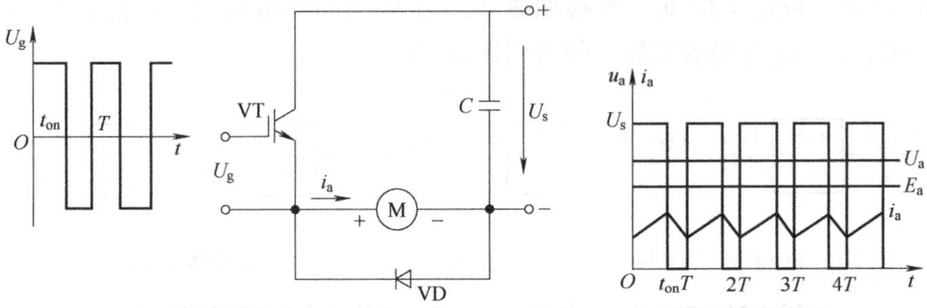

a) 原理图　　b) 电压和电流波形

图2-56　直流PWM变换器-电动机系统

可将式（2-128）表示为

$$\frac{U_a(s)}{U_c(s)}=K_s e^{-T_s s}=\frac{K_s}{e^{T_s s}}=\frac{K_s}{1+T_s s+\frac{1}{2!}T_s^2 s^2+\frac{1}{3!}T_s^3 s^3+\cdots} \tag{2-129}$$

当开关频率为10kHz时，$T_s=0.1$ms，故可将式（2-129）分母中的高次项忽略掉，将式（2-129）近似为一个一阶惯性环节，即有

$$W_s(s)\approx\frac{K_s}{T_s s+1} \tag{2-130}$$

2. 稳态分析

图2-55中，各环节的稳态关系可表示为

$$n=\frac{U_a-I_a R_a}{K_e} \tag{2-131}$$

$$\begin{cases}U_a=K_s U_c\\ \Delta U_n=U_n^*-U_n\\ U_c=K_p\Delta U_n\\ U_n=\alpha n\end{cases} \tag{2-132}$$

式中，K_p为比例调节器的比例放大系数；α为转速反馈系数(Vmin/r)；R为电枢回路总电阻。

由稳态关系式（2-131）和式（2-132），可得比例控制的转速负反馈单闭环直流调速系统稳态结构图，如图2-57所示。

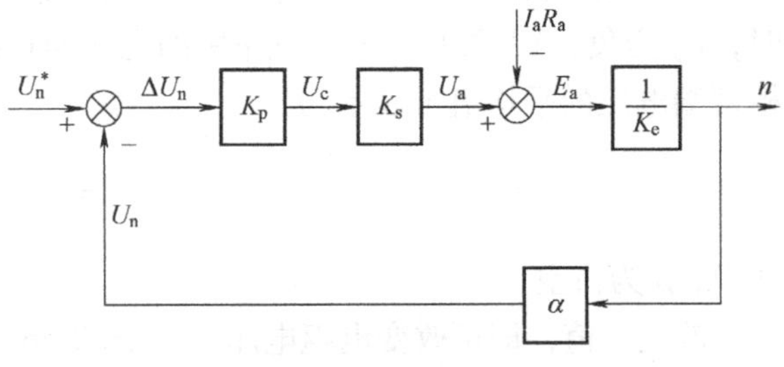

图2-57　比例控制的转速负反馈单闭环直流调速系统稳态结构图

从式（2-131）和式（2-132）中消去中间变量后，即可得到转速负反馈单闭环直流调速系统的稳态特性方程，则有

$$n=\frac{K_pK_sU_n^*-I_aR_a}{K_e(1+K_pK_s\alpha/K_e)}=\frac{K_pK_sU_n^*}{K_e(1+K)}-\frac{I_aR_a}{K_e(1+K)}=n_{0cl}-\Delta n_{cl} \tag{2-133}$$

式中，K 为闭环系统的开环放大系数，$K=\frac{K_pK_s\alpha}{K_e}$；$n_{0cl}$为闭环系统的理想空载转速；$\Delta n_{cl}$为闭环系统的稳态速降。

若将图 2-57 中的反馈回路断开，则系统的开环机械特性为

$$n=\frac{K_pK_sU_n^*}{K_e}-\frac{I_aR_a}{K_e}=n_{0op}-\Delta n_{op} \tag{2-134}$$

式中，n_{0op}为开环系统的理想空载转速；Δn_{op}为开环系统的稳态速降。

对比式（2-133）和式（2-134）可得

$$\Delta n_{cl}=\frac{1}{1+K}\frac{I_aR_a}{K_e}=\frac{\Delta n_{op}}{1+K} \tag{2-135}$$

式（2-135）表明，在同一负载电流下，闭环系统的稳态速降比开环系统的稳态速降小很多。

现分析图 2-57 所示闭环系统的稳态特性。在图 2-58 中，设原始运行点为 A 点，对应的负载电流为 I_{a1}，转速为 n_1；若负载转矩 T_L 为恒转矩，垂直线 I_{a1} 代表的就是负载的转矩特性，则 A 点即为机械特性与负载特性的交点。假设电力传动系统要求负载改变时电动机转速不变，能够始终在转速 n_1 下稳定运行。若系统为开环结构，电枢电压为 U_{a1}，则开环机械特性 1 与负载特性的交点 A 便为稳态运行点；当负载电流 I_{a1}增大到 I_{a2}时，开环系统的转速必然降到 A'点所对应的数值。而闭环系统设置有反馈环节，一旦转速稍有降落，就会感生出反馈电压，图 2-57 中的 ΔU_n 将上升，控制电压 U_c 将增加，使电力电子装置输出电压由 U_{a1}增大为 U_{a2}，运行点则不会在 A'点而是在 B 点，此时稳态速降要比开环系统速降小很多，而且负载电流 I_a 每增加一点，电枢电压便会随之提高一点，使电动机能够运行于新的开环机械特性上。同理，负载降低时，电枢电压会跟着降低。于是，由诸多开环机械特性上的各运行点，如图 2-58 中的运行点 A、B、C、D 等，就连接而成了闭环稳态特性。

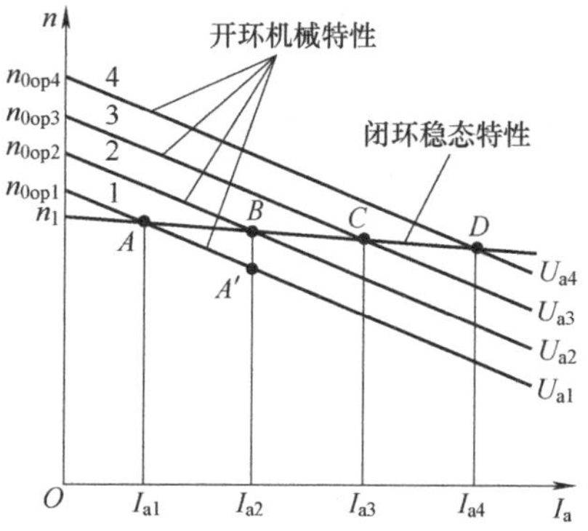

图 2-58 开环机械特性与闭环稳态特性的形成

由图 2-58 可知，采用具有负反馈的闭环控制并不能改变他励直流电动机固有的机械特性，但通过负反馈的作用，可以构建新的稳态运行特性，以改变系统运行点。式（2-135）中，由于采用比例放大环节，减小了稳态速降，从理论上讲，当 $K=\infty$ 时，可使速降 $\Delta n_{cl}=0$，但这是不可能的，因此稳态特性为一条略微下垂的直线。事实上，若实际转速与给定值间不存在偏差，反馈电压 ΔU_n 将为零，闭环系统也就不能正常运行。因此图 2-58 所示系统为有静差调速系统。但从另一角度看，为减小静差，ΔU_n 就必须压得很低，只有设置放大器才能获得足够的控制电压，而且放大倍数应该足够大。

调速系统的稳态性能主要有两个指标：调速范围 D 和静差率 s。

调速范围 D 定义为额定负载下最高转速和最低转速之比。直流调速系统常以额定转速作为最高转速，则有

$$D=\frac{n_{max}}{n_{min}}=\frac{n_N}{n_{min}} \tag{2-136}$$

式中，n_{min}为能够满足静差率指标要求的最低转速。

当系统在某一转速下运行时，负载由理想空载增加到额定值所对应的转速降落Δn_{nom}与理想空载转速之比，称为静差率，即有

$$s=\frac{\Delta n_{nom}}{n_0} \tag{2-137}$$

或用百分数表示为

$$s=\frac{\Delta n_{nom}}{n_0}\times 100\% \tag{2-138}$$

显然，对于相同的转速落Δn_{nom}，理想空载转速n_0越低，则s越大；或者说，若低速时能够满足静差率要求，则高转速时自然会满足要求。另外，对静差率要求越严格，系统能够允许的调速范围越小。

3. 动态分析

图2-58中给出的是直流调速系统的稳态特性，A、B、C、D分别为稳定运行点，但在电动机由一个稳定运行点变化到另一个稳定运行点的动态过程中，电动机的速度如何变化，转速是否还是可控的，或者控制的结果如何，尚需进行动态分析。

由式（2-130）、图2-53a和图2-57，可得比例控制转速负反馈单闭环直流调速系统的动态结构图，如图2-59所示。

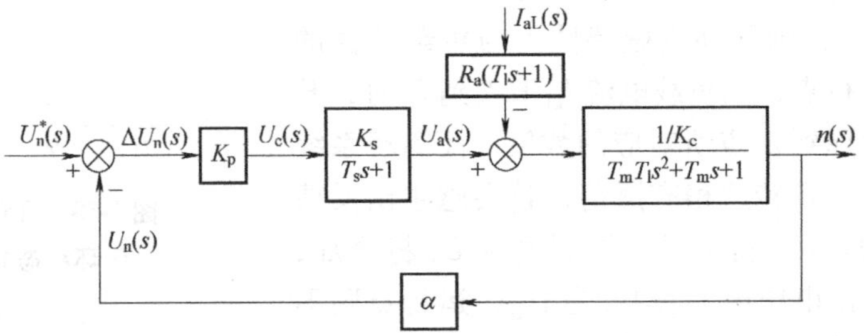

图2-59 比例控制转速负反馈单闭环直流调速系统的动态结构图

由图2-59，可得开环传递函数为

$$W(s)=\frac{U_n(s)}{\Delta U_n(s)}=\frac{K}{(T_s s+1)(T_m T_l s^2+T_m s+1)} \tag{2-139}$$

式中，K为开环放大系数，$K=\frac{K_p K_s \alpha}{K_e}$。若不考虑负载扰动，$I_{aL}=0$，则闭环传递函数可表示为

$$W_{cl}(s)=\frac{\frac{K_p K_s/K_e}{(T_s s+1)(T_m T_l s^2+T_m s+1)}}{1+\frac{K_p K_s \alpha/K_e}{(T_s s+1)(T_m T_l s^2+T_m s+1)}}=\frac{K_p K_s/K_e}{(T_s s+1)(T_m T_l s^2+T_m s+1)+K}$$

$$=\frac{\frac{K_p K_s}{K_e(1+K)}}{\frac{T_m T_l T_s}{1+K}s^3+\frac{T_m(T_l+T_s)}{1+K}s^2+\frac{T_m+T_s}{1+K}s+1} \tag{2-140}$$

式（2-140）表明，比例控制的转速负反馈单闭环直流调速系统是一个三阶线性系统，其闭环特征方程式为

$$\frac{T_mT_lT_s}{1+K}s^3+\frac{T_m(T_l+T_s)}{1+K}s^2+\frac{T_m+T_s}{1+K}s+1=0 \tag{2-141}$$

可将式（2-141）表示为一般形式，即有

$$a_0s^3+a_1s^2+a_2s+a_3=0 \tag{2-142}$$

根据三阶系统的劳斯判据，系统稳定的充要条件为

$$a_0>0，a_1>0，a_2>0，a_3>0，a_1a_2-a_3a_0>0$$

式（2-141）中各项系数均大于零，因此系统稳定的条件就限定为

$$\frac{T_m(T_l+T_s)}{1+K}\frac{T_m+T_s}{1+K}-\frac{T_mT_lT_s}{1+K}>0$$

可得

$$K<\frac{T_m(T_l+T_s)+T_s^2}{T_lT_s}=K_{cr} \tag{2-143}$$

式中，K_{cr}为系统的临界放大倍数，若$K>K_{cr}$，则系统将不稳定。稳定是系统能否正常工作的先决条件，必须得到保证，不仅如此，还应有一定的稳定裕度，以备参数变化和其他一些因素的影响，即K的取值应比临界值K_{cr}更小些。

由前面的稳态性能分析已知，为减小稳态误差，应尽量提高K值，这表明系统稳态性能和动态性能对K值的要求是矛盾的。通过设置合适的校正装置可以有效地解决这个问题。

4. 无净差直流调速系统

在图2-59所示的闭环系统中，若加入具有积分作用的校正装置，即积分调节器，在理论上就能够做到完全消除稳态速差，又可保证系统的稳定性。

（1）积分调节器及其控制规律

若将图2-55中的比例放大器置换为积分调节器，则有

$$U_c=\frac{1}{\tau}\int\Delta U_n\mathrm{d}t \tag{2-144}$$

式中，τ为积分常数。其传递函数为

$$W_I(s)=\frac{1}{\tau s}$$

如果输入ΔU_n为阶跃信号，则输出U_c按线性规律增长，任一时刻U_c值均正比于ΔU_n与横轴所包围的面积，如图2-60a所示；当输出值达到积分调节器输出限幅值U_{cm}时，输出值便维持U_{cm}不变。图2-60b为动态过程中的输入与输出，可以看出，只要$\Delta U_n>0$，输出U_c便一直增长；只有当$\Delta U_n=0$时，U_c才会停止增长，此时U_c会保持为某一个固定值；当ΔU_n变负时，U_c开始下降。

由以上分析可以看出，积分调节器与比例调节器的根本区别在于：比例调节器的输出只取决于输出偏差量ΔU_n的现状（$U_c=K_p\Delta U_n$），而积分调节器的输出中包含了输入偏差量ΔU_n的全部历史，见式（2-144）和图2-60；虽然当下$\Delta U_n=0$，但只要历史上存在过ΔU_n，其积分便有一定数值，就能产生足够的控制电压U_c，保证新的稳态运行。正因为如此，采用积分控制可以做到在转速偏差为零时，仍可保持电动机恒速运行，能够实现无净差调速。

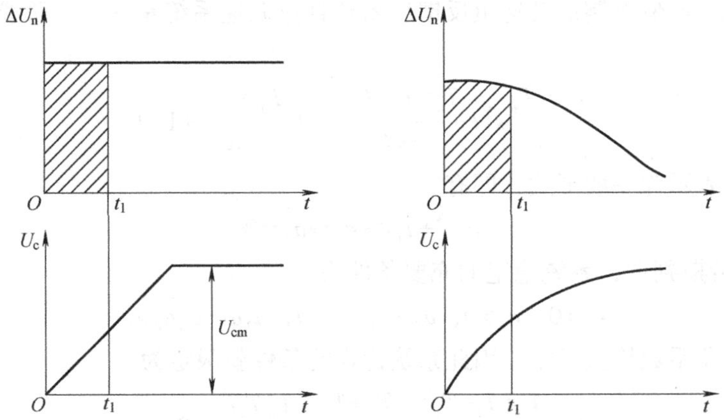

a) 阶跃输入　　b) 动态输入

图 2-60　积分调节器的输入与输出

(2) 比例积分调节器及控制规律

尽管积分控制可以消除净差，提高稳态控制精度，但在控制的快速性上，却比不上比例控制。如对于阶跃输入信号，比例调节器可以立即响应，而积分调节器输出就只能逐渐变化，见图 2-60a。那么，能否使控制做到又快又准呢？只要将这两种控制方式结合起来便可以做到这一点，这就是比例积分控制。

采用运算放大器构成的比例积分（PI）调节器的原理图如图 2-61a 所示。图中，通过调节 RP_1 和 RP_2 的值可以改变输出信号的正、负限幅值。由于 A 点是“虚地”，当忽略限流电阻 R_2 影响时，则有

$$U_{in} = i_0 R_0$$

$$U_{ex} = i_1 R_1 + \frac{1}{C}\int i_1 dt$$

$$i_0 = i_1$$

$$U_{ex} = \frac{R_1}{R_0}U_{in} + \frac{1}{R_0 C}\int U_{in} dt = K_{pi} U_{in} + \frac{1}{\tau}\int U_{in} dt$$

式中，K_{pi}为比例放大系数，$K_{pi}=R_1/R_0$；τ 为积分时间常数，$\tau=R_0C$。

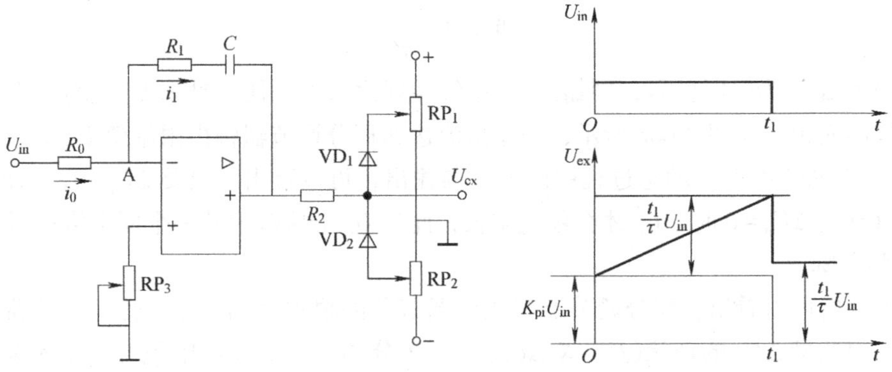

a) 由运算放大器构成的PI调节器　　b) 输入输出特性

图 2-61　PI 调节器的原理图及输入输出特性

初始条件为零时，PI 调节器的传递函数则为

$$W_{PI}(s)=K_{pi}+\frac{1}{\tau s}=\frac{K_{pi}\tau s+1}{\tau s} \tag{2-145}$$

若令 $\tau_1=K_{pi}\tau$，则可将式（2-145）表示为

$$W_{PI}(s)=K_{pi}\frac{\tau_1 s+1}{\tau_1 s} \tag{2-146}$$

式中，τ_1 为 PI 调节器的超前时间常数，$\tau_1=R_1C$。

如图 2-61b 所示，当 $t=0$ 时，突加阶跃输入 U_{in}，由于 PI 调节器电容两端电压不能突变，相当于两端短路，故仅有 P 调节器起作用，使输出端即刻出现电压 $K_{pi}U_{in}$，发挥了比例控制的优势，实现了快速响应；随着电容器充电，便开始体现调节器的积分作用，调节器输出线性增加；当 $t=t_1$，$U_{in}=0$ 时，比例调节器输出为零，而积分调节器的输出为 $\frac{t_1}{\tau}U_{in}$，且在电容作用下可保持此输出不变。

PI 调节器是一种串联滞后的校正装置，可根据系统对性能指标的要求，采用根轨迹法或频率特性法来确定调节器的参数 K_{pi} 和 τ_1。

2.10.5 转速、电流双闭环直流调速系统

1. 问题的提出

已经有了转速负反馈单闭环调速系统，为什么还要讨论双闭环调速系统？为什么转速控制中尚需要加入电枢电流控制呢？

在 2.10.4 节讨论转速负反馈单闭环直流调速系统时，稳态分析中，他励直流电动机调速的理论依据是方程式（2-131），即直流电动机的调压调速原理。事实上，他励直流电动机运动方程式（2-121）中，若 $\frac{dn}{dt}=0$，$\frac{di_{aL}}{dt}=0$，则稳态时运动方程式（2-121）即为电枢电压方程式（2-131）。但是，运动方程式（2-121）还表明，在动态运行中，要实现高精度和高动态性能的转速控制，不仅要控制速度，还必须控制速度的变化率 $\frac{dn}{dt}$。高性能直流调速系统要能够根据指令准确而快速地完成加（减）速、起（制）动、正（反）转等运动过程，这就要求能够实现对速度变化的直接控制；即使要求系统能够在所需的转速上稳定运行，为提高系统的稳态运行精度，也必须提高系统的抗扰动能力，才能使 $\frac{dn}{dt}=0$，这说明只有具备良好的动态控制能力，才能保证系统的稳态性能。那么，如何才能有效地控制速度的变化呢？由转矩方程式（2-104）可知，对速度变化 $\frac{dn}{dt}$ 的控制核心是对电磁转矩的控制，而电磁转矩是由电枢电流产生的，故需要利用转矩方程式的另一表达式——式（2-120）来控制电机速度和速度变化。

实际上，他励直流电动机在恒定励磁下的动态运动方程式（2-121）是由动态电压方程式（2-113）和动态转矩方程式（2-120）构成的，因此必须同时利用式（2-113）和式（2-120）才能有效控制电动机的转速。换言之，必须将电枢电流 i_a 也作为控制变量，才能在动态中有效地控制电动机的转速及转速的变化。否则，图 2-58 中，由一个稳定运行点到另一个稳定运行点

的动态过程中，转速将无法控制。

从现代控制理论的角度看，理想的运动控制是对各个状态变量实施反馈控制，这样可以得到理想的系统动、静态特性。由他励直流电动机状态方程式（2-50）可以看出，当励磁恒定时，电动机系统的状态变量为电枢电流 $i_a(t)$ 和转速 $n(t)$。转速负反馈单闭环直流调速系统仅以转速为状态控制变量，不能直接控制电枢电流，故难以构建高性能的调速系统，因此必须增加电流控制（转矩控制）环节，即构建转速、电流双闭环直流调速系统。

2. 系统构成

图 2-62 为转速、电流双反馈双闭环直流调速系统的原理图。转速调节器（ASR）和电流调节器（ACR）串联连接，形成了串级结构。电流环为内环，转速环为外环。转速调节器的输出作为电流调节器的输入，由电流调节器的输出去直接控制电力电子 PWM 变换器。

为了获得良好的静、动态性能，转速和电流调节器均采用 PI 调节器，两个调节器的输出均是带有限幅的。

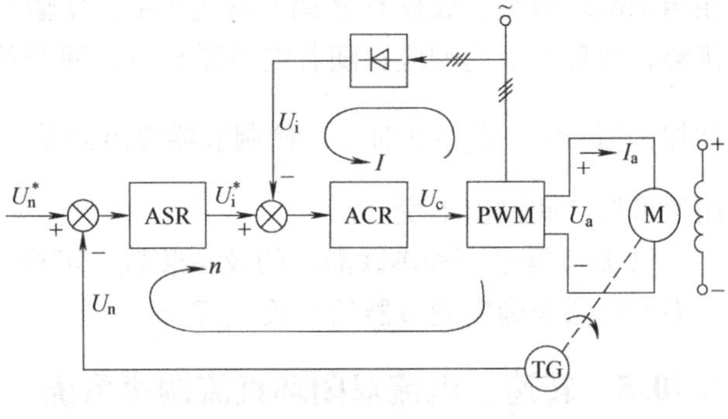

图 2-62 转速、电流双反馈双闭环直流调速系统

3. 稳态特性分析

在图 2-57 所示的单闭环调速系统稳态结构图中，加入转速、电流调节器（PI）后，便得到具有双反馈和双闭环的稳态结构图，如图 2-63 所示。图中，两个 PI 调节器均具有限幅的输出特性。通常 PI 调节器的稳态特性有两种情况：饱和时输出达到限幅值；不饱和时未达到限幅值。

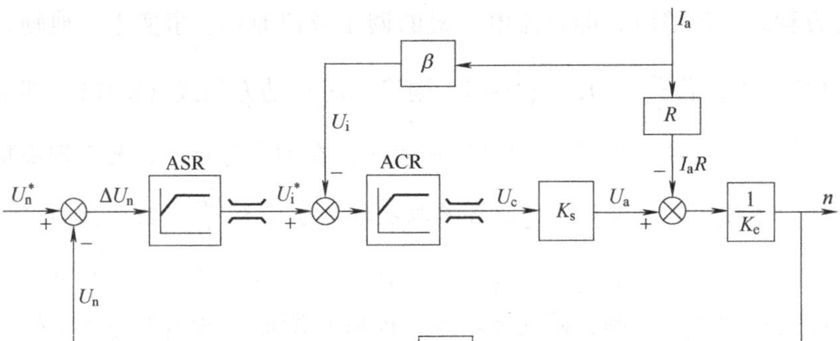

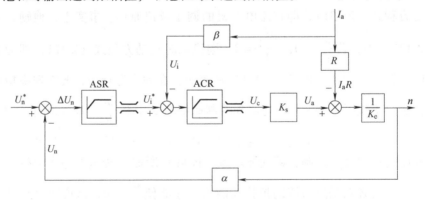

图 2-63 转速、电流双反馈双闭环直流调速系统的稳态结构图

当 PI 调节器饱和时，输出为恒值，输出不再受输入影响（除非有反向的输入信号使调节器退出饱和状态），此时输入和输出间的联系被暂时隔断，相当于使该调节器所在的闭环成为开环；当调节器不饱和时，由于调节器的积分作用，使输入偏差在稳态时总等于零。PI 调节器的这种稳态特性是分析双闭环调速系统的关键点。

双闭环调速系统正常运行时，电流调节器不会达到饱和状态，因此对稳态特性而言，就只有转速调节器存在饱和和不饱和两种情况。

（1）转速调节器不饱和

稳态时，两个调节器均不饱和，两者的输入偏差都为零，系统输出无静差，故可得

$$U_n^* = U_n = \alpha n \tag{2-147}$$

$$U_i^* = U_i = \beta I_a \tag{2-148}$$

式中，α 和 β 分别为转速和电流反馈系数。

由式（2-147）可得

$$n = \frac{U_n^*}{\alpha} = n_0 \tag{2-149}$$

式（2-149）表明，当给定电压 U_n^* 一定时，转速 n 是不变的，稳态的机械特性是一条水平直线（硬特性），如图 2-64 所示。由于电流调节器不饱和，可知 $I_a<I_{am}$，I_{am}为电枢电流限定的最大值，I_{am}大于额定值 I_{aN}，I_{am}的设定要考虑电动机的允许过载能力以及传动系统允许的最大加速度。这表明，图 2-64 中，转速 n 的范围可由 $I_a=0$（理想空载状态，A 点）一直延续到 $I_a=I_{am}$(B 点)，AB 段是系统稳态特性的正常运行区间。

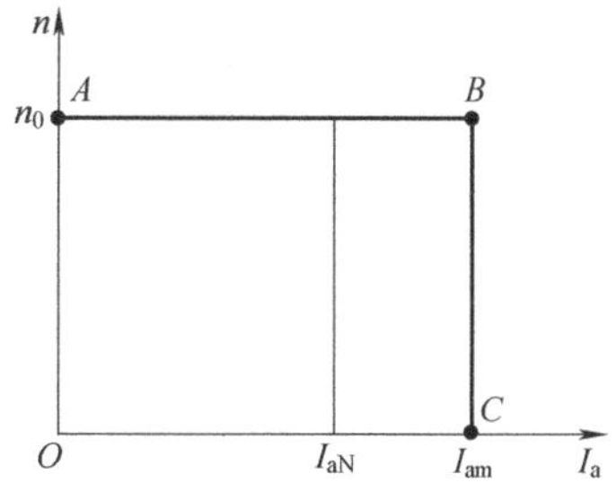

图 2-64 稳态机械特性

（2）转速调节器饱和

当转速调节器饱和时，其输出达到限幅值 U_{im}^*，转速外环呈开环状态，转速的变化对系统不再产生影响，双闭环系统就变成一个电流无静差的单闭环系统。稳态电流为

$$I_a = I_{am} = \frac{U_{im}^*}{\beta} \tag{2-150}$$

式（2-150）描述的静态特性即为图 2-64 中的 BC 段。应注意图 2-64 所示的下垂特性只适合 $n<n_0$ 的工况，因为如果 $n>n_0$，则有 $U_n>U_n^*$，由于转速调节器反向积分，会使调节器退出饱和，系统便又回到线性调节状态，静态特性又回到 AB 段。亦即，特性段 ABC 的左下方为系统的可调节工作区域，当调节 U_n^* 时，AB 段将上下平移。

由以上分析可知，双闭环调速系统的静态特性在负载电流 $I_a<I_{am}$时，表现为转速无静差，这时转速负反馈起主要调节作用；当负载电流达到 I_{am}时，转速调节器饱和，电流调节器起主要调节作用，系统表现为电流无静差。

（3）稳态工作点和稳态参数计算

双闭环调速系统稳态运行中，当两个调节器均不饱和时，系统变量存在以下关系：

$$U_n^* = U_n = \alpha n = \alpha n_0 \tag{2-151}$$

$$U_i^* = U_i = \beta I_a = \beta I_{aL} \tag{2-152}$$

$$U_c = \frac{U_a}{K_s} = \frac{K_e n + I_a R}{K_s} = \frac{K_e U_n^* / \alpha + I_{aL} R}{K_s} \tag{2-153}$$

上述关系表明，在稳态工作点上，转速 n 决定于给定电压 U_n^*；转速调节器的输出电压为 U_i^*，而 U_i^* 决定于负载电流 I_{aL}；电流调节器的输出为 U_c，U_c 的大小则决定于 n 和 I_{aL}。这些关系反映了 PI 调节器不同于 P 调节器的特点。P 调节器的输出量总是正比于输入量，而 PI 调节器则不然，在不饱和情况下，其输出量的稳态值与输入无关，而是由后面环节的需要决定，后面需要 PI 调节器提供多少输出量，它就能提供多少，直到饱和为止。

转速反馈系数 α 和电流反馈系数 β 的计算公式为

$$\alpha = \frac{U_{nm}^*}{n_{max}} \tag{2-154}$$

$$\beta=\frac{U_{im}^*}{I_{am}} \tag{2-155}$$

式中，给定电压的最大值 U_{nm}^* 和 U_{im}^* 均要受运算放大器允许输入电压的限制。

4. 动态特性分析

在图 2-59 所示的单闭环调速系统的动态结构图基础上，可以给出双闭环调速系统的动态结构图，如图 2-65 所示。图中，$W_{ASR}(s)$ 和 $W_{ACR}(s)$ 分别表示转速调节器和电流调节器的传递函数。为了引出电流反馈信号，电动机模型采用图 2-54c 所示的形式。分析中，暂时不考虑电压波动的影响。

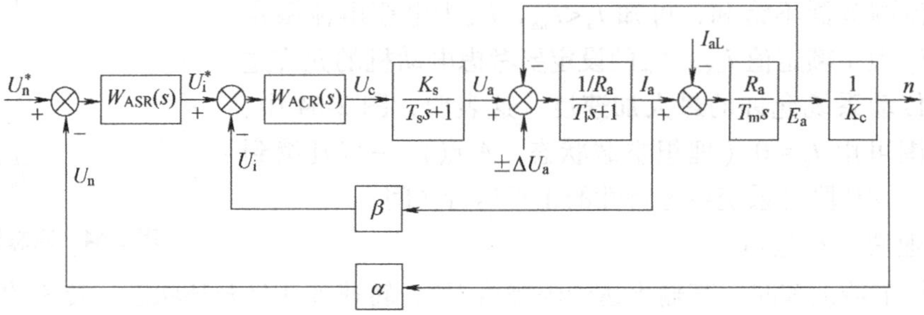

图 2-65 双闭环直流调速系统的动态结构图

双闭环调速系统的动态过程涉及多个方面，但起动过程和抗扰动过程更具典型性，可通过这两个动态过程分析系统的动态性能。

（1）起动过程

下面讨论电动机在静止状态下，突加给定电压 U_n^* 后的起动过程，各物理量的过渡过程如图 2-66 所示。由于起动过程中，转速调节器（ASR）经历了不饱和、饱和、不饱和三个阶段，故将起动过程也分为三个阶段来讨论，分别对应图中Ⅰ、Ⅱ、Ⅲ三个阶段。

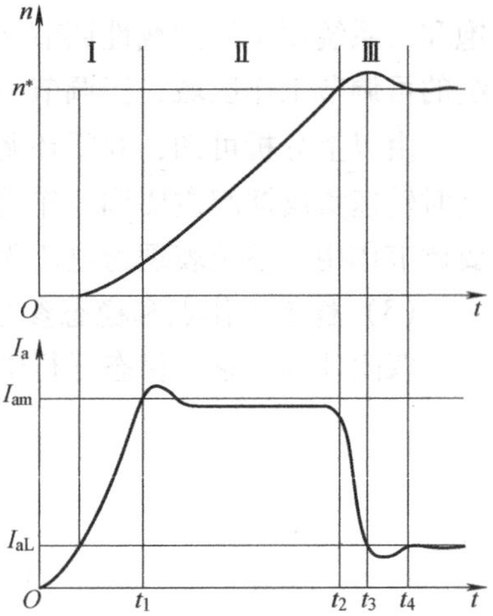

图 2-66 双闭环直流调速系统的速度阶跃响应和电流过渡过程

第一阶段（$0\sim t_1$）：电流上升阶段。突加给定电压 U_n^* 后，通过两个调节器的作用，使 U_c、U_a 和 I_a 均上升，当电流 I_a 小于外加负载电流 I_{aL} 时，因 $T_e<T_L$，故电动机尚不能转动，当 $I_a>I_{aL}$ 时，电动机开始转动，由于电动机机械惯性较大，转速 n 和反馈信号 U_n 增加相对较慢，因而 ASR 的输入偏差 ΔU_n 数值较大，其输出很快达到饱和值 U_{im}^*，强迫电流 I_a 迅速上升。

当电流 $I_a\approx I_{am}$ 时，$U_i\approx U_{im}^*$，电流反馈电压与给定电压相平衡，即在电流调节器（ACR）作用下，I_a 不再迅猛增加，标志着这一阶段结束。在第一阶段中，ASR 由不饱和很快达到并保持饱和状态，而 ACR 一般应该不饱和，以保持对电流环的调节作用。

第二阶段（$t_1\sim t_2$）：恒流升速阶段。从电流上升到最大值开始，直到转速上升到给定值 n^*，ASR 的输入偏差 $\Delta U_n=U_n^*-U_n$ 一直为正，由于没有反向信号输入，故此期间 ASR 始终是饱和的，相当于转速环开环，系统只剩下电流环，成为在恒值给定 U_{im}^* 作用下的电流调节系统；在 ACR 作用下，I_a 基本保持恒定（是否发生超调将取决于 ACR 的结构和参数）；若负载转矩恒定，则系统的加速度恒定，转速和电动势都按线性规律增长。

由动态结构图可见，对于调速系统而言，电动势相当于一个线性增加的扰动量，为了克服这个扰动，U_a 和 U_c 也必须基本上按线性增长，才能保持 I_a 恒定。由于 ACR 为 PI 调节器，要使其输出 U_c 按线性规律增加，输入偏差 $\Delta U_i = U_{im}^* - U_i$ 必须维持一个恒值，因此 I_a 要略低于 I_{am}，为了保证电流环的这种调节作用，这一阶段 ACR 是不能饱和的。

第三阶段（t_2 以后）：转速调节阶段。这个阶段开始时，转速已上升到给定值 n^*，ASR 的给定值 U_n^* 与反馈电压 U_n 相平衡，$\Delta U_n = 0$，但调节器的积分作用使其输出仍能维持在限幅值 U_{im}^*，所以电动机仍在最大电流下加速，这必然使转速超调。转速超调以后，由于 ASR 输入端出现反向反馈信号，使 ASR 退出了饱和状态，U_i^* 从限幅值 U_{im}^* 迅速降下来，I_a 也因此下降，但是，由于 I_a 仍大于负载电流 I_{aL}，在一段时间内（$t_2 \sim t_3$），电动机的转速继续上升，直到 t_3 时刻，$I_a = I_{aL}$（$T_e = T_L$，$\frac{dn}{dt} = 0$），转速 n 上升到最大值。此后，电动机开始在负载的阻力下减速，相应地，I_a 也开始出现了小于 I_{aL} 的过程，使转速从最大值开始下降，直到转速 n 稳定于给定值 n^*，此时 $I_a = I_{aL}$。可以看出，在转速调节阶段，ASR 和 ACR 均不饱和，同时在起调节作用。

（2）动态抗扰分析

调速系统的另一个重要的动态性能是抗干扰性能，主要是抗负载扰动和抗电网电压扰动的性能。

1）负载扰动。图 2-65 中，负载扰动作用在电流环之外，因此只能靠转速环抑制负载扰动，所以在设计转速调节器时，应考虑有较好的抗扰性能指标。

2）电网电压扰动。图 2-65 中，由于电网电压扰动被包围在电流环里面，当电网电压波动时，可以通过电流负反馈得到及时调节，不必等到它影响到转速后，再由转速调节器做出反应，因此双闭环调速系统由电网电压扰动所引起的动态速度变化要比单闭环系统中小得多。

2.11　永磁无刷直流电动机

如 2.7 节所述，直流电机电枢电流换向采用的是机械换向器，电刷和换向器间不可避免地会产生火花，降低了电机的可靠性和使用寿命，增加了维修量，限制了电机的容量、速度范围和应用场合。与交流电机相比，这些都影响了直流电机的竞争力和生命力。

随着永磁材料、电力电子技术和电机控制技术的发展，永磁无刷直流电动机得到了迅速发展。与直流电动机相比，永磁无刷直流电动机的突出特点是由电子换相器代替了机械换向器，由永磁体代替了电励磁主磁极，不仅简化了结构，提高了可靠性，还保留了直流电动机线性化的机械特性和良好的动态性能，因此在机电一体化装置和电力传动各领域，如医疗器械、仪器仪表、航空航天、电动车、工业自动化和家用电器等方面获得了广泛应用。

2.11.1　工作原理

1. 两相导通、三相六状态运行模式

永磁无刷直流电动机有多种运行模式，通常采用的是两相导通、三相六状态模式，现将这种运行模式与他励直流电动机的运行进行对比分析。

假设永磁无刷直流电动机为理想电机，主磁场是由永磁体提供的波顶宽度为 180°的矩形

波磁场。现将原直流电动机的机械换向器去掉，而将电枢绕组改造为三组对称且连续分布的整距绕组 A-X、B-Y、C-Z，称为三相绕组。图 2-67 所示无刷直流电动机为一对极，其中 A、B、C 分别为三相绕组首端，X、Y、Z 分别为末端，且将 X、Y、Z 连接在一起；规定相电流正方向以首端流入为其正方向，相电动势正方向与相电流正方向相反；假设电动机转速 ω_r 为常值，电磁转矩正方向与转速方向相同；相绕组电流间换相可瞬间完成，不存在过渡过程，相电流幅值保持不变。

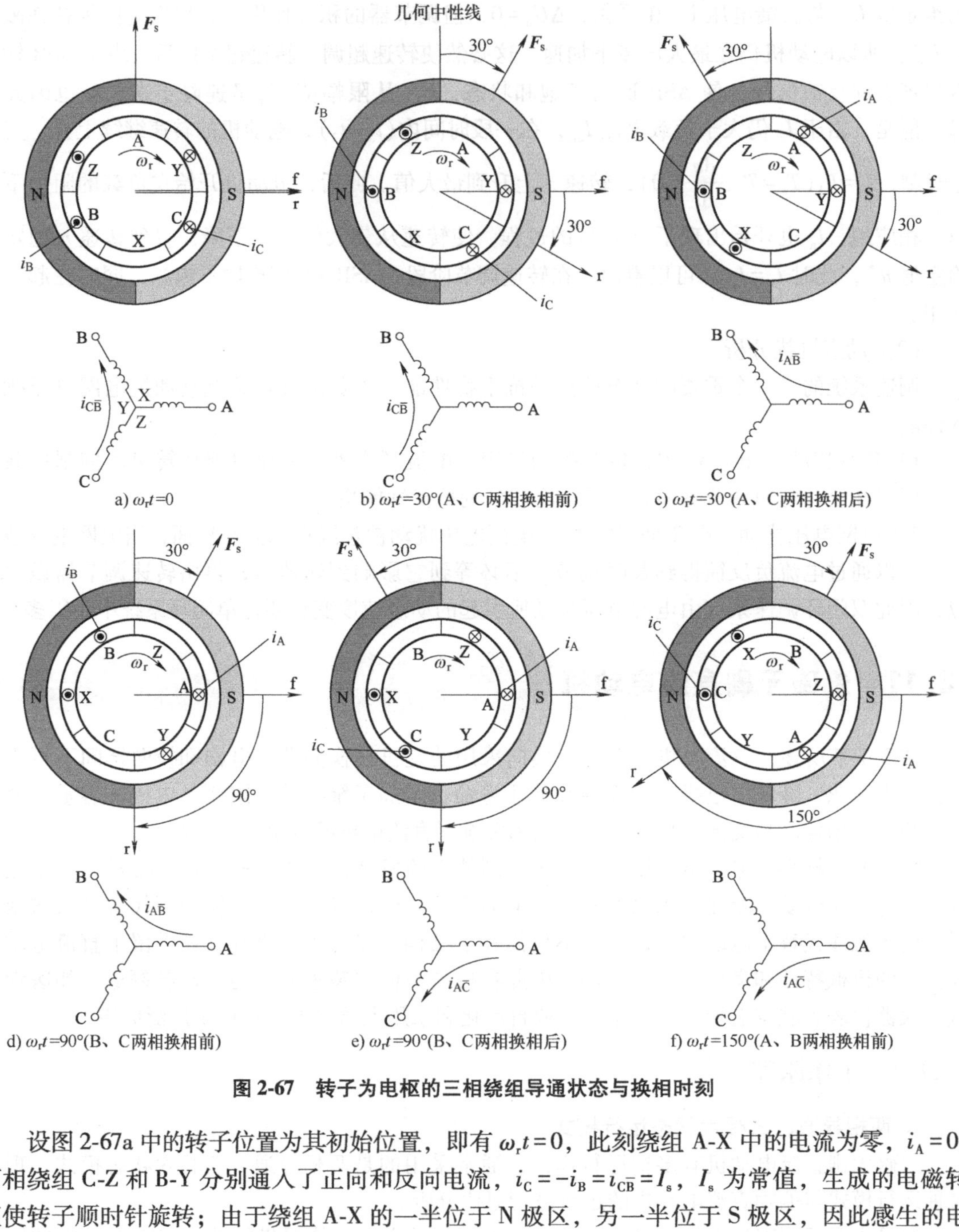

图 2-67　转子为电枢的三相绕组导通状态与换相时刻

设图 2-67a 中的转子位置为其初始位置，即有 $\omega_r t=0$，此刻绕组 A-X 中的电流为零，$i_A=0$，而相绕组 C-Z 和 B-Y 分别通入了正向和反向电流，$i_C=-i_B=i_{C\overline{B}}=I_s$，$I_s$ 为常值，生成的电磁转矩使转子顺时针旋转；由于绕组 A-X 的一半位于 N 极区，另一半位于 S 极区，因此感生的电

动势 $e_A=0$，如图 2-68 所示。转子继续旋转，e_A 将大于零，且为线性增大，当 $\omega_r t=30°$时，绕组 A-X 便完全进入了 S 和 N 极区，如图 2-67b 所示，此时 e_A 达到最大值 E_s，如图 2-68 所示，但此刻绕组 C-Z 即将由 S(N)极区进入 N(S)极区，生成的转矩将会逐渐减小，而绕组A-X 通入电流 I_s 后则会生成最大转矩，因此必须进行 C 相与 A 相间的电流换相，换相后，$i_C=0$，$i_A=-i_B=i_{A\bar{B}}=I_s$，如图 2-67c 和图 2-68 所示。转子继续旋转，当 $\omega_r t=90°$时，图 2-67d、e 给出了 B、C 两相间的换相过程。转子继续旋转，当 $\omega_r t=150°$时，B 相与 A 相将要进行换相，如图 2-67f 所示。

由图 2-67 可见，在工作原理上，无刷直流电动机与有刷直流电动机一样，也是通过改变绕组电流方向，使得电枢在旋转中的每个时刻，位于 N(S)极区内的电枢绕组中的电流方向始终一致，以此来获得恒定的电磁转矩。不同的是，直流电动机依靠机械换向器，进行的是元件的电流换向，而无刷直流电动机采用了电子换相器，进行的是相绕组间的电流换相，为此在任一时刻，位于 N(S)极区下的三相绕组只能有两相同时导通。此外，如图 2-68 所示，每当转子转过 60°电角度，必须进行一次相间的电流换相，故经过 360°电角度，三相绕组将呈现六种导通状态，通常将此运行模式称为两相导通、三相六状态运行。

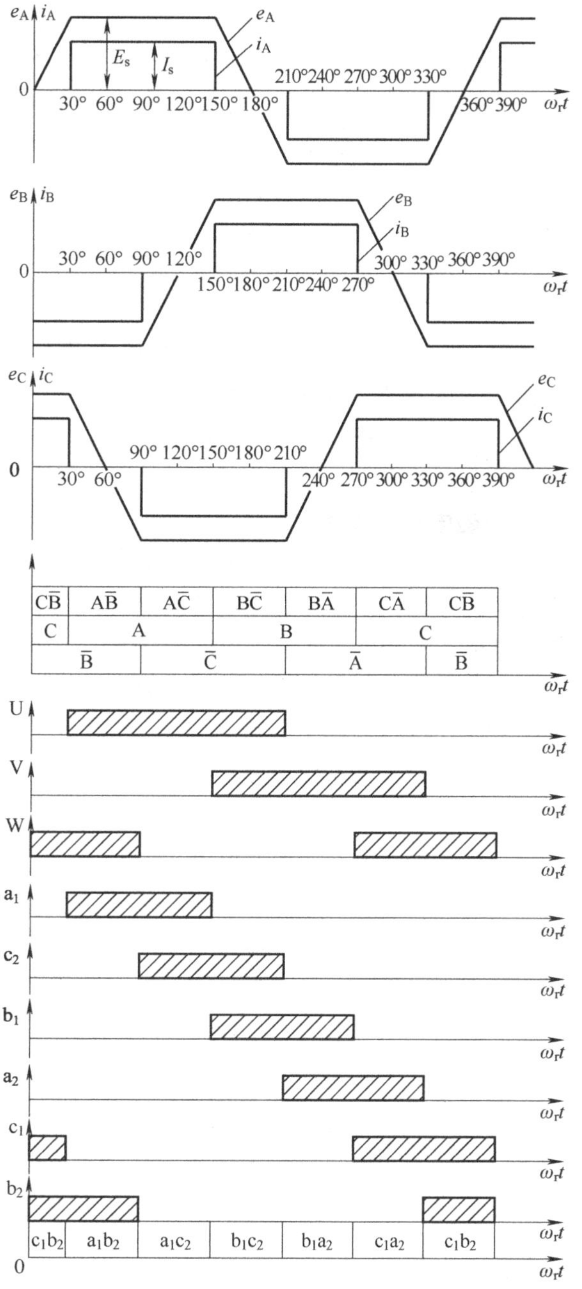

图 2-68　相绕组运动电动势和电流的波形与电流换相控制

2. 理想无刷直流电动机

由图 2-67 所示的运行状态，可以得到永磁无刷直流电动机稳态运行时电枢相绕组运动电动势和电流的波形，如图 2-68 所示。可以看出，两者具有如下特点：

1）相绕组运动电动势为三相对称的梯形波，波顶宽度为 120°电角度。

2）相绕组电流为三相对称的矩形波，矩形波的宽度为 120°电角度。

3）梯形波电动势和矩形波电流在相位上严格同步，即 120°矩形波一定要落在梯形波 120°平顶区间内。

通常，将满足以上三个条件的无刷直流电动机称为理想无刷直流电动机。此时由图 2-68 可知，在任一时刻，电磁转矩均可表示为

$$T_e=\frac{P_e}{\Omega_r}=\frac{2}{\Omega_r}E_sI_s \tag{2-156}$$

式（2-156）表明，对于理想无刷直流电动机，可以获得恒定的电磁转矩。

3. 电枢绕组的磁动势

有刷直流电动机的电枢绕组为换向器绕组，当电刷位于几何中性线上时，电枢磁动势轴线位于几何中性线处固定不动。无刷直流电动机则不然，如图 2-67b、c 所示，A、C 两相电流换相前，B、C 两相绕组合成磁动势轴线 $\boldsymbol{F}_s$ 超前于主磁场几何中性线 30°电角度，A、C 两相电流换相后，A、B 两相绕组合成磁动势的轴线 $\boldsymbol{F}_s$ 随之向后步进 60°电角度，即刻变成为滞后几何中性线 30°电角度；之后随着电枢旋转，$\boldsymbol{F}_s$ 将以转子电角速度 ω_r 向前旋转 60°电角度，又变成超前几何中性线 30°电角度；此刻，B、C 两相电流换相，如图 2-67e、f 所示，又会重复前一过程。之所以如此，是因为无刷直流电动机的电枢只有两相绕组同时导通，所以在转子旋转时，电枢磁动势呈现了步进和摆动，但可看成电枢电动势轴线 $\boldsymbol{F}_s$ 的平均位置始终位于几何中性线处，这样就与有刷直流电动机取得了一致。

2.11.2 基本结构

永磁无刷直流电动机由永磁电动机本体、转子位置传感器和驱动电路三部分构成，如图 2-69 所示，因此说永磁无刷直流电动机是机电一体化装置，或者说是由这三部分组成的电机系统。

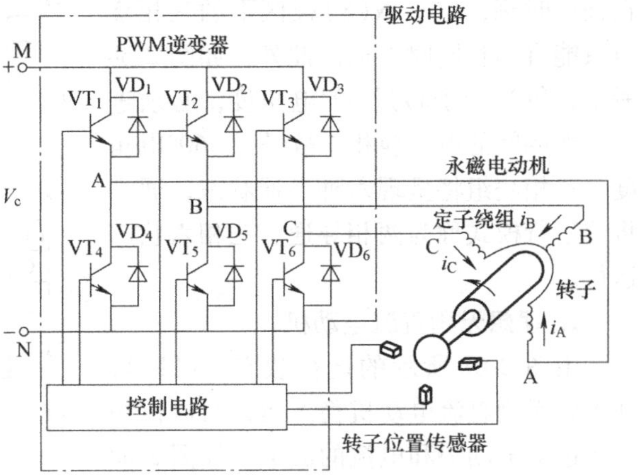

图 2-69 永磁无刷直流电动机的构成

1. 永磁电动机本体

图 2-67 中，为方便与有刷直流电动机进行对比分析，特意将永磁电动机的转子作为电枢，实际上永磁电动机的定子为电枢，如图 2-70 所示。定子可为整数槽或分数槽（分数槽绕组见第 8 章），因此三相绕组也并非为连续的分布绕组。

永磁电动机的转子结构形式多种多样，根据永磁体安装的形式，可分为面装式、嵌入式和内装式。假设永磁体选择的永磁材料为钕铁硼。表面看来，永磁无刷直流电动机的转子结构与三相永磁同步电动机没有什么不同。在电机运行上要求永磁同步电动机的主磁场为正弦分布，以求在电枢相绕组中感生的电动势为正弦波电动势，而在无刷直流电动机中，如前所述，则要求主磁场为矩形波或梯形波，以求在电枢相绕组中感生出平顶宽度不小于 120°电角度的矩形波或梯形波电动势。

由图 2-67 可见，对于无刷直流电动机，相绕组电动势的波形取决于主磁场的空间波形和相绕组的结构形式。当相绕组为连续分布绕组时，主磁场必须为 180°矩形波，相绕组电动势才能为平顶宽为 120°的梯形波。当相绕组为整距集中绕组时，其电动势的时间波形与主磁场的空间波形相一致，此时只要主磁场波形的平顶宽度 γ 为 120°电角度，就可以保证相绕组电动势波的平顶宽度为 120°电角度。图 2-70 中，相绕组是由三个整距线圈串联构成的分布绕组，相邻线圈在空间间隔 20°电角度，如果主磁场的平顶宽度仍为 120°电角度，则由于相绕组的分布效应，三个线圈合成电动势波形的平顶宽度将仅为 80°电角度，此时只有将主磁场的平

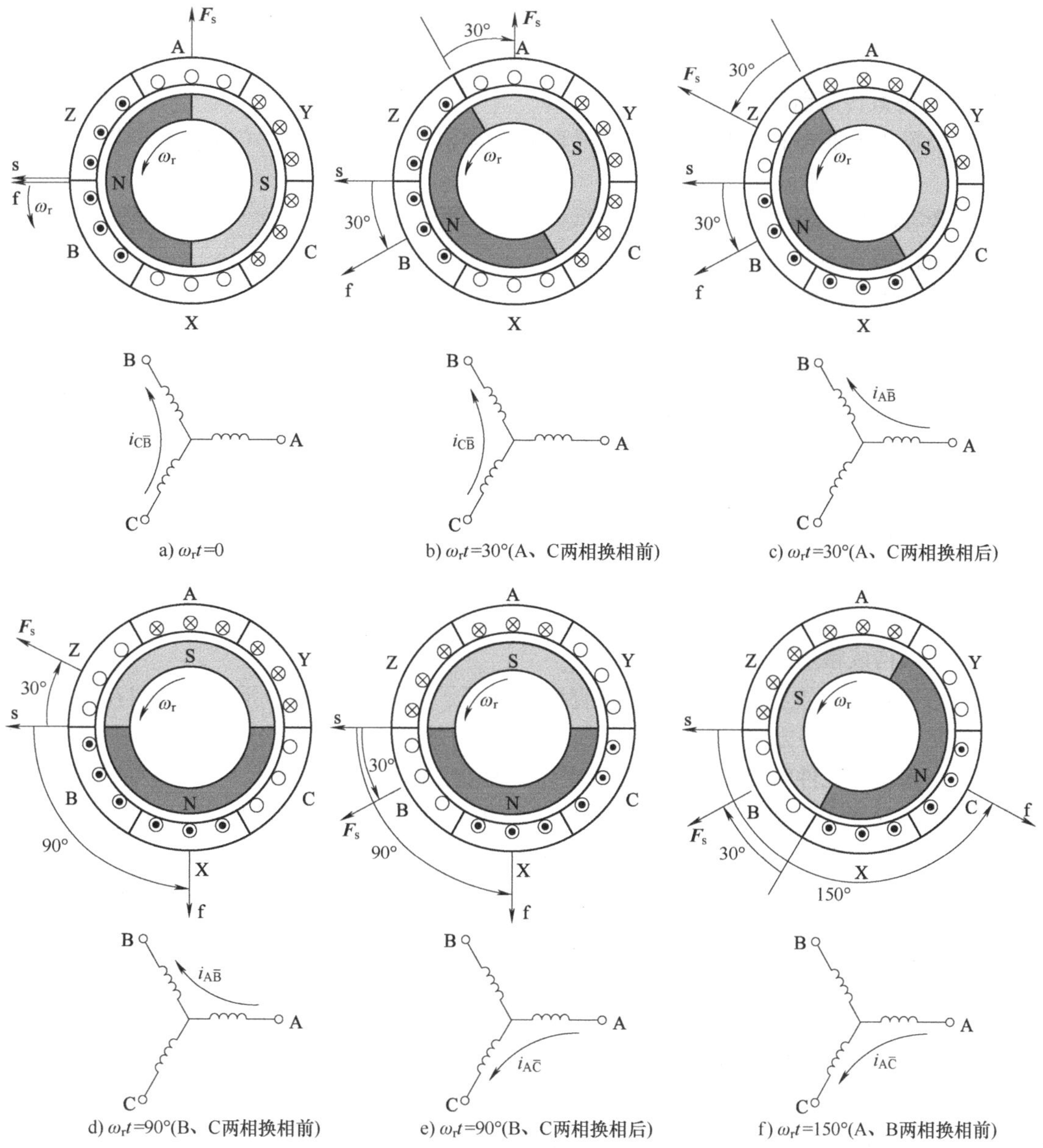

图2-70 定子为电枢的三相绕组导通状态与换相时刻

顶宽度增大为160°电角度，才可使相绕组电动势波的平顶宽度仍为120°电角度，只有如此，相绕组在主极N(S)区旋转时，通电导体才会始终面对恒定的磁场。

图2-71中，主磁场平顶宽度为γ（电角度），电枢绕组为整距分布绕组，此时为保证相电动势波平顶宽度为120°电角度，需要满足以下条件：

$$\pi \geqslant \gamma \geqslant \pi - \frac{2p_0\pi}{Z_s} \tag{2-157}$$

式中，Z_s为总槽数。

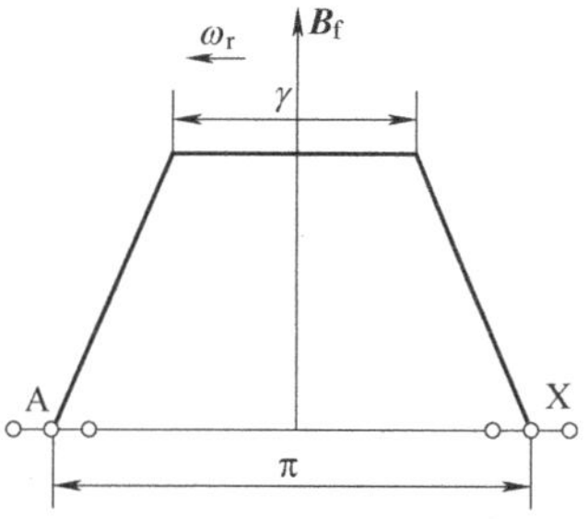

图2-71 整距分布绕组与主磁场的空间分布

以上分析没有考虑绕组短距、定子斜槽或转子斜极对相电动势波平顶宽度的影响。事实上，绕组短距、斜槽或斜极会进一步减小电动势波的平顶宽度。

2. 转子位置传感器

转子位置传感器多种多样，永磁无刷直流电动机常用的是霍尔式传感器。其工作原理如下。

如图 2-72a 所示，若在半导体两个相对窄面施以恒定直流电流 I，同时在宽面方向施以磁通密度为 B 的磁场，则在另一窄面间便会产生霍尔电压 U，称这一现象为霍尔效应。霍尔电压可表示为

$$U=k_h IB \tag{2-158}$$

式中，k_h 为霍尔常数，大小取决于材料特性和元件的片厚。开关型霍尔元件的特性如图 2-72b 所示。通常情况下，霍尔元件产生的电压很小，需加以放大和处理，才可以构成霍尔式传感器。

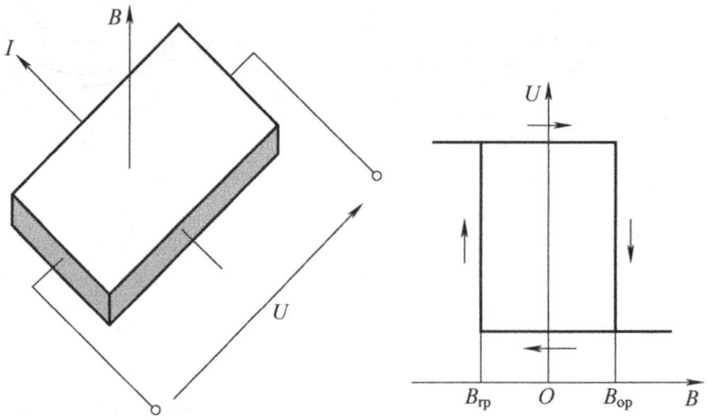

a) 霍尔效应　　b) 开关型霍尔元件的特性

图 2-72　霍尔元件

对于两相导通、六状态运行的无刷直流电动机，需要三个霍尔元件，它们在空间相隔 120°电角度。可用两种方式安装霍尔元件，一种是附加一套检测永磁体，其极对数与主极磁极相同，且将霍尔元件安装在贴近检测永磁体表面处，如图 2-73a 所示；另一种是将转子主极磁极适当延长（对于面装式结构而言），再将霍尔元件安装在贴近其外表面处，如图 2-73b 所示。

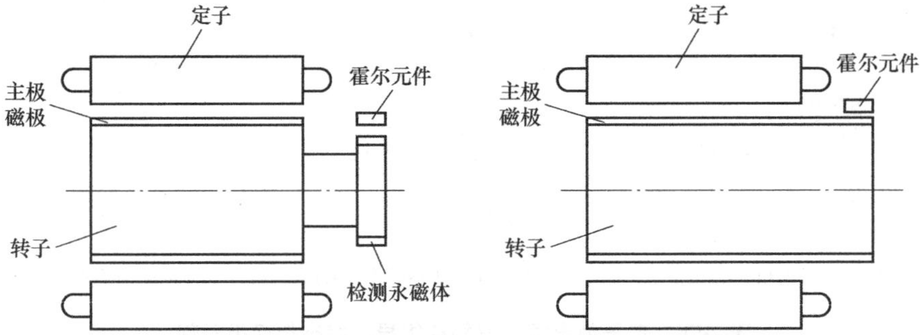

a) 附加检测永磁体　　b) 适当延长转子主极磁极

图 2-73　开关型霍尔元件的安装方式

为实现准确的位置检测，检测磁场的磁通密度幅值应足够大，为此用于检测的转子永磁体的极弧宽度应为 180°电角度。如图 2-74 所示，当转子旋转时，一个交变的磁场作用于开关型霍尔元件，传感器将会输出反映主极位置的开关信号 U_{out}，三个方波开关信号的宽度各为 180°电角度，且在相位上互差 120°电角度，分别如图 2-68 中 U、V、W 所示。

3. 驱动电路

图 2-68 中，理想无刷直流电动机要求矩形波电流和梯形波电动势在相位上严格同步，即 120°方波电流一定要落在梯形波电动势 120°平顶区间内，这需要通过调整传感器位置和适时进行电流换相来实现。

如图2-69所示，驱动电路由逆变器和控制电路组成，可以实现三相绕组的电流换相和控制。图中，设定 a_1、b_1、c_1 为晶体管 VT_1、VT_2、VT_3 的驱动信号，a_2、b_2、c_2 为晶体管 VT_4、VT_5、VT_6 的驱动信号。由于各相电流每次导通区间为120°电角度，故各驱动信号的作用区间应为120°电角度。

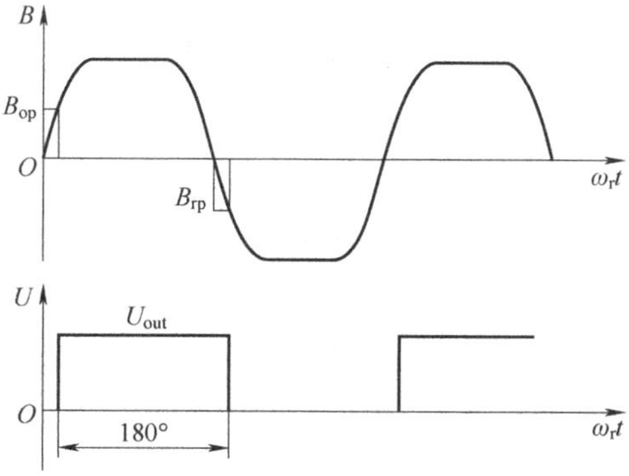

图2-74 转子位置信号

图2-68中，电动机正向旋转时，在 $\omega_r t = 30° \sim 90°$ 区间内，A相电流正向导通，而B相电流反向导通，线电流 $i_{A\bar{B}} = i_A = -i_B$，此时仅有晶体管 VT_1 和 VT_5 导通，驱动信号分别为 a_1 和 b_2；当 $\omega_r t = 90°$ 时，B相和C相进行电流换相，此时线电流为 $i_{A\bar{C}} = i_A = -i_C$，此时仅有晶体管 VT_1 和 VT_6 导通，驱动信号分别为 a_1 和 c_2。亦即，每隔60°电角度，进行一次相电流换相，每一周期内有六个导通状态，如图2-75所示。

图2-76是与图2-75对应的晶体管导通次序。图中箭头①表示对角晶体管 VT_1 和 VT_5 导通，应同时施加驱动信号 a_1b_2，此时A相正向导通而B相反向导通，这与图2-75中箭头①相对应。以驱动信号 a_1b_2、a_1c_2、b_1c_2、b_1a_2、c_1a_2、c_1b_2 表示的逆变器晶体管导通次序见图2-68。由转子位置传感器提供的三相位置信号U、V、W，经逻辑变换后，可分别给出驱动信号 a_1、b_1、c_1 和 a_2、b_2、c_2。

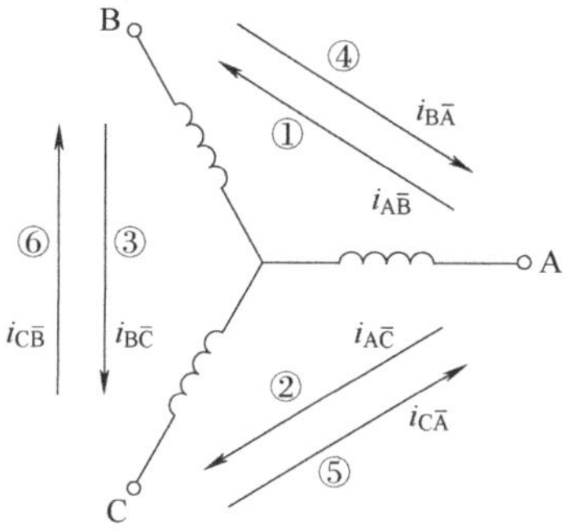

图2-75 相电流换相及次序

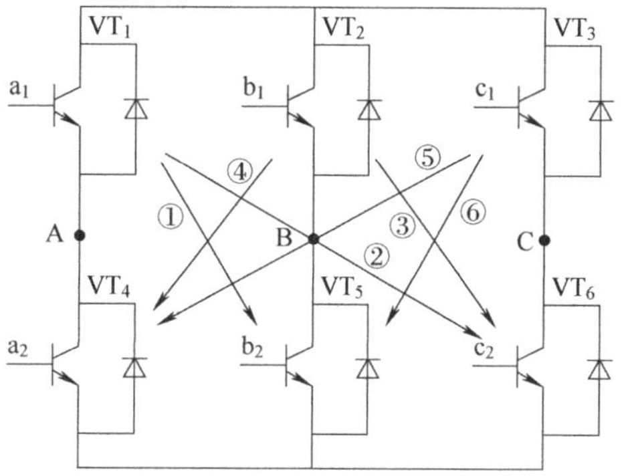

图2-76 晶体管的导通次序

逻辑变换的运算表达式为

$$\begin{bmatrix} a_1 \\ b_1 \\ c_1 \end{bmatrix} = \begin{bmatrix} U & 0 & 0 \\ 0 & V & 0 \\ 0 & 0 & W \end{bmatrix} \begin{bmatrix} \overline{V} \\ \overline{W} \\ \overline{U} \end{bmatrix} \tag{2-159}$$

$$\begin{bmatrix} a_2 \\ b_2 \\ c_2 \end{bmatrix} = \begin{bmatrix} \overline{U} & 0 & 0 \\ 0 & \overline{V} & 0 \\ 0 & 0 & \overline{W} \end{bmatrix} \begin{bmatrix} V \\ W \\ U \end{bmatrix} \tag{2-160}$$

由U、V、W得到的六个驱动信号 a_1、b_1、c_1 和 a_2、b_2、c_2 见图2-68，可以看出，每相电流一次导通区间为120°电角度，而两相电流同时导通区间为60°电角度。

2.11.3 电压方程和机械特性

1. 电压方程

(1) 相绕组运动电动势

图 2-77 为主磁场的空间波形。设定其平顶宽度 γ 已满足式 (2-157) 提出的要求，即相绕组在导通时段内始终处于主磁场波平顶区间内。图中，B_f 为主磁场的幅值，b_p 为极弧计算长度，B_{fav} 为平均值，a_p 为极弧系数，且 $a_p=\dfrac{b_p}{\tau}=\dfrac{B_{fav}}{B_f}$。

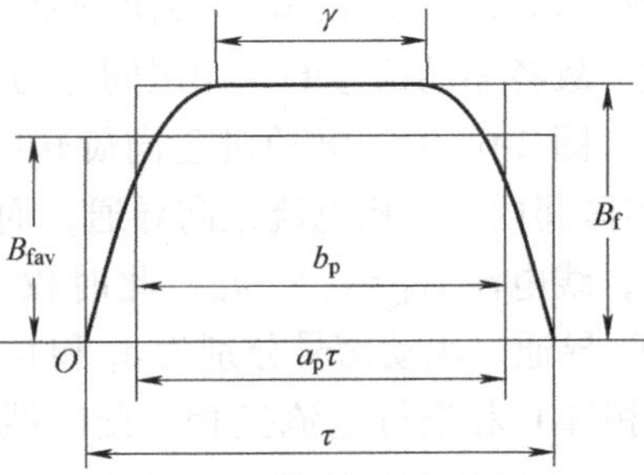

图 2-77 主磁场的空间波形

设多极无刷直流电动机每相绕组总串联匝数为 N_1，则平顶波主磁场在一相绕组中感生的运动电动势为

$$e_s=2N_1B_fl_sv_r \tag{2-161}$$

式中，l_s 为导体的有效长度；v_r 为其线速度，$v_r=2\tau p_0\dfrac{n}{60}$；$n$ 为转子速度(r/min)。可得

$$e_s=\frac{p_0}{15}N_1n(B_fl_s\tau) \tag{2-162}$$

借助极弧系数 a_p，可由 B_{fav} 和 ϕ_f 来替代 B_f，则有

$$e_s=\frac{p_0}{15}N_1n(B_fl_s\tau)=\frac{p_0}{15a_p}N_1n(B_{fav}l_s\tau)=\frac{p_0}{15a_p}N_1n\phi_f \tag{2-163}$$

式中，ϕ_f 为一个极下的主磁场磁通量，$\phi_f=B_{fav}l_s\tau$。

可将式 (2-163) 表示为

$$e_s=C_en\phi_f \tag{2-164}$$

式中，C_e 为电动势常数，$C_e=\dfrac{p_0}{15a_p}N_1$。

式 (2-164) 与有刷直流电机感应电动势表达式 (2-14) 形式相同。

(2) 动态电压方程

图 2-70 中，按电动机惯例，可建立三相绕组的电压方程，即

$$\begin{bmatrix}u_A\\u_B\\u_C\end{bmatrix}=\begin{bmatrix}R_s&0&0\\0&R_s&0\\0&0&R_s\end{bmatrix}\begin{bmatrix}i_A\\i_B\\i_C\end{bmatrix}+\mathrm{p}\begin{bmatrix}L_A&L_{AB}&L_{AC}\\L_{BA}&L_B&L_{BC}\\L_{CA}&L_{CB}&L_C\end{bmatrix}\begin{bmatrix}i_A\\i_B\\i_C\end{bmatrix}+\begin{bmatrix}e_A\\e_B\\e_C\end{bmatrix} \tag{2-165}$$

式中，R_s 为相绕组电阻；L_A、L_B、L_C 为相绕组自感；L_{AB}、L_{AC}、L_{BA}、L_{BC}、L_{CB}、L_{CA} 为相绕组间的互感；u_A、u_B、u_C 为相电压；e_A、e_B、e_C 为主磁场在相绕组中感生的运动电动势。

对于面装式转子结构，可以认为自感和互感与转子位置无关，均为常值，即有

$$L_A=L_B=L_C=L_s \tag{2-166}$$

$$L_{AB}=L_{BA}=L_{CA}=L_{AC}=L_{BC}=L_{CB}=M \tag{2-167}$$

其中，按三相绕组电流正方向的规定，相绕组间互感 M 应为负值，即有 $M<0$。

因为三相绕组为星形联结，且无中性线引出，故有

$$\begin{cases}i_A+i_B+i_C=0\\Mi_B+Mi_C=-Mi_A\end{cases} \tag{2-168}$$

利用式（2-168），可将式（2-165）表示为

$$\begin{bmatrix}u_A\\u_B\\u_C\end{bmatrix}=\begin{bmatrix}R_s&0&0\\0&R_s&0\\0&0&R_s\end{bmatrix}\begin{bmatrix}i_A\\i_B\\i_C\end{bmatrix}+\begin{bmatrix}L_s-M&0&0\\0&L_s-M&0\\0&0&L_s-M\end{bmatrix}p\begin{bmatrix}i_A\\i_B\\i_C\end{bmatrix}+\begin{bmatrix}e_A\\e_B\\e_C\end{bmatrix}\tag{2-169}$$

由式（2-169）可得永磁无刷直流电动机的等效电路，如图2-78所示。

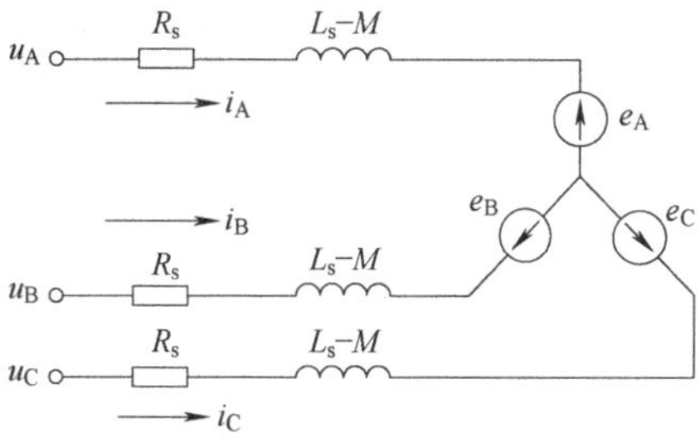

图2-78 永磁无刷直流电动机等效电路

由式（2-169），可得一相绕组的电压方程为

$$u_s=R_si_s+(L_s-M)\frac{di_s}{dt}+e_s\tag{2-170}$$

式中，u_s、i_s 和 e_s 分别为相绕组导通时的电压、电流和运动电动势。

由式（2-169），可得以线电压表示的动态电压方程，即有

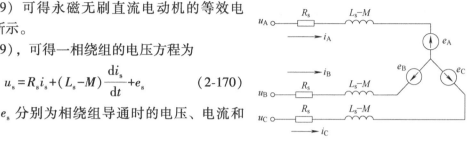

$$\begin{bmatrix}u_{AB}\\u_{BC}\\u_{CA}\end{bmatrix}=\begin{bmatrix}R_s&-R_s&0\\0&R_s&-R_s\\-R_s&0&R_s\end{bmatrix}\begin{bmatrix}i_A\\i_B\\i_C\end{bmatrix}+\begin{bmatrix}L_s-M&M-L_s&0\\0&L_s-M&M-L_s\\M-L_s&0&L_s-M\end{bmatrix}p\begin{bmatrix}i_A\\i_B\\i_C\end{bmatrix}+\begin{bmatrix}e_A-e_B\\e_B-e_C\\e_C-e_A\end{bmatrix}\tag{2-171}$$

如图2-68所示，在非换相区间内，只有两相绕组同时导通，如A、B两相导通时，若忽略晶体管电压降，线电压 u_{AB} 便等于直流电源电压 V_c，即有

$$V_c=u_{AB}=R_si_A-R_si_B+(L_s-M)\frac{di_A}{dt}+(M-L_s)\frac{di_B}{dt}+(e_A-e_B)$$

对于理想无刷直流电动机，且不计电流换相影响时，则有

$$i_A=-i_B=i_s$$

$$e_A=-e_B=e_s$$

故有

$$V_c=2R_si_s+2(L_s-M)\frac{di_s}{dt}+2e_s\tag{2-172}$$

式（2-172）与有刷直流电动机电枢动态电压方程式（2-24）形式相同。两者对比，相当于 $R_a=2R_s$，$L_a=2(L_s-M)=2(L_s+|M|)$，$e_a=2e_s$。实际上，图2-67中，相当于由三相绕组代替了有刷直流电动机的电枢绕组，但正常运行时只有两相绕组同时导通，可将 $2(L_s+|M|)$ 看成是这两相绕组的等效自感。

（3）稳态电压方程

图2-68中，理想无刷直流电动机稳态运行时，相绕组运动电动势为梯形波，其平顶宽度至少为120°电角度，由式（2-164）可得其幅值为

$$E_s=C_en\phi_f\tag{2-173}$$

由式（2-170）可将相绕组在导通区间内的稳态电压方程表示为

$$U_s=R_sI_s+E_s\tag{2-174}$$

由图2-68，可得两相同时导通时的线电动势 e_L 和线电流 i_L，如图2-79所示。可以看出，在 $\omega_rt=30°\sim90°$ 区间内，A、B两相同时导通，线电动势 $e_{A\bar{B}}$ 幅值不变，等于 $2E_s$，而线电流 $i_{A\bar{B}}$ 为恒定直流 I_s；B、C两相换相后，在 $\omega_rt=90°\sim150°$ 区间内，A、C两相同时导通，线电动

势 $e_{A\bar{C}}$ 同样等于 $2E_s$，线电流 $i_{A\bar{C}}$ 同样等于 I_s。因此，稳态运行时，若不计电流换相的影响，从逆变器直流侧看进去，线电动势和线电流均为连续且恒定的直流量。

由式（2-172），可得稳态运行时的线电压方程，即有

$$V_c = 2R_sI_s + 2E_s \tag{2-175}$$

2. 机械特性

（1）电磁转矩

对于理想无刷直流电动机，电磁功率和瞬态电磁转矩可表示为

$$P_e = 2e_si_s \tag{2-176}$$

$$t_e = \frac{2}{\Omega_r}e_si_s \tag{2-177}$$

将式（2-164）代入式（2-177），可得

$$t_e = \frac{60}{\pi}C_e\phi_fi_s = C_T\phi_fi_s \tag{2-178}$$

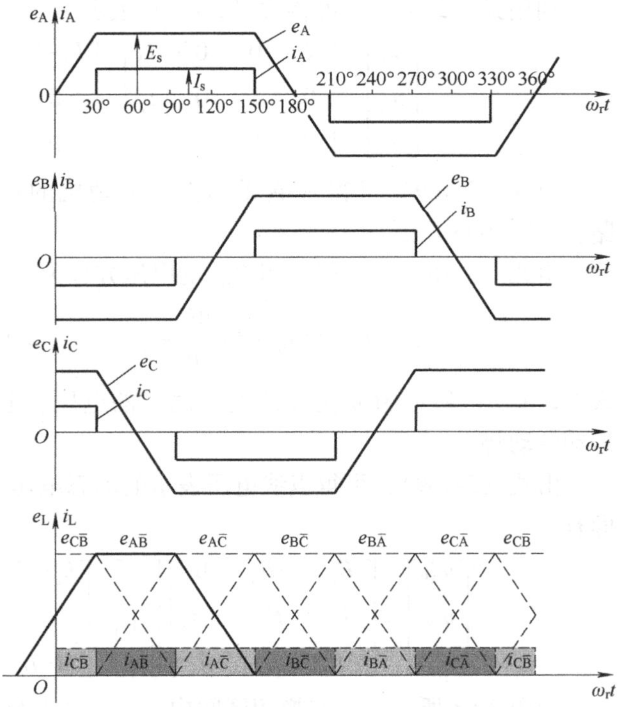

图 2-79 线电动势 e_L 与线电流 i_L

式中，C_T 为转矩常数，$C_T = \frac{60}{\pi}C_e = \frac{4p_0}{\pi a_p}N_1$。

式（2-178）与有刷直流电动机的转矩表达式式（2-20）具有相同的形式，表明当主磁场恒定时，电磁转矩的大小仅与电枢电流成正比，同他励直流电动机一样，电磁转矩是个线性项，使得永磁无刷直流电动机的转矩同样具有良好的可控性。因此，就转矩控制而言，图 2-69 中，由直流侧 M、N 两点看进去，永磁无刷直流电动机就等同一台他励直流电动机。

（2）不同 V_c 下的机械特性

可将式（2-172）表示为

$$V_c = R_ai_a + L_a\frac{di_a}{dt} + e_a \tag{2-179}$$

式中，$R_a = 2R_s$；$L_a = 2(L_s + |M|)$，$i_a = i_s$，$e_a = 2e_s$。

稳态运行时，则有

$$V_c = R_aI_a + E_a \tag{2-180}$$

式中，$E_a = 2E_s$；$I_a = I_s$。

由式（2-173）和式（2-178），可得

$$E_a = K_en \tag{2-181}$$

$$T_e = K_TI_a \tag{2-182}$$

式中，K_e 为电动势系数，$K_e = 2C_e\phi_f$；K_T 为转矩系数，$K_T = C_T\phi_f$。

将式（2-181）和式（2-182）分别代入式（2-180），可得

$$n = \frac{V_c}{K_e} - \frac{R_a}{K_eK_T}T_e \tag{2-183}$$

或者

$$n=\frac{V_c}{2C_e\phi_f}-\frac{R_a}{2C_eC_T\phi_f^2}T_e \tag{2-184}$$

式（2-183）或式（2-184）即为理想无刷直流电动机的机械特性，如图 2-80 所示。

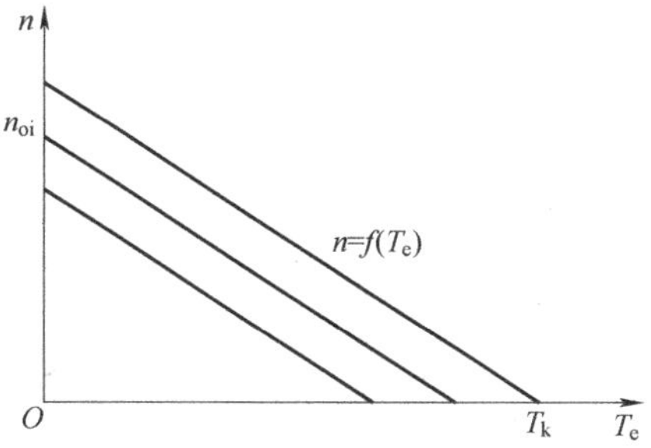

图 2-80 不同 V_c 下理想无刷直流电动机的机械特性

图 2-80 中，忽略空载电流，理想空载转速为

$$n_{oi}=\frac{V_c}{K_e}=\frac{V_c}{2C_e\phi_f} \tag{2-185}$$

堵转时，堵转电流 I_k 为

$$I_k=\frac{V_c}{R_a} \tag{2-186}$$

堵转转矩则为

$$T_k=C_T\phi_fI_k=\frac{V_c}{R_a}C_T\phi_f \tag{2-187}$$

由式（2-187）可知，同有刷直流电动机一样，无刷直流电动机也可以提供较大的起动转矩。

对比式（2-184）和式（2-58）可以看出，无刷直流电动机具有与有刷直流电动机相同的线性机械特性，无刷直流电动机对外表现是一台直流电动机。

图 2-80 中，改变直流电压 V_c 可以得到一系列平行的机械特性。对比图 2-80 和图 2-58 可知，同有刷直流电动机一样，无刷直流电动机可以通过调节直流电压 V_c 来控制电动机转速，进而可以构成调速系统。由于无刷直流电动机的运动方程同有刷直流电动机一样，也是一组线性的微分方程，因此由其构成的控制系统同样具有良好的控制品质和动态性能。

2.11.4 转矩波动分析

以上分析的基础是假设永磁无刷直流电动机为理想电机，认为主磁场为平顶波，其平顶宽度 γ 已满足式（2-157）的要求，此时主磁场在相绕组中感生的电动势波其平顶波宽度不小于 120°电角度，此外忽略了相绕组间电流换相的影响，假设相电流为宽度等于 120°电角度的矩形波。但是，对于实际电动机，由于受磁极间漏磁等因素的影响，主磁场波形不再是理想的平顶波；由于电流换相受绕组电感的影响，相电流也不再是理想的矩形波。这些因素都会使转矩产生波动。通常情况下，电流换相是转矩产生波动的主要原因。

1. 电流换相引起的转矩波动

图 2-78 中，当 A 相和 B 相两相导通时，则如图 2-81a 所示，可得电压方程为

$$\begin{cases}V_c=2R_si_1+2(L_s-M)\dfrac{di_1}{dt}+e_A-e_B\\ i_1=i_A=-i_B\end{cases} \tag{2-188}$$

A 相和 B 相两相导通要转换为 A 相和 C 相两相导通，如图 2-69 所示，在 B 相和 C 相电流进行换相的过程中，由晶体管 VT_1 和二极管 VD_2 为电流 i_1 提供了续流回路，如图 2-81b 所示，换相期间的线电流为 i_2。由图 2-81b，可得

$$\begin{cases}0=2R_{\mathrm{s}}i_1+R_{\mathrm{s}}i_2+2(L_{\mathrm{s}}-M)\dfrac{\mathrm{d}i_1}{\mathrm{d}t}+(L_{\mathrm{s}}-M)\dfrac{\mathrm{d}i_2}{\mathrm{d}t}+e_{\mathrm{A}}-e_{\mathrm{B}}\\ V_{\mathrm{c}}=R_{\mathrm{s}}i_1+2R_{\mathrm{s}}i_2+(L_{\mathrm{s}}-M)\dfrac{\mathrm{d}i_1}{\mathrm{d}t}+2(L_{\mathrm{s}}-M)\dfrac{\mathrm{d}i_2}{\mathrm{d}t}+e_{\mathrm{A}}-e_{\mathrm{C}}\\ i_{\mathrm{A}}=i_1+i_2\\ i_{\mathrm{B}}=-i_1\\ i_{\mathrm{C}}=-i_2\end{cases} \tag{2-189}$$

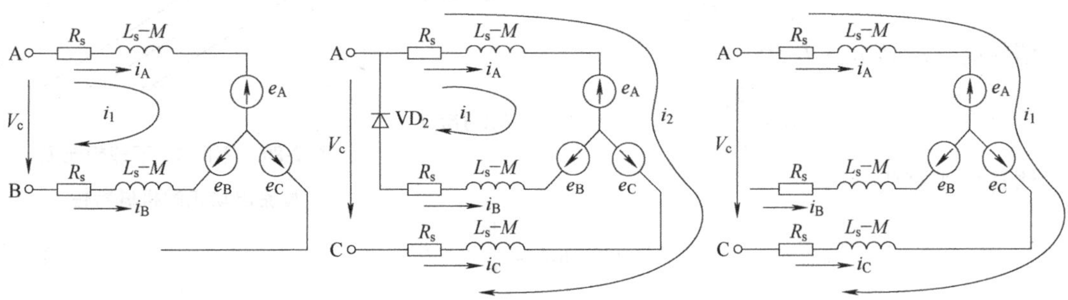

a) A相和B相两相导通　　b) B相和C相间的电流换相　　c) A相和C相两相导通

图 2-81　电流换相等效电路

当 B 相电流衰减为零时，就仅有 A 相和 C 相两相导通，如图 2-81c 所示，于是可得

$$\begin{cases}V_{\mathrm{c}}=2R_{\mathrm{s}}i_1+2(L_{\mathrm{s}}-M)\dfrac{\mathrm{d}i_1}{\mathrm{d}t}+e_{\mathrm{A}}-e_{\mathrm{C}}\\ i_1=i_{\mathrm{A}}=-i_{\mathrm{C}}\end{cases} \tag{2-190}$$

图 2-68 中，在 $\omega_{\mathrm{r}}t=30°$时，A、C 两相绕组换相，电流 i_{A} 由零开始逐渐上升，换相结束后，等效电路如图 2-81a 所示，A 相电流波形如图 2-82 中 $t_1\sim t_2$ 时间段所示。当 $\omega_{\mathrm{r}}t=90°$时，即在图 2-82 中 t_2 时刻，B 相和 C 相进行换相，A 相和 C 相开始接通，等效电路如图 2-81b 所示，此刻 B 相电流 i_{B} 通过续流回路开始续流，其值由 i_1 逐渐减小，C 相电流由零开始增大，换相期间 A 相电流 $i_{\mathrm{A}}=i_1+i_2$，电流波形如图 2-82 中 $t_2\sim t_3$ 时间段内实线所示。在 t_3 时刻，$i_{\mathrm{B}}=0$，B 相和 C 相换相结束。$t_3\sim t_4$ 时间段为 A 相和 C 相导通段，如图 2-81c 所示，$i_{\mathrm{A}}=-i_{\mathrm{C}}=i_1$。在 t_4 时刻，即图 2-68 中 $\omega_{\mathrm{r}}t=150°$时刻，A 相和 B 相开始换相，但 A 相电流 i_{A} 不会即刻为零，而是通过续流回路经衰减后为零，其电流波形如图 2-82 中 $t_4\sim t_5$ 时间段所示。$t_1\sim t_5$ 时间段所示为 A 相电流导通时的完整波形，图 2-83 所示为其实验波形，两者基本吻合。可以看出，由于电流换相，与理想 120°矩形波相比，相电流波的前沿和后沿以及中间段均发生了变化，因为需要续流，故实际导通区间已大于 120°电角度。

相电流的畸变一定会引起转矩波动，这会影响电磁转矩的平稳性。特别是，图 2-81b 电流换相期间，三相绕组同时导通，因此计及换相影响时，瞬态转矩计算应取值于三相电流和电动势，即有

$$t_{\mathrm{e}}=\frac{1}{\Omega_{\mathrm{r}}}(e_{\mathrm{A}}i_{\mathrm{A}}+e_{\mathrm{B}}i_{\mathrm{B}}+e_{\mathrm{C}}i_{\mathrm{C}}) \tag{2-191}$$

三相绕组每隔 60°电角度进行一次电流换相，每次换相均会引起转矩的波动。如图 2-82 所示，在换相的 $t_2\sim t_3$ 时间段内，$i_{\mathrm{A}}\neq -i_{\mathrm{C}}$，即相电流不等于线电流；换相结束后，在 $t_3\sim t_4$ 时间段内，$i_{\mathrm{A}}=-i_{\mathrm{C}}$，此时才有 $i_{\mathrm{A}}=i_{\mathrm{A}\overline{\mathrm{C}}}$。由于换相初始，C 相电流不能突变，故线电流波形中一定

存在零点。

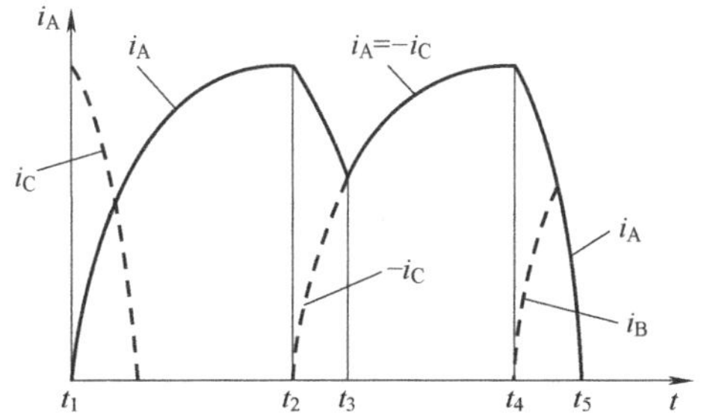

图 2-82 A 相电流计算波形

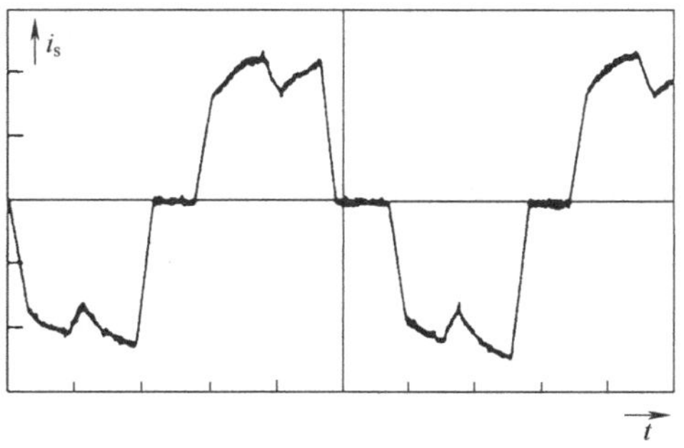

图 2-83 A 相电流实验波形

有刷直流电动机的电流换向是在电枢元件内实现的，换向对电枢电流的影响也很小。无刷直流电动机则不然，电流换相是在相绕组间实现的。式（2-189）表明，相绕组等效电感和运动电动势对换相的影响，要远大于一个元件的漏电感和运动电动势，因此换相对电枢电流波形的影响也要比有刷直流电动机大得多，这是无刷与有刷直流电动机的主要差别之一。

2. 主磁场畸变引起的转矩波动

图 2-68 中，为产生恒定电磁转矩，要求梯形波感应电动势波平顶宽度不能小于 120°电角度。式（2-157）表明，只有主磁场空间分布与电枢绕组分布协调匹配，才能满足这一要求。当主磁场平顶宽度 γ 达不到这一要求时，称其为主磁场发生了畸变。

实际上，如图 2-67 所示，A-X 相绕组导通后在 N(S)极下旋转了 120°电角度，若主磁场平顶宽度不能满足要求，则相绕组各导体就不能总处于均匀磁场下，导致转矩产生波动。此时在电路上，相电动势波的平顶宽度将小于 120°电角度，即使相电流恒定不变，也会产生转矩波动。

图 2-84 所示即为因电流换相和主磁场畸变引起的转矩波动。

当主磁场畸变时，电磁转矩亦不能由式（2-177）和式（2-178）来计算。

图 2-70 中，若通电的两相绕组在主磁场 N(S)极下的旋转区间为 H，则由式（2-157）可知

$$H=\pi-\frac{2p_0\pi}{Z_s} \tag{2-192}$$

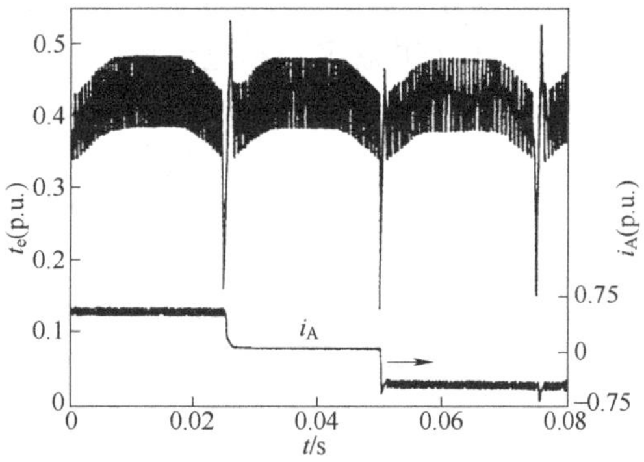

图 2-84 因电流换相和主磁场畸变引起的转矩波动

当 H 大于主磁场平顶宽度 γ 时，通电的两相绕组将会在不均匀磁场下旋转，使得转矩产生波动。若取主磁场中心线为零点，则在 H 区间内，主磁场的平均值 B_{fav} 为

$$B_{fav}=\frac{1}{H}\int_{-\frac{H}{2}}^{\frac{H}{2}}B_f\mathrm{d}\theta \tag{2-193}$$

由式（2-162），可得相电动势的平均值 e_{sav} 为

$$e_{sav}=\frac{p_0}{15}N_1B_{fav}l_s\tau n \tag{2-194}$$

若通过恒电流控制，相电流 I_s 为常值，电磁转矩平均值则为

$$T_{eav}=\frac{2}{\Omega_r}e_{sav}I_s=\frac{2p_0}{\pi}N_1B_{fav}l_s\tau I_s$$
$$=2N_1B_{fav}l_sr_sI_s \tag{2-195}$$

式中，r_s 为电枢内圆半径。

事实上，图 2-70 中，当主磁场的平顶宽度可满足式（2-157）提出的要求时，通电的两相绕组会始终在均匀磁场下旋转，在此情况下，即使电枢电动势轴线 $\boldsymbol{F}_s$ 处于步进状态，电磁转矩也是稳定不变的。但当主磁场平顶波宽度不能满足式（2-157）的要求时，便会引起转矩波动。有刷直流电动机则不然，如图 2-22 所示，由于主磁场下布满了通电的支路导体，因此电磁转矩大小只与主磁场的通量有关，而与主磁场的波形无关，所以可以获得稳定的电磁转矩，这也是有刷与无刷直流电动机的主要差别之一。

3. 齿槽转矩

永磁无刷直流电动机电枢采用整数槽结构时通常会产生明显的齿槽转矩，为此需要采用适当措施来削弱齿槽转矩，如采用分数槽结构可有效削弱齿槽转矩。有关齿槽转矩问题详见第 8 章。

由以上分析可知，为减小永磁无刷直流电动机的转矩波动，一方面要进行合理的电磁设计，使其主磁场和电动势波形尽量满足理想无刷直流电动机的要求；另一方面在实际系统中需要设置电流控制环节，以减小因电流换相和电动势畸变引起的转矩波动，此外还要有效削弱齿槽转矩。

例　题

【例 2-1】 有一台 17kW、220V 的并励直流电动机，额定转速 $n_N=1450$r/min，额定线电流和励磁电流分别为 $I_N=95$A 和 $I_{fN}=4.3$A，电枢电阻 $R=0.09\Omega$，试求额定负载时电动机的下列数据：1）电枢电流和电枢电动势；2）电磁功率和电磁转矩；3）输入功率和效率。

解：1）额定负载时的电枢电流 I_{aN} 和电枢电动势 E_{aN} 为

$$I_{aN}=I_N-I_{fN}=(95-4.3)\text{A}=90.7\text{A}$$
$$E_{aN}=U_N-I_{aN}R-2\Delta U=(220-90.7\times0.09-2)\text{V}=209.8\text{V}$$

2）电磁功率 P_{eN} 和电磁转矩 T_{eN} 为

$$P_{eN}=E_{aN}I_{aN}=(209.8\times90.7)\text{W}=19029\text{W}$$
$$T_{eN}=\frac{P_{eN}}{\Omega_N}=\frac{19029}{2\pi\times\frac{1450}{60}}\text{N}\cdot\text{m}=125.3\text{N}\cdot\text{m}$$

3）输入功率 P_{1N} 和效率 η_N 为

$$P_{1N}=U_NI_N=(220\times95)\text{W}=20900\text{W}$$
$$\eta_N=\frac{P_{2N}}{P_{1N}}=\frac{17}{20.9}=81.34\%$$

【例 2-2】 有一台并励直流电动机，其数据如下：$P_N=2.6$kW，$U_N=110$V，$I_N=28$A（线路电流），$n_N=1470$r/min，电枢绕组的电阻 $R=0.15\Omega$，额定状态下励磁回路的电阻 $R_{fN}=138\Omega$。设额定负载时，在电枢回路中接入 0.5Ω 的电阻，若不计电枢电感的影响，并略去电枢反应，试计算：1）接入电阻瞬间电枢的电动势、电枢电流和电磁转矩；2）若负载转矩保

持不变，求稳态时电动机的转速。

解： 1）额定负载时，电枢电流为

$$I_{aN}=I_N-I_{fN}=\left(28-\frac{110}{138}\right)A=27.20A$$

接入电阻瞬间，由于惯性使电动机的转速未来得及变化，加上主磁通保持不变，故电枢电动势 E'_{aN}将保持原先的数值 E_{aN}不变，即

$$E'_{aN}=E_{aN}=U_N-I_{aN}R-2\Delta U=(110-27.20\times0.15-2)V=103.9V$$

但在接入电阻瞬间，电枢电流将会突然减小，由 I_{aN}变为 I'_a，即有

$$I'_a=\frac{U_N-E'_{aN}-2\Delta U}{R+R_\Omega}=\frac{110-103.9-2}{0.15+0.5}A=6.308A$$

相应的电磁转矩减小为 T'_e，即

$$T'_e=\frac{E'_{aN}I'_a}{\Omega_N}=\frac{103.9\times6.308}{2\pi\times\frac{1470}{60}}N\cdot m=4.258N\cdot m$$

2）由于负载转矩保持不变，因此调速前、后电磁转矩的稳态值应保持不变。若略去电枢反应，可认为气隙磁通 Φ 保持不变，于是从转矩表达式 $T_e=C_T\Phi I_a$ 可知，调速前、后电枢电流的稳态值应保持不变，仍为额定电流 I_{aN}。另一方面，从电动势表达式 $E_a=C_e\Phi n$ 可知，Φ 不变时，调速前、后转速之比应为

$$\frac{n''}{n_N}=\frac{E''_a}{E_{aN}}$$

式中，E''_a 为调速后电枢的稳态电动势，n''为调速后的稳态转速。则有

$$n''=n_N\frac{E''_a}{E_{aN}}=n_N\frac{U_N-I_{aN}(R+R_\Omega)-2\Delta U}{E_{aN}}$$

$$=1470\times\frac{110-27.20\times(0.15+0.5)-2}{103.9}r/min=1278r/min$$

【例 2-3】 例 2-2 中，若采用在励磁绕组接入电阻来调速，设在额定负载下将磁通量减少15%，试重求例 2-2 中各项。

解： 1）在磁通量减少的瞬间，由于惯性使转速未能瞬时变化，故磁通减少 15%时电枢电动势 E'_a 也将减少 15%，于是

$$E'_a=(1-0.15)E_{aN}=0.85\times103.9V=88.32V$$

此时电枢电流将突然增加到 I'_a，即

$$I'_a=\frac{U_N-E'_a-2\Delta U}{R}=\frac{110-88.32-2}{0.15}A=131.2A$$

电磁转矩将相应增大为 T'_e，即

$$T'_e=\frac{E'_aI'_a}{\Omega_N}=\frac{88.32\times131.2}{2\pi\times\frac{1470}{60}}N\cdot m=75.27N\cdot m$$

2）因负载转矩不变，故调速前、后电磁转矩的稳态值保持不变，由转矩表达式 $T_e=C_T\Phi I_a$ 可知，电枢电流的稳态值与磁通成反比，故有

$$\frac{I''_a}{I_{aN}}=\frac{\Phi_N}{\Phi''} \qquad I''_a=I_{aN}\frac{\Phi_N}{\Phi''}=27.2\times\frac{1}{1-0.15}\text{A}=32\text{A}$$

于是由电动势公式 $E_a=C_e\Phi n$ 可知，调速后转速的稳态值 n''应为

$$n''=n_N\frac{E''_a}{E_{aN}}\frac{\Phi_N}{\Phi''}=1470\times\frac{110-32\times0.15-2}{103.9}\times\frac{1}{1-0.15}\text{r/min}=1718\text{r/min}$$

习 题

2-1 在直流发电机中，为了将交流电动势转变成直流电压而采用了换向器装置，但在直流电动机中，加在电刷两端的电压已是直流电压，那么换向器又有什么用呢？

2-2 直流电机的电枢绕组为什么必须用闭合绕组？为什么绕组元件的跨距 y_1 常取等于或接近等于一个极距？

2-3 电刷放在什么位置才能获得最大的感应电动势？

2-4 试判断下列情况下，直流发电机两端电压的性质：

1）磁极固定，电刷与电枢同时旋转。

2）电枢固定，电刷与磁极同时旋转。

2-5 一台 4 极直流发电机，电枢为单叠绕组，原为四组电刷，若取掉相邻的两组电刷，问发电机的端电压及允许通过的电枢电流会发生什么变化？若有一元件断线，电刷间的电压有何变化？若有一极失磁，又会产生什么后果？

2-6 直流电机主磁路包括哪几部分？磁未饱和时，主极磁动势主要消耗在哪一部分？为什么铁磁材料的磁化曲线用 $B=f(H)$ 表示，而电机的磁化曲线用 $\phi=f(F)$ 来表示？已知一台直流发电机在 $n=n_1$ 下的空载特性，如何求出其在 $n=n_2$ 下的空载特性？转速是否影响电机磁路的饱和？

2-7 直流发电机的感应电动势与哪些因素有关？若一台直流发电机的空载电动势为 230V，试问在下列情况下，感应电动势将如何变化：

1）气隙磁通减少 10%。

2）励磁电流减少 10%（主磁路饱和）。

3）磁通不变，速度增加 20%。

2-8 何谓电枢反应？交轴电枢反应对气隙磁场有什么影响？为什么说交轴电枢反应磁场与主磁场相互作用产生了电磁转矩，而直轴电枢反应磁场则不能产生电磁转矩？

2-9 考虑饱和时，负载后电枢电动势应该由什么磁通进行计算？为什么？

2-10 直流电机的电枢电动势和电磁转矩的大小与气隙磁通有关，而与气隙磁场的波形无关，为什么？

2-11 直流电机电枢元件内的电动势和电流是交流还是直流？为什么在稳态电压方程中不出现元件的电感电动势？

2-12 电磁功率等于什么？从电磁功率出发，试说明直流发电机将机械能转换为电能的原理，以及直流电动机将电能转换为机械能的原理。

2-13 一台 4 极 82kW、230V、970r/min 的他励直流发电机，电枢上共有 123 个元件，每个元件 1 匝，支路数 $2a_=$ =2。如果负载时每极的合成磁通量，恰好等于空载额定转速下产生额定电压时每极的磁通量，试计算当发电机输出额定电流时的电磁转矩。【答案：$T_e=807.2\text{N}\cdot\text{m}$】

2-14 一台他励直流发电机的额定电压为 230V，额定电流为 10A，额定转速为 1000r/min，电枢电阻 $R=1.3\Omega$，电枢电压降 $2\Delta U=2\text{V}$，励磁电阻 $R_f=88\Omega$，转速在 750r/min 时的空载特性见表 2-1。

表 2-1 习题 2-14 表

I_f/A	0.4	1.0	1.6	2.0	2.5	3.0	3.6	4.4	5.2
E_0/A	33	78	120	150	176	194	206	225	240

试求：1）额定转速、励磁电流为2.5A时，空载电压为多少？2）若励磁电流不变，转速降为900r/min，空载电压为多少？3）满载时电磁功率为多少？【答案：1）$U_{ao}=234.67V$；2）$U_{ao}=211.2V$；3）$P_e=2.45kW$】

2-15 一台4极82kW、230V、970r/min的并励直流发电机，电枢电阻$R_{(75℃)}=0.0259\Omega$，励磁绕组总电阻$R_{f(75℃)}=22.8\Omega$，电刷电压降为2V，额定负载时并励回路中串入3.5Ω的调节电阻，铁耗和机械损耗共2.5kW，杂散损耗为额定功率的0.5%，试求额定负载时发电机的输入功率、电磁功率和效率。【答案：$P_1=91.11kW$，$P_e=88.20kW$，$\eta=90\%$】

2-16 一台17kW、220V的并励直流电动机，电枢电阻$R=0.1\Omega$，电枢电压降为2V，在额定电压下电枢电流为100A，转速为1450r/min，并励绕组与一变阻器串联使励磁电流为4.3A。当变阻器短路时，励磁电流为9A，转速降低至850r/min，电动机带有恒定负载，机械损耗和铁耗不计，试计算：1）励磁绕组的电阻R_f和变阻器的电阻$R_{f\Omega}$；2）变阻器短路后，电枢电流的稳态值和电磁转矩值。【答案：1）$R_f=24.44\Omega$，$R_{f\Omega}=26.72\Omega$；2）$I_{a2}=57.44A$，$T_e=137N\cdot m$】

2-17 一台96kW的并励直流电动机，额定电压为440V，额定电流为255A，额定励磁电流为5A，额定转速为500r/min，电枢电阻为0.07Ω，电刷电压降为$2\Delta U=2V$，不计电枢反应，试求：1）电动机的额定输出转矩；2）额定电流时的电磁转矩；3）电动机的空载转速。【答案：1）$T_2=1833N\cdot m$；2）$T_e=2008N\cdot m$；3）$n_0=523.2r/min$】

2-18 直流电机换向器绕组的基本特征是什么？

2-19 为什么直流电机动态电压方程中，除了运动电动势外，还出现了变压器电压？

2-20 对于具有直、交轴电刷的直流电动机，其直、交轴电压方程中的运动电动势项具有不同的符号，这是为什么？

2-21 为什么说对直流电动机的运动控制，归根结底是对电磁转矩的控制？

2-22 在什么条件下，他励直流电动机的运动方程为常系数线性微分方程？由他励直流电动机构成的直流控制系统有什么优势？

2-23 为什么采用积分调节器控制的单闭环调速系统可以是无静差的？

2-24 有了转速负反馈单闭环调速系统，为什么还要构成双闭环调速系统？

2-25 试述永磁无刷直流电动机两相导通、三相六状态运行的基本原理。

2-26 习题2-25中，为什么三相绕组间必须进行电流换相？

2-27 为什么无刷直流电动机电流换相对电流波形的影响要比有刷直流电动机的电流换向大得多？

2-28 习题2-25中，电流换相时刻是根据什么确定的？考虑换相后，为什么线电流与相电流波形不再一致？

2-29 习题2-25中，能够产生恒定转矩的条件是什么？

2-30 满足什么条件才能保证相电动势波的平顶宽度不小于120°电角度？

2-31 有刷直流电动机的电磁转矩大小与主磁场的波形无关，而无刷直流电动机的电磁转矩却与主磁场的波形相关，为什么？

2-32 为什么无刷直流电动机同有刷直流电动机一样，具有线性的机械特性？

2-33 为什么无刷直流电动机同有刷直流电动机一样，可实现调压调速？

第3章 交流电机理论的基本问题

3.1 交流绕组的构成

交流电机绕组构成了电机的电路部分，是进行机电能量转换的核心部件之一。交流电机（同步电机和感应电机）无论是稳态还是动态运行，均要求气隙磁场为正弦分布，故要求磁动势波尽量接近正弦波。由1.4.1节可知，定子磁动势的空间波形与定子绕组的结构相关。交流电机稳态运行时，要求感应电动势随时间按正弦规律变化，定子相绕组可获得的电动势其大小及波形同样与绕组结构相关。气隙中磁场是机电能量转换的媒介，感应电动势又是机电能量转换不可或缺的耦合项，两者对交流电机稳态和动态运行性能均有重要影响，因此必须清楚相绕组结构与磁动势和电动势之间的关系，为此需要先对交流绕组的构成和连接规律有一个基本了解。

从相数上看，交流绕组可分为单相绕组和多相绕组；根据槽内层数，可分为单层绕组和双层绕组；按每极每相槽数，可分为整数槽绕组和分数槽绕组；按线圈节距大小，可分为整距绕组和短（长）距绕组；按绕法，双层绕组可分为叠绕组和波绕组；单层绕组可分为同心式绕组、链式绕组和交叉式绕组。

尽管交流绕组形式多样，但它们的构成原则基本相同。当交流电机稳态运行时，这些原则主要体现在以下方面：

1）电动势和磁动势波形要尽量接近正弦波，基波幅值要大。

2）三相绕组的电动势和磁动势必须对称，电阻和电抗要平衡。

此外，绕组的铜耗要小，用铜量要少；绝缘要可靠，机械强度和散热条件要好，制造要方便。

在交流电机中，无论是同步电机还是感应电机，定子绕组多为三相绕组。下面以三相双层和单层绕组为例说明这两类绕组的构成和特点。

3.1.1 三相双层绕组

目前，10kW以上的三相交流电机的定子绕组一般采用双层绕组。双层绕组在每一个槽内有上、下两个线圈边。每个线圈的一个边嵌放在某一槽的上层，另一个边则嵌放在另一个槽的下层，如图3-1a所示，两者之间相隔 y_1 个槽，y_1 称为线圈的节距。由于每一个槽内放置上、下两个线圈边，故双层绕组的线圈数等于槽数。双层绕组的特点是：可以选择最有利的节距，且可同时采用分布绕组，以改善电动势和磁动势波形；所有线圈具有相同尺寸，便于制造；端部形状排列整齐，如图 3-1b 所示，有利于散热和增加机械强度。

图 3-2 为一台 4 极 36 槽的交流电机，$Z_1=36$，$2p_0=4$，以此为例来说明双层绕组的构成要素和特点。

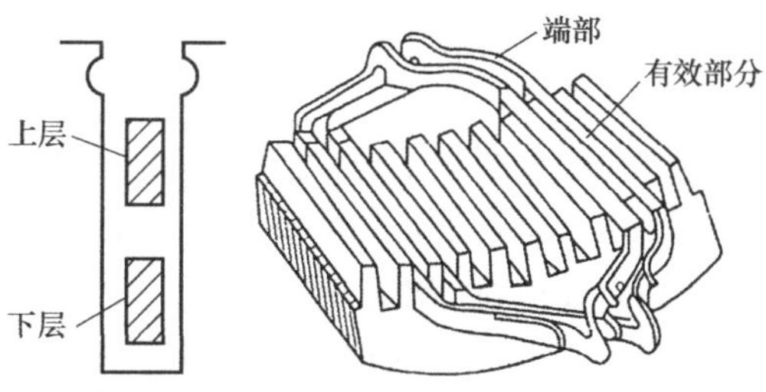

a) 槽内的上、下层绕组　b) 有效部分和端部

图 3-1　双层绕组

1. 槽电动势星形图及相带划分

（1）电角度与机械角度

图 3-2 中，设转子励磁磁场为正弦分布且幅值不变，转子以恒定的机械角度 Ω_r 逆时针旋转，各个槽内导体的感应电动势将以正弦规律变化。

若转子为 2 极结构（$p_0=1$），则转子在空间旋转一周（360°机械角度），槽内导体感应电动势在时域内就变化一周期（360°电角度），此时相邻槽内导体电动势间的时间相位差等于两者的空间相位差，各相邻槽内导体电动势间的总相位差应为 360°（电角度）。图 3-2 中，转子为 4 极结构，转子在空间旋转一周，槽内导体感应电动势在时域内将变化两个周期，即电角度$=p_0\times$机械角度，相邻槽内导体电动势间的时间相位差$=p_0\times$空间相位差，各相邻槽内导体电动势间的总相位差$=p_0\times360°$。此时，转子速度若以电角速度表示，则有 $\omega_r=p_0\Omega_r$。

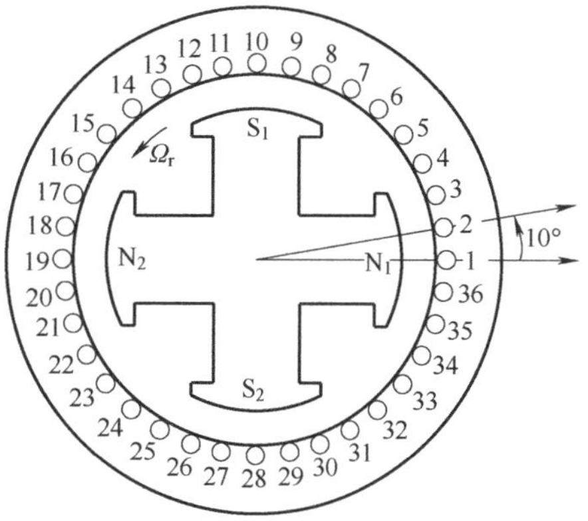

图 3-2　4 极 36 槽交流电机

（2）槽距角 α

槽距角 α 为相邻两槽间的电角度，对于图 3-2，则有

$$\alpha=\frac{p_0\times360°}{Z_1}=20° \tag{3-1}$$

由于槽内导体电动势随时间按正弦规律变化，故可用时间相量来表示。由于转子逆时针旋转，可知 2 号槽内导体电动势相量（称为 2 号槽的槽相量）将滞后于 1 号槽的槽相量 α 电角度，因此槽距角 α 也是相邻两槽的槽相量间的时间相位差，如图 3-3 所示。

（3）槽电动势星形图

图 3-3 为三相双层绕组的槽电动势星形图，图中给出了 36 个槽相量，若取 1 号槽的槽相量为参考相量，则 2、3、4、…、36 号槽的槽相量将逐次滞后 α 电角度。其中，由 1 号槽开始一直到第 18 号槽，经过了一对极，总相位差为 20°×18=360°(电角度)，在相量图上恰好绕过一圈。19 号槽的槽相量与 1 号槽的槽相量重合（方向一致），这是因为 1 号槽和 19 号槽分别位于 N_1 和 N_2 极下相对应的位置，故两个槽相量相位相同。由 19 号槽开始到第 36 号槽，这 18 个槽位于第 2 对极下，其槽相量将逐个与属于前一对极下的槽相量相重合。一般而言，对于整数槽绕组，若电机有 p_0

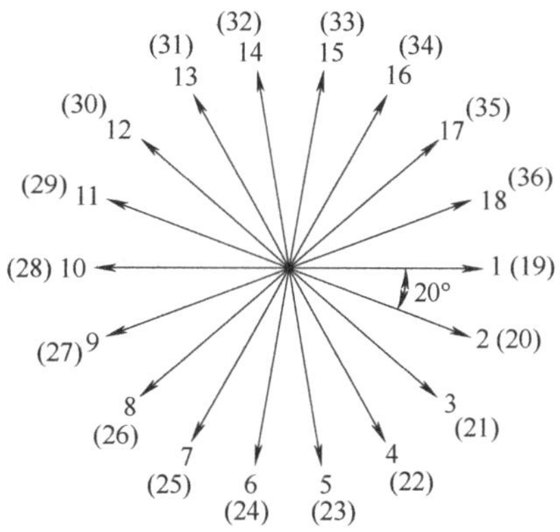

图 3-3　三相双层绕组的槽电动势星形图

（$Z_1=36$，$2p_0=4$）

对极，则槽电动势星形图将会发生 p_0 次重叠。

（4）相带

得到槽电动势星形图后，尚需进行相带划分，目的是将所有槽相量划分为三相对称的感应电动势，原则是每相的合成电动势应为最大。相带划分可以采用60°相带，也可采用120°相带。先来分析60°相带及其划分。

图3-3中，1号槽至18号槽处于一对极下，18个槽相量在相量图中共占据了360°电角度。当1号槽至9号槽处于同一个极下时，9个槽相量共占据了180°电角度，再将这9个槽分为三相，如图3-4a所示，每相3个槽相量，各占据60°电角度，通常将其称为60°相带。

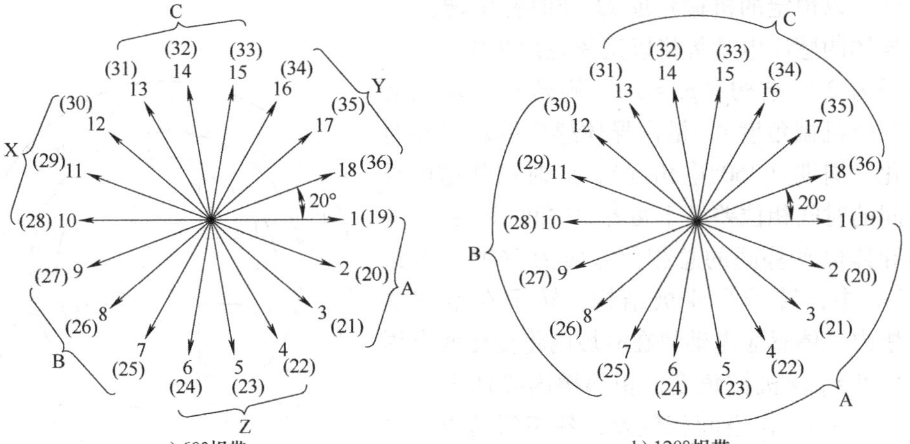

a) 60°相带　　　b) 120°相带

图3-4　相带划分

一般情况下，每极每相槽数为

$$q=\frac{Z_1}{2p_0m} \tag{3-2}$$

式中，m 为相数，$m=3$。

在图3-4a所示的槽电动势星形图中，可取前一对极 N_1 极下的1、2、3三个槽作为A相带（$q=3$），并可将属于同一相带的这三个槽内的线圈串联起来组成线圈组，称为极相组。由前一对极 S_1 极下的10、11、12槽可构成另一极相组，称为X相带，其与A相带的相位相差180°电角度，故为A相的负相带。同理，可在后一对 N_2、S_2 极下分别选取19、20、21槽和28、29、30槽分别作为A相带和X相带。将这四个极相组按照一定规律连接起来，就可以构成A相绕组。

显然，为使B相带电动势滞后A相电动势120°电角度，应选取7、8、9槽作为前一对极下的B相带，选取16、17、18槽作为Y相带（B相的负相带）；分别选取25、26、27槽和34、35、36槽作为后一对 N_2、S_2 极下的B相带和Y相带，即可构成B相绕组。同理，分别选取13、14、15槽和31、32、33槽，以及4、5、6槽和22、23、24槽分别作为C相带和Z相带，即可构成C相绕组。由此可以得到一个对称的三相绕组。这个绕组的每个相带各占60°电角度，故称为60°相带绕组。在图3-4a中，在一对极下，按顺时针方向，各相带的排序为A、Z、B、X、C、Y。

此外，可以按图3-4b所示的方式划分相带，即将一对极下的18个槽均匀分为三相，构成120°相带，彼此相位上相差120°电角度，称为120°相带绕组。由于每个相带包括6个槽相量，其合成电动势小，故很少采用。

2. 叠绕组

若相邻两个线圈中，后一个线圈紧叠在前一个线圈之上，每连接一个线圈，就前进一个槽，这种绕组就称为叠绕组。

图 3-5 为三相 4 极 36 槽双层绕组展开图（仅画出 A 相绕组），上层线圈边用实线、下层线圈边用虚线表示，线圈顶部的号码表示线圈号，也是槽号，A 相的槽号分配与图 3-4a 相对应。线圈的节距 $y_1=8$，图 3-5 中，线圈 1 的上层边位于 1 号槽，下层边位于 9 号槽（整距时下层边应位于 10 号槽，此时节距＝极距＝9），极相组线圈数 $q=3$，故绕组结构为三相双层短距分布绕组。

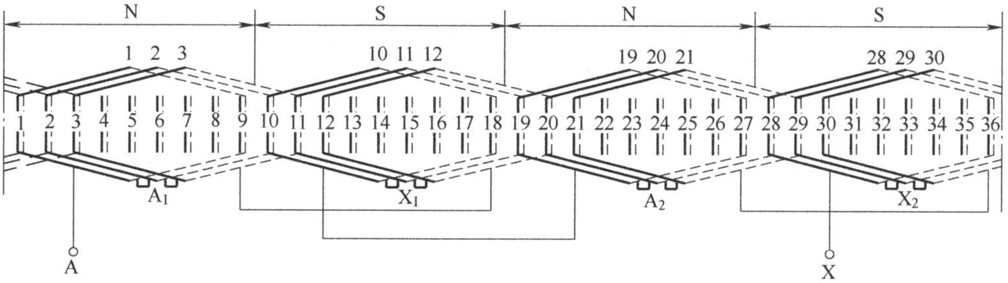

图 3-5　三相 4 极 36 槽双层绕组 A 相绕组展开图（$Z_1=36, 2p_0=4$）

图 3-4a 中，A 相有 4 个 60°相带，与图 3-5 中的 4 个极相组相对应，分别表示为 A_1、X_1、A_2 和 X_2，将这 4 个极相组串联或并联，即可构成 A 相绕组。对于 B 相和 C 相亦如此。

图 3-4a 中，极相组 A 的电动势方向与极相组 X 的电动势方向相反，故两者串联时，应进行反向连接，即首-首相连，或尾-尾相连，如图 3-6 所示；假若图中 A_1 与 X_1 首-尾相连，不仅两者的电动势互相抵消，由图 3-5 也可看出，两者电流所产生的磁场也会相互抵消。

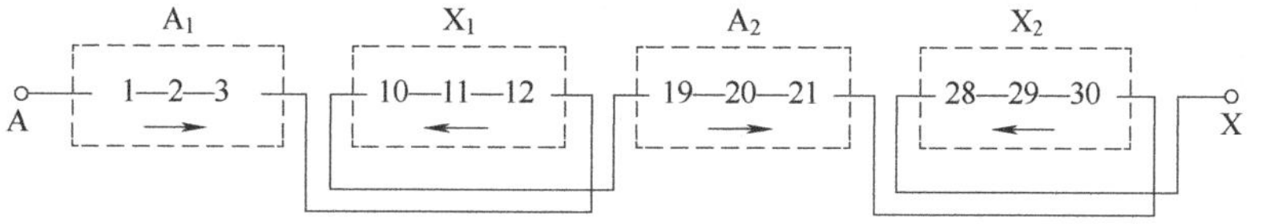

图 3-6　4 个极相组串联连接

如果希望获得两条并联支路，则 A 相绕组的连接如图 3-7 所示。

由于每相的极相组数等于极数，因此双层绕组的最多支路数等于 $2p_0$，但实际并联支路数 a 通常小于 $2p_0$，且 $2p_0$ 必须是 a 的整数倍。

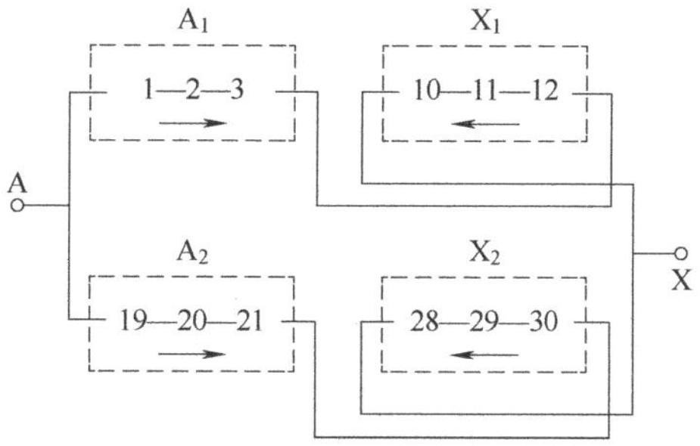

图 3-7　具有两条并联支路的 A 相绕组

叠绕组的优点是短距时端部可以节约部分用铜，散热条件好；缺点是线圈组数多，制造和嵌线用时较多，极相组之间连线较长，在极数较多时会增大用铜。叠绕线圈一般为多匝，主要用于电压、额定电流不太大的中、小型同步电机和感应电机，以及两级汽轮发电机的定子绕组中。

3. 波绕组

对于多极、支路导线截面积较大的交流电机，为节省极相组间连线用铜，常采用波绕组。

波绕组的特点是两个相连的线圈呈波浪形前进，如图 3-8 所示。与叠绕组相比，两者槽号分配和相带划分完全相同，但线圈端部形状及线圈之间的连接顺序不同。

波绕组的连接规律是将所有 N 极下属于同一相的线圈依次串联起来组成一组，再将 S 极下属于同一相的线圈依次串联起来组成另一组。对于每极每相槽数为整数的波绕组，每连接一个线圈就前进一对极的距离，故图 3-8 中波绕组的合成节距 y 可表示为

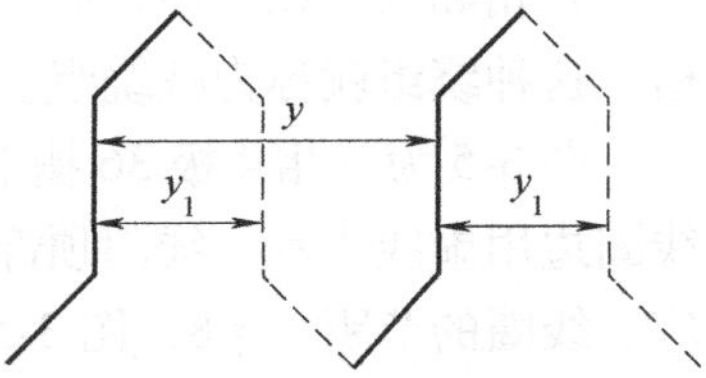

图 3-8　波绕组的节距

$$y=\frac{Z_1}{p_0}=2mq \tag{3-3}$$

由于绕组串联 p_0 个线圈，前进了 p_0 对极后，绕组将回到出发槽号而形成闭路。为使绕组能够连续地绕下去，每绕行一周，就需要人为地前进或者后退一个槽，这样才能使绕组连续下去。

现将图 3-5 所示的叠绕组改造为波绕组，此时波绕组线圈的节距保持不变，仍为 $y_1=8$，而线圈的合成节距 y 不再为 1，如图 3-9 所示，合成节距 $y=18$。若 A 相绕组从 3 号线圈起始，则 3 号线圈的一条线圈边放在 3 号槽上层（用实线表示），下层边放在 11 号槽下层（用虚线表示）；因 $y=18$，故 3 号线圈应与 21 号线圈相连，21 号线圈的一条线圈边放在 21 号槽的上层，另一条边则放在 29 号槽下层。连接这两个线圈后，恰好绕行一周。为避免绕组闭合，人为地后退一个槽，即从 2 号槽开始绕起，如此下去，可将 N_1 和 N_2 极下属于 A 相的 6 个线圈全部连接起来，组成一组（A 组）。同样，将 S_1 和 S_2 极下属于 A 相的 6 个线圈全部连接起来，组成一组（X 组）。最后，可构成支路 $a=1$ 的 A 相绕组的连接图，如图 3-10 所示。

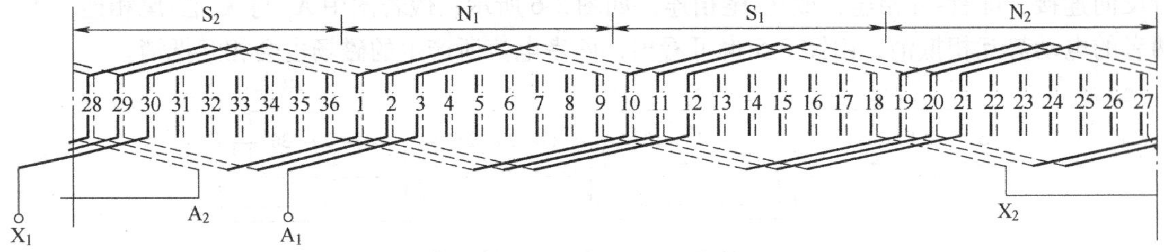

图 3-9　三相双层波绕组的 A 相绕组展开图

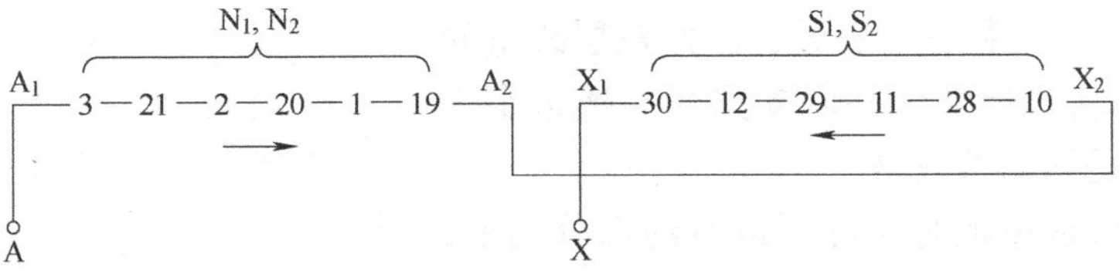

图 3-10　A 相波绕组的连接

由于在整数槽波绕组中，无论极数等于多少，每相绕组只能组成两个线圈组（A 组和 X 组），因此最多有两条并联支路。

波绕组的优点是可减少线圈组间的连线，多用于绕线型感应电机的转子绕组和大、中型水轮发电机的定子绕组。

3.1.2　三相单层绕组

单层绕组每个槽内只有一个线圈边，线圈数等于槽数的一半。单层绕组的优点是嵌线相对方便，没有层间绝缘，槽利用率高；缺点是由于不能任选节距，有时不能有效削弱谐波电动势和谐波磁动势，故其电动势和磁动势波形较双层绕组差，故通常用于 10kW 以下小型感应电机中。

按照线圈形状和端部连接方式，单层绕组分为同心式、交叉式和链式。绕组形式的选择与极对数和每极每相槽数等因素有关。

1. 同心式绕组

同心式绕组由不同节距的同心式线圈组成。现以三相 2 极 24 槽电机为例来说明。每极每相槽数为

$$q=\frac{Z_1}{2p_0m}=\frac{24}{2\times3}=4$$

同心式绕组的槽电动势星形图如图 3-11 所示，对 A、X 相带而言，可将 2-11 相连，组成一个小线圈，将 1-12 相连，组成一个大线圈，即可得到一个同心式线圈组；将 14-23 相连，13-24 相连，组成另一个同心式线圈组；最后将这两个线圈组反向串联，便可得到 A 相绕组，如图 3-12 所示。同理，可以得到 B、C 两相绕组。

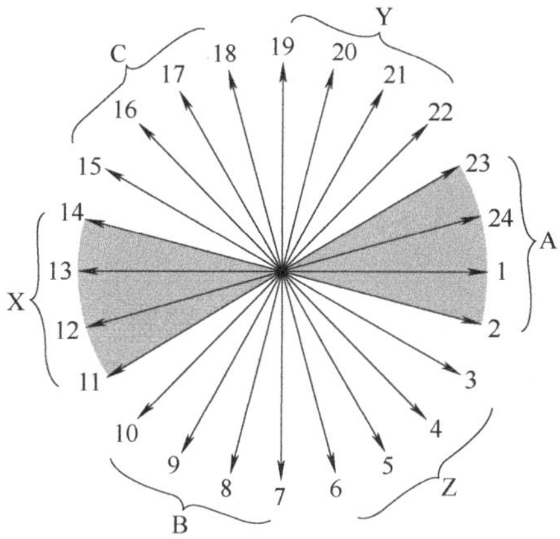

图 3-11　同心式绕组的槽电动势星形图
($Z_1=24, 2p_0=2$)

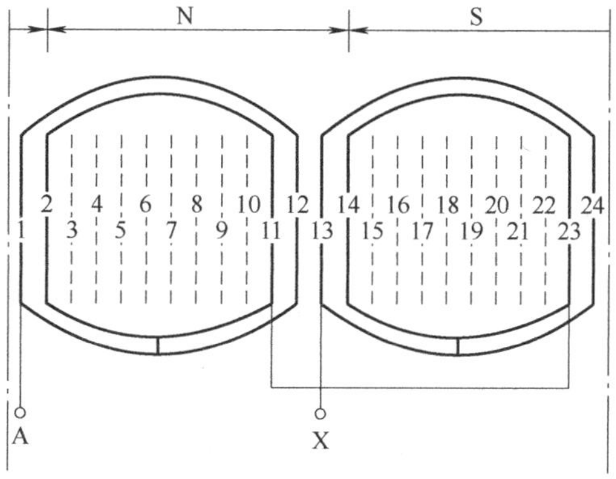

图 3-12　单层同心式绕组 A 相展开图
($Z_1=24, 2p_0=2$)

由于要求 q 值较大，且为偶数，故同心式绕组主要用于 2 极的小型感应电动机。其优点是下线方便，端部重叠数少，散热条件好；缺点是线圈大小不等，制作不方便，端部较长。

2. 交叉式绕组

现用一台三相 4 极 36 槽电机的定子绕组来说明交叉式绕组的构成和特点。

定子每极每相槽数为

$$q=\frac{Z_1}{2p_0m}=\frac{36}{4\times3}=3$$

交叉式绕组的槽电动势星形图如图 3-13 所示，对 A 和 X 相带而言，分别将 36-8 和 1-9 相连，可组成两个节距 $y_1=8$ 的大线圈，将 10-17 相连，可组成一个节距 $y_1=7$ 的小线圈；同样，分别将 18-26 和 19-27 相连，可组成两个节距为 8 的大线圈，将 28-35 相连，可组成节距为 7

的小线圈。最后，将这 6 个线圈按“两大一小”顺序交叉排列，大线圈与小线圈之间反向串联，即可得 A 相绕组，如图 3-14 所示。同理，可得 B 相和 C 相绕组。

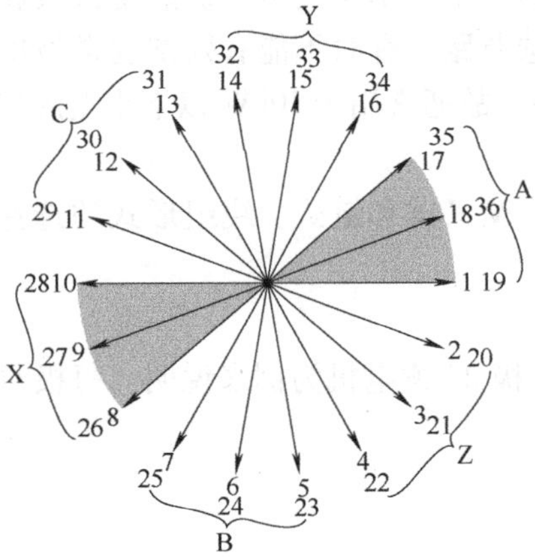

图 3-13　交叉式绕组的槽电动势星形图
（$Z_1=36, 2p_0=4$）

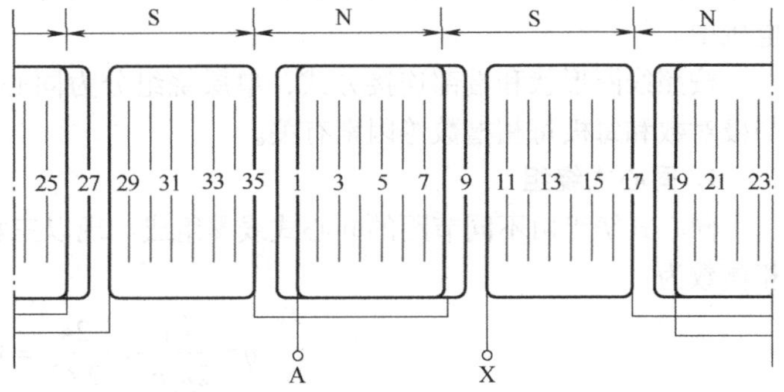

图 3-14　单层交叉式绕组 A 相展开图
（$Z_1=36, 2p_0=4$）

交叉式绕组主要用于 q 为奇数的 4、6 极小型感应电动机定子。由于采用了不等距线圈，它比同心式绕组端部要短。

3. 链式绕组

现用一台三相 6 极 36 槽电机的定子来说明链式绕组的构成和特点。

定子每极每相槽数为

$$q=\frac{Z_1}{2p_0m}=\frac{36}{6\times3}=2$$

链式绕组的槽电动势星形图如图 3-15 所示，对 A 和 X 相带而言，分别将 1-6、7-12、13-18、19-24、25-30、31-36 相连，可得到 6 个线圈；再将这 6 个线圈依次反向串联，即可得到 A 相绕组，如图 3-16 所示。同理，可得 B 相和 C 相绕组。

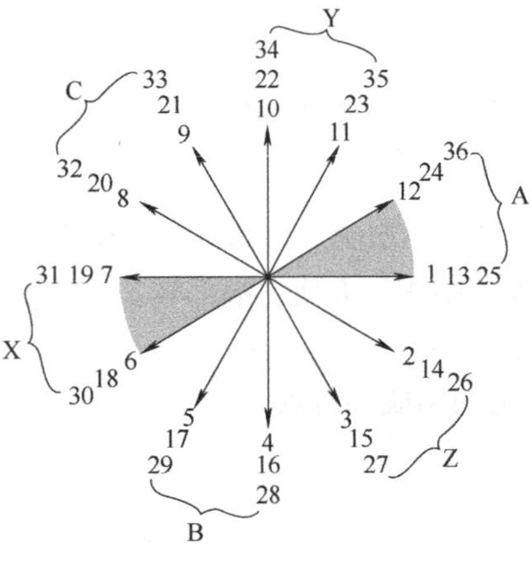

图 3-15　链式绕组的槽电动势星形图
（$Z_1=36, 2p_0=6$）

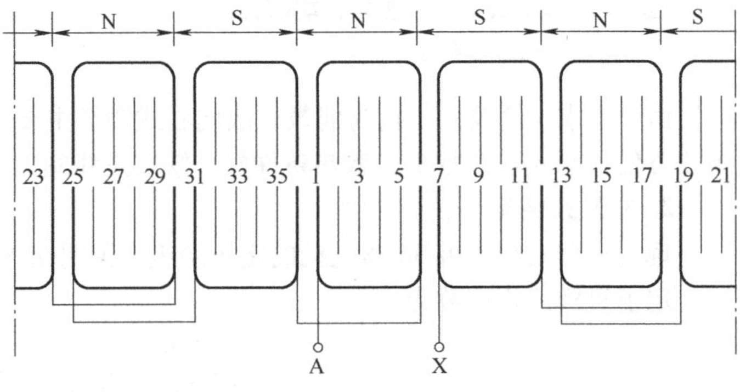

图 3-16　单层链式绕组 A 相展开图

若将 B 相和 C 相绕组同时表示在图 3-16 中，可以看出整个绕组一环套一环而宛如长链。

用槽数表示时，链式绕组的线圈节距恒为奇数，原因如图 3-15 所示，此时线圈的一条边若放在偶数槽内，则另一条边必定放在奇数槽内，反之亦然。

链式绕组主要用于每极每相槽数 q 为偶数的 4、6 极小型感应电动机中，线圈节距相同，制作方便，由于为短距结构，因此端部要短。

若每极每相 q 为奇数，如 $q=3$，则 A、X 相带内的槽相量分布便如图 3-13 所示，此时就形成了交叉式绕组。

3.2　交流绕组的电动势

图 3-17a 是以 2 极电机表示的一台交流电机，转子绕组由直流励磁，构成了主磁极（简称主极）。当主极旋转时，在气隙中形成了旋转磁场，其中的基波磁场（主极基波磁场，简称主磁场）如图 3-17b 所示。定子绕组“切割”主磁场后，将会感生运动电动势。下面先推导动态运行时定子整距集中绕组中的电动势。在此基础上，再分析和推导稳态运行时短距和分布绕组中的基波电动势，由此引入绕组的基波短距和分布因数。最后给出主极谐波磁场在相绕组中感应的谐波电动势和相应的谐波短距和分布因数。

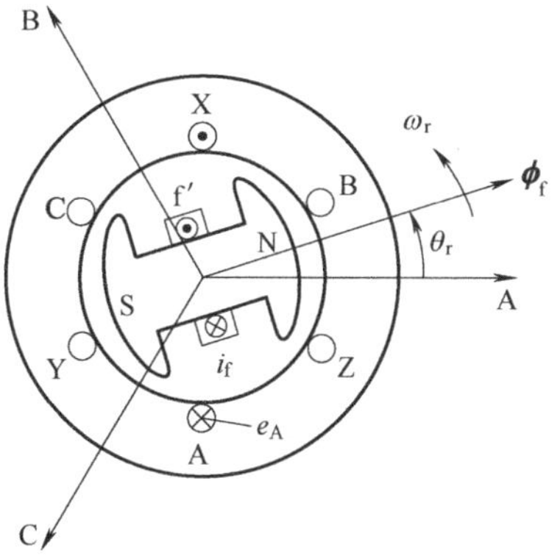

a) 以2极电机表示的交流电机

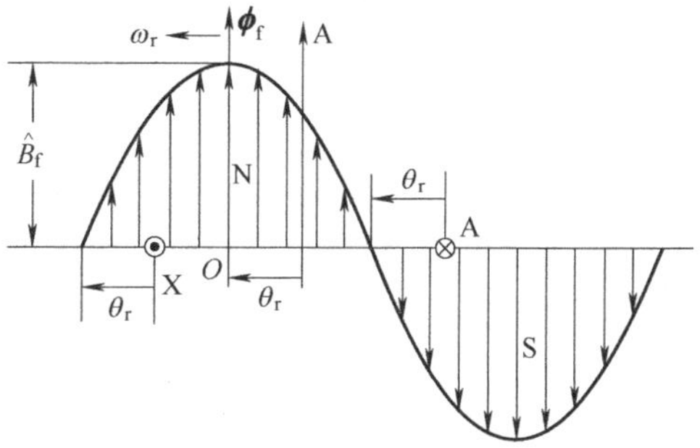

b) 气隙基波旋转磁场

图 3-17　对称的定子三相绕组与主极基波磁场

3.2.1　整距集中绕组的感应电动势

1. 动态运行时的感应电动势

图 3-17a 中，对称三相绕组 A-X、B-Y、C-Z 分别为整距集中绕组，A、B、C 分别为首端，X、Y、Z 分别为末端。A 轴为 A 相绕组轴线，B 相绕组轴线即 B 轴超前 A 轴 120°电角度，C 相绕组轴线即 C 轴超前 B 轴 120°电角度，在空间构成了对称的定子三相绕组。

在动态运行中，转子以任意电角速度 ω_r 旋转。现取 A 轴为空间参考轴，电角度 θ_r 为主极基波磁场轴线的空间相位角。由 $e=Blv$，可将 A 相绕组感生的运动电动势 e_A 表示为

$$\begin{aligned}e_A &= (\hat{B}_f\sin\theta_r)lv_r 2N_A \\ &= \omega_r N_A \phi_f \sin\theta_r = \omega_r \psi_{fA}\sin\theta_r\end{aligned} \tag{3-4}$$

式中，$\hat{B}_f$ 为主极基波磁场幅值；ϕ_f 为每一极下的主磁通量，$\phi_f=\dfrac{2}{\pi}\hat{B}_f\tau l$；$\psi_{fA}=N_A\phi_f$；$N_A$ 为 A 相绕组一个支路内的总串联匝数；$v_r=R_r\Omega_r$，$R_r=\dfrac{p_0\tau}{\pi}$；$\theta_r=\int_0^t\omega_r\mathrm{d}t+\theta_{r0}$，$\theta_{r0}$ 为初始值。

图3-17a中，可以看成是转子静止不动，而定子A相绕组相对转子顺时针旋转，根据右手法则，可判定绕组中运动电动势 e_A 的方向，如图中所示。

式（3-4）表明，A相绕组感应电动势的瞬时值大小与相绕组匝数以及主极基波磁场的幅值、相位和瞬时旋转速度相关。动态运行时，ϕ_f 和 ω_r 不断变化，此时 $\theta_r \neq \omega_r t+\theta_{r0}$，式（3-4）中的 $\sin\theta_r$ 也并非随时间按正弦规律变化，故感应电动势 e_A 在时域内可为任意波形。式（3-4）与式（1-57）具有相同的形式。实际上，图3-17a中，若仅考虑A相绕组，且假设气隙为均匀的，则图3-17a与图1-9所示的动态电路是相同的。

式（3-4）也可由电磁感应定律 $e=-N\dfrac{d\phi}{dt}$ 得出。图3-17a中，若设定A相绕组的感应电动势正方向由首端A指向末端X，则有

$$\begin{aligned} e_A &= -N_A \frac{d}{dt}(\phi_f \cos\theta_r) \\ &= \omega_r N_A \phi_f \sin\theta_r \\ &= \omega_r \psi_{fA} \sin\theta_r \end{aligned} \tag{3-5}$$

在图3-17a所示时刻，由楞次定则可以判定，e_A 的实际方向如图中所示。

由于 e_A 不随时间按正弦规律变化，因此不能将其表示为时间相量。

2. 稳态运行时的感应电动势

稳态运行时，ϕ_f 和 ω_r 为常值（将 ϕ_f 记为 Φ_f），且有 $\theta_r=\omega_r t+\theta_{r0}$，由式（3-4）可得

$$e_A=\omega_r N_A \Phi_f \sin(\omega_r t+\theta_{r0}) \tag{3-6}$$

由式（3-6）可得出A相绕组感应电动势的波形、频率和有效值。

（1）感应电动势波形与相量表示

由式（3-6）可见，因主极基波磁场幅值和旋转速度均为恒定，故在A相绕组中感生的运动电动势是随时间按正弦规律变化的交流电动势，如图3-18所示，其初始相位为 θ_{r0}。

可以将 e_A 表示为时间相量 $\dot{E}_A$，E_A 为其有效值。同样，B相和C相绕组中感生的运动电动势 e_B 和 e_C 亦为正弦波电动势，可以将其表示为时间相量 $\dot{E}_B$ 和 $\dot{E}_C$，$\dot{E}_B$ 和 $\dot{E}_C$ 分别滞后 $\dot{E}_A$ 120°和240°电角度，$\dot{E}_A$、$\dot{E}_B$、$\dot{E}_C$ 构成了对称的三相电动势。

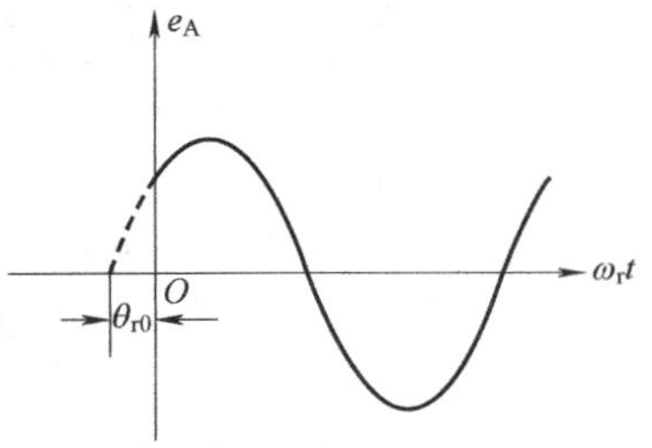

图3-18　正弦波感应电动势

（2）感应电动势的频率

式（3-6）中，正弦波感应电动势的频率等于转子旋转的电角速度 ω_r，将其记为 ω_s。

图3-17a中，转子旋转一周，感应电动势将交变一次。若电机有 p_0 对极，转子每旋转一周，感应电动势便交变 p_0 次。转子速度若以转/分（r/min）来计量，感应电动势频率以赫兹（Hz）来计量，则感应电动势的频率 f_s 可表示为

$$f_s=\frac{p_0 n_r}{60} \tag{3-7}$$

若电机为2极，则转子每秒旋转的圈数即为感应电动势频率（Hz）。

在我国，工业用电频率为50Hz。当定子频率为50Hz时，转子速度（r/min）应为

$$n_s=\frac{60 f_s}{p_0} \tag{3-8}$$

将满足式（3-8）关系的转速称为同步转速，通常记为 n_s。电机极对数 $p_0=1$ 时，同步转速 $n_s=3000\text{r/min}$；当 $p_0=2$ 时，$n_s=1500\text{r/min}$；极对数越高，同步转速越低。

当转子速度以机械角速度（rad/s）表示时，$\Omega_r=\dfrac{2\pi n_r}{60}$，由式（3-8），可得同步转速为

$$\Omega_s=\frac{2\pi f_s}{p_0} \tag{3-9}$$

式中，$2\pi f_s=\omega_s$，ω_s 为定子绕组感应电动势的频率。

（3）感应电动势的有效值

当转子以同步转速旋转时，由式（3-6）可得相绕组正弦波感应电动势的幅值为

$$E_{m\phi 1}=\omega_s N_A \Phi_f=2\pi f_s N_A \Phi_f \tag{3-10}$$

有效值则为

$$E_{\phi 1}=\sqrt{2}\pi f_s N_A \Phi_f=4.44 f_s N_A \Phi_f \tag{3-11}$$

3.2.2　短距绕组的感应电动势、基波节距因数

如 3.1 节所述，双层绕组多采用短距绕组，单层绕组也可为节距不等的短距绕组。稳态运行时，线圈基波电动势可由相量来表示和运算。与整距线圈相比，短距线圈两个线圈边的空间相位差不再为 180°电角度，而为 $\gamma=\dfrac{y_1}{\tau}\times 180°$ 电角度，如图 3-19a 所示。

图 3-19a 中，设两线圈边感应电动势 $\dot{E}_1$ 和 $\dot{E}_2$ 的正方向均为由下而上，$\dot{E}_c$ 为线圈电动势相量。图 3-19b 中，相量 $\dot{E}_1$ 和 $\dot{E}_2$ 的相位差为 $\gamma(\gamma<180°)$，短距线圈电动势相量 $\dot{E}_c$ 则为

$$\dot{E}_c=\dot{E}_1-\dot{E}_2=\dot{E}_1+(-\dot{E}_2) \tag{3-12}$$

可得

$$E_c=2E_1\cos\frac{180°-\gamma}{2}=2E_1\sin\frac{y_1}{\tau}90° \tag{3-13}$$

式中，$2E_1$ 为整距线圈感应电动势的有效值。

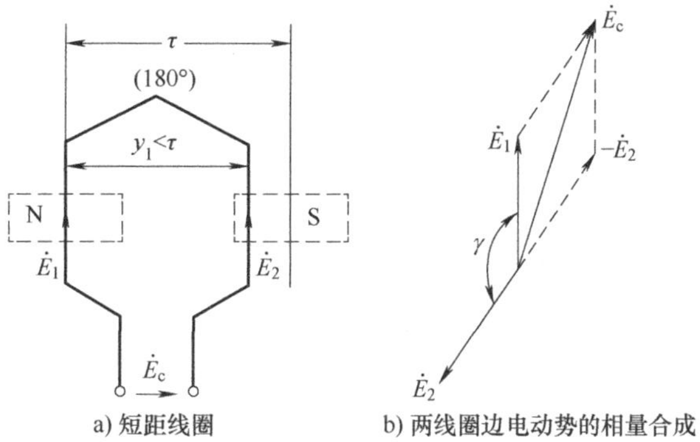

图 3-19　短距线圈感应电动势相量图

短距线圈与整距线圈感应电动势有效值之比为

$$k_{p1}=\sin\frac{y_1}{\tau}90° \tag{3-14}$$

式中，k_{p1} 为绕组的基波节距因数。k_{p1} 的物理含义是线圈短距后其基波电动势相比整距时应打的折扣。整距时，$k_{p1}=1$；短距时，k_{p1} 恒小于 1。

尽管短距使绕组基波电动势有所减小，但当主极磁场中含有谐波磁场时，采用短距可有效地削弱绕组的谐波电动势，因此交流绕组多采用短距绕组。

3.2.3　分布绕组的感应电动势、基波分布因数

对于双层绕组，以 4 极 36 槽的交流绕组为例，如图 3-4a 所示，一个极相组由 3 个线圈串

联组成（$q=3$），线圈的空间位置互不相同，由此构成了分布绕组。各线圈的电动势有效值相等，但相位依次相差 $\alpha=20°$ 电角度。以线圈 1、2、3 构成的极相组为例，此时极相组的合成电动势 $\dot{E}_{q1}$ 应为 3 个线圈电动势相量 $\dot{E}_{c1}$、$\dot{E}_{c2}$、$\dot{E}_{c3}$ 的相量和，如图 3-20 所示，$\dot{E}_{c1}$、$\dot{E}_{c2}$、$\dot{E}_{c3}$ 是已计及短距因素的线圈电动势。$\dot{E}_{c1}$、$\dot{E}_{c2}$、$\dot{E}_{c3}$ 构成了正多边形的一部分，R 为该多边形外接圆半径，正多边形每个边对应的圆心角为 α，q 个线圈的合成电动势 $\dot{E}_{q1}$ 所对的圆心角为 $q\alpha$，故可得

$$E_{q1}=2R\sin\frac{q\alpha}{2} \tag{3-15}$$

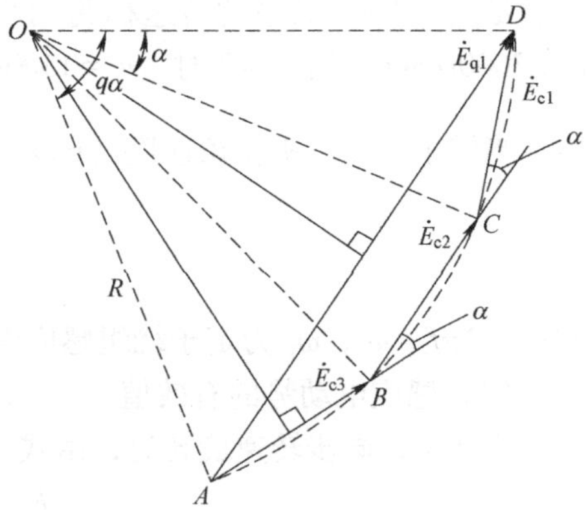

图 3-20 极相组电动势 $\dot{E}_{q1}$ 的相量合成

且有

$$R=\frac{E_{c1}}{2\sin\frac{\alpha}{2}} \tag{3-16}$$

将式（3-16）代入式（3-15），可得

$$E_{q1}=E_{c1}\frac{\sin\frac{q\alpha}{2}}{\sin\frac{\alpha}{2}}=qE_{c1}\frac{\sin\frac{q\alpha}{2}}{q\sin\frac{\alpha}{2}} \tag{3-17}$$

则有

$$k_{d1}=\frac{E_{q1}}{qE_{c1}}=\frac{\sin\frac{q\alpha}{2}}{q\sin\frac{\alpha}{2}} \tag{3-18}$$

式中，k_{d1} 为基波分布因数，$k_{d1}\leqslant 1$。k_{d1} 的物理含义是由于绕组分布在不同槽内，使得 q 个分布线圈的基波合成电动势小于 q 个集中线圈的基波合成电动势，由此所引起的极相组电动势的折扣。

对于单层绕组，由于端部导体中没有感生运动电动势，因此极相组基波合成电动势的大小仅取决于各槽电动势的相量和，而与各槽导体的连接方式无关。如对于图 3-16 所示的链式绕组，也可将图 3-15 中的槽相量 1 和 7 看成是一个整距线圈的电动势，将相量 6 和 12 看成是另一个整距线圈的电动势，故可将其看成是 $q=2$ 的整距分布绕组，如此不会改变极相组的基波合成电动势。同理，可将图 3-14 所示的交叉式绕组看成是 $q=3$ 的整距分布绕组，而将图 3-12 所示的同心式绕组看成是 $q=4$ 的整距分布绕组。

3.2.4 相绕组的感应电动势与基波绕组因数

在既考虑相绕组短距，又考虑其分布时，整个相绕组的基波合成电动势对比整距集中绕组所打的总折扣应为 $k_{p1}k_{d1}$ 的乘积，即有

$$k_{ws1}=k_{p1}k_{d1} \tag{3-19}$$

式中，k_{ws1} 为相绕组的基波绕组因数。

在考虑相绕组短距、分布因素后，可将式（3-11）表示为

$$E_{\phi1}=\sqrt{2}\pi f_s N_1 k_{ws1}\Phi_f=4.44 f_s N_1 k_{ws1}\Phi_f \tag{3-20}$$

式中，$E_{\phi1}$为相绕组基波电动势有效值；N_1 为相绕组的总串联匝数；N_1k_{sw1}为相绕组的有效匝数。

对于双层绕组，每相共有 $2p_0qN_c$ 匝，N_c 为每一线圈匝数；若并联支路数为 a，则相绕组的总串联匝数 N_1 为

$$N_1=\frac{2p_0qN_c}{a} \tag{3-21}$$

对于单层绕组，若每一线圈匝数为 N_c，则 N_1 为

$$N_1=\frac{p_0qN_c}{a} \tag{3-22}$$

对于对称三相绕组，求出相电动势后，根据三相绕组连接法可求得线电动势。对于星形联结，线电动势为相电动势的$\sqrt{3}$倍；对于三角形联结，线电动势便等于相电动势。

3.2.5 高次谐波电动势与谐波绕组因数

1. 主极磁场中的谐波磁场

通常情况下，同步电机主极磁场在气隙中并非正弦分布，除了基波磁场外，还包含有谐波磁场。图3-21所示为凸极同步电机非正弦分布的主极磁场，由于沿磁极中心线对称分布，故除了基波外，仅含有奇次谐波磁场，即 $\nu=1,3,5,\cdots$，图中仅画出了1、3、5次谐波。ν 次谐波磁场的极对数 $p_{0\nu}$为基波的 ν 倍，极距 τ_ν 为基波的 $1/\nu$。ν 次谐波的磁通量 $\Phi_{f\nu}$为

$$\Phi_{f\nu}=\frac{2}{\pi}\hat{B}_{f\nu}\tau_\nu l \tag{3-23}$$

式中，$\hat{B}_{f\nu}$为 ν 次谐波磁场的幅值。

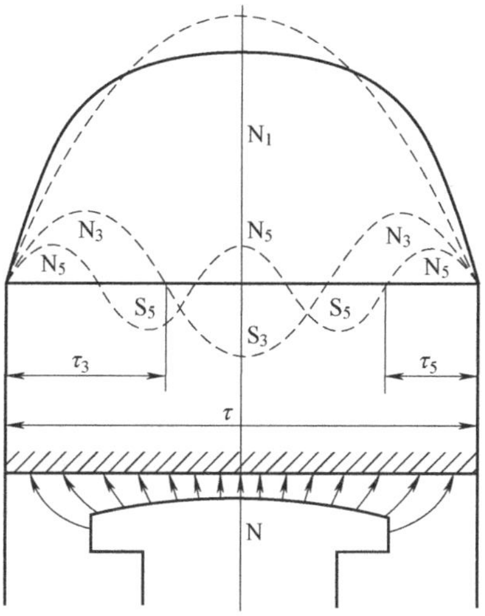

图3-21 主极磁场中的基波和谐波磁场

2. 谐波电动势

由于 ν 次谐波磁场是主极磁场中的谐波磁场，因此其在空间的转速即为转子的转速。当主极以同步速度 n_s 旋转时，若主极磁场保持不变，在定子绕组中感生的谐波电动势频率f_ν 为

$$f_\nu=\nu\frac{p_0n_s}{60}=\nu f_s \tag{3-24}$$

式（3-24）表明，ν 次谐波磁场感生的谐波电动势频率为基波的 ν 倍。

与相绕组基波电动势的推导类似，可得谐波电动势有效值 $E_{\phi\nu}$为

$$E_{\phi\nu}=4.44 f_\nu N_1 k_{ws\nu}\Phi_{f\nu} \tag{3-25}$$

式中，$k_{ws\nu}$为 ν 次谐波的绕组因数。$k_{ws\nu}$为 ν 次谐波短距因数 $k_{p\nu}$和分布因数 $k_{d\nu}$的乘积，即有

$$k_{ws\nu}=k_{p\nu}k_{d\nu} \tag{3-26}$$

图3-19中，线圈的两个线圈边对基波的距离为 y_1，对 ν 次谐波磁场则为 νy_1；图3-20中，对于 ν 次谐波磁场，相邻线圈之间则相距 $\nu\alpha$ 电角度。故由式（3-14）和式（3-18），可将 $k_{p\nu}$

和 $k_{d\nu}$表示为

$$k_{p\nu}=\sin\nu\left(\frac{y_1}{\tau}90°\right) \tag{3-27}$$

$$k_{d\nu}=\frac{\sin\nu\dfrac{q\alpha}{2}}{q\sin\nu\dfrac{\alpha}{2}} \tag{3-28}$$

3. 相电动势和线电动势

考虑到谐波电动势，相电动势有效值可表示为

$$E_{\phi}=\sqrt{E_{\phi1}^2+E_{\phi3}^2+E_{\phi5}^2+\cdots}=E_{\phi1}\sqrt{1+\left(\frac{E_{\phi3}}{E_{\phi1}}\right)^2+\left(\frac{E_{\phi5}}{E_{\phi1}}\right)^2+\cdots}$$

三相绕组星形联结时，线电动势有效值为

$$E_L=\sqrt{3}\sqrt{E_{\phi1}^2+E_{\phi5}^2+E_{\phi7}^2+\cdots}$$

三相绕组三角形联结时，线电动势有效值则为

$$E_L=\sqrt{E_{\phi1}^2+E_{\phi5}^2+E_{\phi7}^2+\cdots}$$

由于各相 3 次谐波在时间上同相位，大小相等，故星形联结时，线电动势中不存在 3 次谐波电动势。当三角形联结时，三相的 3 次谐波电动势之和将会在闭合的三角形回路中形成环流，即有

$$\dot{I}_{3\Delta}=\frac{3\dot{E}_{\phi3}}{3Z_3}$$

$$\dot{E}_{\phi3}=\dot{I}_{3\Delta}Z_3$$

式中，$3Z_3$ 为回路的 3 次谐波阻抗。由于 $\dot{E}_{\phi3}$完全消耗于环流的阻抗电压降 $\dot{I}_{3\Delta}Z_3$，因此线端也不会出现 3 次谐波电压，但 3 次谐波环流所产生的杂散损耗会使电机效率下降，温升增高，所以现代交流发电机一般均采用星形联结。

3.3　单相绕组的磁动势

如第 1 章所述，绕组通入电流后会产生磁动势，在磁动势作用下产生磁场，而磁场对电机的转矩生成和运行性能影响重大。因此，研究交流绕组的磁动势，特别是三相（多相）绕组产生的合成磁动势的性质十分重要，这也是分析交流电机工作原理和性能的基础。

为简化分析，做以下假设：

1）定、转子铁心的磁导率 $\mu_{Fe}=\infty$ 。

2）不计定、转子的齿槽效应，定、转子间的气隙是均匀的。

3）槽内电流为集中电流，且位于定子内缘下。

3.3.1　整距集中绕组的磁动势

图 3-22a 所示为 4 极电机，相绕组为单层整距集中绕组，线圈 A_1-X_1 和 A_2-X_2 的节距均等于 1/4 周长，各线圈边 A_1、X_1、A_2、X_2 在定子内表面对称分布，每个线圈匝数为 N_c，瞬时电流均为 $i_c(t)$，正方向如图中所示。采用安培环路定律时，若取图中虚线所示闭合回线为积分

路径（径向穿过气隙），则每条回线所包围的安匝数均为 $N_c i_c$，各处气隙的磁位降均为 $N_c i_c/2$，但因径向穿过气隙的磁动势的方向不同，故在气隙中形成了一个一正一负、矩形分布的磁动势波，矩形波的幅值为 $N_c i_c/2$，如图 3-22b 所示。由于已假设槽内电流为集中电流，故磁动势波在经过线圈边时将发生 $N_c i_c$ 的跃变。在此磁动势作用下，气隙中形成了 N、S 极交替的 4 极磁场。

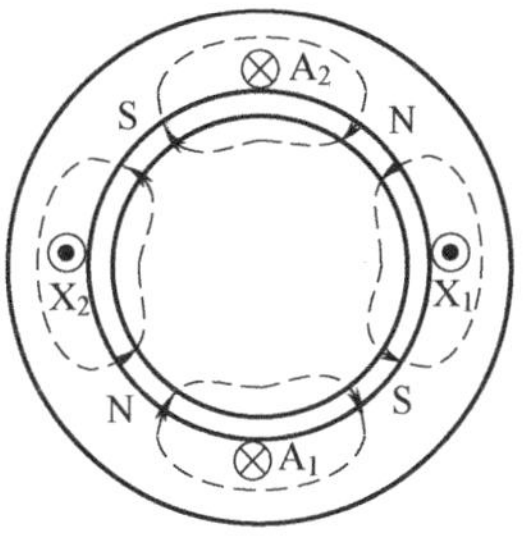

a) 整距集中绕组

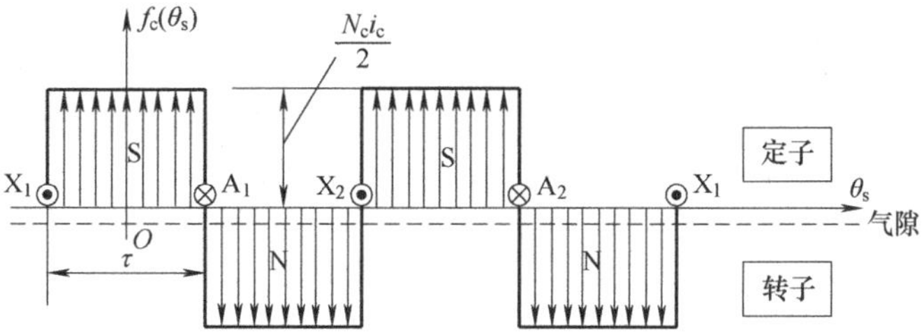

b) 磁动势沿气隙的分布图

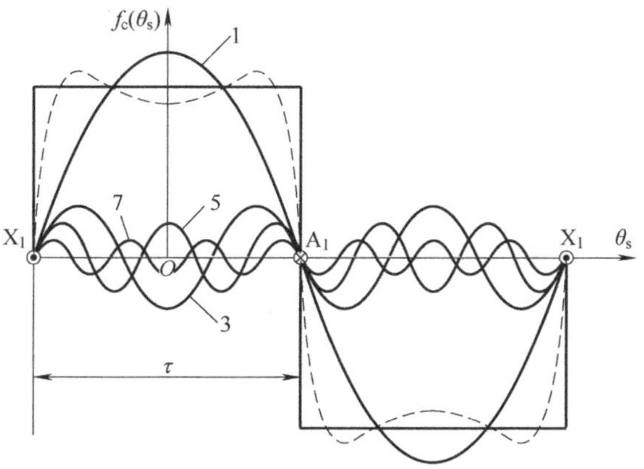

c) 矩形波磁动势中的基波和谐波磁动势

图 3-22　4 极整距集中绕组产生的矩形波磁动势

图 3-22b 中，两组整距集中线圈产生的磁动势波形为周期性函数，4 极情况是 2 极情况的重复，因此只需分析 2 极情况，即可推广到 4 极或更多极数的情况。

如图 3-22c 所示，矩形磁动势波中除了基波外，还包含了一系列奇次谐波。以线圈 A_1-X_1 轴线处作为坐标原点，经傅里叶级数分解，可将图 3-22b 所示的矩形波磁动势表示为

$$f_c(\theta_s)=F_{c1}\cos\theta_s-F_{c3}\cos3\theta_s+F_{c5}\cos5\theta_s-F_{c7}\cos7\theta_s+F_{c9}\cos9\theta_s-F_{c11}\cos11\theta_s+\cdots \tag{3-29}$$

式中，F_{c1}、F_{c3}、F_{c5}、…分别为基波和各次谐波磁动势的幅值。

对于基波磁动势，则有

$$F_{c1}=\frac{4}{\pi}\frac{1}{2}N_c i_c \tag{3-30}$$

对于 ν 次谐波磁动势，则有

$$F_{c\nu}=\frac{4}{\pi}\frac{1}{2}\frac{1}{\nu}N_c i_c \tag{3-31}$$

由式（3-30）和式（3-31），可得

$$F_{c\nu}=\frac{1}{\nu}F_{c1} \tag{3-32}$$

图 3-22c 中，在 $\theta_s=0°$处，基波和各次谐波均达最大值，其中 5 次谐波为正（与基波方向相同），3、7 次谐波为负值（与基波方向相反），各谐波幅值的大小为基波的 $1/\nu$。图中，为清楚起见，仅将 1、3、5、7 次谐波迭加起来，结果如图 3-22c 中虚线所示，表示取三个谐波时的近似性。

3.3.2 短距集中绕组的磁动势

若图 3-22a 中的 A 相绕组为短距集中绕组，线圈 A_1-X_1 的磁动势波形便如图 3-23 所示。线圈短距后，矩形磁动势波正、负部分的宽度和幅值不再相同，线圈节距 $y_1(y_1<\tau)$部分内的幅值大于余下部分$(2\tau-y_1)$的幅值。其原因分析如下。

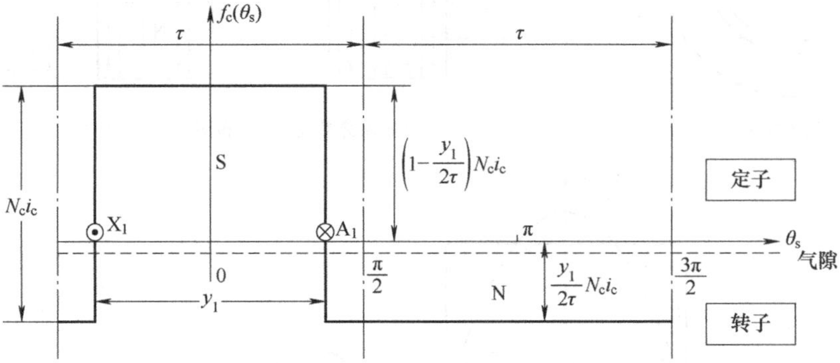

图 3-23 短距集中绕组产生的磁动势

根据磁通连续性原理，图 3-23 中，由 N 极区发出的磁通量应等于进入 S 极区的磁通量。S 极区占据空间宽度为 y_1，N 极区占据空间宽度为 $2\tau-y_1$，故 S 极区与 N 极区内的气隙磁通密度之比应为$(2\tau-y_1)/y_1=[1-y_1/(2\tau)]/[y_1/(2\tau)]$。由于气隙磁密 $B=\mu_0 H$，$H=\frac{f}{\delta}$，δ 为单边气隙长度，f 为作用于气隙的磁动势，故有 $B=\mu_0\frac{f}{\delta}$，即气隙磁动势应与气隙磁通密度成正比，因此作用于 S 极区的磁动势与作用于 N 极区的磁动势之比即为$[1-y_1/(2\tau)]/[y_1/(2\tau)]$，可知 S 极区的磁动势幅值为$[1-y_1/(2\tau)]N_c i_c$，N 极区的磁动势幅值为$\frac{y_1}{2\tau}N_c i_c$，两者之和为 $N_c i_c$。从磁路角度看，通过 S 极区和 N 极区气隙的磁通量相等，但 S 极区气隙的磁阻为 N 极区的$[1-y_1/(2\tau)]/[y_1/(2\tau)]$，故消耗于前者气隙磁路的磁位降也应为后者的$[1-y_1/(2\tau)]/[y_1/(2\tau)]$。亦即，短距集中线圈产生的磁动势波是一个一正一负的矩形波，矩形波的幅值不等，但正、负半波的面积相等。

按照傅里叶级数分解方法，可将图 3-23 所示的矩形波磁动势表示为

$$f_c(\theta_s)=a_1\cos\theta_s+a_2\cos2\theta_s+a_3\cos3\theta_s+\cdots+a_\nu\cos\nu\theta_s \tag{3-33}$$

令 $y=y_1/\tau$，则可得系数 a_ν 为

$$\begin{aligned}a_\nu &= \frac{2}{\pi}\int_0^{y\frac{\pi}{2}}\left(1-\frac{y}{2}\right)N_c i_c\cos\nu\theta_s\mathrm{d}\theta_s-\frac{2}{\pi}\int_{y\frac{\pi}{2}}^{\pi}\frac{y}{2}N_c i_c\cos\nu\theta_s\mathrm{d}\theta_s\\ &= N_c i_c\left[\frac{2}{\pi}\left(1-\frac{y}{2}\right)\frac{1}{\nu}\sin\nu y\frac{\pi}{2}+\frac{2}{\pi}\frac{y}{2}\frac{1}{\nu}\sin\nu y\frac{\pi}{2}\right]\\ &= \frac{4}{\pi}\frac{1}{2}\frac{1}{\nu}k_{p\nu}N_c i_c\end{aligned} \tag{3-34}$$

其中

$$k_{p\nu}=\sin\nu\frac{y_1}{\tau}90^\circ \tag{3-35}$$

式中，$k_{p\nu}$为谐波的节距因数。

对于谐波磁动势，则有

$$F_{c\nu}=\frac{4}{\pi}\frac{1}{2}\frac{1}{\nu}k_{p\nu}N_c i_c \tag{3-36}$$

对于基波磁动势，$\nu=1$，则有

$$k_{p1}=\sin\frac{y_1}{\tau}90^\circ \tag{3-37}$$

$$F_{c1}=\frac{4}{\pi}\frac{1}{2}k_{p1}N_c i_c \tag{3-38}$$

式中，k_{p1}为基波的节距因数。对于短距集中绕组，$k_{p1}<1$。

对比式（3-38）和式（3-30）可以看出，线圈短距后其基波磁动势幅值比整距时有所减小，由此引起的折扣即为k_{p1}。对比式（3-36）和式（3-31）可以看出，线圈短距后不仅对基波磁动势有削弱作用，对谐波磁动势也同样具有抑制作用，因此可以采用短距来抑制磁动势中的某些次谐波。此外，与整距集中线圈不同，短距集中线圈的谐波磁动势中不仅包含有奇次谐波，还包含了偶次谐波。

3.3.3　整距分布绕组的磁动势

假设图 3-22a 中的 A 相绕组为整距分布绕组，每个极相组由 3 个整距线圈组成($q=3$)，3 个线圈依次置于 3 个相邻槽内，由此构成了整距分布绕组，如图 3-24a 所示。由于每个线圈匝数相同，通过电流相同，故每个线圈产生的磁动势均为幅值相等的矩形波磁动势。由于绕组是分布的，相邻线圈在空间彼此移过 α 电角度，因此相邻矩形磁动势波在空间上也彼此移过 α 电角度。将 3 个矩形波相加，合成磁动势即为一个阶梯波，如图 3-24a 所示。

图 3-24b 中，曲线 1、2、3 分别为 3 个整距线圈产生的基波磁动势，三者的幅值相等，在空间依次相差 α 电角度，将 3 个基波磁动势逐点相加便可得到基波合成磁动势，也就是极相组产生的基波磁动势。可将每个基波磁动势表示为空间矢量，则 q 个线圈的基波合成磁动势即等于 q 个线圈磁动势矢量之和，如图 3-24c 所示。采用图 3-20 中求取 q 个线圈合成电动势相量相同的方法，可得

$$k_{d1}=\frac{F_{q1}}{qF_{c1}}=\frac{\sin\frac{q\alpha}{2}}{q\sin\frac{\alpha}{2}} \tag{3-39}$$

式中，k_{d1}为绕组的基波分布因数，$k_{d1}\leqslant1$。k_{d1}的物理含义是由于 q 个整距线圈（每线圈匝数为 N_c）分布在不同槽内，使其基波合成磁动势幅值小于整距集中线圈（匝数为 qN_c）的基波磁动势而引起的折扣。

可将单层整距分布绕组的基波合成磁动势幅值表示为

$$F_{q1}=\frac{4}{\pi}\frac{1}{2}qN_c k_{d1}i_c \tag{3-40}$$

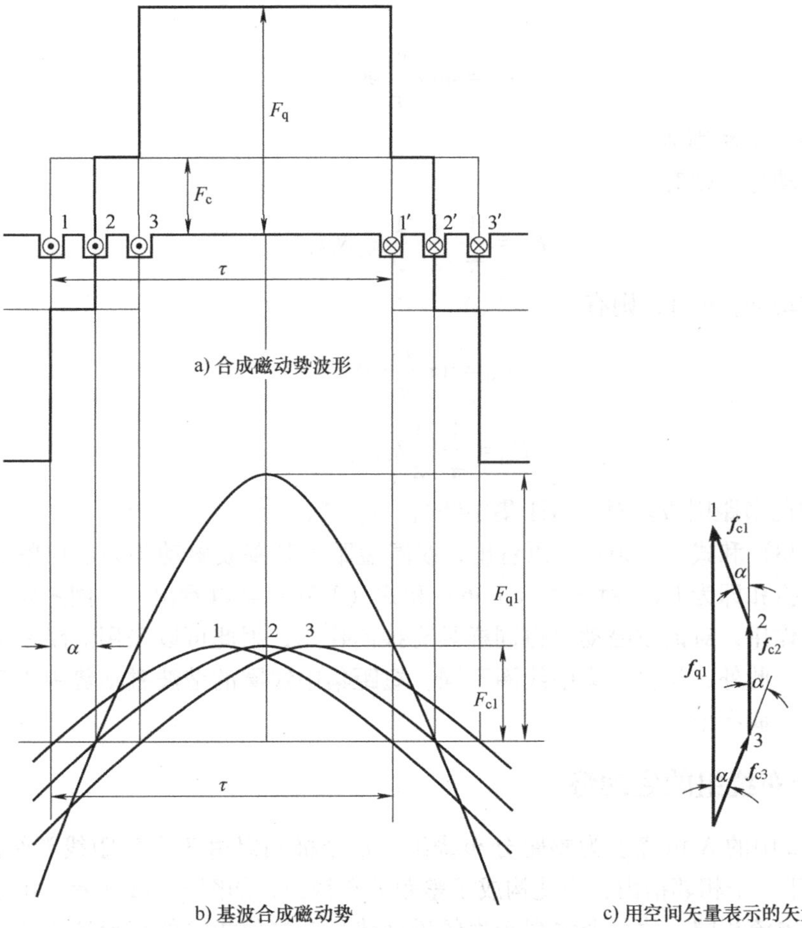

b) 基波合成磁动势　　c) 用空间矢量表示的矢量合成

图 3-24　整距分布绕组产生的磁动势

对于 ν 次谐波磁动势，则有

$$F_{q\nu}=\frac{4}{\pi}\frac{1}{2}\frac{1}{\nu}qN_c k_{d\nu} i_c \tag{3-41}$$

其中

$$k_{d\nu}=\frac{\sin\nu\dfrac{q\alpha}{2}}{q\sin\nu\dfrac{\alpha}{2}} \tag{3-42}$$

式中，$k_{d\nu}$为 ν 次谐波的分布因数。

由图 3-24a 可以看出，整距分布绕组产生的合成磁动势为阶梯波，相比整距集中绕组产生的矩形波磁动势，在空间上更接近于正弦分布。这表明绕组分布后，虽然基波合成磁动势的幅值有所减小，但同时也对某些次谐波有所削弱。

同分析交流绕组电动势时一样，对于磁动势而言，同样可将图 3-12、图 3-14、图 3-16 所示的单层短距绕组等效地看成是整距分布绕组。

对于图 3-16 所示的单层短距绕组，图 3-25a 所示分别为实际短距线圈 1-6 和 12-7 产生的矩形波磁动势，图 3-25b 为两者合成后的磁动势波，可以看出其正、负半波是对称的，说明已不再包含偶次谐波。若将 1-7 和 12-6 看成是 $q=2$ 的整距分布绕组，也可以得到图 3-25b 所示的合成磁动势波。

值得注意的是，在分析交流绕组电动势和磁动势时，均引入了分布因数 k_d，且 k_d 的表达式相同。这是因为，由于绕组分布在不同槽内，相邻线圈基波电动势（相量）间的时间相位差与基波磁动势（矢量）间的空间相位差，均决定于两线圈的空间位移，因此在时空复平面内，时间相量与空间矢量的时空相位差是相同的，故极相组电动势相量与磁动势矢量求和的表达式也是相同的。对于谐波电动势和谐波磁动势亦是如此。

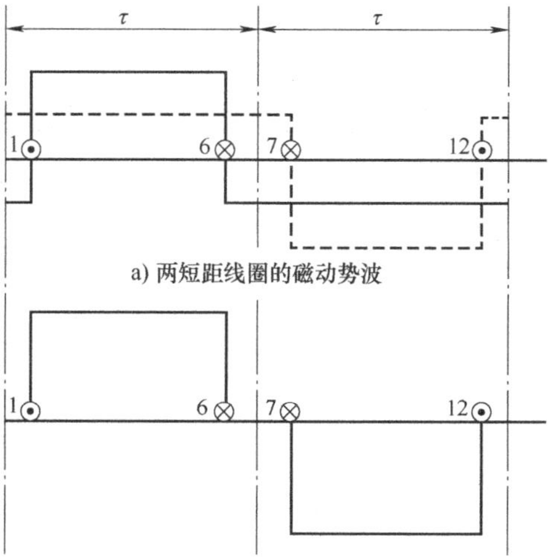

图 3-25 $q=2$ 单层短距绕组的等效

3.3.4 短距分布绕组的磁动势

双层绕组多为短距分布绕组。下面以 18 槽、2 极、$q=3$ 的三相双层绕组为例说明短距分布绕组磁动势的构成与特点。图 3-26a 为一对极下 A 相绕组的展开图。由线圈 1-1′、2-2′、3-3′构成了一个极相组，其中线圈边 1、2、3 分别置于 1、2、3 号槽上层（以 $A_上$ 表示），线圈边 1′、2′、3′分别置于 9、10、11 号槽下层（以 $A_下$ 表示）；由线圈 10-10′、11-11′、12-12′构成了极相组 X，其中线圈上层边 10、11、12 分别置于 10、11、12 号槽上层（以 $X_上$ 表示），而下层边 10′、11′、12′分别置于 18、1、2 号槽下层（以 $X_下$ 表示）。

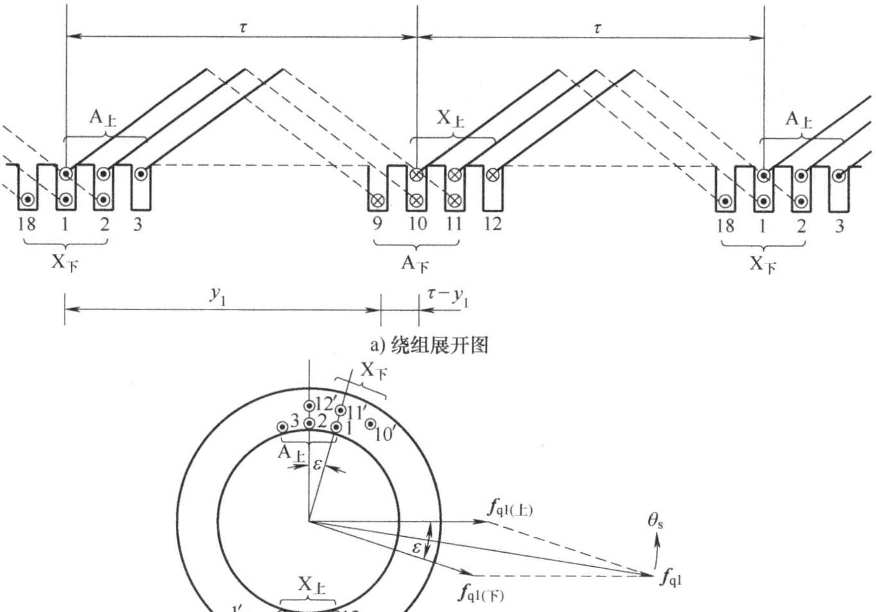

图 3-26 一对极下 A 相绕组分布和产生的基波磁动势（矢量）

可将图 3-26a 中的短距分布绕组等效地看成为双层整距分布绕组，如图 3-26b 所示，即可将 $A_上$-$X_上$ 和 $A_下$-$X_下$分别看成是两个整距分布线圈组，两线圈组在空间错开 ε 电角度，ε 为线圈节距缩短的电角度，$\varepsilon=\frac{\tau-y_1}{\tau}180°$。设$\boldsymbol{f}_{q(上)}$和$\boldsymbol{f}_{q(下)}$分别为$A_上$-$X_上$和$A_下$-$X_下$产生的基波磁动势（矢量），则等效的双层绕组的基波合成磁动势（矢量）可表示为

$$\boldsymbol{f}_{q1}=\boldsymbol{f}_{q(上)}+\boldsymbol{f}_{q(下)} \tag{3-43}$$

$\boldsymbol{f}_{q1}$的幅值F_{q1}则为

$$F_{q1}=2F_{q1(上)}\cos\frac{\varepsilon}{2} \tag{3-44}$$

其中，$\cos\frac{\varepsilon}{2}=\cos\left(1-\frac{y_1}{\tau}\right)90°=\sin\frac{y_1}{\tau}90°=k_{p1}$。$k_{p1}$即为基波节距因数，表示分布绕组短距后产生的基波合成磁动势的幅值较整距时应打的折扣。

对比式（3-40），可将式（3-44）中的F_{q1}表示为

$$F_{q1}=\frac{4}{\pi}\frac{1}{2}2qN_ck_{p1}k_{d1}i_c=\frac{4}{\pi}\frac{1}{2}2qN_ck_{ws1}i_c \tag{3-45}$$

式中，k_{ws1}为基波绕组因数，$k_{ws1}=k_{p1}k_{d1}$；N_c为每线圈匝数；i_c为线圈电流。

可将短距分布绕组产生的基波合成磁动势f_{q1}表示为

$$f_{q1}=\frac{4}{\pi}\frac{1}{2}2qN_ck_{ws1}i_c\cos\theta_s \tag{3-46}$$

式（3-46）中的坐标原点如图3-26b所示。

对于ν次谐波磁动势，则有

$$F_{q\nu}=\frac{4}{\pi}\frac{1}{2}\frac{1}{\nu}2qN_ck_{ws\nu}i_c \tag{3-47}$$

式中，$k_{ws\nu}$为ν次谐波的绕组因数，$k_{ws\nu}=k_{p\nu}k_{d\nu}$。

图3-27所示为图3-26中A相绕组磁动势的空间波形。对比图3-24a，可以看出，绕组采用短距分布结构，可使相绕组磁动势波形更接近于正弦分布。由于可将短距分布绕组等效为两个单层整距分布绕组，故磁动势波形中不会含有偶次谐波。由式（3-35）和式（3-42）可

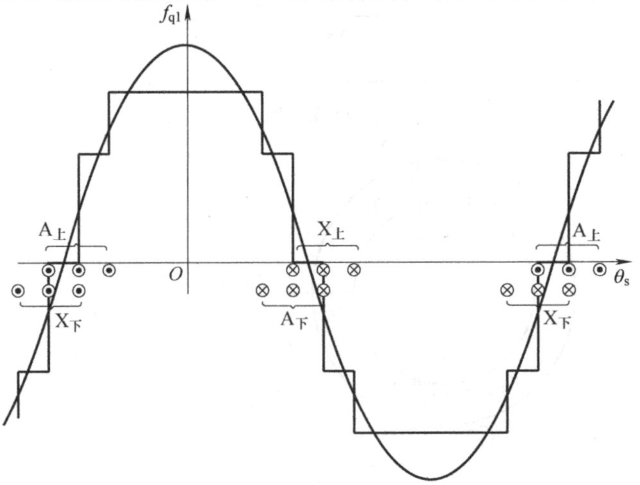

图3-27 双层短距分布绕组磁动势

$\left(q=3, y_1=\frac{8}{9}\tau\right)$

知，通过合理选择 q 值和节距 y_1，短距分布绕组可以更有效地削弱某些次奇次谐波，使磁动势波形得到更大改善。

3.3.5　单、双层相绕组的磁动势

对于单层绕组，基波磁动势幅值正比于 $qN_c k_{d1} i_c$，$qN_c k_{d1}$ 为每对极下每相的有效串联匝数；对于双层绕组，基波磁动势幅值正比于 $2qN_c k_{ws1} i_c$，$2qN_c k_{ws1}$ 为每对极下每相的有效串联匝数。

对于单层绕组，每相绕组总串联匝数 $N_1=\dfrac{p_0 q N_c}{a}$，支路电流 $i_c=i_\phi/a$，i_ϕ 为相电流；对于双层绕组，每相绕组总串联匝数 $N_1=\dfrac{p_0 q 2N_c}{a}$，$i_c=i_\phi/a$。

当采用每相串联匝数 N_1、极对数 p_0、绕组因数 k_{ws1} 和相电流 i_ϕ 来表示基波磁动势时，无论单层还是双层绕组，均有

$$f_{\phi1}(t,\theta_s)=\frac{4}{\pi}\frac{1}{2}\frac{N_1 k_{ws1}}{p_0}i_\phi(t)\cos\theta_s \tag{3-48}$$

式中，$N_1 k_{ws1}$ 为相绕组的有效匝数。

对于 ν 次谐波磁动势，则有

$$f_{\phi\nu}(t,\theta_s)=\frac{4}{\pi}\frac{1}{2}\frac{1}{\nu}\frac{N_1 k_{ws\nu}}{p_0}i_\phi(t)\cos\nu\theta_s \tag{3-49}$$

由以上分析可知，式（3-48）中的绕组因数 k_{ws1} 充分反映了不同结构的绕组产生基波磁动势的能力。此外，就产生基波磁动势而言，通过基波绕组因数 k_{ws1}，可将不同结构的绕组等效地看成整距集中绕组，此时式（3-48）中的 $N_1 k_{ws1}$ 即为整距集中绕组的有效匝数。

当电机稳态运行时，若相电流按余弦规律变化，其有效值为 I_ϕ，瞬时值 $i_\phi=\sqrt{2}I_\phi\cos\omega t$，则单相绕组的基波磁动势可表示为

$$\begin{aligned}f_{\phi1}(t,\theta_s)&=\frac{4}{\pi}\frac{1}{2}\frac{N_1 k_{ws1}}{p_0}\sqrt{2}I_\phi\cos\omega t\cos\theta_s\\&=F_{\phi1}\cos\omega t\cos\theta_s\end{aligned} \tag{3-50}$$

式中，$F_{\phi1}$ 为单相绕组产生的基波磁动势的最大幅值。则有

$$F_{\phi1}=\frac{4}{\pi}\frac{1}{2}\frac{N_1 k_{ws1}}{p_0}\sqrt{2}I_\phi=0.9\frac{N_1 k_{ws1}}{p_0}I_\phi \tag{3-51}$$

单相绕组的谐波磁动势可表示为

$$\begin{aligned}f_{\phi\nu}&=\frac{1}{\nu}\frac{4}{\pi}\frac{1}{2}\frac{N_1 k_{ws\nu}}{p_0}\sqrt{2}I_\phi\cos\omega t\cos\nu\theta_s\\&=F_{\phi\nu}\cos\omega t\cos\nu\theta_s\end{aligned} \tag{3-52}$$

最大幅值为

$$F_{\phi\nu}=\frac{1}{\nu}0.9\frac{N_1 k_{ws\nu}}{p_0}I_\phi\quad \nu=3,5,7,\cdots \tag{3-53}$$

式（3-50）表明，当相绕组通入余弦电流时，基波磁动势幅值在时间上将按余弦规律，在正、负最大幅值间脉振，形成轴线固定不动的脉振磁动势，如图3-28所示。脉振磁动势的脉振频率取决于

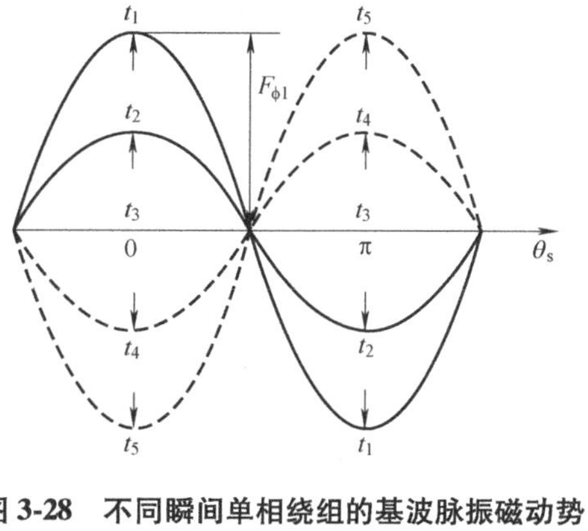

图3-28　不同瞬间单相绕组的基波脉振磁动势

相电流的角频率。在物理上，脉振磁动势波属性为驻波。

3.4 三相绕组的磁动势

3.4.1 三相绕组的基波合成磁动势

1. 交流电机的空间复平面

图 3-29 为三相感应电机与转轴垂直的空间断面（轴向断面），可将这个电机断面作为空间复平面，用来表示内部的空间矢量。

图 3-29 中，定子对称三相绕组已等效为整距集中绕组 A-X、B-Y、C-Z，三相电流正方向如图中所示，A 轴、B 轴、C 轴分别为三相绕组轴线。

在电机断面内，可任取一空间复坐标 Re-Im 来表示空间复平面。为分析方便，通常取 A 轴为实轴(Re)，虚轴(Im)超前实轴 90°电角度。另在电机断面内，由 A 轴、B 轴、C 轴构成了对称的三相 ABC 轴系。在此空间复平面内，可由单位矢量 $\boldsymbol{a}^0$、$\boldsymbol{a}$、$\boldsymbol{a}^2$ 来表示此 ABC 轴系。取 A 轴为空间参考轴，则有 $\boldsymbol{a}^0=\mathrm{e}^{\mathrm{j}0°}$，$\boldsymbol{a}=\mathrm{e}^{\mathrm{j}120°}$，$\boldsymbol{a}^2=\mathrm{e}^{\mathrm{j}240°}$；$\boldsymbol{a}^0$、$\boldsymbol{a}$、$\boldsymbol{a}^2$ 称为空间算子，其与电工理论中的时间算子形式相同，但两者物理意义不同，不应混淆。

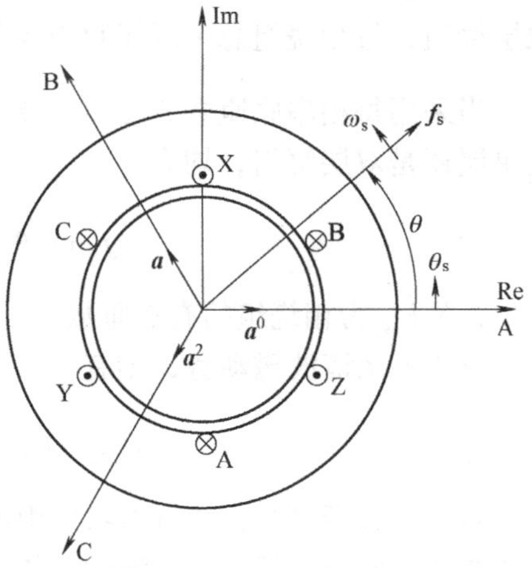

图 3-29 电机断面内空间复平面与定子磁动势矢量

2. 定子磁动势矢量

式（3-48）中，$f_{\phi1}(t,\theta_s)$在空间为正弦分布，可将其表示为轴线固定不动的空间矢量，于是可将由 A、B、C 绕组各自产生的基波磁动势（矢量）分别表示为

$$\begin{cases} \boldsymbol{f}_A=F_A(t)\mathrm{e}^{\mathrm{j}0°}=F_A(t)\boldsymbol{a}^0 \\ \boldsymbol{f}_B=F_B(t)\mathrm{e}^{\mathrm{j}120°}=F_B(t)\boldsymbol{a} \\ \boldsymbol{f}_C=F_C(t)\mathrm{e}^{\mathrm{j}240°}=F_C(t)\boldsymbol{a}^2 \end{cases} \tag{3-54}$$

且有

$$\begin{cases} F_A(t)=\dfrac{4}{\pi}\,\dfrac{1}{2}\,\dfrac{N_1k_{\mathrm{ws1}}}{p_0}i_A(t) \\ F_B(t)=\dfrac{4}{\pi}\,\dfrac{1}{2}\,\dfrac{N_1k_{\mathrm{ws1}}}{p_0}i_B(t) \\ F_C(t)=\dfrac{4}{\pi}\,\dfrac{1}{2}\,\dfrac{N_1k_{\mathrm{ws1}}}{p_0}i_C(t) \end{cases} \tag{3-55}$$

式中，$i_A(t)$、$i_B(t)$和$i_C(t)$为三相绕组的相电流。尽管$i_A(t)$、$i_B(t)$和$i_C(t)$在时域内可为任意波形和瞬时值，但如 1.4.1 节所述，它们产生的基波磁动势在空间上却始终为正弦分布，基波磁动势的幅值和方向则分别决定于瞬时值$i_A(t)$、$i_B(t)$和$i_C(t)$。

将三相绕组产生的基波合成磁动势定义为定子磁动势矢量$\boldsymbol{f}_s$，即有

$$
\begin{aligned}
\boldsymbol{f}_{\mathrm{s}} &= \boldsymbol{f}_{\mathrm{A}}+\boldsymbol{f}_{\mathrm{B}}+\boldsymbol{f}_{\mathrm{C}} \\
&= F_{\mathrm{A}}(t)\mathrm{e}^{\mathrm{j}0^\circ}+F_{\mathrm{B}}(t)\mathrm{e}^{\mathrm{j}120^\circ}+F_{\mathrm{C}}(t)\mathrm{e}^{\mathrm{j}240^\circ} \\
&= F_{\mathrm{s}}(t)\mathrm{e}^{\mathrm{j}\theta}
\end{aligned} \tag{3-56}
$$

式中，F_{s} 为$\boldsymbol{f}_{\mathrm{s}}$ 的幅值；θ 为$\boldsymbol{f}_{\mathrm{s}}$ 的空间相位角（电角度），$\theta=\int_0^t \omega_{\mathrm{s}}\mathrm{d}t+\theta_0$，$\omega_{\mathrm{s}}$ 为$\boldsymbol{f}_{\mathrm{s}}$ 的瞬时旋转速度（电角速度），θ_0 为初始相位角。在电机空间复平面内，某一时刻的$\boldsymbol{f}_{\mathrm{s}}$ 如图 3-29 所示。

式（3-55）和式（3-56）表明，在任意时刻，$\boldsymbol{f}_{\mathrm{s}}$ 的幅值和空间相位均取决于三相电流瞬时值 $i_{\mathrm{A}}(t)$、$i_{\mathrm{B}}(t)$和 $i_{\mathrm{C}}(t)$，由此可得出定子磁动势矢量$\boldsymbol{f}_{\mathrm{s}}$ 的时空特征如下：

1）电机在动态运行中，$i_{\mathrm{A}}(t)$、$i_{\mathrm{B}}(t)$和 $i_{\mathrm{C}}(t)$为随机时变量，三相电流变化时，$\boldsymbol{f}_{\mathrm{A}}$、$\boldsymbol{f}_{\mathrm{B}}$ 和$\boldsymbol{f}_{\mathrm{C}}$ 沿着各自绕组轴线其幅值和方向将随之变化，因此$\boldsymbol{f}_{\mathrm{s}}$ 的幅值 $F_{\mathrm{s}}(t)$和相位角 θ_{s} 也随之不断变化，$\boldsymbol{f}_{\mathrm{s}}$ 的运行轨迹可以是任意的。

2）电机在动态运行中，通过即时控制三相电流瞬时值 $i_{\mathrm{A}}(t)$、$i_{\mathrm{B}}(t)$和 $i_{\mathrm{C}}(t)$，即可控制定子磁动势矢量$\boldsymbol{f}_{\mathrm{s}}$ 的幅值、旋转速度（大小和方向）和空间相位，即在时域内控制 $i_{\mathrm{A}}(t)$、$i_{\mathrm{B}}(t)$和 $i_{\mathrm{C}}(t)$，就可控制$\boldsymbol{f}_{\mathrm{s}}$ 的空间运行轨迹。

3）电机在动态运行中，由期望的磁动势$\boldsymbol{f}_{\mathrm{s}}$ 的运行轨迹，可以反过来确定三相电流 $i_{\mathrm{A}}(t)$、$i_{\mathrm{B}}(t)$和 $i_{\mathrm{C}}(t)$在时域内的变化规律。

$\boldsymbol{f}_{\mathrm{s}}$ 的这种时空特征对同步电机和感应电机的动态分析和矢量控制具有重要意义。

为了更好地理解定子磁动势矢量$\boldsymbol{f}_{\mathrm{s}}$ 的时空特征，下面先来讨论电机稳态运行时定子磁动势矢量的构成与特点。

3.4.2　通入对称三相电流时的三相绕组基波合成磁动势

电机稳态运行时，若三相绕组通以正序的余弦电流，则有

$$
\begin{cases}
i_{\mathrm{A}}(t)=\sqrt{2}I_{\phi}\cos\omega t \\
i_{\mathrm{B}}(t)=\sqrt{2}I_{\phi}\cos(\omega t-120^\circ) \\
i_{\mathrm{C}}(t)=\sqrt{2}I_{\phi}\cos(\omega t-240^\circ)
\end{cases} \tag{3-57}
$$

此时，由式（3-50）和式（3-57），可将式（3-54）表示为

$$
\begin{cases}
\boldsymbol{f}_{\mathrm{A}}=F_{\phi1}\cos\omega t\,\mathrm{e}^{\mathrm{j}0^\circ} \\
\boldsymbol{f}_{\mathrm{B}}=F_{\phi1}\cos(\omega t-120^\circ)\mathrm{e}^{\mathrm{j}120^\circ} \\
\boldsymbol{f}_{\mathrm{C}}=F_{\phi1}\cos(\omega t-240^\circ)\mathrm{e}^{\mathrm{j}240^\circ}
\end{cases} \tag{3-58}
$$

由式（3-58）可以看出，通入对称三相电流后，三相脉振基波磁动势不仅在空间上互差120°电角度，其各自的幅值在时间上还按式（3-57）的规律进行脉振。下面求取在此条件下的三相绕组的基波合成磁动势。

1. 矢量法

由于相绕组基波磁动势为脉振磁动势，在物理上为驻波，因此可将其分解为幅值各为$\frac{1}{2}F_{\phi1}$，且正、反向旋转的两个旋转磁动势波。利用关系式 $\cos\alpha=\frac{1}{2}\mathrm{e}^{\mathrm{j}\alpha}+\frac{1}{2}\mathrm{e}^{-\mathrm{j}\alpha}$，可将式（3-58）表示为

$$
\begin{cases}
\boldsymbol{f}_{\mathrm{A}}=\boldsymbol{f}_{\mathrm{A+}}+\boldsymbol{f}_{\mathrm{A-}}=\dfrac{1}{2}F_{\phi1}\mathrm{e}^{\mathrm{j}\omega t}\mathrm{e}^{\mathrm{j}0^\circ}+\dfrac{1}{2}F_{\phi1}\mathrm{e}^{-\mathrm{j}\omega t}\mathrm{e}^{\mathrm{j}0^\circ} \\
\boldsymbol{f}_{\mathrm{B}}=\boldsymbol{f}_{\mathrm{B+}}+\boldsymbol{f}_{\mathrm{B-}}=\dfrac{1}{2}F_{\phi1}\mathrm{e}^{\mathrm{j}\omega t}\mathrm{e}^{\mathrm{j}0^\circ}+\dfrac{1}{2}F_{\phi1}\mathrm{e}^{-\mathrm{j}\omega t}\mathrm{e}^{\mathrm{j}240^\circ} \\
\boldsymbol{f}_{\mathrm{C}}=\boldsymbol{f}_{\mathrm{C+}}+\boldsymbol{f}_{\mathrm{C-}}=\dfrac{1}{2}F_{\phi1}\mathrm{e}^{\mathrm{j}\omega t}\mathrm{e}^{\mathrm{j}0^\circ}+\dfrac{1}{2}F_{\phi1}\mathrm{e}^{-\mathrm{j}\omega t}\mathrm{e}^{\mathrm{j}120^\circ}
\end{cases} \tag{3-59}
$$

对于式（3-59）可进行如下诠释：当 $\omega t=0$ 时，$\boldsymbol{f}_{\mathrm{A}}$ 幅值最大，方向与 A 轴一致，$\boldsymbol{f}_{\mathrm{A+}}$ 与 $\boldsymbol{f}_{\mathrm{A-}}$ 幅值各为 $\frac{1}{2}F_{\phi1}$，方向与 A 轴（$\boldsymbol{f}_{\mathrm{A}}$）一致；当 $\omega t>0$ 时，$\boldsymbol{f}_{\mathrm{A+}}$ 与 $\boldsymbol{f}_{\mathrm{A-}}$ 各向正、反方向旋转，如图 3-30a 所示。对于脉振磁动势 $\boldsymbol{f}_{\mathrm{B}}$，$\omega t=0$ 时，$\boldsymbol{f}_{\mathrm{B}}$ 幅值为 $-\frac{1}{2}F_{\phi1}$，方向与 B 轴相反，此刻 $\boldsymbol{f}_{\mathrm{B+}}$ 位于 A 轴，$\boldsymbol{f}_{\mathrm{B-}}$ 位于 C 轴，两者幅值各为 $\frac{1}{2}F_{\phi1}$；当 $\omega t>0$ 时，$\boldsymbol{f}_{\mathrm{B+}}$ 与 $\boldsymbol{f}_{\mathrm{B-}}$ 各向正、反方向旋转，如图 3-30b 所示。对于脉振磁动势 $\boldsymbol{f}_{\mathrm{C}}$，当 $\omega t=0$ 时，其幅值为 $-\frac{1}{2}F_{\phi1}$，方向与 C 轴相反，此刻 $\boldsymbol{f}_{\mathrm{C+}}$ 位于 A 轴，而 $\boldsymbol{f}_{\mathrm{C-}}$ 则位于 B 轴，两者幅值各为 $\frac{1}{2}F_{\phi1}$；当 $\omega t>0$ 时，$\boldsymbol{f}_{\mathrm{C+}}$ 与 $\boldsymbol{f}_{\mathrm{C-}}$ 各向正、反方向旋转，如图 3-30c 所示。

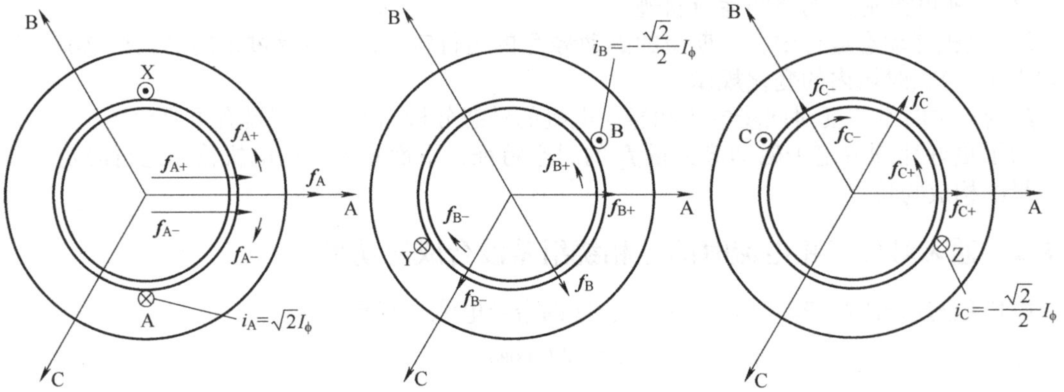

a) A相基波脉振磁动势 b) B相基波脉振磁动势 c) C相基波脉振磁动势

图 3-30 三相基波脉振磁动势的分解（$\omega t=0$）

由式（3-59）可得，$\boldsymbol{f}_{\mathrm{A-}}$、$\boldsymbol{f}_{\mathrm{B-}}$ 和 $\boldsymbol{f}_{\mathrm{C-}}$ 的矢量和为

$$\boldsymbol{f}_{\mathrm{A-}}+\boldsymbol{f}_{\mathrm{B-}}+\boldsymbol{f}_{\mathrm{C-}}=\frac{1}{2}F_{\phi1}\mathrm{e}^{-\mathrm{j}\omega t}\mathrm{e}^{\mathrm{j}0^{\circ}}+\frac{1}{2}F_{\phi1}\mathrm{e}^{-\mathrm{j}\omega t}\mathrm{e}^{\mathrm{j}240^{\circ}}+\frac{1}{2}F_{\phi1}\mathrm{e}^{-\mathrm{j}\omega t}\mathrm{e}^{\mathrm{j}120^{\circ}}=0 \tag{3-60}$$

由图 3-30 也可以看出，反向旋转的 $\boldsymbol{f}_{\mathrm{A-}}$、$\boldsymbol{f}_{\mathrm{B-}}$ 和 $\boldsymbol{f}_{\mathrm{C-}}$ 其幅值相等，但相位互差 120°电角度，故反向旋转的合成磁动势为零。

三相绕组基波合成磁动势（定子磁动势矢量 $\boldsymbol{f}_{\mathrm{s}}$）则为三个正向旋转磁动势 $\boldsymbol{f}_{\mathrm{A+}}$、$\boldsymbol{f}_{\mathrm{B+}}$、$\boldsymbol{f}_{\mathrm{C+}}$ 的矢量和，即有

$$\boldsymbol{f}_{\mathrm{s}}=\boldsymbol{f}_{\mathrm{A+}}+\boldsymbol{f}_{\mathrm{B+}}+\boldsymbol{f}_{\mathrm{C+}}=\frac{3}{2}F_{\phi1}\mathrm{e}^{\mathrm{j}\omega t} \tag{3-61}$$

式（3-61）中，$\frac{3}{2}F_{\phi1}$ 为 $\boldsymbol{f}_{\mathrm{s}}$ 的幅值；ω 为其旋转电角速度，即为交流电流角频率，相位角 $\theta=\omega t$，$\omega t>0$ 时，$\theta>0$，表示 $\boldsymbol{f}_{\mathrm{s}}$ 恒速、正向旋转（由 A 轴→B 轴→C 轴）。亦即，当对称三相绕组通入对称三相正序电流时，产生的基波合成磁动势（定子磁动势矢量 $\boldsymbol{f}_{\mathrm{s}}$）幅值恒定，大小为单相绕组基波脉振磁动势最大幅值的 3/2 倍，且以同步电角速度（与电源角频率相等）正向旋转；当 A 相电流达最大值时，$\boldsymbol{f}_{\mathrm{s}}$ 轴线与 A 相绕组轴取得一致，对 B 相和 C 相亦如此。$\boldsymbol{f}_{\mathrm{s}}$ 的运行轨迹为圆形，故又将此基波合成磁动势称为圆形旋转磁动势。

应该强调的是，在对称三相绕组中通入对称三相正（余）弦电流，才产生了圆形旋转磁动势($\boldsymbol{f}_s$)。或者说，正是由于三相电流 $i_A(t)$、$i_B(t)$、$i_C(t)$ 在时域内按式（3-57）所示的规律变化，决定了 $\boldsymbol{f}_A$、$\boldsymbol{f}_B$、$\boldsymbol{f}_C$ 沿各自轴线的脉振规律，才使得 $\boldsymbol{f}_s$ 的运行轨迹成为圆形，其表达式才可能由式（3-56）中的 $F_s(t)e^{j\theta}$ 成为式（3-61）中的 $\frac{3}{2}F_{\phi1}e^{j\omega t}$。

2. 解析法

图 3-29 中，取 A 相绕组轴线 A 轴同为空间和时间参考轴，空间电角度 θ_s 以逆时针方向为其正方向。当对称三相绕组通入如式（3-57）所示的三相正序电流时，由式（3-50），可得各相的脉振磁动势波为

$$\begin{cases} f_A(t,\theta_s)=F_{\phi1}\cos\omega t\cos\theta_s \\ f_B(t,\theta_s)=F_{\phi1}\cos(\omega t-120°)\cos(\theta_s-120°) \\ f_C(t,\theta_s)=F_{\phi1}\cos(\omega t-240°)\cos(\theta_s-240°) \end{cases} \tag{3-62}$$

三相基波合成磁动势则为

$$\begin{aligned} f_s(t,\theta_s) &= f_A(t,\theta_s)+f_B(t,\theta_s)+f_C(t,\theta_s) \\ &= F_{\phi1}\cos\omega t\cos\theta_s+F_{\phi1}\cos(\omega t-120°)\cos(\theta_s-120°)+F_{\phi1}\cos(\omega t-240°)\cos(\theta_s-240°) \end{aligned}$$

利用关系式 $\cos\alpha\cos\beta=\frac{1}{2}\cos(\alpha+\beta)+\frac{1}{2}\cos(\alpha-\beta)$，可将每个单相脉振磁动势波分解为幅值为$\frac{1}{2}F_{\phi1}$而推进方向相反的两个正弦波（行波），即有

$$\begin{aligned} f_s(t,\theta_s)= &\frac{1}{2}F_{\phi1}\cos(\omega t-\theta_s)+\frac{1}{2}F_{\phi1}\cos(\omega t+\theta_s)+ \\ &\frac{1}{2}F_{\phi1}\cos(\omega t-\theta_s)+\frac{1}{2}F_{\phi1}\cos(\omega t+\theta_s-240°)+ \\ &\frac{1}{2}F_{\phi1}\cos(\omega t-\theta_s)+\frac{1}{2}F_{\phi1}\cos(\omega t+\theta_s-120°) \end{aligned} \tag{3-63}$$

其中，包含有$(\omega t-\theta_s)$项的为正向推进的正弦波，而包含有$(\omega t+\theta_s)$项的为反向推进的正弦波。可以看出，三个反向推进正弦波的幅值相等，相位互差 120°电角度，故其和为零。实际上，当 $\omega t=0$ 时，由 $\omega t+\theta_s=0$，则有 $\theta_s=0°$，可知此刻 A 相反向推进正弦波的轴线（幅值处）与 A 轴取得一致；由 $\omega t+\theta_s-240°=0$，$\theta_s=240°$，可知此刻 B 相反向推进正弦波的轴线与 C 轴一致；由 $\omega t+\theta_s-120°=0$，$\theta_s=120°$，可知此刻 C 相反向推进正弦波的轴线与 B 轴一致；表明三个反向推进正弦波其轴线在空间上互差 120°电角度。当 $\omega t=0$ 时，由 $\omega t-\theta_s=0$，$\theta_s=0°$，可知三个正向推进正弦波轴线均与 A 轴取得一致。以上分析结果与图 3-30 所示完全相同。

三个反向旋转磁动势波的合成为零，而三个正向旋转磁动势波可直接相加，可得

$$f_s(t,\theta_s)=F_s\cos(\omega t-\theta_s) \tag{3-64}$$

其中

$$F_s=\frac{3}{2}F_{\phi1}=\frac{3}{2}\ \frac{4}{\pi}\ \frac{1}{2}\ \frac{N_1k_{ws1}}{p_0}\sqrt{2}I_\phi=\frac{3}{2}\times0.9\ \frac{N_1k_{ws1}}{p_0}I_\phi=1.35\ \frac{N_1k_{ws1}}{p_0}I_\phi \tag{3-65}$$

式中，F_s 为三相基波磁动势的幅值。

由以上分析可知，当 $\omega t=0$ 时，三相基波合成磁动势的轴线将与 A 轴取得一致，如图 3-31a 所示；当 $\omega t>0$ 时，因磁动势波的幅值保持不变，必有 $\theta_s>0°$，故 $f(t,\theta_s)$ 应不断正向推移。因

此，$f_s(t,\theta_s)$物理上是一个恒幅、正弦分布的正向行波，在电机内则是一个沿气隙圆周不断向前推移的旋转磁动势波。

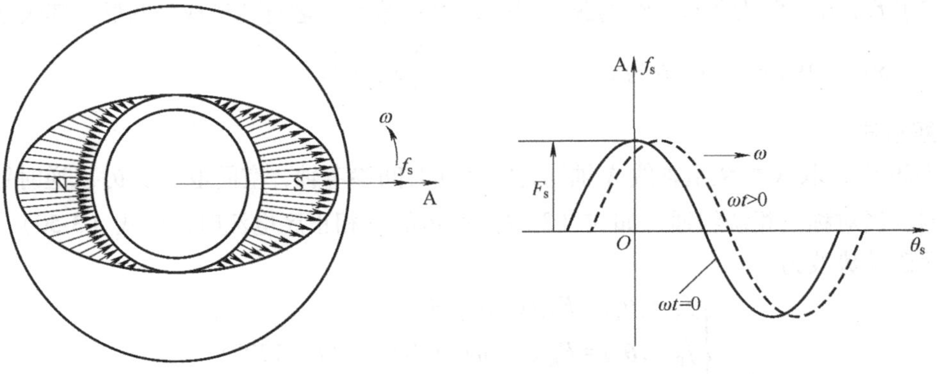

a) 基波合成磁动势$f_s(t,\theta_s)$(ωt=0时刻)　　b) 向前推移的磁动势波 $f_s(t,\theta_s)$

图 3-31　三相基波合成磁动势

$f_s(t,\theta_s)$的推移速度可由图 3-31b 确定。因$f_s(t,\theta_s)$幅值恒定，由式（3-64）可得幅值处的相位角 θ_s 为

$$\omega t-\theta_s=0 \quad \theta_s=\omega t$$

可知波幅推移的电角速度为

$$\frac{\mathrm{d}\theta_s}{\mathrm{d}t}=\omega \tag{3-66}$$

式（3-66）表明，磁动势波推移的电角速度与交流电流的角频率相等，这与式（3-61）的结果一致。

若以电角度表示电机空间角度，一转即为 $p_0 2\pi$ 电弧度，故当转速以转/秒(r/s)表示时，旋转磁动势波的转速 n 则为

$$n=\frac{\omega}{p_0 2\pi}=\frac{f_s}{p_0} \tag{3-67}$$

当 n 用转/分(r/min)时，则有

$$n=\frac{60f_s}{p_0}=n_s \tag{3-68}$$

式（3-68）表明，对称三相绕组产生的基波合成磁动势将以同步速 n_s(r/min)在电机内正向旋转。

3. 图解法

在时间复平面内，若取实轴 Re(A 轴)为时间参考轴，对称三相正序电流 i_A、i_B 和 i_C 可表示为式（3-57）的形式。在 $\omega t=0$ 时刻，三相电流的相量图如图 3-32a 所示，此时 A 相电流 i_A 达最大值，$i_A=I_{\phi m}$，而 $i_B=i_C=-\frac{1}{2}I_{\phi m}$。对称三相绕组中的实际电流方向如图中所示，三相绕组产生的磁动势矢量为$\boldsymbol{f}_A$、$\boldsymbol{f}_B$ 和$\boldsymbol{f}_C$，其中$\boldsymbol{f}_A$ 达最大值、方向与 A 轴取得一致；$\boldsymbol{f}_B$ 和$\boldsymbol{f}_C$ 分别与 B 轴和 C 轴方向相反，幅值为$\boldsymbol{f}_A$ 的 1/2；定子磁动势$\boldsymbol{f}_s=\boldsymbol{f}_A+\boldsymbol{f}_B+\boldsymbol{f}_C$，其幅值为单相绕组磁动势最大幅值的 3/2 倍，方向与 A 轴一致。图 3-32a 中画出了此刻三相绕组各自产生的基波磁动势，将三者逐点相加便得到基波合成磁动势 $f_s(t,\theta_s)$。可以看出，$f_s(t,\theta_s)$的幅值于 A 轴

处（轴线与 A 轴取得一致）。

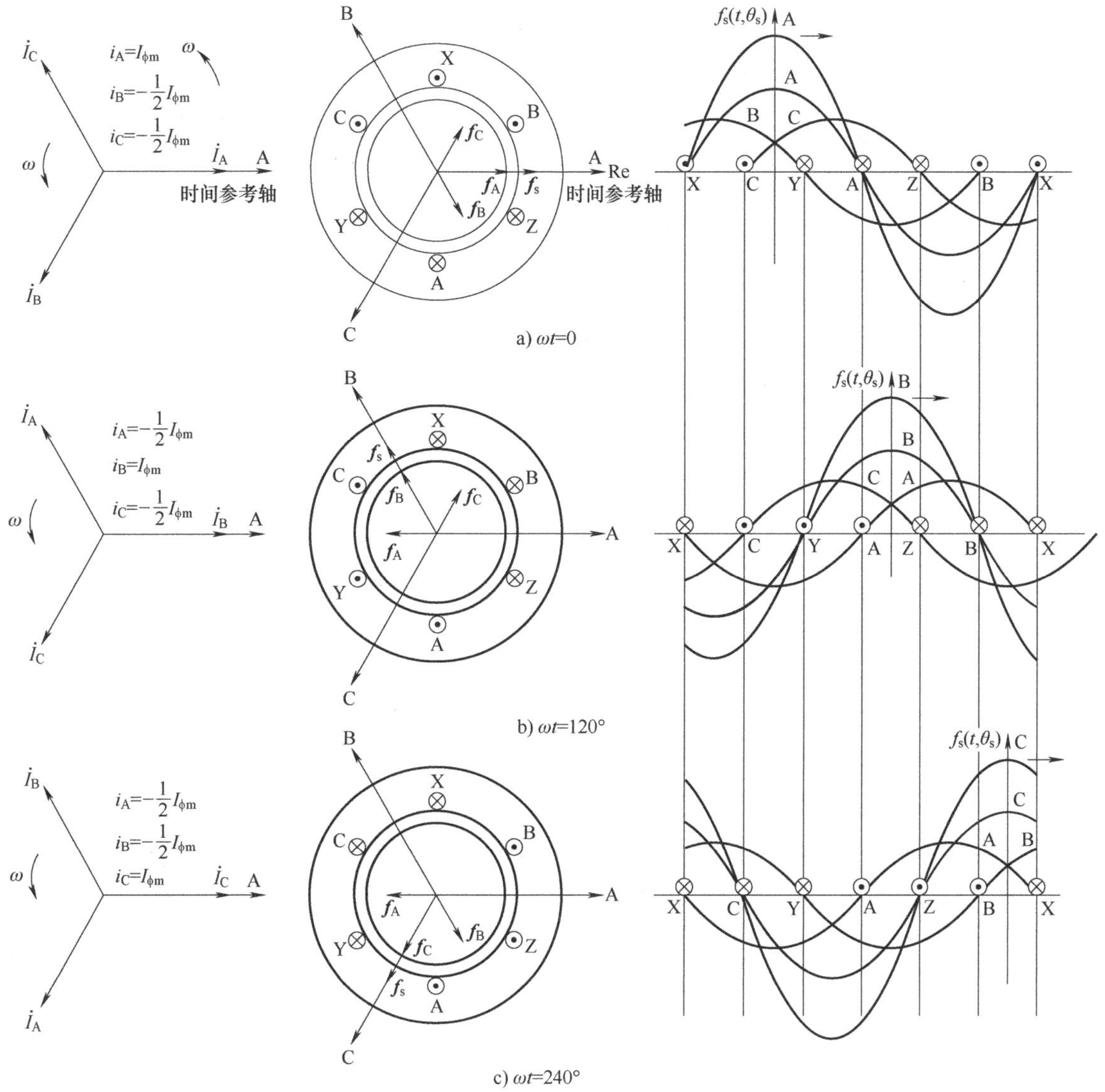

图 3-32　不同瞬间的三相基波合成磁动势

（左边为电流的时间相量，中间为磁动势矢量图，右边为三相绕组基波合成磁动势）

当 $\omega t=120°$时，如图 3-32b 表所示，此刻 $i_B=I_{\phi m}$，$i_A=i_C=-\frac{1}{2}I_{\phi m}$，可以看出，$\boldsymbol{f}_s$ 方向与 B 轴取得一致，$f_s(t,\theta_s)$ 轴线与 B 相绕组轴线取得一致，$f_s(t,\theta_s)$ 幅值不变，但正向推移了 120°电角度；当 $\omega t=240°$时，如图 3-32c 所示，相对 $\omega t=120°$时，$f_s(t,\theta_s)$ 幅值不变，但与 C 轴取得一致，又向前推移了 120°电角度。

由以上分析可见，对称三相绕组通入对称三相正序电流时，基波合成磁动势是一个幅值等于$\frac{3}{2}F_{\phi1}$的正向旋转磁动势；当某相电流达到交流最大值时，定子磁动势矢量 $\boldsymbol{f}_s$ 的轴线就将与该相绕组的轴线取得一致。若同取 A 轴为时空参考轴，则在此时空复平面内，A 相电流相量 $\dot{I}_A$ 与 $\boldsymbol{f}_s$ 的时空相位相同，两者将始终叠合在一起；当 $\dot{I}_A$ 在时间复平面内旋转 120°电角度时，f_s 也将在空间复平面内旋转 120°电角度。

如果在对称三相绕组中通入对称三相负序电流，f_s 便以同步电角速度反向旋转。

3.4.3 三相绕组合成磁动势波及其谐波

1. 三相绕组合成磁动势波

上面分析了对称三相绕组产生的基波合成磁动势，并没有涉及其中的谐波磁动势。下面分析对称三相绕组通入对称三相正序电流时，三相绕组合成磁动势的实际波形，从中可直观地观察其接近正弦波的程度。

在 3.3 节已画出了整距分布和短距分布绕组的磁动势波。无论绕组形式如何，构成三相绕组的基本单元仍是整距集中或短距集中线圈，因此在各线圈中电流确定后可分别画出各个线圈的矩形磁动势波，然后将其叠加便可得到三相绕组的合成磁动势波。但这种单元叠加的方法比较费时和繁琐。可以采用直接作图法，一次性地画出合成磁动势波。

图 3-33 中，假设定、转子内外表面光滑，铁心的磁导率 $\mu_{Fe}=\infty$，位于定子内缘的定子电流 i_1 和 i_2 为集中电流。现通过气隙围绕电流 i_1 形成一闭合回路，若 a、b 处气隙内的磁动势分别为 F_a 和 F_b，则由安培环路定律可知

$$F_b-F_a=i_1 \quad F_b=F_a+i_1 \tag{3-69}$$

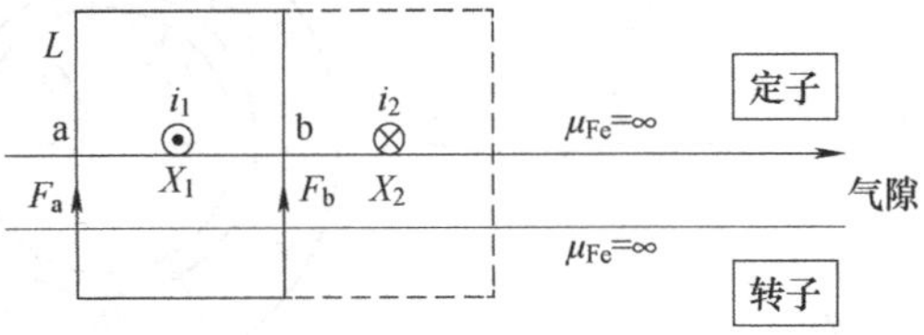

图 3-33 定子集中电流与气隙磁动势变化

式（3-69）表明，一旦闭合回路包围了电流 i_1，若 i_1 为正值（以穿出纸面方向为正），b 处气隙的磁动势 F_b 就一定大于 a 处气隙的磁动势 F_a；又 X_1 到 X_2 这一区间内的气隙磁动势应与 F_b 相等，故从 X_1 到 X_2，磁动势曲线 $F(x)$ 相对 a 处要上升一个“台阶”，“台阶”上升的幅度与电流 i_1 成正比。若闭合回路 a 边不动，b 边继续向右扩展，一旦将电流 i_2 包围在内，且 i_2 为负值，则磁动势曲线 $F(x)$ 就要下降一个“台阶”，下降的幅度也与 i_2 大小成正比。由于电流为集中电流，故磁动势曲线 $F(x)$ 将在电流处发生跃变，由此可以计及每个线圈边内瞬时电流对磁动势的影响；由于在没有载流导体的区间磁动势曲线为水平，因此整个磁动势波应呈阶梯状。

应指出的是，当槽口相对较窄时，可将槽内电流近似看作集中电流，但当槽口较宽，特别是对于开口槽，这种近似会带来较大的误差。

对于整数槽绕组，直接作图法的具体步骤如下：

1）确定一对极下三相绕组各相带的空间排列，对于双层绕组应标明上、下层所属的相带。

2）确定某一瞬间三相电流瞬时值的大小和正负，计算出各槽内槽电流（双层时，包含上、下层）瞬时值的大小和正负，可标注在槽的下方。

3）从第 1 槽开始，任取一个值作为起始值，从左到右，依次画出阶梯形的磁动势曲线。经过集中电流时，根据槽电流大小和正负，令磁动势曲线上升或下降，升降的高度与槽电流大小成正比。若槽电流为零，或者在无电流区间，磁动势曲线将保持为水平。

4）可以确定一水平线为横坐标，若该坐标以上和以下的磁动势曲线面积相等，根据 N 极下的磁通量与 S 极下的磁通量相等的原则，则该横坐标即为磁动势曲线的基准线。

图 3-32a 中画出了三相绕组基波磁动势波，现可按上述步骤直接画出不同瞬间三相绕组合成磁动势的实际波形。

图 3-34a 中，当 $\omega t=0$ 时，$i_A=I_{\phi m}$，$i_B=i_C=-\frac{1}{2}I_{\phi m}$，$I_{\phi m}$为幅值；合成磁动势波为二阶梯形波，其幅值最大，$F_{max}=1.0n_sI_{\phi m}$，$n_s$ 为槽内导体数；由式（3-65）可得，此时基波合成磁动势的幅值 $F_s=0.955n_sI_{\phi m}$，F_{max} 比 F_s 略大。图 3-34b 中，$\omega t=30°$，$i_A=0.866I_{\phi m}$，$i_B=0$，$i_C=-0.866I_{\phi m}$，合成磁动势波为短距矩形波，其幅值最小，$F_{min}=0.866n_sI_{\phi m}$，$F_{min}$ 比 F_s 略小；图 3-34c 中，$\omega t=60°$，$i_A=i_B=\frac{1}{2}I_{\phi m}$，$i_C=-I_{\phi m}$，合成磁动势波形与图 3-34a 所示相同。

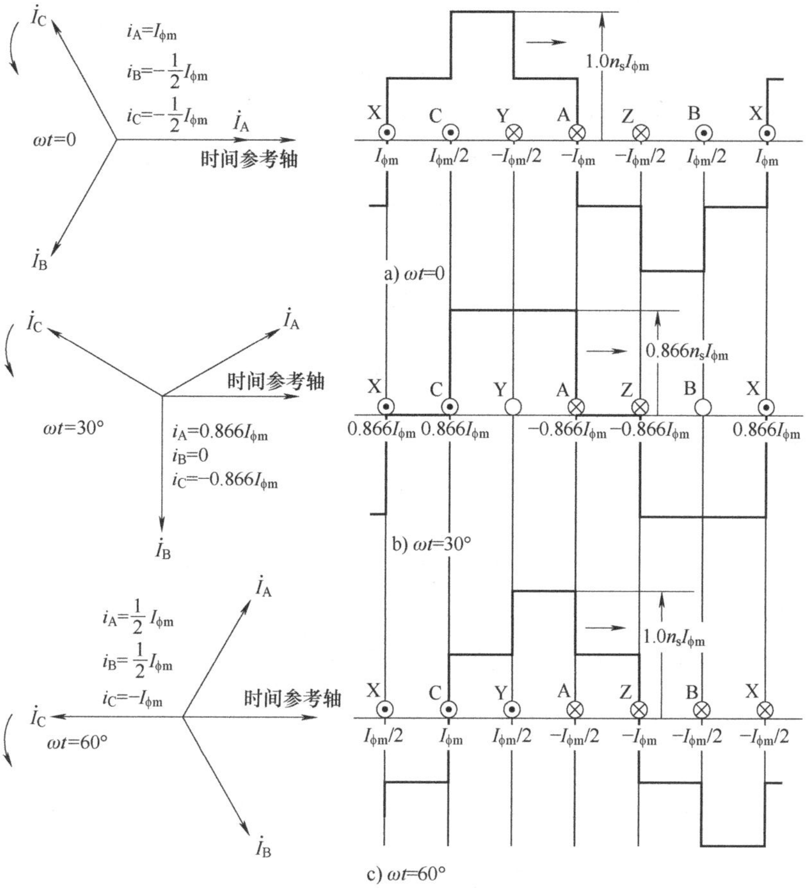

图 3-34 $q=1$ 的三相绕组整距集中绕组三个不同瞬间的合成磁动势波形

由图 3-34 可知，对于单层整距集中绕组，其三相绕组合成磁动势波的正、负部分是对称的，其中不包括偶次谐波。合成磁动势波正向旋转，其波形由幅值为 $1.0n_sI_{\phi m}$ 的二阶梯形波，逐步变成幅值为 $0.866n_sI_{\phi m}$ 的矩形波，然后再变成 $1.0n_sI_{\phi m}$ 的二阶梯形波。这说明合成磁动势相对基波合成磁动势畸变严重，所含谐波比重大。事实上，整距集中绕组对各次奇次谐波均无抑制作用。

图 3-27 为采用直接作图法画出的短距分布单相绕组的磁动势波形。可以看出，相对整距集中单相绕组的矩形磁动势波，短距分布单相绕组的磁动势波在波形上更加接近于正弦分布，说明短距分布绕组对谐波磁动势有削弱作用，但合成磁动势中仍存在不同次数的谐波。下面分析三相合成磁动势中的谐波磁动势。

2. 三相绕组合成磁动势中的谐波磁动势

当相绕组通入余弦电流时，产生的 ν 次谐波磁动势可表示为

$$f_{\phi\nu}(t,\theta_s)=F_{\phi\nu}\cos\omega t\cos\nu\theta_s \tag{3-70}$$

$$F_{\phi\nu}=\frac{1}{\nu}0.9\frac{N_1 k_{ws\nu}}{p_0}I_\phi \tag{3-71}$$

式（3-71）表明，脉振谐波磁动势其最大振幅与相绕组的结构形式和谐波次数相关，与基波最大幅值之比为$\frac{1}{\nu}\frac{k_{ws\nu}}{k_{ws1}}$。

将 A、B、C 三相绕组产生的 ν 次谐波合成，便可得三相 ν 次谐波合成磁动势，即有

$$\begin{aligned} f_\nu(t,\theta_s) &= f_{\nu A}(t,\theta_s)+f_{\nu B}(t,\theta_s)+f_{\nu C}(t,\theta_s) \\ &= F_{\phi\nu}\cos\omega t\cos\nu\theta_s+F_{\phi\nu}\cos(\omega t-120^\circ)\cos\nu(\theta_s-120^\circ)+ \\ &\quad F_{\phi\nu}\cos(\omega t-240^\circ)\cos\nu(\theta_s-240^\circ) \end{aligned} \tag{3-72}$$

由式（3-72）可得出如下结论：

1）当 $\nu=3k(k=1,3,5,\cdots)$，即 $\nu=3,9,15,\cdots$时，有

$$f_\nu(t,\theta_s)=0 \tag{3-73}$$

式（3-73）表明，对称三相绕组的合成磁动势中不存在 3 次或 3 的倍数次谐波磁动势。

2）当 $\nu=6k+1(k=1,2,3,\cdots)$，即 $\nu=7,13,19,\cdots$时，有

$$f_\nu(t,\theta_s)=\frac{3}{2}F_{\phi\nu}\cos(\omega t-\nu\theta_s) \tag{3-74}$$

式（3-74）表明，此时谐波合成磁动势的幅值为$\frac{3}{2}F_{\phi\nu}$，旋转速度为同步转速的$\frac{1}{\nu}$，旋转方向与基波合成磁动势方向一致，称为正向旋转谐波磁动势。

3）当 $\nu=6k-1(k=1,2,3,\cdots)$，即 $\nu=5,11,17,\cdots$时，有

$$f_\nu(t,\theta_s)=\frac{3}{2}F_{\phi\nu}\cos(\omega t+\nu\theta_s) \tag{3-75}$$

式（3-75）表明，此时谐波合成磁动势的幅值为$\frac{3}{2}F_{\phi\nu}$，旋转转速为同步转速的$\frac{1}{\nu}$，旋转方向与基波磁动势方向相反，称为反向旋转谐波磁动势。

可将 $\nu=6k\pm1(k=1,2,3,\cdots)$次谐波磁动势统一表示为

$$\nu=2mk\pm1 \tag{3-76}$$

式中，m 为相数；取加号时，谐波磁动势为正向旋转磁动势；取减号时谐波磁动势为反向旋转磁动势。

谐波合成磁动势在电机内会产生谐波磁场。在感应电机中，谐波磁场会引起附加损耗，振动和噪声，还会产生一定的寄生转矩，影响电机的起动性能。在同步电机中，谐波磁场会在转子表面产生涡流损耗，引起电机发热，降低电机的效率。因此必须有效抑制谐波磁动势，对定子绕组而言，通常采用短距和分布结构，且需合理地选择线圈节距 y_1 和 q 值。具体内容见第 8 章。

3.4.4 非正弦电流下交流绕组的磁动势

当交流绕组接于各种静止变频器时，变频器馈入电机的三相交流电流为非正弦电流，其

中除了基波电流外，还含有一系列谐波。若不考虑偶次谐波，由傅里叶级数分解，可将三相电流中的第 μ 次谐波表示为

$$\begin{cases} i_{A\mu}=\sqrt{2}I_{\phi\mu}\cos\mu\omega t \\ i_{B\mu}=\sqrt{2}I_{\phi\mu}\cos\left(\mu\omega t-\dfrac{2\mu\pi}{3}\right) \\ i_{C\mu}=\sqrt{2}I_{\phi\mu}\cos\left(\mu\omega t-\dfrac{4\mu\pi}{3}\right) \end{cases} \tag{3-77}$$

式中，$I_{\phi\mu}$ 为 μ 次谐波电流的有效值；$\mu\omega$ 为 μ 次谐波电流的角频率。

次数为 $\mu=6n+1(n=0,1,2,3,\cdots)$ 的谐波电流，称为正序谐波电流，包含 $\mu=1,7,13,\cdots$ 次谐波；次数为 $\mu=6n-1(n=1,2,3,\cdots)$ 的谐波电流，称为负序谐波电流，包含 $\mu=5,11,17,\cdots$ 次谐波；次数 $\mu=3n(n=1,2,3,\cdots)$ 的谐波电流，称为零序谐波电流，包含 $\mu=3,9,15,\cdots$ 次谐波。可以证明，所有零序电流通入对称三相绕组后，产生的合成磁动势其幅值为零。对称的正序 μ 次谐波电流通入对称三相绕组后，产生的基波合成磁动势为圆形旋转磁动势，与基波电流产生的圆形旋转磁动势相比，两者的旋转方向相同（正向旋转），但旋转速度为基波的 μ 倍，幅值为基波的 $I_{\phi\mu}/I_{\phi1}$，通常情况下，谐波电流次数越高，旋转磁动势波的幅值越低。对称的负序谐波电流通入对称的三相绕组后，产生的基波合成磁动势同样为圆形旋转磁动势，不同的是为反向旋转磁动势。

三相谐波电流产生的合成磁动势中，除了基波磁动势外，还包含了谐波磁动势，于是可得

$$f_{\mu\nu}(t,\theta_s)=\frac{3}{2}F_{\phi\mu\nu}\cos(\mu\omega t\mp\nu\theta_s)\quad \mu,\nu=1,5,7,\cdots \tag{3-78}$$

$$F_{\phi\mu\nu}=\frac{1}{\nu}\,\frac{4}{\pi}\,\frac{1}{2}\,\frac{N_1k_{ws\nu}}{p_0}\sqrt{2}I_{\phi\mu}=\frac{1}{\nu}0.9\,\frac{N_1k_{ws\nu}}{p_0}I_{\phi\mu} \tag{3-79}$$

式中，$F_{\phi\mu\nu}$ 为 μ 次谐波电流在单相绕组中产生的 ν 次谐波磁动势的幅值。

由式（3-78），可得

$$\omega_{\mu\nu}=\pm\frac{\mu}{\nu}\omega \tag{3-80}$$

式中，“+”号代表正向旋转磁动势，“−”号代表反向旋转磁动势。例如，当 $\mu=5$ 和 $\nu=7$ 时，5 次谐波电流产生的合成磁动势中，包含了 5 次基波磁动势和 7 次谐波磁动势，前者以 5 倍同步电角速度(5ω)相对于定子反向旋转，后者旋转方向与前者相同，但旋转速度为 $\frac{5}{7}\omega$，故 5 次谐波电流产生的 7 次谐波磁动势是一个以 $-\frac{5}{7}\omega$ 电角速度、相对定子反向旋转的谐波磁动势，其幅值为

$$F_{57}=\frac{3}{2}\,\frac{1}{7}0.9\,\frac{N_1k_{ws7}}{p_0}I_{\phi5} \tag{3-81}$$

3.4.5　非对称电流下交流绕组的磁动势

当非对称的三相正（余）弦电流馈入对称三相绕组时，在电机内会产生椭圆形旋转磁动势。

采用对称分量法，可将不对称的三相正弦电流分解为正序系统、负序系统和零序系统。

当三相绕组为星形联结且无中性线引出时，相绕组中不存在零序电流，当三相绕组为三角形联结时，零序电流产生的三相绕组基波磁动势在空间上互差120°电角度，其基波合成磁动势亦为零。

当对称三相正序电流通入对称三相绕组时，会产生正向旋转的基波合成磁动势波$f_{1+}(t,\theta_s)$，即有

$$f_{1+}(t,\theta_s)=F_{1+}\cos(\omega t-\theta_s) \tag{3-82}$$

$$F_{1+}=1.35\frac{N_1k_{ws1}}{p_0}I_+ \tag{3-83}$$

式中，F_{1+}为正序电流产生的基波合成磁动势波的幅值。

对称的三相负序电流通入对称三相绕组，会产生反向旋转的基波合成磁动势$f_{1-}(t,\theta_s)$，即有

$$f_{1-}(t,\theta_s)=F_{1-}\cos(\omega t+\theta_s) \tag{3-84}$$

$$F_{1-}=1.35\frac{N_1k_{ws1}}{p_0}I_- \tag{3-85}$$

式中，F_{1-}为负序电流产生的基波合成磁动势波的幅值。

若以空间矢量$\boldsymbol{f}_{1+}$和$\boldsymbol{f}_{1-}$分别表示正向和反向旋转基波合成磁动势，再将不同瞬间的$\boldsymbol{f}_{1+}$和$\boldsymbol{f}_{1-}$进行矢量合成，便可得到合成矢量$\boldsymbol{f}_1$，如图3-35所示。

可以看出，合成矢量$\boldsymbol{f}_1$是一个幅值变化、非恒速推移的旋转磁动势，运行轨迹为一椭圆，故又称其为椭圆形旋转磁动势。椭圆形的长轴长度为$F_{1+}+F_{1-}$，短轴长度为$|F_{1+}-F_{1-}|$，$\boldsymbol{f}_1$的推移方向由正向和反向磁动势哪个较强而定。

若$F_{1-}=0$或$F_{1+}=0$，则椭圆形磁动势就转化为圆形旋转磁动势；若$F_{1+}=F_{1-}$，椭圆形旋转磁动势则回归为脉振磁动势。

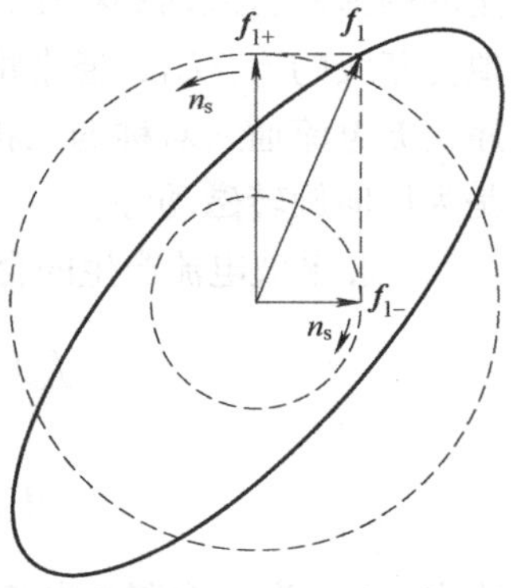

图3-35 非对称三相正弦电流产生的椭圆形旋转磁动势

3.5 三相绕组的电流、磁链、电动势和电压矢量

3.5.1 三相绕组的电流矢量

在图3-29所示的空间复平面内，由式（3-54）和式（3-55），可将三相绕组的磁动势$\boldsymbol{f}_A$、$\boldsymbol{f}_B$和$\boldsymbol{f}_C$分别表示为

$$\begin{cases}\boldsymbol{f}_A=\dfrac{4}{\pi}\dfrac{1}{2}\dfrac{N_1k_{ws1}}{p_0}i_A e^{j0^\circ}=\dfrac{4}{\pi}\dfrac{1}{2}\dfrac{N_1k_{ws1}}{p_0}\boldsymbol{i}_A\\ \boldsymbol{f}_B=\dfrac{4}{\pi}\dfrac{1}{2}\dfrac{N_1k_{ws1}}{p_0}i_B e^{j120^\circ}=\dfrac{4}{\pi}\dfrac{1}{2}\dfrac{N_1k_{ws1}}{p_0}\boldsymbol{i}_B\\ \boldsymbol{f}_C=\dfrac{4}{\pi}\dfrac{1}{2}\dfrac{N_1k_{ws1}}{p_0}i_C e^{j240^\circ}=\dfrac{4}{\pi}\dfrac{1}{2}\dfrac{N_1k_{ws1}}{p_0}\boldsymbol{i}_C\end{cases} \tag{3-86}$$

在1.4.2节已将A相绕组的电流表示为空间矢量，$i_A e^{j0^\circ}=\boldsymbol{i}_A$，同时诠释了电流矢量$\boldsymbol{i}_A$的物理含义，同样可将B相和C相绕组电流表示为空间矢量，$i_B e^{j120^\circ}=\boldsymbol{i}_B$，$i_C e^{j240^\circ}=\boldsymbol{i}_C$。由式（3-86）可

知，相绕组的磁动势矢量与电流矢量方向相同，绕组结构形式确定后，磁动势矢量便决定于电流矢量。

图 3-29 中，$\boldsymbol{f}_s$ 为定子磁动势矢量，$\boldsymbol{f}_s=\boldsymbol{f}_A+\boldsymbol{f}_B+\boldsymbol{f}_C$，代表的是对称三相绕组产生的基波合成磁动势。现假设$\boldsymbol{f}_s$ 由一个单轴绕组 s-s′产生，如图 3-36 所示，单轴绕组的有效匝数 $N_s k_{ws1}$ 为单相绕组 $N_1 k_{ws1}$ 的$\sqrt{\dfrac{3}{2}}$倍，即 $N_s k_{ws1}=\sqrt{\dfrac{3}{2}}N_1 k_{ws1}$，通入电流 i_s 后，产生的基波磁动势即为$\boldsymbol{f}_s$。于是有

$$\frac{4}{\pi}\ \frac{1}{2}\sqrt{\frac{3}{2}}\ \frac{N_1 k_{ws1}}{p_0}\boldsymbol{i}_s=\frac{4}{\pi}\ \frac{1}{2}\ \frac{N_1 k_{ws1}}{p_0}\boldsymbol{i}_A+\frac{4}{\pi}\ \frac{1}{2}\ \frac{N_1 k_{ws1}}{p_0}\boldsymbol{i}_B+\frac{4}{\pi}\ \frac{1}{2}\ \frac{N_1 k_{ws1}}{p_0}\boldsymbol{i}_C \tag{3-87}$$

去除绕组匝数因素后，可得

$$\begin{aligned}\boldsymbol{i}_s&=\sqrt{\frac{2}{3}}(\boldsymbol{i}_A+\boldsymbol{i}_B+\boldsymbol{i}_C)\\&=\sqrt{\frac{2}{3}}(i_A e^{j0°}+i_B e^{j120°}+i_C e^{j240°})\\&=\sqrt{\frac{2}{3}}(i_A\boldsymbol{a}^0+i_B\boldsymbol{a}+i_C\boldsymbol{a}^2)\\&=i_s e^{j\theta}\end{aligned} \tag{3-88}$$

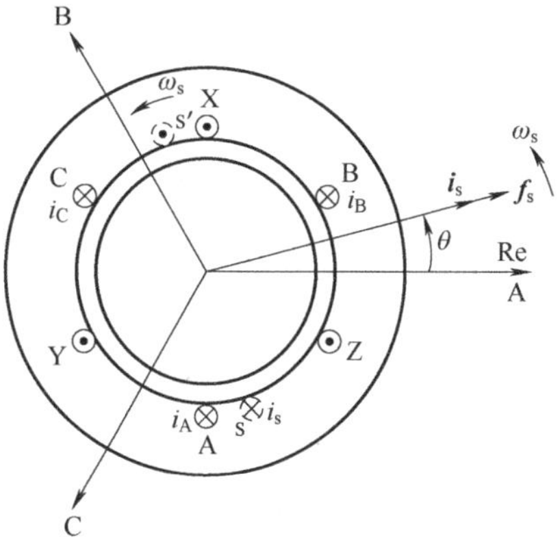

图 3-36　定子单轴绕组与定子电流矢量

式中，$\theta=\int_0^t \omega_s \mathrm{d}t+\theta_0$，$\omega_s$ 为 $\boldsymbol{i}_s(\boldsymbol{f}_s)$ 旋转的瞬时电角速度，θ_0 为初始相位。

将式（3-88）中的 $\boldsymbol{i}_s$ 定义为定子电流矢量。

如第 1 章所述，就产生基波磁动势而言，可将 A 相绕组电流看成是沿定子内缘正弦分布的电流层，如图 3-37a 所示；同样可将 B 相和 C 相绕组电流看成是沿定子内缘正弦分布的电流层，分别如图 3-39b 和图 3-37c 所示；三者在空间分布互差 120°电角度。三个正弦分布电流层合成后其电流层仍为正弦分布，本来可将其看成是单轴绕组 s-s′中的电流，但因已取单轴绕组有效匝数为相绕组的$\sqrt{\dfrac{3}{2}}$倍，为使定子磁动势 $\boldsymbol{f}_s$ 保持不变，故将其减小为实际值的$\sqrt{\dfrac{2}{3}}$。之所以这样处理，是为了进行矢量变换时可以满足功率不变约束（下面的分析会说明）。此时，单轴绕组产生的磁动势仍为三相绕组产生的基波合成磁动势$\boldsymbol{f}_s$，因此不会改变气隙磁场，也就不会影响机电能量转换和转矩生成。显然，单轴绕组是虚拟和等效的，但单轴电流是客观存在的，这为单轴绕组的设定提供了物理依据和合理性。

图 3-37 中，三相电流的空间分布是正弦的，但三相电流的时间波形和瞬时值可以是任意的，因此式（3-88）既适用于稳态运行，也适用于动态运行。当三相电流在时域内变化时，正弦分布合成电流的位置和幅值将发生变化，即定子电流矢量 $\boldsymbol{i}_s$ 的幅值和相位将随之变化。这表明通过控制三相电流瞬时值 $i_A(t)$、$i_B(t)$、$i_C(t)$就可以控制 $\boldsymbol{i}_s$ 的幅值、相位和运行轨迹，这与通过控制 $i_A(t)$、$i_B(t)$、$i_C(t)$便可控制$\boldsymbol{f}_s$ 是一致的，也为转矩矢量控制提供了有效途径。

由以上分析可知，$\boldsymbol{i}_s$ 与 $\boldsymbol{f}_s$ 方向一致，两者之间仅存在倍比关系，电机结构确定后，$\boldsymbol{i}_s$ 即表征了三相绕组产生基波合成磁动势的能力，因此可由 $\boldsymbol{i}_s$ 来求取磁场（磁链），也可运用$\boldsymbol{i}_s$ 来直接分析和表述转矩生成，这也是引入定子电流矢量的一个重要原因。

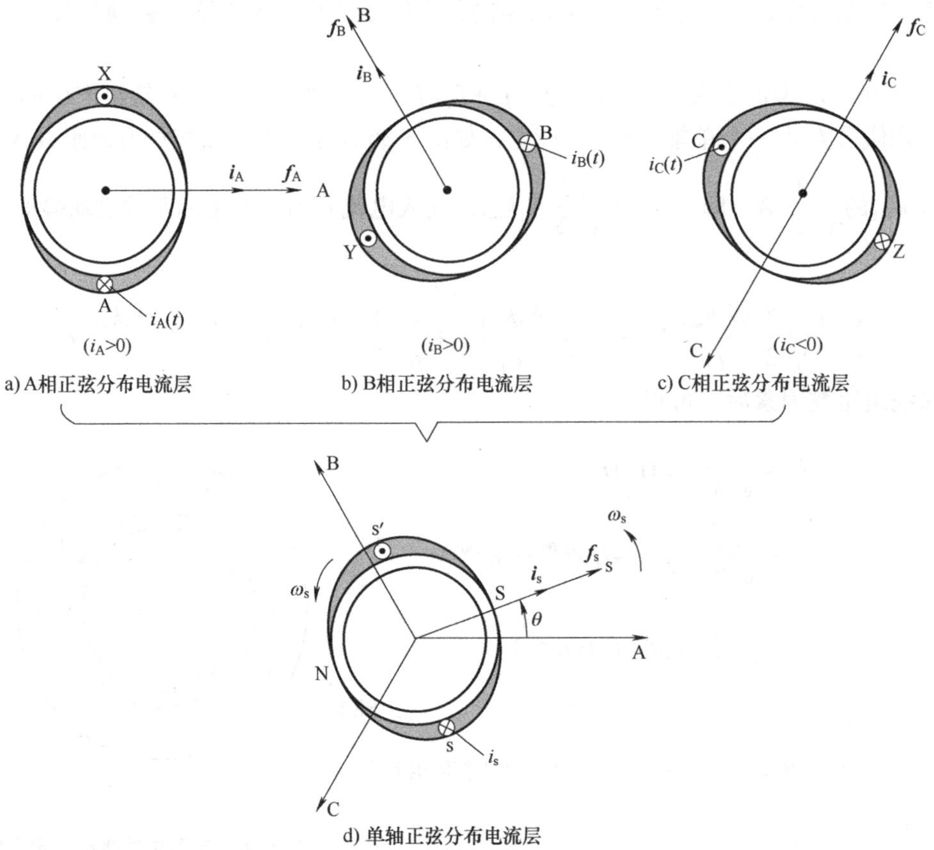

图 3-37　定子三相绕组电流与单轴绕组电流

在稳态运行时，将式（3-57）中的对称三相电流代入式（3-88），可得

$$\begin{aligned}\boldsymbol{i}_s &= \sqrt{\frac{2}{3}}\left[\sqrt{2}I_\phi\cos\omega t\mathrm{e}^{\mathrm{j}0^\circ}+\sqrt{2}I_\phi\cos(\omega t-120^\circ)\mathrm{e}^{\mathrm{j}120^\circ}+\sqrt{2}I_\phi\cos(\omega t-240^\circ)\mathrm{e}^{\mathrm{j}240^\circ}\right]\\ &=\sqrt{3}I_\phi\mathrm{e}^{\mathrm{j}\omega t}\\ &=i_s\mathrm{e}^{\mathrm{j}\omega t}\end{aligned} \tag{3-89}$$

式（3-89）表明，对称三相正序电流通入对称三相绕组时，$|\boldsymbol{i}_s|=\sqrt{3}I_\phi$（相电流有效值$\sqrt{3}$倍），定子电流矢量$\boldsymbol{i}_s$幅值恒定，且以电角速度$\omega$恒速、正向旋转；当$\omega t=0$时（A 相电流最大），$\boldsymbol{i}_s$与 A 轴一致，B 相和 C 相电流最大时，便依次与 B 轴和 C 轴取得一致；若同取 A 相绕组轴线 A 轴为时空参考轴，则在时空复平面内，矢量$\boldsymbol{i}_s$与相量$\dot{I}_A$的时空相位相同，两者将始终叠合在一起。这与对称三相正序电流通入对称三相绕组时，定子磁动势矢量$\boldsymbol{f}_s$的时空特征是一致的。

3.5.2　三相绕组的磁链矢量

1. 单相绕组的磁链与电感

图 3-36 中，A 相绕组瞬时电流i_A为正向电流，产生了磁动势矢量$\boldsymbol{f}_A$，其幅值为

$$F_A=\frac{4}{\pi}\frac{1}{2}\frac{N_1k_{ws1}}{p_0}i_A \tag{3-90}$$

由于电机气隙均匀，若设定铁心磁导率 $\mu_{Fe}=\infty$，则 f_A 在气隙中建立的正弦分布励磁磁场（即 A 相绕组建立的基波磁场）幅值 $\hat{B}_{mA}$ 为

$$\hat{B}_{mA}=\lambda_g F_A=\mu_0\frac{F_A}{g} \tag{3-91}$$

式中，λ_g 为单位面积气隙磁导（比磁导），$\lambda_g=\frac{\mu_0}{g}$。

A 相绕组建立的基波磁场的幅值和方向取决于 $f_A(i_A)$ 的大小和方向。若 A 相电流为正（余）弦电流，则该基波磁场将沿 A 轴以正（余）弦规律脉振，成为脉振磁场。

A 相绕组的励磁磁通 ϕ_{mAA} 和励磁磁链 ψ_{mAA} 分别为

$$\phi_{mAA}=\frac{2}{\pi}\hat{B}_{mA}\tau_s l \tag{3-92}$$

$$\psi_{mAA}=\phi_{mAA}N_1k_{ws1}=\frac{2}{\pi}\hat{B}_{mA}\tau_s lN_1k_{ws1} \tag{3-93}$$

式中，τ_s 为极距，$\tau_s=\frac{D_s\pi}{2p_0}$，$D_s$ 为定子内圆直径；l 为定子铁心长度。

将式（3-90）和式（3-91）代入式（3-93），可得

$$L_{m1}=\frac{\psi_{mAA}}{i_A}=\frac{2}{\pi}\frac{\mu_0D_sl}{g}\frac{(N_1k_{ws1})^2}{p_0^2} \tag{3-94}$$

或者

$$L_{m1}=\frac{\psi_{mAA}}{i_A}=\frac{4}{\pi^2}\frac{\mu_0\tau_sl}{g}\frac{(N_1k_{ws1})^2}{p_0} \tag{3-95}$$

式中，L_{m1} 为 A 相绕组励磁电感，同样为 B 相和 C 相绕组的励磁电感。式（3-94）和式（3-95）分别与式（1-117）和式（1-118）形式相同。

对于感应电机，为计及开槽的影响，通常用计算气隙 $k_\delta g$ 来代替气隙 g，则有

$$L_{m1}=\frac{2}{\pi}\frac{\mu_0D_sl}{k_\delta g}\frac{(N_1k_{ws1})^2}{p_0^2} \tag{3-96}$$

或者

$$L_{m1}=\frac{4}{\pi^2}\frac{\mu_0\tau_sl}{k_\delta g}\frac{(N_1k_{ws1})^2}{p_0} \tag{3-97}$$

式中，k_δ 为气隙系数或卡氏系数。

各相绕组的自感磁链 ψ_{AA}、ψ_{BB} 和 ψ_{CC} 分别为

$$\begin{cases}\psi_{AA}=\psi_{\sigma A}+\psi_{mAA}=L_{\sigma A}i_A+L_{mA}i_A=L_{\sigma s}i_A+L_{m1}i_A=L_Ai_A\\ \psi_{BB}=\psi_{\sigma B}+\psi_{mBB}=L_{\sigma B}i_B+L_{mB}i_B=L_{\sigma s}i_B+L_{m1}i_B=L_Bi_B\\ \psi_{CC}=\psi_{\sigma C}+\psi_{mCC}=L_{\sigma C}i_C+L_{mC}i_C=L_{\sigma s}i_C+L_{m1}i_C=L_Ci_C\end{cases} \tag{3-98}$$

式中，$\psi_{\sigma A}$、$\psi_{\sigma B}$、$\psi_{\sigma C}$ 和 $L_{\sigma A}$、$L_{\sigma B}$、$L_{\sigma C}$ 分别为各相绕组的漏磁链和漏电感，且有 $L_{\sigma A}=L_{\sigma B}=L_{\sigma C}=L_{\sigma s}$；$\psi_{mAA}$、$\psi_{mBB}$、$\psi_{mCC}$ 和 L_{mA}、L_{mB}、L_{mC} 分别为各相绕组的励磁磁链和励磁电感，且有 $L_{mA}=L_{mB}=L_{mC}=L_{m1}$；$\psi_{AA}$、$\psi_{BB}$、$\psi_{CC}$ 和 L_A、L_B、L_C 分别为各相绕组的自感磁链和自感，且有 $L_A=L_B=L_C=L_{\sigma s}+L_{m1}$。

2. 三相绕组的磁链与电感

稳态运行时，三相绕组通入对称三相电流后产生了基波合成磁动势 $\boldsymbol{f}_s$，幅值为 F_s，同式（3-65）。$\boldsymbol{f}_s$ 在气隙中建立了圆形旋转磁场，幅值为 $\hat{B}_{ms}$，$\hat{B}_{ms}=\mu_0\dfrac{F_s}{g}$，相应的气隙磁通量则为

$$\Phi_{ms}=\frac{2}{\pi}\hat{B}_{ms}\tau_s l=\frac{2}{\pi}\frac{\mu_0}{g}F_s\tau_s l \tag{3-99}$$

此气隙磁通与 A 相绕组交链，产生的最大磁链 ψ_{mAmax} 为

$$\psi_{mAmax}=\Phi_{ms}N_1k_{ws1} \tag{3-100}$$

由于 $F_s=\dfrac{3}{2}F_{\phi1}$，若以一相绕组电流来表示三相电流共同励磁的结果，令 $L_m=\dfrac{\psi_{mAmax}}{\sqrt{2}I_\phi}$，则有 $L_m=\dfrac{3}{2}L_{m1}$，L_m 称为相绕组的等效励磁电感。

动态运行时，从三相绕组间耦合的角度看，与单相绕组励磁不同，此时每相绕组的全磁链不仅包含了自感磁链，还包含了另外两相绕组对其产生的互感磁链。现分析如下。

图 3-36 中，当不考虑转子励磁时，定子各相绕组的全磁链 ψ_{AS}、ψ_{BS}和 ψ_{CS}可表示为

$$\begin{bmatrix}\psi_{AS}\\ \psi_{BS}\\ \psi_{CS}\end{bmatrix}=\begin{bmatrix}L_A & L_{AB} & L_{AC}\\ L_{BA} & L_B & L_{BC}\\ L_{CA} & L_{CB} & L_C\end{bmatrix}\begin{bmatrix}i_A\\ i_B\\ i_C\end{bmatrix} \tag{3-101}$$

由于电机气隙均匀，气隙磁场为正弦分布，三相绕组轴线在空间互差 120°电角度，三相电流均为正向电流，故互感可表示为

$$L_{AB}=L_{BA}=L_{BC}=L_{CB}=L_{CA}=L_{AC}=L_{m1}\cos120°=-\frac{1}{2}L_{m1}$$

式中，忽略了相绕组间的互漏感。

可将式（3-101）表示为

$$\begin{bmatrix}\psi_{AS}\\ \psi_{BS}\\ \psi_{CS}\end{bmatrix}=\begin{bmatrix}L_{\sigma s}+L_{m1} & -\frac{1}{2}L_{m1} & -\frac{1}{2}L_{m1}\\ -\frac{1}{2}L_{m1} & L_{\sigma s}+L_{m1} & -\frac{1}{2}L_{m1}\\ -\frac{1}{2}L_{m1} & -\frac{1}{2}L_{m1} & L_{\sigma s}+L_{m1}\end{bmatrix}\begin{bmatrix}i_A\\ i_B\\ i_C\end{bmatrix} \tag{3-102}$$

其中

$$\psi_{AS}=(L_{\sigma s}+L_{m1})i_A-\frac{1}{2}L_{m1}(i_B+i_C)$$

若定子三相绕组为星形联结，且无中性线引出，则有 $i_A+i_B+i_C=0$，于是有

$$\psi_{AS}=\left(L_{\sigma s}+\frac{3}{2}L_{m1}\right)i_A=(L_{\sigma s}+L_m)i_A=L_si_A \tag{3-103}$$

式中，$\psi_{AS}=L_{\sigma s}i_A+L_mi_A=\psi_{\sigma s}+\psi_{mA}$，$\psi_{\sigma s}=L_{\sigma s}i_A$，$\psi_{mA}=L_mi_A$；$L_m$ 又称为定子等效励磁电感，$L_m=\dfrac{3}{2}L_{m1}$；L_s 称为定子等效自感，$L_s=L_{\sigma s}+L_m$，在隐极同步电机中，又称其为同步电感。

式（3-101）中，A 相绕组的全磁链 ψ_{AS} 与自感磁链 ψ_{AA} 不同，ψ_{AS} 中不仅包含了自感磁链 ψ_{AA}，还包含了其他两相绕组对其产生的互感磁链，因此式（3-103）中，当以 A 相绕组自身电流 i_A 来表示 ψ_{AS} 时，L_m 除反映绕组自身的励磁作用外，还反映了另外两相绕组对其的耦合作用，故 L_m 是个等效参数。对其他两相绕组亦如此。

可将式（3-101）表示为

$$\begin{bmatrix}\psi_{AS}\\ \psi_{BS}\\ \psi_{CS}\end{bmatrix}=(L_{\sigma s}+L_m)\begin{bmatrix}i_A\\ i_B\\ i_C\end{bmatrix}$$

即有

$$\sqrt{\frac{2}{3}}\begin{bmatrix}\psi_{AS}\\ \boldsymbol{a}\psi_{BS}\\ \boldsymbol{a}^2\psi_{CS}\end{bmatrix}=(L_{\sigma s}+L_m)\sqrt{\frac{2}{3}}\begin{bmatrix}i_A\\ \boldsymbol{a}i_B\\ \boldsymbol{a}^2 i_C\end{bmatrix}$$

可得

$$\boldsymbol{\psi}_{ss}=L_{\sigma s}\boldsymbol{i}_s+L_m\boldsymbol{i}_s=L_s\boldsymbol{i}_s \tag{3-104}$$

式中，$\boldsymbol{\psi}_{ss}=\sqrt{\frac{2}{3}}(\psi_{AS}+\boldsymbol{a}\psi_{BS}+\boldsymbol{a}^2\psi_{CS})$，将其定义为定子等效自感磁链矢量。

由式（3-94）和式（3-95），可将 L_m 表示为

$$L_m=\frac{3}{2}L_{m1}=\frac{3}{\pi}\frac{\mu_0 D_s l}{g}\frac{(N_1 k_{ws1})^2}{p_0^2} \tag{3-105a}$$

或者

$$L_m=\frac{3}{2}L_{m1}=\frac{6}{\pi^2}\frac{\mu_0 \tau_s l}{g}\frac{(N_1 k_{ws1})^2}{p_0} \tag{3-105b}$$

式（3-104）中，$\boldsymbol{\psi}_{ss}$ 与 $\boldsymbol{i}_s$ 方向一致，故可认为 $\boldsymbol{\psi}_{ss}$ 是定子电流 $\boldsymbol{i}_s$ 产生的磁链矢量。$\boldsymbol{i}_s$ 可看成是图 3-36 中等效单轴绕组 s-s′中的电流，单轴绕组有效匝数为相绕组有效匝数的 $\sqrt{\frac{3}{2}}$ 倍，故其励磁电感为相绕组励磁电感的 $\frac{3}{2}$ 倍，即为 L_m。若单轴绕组漏电感为 $L_{\sigma s}$（计及定子互漏感时，其漏电感推导见 3.6.2 节），则单轴绕组的等效自感即为 L_s，通入电流 $\boldsymbol{i}_s$ 后，产生的自感磁链见式（3-104），故可将 $\boldsymbol{\psi}_{ss}$ 看成是等效单轴绕组 s-s′的自感磁链矢量。

3.5.3　三相绕组的电动势矢量

1. 动态运行时

自感磁链 $\boldsymbol{\psi}_{ss}$ 变化时，则有

$$\boldsymbol{e}_{ss}=-\frac{\mathrm{d}\boldsymbol{\psi}_{ss}}{\mathrm{d}t} \tag{3-106}$$

定义 $\boldsymbol{e}_{ss}$ 为定子的自感电动势矢量，也可将其看成是等效单轴绕组的自感电动势矢量。电机磁路为线性时，有

$$\boldsymbol{e}_{ss}=-\frac{\mathrm{d}(L_s\boldsymbol{i}_s)}{\mathrm{d}t}=-L_s\frac{\mathrm{d}\boldsymbol{i}_s}{\mathrm{d}t}=-L_{\sigma s}\frac{\mathrm{d}\boldsymbol{i}_s}{\mathrm{d}t}-L_m\frac{\mathrm{d}\boldsymbol{i}_s}{\mathrm{d}t}=\boldsymbol{e}_{\sigma s}+\boldsymbol{e}_{ms}$$

图 3-36 中，$\boldsymbol{i}_s=i_s e^{j\theta}$，$\theta=\int_0^t \omega_s dt+\theta_0$，故可得

$$\begin{cases} \boldsymbol{e}_{\sigma s}=-L_{\sigma s}\dfrac{di_s}{dt}e^{j\theta}-j\omega_s L_{\sigma s}\boldsymbol{i}_s \\ \boldsymbol{e}_{ms}=-L_m\dfrac{di_s}{dt}e^{j\theta}-j\omega_s L_m\boldsymbol{i}_s \\ \boldsymbol{e}_{ss}=-L_s\dfrac{di_s}{dt}e^{j\theta}-j\omega_s L_s\boldsymbol{i}_s \end{cases} \tag{3-107}$$

式中，$\dfrac{d\boldsymbol{i}_s}{dt}=\dfrac{d(i_s e^{j\theta})}{dt}=\dfrac{di_s}{dt}e^{j\theta}+i_s\dfrac{de^{j\theta}}{dt}$，$i_s\dfrac{de^{j\theta}}{dt}=j\omega_s i_s e^{j\theta}=j\omega_s\boldsymbol{i}_s$；等式右端第 1 项是因磁场幅值变化感生的电动势，第 2 项是因其旋转感生的电动势。

2. 稳态运行时

稳态运行时，$\boldsymbol{i}_s$ 的幅值恒定，旋转速度不变，式（3-107）应表示为

$$\begin{cases} \boldsymbol{e}_{\sigma s}=-j\omega_s L_{\sigma s}\boldsymbol{i}_s \\ \boldsymbol{e}_{ms}=-j\omega_s L_m\boldsymbol{i}_s \\ \boldsymbol{e}_{ss}=-j\omega_s L_s\boldsymbol{i}_s \end{cases} \tag{3-108}$$

图 3-36 中，若同取 A 轴为时空参考轴，则在此时空复平面内，电流矢量 $\boldsymbol{i}_s$ 与 A 相电流相量 $\dot{I}_A$ 的时空相位始终一致，若将 $\dot{I}_A$ 的长度扩大$\sqrt{3}$倍，则 $\boldsymbol{i}_s$ 与 $\dot{I}_A$ 便完全叠合在一起。对于电动势矢量 $\boldsymbol{e}_{ms}(\boldsymbol{e}_{\sigma s}、\boldsymbol{e}_{ss})$和 A 相电动势相量 $\dot{E}_{mA}(\dot{E}_{\sigma A}、\dot{E}_{As})$亦如此。为更具一般性，现将 $\dot{I}_A$ 记为 $\dot{I}_s$，将 $\dot{E}_{mA}(\dot{E}_{\sigma A}、\dot{E}_{As})$记为 $\dot{E}_m(\dot{E}_{\sigma s}、\dot{E}_{ss})$，于是在时域内可将式（3-108）直接转化为

$$\begin{cases} \dot{E}_{\sigma s}=-j\omega_s L_{\sigma s}\dot{I}_s \\ \dot{E}_m=-j\omega_s L_m\dot{I}_s \\ \dot{E}_{ss}=-j\omega_s L_s\dot{I}_s \end{cases} \tag{3-109}$$

在交流电机分析中，利用相量分析时，通常将 $\dot{E}_m$、$\dot{E}_{\sigma s}$和 $\dot{E}_{ss}$处理为负电抗电压降的形式，即有

$$\begin{cases} \dot{E}_{\sigma s}=-jX_{\sigma s}\dot{I}_s \\ \dot{E}_m=-jX_m\dot{I}_s \\ \dot{E}_{ss}=-jX_s\dot{I}_s \end{cases} \tag{3-110}$$

式中，$X_{\sigma s}$为漏电抗，$X_{\sigma s}=\omega_s L_{\sigma s}=2\pi f_s L_{\sigma s}$；$X_m$ 为等效励磁电抗，$X_m=\omega_s L_m=2\pi f_s L_m$；$X_s=\omega_s L_s=2\pi f_s L_s$，且有 $X_s=X_{\sigma s}+X_m$。

稳态运行时，三相绕组在气隙中建立的基波合成磁场 Φ_{ms}为圆形旋转磁场，其在每相绕组中感生的电动势即为 E_m，则有

$$E_m=\sqrt{2}\pi f_s N_1 k_{ws1}\Phi_{ms} \tag{3-111}$$

式（3-99）中，F_s 可表示为

$$F_s=\frac{3}{2}\frac{4}{\pi}\frac{1}{2}\frac{N_1 k_{ws1}}{p_0}\sqrt{2}I_s \tag{3-112}$$

由式（3-99）、式（3-111）和式（3-112），可得

$$X_{\mathrm{m}}=\frac{E_{\mathrm{m}}}{I_{\mathrm{s}}}=6f_{\mathrm{s}}\frac{\mu_0 D_{\mathrm{s}} l}{g}\frac{(N_1 k_{\mathrm{ws1}})^2}{p_0^2} \tag{3-113a}$$

或者

$$X_{\mathrm{m}}=\frac{12}{\pi}f_{\mathrm{s}}\frac{\mu_0 \tau_{\mathrm{s}} l}{g}\frac{(N_1 k_{\mathrm{ws1}})^2}{p_0} \tag{3-113b}$$

因 $X_{\mathrm{m}}=\omega_{\mathrm{s}}L_{\mathrm{m}}$，故由式（3-105）也可以直接得到式（3-113）。这说明，X_{m} 不是一相绕组的励磁电抗，而为单相绕组励磁电抗的 3/2 倍，是反映三相绕组共同作用的等效参数。式（3-111）中，气隙磁通 Φ_{ms}是由三相基波合成磁动势(F_{s})产生的，说明 E_{m} 是由三相电流共同产生的气隙磁通 Φ_{ms}在一相绕组中感生的电动势，而在式（3-113a）中，分母是相电流的有效值，故 X_{m} 是借助一相电流来表征三相电流共同作用的等效参数。在三相感应电机稳态分析中，X_{m} 用来表示等效励磁电抗；在隐极同步电机稳态分析中，X_{m} 用来表示电枢反应电抗，X_{s} 称为同步电抗，且 $X_{\mathrm{s}}=X_{\sigma\mathrm{s}}+X_{\mathrm{m}}$。

应该指出的是，电抗的物理意义是稳态运行时，相绕组电压降有效值与电流有效值之比，与电阻具有相同的量纲，故称为感抗；电感的物理意义是绕组单位电流产生磁链的能力；两者不能混淆。

对比图 1-9 和图 3-36 可知，将前者定子单相绕组改造为对称的三相绕组后，在一定条件下，可使其产生的气隙基波合成磁场连续旋转，这为动态和稳态运行中产生平均电磁转矩和恒定电磁转矩创造了条件，也为构成交流电机奠定了基础。

在稳态分析中，常将三相绕组在气隙中产生的基波合成磁场称为圆形旋转磁场。事实上，电机内并不存在能够“旋转”的磁场，而是当对称三相电流产生的基波合成磁动势按一定规律变化时，电机内主磁路的磁化状态随之呈现了规律性变化，气隙内各处径向磁场的大小亦按一定规律变化，看起来好似磁场在“旋转”。

3.5.4　三相绕组的电压矢量

1. 定子电压矢量

三相绕组外加电压为 u_{A}、u_{B} 和 u_{C}，三者可为任意波形和瞬时值。在图 3-29 所示的空间复平面内，定义定子电压矢量 $\boldsymbol{u}_{\mathrm{s}}$ 为

$$\begin{aligned}\boldsymbol{u}_{\mathrm{s}}&=\sqrt{\frac{2}{3}}(\boldsymbol{u}_{\mathrm{A}}+\boldsymbol{u}_{\mathrm{B}}+\boldsymbol{u}_{\mathrm{C}})\\&=\sqrt{\frac{2}{3}}(u_{\mathrm{A}}\boldsymbol{a}^0+u_{\mathrm{B}}\boldsymbol{a}+u_{\mathrm{C}}\boldsymbol{a}^2)\end{aligned} \tag{3-114}$$

式中，系数$\sqrt{\frac{2}{3}}$的出现是为了满足功率不变约束。

现将定子电流和电压矢量分别表示为

$$\boldsymbol{i}_{\mathrm{s}}=k(i_{\mathrm{A}}\mathrm{e}^{\mathrm{j}0^\circ}+i_{\mathrm{B}}\mathrm{e}^{\mathrm{j}120^\circ}+i_{\mathrm{C}}\mathrm{e}^{\mathrm{j}240^\circ})$$
$$\boldsymbol{u}_{\mathrm{s}}=k(u_{\mathrm{A}}\mathrm{e}^{\mathrm{j}0^\circ}+u_{\mathrm{B}}\mathrm{e}^{\mathrm{j}120^\circ}+u_{\mathrm{C}}\mathrm{e}^{\mathrm{j}240^\circ})$$

式中，k 可取为任意值。输入电机的电功率可写为

$$\begin{aligned}S_1&=\boldsymbol{u}_{\mathrm{s}}\boldsymbol{i}_{\mathrm{s}}^*=k^2(u_{\mathrm{A}}\mathrm{e}^{\mathrm{j}0^\circ}+u_{\mathrm{B}}\mathrm{e}^{\mathrm{j}120^\circ}+u_{\mathrm{C}}\mathrm{e}^{\mathrm{j}240^\circ})(i_{\mathrm{A}}\mathrm{e}^{\mathrm{j}0^\circ}+i_{\mathrm{B}}\mathrm{e}^{-\mathrm{j}120^\circ}+i_{\mathrm{C}}\mathrm{e}^{-\mathrm{j}240^\circ})\\&=k^2\left[\frac{3}{2}u_{\mathrm{A}}\mathrm{e}^{\mathrm{j}0^\circ}+\frac{\sqrt{3}}{2}(u_{\mathrm{B}}-u_{\mathrm{C}})\mathrm{e}^{\mathrm{j}90^\circ}\right]\left[\frac{3}{2}i_{\mathrm{A}}\mathrm{e}^{\mathrm{j}0^\circ}+\frac{\sqrt{3}}{2}(i_{\mathrm{B}}-i_{\mathrm{C}})\mathrm{e}^{-\mathrm{j}90^\circ}\right]\end{aligned}$$

$$=k^2\frac{3}{2}(u_Ai_A+u_Bi_B+u_Ci_C) \tag{3-115}$$

式中，设定了 $u_A+u_B+u_C=0$，$i_A+i_B+i_C=0$。式（3-115）表明，只有 $k=\sqrt{\frac{2}{3}}$，才能满足功率不变约束。

稳态运行时，设定对称的三相电压为

$$\begin{cases}u_A=\sqrt{2}U_s\cos\omega t\\ u_B=\sqrt{2}U_s\cos(\omega t-120°)\\ u_C=\sqrt{2}U_s\cos(\omega t-240°)\end{cases} \tag{3-116}$$

将式（3-116）代入式（3-114），可得

$$\begin{aligned}\boldsymbol{u}_s&=\sqrt{\frac{2}{3}}[\sqrt{2}U_s\cos\omega t\mathrm{e}^{\mathrm{j}0°}+\sqrt{2}U_s\cos(\omega t-120°)\mathrm{e}^{\mathrm{j}120°}+\sqrt{2}U_s\cos(\omega t-240°)\mathrm{e}^{\mathrm{j}240°}]\\&=\sqrt{3}U_s\mathrm{e}^{\mathrm{j}\omega t}\\&=u_s\mathrm{e}^{\mathrm{j}\omega t}\end{aligned} \tag{3-117}$$

式中，$u_s=\sqrt{3}U_s$。

式（3-117）表明，若三相交流电压为对称的正（余）弦电压，则 $\boldsymbol{u}_s$ 的幅值恒定，且以角频率 ω 恒速旋转，运行轨迹为圆形。

由式（3-89）和式（3-117）可将输入电机的电功率表示为

$$S_1=\boldsymbol{u}_s\boldsymbol{i}_s^*=3U_sI_s$$

$3U_sI_s$ 即为输入定子三相绕组的实际电功率，说明已经满足了功率不变约束。

由式（3-114）和式（3-116），可得

$$\begin{cases}u_A=\sqrt{\frac{2}{3}}\mathrm{Re}[\boldsymbol{u}_s]=\sqrt{\frac{2}{3}}\mathrm{Re}\left[\sqrt{\frac{2}{3}}(u_A+\boldsymbol{a}u_B+\boldsymbol{a}^2u_C)\right]=\sqrt{2}U_s\cos\omega t\\ u_B=\sqrt{\frac{2}{3}}\mathrm{Re}[\boldsymbol{a}^2\boldsymbol{u}_s]=\sqrt{\frac{2}{3}}\mathrm{Re}\left[\sqrt{\frac{2}{3}}(\boldsymbol{a}^2u_A+u_B+\boldsymbol{a}u_C)\right]=\sqrt{2}U_s\cos(\omega t-120°)\\ u_C=\sqrt{\frac{2}{3}}\mathrm{Re}[\boldsymbol{a}\boldsymbol{u}_s]=\sqrt{\frac{2}{3}}\mathrm{Re}\left[\sqrt{\frac{2}{3}}(\boldsymbol{a}u_A+\boldsymbol{a}^2u_B+u_C)\right]=\sqrt{2}U_s\cos(\omega t-240°)\end{cases} \tag{3-118}$$

式（3-118）表明，在空间复平面内，$\boldsymbol{u}_s$ 在 ABC 轴上的投影值的 $\sqrt{\frac{2}{3}}$ 即为三相电压的瞬时值。在正弦稳态下，当 $\boldsymbol{u}_s$ 幅值不变且恒速旋转时，其在 ABC 轴上的投影在时间上将按余弦规律变化。

2. 变频电源供电下的定子电压矢量

在交流调速和伺服系统中，常采用三相逆变电源供电，三相逆变器有多种形式，图 3-38 所示为其中的一种两电平三相逆变器。每个晶体管相当于一个电子开关，为避免短接，逆变器每桥臂上的两个电子开关不能同时导通，将上边电子开关导通而下边电子开关断开的状态定义为 1（开关函数 $s=1$），否则定义为 0（开关函数 $s=0$），见表 3-1。3 对电子开关 VT_1-VT_4、VT_3-VT_6、VT_5-VT_2 可组合成 8 种开关状态，见表 3-2。表中，序号 $k=1,2,3,\cdots$，8 表示 8 种开关状态，序号为 7 和 8 的两种开关状态是逆变器 3 支桥臂同一边的开关或者都导通或者都断开。

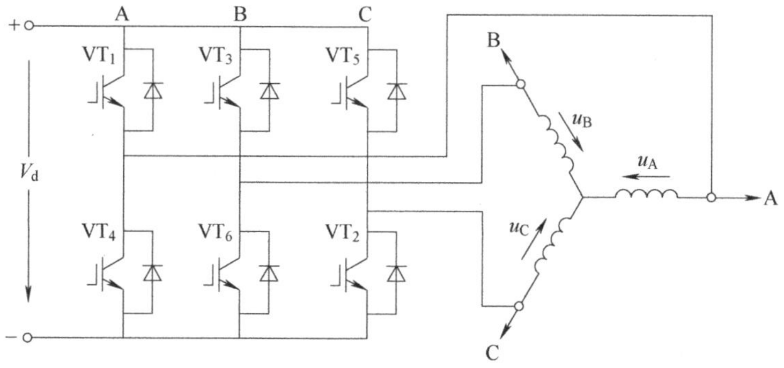

图 3-38　三相逆变电源供电于对称三相绕组

表 3-1　逆变器电子开关的开关状态

S_A	VT_1	VT_4
1	通	断
0	断	通
S_B	VT_3	VT_6
1	通	断
0	断	通
S_C	VT_5	VT_2
1	通	断
0	断	通

表 3-2　电子开关的开关函数

k	S_A	S_B	S_C
1	1	0	0
2	1	1	0
3	0	1	0
4	0	1	1
5	0	0	1
6	1	0	1
7	1	1	1
8	0	0	0

对于图 3-38 中所示的三相绕组，若用“+”表示相绕组端接（首端）处于高电位，用“−”号表示其处于低电位，则表 3-2 中的 8 种开关状态与三相绕组 8 个导通状态间的对应关系为

$$k_1(1\ 0\ 0)\rightarrow(A^+\ B^-\ C^-)\quad k_2(1\ 1\ 0)\rightarrow(A^+\ B^+\ C^-)$$
$$k_3(0\ 1\ 0)\rightarrow(A^-\ B^+\ C^-)\quad k_4(0\ 1\ 1)\rightarrow(A^-\ B^+\ C^+)$$
$$k_5(0\ 0\ 1)\rightarrow(A^-\ B^-\ C^+)\quad k_6(1\ 0\ 1)\rightarrow(A^+\ B^-\ C^+)$$
$$k_7(1\ 1\ 1)\rightarrow(A^+\ B^+\ C^+)\quad k_8(0\ 0\ 0)\rightarrow(A^-\ B^-\ C^-)$$

若开关状态为 $k_1(100)$，逆变器供电状态便如图 3-39a 所示，图中所示三相电压方向为正方向，则有 $u_A=\frac{2}{3}V_d$，$u_B=u_C=-\frac{1}{3}V_d$，在以 A 轴为实轴的空间复平面内，由 u_A、u_B、u_C 构成的开关电压矢量 $\boldsymbol{u}_{s1}$ 则为

$$\begin{aligned}\boldsymbol{u}_{s1}&=\sqrt{\frac{2}{3}}(u_A e^{j0^\circ}+u_B e^{j120^\circ}+u_C e^{j240^\circ})\\&=\sqrt{\frac{2}{3}}\left(\frac{2}{3}V_d e^{j0^\circ}-\frac{1}{3}V_d e^{j120^\circ}-\frac{1}{3}V_d e^{j240^\circ}\right)\\&=\sqrt{\frac{2}{3}}V_d e^{j0^\circ}\end{aligned}\tag{3-119}$$

式中，V_d 为供于三相逆变器的直流电压。

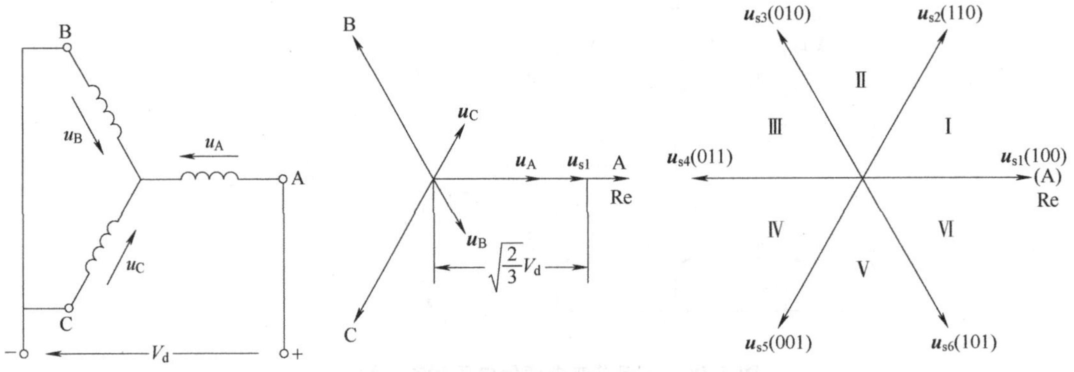

a) $k_1(100)$对应的逆变器供电状态　　b) 开关电压矢量$\boldsymbol{u}_{s1}$的构成　　c) 6个非零开关电压矢量

图 3-39　逆变器开关状态与开关电压矢量的构成

对于开关状态$k_2(1\ 1\ 0)$，则有

$$\boldsymbol{u}_{s2}=\sqrt{\frac{2}{3}}V_d e^{j60°} \tag{3-120}$$

于是，对于$k=1,2,\cdots,6$，可将其构成的开关电压矢量$\boldsymbol{u}_{sk}$统一表示为

$$\boldsymbol{u}_{sk}=\sqrt{\frac{2}{3}}V_d e^{j(k-1)\frac{\pi}{3}} \quad k=1,2,\cdots,6 \tag{3-121}$$

此外，对于$k=7$和$k=8$，则构成了2个零开关电压矢量$\boldsymbol{u}_{s7}$和$\boldsymbol{u}_{s8}$，位于图3-39c的原点。

式（3-121）给出的6个非零开关电压矢量如图3-39c所示。可以看出，$\boldsymbol{u}_{sk}$的作用方向一定与三相绕组轴线ABC轴或者一致或者相反。如对于$k_1(1\ 0\ 0)$，A相绕组首端为高电位，而B相和C相绕组首端为低电压，即有$k_1(1\ 0\ 0)\rightarrow(A^+\ B^-\ C^-)$，此时构成的$\boldsymbol{u}_{s1}$其方向一定与A轴一致，而由$k_4(0\ 1\ 1)\rightarrow(A^-\ B^+\ C^+)$构成的$\boldsymbol{u}_{s4}$一定与$\boldsymbol{u}_{s1}$方向相反，即与A轴反向。同理，由$k_3(0\ 1\ 0)\rightarrow(A^-\ B^+\ C^-)$构成的$\boldsymbol{u}_{s3}$其方向一定与B轴一致，而由$k_6(1\ 0\ 1)\rightarrow(A^+\ B^-\ C^+)$构成的$\boldsymbol{u}_{s6}$则一定与$\boldsymbol{u}_{s3}$方向相反，即与B轴方向相反；对于$k_5(0\ 0\ 1)\rightarrow(A^-\ B^-\ C^+)$构成的$\boldsymbol{u}_{s5}$其方向一定与C轴方向一致，而由$k_2(1\ 1\ 0)\rightarrow(A^+\ B^+\ C^-)$构成的$\boldsymbol{u}_{s2}$则与$\boldsymbol{u}_{s5}$方向相反，即与C轴方向相反。

应该指出的是，对于每一个导通状态，只有在逆变器3支臂上相应的电子开关全部导通，且都在持续时间内，上述开关电压矢量才具有“值”的含义。因为不在持续时间内，逆变器就不会有实际电压矢量输出。但实际上，晶体管并不是理想的电子开关，均存在导通延时和关断延时，为防止同一桥臂上、下桥同时导通，在通、断信号之间需设置一段死区时间，这些均会对定子开关矢量的生成产生影响。

3. 电压空间矢量的脉宽调制（SVPWM）

图3-39c中三相逆变电源只能提供6个离散的非零开关电压矢量，显然不能满足交流电机的实际需求。可以采用空间矢量脉宽调制的方法来获取期望的定子电压矢量$\boldsymbol{u}_s$。

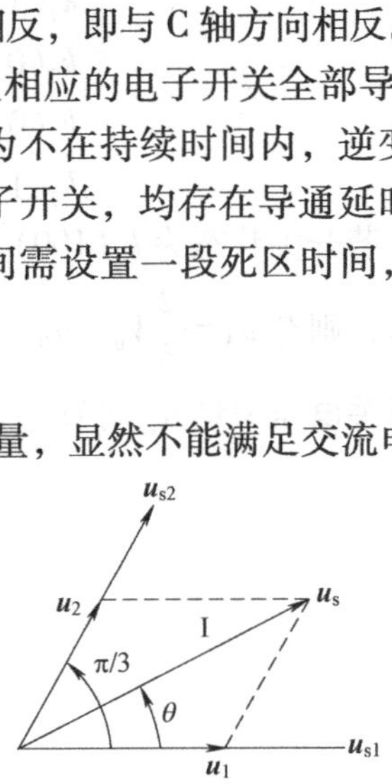

图 3-40　期望电压矢量$\boldsymbol{u}_s$的构成

图3-39c中，由空间矢量已将空间复平面分成了6个扇区，每个扇区范围为60°电角度。假若期望电压矢量$\boldsymbol{u}_s$的幅值为u_s、相位为θ，且θ在扇区Ⅰ范围内，则可由$\boldsymbol{u}_{s1}$和$\boldsymbol{u}_{s2}$的线性组合来构成$\boldsymbol{u}_s$，如图3-40所示。

在一个周期T_0内，令$\boldsymbol{u}_{s1}$的作用时间为t_1，t_1为逆变器在

开关状态 $k_1(100)$ 下的持续时间，则有 $\boldsymbol{u}_1=\dfrac{t_1}{T_0}\boldsymbol{u}_{s1}$；令 $\boldsymbol{u}_{s2}$ 的作用时间为 t_2，t_2 为逆变器在开关状态 $k_2(110)$ 下的持续时间，则有 $\boldsymbol{u}_2=\dfrac{t_2}{T_0}\boldsymbol{u}_{s2}$，于是可知

$$\boldsymbol{u}_s=\boldsymbol{u}_1+\boldsymbol{u}_2=\frac{t_1}{T_0}\sqrt{\frac{2}{3}}V_d e^{j0°}+\frac{t_2}{T_0}\sqrt{\frac{2}{3}}V_d e^{j\frac{\pi}{3}} \tag{3-122}$$

由正弦定理可知

$$\frac{\dfrac{t_1}{T_0}\sqrt{\dfrac{2}{3}}V_d}{\sin\left(\dfrac{\pi}{3}-\theta\right)}=\frac{\dfrac{t_2}{T_0}\sqrt{\dfrac{2}{3}}V_d}{\sin\theta}=\frac{u_s}{\sin\dfrac{\pi}{3}} \tag{3-123}$$

由式（3-123）可得

$$t_1=\frac{\sqrt{2}u_s}{V_d}T_0\sin\left(\frac{\pi}{3}-\theta\right) \tag{3-124}$$

$$t_2=\frac{\sqrt{2}u_s}{V_d}T_0\sin\theta \tag{3-125}$$

通常情况下，$t_1+t_2<T_0$，则有

$$t_0=T_0-t_1-t_2 \tag{3-126}$$

式中，t_0 为零开关电压矢量 $\boldsymbol{u}_{s7}$ 或 $\boldsymbol{u}_{s8}$ 的作用时间。

由式（3-124）和式（3-125），可得

$$\frac{t_1+t_2}{T_0}=\frac{\sqrt{2}u_s}{V_d}\left[\sin\left(\frac{\pi}{3}-\theta\right)+\sin\theta\right]=\frac{\sqrt{2}u_s}{V_d}\cos\left(\frac{\pi}{6}-\theta\right)\leqslant 1 \tag{3-127}$$

当 $\theta=\dfrac{\pi}{6}$ 时，$t_1+t_2=T_0$，输出的电压矢量幅值最大，即有

$$|\boldsymbol{u}_s|_{max}=\frac{V_d}{\sqrt{2}} \tag{3-128}$$

稳态运行时，$|\boldsymbol{u}_s|_{max}=\dfrac{\sqrt{3}}{\sqrt{2}}U_{smax}$，$U_{smax}$ 为正（余）弦相电压可达到的最大幅值，则有

$$U_{smax}=\frac{V_d}{\sqrt{3}} \tag{3-129}$$

线电压可达到的最大幅值则为

$$U_{Lmax}=V_d \tag{3-130}$$

3.6　坐标变换与矢量变换

3.6.1　静止 ABC 轴系与静止 DQ0 轴系间的变换

1. 坐标变换

（1）满足功率不变约束的 DQ0 变换

图 3-41 中，在以 A 轴为参考轴的空间复平面内，自然 ABC 轴系为三相轴系；DQ0 轴系

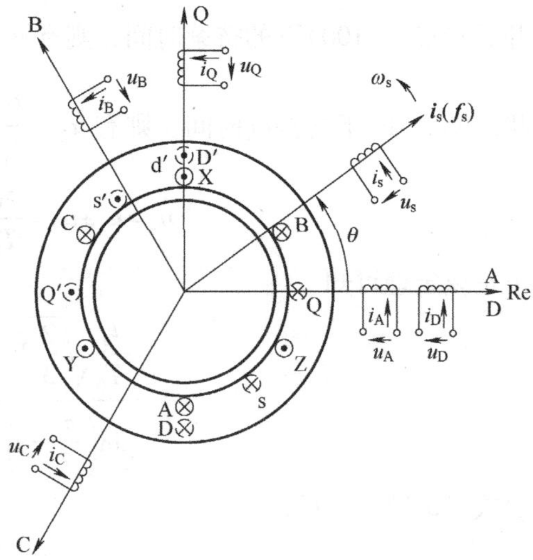

图 3-41 三相 ABC 轴系与两相 DQ0 轴系

中，D 轴与 A 轴方向一致，Q 轴超前 D 轴 90°电角度；零轴则是一个孤立系统；三相绕组和两相绕组中的电流以首端流入为其正方向，同时将各绕组又以轴上线圈来表示。

现已电流为例，说明静止三相轴系与静止两相轴系间的坐标变换。可将各绕组电流看作电流矢量，方向与绕组轴线一致，若将 DQ 轴上电流矢量分别投影到 ABC 轴上，再加上零序电流，则有

$$\begin{cases} i_A = i_D + i_0 \\ i_B = -\dfrac{1}{2}i_D + \dfrac{\sqrt{3}}{2}i_Q + i_0 \\ i_C = -\dfrac{1}{2}i_D - \dfrac{\sqrt{3}}{2}i_Q + i_0 \end{cases} \tag{3-131}$$

可得

$$\begin{bmatrix} i_A \\ i_B \\ i_C \end{bmatrix} = \begin{bmatrix} 1 & 0 & 1 \\ -\dfrac{1}{2} & \dfrac{\sqrt{3}}{2} & 1 \\ -\dfrac{1}{2} & -\dfrac{\sqrt{3}}{2} & 1 \end{bmatrix} \begin{bmatrix} i_D \\ i_Q \\ i_0 \end{bmatrix} = \boldsymbol{C}_{D\to A} \begin{bmatrix} i_D \\ i_Q \\ i_0 \end{bmatrix} \tag{3-132}$$

且有

$$\boldsymbol{C}_{D\to A} = \begin{bmatrix} 1 & 0 & 1 \\ -\dfrac{1}{2} & \dfrac{\sqrt{3}}{2} & 1 \\ -\dfrac{1}{2} & -\dfrac{\sqrt{3}}{2} & 1 \end{bmatrix} \qquad \boldsymbol{C}_{D\to A}^{-1} = \boldsymbol{C}_{A\to D} = \frac{2}{3} \begin{bmatrix} 1 & -\dfrac{1}{2} & -\dfrac{1}{2} \\ 0 & \dfrac{\sqrt{3}}{2} & -\dfrac{\sqrt{3}}{2} \\ \dfrac{1}{2} & \dfrac{1}{2} & \dfrac{1}{2} \end{bmatrix}$$

式中，$\boldsymbol{C}_{D\to A}$为 DQ0 轴系到 ABC 轴系的变换矩阵；$\boldsymbol{C}_{D\to A}^{-1}$为其逆矩阵，是 ABC 轴系到 DQ0 轴系的变换矩阵。从数学角度看，在 ABC 轴系中，原变量 i_A、i_B、i_C 为三个实变量，坐标变换时，为求得逆矩阵，并使变换为唯一，要求变换后的新变量亦为三个实变量，引入零序电流后，可满足这一要求。

可以证明，坐标变换若想满足功率不变约束，应使 $\boldsymbol{C}_{A\to D} = \boldsymbol{C}_{D\to A}^{-1}$，此时有

$$\boldsymbol{C}_{D\to A} = \sqrt{\frac{2}{3}} \begin{bmatrix} 1 & 0 & \sqrt{\dfrac{1}{2}} \\ -\dfrac{1}{2} & \dfrac{\sqrt{3}}{2} & \sqrt{\dfrac{1}{2}} \\ -\dfrac{1}{2} & -\dfrac{\sqrt{3}}{2} & \sqrt{\dfrac{1}{2}} \end{bmatrix} \qquad \boldsymbol{C}_{A\to D} = \boldsymbol{C}_{D\to A}^{-1} = \sqrt{\frac{2}{3}} \begin{bmatrix} 1 & -\dfrac{1}{2} & -\dfrac{1}{2} \\ 0 & \dfrac{\sqrt{3}}{2} & -\dfrac{\sqrt{3}}{2} \\ \sqrt{\dfrac{1}{2}} & \sqrt{\dfrac{1}{2}} & \sqrt{\dfrac{1}{2}} \end{bmatrix} \tag{3-133}$$

于是，可得

$$\begin{bmatrix} i_A \\ i_B \\ i_C \end{bmatrix} = C_{D\to A}\begin{bmatrix} i_D \\ i_Q \\ i_0 \end{bmatrix} = \sqrt{\frac{2}{3}}\begin{bmatrix} 1 & 0 & \sqrt{\frac{1}{2}} \\ -\frac{1}{2} & \frac{\sqrt{3}}{2} & \sqrt{\frac{1}{2}} \\ -\frac{1}{2} & -\frac{\sqrt{3}}{2} & \sqrt{\frac{1}{2}} \end{bmatrix}\begin{bmatrix} i_D \\ i_Q \\ i_0 \end{bmatrix} \tag{3-134}$$

$$\begin{bmatrix} i_D \\ i_Q \\ i_0 \end{bmatrix} = C_{A\to D}\begin{bmatrix} i_A \\ i_B \\ i_C \end{bmatrix} = \sqrt{\frac{2}{3}}\begin{bmatrix} 1 & -\frac{1}{2} & -\frac{1}{2} \\ 0 & \frac{\sqrt{3}}{2} & -\frac{\sqrt{3}}{2} \\ \sqrt{\frac{1}{2}} & \sqrt{\frac{1}{2}} & \sqrt{\frac{1}{2}} \end{bmatrix}\begin{bmatrix} i_A \\ i_B \\ i_C \end{bmatrix} \tag{3-135}$$

以上变换同样适用于电压和磁链等物理量。

（2）三相绕组磁链方程的变换

图 3-41 所示为隐极式三相交流电机，当不考虑转子励磁且不计定子相绕组间的互漏感时，定子三相绕组的磁链方程同式（3-102），即有

$$\begin{bmatrix} \psi_{AS} \\ \psi_{BS} \\ \psi_{CS} \end{bmatrix} = \begin{bmatrix} L_{\sigma s}+L_{m1} & -\frac{1}{2}L_{m1} & -\frac{1}{2}L_{m1} \\ -\frac{1}{2}L_{m1} & L_{\sigma s}+L_{m1} & -\frac{1}{2}L_{m1} \\ -\frac{1}{2}L_{m1} & -\frac{1}{2}L_{m1} & L_{\sigma s}+L_{m1} \end{bmatrix}\begin{bmatrix} i_A \\ i_B \\ i_C \end{bmatrix} = \boldsymbol{L}\begin{bmatrix} i_A \\ i_B \\ i_C \end{bmatrix}$$

现将三相绕组磁链方程由 ABC 轴系变换到 DQ0 轴系，则有

$$\begin{cases} C_{D\to A}^{-1}\begin{bmatrix} \psi_D \\ \psi_Q \\ \psi_0 \end{bmatrix} = \boldsymbol{L}C_{D\to A}^{-1}\begin{bmatrix} i_D \\ i_Q \\ i_0 \end{bmatrix} \\ \begin{bmatrix} \psi_D \\ \psi_Q \\ \psi_0 \end{bmatrix} = C_{D\to A}\boldsymbol{L}C_{D\to A}^{-1}\begin{bmatrix} i_D \\ i_Q \\ i_0 \end{bmatrix} = \begin{bmatrix} L_D & & \\ & L_Q & \\ & & L_0 \end{bmatrix}\begin{bmatrix} i_D \\ i_Q \\ i_0 \end{bmatrix} \end{cases} \tag{3-136}$$

式中，L_D、L_Q 和 L_0 为 DQ0 轴的自感。且有

$$\begin{cases} L_D = L_{\sigma s}+\frac{3}{2}L_{m1} = L_{\sigma s}+L_{mD} \quad L_{mD}=L_m \quad L_m=\frac{3}{2}L_{m1} \\ L_Q = L_{\sigma s}+\frac{3}{2}L_{m1} = L_{\sigma s}+L_{mQ} \quad L_{mQ}=L_m \quad L_m=\frac{3}{2}L_{m1} \\ L_0 = L_{\sigma s} \end{cases} \tag{3-137}$$

式（3-136）表明，经过 DQ0 变换，电感矩阵已成为对角阵，说明从三相变换成两相系统后，由于 D、Q 轴互相垂直，D、Q 绕组间互感为零，而零序又是一个孤立的系统，所以 DQ0 三轴之间达到了解耦。另外，由 $L_{mD}=L_{mQ}=L_m$ 可知，变换后的 D、Q 轴上的等效绕组其有

效匝数为三相绕组每相有效匝数的$\sqrt{\frac{3}{2}}$倍，即有 $N_D = N_Q = \sqrt{\frac{3}{2}} N_1$。

（3）坐标变换与基波磁动势等效

图 3-41 中，若 DQ0 轴系与 ABC 轴系产生的是同一基波合成磁动势，则应满足如下两式，即有

$$\begin{cases} \sqrt{\frac{3}{2}} N_1 i_D = N_1 i_A \cos 0° + N_1 i_B \cos \frac{2\pi}{3} + N_1 i_C \cos \frac{4\pi}{3} \\ \sqrt{\frac{3}{2}} N_1 i_Q = 0 + N_1 i_B \sin \frac{2\pi}{3} + N_1 i_C \sin \frac{4\pi}{3} \end{cases} \tag{3-138}$$

由式（3-138）可得

$$\begin{bmatrix} i_D \\ i_Q \end{bmatrix} = \sqrt{\frac{2}{3}} \begin{bmatrix} 1 & -\frac{1}{2} & -\frac{1}{2} \\ 0 & \frac{\sqrt{3}}{2} & -\frac{\sqrt{3}}{2} \end{bmatrix} \begin{bmatrix} i_A \\ i_B \\ i_C \end{bmatrix} \tag{3-139}$$

式（3-139）与式（3-135）相同（忽略零序部分），说明坐标变换在满足功率约束后，由两相电流 i_D 和 i_Q 产生的基波合成磁动势及由其产生的气隙磁场，一定与由三相电流 i_A、i_B、i_C 产生的基波合成磁动势及由其产生的气隙磁场相等，加之由零序电流 i_0 产生的漏磁场，使两轴系间的气隙磁场和漏磁场均达到等效。由于坐标变换没有改变电机内的气隙磁场，因此不会影响原有的机电能量转换。

2. 矢量变换

在图 3-41 所示的空间复平面内，定子电流矢量 $\boldsymbol{i}_s$ 由 ABC 轴系来表示，即有

$$\boldsymbol{i}_s^{ABC} = i_s e^{j\theta} = \sqrt{\frac{2}{3}} (i_A \boldsymbol{a}^0 + i_B \boldsymbol{a} + i_C \boldsymbol{a}^2) \tag{3-140}$$

$\boldsymbol{i}_s$ 也可由 DQ0 轴系来表示，则有

$$\boldsymbol{i}_s^{DQ} = i_s e^{j\theta} = i_D + j i_Q \tag{3-141}$$

$\boldsymbol{i}_s = i_s e^{j\theta}$是以极坐标表示的空间矢量。由于 D 轴与 A 轴取得一致，故在 ABC 和 DQ0 轴系内，$\boldsymbol{i}_s^{ABC}$ 和 $\boldsymbol{i}_s^{DQ}$ 幅值和相位均相同，则有 $\boldsymbol{i}_s^{ABC} = \boldsymbol{i}_s^{DQ}$，可得

$$i_D + j i_Q = \sqrt{\frac{2}{3}} (i_A \boldsymbol{a}^0 + i_B \boldsymbol{a} + i_C \boldsymbol{a}^2) \tag{3-142}$$

令式（3-142）两边实、虚部相等，同样可得到式（3-139）所示的坐标变换。式（3-140）和式（3-141）表明，由三相绕组构成的定子电流矢量 $\boldsymbol{i}_s$，也可由正交 DQ 绕组来构成，坐标变换则反映了此时 ABC 轴系与 DQ0 轴系坐标分量间的对应关系。两个轴系产生了同一磁动势矢量 $\boldsymbol{f}_s$，在气隙中产生了同一正弦分布磁场。

稳态运行时，若三相电流同式（3-57），则经由 ABC→DQ 坐标变换后，得到的两相电流为

$$\begin{bmatrix} i_D \\ i_Q \end{bmatrix} = \begin{bmatrix} \sqrt{3} I_\phi \cos\omega t \\ \sqrt{3} I_\phi \sin\omega t \end{bmatrix} \tag{3-143}$$

式（3-143）表明，变换后的两相电流 i_D 和 i_Q 为幅值相同且为正交的交流电流，其频率即为三相电流角频率 ω。

将式（3-143）代入式（3-141），可得

$$\boldsymbol{i}_s=\sqrt{3}I_\phi e^{j\omega t}=i_s e^{j\omega t} \tag{3-144}$$

式（3-144）与式（3-89）相同，表明此时间上正交的两相交流电流，通入此空间上正交的两相绕组，可产生同一圆形旋转磁动势。

由以上分析可见，DQ0 变换是静止三相轴系与静止两相轴系间的变换，变换的结果没有改变电流等物理量的频率，故仅是一种相数变换。两者在产生基波磁动势方式上没有实质的区别，均是在多相绕组内通入时变的多相电流。

3.6.2 静止 ABC 轴系到旋转 dq0 轴系的变换

dq0 轴系是一种与转子一起旋转的两相轴系和零序系统的组合。无论交流电机转子为隐极或凸极结构，d 轴始终与转子基波励磁磁场的轴线一致，q 轴则超前 d 轴 90° 电角度。dq0 变换是从静止 ABC 轴系到旋转 dq0 轴系的变换。

1. 坐标变换

（1）满足功率不变约束的 dq0 变换

图 3-42 中，取 A 轴为空间参考轴，转子 d 轴与 A 轴间的电角度设为 θ，$\theta=\int_0^t \omega \mathrm{d}t+\theta_0$，$\omega$ 为转子电角速度，可为时变量，也可为常值，θ_0 为初始相位角；三相绕组电流 i_A、i_B、i_C 和 dq 绕组电流 i_d、i_q 可为任意值，其正方向如图 3-42 所示，当电流为正时，绕组产生的基波磁动势轴线将与其轴线取得一致。

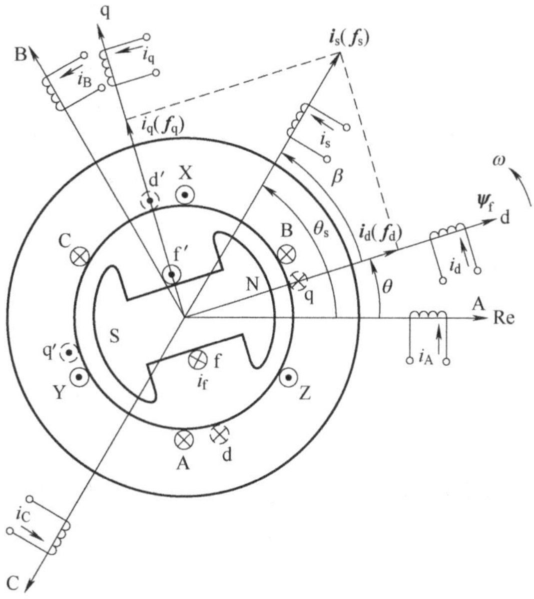

图 3-42　三相 ABC 轴系与两相 dq0 轴系

可将变换后的 dq 轴电流 i_d、i_q 看成为电流矢量，将两者分别投影到 ABC 轴线上，再加上零序电流，可得 i_A、i_B、i_C 为

$$\begin{cases} i_A=i_d\cos\theta-i_q\sin\theta+i_0 \\ i_B=i_d\cos(\theta-120°)-i_q\sin(\theta-120°)+i_0 \\ i_C=i_d\cos(\theta-240°)-i_q\sin(\theta-240°)+i_0 \end{cases} \tag{3-145}$$

式（3-145）的逆变换为

$$\begin{cases} i_d=\dfrac{2}{3}[i_A\cos\theta+i_B\cos(\theta-120°)+i_C\cos(\theta-240°)] \\ i_q=\dfrac{2}{3}[-i_A\sin\theta-i_B\sin(\theta-120°)-i_C\sin(\theta-240°)] \\ i_0=\dfrac{1}{3}(i_A+i_B+i_C) \end{cases} \tag{3-146}$$

由式（3-145）和式（3-146）可以推导出满足功率不变约束的 dq0 变换，即为

$$\begin{bmatrix} i_A \\ i_B \\ i_C \end{bmatrix}=\sqrt{\frac{2}{3}}\begin{bmatrix} \cos\theta & -\sin\theta & \sqrt{1/2} \\ \cos(\theta-120°) & -\sin(\theta-120°) & \sqrt{1/2} \\ \cos(\theta-240°) & -\sin(\theta-240°) & \sqrt{1/2} \end{bmatrix}\begin{bmatrix} i_d \\ i_q \\ i_0 \end{bmatrix} \tag{3-147}$$

$$\begin{bmatrix} i_d \\ i_q \\ i_0 \end{bmatrix} = \sqrt{\frac{2}{3}} \begin{bmatrix} \cos\theta & \cos(\theta-120°) & \cos(\theta-240°) \\ -\sin\theta & -\sin(\theta-120°) & -\sin(\theta-240°) \\ \sqrt{1/2} & \sqrt{1/2} & \sqrt{1/2} \end{bmatrix} \begin{bmatrix} i_A \\ i_B \\ i_C \end{bmatrix} \tag{3-148}$$

则有

$$\begin{cases} \boldsymbol{C}_{d\to A} = \sqrt{\frac{2}{3}} \begin{bmatrix} \cos\theta & -\sin\theta & \sqrt{1/2} \\ \cos(\theta-120°) & -\sin(\theta-120°) & \sqrt{1/2} \\ \cos(\theta-240°) & -\sin(\theta-240°) & \sqrt{1/2} \end{bmatrix} \\ \boldsymbol{C}_{A\to d} = \sqrt{\frac{2}{3}} \begin{bmatrix} \cos\theta & \cos(\theta-120°) & \cos(\theta-240°) \\ -\sin\theta & -\sin(\theta-120°) & -\sin(\theta-240°) \\ \sqrt{1/2} & \sqrt{1/2} & \sqrt{1/2} \end{bmatrix} \end{cases} \tag{3-149}$$

式（3-149）为 dq0 坐标变换的变换式。可以看出，$\boldsymbol{C}_{d\to A}=\boldsymbol{C}_{A\to d}^{-1}$。转子旋转时，式（3-149）为时变阵。当 $\theta=0$ 且保持不变时，d 轴与 A 轴始终一致，此时 dq 绕组使成为了静止的 DQ 绕组，dq0 轴系就成为 DQ0 轴系，变换式（3-149）便成为了变换式（3-133）。

以上变换同样适用于磁链和电压等物理量。

（2）三相绕组磁链方程的变换

对于图 3-42 所示的凸极式交流电机，当不考虑转子励磁时，定子三相绕组的磁链方程仍同式（3-101），即有

$$\begin{bmatrix} \psi_{AS} \\ \psi_{BS} \\ \psi_{CS} \end{bmatrix} = \begin{bmatrix} L_A & L_{AB} & L_{AC} \\ L_{BA} & L_B & L_{BC} \\ L_{CA} & L_{CB} & L_C \end{bmatrix} \begin{bmatrix} i_A \\ i_B \\ i_C \end{bmatrix} \tag{3-150}$$

与隐极式三相交流电机不同，由于转子为凸极，气隙不再均匀，故式（3-150）中，三相绕组的自感和互感不再为常值，而是随转角 θ 变化而变化，参见式（1-68），可将它们表示为

$$\begin{cases} L_A = L_{s0} + L_{s2}\cos 2\theta \\ L_B = L_{s0} + L_{s2}\cos 2(\theta-120°) \\ L_C = L_{s0} + L_{s2}\cos 2(\theta-240°) \end{cases} \tag{3-151}$$

$$\begin{cases} L_{BC} = L_{CB} = -M_{s0} + M_{s2}\cos 2\theta \\ L_{CA} = L_{AC} = -M_{s0} + M_{s2}\cos 2(\theta-120°) \\ L_{AB} = L_{BA} = -M_{s0} + M_{s2}\cos 2(\theta-240°) \end{cases} \tag{3-152}$$

式中，L_{s0} 和 M_{s0} 分别为自感和互感的平均值；L_{s2} 和 M_{s2} 分别为自感和互感中 2 次谐波的幅值。

图 3-43 为位于 A 轴处单位面积气隙磁导 λ_g 与转子位置角（电角度 θ）的关系曲线，对于理想的凸极转子电机，λ_g 可以足够精确地表示为

$$\lambda_g = \lambda_{g0} + \lambda_{g2}\cos 2\theta \tag{3-153}$$

式中，λ_{g0} 为平均值；λ_{g2} 为 2 次谐波幅值。

当转子 d 轴与相绕组轴线 A 轴一致时，相绕组励磁电感达到最大值，称其为相绕组的直轴励磁电感，记为 L_{md1}；当 q 轴与相绕组轴线 A 轴一致时，其励磁电感达到最小值，称其为相绕组交轴励磁电感，记为 L_{mq1}。

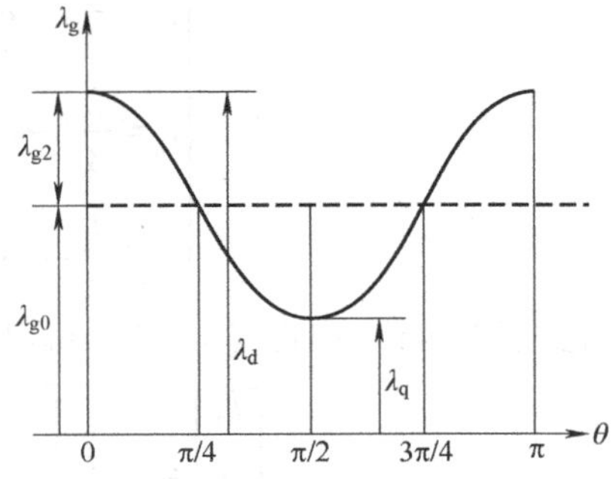

图 3-43 单位面积气隙磁导的变化曲线

式（3-151）中的 L_{s0} 包含了相绕组的漏电感 $L_{\sigma s}$，$L_{s0}=L_{\sigma s}+L_{ms0}$，$L_{ms0}$ 是与平均磁导 λ_{g0} 相对应的自感，故可将 L_A 表示为

$$L_A=L_{\sigma s}+L_{ms0}+L_{s2}\cos 2\theta \tag{3-154}$$

将式（3-154）表示为图 3-44 的形式，且可将式（3-154）中的 L_{ms0} 和 L_{s2} 表示为

$$L_{ms0}=\frac{1}{2}(L_{md1}+L_{mq1}) \tag{3-155}$$

$$L_{s2}=\frac{1}{2}(L_{md1}-L_{mq1}) \tag{3-156}$$

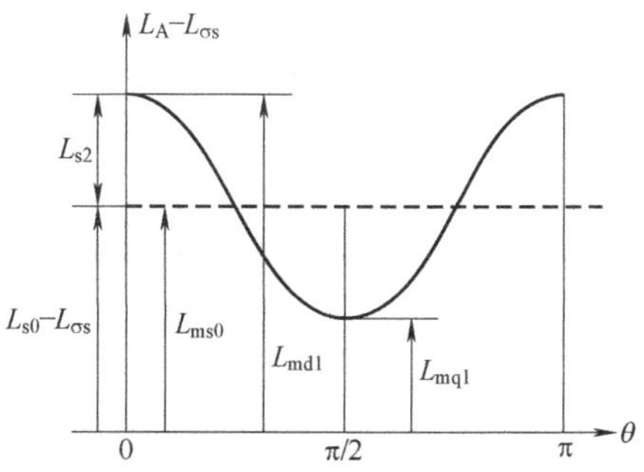

图 3-44　定子 A 相绕组的自感

当转子 d 轴与 A 相绕组轴线取得一致时，A 相绕组基波磁动势 $\boldsymbol{f}_A$ 产生的气隙磁场则为

$$\begin{aligned}B_{mdA}&=f_A(\theta)\lambda_g(\theta)=F_A\cos\theta(\lambda_{g0}+\lambda_{g2}\cos 2\theta)\\&=F_A\left(\lambda_{g0}+\frac{1}{2}\lambda_{g2}\right)\cos\theta+F_A\frac{1}{2}\lambda_{g2}\cos 3\theta\end{aligned} \tag{3-157}$$

式（3-157）表明，相绕组产生的直轴基波磁场与单位面积气隙磁导 $\left(\lambda_{g0}+\frac{1}{2}\lambda_{g2}\right)$ 相关；同样，可以证明相绕组产生的交轴基波磁场与单位面积气隙磁导 $\left(\lambda_{g0}-\frac{1}{2}\lambda_{g2}\right)$ 相关。

对于隐极式交流电机，由式（3-94）可知，对基波磁场而言，相绕组励磁电感 L_{m1} 与单位面积气隙磁导 $\lambda_g\left(\lambda_g=\frac{\mu_0}{g}\right)$ 相关。于是将 λ_g 分别代之以 $\left(\lambda_{g0}+\frac{1}{2}\lambda_{g2}\right)$ 和 $\left(\lambda_{g0}-\frac{1}{2}\lambda_{g2}\right)$，便可直接得到 L_{md1} 和 L_{mq1}，即有

$$L_{md1}=\frac{2}{\pi}D_s l\frac{(N_1k_{ws1})^2}{p_0^2}\left(\lambda_{g0}+\frac{1}{2}\lambda_{g2}\right) \tag{3-158}$$

$$L_{mq1}=\frac{2}{\pi}D_s l\frac{(N_1k_{ws1})^2}{p_0^2}\left(\lambda_{g0}-\frac{1}{2}\lambda_{g2}\right) \tag{3-159}$$

若电机气隙均匀，则有 $\lambda_{g2}=0$，$\lambda_{g0}=\lambda_g=\frac{\mu_0}{g}$，$L_{md1}=L_{mq1}=L_{m1}$。

下面以 BC 两相绕组间的互感 L_{CB} 为例，来推导三相绕组间的互感。根据互感的定义，ψ_{mCB} 表示 B 相单位电流产生的基波磁场交链到 C 相绕组的磁链。B 相电流产生的直轴和交轴气隙基波磁场在 C 相绕组中形成的磁链为

$$\psi_{mCB}=L_{md1}i_B\cos(\theta-120°)\cos(\theta+120°)+L_{mq1}i_B\sin(\theta-120°)\sin(\theta+120°) \tag{3-160}$$

此外，B 相和 C 相间还有互漏感，由于 B、C 相绕组轴线在空间互差 120°电角度，故互漏感为负值，且与转子位置无关，应为常值，故有 $M_{\sigma CB}=-M_{\sigma s}(M_{\sigma s}>0)$。于是，由式（3-152）和式（3-160）可得 B 相和 C 相间的互感 L_{CB} 为

$$\begin{aligned}L_{CB}&=-M_{\sigma s}+L_{md1}\cos(\theta-120°)\cos(\theta+120°)+L_{mq1}\sin(\theta-120°)\sin(\theta+120°)\\&=-M_{s0}+M_{s2}\cos 2\theta\end{aligned} \tag{3-161}$$

可得

$$M_{s0}=M_{\sigma s}+\frac{1}{4}(L_{md1}+L_{mq1}) \tag{3-162}$$

$$M_{s2}=\frac{1}{2}(L_{md1}-L_{mq1}) \tag{3-163}$$

对比式（3-156）和式（3-163），可知在理想电机假设下，则有

$$M_{s2}=L_{s2} \tag{3-164}$$

另外，由于$L_{\sigma s}$和$M_{\sigma s}$均远小于L_{md1}和L_{mq1}，则有

$$M_{s0}\approx\frac{1}{2}L_{s0} \tag{3-165}$$

定子三相绕组磁链方程式（3-150）经 dq0 变换，则为

$$\begin{bmatrix}\psi_{ssd}\\ \psi_{ssq}\\ \psi_0\end{bmatrix}=\frac{2}{3}\begin{bmatrix}\cos\theta & \cos(\theta-120°) & \cos(\theta-240°)\\ -\sin\theta & -\sin(\theta-120°) & -\sin(\theta-240°)\\ \sqrt{1/2} & \sqrt{1/2} & \sqrt{1/2}\end{bmatrix}\times$$

$$\begin{bmatrix}L_A & L_{AB} & L_{AC}\\ L_{BA} & L_B & L_{BC}\\ L_{CA} & L_{CB} & L_C\end{bmatrix}\begin{bmatrix}\cos\theta & -\sin\theta & \sqrt{1/2}\\ \cos(\theta-120°) & -\sin(\theta-120°) & \sqrt{1/2}\\ \cos(\theta-240°) & -\sin(\theta-240°) & \sqrt{1/2}\end{bmatrix}\begin{bmatrix}i_d\\ i_q\\ i_0\end{bmatrix}$$

$$=\begin{bmatrix}L_d & & \\ & L_q & \\ & & L_0\end{bmatrix}\begin{bmatrix}i_d\\ i_q\\ i_0\end{bmatrix} \tag{3-166}$$

式中，$\psi_{ssd}=L_d i_d$，$\psi_{ssq}=L_q i_q$，分别为直、交轴绕组自感磁链；L_d、L_q 分别为直、交轴同步电感；$\psi_0=L_0 i_0$，为零序磁链，L_0 为零轴电感，ψ_0 仅与漏磁场相对应。且有

$$\begin{cases}L_d=L_{s0}+M_{s0}+\frac{3}{2}L_{s2}=L_{\sigma s}+M_{\sigma s}+\frac{3}{2}L_{md1}=L_\sigma+L_{md}\\ L_q=L_{s0}+M_{s0}-\frac{3}{2}L_{s2}=L_{\sigma s}+M_{\sigma s}+\frac{3}{2}L_{mq1}=L_\sigma+L_{mq}\\ L_0=L_{s0}-2M_{s0}=L_{\sigma s}-2M_{\sigma s}\end{cases} \tag{3-167}$$

式中，L_σ 为定子直、交轴等效漏电感，$L_\sigma=L_{\sigma s}+M_{\sigma s}$；$L_{md}$、$L_{mq}$分别为定子直、交轴等效励磁电感，$L_{md}=\frac{3}{2}L_{md1}$，$L_{mq}=\frac{3}{2}L_{mq1}$。即有

$$L_{md}=\frac{3}{\pi}D_s l\frac{(N_1k_{ws1})^2}{p_0^2}\left(\lambda_{g0}+\frac{1}{2}\lambda_{g2}\right) \tag{3-168}$$

$$L_{mq}=\frac{3}{\pi}D_s l\frac{(N_1k_{ws1})^2}{p_0^2}\left(\lambda_{g0}-\frac{1}{2}\lambda_{g2}\right) \tag{3-169}$$

可以看出，L_d 和 L_q 是体现三相绕组共同作用的等效电感。若电机气隙均匀，式（3-168）和式（3-169）即为式（3-105a），则有 $L_{md}=L_{mq}=L_m$；若忽略定子互漏感 $M_{\sigma s}$，则有 $L_d=L_q=L_{\sigma s}+L_m=L_s$。

由式（3-166）可见，经过 dq0 变换，定子的电感矩阵已为对角阵，达到了定子磁链方程解耦的目的；电感矩阵中的各个元素不再是转子位置角 θ 的时变函数，达到了常数化的目的。后续分析表明，这会将三相交流电机含有周期性时变系数的电压微分方程，在转速恒定情况下化为一组常系数线性微分方程，从而使电压方程得以简化和便于求解。

（3）定子三相电流的 dq0 变换

稳态运行时，定子三相电流为

$$\begin{cases} i_A=\sqrt{2}I_\phi\cos(\omega t+\phi_1) \\ i_B=\sqrt{2}I_\phi\cos(\omega t+\phi_1-120°) \\ i_C=\sqrt{2}I_\phi\cos(\omega t+\phi_1-240°) \end{cases} \tag{3-170}$$

将式（3-170）代入式（3-148），经 dq0 变换后（不计零轴电流影响），可得

$$\begin{bmatrix} i_d \\ i_q \end{bmatrix}=\begin{bmatrix} \sqrt{3}I_\phi\cos(\phi_1-\theta_0) \\ \sqrt{3}I_\phi\sin(\phi_1-\theta_0) \end{bmatrix} \tag{3-171}$$

式（3-171）表明，i_d 和 i_q 已变为恒定的直流，说明 dq0 变换既是一种相数变换，又是一种频率变换。在稳态运行时，图 3-42 中，若同取 A 轴为时空参考轴，则在此时空复平面内，$\boldsymbol{i}_s(\boldsymbol{f}_s)$的空间相位将与 A 相电流 $\dot{I}_s$ 的时间相位相一致。当 $t=0$ 时，$\boldsymbol{i}_s$ 的空间初始相位角为 ϕ_1；若此时转子 d 轴的初始角 $\theta_0=0$，则 $\boldsymbol{i}_s(\boldsymbol{f}_s)$在 dq 轴内的空间相位（$\boldsymbol{i}_s$ 与 d 轴间的空间电角度）即为 ϕ_1；若此时转子 d 轴的初始相位角为 θ_0，则 $\boldsymbol{i}_s(\boldsymbol{f}_s)$在 dq 轴内的空间相位角即为 $\phi_1-\theta_0$。由于 $\boldsymbol{i}_s=i_d+\mathrm{j}i_q$，因此 i_d 和 i_q 便同式（3-171）。当 $t>0$ 时，$\boldsymbol{i}_s(\boldsymbol{f}_s)$与 dq 轴同步旋转，$i_d$ 和 i_q 将保持不变。

由式（3-148）可以看出，为进行 dq0 变换，必须时刻检测转子 d 轴的空间相位角 θ。

2. 矢量变换

图 3-42 中，对于同一电流矢量 $\boldsymbol{i}_s$，当以 ABC 轴系表示时，则有 $\boldsymbol{i}_s^{ABC}=i_s e^{\mathrm{j}\theta_s}$，$\theta_s$ 是以 A 轴为参考轴的空间相位角；当以 dq 轴系表示时，则有 $\boldsymbol{i}_s^{dq}=i_s e^{\mathrm{j}\beta}$，$\beta$ 是以 d 轴为参考轴的空间相位角。由于 $\theta_s=\beta+\theta$，故有

$$\boldsymbol{i}_s^{ABC}=\boldsymbol{i}_s^{dq}e^{\mathrm{j}\theta} \tag{3-172}$$

$$\boldsymbol{i}_s^{dq}=\boldsymbol{i}_s^{ABC}e^{-\mathrm{j}\theta} \tag{3-173}$$

式中，θ 为 ABC 轴系与 dq 轴系间的空间相位角（电角度）。这种矢量变换同样适用于其他物理量。

式（3-172）和式（3-173）即为 ABC 轴系和 dq 轴系间的矢量变换；$e^{\mathrm{j}\theta}$为 dq 轴系到 ABC 轴系的变换因子，$e^{-\mathrm{j}\theta}$为 ABC 轴系到 dq 轴系的变换因子。由于幅值不变，矢量变换主要体现在变换因子（相位）上，故矢量变换是一种极坐标变换。对于同一空间矢量，用不同复平面表示时，矢量变换反映了两个复平面间的极坐标关系，坐标变换则反映了两个复平面坐标分量间的关系。

在 ABC 轴系和 dq 轴系中，可将 $\boldsymbol{i}_s$ 分别表示为

$$\boldsymbol{i}_s^{ABC}=\sqrt{\frac{2}{3}}(i_A\boldsymbol{a}^0+i_B\boldsymbol{a}+i_C\boldsymbol{a}^2) \tag{3-174}$$

$$\boldsymbol{i}_s^{dq}=i_d+\mathrm{j}i_q \tag{3-175}$$

则有

$$i_d+\mathrm{j}i_q=\sqrt{\frac{2}{3}}(i_A\boldsymbol{a}^0+i_B\boldsymbol{a}+i_C\boldsymbol{a}^2)e^{-\mathrm{j}\theta} \tag{3-176}$$

由等式两端实部和虚部相等可得

$$\begin{bmatrix} i_d \\ i_q \end{bmatrix}=\sqrt{\frac{2}{3}}\begin{bmatrix} \cos\theta & \cos(\theta-120°) & \cos(\theta-240°) \\ -\sin\theta & -\sin(\theta-120°) & -\sin(\theta-240°) \end{bmatrix}\begin{bmatrix} i_A \\ i_B \\ i_C \end{bmatrix} \tag{3-177}$$

式（3-174）表明，单轴电流矢量 $\boldsymbol{i}_s$ 是由静止的对称三相绕组构成的，为满足功率不变约束，单轴绕组有效匝数为相绕组的$\sqrt{3/2}$倍；式（3-175）表明，单轴电流矢量 $\boldsymbol{i}_s$ 也可看成是由旋转的正交 dq 绕组构成的，相当于将单相绕组分解为两个正交绕组，其有效匝数自然与单轴绕组相同，即为相绕组的$\sqrt{3/2}$倍。在稳态运行时，对称三相交流电流产生的 $\boldsymbol{f}_s$ 为幅值恒定的旋转磁动势，也可看成是由单轴绕组通入电流 i_s 产生的，因单轴绕组自身与 $\boldsymbol{f}_s$ 同步旋转，故 i_s 为恒定的直流，相当于用另一种方式构建了圆形旋转磁动势。将单轴绕组分解为同步旋转的 dq 绕组后，i_d 和 i_q 自然也为恒定的直流。然而，在动态情况下，三相电流不再按正（余）弦规律变化，单轴电流 i_s 以及两轴电流 i_d 和 i_q 也不再为恒定的直流。

尽管 $\boldsymbol{i}_s$ 实际是由三相电流产生的，但在电机运行中，难以在 ABC 轴系内通过控制 i_A、i_B 和 i_C 来直接控制 $\boldsymbol{i}_s$。但是对于期望的 $\boldsymbol{i}_s$，可先在正交的 dq 轴系内确定 i_d 和 i_q，然后通过 dq0 变换再来确定实际的三相电流 i_A、i_B 和 i_C。此外动态运行时，i_d 和 i_q 是变化的直流，这样就可以在直流域内，而不是在交流域内实现对交流电机的运动控制。如在图 3-42 所示的同步电动机中，可同他励直流电机控制电枢电流一样，通过控制交轴电流 i_q 来控制电磁转矩，由此可以看出 dq0 变换在交流电机运动控制中所起的作用和意义。

3. 定子电压方程的矢量变换

（1）定子电压方程由 ABC 轴系到 dq 轴系的矢量变换

有些情况下，运用矢量变换可以方便地将交流电机的矢量方程，由一个轴系变换到另一个轴系，且物理概念清晰、明确。

图 3-42 中，当计及转子励磁时，定子三相绕组的全磁链 ψ_A、ψ_B、ψ_C 可表示为

$$\begin{bmatrix}\psi_A\\ \psi_B\\ \psi_C\end{bmatrix}=\begin{bmatrix}L_A & L_{AB} & L_{AC}\\ L_{BA} & L_B & L_{BC}\\ L_{CA} & L_{CB} & L_C\end{bmatrix}\begin{bmatrix}i_A\\ i_B\\ i_C\end{bmatrix}+\begin{bmatrix}\psi_{Af}\\ \psi_{Bf}\\ \psi_{Cf}\end{bmatrix} \tag{3-178}$$

式中，三相绕组的自感和互感见式（3-151）和式（3-152）；ψ_{Af}、ψ_{Bf}、ψ_{Cf}为三相绕组与转子基波磁场交链的励磁磁链。

在 ABC 轴系内，采用电动机惯例，在时域内可将定子三相电压方程表示为

$$\begin{cases}u_A=R_s i_A+\dfrac{d\psi_A}{dt}\\ u_B=R_s i_B+\dfrac{d\psi_B}{dt}\\ u_C=R_s i_C+\dfrac{d\psi_C}{dt}\end{cases} \tag{3-179}$$

式中，R_s 为定子绕组每相绕组的电阻。

由式（3-179），可得定子电压矢量方程为

$$\boldsymbol{u}_s=R_s\boldsymbol{i}_s+\frac{d\boldsymbol{\psi}_s}{dt} \tag{3-180}$$

且有

$$\begin{cases}\boldsymbol{u}_s=\sqrt{\dfrac{2}{3}}(u_A\boldsymbol{a}^0+u_B\boldsymbol{a}+u_C\boldsymbol{a}^2)\\ \boldsymbol{i}_s=\sqrt{\dfrac{2}{3}}(i_A\boldsymbol{a}^0+i_B\boldsymbol{a}+i_C\boldsymbol{a}^2)\\ \boldsymbol{\psi}_s=\sqrt{\dfrac{2}{3}}(\psi_A\boldsymbol{a}^0+\psi_B\boldsymbol{a}+\psi_C\boldsymbol{a}^2)\end{cases} \tag{3-181}$$

式中，$\boldsymbol{u}_s$、$\boldsymbol{i}_s$ 和 $\boldsymbol{\psi}_s$ 分别为定子电压、电流和磁链矢量。

通过矢量变换可将定子电压矢量方程式（3-180）由 ABC 轴系变换到 dq 轴系。ABC 轴系与 dq 轴系的矢量变换为：$\boldsymbol{u}_s=\boldsymbol{u}_s^{dq}e^{j\theta}$，$\boldsymbol{i}_s=\boldsymbol{i}_s^{dq}e^{j\theta}$，$\boldsymbol{\psi}_s=\boldsymbol{\psi}_s^{dq}e^{j\theta}$。在动态情况下，$\theta=\int_0^t\omega_r dt+\theta_0$，$\omega_r$ 为转子的瞬时电角速度，θ_0 为初始相位角。于是，由式（3-180），可得

$$\boldsymbol{u}_s^{dq}e^{j\theta}=R_s\boldsymbol{i}_s^{dq}e^{j\theta}+\frac{d}{dt}(\boldsymbol{\psi}_s^{dq}e^{j\theta}) \tag{3-182}$$

式（3-182）右端第 2 项为

$$\frac{d}{dt}(\boldsymbol{\psi}_s^{dq}e^{j\theta})=\frac{d\boldsymbol{\psi}_s^{dq}}{dt}e^{j\theta}+j\omega_r\boldsymbol{\psi}_s^{dq}e^{j\theta} \tag{3-183}$$

将式（3-183）代入式（3-182），可得 dq 轴系内定子电压矢量方程为

$$\boldsymbol{u}_s^{dq}=R_s\boldsymbol{i}_s^{dq}+\frac{d\boldsymbol{\psi}_s^{dq}}{dt}+j\omega_r\boldsymbol{\psi}_s^{dq} \tag{3-184}$$

比较式（3-180）和式（3-184）可以看出，后者多了一项旋转电压 $j\omega_r\boldsymbol{\psi}_s^{dq}$，此项是由 ABC 轴系到 dq 轴系进行旋转变换引起的，故又将此项称为“旋转代价”。

在 dq 轴系中，$\boldsymbol{u}_s^{dq}=u_d+ju_q$，$\boldsymbol{i}_s^{dq}=i_d+ji_q$，$\boldsymbol{\psi}_s^{dq}=\psi_d+j\psi_q$，$u_d$、$u_q$ 和 i_d、i_q 以及 ψ_d、ψ_q 分别为 dq 轴绕组的电压、电流和全磁链。由式（3-184），可得

$$u_d=R_si_d+\frac{d\psi_d}{dt}-\omega_r\psi_q \tag{3-185}$$

$$u_q=R_si_q+\frac{d\psi_q}{dt}+\omega_r\psi_d \tag{3-186}$$

式（3-185）和式（3-186）是以 dq 轴系坐标分量表示的定子电压方程，常称为派克方程（此处忽略了零轴电压方程）。

由图 3-42，可得

$$\psi_d=L_di_d+\psi_f \tag{3-187}$$

$$\psi_q=L_qi_q \tag{3-188}$$

式中，L_d、L_q 同式（3-167）；ψ_f 为 d 轴绕组与转子基波磁场 ϕ_f 交链的励磁磁链，$\psi_f=N_dk_{ws1}\phi_f=\sqrt{\frac{3}{2}}N_1k_{ws1}\phi_f$。

若转子励磁恒定，且磁路为线性，将式（3-187）和式（3-188）分别代入式（3-185）和式（3-186），则有

$$u_d=R_si_d+L_d\frac{di_d}{dt}-\omega_rL_qi_q \tag{3-189}$$

$$u_q=R_si_q+L_q\frac{di_q}{dt}+\omega_r(L_di_d+\psi_f) \tag{3-190}$$

应指出的是，采用 dq0 坐标变换，也可由 ABC 轴系定子电压坐标分量方程式（3-179）得到式（3-185）和式（3-186），但运算冗长且又繁杂。

（2）dq0 变换的物理意义

当将式（3-180）变换到静止 DQ 轴系时，其形式不变，故式（3-180）亦为 DQ 轴系内定子电压矢量方程。亦即，如图 3-45a 所示，将 ABC 轴系先变换到 DQ 轴系，再由 DQ 轴系变换到旋转的 dq 轴系，与 ABC 轴系直接变换到 dq 轴系的变换结果是一致的。

式（3-185）和式（3-186）与第 2 章中双轴直流电机电枢电压方程式（2-83）和式（2-84）

形式相同。这意味着，经由 dq0 变换，已将静止对称的三相绕组或静止正交的两相绕组变换为具有直、交轴电刷的等效直流电机的电枢绕组，如图 3-45b 所示，因此又可将其称为换向器变换。

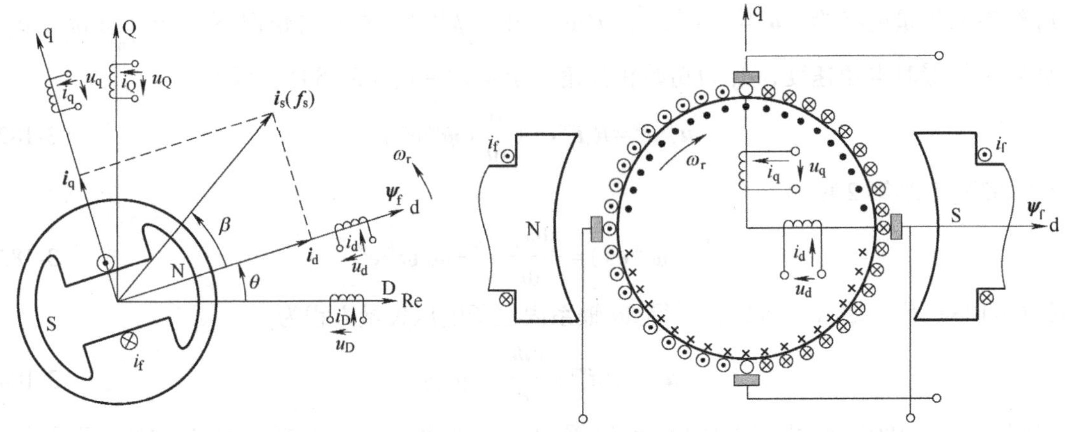

a) 静止DQ轴系与旋转dq轴系　　　b) 换向器绕组与等效双轴直流电机

图 3-45　交流电机的 dq 变换

由图 3-45a，根据磁动势等效原则，可知静止 DQ 轴系与旋转 dq 轴系间的坐标变换式为

$$\begin{bmatrix} i_d \\ i_q \end{bmatrix} = \begin{bmatrix} \cos\theta & \sin\theta \\ -\sin\theta & \cos\theta \end{bmatrix} \begin{bmatrix} i_D \\ i_Q \end{bmatrix}$$

$$\begin{bmatrix} i_D \\ i_Q \end{bmatrix} = \begin{bmatrix} \cos\theta & -\sin\theta \\ \sin\theta & \cos\theta \end{bmatrix} \begin{bmatrix} i_d \\ i_q \end{bmatrix}$$

图 3-45a 中，转子逆时针旋转，也相当于转子不动，而定子 DQ 绕组相对转子顺时针旋转。图 3-46a 中，Q 轴绕组在旋转中，$\boldsymbol{i}_Q$ 在 dq 轴上的分量分别为

$$i'_d = i_Q \sin\theta$$
$$i'_q = i_Q \cos\theta$$

同理，图 3-46b 中，D 轴绕组在旋转中，$\boldsymbol{i}_D$ 在 dq 轴上的分量分别为

$$i''_d = i_D \cos\theta$$
$$i''_q = -i_D \sin\theta$$

则有

$$\begin{cases} i_d = i'_d + i''_d = i_D\cos\theta + i_Q\sin\theta \\ i_q = i'_q + i''_q = -i_D\sin\theta + i_Q\cos\theta \end{cases} \tag{3-191}$$

可以看出，尽管 $\boldsymbol{i}_D(\boldsymbol{f}_D)$ 和 $\boldsymbol{i}_Q(\boldsymbol{f}_Q)$ 在旋转，但两者在 dq 轴上的分量之和 $\boldsymbol{i}_d(\boldsymbol{f}_d)$ 与 $\boldsymbol{i}_q(\boldsymbol{f}_q)$ 却固定不动，如图 3-46c 所示。与此同时，由于 DQ 绕组在气隙磁场中旋转，在其中还会感生运动电动势，因此变换后的 dq 绕组尚应具有伪静止特性，即 dq 绕组实为伪静止绕组，如

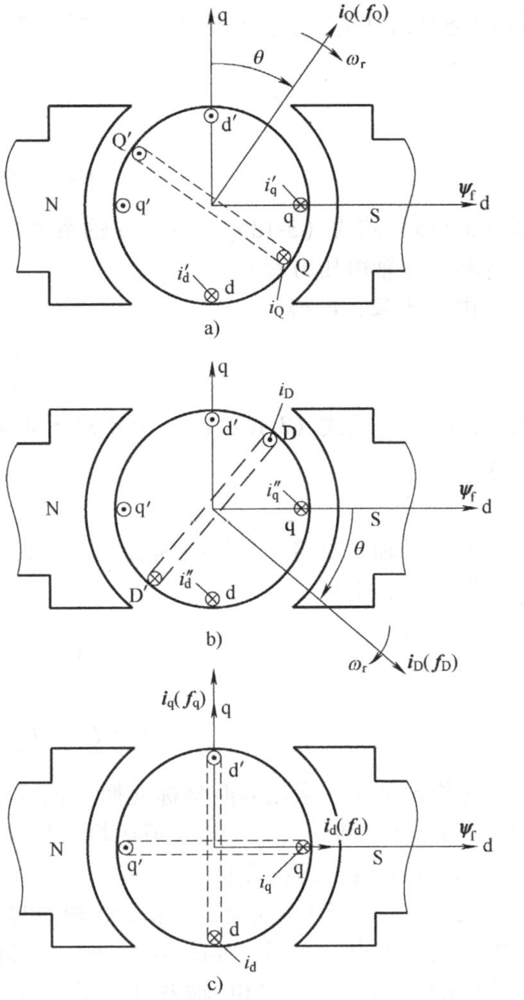

图 3-46　静止 DQ 轴系到旋转 dq 轴系的换向器变换

图 3-45b 所示。

可将图 3-45b 表示为图 3-47 所示的形式。此时，定子绕组已变换为 dq 轴上的换向器绕组，相当于在定子内缘装有两组固定的电刷，一组电刷 d-d′位于 d 轴上，另一组电刷 q-q′位于 q 轴上。图 3-47 中的转子既可为隐极也可为凸极，即气隙既可为均匀也可为非均匀。

图 3-45a 中，控制 i_d 和 i_q，即相当于控制图 3-45b 中等效双轴直流电机的电枢电流，因此在交流电机运动控制上，可以借鉴直流电机的线性控制理论和控制方式，从中体现了换向器变换的价值和意义。

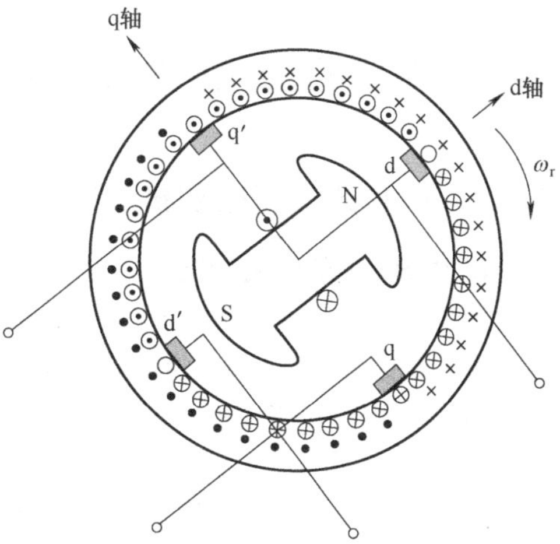

图 3-47　定子绕组变换为 dq 轴上的换向器绕组

3.6.3　MT0 变换

dq0 变换中，是将 d 轴固定于转子，即令 d 轴与转子基波磁场轴线取得一致，这种变换通常用于同步电机分析。图 3-48 所示的 MT 轴系则不然，它是可以任意旋转的正交轴系。在以定子 A 轴为实轴的空间复平面内，MT 轴系的空间相位角 θ_M 为

$$\theta_M = \int_0^t \omega_M \mathrm{d}t + \theta_{M0} \tag{3-192}$$

式中，ω_M 为任意电角速度；θ_{M0}为初始值。

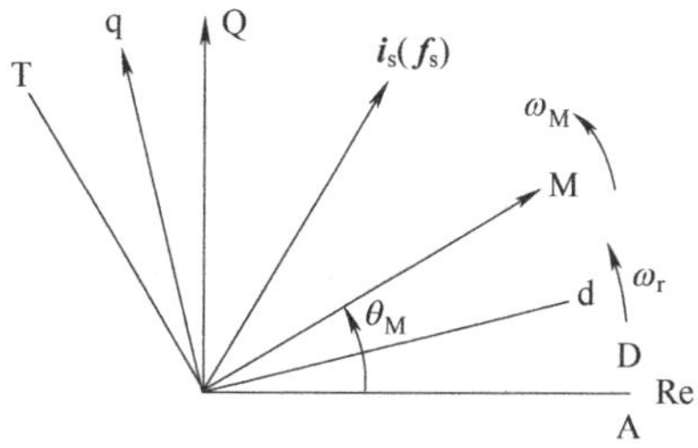

图 3-48　任意旋转的 MT 轴系

同 dq0 变换一样，可将定子三相绕组由 ABC 轴系变换到 MT0 轴系，或者相反。采用坐标变换时，坐标变换式与式（3-147）和式（3-148）形式相同，即有

$$\begin{bmatrix} i_M \\ i_T \\ i_0 \end{bmatrix} = \sqrt{\frac{2}{3}} \begin{bmatrix} \cos\theta_M & \cos(\theta_M-120°) & \cos(\theta_M-240°) \\ -\sin\theta_M & -\sin(\theta_M-120°) & -\sin(\theta_M-240°) \\ \sqrt{1/2} & \sqrt{1/2} & \sqrt{1/2} \end{bmatrix} \begin{bmatrix} i_A \\ i_B \\ i_C \end{bmatrix} \tag{3-193}$$

$$\begin{bmatrix} i_A \\ i_B \\ i_C \end{bmatrix} = \sqrt{\frac{2}{3}} \begin{bmatrix} \cos\theta_M & -\sin\theta_M & \sqrt{1/2} \\ \cos(\theta_M-120°) & -\sin(\theta_M-120°) & \sqrt{1/2} \\ \cos(\theta_M-240°) & -\sin(\theta_M-240°) & \sqrt{1/2} \end{bmatrix} \begin{bmatrix} i_M \\ i_T \\ i_0 \end{bmatrix} \tag{3-194}$$

变换式（3-193）和式（3-194）已满足功率不变约束，MT 轴绕组的有效匝数分别为三相绕组每相有效匝数的$\sqrt{\frac{3}{2}}$倍。

当采用矢量变换时，可将定子 ABC 绕组或 DQ 绕组直接变换到 MT 轴系，变换因子为 $e^{-j\theta_M}$。逆变换因子为 $e^{j\theta_M}$。在感应电机动态分析中，在某些情况下，选用某一特定旋转轴系进行矢量变换或坐标变换会具有明显优势，这在感应电机电磁转矩的矢量控制中得到了实践。

3.7 交流电动机的电磁转矩及其控制

3.7.1 隐极式交流电动机的电磁转矩

1. 由 *Bli* 求取电磁转矩

图3-49中，在基波磁动势不变的原则下，已将转子励磁绕组f-f′的有效匝数折算为与定子等效单轴绕组s-s′的有效匝数相同，产生的基波励磁磁链为ψ_f（相对相绕组而言，则基波励磁磁链减小为$\sqrt{\frac{2}{3}}\psi_f$）；设定作用于转子的电磁转矩正方向与转速方向一致，同为逆时针方向。此时，定子A相绕组电流i_A与转子基波磁场作用将会生成电磁转矩，其情形与图1-9所示相同，对于B相绕组和C相绕组亦是如此。于是，在ABC轴系内，定子三相电流与转子基波磁场作用生成的电磁转矩可表示为

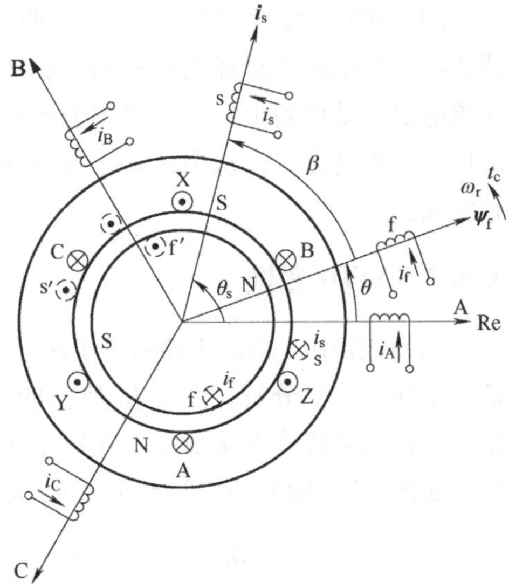

图3-49 定子三相绕组、单轴绕组和转子励磁绕组

$$
\begin{aligned}
t_e &= p_0\left[-\sqrt{\frac{2}{3}}\psi_f i_A\sin\theta-\sqrt{\frac{2}{3}}\psi_f i_B\sin(\theta-120°)-\sqrt{\frac{2}{3}}\psi_f i_C\sin(\theta-240°)\right]\\
&= p_0\psi_f\sqrt{\frac{2}{3}}[-i_A\sin\theta-i_B\sin(\theta-120°)-i_C\sin(\theta-240°)]\\
&= p_0\boldsymbol{\psi}_f\times\sqrt{\frac{2}{3}}(\boldsymbol{i}_A+\boldsymbol{i}_B+\boldsymbol{i}_C)\\
&= p_0\boldsymbol{\psi}_f\times\boldsymbol{i}_s
\end{aligned} \tag{3-195}
$$

式中，$-\sqrt{\frac{2}{3}}\psi_f i_A\sin\theta=-\sqrt{\frac{2}{3}}\boldsymbol{i}_A\times\boldsymbol{\psi}_f=\sqrt{\frac{2}{3}}\boldsymbol{\psi}_f\times\boldsymbol{i}_A$。

实际上，图3-49中，定子等效单轴绕组s和转子励磁绕组f已分别相当于图1-9中的定子绕组A和转子绕组B，故也可直接得到式（3-195）的结果。

因为$\boldsymbol{\psi}_f$和$\boldsymbol{i}_s$是客观存在的，因此电磁转矩矢量表达式与所选的轴系无关，当用不同轴系表示时，电磁转矩不会改变。故在图3-50所示的dq轴系中，可将电磁转矩直接表示为

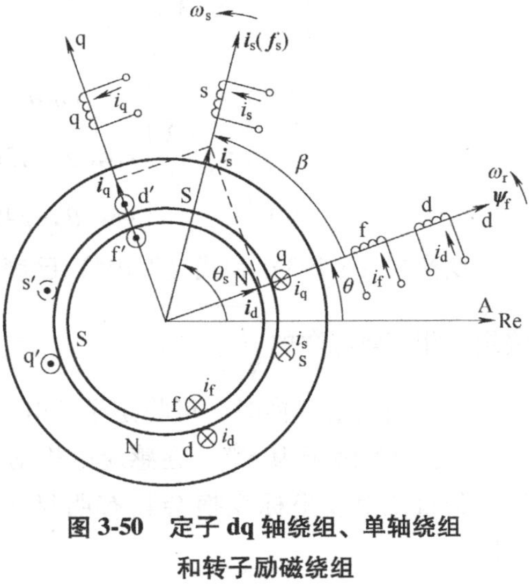

图3-50 定子dq轴绕组、单轴绕组和转子励磁绕组

$$
\begin{aligned}
t_e &= p_0\boldsymbol{\psi}_f^{dq}\times\boldsymbol{i}_s^{dq}=p_0\psi_f i_s\sin\beta\\
&= p_0\psi_f i_q
\end{aligned} \tag{3-196}
$$

式中，β为$\boldsymbol{\psi}_f^{dq}$至$\boldsymbol{i}_s^{dq}$的空间相位角，又称为转

矩角。

由 dq0 变换式（3-148）可知

$$i_{q}=\sqrt{\frac{2}{3}}\left[-i_{A}\sin\theta-i_{B}\sin(\theta-120°)-i_{C}\sin(\theta-240°)\right] \tag{3-197}$$

将式（3-197）代入式（3-196）也会得到式（3-195）。

式（3-195）表明，电磁转矩实际是由定子三相电流与转子基波磁场作用生成的。定子电流矢量 $\boldsymbol{i}_A$、$\boldsymbol{i}_B$、$\boldsymbol{i}_C$ 代表的是三相正弦分布电流（层），定子电流矢量 $\boldsymbol{i}_s$ 对应的是三者合成的正弦分布电流（层）。图 3-50 中，$\boldsymbol{i}_d$ 和 $\boldsymbol{i}_q$ 是 $\boldsymbol{i}_s$ 的 dq 轴分量，其中 $\boldsymbol{i}_q$ 与 $\boldsymbol{\psi}_f$ 正交，式（3-196）表明，只有交轴电流 $\boldsymbol{i}_q$ 与 $\boldsymbol{\psi}_f$ 作用才会生成电磁转矩，此时 $\boldsymbol{i}_q$ 建立的交轴基波磁场与 $\boldsymbol{\psi}_f$ 在空间上也为正交。保持转子励磁恒定，通过控制交轴电流 i_q 便可控制电磁转矩。式（3-195）和式（3-196）适用于隐极式同步电机。

图 3-51 中，假设电机磁路为线性，$\boldsymbol{\psi}_{\sigma s}$、$\boldsymbol{\psi}_{ms}$ 和 $\boldsymbol{\psi}_{ss}$ 分别为定子单轴绕组电流 $\boldsymbol{i}_s$ 产生的漏磁链、励磁磁链和自感磁链；$\boldsymbol{\psi}_g$ 为气隙磁链，与气隙基波合成磁场（气隙磁场）相对应；$\boldsymbol{\psi}_s$ 为定子磁链，与定子磁场相对应，定子磁场是气隙磁场与定子漏磁场的合成磁场。即有

$$\boldsymbol{\psi}_g=\boldsymbol{\psi}_{ms}+\boldsymbol{\psi}_f=L_m\boldsymbol{i}_s+\boldsymbol{\psi}_f \tag{3-198}$$

$$\boldsymbol{\psi}_s=\boldsymbol{\psi}_{\sigma s}+\boldsymbol{\psi}_g=\boldsymbol{\psi}_{ss}+\boldsymbol{\psi}_f=L_s\boldsymbol{i}_s+\boldsymbol{\psi}_f \tag{3-199}$$

式中，$\boldsymbol{\psi}_{ms}=L_m\boldsymbol{i}_s$，$L_m$ 为定子等效励磁电感，也可看成是定子单轴绕组的励磁电感；$\boldsymbol{\psi}_{ss}=L_s\boldsymbol{i}_s$，$L_s$ 为定子等效自感，也可看成是定子单轴绕组的自感。

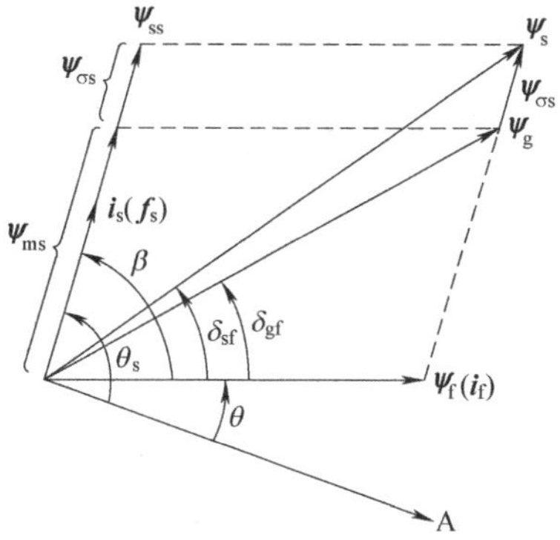

图 3-51　图 3-49 所示电机内的基波磁动势与磁场

由式（3-195），还可得

$$t_e=p_0\boldsymbol{\psi}_f\times\boldsymbol{i}_s=p_0(L_m\boldsymbol{i}_s+\boldsymbol{\psi}_f)\times\boldsymbol{i}_s=p_0\boldsymbol{\psi}_g\times\boldsymbol{i}_s \tag{3-200}$$

$$t_e=p_0\boldsymbol{\psi}_f\times\boldsymbol{i}_s=p_0(L_s\boldsymbol{i}_s+\boldsymbol{\psi}_f)\times\boldsymbol{i}_s=p_0\boldsymbol{\psi}_s\times\boldsymbol{i}_s \tag{3-201}$$

式（3-200）和式（3-201）表明，电磁转矩也可看成是由定子电流与气隙磁场或定子磁场作用生成。

式（3-200）和式（3-201）既适用于隐极式同步电机也适用于感应电机，与式（5-195）和式（3-196）相比，还适用于磁路饱和的情况。

虽然式（3-201）中的 $\boldsymbol{\psi}_s$ 包含了定子漏磁链 $\boldsymbol{\psi}_{\sigma s}$，但对比式（3-200）可知，定子漏磁场与转矩生成无关。

2. 由磁场相互作用求取电磁转矩

如第 1 章所述，电磁转矩可看成是定子基波励磁磁场 $\boldsymbol{\psi}_{ms}$ 与转子基波磁场 $\boldsymbol{\psi}_f$ 相互作用的结果。由式（3-195），可得

$$t_e=p_0\boldsymbol{\psi}_f\times\boldsymbol{i}_s=p_0\frac{1}{L_m}\boldsymbol{\psi}_f\times\boldsymbol{\psi}_{ms}=p_0\frac{1}{L_m}\psi_f\psi_{ms}\sin\beta \tag{3-202}$$

式（3-202）为反映磁场相互作用生成电磁转矩的基本表达式。

由式（3-200）和式（3-201），还可得

$$t_e=p_0\boldsymbol{\psi}_g\times\boldsymbol{i}_s=p_0\frac{1}{L_m}\boldsymbol{\psi}_g\times\boldsymbol{\psi}_{ms}=p_0\frac{1}{L_m}\psi_g\psi_{ms}\sin\delta_{gs} \tag{3-203}$$

$$t_e = p_0 \boldsymbol{\psi}_s \times \boldsymbol{i}_s = p_0 \frac{1}{L_m} \boldsymbol{\psi}_s \times \boldsymbol{\psi}_{ms} = p_0 \frac{1}{L_m} \psi_s \psi_{ms} \sin\delta_{ss} \tag{3-204}$$

式中，δ_{gs}、δ_{ss}分别为 $\boldsymbol{\psi}_g$、$\boldsymbol{\psi}_s$ 至 $\boldsymbol{\psi}_{ms}$的空间相位角。

由式（3-202），还可得

$$t_e = p_0 \boldsymbol{\psi}_f \times \boldsymbol{i}_s = p_0 \frac{1}{L_m} \boldsymbol{\psi}_f \times (\boldsymbol{\psi}_f + \boldsymbol{\psi}_{ms}) = p_0 \frac{1}{L_m} \boldsymbol{\psi}_f \times \boldsymbol{\psi}_g = p_0 \frac{1}{L_m} \psi_f \psi_g \sin\delta_{gf} \tag{3-205}$$

$$t_e = p_0 \boldsymbol{\psi}_f \times \boldsymbol{i}_s = p_0 \frac{1}{L_s} \boldsymbol{\psi}_f \times (\boldsymbol{\psi}_f + \boldsymbol{\psi}_{ss}) = p_0 \frac{1}{L_s} \boldsymbol{\psi}_f \times \boldsymbol{\psi}_s = p_0 \frac{1}{L_s} \psi_f \psi_s \sin\delta_{sf} \tag{3-206}$$

式中，δ_{gf}为 $\boldsymbol{\psi}_f$ 至 $\boldsymbol{\psi}_g$ 的空间相位角；δ_{sf}为 $\boldsymbol{\psi}_f$ 至 $\boldsymbol{\psi}_s$ 的空间相位角，称为负载角。

3. 由机电能量转换求取电磁转矩

将图 3-49 中的转子励磁绕组 f 代之以转子单轴绕组 r，其有效匝数不变，仍为定子相绕组的$\sqrt{\frac{3}{2}}$倍，将转子励磁电流 i_f 代之以转子电流 i_r，便可将图 3-49 中的定子单轴绕组 s 和转子励磁绕组 f 表示为图 3-52 所示的形式，可将其用于分析三相感应电动机的转矩生成。

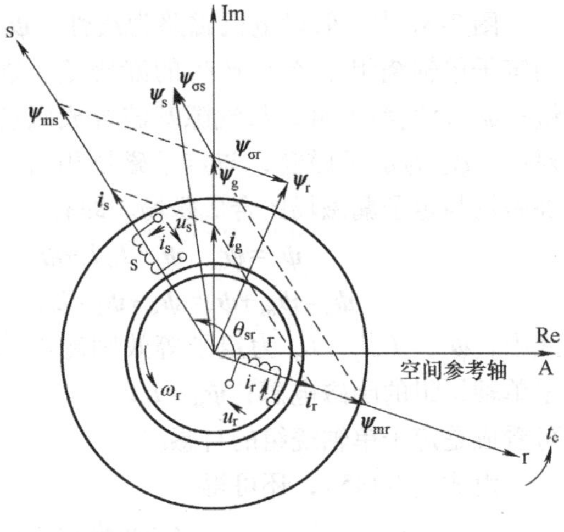

图 3-52 三相感应电动机内定、转子单轴电流和各磁链矢量

图 3-52 中，定、转子单轴绕组的磁链矢量可表示为

$$\begin{aligned} \boldsymbol{\psi}_{\sigma s} &= L_{\sigma s} \boldsymbol{i}_s \\ \boldsymbol{\psi}_{ms} &= L_m \boldsymbol{i}_s \end{aligned} \tag{3-207}$$

$$\begin{aligned} \boldsymbol{\psi}_{\sigma r} &= L_{\sigma r} \boldsymbol{i}_r \\ \boldsymbol{\psi}_{mr} &= L_m \boldsymbol{i}_r \end{aligned} \tag{3-208}$$

且有

$$L_s = L_{\sigma s} + L_m \tag{3-209}$$

$$L_r = L_{\sigma r} + L_m \tag{3-210}$$

式中，$\boldsymbol{\psi}_{\sigma s}$、$\boldsymbol{\psi}_{ms}$和 $\boldsymbol{\psi}_{\sigma r}$、$\boldsymbol{\psi}_{mr}$分别为定、转子单轴绕组的漏磁链和励磁磁链；$L_m$ 为定、转子单轴绕组的励磁电感；$L_{\sigma s}$、L_s 和 $L_{\sigma r}$、L_r 分别为定、转子单轴绕组的漏电感和自感。

图 3-52 中的 $\boldsymbol{\psi}_g$、$\boldsymbol{\psi}_s$ 和 $\boldsymbol{\psi}_r$ 可分别表示为

$$\boldsymbol{\psi}_g = \boldsymbol{\psi}_{ms} + \boldsymbol{\psi}_{mr} = L_m(\boldsymbol{i}_s + \boldsymbol{i}_r) = L_m \boldsymbol{i}_s + L_m \boldsymbol{i}_r \tag{3-211}$$

$$\boldsymbol{\psi}_s = \boldsymbol{\psi}_{\sigma s} + \boldsymbol{\psi}_g = L_{\sigma s} \boldsymbol{i}_s + L_m(\boldsymbol{i}_s + \boldsymbol{i}_r) = L_s \boldsymbol{i}_s + L_m \boldsymbol{i}_r \tag{3-212}$$

$$\boldsymbol{\psi}_r = \boldsymbol{\psi}_{\sigma r} + \boldsymbol{\psi}_g = L_{\sigma r} \boldsymbol{i}_r + L_m(\boldsymbol{i}_s + \boldsymbol{i}_r) = L_m \boldsymbol{i}_s + L_r \boldsymbol{i}_r \tag{3-213}$$

式中，$\boldsymbol{\psi}_g$ 为气隙磁链矢量，与定、转子基波磁场的合成磁场（气隙磁场）相对应；$\boldsymbol{\psi}_s$ 为定子磁链，与定子磁场相对应，定子磁场是气隙磁场与定子漏磁场的合成磁场；$\boldsymbol{\psi}_r$ 为转子磁链，与转子磁场相对应，转子磁场是气隙磁场与转子漏磁场的合成磁场。

图 3-52 中，定、转子单轴绕组与图 1-9 中所示的定、转子绕组相当。若设定作用于转子的电磁转矩正方向以逆时针方向为正，则可得电磁转矩为

$$t_e = p_0 L_m i_r i_s \sin\theta_{sr} = p_0 L_m \boldsymbol{i}_r \times \boldsymbol{i}_s \tag{3-214}$$

式中，θ_{sr}为按右手法则，由 $\boldsymbol{i}_r$ 至 $\boldsymbol{i}_s$ 的空间电角度。

如第 1 章所述，式（3-214）是根据机电能量转换原理得出的电磁转矩表达式，依据这个表达式可以推导出以不同空间矢量表示的电磁转矩表达式。

由式（3-214），可得

$$t_e = p_0 L_m \boldsymbol{i}_r \times \boldsymbol{i}_s = p_0 \boldsymbol{\psi}_{mr} \times \boldsymbol{i}_s \tag{3-215}$$

$$t_e = p_0 (L_m \boldsymbol{i}_s + L_m \boldsymbol{i}_r) \times \boldsymbol{i}_s = p_0 \boldsymbol{\psi}_g \times \boldsymbol{i}_s \tag{3-216}$$

$$t_e = p_0 (L_s \boldsymbol{i}_s + L_m \boldsymbol{i}_r) \times \boldsymbol{i}_s = p_0 \boldsymbol{\psi}_s \times \boldsymbol{i}_s \tag{3-217}$$

$$t_e = p_0 L_m \boldsymbol{i}_r \times \boldsymbol{i}_s = p_0 \frac{L_m}{L_r} (L_m \boldsymbol{i}_s + L_r \boldsymbol{i}_r) \times \boldsymbol{i}_s = p_0 \frac{L_m}{L_r} \boldsymbol{\psi}_r \times \boldsymbol{i}_s \tag{3-218}$$

式（3-215）~式（3-218）表明，电磁转矩可看成是定子电流 $\boldsymbol{i}_s$ 在转子基波磁场 $\boldsymbol{\psi}_{mr}$、气隙磁场 $\boldsymbol{\psi}_g$、定子磁场 $\boldsymbol{\psi}_s$ 或者转子磁场 $\boldsymbol{\psi}_r$ 作用下生成的。

由式（3-214），可得

$$t_e = -p_0 L_m \boldsymbol{i}_s \times \boldsymbol{i}_r = -p_0 \boldsymbol{\psi}_{ms} \times \boldsymbol{i}_r \tag{3-219}$$

$$t_e = -p_0 L_m \boldsymbol{i}_s \times \boldsymbol{i}_r = -p_0 (L_m \boldsymbol{i}_s + L_m \boldsymbol{i}_r) \times \boldsymbol{i}_r = -p_0 \boldsymbol{\psi}_g \times \boldsymbol{i}_r \tag{3-220}$$

$$t_e = -p_0 L_m \boldsymbol{i}_s \times \boldsymbol{i}_r = -p_0 \frac{L_m}{L_s} (L_s \boldsymbol{i}_s + L_m \boldsymbol{i}_r) \times \boldsymbol{i}_r = -p_0 \frac{L_m}{L_s} \boldsymbol{\psi}_s \times \boldsymbol{i}_r \tag{3-221}$$

$$t_e = -p_0 L_m \boldsymbol{i}_s \times \boldsymbol{i}_r = -p_0 (L_m \boldsymbol{i}_s + L_r \boldsymbol{i}_r) \times \boldsymbol{i}_r = -p_0 \boldsymbol{\psi}_r \times \boldsymbol{i}_r \tag{3-222}$$

式（3-219）~式（3-222）表明，电磁转矩可看成是转子电流 $\boldsymbol{i}_r$ 在定子基波磁场 $\boldsymbol{\psi}_{ms}$、气隙磁场 $\boldsymbol{\psi}_g$、定子磁场 $\boldsymbol{\psi}_s$ 或者转子磁场 $\boldsymbol{\psi}_r$ 作用下生成的。

还有

$$\begin{cases} t_e = -p_0 \boldsymbol{\psi}_{ms} \times \boldsymbol{i}_r = -p_0 \dfrac{1}{L_m} \boldsymbol{\psi}_{ms} \times \boldsymbol{\psi}_{mr} \\ t_e = -p_0 \boldsymbol{\psi}_g \times \boldsymbol{i}_r = -p_0 \dfrac{1}{L_m} \boldsymbol{\psi}_g \times \boldsymbol{\psi}_{mr} \\ t_e = p_0 \boldsymbol{\psi}_g \times \boldsymbol{i}_s = p_0 \dfrac{1}{L_m} \boldsymbol{\psi}_g \times \boldsymbol{\psi}_{ms} \end{cases} \tag{3-223}$$

式（3-223）为反映不同磁场相互作用生成电磁转矩的表达式。除此以外，还可以得到其他以磁场为变量的转矩表达式。

应该指出的是，虽然定子和转子漏磁场不能作为机电能量转换的媒介，与电磁转矩生成无直接关系，但是两者对电机内的能量转换和电机的运行特性却有重要影响，在电机动态过程中也起着十分重要的作用。

图 3-49 适合用于隐极式三相同步电机分析，而图 3-52 更适合用于三相感应电机分析。事实上，三相同步电机与三相感应电机的定子结构相同，只是转子结构不同。图 3-49 中，转子绕组可为实际励磁绕组，若通入直流励磁电流，便可构成恒定的励磁磁场，且可依靠转子旋转构成旋转磁动势（磁场）。图 3-52 中，转子单轴绕组并非实际绕组，实际的感应电机的转子绕组为对称的多相绕组，绕组内流过多相电流时会产生转子旋转磁动势，在基波合成磁动势等效的原则下，可将转子多相绕组等效为图中所示的单轴绕组。若转子绕组为笼型结构，也可先将笼型转子绕组归算为对称三相绕组，如图 3-53 所示，相绕组的有效匝数与定

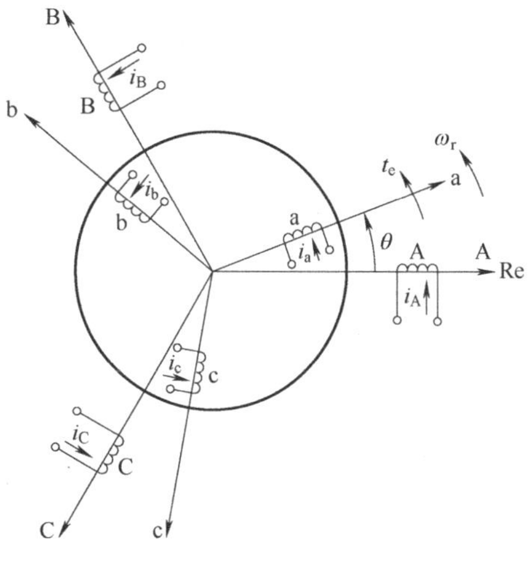

图 3-53　感应电机定、转子对称的三相绕组

子相绕组相同。

图 3-53 中，定、转子相绕组间就转矩生成而言，均相当于图 1-9 中的定、转子绕组 A 与 B，由式（1-52），可得总电磁转矩为

$$t_e=-p_0L_{m1}[(i_Ai_a+i_Bi_b+i_Ci_c)\sin\theta+(i_Ai_b+i_Bi_c+i_Ci_a)\sin(\theta+120°)+ \\ (i_Ai_c+i_Bi_a+i_Ci_b)\sin(\theta+240°)] \tag{3-224}$$

式中，L_{m1}为定、转子每相绕组的励磁电感。式（3-224）表明，由于电磁转矩与定、转子电流乘积相关，因此它是个非线性项。

由定、转子三相电流，可得

$$\boldsymbol{i}_s=\sqrt{\frac{2}{3}}(\boldsymbol{i}_A+\boldsymbol{i}_B+\boldsymbol{i}_C) \tag{3-225}$$

$$\boldsymbol{i}_r=\sqrt{\frac{2}{3}}(\boldsymbol{i}_a+\boldsymbol{i}_b+\boldsymbol{i}_c) \tag{3-226}$$

可将式（3-224）表示为

$$\begin{aligned} t_e&=-p_0L_{m1}(\boldsymbol{i}_A+\boldsymbol{i}_B+\boldsymbol{i}_C)\times(\boldsymbol{i}_a+\boldsymbol{i}_b+\boldsymbol{i}_c) \\ &=-p_0L_m\boldsymbol{i}_s\times\boldsymbol{i}_r \\ &=p_0L_m\boldsymbol{i}_r\times\boldsymbol{i}_s \end{aligned} \tag{3-227}$$

式中，$L_m=\frac{3}{2}L_{m1}$。式（3-224）即为式（3-214），这表明，就转矩生成而言，图 3-53 所示的实际三相感应电机可以等效为图 3-52 所示的形式。

由以上分析可知，尽管同步电机和感应电机的转子结构不同，转子产生基波磁动势的方式不同，但两者一旦产生了转子基波磁动势$\boldsymbol{f}_r(\boldsymbol{i}_r)$，在转矩生成上并没有实质的差别，而是存在共性和内在联系。后续分析表明，同步电机的机电能量转换是在定子绕组内实现的，而感应电机的机电能量转换是在转子绕组内实现的，就电磁转矩的控制而言，同步电机可较容易地通过控制定子电流矢量来控制电磁转矩，而笼型转子感应电机的转子绕组是短路绕组，只能通过控制定子电流矢量来间接控制转子电流矢量，因此相对同步电机，笼型转子感应电机的转矩控制要复杂和困难得多。

4. 由转换功率求隐极式同步电动机的电磁转矩

图 3-49 中，假设转子励磁恒定，由定子电压矢量方程式（3-180）和隐极式同步电动机定子磁链矢量方程式（3-199），可得

$$\begin{aligned} \boldsymbol{u}_s&=R_s\boldsymbol{i}_s+\frac{\mathrm{d}\boldsymbol{\psi}_s}{\mathrm{d}t}=R_s\boldsymbol{i}_s+\frac{\mathrm{d}}{\mathrm{d}t}(L_s\boldsymbol{i}_s+\boldsymbol{\psi}_f) \\ &=R_s\boldsymbol{i}_s+L_s\frac{\mathrm{d}\boldsymbol{i}_s}{\mathrm{d}t}+\mathrm{j}\omega_r\boldsymbol{\psi}_f \end{aligned} \tag{3-228}$$

按电动机惯例，输入电机的电功率可表示为

$$P_1=\mathrm{Re}[\boldsymbol{u}_s\boldsymbol{i}_s^*]=R_si_s^2+\mathrm{Re}\left[L_s\frac{\mathrm{d}\boldsymbol{i}_s}{\mathrm{d}t}\boldsymbol{i}_s^*\right]+\mathrm{Re}[\mathrm{j}\omega_r\boldsymbol{\psi}_f\boldsymbol{i}_s^*] \tag{3-229}$$

式中，等式右端第 1 项为定子电阻损耗；第 2 项为定子自感磁场储能的变化率；第 3 项为电磁功率 P_e。

$$P_e=\mathrm{Re}[\mathrm{j}\omega_r\boldsymbol{\psi}_f\boldsymbol{i}_s^*]=\mathrm{Re}[\boldsymbol{e}_0\boldsymbol{i}_s^*]=e_0i_s\cos\psi_0 \tag{3-230}$$

式中，$\boldsymbol{e}_0$ 为由 $\boldsymbol{\psi}_f$ 旋转在定子中感生的运动电动势，$\boldsymbol{e}_0=\mathrm{j}\omega_r\boldsymbol{\psi}_f$；$\psi_0$ 为 $\boldsymbol{e}_0$ 与 $\boldsymbol{i}_s$ 间的空间相位角。

稳态运行时，则有

$$P_e = 3E_0 I_s \cos\psi_0 \tag{3-231}$$

此时，ψ_0 称为内功率因数角。

由式（3-230）和式（3-231），可得

$$t_e = \frac{P_e}{\Omega_r} = \frac{1}{\Omega_r} e_0 i_s \cos\psi_0 \quad T_e = \frac{3}{\Omega_r} E_0 I_s \cos\psi_0 \tag{3-232}$$

式中，Ω_r 为隐极式同步电机转子旋转的机械角速度。

式（3-230）和式（3-232）表明，隐极式同步电机作为电动机运行时，由于转子主磁场的旋转，在定子绕组中感生了运动电动势，定子电路依靠运动电动势吸收电功率；与此同时，通过作用于转子的电磁转矩，将这部分电功率转换为机械功率，这部分电功率又称为电磁功率。可以看出，运动电动势和电磁转矩作为机电耦合项，在机电能量转换中所起的作用。

3.7.2　凸极式交流电动机的电磁转矩

1. 磁阻转矩的生成

若同步电动机的转子为凸极结构，电机内的磁动势和各磁场便如图 3-54 所示。此时除了励磁转矩外，还会生成磁阻转矩。由 1.3 节分析，可将电磁转矩表示为

$$t_e = p_0\left[\psi_f i_s \sin\beta + \frac{1}{2}(L_d - L_q) i_s^2 \sin 2\beta\right] \tag{3-233}$$

式中，等式右端第 1 项为励磁转矩，与式（3-196）所示相同；第 2 项为磁阻转矩，L_d、L_q 分别为直、交轴同步电感。

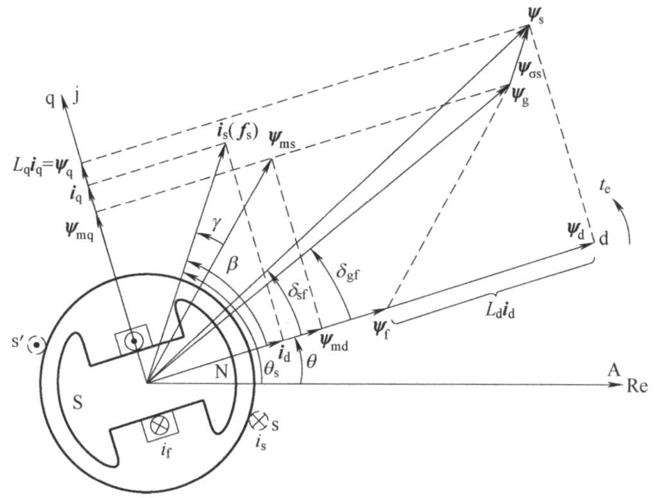

图 3-54　凸极式同步电动机内的定子电流矢量与各磁链矢量

对于隐极式同步电动机，如图 3-51 所示，由于气隙均匀，可直接得到定子电流矢量 $\boldsymbol{i}_s(\boldsymbol{f}_s)$ 建立的定子基波励磁磁场，即有 $\boldsymbol{\psi}_{ms} = L_m \boldsymbol{i}_s$，此时 $\boldsymbol{\psi}_{ms}$ 与 $\boldsymbol{i}_s$ 方向一致，这种关系与转子位置无关。对于凸极式同步电机则不然，如图 3-54 所示，由于气隙不均匀，故不能由 $\boldsymbol{i}_s$ 直接求得 $\boldsymbol{\psi}_{ms}$。为此，在 dq 轴系内，可先将 $\boldsymbol{i}_s(\boldsymbol{f}_s)$ 分解为 dq 轴分量，此时

$$\boldsymbol{\psi}_{md} = L_{md} \boldsymbol{i}_d \quad \boldsymbol{\psi}_{mq} = L_{mq} \boldsymbol{i}_q$$

式中，L_{md}、L_{mq} 分别为等效的直、交轴励磁电感，见式（3-168）和式（3-169）；由 $\boldsymbol{\psi}_{ms} = \psi_{md} +$

$j\psi_{mq}$，便可得到定子励磁磁链 $\boldsymbol{\psi}_{ms}$，通常将这种分析方法称为双反应（双轴）理论。

如图 3-54 所示，由于 $L_{md}>L_{mq}$，因此 $\boldsymbol{\psi}_{ms}$ 与 $\boldsymbol{i}_s$ 方向上不再一致，两者间的空间相位差角为 γ，说明凸极转子对定子基波磁场 $\boldsymbol{\psi}_{ms}$ 具有扰动作用，使其发生了畸变，由此产生了磁阻转矩。由第 1 章所述的机电能量转换和转矩生成机理可知，这种扰动与转子励磁对气隙磁场的扰动作用是一样的，同样会产生电磁转矩。

由图 3-54 可知，当 $\boldsymbol{i}_s$ 幅值不变时，随着转矩角 β 的变化，相位差角 γ 会随之发生变化，磁阻转矩也会随之发生变化，而且这种变化与 L_d 和 L_q 的差值相关。

2. 凸极式同步电动机的矩-角特性

（1）以转矩角 β 表示的矩-角特性

对于给定电机，当 ψ_f = 常值和 i_s = 常值时，电磁转矩 t_e 便仅与转矩角 β 相关，由式（3-233）可得凸极式同步电动机的 t_e-β（转矩-转矩角）特性，如图 3-55 所示。

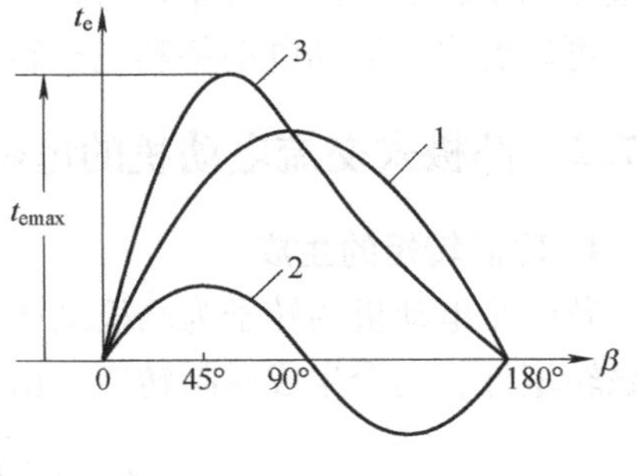

图 3-55　以转矩角 β 表示的矩-角特性曲线

1—励磁转矩曲线　2—磁阻转矩曲线
3—合成的电磁转矩曲线

由机电能量转换原理可知，磁阻转矩的作用方向应驱使转子直轴（此时不具有方向性）与 $\boldsymbol{i}_s(\boldsymbol{f}_s)$ 取得一致。故如图 3-54 所示，当 $0°<\beta<90°$ 时，转子直轴滞后于 $\boldsymbol{i}_s$，故磁阻转矩为驱动转矩，且在 $\beta=45°$ 时达到最大值；当 $\beta=90°$ 时，转子直轴与 $\boldsymbol{i}_s$ 正交，$\boldsymbol{\psi}_{ms}$ 与 $\boldsymbol{i}_s(\boldsymbol{f}_s)$ 方向取得一致，因凸极转子对定子基波磁场不再起扰动作用，故磁阻转矩为零，但此时转子位置将处于不稳定状态；当 $90°<\beta<180°$ 时，磁阻转矩便为制动转矩。

在图 3-54 所示的 dq 轴系中，有

$$\begin{cases} i_d = i_s\cos\beta \\ i_q = i_s\sin\beta \end{cases} \tag{3-234}$$

由式（3-234）可将式（3-233）表示为

$$t_e = p_0[\psi_f i_q + (L_d - L_q) i_d i_q] \tag{3-235}$$

式（3-235）表明，电机结构确定后，磁阻转矩将决定于 i_d 和 i_q，因为 i_d 和 i_q 决定了 $\boldsymbol{i}_s$ 的幅值 i_s 和相位角 β。

（2）以负载角 δ_{sf} 表示的矩-角特性

同式（3-206）一样，也可由定子磁场 ψ_s 和转子基波磁场 ψ_f 来表示电磁转矩。由图 3-54 可得

$$\begin{cases} \psi_d = \psi_s\cos\delta_{sf} = L_d i_d + \psi_f \\ \psi_q = \psi_s\sin\delta_{sf} = L_q i_q \end{cases} \tag{3-236}$$

可得

$$\begin{cases} i_d = \dfrac{\psi_s\cos\delta_{sf} - \psi_f}{L_d} \\ i_q = \dfrac{\psi_s\sin\delta_{sf}}{L_q} \end{cases} \tag{3-237}$$

式中，ψ_d、ψ_q 分别为定子直、交轴磁链；$\psi_s=\psi_d+j\psi_q$。

将式（3-237）代入式（3-235），可得

$$t_e=p_0\frac{1}{L_dL_q}\left[\psi_f\psi_sL_q\sin\delta_{sf}+\frac{1}{2}(L_d-L_q)\psi_s^2\sin2\delta_{sf}\right] \tag{3-238}$$

或者

$$t_e=p_0\left[\frac{\psi_f\psi_s}{L_d}\sin\delta_{sf}+\frac{1}{2}\left(\frac{1}{L_q}-\frac{1}{L_d}\right)\psi_s^2\sin2\delta_{sf}\right] \tag{3-239}$$

式中，等式右端第 1 项称为基本电磁转矩；第 2 项称为附加电磁转矩。

当 ψ_f=常值和 ψ_s=常值时，由式（3-238）或式（3-239）可得到 t_e-δ_{sf}（转矩-负载角）特性曲线。

对比式（3-238）和式（3-233）可知，t_e-δ_{sf}特性曲线与 t_e-β 特性曲线应具有相同的形状，将图 3-55 中的转矩角 β 改为负载角 δ_{sf}即可得到 t_e-δ_{sf}特性曲线。但是，两个转矩特性的自变量不同，约束条件不同，因此不能等同。如式（3-238）和式（3-239）中等式右端第 1 项并不是纯励磁转矩，第 2 项也并非是纯磁阻转矩。现将这两部分分别表示为

$$p_0\frac{\psi_f\psi_s}{L_d}\sin\delta_{sf}=p_0\frac{L_q}{L_d}\psi_fi_q \tag{3-240}$$

$$p_0\frac{1}{2}\left(\frac{1}{L_q}-\frac{1}{L_d}\right)\psi_s^2\sin2\delta_{sf}=p_0\left(1-\frac{L_q}{L_d}\right)\psi_fi_q+p_0(L_d-L_q)i_di_q \tag{3-241}$$

可以看出，式（3-240）仅为励磁转矩的一部分($L_q/L_d<1$)；而式（3-241）中，除了磁阻转矩外，还包含有部分励磁转矩。这是因为：$\boldsymbol{\psi}_s=L_di_d+\psi_f+jL_qi_q$，由于 $\boldsymbol{\psi}_s$ 中包含有励磁磁场 ψ_f，因此在式（3-241）中右端除了磁阻转矩外，还呈现了部分励磁转矩，故式（3-241）不为纯磁阻转矩。可以看出，式（3-240）和式（3-241）等式右端第 1 项之和才为式（3-235）中的励磁转矩项。

稳态运行时，由式（3-239），可将电磁转矩近似表示为

$$T_e\approx\frac{m}{\Omega_s}\frac{E_0U_s}{X_d}\sin\delta+\frac{m}{\Omega_s}\frac{1}{2}\left(\frac{1}{X_q}-\frac{1}{X_d}\right)U_s^2\sin2\delta \tag{3-242}$$

式中，m 为相数，$m=3$；$e_0=\omega_s\psi_f$，$e_0=\sqrt{3}E_0$；在忽略定子电阻的情况下，$u_s\approx\omega_s\psi_s$，$u_s\approx\sqrt{3}U_s$，U_s 为相电压有效值；X_d 和 X_q 分别为直轴同步电抗和交轴同步电抗，$X_d=\omega_sL_d$，$X_q=\omega_sL_q$，$X_d=X_{\sigma s}+X_{md}$，$X_q=X_{\sigma s}+X_{mq}$，$X_{md}=\omega_sL_{md}$，$X_{mq}=\omega_sL_{md}$；δ 为功率角，$\delta=\angle\dot{U}_s\dot{E}_0$，$\delta\approx\delta_{sf}$（详见第 4 章分析）。

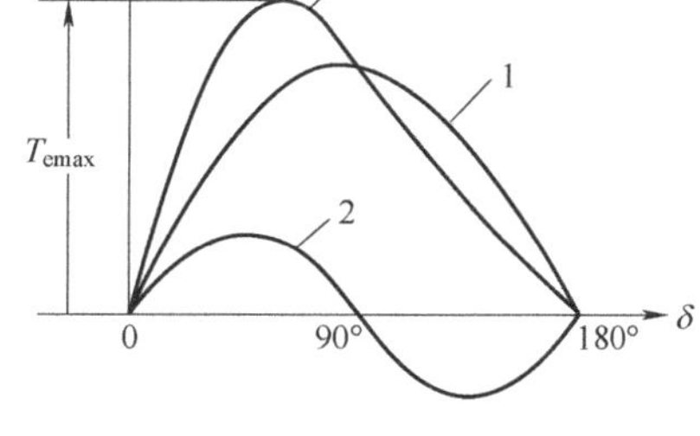

图 3-56　以功率角 δ 表示的矩-角特性曲线

1—基本转矩曲线　2—附加转矩曲线

3—电磁转矩曲线

式（3-242）中，等式右端第 1 项为基本电磁转矩，第 2 项为附加电磁转矩。显然，基本电磁转矩不是纯励磁转矩，附加转矩也不是纯磁阻转矩。

由式（3-242）可得如图 3-56 所示的 T_e-δ（转矩-功率角）特性曲线。

3.7.3 三相交流电动机电磁转矩的通用表达式

1）动态运行时，在ABC轴系内，按电动机惯例，对于图3-49、图3-53和图3-54所示的三相交流电动机，定子电压方程均如式（3-180）所示，可将其表示为

$$\boldsymbol{u}_s=R_s\boldsymbol{i}_s+\frac{d\boldsymbol{\psi}_s}{dt}=R_s\boldsymbol{i}_s+\frac{d\psi_s}{dt}e^{j\theta_s}+j\omega_s\boldsymbol{\psi}_s \tag{3-243}$$

式中，$\boldsymbol{\psi}_s=\psi_s e^{j\theta_s}$，$\theta_s$ 为 $\boldsymbol{\psi}_s$ 以A轴为参考轴的空间相位角，$\theta_s=\int_0^t \omega_s dt+\theta_{s0}$，$\omega_s$ 为 $\boldsymbol{\psi}_s$ 旋转时的瞬时电角速度，θ_{s0}为初始相位角。

按电动机惯例，输入三相交流电机的电功率 p_1 可表示为

$$p_1=\text{Re}(\boldsymbol{u}_s\boldsymbol{i}_s^*)=R_s i_s^2+\text{Re}\left(\boldsymbol{i}_s^*\ \frac{d\psi_s}{dt}e^{j\theta_s}\right)+\text{Re}(j\omega_s\boldsymbol{\psi}_s\boldsymbol{i}_s^*) \tag{3-244}$$

式中，等式右端第1项为定子电阻损耗；第2项为因定子磁场幅值变化而输入的电功率，这部分电功率只能改变磁场的储能，而不能将其转换为机械能；第3项为电磁功率。则有

$$p_e=\text{Re}(j\omega_s\boldsymbol{\psi}_s\boldsymbol{i}_s^*)=\omega_s\boldsymbol{\psi}_s\times\boldsymbol{i}_s \tag{3-245}$$

由于定子漏磁场不能参与机电能量转换，由式（3-245），还可得

$$p_e=\omega_g\boldsymbol{\psi}_g\times\boldsymbol{i}_s \tag{3-246}$$

由式（3-245）和式（3-246），可得电磁转矩为

$$t_e=\frac{p_e}{\Omega_s}=p_0\boldsymbol{\psi}_s\times\boldsymbol{i}_s=p_0\psi_s i_s\sin\delta_{ss} \tag{3-247}$$

$$t_e=\frac{p_e}{\Omega_g}=p_0\boldsymbol{\psi}_g\times\boldsymbol{i}_s=p_0\psi_g i_s\sin\delta_{gs} \tag{3-248}$$

式中，Ω_s 或 Ω_g 为定子磁场或气隙磁场旋转时的瞬时机械角速度；δ_{ss}为 $\boldsymbol{\psi}_s$ 逆时针至 $\boldsymbol{i}_s$ 的空间相位角；δ_{gs}为 $\boldsymbol{\psi}_g$ 逆时针至 $\boldsymbol{i}_s$ 的空间相位角。

从电磁转矩角度看，电动机与发电机的区别在于电动机的电磁转矩为驱动转矩。同步电机作为电动机运行时，如图3-54所示，由于交轴电枢反应磁场 $\boldsymbol{\psi}_{mq}$超前转子基波磁场 $\boldsymbol{\psi}_f$ 以90°电角度，故 $\boldsymbol{i}_s$ 一定分别超前于 $\boldsymbol{\psi}_g$ 和 $\boldsymbol{\psi}_s$，δ_{gs} 和 δ_{ss} 即分别为 $\boldsymbol{i}_s$ 超前 $\boldsymbol{\psi}_g$ 和 $\boldsymbol{\psi}_s$ 的空间相位角。

由于定子电压方程式（3-180）对隐极、凸极式同步电动机和感应电动机均适用，故由此得出的式（3-247）和式（3-248）可看作为三相交流电动机电磁转矩的通用表达式。例如，在如图3-54的dq轴系内，$\boldsymbol{\psi}_s=\psi_f+L_d i_d+jL_q i_q$，$\boldsymbol{i}_s=i_d+ji_q$，于是由式（3-247）可得到式（3-235）。应注意的是，此时 $\boldsymbol{\psi}_s$ 和 $\boldsymbol{i}_s$ 均为定子侧的物理量，且定子内缘为光滑的圆柱形。又如，图3-52中，$\boldsymbol{\psi}_s=\boldsymbol{\psi}_{\sigma s}+\boldsymbol{\psi}_g=L_s\boldsymbol{i}_s+L_m\boldsymbol{i}_r$，于是由式（3-247）可得到式（3-214）。对于式（3-248）可做同样的分析。

2）稳态运行时，$\omega_g=\omega_s$，ω_s 为同步电角速度，于是可将式（3-246）表示为

$$p_e=\omega_s\boldsymbol{\psi}_g\times\boldsymbol{i}_s=\omega_s\psi_g i_s\sin\delta_{gs}=e_g i_s\cos\delta_g=mE_g I_s\cos\delta_g \tag{3-249}$$

式中，δ_g 为 $\boldsymbol{e}_g$ 与 $\boldsymbol{i}_s$ 间的空间相位角；$\boldsymbol{e}_g$ 为因 $\boldsymbol{\psi}_g$ 旋转（旋转速度为 ω_s）在定子中感生的电动势矢量，$\boldsymbol{e}_g$ 与 $\boldsymbol{\psi}_g$ 相互正交；m 为相数，$m=3$；δ_g 为 $\dot{E}_g$ 与 $\dot{I}_s$ 间的时间相位角。

由式（3-249）可得

$$T_e=\frac{m}{\Omega_s}E_g I_s \cos\delta_g \tag{3-250}$$

3）将 $\psi_g=\sqrt{\frac{3}{2}}N_1 k_{ws1}\Phi_g$ 和 $F_s=\frac{4}{\pi}\frac{1}{2}\sqrt{\frac{3}{2}}\frac{N_1 k_{ws1}}{p_0}i_s$ 分别代入式（3-248），可得

$$t_e=\frac{\pi}{2}p_0^2\Phi_g F_s \sin\delta_{gs} \tag{3-251}$$

式中，δ_{gs}为定子基波合成磁动势轴线与气隙磁场轴线间的空间相位角。

式（3-251）等同于式（3-248），故式（3-251）同样为三相交流电机电磁转矩的通用表达式，对同步电机和感应电机均适用；对于凸极同步电机，F_s 必须为非凸极侧磁动势。

3.7.4　交流电动机产生恒定转矩的条件

当交流电机稳态运行时，希望电磁转矩为恒定转矩，以减小电机的振动、噪声和功率波动。产生恒定转矩的条件，如第1章所述，定、转子的极数必须相等。除此之外，对于隐极和凸极同步电机，如式（3-196）和式（3-233）所示，要求定子电流矢量幅值 i_s 和转子基波磁场 ψ_f 始终为一常值，转矩角 β 也为常值，即定子电流矢量 $\boldsymbol{i}_s$ 与转子基波磁场 $\boldsymbol{\psi}_f$ 间不能有相对运动；当考虑饱和时，则应满足式（3-200）和式（3-201）中转矩为常值的条件。对于感应电机，则如式（3-227）所示，要求定、转子电流矢量 $\boldsymbol{i}_s$ 和 $\boldsymbol{i}_r$ 的幅值为常值，且两者间的相位角 θ_{sr} 保持不变，即两者间不能有相对运动；当考虑磁饱和时，也应满足式（3-216）~式（3-218）或式（3-220）~式（3-222）中转矩为常值的条件。

从电磁转矩通用表达式（3-251）可以看出，无论磁路饱和与否，同步电机和感应电机产生恒定转矩的条件，可以统一为要求定子基波磁动势幅值 F_s 和气隙磁场始终为一常值，且定子基波磁动势和气隙磁场间不能有相对运动。具体而言，若定子磁动势为圆形旋转磁动势，则气隙磁场也应为以同一速度推移的圆形旋转磁场。

3.7.5　交流电动机的转矩控制

交流电动机的转矩方程与直流电动机相同，即有

$$t_e=J\frac{d\Omega_r}{dt}+R_\Omega\Omega_r+t_L \tag{3-252}$$

或者

$$t_e=J\frac{d^2\theta_m}{dt^2}+R_\Omega\frac{d\theta_m}{dt}+t_L \tag{3-253}$$

由他励直流电动机可构成直流调速系统和伺服系统，同样由交流电动机也可构成交流调速系统和伺服系统。如第2章所述，对于调速系统，系统应具有较强的抗干扰能力和稳定性；对于伺服系统，要求系统具有较强的快速响应能力和指令跟踪能力。式（3-252）和式（3-253）表明，对系统的运动控制归根结底是通过控制电磁转矩而实现的，因此保证和提高系统的控制性能在很大程度上就取决于电机能否快速、准确地控制电磁转矩，这在很大程度上也决定了交流系统的动态性能。

对于交流电机，如隐极式交流电动机，其在ABC轴系内的电磁转矩见式（3-195）和式（3-224），电磁转矩不仅与定子三相电流相关，还与转子空间位置相关；由于电磁转矩为非线性项，隐极式交流电动机的运动方程为一组多变量非线性方程，因此转矩控制既是非线

性的，又是复杂的时空控制问题。不能像直流电动机那样，可在时域内，采用线性控制理论和方法来构建控制系统和控制电磁转矩。直到 20 世纪 70 年代电磁转矩矢量控制的出现，才很好地解决了交流电机的这一问题。

例如，对于如图 3-49 所示的隐极同步电机，在 ABC 轴系内，如式（3-195）所示，当控制转子励磁恒定时，为控制电磁转矩不仅要控制 $\boldsymbol{i}_s$ 的幅值，同时还要控制相位角 β，与他励直流电动机相比，转矩控制增加了空间因素。实际上，动态过程中，幅值 i_s 和相位角 β 均不断变化，通过直接控制定子三相电流难以对两者进行时空控制。但是通过 dq0 变换，可将其由 ABC 轴系变换到 dq 轴系，电磁转矩见式（3-196），此时电磁转矩表达式与直流电机相同，这是因为已将同步电机对称三相绕组变换为了换向器绕组，交轴电流 i_q 始终与 $\boldsymbol{\psi}_f$ 保持正交，进而消除了转矩控制的空间因素，因此可以在时域内像他励直流电机那样来控制电磁转矩，自然可以获得与直流系统相当的控制品质和动态性能。

对于感应电机，机电能量转换是在转子绕组中实现的，式（3-220）~式（3-222）表明，需通过控制转子电流矢量 $\boldsymbol{i}_r$ 来控制电磁转矩。如可以利用式（3-222）构成基于转子磁场的转矩矢量控制，此时 $\boldsymbol{\psi}_r$ 与 $\boldsymbol{i}_r$ 正交，$\boldsymbol{\psi}_r$ 即相当于他励直流电机的定子基波磁场，$\boldsymbol{i}_r$ 相当于电枢电流；为了能够控制 $\boldsymbol{\psi}_r$ 和 $\boldsymbol{i}_r$，需要将感应电机由 ABC 轴系变换到沿 $\boldsymbol{\psi}_r$ 定向的 MT0 轴系中，这相当于将感应电机在 MT 轴系内变换为一台等效的他励直流电机，尽管转子绕组为短路绕组，但可以通过控制定子电流转矩分量来控制转子电流，同样可获得与直流系统相当的控制品质和动态性能。对同步电机和感应电机电磁转矩的这种控制方式，通常称为矢量控制。

无论是同步电机还是转子绕组短路的感应电机，只能通过定子侧来实现转矩控制。定子侧可提供的除了定子电流矢量 $\boldsymbol{i}_s$ 外，还有定子电压矢量 $\boldsymbol{u}_s$。由式（3-180）可知，若忽略定子电阻电压降，则有

$$\boldsymbol{u}_s=\frac{\mathrm{d}\boldsymbol{\psi}_s}{\mathrm{d}t}=\frac{\mathrm{d}\psi_s}{\mathrm{d}t}\mathrm{e}^{\mathrm{j}\theta_s}+\mathrm{j}\omega_s\boldsymbol{\psi}_s \tag{3-254}$$

式（3-254）表明，通过控制 $\boldsymbol{u}_s$ 可以控制定子磁链矢量的幅值和旋转速度。对于同步电机，由式（3-206）可知，若保持转子励磁恒定（ψ_f = 常值），则电磁转矩将决定于 $\boldsymbol{\psi}_s$ 的幅值和相对 $\boldsymbol{\psi}_f$ 的相位角 δ_{sf}（负载角），因此可通过控制 $\boldsymbol{u}_s$，一方面控制 $\boldsymbol{\psi}_s$ 的幅值恒定，一方面控制 $\boldsymbol{\psi}_s$ 相对 $\boldsymbol{\psi}_f$ 的旋转速度（相当于控制负载角 δ_{sf}），这样就可以实现对瞬态电磁转矩的控制。由于这种转矩控制可直接在 ABC 轴系内进行，不需要进行矢量变换（坐标变换），故也称其为直接转矩控制。同样，感应电机也可实现直接转矩控制。

同步电机和感应电机的矢量控制和直接转矩控制将分别在第 7 章中予以讨论和分析。

例 题

【例 3-1】 有一台三相同步发电机，$2p_0=2$，转速 $n_r=3000\mathrm{r/min}$，定子槽数 $Z_1=60$，绕组为双层，星形联结，节距 $y_1=0.8\tau$，每相总串联匝数 $N_1=20$，主极磁场在气隙中正弦分布，基波磁通量 $\Phi_f=1.504\mathrm{Wb}$。试求主极磁场在定子绕组内感生电动势的下列数据：1）频率；2）基波的节距因数、分布因数；3）基波相电动势和线电动势。

解： 1）电动势的频率为

$$f_s=\frac{p_0n_r}{60}=\frac{1\times3000}{60}\mathrm{Hz}=50\mathrm{Hz}$$

2）基波的节距因数、分布因数和基波绕组因数为

$$q=\frac{Z_1}{2p_0m}=\frac{60}{2\times1\times3}=10 \quad \alpha=\frac{p_0\times360}{Z_1}=6°$$

$$k_{p1}=\sin\frac{y_1}{\tau}90°=\sin0.8\times90°=0.951$$

$$k_{d1}=\frac{\sin\frac{q\alpha}{2}}{q\sin\frac{\alpha}{2}}=\frac{\sin\frac{10\times6°}{2}}{10\sin\frac{6°}{2}}=0.955$$

$$k_{ws1}=k_{p1}k_{d1}=0.951\times0.955=0.908$$

3）基波相电动势和线电动势为

$$E_{\phi1}=4.44f_sN_1k_{ws1}\Phi_f=4.44\times50\times20\times0.908\times1.504\text{V}$$
$$\approx6063\text{V}$$

$$E_{L1}=\sqrt{3}E_{\phi1}=\sqrt{3}\times6063\text{V}=10500\text{V}$$

【例 3-2】 有一台 4 极 24 槽单相电机，其定子采用正弦绕组，各槽导体数按正弦规律分布，槽内最多导体数 N_c 为 100 根，若通入 1A 交流电流，试求基波和 3 次谐波、5 次谐波磁动势的幅值。

解： 极距 $\tau=\frac{24}{4}=6$(槽)

槽距角 $\alpha_1=\frac{180°}{6}=30°$

现采用具有大、中、小线圈的同心式绕组，绕组展开图如图 3-57 所示。为嵌线方便，将 4、10、16、22 号槽内的 100 根导体分为 2 个大线圈边，每个大线圈为 50 匝。

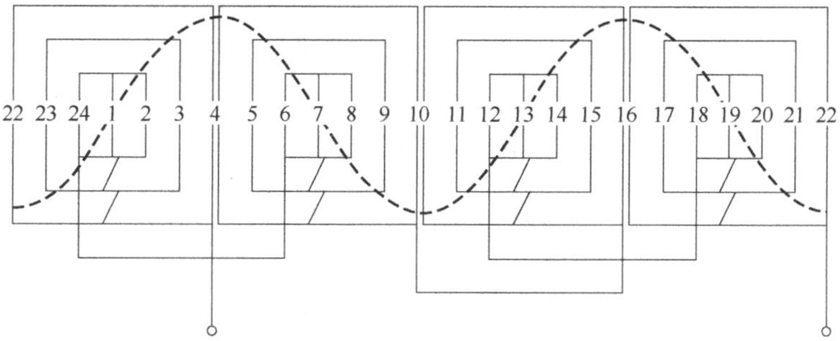

图 3-57　例 3-2 绕组展开图

图 3-57 中，若取 1 号槽导体数为零，则 7、13、19 槽内导体数均为零；各小线圈的匝数 $N_{小}=N_c\sin30°=50$；各中线圈的匝数 $N_{中}=N_c\sin60°=86.6$，现取为 86 匝；各大线圈的匝数 $N_{大}=50$，4、10、16、22 号槽内的导体数均为 100 根。

将同心式绕组看作为三组匝数不同的整距绕组。

1）4、10、16、22 号槽内的 4 个整距大线圈产生的基波磁动势如图 3-58a 所示，基波磁动势幅值 F_1' 为

$$F_1'=0.9\frac{Nk_{ws1}}{p_0}I=0.9\times100\times1\text{A}=90\text{A}$$

2）3、5、9、11、15、17、21、23 号槽内的 4 个中线圈可看作为两组空间移开 $2\alpha_1=60°$ 电角度的整距线圈，如图 3-58b 所示，两者基波合成磁动势的幅值 F_1'' 为

$$F_1''=2\times(0.9\times86\times1)\times\cos\frac{60°}{2}\text{A}=134\text{A}$$

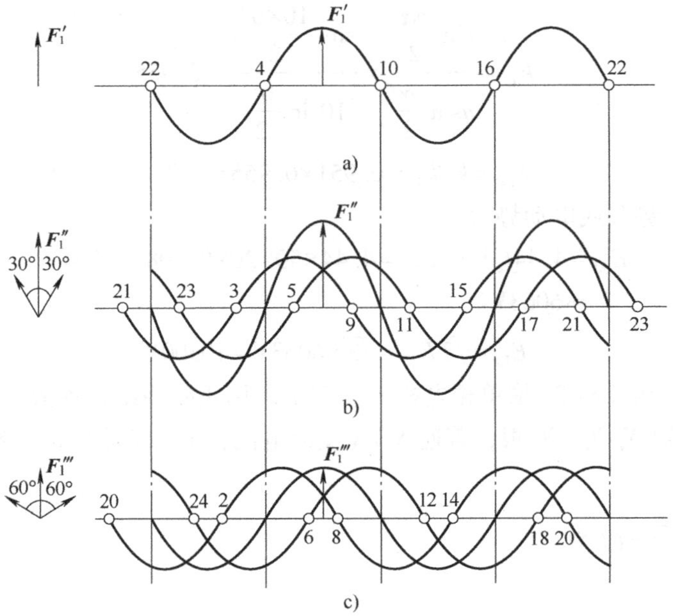

图 3-58　例 3-2 基波磁动势波

3）2、6、8、12、14、18、20、24 号槽内的 4 个小线圈可看作为两组空间移开 $4\alpha_1=120°$ 电角度的整距线圈，如图 3-58c 所示，两者基波合成磁动势的幅值 F_1''' 为

$$F_1'''=2\times(0.9\times50\times1)\times\cos\frac{120°}{2}\text{A}=45\text{A}$$

如图 3-58 所示，三组线圈基波合成磁动势的空间相位一致，总的基波磁动势幅值 F_1 则为

$$F_1=F_1'+F_1''+F_1'''=(90+134+45)\text{A}=269\text{A}$$

按以上三组线圈的分析方法，同理可求得 3 次和 5 次谐波磁动势的幅值分别为

$$\begin{aligned}F_3&=F_3'+F_3''+F_3'''\\&=\left[\frac{1}{3}\times0.9\times100\times1+\frac{1}{3}\times2\times(0.9\times86\times1)\times\cos\frac{3\times60°}{2}+\frac{1}{3}\times2\times(0.9\times50\times1)\times\cos\frac{3\times120°}{2}\right]\text{A}\\&=(30+0-30)\text{A}=0\text{A}\end{aligned}$$

$$\begin{aligned}F_5&=F_5'+F_5''+F_5'''\\&=\left[\frac{1}{5}\times0.9\times100\times1+\frac{1}{5}\times2\times(0.9\times86\times1)\times\cos\frac{5\times60°}{2}+\frac{1}{5}\times2\times(0.9\times50\times1)\times\cos\frac{5\times120°}{2}\right]\text{A}\\&=(18-26.81+9)\text{A}=0.19\text{A}\end{aligned}$$

可以看出，采用正弦绕组后，3 次谐波磁动势为零；5 次谐波磁动势接近于零，不为零是由中线圈匝数取为 86 而不是 86.6 而引起的。进一步计算可知，除了齿谐波以外的其他各次谐波均等于零或接近为零。

习　题

3-1　何谓相带？在三相交流电机中为什么常用 60°相带而不用 120°相带？

3-2　为什么极相组 A 和极相组 X 串联时必须反接？如果正接将会引起什么后果？

3-3　试述绕组分布因数和节距因数的物理意义。为什么分布因数和节距因数只能小于或等于 1？

3-4　为什么用于计算交流绕组感应电动势的绕组分布因数，同样适用于交流绕组磁动势？

3-5　为什么交流电机的定子绕组一般均采用星形联结？

3-6　单相绕组磁动势具有什么时空特征？其基波幅值决定什么？

3-7　通有对称三相电流的三相绕组基波合成磁动势的初始相位、幅值、转向和转速各取决于什么？为什么？

3-8　试计算下列三相 2 极 50Hz 同步发电机中定子绕组的基波绕组因数和空载相电动势、线电动势。已知定子槽数 $Z_1=48$，每槽内有两根导体，支路数 $a=1$，线圈节距 $y_1=20$，绕组为双层、星形联结，主极基波磁通量 $\Phi_f=1.11\text{Wb}$。【答案：$k_{ws1}=0.924$，$E_{\phi1}=3641\text{V}$，$E_{L1}=6306\text{V}$】

3-9　有一三相双层绕组，$Z_1=36$，$2p_0=4$，$f_s=50\text{Hz}$，$y_1=\dfrac{7}{9}$，试求基波、5 次和 7 次谐波的绕组因数。若绕组为星形联结，每个线圈 2 匝，主极基波磁通量 $\Phi_f=0.74\text{Wb}$，谐波磁场幅值与基波磁场幅值之比为 $B_5/B_1=1/25$，$B_7/B_1=1/49$，每相只有一条支路，试求基波、5 次和 7 次谐波的相电动势值。【答案：$E_{\phi1}=3556\text{V}$，$E_{\phi5}=5.993\text{V}$，$E_{\phi7}=10.94\text{V}$】

3-10　试求习题 3-8 中的发电机通有额定电流时，一相和三相绕组所产生的基波磁动势幅值。发电机的额定容量为 12000kW，$\cos\phi_N=0.8$，额定电压（线电压）为 6.3kV，星形联结。【答案：$F_{\phi1}=18271\text{A}$，$F_s=27407\text{A}$】

3-11　试求习题 3-10 的发电机通有基频额定电流时，一相和三相绕组所产生的 3 次、5 次和 7 次空间谐波磁动势的幅值、转速和转向。【答案：$F_{\phi3}=2989\text{A}$，$F_{\phi5}=198.7\text{A}$，$F_{\phi7}=103.2\text{A}$，$F_3=0$，$F_5=298.1\text{A}$，$n_5=-600\text{r/min}$，$F_7=154.8\text{A}$，$n_7=428.6\text{r/min}$】

3-12　为什么旋转电机中定子和转子的极数必须相等？

3-13　图 3-29 中，在 ABC 轴系内，同取 A 轴为时空参考轴，A 相电流 $i_A=\sqrt{2}I_\phi\cos\omega t$，A 相绕组基波磁动势可以表示为

$$f_A(t,\theta_s)=F_{\phi1}\cos\omega t\cos\theta_s$$

$$\boldsymbol{f}_A=F_{\phi1}\cos\omega t\mathrm{e}^{\mathrm{j}0°}$$

试说明原因。两式是如何分别表述基波磁动势和磁动势矢量性质的？

3-14　习题 3-13 中，对称的三相电流产生的基波合成磁动势可分别表示为

$$f_s(t,\theta_s)=\frac{3}{2}F_{\phi1}\cos(\omega t-\theta_s)$$

$$\boldsymbol{f}_s=\frac{3}{2}F_{\phi1}\mathrm{e}^{\mathrm{j}\omega t}$$

试说明两式是如何表述基波合成磁动势 $f_s(t,\theta_s)$ 和定子磁动势矢量 $\boldsymbol{f}_s$ 的幅值、旋转速度（方向和大小）和运行轨迹的。

3-15　习题 3-14 中，若三相电流为任意波形的非对称电流，基波合成磁动势（定子磁动势矢量）只可表示为

$$\boldsymbol{f}_s=\boldsymbol{f}_A+\boldsymbol{f}_B+\boldsymbol{f}_C=F_s(t)\mathrm{e}^{\mathrm{j}\theta}$$

其中，$\theta=\int_0^t\omega_s t\mathrm{d}t+\theta_0$，$\omega_s$ 为 $\boldsymbol{f}_s$ 的瞬时旋转速度。试说明原因。此时为什么不能将 $F_s(t)$ 写为 $\dfrac{3}{2}F_{\phi1}$，也不能将 $\mathrm{e}^{\mathrm{j}\theta}$ 写为 $\mathrm{e}^{\mathrm{j}\omega_s t}$？

3-16　习题 3-15 中，定子磁动势 $\boldsymbol{f}_s$ 的运行轨迹决定于什么？为什么说通过控制三相电流的瞬时值便可以

控制定子磁动势的运行轨迹？这对交流电机矢量控制有什么意义？

3-17 试分析下列情况是否会产生旋转磁动势，转向怎样？1）如图 3-59 所示，正交的两相绕组中通以正交的两相交流电流时；2）如图 3-60 所示，三相绕组一相（如 C 相）断线时。

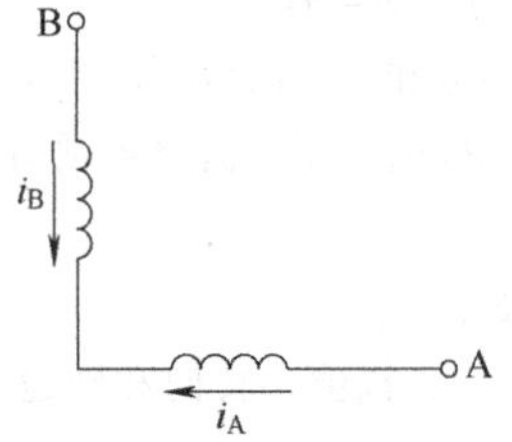

图 3-59 习题 3-17 图 1

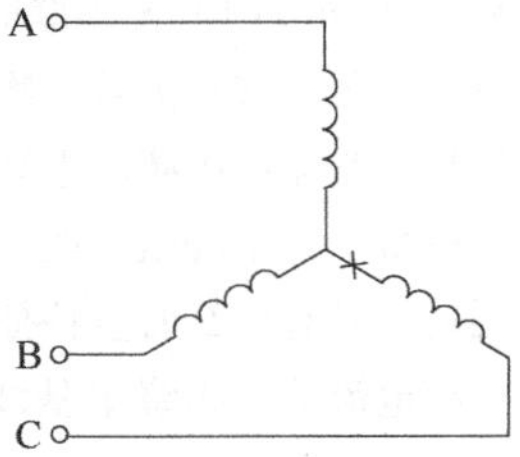

图 3-60 习题 3-17 图 2

3-18 为什么将单轴绕组的有效匝数设定为相绕组有效匝数的$\sqrt{\dfrac{3}{2}}$倍？

3-19 稳态运行时，为什么同取 A 轴为时空参考轴后，A 相电流相量 $\dot{I}_A$ 与定子电流矢量 $\boldsymbol{i}_s$ 的时空相位将始终取得一致？此时如何才能将相量图和矢量图叠合在一起？

3-20 为什么说 X_m 不是一相绕组的励磁电抗，而为一相绕组励磁电抗的 3/2 倍？

3-21 为什么在变频电源供电下构成的 6 个非零开关电压矢量，或者与相绕组轴线方向一致，或者与相绕组轴线方向相反？

3-22 试述电压空间矢量脉宽调制（SVPWM）的基本原理。线电压可达到的最大幅值 $U_{lmax}=V_d$，为什么？

3-23 在交流电机中，可以进行坐标变换和矢量变换的物理基础是什么？为什么基波磁动势等效是变换应遵循的基本原则？

3-24 坐标变换和矢量变换有什么不同，又有什么内在联系？

3-25 为什么说静止 ABC 轴系到静止 DQ0 轴系的变换仅是一种相数变换？这种变换有什么物理意义？

3-26 为什么说静止 ABC 轴系到旋转 dq0 轴系的变换既是一种相数变换，又是一种频率变换？

3-27 为什么在稳态运行时，经 dq 变换后，dq 轴系内的电流 i_d 和 i_q 可为恒定的直流？

3-28 试述 dq0 变换的物理意义。

3-29 试述 DQ0 变换、dq0 变换、MT0 变换的区别和内在联系。

3-30 为什么电磁转矩的矢量表达式与所选择的轴系无关？当以坐标分量表示电磁转矩时，电磁转矩表达式是否还与所选择的轴系无关？为什么？

3-31 图 3-49 中，为什么要将转子励磁绕组的有效匝数换算为定子相绕组有效匝数的$\sqrt{\dfrac{3}{2}}$倍，即与单轴绕组的有效匝数相同？

3-32 试述图 3-51 中，$\boldsymbol{\psi}_{ms}$、$\boldsymbol{\psi}_{\sigma s}$、$\boldsymbol{\psi}_{ss}$、$\boldsymbol{\psi}_s$、$\boldsymbol{\psi}_g$、$\boldsymbol{\psi}_f$ 和 $\boldsymbol{i}_s$ 的物理含义。说明电磁转矩矢量表达式 $t_e=p_0\boldsymbol{\psi}_f\times\boldsymbol{i}_s$ 的物理含义，为什么同一电磁转矩还可表示为 $t_e=p_0\boldsymbol{\psi}_g\times\boldsymbol{i}_s$ 和 $t_e=p_0\boldsymbol{\psi}_s\times\boldsymbol{i}_s$？

3-33 当考虑磁饱和时，是否还能将电磁转矩表示为 $t_e=p_0\boldsymbol{\psi}_f\times\boldsymbol{i}_s$、$t_e=p_0\boldsymbol{\psi}_g\times\boldsymbol{i}_s$ 和 $t_e=p_0\boldsymbol{\psi}_s\times\boldsymbol{i}_s$？

3-34 电磁转矩 $t_e=p_0\boldsymbol{\psi}_f\times\boldsymbol{i}_s=p_0\psi_f i_s\sin\beta$，控制电磁转矩的三个要素是什么？为什么难以在 ABC 轴系内，通过控制三相电流来控制电磁转矩？

3-35 习题 3-34 中，在 dq 轴系内，$t_e=p_0\boldsymbol{\psi}_f^{dq}\times\boldsymbol{i}_s^{dq}=p_0\psi_f i_q$，为什么通过控制 i_q 可以控制电磁转矩？

3-36 习题 3-35 中，若控制 $i_d=0$，忽略零序电流 i_0，则有

$$i_A=-\sqrt{\frac{2}{3}}i_q\sin\theta$$

$$i_B=-\sqrt{\frac{2}{3}}i_q\sin(\theta-120°)$$

$$i_C=-\sqrt{\frac{2}{3}}i_q\sin(\theta-240°)$$

为什么说通过控制交轴电流 i_q 可以达到控制三相电流 i_A、i_B 和 i_C 的目的？在动态情况下，电动机转速不断变化，此时 $\sin\theta$、$\sin(\theta-120°)$ 和 $\sin(\theta-240°)$ 是否随时间按正弦规律变化？为什么？在什么情况下，i_A、i_B 和 i_C 才能为正弦波电流？

3-37　电磁转矩 $t_e=p_0\boldsymbol{\psi}_f\times\boldsymbol{i}_s$ 和 $t_e=p_0\dfrac{1}{L_m}\boldsymbol{\psi}_f\times\boldsymbol{\psi}_{ms}$，在转矩生成表述上两者有什么不同？又有什么内在联系？

3-38　试述图 3-52 中，$\boldsymbol{\psi}_{ms}$、$\boldsymbol{\psi}_{\sigma s}$、$\boldsymbol{\psi}_{mr}$、$\boldsymbol{\psi}_{\sigma r}$、$\boldsymbol{\psi}_g$、$\boldsymbol{\psi}_s$、$\boldsymbol{\psi}_r$ 以及 $\boldsymbol{i}_s$、$\boldsymbol{i}_r$、$\boldsymbol{i}_g$ 的物理含义。说明电磁转矩矢量表达式 $t_e=p_0L_m\boldsymbol{i}_r\times\boldsymbol{i}_s=p_0\boldsymbol{\psi}_{mr}\times\boldsymbol{i}_s=p_0\boldsymbol{\psi}_g\times\boldsymbol{i}_s=p_0\boldsymbol{\psi}_s\times\boldsymbol{i}_s=p_0\dfrac{L_m}{L_r}\boldsymbol{\psi}_r\times\boldsymbol{i}_s$ 的物理含义，此时转矩被指作用于定子还是转子？为什么？

3-39　习题 3-38 中，说明电磁转矩矢量表达式 $t_e=-p_0\boldsymbol{\psi}_{ms}\times\boldsymbol{i}_r=-p_0\boldsymbol{\psi}_g\times\boldsymbol{i}_r=-p_0\dfrac{L_m}{L_s}\boldsymbol{\psi}_s\times\boldsymbol{i}_r=-p_0\boldsymbol{\psi}_r\times\boldsymbol{i}_r$ 的物理意义，为什么式中出现了负号，此时转矩被指作用于定子还是转子？为什么？

3-40　在图 3-54 所示的凸极式同步电机内，为什么定子电流矢量 $\boldsymbol{i}_s$ 与其产生的励磁磁场 $\boldsymbol{\psi}_{ms}$ 的方向会不一致？为什么凸极式同步电机会产生磁阻转矩？磁阻转矩的大小和方向决定于什么？

3-41　在什么情况下，才可以写成 $\boldsymbol{\psi}=\boldsymbol{Li}$？

3-42　为什么式（3-239）中右端第 2 项表示的并不是纯磁阻转矩？

3-43　为什么 $t_e=p_0\boldsymbol{\psi}_s\times\boldsymbol{i}_s$ 和 $t_e=p_0\boldsymbol{\psi}_g\times\boldsymbol{i}_s$ 可作为电磁转矩的通用表达式？

3-44　试述交流电机产生恒定转矩的条件。

3-45　为什么交流电机的转矩控制要比直流电机困难得多？如何才能更好地解决交流电机的转矩控制问题？

4

第4章 同步电机

如第1章所述，图1-9所示的机电装置不能产生恒定的电磁转矩。第2章中，将静止的定子绕组A作为直流励磁绕组，而将转子绕组B改造为换向器绕组（电枢绕组），当定子励磁电流和电枢电流恒定时，便可以产生恒定电磁转矩，由此构成了直流电机。另一种方式，即如图3-49所示，可将旋转的转子绕组B作为直流励磁绕组，而将其定子绕组A改造为对称三相绕组，通入对称三相正（余）弦电流后，可产生圆形旋转磁场。当转子产生的基波磁场（主磁场）幅值恒定，且与定子圆形磁场同步转速旋转时，同样可以产生恒定电磁转矩，这便是同步电机工作的基本原理，也是称为同步电机的缘由。

从工作原理上看，同步电机既可以作为发电机运行，也可作为电动机运行，还可作为补偿机（调相机）运行。

同步电机作为发电机运行时，可作为火电站和核电站的汽轮发电机、水电站的水轮发电机和风电场的风力发电机。目前，我国大型汽轮发电机和水轮发电机的单机容量已超过1000MW，大型风力发电机的单机容量已可达数兆瓦。在一些独立的供电系统中，也多采用同步发电机，如由内燃机驱动的中小型同步发电机，由燃气轮机驱动的高速同步发电机等。

同步电机作为电动机运行时，可用来驱动一些不要求调速的大功率生产机械。随着电力电子技术、计算机和信息技术，特别是电机现代控制技术的发展，同步电动机已在交流调速和伺服系统中获得广泛应用，其中由小型永磁同步电机构成的交流伺服系统用于高性能数控机床和机器人等机电一体化装置，已取代了传统的直流伺服系统。

同步电机作为同步补偿机运行时，实质上是一台在电网上空载运行的同步电机，同步电机运行于过励或欠励状态，可对电网的无功功率进行调节。

4.1 同步电机的基本结构、励磁方式和额定值

4.1.1 基本结构

同步电机主要由电枢和磁极两部分构成。嵌入三相绕组的部分称为电枢，装有直流励磁绕组（或永磁体）的部分称为主磁极（简称主极）。按照电枢和主极的安装位置，同步电机可分为旋转电枢式和旋转磁极式两类。旋转电枢式的电枢装设在转子上，主极装在定子上，这种结构在小型同步电机中得到一定应用。旋转磁极式的主极装设在转子上，由于励磁部分的容量和电压要比电枢小很多，将主极装设在转子上，电刷和集电环的负载可大为减轻，工作条件得以改善，提高了运行的可靠性，因此旋转磁极式结构已成为中、大型同步电机的基

本结构形式。

按励磁方式划分，同步电机可分为电励磁和永磁体励磁两类。前者需要嵌置励磁绕组，通常称为三相同步电机；后者由永磁体代替了励磁绕组，通常称为三相永磁同步电机。三相同步电机中，按照主极的结构形式，又可分为隐极式和凸极式两种类型，如图4-1所示。隐极式转子做成圆柱形，不计齿槽影响时，气隙为均匀；凸极式转子有明显凸出的磁极，气隙为不均匀，极面处气隙小，两极间气隙大。

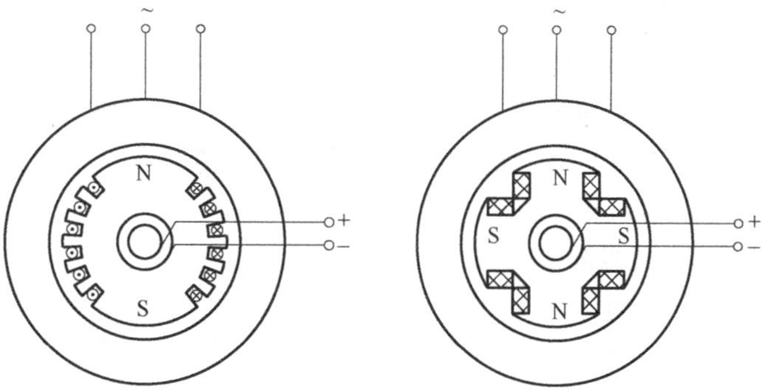

a) 隐极式　　b) 凸极式

图4-1 旋转磁极式三相同步电机的两种基本型式

大型同步发电机通常采用汽轮机或水轮机作为原动机来拖动，前者称为汽轮发电机，后者称为水轮发电机。由于汽轮机是一种高速（3000r/min）原动机，因此从机械强度和励磁绕组固定等安全性考虑，汽轮发电机通常采用将励磁绕组分布于圆形转子槽内的隐极式结构。水轮机是一种低速原动机（1000r/min及以下），由于转子的离心力小，故水轮发电机转子采用制造较为简单、励磁绕组集中置放的凸极式结构。用内燃机拖动的同步发电机大多采用凸极式结构，由燃气轮机拖动的高速同步发电机多采用永磁结构，三相同步电动机和同步补偿机多采用凸极式结构。

1. 隐极同步电机

下面以汽轮发电机为例说明隐极同步电机的结构。现代汽轮发电机一般都是2极的。由于转速高，因此汽轮发电机的直径较小，长度较长。现代汽轮发电机转子的本体长度与直径之比为2~6，容量越大比值也越大。汽轮发电机均为卧式结构，图4-2所示为一台汽轮发电机的结构图。

a) 剖面图　　b) 定子结构　　c) 转子结构

图4-2 汽轮发电机的结构

汽轮发电机的定子由机座、铁心、定子绕组和端盖等部件组成。定子铁心一般用0.35mm或0.5mm的冷轧无取向硅钢片叠成，每叠厚度为30~60mm，叠与叠之间留有宽度为8~10mm的通风道。整个铁心用非磁性压板压紧，固定在机座上。定子三相绕组通常采用双层短距叠绕组。为减小定子绕组内的涡流及其引起的杂散铁耗，定子线圈由多股扁铜线并联绕制组成，股线在槽内的位置要依次进行换位。

汽轮发电机的转子由转子铁心、励磁绕组、护环、集电环等部件组成。大容量汽轮发电机的转子圆周速度可达170~180m/s。由于周速高，转子将受到极大的机械应力，因此转子一般都用具有良好导磁性能的整块高强度合金钢锻成。沿转子表面的 2/3 部分铣有轴向凹槽，以嵌放励磁绕组。不开槽部分构成一个大齿，嵌线部分和大齿一起构成主磁极，如图 4-1a 所示。为将励磁绕组可靠地固定在转子槽内，转子采用非磁性的合金槽楔，端部套上高强度非磁性钢锻成的护环。

由于汽轮发电机的机身比较细长，转子和电机中部的通风比较困难，所以良好的通风冷却系统对汽轮发电机非常重要。

2. 凸极同步电机

凸极同步电机的定子结构与隐极同步电机类似，但转子有较大差别。凸极同步电机的转子由主磁极、磁轭、阻尼绕组、集电环和转轴等部件组成。图 4-3a 为某一台已装配好的凸极同步电机转子结构，图 4-3b 为一台正在吊装中的大型水轮发电机转子。

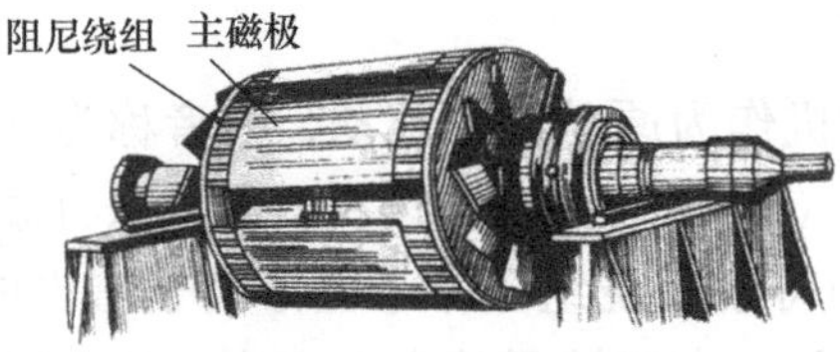

a) 凸极同步电机的转子结构

b) 正在吊装中的大型水轮发电机转子

图 4-3 凸极同步电机的转子

同步电机的主磁极一般由 1~3mm 厚的低碳钢板冲成主磁极的形状后叠压而成。由扁铜线绕成的集中线圈被套在磁极身上，将各磁极上的集中线圈连接起来，便构成了励磁绕组。励磁绕组通过集电环和电刷与外部直流电源相接。除励磁绕组外，凸极同步电机转子上还常装有阻尼绕阻，阻尼绕组与感应电机的笼型转子绕组结构相似，即在磁极的极靴表面可以开出若干槽，槽内穿入铜条，铜条两端伸出铁心端面，分别焊接在铜环上形成短路绕组。图 4-4 所示为磁极装配示意图。

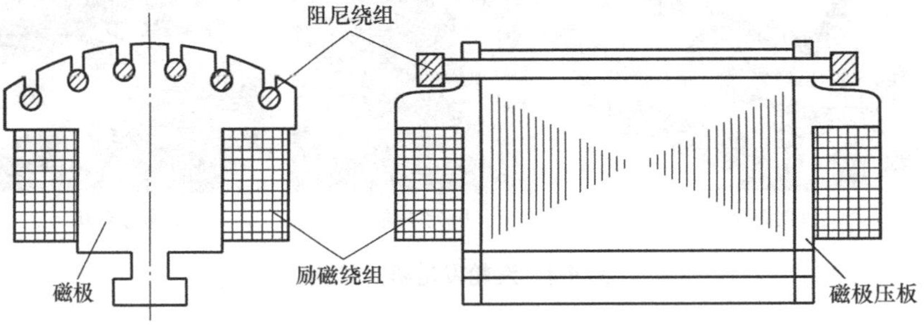

图 4-4 磁极装配示意图

发电机与电网并联运行，当转子有微小振荡时，阻尼绕组中感应电流所产生的电磁转矩具有阻尼性质（称为阻尼转矩），会起到抑制转矩振荡的作用。在同步电动机和补偿机中，阻尼绕组主要作为起动绕组用。

由于极数较多，大型水轮发电机的定子绕组大多采用波绕组。由于极数多，转速低，要求转动惯量大，故其结构特点是直径大，长度短；在低速水轮发电机中，定子铁心外径和长度之比可达 5~7 或更大。大型水轮发电机通常都是立式结构，此时整个机组转动部分的重量以及作用在水轮机转轮上的水推力，均由推力轴承来支撑，并通过机架传递到地基上。

永磁同步电机的基本结构将在4.5节予以说明。

4.1.2 励磁方式

1. 直流励磁机励磁

直流励磁机通常与同步发电机同轴，且采用并励或他励接法。采用他励接法时，励磁机的励磁要由另一台同轴的副励磁机来供给。为使同步发电机的输出电压恒定，常在励磁系统中装设一个反映负载大小的自动励磁调节器，使发电机的负载电流增大时，励磁电流也相应增大，这种系统称为复式励磁系统。由于直流励磁机换向器和电刷间火花的存在及电刷的磨损，影响了励磁机的可靠性和容量，因此这种励磁方式逐渐被永磁励磁和整流器励磁所取代。

2. 静止整流器励磁

这种励磁方式的主励磁机是一台与同步发电机同轴连接的三相交流发电机，其交流输出经静止整流器变成直流电压，通过电刷和集电环接到发电机的励磁绕组。静止整流器励磁系统运行可靠，维护方便。由于取消了直流励磁机，励磁容量得以提高，因而在大型汽轮发电机中获得广泛应用。

3. 旋转整流器励磁

这种励磁方式是采用与发电机同轴的旋转电枢式三相同步发电机，其电枢绕组的交流输出，经与主轴同轴旋转的不可控整流器整流后，直接输入到主发电机的励磁绕组。由于不需要集电环和电刷，故也称其为无刷励磁系统。旋转整流器励磁方式大多用于大容量同步发电机，特别是汽轮发电机和补偿机，尤其适用于要求防爆、防燃等特殊场合。

4. 永磁励磁

永磁励磁是采用永磁体来代替同步电机的电励磁绕组。由于取消了集电环和电刷，简化了励磁结构，提高了运行可靠性和电机效率，因此已在中小型同步电机中获得了广泛应用，在大型低速同步发电机等场合也得到了应用。

4.1.3 额定值

同步电机的额定值有以下几项。

1）额定容量 S_N（或额定功率 P_N）：指额定运行时电机的输出功率。同步发电机的额定容量既可用输出的视在功率表示，也可用有功功率表示。同步电动机的额定功率是指输出的机械功率。补偿机的额定功率则是输出的最大无功功率。

2）额定电压 U_{LN}：指额定运行时电枢的线电压。

3）额定电流 I_{LN}：指额定运行时电枢的线电流。

4）额定功率因数 $\cos\phi_N$：指额定运行时电机的功率因数。

5）额定频率 f_N：指额定运行时电枢的频率。

6）额定转速 n_s：指额定运行时电机的转速，即同步转速。

除上述额定值外，铭牌上还常列出其他的运行数据，如额定负载时的温升 $\Delta\theta_N$、额定励磁电流 I_{fN}和励磁电压 U_{fN}等。

4.2　隐极同步电机的定子电压矢量和相量方程、相矢图和等效电路

4.2.1　隐极同步电机的主极磁动势、空载特性和电枢反应

1. 主极磁动势

图4-5为隐极同步电机主极分布绕组产生的磁动势波形图。通常情况下，嵌放励磁绕组部分与极距之比为0.70～0.75。主极磁动势为一阶梯波，其幅值为F_f。若不计阶梯的影响，则主极磁动势为一梯形波。可以看出，与集中绕组产生的矩形波磁动势相比，梯形波磁动势更接近于正弦分布，可以减小谐波磁动势。

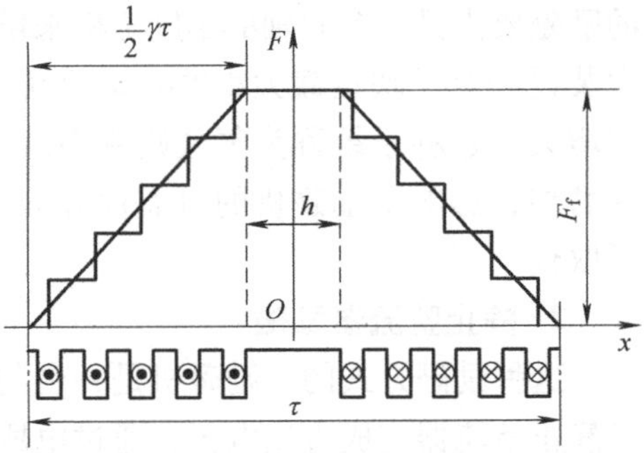

图4-5　隐极同步电机主极磁动势波形图

按傅里叶级数将此梯形波展开，可得其基波幅值F_{f1}为

$$F_{f1}=\frac{8}{\pi^2\gamma}\sin\left(\frac{r\pi}{2}\right)F_f=k_fF_f \tag{4-1}$$

$$k_f=\frac{F_{f1}}{F_f}=\frac{8\sin\frac{\gamma\pi}{2}}{\pi^2\gamma} \tag{4-2}$$

式中，k_f为梯形波的波形系数；$F_f=N_fI_f$，N_f为励磁绕组每极匝数，I_f为直流励磁电流；$\gamma=1-\frac{h}{\tau}$，h为梯形磁动势波平顶宽度。

2. 空载特性

由原动机将隐极同步电机拖到同步转速，主极励磁绕组通入直流励磁电流，令电枢绕组开路（或电枢电流为零），将此运行状态称为同步电机的空载运行。此时由主极磁动势F_f（励磁电流I_f）在同步电机内建立了主极基波磁场和主极漏磁场，前者为主磁场，产生了主磁通Φ_f，后者产生了主极漏磁通$\Phi_{\sigma f}$。

转子以同步转速正向旋转，主磁场在气隙中形成了圆形旋转磁场，在定子对称三相绕组中感生了频率为f_s的对称三相电动势$\dot{E}_{oA}$、$\dot{E}_{oB}$和$\dot{E}_{oC}$，称为励磁电动势（空载电动势），其有效值为E_0。则有

$$E_0=4.44f_sN_1k_{ws1}\Phi_f \tag{4-3}$$

改变直流励磁电流I_f（主极磁动势F_f），便可得到不同的主磁通Φ_f和相应的励磁电动势E_0，从而可以得到空载时电机的磁化曲线$\Phi_f=f(F_f)$和空载曲线$E_0=f(I_f)$，如图4-6所示。空载曲线$E_0=f(I_f)$即为电机的空载特性，空载特性是同步电机的基本特性之一。

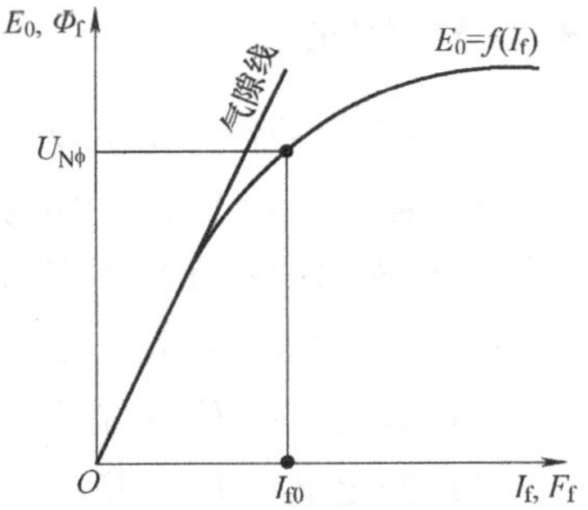

图4-6　同步电机的空载特性

由于F_f与I_f成正比，Φ_f和E_0成正比，因此空载曲线可转换为电机的磁化曲线。当电机的结构尺寸和材料确定后，磁化曲线便已确定。

空载特性的下部是一段直线，与空载特性相切的直线称为气隙线，气隙线表示的是铁心

不饱和状态下的理想空载特性。随着励磁电流 I_f 增加，主磁通 Φ_f 增大，铁心逐渐饱和，由于铁心磁路内消耗的磁动势增加得较快，致使空载特性逐渐弯曲。为充分合理地利用电机的铁磁材料，通常将空载电压等于额定电压的运行点设计在空载特性的“膝点”处。在同步电机许多问题的分析中，为避免作为非线性问题来求解，常常不计铁心的饱和，此时空载曲线即为气隙线。

3. 电枢反应

通常将同步电机的定子称为电枢，将定子三相电流产生的基波合成磁动势称为电枢基波磁动势（即为定子磁动势矢量 $\boldsymbol{f}_s$）。如第3章所述，同步电机的转矩生成和运行性能与电枢基波磁动势的作用密切相关，这里将负载时电枢基波磁动势的作用称为电枢反应。

电枢反应的性质取决于电枢基波磁动势与主极的相对位置。如图3-50所示，在dq轴系内，可将 $\boldsymbol{f}_s(\boldsymbol{i}_s)$ 分解为直轴分量 $\boldsymbol{f}_d(\boldsymbol{i}_d)$ 和交轴分量 $\boldsymbol{f}_q(\boldsymbol{i}_q)$。将 $\boldsymbol{f}_q(\boldsymbol{i}_q)$ 和由其产生的交轴基波电枢磁场的作用称为交轴电枢反应，且将交轴基波电枢磁场称为交轴电枢反应磁场；将 $\boldsymbol{f}_d(\boldsymbol{i}_d)$ 和由其产生的直轴基波电枢磁场的作用称为直轴电枢反应，且将直轴基波电枢磁场称为直轴电枢反应磁场。

式（3-196）中，$i_q=i_s\sin\beta$，从“Bli”角度看，只有存在交轴电流时，才会产生电磁转矩。与此同时，$\psi_{mq}=L_m i_q$，则有 $t_e=p_0\dfrac{1}{L_m}\psi_f\psi_{mq}$，表明没有交轴电枢反应磁场 $\boldsymbol{\psi}_{mq}$ 就不会有电磁转矩生成。这是因为，如图3-51所示，只有存在交轴电枢反应磁场时，才会使气隙磁场发生畸变。若交轴电枢反应磁场 $\boldsymbol{\psi}_{mq}$ 超前于主磁场 $\boldsymbol{\psi}_f$，气隙磁场 $\boldsymbol{\psi}_g$ 就一定超前于主磁场 $\boldsymbol{\psi}_f$，电磁转矩为驱动转矩，同步电机将作为电动机运行；若交轴电枢反应磁场 $\boldsymbol{\psi}_{mq}$ 滞后于主磁场 $\boldsymbol{\psi}_f$，气隙磁场 $\boldsymbol{\psi}_g$ 就一定滞后于主磁场 $\boldsymbol{\psi}_f$，则电磁转矩为制动转矩，同步电机将作为发电机运行。

如图3-50所示，直轴电枢反应对直轴气隙磁场将起增磁或去磁作用。当直轴电枢反应磁场 $\boldsymbol{\psi}_{md}$ 与主磁场 $\boldsymbol{\psi}_f$ 方向一致时（$i_d>0$），直轴电枢反应起增磁作用；当直轴电枢反应磁场 $\boldsymbol{\psi}_{md}$ 与主磁场 $\boldsymbol{\psi}_f$ 方向相反时（$i_d<0$），直轴电枢反应将起去磁作用。因此，直轴电枢反应对同步电机的运行性能有直接影响。如同步发电机稳态运行时，倘若单独给负载供电，由于直轴电枢反应会使气隙磁场增大或减小，将会使端电压发生变化；倘若发电机接于电网运行，发电机的无功功率大小和功率因数的超前或滞后，均与直轴电枢反应直接相关。

4.2.2 不考虑磁饱和时

1. 磁链矢量方程

不计铁心饱和时，采用叠加原理可先分别求出主极磁动势和电枢基波磁动势各自单独建立的主磁场 $\boldsymbol{\psi}_f$ 和电枢反应磁场 $\boldsymbol{\psi}_{ms}$，再由两者求得气隙磁场 $\boldsymbol{\psi}_g$ 和定子磁场 $\boldsymbol{\psi}_s$。

在ABC轴系内，取定子A轴为空间参考轴，如图3-51所示，可知气隙磁场为

$$\boldsymbol{\psi}_g=\boldsymbol{\psi}_f+\boldsymbol{\psi}_{ms} \tag{4-4}$$

定子磁场为

$$\boldsymbol{\psi}_s=\boldsymbol{\psi}_{\sigma s}+\boldsymbol{\psi}_g=\boldsymbol{\psi}_{\sigma s}+\boldsymbol{\psi}_{ms}+\boldsymbol{\psi}_f=\boldsymbol{\psi}_{ss}+\boldsymbol{\psi}_f \tag{4-5}$$

式中，$\boldsymbol{\psi}_{\sigma s}$ 为电枢漏磁场；$\boldsymbol{\psi}_{ss}$ 为电枢磁场，$\boldsymbol{\psi}_{ss}=\boldsymbol{\psi}_{\sigma s}+\boldsymbol{\psi}_{ms}$。

已知直流励磁电流 i_f，可得主极磁动势 F_f，由图4-6所示的线性磁化曲线（气隙线）可直接查得主磁通 ϕ_f，则有 $\psi_f=\sqrt{\dfrac{3}{2}}N_1k_{ws1}\phi_f$。由电枢三相电流可求得电枢基波磁动势幅值 F_s，也

可利用图 4-6 所示的线性磁化曲线查得电枢反应磁通 ϕ_{ms}，但该磁化曲线横坐标为 F_f，因此需将 F_s 换算为 F_f，即将电枢基波磁动势产生基波磁场的作用转化成等效梯形波的作用。由式（4-1）可知，需将 F_s 除以 k_f，即有

$$\frac{F_s}{k_f}=k_sF_s \tag{4-6}$$

$$k_s=\frac{1}{k_f} \tag{4-7}$$

式中，k_sF_s 为换算为等效梯形波的电枢磁动势。k_s 的含义是产生同样基波气隙磁场时，1 安匝的电枢基波磁动势相当于多少安匝梯形波磁动势，通常 $k_s=0.93\sim1.03$。由 ϕ_{ms} 可得 $\psi_{ms}=\sqrt{\frac{3}{2}}N_1k_{ws1}\phi_{ms}$。由电枢漏磁通可得 $\psi_{\sigma s}$。

2. ABC 轴系内的定子电压动态矢量方程

在 ABC 轴系内，采用电动机惯例，定子三相绕组时域内的电压方程见式（3-179），由此可得定子电压矢量方程式（3-180），即有

$$\boldsymbol{u}_s=R_s\boldsymbol{i}_s+\frac{\mathrm{d}\boldsymbol{\psi}_s}{\mathrm{d}t} \tag{4-8}$$

将式（4-5）代入式（4-8），可得

$$\boldsymbol{u}_s=R_s\boldsymbol{i}_s+\frac{\mathrm{d}\boldsymbol{\psi}_{ss}}{\mathrm{d}t}+\frac{\mathrm{d}\boldsymbol{\psi}_f}{\mathrm{d}t}=R_s\boldsymbol{i}_s+\frac{\mathrm{d}\boldsymbol{\psi}_{\sigma s}}{\mathrm{d}t}+\frac{\mathrm{d}\boldsymbol{\psi}_{ms}}{\mathrm{d}t}+\frac{\mathrm{d}\boldsymbol{\psi}_f}{\mathrm{d}t}=R_s\boldsymbol{i}_s+\frac{\mathrm{d}\boldsymbol{\psi}_{\sigma s}}{\mathrm{d}t}+\frac{\mathrm{d}\boldsymbol{\psi}_g}{\mathrm{d}t} \tag{4-9}$$

定子磁链 $\boldsymbol{\psi}_s$ 是定子绕组的全磁链，由式（4-8）可知，定子磁场无论在时间上或在空间上发生变化时，均会在定子绕组中感生电动势，其中包括了不同磁场感生的电动势。式（4-9）中，由电枢磁场 $\boldsymbol{\psi}_{ss}$ 感生的电枢电动势 $\boldsymbol{e}_{ss}$ 同式（3-106）和式（3-107），其中包含了电枢反应磁场 $\boldsymbol{\psi}_{ms}$ 感生的电枢反应电动势 $\boldsymbol{e}_{ms}$，以及电枢漏磁场 $\boldsymbol{\psi}_{\sigma s}$ 感生的电枢漏磁电动势 $\boldsymbol{e}_{\sigma s}$，还有由主磁场 $\boldsymbol{\psi}_f$ 在定子绕组中感生的电动势 $\boldsymbol{e}_0$。气隙磁场 $\boldsymbol{\psi}_g$ 在定子绕组中感生的电动势为 $\boldsymbol{e}_g$，称为气隙电动势，$\boldsymbol{e}_g$ 为 $\boldsymbol{e}_{ms}$ 和 $\boldsymbol{e}_0$ 的合成电动势。

不计铁心损耗时，由式（3-104），可将式（4-5）表示为

$$\boldsymbol{\psi}_s=\boldsymbol{\psi}_{ss}+\boldsymbol{\psi}_f=L_s\boldsymbol{i}_s+\boldsymbol{\psi}_f \tag{4-10}$$

于是可将式（4-8）表示为

$$\boldsymbol{u}_s=R_s\boldsymbol{i}_s+L_s\frac{\mathrm{d}\boldsymbol{i}_s}{\mathrm{d}t}+\frac{\mathrm{d}\boldsymbol{\psi}_f}{\mathrm{d}t} \tag{4-11}$$

如图 3-51 所示，$\boldsymbol{i}_s=i_s\mathrm{e}^{\mathrm{j}\theta_s}$，$\theta_s=\int_0^t\omega_s\mathrm{d}t+\theta_{s0}$，$\omega_s$ 为 $\boldsymbol{i}_s$ 旋转的瞬时电角速度，θ_{s0} 为初始值；$\boldsymbol{\psi}_f=\psi_f\mathrm{e}^{\mathrm{j}\theta}$，$\theta=\int_0^t\omega_r\mathrm{d}t+\theta_0$，$\omega_r$ 为转子的瞬时电角速度，θ_0 为初始值。可将式（4-11）进一步表示为

$$\boldsymbol{u}_s=R_s\boldsymbol{i}_s+L_s\frac{\mathrm{d}i_s}{\mathrm{d}t}\mathrm{e}^{\mathrm{j}\theta_s}+\mathrm{j}\omega_sL_s\boldsymbol{i}_s+\frac{\mathrm{d}\psi_f}{\mathrm{d}t}\mathrm{e}^{\mathrm{j}\theta}+\mathrm{j}\omega_r\boldsymbol{\psi}_f \tag{4-12}$$

$$\boldsymbol{u}_s=R_s\boldsymbol{i}_s+L_s\frac{\mathrm{d}i_s}{\mathrm{d}t}\mathrm{e}^{\mathrm{j}\theta_s}+\mathrm{j}\omega_sL_s\boldsymbol{i}_s+\frac{\mathrm{d}\psi_f}{\mathrm{d}t}\mathrm{e}^{\mathrm{j}\theta}+\boldsymbol{e}_0 \tag{4-13}$$

式中，等式右端第 1 项为电枢电阻电压降；第 2、3 项则分别与式（3-107）中的 $-L_s\frac{\mathrm{d}i_s}{\mathrm{d}t}\mathrm{e}^{\mathrm{j}\theta_s}$

和$-j\omega_s L_s \boldsymbol{i}_s$相对应，这里将两者分别表示为电压降形式；第4项是因主磁场$\boldsymbol{\psi}_f$幅值变化而引起的变压器电动势；第5项是因主磁场$\boldsymbol{\psi}_f$旋转而感生的运动电动势，又称为励磁电动势，由于设定$\boldsymbol{e}_0$与$\boldsymbol{i}_s$正方向相反，故有$\boldsymbol{e}_0=j\omega_r\boldsymbol{\psi}_f$，即$\boldsymbol{e}_0$超前$\boldsymbol{i}_s$以90°电角度。

电动机在动态运行中，电枢磁场$\boldsymbol{\psi}_{ss}$和主磁场$\boldsymbol{\psi}_f$的幅值和旋转速度在空间不断变化，因此在相绕组中感生的各种电动势在时域内也不会按正弦规律变化，可为任意波形和瞬时值。

3. ABC轴系内的定子电压稳态矢量方程和相量方程

电动机稳态运行时，电枢磁场$L_s\boldsymbol{i}_s$和主磁场$\boldsymbol{\psi}_f$的幅值恒定，两者均以电角速度ω_s同步旋转，式（4-12）右端第2、4项为零，故有

$$\boldsymbol{u}_s=R_s\boldsymbol{i}_s+j\omega_s L_s\boldsymbol{i}_s+j\omega_s\boldsymbol{\psi}_f \tag{4-14}$$

可得

$$\begin{aligned}\boldsymbol{u}_s&=R_s\boldsymbol{i}_s+j\omega_s L_s\boldsymbol{i}_s+\boldsymbol{e}_0\\&=R_s\boldsymbol{i}_s+j\omega_s L_{\sigma s}\boldsymbol{i}_s+j\omega_s L_m\boldsymbol{i}_s+\boldsymbol{e}_0\end{aligned} \tag{4-15}$$

式中，$\boldsymbol{e}_0=j\omega_s\boldsymbol{\psi}_f$。

式（4-15）为隐极同步电动机稳态运行时的定子电压矢量方程。其中，$\boldsymbol{u}_s$、$\boldsymbol{i}_s$、$\boldsymbol{e}_0$分别由定子三相绕组中相应的时间正弦量构成，因此可将其直接转换为相量方程，即有

$$\begin{aligned}\dot{U}_s&=R_s\dot{I}_s+jX_s\dot{I}_s+\dot{E}_0\\&=R_s\dot{I}_s+jX_{\sigma s}\dot{I}_s+jX_m\dot{I}_s+\dot{E}_0\end{aligned} \tag{4-16}$$

式中，$X_{\sigma s}$为与电枢漏磁场相应的电抗，称为漏磁电抗（漏电抗），$X_{\sigma s}=\omega_s L_{\sigma s}$；$X_m$为与电枢反应磁场相应的电抗，称为电枢反应电抗，$X_m=\omega_s L_m$；$X_s$为与电枢磁场相应的电抗，称为隐极同步电机的同步电抗，$X_s=\omega_s L_s$，$X_s=X_{\sigma s}+X_m$，它是对称稳态运行时表征电枢反应和电枢漏磁场两个效应的综合参数。不计磁饱和时，X_s为常值。

4. ABC轴系内的稳态矢量图、相量图和等效电路

由式（4-10）和式（4-15）可得相应的稳态矢量图，如图4-7所示。图中，取定子A相绕组轴线A轴为空间参考轴，各空间矢量均以同步电角速度ω_s逆时针旋转。

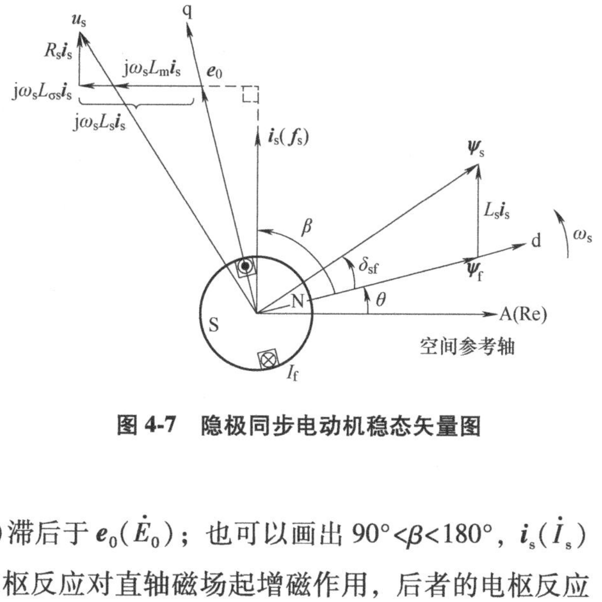

图4-7 隐极同步电动机稳态矢量图

图4-7中，各空间矢量幅值恒定，大小为相应相量有效值的$\sqrt{3}$倍。根据时-空对应关系，由矢量图4-7可直接得到相量图4-8。图4-8a中，已取A轴为时间参考轴，图中各相量可看成是与A相绕组相关的相量。若将相量长度扩大为原来的$\sqrt{3}$倍，再将相量图和矢量图叠合起来，相应的相量和矢量就重合在一起，由此可构成时-空相矢图。图4-8b为以$\dot{\Psi}_f$为参考相量的相量图。

图4-7和图4-8中，$0°<\beta<90°$，故$\boldsymbol{i}_s(\dot{I}_s)$滞后于$\boldsymbol{e}_0(\dot{E}_0)$；也可以画出$90°<\beta<180°$，$\boldsymbol{i}_s(\dot{I}_s)$超前于$\boldsymbol{e}_0(\dot{E}_0)$的矢量图和相量图。前者的电枢反应对直轴磁场起增磁作用，后者的电枢反应则起去磁作用。

由式（4-15）可得到以空间矢量表示的等效电路，如图4-9所示；由式（4-16）可以得到

以时间相量表示的等效电路，如图 4-10 所示。

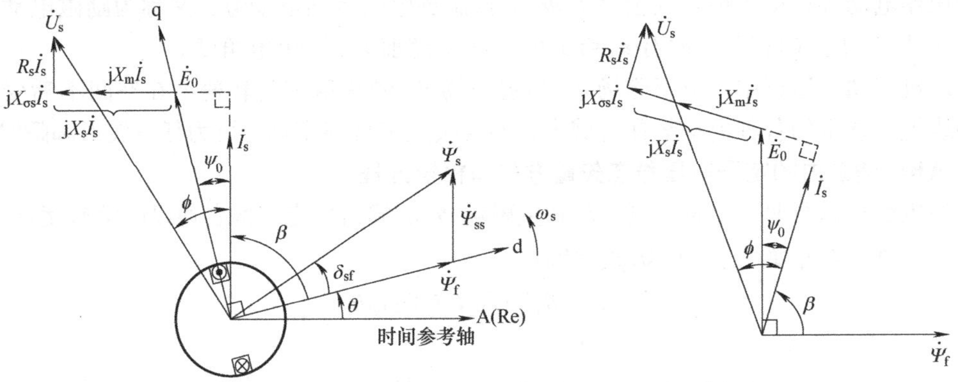

a) 以A轴为时间参考轴的相量图　　b) 以$\dot{\Psi}_f$为参考相量的相量图

图 4-8　隐极同步电动机相量图

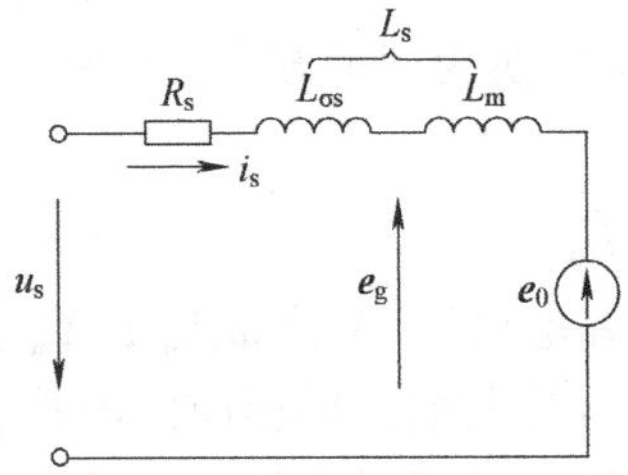

图 4-9　以空间矢量表示的隐极同步电动机等效电路

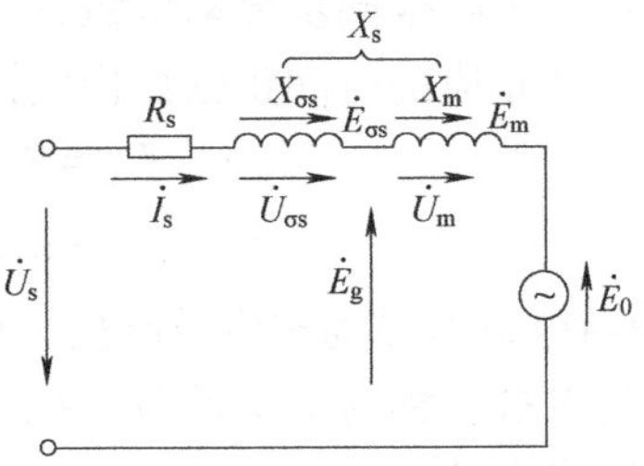

图 4-10　以时间相量表示的隐极同步电动机等效电路

图 4-10 中，可将定子电压 $\dot{U}_s$ 表示为

$$\dot{U}_s = R_s\dot{I}_s - \dot{E}_{\sigma s} - \dot{E}_m + \dot{E}_0$$

式中，$\dot{E}_{\sigma s}$为由电枢漏磁场在一相绕组中感生的电动势，$\dot{E}_{\sigma s} = -jX_{\sigma s}\dot{I}_s$；$\dot{E}_m$ 为由三相绕组产生的电枢反应磁场($\boldsymbol{\psi}_{ms}$)在一相绕组中感生的旋转电动势，$\dot{E}_m = -jX_m\dot{I}_s$。如第 3 章所述，由 $\dot{E}_{\sigma s}$和 $\dot{E}_m$ 吸收的电功率只能转换为电枢磁场的储能，而不能将其转换为机械能，因此在等效电路中常将 $\dot{E}_{\sigma s}$和 $\dot{E}_m$ 分别转换为感应电压，再以电抗电压降的形式来表示，则有

$$\begin{cases}\dot{U}_{\sigma s} = -\dot{E}_{\sigma s} = jX_{\sigma s}\dot{I}_s \\ \dot{U}_m = -\dot{E}_m = jX_m\dot{I}_s \\ \dot{U}_{ss} = -\dot{E}_{\sigma s} - \dot{E}_m = jX_s\dot{I}_s\end{cases} \tag{4-17}$$

由式（4-17），可得

$$X_{\sigma s} = \frac{U_{\sigma s}}{I_s} \quad X_m = \frac{U_m}{I_s} \quad X_s = \frac{U_{\sigma s} + U_m}{I_s} = \frac{U_{ss}}{I_s} \tag{4-18}$$

式（4-18）表述了 $X_{\sigma s}$、X_m 和 X_s 的物理意义，它们是相绕组感应电压的有效值与相电流有效值之比，性质为阻抗，故分别称其为电抗。由式（3-113）可求得 X_m，如 3.5.3 节所述，X_m 不是一相绕组的电抗参数，而是反映了三相绕组共同作用的等效参数，同样 X_s 也是反映了三相绕组共同作用的等效参数。

图4-9和图4-10中的励磁电动势 $e_0(\dot{E}_0)$ 是因转子（主磁场）旋转感生的运动电势，如第3章所述，只有运动电动势吸收的电功率才可能成为转换功率。

e_0 和 E_0 可分别表示为

$$e_0=\omega_s\psi_f \quad E_0=\omega_s\Psi_f \tag{4-19}$$

式中，$E_0=e_0/\sqrt{3}$；$\Psi_f=\psi_f/\sqrt{3}$。

由式（4-19）可得

$$\psi_f=\frac{\sqrt{3}E_0}{\omega_s} \tag{4-20}$$

由空载特性可以得到 E_0，进而得到 ψ_f。

4.2.3 考虑磁饱和时

考虑铁心磁饱和时，由于磁路的非线性，叠加原理不再适用，因此不能再由电枢基波磁动势 $\boldsymbol{F}_s$ 和主极基波磁动势 $\boldsymbol{F}_{f1}$ 求取各自产生的基波磁场，而必须先求出作用于主磁路的定、转子基波合成磁动势 $\boldsymbol{F}_1$，即有

$$\boldsymbol{F}_1=\boldsymbol{F}_{f1}+\boldsymbol{F}_s \tag{4-21}$$

然后再利用电机的磁化曲线，求得由 $\boldsymbol{F}_1$ 产生的气隙磁通 $\boldsymbol{\Phi}_g$ 和相应的气隙电动势 E_g。电枢漏磁场仍由电枢基波磁动势独自产生。

由式（4-9）右端第3项可知，此时定子电压相量方程应为

$$\dot{U}_s=R_s\dot{I}_s+jX_{\sigma s}\dot{I}_s+\dot{E}_g \tag{4-22}$$

由式（4-21）和式（4-22）可得相应的相矢图，如图4-11a所示。图中既有电动势相量，又有磁动势矢量，通常将其称为电动势-磁动势图。

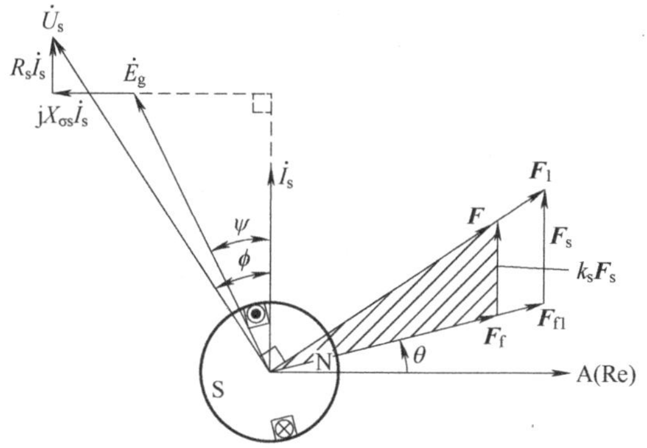

a) 电动势-磁动势图

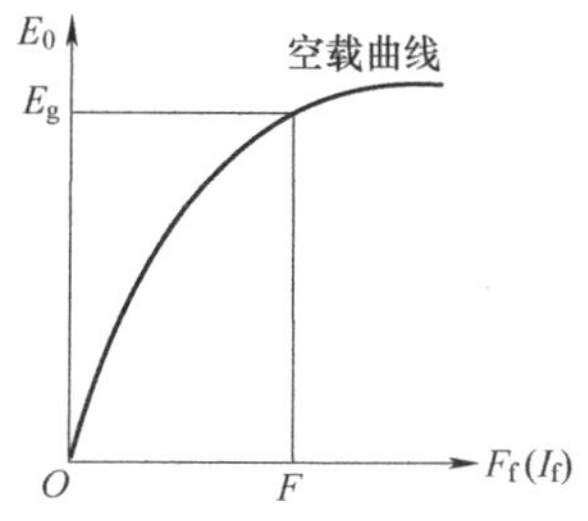

b) 由空载曲线确定气隙电动势E_g

图4-11 考虑磁饱和时的隐极同步电动机相矢图

利用电机的磁化曲线确定气隙电动势 E_g 时，因隐极同步电动机磁化曲线的横坐标为 F_f（梯形磁动势波幅值），故需将式（4-21）中的 $\boldsymbol{F}_{f1}$ 和 $\boldsymbol{F}_s$ 化成等效梯形波的作用。由式（4-2）可将式（4-21）表示为

$$\boldsymbol{F}_1=k_fF_f+\boldsymbol{F}_s \tag{4-23}$$

由式（4-6），可得

$$\boldsymbol{F}=\boldsymbol{F}_f+k_s\boldsymbol{F}_s \tag{4-24}$$

式中，$\boldsymbol{F}=k_s\boldsymbol{F}_1$，$k_s=\dfrac{1}{k_f}$。

在通常的电动势-磁动势图中，所用的磁动势方程为式（4-24），相应的磁动势图则如图 4-11a 中打斜线的三角形所示。

图 4-11b 所示为利用空载曲线，由 F 直接查得气隙电动势 E_g。从理论上讲，画电动势-磁动势图时，应利用负载时的磁化曲线。但可对两者引起的差别予以修正，修正方法将在讨论隐极同步发电机时予以说明。

考虑饱和效应的另一种方法是，通过将运行点处的磁化曲线线性化，可得出相应的同步电抗 X_s 的饱和值，即将非线性问题处理为局部的线性问题来求解。

4.3 凸极同步电动机的定子电压矢量和相量方程、相矢图和等效电路

4.3.1 不考虑磁饱和时

1. 双反应理论

凸极同步电动机与隐极同步电动机不同，由于电机气隙不均匀，极面下的气隙较小，两极间的气隙较大，因此直轴处的单位面积磁导 $\boldsymbol{\lambda}_d$ 要比交轴处的单位面积磁导 $\boldsymbol{\lambda}_q$ 大得多，如图 4-12a 所示。

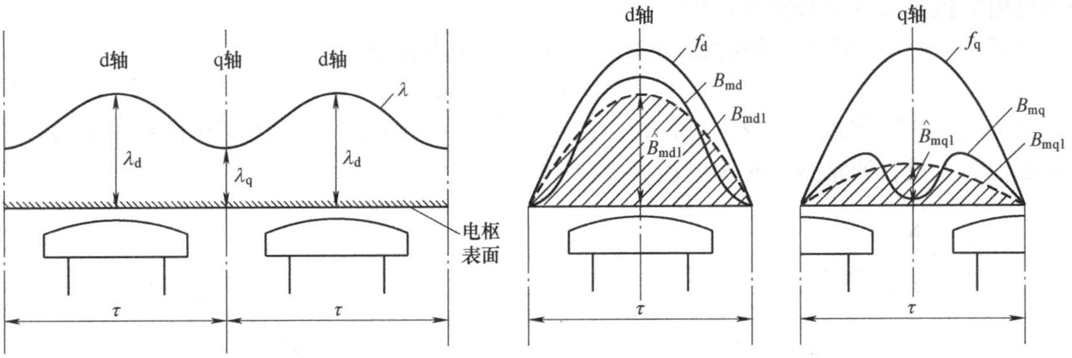

a) 电枢表面不同位置处的气隙单位面积磁导　b) 直轴电枢反应磁场　c) 交轴电枢反应磁场

图 4-12 凸极同步电动机的单位面积磁导和直、交轴电枢反应磁场

由于气隙不均匀，当电枢基波磁动势轴线既不在直轴也不在交轴，而是在其间某一位置时，电枢反应磁场将难以计算。在这种情况下，电枢反应如何处理？如何才能将气隙不均匀性所造成的影响准确地反映出来？如 3.7.2 节所述，可以采用双反应理论，即先将电枢基波磁动势 $\boldsymbol{f}_s$ 分解为直轴基波磁动势 $\boldsymbol{f}_d$ 和交轴基波磁动势 $\boldsymbol{f}_q$ 两个分量，然后分别求出直轴电枢反应磁场和交轴电枢反应磁场，再将直轴电枢反应磁场和交轴电枢反应磁场的效果叠加起来。

实践表明，不计磁饱和时，理论分析与实测结果基本一致，说明双反应理论可以较准确地反映气隙不均匀时电枢反应的作用。

2. 磁链矢量方程

根据双反应理论，可将图 3-42 中的 $\boldsymbol{f}_s(\boldsymbol{i}_s)$ 分解为 d 轴和 q 轴两个分量，即有

$$\boldsymbol{f}_s=\boldsymbol{f}_d+\boldsymbol{f}_q \tag{4-25}$$

$$\boldsymbol{i}_s=\boldsymbol{i}_d+\boldsymbol{i}_q \tag{4-26}$$

式中，$\boldsymbol{i}_d=i_d e^{j\theta}$，$\boldsymbol{i}_q=i_q e^{j\left(\theta+\frac{\pi}{2}\right)}$。

由于直轴和交轴气隙磁路分别为对称磁路，故可由 $\boldsymbol{i}_\mathrm{d}(\boldsymbol{f}_\mathrm{d})$ 和 $\boldsymbol{i}_\mathrm{q}(\boldsymbol{f}_\mathrm{q})$ 较容易地求得直、交轴电枢反应磁场，如图 4-12b、c 所示。在 3.6.2 节已求得电枢的直轴等效励磁电感 L_md 和交轴等效励磁电感 L_mq，以及直轴同步电感 L_d 和交轴同步电感 L_q。不计铁耗时，可将直、交轴电枢反应磁场和电枢磁场分别表示为

$$\boldsymbol{\psi}_\mathrm{md}=L_\mathrm{md}\boldsymbol{i}_\mathrm{d} \tag{4-27}$$

$$\boldsymbol{\psi}_\mathrm{mq}=L_\mathrm{mq}\boldsymbol{i}_\mathrm{q} \tag{4-28}$$

$$\boldsymbol{\psi}_\mathrm{ssd}=L_\mathrm{d}\boldsymbol{i}_\mathrm{d} \tag{4-29}$$

$$\boldsymbol{\psi}_\mathrm{ssq}=L_\mathrm{q}\boldsymbol{i}_\mathrm{q} \tag{4-30}$$

式中，$\boldsymbol{\psi}_\mathrm{md}$、$\boldsymbol{\psi}_\mathrm{mq}$ 分别为直、交轴电枢反应磁链；$\boldsymbol{\psi}_\mathrm{ssd}$、$\boldsymbol{\psi}_\mathrm{ssq}$ 分别为直、交轴的电枢磁链。

由式（4-27）~式（4-30）和图 3-54，可将电枢反应磁链 $\boldsymbol{\psi}_\mathrm{ms}$，电枢磁链 $\boldsymbol{\psi}_\mathrm{ss}$，气隙磁链 $\boldsymbol{\psi}_\mathrm{g}$ 和定子磁链 $\boldsymbol{\psi}_\mathrm{s}$ 分别表示为

$$\boldsymbol{\psi}_\mathrm{ms}=\boldsymbol{\psi}_\mathrm{md}+\boldsymbol{\psi}_\mathrm{mq}=L_\mathrm{md}\boldsymbol{i}_\mathrm{d}+L_\mathrm{mq}\boldsymbol{i}_\mathrm{q} \tag{4-31}$$

$$\boldsymbol{\psi}_\mathrm{ss}=\boldsymbol{\psi}_\mathrm{ssd}+\boldsymbol{\psi}_\mathrm{ssq}=L_\mathrm{d}\boldsymbol{i}_\mathrm{d}+L_\mathrm{q}\boldsymbol{i}_\mathrm{q} \tag{4-32}$$

$$\boldsymbol{\psi}_\mathrm{g}=\boldsymbol{\psi}_\mathrm{ms}+\boldsymbol{\psi}_\mathrm{f}=L_\mathrm{md}\boldsymbol{i}_\mathrm{d}+L_\mathrm{mq}\boldsymbol{i}_\mathrm{q}+\boldsymbol{\psi}_\mathrm{f} \tag{4-33}$$

$$\boldsymbol{\psi}_\mathrm{s}=\boldsymbol{\psi}_\mathrm{ss}+\boldsymbol{\psi}_\mathrm{f}=L_\mathrm{d}\boldsymbol{i}_\mathrm{d}+L_\mathrm{q}\boldsymbol{i}_\mathrm{q}+\boldsymbol{\psi}_\mathrm{f} \tag{4-34}$$

如图 3-54 所示，由于气隙不均匀，不能由 $\boldsymbol{i}_\mathrm{s}(\boldsymbol{f}_\mathrm{s})$ 直接得到电枢反应磁场 $\boldsymbol{\psi}_\mathrm{ms}$。采用双反应理论，可分别求得 $\boldsymbol{\psi}_\mathrm{md}$ 和 $\boldsymbol{\psi}_\mathrm{mq}$，再由两者矢量合成得到 $\boldsymbol{\psi}_\mathrm{ms}$，见式（4-31）。但是当 $\boldsymbol{\psi}_\mathrm{ms}$ 与 $\boldsymbol{i}_\mathrm{s}(\boldsymbol{f}_\mathrm{s})$ 方向上不一致时，由此生成了磁阻转矩，反映了气隙不均匀性对电枢反应的影响。图 3-54 中，$0°<\beta<90°$，此时直轴电枢反应磁场 $\boldsymbol{\psi}_\mathrm{md}$ 与直轴方向一致，电枢反应起助磁作用；交轴电枢反应磁场 $\boldsymbol{\psi}_\mathrm{mq}$ 超前 $\boldsymbol{\psi}_\mathrm{f}$ 90°电角度，交轴电枢反应使励磁转矩具有驱动性质。也可以画出 $90°<\beta<180°$ 的矢量图，此时 $\boldsymbol{\psi}_\mathrm{md}$ 与直轴方向相反，起去磁作用；而 $\boldsymbol{\psi}_\mathrm{mq}$ 仍超前 $\boldsymbol{\psi}_\mathrm{f}$ 90°电角度，交轴电枢反应的性质不变。

3. ABC 轴系内的定子电压矢量方程和矢量图

在 ABC 轴系内，定子电压矢量方程式（4-8）同样适用于凸极同步电动机。将式（4-34）代入式（4-8），可得定子电压动态矢量方程为

$$\begin{aligned}\boldsymbol{u}_\mathrm{s}&=R_\mathrm{s}\boldsymbol{i}_\mathrm{s}+\frac{\mathrm{d}\boldsymbol{\psi}_\mathrm{ssd}}{\mathrm{d}t}+\frac{\mathrm{d}\boldsymbol{\psi}_\mathrm{ssq}}{\mathrm{d}t}+\frac{\mathrm{d}\boldsymbol{\psi}_\mathrm{f}}{\mathrm{d}t}\\&=R_\mathrm{s}\boldsymbol{i}_\mathrm{s}+L_\mathrm{d}\frac{\mathrm{d}\boldsymbol{i}_\mathrm{d}}{\mathrm{d}t}+L_\mathrm{q}\frac{\mathrm{d}\boldsymbol{i}_\mathrm{q}}{\mathrm{d}t}+\frac{\mathrm{d}\boldsymbol{\psi}_\mathrm{f}}{\mathrm{d}t}\\&=R_\mathrm{s}\boldsymbol{i}_\mathrm{s}+L_\mathrm{d}\frac{\mathrm{d}i_\mathrm{d}}{\mathrm{d}t}\mathrm{e}^{\mathrm{j}\theta}+\mathrm{j}\omega_\mathrm{r}L_\mathrm{d}\boldsymbol{i}_\mathrm{d}+L_\mathrm{q}\frac{\mathrm{d}i_\mathrm{q}}{\mathrm{d}t}\mathrm{e}^{\mathrm{j}(\theta+\pi/2)}+\mathrm{j}\omega_\mathrm{r}L_\mathrm{q}\boldsymbol{i}_\mathrm{q}+\frac{\mathrm{d}\psi_\mathrm{f}}{\mathrm{d}t}\mathrm{e}^{\mathrm{j}\theta}+\mathrm{j}\omega_\mathrm{r}\boldsymbol{\psi}_\mathrm{f}\\&=R_\mathrm{s}\boldsymbol{i}_\mathrm{s}+L_\mathrm{d}\frac{\mathrm{d}i_\mathrm{d}}{\mathrm{d}t}\mathrm{e}^{\mathrm{j}\theta}+\mathrm{j}\omega_\mathrm{r}L_\mathrm{d}\boldsymbol{i}_\mathrm{d}+L_\mathrm{q}\frac{\mathrm{d}i_\mathrm{q}}{\mathrm{d}t}\mathrm{e}^{\mathrm{j}(\theta+\pi/2)}+\mathrm{j}\omega_\mathrm{r}L_\mathrm{q}\boldsymbol{i}_\mathrm{q}+\frac{\mathrm{d}\psi_\mathrm{f}}{\mathrm{d}t}\mathrm{e}^{\mathrm{j}\theta}+\boldsymbol{e}_0\end{aligned} \tag{4-35}$$

式中，ω_r 为转子瞬时电角速度；$\boldsymbol{e}_0=\mathrm{j}\omega_\mathrm{r}\boldsymbol{\psi}_\mathrm{f}$，$\boldsymbol{e}_0$ 正方向与 $\boldsymbol{i}_\mathrm{s}$ 相反。

对比式（4-35）和式（4-12），可以看出，对于凸极同步电机，可运用双反应理论，分别求出直、交轴电枢磁场各自感生的电动势，然后再将它们矢量求和。同样，在动态情况下，各电动势矢量的幅值和旋转速度在空间不断变化，相绕组中相应的时间电动势将不会按正弦规律变化。

稳态运行时，直、交轴电枢磁场和主磁场幅值恒定，旋转速度均为同步转速 ω_s，因此式（4-35）可表示为

$$\boldsymbol{u}_s=R_s\boldsymbol{i}_s+j\omega_s L_d\boldsymbol{i}_d+j\omega_s L_q\boldsymbol{i}_q+\boldsymbol{e}_0 \tag{4-36}$$

式（4-36）即为凸极同步电动机稳态运行时的定子电压矢量方程。

由式（4-36）可以得到稳态矢量图，如图 4-13 所示。

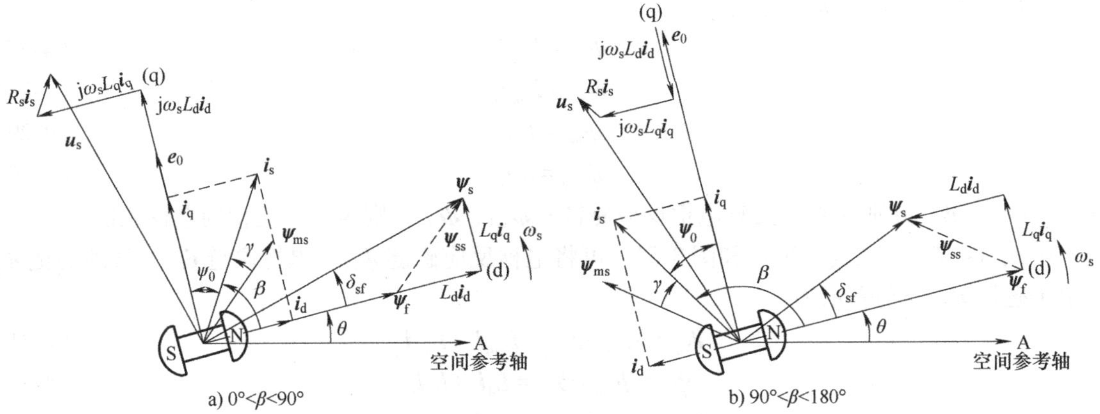

图 4-13 凸极同步电动机稳态矢量图

4. 定子电压相量方程和相量图

由式（4-36），可以直接得到定子电压相量方程，即有

$$\begin{aligned}\dot{U}_s&=R_s\dot{I}_s+jX_d\dot{I}_d+jX_q\dot{I}_q+\dot{E}_0\\&=R_s\dot{I}_s+jX_{\sigma s}\dot{I}_s+jX_{md}\dot{I}_d+jX_{mq}\dot{I}_q+\dot{E}_0\end{aligned} \tag{4-37}$$

式中，$E_0=4.44f_sN_1k_{ws1}\Phi_f$；$X_{\sigma s}$为定子漏电抗，$X_{\sigma s}=\omega_sL_{\sigma s}$；$X_{md}$为直轴电枢反应电抗，$X_{md}=\omega_sL_{md}$；$X_{mq}$为交轴电枢反应电抗，$X_{mq}=\omega_sL_{mq}$；$X_d$ 为直轴同步电抗，$X_d=\omega_sL_d$，$X_d=X_{\sigma s}+X_{md}$；X_q 为交轴同步电抗，$X_q=\omega_sL_q$，$X_q=X_{\sigma s}+X_{mq}$。

由于 $L_d>L_q$，故有 $X_d>X_q$。对于隐极同步电机，则有 $X_d=X_q=X_s$。由于转子为凸极式，因此存在 X_d 和 X_q 两个同步电抗，这是凸极同步电机与隐极同步电机的区别之一。

式（4-37）中，已将直、交轴电枢反应磁场在相绕组中感生的电动势 $\dot{E}_{md}$ 和 $\dot{E}_{mq}$ 分别表示为了电抗电压降的形式。不计铁耗时，见式（4-27）和式（4-28），$\boldsymbol{\psi}_{md}$ 和 $\boldsymbol{\psi}_{mq}$ 分别与 $\boldsymbol{i}_d$ 和 $\boldsymbol{i}_q$ 方向一致，故在时间相位上，$\dot{E}_{md}$ 和 $\dot{E}_{mq}$ 应分别滞后 $\dot{I}_d$ 和 $\dot{I}_q$ 90°电角度，因此 $\dot{E}_{md}$ 和 $\dot{E}_{mq}$ 可相应地以负电抗电压降表示，即有

$$\dot{E}_{md}=-jX_{md}\dot{I}_d \tag{4-38}$$

$$\dot{E}_{mq}=-jX_{mq}\dot{I}_q \tag{4-39}$$

$$\dot{E}_d=-j(X_{\sigma s}+X_{md})\dot{I}_d=-jX_d\dot{I}_d \tag{4-40}$$

$$\dot{E}_q=-j(X_{\sigma s}+X_{mq})\dot{I}_q=-jX_q\dot{I}_q \tag{4-41}$$

可以看出，X_d 和 X_q 是对称稳态运行时表征电枢漏磁场和直、交轴电枢反应的两个综合参数。

由式（4-37）可得凸极同步电动机的相量图，如图 4-14 所示。同样，若同取 A 轴为时空参考轴，则同隐极同步电动机一样可将矢量图和相量图叠合起来，构成时空相矢图。

图 4-13a 和图 4-14a 中，0°<β<90°，此时 $\boldsymbol{i}_s(\dot{I}_s)$ 对直轴气隙磁场起助磁作用；图 4-13b 和图 4-14b 中，90°<β<180°，$\boldsymbol{i}_s(\dot{I}_s)$ 对直轴气隙磁场将起去磁作用。

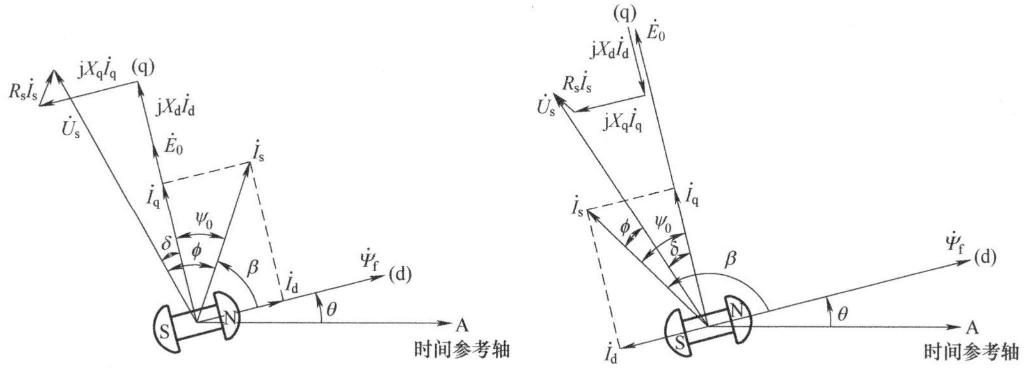

a) 0°<β<90°　　b) 90°<β<180°

图 4-14　凸极同步电动机相量图

4.3.2　考虑磁饱和时

计及磁饱和时，叠加原理不再适用。为了简化计算，忽略交轴和直轴磁场之间的相互影响，即认为直轴方向的磁场仅决定于直轴方向上的合成磁动势，而交轴方向上的磁场仅取决于交轴方向上的磁动势。

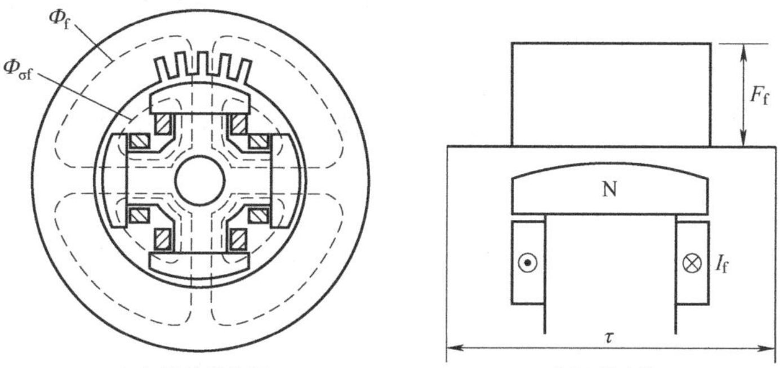

a) 主极励磁绕组　　b) 主极磁动势

图 4-15　凸极同步电机主极励磁绕组和主极磁动势

首先求取直轴方向上的合成磁动势。图 4-15a 所示为凸极同步电机主极励磁绕组，图 4-15b 为其产生的矩形波磁动势，幅值 $F_f=N_fI_f$，其中 N_f 为主极励磁绕组匝数，I_f 为励磁电流。图 4-16 为空载时的磁化曲线（空载曲线）。

同隐极同步电动机一样，需要将电枢的直轴基波磁动势 $\boldsymbol{F}_d$ 换算为主极的矩形波磁动势 $\boldsymbol{F}_f$，换算系数为 k_{sd}，由矩形波磁动势的波形系数 k_f 可求得 k_{sd}，$k_{sd}=1/k_f$。将 $k_{sd}\boldsymbol{F}_d$ 与 $\boldsymbol{F}_f$ 合成后可得直轴合成磁动势 $\boldsymbol{F}_{df}$，即有

$$\boldsymbol{F}_{df}=\boldsymbol{F}_f+k_{sd}\boldsymbol{F}_d \tag{4-42}$$

借助于空载时的磁化曲线，如图 4-16 所示，可直接查得由 $\boldsymbol{F}_{df}$ 产生的直轴气隙磁通及其感生的直轴气隙电动势 E_{gd}。这里假设直轴电枢反应具有助磁性质。

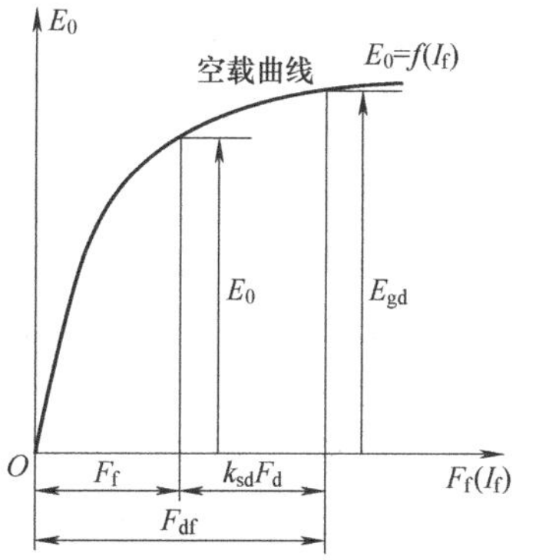

图 4-16　凸极同步电机的磁化曲线（空载曲线）

交轴方面仅有交轴基波磁动势 $\boldsymbol{F}_q$，由 $\boldsymbol{F}_q$ 产生的交轴电枢反应磁场感生了电动势 $\dot{E}_{mq}$。由于交轴方向的气隙较大，交轴磁路基本是线性的，因此与不计饱和时相类似，可将 $\dot{E}_{mq}$ 仍表示为负电抗电压降的形式，即 $\dot{E}_{mq}=-jX_{mq}\dot{I}_q$。

总的气隙电动势 $\dot{E}_g$ 为直轴气隙电动势 $\dot{E}_{gd}$ 和交轴电枢反应电动势 $\dot{E}_{mq}$ 的相量之和，即有

$$\dot{E}_g=\dot{E}_{gd}+(-\dot{E}_{mq})=\dot{E}_{gd}+jX_{mq}\dot{I}_q \tag{4-43}$$

于是，可将考虑磁饱和的凸极同步电动机的定子电压相量方程表示为

$$\dot{U}_s=R_s\dot{I}_s+jX_{\sigma s}\dot{I}_s+\dot{E}_g=R_s\dot{I}_s+jX_{\sigma s}\dot{I}_s+jX_{mq}\dot{I}_q+\dot{E}_{gd} \tag{4-44}$$

对比式（4-37）和式（4-44）可以看出，考虑直轴方面的磁饱和后，已由 $\dot{E}_{gd}$ 取代了 $(jX_{md}\dot{I}_d+\dot{E}_0)$。

由式（4-42）和式（4-44），可得考虑磁饱和时的同步电动机相矢图，称为电动势-磁动势图，如图 4-17 所示。

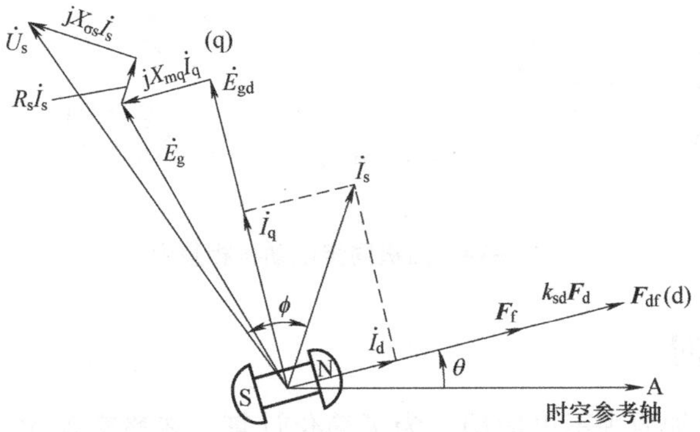

图 4-17 考虑磁饱和时的凸极同步电动机相矢图（电动势-磁动势图）

4.4 同步电动机的电磁功率和功率方程、电磁转矩和转矩方程

1. 电磁功率

不计铁心饱和时，由动态的定子电压矢量方程式（4-35），可将输入凸极同步电动机的电功率 P_1 表示为

$$P_1=\mathrm{Re}[\boldsymbol{u}_s\boldsymbol{i}_s^*]=\mathrm{Re}\left[R_s\boldsymbol{i}_s\boldsymbol{i}_s^*+L_d\frac{di_d}{dt}e^{j\theta}\boldsymbol{i}_s^*+j\omega_rL_d\boldsymbol{i}_d\boldsymbol{i}_s^*+L_q\frac{di_q}{dt}e^{j(\theta+\pi/2)}\boldsymbol{i}_s^*+\right.$$

$$\left.j\omega_rL_q\boldsymbol{i}_q\boldsymbol{i}_s^*+\frac{d\psi_f}{dt}e^{j\theta}\boldsymbol{i}_s^*+j\omega_r\boldsymbol{\psi}_f\boldsymbol{i}_s^*\right]$$

$$=R_s\boldsymbol{i}_s^2+L_d\frac{di_d}{dt}i_d+L_q\frac{di_q}{dt}i_q+\frac{d\psi_f}{dt}i_d+\omega_r(L_d-L_q)i_di_q+\omega_r\psi_fi_q \tag{4-45}$$

式中，$\boldsymbol{i}_s^*$ 为 ABC 轴系内矢量，另有 $\boldsymbol{i}_s^*=\boldsymbol{i}_s^{*dq}e^{-j\theta}=(i_d-ji_q)e^{-j\theta}$，$\boldsymbol{i}_d\boldsymbol{i}_s^*=i_de^{j\theta}(i_d-ji_q)e^{-j\theta}=i_d(i_d-ji_q)$；等式右端第 1 项为电阻损耗；第 2、3、4 项分别为因直、交轴电枢磁场和主磁场幅值变化而输入的电功率；第 5 项为因直、交轴磁阻不相等而引起的输入功率，称为磁阻功率；第 6 项为由运动电动势（励磁电动势）$e_0(e_0=\omega_r\psi_f)$ 吸收的电功率，称为励磁功率。

式（4-45）中，第 5、6 项与转子旋转相关，是由电功率转换为机械功率的转换功率，此转换功率就是电磁功率 P_e。即有

$$P_e=\omega_r[\psi_fi_q+(L_d-L_q)i_di_q] \tag{4-46}$$

由图 4-13 可得，$i_d=i_s\cos\beta$，$i_q=i_s\sin\beta$，于是可将式（4-46）表示为

$$P_e=\omega_r\left[\psi_fi_q+\frac{1}{2}(L_d-L_q)i_s^2\sin 2\beta\right] \tag{4-47}$$

式中，β 为转矩角。

由图 4-13 可得

$$\psi_\mathrm{d}=\psi_\mathrm{s}\cos\delta_\mathrm{sf}=L_\mathrm{d}i_\mathrm{d}+\psi_\mathrm{f} \tag{4-48}$$

$$\psi_\mathrm{q}=\psi_\mathrm{s}\sin\delta_\mathrm{sf}=L_\mathrm{q}i_\mathrm{q} \tag{4-49}$$

将由式（4-48）和式（4-49）得出的 i_d 和 i_q 代入式（4-46），可得

$$P_\mathrm{e}=\omega_\mathrm{r}\left[\frac{\psi_\mathrm{f}\psi_\mathrm{s}}{L_\mathrm{d}}\sin\delta_\mathrm{sf}+\frac{1}{2}\left(\frac{1}{L_\mathrm{q}}-\frac{1}{L_\mathrm{d}}\right)\psi_\mathrm{s}^2\sin2\delta_\mathrm{sf}\right] \tag{4-50}$$

式中，δ_sf为 $\boldsymbol{\psi}_\mathrm{s}$ 相对 $\boldsymbol{\psi}_\mathrm{f}$ 的相位角，称为负载角，即 $\delta_\mathrm{sf}=\angle_{\boldsymbol{\psi}_\mathrm{f}}^{\boldsymbol{\psi}_\mathrm{s}}$。

式（4-50）中，右端第 1 项称为基本电磁功率；第 2 项称为附加电磁功率。如 3.7.2 节所述，由于 $\boldsymbol{\psi}_\mathrm{s}$ 中除了电枢磁场 $\boldsymbol{\psi}_\mathrm{ss}$外，还包含有主磁场 $\boldsymbol{\psi}_\mathrm{f}$，故附加电磁功率并不是纯磁阻功率，基本电磁功率也不是纯励磁功率。

式（4-46）、式（4-47）和式（4-50）既适用于动态运行，也适用于稳态运行。

稳态运行时，$\omega_\mathrm{r}=\omega_\mathrm{s}$，$E_0=\omega_\mathrm{s}\Psi_\mathrm{f}$，$\Psi_\mathrm{f}=\psi_\mathrm{f}/\sqrt{3}$，$I_\mathrm{q}=i_\mathrm{q}/\sqrt{3}$，$I_\mathrm{s}=i_\mathrm{s}/\sqrt{3}$，由式（4-47），在时域内，可得

$$P_\mathrm{e}=m\left[E_0I_\mathrm{q}+\frac{1}{2}(X_\mathrm{d}-X_\mathrm{q})I_\mathrm{s}^2\sin2\beta\right] \tag{4-51}$$

式中，m 为相数，$m=3$。

由式（4-8）可知，若忽略定子电阻 R_s，稳态运行时，$u_\mathrm{s}\approx\omega_\mathrm{s}\psi_\mathrm{s}$，$U_\mathrm{s}=u_\mathrm{s}/\sqrt{3}$，$\Psi_\mathrm{s}=\psi_\mathrm{s}/\sqrt{3}$，于是可将式（4-50）在时域内近似表示为

$$P_\mathrm{e}\approx m\frac{E_0U_\mathrm{s}}{X_\mathrm{d}}\sin\delta+m\frac{U_\mathrm{s}^2}{2}\left(\frac{1}{X_\mathrm{q}}-\frac{1}{X_\mathrm{d}}\right)\sin2\delta \tag{4-52}$$

式中，δ 为 $\dot{U}_\mathrm{s}$ 相对 $\dot{E}_0$ 的相位角，称为功率角，即 $\delta=\angle_{\dot{E}_0}^{\dot{U}_\mathrm{s}}$。显然等式右端第 1 项的基本电磁功率不是纯励磁功率，第 2 项的附加电磁功率也不是纯磁阻功率。

图 4-13 中，当同步电机作为电动机运行时，$\boldsymbol{\psi}_\mathrm{s}$ 总是超前 $\boldsymbol{\psi}_\mathrm{f}$，故负载角 δ_sf为 $\boldsymbol{\psi}_\mathrm{s}$ 超前 $\boldsymbol{\psi}_\mathrm{f}$ 的电角度。由于 $\boldsymbol{e}_0$ 超前 $\boldsymbol{\psi}_\mathrm{f}$ 90°度电角度，当忽略定子电阻 R_s 影响时，$\boldsymbol{u}_\mathrm{s}$ 超前 $\boldsymbol{\psi}_\mathrm{s}$ 90°度电角度，此时功率角 δ 与负载角 δ_sf近似相等。

严格来说，励磁电动势 $\dot{E}_0$ 与主磁场 $\boldsymbol{\psi}_\mathrm{f}$ 相对应，但外加电压 $\dot{U}_\mathrm{s}$ 并无空间磁场可与其相对应。或者说，定子磁场 $\boldsymbol{\psi}_\mathrm{s}$ 并无时域内的电动势可与其相对应，因此负载角 δ_sf与功率角 δ 没有时空对应关系，只是忽略定子电阻影响后，两者在数值上近似相等。

通常将励磁电动势 E_0 和相电压 U_s 保持不变时，将同步电动机输入的电磁功率 P_e 与功率角 δ 之间的关系 $P_\mathrm{e}=f(\delta)$称为功-角特性，如图 4-18 所示。

当同步电动机由电网直接供电时，电网电压恒定不变；若主极励磁保持恒定，则负载变化时，功率角将会随之改变。功-角特性是同步电动机接于电网运行时的主要特性之一。

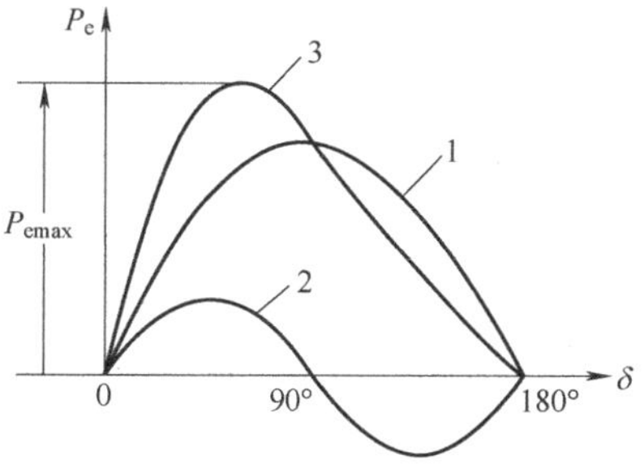

图 4-18 凸极同步电动机的功-角特性

1—基本电磁功率 2—附加电磁功率 3—电磁功率

对于隐极同步电动机，由式（4-46），可得

$$P_\mathrm{e}=\omega_\mathrm{r}\psi_\mathrm{f}i_\mathrm{q}=e_0i_\mathrm{q} \tag{4-53}$$

式（4-53）表明，由于交轴电流的存在，才可使由运动电动势 e_0 吸收的这部分电功率转化成为电磁功率。图 4-13 中，$\boldsymbol{i}_\mathrm{q}$ 与 $\boldsymbol{e}_0$ 方向一致，两

者同为 q 轴矢量。

稳态运行时，由式（4-53），可得

$$P_e=mE_0I_q=mE_0I_s\cos\psi_0 \tag{4-54}$$

式中，ψ_0 为 $\dot{E}_0$ 相对 $\dot{I}_s$ 的相位角，称为内功率因数角。图 4-14 中，$\dot{E}_0$ 超前 $\dot{I}_s$ 时，ψ_0 取正值，否则取负值。

另外，由式（4-50），可得隐极同步电动机的电磁功率为

$$P_e=\omega_r\frac{\psi_f\psi_s}{L_s}\sin\delta_{sf} \tag{4-55}$$

稳态运行且不计定子电阻影响时，由式（4-55）可得

$$P_e\approx m\frac{E_0U_s}{X_s}\sin\delta \tag{4-56}$$

2. 功率方程

由式（4-45）可知，稳态运行时，电动机内磁场储能不再变化，输入电动机内的电功率 P_1，除了小部分消耗于定子铜耗 p_{Cua} 外，余下部分就是作为转换功率的电磁功率 P_e。即有

$$P_1=p_{Cua}+P_e \tag{4-57}$$

实际上，忽略定子铜耗后，也可由输入电动机的电功率 P_1 求取电磁功率，此时 $P_e\approx mU_sI_s\cos\phi$，由相量图 4-14a，利用关系式 $P_e\approx mU_sI_s\cos\phi=mU_sI_s\cos(\phi_0+\delta)=mU_sI_s(\cos\psi_0\cos\delta-\sin\psi_0\sin\delta)=mU_s(I_q\cos\delta-I_d\sin\delta)$，可直接推导出式（4-52）。

从电磁功率 P_e 中扣除定子铁耗 p_{Fe} 和机械耗 p_Ω 后，便可得到轴上输出的机械功率 P_2（忽略杂散损耗）。即有

$$P_e=p_{Fe}+p_\Omega+P_2 \tag{4-58}$$

式（4-57）和式（4-58）即为同步电动机的功率方程。

3. 电磁转矩与矩-角特性

1）3.7.1 节和 3.7.2 节已从不同角度推导出了同步电动机的电磁转矩表达式。此外，3.7.3 节推导出的三相交流电机通用的电磁转矩表达式，同样适用于同步电动机。

实际上，从转换功率（电磁功率）的角度，将式（4-46）、式（4-47）和式（4-50）~式（4-56）两端除以机械角速度 Ω_r，即可得到电磁转矩表达式。

2）从励磁转矩的角度看，同步电动机与同步发电机的区别在于，电动机运行时，如图 4-13 所示，此时 $0<\beta<180°$，$\boldsymbol{i}_s$（电枢反应磁场 $\boldsymbol{\psi}_{ms}$）总是超前于主磁场 $\boldsymbol{\psi}_f$，励磁转矩为驱动转矩；发电机运行时，$180°<\beta<360°$，$\boldsymbol{i}_s(\boldsymbol{\psi}_{ms})$ 总是滞后于 $\boldsymbol{\psi}_f$，励磁转矩为制动转矩。亦即，只有交轴电枢反应磁场超前于 $\boldsymbol{\psi}_f$ 时，励磁转矩才为驱动转矩，否则便为制动转矩。

从磁阻的角度看，当 $0<\beta<90°$ 时，式（3-235）中的 $i_q>0$，$i_d>0$，如图 4-13a 所示，电枢反应磁场 $\boldsymbol{\psi}_{ms}$ 将滞后于 $\boldsymbol{i}_s(\boldsymbol{f}_s)$，由此产生了磁阻转矩。$\boldsymbol{i}_s(\boldsymbol{f}_s)$ 与 $\boldsymbol{\psi}_{ms}$ 方向的不一致是因直、交轴磁路不对称引起的（对于其他种类电机，这种不一致也可是由磁滞或其他原因引起），此时磁阻转矩的作用方向倾使转子凸极与 $\boldsymbol{i}_s(\boldsymbol{f}_s)$ 取得一致，故具有驱动性质。当 $90°<\beta<180°$ 时，$i_q>0$，$i_d<0$，如图 4-13b 所示，$\boldsymbol{\psi}_{ms}$ 超前 $\boldsymbol{i}_s(\boldsymbol{f}_s)$，此时磁阻转矩将倾使转子凸极顺时针旋转，力求与 $\boldsymbol{i}_s(\boldsymbol{f}_s)$ 取得一致，故磁阻转矩与励磁转矩方向相反，具有制动性质。

3）由式（3-235）可知，在 dq 轴系内，若控制 ψ_f = 常值，则可以通过控制 i_d 和 i_q 来控制励磁转矩和磁阻转矩，因此更适用于同步电动机（包括三相永磁同步电动机）瞬态电磁转矩

的矢量控制（见第7章）。

4）由式（3-239）可知，若ψ_f和ψ_s为常值，电磁转矩就决定于负载角δ_{sf}；对于隐极同步电机，式（3-239）则为式（3-206）。由式（3-254）可知，在ABC轴系内，通过外加电压$\boldsymbol{u}_s$可以控制定子磁链$\boldsymbol{\psi}_s$的幅值和旋转速度，以达到控制负载角δ_{sf}、控制瞬态电磁转矩的目的，因此更适用于同步电动机的直接转矩控制（见第7章）。

5）当同步电动机直接接于电网稳态运行时，外加电压U_s为常值，E_0亦为常值，如式（3-242）所示，电磁转矩仅与功率角δ相关，此时功率角δ是同步电动机的基本变量，矩-角特性T_e-δ也是电网供电下同步电动机运行的基本特性之一。

由式（3-242）可知，电磁转矩在功率角δ为45°~90°间的某一角度可达最大值T_{emax}，将T_e对δ_{sf}求导数，并使其等于零，可得到一个关于$\cos\delta$的二次方程，求解该二次方程，可得T_e最大值时的功率角，即

$$\delta_{max}=\arccos\left(\frac{-E_0+\sqrt{E_0^2+8q^2U_s^2}}{4qU_s}\right) \tag{4-59}$$

式中，$q=\dfrac{X_d-X_q}{X_q}$；当$q\to0$时，$\delta_{max}\to90°$；当$q=0$时，电动机为隐极式结构，则有$\delta_{max}=90°$。

由式（3-242）和式（4-59）可得电磁转矩最大值T_{emax}为

$$T_{emax}=\frac{m}{\Omega_s}\frac{U_s}{X_d}\sqrt{1-\frac{-E_0+\sqrt{E_0^2+8q^2U_s^2}}{4qU_s}}\left(\frac{3}{4}E_0+\frac{1}{4}\sqrt{E_0^2+8q^2U_s^2}\right) \tag{4-60}$$

最大转矩T_{emax}又称为同步电动机的失步转矩。如果负载转矩超过此值，则电动机将不再能保持同步速。最大转矩与额定转矩之比称为失步转矩倍数，又称为过载能力。式（4-60）表明，提高E_0可以提高T_{emax}，从而提高过载能力，这是同步电动机的特点之一。

6）磁阻转矩可以提升电动机的转矩输出能力，但是对于电励磁凸极同步电动机，只有当电枢反应具有增磁效应时，磁阻转矩才具有驱动性质。由图4-14可以看出，当电枢反应磁场位于交轴时，电枢反应便处于增磁与去磁的临界状态，此时励磁电动势的大小为E_0'。于是，可得

$$E_0'=\sqrt{U_s^2-(X_qI_s)^2}-R_sI_s \tag{4-61}$$

式（4-61）表明，在定子电压U_s为常值的约束下，当$E_0=E_0'$时，可使$\dot{I}_s$与$\dot{E}_0$同相位，且定子电流I_s越大，临界值E_0'越小。当$E_0>E_0'$时，$\dot{I}_s$将超前$\dot{E}_0$，电枢反应则起去磁作用，磁阻转矩将为制动转矩。只有当$E_0<E_0'$时，才会使$\dot{I}_s$滞后于$\dot{E}_0$，此时电枢反应将起增磁作用，磁阻转矩才会为驱动转矩。

4. 转矩方程

稳态运行时，将式（4-58）两端除以同步角速度Ω_s，可得转矩方程为

$$T_e=T_0+T_2 \tag{4-62}$$

式中，T_e为电磁转矩，$T_e=\dfrac{P_e}{\Omega_s}$；$T_0$为空载转矩，$T_0=\dfrac{p_{Fe}+p_\Omega}{\Omega_s}$；$T_2$为输出转矩，$T_2=\dfrac{P_2}{\Omega_s}$。输出转矩$T_2$与负载转矩$T_P$大小相等，方向相反，即有

$$T_2=-T_P \tag{4-63}$$

动态运行时，转矩方程与他励直流电动机相同，由式（2-47）可得

$$t_e = J\frac{d\Omega_r}{dt} + R_{\Omega}\Omega_r + t_L \tag{4-64}$$

式中，$R_{\Omega}\Omega_r$ 为负载端的阻尼转矩；t_L 为阻转矩，其中包括了负载转矩和同步电动机的空载转矩。

4.5 永磁同步电动机

1. 永磁同步电动机的结构与特点

永磁同步电动机的结构与电励磁同步电动机比较，定子结构相同，绕组仍为对称的三相集中、短距或（和）分布绕组，不同的是由永磁体代替了电励磁系统，从而省去了励磁绕组、集电环和电刷等，故称为永磁同步电动机（permanent magnet synchronous motor，PMSM）。

永磁同步电动机的转子结构，按永磁体安装形式分类，主要有面装式、嵌入式和内装式三种，如图 4-19 所示。

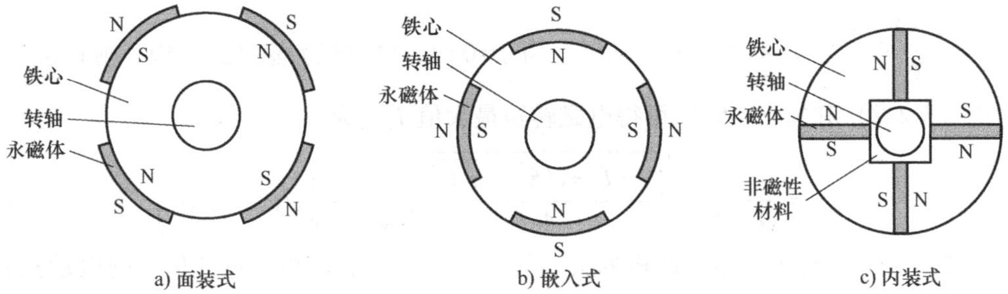

图 4-19 永磁同步电动机转子结构

永磁同步电动机与电励磁同步电动机运行原理相同，正常、稳态运行时，要求供电电压为对称的三相正弦波电压，具有同步电动机的特性，实质仍是一台同步电动机。励磁方式改变后，依然要求永磁励磁磁场在气隙中为正弦分布，在稳态运行时能够在定子相绕组中感生正弦波电动势。因此基本上可用同步电机的分析方法来研究永磁同步电动机。

对于每种类型的转子结构，永磁体的形状和永磁材料的类别可有不同的设计和选择，但有一基本原则，即除了考虑成本、制造和可靠性外，应尽量产生正弦分布的励磁磁场。

永磁材料的类别对电动机结构和性能影响很大。目前采用较多的主要有铁氧体、稀土钴和钕铁硼（后两种统称为稀土永磁）三类，本书涉及的永磁同步电动机采用的均是稀土永磁材料，其特点是剩磁和矫顽力都很高，使永磁体不仅具有较高的供磁能力，还有较强的抗去磁性能。在电机磁路分析与计算时，由于退磁曲线近乎为直线，因此可将永磁体等效成一个恒磁通源。当不计电机铁心饱和效应和温度影响时，可认为永磁体在气隙内产生的励磁磁场恒定不变，电机分析也可以采用叠加原理。

永磁同步电动机又称为正弦波永磁无刷电动机，或称为永磁无刷同步电动机。由于实现了无刷化，免去了转子励磁损耗，简化了电动机结构，增强了可靠性，提高了运行效率。与同容量的感应电动机比较，永磁同步电动机可提高功率因数。作为伺服驱动电动机，不仅便于进行矢量控制，又可简化伺服系统。因此，中、小容量永磁同步电动机在这两个领域内均获得广泛应用。永磁同步电动机制成后，难以调节永磁励磁磁场，这是永磁同步电动机的一个不足。

2. 永磁体励磁及简化分析

与电励磁同步电动机相比，永磁同步电动机的磁路计算要复杂和困难得多，采用解析方法难以得到永磁励磁磁场的准确结果，通常需要进行电磁场计算。但对某些应用场合，在一定假设条件下，可对永磁体励磁进行简化分析，以便于研究永磁同步电动机的性能和运行特性，也便于其作为伺服驱动时，确定转矩矢量控制的方式和规律。

先做如下假设：

1）电机铁心不饱和。

2）永磁材料电导率为零，永磁体内部的磁导率与空气相同（稀土永磁材料的相对回复磁导率 μ_r 接近于 1）。

3）转子上没有阻尼绕组。

4）永磁体提供的励磁磁场和电枢绕组产生的电枢反应磁场均为正弦分布。

5）稳态运行时，相绕组中的感应电动势和电流均为正弦波。

对于面装式转子结构，由于永磁体内部磁导率很低，接近于空气，故可以将置于转子表面的永磁体等效为两个空心励磁线圈，如图 4-20a 所示。假设两个空心线圈在气隙中产生的基波磁场与两个永磁体提供的正弦分布径向磁场相同，进一步再将两个励磁线圈等效为一个置于转子槽内的整距集中励磁绕组，其有效匝数为相绕组的 $\sqrt{\frac{3}{2}}$ 倍，通入等效励磁电流 I_f 后，在气隙中产生的基波磁场与两个励磁线圈共同产生的基波磁场相同，图 4-20b 为永磁体等效后的隐极同步电动机，于是可将永磁体等效励磁绕组产生的基波磁场表示为

$$\psi_f = L_{mf} I_f \tag{4-65}$$

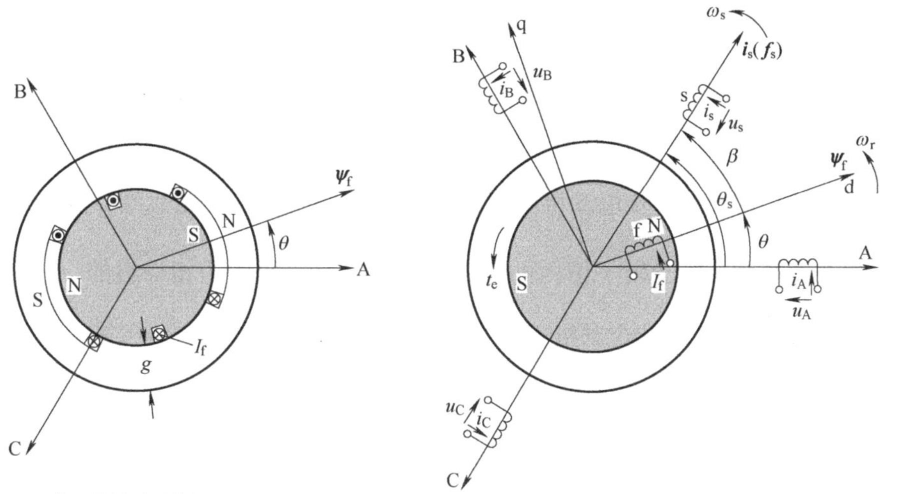

a) 转子等效励磁绕组　　b) 等效的隐极同步电动机

图 4-20　2 极面装式永磁同步电动机

式中，L_{mf} 为与基波磁场对应的励磁电感。或者

$$\psi_f = \sqrt{\frac{3}{2}} N_1 k_{ws1} \Phi_f \tag{4-66}$$

式中，Φ_f 为永磁励磁（基波）的磁通量。

由于永磁体内部的磁导率接近于空气，因此对于定子三相绕组产生的磁动势而言，电动

机气隙是均匀的。图 4-20b 中，已相当于将面装式永磁同步电动机等效成一台电励磁隐极同步电动机，唯一的差别是永磁同步电动机的永磁励磁磁场不可调节，可认为 ψ_f 是恒定的，即 I_f 始终为常值。由面装式永磁同步电动机的空载特性可得 E_0，再由式（4-20）可求得 ψ_f。图 4-20b 中，$\boldsymbol{i}_s(\boldsymbol{f}_s)$ 为定子对称三相绕组产生的定子电流（磁动势）矢量，产生 $\boldsymbol{i}_s(\boldsymbol{f}_s)$ 的等效单轴绕组的有效匝数为相绕组的 $\sqrt{\frac{3}{2}}$ 倍，于是图 4-20b 便与图 3-49 具有相同的形式，且有 $L_{mf}=L_m$，L_m 为定子单轴绕组等效励磁电感，因此由式（4-65）可确定 I_f。图 4-20b 中，将永磁基波磁场轴线定义为 d 轴，q 轴顺着旋转方向超前 90°电角度，于是还可将图 4-20b 表示为图 3-50 所示的形式。

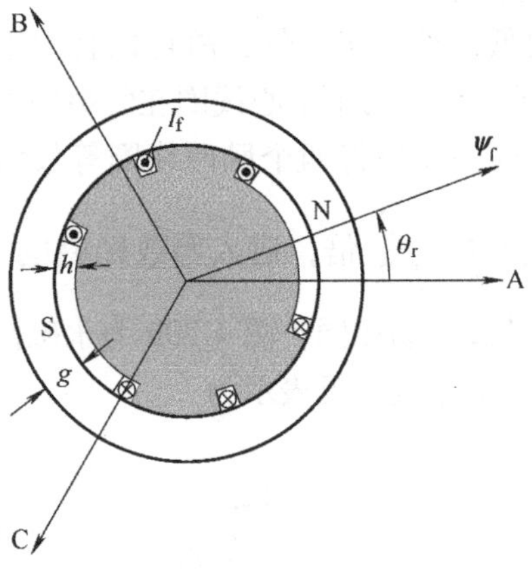

a) 转子等效励磁绕组

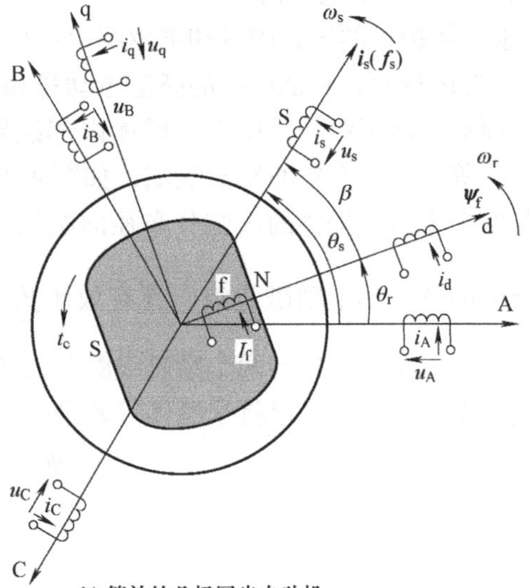

b) 等效的凸极同步电动机

图 4-21　2 极嵌入式永磁同步电动机

同理，可将嵌入式永磁同步电动机的永磁体等效为两个空心励磁线圈，如图 4-21a 所示，再将两个励磁线圈等效为置于转子槽内的励磁绕组，其有效匝数为相绕组的 $\sqrt{\frac{3}{2}}$ 倍，等效励磁电流为 I_f。与面装式永磁同步电动机不同的是，此时面对永磁体部分的气隙长度增大为 $g+h$，h 为永磁体的高度，而面对转子铁心部分的气隙长度仍为 g，电机气隙不再是均匀的。为求得电枢反应磁场，仍可采用双反应理论，于是可将图 4-21a 等效为图 4-21b 的形式，再将定子单轴绕组 s 分解为 d 轴和 q 轴绕组（有效匝数均与单轴绕组相同），图 4-21b 在形式上便与电励磁凸极同步电动机相同。不同的是，当 $i_d=i_q$ 时，直轴电枢反应磁场将弱于交轴反应电枢磁场，即有 $L_{md}<L_{mq}$，L_{md} 和 L_{mq} 分别为直轴等效励磁电感和交轴等效励磁电感，这与电励磁凸极同步电动机恰好相反。

对于内装式永磁同步电动机，同样可将其等效为如图 4-21b 所示的形式，同样有 $L_{md}<L_{mq}$。内装式转子结构有多种形式。对于如图 4-19c 所示的转子结构，其直、交轴电枢反应磁场的路径和直、交轴的轴线位置分别如图 4-22 所示。可以看出，直轴电枢反应磁场穿过了永磁体，而交轴电枢反应磁场基本不穿过永磁体，故有 $L_{md}<L_{mq}$。

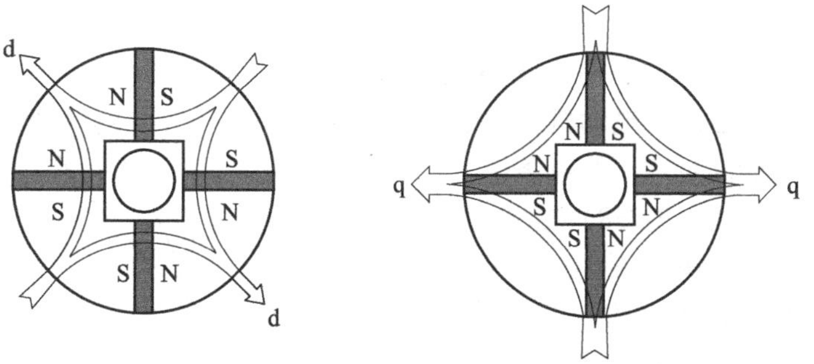

a) 直轴电枢反应磁场路径　　b) 交轴电枢反应磁场路径

图 4-22　内装式永磁同步电动机直、交轴电枢反应磁场路径和 dq 轴位置

3. 定子电压矢量方程和相量方程、相矢图和等效电路

由于面装式、嵌入式和内装式永磁同步电动机可分别等效为隐极和凸极同步电动机，因此不计磁饱和时，面装式永磁同步电动机的定子电压矢量方程和相量方程、相矢图和等效电路形式上与隐极同步电动机相同；嵌入式和内装式永磁同步电动机则与凸极同步电动机相同，两者的区别是，前者的 $L_{md}<L_{mq}$ 和 $X_{md}<X_{mq}$。

4. 电磁功率和功率方程、电磁转矩和转矩方程

隐极同步电动机的电磁功率表达式和功率方程均适用于面装式永磁同步电动机，而凸极同步电动机的电磁功率表达式和功率方程均适用于嵌入式和内装式永磁同步电动机。

隐极同步电动机的电磁转矩表达式同样适用于面装式永磁同步电动机。凸极同步电动机的电磁转矩表达式在形式上也适用于嵌入式和内装式永磁同步电机，但因后者 $L_{md}<L_{mq}(L_d<L_q)$ 和 $X_{md}<X_{mq}(X_d<X_q)$，导致在磁阻转矩生成上体现出了两者的差别。如式（3-233）中应有 $L_d<L_q$，当 i_s = 常值时，矩-角特性 t_e-β 便如图 4-23 所示。可以看出，当 $0°<\beta<90°$ 时，磁阻转矩为制动转矩；而当 $90°<\beta<180°$ 时，磁阻转矩为驱动转矩。这与凸极同步电动机正好相反。

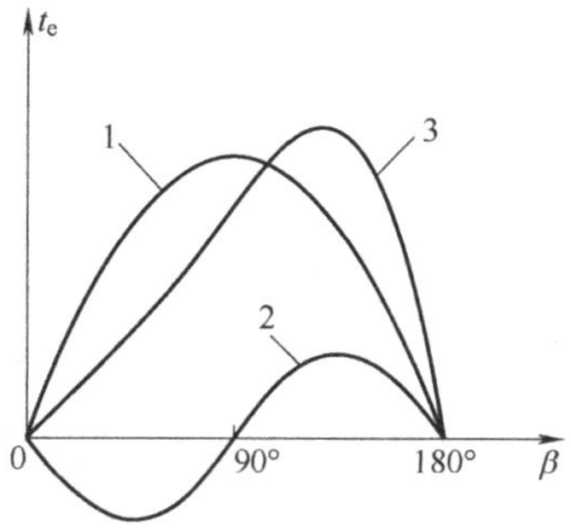

图 4-23　t_e-β 特性曲线

1—励磁转矩　2—磁阻转矩　3—电磁转矩

凸极式永磁同步电动机的稳态矢量图如图 4-24 所示。图中，当 $90°<\beta<180°$ 时，则有 $i_q>0$ 和 $i_d<0$，由于 $L_{md}<L_{mq}$，使得电枢反应磁场 $\boldsymbol{\psi}_{ms}$ 一定滞后于 $\boldsymbol{i}_s$，可知作用于转子的磁阻转矩将具有驱动性质，这与图 4-13b 所示正好相反；当 $0°<\beta<90°$ 时，则有 $i_q>0$ 和 $i_d>0$，使得 $\boldsymbol{\psi}_{ms}$ 超前于 $\boldsymbol{i}_s$，可知作用于转子的磁阻转矩将具有制动性质，这与图 4-13a 所示正好相反。由式（3-233）和式（3-235）也可以得到同样的结果。这表明，对于凸极式永磁同步电动机，只有当直轴电枢反应具有去磁作用时，磁阻转矩才具有驱动性质，反之磁阻转矩将具有制动性质。这与凸极同步电动机正好相反。

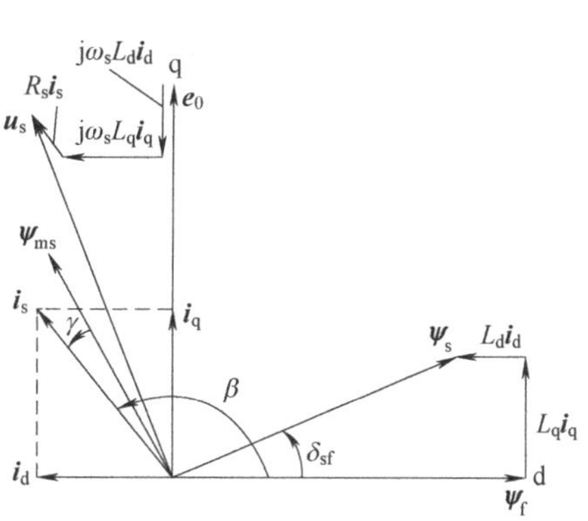

图 4-24　凸极式永磁同步电动机稳态矢量图

$(90°<\beta<180°)$

稳态运行时，对于凸极同步电动机，由式（4-61）

可知，只有$E_0<E_0'$时，磁阻转矩才能为驱动转矩；而对于凸极式永磁同步电动机，则只有在$E_0>E_0'$时，磁阻转矩才会为驱动转矩。永磁同步电动机的永磁体不可调节，只有通过合理设计才能满足这一约束条件。

当ψ_s=常值时，由式（3-238）或式（3-239），可得凸极式永磁同步电动机的矩-角特性$t_e=f(\delta_{sf})$，如图4-25所示。同电励磁凸极同步电动机一样，其附加电磁转矩并非为纯磁组转矩。如当$\beta=90°$时，如图4-24所示，$\boldsymbol{i}_s$位于交轴，磁阻转矩为零，此时负载角δ_{sf}并不为零，而在$0°<\delta_{sf}<90°$范围内，附加电磁转矩将为负值。实际上，当$0°<\delta_{sf}<90°$时，磁阻转矩可为负值，也可为正值，或者为零，这取决于E_0值是小于还是大于或者等于临界值E_0'。

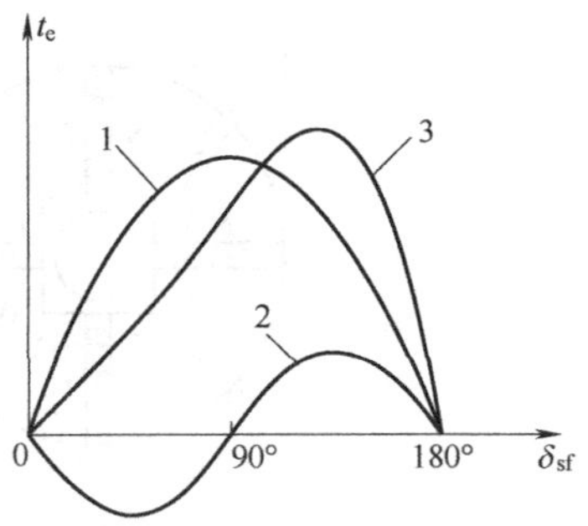

图4-25 t_e-δ_{sf}特性曲线

1—基本电磁转矩 2—附加电磁转矩 3—电磁转矩

4.6 同步电动机的运行特性

同步电动机的运行特性包括工作特性和V形曲线。

1. 工作特性

同步电动机的工作特性是指稳定状态下，定子电压$U_s=U_{sN}$和励磁电流$I_f=I_{fN}$时，电磁转矩T_e、电枢电流I_s、效率η与输出功率P_2之间的关系，即$T_e=f(P_2)$、$I_s=f(P_2)$和$\eta=f(P_2)$，以及不同励磁电流时的功率因数特性，即$\cos\phi=f(P_2)$。

（1）$T_e=f(P_2)$

由转矩方程$T_e=T_0+T_2=T_0+\dfrac{P_2}{\Omega_s}$可知，当输出功率$P_2=0$时，$T_e=T_0$；随着输出功率$P_2$的增大，电磁转矩将正比增大，因此$T_e=f(P_2)$是一条直线，如图4-26所示。图中，$P_2^*$为输出功率标幺值。

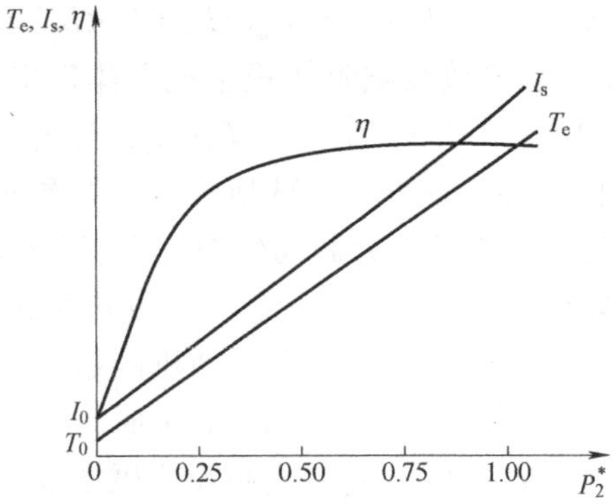

图4-26 同步电动机的工作特性

（2）$I_s=f(P_2)$

当输出功率$P_2=0$时，电枢电流为很小的空载电流；随着输出功率P_2的增大，电磁转矩正比增大，电枢电流也随之增大。由于定子电阻损耗和功率因数等原因，$I_s=f(P_2)$近似为一条略微上翘的直线。

（3）$\eta=f(P_2)$

同步电动机的效率特性与直流电动机基本相同。空载时$\eta=0$；随着输出功率P_2的增大，效率逐步增大，达到最大效率后开始下降。

（4）功率因数特性$\cos\phi=f(P_2)$

隐极同步电动机相量图图4-8a中，若不计定子电阻电压降，且取$\dot{E}_0$为参考相量，由式（4-16），则可将输入相绕组的视在功率表示为

$$
\begin{aligned}
S &= \dot{U}_s\dot{I}_s^* = (\mathrm{j}X_sI_s\mathrm{e}^{-\mathrm{j}\psi_0}+E_0)I_s\mathrm{e}^{\mathrm{j}\psi_0} \\
&= E_0I_s\cos\psi_0+\mathrm{j}(X_sI_s^2+E_0I_s\sin\psi_0) \\
&= P+\mathrm{j}Q
\end{aligned}
\tag{4-67}
$$

$$P=E_0I_s\cos\psi_0 \tag{4-68}$$

$$Q=X_sI_s^2+E_0I_s\sin\psi_0 \tag{4-69}$$

式中，P 和 Q 分别为有功功率和无功功率；ψ_0 为内功率因数角，以 $\dot{E}_0$ 超前 $\dot{I}_s$ 为正。

式（4-69）中，$X_sI_s^2$ 是电动机为建立电枢磁场由电网吸收的无功功率，$E_0I_s\sin\psi_0$ 是依靠 $\dot{E}_0$ 的作用，由电网吸收($\psi_0>0$)或者发出($\psi_0<0$)的无功功率，因此由两项之和决定了电动机将运行于感性功率因数、单位功率因数还是容性功率因数状态。

图4-27是在 $U_s=U_{sN}$ 和 $I_s=$ 常值、改变励磁电流大小时的相矢图。图4-27a中，$E_0<E_0'$，$\psi_0>0$，$Q>0$，电动机从电网吸收无功功率，功率因数 $\cos\phi$ 一定是感性的，此时电枢反应起增磁作用。随着励磁增大，图4-27b中，$E_0=E_0'$，$\psi_0=0$，电枢反应刚好处于临界状态，无功功率 $Q=X_sI_s^2$，$\cos\phi$ 也一定为感性。励磁继续增大，图4-27c中，$E_0>E_0'$，$\psi_0<0$，电枢反应起去磁作用，此时 $Q=X_sI_s^2-E_0I_s|\sin\psi_0|$，$Q$ 值虽然减小，但仍大于零，故 $\cos\phi$ 仍为感性。随着励磁持续增大，图4-27d中，则有 $Q=X_sI_s^2-E_0I_s|\sin\psi_0|=0$，此时 $\dot{I}_s$ 与 $\dot{U}_s$ 同相位，$\cos\phi$ 即为单位功率因数。若励磁持续增大，如图4-27e所示，$Q=X_sI_s^2-E_0I_s|\sin\psi_0|<0$，此时 $\dot{I}_s$ 将超前于 $\dot{U}_s$，电动机将向电网输出无功功率，$\cos\phi$ 将变为容性。可以看出，调节励磁便可以调节无功功率和功率因数，这是电励磁同步电动机的主要优点之一。

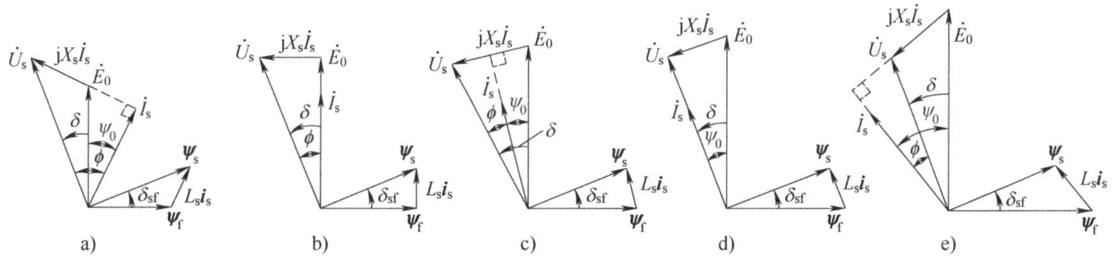

图4-27　隐极同步电动机不同励磁下的相矢图（$R_s=0$）

图4-28所示为不同励磁下，功率因数与输出功率之间的关系曲线 $\cos\phi=f(P_2)$，称为功率因数特性。曲线1对应于空载时 $\cos\phi=1$ 的情况；空载时定子电流 $\dot{I}_s$ 应为很小的空载电流，保持励磁电流不变，随着输出功率 P_2 的增加，定子电流 I_s 随之增大，在 U_s 和 E_0 恒定的约束下，$\dot{I}_s$ 将滞后于 $\dot{U}_s$，功率因数从1.0开始逐渐下降变为滞后。曲线2则为励磁电流稍大且保持不变，使得轻载时功率因数超前，半载时 $\cos\phi=1$，超过半载后功率因数则变为滞后的情况。曲线3则为进一步增大励磁电流且保持不变，满载时 $\cos\phi=1$ 的情况。

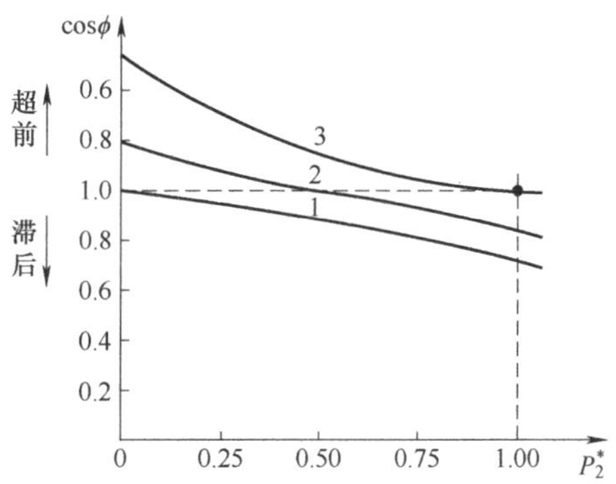

图4-28　不同励磁时同步电动机的功率因数特性 $\cos\phi=f(P_2)$

2. V形曲线

V形曲线是指定子电压 $U_s=U_{sN}$、电磁功率 $P_e=$ 常值时，定子电流与励磁电流之间的关系 $I_s=f(I_f)$。不计磁饱和时，励磁电动势 E_0 和 I_f 成正比，故此关系又可表示为 $I_s=f(E_0)$。

对于隐极同步电动机，不计定子电阻影响时，为保持电磁功率不变，应满足以下条件，

即有

$$E_0\sin\delta=\text{常值}\quad I_s\cos\phi=\text{常值} \tag{4-70}$$

在满足式（4-70）的条件下，可得图4-29所示的相量图。可以看出，改变励磁时，$\dot{E}_0$ 的端点将落在铅垂线 AB 上，$\dot{I}_s$ 的端点将落在水平线 CD 上。通常，将励磁电动势为 $\dot{E}_0$、功率因数 $\cos\phi=1$ 时的励磁，称为正常励磁。此时电枢电流 $\dot{I}_s$ 全部为有功电流，I_s 的值为最小。若增大励磁电流，使励磁电动势增加到 $\dot{E}'_0$，电动机便处于过励状态，此时 $\dot{I}'_s$ 将超前 $\dot{U}_s$，I'_s 较正常励磁时大，$I'_s>I_s$。反之，若减小励磁，使励磁电动势减小到 $\dot{E}''_0$，电动机便处于欠励状态，此时 $\dot{I}''_s$ 将滞后于 $\dot{U}_s$，I''_s 也比正常励磁时大，$I''_s>I_s$。由此可以得出电磁功率为不同常值下的 $I_s=f(I_f)$ 或者 $I_s=f(E_0)$，如图4-30所示，此曲线形同“V”字，故常称其为V形曲线。

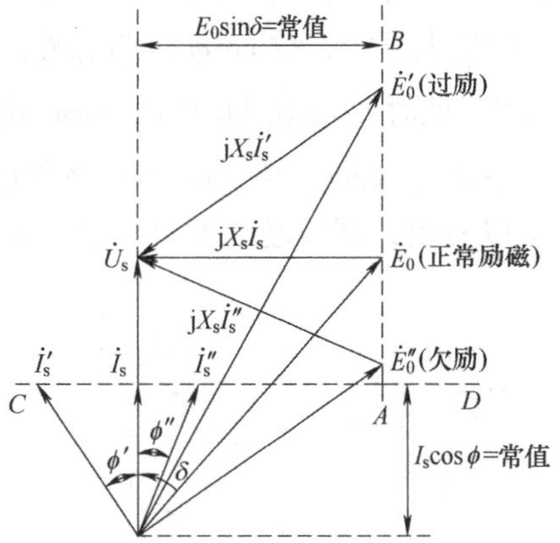

图4-29　恒功率、变励磁时隐极同步电动机的相量图

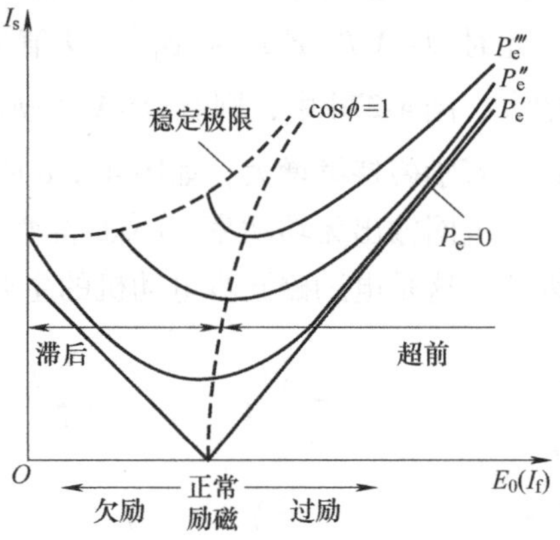

图4-30　同步电动机的V形曲线

（$P'''_e>P''_e>P'_e>P_e$）

图4-30中，电磁功率有四个不同值，分别对应四条不同的曲线。V形曲线的最低点是正常励磁、$\cos\phi=1$ 时的运行点；其右侧为过励状态，功率因数为超前；左侧为欠励状态，功率因数为滞后。可以看出对于不同的电磁功率，电动机的正常励磁是不同的，P_e 越大，正常励磁就越大。当电磁功率保持不变，减小励磁直至图中虚线所示数值时，由于 E_0 下降，使得电动机的最大电磁转矩不断下降，电动机将出现不稳定现象，图中虚线所示处即为达到静态稳定极限之处。

通常情况下，同步电动机多在过励状态下运行，此时 $\cos\phi$ 为超前功率因数，电动机可以从电网吸收超前电流，即向电网输出滞后电流，从而可以改善电网的功率因数。这是电励磁同步电动机运行的优点之一。但过励时，励磁电流较大，会增大励磁绕组的损耗和温升，也会增加电枢铜耗，影响电动机效率和温升。同步电动机的额定功率因数 $\cos\phi_N$ 一般设计为1或0.8（超前）。

3. 永磁同步电动机的V形曲线

由同步电动机的V形曲线可以看出，励磁电动势 E_0 是非常重要的参数，E_0 的大小（励磁水平）在很大程度上决定了电动机的运行状态。同理，当永磁同步电动机接于电网运行时，E_0 的大小决定了永磁同步电动机运行于增磁还是去磁状态，对电动机有功与无功功率输出、功率因数、磁阻转矩（凸极结构）和最大电磁转矩，以及空载损耗（空载电流）和电动机效率均有重大影响。

当永磁同步电动机其他参数不变，而仅改变永磁体的尺寸或永磁体性能时，曲线 $I_s=f(E_0)$ 也是一条 V 形曲线。只是永磁同步电动机的励磁难以调节，只能依靠合理的设计来确定合适的 E_0 值。

4. 同步补偿机

当同步电动机接于电网空载运行时，输出机械功率 $P_2=0$；若忽略铁耗 p_{Fe} 和转子机械损耗 p_{Ω}，则可认为电动机的电磁功率 P_e 近似为零。此时，其 V 形曲线 $I_s=f(I_f)$ 相当于图 4-30 中电磁功率 $P_e\approx0$ 时的曲线。处于这种运行状态的同步电动机可作为同步补偿机，用来调节无功功率和改善电网功率因数。

由该 V 形曲线可知，当励磁处于正常励磁时，补偿机的电枢电流接近于零，其相矢图如图 4-31a 所示；过励时，电枢电流为去磁的直轴电流 $\dot{I}_d$，如图 4-31b 所示，补偿机可由电网吸收超前的无功电流，此时补偿机相当于一组并联的三相可变电容器；欠励时，如图 4-31c 所示，电枢电流为增磁的直轴电流 $\dot{I}_d$，补偿机可由电网吸收滞后的无功电流，此时补偿机相当于一个三相可变电抗器。

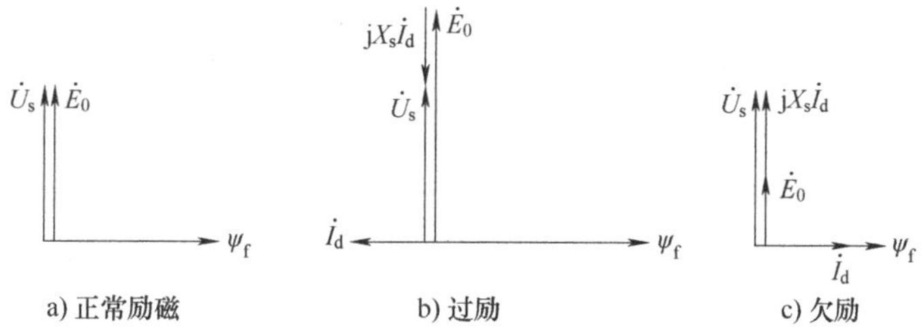

图 4-31　同步补偿机相矢图

电力系统的大部分负载为感应电动机，感应电动机要从电网吸收滞后的无功电流来建立电动机内的磁场，这会降低整个电网的功率因数，增大线路的电压降和损耗，导致电站中同步发电机的容量不能有效利用。倘若在电网的受电端装设同步补偿机，使其从电网吸收超前的无功电流，即可改善电网的功率因数。

图 4-32a 所示为一最简单的电力系统，其中 $\dot{I}_a$ 为感应电动机从电网吸收的滞后电流，$\dot{I}_c$ 为补偿机从电网吸收的超前无功功率电流，线路电流 $\dot{I}$ 则为

$$\dot{I}=\dot{I}_a+\dot{I}_c \tag{4-71}$$

由图 4-32b 可见，超前无功电流 $\dot{I}_c$ 可完全（也可部分）补偿滞后电流 $\dot{I}_a$ 的无功分量，提高了系统的功率因数，减小了线路电流。此时，也可看成是补偿机向电网输出了滞后的无功电流，因此感应电动机所需的滞后无功电流，实质上是在受电端由补偿机直接供给的，从而避免了无功电流的远程输送，同时改善了电网的功率因数。

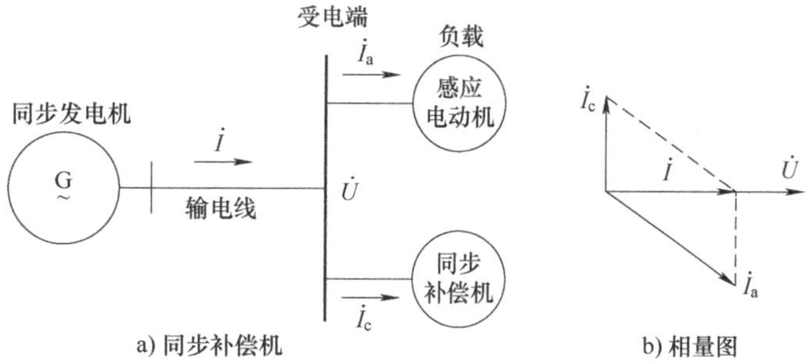

图 4-32　接于电网受电端的同步补偿机

对于长距离的输电线路，轻载时，由于输电线路的电容电流将使受电端的电压升高，此时若令受电端的补偿机做欠励运行，就可以减小线路中的无功电流，并使受电端的电压基本

保持不变。

调节电网的功率因数实质是调节电网电流相位，因此也将同步补偿机称为同步调相机。同步补偿机的额定容量是指过励时补偿机所能补偿的最大无功功率值。

4.7　同步发电机的电压矢量和相量方程、相矢图和等效电路

以同步电动机的电压矢量和相量方程为基础，通过对比分析，可以得到同步发电机的电压矢量和相量方程、相矢图和等效电路。

4.7.1　隐极同步发电机的电压矢量和相量方程、相矢图和等效电路

1. 稳态运行和不计磁饱和时

图 4-33 中，按发电机惯例，设定电枢相绕组电流以首端 A、B、C 流出为其正方向，由此可确定三相绕组各自的轴线；设定相绕组中励磁电动势正方向与电流正方向一致，故有 $\boldsymbol{e}_0=-\dfrac{\mathrm{d}\boldsymbol{\psi}_\mathrm{f}}{\mathrm{d}t}$，励磁电动势 $\boldsymbol{e}_0$ 将滞后 $\boldsymbol{\psi}_\mathrm{f}$ 90°电角度，这与电动机正好相反。

为使同步电机由电动机运行转换为发电机运行，必须使电磁转矩由驱动转矩转换为制动转矩。为此，定子电流矢量 $\boldsymbol{i}_\mathrm{s}$ 一定要由超前主磁场 $\boldsymbol{\psi}_\mathrm{f}$ 转换为滞后于 $\boldsymbol{\psi}_\mathrm{f}$。此时交轴电流 $\boldsymbol{i}_\mathrm{q}$ 产生的交轴电枢反应磁场，要由超前 $\boldsymbol{\psi}_\mathrm{f}$ 90°电角度转换为滞后其 90°电角度，如图 4-33 所示。图中，仍取主磁场 $\boldsymbol{\psi}_\mathrm{f}$ 的轴线为 d 轴，若按电动机惯例也取 q 轴超前 d 轴，则 $\boldsymbol{i}_\mathrm{q}$ 方向将与 q 轴方向相反，这会给稳态分析带来诸多不便，为此取 q 轴滞后 d 轴 90° 电角度。

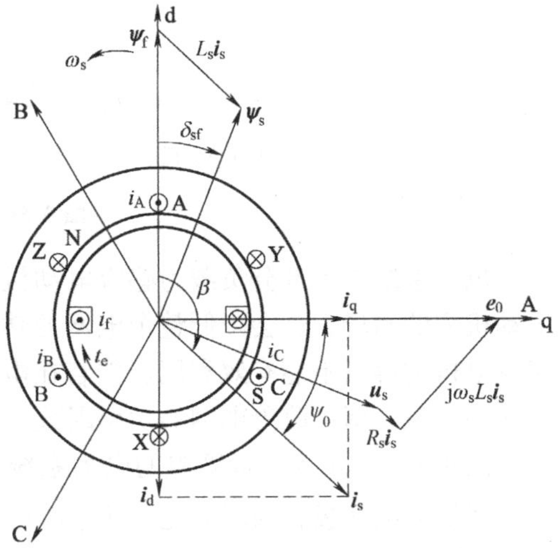

图 4-33　隐极同步发电机稳态矢量图

在隐极同步发电机内，由主磁场 $\boldsymbol{\psi}_\mathrm{f}$ 和电枢磁场 $\boldsymbol{\psi}_\mathrm{ss}$ 构成了定子磁场 $\boldsymbol{\psi}_\mathrm{s}$，若不计定子铁耗，则电枢磁场 $\boldsymbol{\psi}_\mathrm{ss}$ 与 $\boldsymbol{i}_\mathrm{s}$ 同相位，$\boldsymbol{\psi}_\mathrm{ss}=L_\mathrm{s}\boldsymbol{i}_\mathrm{s}$，即有

$$\boldsymbol{\psi}_\mathrm{s}=\boldsymbol{\psi}_\mathrm{f}+L_\mathrm{s}\boldsymbol{i}_\mathrm{s} \tag{4-72}$$

如图 4-33 所示，由于 $\boldsymbol{\psi}_\mathrm{f}$ 超前于 $L_\mathrm{s}\boldsymbol{i}_\mathrm{s}$，因此 $\boldsymbol{\psi}_\mathrm{f}$ 一定超前于 $\boldsymbol{\psi}_\mathrm{s}$，电磁转矩将具有制动性质，说明只有在原动机克服制动转矩情况下，才能使 $\boldsymbol{\psi}_\mathrm{f}$ 领跑于 $\boldsymbol{\psi}_\mathrm{s}$；由于 $\boldsymbol{\psi}_\mathrm{f}$ 超前于 $\boldsymbol{\psi}_\mathrm{s}$，故励磁电动势矢量 $\boldsymbol{e}_0$ 一定超前于定子电压矢量 $\boldsymbol{u}_\mathrm{s}$。这与电动机运行时相反。

图 4-33 中，ψ_0 为励磁电动势 $\boldsymbol{e}_0$ 与定子电流 $\boldsymbol{i}_\mathrm{s}$ 间的电角度（稳态运行时称为内功率因数角）；定义 $\boldsymbol{i}_\mathrm{s}$ 滞后 $\boldsymbol{e}_0$ 时，ψ_0 为负值，$i_\mathrm{d}=i_\mathrm{s}\sin\psi_0$，$i_\mathrm{d}<0$，直轴电枢反应将起去磁作用；$\boldsymbol{i}_\mathrm{s}$ 超前 $\boldsymbol{e}_0$ 时，ψ_0 为正值，$i_\mathrm{d}>0$，直轴电枢反应将起增磁作用。由于电枢反应的性质取决于 ψ_0，因此 ψ_0 是同步发电机的基本变量之一。

由图 4-33，可将定子电压矢量方程表示为

$$\boldsymbol{e}_0=\boldsymbol{u}_\mathrm{s}+R_\mathrm{s}\boldsymbol{i}_\mathrm{s}+\mathrm{j}\omega_\mathrm{s}L_\mathrm{s}\boldsymbol{i}_\mathrm{s} \tag{4-73}$$

式中，$\boldsymbol{e}_0=-\mathrm{j}\omega_\mathrm{s}\boldsymbol{\psi}_\mathrm{f}$。

若同取 A 轴为时空参考轴，便可将图 4-33 所示的稳态矢量图直接转换为 A 相绕组的相量

图，在图中所示时刻，A 相绕组中励磁电动势 $\dot{E}_{0A}$ 最大，故 $\boldsymbol{e}_0$ 与 $\dot{E}_{0A}$ 同处 A 轴，两者方向一致，对电压和电流矢量及其相应的相量亦如此。图 4-34 所示为隐极同步发电机相矢图。

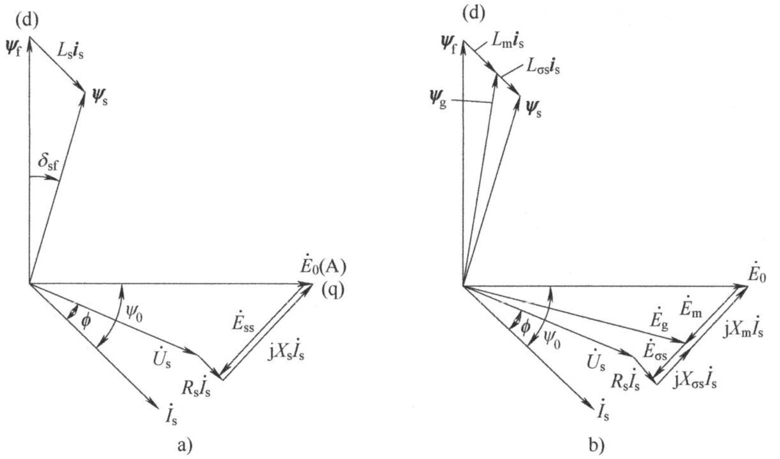

图 4-34 隐极同步发电机相矢图

图 4-34a 中，$\dot{E}_{ss}$ 为电枢磁场 $L_s\boldsymbol{i}_s$ 感生的电动势；图 4-34b 中，$\dot{E}_{\sigma s}$ 为电枢漏磁场 $L_{\sigma s}\boldsymbol{i}_s$ 感生的漏磁电动势，$\dot{E}_m$ 为电枢反应磁场 $L_m\boldsymbol{i}_s$ 感生的电枢反应电动势；$\dot{E}_{ss}=\dot{E}_{\sigma s}+\dot{E}_m$；可将 $\dot{E}_{\sigma s}$、$\dot{E}_m$、$\dot{E}_{ss}$分别表示为负电抗电压降的形式，即

$$\begin{cases}\dot{E}_{\sigma s}=-\mathrm{j}X_{\sigma s}\dot{I}_s\\ \dot{E}_m=-\mathrm{j}X_m\dot{I}_s\\ \dot{E}_{ss}=-\mathrm{j}X_s\dot{I}_s\end{cases} \tag{4-74}$$

由图 4-34a，可得

$$\dot{E}_0+\dot{E}_{ss}=\dot{U}_s+R_s\dot{I}_s \tag{4-75}$$

于是，有

$$\dot{E}_0=\dot{U}_s+R_s\dot{I}_s+\mathrm{j}X_s\dot{I}_s=\dot{U}_s+R_s\dot{I}_s+\mathrm{j}X_{\sigma s}\dot{I}_s+\mathrm{j}X_m\dot{I}_s \tag{4-76}$$

式中，$X_{\sigma s}$为电枢漏磁电抗，$X_{\sigma s}=\omega_s X_{\sigma s}$；$X_m$ 为电枢反应电抗，$X_m=\omega_s X_m$；X_s 为同步电抗，$X_s=X_{\sigma s}+X_m$，X_s 为对称稳态运行时表征电枢反应和电枢漏磁这两个效应的一个综合参数，不计饱和时，X_s 为常值。

实际上，由电压矢量方程式（4-73）也可以直接得到电压相量方程式（4-76）。

图 4-35 是与式（4-76）对应的等效电路。图中，$\dot{E}_g$ 是由气隙磁场 $\boldsymbol{\psi}_g$ 感生的气隙电动势，由图 4-34b 可知，$\boldsymbol{\psi}_g=\boldsymbol{\psi}_f+L_m\boldsymbol{i}_s$，故有

$$\dot{E}_g=\dot{E}_0+\dot{E}_m \tag{4-77}$$

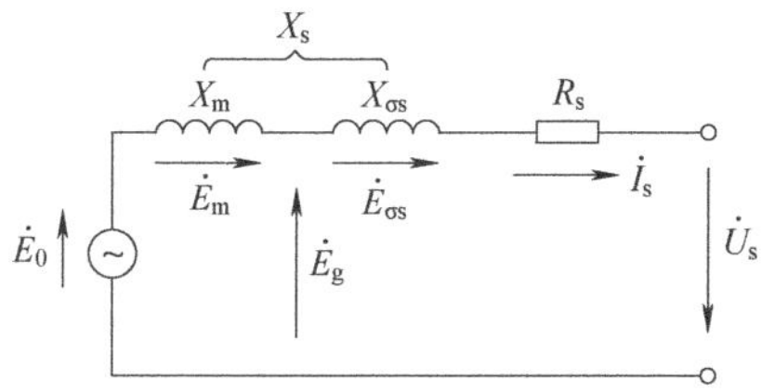

图 4-35 隐极同步发电机等效电路

以上分析同样适用于面装式永磁同步发电机。

2. 考虑磁饱和时

考虑磁饱和时，由于磁路的非线性，叠加原理不再适用。此时不能同式（4-77）那样，由主磁场和电枢反应磁场来分别求得励磁电动势 $\dot{E}_0$ 和电枢反应电动势 $\dot{E}_m$，而必须先求得主极基波磁动势 $\boldsymbol{F}_{f1}$ 和电枢基波磁动势 $\boldsymbol{F}_s$ 的合成磁动势 $\boldsymbol{F}_1$，即有

$$\boldsymbol{F}_1=\boldsymbol{F}_{f1}+\boldsymbol{F}_s \tag{4-78}$$

定、转子基波合成磁动势 $\boldsymbol{F}_1$ 同时作用于主磁路，产生了气隙磁场 $\boldsymbol{\psi}_g$。

可以利用电机的空载磁化曲线，得到由 $\boldsymbol{F}_1$ 所产生的气隙电动势 E_g，由此可得

$$\dot{E}_g=\dot{U}_s+R_s\dot{I}_s+jX_{\sigma s}\dot{I}_s \tag{4-79}$$

相应的相矢图如图 4-36 所示。图中，既有电动势相量，又有磁动势矢量，故又称其为电动势-磁动势图。

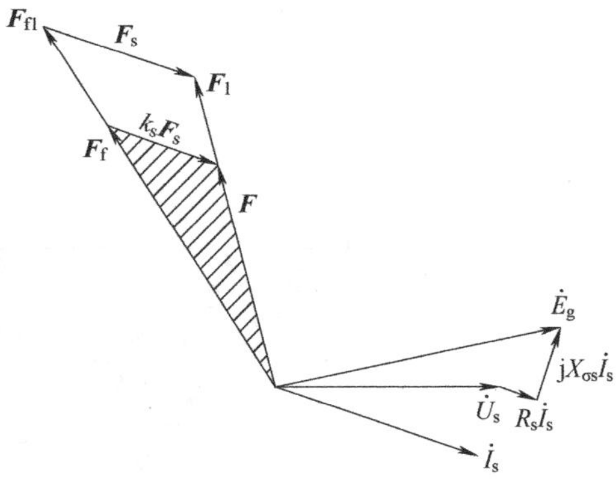

图 4-36　考虑磁饱和时隐极同步发电机的相矢图（电动势-磁动势图）

如何由同步电机的空载磁化曲线来求取 E_g，在隐极同步电动机一节已做了分析和说明，这里不再赘述。问题是，在画电动势-磁动势图时，从理论上讲，应当从负载时电机的磁化曲线上查出与气隙电动势 E_g 相对应的合成磁动势 F，需要进行一系列负载时的磁路计算。为了简化计算，通常仍利用空载时的磁化曲线（空载曲线）来查取 F。为弥补由此引起的误差，在计算气隙电动势 E_g 时，式（4-79）中，不用定子漏磁电抗 $X_{\sigma s}$，而用波梯电抗 X_p 来替代 $X_{\sigma s}$，则有

$$\dot{E}_g=\dot{U}_s+R_s\dot{I}_s+jX_p\dot{I}_s \tag{4-80}$$

式中，$X_p=X_{\sigma s}+X_\Delta$，$X_\Delta$ 为修正值，X_p 比 $X_{\sigma s}$ 略大，修正的原因是由于负载时转子漏磁比空载时大，会引起主磁路饱和程度变化，使得负载和空载时的磁化曲线有一定的差别。

考虑饱和效应的另一种方法是，可在运行点将磁化曲线线性化，求得相应的同步电抗饱和值 X_s，从而将非线性问题作为线性问题来处理。

4.7.2　凸极同步发电机的电压相量方程和相量图

1. 不考虑磁饱和时

同凸极同步电动机一样，可以采用双反应理论来分析凸极同步发电机。由式（4-72），可得

$$\boldsymbol{\psi}_s=\boldsymbol{\psi}_f+L_d\boldsymbol{i}_d+L_q\boldsymbol{i}_q \tag{4-81}$$

由式（4-76），可将凸极同步发电机的电压相量方程表示为

$$\begin{aligned}\dot{E}_0&=\dot{U}_s+R_s\dot{I}_s+jX_{\sigma s}\dot{I}_s+jX_{md}\dot{I}_d+jX_{mq}\dot{I}_q\\&=\dot{U}_s+R_s\dot{I}_s+j(X_{\sigma s}+X_{md})\dot{I}_d+j(X_{\sigma s}+X_{mq})\dot{I}_q\\&=\dot{U}_s+R_s\dot{I}_s+jX_d\dot{I}_d+jX_q\dot{I}_q\end{aligned} \tag{4-82}$$

式中，X_d、X_q 分别为直轴同步电抗和交轴同步电抗，$X_d=X_{\sigma s}+X_{md}$，$X_q=X_{\sigma s}+X_{mq}$，X_d 和 X_q 是对称稳态运行时表征电枢漏磁和直、交轴电枢反应的两个综合参数。

图 4-37 是与式（4-81）和式（4-82）相应的相矢图，图中 $\dot{I}_s$ 滞后于 $\dot{E}_0$。但是，为画出此相矢图必须先将电枢电流分解成直轴和交轴分量，为此先要确定内功率因数角 ψ_0，否则将无法画出整个相矢图。

对于图 4-37 所示的相矢图，可引入虚拟电动势 $\dot{E}_Q$，令

$$\dot{E}_Q=\dot{E}_0-j(X_d-X_q)\dot{I}_d \tag{4-83}$$

将式（4-82）代入式（4-83），可得

$$\begin{aligned}\dot{E}_Q &= \dot{U}_s + R_s\dot{I}_s + jX_d\dot{I}_d + jX_q\dot{I}_q - j(X_d - X_q)\dot{I}_d \\ &= \dot{U}_s + R_s\dot{I}_s + jX_q\dot{I}_s\end{aligned} \tag{4-84}$$

由于式（4-83）中的 $j(X_d-X_q)\dot{I}_d$ 与 $\dot{E}_0$ 同处 q 轴，因此 $\dot{E}_Q$ 与 $\dot{E}_0$ 也应同处 q 轴。当 $\dot{I}_s$ 滞后于 $\dot{E}_0$ 时，如图 4-38 所示，由已知的定子端电压 U_s、电枢电流 I_s 和功率因数角 ϕ，可得 ψ_0 为

$$\psi_0 = \arctan\frac{U_s\sin\phi + X_qI_s}{U_s\cos\phi + R_sI_s} \tag{4-85}$$

图 4-39 是以虚拟电动势 $\dot{E}_Q$ 表示的凸极同步发电机等效电路。此电路图已将凸极电机隐极化，可用于凸极同步发电机在电网中的运行性能分析和功率角计算。应强调的是，$\dot{E}_Q$ 不仅与 $\dot{E}_0$ 有关，还与电枢电流有关，因此是个随机变量。

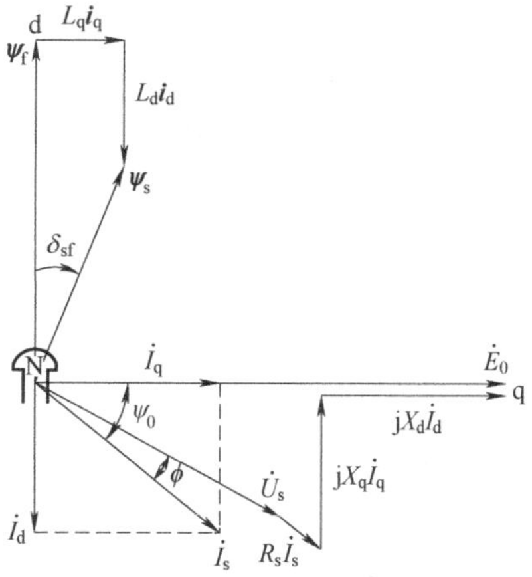

图 4-37　凸极同步发电机的相矢图

（$\dot{I}_s$ 滞后于 $\dot{E}_0$）

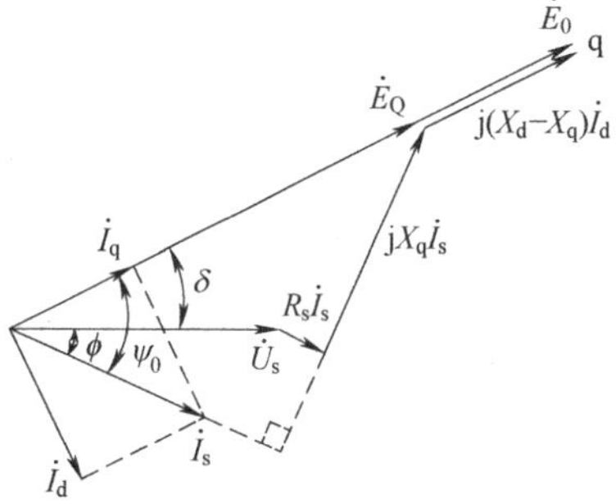

图 4-38　ψ_0 角的确定

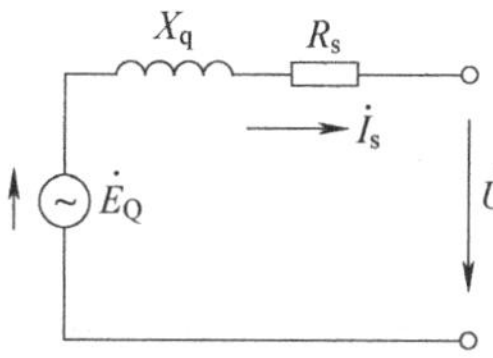

图 4-39　以虚拟电动势 $\dot{E}_Q$ 表示的凸极同步发电机等效电路

2. 考虑磁饱和时

对于凸极同步发电机，考虑磁饱和时求取电压相量方程的处理方法与凸极同步电动机基本相同。

此时，作用于直轴的合成磁动势 F_{df} 为

$$\boldsymbol{F}_{df} = \boldsymbol{F}_f + k_{sd}\boldsymbol{F}_d \tag{4-86}$$

式中，$\boldsymbol{F}_f$ 为励磁绕组所产生的方波磁动势，如图 4-15b 所示；$\boldsymbol{F}_d$ 为电枢的直轴基波磁动势，k_{sd} 为正弦波 $\boldsymbol{F}_d$ 换算到方波磁动势的换算系数，$k_{sd}=\dfrac{1}{k_f}$。

利用磁化曲线，可直接查出由 F_{df} 产生的直轴气隙电动势 E_{gd}，如图 4-40b 所示。这里假设直轴电枢反应具有去磁性质。

交轴方向没有励磁绕组，故交轴方向只有电枢的交轴基波磁动势 $\boldsymbol{F}_q$，由 $\boldsymbol{F}_q$ 产生的交轴电枢反应磁场产生了交轴电枢反应电动势 $\dot{E}_{mq}$。由于交轴方面气隙较大，交轴磁路基本是线性的，故可将 $\dot{E}_{mq}$ 仍作为负电抗电压降来处理，即 $\dot{E}_{mq}=-jX_{mq}\dot{I}_q$。

气隙电动势 $\dot{E}_g$ 为直轴气隙电动势 $\dot{E}_{gd}$ 和交轴电枢反应电动势 $\dot{E}_{mq}$ 的相量和，即有

$$\dot{E}_g = \dot{E}_{gd} + \dot{E}_{mq} = \dot{E}_{gd} - jX_{mq}\dot{I}_q \tag{4-87}$$

于是，有

$$\dot{E}_{g}=\dot{U}_{s}+R_{s}\dot{I}_{s}+jX_{\sigma s}\dot{I}_{s} \tag{4-88}$$

由式（4-87）和式（4-88），可得磁饱和凸极同步发电机的电压相量方程为

$$\dot{E}_{gd}=\dot{U}_{s}+R_{s}\dot{I}_{s}+jX_{\sigma s}\dot{I}_{s}+jX_{mq}\dot{I}_{q} \tag{4-89}$$

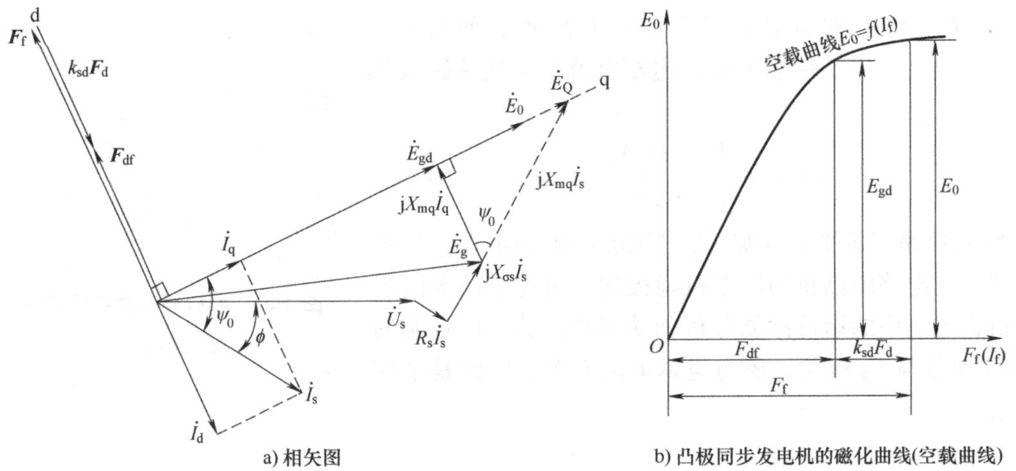

图 4-40 考虑饱和时的凸极同步发电机相矢图

图 4-40a 是与式（4-89）相应的相矢图。图中，内功率因数角 ψ_0 可由式（4-85）来确定，$\dot{E}_{gd}$可由式（4-89）求得。E_{gd}确定后，由磁化曲线可直接查得与 E_{gd}对应的直轴合成磁动势 F_{df}；在直轴基波磁动势 $\boldsymbol{F}_d$ 为去磁磁动势的情况下，可计算出 $F_f=F_{df}+|k_{sd}F_d|$，如图 4-40b 所示，从磁化曲线上由 F_f 便可直接查得磁饱和情况下的励磁电动势 E_0，$\dot{E}_0$ 与 $\dot{E}_{gd}$同位于 q 轴，且方向一致。对比图 4-38 和图 4-40a 可以看出，铁心饱和后，励磁电动势 E_0 已明显减小。

4.8 同步发电机的功率方程、转矩方程和功角特性

1. 电磁转矩

图 3-49 中，当电机由电动机转换为发电机运行时，电枢电流 $\boldsymbol{i}_s$ 将反向，式（3-195）则为 $t_e=-p_0\boldsymbol{\psi}_f\times\boldsymbol{i}_s$，电磁转矩将由驱动转矩转换为制动转矩。如图 4-33 所示，此时 $\boldsymbol{\psi}_f$ 总是超前于 $\boldsymbol{i}_s$，即总是超前于电枢反应磁场 $L_m\boldsymbol{i}_s$，这只有在原动机克服转子制动转矩时才能实现。

图 4-33 中，若设定转矩角 β 为 $\boldsymbol{\psi}_f$ 顺时针方向至 $\boldsymbol{i}_s$ 的电角度，则可将电磁转矩仍表示为

$$t_e=p_0\boldsymbol{\psi}_f\times\boldsymbol{i}_s=p_0\psi_f i_s\sin\beta=p_0\psi_f i_q \tag{4-90}$$

式中，$0<\beta<\pi$。依据矢量运算右手法则，可知电磁转矩逆时针方向作用 $\boldsymbol{\psi}_f$（转子），实际为制动转矩。

由同步电动机电磁转矩通用表达式 $t_e=p_0\boldsymbol{\psi}_s\times\boldsymbol{i}_s$，可将隐极和凸极同步发电机的转矩统一表示为

$$t_e=p_0\boldsymbol{\psi}_s\times\boldsymbol{i}_s=p_0\psi_s i_s\sin\delta_{ss} \tag{4-91}$$

式中，δ_{ss}为 $\boldsymbol{\psi}_s$ 顺时针方向至 $\boldsymbol{i}_s$ 的电角度。

可将式（4-91）表示为

$$t_e=p_0(\psi_d i_q-\psi_q i_d) \tag{4-92}$$

式中，$\boldsymbol{\psi}_s=\psi_d+j\psi_q$，$\psi_d=\psi_f+L_d i_d$，$\psi_q=L_q i_q$。

可将式（4-92）进一步表示为

$$t_e=p_0[\psi_f i_q+(L_d-L_q)i_d i_q] \tag{4-93}$$

由式（4-93），可得

$$t_e=p_0\left[\psi_f i_s\sin\beta+\frac{1}{2}(L_d-L_q)i_s^2\sin 2\beta\right] \tag{4-94}$$

式中，右端第1项为励磁转矩；第2项为磁阻转矩。

由式（4-93），可得

$$t_e=p_0\left[\frac{\psi_s\psi_f}{L_d}\sin\delta_{sf}+\frac{1}{2}\left(\frac{1}{L_q}-\frac{1}{L_d}\right)\psi_s^2\sin 2\delta_{sf}\right] \tag{4-95}$$

式中，δ_{sf}为负载角，δ_{sf}是$\boldsymbol{\psi}_f$顺时针方向至$\boldsymbol{\psi}_s$的电角度；右端第1项为基本电磁转矩，第2项为附加电磁转矩。与凸极同步电动机相同，基本电磁转矩不是纯励磁转矩，附加电磁转矩也不是纯磁阻转矩。

式（4-90）~式（4-95）对动态和稳态均适用。可以看出，在重新定义电角度β、δ_{ss}和δ_{sf}后，同步发电机与同步电动机的转矩便具有形同的形式，两者得到了统一，但此时转矩正方向已与转速相反，制动转矩已取为正值。

稳态运行时，可将式（4-93）、式（4-94）和式（4-95）分别表示为

$$T_e=mp_0[\Psi_f I_q\pm(L_d-L_q)I_d I_q] \tag{4-96}$$

式中，Ψ_f、I_d和I_q为有效值，当转矩角$0°<\beta<90°$时，取“+”号；当转矩角$90°<\beta<180°$时，取“−”号。还可得

$$T_e=mp_0\left[\Psi_f I_s\sin\beta+\frac{1}{2}(L_d-L_q)I_s^2\sin 2\beta\right] \tag{4-97}$$

若忽略定子电阻影响，则有

$$T_e\approx\frac{m}{\Omega_s}\frac{E_0U_s}{X_d}\sin\delta+\frac{m}{\Omega_s}\frac{U_s^2}{2}\left(\frac{1}{X_q}-\frac{1}{X_d}\right)\sin 2\delta \tag{4-98}$$

式中，δ为$\dot{E}_0$和$\dot{U}_s$间的夹角，$\delta=\angle_{\dot{U}_s}^{\dot{E}_0}$称为功率角。

2. 电磁功率

由于电磁功率$P_e=\Omega_r t_e$，故可由上述电磁转矩表达式得到不同工况下的电磁功率表达式。除此之外，还可以由等效电路得到稳态运行时电磁功率的不同表达式。

不考虑磁饱和时，由图4-35可得隐极同步发电机的电磁功率表示为

$$P_e=mE_0I_s\cos\psi_0 \tag{4-99}$$

由图4-39可得凸极同步发电机的电磁功率为

$$P_e=mE_QI_s\cos\psi_0 \tag{4-100}$$

无论磁路是否饱和，由式（4-88），可将隐极和凸极同步发电机的电磁功率表示为

$$P_e=mE_gI_s\cos\psi \tag{4-101}$$

式中，ψ为$\dot{E}_g$与$\dot{I}_s$间的夹角。

忽略定子电阻损耗，则有

$$P_e=mU_sI_s\cos\phi \tag{4-102}$$

3. 功率方程

设定同步发电机的主极由另外的直流电源励磁，且忽略杂散损耗 p_Δ。由式（4-99）可知，通过感应电动势的作用，同步发电机将机械功率转换为电功率，此转换功率即为电磁功率 P_e。从电磁功率中扣除电枢铜耗，可得电枢端点输出的电功率 P_2，即有

$$P_e = p_{Cua} + P_2 \tag{4-103}$$

忽略电枢铜耗 p_{Cua}，则有 $P_e = P_2$，P_2 便同式（4-102）。

负载运行时，由发电机轴上输入的机械功率 P_1 中扣除机械损耗 p_Ω 和定子铁耗 p_{Fe}，余下的机械功率便为转换功率（电磁功率），即有

$$P_1 = p_\Omega + p_{Fe} + P_e \tag{4-104}$$

式（4-103）和式（4-104）即为同步发电机稳态运行时的功率方程。

4. 转矩方程

将功率方程式（4-104）两边除以同步机械角速度 Ω_s，可得机械方程为

$$T_1 = T_0 + T_e \tag{4-105}$$

式中，T_1 为原动机的驱动转矩，$T_1 = \dfrac{P_1}{\Omega_s}$；$T_0$ 为空载转矩，$T_0 = \dfrac{p_\Omega + p_{Fe}}{\Omega_s}$；$T_e$ 为电磁转矩，$T_e = \dfrac{P_e}{\Omega_s}$。

同步发电机在同步转速下空载运行时，原动机提供的驱动转矩只需要克服空载转矩，空载转矩是由机械损耗和主极旋转磁场在定子铁心内产生的铁耗而引起的。负载运行时，在感应电动势作用下，发电机向外输出电功率，与此同时将产生制动的电磁转矩，原动机在克服制动转矩过程中将机械功率转换为电功率，反映了电动势和电磁转矩在机电能量转换过程中所起的作用。

4.9　同步发电机与电网的并网运行

现代电力系统的容量很大，其频率和电压基本不受负载变化或其他扰动的影响而保持常值，通常将这种恒频、恒压的电网称为无穷大电网。同步发电机并联到无穷大电网后，其频率和电压因受电网的约束而与电网始终保持一致，这是同步发电机并网运行的一个特点。

为了研究同步发电机与电网并联运行时的无功功率和有功功率的发送和调节问题，首先需要了解同步发电机的功角特性。

4.9.1　功角特性

稳态运行时，由同步发电机的转矩表达式式（4-98），可得电磁功率的表达式，即有

$$P_e \approx m\frac{E_0 U_s}{X_d}\sin\delta + m\frac{U_s^2}{2}\left(\frac{1}{X_q} - \frac{1}{X_d}\right)\sin 2\delta \tag{4-106}$$

式中，右端第 1 项为基本电磁功率；第 2 项为附加电磁功率。

当发电机始终运行于同步转速，且励磁电动势 E_0 和端电压 U_s 保持不变时，电磁功率 P_e 便仅与功率角 δ 相关，通常将 $P_e = f(\delta)$ 关系曲线称为功角特性。功角特性是同步发电机与电网并联运行时的主要特性之一。

图 4-41 所示为凸极同步电机的功角特性。对比式（4-52）和式（4-106）可以看出，凸极

同步发电机与电动机的电磁功率表达式形式相同。

由于同步电机的运行状态和有功功率的大小均取决于功率角 δ，因此功率角是同步电机与电网并联运行时的基本变量之一。

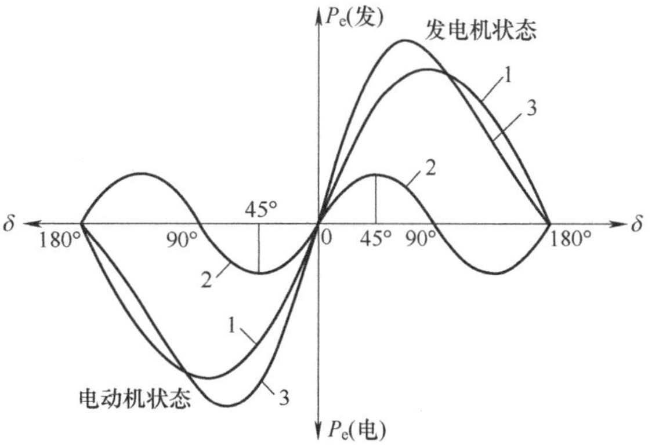

图4-41 凸极同步电机的功角特性

1—基本电磁功率 2—附加电磁功率 3—电磁功率

4.9.2 有功功率和无功功率的调节

1. 有功功率的调节

下面以隐极发电机为例说明与电网并联运行时同步发电机是如何调节有功功率输出的。

设定与电网并联初始，电机输出的有功功率为零，若不计定子铜耗，则输出的电磁功率 P_e 为零，即功率角 $\delta=0°$，同步电机处于补偿机状态，此时图4-34a中，主磁场 $\boldsymbol{\psi}_f$ 与定子磁场 $\boldsymbol{\psi}_s$ 方向一致，励磁电动势 $\dot{E}_0$ 与定子端电压 $\dot{U}_s$ 相位相同，假设运行于过励状态，则有 $E_0>U_s$。由于补偿机只需克服定子铁耗 p_{Fe} 和转子的机械损耗 p_Ω，因此，仅需原动机提供很小的转矩。

为增大发电机输出的有功功率，显然应当增大发电机的输入功率，即增加原动机的驱动转矩，为此需开大汽轮机的气门（或水轮机的导叶）。原动机的驱动转矩 T_1 增大后，发电机的转子瞬时加速，主磁场 $\boldsymbol{\psi}_f$ 将超前于定子磁场 $\boldsymbol{\psi}_s$，相应地，励磁电动势 $\dot{E}_0$ 将超前于电网电压 $\dot{U}_s$，同时定子将输出电流 $\dot{I}_s$，如图4-34a所示。根据功角特性，由式（4-106）可知，发电机向电网输出的有功功率 $P_2\approx m\dfrac{E_0U_s}{X_s}\sin\delta$，与此同时转子上将受到一个制动的电磁转矩 T_e，原动机的驱动转矩克服制动转矩后，重新取得了平衡，使转子转速仍然保持为同步转速。

显然，要增加发电机的有功功率输出，必须要增大功率角 δ。当功率角 δ 增大到90°电角度时，发电机的电磁功率将达到其最大值 P_{emax}，即有

$$P_{emax}\approx m\frac{E_0U_s}{X_s} \tag{4-107}$$

P_{emax} 就是隐极同步发电机功率输出可以达到的功率极限。

2. 无功功率的调节

同步发电机与电网并联运行时，不仅需要向电网输出有功功率，通常还要输出无功功率，通过调节发电机的励磁便可以调节其无功功率输出。

为简化分析，现忽略定子电阻和损耗的影响，且假定调节励磁时由原动机输入的有功功率保持不变，由功率方程［式（4-103）和式（4-104）］可知，在励磁调节前后，发电机的电磁功率 P_e 和输出功率 P_2 也应保持不变，即有

$$\begin{cases}P_e=m\dfrac{E_0U_s}{X_s}\sin\delta=\text{常值}\\P_2=mU_sI_s\cos\phi=\text{常值}\end{cases} \tag{4-108}$$

由于电网电压 U_s 和发电机的同步电抗 X_s 均为定值，故可得

$$\begin{cases}E_0\sin\delta=\text{常值}\\I_s\cos\phi=\text{常值}\end{cases}\tag{4-109}$$

图 4-34a 中，忽略定子电阻电压降，当调节转子励磁且满足式（4-109）约束时，便可得到如图 4-42 所示的相矢图。图中，当功率因数 $\cos\phi=1$ 时，励磁电动势为 $\dot{E}_0$，电枢电流为 $\dot{I}_s$，将此时的转子励磁电流 $\dot{I}_f$ 称为正常励磁。正常励磁时，发电机的输出功率全部为有功功率。

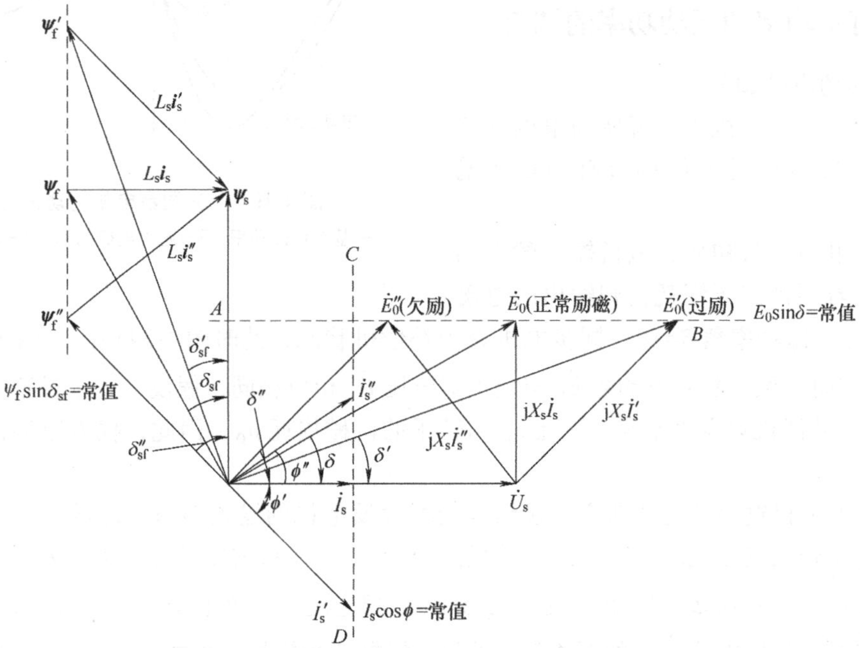

图 4-42 同步发电机与电网并联时无功功率的调节

若增大励磁电流，使 $I_f'>I_f$，发电机便在过励状态下运行。此时励磁电动势增大为 $\dot{E}_0'$，但因 $E_0'\sin\delta'$=常值，故 $\dot{E}_0'$ 的端点应落在水平线 $\overline{AB}$ 上。$\dot{E}_0'$ 确定后，根据电压方程 $\dot{E}_0'=\dot{U}_s+jX_s\dot{I}_s'$，可得电抗电压降 $jX_s\dot{I}_s'$，由此可确定电流 $\dot{I}_s'$。又因 $I_s'\cos\phi$=常值，故 $\dot{I}_s'$ 的端点应落在铅垂线 $\overline{CD}$ 上，且 $\dot{I}_s'$ 一定滞后于 $\dot{U}_s$，此时发电机输出的有功功率保持不变，同时还将输出滞后的无功功率。反之，若减小励磁电流，使 $I_f''<I_f$，发电机将在欠励状态下运行。此时电枢电流 I_s'' 将超前于 $\dot{U}_s$，发电机输出有功功率保持不变，但还将输出超前的无功功率。通过调节励磁电流可以调节无功功率，对此可做如下解释。

图 4-42 中，端电压 U_s 为常值，无论主极的励磁如何变化，定子磁场 $\boldsymbol{\psi}_s$ 将始终保持不变。当正常励磁时，主磁场 ψ_f 和励磁电动势 E_0 分别为

$$\begin{cases}\psi_f=\sqrt{\psi_s^2+(L_s i_s)^2}\\E_0=\sqrt{U_s^2+(X_s I_s)^2}\end{cases}\tag{4-110}$$

当增加励磁电流成为过励时，主磁场 $\boldsymbol{\psi}_f$ 成为 $\boldsymbol{\psi}_f'$，$\psi_f'>\psi_f$，为保持 $\boldsymbol{\psi}_s$ 不变，发电机必须输出滞后电流 $\dot{I}_s'$，使去磁性的直轴电枢反应增大；反之，减小主极励磁而成为欠励时，主磁场 $\boldsymbol{\psi}_f$ 成为 $\boldsymbol{\psi}_f''$，$\psi_f''<\psi_f$，主磁场变弱，为使定子磁场 $\boldsymbol{\psi}_s$ 保持不变，发电机必须输出超前电流，以减小去磁性电枢反应，甚至使电枢反应变为了增磁性。

3. 有功功率和无功功率的综合调节

发电机并网运行时，在很多情况下，需要综合调节有功和无功功率的输出。在发电机端电压保持为额定值条件下，当输出有功功率为 P 时，容许输出的最大无功功率 Q 与有功功率 P 之间的关系 $Q=f(P)$ 即为发电机的输出能力曲线，如图 4-43 所示。

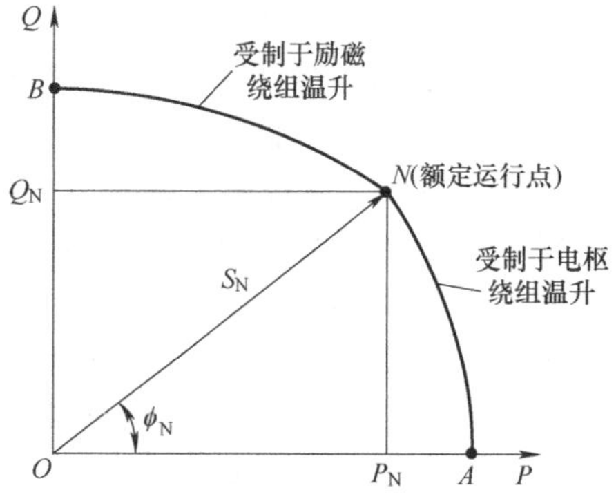

图 4-43 同步发电机的输出能力曲线

图 4-43 中，N 点为额定运行点，此时电枢电流为 I_N，功率因数为 $\cos\phi_N$（滞后），有功功率为 P_N，视在功率为 S_N，励磁电流为额定励磁电流 I_{fN}。以 N 点为界，能力曲线分成 $\widehat{NA}$ 和 $\widehat{NB}$ 两段。

在 $\widehat{NA}$ 段，视在功率 S_N 保持不变，故 $\widehat{NA}$ 是以 O 为圆心，以 ON 为半径的一个圆弧，对于圆弧 $\widehat{NA}$ 上的运行点，从 N 点到 A 点，电枢电流保持为额定值，但功率因数 $\cos\phi$ 逐步上升，输出的有功功率 P 随之增大。当运行点到达 A 点时，$\cos\phi\equiv1$，发电机输出的有功功率 P 将大于额定功率 P_N，此时轴上的驱动转矩 T_1 将大于额定转矩 T_N，通常在设计时对此已予以考虑。这期间，如图 4-44a 所示，励磁磁场 ψ_f（励磁电流 I_f）逐渐减小，所以发电机的有功功率输出能力主要受电枢电流（或者说电枢绕组温升）的制约。

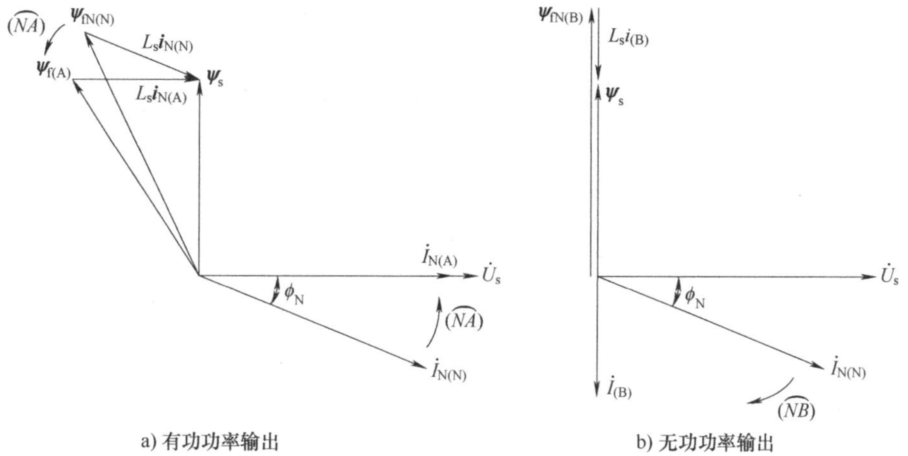

图 4-44 同步发电机的有功功率和无功功率输出

在 $\widehat{NB}$ 段，励磁电流保持为额定值 I_{fN}，由 N 点至 B 点，功率因数 $\cos\phi$ 逐步下降到 0。由于功率因数逐步下降，若电枢电流仍为额定值 I_N，由图 4-44b 可见，为保持 $\boldsymbol{\psi}_s$ 不变，励磁电流（励磁磁场）将会超过额定值 $I_{fN}(\psi_{fN})$，从而使励磁绕组的温升超过规定值，这是不允许的，因此在功率因数下降时，应当逐步减小电枢电流（输出的视在功率随之减小）。功率因数减小为零时，运行点到达 B 点，此时电枢电流已由 $I_{N(N)}$ 减小为 $I_{(B)}$，输出有功功率为零，发电机将作为补偿机运行，图 4-43 中的 OB 即为可输出的最大无功功率。由此可见，在 $\widehat{NB}$ 段，发电机的输出能力主要受励磁绕组温升的限制。

4.9.3 并网运行时的静态稳定

同步发电机与电网并联且在某一运行点下运行时，倘若电网或原动机发生微小的扰动，在扰动消失后，发电机能否恢复到原有状态下持续运行，此问题即为同步发电机的静态稳定问题。若能恢复，则发电机运行是稳定的；反之，则是不稳定的。

图 4-45 中，假设发电机原先在 A 点运行，其功率角为 δ_{sA}，$0°<\delta_{sA}<90°$，电磁功率为 P_{eA}。若此时输入功率有一微小的增量 ΔP_e，则功率角 δ_{sA} 将增大 $\Delta\delta$；由于 A 点处于功角特性的上升部分，故功率角增大后，电磁功率将相应地增加 ΔP_e，因此制动性质的电磁转矩也将增大。当外界的扰动消失，多余的制动性电磁转矩将使机组恢复到 A 点运行，因此 A 点是稳定的。

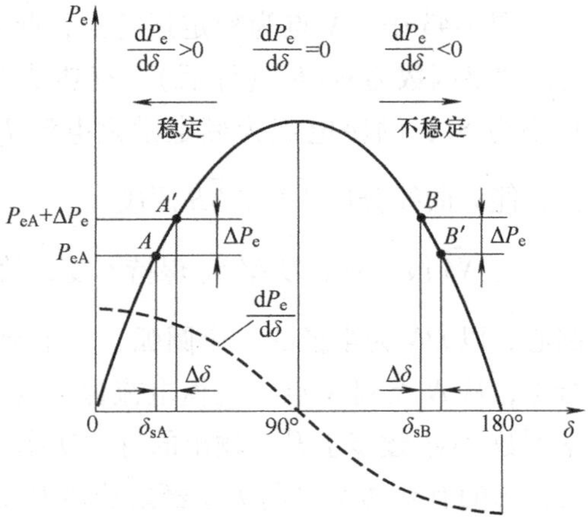

图 4-45 与无穷大电网并联时同步发电机的静态稳定

倘若发电机原先在 B 点运行，其功率角为 δ_{sB}，$90°<\delta_{sB}<180°$，电磁功率为 P_B；若输入功率增加 ΔP_1，功率角也将增大，但此时功率角位于功角特性的下降部分，故功率角的增大反将使电磁功率和制动的电磁转矩减少，因此即使扰动消失，转子也将继续加速，使功率角进一步增大。这一过程如果得以发展，最后将导致发电机失去同步。所以 B 点是不稳定的。

为了判断同步发电机是否稳定并衡量其稳定程度，现引入整步功率系数$\frac{dP_e}{d\delta}$。若$\frac{dP_e}{d\delta}>0$，表示功率角增大时，电磁功率和制动性质的电磁转矩也将增大，故发电机是稳定的；若$\frac{dP_e}{d\delta}<0$，表示功率角增大时，电磁功率和制动性质的电磁转矩反而减小，故发电机是不稳定的；而$\frac{dP_e}{d\delta}=0$ 处，即为发电机的静态稳定极限。对于隐极同步发电机，则有

$$\frac{dP_e}{d\delta}=m\frac{E_0U_s}{X_s}\cos\delta \tag{4-111}$$

式（4-111）表明，当 $\delta<90°$ 时，发电机是稳定的；功率角越接近 90°电角度，稳定程度就越低；当 $\delta=90°$ 时，$\frac{dP_e}{d\delta}=0$，发电机达到了静态稳定极限。当 $\delta>90°$ 时，$\frac{dP_e}{d\delta}<0$，发电机将不稳定。$\frac{dP_e}{d\delta}$与 δ 的关系如图 4-45 中虚线所示。

为使同步发电机能够稳定地运行并有一定裕度，应使最大电磁功率比额定功率大很多。发电机的最大电磁功率与额定功率之比，称为过载能力，用 k_p 表示。对隐极同步发电机，过载能力为

$$k_p=\frac{P_{emax}}{p_N}=\frac{m\frac{E_0U_s}{X_s}}{m\frac{E_0U_s}{X_s}\sin\delta_N}=\frac{1}{\sin\delta_N} \tag{4-112}$$

通常，额定状态下的功率角 δ_N 约为 30°~40°，此时过载能力 $k_p=1.6\sim2.0$。

由式（4-107）和式（4-111）可见，发电机的功率极限和整步功率系数都正比于 E_0、反比于 X_s，所以增加励磁、减小同步电抗均可以提高同步发电机的功率极限和静态稳定度。

4.9.4　同步发电机投入并联的条件和方法

1. 投入并联的条件

为避免在同步发电机和在电网中产生冲击电流，以及避免对发电机转轴产生冲击转矩，投入并联时，同步发电机应当满足以下条件：

1）发电机的相序应与电网一致。

2）发电机的励磁电动势 $\dot{E}_0$ 应与电网电压 $\dot{U}$ 大小相等、相位相同，即有 $\dot{E}_0=\dot{U}$。

3）发电机的频率应与电网相同。

上述三个条件中，第一个条件必须满足，其余两个条件允许稍有差异。

若同步发电机与电网相序不同而投入并联，则相当于在电机端加上一组负序电流，会造成极大的冲击电流和转矩，这是一种严重的故障情况，必须避免。一般大型同步发电机的转向和相序均有明确标定，对于没有标明转向和相序的发电机，可以利用相序指示器来确定。

若发电机的频率与电网频率相同，如图 4-46a 所示，则有 $\Delta\dot{U}=\dot{E}_0-\dot{U}$。显然，只有保证 $\dot{E}_0=\dot{U}$，在投入并联时刻，才不会产生冲击电流。如图 4-46b、c 所示，无论 $\dot{E}_0$ 与 $\dot{U}$ 大小不同或是相位不同，$\Delta\dot{U}$ 均不会为零，在投入并联后，都将引发由 $\Delta\dot{U}$ 产生的瞬态过程，此时将在发电机与电网中产生一定的冲击电流，严重时该电流可达额定电流的 5~8 倍。

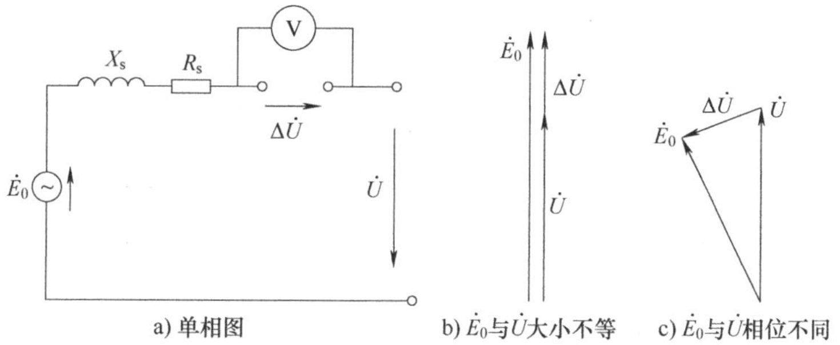

图 4-46　同步发电机投入并联时的情况

若发电机频率与电网频率不同，则 $\dot{E}_0$ 与 $\dot{U}$ 这两个相量便有相对运动，两个相量间的相位差将在 0°~360°之间不断变化，此时两者产生的瞬时电压差（两个不同频率正弦量之差）虽然仍是交变的，但其幅值将忽大忽小变化，$\dot{E}_0$ 与 $\dot{U}$ 频率相差越大，变化越剧烈，投入并联的操作就越困难。即便投入电网，也不易牵入同步，而将在发电机与电网之间引起很大的电流和功率振荡。

2. 投入并联的方法

为了投入并联而对发电机所进行的调节和操作，称为整步。

要使发电机的频率和电压与电网相同，就要分别调节原动机的转速和发电机的励磁电流，发电机励磁电动势 $\dot{E}_0$ 的相位则可通过调节发电机的瞬时转速来调节。

将发电机投入并联的整步方法有两种，分别为准确整步法和自整步法。

（1）准确整步法

这是一种将发电机调整到完全满足投入并联条件的方法。为了判断是否满足投入并联的条件，常采用同步指示器。最简单的同步指示器由三个同步指示灯组成，它们可以有两种接法，即直接接法和交叉接法。

直接接法是把三个同步指示灯分别跨接在电网和发电机的对应相之间，如图 4-47a 所示。若发电机的频率f'与电网的频率f不等，则发电机和电网的两组三相电压相量之间便有相对运动，如图 4-47b 所示，作用在三个同步指示灯上电压将同时发生忽大忽小的变化，三个灯将随之呈现出忽亮忽暗的现象。调节发电机的转速，直到三个灯的亮度不再闪烁时，就表示已有$f'=f$。再调节励磁电流使发电机电压与电网电压相等，直到三个灯同时熄灭，且 A′与 A 间的电压表的指示也为零时，表示发电机已经满足投入并联的条件，此时即可合闸投入并联。直接接法也称为灯光熄灭法。

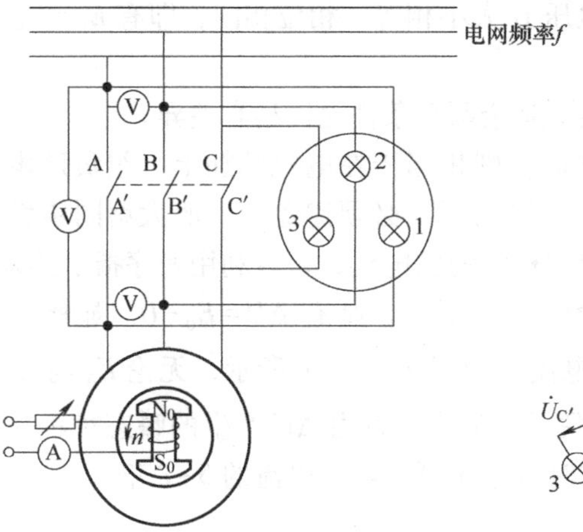

a) 接线图

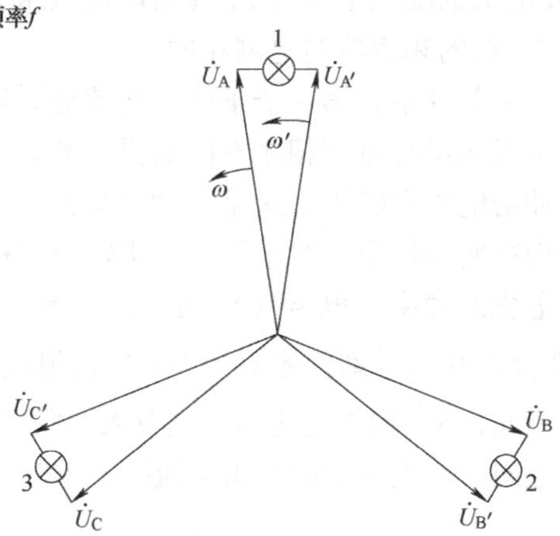

b) 相量图

图 4-47 直接接法的接线图和相量图

交叉接法是将三个指示灯的灯 1 仍接在 A、A′之间，而将灯 2 接于 B、C′之间，将灯 3 接于 C、B′之间。若$f'\neq f$，则三个指示灯将交替亮暗，形成灯光旋转现象。调节发电机的转速，至灯光不再旋转，就表示已达到$f'=f$。再调节发电机电压的大小和相位，直到灯 1 熄灭、灯 2 和灯 3 亮度相同，且 A′与 A 间电压表的指示为零时，表示发电机已满足投入并联条件，可合闸并网。交叉接法也称为亮灯法。

准确整步法的优点是投入并联的瞬间发电机和电网中基本没有冲击，缺点是整步过程比较复杂。

（2）自整步法

自整步法先要校验发电机的相序，将励磁绕组经限流电阻短路，并按照规定的转向将发电机拖到非常接近于同步转速，然后将发电机投入电网，并立即加上直流励磁，此时依靠定、转子磁场所产生的电磁转矩，即可将转子自动牵入同步。

自整步法的优点是投入迅速，不需增添复杂的装置；缺点是投入电网时定子电流的冲击较大，仅适合于中、小型机组，且在需要快速投入时才采用。

4.10 同步发电机的运行特性

同步发电机的稳态运行特性包括外特性、调整特性和效率特性。从这些特性可以确定发电机的电压调整率、额定励磁电流和额定效率。这些都是同步发电机性能的基本数据。

1. 外特性

外特性表示的是发电机在同步转速下，当励磁电流I_f=常值和功率因数$\cos\phi$=常值时，发电机端电压（相电压）与电枢电流间的关系$U_s=f(I_s)$。

图4-48所示为带有不同功率因数负载时同步发电机的外特性。可以看出，在感性负载和纯电阻性负载时，外特性是下降的，这是因为如图4-34b所示，电枢反应的去磁作用会使气隙电动势E_g减小，定子漏抗电压降也使定子电压下降。在容性负载且内功率因数角为超前时，由于电枢反应的增磁作用和容性电流的漏抗电压降上升，外特性也可能是上升的。

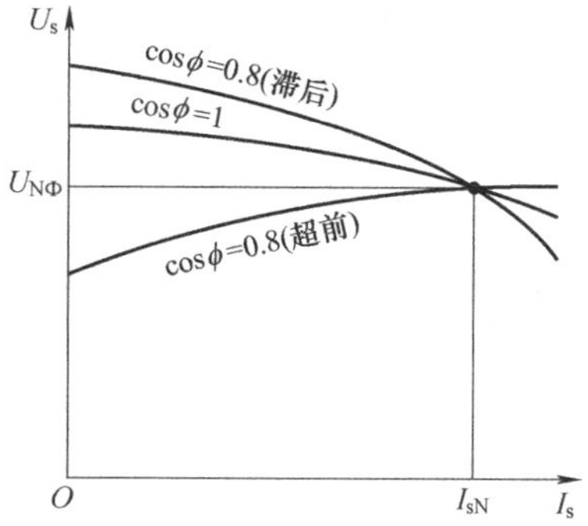

图4-48 同步发电机的外特性

由外特性可以求得发电机的电压调整率。将发电机拖到同步转速，调节发电机的励磁电流，使电枢电流、功率因数和端电压均为额定值，即$I_s=I_{sN}$，$\cos\phi=\cos\phi_N$，$U_s=U_{sN}$，此时的励磁电流I_{fN}就称为额定励磁电流。

保持励磁电流为I_{fN}、转速为同步速，卸去负载，使发电机空载运行($I_s=0$)，此时发电机端电压$U_s=E_0$，如图4-49所示。同步发电机的电压调整率Δu为

$$\Delta u=\frac{E_0-U_{sN}}{U_{sN}}\times 100\% \qquad (4\text{-}113)$$

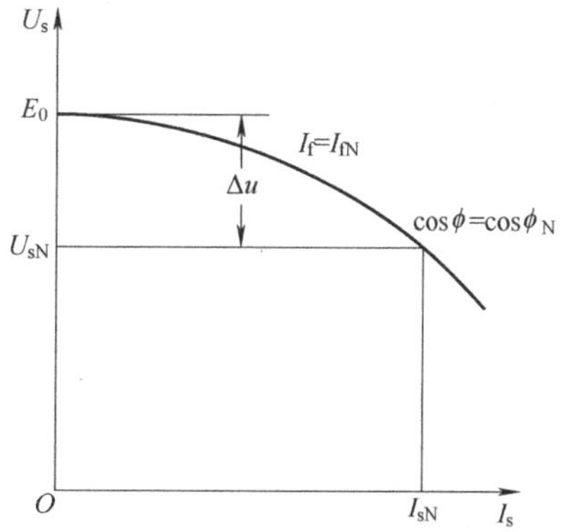

图4-49 由外特性求取发电机的电压调整率

同步发电机单独运行时，电压调整率是一项重要的性能指标。凸极同步发电机的Δu通常为18%~30%，隐极同步发电机由于电枢反应较强，Δu通常为30%~40%。

2. 调整特性

调整特性表示同步发电机在$n_r=n_s$、$U_s=U_{sN}$、$\cos\phi$=常值时，励磁电流与电枢电流之间的关系$I_f=f(I_s)$。

图4-50所示为不同功率因数负载下，同步发电机的调整特性。可以看出，在电阻和感性负载下，为补偿电枢电流所产生的去磁性电枢反应和漏阻抗电压降，随着电枢电流的增加，必须相应地增加励磁电流，此时调整特性是上升的。而在容性负载下，调整特性也可能是下降的。从调整特性上可以确定发电机的额定励磁电流，它是发电机在端电压、相电流和功率因数均为额定条件下的励磁电流，如图4-50所示。额定励磁电流是同步发电机设计和运行时的基本数据之一。

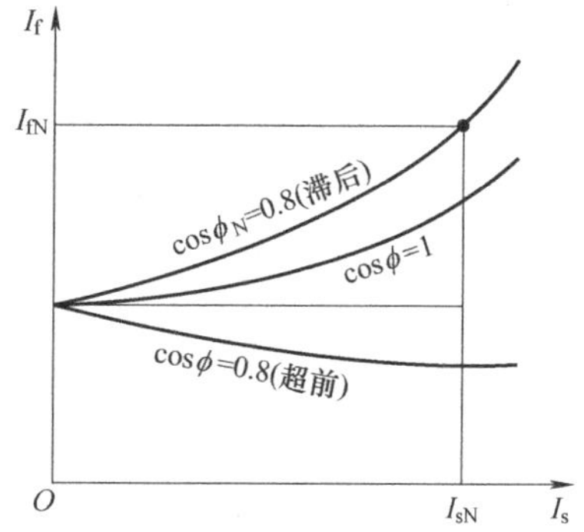

图4-50 同步发电机的调整特性

3. 效率特性

效率特性是同步发电机在$n_r=n_s$、$U_s=U_{sN}$、$\cos\phi$=常值时，发电机效率与输出功率间的关系$\eta=f(P_2)$，或者发电机效率与定子电流的关系$\eta=f(I_s)$。

稳态运行时，同步发电机的损耗分为基本损耗和杂散损耗两类，基本损耗包括电枢损耗、励磁损耗和机械损耗三部分。

电枢损耗又分为基本铁耗和基本铜耗，基本铁耗是指主磁通在电枢铁心齿部和轭部中交

变引起的损耗，基本铜耗是换算到基准工作温度时电枢绕组的电阻损耗。励磁损耗包括励磁绕组的基本铜耗、变阻器的损耗、电刷的损耗以及励磁设备的全部损耗。机械损耗包括轴承损耗、电刷的摩擦损耗和通风损耗。杂散损耗包括电枢漏磁通在电枢绕组和其他金属结构部件中所引起的涡流损耗和高次谐波磁场掠过主极表面所引起的表面损耗等。总损耗 $\sum p$ 确定后，效率即可确定为

$$\eta=\left(1-\frac{\sum p}{P_2+\sum p}\right)\times 100\% \tag{4-114}$$

额定效率是同步发电机的主要性能指标之一。效率特性既适用于同步发电机单独运行的情况，也适用于与电网并联运行的情况。现代空气冷却的大型水轮发电机，额定效率大致为95%~98.5%。空冷汽轮发电机的额定效率大致为 94%~97.8%；氢冷时额定效率可提高约0.8%。

4. 用电动势-磁动势图来确定额定励磁电流和电压调整率

同步发电机的额定励磁电流 I_{fN} 和电压调整率 Δu 可用图 4-50 和图 4-49 所示的直接负载法来测定，也可以用考虑磁饱和的电动势-磁动势图（也称为波梯图）来确定。

若隐极同步发电机的空载特性 $E_0=f(I_f)$、电枢电阻 R_s、电枢漏抗（波梯电抗）X_p、额定电流时的电枢等效磁动势 k_sF_s 以及发电机的额定数据均为已知，则额定励磁电流 I_{fN} 和电压调整率 Δu 可按如下方法确定。

由额定运行数据可求出气隙电动势 $\dot{E}_g$，即有

$$\dot{E}_g=\dot{U}_s+R_s\dot{I}_s+jX_p\dot{I}_s \tag{4-115}$$

相应的相量图如图 4-51 所示。图中，相量 $\dot{U}_s$ 位于纵坐标上，$\dot{I}_s$ 滞后于 $\dot{U}_s$ 以 ϕ 角，再依次画出 $R_s\dot{I}_s$ 和 $jX_p\dot{I}_s$，可得到气隙电动势 $\dot{E}_g$，然后在空载特性上查出产生气隙电动势 $\dot{E}_g$ 所需的合成磁动势 F，且在超前相量 $\dot{E}_g$ 以 90°电角度处画出合成磁动势矢量 $\boldsymbol{F}$。根据 $\boldsymbol{F}=\boldsymbol{F}_f+k_s\boldsymbol{F}_s$，可得励磁磁动势 $\boldsymbol{F}_f$ 为

$$\boldsymbol{F}_f=\boldsymbol{F}+(-k_s\boldsymbol{F}_s) \tag{4-116}$$

式中，$k_s\boldsymbol{F}_s$ 与 $\dot{I}_s$ 同相位。相应的矢量图如图 4-51 所示。

由额定励磁磁动势 $\boldsymbol{F}_f$ 和励磁绕组匝数即可得到额定励磁电流 I_{fN}。

将 $\boldsymbol{F}_f$ 值转投到空载特性上，即可得到该励磁下的空载电动势 E_0，然后可按式（4-113）求出电压调整率 Δu。

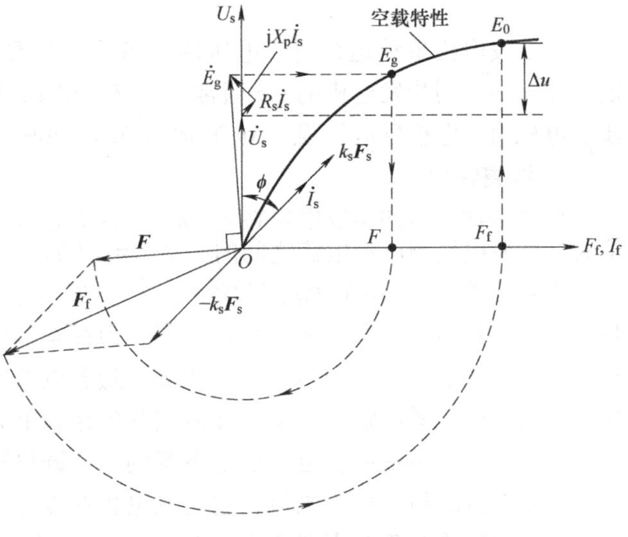

图 4-51　由电动势-磁动势图（波梯图）确定隐极同步电动机的 I_{fN} 和 Δu

从理论上讲，这种作图法仅适用于隐极同步发电机，但实践表明，以 $k_{sd}F_s$ 代替 k_sF_s，并选择适当的波梯电抗 X_p，所得结果误差较小，因此工程上也用此法来确定额定励磁电流 I_{fN} 和电压调整率 Δu。

4.11 同步电机参数的测定

要计算同步电机的稳态性能，必须给出同步电机的参数。下面介绍同步电抗、电枢漏电抗和电枢等效磁动势的测定方法。

1. 由空载特性和短路特性确定同步电抗 X_d

空载特性可由空载试验测出。试验时电枢三相绕组开路，由原动机将被试同步电机拖到同步转速，然后逐步调节和增大励磁电流 I_f，同时记取相对应的电枢端电压（空载时即等于 E_0），直到 $U_{s0}=1.25U_{sN}$左右，便可得空载特性 $E_0=f(I_f)$。若测得的电压为线电压，则应换算为相电压。

短路特性可由三相稳态短路试验测得。将被试同步电机的电枢端点三相短路，由原动机拖动被试电机到同步转速，然后调节励磁电流 I_f，使电枢短路电流 I_s 由零逐步增加到 $1.2I_{sN}$左右，便可得到短路特性 $I_s=f(I_f)$，如图4-52所示。可以看出，短路特性近乎为一条直线。原因如下所述。

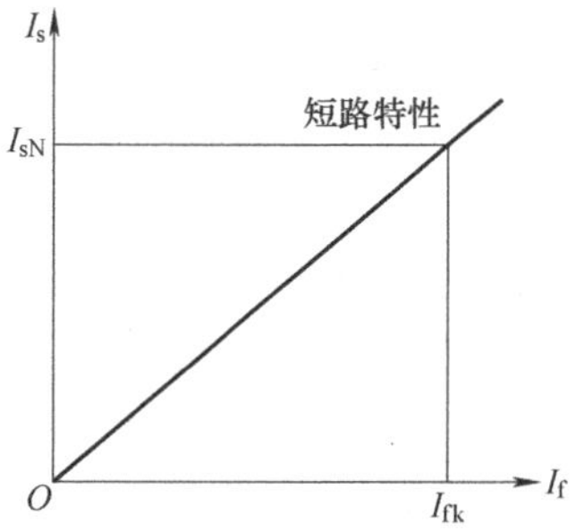

图4-52 三相同步电机短路特性

电机短路运行时，输出功率 $P_2=0$，若不计定子电阻损耗 p_{Cua}，则电磁功率 $P_e=0$，定子电流交轴分量 $\dot{I}_q=0$，定子电流全部为直轴电流 $\dot{I}_d$，$\dot{I}_s=\dot{I}_d$，电枢磁动势则是纯去磁的直轴磁动势，如图4-53所示。从电路上看，短路运行时，在 $\dot{E}_0$ 作用下，短路电流仅受自身阻抗的限制，通常电枢电阻远小于同步电抗，可以忽略不计，故有 $\psi_0\approx 90°$，短路电流便为纯感性电流。此时可将同步发电机电压方程式（4-82）表示为

$$\dot{E}_0=\dot{U}_s+R_s\dot{I}_s+jX_q\dot{I}_q+jX_d\dot{I}_d\approx jX_d\dot{I}_s \tag{4-117}$$

则有

$$X_d=\frac{E_0}{I_s} \tag{4-118}$$

由于电枢磁动势为纯去磁性直轴磁动势，故短路时气隙的合成磁动势很小，使电机铁心处于不饱和状态，X_d 近乎为常值（不饱和值）。主磁路不饱和时，空载特性 $E_0=f(I_f)$亦为一条直线（气隙线），由于 E_0 正比于 I_f，而 I_s 正比于 E_0，故短路特性近乎为一条直线。由图4-54所示的气隙线和短路特性可分别求出 E_0 和 I_s，然后由式（4-118）可求得 X_d。

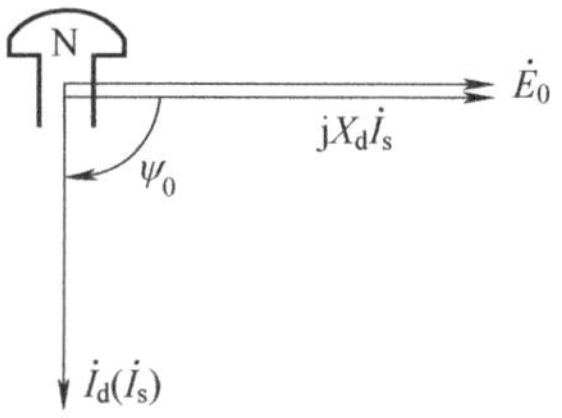

图4-53 三相短路相量图

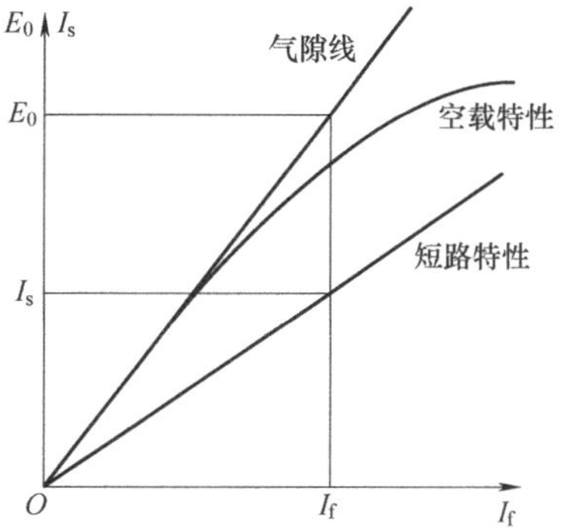

图4-54 由空载特性和短路特性确定 X_d 的不饱和值

2. 由空载特性和零功率因数负载特性确定定子漏抗和电枢等效磁动势

（1）零功率因数负载特性

零功率因数负载特性是当 I_s = 常值（如 $I_s = I_{sN}$）和 $\cos\phi = 0$ 时，发电机的端电压 U_s 与励磁电流 I_f 间的关系 $U_s = f(I_f)$。试验时，将同步发电机拖到同步转速，电枢接到可调的三相纯电感负载，改变发电机的励磁电流，同时调节负载电抗的大小，使负载电流保持为常值（如 $I_s = I_{sN}$），然后记取不同励磁电流下发电机的端电压（相电压），可得实测的零功率因数负载特性。

在利用实测的零功率因数负载特性之前，先来讨论一下理想的零功率因数负载特性。

图 4-55a 为零功率因数负载时发电机的相矢图。因负载具有纯感性，若忽略电枢电阻，则有 $\psi_0 = 90°$，故电枢磁动势为纯去磁的直轴磁动势。于是，励磁磁动势 $\boldsymbol{F}_f$、电枢等效磁动势 $k_{sd}\boldsymbol{F}_s$ 和合成磁动势 $\boldsymbol{F}$ 之间的矢量关系将简化为代数加减关系；相应地，端电压 $\dot{U}_s$、电枢漏抗电压降 $\mathrm{j}X_{\sigma s}\dot{I}_s$ 和气隙电动势 $\dot{E}_g$ 之间的相量关系也简化为代数加减关系，即有

$$F = F_f - k_{sd}F_s \tag{4-119}$$

$$E_g = U_s + X_{\sigma s}I_s \tag{4-120}$$

图 4-55b 给出了空载特性和理想的零功率因数负载特性曲线。若 BC 表示空载时产生额定电压 U_{sN} 所需的励磁电流，则在零功率负载时，为保持端电压 U_{sN} 不变，励磁电流 BC 必须增加到 BF；增加的 CF 中，其中一部分 CA 是用以克服漏抗电压降 $X_{\sigma s}I_s$ 所需的磁动势，另一部分 AF 是用以抵消去磁的电枢等效磁动势 $k_{sd}F_s$ 所需的磁动势。由此可见，零功率因数负载特性曲线和空载特性之间，将相隔一个由电枢漏抗电压降 $X_{\sigma s}I_s$（垂直边）和电枢等效磁动势 $k_{sd}F_s$（水平边）所构成的直角三角形 $\triangle AFE$，将此三角形称为特性三角形。若电枢电流 I_s 保持不变，则 $X_{\sigma s}I_s$ 和 $k_{sd}F_s$ 保持不变，特性三角形亦保持不变。在此条件下，若令特性三角形的底边保持水平，将顶点 E 沿空载特性向下移动，则顶点 F 的轨迹即为零功率因数负载特性。当特性三角形水平边 AF 与横坐标重合时，端电压 $U_s = 0$，显然 K 点即为短路点。这种由空载特性和特性三角形所作出的零功率因数负载特性称为理想的零功率因数负载特性。

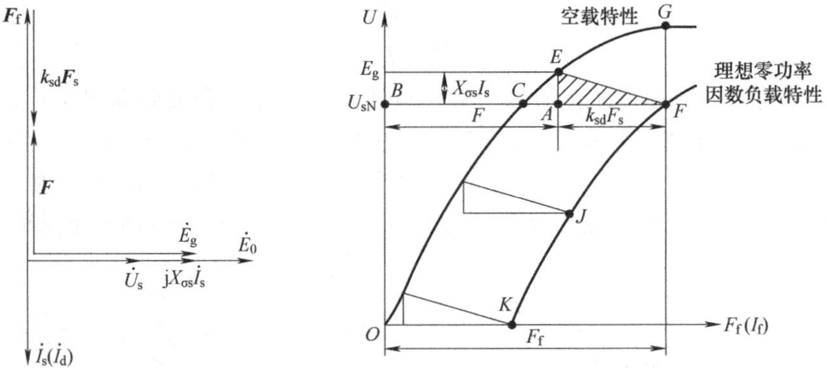

a) 零功率因数负载相矢图

b) 由空载特性和特性三角形得到理想的零功率因数负载特性

图 4-55 理想的零功率因数负载特性

（2）$X_{\sigma s}$ 和 $k_{sd}F_s$ 的确定

假如试验测得的零功率因数负载特性即为理想的零功率因数负载特性，如图 4-56 中虚线所示，则可由空载特性和此零功率因数负载特性来确定特性三角形、电枢漏电抗 $X_{\sigma s}$ 和直轴电枢等效磁动势。为此，在理想的零功率因数负载特性上取两点，一点为额定电压点 F，另一点

为短路点 K。通过 F 点作平行于横坐标的水平线，并截取线段 GF，使 $GF=OK$，再从 G 点作气隙线的平行线，其与空载曲线交于 E 点，然后从 E 点作铅垂线并与 GF 相交于 A 点，可得三角形 $\triangle AFE$，$\triangle AFE$ 即为特性三角形。由此可得，电枢漏电抗 $X_{\sigma s}$ 为

$$X_{\sigma s}=\frac{EA}{I_s} \tag{4-121}$$

电枢电流为 I_s 时直轴电枢等效磁动势 $k_{sd}F_s$ 为

$$k_{sd}F_s=AF \tag{4-122}$$

若已取 $I_s=I_{sN}$，则由式（4-121）和式（4-122）可得对应于额定电压 U_{sN} 和额定电流 I_{sN} 的 $X_{\sigma s}$ 和 $k_{sd}F_s$。

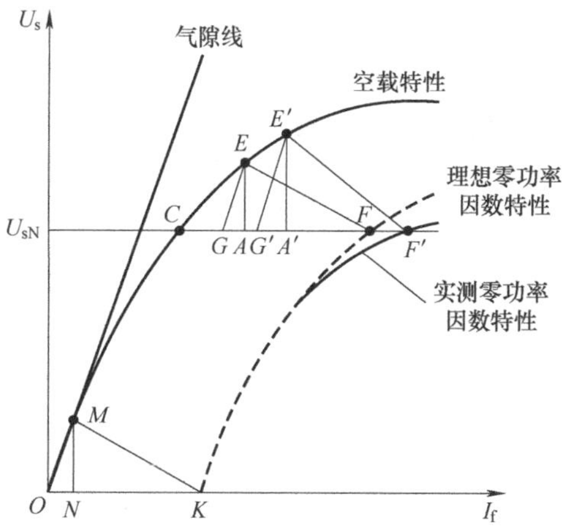

图4-56 $X_{\sigma s}$、k_{ad}和 X_p 的确定

（3）波梯电抗 X_p 的确定

实际上，实测的零功率因数负载特性在端电压等于 $0.5U_{sN}$ 以下的部分，与理想的零功率因数负载特性相吻合，但在 $0.5U_{sN}$ 以上部分，实测曲线逐渐向右偏离理想曲线，如图4-56所示。可以看出，为产生相同的端电压，此时所需的励磁电流增大了 FF'。这是因为与空载时相比，在零功率因数负载下，主极励磁磁动势必然要增大，以抵消去磁的直轴磁动势，与此同时主极的漏磁通也要比空载时大很多，使得主极这段磁路更加饱和，磁阻增大，因此需要再额外增加一些励磁磁动势，故有 $CA'>CA$。当用实测的零功率因数负载特性作图求取特性三角形时，对于所得的特性三角形为 $\triangle A'F'E'$，因电枢等效磁动势 $k_{sd}F_s$ 应与理想情况时相同，即有 $A'F'=AF$，故其铅垂边 $A'E'>AE$，显然由 $A'E'$ 算出的漏电抗 $X_{\sigma s}$ 要大些，此电抗用 X_p 表示，即有

$$X_p=\frac{E'A'}{I_s} \tag{4-123}$$

式中，X_p 称为波梯电抗。X_p 是定子漏抗的一个计算值，主要用于由空载特性、定子漏抗和 $k_{sd}F_d$ 来确定负载时所需的励磁磁动势，用以弥补负载时由于转子漏磁增大所引起的误差。在用电动势-磁动势图求取额定励磁电流和电压调整率时，采用的是波梯电抗 X_p。

3. 利用空载特性和零功率因数负载特性确定 X_d 饱和值

图4-57中，零功率因数负载特性是在相电流为额定值 I_{sN} 时得到的特性曲线，$\triangle A'F'E'$ 为特性三角形，KF' 对应的是额定相电压 U_{sN}，$A'E'$ 对应的是 X_pI_{sN}。

由 $E_g=U_s+X_pI_{sN}$ 可知，DE' 对应的是气隙电动势 E_g，因此可将 E' 点作为考虑发电机主磁路饱和程度的依据，可通过原点 O 和 E' 点画一条直线，作为对应此磁路状态的线性化的空载特性；然后将 KF' 延长得出交点 M，KM 对应的便是此磁路状态下的励磁电动势，即有 $KM=E_0'$。由 $E_0'=U_{sN}+X_dI_{sN}$，可知 $F'M$ 是因去磁性电枢直轴磁动势引起的电压降，即 $F'M=X_dI_{sN}$，故有

$$X_d=\frac{F'M}{I_{sN}} \tag{4-124}$$

式中，X_d 为饱和值。

4. 用转差法测定 X_d 和 X_q

转差法不仅可以测出 X_d，还可以同时测出 X_q。

将被试同步电机用原动机拖到接近同步转速，将励磁绕组开路，再在定子绕组上施加额定频率的三相对称低电压，数值为$(2\%\sim5\%)U_{sN}$，外施电压的相序必须使电枢磁场旋转的方向与转子转向一致。调节原动机的转速 n_r，使被试电机的转差率小于 0.5%（转差率$=\frac{n_s-n_r}{n_s}$），但不被牵入同步，这时电枢旋转磁场与转子之间将保持一个低速的相对运动，可使电枢旋转磁场的轴线交替地与转子直轴和交轴相重合。

当电枢旋转磁场与直轴重合时，电枢所表现的电抗为 X_d，此时电抗最大，电枢电流最小 $I_s=I_{smin}$，线路电压降最小，电枢每相端电压则为最大 $U_s=U_{smax}$。采用录波器录取转差试验时端电压和电流的波形，如图 4-58 所示，由此可得

$$X_d=\frac{U_{smax}}{I_{smin}} \tag{4-125}$$

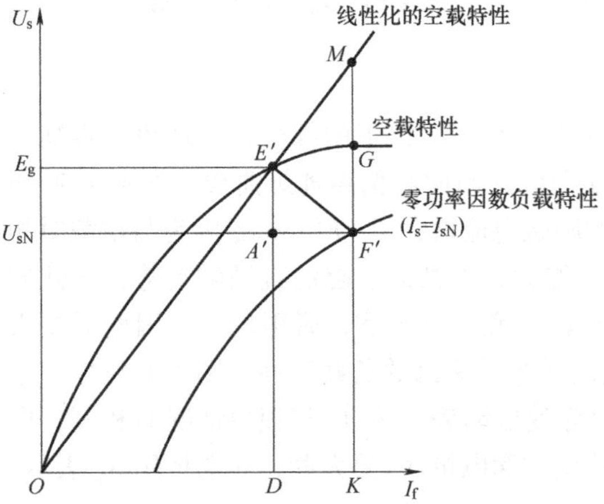

图 4-57　由空载特性和零功率因数负载特性确定 X_d 饱和值

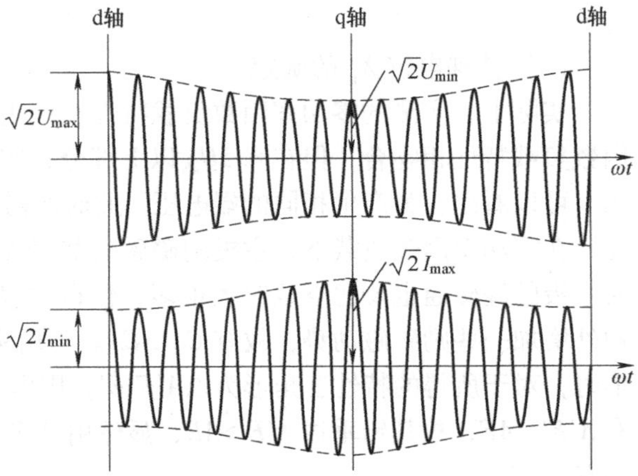

图 4-58　转差试验时的电枢端电压和电流波形

当旋转磁场的轴线与转子交轴重合时，电枢所表现的电抗为 X_q，此时电抗最小，电枢电流为最大 $I_s=I_{smax}$，端电压则为最小 $U_s=U_{smin}$，故有

$$X_q=\frac{U_{smin}}{I_{smax}} \tag{4-126}$$

由于转差试验是在低电压进行的，故测得的 X_d 和 X_q 均为不饱和值。

4.12　同步发电机的三相突然短路

同步发电机三相突然短路时，定子绕组中会产生很大的冲击电流，其峰值电流可达额定电流的 10~15 倍，从而在电机内部产生很大的电磁力和电磁转矩。如果在电机设计和制造时未予以考虑，将会使定子绕组端部受到损伤，或者使转轴产生有害的形变，还可能破坏电网的稳定和正常运行。正因如此，尽管短路的瞬态过程时间很短，却是电机设计和运行人员都十分关注的问题。

三相突然短路不同于稳态短路，突然短路时定子电流和电枢磁场突然变化，将会在励磁绕组和阻尼绕组中感生电动势和电流，而励磁绕组和阻尼绕组中的感应电流反过来又会影响

定子绕组中的短路电流，造成定子电流急剧增大。因此，突然短路过程要比稳态短路复杂得多。为简化分析，做如下假设：

1）在整个瞬态过程中，转子始终保持为同步转速。

2）不计磁饱和，可用叠加原理来分析。

3）突然短路前，发电机空载运行。

4）短路地点在各相绕组的端点。

研究突然短路的过程可采用两种分析方法，即数学分析方法和物理分析方法，前者是从微分方程式入手，后者是依据电路的换路定律和电机学理论，从分析电磁关系和电磁过程入手。下面采用物理分析方法分析同步发电机的三相突然短路，最后给出了短路电流表达式。

4.12.1　电阻与电感串联电路与正弦电动势的接通

图 4-59 所示为 RL 串联电路，外接正弦波电动势 $e_0(t)$，假设电路接通时刻 $e_0(t)$ 的初相角为 ψ，则有

$$L\frac{\mathrm{d}i}{\mathrm{d}t}+Ri=E_{0\mathrm{m}}\sin(\omega t+\psi) \tag{4-127}$$

式中，ω 为角频率；$E_{0\mathrm{m}}$ 为电动势幅值，$E_{0\mathrm{m}}=\sqrt{2}E_0$，$E_0$ 为有效值。

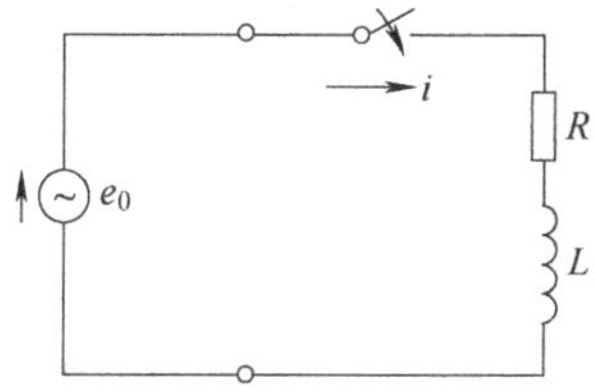

图 4-59　电阻与电感串联电路与正弦电动势的接通

由式（4-127）可得短路电流为

$$i=\frac{E_{0\mathrm{m}}}{\sqrt{R^2+X^2}}\sin(\omega t+\psi-\phi')-\frac{E_{0\mathrm{m}}}{\sqrt{R^2+X^2}}\mathrm{e}^{-\frac{t}{T}}\sin(\psi-\phi') \tag{4-128}$$

式中，$X=\omega L$；$\phi'=\arctan\frac{X}{R}$；T 为时间常数，$T=\frac{L}{R}$。

式（4-128）中，右端第 1 项为周期性分量（交流分量），称为稳态分量，记为 $i_{\sim}(t)$；第 2 项为非周期分量（直流分量），又称为自由分量，记为 $i_{=}(t)$。

求解式（4-127）时，运用了电路的换路定律。由于磁场的能量不能跃变，因此换路前后电感中的电流和磁链应保持原值而不能跃变，故式（4-128）中，在电路接通的初始时刻 $(t=0^+)$，电路电流应满足 $i(0^+)=i_{\sim}(0^+)+i_{=}(0^+)=0$ 的约束。

如果 $R\ll X$，则有 $\phi'\approx\frac{\pi}{2}$，于是可将式（4-128）近似表示为

$$i\approx-\frac{E_{0\mathrm{m}}}{X}\cos(\omega t+\psi)+\frac{E_{0\mathrm{m}}}{X}\mathrm{e}^{-\frac{t}{T}}\cos\psi=i_{\sim}+i_{=} \tag{4-129}$$

且有

$$i_{\sim}=-\frac{E_{0\mathrm{m}}}{X}\cos(\omega t+\psi) \tag{4-130}$$

$$i_{=}=\frac{E_{0\mathrm{m}}}{X}\mathrm{e}^{-t/T}\cos\psi \tag{4-131}$$

式（4-130）和式（4-131）表明，周期性分量 $i_{\sim}$ 的变化规律决定于外施电动势；自由分量 $i_{=}$ 的初始幅值和初始相位角 ψ 相关，但其变化规律与外施电动势无关，而是按指数规律衰减，时间常数决定于电路自身参数。当初始角 $\psi=0$ 时，自由分量 $i_{=}$ 的初始值达最大值 $\frac{E_{0\mathrm{m}}}{X}$，

如图 4-60 所示；若不考虑 $i_=$ 的衰减，当 $\omega t=180°$时，短路电流将达到最大值 i_{max}，$i_{max}=2\dfrac{E_{0m}}{X}=2\sqrt{2}\dfrac{E_0}{X}$。当初始角 $\psi=\dfrac{\pi}{2}$时，自由分量 $i_==0$，$i=i_\sim=\dfrac{E_{0m}}{X}\sin\omega t$，电路接通后可以不经过过渡过程而直接进入稳定状态。

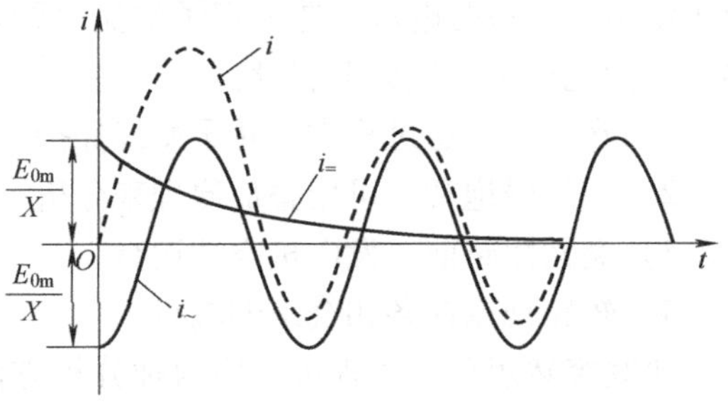

图 4-60 RL 串联电路中电流周期分量和自由分量（初始角 $\psi=0°$）

4.12.2 三相突然短路的瞬态电磁过程

1. 空载运行时三相绕组中的励磁电动势

图 4-61 所示为凸极同步发电机简图（对称三相绕组仅画出 A 相），图中同时给出了 A 相绕组、励磁绕组和阻尼绕组中电流和电动势的正方向；以 A 相绕组轴线为空间参考轴，转子轴线的初始空间相位角为 θ_0；设定励磁电流为恒定直流 I_{f0}。

发电机空载运行时，A 相绕组的励磁电动势 e_{0A} 可表示为

$$e_{0A}=E_{0m}\sin(\omega t+\theta_0) \tag{4-132}$$

对比式（4-132）和式（4-127）可以看出，三相绕组突然短路时，在短路初始，式（4-132）中的 e_{0A} 即为 A 相绕组的外施正弦波电动势，与式（4-127）中的 $e_0(t)$ 相当，而初始空间相位角 θ_0 则与式（4-127）中的初始时间相位角 ψ 相当。B 相和 C 相绕组中的励磁电动势 e_{0B} 和 e_{0C} 分别以 120°和 240°电角度滞后于 e_{0A}，构成了对称的三相电动势。

可以依据 RL 电路的换路定律，通过 A 相绕组来研究三相突然短路的瞬变过程。

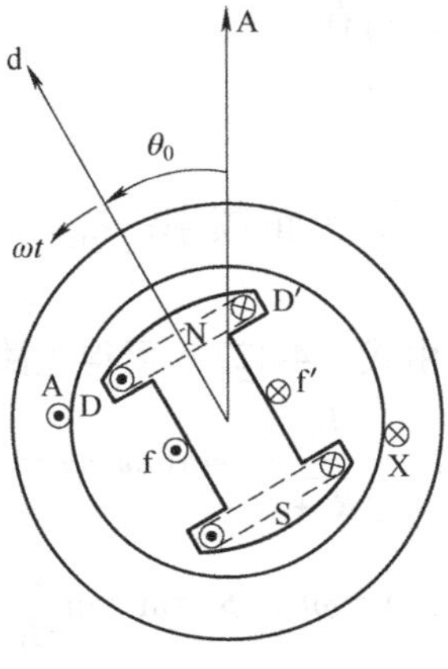

图 4-61 凸极同步发电机简图

2. 定子短路电流中的直流分量和交流分量

三相绕组突然短路时，相绕组短路电流中将包含有直流分量 $i_{A=}$ 和交流分量 $i_{A\sim}$，如图 4-62 所示。其中，直流分量 $i_{A=}$ 为自由分量，不计定子相绕组电阻影响时，参照式（4-131），可将 $i_{A=}$ 表示为

$$i_{A=}=I_{A=}\cos\theta_0 e^{-t/T_a} \tag{4-133}$$

式中，$I_{A=}$ 为最大值。当 $\theta_0=0$ 时，$i_{A=}(0^+)$ 可达最大值；当 $\theta_0=\pm\dfrac{\pi}{2}$时，$i_{A=}(0^+)=0$。由此可确定 $i_{B=}(0^+)$ 和 $i_{C=}(0^+)$ 的大小和方向。直流分量 $i_{A=}$、$i_{B=}$、$i_{C=}$ 是没有电源供给的自由分量，因此将以时间常数 T_a 按指数规律衰减。T_a 为电枢时间常数，将在后面分析中给出。

由换路定律可知，$i_{A=}(0^+)+i_{A\sim}(0^+)=0$。$i_{A\sim}$ 的变化规律如图 4-62b 所示，可以看出，$i_{A\sim}$ 是个衰减的交流分量，这与图 4-59 所示的简单 RL 串联电路突然短路所表现出的周期分量截然不同。这是因为，与图 4-59 所示

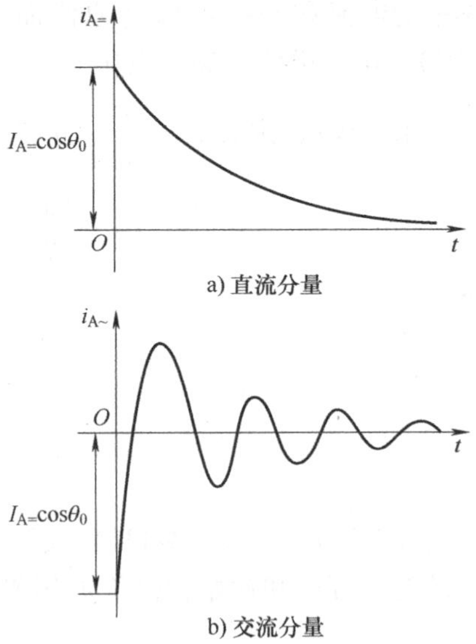

图 4-62 A 相绕组的直流分量和交流分量

的电路不同，图 4-61 中，在直轴方向上，除了定子 A 相绕组外，还存在励磁绕组和阻尼绕组，这相当于增加了两个互感电路，由于定、转子绕组间存在磁耦合，使得 $i_{A\sim}$ 中除了稳态分量外，还产生了瞬态和超瞬态分量。

3. 励磁绕组中的直流分量和交流分量

突然短路时，三相短路电流中含有交流分量 $i_{A\sim}$、$i_{B\sim}$、$i_{C\sim}$，构成了旋转的电枢磁动势和相应的电枢反应磁场。不计定子电阻影响时，此电枢反应磁场为去磁性的直轴电枢反应磁场。如当 $\theta_0=0$ 时，$i_{A\sim}(0^+)=-I_{A=}$，$i_{B\sim}(0^+)=0.866I_{B=}$，$i_{C\sim}(0^+)=0.866I_{C=}$，可知构成的电枢磁动势与转子主极磁场方向相反。转子为任意位置时均是如此。

突然出现的去磁性直轴电枢反应磁场，将在励磁绕组内感生电流 $\Delta i_{f=}$，由于磁链不能跃变，$\Delta i_{f=}$ 的方向必然与 I_{f0} 同方向。又由于 $\Delta i_{f=}$ 是感应电流，因此是自由分量，它会随时间的推移按指数规律自行衰减，如图 4-63a 所示，图中曲线 $\Delta i_{f=}$ 是以 I_{f0} 为零值线画出的，$\Delta I_{f=}$ 为其最大值。直流分量 $\Delta i_{f=}$ 将以励磁绕组自身的时间参数 T'_d 按指数规律衰减。T'_d 称为瞬态时间常数，T'_d 将在后面分析中给出。

另一方面，定子短路电流中的直流分量 $i_{A=}$、$i_{B=}$、$i_{C=}$ 将在电机内产生一个轴线固定不动的电枢合成磁动势 $\boldsymbol{f}_{s=}$ 和电枢反应磁场 $\boldsymbol{\psi}_{ms=}$。当同步旋转的转子“切割”这一磁场时，励磁绕组内将感应出一个基本频率的交流分量 $i_{f\sim}$。在 $t=0^+$ 时刻，交流分量 $i_{f\sim}$ 的初值应恰好与直流分量的幅值 $\Delta I_{f=}$ 大小相等、方向相反，以满足励磁电流不能跃变的约束条件。随着时间的推移，$i_{f\sim}$ 将与感生它的定子电流直流分量一起以时间常数 T_a 衰减，如图 4-63b 所示。

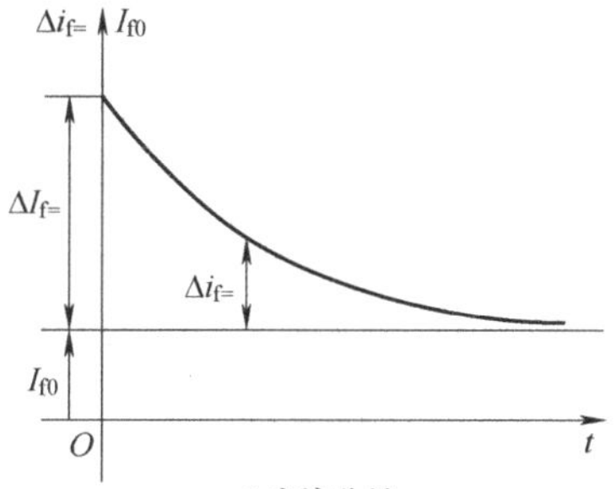

a) 直流分量

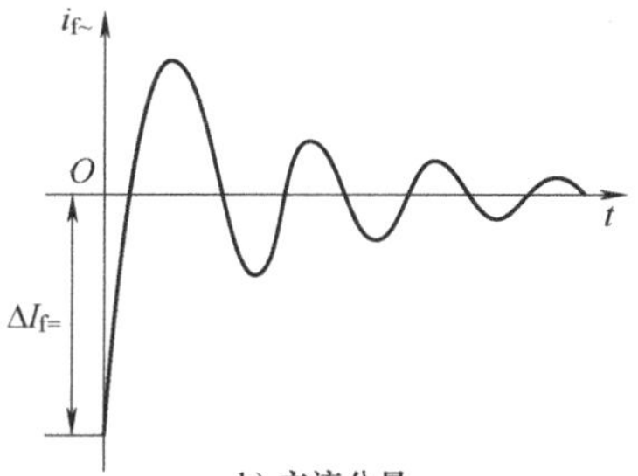

b) 交流分量

图 4-63　励磁绕组的直流分量和交流分量

4. 阻尼绕组中的直流分量和交流分量

直轴阻尼绕组和励磁绕组同为直轴上的转子绕组，在定子旋转和静止电枢反应磁场的分别感应下，同励磁绕组一样，也会在其中分别感生直流分量 $\Delta i_{D=}$ 和交流分量 $i_{D\sim}$，且有 $i_{D=}(0^+)+i_{D\sim}(0^+)=0$。交流分量 $i_{D\sim}$ 与交流分量 $i_{f\sim}$ 一样以时间常数 T_a 衰减，而直流分量 $\Delta i_{D=}$ 将以自身绕组的时间常数 T''_d 按指数规律衰减。T''_d 称为超瞬态时间常数，T''_d 将在后面分析中给出。对一般同步电机而言，阻尼绕组的时间常数 T''_d 都较小。为简化分析，在考虑励磁绕组的直流分量 $\Delta i_{f=}$ 衰减时，可认为阻尼绕组的直流分量 $\Delta i_{D=}$ 已全部衰减完毕，亦即可以不考虑阻尼绕组的反磁动势作用。图 4-63a 中的曲线 $\Delta i_{f=}$ 便没有考虑阻尼绕组的这种屏蔽效应。

4.12.3　直轴瞬态电抗 X'_d 和超瞬态电抗 X''_d

1. 直轴瞬态电抗 X'_d 和瞬态短路电流 I'_{sm}

稳态短路时，直轴电枢反应磁场可以正常穿过主极磁路，此时直轴电抗为 X_d，但突然短路时则不然，现考虑转子直轴上仅有励磁绕组的情况。图 4-64 为三相突然短路时电机内的瞬态磁场图，在短路的初始瞬间，由于磁链不能跃变，因此励磁绕组的主磁通和漏磁通均不能发生变化，由定子三相短路交流分量 $i_{A\sim}$、$i_{B\sim}$、$i_{C\sim}$ 产生的去磁性直轴电枢反应磁通 ϕ'_{md}，通过气隙后，在励磁绕组感应电流 $\Delta I_{f=}$ 所生磁动势的抵制下，不会穿过励磁绕组，而是穿经励磁绕组的漏磁磁路而闭合（只画出一半的磁场，图中所示仅为各类磁通的初始路径，以下各图中均同）。A 相绕组磁链也保持不变。

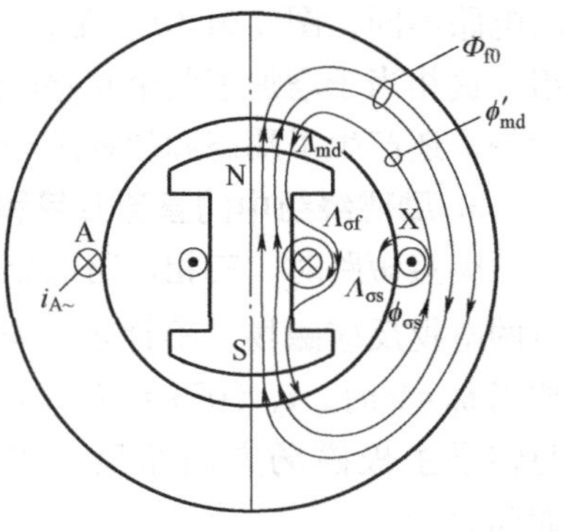

图 4-64　三相突然短路时电机内的瞬态磁场图

这条磁路的磁阻为 $R'_{m\sigma d}$，大小应当等于直轴主气隙磁阻 R_{md} 与励磁绕组漏磁路磁阻 $R_{\sigma f}$ 的串联值，即 $R'_{m\sigma d}=R_{md}+R_{\sigma f}$，所以瞬态电枢反应磁导 $\Lambda'_{m\sigma d}$ 应为

$$\Lambda'_{m\sigma d}=\frac{1}{R'_{m\sigma d}}=\frac{1}{R_{md}+R_{\sigma f}}=\frac{1}{\dfrac{1}{\Lambda_{md}}+\dfrac{1}{\Lambda_{\sigma f}}} \tag{4-134}$$

式中，Λ_{md} 为直轴气隙磁导，$\Lambda_{md}=\dfrac{1}{R_{md}}$；$\Lambda_{\sigma f}$ 为励磁绕组的漏磁路磁导，$\Lambda_{\sigma f}=\dfrac{1}{R_{\sigma f}}$。再计及与电枢反应磁路并联的电枢漏磁路磁导 $\Lambda_{\sigma s}$，可得瞬态时直轴磁导 Λ'_d 为

$$\Lambda'_d=\Lambda_{\sigma s}+\Lambda'_{m\sigma d}=\Lambda_{\sigma s}+\frac{1}{\dfrac{1}{\Lambda_{md}}+\dfrac{1}{\Lambda_{\sigma f}}} \tag{4-135}$$

由于电抗正比于磁导，于是瞬态时从电枢绕组端点看进去，同步电机所表现的直轴瞬态电抗 X'_d 为

$$X'_d=X_{\sigma s}+\frac{1}{\dfrac{1}{X_{md}}+\dfrac{1}{X_{\sigma f}}}=X_{\sigma s}+\frac{X_{md}X_{\sigma f}}{X_{md}+X_{\sigma f}} \tag{4-136}$$

式中，$X_{\sigma f}$ 为励磁绕组归算到定子侧的漏抗值。

图 4-65 是与式（4-136）对应的 X'_d 的等效电路。突然短路过程结束后，发电机便进入了稳态短路状态，电枢反应磁场已正常穿过励磁绕组，于是直轴瞬态电抗 X'_d 成为直轴同步电抗 X_d。则有

$$X_d=X_{\sigma s}+X_{md} \tag{4-137}$$

可以看出，直轴瞬态电抗 X'_d 要比直轴同步电抗 X_d 小很多。

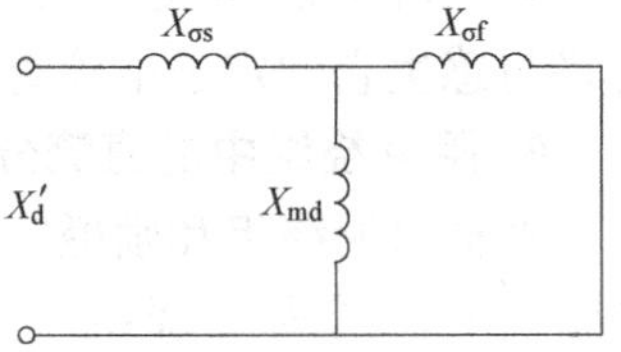

图 4-65　直轴瞬态电抗 X'_d 的等效电路

图 4-63 中，在短路初始瞬间，由于励磁电流 I_{f0}（主磁通 Φ_{f0}）不变，因此励磁电动势仍为 E_0。对比式（4-130）可知，若以励磁电动势 E_0 和直轴瞬态电抗 X'_d 表示时（不计 R_s 影响），定子短路电流中交流分量的初始幅值 I'_{sm} 应为

$$I'_{sm}=\frac{\sqrt{2}E_0}{X'_d} \tag{4-138}$$

稳态短路时，则有

$$I_{sm}=\frac{\sqrt{2}E_0}{X_d}\text{或}\ I_{s(\text{有效值})}=\frac{E_0}{X_d} \tag{4-139}$$

式中，右式即为稳态短路电流表达式式（4-118）。

对比式（4-138）和式（4-139）可以看出，I'_{sm}要比 I_{sm}大很多。这是因为，从磁路上看，在短路初始瞬间，由于 $\Delta I_{f=}$所产生的磁动势的抵制，直轴电枢反应磁场的路径发生了改变，增大了电枢反应磁路的磁阻；从电路上看，图 4-64 与图 4-59 所示简单 RL 电路的突然短路相比，相当于在直轴方向上增加了一个与其有互感耦合的励磁绕组，由于短路初始瞬间通过励磁绕组的磁链不能跃变，使得定子短路电流交流分量中除了稳态分量 I_{sm}外，还增加了瞬态分量$(I'_{sm}-I_{sm})$。

可将交流分量初始幅值 I'_{sm}表示为 $I'_{sm}=(I'_{sm}-I_{sm})+I_{sm}$，随着励磁绕组直流分量 $\Delta i_{f=}$以时间常数 T'_d 按指数规律衰减，$(I'_{sm}-I_{sm})$也将以同一时间常数 T'_d 按指数规律衰减。考虑到式（4-133）中直流分量 $i_{A=}$应满足 $i_{A=}(0^+)=-i_{A\sim}(0^+)$的约束，于是参照式（4-129），可将定子短路电流 i_A表示为

$$
\begin{aligned}
i_A &= i_{A\sim}+i_{A=}=-\left[(I'_{sm}-I_{sm})e^{-\frac{t}{T'_d}}+I_{sm}\right]\cos(\omega_s t+\theta_0)+I'_{sm}\cos\theta_0 e^{-\frac{t}{T_a}} \\
&= -\sqrt{2}E_0\left[\left(\frac{1}{X'_d}-\frac{1}{X_d}\right)e^{-\frac{t}{T'_d}}+\frac{1}{X_d}\right]\cos(\omega_s t+\theta_0)+\frac{\sqrt{2}E_0}{X'_d}\cos\theta_0 e^{-\frac{t}{T_a}}
\end{aligned} \tag{4-140}
$$

将式（4-140）中的 θ_0 分别代之以 $\theta_0-120°$和 $\theta_0-240°$便可得 i_B 和 i_C。

式（4-140）表明，定子突然短路电流由交流分量和直流分量两部分组成；交流分量中包括稳态分量和瞬态分量，稳态分量的幅值为$\dfrac{\sqrt{2}E_0}{X_d}$，瞬态分量的初始幅值为$\sqrt{2}E_0\left(\dfrac{1}{X'_d}-\dfrac{1}{X_d}\right)$，在短路初始瞬间，这两部分幅值之和为$\dfrac{\sqrt{2}E_0}{X'_d}$；直流分量的初始值与交流分量初始值大小相等、方向相反；某一相中是否存在直流分量，将取决于突然短路时转子的初始相位角 θ_0，倘若存在，此分量则以电枢时间常数 T_a 衰减。

2. 直轴超瞬态电抗 X''_d 和超瞬态电流 I''_{sm}

当转子直轴上装有阻尼绕组时，在突然短路瞬间，电机内的超瞬态磁场如图 4-66 所示。可以看出，由于励磁绕组和阻尼绕组感应电流中直流分量的共同抵制，使得在短路初瞬，电枢反应磁场经过气隙后，不能穿过励磁绕组和阻尼绕组，而分别穿经励磁绕组和阻尼绕组的漏磁路而闭合，此时，电枢的直轴等效磁导 Λ''_d 应为

$$
\Lambda''_d=\Lambda_{\sigma s}+\Lambda''_{m\sigma d}=\Lambda_{\sigma s}+\frac{1}{\dfrac{1}{\Lambda_{md}}+\dfrac{1}{\Lambda_{\sigma f}}+\dfrac{1}{\Lambda_{\sigma D}}} \tag{4-141}
$$

式中，$\Lambda_{\sigma D}$为阻尼绕组漏磁路的磁导。相应地，从 A 相绕组端点看进去，短路初始瞬间同步电机所表现的电抗 X''_d则为

$$
X''_d=X_{\sigma s}+\frac{1}{\dfrac{1}{X_{md}}+\dfrac{1}{X_{\sigma f}}+\dfrac{1}{X_{\sigma D}}} \tag{4-142}
$$

式中，X''_d 为直轴超瞬态电抗；$X_{\sigma D}$为直轴阻尼绕组归算到定子侧的漏抗值。

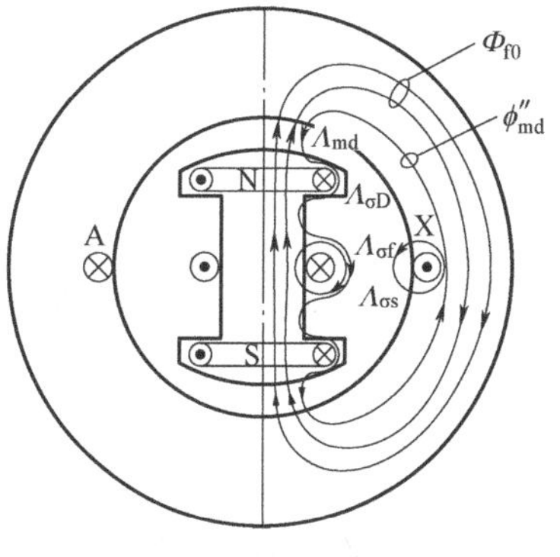

图 4-66 装有阻尼绕组时，三相突然短路的超瞬态磁场图

X''_d 的等效电路如图 4-67 所示。由 X''_d 可得超瞬态电流 I''_{sm}，即有

$$I''_{sm}=\frac{\sqrt{2}E_0}{X''_d} \tag{4-143}$$

由于 $X''_d<X'_d$，因此 I''_{sm} 将比无阻尼绕组时的 I'_{sm} 更大。这是因为，转子装有阻尼绕组后，在短路初始瞬间，在磁路上，更加增大了电枢反应磁路的磁阻；在电路上，直轴上又多了一个互感耦合电路。所以，定子短路电流的交流分量中，除幅值为 I_{sm} 的稳态分量和初始幅值为 $(I'_{sm}-I_{sm})$ 的瞬态分量外，又增加了一个初始幅值为 $(I''_{sm}-I'_{sm})$、以时间常数 T''_d 迅速衰减的超瞬态分量，此时 A 相短路电流可表示为

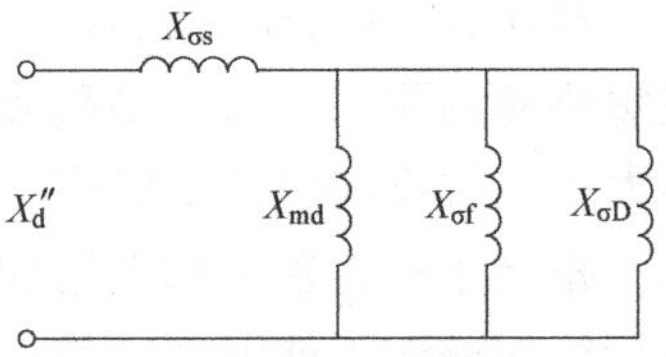

图 4-67　直轴超瞬态电抗 X''_d 的等效电路

$$i_A=-\left[(I''_{sm}-I'_{sm})e^{-\frac{t}{T''_d}}+(I'_{sm}-I_{sm})e^{-\frac{t}{T'_d}}+I_{sm}\right]\cos(\omega_s t+\theta_0)+\frac{\sqrt{2}E_0}{X''_d}\cos\theta_0 e^{-\frac{t}{T_a}} \tag{4-144}$$

超瞬态分量　　瞬态分量　稳态分量

或者

$$i_A=-\sqrt{2}E_0\left[\left(\frac{1}{X''_d}-\frac{1}{X'_d}\right)e^{-\frac{t}{T''_d}}+\left(\frac{1}{X'_d}-\frac{1}{X_d}\right)e^{-\frac{t}{T'_d}}+\frac{1}{X_d}\right]\cos(\omega_s t+\theta_0)+\frac{\sqrt{2}E_0}{X''_d}\cos\theta_0 e^{-\frac{t}{T_a}} \tag{4-145}$$

对比式（4-145）和式（4-140），可以看出，由于阻尼绕组的存在，直流分量 $i_{A=}(0^+)$ 的最大值也由 $\frac{\sqrt{2}E_0}{X'_d}$ 增大到 $\frac{\sqrt{2}E_0}{X''_d}$。

4.12.4　超瞬态时间常数 T''_d、瞬态时间常数 T'_d 和电枢时间常数 T_a

1. 直轴超瞬态时间常数 T''_d

为确定 T''_d，除了阻尼绕组的电阻 R_{Dy} 外，还必须求得在突然短路的初始瞬间，直轴阻尼绕组与其他绕组处于耦合状态下的瞬态电感 L''_{Dy}。

如图 4-68 所示，在短路初始瞬间，由阻尼绕组自由分量 $\Delta i_{D=}$ 建立的气隙磁通 ϕ''_{Dym} 将穿经定子绕组与励磁绕组的漏磁磁路而闭合。这时，阻尼绕组的直轴等效磁导 Λ''_{Dy} 将由阻尼绕组的漏磁磁导 $\Lambda_{\sigma D}$ 和超瞬态磁导 Λ''_{Dym} 两者并联构成，其中 Λ''_{Dym} 由气隙磁导 Λ_{md} 和定子绕组漏磁导 $\Lambda_{\sigma s}$ 和励磁绕组漏磁导 $\Lambda_{\sigma f}$ 三者组成，即有

$$\Lambda''_{Dy}=\Lambda_{\sigma D}+\Lambda''_{Dym}=\Lambda_{\sigma D}+\frac{1}{\frac{1}{\Lambda_{md}}+\frac{1}{\Lambda_{\sigma f}}+\frac{1}{\Lambda_{\sigma s}}} \tag{4-146}$$

由式（4-146），可得直轴阻尼绕组超瞬态电抗 X''_{Dy} 为

$$X''_{Dy}=X_{\sigma D}+\frac{1}{\frac{1}{X_{md}}+\frac{1}{X_{\sigma f}}+\frac{1}{X_{\sigma s}}} \tag{4-147}$$

式中，$X_{\sigma D}$ 为阻尼绕组折算到定子侧的漏抗值。X''_{Dy} 的等效电路如图 4-69 所示。

直轴超瞬态时间常数 T''_d 为

$$T''_d=\frac{X''_{Dy}}{\omega_s R_{Dy}}=\frac{L''_{Dy}}{R_{Dy}} \tag{4-148}$$

式中，R_{Dy} 为阻尼绕组电阻。

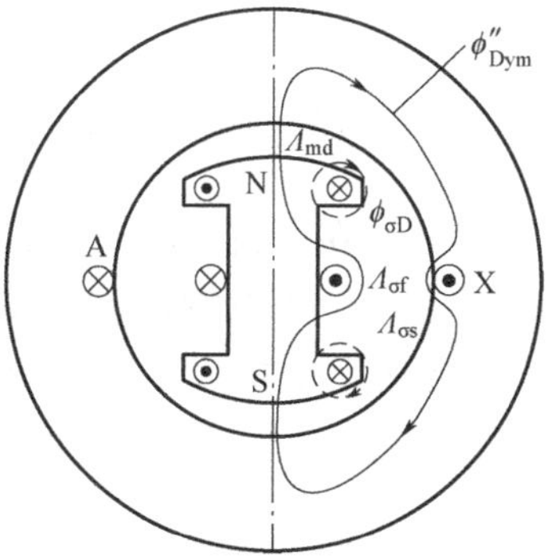

图 4-68　确定直轴超瞬态电抗的瞬态磁场图

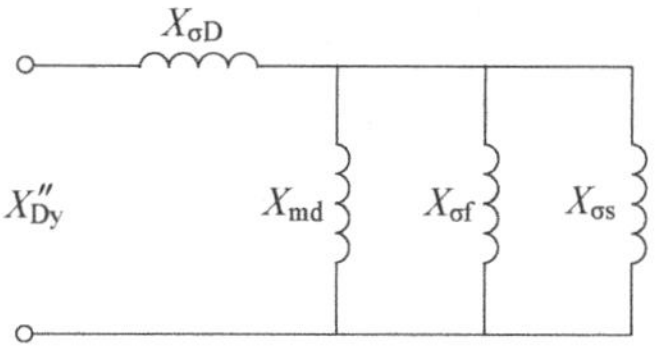

图 4-69　X''_{Dy}的等效电路

2. 直轴瞬态时间常数 T'_d

由于阻尼绕组的时间常数 T''_d 很小，电机由超瞬态很快进入瞬态，见式（4-144）。为简化分析，计算 T'_d 时，可不考虑阻尼绕组的影响，亦即在突然短路的初始瞬间，由励磁绕组直流分量 $\Delta I_{f=}$ 建立的磁通 ϕ'_{fm} 仅是穿经定子绕组漏磁磁路而闭合，如图 4-70 所示。

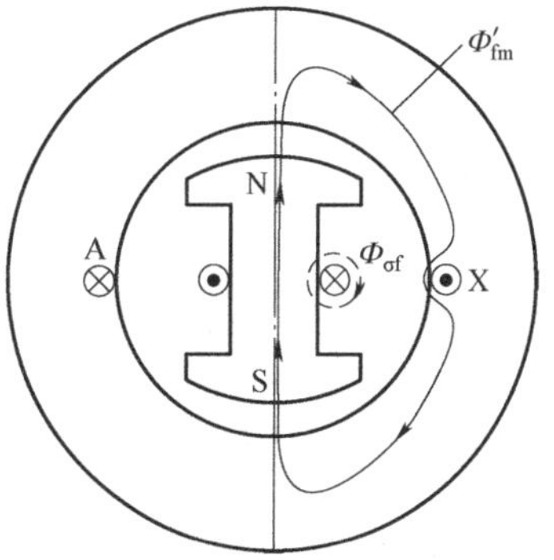

图 4-70　确定瞬态电抗的瞬态磁场图

励磁绕组的直轴等效磁导 Λ'_f 可表示为

$$\Lambda'_f = \Lambda_{\sigma f} + \frac{1}{\dfrac{1}{\Lambda_{md}} + \dfrac{1}{\Lambda_{\sigma s}}} \tag{4-149}$$

瞬态电抗 X'_f 则为

$$X'_f = X_{\sigma f} + \frac{1}{\dfrac{1}{X_{md}} + \dfrac{1}{X_{\sigma s}}} \tag{4-150}$$

式中，$X_{\sigma f}$为励磁绕组归算到定子侧的漏抗值。X'_f 的等效电路如图 4-71 所示。

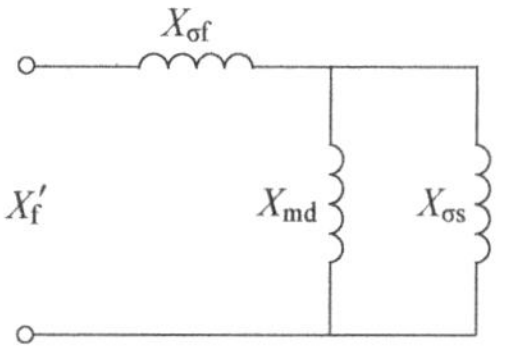

图 4-71　X'_f 的等效电路

瞬态时间常数 T'_d 可表示为

$$T'_d = \frac{X'_f}{\omega_s R_f} = \frac{L'_f}{R_f} \tag{4-151}$$

式中，R_f 为励磁绕组的电阻。

瞬态时间常数 T'_d 还可以表示为

$$\begin{aligned} T'_d &= \frac{1}{\omega_s R_f}\left(X_{\sigma f} + \frac{1}{1/X_{md} + 1/X_{\sigma s}}\right) = \left(\frac{X_{\sigma f} + X_{md}}{\omega_s R_f}\right) \frac{X_{\sigma s} + \dfrac{1}{1/X_{md} + 1/X_{\sigma f}}}{X_{\sigma s} + X_{md}} \\ &= T_{d0}\frac{X'_d}{X_d} \end{aligned} \tag{4-152}$$

式中，T_{d0}为当定子绕组开路及阻尼绕组的直流分量衰减后的励磁绕组的时间常数，$T_{d0} = \dfrac{X_{\sigma f} + X_{md}}{\omega_s R_f}$。通常 T_{d0}较易于计算和测量，于是可方便地由式（4-152）来求取 T'_d。

3. 电枢时间常数 T_a

式（4-144）中定子短路电流中直流分量$\dfrac{\sqrt{2}E_0}{X''_d}\cos\theta_0 e^{-\frac{t}{T_a}}$以时间常数 T_a 衰减，T_a 是电枢绕组的时间常数。与定子短路电流中交流分量不同，直流分量在电机内将产生轴线固定不动的磁动势和电枢反应磁场，转子与其将有一同步速的相对运动，当电枢反应磁场对励磁绕组和直轴阻尼绕组同时起作用时，相应的电枢电抗即为直轴超瞬态电抗 X''_d；当对转子交轴阻尼绕组起作用时，相应的电枢电抗应为交轴超瞬态电抗 X''_q，即有

$$X''_q = X_{\sigma s} + \frac{1}{\dfrac{1}{X_{mq}} + \dfrac{1}{X_{\sigma Q}}} \tag{4-153}$$

式中，$X_{\sigma Q}$为交轴阻尼绕组归算到定子侧的漏抗值。

总的电枢超瞬态电抗可认为是 X''_d 和 X''_q 的平均值，即有

$$\frac{X''_d + X''_q}{2} = X_2 \tag{4-154}$$

电枢时间常数 T_a 则为

$$T_a = \frac{X_2}{\omega_s R_s} \tag{4-155}$$

严格说来，由于 $X''_d \neq X''_q$，直流分量电流 i_A 将会产生脉动，设其平均值为 $i_{A=(aV)}$，若认为 $i_{A=}$在最大值与最小值间按正弦规律变化，则可将 $i_{A=}$看成是由两部分构成，一部分是不变的平均值；另一部分是以 2 倍基本频率变化的交变分量，于是可将 $i_{A=}$表示为

$$i_{A=} = \frac{\sqrt{2}E_0}{2}\left[\left(\frac{1}{X''_d} + \frac{1}{X''_q}\right)\cos\theta_0 + \left(\frac{1}{X''_d} - \frac{1}{X''_q}\right)\cos(2\omega_s t + \theta_0)\right] e^{-\frac{t}{T_a}} \tag{4-156}$$

将式（4-156）中的 θ_0 代之以 $\theta_0 - 120°$和 $\theta_0 + 120°$可得 $i_{B=}$和 $i_{C=}$。

4.12.5 考虑阻尼绕组影响时的突然短路电流

1. 装有阻尼绕组的定子突然短路电流

式（4-144）为装有阻尼绕组时 A 相短路电流的表达式。当 $\theta_0 = 90°$时，转子轴线 d 轴超前 A 轴 90°电角度，此时直流分量 $i_{A=} = 0$，交流分量 $i_{A\sim}$中，幅值为$(I''_{sm} - I'_{sm})$的超瞬态分量以时间常数 T''_d 迅速衰减，幅值为$(I'_{sm} - I_{sm})$的瞬态分量则以时间常数 T'_d 衰减，I_{sm}为稳态短路电流幅值，如图 4-72 所示。

2. 三相突然短路时的冲击电流

冲击电流是指三相突然短路后定子电流可能达到的最大瞬时值。式（4-145）中，当 $\theta_0 = 0$ 时，在短路初始瞬间，$i_{A=}(0^+)$达最大值$\dfrac{\sqrt{2}E_0}{X''_d}$，$i_{A\sim}(0^+) = -\dfrac{\sqrt{2}E_0}{X''_d}$。如果 $i_{A=}$和 $i_{A\sim}$均不衰减，经半个周期后，$\omega_s t = \pi$，则有 $i_{A\sim} = \dfrac{\sqrt{2}E_0}{X''_d}$，冲击电流可达最大值，$i_{Amax} = 2\dfrac{\sqrt{2}E_0}{X''_d}$。如果在 $t = 0^+$ 以后的半个周期内，不考虑交流电流 $i_{A\sim}$的衰减，而只考虑衰减较快的直流电流 $i_{A=}$的衰减，则对标准频率 $f = 50\text{Hz}$ 而言，可得冲击电流 i_{smax}为

$$i_{smax}=\frac{\sqrt{2}E_0}{X''_d}\left(1+e^{\frac{-0.01}{T_a}}\right) \tag{4-157}$$

式中，$\left(1+e^{\frac{-0.01}{T_a}}\right)$ 称为冲击系数。

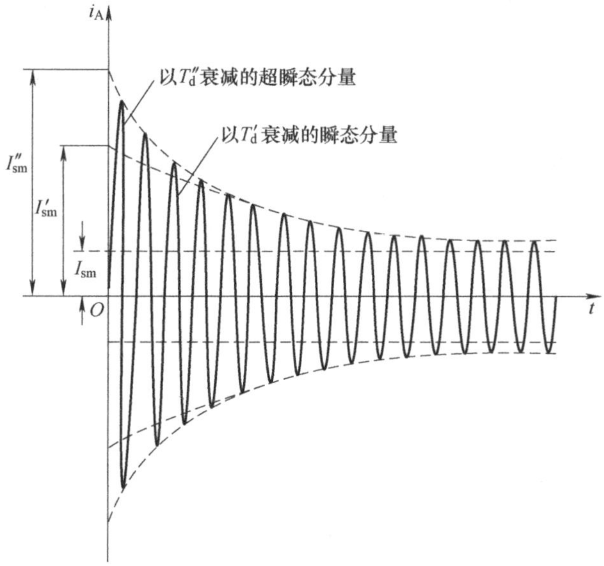

图 4-72　装有阻尼绕组的定子突然短路时的 A 相电流波形

4.13　同步发电机的动态分析

以上分析主要涉及同步发电机的稳态运行。本节将导出发电机动态的运动方程，导出的运动方程对稳态和动态分析均适用。分析中均假设电机为理想电机。

4.13.1　隐极同步发电机

1. 隐极同步发电机的磁链和电压相矢图

在同步电动机分析中，取主磁场轴线为 d 轴，q 轴超前 d 轴 90°电角度，按电动机惯例取相电流由绕组首端流入为其正方向，如图 4-73 所示（图中仅画出了 A 相电流正方向）。图中，β 为转矩角，当 $0<\beta<\pi$ 时，同步电机作为电动机运行；当 $\pi<\beta<2\pi$ 时，$t_e=p_0\psi_f i_s\sin\beta=p_0\psi_f i_q<0$，同步电机将作为发电机运行。此时，$i_q<0$，这给同步发电机稳态分析带来了很多不便。为解决这一问题，在 4.7 节已将 q 轴规定为滞后于 d 轴，同时按发电机惯例规定了相绕组中电流正方向以输出为正，绕组轴线也随之改变方向，如图 4-33 所示。但是，由于 q 轴和三相绕组轴线均改变了方向，因此与同步电动机的规定不再一致，这给同步电机统一的动态分析又带来了不便。

图 4-73 所示的以电动机惯例表示的同步电机相矢图中，倘若将电枢三相绕组中电流正方向由电动机惯例改为发电机惯例，即以首端输出电流为正，则图 4-73 可改为图 4-74 所示的形式，此时将有 $\boldsymbol{i}_{s(F)}=-\boldsymbol{i}_s$。

图 4-74 中，虽然电枢电流方向改为以首端输出电流为正，但是绕组轴线（如 A 轴）方向没有改变，故各相绕组流过正向电流时，将产生负磁链；励磁绕组仍按电动机惯例，以首端输入电流为正，正向电流将产生正磁链；规定转矩以制动转矩为正，且取制动转矩正方向与

转子转向相反；取 A 轴为时空参考轴，d 轴与 A 轴间的空间相位角为 θ（电角度）。

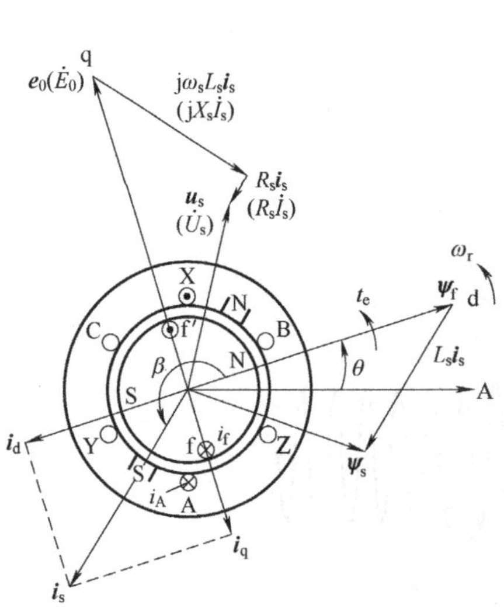

图 4-73 以电动机惯例表示的同步电机相矢图

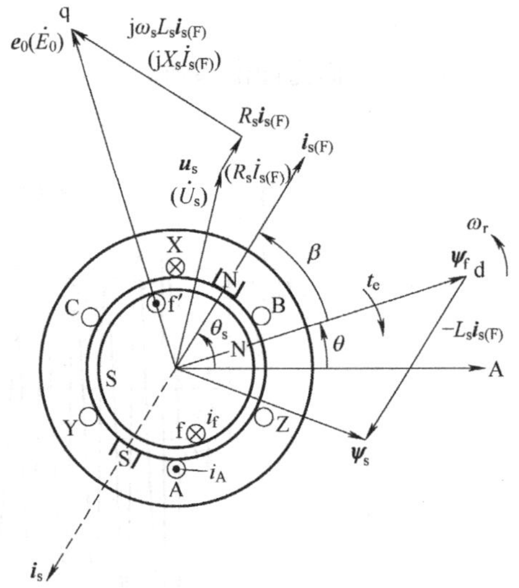

图 4-74 以发电机惯例表示的同步电机相矢图

对比图 4-73，图 4-74 中改变了电枢电流正方向，随之改变了定子电流矢量 $\boldsymbol{i}_s$ 的方向（图中标以 $\boldsymbol{i}_{s(F)}$），而 dq 轴和三相绕组轴线方向并没有改变。

事实上，图 4-73 所示的同步电机已作为发电机运行，此时主磁场 $\boldsymbol{\psi}_f$ 超前（领先）于定子电流 $\boldsymbol{i}_s$，定子磁场 $\boldsymbol{\psi}_s$ 超前（领先）于电枢反应磁场 $L_s\boldsymbol{i}_s$。由于 $\boldsymbol{\psi}_f$、$\boldsymbol{i}_s$ 和 $\boldsymbol{\psi}_s$、$L_s\boldsymbol{i}_s$ 是电机内客观存在的，因此将图 4-73 改为图 4-74 后，$\boldsymbol{\psi}_f$、$\boldsymbol{i}_s$ 和 $\boldsymbol{\psi}_s$、$L_s\boldsymbol{i}_s$ 的大小和相位不会改变。这意味着，图 4-74 中以虚线所示的定子电流矢量 $\boldsymbol{i}_s$ 仍为发电机的实际定子电流矢量，只是由于三相电流正方向的改变才将其表示为了 $\boldsymbol{i}_{s(F)}$，故 $\boldsymbol{i}_{s(F)}$ 并不是实际的定子电流矢量，而只是一个运算矢量。实际上，如果 $\boldsymbol{i}_{s(F)}$ 为实际定子电流矢量，$\boldsymbol{i}_{s(F)}$ 就会超前于 $\boldsymbol{\psi}_f$，电机将作为电动机运行，这与电机实际工况不符。

在图 4-74 中，感应电动势正方向已与电流正方向一致，故当主磁场 $\boldsymbol{\psi}_f$ 与 A 相绕组交链的正向磁链 ψ_{fA} 增大时，感应电动势(e_{Af})应为正值，故有 $e_{Af}=\dfrac{\mathrm{d}\psi_{Af}}{\mathrm{d}t}$，因此可得 $\boldsymbol{e}_0=\dfrac{\mathrm{d}\boldsymbol{\psi}_f}{\mathrm{d}t}$，运动电动势 $\boldsymbol{e}_0=\mathrm{j}\omega_s\boldsymbol{\psi}_f$，$\boldsymbol{e}_0$ 超前 $\boldsymbol{\psi}_f$ 90°电角度，$\boldsymbol{e}_0$ 与 q 轴方向一致，这与同步电动机也取得了一致。为简化计，在列写方程时可不再将 $\boldsymbol{i}_{s(F)}$ 标以下标(F)。

2. 定子磁链矢量方程

将式（3-178）中的三相电流分别改为$-i_A$、$-i_B$ 和$-i_C$，可得

$$\begin{bmatrix}\psi_A\\ \psi_B\\ \psi_C\end{bmatrix}=\begin{bmatrix}L_A & L_{AB} & L_{AC}\\ L_{BA} & L_B & L_{BC}\\ L_{CA} & L_{CB} & L_C\end{bmatrix}\begin{bmatrix}-i_A\\ -i_B\\ -i_C\end{bmatrix}+\begin{bmatrix}\psi_{Af}\\ \psi_{Bf}\\ \psi_{Cf}\end{bmatrix}$$

$$=\begin{bmatrix}L_{\sigma s}+L_{m1} & -\frac{1}{2}L_{m1} & -\frac{1}{2}L_{m1}\\ -\frac{1}{2}L_{m1} & L_{\sigma s}+L_{m1} & -\frac{1}{2}L_{m1}\\ -\frac{1}{2}L_{m1} & -\frac{1}{2}L_{m1} & L_{\sigma s}+L_{m1}\end{bmatrix}\begin{bmatrix}-i_A\\ -i_B\\ -i_C\end{bmatrix}+\begin{bmatrix}\psi_{Af}\\ \psi_{Bf}\\ \psi_{Cf}\end{bmatrix} \tag{4-158}$$

式中，ψ_{fA}、ψ_{fB}、ψ_{fC}为定子三相绕组与主极磁场交链的磁链。

可得

$$\begin{bmatrix}\psi_A\\ \psi_B\\ \psi_C\end{bmatrix}=\left(L_{\sigma s}+\frac{3}{2}L_{m1}\right)\begin{bmatrix}-i_A\\ -i_B\\ -i_C\end{bmatrix}+\begin{bmatrix}\psi_{Af}\\ \psi_{Bf}\\ \psi_{Cf}\end{bmatrix}=L_s\begin{bmatrix}-i_A\\ -i_B\\ -i_C\end{bmatrix}+\begin{bmatrix}\psi_{Af}\\ \psi_{Bf}\\ \psi_{Cf}\end{bmatrix} \tag{4-159}$$

由式（4-159），可得定子磁链矢量方程为

$$\boldsymbol{\psi}_s=-L_s\boldsymbol{i}_s+\boldsymbol{\psi}_f \tag{4-160}$$

实际上，由图4-74也可直接得到式（4-160），图中的$-L_s\boldsymbol{i}_{s(F)}$即为发电机的实际电枢磁场。由电动机运行时的磁链方程式（4-10）也可直接得到式（4-160），但需将式中的定子电流矢量改变为反向。

3. 定子电压矢量和相量方程

在上述正方向规定下，定子三相绕组在时域内的电压方程可表示为

$$\begin{cases}u_A=-R_si_A+\dfrac{d\psi_A}{dt}\\ u_B=-R_si_B+\dfrac{d\psi_B}{dt}\\ u_C=-R_si_C+\dfrac{d\psi_C}{dt}\end{cases} \tag{4-161}$$

由式（4-161），可得

$$\boldsymbol{u}_s=-R_s\boldsymbol{i}_s+\frac{d\boldsymbol{\psi}_s}{dt} \tag{4-162}$$

将式（4-160）代入式（4-162），可得

$$\boldsymbol{u}_s=-R_s\boldsymbol{i}_s-L_s\frac{d\boldsymbol{i}_s}{dt}+\frac{d\boldsymbol{\psi}_f}{dt} \tag{4-163}$$

式（4-162）和式（4-163）为隐极同步发电机基本的动态电压矢量方程。

可将式（4-163）表示为

$$\boldsymbol{u}_s=-R_s\boldsymbol{i}_s-L_s\frac{di_s}{dt}e^{j\theta_s}-j\omega_sL_s\boldsymbol{i}_s+\frac{d\psi_f}{dt}e^{j\theta}+j\omega_r\boldsymbol{\psi}_f \tag{4-164}$$

式中，θ_s为$\boldsymbol{i}_{s(F)}$在ABC轴系内的空间相位；等式右端第2、3项分别为因电枢磁场幅值变化和旋转产生的感应电压；第4、5项分别为因主磁场幅值变化和旋转产生的感应电压和电动势，且有$\boldsymbol{e}_0=j\omega_r\boldsymbol{\psi}_f$，$e_0=\omega_r\psi_f$，$e_0$为运动电动势。

若主磁场$\boldsymbol{\psi}_f$幅值恒定，则有

$$\boldsymbol{u}_s=-R_s\boldsymbol{i}_s-L_s\frac{di_s}{dt}e^{j\theta_s}-j\omega_sL_s\boldsymbol{i}_s+\boldsymbol{e}_0 \tag{4-165}$$

稳态运行时，电枢磁场($L_s\boldsymbol{i}_s$)幅值不变，则有

$$\boldsymbol{u}_s=-R_s\boldsymbol{i}_s-j\omega_sL_s\boldsymbol{i}_s+\boldsymbol{e}_0 \tag{4-166}$$

可得

$$\begin{aligned}\boldsymbol{e}_0&=\boldsymbol{u}_s+R_s\boldsymbol{i}_s+j\omega_sL_s\boldsymbol{i}_s\\&=\boldsymbol{u}_s+R_s\boldsymbol{i}_s+j\omega_sL_{\sigma s}\boldsymbol{i}_s+j\omega_sL_m\boldsymbol{i}_s\end{aligned} \tag{4-167}$$

$$\dot{E}_0=\dot{U}_s+R_s\dot{I}_s+\mathrm{j}X_s\dot{I}_s=\dot{U}_s+R_s\dot{I}_s+\mathrm{j}X_{\sigma s}\dot{I}_s+\mathrm{j}X_m\dot{I}_s \tag{4-168}$$

式中，$\dot{E}_0=\mathrm{j}\omega_s\dot{\Psi}_f$，$\Psi_f=\psi_f/\sqrt{3}$；$X_s$ 为同步电抗，$X_s=X_{\sigma s}+X_m$，X_m 为等效励磁电抗。

式（4-167）和式（4-168）分别为隐极同步发电机稳态运行时的定子电压矢量方程和相量方程，图 4-75 为与其对应的等效电路，且分别与式（4-73）和式（4-76）以及图 4-35 在形式上完全相同。

实际上，将隐极同步电动机的定子电压矢量方程式（4-15）和相量方程式（4-16）中的 $\boldsymbol{i}_s(\dot{I}_s)$ 代之以 $-\boldsymbol{i}_s(-\dot{I}_s)$，将隐极同步电动机等效电路图 4-9 和图 4-10 中的 $\boldsymbol{i}_s(\dot{I}_s)$ 改变方向后，便可得到式（4-73）、式（4-76）和图 4-35。这是因为隐极同步电动机的稳态矢量图图 4-7 中的定子电流矢量 $\boldsymbol{i}_s$ 改变方向后，便如图 4-73 所示，再将图 4-73 改造为图 4-74，可以看出，图 4-74 中的电压矢量图已与图 4-33 中的定子电压矢量图形式相同。

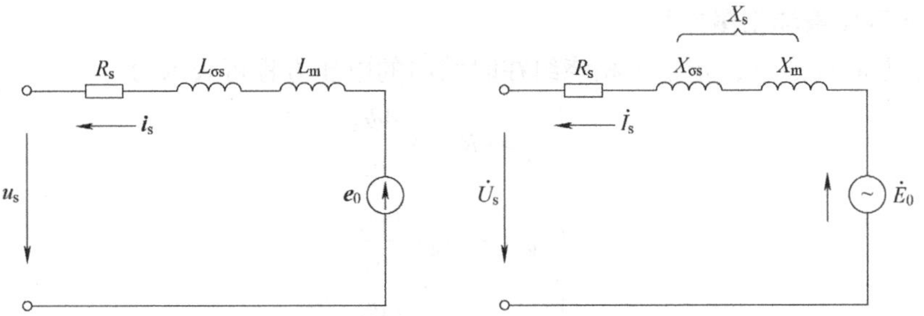

a) 以空间矢量表示　　　　b) 以时间相量表示

图 4-75　隐极同步发电机稳态运行等效电路

但是，对比隐极同步发电机矢量图 4-33 和图 4-74，可以看出，图 4-74 中的 q 轴已超前于 d 轴，$\boldsymbol{e}_0$ 已超前于 $\boldsymbol{\psi}_f$（d 轴）90°电角度；图 4-33 中的 $\boldsymbol{i}_s$ 为实际定子电流矢量，而图 4-74 中的 $\boldsymbol{i}_{s(F)}$ 并非实际的定子电流矢量，而仅是个运算矢量。

可是，如图 4-73 和图 4-74 所示，无论采用电动机惯例，还是采用发电机惯例，当同步电机作为发电机运行时，定子磁场 $\boldsymbol{\psi}_s$ 一定滞后于主磁场 $\boldsymbol{\psi}_f$，在时域内 $\dot{E}_0$ 一定超前于 $\dot{U}_s$；当同步电机作为电动机运行时，则反之。不管 dq 轴系如何规定，均是如此，因为这是由同步电机的工作原理所决定的。

4. 电磁转矩

图 4-73 中，隐极同步发电机的电磁转矩可表示为

$$t_e=p_0\boldsymbol{\psi}_f\times\boldsymbol{i}_s=p_0\psi_f i_s\sin\beta\quad(180°<\beta<360°) \tag{4-169}$$

此时电磁转矩为负值，为制动转矩。图 4-74 中，可借助运算矢量 $\boldsymbol{i}_{s(F)}$ 来表示电磁转矩，此时电磁转矩应为正值，实则为制动转矩。即有

$$t_e=p_0\boldsymbol{\psi}_f\times\boldsymbol{i}_{s(F)}=p_0\psi_f i_{s(F)}\sin\beta\quad(0°<\beta<180°) \tag{4-170}$$

式中，β 角定义为 $\beta=\angle_{\boldsymbol{\psi}_f}^{\boldsymbol{i}_{s(F)}}$。

式（4-170）与隐极同步发电机转矩表达式式（4-90）形式相同。同理，可推导出不同的转矩表达式来表示图 4-74 所示发电机的电磁转矩。

5. 转矩方程

按照转矩正方向的规定，转矩方程可表示为

$$t_Y=J\frac{\mathrm{d}\Omega_r}{\mathrm{d}t}+R_\Omega\Omega_r+t_e \tag{4-171}$$

式中，t_Y 为原动机提供的净驱动转矩（驱动转矩扣除发电机空载转矩部分），方向与转子转向相同。

由定子电压方程和转矩方程构成了运动方程。

4.13.2 凸极同步发电机

1. ABC 轴系内的凸极同步发电机

(1) 磁链方程

图 4-76 所示为凸极同步发电机。假设转子上除励磁绕组 f 外，在直、交轴方向上还各装有阻尼绕组 D_r 和 Q_r，其正方向规定与励磁绕组相同；已将励磁绕组和直、交轴阻尼绕组分别归算到定子侧，其有效匝数均为定子相绕组有效匝数的 $\sqrt{\frac{3}{2}}$ 倍。按照双反应理论，可将定子电流 $\boldsymbol{i}_{s(F)}$ 分解为 $\boldsymbol{i}_{s(F)}=\boldsymbol{i}_d+\boldsymbol{i}_q$，于是对于式（4-160）中的 $-L_s\boldsymbol{i}_s$ 项，在 dq 轴系内可将其表示为 $-L_d i_d-L_q i_q$；同时将定子单轴绕组分解为 dq 轴上的绕组，其有效匝数分别为定子相绕组有效匝数的 $\sqrt{\frac{3}{2}}$ 倍，有关正方向规定与定子三相绕组相同。于是，可将定子磁链 $\boldsymbol{\psi}_s$ 的直、交轴分量 ψ_d 和 ψ_q，以及励磁绕组全磁链 ψ_{ff} 和直、交轴阻尼绕组全磁链 ψ_{DD}、ψ_{QQ} 分别表示为

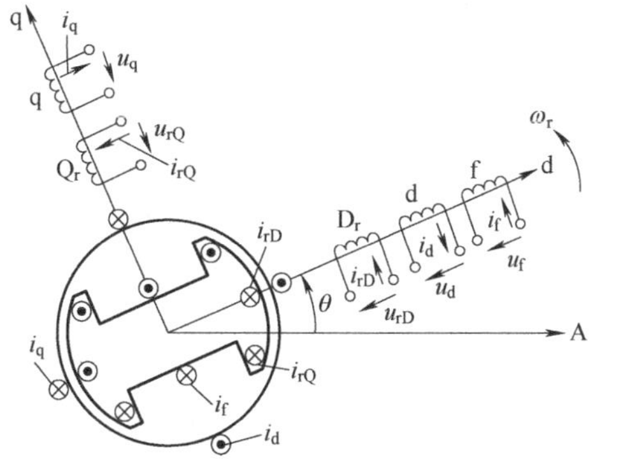

图 4-76 凸极同步发电机

$$\begin{bmatrix}\psi_d\\\psi_q\\\psi_{ff}\\\psi_{DD}\\\psi_{QQ}\end{bmatrix}=\begin{bmatrix}L_d&0&L_{md}&L_{md}&0\\0&L_q&0&0&L_{mq}\\L_{md}&0&L_f&L_{md}&0\\L_{md}&0&L_{md}&L_{rD}&0\\0&L_{mq}&0&0&L_{rQ}\end{bmatrix}\begin{bmatrix}-i_d\\-i_q\\i_f\\i_{rD}\\i_{rQ}\end{bmatrix}\tag{4-172}$$

式中，L_{md}、L_{mq} 和 L_d、L_q 分别为直、交轴等效励磁电感和同步电感；L_f、L_{rD}、L_{rQ} 分别为励磁绕组和直、交轴阻尼绕组自感；i_{rD}、i_{rQ} 分别为直、交轴阻尼绕组电流。

在 ABC 轴系内，以 A 轴为空间参考轴，可将定子磁链 $\boldsymbol{\psi}_s$、励磁绕组全磁链 $\boldsymbol{\psi}_{ff}$ 和直、交轴阻尼绕组的全磁链 $\boldsymbol{\psi}_{DD}$、$\boldsymbol{\psi}_{QQ}$ 分别表示为

$$\begin{cases}\boldsymbol{\psi}_s=\boldsymbol{\psi}_d+\boldsymbol{\psi}_q=-L_d\boldsymbol{i}_d-L_q\boldsymbol{i}_q+L_{md}\boldsymbol{i}_f+L_{md}\boldsymbol{i}_{rD}+L_{mq}\boldsymbol{i}_{rQ}\\\quad=-L_d i_d e^{j\theta}-L_q i_q e^{j\left(\theta+\frac{\pi}{2}\right)}+L_{md}i_f e^{j\theta}+L_{md}i_{rD}e^{j\theta}+L_{mq}i_{rQ}e^{j\left(\theta+\frac{\pi}{2}\right)}\\\boldsymbol{\psi}_{ff}=-L_{md}\boldsymbol{i}_d+L_f\boldsymbol{i}_f+L_{md}\boldsymbol{i}_{rD}=-L_{md}i_d e^{j\theta}+L_f i_f e^{j\theta}+L_{md}i_{rD}e^{j\theta}\\\boldsymbol{\psi}_{DD}=-L_{md}\boldsymbol{i}_d+L_{md}\boldsymbol{i}_f+L_{rD}\boldsymbol{i}_{rD}=-L_{md}i_d e^{j\theta}+L_{md}i_f e^{j\theta}+L_{rD}i_{rD}e^{j\theta}\\\boldsymbol{\psi}_{QQ}=-L_{mq}\boldsymbol{i}_q+L_{rQ}\boldsymbol{i}_{rQ}=-L_{mq}i_q e^{j\left(\theta+\frac{\pi}{2}\right)}+L_{rQ}i_{rQ}e^{j\left(\theta+\frac{\pi}{2}\right)}\end{cases}\tag{4-173}$$

(2) 电压方程

定子电压方程为

$$\begin{aligned}\boldsymbol{u}_s &= -R_s\boldsymbol{i}_s+\frac{\mathrm{d}\boldsymbol{\psi}_s}{\mathrm{d}t}\\ &= -R_s\boldsymbol{i}_s-L_d\frac{\mathrm{d}\boldsymbol{i}_d}{\mathrm{d}t}-L_q\frac{\mathrm{d}\boldsymbol{i}_q}{\mathrm{d}t}+L_{md}\frac{\mathrm{d}\boldsymbol{i}_f}{\mathrm{d}t}+L_{md}\frac{\mathrm{d}\boldsymbol{i}_{rD}}{\mathrm{d}t}+L_{mq}\frac{\mathrm{d}\boldsymbol{i}_{rQ}}{\mathrm{d}t}\\ &= -R_s\boldsymbol{i}_s-L_d\frac{\mathrm{d}i_d}{\mathrm{d}t}\mathrm{e}^{\mathrm{j}\theta}-\mathrm{j}\omega_r L_d i_d\mathrm{e}^{\mathrm{j}\theta}-L_q\frac{\mathrm{d}i_q}{\mathrm{d}t}\mathrm{e}^{\mathrm{j}\left(\theta+\frac{\pi}{2}\right)}-\mathrm{j}\omega_r L_q i_q\mathrm{e}^{\mathrm{j}\left(\theta+\frac{\pi}{2}\right)}+L_{md}\frac{\mathrm{d}i_f}{\mathrm{d}t}\mathrm{e}^{\mathrm{j}\theta}+\mathrm{j}\omega_r L_{md}i_f\mathrm{e}^{\mathrm{j}\theta}+\\ &\quad L_{md}\frac{\mathrm{d}i_{rD}}{\mathrm{d}t}\mathrm{e}^{\mathrm{j}\theta}+\mathrm{j}\omega_r L_{md}i_{rD}\mathrm{e}^{\mathrm{j}\theta}+L_{mq}\frac{\mathrm{d}i_{rQ}}{\mathrm{d}t}\mathrm{e}^{\mathrm{j}\left(\theta+\frac{\pi}{2}\right)}+\mathrm{j}\omega_r L_{mq}i_{rQ}\mathrm{e}^{\mathrm{j}\left(\theta+\frac{\pi}{2}\right)}\end{aligned} \tag{4-174}$$

式中，$\mathrm{j}\omega_r L_{md}i_f\mathrm{e}^{\mathrm{j}\theta}=\mathrm{j}\omega_r\psi_f\mathrm{e}^{\mathrm{j}\theta}=e_0\mathrm{e}^{\mathrm{j}\left(\theta+\frac{\pi}{2}\right)}=\boldsymbol{e}_0$。

励磁绕组和直、交轴阻尼绕组的电压方程分别为

$$\boldsymbol{u}_f=R_f\boldsymbol{i}_f+\frac{\mathrm{d}\boldsymbol{\psi}_{ff}}{\mathrm{d}t}=R_f i_f\mathrm{e}^{\mathrm{j}\theta}-L_{md}\frac{\mathrm{d}i_d}{\mathrm{d}t}\mathrm{e}^{\mathrm{j}\theta}+L_f\frac{\mathrm{d}i_f}{\mathrm{d}t}\mathrm{e}^{\mathrm{j}\theta}+L_{md}\frac{\mathrm{d}i_{rD}}{\mathrm{d}t}\mathrm{e}^{\mathrm{j}\theta} \tag{4-175}$$

$$\boldsymbol{u}_{rD}=R_{rD}\boldsymbol{i}_{rD}+\frac{\mathrm{d}\boldsymbol{\psi}_{DD}}{\mathrm{d}t}=R_{rD}i_{rD}\mathrm{e}^{\mathrm{j}\theta}-L_{md}\frac{\mathrm{d}i_d}{\mathrm{d}t}\mathrm{e}^{\mathrm{j}\theta}+L_{md}\frac{\mathrm{d}i_f}{\mathrm{d}t}\mathrm{e}^{\mathrm{j}\theta}+L_{rD}\frac{\mathrm{d}i_{rD}}{\mathrm{d}t}\mathrm{e}^{\mathrm{j}\theta} \tag{4-176}$$

$$\boldsymbol{u}_{rQ}=R_{rQ}\boldsymbol{i}_{rQ}+\frac{\mathrm{d}\boldsymbol{\psi}_{QQ}}{\mathrm{d}t}=R_{rQ}i_{rQ}\mathrm{e}^{\mathrm{j}\left(\theta+\frac{\pi}{2}\right)}-L_{mq}\frac{\mathrm{d}i_q}{\mathrm{d}t}\mathrm{e}^{\mathrm{j}\left(\theta+\frac{\pi}{2}\right)}+L_{rQ}\frac{\mathrm{d}i_{rQ}}{\mathrm{d}t}\mathrm{e}^{\mathrm{j}\left(\theta+\frac{\pi}{2}\right)} \tag{4-177}$$

式中，R_f、R_{rD}、R_{rQ}分别为励磁绕组和直、交轴阻尼绕组的电阻。

对比式（4-35）和式（4-174）可以看出，若不考虑直、交轴阻尼绕组，将式（4-35）中的定子电流改变方向后，便可由凸极同步电动机的电压方程得到凸极同步发电机的电压方程。

稳态运行时，$\omega_r=\omega_s$（ω_s 为同步电角速度），i_d、i_q、i_f 均为常值，i_{rD}、i_{rQ}均为零，于是可将式（4-174）表示为

$$\boldsymbol{u}_s+R_s\boldsymbol{i}_s+\mathrm{j}\omega_s L_d\boldsymbol{i}_d+\mathrm{j}\omega_s L_q\boldsymbol{i}_q=\boldsymbol{e}_0 \tag{4-178}$$

式中，$\boldsymbol{i}_d=i_d\mathrm{e}^{\mathrm{j}\theta}$，$\boldsymbol{i}_q=i_q\mathrm{e}^{\mathrm{j}(\theta+\pi/2)}$。

将凸极同步电动机定子电压方程式（4-36）中的定子电流改变方向后便可得到式（4-178）。由式（4-178）以及励磁方程 $\boldsymbol{\psi}_s=-L_d\boldsymbol{i}_d-L_q\boldsymbol{i}_q+\boldsymbol{\psi}_f$，可得稳态矢量图，如图 4-77 所示。对比凸极同步电动机稳态矢量图图 4-13a 可见，图 4-77 中的 $\boldsymbol{\psi}_f$ 已超前 $\boldsymbol{\psi}_s$，$\boldsymbol{e}_0$ 随之超前了 $\boldsymbol{u}_s$；图 4-13 中的 $\boldsymbol{i}_s$ 为实际电流矢量，但图 4-77 中的 $\boldsymbol{i}_{s(F)}$ 只为运算矢量，它与实际电流矢量大小相等、方向相反。

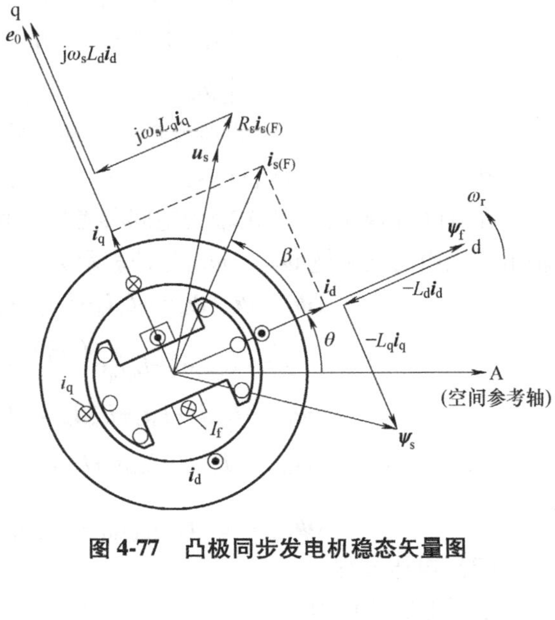

图 4-77　凸极同步发电机稳态矢量图

由式（4-178），可得相量方程为

$$\dot{E}_0=\dot{U}_s+R_s\dot{I}_s+\mathrm{j}X_d\dot{I}_d+\mathrm{j}X_q\dot{I}_q \tag{4-179}$$

由式（4-179）可得相量图，如图 4-78 所示。

对比式（4-37）和式（4-179）可以看出，将凸极同步电动机定子电压相量方程中的定子电流改变方向后，便可得到凸极同步发电机的定子电压相量方程。由式（4-179）或图 4-77 可得如图 4-78 所示的相量图。可以将

两图中定子电流矢量的下标（F）去掉。

式（4-179）与4.7节分析的凸极同步发电机的相量方程（4-82）形式相同，图4-78与图4-37中的相量图也相互一致，但图4-78中的q轴不再滞后d轴，而是超前于d轴；$\dot{E}_0$不再滞后$\dot{\Psi}_f$，而是超前于$\dot{\Psi}_f$；$\dot{I}_{s(F)}$已不是实际电流相量，而只是一个运算相量。

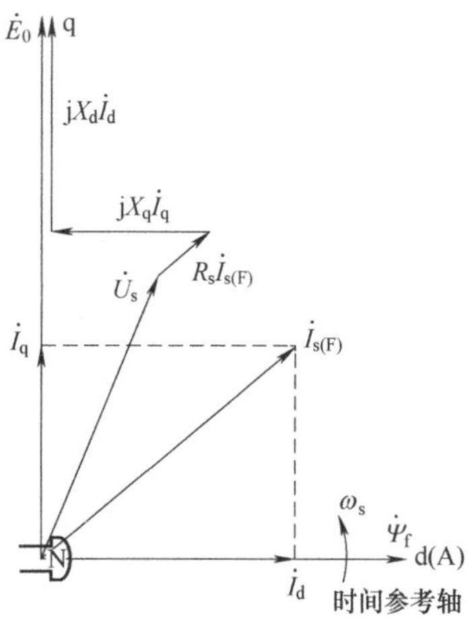

图4-78 凸极同步发电机相量图

（3）电磁转矩

电磁转矩通用表达式同样适用于同步发电机，即有

$$t_e = p_0 \boldsymbol{\psi}_s \times \boldsymbol{i}_{s(F)} = p_0(\psi_d i_q - \psi_q i_d) \tag{4-180}$$

此时，电磁转矩为制动转矩，取为正值，可代入转矩方程式（4-171）。

2. dq轴系中的凸极同步发电机运动方程

（1）坐标变换和矢量变换

在图4-77所示的同步发电机中，q轴超前d轴，且dq轴逆时针旋转，这种规定与4.3节中同步电动机的规定一致，两者取得了统一。若两者同取A轴为空间参考轴，则ABC轴系与dq轴系的坐标变换与矢量变换也将取得统一。不计零序电流，坐标变换式均为

$$\begin{bmatrix} i_d \\ i_q \end{bmatrix} = \sqrt{\frac{2}{3}} \begin{bmatrix} \cos\theta & \cos(\theta-120^\circ) & \cos(\theta-240^\circ) \\ -\sin\theta & -\sin(\theta-120^\circ) & -\sin(\theta-240^\circ) \end{bmatrix} \begin{bmatrix} i_A \\ i_B \\ i_C \end{bmatrix} \tag{4-181}$$

$$\begin{bmatrix} i_A \\ i_B \\ i_C \end{bmatrix} = \sqrt{\frac{2}{3}} \begin{bmatrix} \cos\theta & -\sin\theta \\ \cos(\theta-120^\circ) & -\sin(\theta-120^\circ) \\ \cos(\theta-240^\circ) & -\sin(\theta-240^\circ) \end{bmatrix} \begin{bmatrix} i_d \\ i_q \end{bmatrix} \tag{4-182}$$

对于矢量变换，则有$\boldsymbol{i}_s^{ABC} = \boldsymbol{i}_s^{dq} e^{j\theta}$，反之$\boldsymbol{i}_s^{dq} = \boldsymbol{i}_s^{ABC} e^{-j\theta}$。

（2）电压方程

运用矢量变换因子$e^{j\theta}$，可将ABC轴系内定子电压矢量方程式（4-162）变换到dq轴系，即有

$$\boldsymbol{u}_s^{dq} e^{j\theta} = -R_s \boldsymbol{i}_s^{dq} e^{j\theta} + \frac{d}{dt}(\boldsymbol{\psi}_s^{dq} e^{j\theta})$$

可得

$$\boldsymbol{u}_s^{dq} = -R_s \boldsymbol{i}_s^{dq} + \frac{d\boldsymbol{\psi}_s^{dq}}{dt} + j\omega_r \boldsymbol{\psi}_s^{dq} \tag{4-183}$$

式中，$\boldsymbol{\psi}_s^{dq} = \psi_d + j\psi_q$，$\psi_d = -L_d i_d + L_{mf} i_f + L_{md} i_{rD}$，$\psi_q = -L_q i_q + L_{mq} i_{rQ}$。

由式（4-183），可得

$$u_d = -R_s i_d + \frac{d\psi_d}{dt} - \omega_r \psi_q \tag{4-184}$$

$$u_q = -R_s i_q + \frac{d\psi_q}{dt} + \omega_r \psi_d \tag{4-185}$$

通常将式（4-184）和式（4-185）称为派克方程。

若将式（4-174）两端同乘变换因子$e^{-j\theta}$，也可将定子电压方程由ABC轴系变换到dq轴

系，则有

$$u_d=-R_s i_d-L_d\frac{di_d}{dt}+L_{md}\frac{di_f}{dt}+L_{md}\frac{di_{rD}}{dt}+\omega_r L_q i_q-\omega_r L_{mq} i_{rQ} \tag{4-186}$$

$$u_q=-R_s i_q-L_q\frac{di_q}{dt}+L_{mq}\frac{di_{rQ}}{dt}-\omega_r L_d i_d+\omega_r L_{md} i_f+\omega_r L_{md} i_{rD} \tag{4-187}$$

由式（4-184）和式（4-185）也可直接得到式（4-186）和式（4-187）。

由式（4-175）~式（4-177），可得

$$u_f=R_f i_f+L_f\frac{di_f}{dt}-L_{md}\frac{di_d}{dt}+L_{md}\frac{di_{rD}}{dt} \tag{4-188}$$

$$u_{rD}=R_{rD} i_{rD}+L_{rD}\frac{di_{rD}}{dt}+L_{md}\frac{di_f}{dt}-L_{md}\frac{di_d}{dt} \tag{4-189}$$

$$u_{rQ}=R_{rQ} i_{rQ}-L_{mq}\frac{di_q}{dt}+L_{rQ}\frac{di_{rQ}}{dt} \tag{4-190}$$

可将式（4-186）~式（4-190）表示为

$$\begin{bmatrix} u_d \\ u_q \\ u_f \\ 0 \\ 0 \end{bmatrix}=\begin{bmatrix} R_s+L_d p & -\omega_r L_q & L_{md}p & L_{md}p & -\omega_r L_{mq} \\ \omega_r L_d & R_s+L_q p & \omega_r L_{md} & \omega_r L_{md} & L_{mq}p \\ L_{md}p & 0 & R_f+L_f p & L_{md}p & 0 \\ L_{md}p & 0 & L_{md}p & R_{rD}+L_{rD}p & 0 \\ 0 & L_{mq}p & 0 & 0 & R_{rQ}+L_{rQ}p \end{bmatrix}\begin{bmatrix} -i_d \\ -i_q \\ i_f \\ i_{rD} \\ i_{rQ} \end{bmatrix} \tag{4-191}$$

转子直、交轴上无阻尼绕组时，则有

$$u_d=-R_s i_d-L_d\frac{di_d}{dt}+\omega_r L_q i_q+L_{md}\frac{di_f}{dt} \tag{4-192}$$

$$u_q=-R_s i_q-L_q\frac{di_q}{dt}-\omega_r L_d i_d+\omega_r L_{md} i_f \tag{4-193}$$

$$u_f=R_f i_f+L_f\frac{di_f}{dt}-L_{md}\frac{di_d}{dt} \tag{4-194}$$

稳态运行时，可得

$$u_d=-R_s i_d+\omega_s L_q i_q \tag{4-195}$$

$$u_q=-R_s i_q-\omega_s L_d i_d+\omega_s \psi_f=-R_s i_q-\omega_s L_d i_d+e_0 \tag{4-196}$$

$$u_f=R_f i_f \tag{4-197}$$

由 $\boldsymbol{u}_s^{dq}=u_d+\mathrm{j}u_q$，可得

$$\boldsymbol{u}_s^{dq}+R_s\boldsymbol{i}_s^{dq}+\mathrm{j}\omega_s L_d i_d-\omega_s L_q i_q=\mathrm{j}e_0 \tag{4-198}$$

式中，$\mathrm{j}e_0=\boldsymbol{e}_0^{dq}$。

在图 4-77 所示的 dq 轴系中，式（4-198）中的 $\mathrm{j}\omega_s L_d i_d$ 是位于 q 轴的矢量，由于 $\mathrm{j}\omega_s L_d i_d$ 超前 $\boldsymbol{i}_d$ 90°电角度，故又可表示为 $\mathrm{j}\omega_s L_d \boldsymbol{i}_d$；$-\omega_s L_q i_q$ 是位于 d 轴的矢量，但与 d 轴方向相反，故可将其表示为 $\mathrm{j}\omega_s L_q \boldsymbol{i}_q$。于是可将式（4-198）表示为

$$\boldsymbol{u}_s^{dq}+R_s\boldsymbol{i}_s^{dq}+\mathrm{j}\omega_s L_d\boldsymbol{i}_d+\mathrm{j}\omega_s L_q\boldsymbol{i}_q=\boldsymbol{e}_0^{dq} \tag{4-199}$$

式（4-199）与式（4-178）具有相同形式，稳态矢量图即如图 4-77 所示。

(3) 电磁转矩

电磁转矩矢量表达式与所选轴系无关，因此在dq轴系内，仍同式(4-180)。忽略交、直轴阻尼绕组的影响，由式(4-172)可知

$$\begin{cases}\psi_d=-L_d i_d+\psi_f\\ \psi_q=-L_q i_q\end{cases} \tag{4-200}$$

将式(4-200)代入式(4-180)，可得

$$t_e=p_0[\psi_f i_q-(L_d-L_q)i_d i_q] \tag{4-201}$$

由图4-77可得，$i_d=i_{s(F)}\cos\beta$，$i_q=i_{s(F)}\sin\beta$，于是，可将式(4-201)表示为

$$t_e=p_0\left[\psi_f i_{s(F)}\sin\beta-\frac{1}{2}(L_d-L_q)i_{s(F)}^2\sin 2\beta\right] \tag{4-202}$$

式(4-201)和式(4-202)中，右端第1项为励磁转矩，第2项为磁阻转矩。磁阻转矩项为负号，与凸极同步电动机转矩表达式式(4-46)相反。这是因为，对电动机运行而言，如图4-13所示，当$0°<\beta<\frac{\pi}{2}$时，$i_d>0$，$i_q>0$，由式(4-46)可知磁阻转矩为正值，从磁阻转矩生成机理也可判定其具有驱动性质；但对发电机运行而言，如图4-77所示，当$0°<\beta<\frac{\pi}{2}$时，$i_d>0$，$i_q>0$，磁阻转矩仍为驱动转矩，但与电磁转矩正方向相反，故应为负值。实际上，图4-77中，真实的定子电流矢量$\boldsymbol{i}_s$位于$\boldsymbol{i}_{s(F)}$相反处，当$0°<\beta<\frac{\pi}{2}$时，也可判断出磁阻转矩为驱动转矩。

以上分析也可用于永磁同步发电机，但对于嵌入式和内装式永磁同步发电机，则有$L_d<L_q$。

当计及转子的直、交轴阻尼绕组时，由式(4-180)可得电磁转矩为

$$t_e=p_0[\psi_f i_q-(L_d-L_q)i_d i_q+L_{md}i_{rD}i_q-L_{mq}i_{rQ}i_d] \tag{4-203}$$

式中，右端第3、4项为直、交轴阻尼绕组产生的气隙基波磁场与定子直、交轴电流作用产生的电磁转矩。

由凸极同步发电机定子电压方程式(4-191)、转矩方程式(4-171)和转矩表达式式(4-203)构成了运动方程。

例 题

【例4-1】 一台凸机同步电动机接于无穷大电网上运行，电动机的额定功率因数$\cos\phi=1$，电动机的直轴和交轴同步电抗分别为$X_d^*=0.8$(标幺值)，$X_q^*=0.5$(标幺值)，电枢电阻、空载损耗和磁饱和忽略不计，试求：1) 在额定电流和$\cos\phi=1$的情况下运行时，励磁电动势的标幺值和该励磁电动势下的功角特性；2) 负载转矩不变、励磁增加20%时的电枢电流和功率因数。

解：1) 先确定内功率因数角ψ_0。图4-14b中，引入虚拟电动势$\dot{E}_Q$，令$\dot{E}_Q=\dot{E}_0+j(X_d-X_q)\dot{I}_d$，将其代入式(4-37)，即有$\dot{U}_s=R_s\dot{I}_s+jX_q\dot{I}_s+\dot{E}_Q$，可得如图4-79所示的相量图，则有

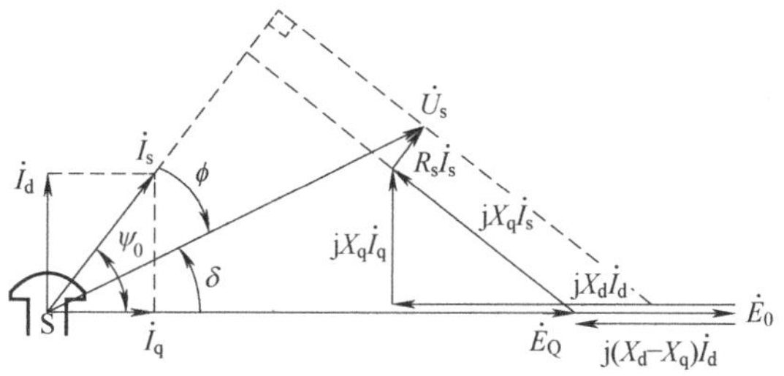

图4-79 凸极同步电动机的内功率因数角

$$\psi_0=\arctan\frac{U_s\sin\phi+X_qI_s}{U_s\cos\phi-R_sI_s}$$

当 $\cos\phi=1$，且不计定子电阻电压降 R_sI_s 影响时，即有

$$\psi_0=\arctan\frac{X_qI_s}{U_s}$$

以端电压 $\dot{U}_s$ 为参考相量，$\dot{U}_s^*=1.0\angle 0°$，且有 $\dot{I}_s^*=1.0\angle 0°$，于是有

$$\psi_0=\arctan\frac{X_q^*I_s^*}{U_s^*}=\arctan\frac{0.5\times1}{1}=26.57°$$

2）电枢电流的直、交轴分量为

$$I_d^*=I_s^*\sin\psi_0=\sin26.57°=0.4473$$
$$I_q^*=I_s^*\cos\psi_0=\cos26.57°=0.8944$$

3）励磁电动势。由于 $\phi=0°$，故功率角 δ 为

$$\delta=\psi_0=26.57°$$
$$E_0^*=U_s^*\cos\delta+X_d^*I_d^*=1\times\cos26.57°+0.4473\times0.8=1.252$$

4）功角特性。当以视在功率为功率基值时，可消去式（4-52）中的相数 m，功角特性则为

$$\begin{aligned}P_e^*&=\frac{E_0^*U_s^*}{X_d^*}\sin\delta+\frac{U_s^{*2}}{2}\left(\frac{1}{X_q^*}-\frac{1}{X_d^*}\right)\sin2\delta\\&=\frac{1.252\times1}{0.8}\sin\delta+\frac{1}{2}\left(\frac{1}{0.5}-\frac{1}{0.8}\right)\sin2\delta\\&=1.565\sin\delta+0.375\sin2\delta\end{aligned}$$

在额定运行时，$U_s^*=1.0$，已计算出 $\delta=26.57°$。将 $\delta=26.57°$代入上式，可得 $P_e^*=1$。

5）若励磁增加 20%，不计磁饱和时，$E_0'^*=1.2E_0^*=1.252\times1.2=1.502$，此时功角特性应为

$$P_e^*=1.878\sin\delta'+0.375\sin2\delta'$$

因负载转矩不变，且忽略空载转矩，故电磁转矩和电磁功率不变，仍将保持为 1，但功率角 δ' 已不同于 δ。用试探法可求得 $\delta'=22.91°$。

由相量图 4-79 可知，忽略定子电阻影响，电枢电流直、交轴分量分别为

$$I_d'^*=\frac{E_0'^*-U_s^*\cos\delta'}{X_d^*}=\frac{1.502-\cos22.91°}{0.8}=0.7261$$

$$I_q'^*=\frac{U_s^*\sin\delta'}{X_q^*}=\frac{\sin22.91°}{0.5}=0.7786$$

电枢电流为

$$I_s'^*=\sqrt{(I_d'^*)^2+(I_q'^*)^2}=\sqrt{(0.7261)^2+(0.7786)^2}=1.064$$

内功率因数角 ψ_0' 为

$$\psi_0'=\arccos\frac{I_q'^*}{I_s'^*}=\arccos\frac{0.7786}{1.064}=42.97°$$

功率因数角 ϕ'和 $\cos\phi'$为

$$\phi'=\psi_0'-\delta'=42.97°-22.91°=20.06°$$

$$\cos\phi' = \cos 20.06° = 0.9393 \text{（超前）}$$

以上计算表明，同步电动机可通过调节励磁来调节功率因数。由于例4-1中 $\dot{I}_s$ 超前于 $\dot{E}_0$，故直轴电枢反应具有去磁作用。当励磁电动势增大后，为保持端电压不变，电枢电流直轴分量由 $I_d^* = 0.4473$ 增大为 $I_d'^* = 0.7261$，随之功率因数由 $\cos\phi = 1$ 变为 $\cos\phi = 0.9343$（超前）。在这一过程中，电枢电流交轴分量和功率角均发生了变化，但电磁功率保持不变，此时将 $E_0'^*$ 和 δ' 代入功角特性，可知 $P_e^* = 1$，说明 δ' 即为实际的功率角。

【例4-2】 一台凸机同步发电机，其交轴和直轴同步电抗的标幺值分别为 $X_d^* = 1.0$，$X_q^* = 0.6$，不计电枢电阻影响。试求该发电机在额定电压、额定电流、$\cos\phi = 0.8$（滞后）时励磁电动势的标幺值 E_0^*（不计磁饱和）。

解： 以端电压 $\dot{U}_s$ 为参考相量，则有 $\dot{U}_s = 1.0\angle 0°$；由 $\cos\phi = 0.8$（滞后），可知 $\phi = 36.87°$，即有 $\dot{I}_s = 1.0\angle -36.78°$。

由图4-38，可得虚拟电动势 $\dot{E}_Q^*$ 为

$$\dot{E}_Q^* = \dot{U}_s^* + jX_q^* \dot{I}_s^* = 1 + j0.6\angle -36.78° = 1.442\angle 19.44°$$

已知 $\delta = 19.44°$，可得 ψ_0 为

$$\psi_0 = \delta + \phi = 19.44° + 36.87° = 56.31°$$

ψ_0 也可由式（4-85）得出，即有

$$\psi_0 = \arctan\frac{U_s^* \sin\phi + I_s^* X_q^*}{U_s^* \cos\phi + I_s^* R_s^*} = \arctan\frac{\sin 36.87 + 1\times 0.6}{0.8} = 56.31°$$

电枢电流直、交轴分量则分别为

$$I_d^* = I_s^* \sin\psi_0 = 0.8321 \quad I_q^* = I_s^* \cos\psi_0 = 0.5547$$

由图4-38，可求得 E_0^* 为

$$E_0^* = E_Q^* + I_d^*(X_d^* - X_q^*) = 1.442 + 0.8321\times(1 - 0.6) = 1.775$$

【例4-3】 一台三相汽轮发电机，额定功率为25000kW，额定电压为10.5kV，星形联结，功率因数 $\cos\phi = 0.8$（滞后），其空载、短路试验数据见表4-1、表4-2，表中励磁电动势为线电动势，I_s 为相电流。试求发电机同步电抗的不饱和值。

表4-1 空载试验

E_0(线)/kV	0.0	6.2	10.5	12.3	13.46	14.1
I_f/A	0.0	77.5	155	232	310	388

表4-2 短路试验

I_s/A	0.0	860	1718
I_f/A	0.0	140	280

解： 额定电流为

$$I_{sN} = \frac{25000\times 10^3}{\sqrt{3}\times 10.5\times 10^3\times 0.8}\text{A} = 1718\text{A}$$

图4-80中，从短路特性上可查出，$I_s = I_{sN} = 1718\text{A}$ 时，$I_{fk} = 280\text{A}$；从气隙线上可查出，$I_f = I_{fk} = 280\text{A}$ 时，励磁电动势 $E_0 = 22400/\sqrt{3}\text{V} = 12930\text{V}$。于是可得直轴电抗（即同步电抗 X_s）不

饱和值为

$$X_d(X_s)=\frac{E_0}{I_{sN}}=\frac{12930}{1718}\Omega=7.526\Omega$$

以标幺值表示时，则有

$$E_0^*=\frac{E_0}{U_{LN}}=\frac{22.4}{10.5}=2.133$$

故有

$$X_d^*=\frac{E_0^*}{I_s^*}=\frac{2.133}{1}=2.133$$

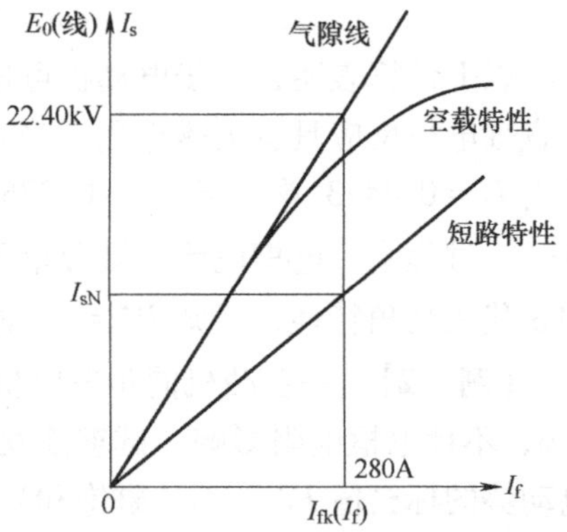

图 4-80　空载、短路试验曲线

【例 4-4】　例 4-3 中，汽轮发电机作为单机运行，$X_s^*=2.13$，电枢电阻略去不计，每相励磁电动势 $E_0=7520\text{V}$，试求外接以下几种三相对称负载时的电枢电流，说明电枢反应的性质，并画出相矢图和计算出相电压。

1）每相负载为 $Z_\phi=R=7.52\Omega$ 的纯电阻。

2）每相负载为 $Z_\phi=\text{j}X_L=\text{j}7.52\Omega$ 的纯电感。

3）每相负载为 $Z_\phi=-\text{j}X_C=-\text{j}15.04\Omega$ 的纯电容。

4）每相负载为 $Z_\phi=R-\text{j}X_C=7.52-\text{j}7.52\Omega$ 的电阻电容性负载。

解：阻抗基值 Z_N 为

$$Z_N=\frac{U_{sN}}{I_{sN}}=\frac{U_{LN}}{\sqrt{3}I_{sN}}=\frac{U_{LN}^2\cos\phi}{P_N}=\frac{10.5^2\times10^6\times0.8}{25000\times10^3}\Omega=3.53\Omega$$

同步电抗 X_s 为

$$X_s=X_s^*Z_N=2.13\times3.53\Omega=7.52\Omega$$

取 $\dot{E}_0$ 为参考相量，$\dot{E}_0=E_0\angle0°=7520\angle0°\text{V}$。

1）纯电阻负载时，电枢电流为

$$\dot{I}_s=\frac{\dot{E}_0}{R+\text{j}X_s}\text{A}=\frac{7520\angle0°}{7.52+\text{j}7.52}\text{A}=707\angle-45°\text{A}$$

电枢电流 $\dot{I}_s$ 滞后 $\dot{E}_0$45°电角度，电枢反应具有去磁性质。

2）纯电感负载时，电枢电流为

$$\dot{I}_s=\frac{\dot{E}_0}{\text{j}X_L+\text{j}X_s}=\frac{7520\angle0°}{\text{j}7.52+\text{j}7.52}\text{A}=500\angle-90°\text{A}$$

电枢电流 $\dot{I}_s$ 滞后 $\dot{E}_0$ 90°电角度，电枢反应具有纯去磁性质。

3）纯电容负载时，电枢电流为

$$\dot{I}_s=\frac{\dot{E}_0}{\text{j}(X_s-X_C)}=\frac{7520\angle0°}{\text{j}(7.52-15.04)}\text{A}=1000\angle90°\text{A}$$

电枢电流 $\dot{I}_s$ 超前 $\dot{E}_0$ 90°电角度，电枢反应具有纯增磁性质。

4）阻容性负载且 $X_C=X_s$ 时，电枢电流为

$$\dot{I}_s=\frac{\dot{E}_0}{R+\text{j}(X_s-X_C)}=\frac{7520\angle0°}{7.52}\text{A}=1000\angle0°\text{A}$$

电枢电流 $\dot{I}_s$ 与 $\dot{E}_0$ 相位一致，电枢反应具有为纯交磁性质。

各负载下的相矢图和相电压如图 4-81 所示。

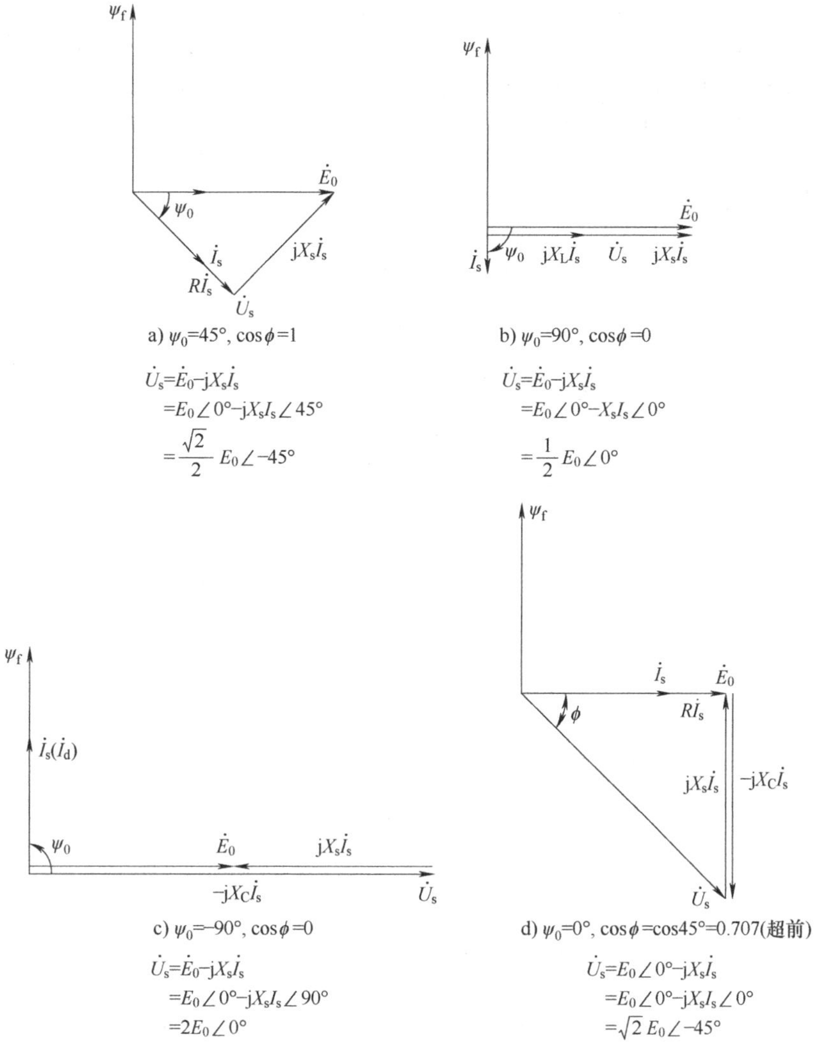

a) $\psi_0=45°$, $\cos\phi=1$

$$\dot{U}_s=\dot{E}_0-jX_s\dot{I}_s=E_0\angle 0°-jX_sI_s\angle 45°=\frac{\sqrt{2}}{2}E_0\angle -45°$$

b) $\psi_0=90°$, $\cos\phi=0$

$$\dot{U}_s=\dot{E}_0-jX_s\dot{I}_s=E_0\angle 0°-X_sI_s\angle 0°=\frac{1}{2}E_0\angle 0°$$

c) $\psi_0=-90°$, $\cos\phi=0$

$$\dot{U}_s=\dot{E}_0-jX_s\dot{I}_s=E_0\angle 0°-jX_sI_s\angle 90°=2E_0\angle 0°$$

d) $\psi_0=0°$, $\cos\phi=\cos45°=0.707$(超前)

$$\dot{U}_s=E_0\angle 0°-jX_s\dot{I}_s=E_0\angle 0°-jX_sI_s\angle 0°=\sqrt{2}E_0\angle -45°$$

图 4-81　各负载下的相矢图和相电压

习　题

4-1　为什么分析凸机同步电机时要用双反应理论？试述直轴和交轴同步电抗的物理意义，X_d 和 X_q 的大小与哪些因素有关？

4-2　在直流发电机中当不考虑磁饱和时，交轴电枢反应不影响总的气隙磁通值，这在同步电机中还是否成立？为什么？在直流电机中交轴电枢反应磁场与主极磁场作用产生电磁转矩，同步电机中交轴电枢反应磁场是否有此作用？

4-3　在直流电机中，电枢反应的性质决定于电刷的位置。在同步电机中，电枢反应的性质由什么来决定？同步发电机接于电网或单独运行时，决定内功率因数角 ψ_0 的因素各是什么？

4-4　在时空统一的相矢图中，为什么将某一相的轴线同作为时空参考轴？

4-5　在稳态分析中，同步电动机和发电机中主磁场产生的励磁电动势和定子电流的正方向是如何规定的？为什么在相矢图中，电动机的 $\dot{E}_0(e_0)$ 超前 $\dot{\Phi}_f(\psi_f)$ 以 90°电角度，而发电机则与此相反？

4-6　在稳态分析时，已取主磁场轴线为 d 轴，为什么电动机运行时通常取 q 轴超前于 d 轴，而发电机运行时则取 q 轴滞后于 d 轴？

4-7　在直流电机中，$E_a>U_a$ 还是 $E_a<U_a$ 是判断电机作为发电机运行还是作为电动机运行的主要根据之一，在同步电机中这个结论还正确吗（$E_0>U_s$ 还是 $E_0<U_s$）？为什么？在同步电机中，如何从电枢电流 $\dot{I}_s(i_s)$ 与主磁场 $\dot{\Phi}_f(\psi_f)$ 之间的时（空）相位关系来判断电机是作为电动机运行还是发电机运行？

4-8　有一台 70000kV · A、60000kW、13.8kV（星形联结）的三相水轮发电机，交轴和直轴同步电抗的标幺值分别为 $X_d^*=1.0$，$X_q^*=0.7$，试求额定负载时发电机的励磁电动势 E_0^*（不计磁饱和和定子电阻）。【答案：$E_0^*=1.732$】

4-9　有一台 70000kV · A、13.8kV（星形联结）、$\cos\phi_N=0.85$（滞后）的三相水轮发电机与电网并联运行，已知发电机的参数为：$X_d=2.92\Omega$，$X_q=1.90\Omega$，电枢电阻忽略不计。试求额定负载时发电机的功率角和励磁电动势。【答案：功率角 $\delta=23.46°$，$E_0=13855V$】

4-10　某工厂的电力设备所消耗的总功率为 2400kW，$\cos\phi=0.8$（滞后），今欲添置一台功率为 400kW、$\cos\phi_N=0.8$（超前）的三相同步电动机。试问在这种情况下，工厂的总视在功率和总功率因数为多少（电动机的损耗略去不计）？【答案：总视在功率 = 3176kV · A，总功率因数 = 0.8815（滞后）】

4-11　有一台 25000kW、10kV（星形联结）、$\cos\phi_N=0.8$（滞后）的汽轮发电机，其空载和短路特性见表 4-3。

表 4-3　发电机空载、短路特性

空载特性						短路特性	
线电压 U_L/kV	6.2	10.5	12.3	13.46	14.1	I/A	1718
I_f/A	77.5	155	232	310	388	I_f/A	280

已知发电机的波梯电抗 $X_p=0.432\Omega$，基本铁耗 $p_{Fe(U_s=U_{sN})}=138kW$，定子基本铜耗 $p_{Cua75°(I_s=I_{sN})}=147kW$，杂散损耗 $p_\Delta=100kW$，机械损耗 $p_\Omega=260kW$，励磁绕组电阻 $R_{f75°}=0.416\Omega$，试求发电机的额定励磁电流和额定效率。【答案：$I_{fN}=412A$，$\eta_N=97.5\%$】

4-12　同步发电机单机负载运行与电网并联运行时，性能上有哪些差别？试说明其原因。

4-13　试述同步发电机投入电网并联的条件和方法。

4-14　有一台 $X_d^*=0.8$、$X_q^*=0.5$ 的凸极同步发电机与电网并联运行，已知发电机的端电压和负载为 $U_s^*=1$，$I_s^*=1$，$\cos\phi_N=0.8$（滞后），电枢电阻略去不计，试求发电机的 E_0^* 和 δ_N。【答案：$E_0^*=1.603$，$\delta_N=17.1°$】

4-15　试述同步发电机与电网并联时静态稳定的概念。

4-16　一台 31250kV · A（星形联结）、$\cos\phi_N=0.8$（滞后）的汽轮发电机与无穷大电网并联运行，已知发电机的同步电抗 $X_s=7.53\Omega$，额定负载时的励磁电动势 $E_0=17.2kV$（相），不计磁饱和与电枢电阻。试求：1）发电机在额定负载时，端电压 U_s、电磁功率 P_e、功率角 δ_N、输出的无功功率 Q 及过载能力各为多少？2）维持额定励磁不变，减少汽轮机的输出，使发电机输出的有功功率减少一半，此时的 P_e、δ、$\cos\phi$ 及 Q 将变成多少？【答案：1）$P_e=25000kW$，$U_s=6.1kV$，$\delta_N=36.7°$，$Q=18750kvar$，$k_p\approx1.672$；2）$P_e=12500kW$，$\delta=17.4°$，$\cos\phi=0.447$，$Q=25000kvar$】

4-17　试述同步电机作为发电机和电动机运行时，ϕ、ψ_0 和 δ 的变化。

4-18　有一台三相同步电动机接到电网，已知额定线电压 $U_{LN}=6kV$（星形联结），$n_N=300r/min$，$I_{sN}=57.8A$，$\cos\phi_N=0.8$（超前），$X_d=64.2\Omega$，$X_q=40.8\Omega$，电枢电阻忽略不计，试求：1）额定负载时电动机的励磁电动势、功率角、电磁功率和电磁转矩；2）若负载转矩保持为额定值不变，调节励磁使 $\cos\phi=1$，此时的励磁电动势、功率角将变成多少？【答案：1）$E_0=6378V$，$\delta=21.14°$，$P_e=480.5kW$，$T_e=15288.4N\cdot m$；2）$E_0'=4462V$，$\delta'=28.57°$】

4-19　有一台三相星形联结 50Hz 的同步电动机，$P_N=1000kW$，$U_{LN}=3kV$，$I_{sN}=221.4A$，$\cos\phi_N=0.9$（超

前)，$2p_0=6$。已知电动机的参数为：$X_d^*=1.0887$，$X_q^*=0.6321$，定子电阻忽略不计，空载转矩 $T_0=173.8\text{N}\cdot\text{m}$。试求：1）额定负载时电动机的励磁电动势 E_0^*，内功率因数角 ψ_0 和功率角 δ，并画出其电压相量图。2）励磁电动势 E_0^* 保持不变，电动机空载，定子的空载电流 I_{s0}^* 和功率角 δ_0。【答案：1）$E_0^*=1.741$，$\psi_0=50.194°$，$\delta=24.352°$；2）$I_{s0}^*=0.681$，$\delta_0=0.79°$】

4-20　为何在隐极电机中，定子电流不能产生磁阻转矩，但是在凸机电机中却可以产生磁阻转矩？磁阻转矩应看作是同步转矩还是异步转矩？为什么？

4-21　为什么有阻尼绕组的同步发电机的突然短路电流要比无阻尼绕组的倍数要大？

4-22　三相突然短路时，定子各相电流周期分量初始值与转子在短路发生瞬间的初始位置 θ_0 有关，那么与它对应的转子绕组中的直流分量幅值是否也与 θ_0 有关？为什么？

4-23　在图 4-74 中，相绕组的电流正方向已改为以首端流出为正（如图中 A 相所示），但相绕组的轴线方向显然没有随之改变，此时相绕组流过正向电流时将产生负磁链，为什么？

4-24　试比较图 4-37 和图 4-78 的相量图，两者有什么相同？又有什么不同？为什么？

第5章 感应电机

5

感应电机结构简单，坚固耐用，价格低廉，运行可靠。感应电机一般用作电动机，也可用作发电机。目前三相感应电动机在各行各业获得了广泛的应用，单相感应电动机则多用于家用电器和医疗器械中。随着交流电机矢量控制技术的成熟，感应电动机已经越来越多的用于交流调速和伺服驱动系统，此外大型感应发电机在风力发电系统也得到了普遍应用。

5.1 感应电机的结构

图5-1为一台三相笼型感应电动机结构图。如图所示，感应电机由定子和转子构成。定子主要包括铁心、定子绕组和机座三部分。机座主要用来支撑定子铁心和固定两端的端盖，因此要有足够的机械强度和刚度。中、小型感应电机的机座一般采用铸铁制成，大型感应电机的机座多采用钢板焊接而成。定子铁心和绕组结构与同步电机相同，这里不再赘述。

图5-1 三相笼型感应电动机结构图

转子主要由转子铁心和转子绕组构成。转子铁心是电机磁路的一部分，通常由0.5mm硅钢片叠成。转子分为笼型转子和绕线转子两种。

笼型转子又分为焊接型和铸铝型两种形式。焊接型转子是在两端各放置一个端环，再将各槽内放置的铜导条分别焊接于两端环上，如图5-2a所示。铸铝型转子是采用离心铸铝或压力铸铝工艺，将熔化的铝注入转子槽内，且将导条和端环一体铸成，构成铸铝型转子绕组，如图5-2b所示。笼型转子绕组自然地构成了短路绕组，若去掉铁心，转子绕组即宛如一个笼子，故称其为笼型绕组。

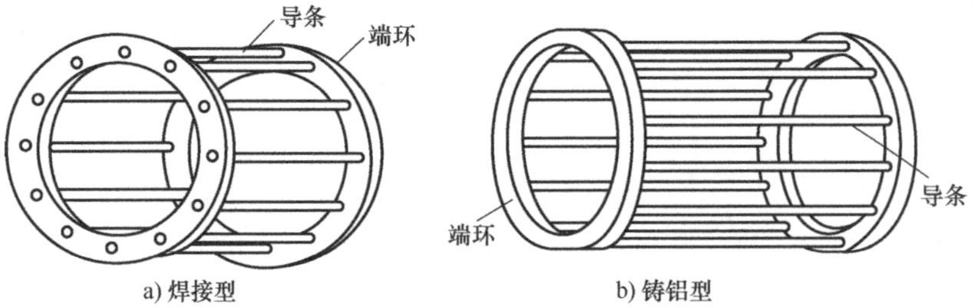

a) 焊接型　　b) 铸铝型

图5-2 笼型转子

绕线转子是在转子槽内嵌放对称的三相绕组，绕组通过集电环和电刷与外部接通，如图5-3所示。运行时可将三相绕组短路，也可在转子绕组中接入外加电阻以改善电机的起动和调速性能，还可以外接变频器使感应电机作为双馈电机运行。

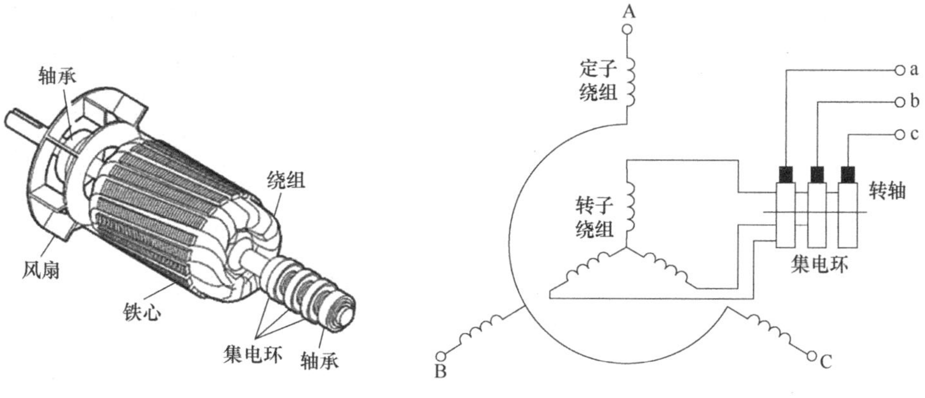

a) 转子结构　　b) 转子绕组接线

图5-3 绕线转子及转子绕组接线

感应电机内的气隙磁场（主磁场）是由定子励磁电流建立的，故励磁电流越大，电机的功率因数就越低。为减小励磁电流，提高电机的功率因数，感应电机的气隙通常较小，对中、小型感应电机，气隙大小一般为0.2~2mm。

5.2 感应电动机的工作原理

对于图1-9所示的机电装置，由于定、转子单相绕组基波磁场在运行中不能保持相对静止，因此不能产生恒定的电磁转矩。如第2章所述，若将其转子单相绕组改造为换向器绕组，而将其定子单相绕组作为直流励磁绕组，定、转子励磁磁场便可相对静止且正交（电刷放在几何中性线上时），由此构成了直流电机。另一种方式是，如第4章所述，将其定子单相绕组改造为对称的三相绕组，通入对称三相正序电流，能够产生一个圆形旋转磁场，再将其转子单相绕组改造成直流励磁绕组，当转子速度为同步速时，定、转子基波磁场可在旋转中相对静止，由此构成了同步电机。

现将图1-9中的定子单相绕组与同步电机一样，也改造为对称的三相绕组，不同的是，将转子单相绕组也改造为对称的三相绕组（笼型绕组为多相绕组，可等效为对称三相绕组），由此便构成了感应电动机，其工作原理则如下所述。

5.2.1 空载运行时电动机内的气隙磁场、定子电压方程和等效电路

按电动机惯例，规定定子相绕组中电流正方向为由首端流入为正，正向电流产生的磁链为正磁链；规定感应电动势正方向和电流正方向一致；规定电磁转矩正方向与电动机转向一致。

稳态运行时，设定输入定子的对称三相电流为

$$\begin{cases} i_A(t)=\sqrt{2}I_s\cos(\omega_s t+\phi) \\ i_B(t)=\sqrt{2}I_s\cos(\omega_s t+\phi-120^\circ) \\ i_C(t)=\sqrt{2}I_s\cos(\omega_s t+\phi-240^\circ) \end{cases} \tag{5-1}$$

由第 3 章所述的旋转磁场理论可知，定子三相绕组通入对称三相正（余弦）电流后，在气隙中产生的基波合成磁动势（磁场）为圆形旋转磁动势（磁场），旋转速度即为同步速。

空载运行时，气隙旋转磁场“切割”转子绕组，使转子绕组内感生电动势和电流，气隙磁场与转子电流作用将产生空载电磁转矩，使转子顺着气隙磁场旋转方向旋转起来。但空载时，转子转速十分接近同步转速。在理想空载情况下，认为转子速度达到了同步转速，转子绕组中的感应电动势和电流为零，如图 5-4 所示。此时，空载气隙磁场 $\boldsymbol{\psi}_{m0}$是仅由定子三相空载电流产生的基波合成磁场，空载电流矢量 $\boldsymbol{i}_{s0}$便是产生 $\boldsymbol{\psi}_{m0}$的励磁电流，也可记为 $\boldsymbol{i}_{m0}$，即有 $\boldsymbol{i}_{s0}=\boldsymbol{i}_{m0}$；$\alpha_{Fe}$为铁心损耗角，不计铁心损耗时，$\boldsymbol{\psi}_{m0}$与 $\boldsymbol{i}_{m0}$方向将一致。

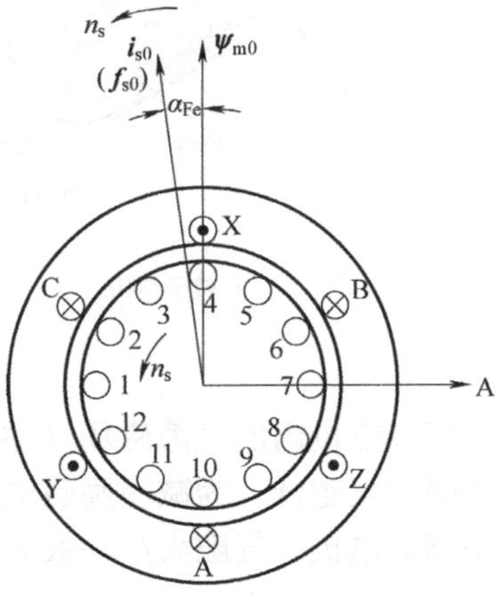

图 5-4 三相感应电动机理想空载运行时的励磁磁动势和气隙磁场

对定子绕组和电机磁路而言，图 5-4 所示即相当于隐极同步电动机转子励磁电流为零且转速仍为同步转速（由原动机拖动）的情况。此时，稳态的定子电压矢量方程可表示为

$$\boldsymbol{u}_s=R_s\boldsymbol{i}_{s0}+j\omega_s L_{\sigma s}\boldsymbol{i}_{s0}-\boldsymbol{e}_{s0} \tag{5-2}$$

式中，$\boldsymbol{e}_{s0}$为 $\boldsymbol{\psi}_{m0}$感生的旋转电动势矢量，由于已取 $\boldsymbol{e}_{s0}$正方向与 $\boldsymbol{i}_{s0}$正方向一致，故有 $\boldsymbol{e}_{s0}=-j\omega_s\boldsymbol{\psi}_{m0}$。

由式（5-2），可得相量方程为

$$\dot{U}_s=R_s\dot{I}_{s0}+jX_{\sigma s}\dot{I}_{s0}-\dot{E}_{s0} \tag{5-3}$$

式中，$X_{\sigma s}$为定子漏电抗，简称为定子漏抗，$X_{\sigma s}=\omega_s L_{\sigma s}$；$\dot{E}_{s0}$为感应电动势相量，$\dot{E}_{s0}=-j\omega_s\dot{\Psi}_{m0}$。

此时定子三相绕组已相当于具有气隙的铁心线圈，考虑到铁心损耗，$\boldsymbol{i}_{s0}$与 $\boldsymbol{\psi}_{m0}$的方向不尽一致，因此 $\dot{E}_{s0}=-jX_m\dot{I}_{s0}$不再成立，而应表示为

$$\dot{E}_{s0}=-(R_m+jX_m)\dot{I}_{s0}=-Z_m\dot{I}_{s0} \tag{5-4}$$

式中，R_m 为励磁电阻，是表征铁心损耗的一个等效电阻；X_m 为励磁电抗，是表征铁心线圈磁化特性的等效电抗；Z_m 为励磁阻抗，是表征铁心线圈磁化特性和损耗的一个综合参数，$Z_m=R_m+jX_m$。

由式（5-2）~式（5-4）可得如图 5-5 所示的等效电路。图中的 X_m 相当于隐极同步电动机等效电路图 4-10 中的 X_m，$X_m=\omega_s L_m$，L_m 为考虑三相绕组共同作用的等效励磁电感，$L_m=\frac{3}{2}L_{m1}$，L_{m1}为相绕组的励磁电感。

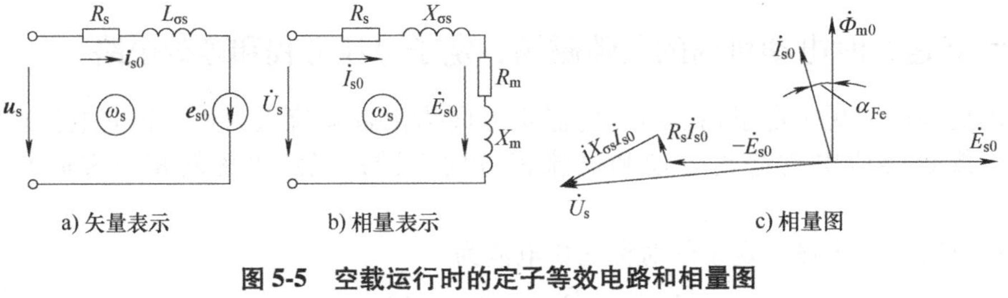

a) 矢量表示　　b) 相量表示　　c) 相量图

图 5-5 空载运行时的定子等效电路和相量图

式（5-3）和式（5-4）为空载运行时的定子电压相量方程。$\dot{E}_{s0}$还可以表示为

$$\dot{E}_{s0}=-j4.44f_s N_1 k_{ws1}\dot{\Phi}_{m0} \tag{5-5}$$

式中，f_s 为定子供电频率；N_1 为定子相绕组匝数；k_{ws1} 为绕组因数；$\dot{\Phi}_{m0}$ 为空载气隙磁通（主磁通）。

图 5-6 所示为感应电动机主磁通磁路，主磁通经过气隙、定子轭、定子齿、转子齿、转子轭，与定、转子绕组同时相交链。

式（5-3）是感应电动机理想空载运行时，必须满足的电压平衡方程，相应的相量图如图 5-5c 所示。稳态运行时，外加电压 $\dot{U}_s$ 必须要由定子漏抗电压降$(R_s+jX_{\sigma s})\dot{I}_{s0}$和空载电动势 $\dot{E}_{s0}$所平衡。若不计漏阻抗电压降的影响，则有 $U_s \approx E_{s0}=4.44f_sN_1k_{ws1}\Phi_{m0}$；若计及漏阻抗电压降，如图 5-5c 所示，$E_{s0}$将有所减小，空载气隙磁通 Φ_{m0} 也随之略有减小。亦即，空载气隙磁通 Φ_{m0} 大小主要决定于外加电压 U_s。如果电机气隙过大或者铁心过于饱和（励磁电抗 X_m 将大幅减小），为产生所需要的 Φ_{m0}，空载电流 I_{s0}将会大幅增加。虽然此时 E_{s0}也将随之减小，但因漏阻抗 $Z_{\sigma s}$ 值相对较小，故 E_{s0}减小的幅度有限，为了满足电压平衡方程，仍然需要产生足够大的气隙磁通来感生 E_{s0}。总之，$\dot{I}_{s0}$的大小最终要在满足电压平衡方程式（5-3）的前提下，由励磁方程式（5-4）来确定。通常，感应电动机的励磁电流可达额定电流的 15%~40%。

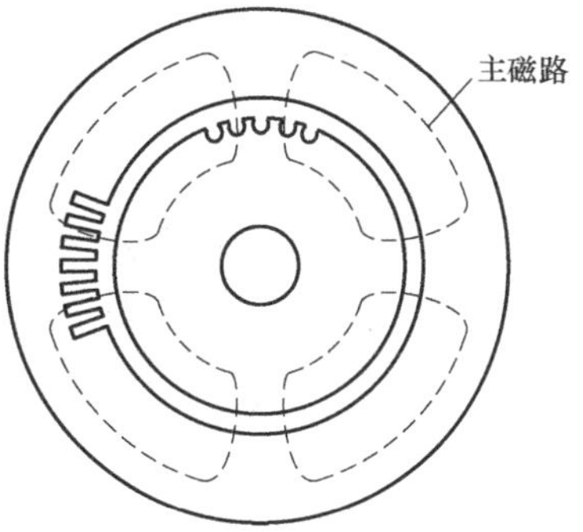

图 5-6　感应电动机主磁通磁路（$2p_0=4$）

5.2.2　负载运行时的转子磁动势与转子作用

1. 转差率

当感应电动机带上负载后，电动机转速从理想空载转速 n_s 下降为 n_r。正常情况下，转子速度 n_r 总是略低于气隙磁场的转速 n_s（同步转速），因此感应电机又称为异步电机。气隙磁场的转速 n_s 与转子转速 n_r 之差称为转差，用 Δn 表示，即 $\Delta n=n_s-n_r$。转差 Δn 与同步转速 n_s 的比值称为转差率，用 s 来表示，即有

$$s=\frac{n_s-n_r}{n_s} \tag{5-6}$$

转子速度 $n_r=0$ 时，转差率 $s=1$；转子速度为同步转速时，转差率 $s=0$；感应电机作为电动机运行时，则有 $0<s<1$，如图 5-7 所示。

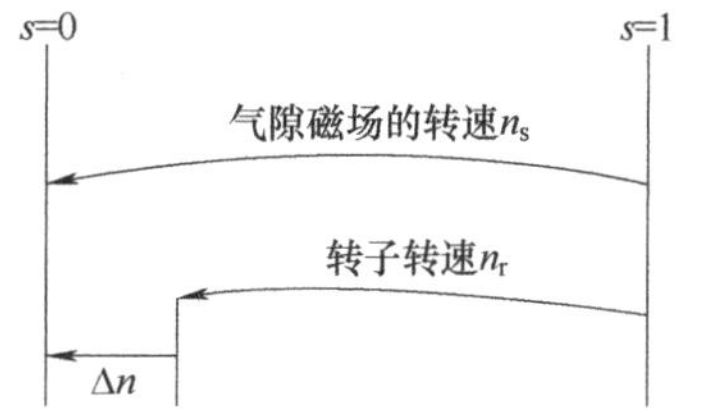

图 5-7　感应电动机的转差与转差率

2. 转子磁动势

（1）笼型转子

负载运行时，气隙磁场为 $\boldsymbol{\psi}_m$，$\boldsymbol{\psi}_m$ 幅值恒定且以同步转速 n_s 逆时针方向旋转，如图 5-8a 所示。此时，转子也逆时针方向旋转，但转速 n_r 一定要小于同步转速 n_s，因为转子转速若与 $\boldsymbol{\psi}_m$ 转速相同，转子绕组中将不会感生电流，也就不会产生电磁转矩。

图 5-8a 中，气隙磁场 $\boldsymbol{\psi}_m$ 以转差速度 Δn 逆时针方向“切割”转子导条。也可看成 $\boldsymbol{\psi}_m$ 静止不动，而转子以转差速度 Δn 相对 $\boldsymbol{\psi}_m$ 顺时针旋转，在图中所示时刻，导条 2、3、4、5、6 中的运动电动势方向一律向外，导条 8、9、10、11、12 中的运动电动势方向则一律向里。因气隙磁场为正弦分布，导条 4 和 10 分别位于气隙磁场幅值处，故其中的电动势最大；导条 1 和 7 位于气隙磁场中性线处，两导条中电动势将为零。其余各导条电动势大小则介于这两者

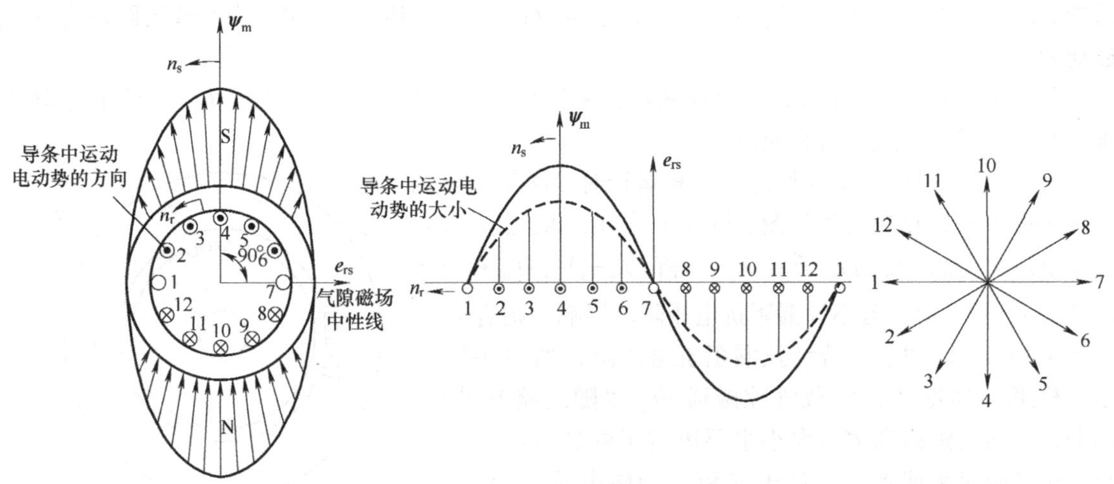

a) 正弦分布的气隙磁场　　b) 导条中电动势大小的空间分布　　c) 导条电动势星形图

图 5-8　负载时气隙磁场与导条中的电动势

之间。各导条中的电动势大小正比于该导条所在处的气隙磁场强度，因此各导条电动势的大小在空间将按正弦规律分布，如图 5-8b 所示。图中，$\boldsymbol{e}_{rs}$为由各导条电动势构成的电动势空间矢量，下标“rs”表示是与转差相关的转子物理量。

图 5-8a 中，尽管各导条在气隙磁场 N 极和 S 极下交替旋转，位置不断变化，但处于 S 极区的各导条电动势其方向始终向外，而处于 N 极区的各导条电动势方向则始终向里，因此由整个导条电动势构成的 $\boldsymbol{e}_{rs}$与气隙磁场 $\boldsymbol{\psi}_m$ 始终保持正交，且总是滞后 $\boldsymbol{\psi}_m$ 以 90°电角度。当转差速度改变时，只会改变 $\boldsymbol{e}_{rs}$的幅值，而不会改变 $\boldsymbol{e}_{rs}$与 $\boldsymbol{\psi}_m$ 间的正交关系。

在稳态运行时，转子速度不变，各导条中的电动势在时域内将按正弦规律变化，但相邻导条中的电动势间会产生时间相位差，图 5-8c 为由 12 个导条电动势相量构成的电动势星形图。

实际上，转子导条一定会产生漏磁场，是个感性元件，因此导条中电流的变化一定要滞后于电动势，滞后程度与导条漏电感、电阻值大小和转差速度等因素相关。于是，在图 5-8a 所示时刻，各导条中电流的方向便如图 5-9a 所示。由于时间滞后的原因，假设图 5-9a 中的导条 2 旋转到图示位置时电流才为零。其他导条中的电流也相继滞后于导条感应电动势，各导条中电流大小的空间分布则如图 5-9b 所示，此刻导条 5 和 11 中的电流达最大值。各导条中的电流大小在空间上按正弦规律分布，共同构成了转子电流矢量 $\boldsymbol{i}_{rs}$。$\boldsymbol{i}_{rs}$产生了转子磁动势矢量 $\boldsymbol{f}_r$，$\boldsymbol{i}_{rs}(\boldsymbol{f}_r)$在空间上滞后于 $\boldsymbol{e}_{rs}$，滞后的空间电角度为ψ_{2s}。稳态运行时，导条中的电动势和电流均为以转差频率交变的正弦量，显然空间电角度 ψ_{2s}一定等于导条中电流滞后于电动势的时间电角度，故将 ψ_{2s}称为阻抗角。

$\boldsymbol{i}_{rs}(\boldsymbol{f}_r)$滞后 $\boldsymbol{\psi}_m$ 的空间电角度为 δ_2，$\delta_2=90°+\psi_{2s}$，即 $\boldsymbol{i}_{rs}(\boldsymbol{f}_r)$滞后于气隙磁场 $\boldsymbol{\psi}_m$ 的空间电角度一定大于 90°，滞后程度将取决于 ψ_{2s}；稳态运行时，$\boldsymbol{i}_{rs}(\boldsymbol{f}_r)$、$\boldsymbol{e}_{rs}$和 $\boldsymbol{\psi}_m$ 一道同步逆时针旋转，三者间的相位关系将始终保持不变。

可将图 5-8c 中的每根导条中的电动势看成是一相电动势，故笼型绕组为多相绕组。实际上，若图 5-8a 中的笼型转子仅有 6 根导条，如 2、4、6、8、10、12，则可将 2 与 8 看成是一相绕组，即可将此笼型绕组看成是等效的对称三相整距绕组。由后续分析可知，通过绕组归算，可将笼型多相绕组等效为如图 3-53 所示的对称三相绕组。所以，图 5-9a 所示的结果对绕线转子感应电动机也是成立的。

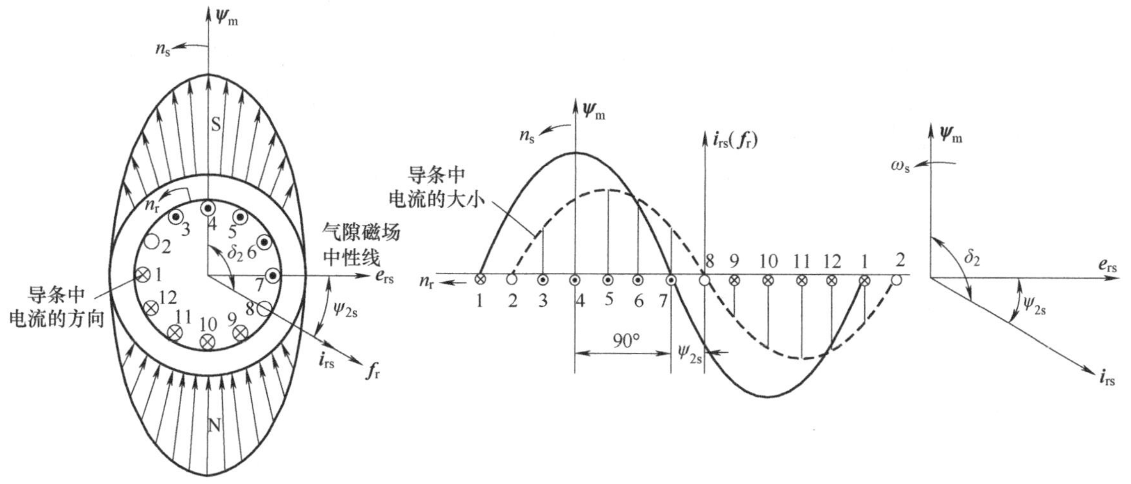

a) 导条中的电流方向　　b) 导条中电流大小的空间分布　　c) $X_{\sigma s}\neq 0$时的相量图

图 5-9　负载时气隙磁场与导条中的电流

（2）绕线转子

图 3-53 中，设定绕线转子以电角速度 ω_r 逆时针旋转，转子的三相电流为对称的正（余）弦电流，频率为转差频率 ω_f，$\omega_f=\omega_s-\omega_r$，$\omega_s$ 为同步电角速度。转子三相电流可表示为

$$\begin{cases} i_a(t)=\sqrt{2}I_{rs}\cos\omega_f t \\ i_b(t)=\sqrt{2}I_{rs}\cos(\omega_f t-120°) \\ i_c(t)=\sqrt{2}I_{rs}\cos(\omega_f t-240°) \end{cases} \tag{5-7}$$

在转子 abc 轴系内，由 $i_a(t)$、$i_b(t)$、$i_c(t)$ 产生了转子磁动势 $\boldsymbol{f}_r^{abc}$，则有

$$\boldsymbol{f}_r^{abc}=F_r e^{j\omega_f t} \tag{5-8}$$

$$F_r=\frac{3}{2}F_2=\frac{3}{2}\ \frac{4}{\pi}\ \frac{1}{2}\ \frac{N_2k_{ws2}}{p_0}\sqrt{2}I_{rs}=1.35\ \frac{N_2k_{ws2}}{p_0}I_{rs} \tag{5-9}$$

式中，F_2 为转子相绕组基波磁动势幅值，$F_2=\frac{4}{\pi}\ \frac{1}{2}\ \frac{N_2k_{ws2}}{p_0}\sqrt{2}I_{rs}=0.9\ \frac{N_2k_{ws2}}{p_0}I_{rs}$；$F_r$ 为三相绕组基波合成磁动势幅值；N_2 为转子相绕组匝数；k_{ws2}为绕组因数。

式（5-8）表明，$\boldsymbol{f}_r^{abc}$ 为圆形旋转磁动势，$t=0$ 时，$\boldsymbol{f}_r^{abc}$ 与转子 a 轴一致。从转子 abc 轴系观测，$\boldsymbol{f}_r^{abc}$ 以转差速度 ω_f 相对转子逆时针旋转；而从定子 ABC 轴系观测，$\boldsymbol{f}_r^{abc}$ 则以同步电角速度 $\omega_s(\omega_s=\omega_f+\omega_r)$相对定子逆时针旋转，在 ABC 轴系内，可将其记为$\boldsymbol{f}_r$。

实际上，由于气隙磁场 $\boldsymbol{\psi}_m$ 以转差速度 Δn “切割” 转子绕组，故在转子绕组中会感生电动势和电流，其频率f_f 为

$$f_f=\frac{p_0\Delta n}{60}=\frac{p_0 n_s}{60}s=sf_s$$

式中，f_f 为转差频率。对称的转子三相电流将产生旋转磁动势 $\boldsymbol{f}_r^{abc}$，$\boldsymbol{f}_r^{abc}$ 相对转子的转速 n_f 为

$$n_f=\frac{60f_f}{p_0}=\frac{60sf_s}{p_0}=sn_s=\Delta n$$

由于$\boldsymbol{f}_r^{abc}$以转差速度Δn相对转子正向旋转，因此从定子侧看来，$\boldsymbol{f}_r$的旋转速度应为

$$n_f+n_r=\Delta n+n_r=n_s \tag{5-10}$$

可以看出，无论电动机转子的实际转速为多少，转子磁动势$\boldsymbol{f}_r$在空间的转速总为同步转速n_s，$\boldsymbol{f}_r$与气隙磁场$\boldsymbol{\psi}_m$将始终保持相对静止。这与转子为笼型时的分析结果一致。

3. 负载运行时的磁动势方程

负载时，定子三相电流产生了定子磁动势$\boldsymbol{f}_s$，转子三相电流产生了转子磁动势$\boldsymbol{f}_r$，此时气隙磁场$\boldsymbol{\psi}_m$应由定、转子绕组的合成磁动势$\boldsymbol{f}_m$产生。即有

$$\boldsymbol{f}_s+\boldsymbol{f}_r=\boldsymbol{f}_m \tag{5-11}$$

式（5-11）是负载运行时的磁动势方程。

现将图5-9a中的笼型转子替换为绕线转子，其三相绕组为短路绕组，如图5-10a所示。转子以电角速度ω_r逆时针旋转，在图中所示时刻，转子a相绕组位于$\boldsymbol{\psi}_m$的幅值处，其感应电动势达最大值，因此转子电动势矢量$\boldsymbol{e}_{rs}$应与a轴方向一致，且$\boldsymbol{e}_{rs}$一定滞后$\boldsymbol{\psi}_m$以90°电角度，而转子电流（磁动势）矢量$\boldsymbol{i}_{rs}(\boldsymbol{f}_r)$因滞后$\boldsymbol{e}_{rs}$以$\psi_{2s}$电角度，故滞后$\boldsymbol{\psi}_m$以$\delta_2$电角度，$\delta_2=90°+\psi_{2s}$，这与图5-9a中所示的结果一致。由$\boldsymbol{f}_m$和$\boldsymbol{f}_r$可确定$\boldsymbol{f}_s$的空间位置，如图中所示，$\boldsymbol{f}_s$一定超前于$\boldsymbol{f}_r$，表明感应电机作为电动机运行。负载时定子磁动势$\boldsymbol{f}_s$可分为两部分，即有

$$\boldsymbol{f}_s=\boldsymbol{f}_m+(-\boldsymbol{f}_r)=\boldsymbol{f}_m+\boldsymbol{f}_{sL} \tag{5-12}$$

$$\boldsymbol{f}_{sL}=-\boldsymbol{f}_r \tag{5-13}$$

可以看出，定子磁动势由两部分组成，一部分$\boldsymbol{f}_{sL}$用以补偿（平衡）转子磁动势$\boldsymbol{f}_r$，另一部分$\boldsymbol{f}_m$则用来产生气隙磁场$\boldsymbol{\psi}_m$。这说明感应电动机气隙磁场实际是由定子侧建立的。

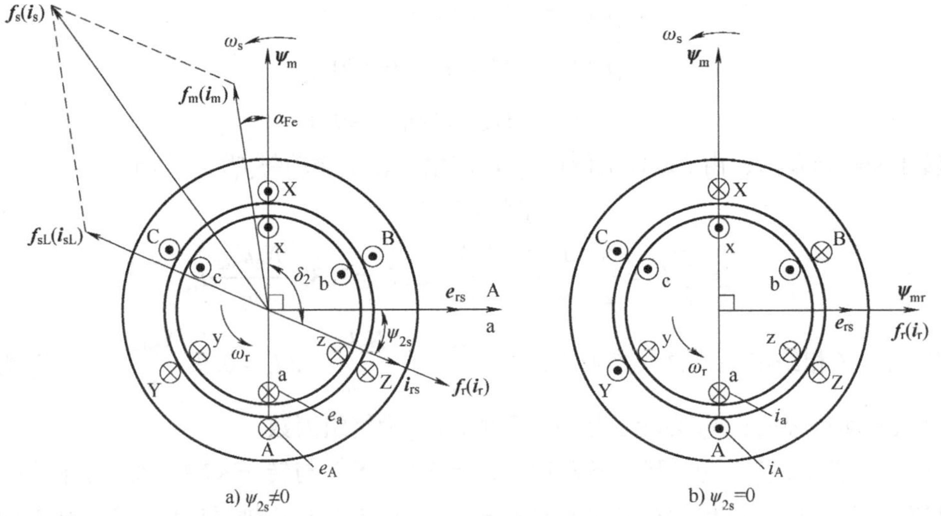

图5-10 负载时的矢量图

如第3章所述，式（5-11）中的定子磁动势$\boldsymbol{f}_s$可看成是定子单轴绕组通入定子电流$\boldsymbol{i}_s$产生的，同样转子磁动势$\boldsymbol{f}_r$也可看成是由转子单轴绕组中转子电流$\boldsymbol{i}_r$产生的，$\boldsymbol{i}_r$与实际$\boldsymbol{f}_r(\boldsymbol{i}_{rs})$方向一致。由于定、转子单轴绕组的有效匝数相同，故去除匝数因素后，可将磁动势方程式（5-11）~式（5-13）分别转换为电流矢量方程，即有

$$\begin{cases}\boldsymbol{i}_s+\boldsymbol{i}_r=\boldsymbol{i}_m\\ \boldsymbol{i}_s=\boldsymbol{i}_m+(-\boldsymbol{i}_r)=\boldsymbol{i}_m+\boldsymbol{i}_{sL}\\ \boldsymbol{i}_{sL}=-\boldsymbol{i}_r\end{cases} \tag{5-14}$$

式（5-14）是磁动势矢量方程的电流矢量形式，实质表征的是磁动势矢量方程。

由式（5-14）中第 1 式，可将图 5-10a 表示为图 3-52 所示的形式，由于忽略了铁心损耗，则有 $\boldsymbol{i}_m=\boldsymbol{i}_g$，$\boldsymbol{\psi}_m=\boldsymbol{\psi}_g$。

4. 转子作用

对于图 5-10a 所示的感应电动机，由第 3 章分析可知，电磁转矩可表示为

$$\begin{aligned} t_e &= p_0 \boldsymbol{i}_r \times \boldsymbol{\psi}_m \\ &= p_0 \frac{1}{L_m} \boldsymbol{\psi}_{mr} \times \boldsymbol{\psi}_m \end{aligned} \tag{5-15}$$

式中，$\boldsymbol{\psi}_{mr}$ 为转子电流 $\boldsymbol{i}_r$ 产生的基波磁场，$\boldsymbol{\psi}_{mr}=L_m\boldsymbol{i}_r$（忽略铁心损耗）。式（5-15）表明，电磁转矩是气隙磁场 $\boldsymbol{\psi}_m$ 与转子电流作用生成的，不计磁饱和时，也可看成是气隙磁场 $\boldsymbol{\psi}_m$ 与转子基波磁场作用的结果，电磁转矩的方向与转子转向相同，性质为驱动转矩。

感应电动机于不同转速下稳态运行时，气隙磁场 $\boldsymbol{\psi}_m$ 与转子电流 $\boldsymbol{i}_r$ 均能够保持幅值恒定且相对静止，满足了产生恒定转矩的条件，可以产生恒定电磁转矩。如图 5-10a 所示，由式（5-15）可得

$$t_e = p_0 \boldsymbol{i}_r \times \boldsymbol{\psi}_m = p_0 \psi_m i_r \sin(90° + \psi_{2s}) = p_0 \psi_m i_r \cos\psi_{2s} \tag{5-16}$$

在同步电机中，机电能量转换发生于定子，故将定子称为电枢。同步电机必须依靠交轴电枢反应才能生成电磁转矩和进行机电能量转换。感应电机的机电能量转换发生于转子，因此转子即为感应电机的电枢。图 5-10b 中，若忽略转子漏磁场（$\psi_{2s}=0$），$\boldsymbol{f}_r(\boldsymbol{i}_r)$ 将滞后 $\boldsymbol{\psi}_m$ 以 90°电角度，此时转子基波磁场 $\boldsymbol{\psi}_{mr}$ 已相当于交轴电枢反应磁场，可见 $\boldsymbol{f}_r(\boldsymbol{i}_r)$ 的作用已相当于同步电机中的电枢反应，可将这种作用称为转子作用。

负载运行时，可将定子电压方程式（5-2）改写为

$$\boldsymbol{u}_s = R_s \boldsymbol{i}_s + j\omega_s L_{\sigma s} \boldsymbol{i}_s - \boldsymbol{e}_s \tag{5-17}$$

$$\boldsymbol{e}_s = -j\omega_s \boldsymbol{\psi}_m \tag{5-18}$$

由式（5-17）和式（5-14）第 1 式可得定子等效电路，如图 5-11 所示，对比图 5-5a 可见，负载时感应电动势 $\boldsymbol{e}_s$ 已不同于空载电动势 $\boldsymbol{e}_{s0}$，因此负载时励磁电流 $\boldsymbol{i}_m$ 已不同于理想空载电流 $\boldsymbol{i}_{s0}(\boldsymbol{i}_{m0})$。由于负载时漏阻抗电压降增大，$e_s(E_s)$ 值将略低于 $e_{s0}(E_{s0})$，气隙磁通 Φ_m 也随之略低于空载气隙磁通 Φ_{m0}。

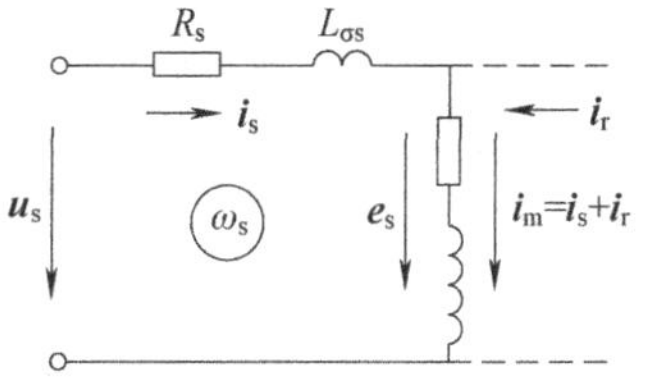

图 5-11　负载时的定子等效电路

以上所述表明，负载运行时，转子绕组在气隙磁场“切割”下，通过电磁感应，在转子绕组中感生出了运动电动势和电流，再由气隙磁场与转子电流相互作用生成了电磁转矩。与此同时，定子电流 $\boldsymbol{i}_s$ 中除了励磁分量 $\boldsymbol{i}_m$ 外，还增加了负载分量 $\boldsymbol{i}_{sL}$，在 $\boldsymbol{i}_{sL}$ 和 $\boldsymbol{e}_s$ 的共同作用下，电动机从电网吸收了电磁功率；总之，电能是以气隙磁场为媒介，通过电磁感应经由定子传递给了转子，实现了机电能量转换，所以将其称为感应电动机，反映了电动机工作的基本原理。

从电磁转矩生成的角度看，为产生恒定的转矩，同步电机将转子单相绕组作为直流励磁绕组，依靠转子自身旋转产生了旋转磁动势（磁场）。感应电机与同步电机不同，它是将图 1-9 中的转子单相绕组改造为了对称的三相绕组，通过在其中感生对称的三相电流来产生旋转磁动势（磁场）。同步电机可以通过调节转子励磁来改善功率因数，而感应电机的转子绕组是短路的，建立电机内磁场的无功功率只能由定子侧提供，因此功率因数总是滞后的，这也是感应电机的一个不足之处。

5.3　三相感应电动机的电压方程和等效电路

5.3.1　转子电压方程、转子频率归算和绕组归算

1. 以转子 abc 轴系表示的转子电压方程

可将图 5-10a 中的定、转子三相绕组表示为图 3-53 所示的形式。稳态运行时，在以转子 a 相绕组轴线为实轴（Re）的空间旋转复平面内，可将转子电压矢量方程表示为

$$\boldsymbol{e}_{rs}=R_r\boldsymbol{i}_{rs}+j\omega_f L_{\sigma r}\boldsymbol{i}_{rs} \tag{5-19}$$

式中，R_r 和 $L_{\sigma r}$ 分别为相绕组电阻和漏电感。

电动势矢量 $\boldsymbol{e}_{rs}$ 和电流矢量 $\boldsymbol{i}_{rs}$ 在 abc 轴系内均以转差速度 ω_f 相对转子逆时针旋转，$\boldsymbol{i}_{rs}$ 滞后 $\boldsymbol{e}_{rs}$ 以 ψ_{2s} 电角度。现以 a 轴为空间参考轴，取 $\boldsymbol{e}_{rs}$ 与 a 轴方向一致的时刻为时间起点，则可将式（5-19）表示为

$$se_r e^{j\omega_f t}=R_r i_{rs}e^{j(\omega_f t-\psi_{2s})}+js\omega_s L_{\sigma r}i_{rs}e^{j(\omega_f t-\psi_{2s})} \tag{5-20}$$

式中，$\omega_f=s\omega_s$，ω_s 为同步转速；e_r 为转子静止时转子电动势矢量幅值。转子旋转时，$e_{rs}=se_r$，$\boldsymbol{e}_{rs}=se_r e^{j\omega_f t}$；$\boldsymbol{i}_{rs}=i_{rs}e^{j(\omega_f t-\psi_{2s})}$。

取 a 轴同为时空参考轴，则可将式（5-20）转换为时域内的相量方程，即有

$$\dot{E}_{rs}=R_r\dot{I}_{rs}+jsX_{\sigma r}\dot{I}_{rs} \tag{5-21}$$

式中，$E_{rs}=sE_r$，E_r 为转子静止时相绕组感应电动势有效值；$X_{\sigma r}$ 为静止转子相绕组漏电抗，$X_{\sigma r}=\omega_s L_{\sigma r}$。

2. 定、转子在各自轴系内的等效电路

在定子 ABC 轴系内，可将式（5-17）表示为时域内的相量方程，即有

$$\dot{U}_s=R_s\dot{I}_s+jX_{\sigma s}\dot{I}_s-\dot{E}_s \tag{5-22}$$

由式（5-17）、式（5-19）和式（5-21）、式（5-22）可分别得到定、转子在各自轴系内的等效电路，如图 5-12 所示。可以看出，由于定、转子矢量（相量）是由不同时（空）复平面表示的，因此定、转子等效电路是两个各自独立的电路，也就无法将两者直接联系起来。为解决这一问题，首先要将转子电压矢量（相量）方程由 abc 轴系变换（归算）到定子 ABC 轴系，使定、转子矢量（相量）位于同一时（空）间复平面内。

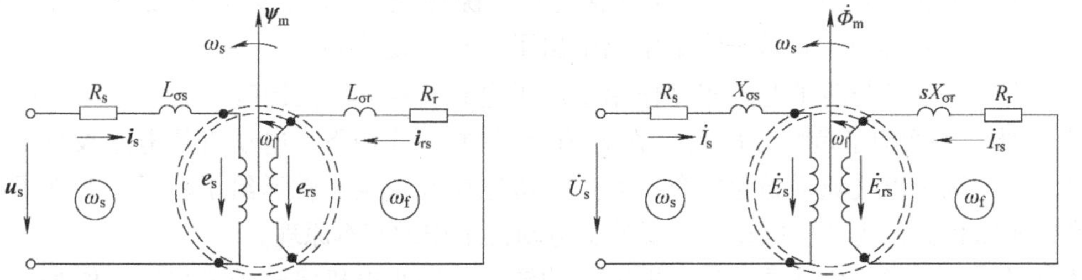

a) 以矢量表示　　b) 以相量表示

图 5-12　定子和转子在各自轴系内的等效电路

3. 频率归算

（1）空域内的频率归算

图 3-53 中，将转子由 abc 轴系变换到定子 ABC 轴系，变换因子为 $e^{j\theta}$。若设定 $t=0$ 时，

定、转子 A 轴和 a 轴取得一致，稳态运行时，则有 $\theta=\omega_r t$。由式（5-20），可得

$$se_r e^{j\omega_f t} e^{j\omega_r t}=R_r i_{rs} e^{j(\omega_f t-\psi_{2s})} e^{j\omega_r t}+js\omega_s L_{\sigma r} i_{rs} e^{j(\omega_f t-\psi_{2s})} e^{j\omega_r t} \tag{5-23}$$

$$se_r e^{j\omega_s t}=R_r i_{rs} e^{j(\omega_s t-\psi_{2s})}+js\omega_s L_{\sigma r} i_{rs} e^{j(\omega_s t-\psi_{2s})} \tag{5-24}$$

$$e_r e^{j\omega_s t}=\frac{R_r}{s} i_r e^{j(\omega_s t-\psi_2)}+j\omega_s L_{\sigma r} i_r e^{j(\omega_s t-\psi_2)} \tag{5-25}$$

式（5-24）表明，变换后电流矢量 $\boldsymbol{i}_{rs}$和电动势矢量 $\boldsymbol{e}_r$ 均以同步电角速度 ω_s 逆时针旋转，说明转子相电流和电动势均已变换为角频率为 ω_s 的正弦量，因此这是一种频率变换；又由于矢量变换是两个极坐标间的变换，故变换前、后转子电流矢量的幅值不变，仍为 i_{rs}，说明转子磁动势 $\boldsymbol{f}_r$ 的幅值不会改变；同时矢量变换没有改变 $\boldsymbol{e}_{rs}$与 $\boldsymbol{i}_{rs}(\boldsymbol{f}_r)$间的空间相位差，现将变换后 $\boldsymbol{e}_{rs}$与 $\boldsymbol{i}_{rs}(\boldsymbol{f}_r)$的相位差记为 ψ_2，则有 $\psi_2=\psi_{2s}$。总之，矢量变换后，在 ABC 轴系内没有改变转子磁动势 $\boldsymbol{f}_r$ 的幅值、相位和转速（大小和方向），表明变换前、后转子作用相同，因此定子所有物理量以及定子传递到转子的电功率将保持不变，电磁转矩亦不会改变。

将转子由 abc 轴系变换到定子 ABC 轴系，可看成是用一个静止的转子代替旋转的转子。由于转子静止，气隙磁场将以同步速率 ω_s “切割” 转子绕组，故转子电动势矢量的幅值 e_r 可增为 e_{rs}的$\frac{1}{s}$倍，由于转子电流频率由 ω_f 改变为 ω_s，故漏电抗值亦增为原值的$\frac{1}{s}$倍，若将转子电阻也增为原值的$\frac{1}{s}$倍，则转子电流 i_{rs}幅值仍保持不变，式（5-25）中，已将 i_{rs}改记为 i_r，现将其有效值 I_{rs}改记为 I_r，$I_r=I_{rs}$。

由式（5-25），可在时间复平面内将转子相绕组电压方程表示为

$$\dot{E}_r=\frac{R_r}{s}\dot{I}_r+jX_{\sigma r}\dot{I}_r \tag{5-26}$$

式中，$\dot{E}_r=E_r e^{j\omega_s t}$；$\dot{I}_r=I_r e^{j(\omega_s t-\psi_2)}$。

（2）时域内的频率归算

在时域内，由式（5-21），可得

$$I_{rs}=\frac{E_{rs}}{\sqrt{R_r^2+(sX_{\sigma r})^2}}=\frac{E_{rs}/s}{\sqrt{(R_r/s)^2+X_{\sigma r}^2}}=\frac{E_r}{\sqrt{(R_r/s)^2+X_{\sigma r}^2}}$$

于是有

$$I_{rs}=\frac{E_r}{\sqrt{(R_r/s)^2+X_{\sigma r}^2}}=I_r \tag{5-27}$$

$$\psi_{2s}=\arctan\frac{sX_{\sigma r}}{R_r}=\arctan\frac{X_{\sigma r}}{R_r/s}=\psi_2 \tag{5-28}$$

可以看出，频率归算后，转子相电动势有效值变为 E_{rs}的 $1/s$ 倍，转子相电阻 R_r 增大为 R_r/s，相漏电抗由 $sX_{\sigma r}$增大为 $X_{\sigma r}$，因此使转子相电流有效值 I_{rs}保持不变，阻抗角由 ψ_{2s}变为了 ψ_2，但大小没有变化，说明转子磁动势没有发生变化。以上步骤被称为时域内的频率归算。频率归算的物理意义如同矢量变换，是遵守转子磁动势不变的原则，用一个静止的转子来代替实际旋转的转子。

由式（5-22）和式（5-26）可得频率归算后的定、转子等效电路如图 5-13 所示。图中，已将 R_r/s 表示为

$$\frac{R_r}{s}=R_r+\frac{1-s}{s}R_r \tag{5-29}$$

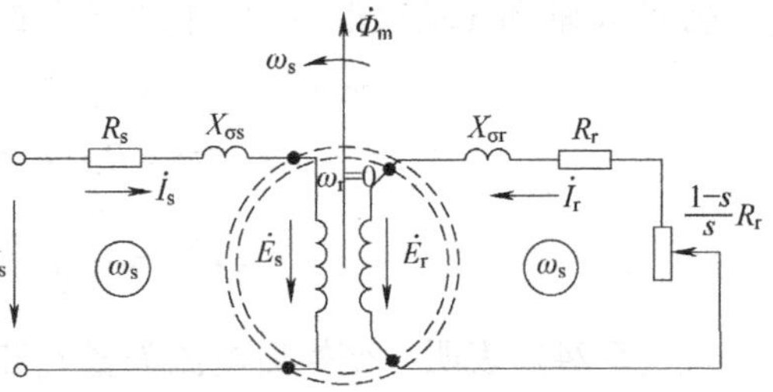

图 5-13 频率归算后的感应电动机定子和转子等效电路

式中，右端第 1 项为转子本身的电阻；第 2 项 $\frac{1-s}{s}R_r$ 为使转子电流有效值和相位保持不变时应加入的附加电阻。在附加电阻 $\frac{1-s}{s}R_r$ 上将消耗电功率，而在实际的转子中并不存在这项电阻损耗，但却产生了机械功率；频率归算后静止转子应与旋转转子等效，实际转子中由定子传递给转子的电磁功率，除了转子电阻损耗外，其余的应转换为机械功率，因此消耗在此电阻中的功率 $mI_r^2\frac{1-s}{s}R_r$ 应代表电动机中所产生的总机械功率，这就是附加电阻 $\frac{1-s}{s}R_r$ 的物理意义。

转子的无功功率同时也增为 $mI_r^2X_{\sigma r}$，是因为频率归算后转子频率发生变化，而使无功功率扩大为原来的 $1/s$ 倍，故由此计算出的无功功率与实际转子并不相符。

图 5-10a 中，将转子 abc 轴系变换到定子 ABC 轴系后，转子 a 轴与定子 A 轴取得一致，因此定子 A 相和转子 a 相的感应电动势相位取得一致，故图 5-13 中，$\dot{E}_s$ 与 $\dot{E}_r$ 相位相同，但如果定、转子相绕组有效匝数不同，则 $\dot{E}_s$ 和 $\dot{E}_r$ 的有效值并不相等，仍不能将定、转子等效电路联系在一起，为此还要进行绕组归算。

4. 绕组归算

若转子和定子的相数、有效匝数不同，还应进行绕组归算，即要用一个与定子绕组的相数、有效匝数完全相同的等效转子绕组，来代替相数为 m_2、有效匝数为 N_2k_{ws2} 的实际转子绕组。绕组归算时，同样应当遵守归算前、后转子绕组磁动势不变的原则（同幅值，同相位）。下面用加“ ′ ”的量来表示绕组归算后的归算值。

设 $\dot{I}'_r$ 为归算后转子的相电流，为使绕组归算前、后转子磁动势的幅值和相位不变，应有

$$\frac{m_1}{2}0.9\frac{N_1k_{ws1}}{p_0}\dot{I}'_r=\frac{m_2}{2}0.9\frac{N_2k_{ws2}}{p_0}\dot{I}_r \tag{5-30}$$

$$\frac{X'_{\sigma r}}{R'_r}=\frac{X_{\sigma r}}{R_r} \tag{5-31}$$

由式（5-30），可得

$$\dot{I}'_r=\frac{m_2N_2k_{ws2}}{m_1N_1k_{ws1}}\dot{I}_r=\frac{\dot{I}_r}{k_i} \tag{5-32}$$

式中，k_i 称为电流比，$k_i=\frac{m_1N_1k_{ws1}}{m_2N_2k_{ws2}}$。

绕组归算后，转子相绕组的有效匝数已变换为定子相绕组的有效匝数，故转子每相电动势的归算值 $\dot{E}'_r$ 应有

$$\dot{E}'_r=\frac{N_1k_{ws1}}{N_2k_{ws2}}\dot{E}_r=k_e\dot{E}_r \tag{5-33}$$

式中，k_e 称为电压比，$k_e=\dfrac{N_1k_{ws1}}{N_2k_{ws2}}$。

将转子电压方程式（5-26）两端乘以 k_e，可得

$$\dot{E}'_r=k_e\dot{E}_r=\left(\frac{R_r}{s}+jX_{\sigma r}\right)k_ek_i\frac{\dot{I}_r}{k_i}$$

则有

$$\dot{E}'_r=\left(\frac{R'_r}{s}+jX'_{\sigma r}\right)\dot{I}'_r \tag{5-34}$$

式中，R'_r 和 $X'_{\sigma r}$ 为转子电阻和漏抗的归算值。且有

$$R'_r=k_ek_iR_r=\frac{m_1}{m_2}\left(\frac{N_1k_{ws1}}{N_2k_{ws2}}\right)^2R_r\quad X'_{\sigma r}=\frac{m_1}{m_2}\left(\frac{N_1k_{ws1}}{N_2k_{ws2}}\right)^2X_{\sigma r} \tag{5-35}$$

式（5-34）即为归算后的转子电压相量方程。

由式（5-35）可知，式（5-31）已自动得到满足。以上分析表明，绕组归算后，虽然转子电流有效值已不同，但转子磁动势幅值和相位没有改变，归算前、后转子作用相同。

由式（5-32）和式（5-33）可知，归算前、后转子总视在功率将保持不变，即

$$m_2\dot{E}_r\dot{I}_r=m_1\dot{E}'_r\dot{I}'_r \tag{5-36}$$

由式（5-32）和式（5-35）可知，归算前、后转子铜耗和漏磁场的储能也将保持不变，即

$$m_2I_r^2R_r=m_1I_r'^2R'_r\quad \frac{1}{2}m_2I_r^2L_{\sigma r}=\frac{1}{2}m_1I_r'^2L'_{\sigma r} \tag{5-37}$$

归纳起来，绕组归算前后，转子磁动势矢量的幅值和相位没有变化；同时，输入转子的总视在功率、有功功率、转子铜耗和漏磁场储能均能保持不变。

频率归算后，可以将磁动势矢量方程式（5-11）表示为相量形式，即有

$$\frac{m_1}{2}0.9\frac{N_1k_{ws1}}{p_0}\dot{I}_s+\frac{m_2}{2}0.9\frac{N_2k_{ws2}}{p_0}\dot{I}_r=\frac{m_1}{2}0.9\frac{N_1k_{ws1}}{p_0}\dot{I}_m \tag{5-38}$$

则有

$$\dot{I}_s+\frac{m_2N_2k_{ws2}}{m_1N_1k_{ws1}}\dot{I}_r=\dot{I}_m \tag{5-39}$$

绕组归算后，可得

$$\dot{I}_s+\dot{I}'_r=\dot{I}_m \tag{5-40}$$

式（5-40）则是磁动势矢量方程式（5-11）的电流相量形式。绕组归算后，如图 3-52 所示，由转子三相绕组可构成单轴绕组 r，电流矢量方程式（5-14）中的 i_r 为转子单轴绕组中的电流，稳态运行时，各电流矢量与相应的相量在时空复平面上相位一致，且有 $i_r=\sqrt{3}I'_r$，$i_s=\sqrt{3}I_s$，$i_m=\sqrt{3}I_m$，故式（5-40）也是电流矢量方程式（5-14）的相量形式。

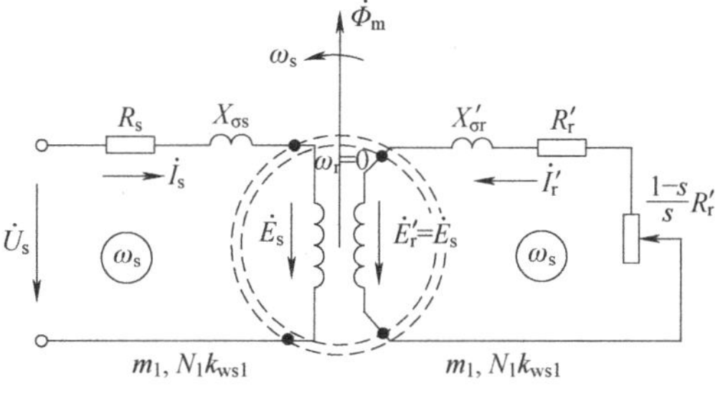

图 5-14　频率和绕组归算后的感应电动机定子和转子等效电路

图 5-14 为频率和绕组归算后，感应电动机

定子和转子的等效电路。可以看出，由于建立了定、转子电流相量间的关系，且有 $\dot{E}_s=\dot{E}'_r$，从电路上看，可将定、转子等效电路联系在一起，构成一体化的等效电路。

5.3.2　感应电动机相量方程、T形等效电路和相量图

经频率和绕组归算，定、转子电压相量方程、铁心绕组的励磁方程和电流相量方程就成为

$$\dot{U}_s=(R_s+jX_{\sigma s})\dot{I}_s-\dot{E}_s \tag{5-41}$$

$$\dot{E}'_r=\left(\frac{R'_r}{s}+jX'_{\sigma r}\right)\dot{I}'_r \tag{5-42}$$

$$\dot{E}_s=\dot{E}'_r=-Z_m\dot{I}_m \tag{5-43}$$

$$\dot{I}_s+\dot{I}'_r=\dot{I}_m \tag{5-44}$$

由式（5-41）~式（5-44）可得出感应电动机的T形等效电路，如图5-15所示。

式（5-43）为铁心绕组的励磁方程，反映了 $\dot{E}_s$ 与 $\dot{I}_m$ 的关系。通过磁路计算，可得到电机的磁化曲线，即气隙磁通 Φ_m 与励磁电流 I_m 之间的关系 $\Phi_m(E_s)=f(I_m)$，如图5-16所示。

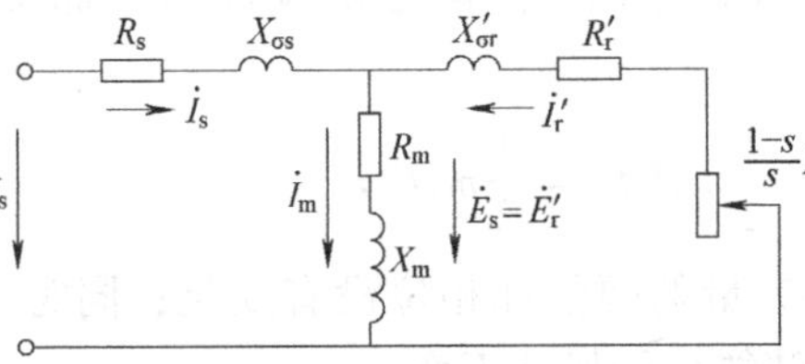

图5-15　感应电动机T形等效电路

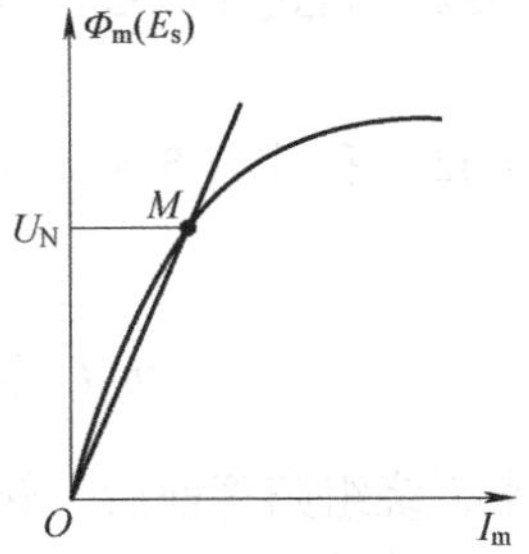

图5-16　主磁路的磁化曲线

由于额定相电压 U_N 通常在磁化曲线的膝点附近，所以膝点以下的磁化曲线，通常可以用一条通过原点 O 和额定相电压点 M 的直线来代替，于是气隙磁通 Φ_m 与励磁电流 I_m 将成正比。$\dot{E}_s$ 与 $\dot{I}_m$ 的关系可用励磁方程来表示，即有

$$\dot{E}_s=-Z_m\dot{I}_m=-(R_m+jX_m)\dot{I}_m \tag{5-45}$$

当计及铁心损耗时，气隙磁场 $\boldsymbol{\psi}_m$ 在空间上将滞后于 $\boldsymbol{f}_m(\boldsymbol{i}_m)$，滞后角度称为铁心损耗角 α_{Fe}。这是因为受铁心磁滞和涡流的影响，使正弦分布的气隙磁场波在空间相位上总要滞后于正弦分布的磁动势波，反映了铁磁介质内 $\boldsymbol{B}_m$ 与 $\boldsymbol{H}_m$ 间的磁化特性。在忽略铁心损耗时，$\boldsymbol{\psi}_m$ 与 $\boldsymbol{i}_m$ 在空间相位上将取得一致，而 $\dot{\Phi}_m$ 与 $\dot{I}_m$ 在时间相位上也将取得一致。

从等效电路可见，空载时，转子转速接近于同步转速，转差率 $s\approx0$，$\dfrac{R_r}{s}\to\infty$，转子相当于开路，转子电流接近于零，定子电流即为空载电流 $\dot{I}_{s0}$，定子电压方程便同式（5-3）。负载时，转差率 s 增大，$\dfrac{R'_r}{s}$减小，定、转子电流增大，由于定子的漏阻抗电压降增加，E_s 和相应的气隙磁通 Φ_m 将分别比空载时的 E_{s0}和 Φ_{m0}小一些，励磁电流 I_m 也要比空载电流 I_{s0}小些。起动时，$s=1$，$\dfrac{R'_r}{s}=R'_r$，转子和定子电流都很大，由于定子的漏阻抗电压降较大，E_s 和相应的

Φ_m 将显著减小，约为空载时的 50%~60%。

图 5-17 是与相量方程式（5-41）~式（5-44）对应的相量图。图中，定、转子相绕组中感应电动势 $\dot{E}_s$ 和 $\dot{E}'_r$ 为

$$\dot{E}_s=\dot{E}'_r=-\mathrm{j}4.44f_sN_1k_{ws1}\dot{\Phi}_m$$

$\dot{E}_s$ 和 $\dot{E}'_r$ 滞后气隙主磁通 $\dot{\Phi}_m$ 以 90°电角度，再由式（5-41）和式（5-42）分别构成了定子和转子电压相量图；由式（5-44）构成了定、转子电流相量图。

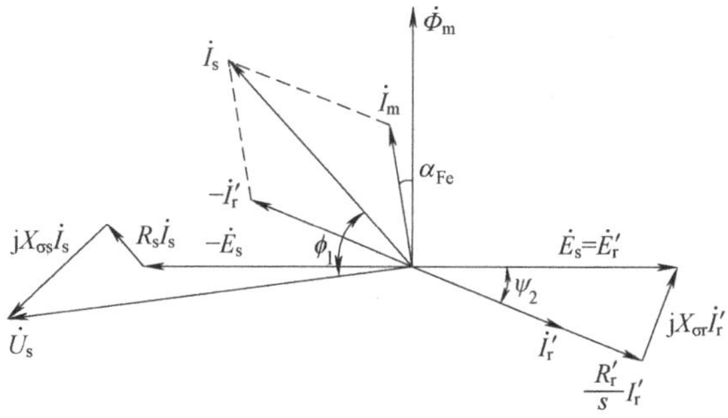

图 5-17　感应电动机的相量图

由等效电路和相量图可见，感应电动机的定子电流 $\dot{I}_s$ 总是滞后于定子电压 $\dot{U}_s$，这是因为建立气隙磁场和定、转子漏磁场的无功功率只能由定子边（单边）输入，使得功率因数 $\cos\phi_1$ 总为滞后。在同样负载下，励磁电流越大，电动机输入的无功功率越大，电动机的功率因数就越低。

应该注意的是，由等效电路计算出的所有定子侧的量均为电机中的实际量，而算出的转子电动势和转子电流则是归算值而不是实际值。由于归算是在有功功率不变的原则下进行的，因此以归算值计算出的有功功率、损耗和转矩均与实际值相同。此外，定、转子电压方程、等效电路和相量图中，$\dot{E}'_r=\dot{E}_s$ 仅表示转子电动势的归算值与定子感应电动势相等。实际上，$\dot{E}_s$ 是定子三相电流产生的气隙磁场 $\boldsymbol{\psi}_m$ 在定子一相绕组中感生的电动势，性质并非为运动电动势；而实际的转子电动势 $\dot{E}_{rs}$（归算前）是气隙磁场 $\boldsymbol{\psi}_m$ "切割"转子绕组，因电磁感应在转子相绕组中感生的运动电动势，因此 $\dot{E}_s$ 与 $\dot{E}_{rs}$是不同性质的两种电动势。只是经过频率和绕组归算，才使得归算量 $\dot{E}'_r$ 在有效值和相位上与 $\dot{E}_s$ 取得了一致。

等效电路是分析电动机运行和计算感应电动机性能的重要工具。在给定电源电压下，对于不同的转差率 s，由等效电路可求得定、转子电流和励磁电流，即有

$$\dot{I}_s=\frac{\dot{U}_s}{Z_{\sigma s}+\dfrac{Z_mZ'_r}{Z_m+Z'_r}} \tag{5-46}$$

$$\dot{I}'_r=-\dot{I}_s\frac{Z_m}{Z_m+Z'_r}=-\frac{\dot{U}_s}{Z_{\sigma s}+\dot{c}Z'_r} \tag{5-47}$$

$$\dot{I}_m=\dot{I}_s\frac{Z'_r}{Z_m+Z'_r}=\frac{\dot{U}_s}{Z_m}\frac{1}{\dot{c}+\dfrac{Z_{\sigma s}}{Z'_r}} \tag{5-48}$$

式中，$Z_{\sigma s}$为定子漏阻抗，$Z_{\sigma s}=R_s+\mathrm{j}X_{\sigma s}$；$Z'_r$ 为与负载有关的转子的等效阻抗，$Z'_r=\dfrac{R'_r}{s}+\mathrm{j}X'_{\sigma r}$；$\dot{c}$ 为一个系数，$\dot{c}=1+\dfrac{Z_{\sigma s}}{Z_m}\approx1+\dfrac{X_{\sigma s}}{X_m}$。

由等效电路图 5-15 和式（5-46）~式（5-48）可以看出，当电机参数为常值时，转差率 s 是决定 $\dot{I}_s$、$\dot{I}'_r$ 和 $\dot{I}_m$ 的唯一变量，因此转差率 s 是表征感应电动机运行状态和运行性能的基本变量，显然这是由感应电动机的工作原理决定的。

通常，在计算感应电动机工作特性时，特别是计算额定运行点性能指标时，应用 T 形等效电路获得的结果，其准确性可以很好地满足工程需求。

5.3.3　近似等效电路

由式（5-48）可知，负载变化时，励磁电流 $\dot{I}_{\mathrm{m}}$ 是变化的。正常运行时，$|Z_{\sigma\mathrm{s}}| \ll |Z'_{\mathrm{r}}|$，若近似取$\dfrac{Z_{\sigma\mathrm{s}}}{Z'_{\mathrm{r}}}\approx 0$，则式（5-48）可简化为

$$\dot{I}_{\mathrm{m}} \approx \frac{\dot{U}_{\mathrm{s}}}{\dot{c}Z_{\mathrm{m}}} = \frac{\dot{U}_{\mathrm{s}}}{Z_{\sigma\mathrm{s}}+Z_{\mathrm{m}}} \tag{5-49}$$

根据式（5-47）和式（5-49），以及

$$\dot{I}_{\mathrm{s}} = \dot{I}_{\mathrm{m}} - \dot{I}'_{\mathrm{r}} \tag{5-50}$$

可以得到如图 5-18 所示的近似等效电路。由式（5-47）可见，由近似等效电路计算得出的转子电流 $\dot{I}'_{\mathrm{r}}$ 与 T 形等效电路相一致，但由近似等效电路计算出的 $\dot{I}_{\mathrm{m}}$ 和定子电流 $\dot{I}_{\mathrm{s}}$ 则略大。由于感应电动机主磁路中包含有气隙，励磁电流通常可达额定值的 15%～40%，故计算工作特性曲线时，选用 T 形等效电路为好。

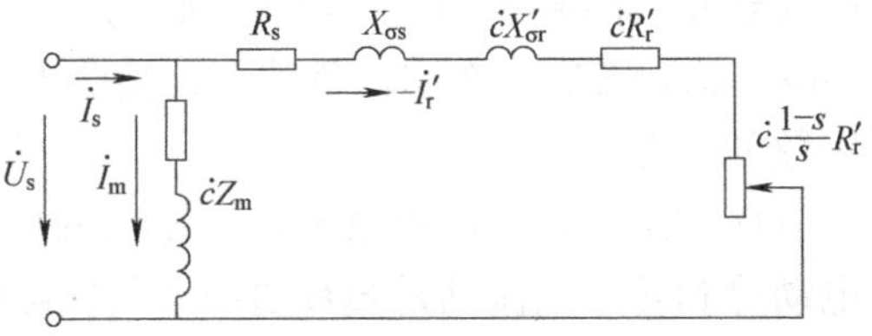

图 5-18　正常工作时感应电动机的近似等效电路

近似等效电路可以简化计算，通常主要用来计算感应电动机的起动性能，以及对某些问题进行定性分析。

5.4　三相感应电动机的功率方程和转矩方程

5.4.1　功率方程

1. 定子损耗和电磁功率

稳态运行时，由式（5-41）~式（5-44）可得输入感应电动机的有功功率为

$$\begin{aligned} P_1 &= m_1 \mathrm{Re}[(R_{\mathrm{s}}\dot{I}_{\mathrm{s}} + \mathrm{j}X_{\sigma\mathrm{s}}\dot{I}_{\mathrm{s}} - \dot{E}_{\mathrm{s}})\dot{I}_{\mathrm{s}}^*] \\ &= m_1 \mathrm{Re}[R_{\mathrm{s}}I_{\mathrm{s}}^2 + \mathrm{j}X_{\sigma\mathrm{s}}I_{\mathrm{s}}^2 - \dot{E}'_{\mathrm{r}}(\dot{I}_{\mathrm{m}}^* - \dot{I}'^*_{\mathrm{r}})] \\ &= m_1 R_{\mathrm{s}} I_{\mathrm{s}}^2 + m_1 R_{\mathrm{m}} I_{\mathrm{m}}^2 + m_1 \frac{R'_{\mathrm{r}}}{s} I'^2_{\mathrm{r}} \end{aligned}$$

式中，$m_1 R_{\mathrm{s}} I_{\mathrm{s}}^2$ 为定子电阻损耗 p_{Cu1}；$m_1 R_{\mathrm{m}} I_{\mathrm{m}}^2$ 为铁心损耗 p_{Fe}；$m_1 \dfrac{R'_{\mathrm{r}}}{s} I'^2_{\mathrm{r}}$ 为输入转子的有功功率，即为电磁功率 P_{e}。则有

$$p_{\mathrm{Cu1}} = m_1 R_{\mathrm{s}} I_{\mathrm{s}}^2 \tag{5-51}$$

$$p_{\mathrm{Fe}} = m_1 R_{\mathrm{m}} I_{\mathrm{m}}^2 \tag{5-52}$$

$$P_{\mathrm{e}} = m_1 \frac{R'_{\mathrm{r}}}{s} I'^2_{\mathrm{r}} = m_1 E'_{\mathrm{r}} I'_{\mathrm{r}} \cos\psi_2 \tag{5-53}$$

由相量图 5-17，可将电磁功率 P_{e} 表示为

$$P_e = m_1 E'_r I'_r \cos\psi_2 = m_1 E_s I_{sL} \cos\psi_1 \tag{5-54}$$

式中，ψ_1 为$-\dot{I}_r(\dot{I}_{sL})$与$-\dot{E}_s$ 间的相位角；ψ_2 为转子内功率因数角，$\psi_2=\arctan\dfrac{X'_{\sigma r}}{R'_r/s}$；$\psi_1=\psi_2$。

式（5-54）表明，电磁功率 P_e 是在电动势 $\dot{E}_s$ 与负载电流 $\dot{I}_{sL}$ 作用下，由定子从外电源吸收的有功功率。

2. 转子损耗和机械功率

感应电动机正常工作时，转差率很小，转子内磁场变化率很低，通常仅为 1~3Hz，所以转子铁心损耗很小，可以忽略不计。由绕组归算可知，转子中的铜耗为

$$p_{Cu2} = m_1 I_r'^2 R'_r \tag{5-55}$$

电磁功率可表示为

$$P_e = m_1 I_r'^2 \frac{R'_r}{s} = m_1 I_r'^2 R'_r + m_1 I_r'^2 \frac{1-s}{s} R'_r \tag{5-56}$$

从电磁功率中扣除转子铜耗 p_{Cu2}，即可得到转换为机械能的总机械功率 P_Ω，即有

$$P_\Omega = P_e - p_{Cu2} = m_1 I_r'^2 \frac{1-s}{s} R'_r \tag{5-57}$$

用电磁功率表示时，由式（5-55）~式（5-57），可得

$$p_{Cu2} = sP_e \tag{5-58}$$

$$P_\Omega = (1-s) P_e \tag{5-59}$$

式（5-58）和式（5-59）表明，传送到转子的电磁功率 P_e 中，其中 sP_e 部分变为转子铜耗，$(1-s)P_e$ 部分转换为总机械功率 P_Ω。由于转子铜耗等于 sP_e，所以又称其为转差功率。

从总机械功率 P_Ω 中，扣除转子机械损耗 p_Ω 和杂散损耗 p_Δ，可得轴上输出的机械功率 P_2，即有

$$P_2 = P_\Omega - (p_\Omega + p_\Delta) \tag{5-60}$$

在小型笼型感应电动机中，满载时的杂散损耗 p_Δ 通常可达输出功率的 1%~3%；在大型感应电动机中，可取为输出功率的 0.5%；负载变化时，通常认为 p_Δ 随定子电流的二次方变化。p_Δ 的大小与槽配合、槽型、气隙大小和制造工艺等因素相关。

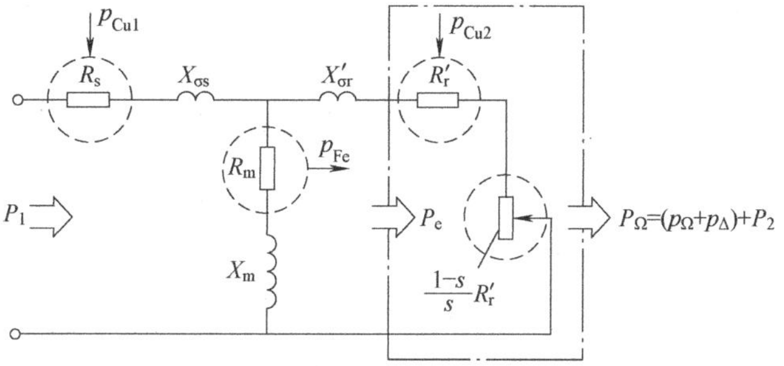

图 5-19 由 T 形等效电路表示的感应电动机功率方程

可将式（5-51）~式（5-55）和式（5-57）、式（5-60）表示为图 5-19 的形式。

5.4.2 转矩方程和电磁转矩

将转子输出功率方程式（5-60）两边除以机械角速度 Ω_r，可得稳态运行时的转矩方程为

$$T_e = T_0 + T_2 \tag{5-61}$$

式中，T_e 为电磁转矩，$T_e=\dfrac{P_\Omega}{\Omega_r}$；$T_0$ 为与机械损耗和杂散损耗相对应的阻力转矩，$T_0=\dfrac{P_\Omega+p_\Delta}{\Omega_r}$，若忽略杂散损耗，$T_0$ 即为空载转矩；T_2 为电动机的输出转矩，$T_2=\dfrac{P_2}{\Omega_r}$。

电磁转矩 T_e 可表示为

$$T_e=\frac{P_\Omega}{\Omega_r}=\frac{P_e}{\Omega_s} \tag{5-62}$$

式（5-62）表明，电磁转矩可以用总机械功率 P_Ω 除以机械角速度 Ω_r 求得，也可以用电磁功率 P_e 除以同步角速度 Ω_s 求得，这是因为电磁功率是通过气隙旋转磁场传递到转子的，故应除以气隙旋转磁场的同步角速度 Ω_s。

式（5-62）是从机电能量转换角度，通过转换功率 P_Ω 和电磁功率 P_e 给出了电磁转矩，也可由电动机内气隙磁通 Φ_m 和转子电流 I_r 作用求得电磁转矩。

考虑到电磁功率 $P_e=m_1E_r'I_r'\cos\psi_2$，$E_r'=\sqrt{2}\pi f_sN_1k_{ws1}\Phi_m$，$I_r'=\dfrac{m_2k_{ws2}N_2}{m_1k_{ws1}N_1}I_r$，$\Omega_s=2\pi f_s/p_0$，根据这些关系式，由式（5-62）可得

$$T_e=\frac{1}{\sqrt{2}}p_0m_2k_{ws2}N_2\Phi_mI_r\cos\psi_2=C_T\Phi_mI_r\cos\psi_2 \tag{5-63}$$

式中，C_T 为三相感应电动机的转矩常数，$C_T=\dfrac{1}{\sqrt{2}}p_0m_2k_{ws2}N_2$。

式（5-63）表明，电磁转矩是转子电流与气隙磁场作用生成的，转矩大小正比于气隙磁通 Φ_m 和转子电流有功分量 $I_r\cos\psi_2$；对于转子作用而言，此时 $I_r\cos\psi_2$ 即相当于转子电流的交轴分量。

可将式（5-63）表示为

$$T_e=\frac{1}{\sqrt{2}}p_0m_1N_1k_{ws1}\Phi_mI_r'\cos\psi_2 \tag{5-64}$$

由图 3-52，已得感应电动机的瞬态电磁转矩表达式为式（3-220），若不计铁心损耗，即有 $\boldsymbol{\psi}_g=\boldsymbol{\psi}_m$。稳态运行时，则有

$$\begin{aligned}t_e&=-p_0\boldsymbol{\psi}_m\times\boldsymbol{i}_r=p_0\boldsymbol{i}_r\times\boldsymbol{\psi}_m=p_0\psi_mi_r\sin\theta_{mr}\\&=p_0\psi_mi_r\cos\psi_2=\frac{1}{\sqrt{2}}p_0m_1N_1k_{ws1}\Phi_mI_r'\cos\psi_2\end{aligned} \tag{5-65}$$

式中，$\psi_m=\sqrt{\dfrac{3}{2}}N_1k_{ws1}\Phi_m$；绕组归算后，$i_r=\sqrt{3}I_r'$；$\theta_{mr}$为 $\boldsymbol{i}_r$ 至 $\boldsymbol{\psi}_m$ 的空间电角度，$\theta_{mr}=90°+\psi_2$。

可以看出，稳态运行时，图 3-52 中的电流矢量方程 $\boldsymbol{i}_s+\boldsymbol{i}_r=\boldsymbol{i}_g$ 与图 5-17 中的电流相量方程 $\dot{I}_s+\dot{I}_r'=\dot{I}_m$ 具有时空对应关系，磁链矢量 $\boldsymbol{\psi}_g$ 与气隙磁通 $\dot{\Phi}_m$ 也具有时空对应关系。因此，在第 3 章中，由图 3-52 导出的以不同磁链和定、转子矢量表示的瞬态电磁转矩矢量表达式，同样可以得出以相应相量表示的稳态电磁转矩表达式。但是，图 3-52 所示为动态矢量图，定、转子电流可为任意波形，空间磁场幅值和旋转速度可任意变化；而图 5-17 为相量图，定、转子电流必须为正弦量，空间磁场必须幅值不变且以同步速旋转。这是两种分析方法的重要区别。正因如此，对感应电机和同步电机的动态运行选择了矢量分析的方法。事实上，运用空间矢量，不仅可以分析动态运行，同样可以分析稳态运行，通过矢量和相量在时空上的内在联系，又可展示两种分析方法的一致性和统一性。

5.5　笼型转子的极数、相数和参数的归算

绕线转子通过转子绕组的合理设计，可使其与定子的极数相等；通过绕组归算，可使其

与定子的相数和有效匝数相等。笼型转子绕组是由多个导条和端环构成的短路绕组，其极数不能通过绕组的连接而形成，参数的归算也与绕线转子不同。

1. 笼型转子的极数

图 5-9a 中，笼型转子处于气隙磁场 $\boldsymbol{\psi}_{\mathrm{m}}$ 中，气隙磁场 $\boldsymbol{\psi}_{\mathrm{m}}$ 以转差速度"切割"转子导条，导条中感生的运动电动势其大小在空间将呈正弦分布，如图 5-9b 中虚线所示。显然，由导条运动电动势产生的导条电流，其大小在空间亦呈正弦分布。由于转子导条中的电动势和电流是由气隙磁场感生的，导条电流的空间分布将取决于气隙磁场的空间分布，因此笼型转子所产生的磁动势的极数将自然地与感生它的气隙磁场的极数相同，即笼型转子的极数完全取决于定子极数，且总是与定子极数相同，这是笼型结构自身具有的特点。

2. 笼型转子的相数

设转子导条（槽数）为 Z_2，相邻导条电动势相量相位相差 α_2 电角度，$\alpha_2=\dfrac{p_0\times 360°}{Z_2}$。若 $\dfrac{Z_2}{p_0}$ 为整数，则一对极下的导条电动势相量将构成一个对称分布的相量星形，如图 5-20 所示。对于绕线转子绕组，通常是将其设计为 60°相带绕组，最后可将每一对极下的槽电动势合成为三相电动势，构成转子对称的三相绕组。笼型转子绕组无法做到这一点，而是每对极下每个导条电动势即构成一相，亦即笼型绕组是个对称的多相绕组，其相数 $m_2=\dfrac{Z_2}{p_0}$；各对极下占有相同位置的导条，即为每相的并联导条，每相则有 p_0 根并联导条。若 $\dfrac{Z_2}{p_0}$ 等于分数，可认为在 p_0 对极内总共有 Z_2 相，故相数 $m_2=Z_2$，每相只有一根并联导条。显然，笼型转子不存在绕组短距或分布问题，此时笼型绕组的节距因数和分布因数均等于 1。由于一根导条相当于半匝，所以每相串联匝数 $N_2=\dfrac{1}{2}$。于是，

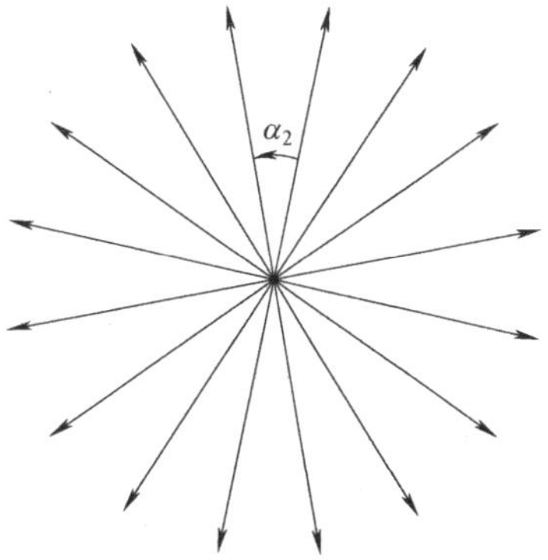

图 5-20　一对极下的导条电动势相量星形图 $\left(\dfrac{Z_2}{p_0}=\text{整数}\right)$

对于 $\dfrac{Z_2}{p_0}$ 为整数槽的笼型转子绕组则有

$$m_2=\frac{Z_2}{p_0},\quad k_{\mathrm{ws2}}=1,\quad N_2=\frac{1}{2}\tag{5-66}$$

3. 笼型转子的参数归算

图 5-21 为笼型转子的部分电路结构图，图中 Z_{B} 和 Z_{R} 分别为每根导条和每段端环的漏阻抗。图 5-22 为部分电路图，图中标出了各段电路电流的正方向。可以看出，每对极下每相的阻抗由一根导条的阻抗 Z_{B} 和前、后两端的一段阻抗 Z_{R} 所组成。各导条内电流相量 $\dot{I}_{\mathrm{B}}$ 的幅值相等，相邻导条内电流相量的相位相差为 α_2 电角度。由相量图 5-23 可知，导条电流 $\dot{I}_{\mathrm{B}}$ 等于相邻两端端环电流的相位差，即有

$$\dot{I}_{\mathrm{B1}}=\dot{I}_{\mathrm{R2}}-\dot{I}_{\mathrm{R1}},\ \dot{I}_{\mathrm{B2}}=\dot{I}_{\mathrm{R3}}-\dot{I}_{\mathrm{R2}},\ \cdots\tag{5-67}$$

或者

$$\dot{I}_{B1}+\dot{I}_{R1}=\dot{I}_{R2},\ \dot{I}_{B2}+\dot{I}_{R2}=\dot{I}_{R3},\ \cdots \tag{5-68}$$

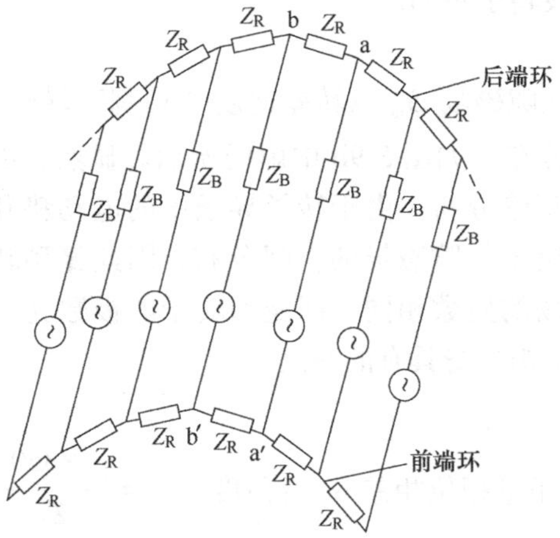

图 5-21 笼型转子的部分电路结构图

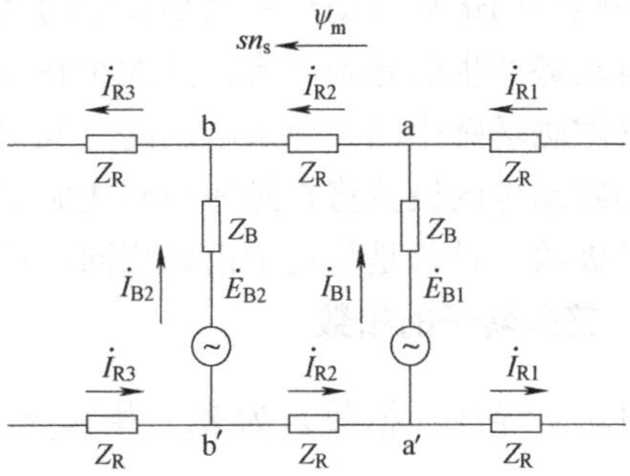

图 5-22 笼型转子的部分电路图

导条电流的有效值 I_B 与端环电流的有效值间的关系为

$$I_B=2I_R\sin\frac{\alpha_2}{2} \tag{5-69}$$

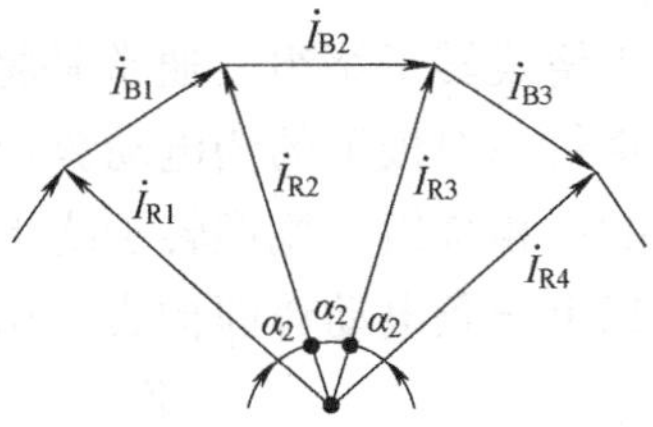

图 5-23 导条和端环相量图

因此一根导条和对应的前、后两段端环的铜耗 $p_{Cu(B+R)}$ 为

$$p_{Cu(B+R)}=I_B^2R_{2(B)}+2I_R^2R_{2(R)}=I_B^2\left[R_{2(B)}+\frac{R_{2(R)}}{2\sin^2(\alpha_2/2)}\right]=I_B^2R_{2(B+R)} \tag{5-70}$$

式中，$R_{2(B)}$ 和 $R_{2(R)}$ 分别为每根导条和每段端环的电阻；$R_{2(B+R)}$ 为将前、后两端端环的电阻归算到导条以后的等效电阻，则有

$$R_{2(B+R)}=R_{2(B)}+\frac{R_{2(R)}}{2\sin^2\dfrac{\alpha_2}{2}} \tag{5-71}$$

考虑到各对极下属于同一相的 p_0 根导条是并联的，故转子每相的等效电阻 R_r 应为

$$R_r=\frac{R_{2(B+R)}}{p_0}=\frac{1}{p_0}\left[R_{2(B)}+\frac{R_{2(R)}}{2\sin^2(\alpha_2/2)}\right] \tag{5-72}$$

同理，由导条和端环的漏磁场储能，可以得出转子每相漏抗 $X_{\sigma r}$ 为

$$X_{\sigma r}=\frac{1}{p_0}\left[X_{2(B)}+\frac{X_{2(R)}}{2\sin^2(\alpha_2/2)}\right] \tag{5-73}$$

式中，$X_{Z(B)}$ 和 $X_{Z(R)}$ 为每根导条和每段端环的漏抗。

将笼型转子每相电阻 R_r 和漏抗 $X_{\sigma r}$ 归算到定子边时，先要确定绕组归算的电流比 k_i 和电压比 k_e，即

$$k_i=\frac{m_1}{m_2}\ \frac{N_1k_{ws1}}{N_2k_{ws2}}=\frac{2p_0m_1N_1k_{ws1}}{Z_2},\quad k_e=\frac{N_1k_{ws1}}{N_2k_{ws2}}=2N_1k_{ws1} \tag{5-74}$$

式中，$m_2=\dfrac{Z_2}{p_0}$，$N_2=\dfrac{1}{2}$，$k_{ws2}=1$。

笼型转子每相电阻 R_r 和漏抗 $X_{\sigma r}$ 归算到定子边的归算值 R_r' 和 $X_{\sigma r}'$ 为

$$
\begin{aligned}
R_{\mathrm{r}}' &= k_{\mathrm{e}} k_{\mathrm{i}} R_{\mathrm{r}} = \frac{4 p_0 m_1 (N_1 k_{\mathrm{ws1}})^2}{Z_2} R_{\mathrm{r}} \\
X_{\sigma\mathrm{r}}' &= k_{\mathrm{e}} k_{\mathrm{i}} X_{\sigma\mathrm{r}} = \frac{4 p_0 m_1 (N_1 k_{\mathrm{ws1}})^2}{Z_2} X_{\sigma\mathrm{r}}
\end{aligned}
\tag{5-75}
$$

归算后，笼型转子绕组已被等效为对称的三相绕线转子绕组，每相绕组的有效匝数与定子绕组相同，转子铜耗保持不变，转子基波磁动势不变，转子作用保持不变，因此前面对绕线转子的分析同样适用于笼型转子；反之亦然。

5.6　三相感应电动机的参数测定

利用等效电路计算电动机的运行特性和电磁转矩时，必须要知道感应电动机参数，包括励磁参数 R_{m}、X_{m} 和短路参数 R_{s}、$X_{\sigma\mathrm{s}}$、R_{r}' 和 $X_{\sigma\mathrm{s}}'$，这两种参数可分别由空载试验和堵转（短路）试验来测定。

5.6.1　空载试验和励磁参数测定

1. 空载试验

由空载试验可以得到励磁参数 R_{m} 和 X_{m} 以及铁耗 p_{Fe}和机械损耗 p_{Ω}。

试验时电动机轴上不带负载，电源频率保持额定频率不变，先将电动机空载运行一段时间（约 20min 左右），以使机械损耗达到稳定。然后，将定子三相的端电压（线电压）从$(1.1\sim1.2)U_{\mathrm{LN}}$开始逐渐降低至 $0.3U_{\mathrm{LN}}$左右，且转子转速没有明显下降时为止。每次测量电动机相电压 U_{s0}、空载相电流 I_{s0}、空载输入功率 p_{s0}，可得空载特性曲线 $I_{\mathrm{s0}}=f(U_{\mathrm{s0}})$、$p_{\mathrm{s0}}=f(U_{\mathrm{s0}})$，如图 5-24 所示。

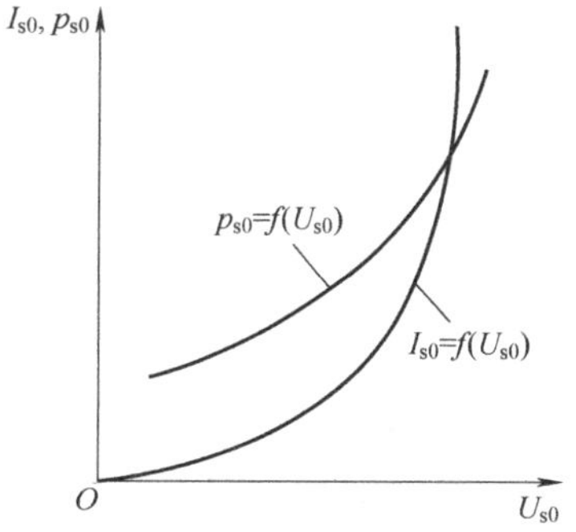

图 5-24　空载特性 $I_{\mathrm{s0}}=f(U_{\mathrm{s0}})$、$p_{\mathrm{s0}}=f(U_{\mathrm{s0}})$

2. 铁耗与机械损耗分离

空载时，铁耗和机械损耗之和为

$$p_{\mathrm{Fe}}+p_{\Omega}=p_{\mathrm{s0}}-m_1 I_{\mathrm{s0}}^2 R_{\mathrm{s}} \tag{5-76}$$

式中，$m_1 I_{\mathrm{s0}}^2 R_{\mathrm{s}}$ 为空载时的三相绕组铜耗。

由于铁耗 p_{Fe}与端电压的二次方成正比，而机械损耗 p_{Ω} 仅与转速有关而与端电压无关，将不同电压下的 $p_{\mathrm{Fe}}+p_{\Omega}$ 以相电压二次方为横坐标绘成曲线 $p_{\mathrm{Fe}}+p_{\Omega}=f(U_{\mathrm{s0}}^2)$，则其近似为一条直线，如图 5-25 所示，即可分离额定电压下的铁耗和机械损耗。

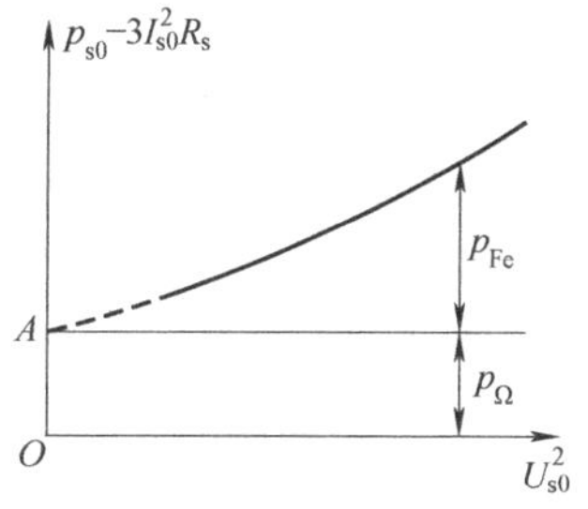

图 5-25　铁耗与机械损耗的分离

3. 励磁参数的确定

空载时，转差率 $s\approx0$，转子呈开路状态，根据等效电路可知，励磁电阻 R_{m} 为

$$R_{\mathrm{m}}=\frac{p_{\mathrm{Fe}}}{m_1 I_{\mathrm{s0}}^2} \tag{5-77}$$

另有

$$\frac{U_{s0}}{I_{s0}}=Z_0=R_0+\mathrm{j}X_0 \tag{5-78}$$

式中，$R_0=R_s+R_m$，$X_0=X_{\sigma s}+X_m$。其中定子漏抗 $X_{\sigma s}$ 可由堵转试验确定，于是可得 X_m，即有

$$X_0=\sqrt{|Z_0|^2-R_0^2} \tag{5-79}$$

$$X_m=X_0-X_{\sigma s} \tag{5-80}$$

5.6.2 堵转试验和短路参数测定

1. 堵转试验

堵转试验的目的是测定感应电动机的定、转子漏阻抗。试验时，转子在堵转($n_r=0$)下进行。由于堵转时电流很大，因此试验应在低电压下进行，通常从端电压（线电压）为 $0.4U_{LN}$ 做起（对小型电动机，若条件允许，最好从 $0.9U_{LN}$~$1.0U_{LN}$ 做起），然后逐步降低电压，测定输入相电压 U_{sk}、相电流 I_{sk} 和输入功率 P_{sk}，可得短路特性 $I_{sk}=f(U_{sk})$ 和 $P_{sk}=f(U_{sk})$，如图 5-26 所示。堵转时，转差率 $s=1$，等效电路如图 5-27 所示。由于 $Z_m\gg Z'_{\sigma r}$，因此即使在 $0.4U_{LN}$ 下进行堵转试验，定子电流仍可达额定电流的 2.5~3.5 倍，为避免定子绕组过热，试验应尽快进行。

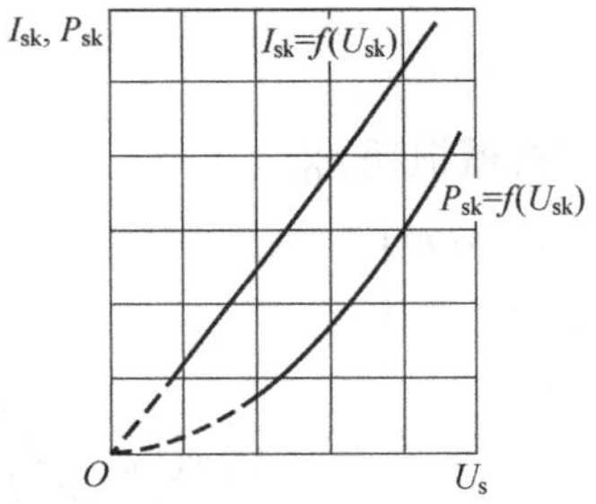

图 5-26 短路特性 $I_{sk}=f(U_{sk})$、$P_{sk}=f(U_{sk})$

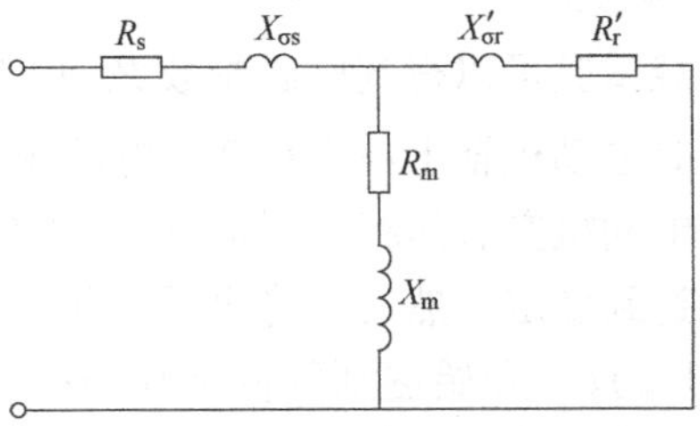

图 5-27 堵转时感应电动机的等效电路

2. 堵转试验与参数的确定

由图 5-27 所示的等效电路，可得堵转时电动机的电阻 R_k、电抗 X_k 和阻抗 Z_k（短路阻抗），即

$$Z_k=\frac{U_{sk}}{I_{sk}} \tag{5-81}$$

$$R_k=\frac{P_{sk}}{m_1 I_{sk}^2} \tag{5-82}$$

$$X_k=\sqrt{|Z_k|^2-R_k^2} \tag{5-83}$$

若不计铁耗，即 $p_{Fe}=0$，可认为 $R_m=0$，则短路阻抗 Z_k 可表示为

$$Z_k=R_s+\mathrm{j}X_{\sigma s}+\frac{\mathrm{j}X_m(R'_r+\mathrm{j}X'_{\sigma r})}{R'_r+\mathrm{j}(X_m+X'_{\sigma r})}=R_k+\mathrm{j}X_k \tag{5-84}$$

由式（5-84），可得

$$\begin{cases} R_k=R_s+R'_r\dfrac{X_m^2}{R'^2_r+(X_m+X'_{\sigma r})^2} \\ X_k=X_{\sigma s}+X_m\dfrac{R'^2_r+X'^2_{\sigma r}+X'_{\sigma r}X_m}{R'^2_r+(X_m+X'_{\sigma r})^2} \end{cases} \tag{5-85}$$

对于笼型和绕线转子电机（不包括深槽和双笼电机），设定 $X_{\sigma s}=X'_{\sigma r}$，且利用关系式 $X_0=X_m+X_{\sigma s}=X_m+X'_{\sigma r}$，则可将式（5-85）表示为

$$\begin{cases} R_k=R_s+R'_r\dfrac{(X_0-X_{\sigma s})^2}{R'^2_r+X_0^2} \\ X_k=X_{\sigma s}+(X_0-X_{\sigma s})\dfrac{R'^2_r+X_{\sigma s}X_0}{R'^2_r+X_0^2} \end{cases} \tag{5-86}$$

将式（5-86）中第2式两端同乘 $R'^2_r+X_0^2$，可得

$$\frac{(X_0-X_{\sigma s})^2}{R'^2_r+X_0^2}=\frac{X_0-X_k}{X_0} \tag{5-87}$$

将式（5-87）代入（5-86）中第1式，可得

$$R'_r=(R_k-R_s)\frac{X_0}{X_0-X_k} \tag{5-88}$$

由于 R_s 可直接测得，X_0 已由空载试验取得，故可由 R_k 和 X_k 确定 R'_r。

已知 R'_r，由式（5-87）可得

$$X_{\sigma s}=X'_{\sigma s}=X_0-\sqrt{\frac{X_0-X_k}{X_0}(R'^2_r+X_0^2)} \tag{5-89}$$

在感应电动机正常工作范围内，$X_{\sigma s}$和 $X'_{\sigma r}$基本为常值，但当定、转子电流比额定值高出很多时（如起动时），漏磁路的铁磁部分将达到饱和，使漏抗变小，因此起动时定、转子的漏抗值（饱和值）将比正常工作时小15%～35%。故在堵转试验时，应尽量取得堵转电流 $I_{sk}=I_{sN}$、$I_{sk}=(2\sim3)I_{sN}$和堵转电压 U_{sk}为额定值时的三种数据，以确定定、转子漏抗的不饱和值、大电流下的漏抗值和饱和值。计算工作特性时，采用不饱和值；计算最大转矩时，采用大电流下的漏抗值；计算起动特性时，采用饱和值。这样，可使计算结果更接近于实际工况。

5.7 三相感应电动机的转矩-转差率特性

5.7.1 三相感应电动机的转矩-转差率曲线

电源电压为额定时，三相感应电动机转矩与转差率的关系 $T_e=f(s)$ 称为转矩-转差率曲线（T_e-s 曲线），也称为转矩-转差率特性。转矩和转速是三相感应电动机的主要输出量，因此转矩-转差率特性是三相感应电动机稳态运行时的主要特性之一。

1. 转矩-转差率曲线

由式（5-56）可知，电磁转矩 $T_e=\dfrac{P_e}{\Omega_s}=\dfrac{1}{\Omega_s}m_1I'^2_r\dfrac{R'_r}{s}$，对于一定转差率 s，由等效电路可求得 I'_r，由此可求得电磁转矩，显然转差率 s 唯一地决定了三相感应电动机的转矩。

由式（5-47），可得

$$\dot{I}'_r=-\frac{\dot{U}_s}{Z_{\sigma s}+\dot{c}Z'_r}\approx-\frac{\dot{U}_s}{\left(R_s+c\dfrac{R'_r}{s}\right)+\mathrm{j}(X_{\sigma s}+cX'_{\sigma r})} \tag{5-90}$$

式中，取 $c=|\dot{c}|\approx 1+\frac{X_{\sigma s}}{X_m}$。取 $\dot{I}'_r$ 的模，将其代入式（5-56），可得

$$T_e=\frac{m_1}{\Omega_s}\frac{U_s^2\frac{R'_r}{s}}{\left(R_s+c\frac{R'_r}{s}\right)^2+(X_{\sigma s}+cX'_{\sigma r})^2} \tag{5-91}$$

由式（5-91），可得转矩-转差率特性 $T_e=f(s)$，如图 5-28 所示。可以看出，T_e-s 特性是一条非线性曲线。其中，$0<s<1$ 为电动机状态，$s<0$ 为发动机状态，$s>1$ 为电磁制动状态。这里仅计及电动机状态。

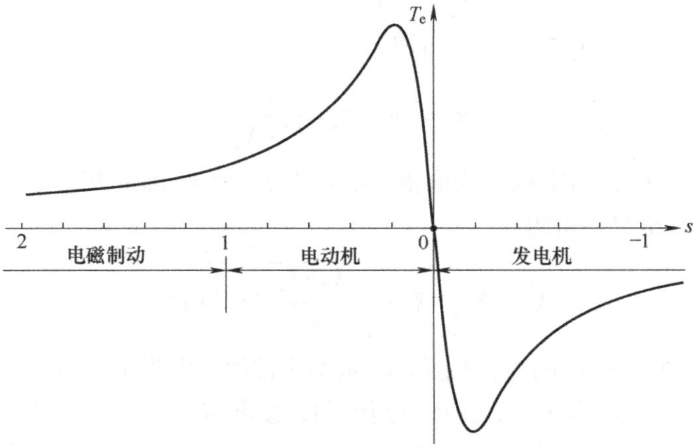

图 5-28 感应电动机的转矩-转差率特性曲线

应该指出的是，$T_e=f(s)$是由稳态分析得出的曲线，是感应电动机在不同 s 下稳态运行点的集合。

2. 最大转矩 T_{emax} 和临界转差率 s_m

如图 5-28 所示，T_e-s 曲线有一个最大值 T_{emax}。式（5-91）中，令$\frac{dT_e}{ds}=0$，可得生成最大转矩时的转差率 s_m，即为

$$s_m=\frac{cR'_r}{\sqrt{R_s^2+(X_{\sigma s}+cX'_{\sigma r})^2}} \tag{5-92}$$

式中，s_m 为临界转差率。将 s_m 代入式（5-91），可得最大转矩 T_{emax} 为

$$T_{emax}=\frac{m_1}{\Omega_s}\frac{U_s^2}{2c\left[R_s+\sqrt{R_s^2+(X_{\sigma s}+cX'_{\sigma r})^2}\right]} \tag{5-93}$$

当 $R_s\ll X_{\sigma s}+X'_{\sigma r}$，系数 $c\approx 1$ 时，s_m 和 T_{emax} 可近似表示为

$$s_m\approx\frac{R'_r}{X_{\sigma s}+X'_{\sigma r}} \tag{5-94}$$

$$T_{emax}\approx\frac{m_1U_s^2}{2\Omega_s(X_{\sigma s}+X'_{\sigma r})} \tag{5-95}$$

式（5-94）和式（5-95）表明：

1）最大转矩与电源电压二次方成正比，而与定、转子漏抗之和近似成反比。

2）最大转矩的大小与转子电阻无关，而临界转差率 s_m 则与转子电阻成正比。

3）当 R_r' 增大时，s_m 随之增大，但最大转矩 T_{emax} 保持不变，此时 T_e-s 曲线的最大值 T_{emax} 将向左移动，如图 5-29 所示。

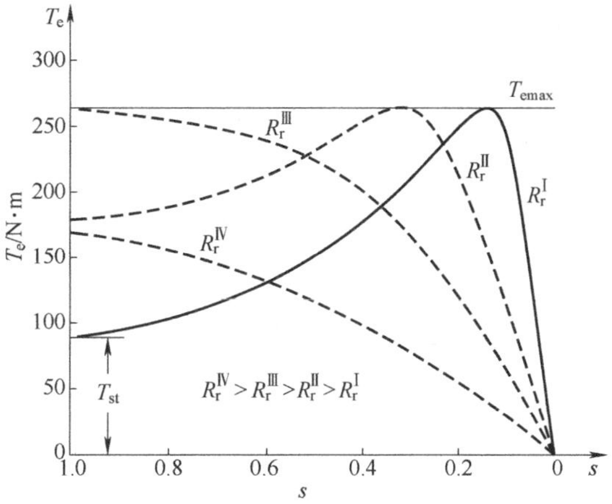

图 5-29 转子电阻变化时的 T_e-s 特性

近似等效电路图 5-18 中，可将具有转子电阻的支路看成是一个 R-X 串联电路，若取 $\dot{c}=1$，且不计 R_s 影响，则有 $R=\frac{R_r'}{s}$，$X=X_{\sigma s}+X_{\sigma r}'$，此时 R 已相当于阻值随 s 变化的可变电阻，而 X 值保持不变。由电路理论可知，只有当 $R=X$（输入电路的有功功率和无功功率相等）时，输入此电路的有功功率才可达最大值，此时的转差率 s 即为临界转差率，$s=s_m$，则有 $\frac{R_r'}{s_m}=X_{\sigma s}+X_{\sigma r}'$，可得近似表达式（5-94）。此时，输入转子的电磁功率达最大值，$P_{emax}=m_1I_r'^2\ \frac{R_r'}{s_m}=m_1I_r'^2(X_{\sigma s}+X_{\sigma r}')$，其中 $I_r'=\frac{U_s}{\sqrt{(R_r'/s_m)^2+(X_{\sigma s}+X_{\sigma r}')^2}}=\frac{U_s}{\sqrt{2(X_{\sigma s}+X_{\sigma r}')^2}}$，于是有 $P_{emax}=m_1\ \frac{U_s^2}{2(X_{\sigma s}+X_{\sigma r}')}$，由此可得近似表达式式（5-95）。由于 $\frac{R_r'}{s_m}=X_{\sigma s}+X_{\sigma r}'=$常值，当 R_r' 增大时，s_m 必随之增大，T_e-s 曲线的最大值 T_{emax} 也将随之左移，而最大转矩 T_{emax} 却保持不变。应说明的是，以上只是依据等效电路做出的一种诠释，其中输入电路的无功功率并不符合电机内的实际工况。

感应电动机最大转矩与额定转矩之比称为过载能力，用 k_T 来表示，$k_T=T_{emax}/T_N$，T_N 为额定转矩。如果负载转矩大于电动机的最大转矩，电动机就会停转。为保证电动机不因短时过载而停转，通常令 $k_T=1.6\sim2.5$。过载能力是感应电动机的一项重要性能指标。

3. 起动转矩和起动电流

感应电动机接通电源开始起动($s=1$)时的电磁转矩，称为起动转矩，用 T_{st} 表示。T_{st} 表示了电动机的起动能力，是感应电动机的又一项重要性能指标。

将 $s=1$ 代入式（5-91），可得

$$T_{st}=\frac{m_1}{\Omega_s}\ \frac{U_s^2R_r'}{(R_s+cR_r')^2+(X_{\sigma s}+cX_{\sigma r}')^2} \tag{5-96}$$

起动时电动机的定子电流称为起动电流，用 I_{st} 表示。可由近似等效电路计算起动电流，$\dot{I}_{st}=\dot{I}_m+(-\dot{I}_r')$，但其中的励磁电流计算值会偏大，故 $\dot{I}_m$ 应由式（5-48）求得，此时式中的 $Z_r'=Z_{\sigma r}'$，若进一步令式中的励磁电阻和定、转子电阻为零，且不计 $\dot{I}_m$ 和$(-\dot{I}_r')$之间相位差的影响，则由式（5-47）和式（5-48）可得

$$I_{st}\approx\frac{U_s}{X_m}\ \frac{1}{c+\frac{X_{\sigma s}}{X_{\sigma r}'}}+\frac{U_s}{\sqrt{(R_s+cR_r')^2+(X_{\sigma s}+cX_{\sigma r}')^2}} \tag{5-97}$$

通常，要求起动电流不能超过技术标准规定的数值。

由式（5-96）和式（5-97）可以看出，定、转子电阻和漏抗的大小对起动转矩和起动电流均有影响。如图 5-29 所示，增大转子电阻，s_m 将增大，起动转矩 T_{st} 随之增大，直到达到最大转矩 T_{emax} 为止。对于绕线转子电动机，可以在转子中串接外加电阻，但当 $s_m=1$（图 5-29 中的转子电阻为 R_r^{III}）时，如果继续增大转子电阻（如 R_r^{IV}），起动转矩将从最大转矩值开始逐步下降。增大转子电阻，还可降低起动电流，但会增大额定运行时的转差率，使额定转速下降，转子铜耗增大。

当电源频率不变时，起动转矩与电源电压的二次方成正比，起动电流与电源电压成正比；当电源电压不变时，定、转子漏抗越小，起动转矩越大，但也使起动电流增大。

5.7.2 趋肤效应、深槽和双笼型感应电动机

由以上分析可知，起动时为了增大起动转矩，减小起动电流，转子电阻最好稍大些；正常运行时，为了提高电动机效率，转子电阻最好稍小些。对于绕线转子感应电动机，通过转子外接电阻可以兼顾这两方面要求。笼型转子结构简单，运行可靠，但转子中无法外接电阻，为保留其结构简单的特点，又能提高其起动能力，可以利用趋肤效应原理，从笼型转子槽形设计入手，构成转子具有特殊结构的笼型感应电动机，以达到起动时转子电阻大、正常运行时转子电阻又小的目的。

1. 深槽感应电动机

为了充分利用起动时转子槽漏磁在导条内产生的电流趋肤效应，以改善起动性能，如图 5-30 所示，将转子槽形做得深而窄，通常槽深 h 与槽宽 b 之比 $h/b=10\sim12$。

当转子导条流过交流电流时，槽漏磁场的分布如图 5-30a 所示，可以看出，与槽底处导体交链的漏磁通要比槽口处大得多，所以槽底部分导体的漏抗要比槽口部分的漏抗大。起动时，$s=1$，转子电流频率较高，导条漏抗远大于电阻，因此导条中的电流将按其漏抗大小成反比分配，导条中槽底部分流过的电流小，越接近槽口部分电流越大，其中的电流密度沿槽高的分布如图 5-30b 所示。于是，起动时大部分电流被挤到了导条的上部，形成了电流的趋肤效应。

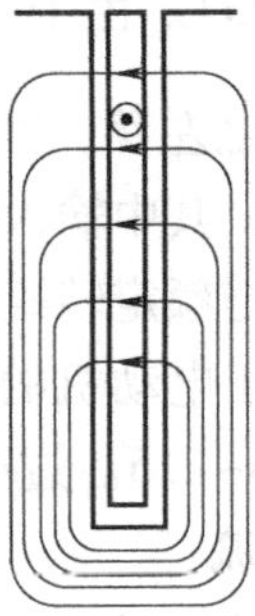
a) 转子槽漏磁

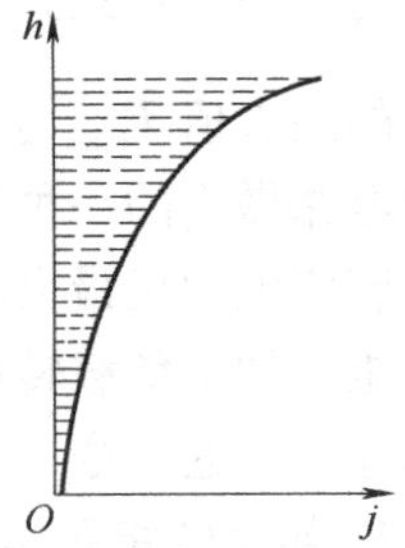

b) 导条中电流密度 j 沿导条高度 h 的分布

图 5-30 起动时深槽转子导条中的电流趋肤效应

电流集中到导条上部，相当于导条的有效截面积减小，有效电阻增大，起动时将产生较大的起动转矩。

随着转子转速的提高，转子电流频率下降，趋肤效应逐渐减弱，导条漏抗逐渐减小。当电动机正常运行时，转子频率很低（一般为 1~3Hz），导条内的电流密度将接近均匀分布，趋肤效应基本消失，转子电阻自动变小，接近于直流电阻，电动机的工作特性将接近于一般的笼型转子电动机。

趋肤效应的强弱决定于转子电流的频率、槽形及其尺寸，频率越高，槽形越深，趋肤效应越显著。对于一般结构的笼型转子，同样存在趋肤效应且有一定影响，因此即使是普通结构的笼型转子，也是将起动和运行的转子参数分开来计算。

深槽电动机的等效电路形式上与普通笼型电动机相同，不同的是，转子有效电阻和漏电

感不为常值，而随转差率变化而变化。

2. 双笼型感应电动机

双笼型感应电动机转子上有两套笼型绕组，如图5-31所示，上笼导条截面积较小，通常用黄铜、铝或青铜等电阻系数较大的材料制成，故电阻较大；下笼导条截面积较大，用电阻系数较小的紫铜制成，故电阻较小。通常上、下两笼各有自己的端环，也可具有公共端环。

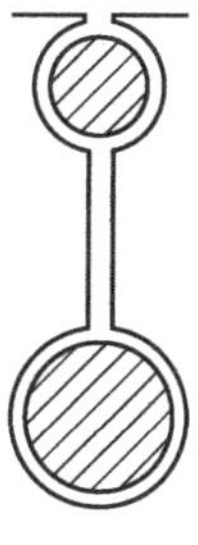

图5-31　双笼电动机的转子槽形

起动时，转子电流频率较高，转子漏抗大于电阻，上、下笼的电流分配将主要取决于其漏抗。在同样的导条电流下，下笼交链的漏磁通总是比上笼多，故下笼的漏抗比上笼大得多，电流主要从上笼流过（这与深槽电动机中电流挤集于导条上部的原理相似），因此起动时上笼起主要作用，由于其电阻较大，可产生较大的起动转矩，所以常将上笼称为起动笼。

正常运行时，转子电流频率很低，漏抗值小，上、下笼的漏阻抗中电阻将起主要作用，上、下笼之间电流的分配将基本取决于其阻值。由于下笼电阻较小，故电流主要集中于下笼，产生正常运行时的工作转矩，所以下笼又称为工作笼。

双笼电动机的 T_e-s 曲线可看成是上笼和下笼 T_e-s 曲线的叠加，如图5-32所示。可以看出，双笼型感应电动机有较大的起动转矩，同时在额定负载下运行时又有较小的转差率。此外，改变上、下笼的几何尺寸和材料即可改变上、下笼的参数，从而可得到不同的起动性能和工作特性的配合，以满足不同负载的需要，这是双笼型感应电动机优于深槽电动机之处。但是，由于双笼型感应电动机转子漏抗比普通笼型电动机大，故其功率因数和最大转矩要小些。

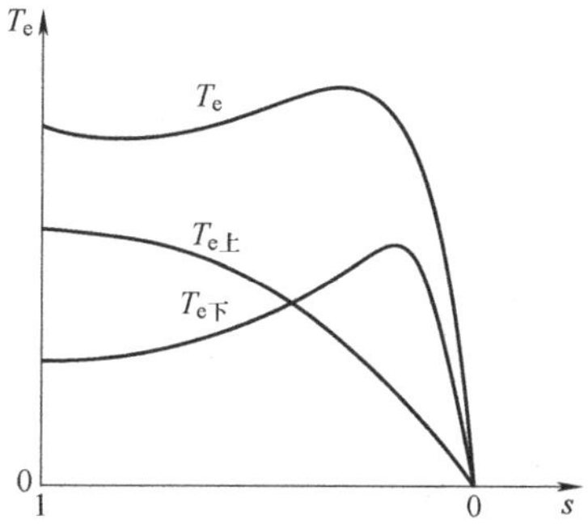

图5-32　双笼型感应电动机的 T_e-s 曲线

5.7.3　电磁转矩的实用表达式

电磁转矩表达式式（5-91）是以电机参数表示的，尽管比较精确，但这些参数在产品说明书中难以查到。通常在产品说明书中，除了额定数据外，还会给出最大转矩倍数 T_{emax}/T_N 和临界转差率 s_m 等数据，据此可推导出以最大转矩 T_{emax} 为基值时，电磁转矩的简明表达式。

由式（5-91）和式（5-93），可得

$$\frac{T_e}{T_{emax}}=\frac{2c\left(R_s+\sqrt{R_s^2+(X_{\sigma s}+cX'_{\sigma r})^2}\right)\dfrac{R'_r}{s}}{\left(R_s+c\dfrac{R'_r}{s}\right)^2+(X_{\sigma s}+cX'_{\sigma r})^2} \tag{5-98}$$

由式（5-92），可得

$$\begin{gathered}\sqrt{R_s^2+(X_{\sigma s}+cX'_{\sigma r})^2}=\frac{cR'_r}{s_m}\\(X_{\sigma s}+cX'_{\sigma r})^2=\left(c\frac{R'_r}{s_m}\right)^2-R_s^2\end{gathered} \tag{5-99}$$

将式（5-99）代入式（5-98），则有

$$\frac{T_e}{T_{emax}}=\frac{2cR_r'\left(R_s+c\dfrac{R_r'}{s_m}\right)}{s\left[\left(\dfrac{cR_r'}{s_m}\right)^2+\left(\dfrac{cR_r'}{s}\right)^2+\left(\dfrac{2cR_sR_r'}{s}\right)\right]}=\frac{2\left(\dfrac{R_s}{cR_r'}s_m+1\right)}{\dfrac{s}{s_m}+\dfrac{s_m}{s}+2\dfrac{R_s}{cR_r'}s_m}=\frac{2+\Delta}{\dfrac{s}{s_m}+\dfrac{s_m}{s}+\Delta} \tag{5-100}$$

式中，$\Delta=2\dfrac{R_s}{cR_r'}s_m$。

通常情况下，$R_s\approx R_r'$，$c\approx1$，$s_m\approx0.1\sim0.2$，可知$\Delta\approx0.2\sim0.4$；式（5-100）中，分子中Δ远小于2，分母中Δ所占的份量很小，因此可将式（5-100）近似地表示为

$$\frac{T_e}{T_{emax}}\approx\frac{2}{\dfrac{s}{s_m}+\dfrac{s_m}{s}} \tag{5-101}$$

式（5-101）即为以最大转矩T_{emax}和临界转差率s_m表示的电磁转矩简明表达式。由式（5-101）可方便地得到T_e-s曲线。

通常在产品目录中会给出电动机的额定功率P_N、额定转速n_N和过载能力k_T，由此可求得额定转矩$T_N=9.55P_N/n_N$（P_N以W计，n_N以r/min计，T_N以N·m计）和最大转矩$T_{emax}=k_TT_N$，将T_{emax}、s_N、T_N数据代入式（5-101），可解出s_m。于是给出一系列s，可由式（5-101）计算得出相应的T_e，即可得出T_e-s曲线。

5.7.4 机械特性

由$n_r=(1-s)n_s$，可将转矩-转差率曲线$T_e=f(s)$转换成$T_e=f(n_r)$，通常将$T_e=f(n_r)$称为机械特性，如图5-33所示。转矩和转速是电动机输出的基本物理量，机械特性是体现电动机电力传动性能的基本特性。图中$n_r=f(T_L+T_0)$为负载的转速-转矩特性，其与电动机机械特性相交于A点，则有

$$T_e=T_0+T_L \tag{5-102}$$

式中，T_0为感应电动机空载转矩；T_L为负载转矩。

式（5-102）即为感应电动机稳态转矩方程。在机械特性$T_e=f(n_r)$上，从空载到最大转矩这一段，$\dfrac{dT_e}{dn_r}<0$，是稳态运行区；从最大转矩点到起动点这一段，$\dfrac{dT_e}{dn_r}>0$，是不稳定运行区。

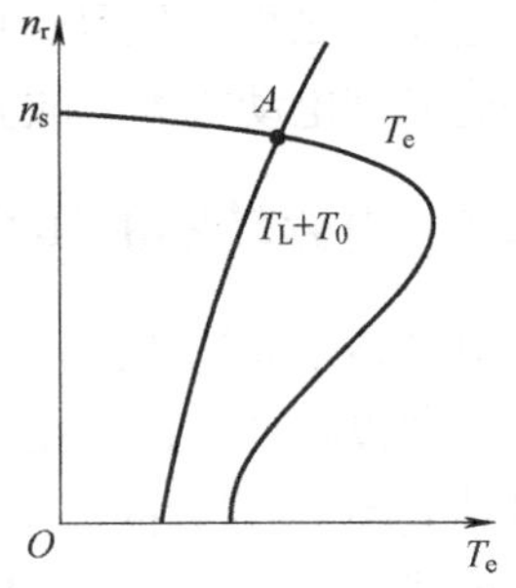

图5-33 三相感应电动机的机械特性

5.7.5 三相感应电动机的起动

标志感应电动机起动特性的主要指标是起动转矩倍数T_{st}/T_N和起动电流倍数I_{st}/I_N，通常要求有足够大的起动转矩，而起动电流又不应过大。此外，要求起动设备尽量简单经济、易于维修和操作。

笼型感应电动机的起动主要有两种方法：直接起动和减压起动；绕线转子感应电动机起动的主要方法是转子中外接电阻。

1. 直接起动

直接起动法的优点是操作简单，无需很多的附属设备。起动时，$s=1$，起动电流就是额定电压下的堵转电流。一般笼型电动机的起动电流倍数 $I_{st}/I_N=5\sim7$，起动转矩倍数 $T_{st}/T_N=1\sim2$。

直接起动法的缺点是起动电流大，但随着电网容量的增大，这种方法的运用范围将日益扩大。

2. 减压起动

由式（5-96）可知，降低电动机端电压可以减小起动电流，但是起动转矩与端电压的二次方成正比，因此采用此方法时，起动转矩将同时减小，故此方法只适用于起动转矩要求不高的场合。常用的减压起动法有星-三角起动法和自耦变压器减压起动法。现仅介绍星-三角起动法。

星-三角（Y/△）起动法适用于正常运行时定子三相绕组为三角形联结的电动机。设电动机的每相阻抗为 Z_k，当 $s=1$ 时，对于三角形联结，每相绕组中的电流为 $U_{LN}/|Z_k|$，U_{LN} 为线电压，线电流为 $I_{st(\triangle)}=\sqrt{3}\,U_{LN}/|Z_k|$。若起动时将定子绕组改为星形联结，则每相电压降为 $U_{LN}/\sqrt{3}$，线电流为 $I_{st(\text{Y})}=U_{LN}/(\sqrt{3}\,|Z_k|)$。因此两种情况下起动电流之比为 $I_{st(\text{Y})}/I_{st(\triangle)}=1/3$。星形联结时，由于电动机相电压降为原来的 $1/\sqrt{3}$，所以起动转矩也降为原来的 1/3。

星-三角起动法所用设备比较简单，适用于轻载或空载情况下起动的机组。

3. 转子中外接电阻法

与笼型感应电动机不同，绕线转子感应电动机通过在转子中接入起动电阻，可以减小起动电流，增大起动转矩，改善起动特性，是一种理想的起动方法。

为使起动转矩达到电动机的最大转矩，应令临界转差率 $s_m=1$，由式（5-92）可得出转子外接电阻值应为

$$R_{st}=\frac{\sqrt{R_s^2+(X_{\sigma s}+cX'_{\sigma r})^2}}{ck_ik_e}-R_r\approx\frac{X_k}{k_ik_e}-R_r$$

式中，R_r 为转子相电阻实际值；X_k 为电动机的短路电抗，$X_k=X_{\sigma s}+cX'_{\sigma r}$。

绕线转子感应电动机的起动性能优于笼型感应电动机，因此多用于对起动性能要求较高的场合，如卷扬机和起重机等大型机械装置。

5.8　三相感应电动机的工作特性

感应电动机的工作特性是指在额定电压和额定频率下，感应电动机的转速 n_r、定子电流 I_s、定子功率因数 $\cos\phi_1$，电磁转矩 T_e 和效率 η 与输出功率 P_2 之间的关系曲线，即 n_r、I_s、$\cos\phi_1$、T_e、$\eta=f(P_2)$。

1. 转速特性 $n_r=f(P_2)$

转速特性是指 $U_s=U_N$ 和 $f_s=f_N$ 时，转速 n_r 与输出功率 P_2 之间关系。空载时，$P_2=0$，转差率 $s\approx0$，转子速度 $n_r\approx n_s$；负载时，随着负载的增大，为使电磁转矩克服负载转矩，转子电流将增大，转差率必将增大，通常情况下，额定负载时的转差率 $s_N=2\%\sim5\%$，额定转速 $n_r=(0.98\sim0.95)n_s$。因此，转速特性 $n_r=f(P_2)$ 为一条略微向下倾斜的曲线，如图 5-34 所示。

2. 定子电流特性 $I_s=f(P_2)$

定子电流特性是指 $U_s=U_N$ 和 $f_s=f_N$ 时，定子电流 I_s 与输出功率 P_2 之间的关系。感应电动机定子电流 $\dot{I}_s=\dot{I}_m+(-\dot{I}'_r)$。空载时，$\dot{I}'_r\approx0$，$\dot{I}_s\approx\dot{I}_m$，随着负载的增加，转子电流 $\dot{I}'_r$ 增大，定子电流随之增加，定子电流特性 $I_s=f(P_2)$ 如图 5-34 所示。

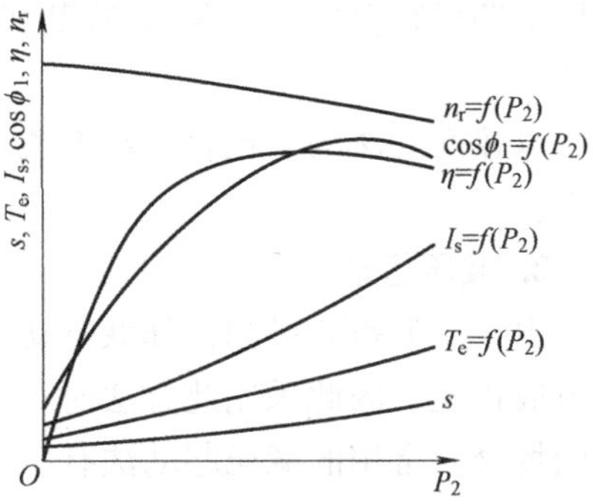

图 5-34　感应电动机的工作特性曲线

3. 定子功率因数特性 $\cos\phi_1=f(P_2)$

定子功率因数特性是指 $U_s=U_N$ 和 $f_s=f_N$ 时，功率因数 $\cos\phi_1$ 和输出功率 P_2 之间的关系。由感应电动机工作原理已知，感应电动机的功率因数总是滞后的。空载运行时，感应电动机的定子电流（空载电流）基本上是无功的励磁电流，用以建立电机磁场，因此功率因数很低，通常 $\cos\phi_1=0.1\sim0.2$。负载后，输出的机械功率增加，转差率增大，转子电流 $\dot{I}'_r$ 增大，输入转子的电磁功率 $P_e=m_1E'_rI'_r\cos\phi_2$ 随之增大，由定、转子磁动势平衡关系可知，定子电流负载分量 $-\dot{I}'_r$ 随之增大，使定子功率因数逐渐上升，通常在额定负载附近，功率因数达到最大值。若负载继续增大，由于转差率较大，转子等效电阻 R'_r/s 和转子的功率因数 $\cos\phi_2$ 下降得较快，使得定子功率因数 $\cos\phi_1$ 开始下降，如图 5-34 所示。

4. 转矩特性 $T_e=f(P_2)$

转矩特性是指 $U_s=U_N$ 和 $f_s=f_N$ 时，电磁转矩 T_e 和输出功率 P_2 之间关系。稳态运行时，转矩方程为

$$T_e=T_0+T_2=T_0+\frac{P_2}{\Omega_r}$$

式中，空载转矩可认为不变，从空载到额定负载之间电动机的转速 Ω_r 变化也很小，所以 $T_e=f(P_2)$ 近似为一条直线，如图 5-34 所示。

5. 效率特性 $\eta=f(P_2)$

效率特性是指 $U_s=U_N$ 和 $f_s=f_N$ 时，效率 η 和输出功率 P_2 之间的关系。感应电动机的效率为

$$\eta=\frac{P_2}{P_1}=1-\frac{\sum p}{P_1}$$

式中，$\sum p$ 为电动机的总损耗，$\sum p=p_{Cu1}+p_{Fe}+p_{Cu2}+p_{\Omega}+p_{\Delta}$。

从空载运行到额定负载运行，电机内的气隙磁场和转速变化很小，故铁耗 p_{Fe} 和机械损耗 p_{Ω} 基本不变，可认为是不变损耗；定子铜耗 p_{Cu1}、转子铜耗 p_{Cu2} 和杂散损耗 p_{Δ} 随负载变化而变化，可认为是可变损耗。当负载从零开始增大时，效率很低，但总损耗增加较慢，效率上升很快，最大效率通常发生在 $(0.8\sim1.1)P_N$ 范围内。此后负载继续增大时，效率开始下降，效率特性 $\eta=f(P_2)$ 则如图 5-34 所示。额定效率 η 约在 85%～96%之间，容量越大，η_N 一般就越高。

由于感应电动机的效率和功率因数均在额定负载附近达到最大值，因此选用电动机时应使电动机容量与负载的大小匹配合理；若是选择的电动机容量过小，则会引起电动机过载，温升过高，影响寿命；若是选择的电动机容量过大，电动机处于“大马拉小车”状态，其效

率和功率因数都很低，不能合理有效地利用电能。

由以上分析可以看出，电动机的每一工作特性均与转差率 s 有关，这是因为转差率 s 是感应电动机的基本变量。电磁感应是感应电动机工作的基本原理，而转差率 s 的大小决定了电磁感应的强弱。由图 5-34 所示的工作特性可以给出额定运行点的全部数据。为保证感应电动机运行可靠、经济合理，国家标准对感应电动机的主要性能指标做出了具体规定，标志工作性能的指标为额定效率 η_N、额定功率因数 $\cos\phi_N$ 和最大转矩倍数 T_{emax}/T_{eN}，此外起动转矩倍数 T_{st}/T_N 和起动电流倍数 I_{st}/I_{sN} 应符合技术标准规定。

5.9 单相感应电动机

由单相电源供电的感应电动机称为单相感应电动机。由于单相感应电动机使用方便，因此在家用电器（如电冰箱、电风扇、空调装置、洗衣机等）和医疗器械中得到广泛应用。与同容量三相感应电动机相比，单相感应电动机的体积较大，运行性能稍差，功率一般从几十瓦到几百瓦。单相感应电动机在结构、工作原理和性能上与三相感应电动机相比，均有一定差异。

5.9.1 单相感应电动机的结构、工作原理与等效电路

1. 结构和工作原理

单相感应电动机有不同种类，除罩极式电动机外，定子铁心均与普通三相感应电动机相似，但定子内通常装有两个绕组，一个为工作绕组，另一个为起动绕组，两个绕组在空间相差 90°电角度，转子都是笼型转子，如图 5-35 所示。工作绕组用以产生主磁场和工作时的电磁转矩，起动绕组仅在起动时接入，用以生成起动转矩，当转速达到同步速的 75%时，由离心开关 Q 或继电器将起动绕组从电源断开。

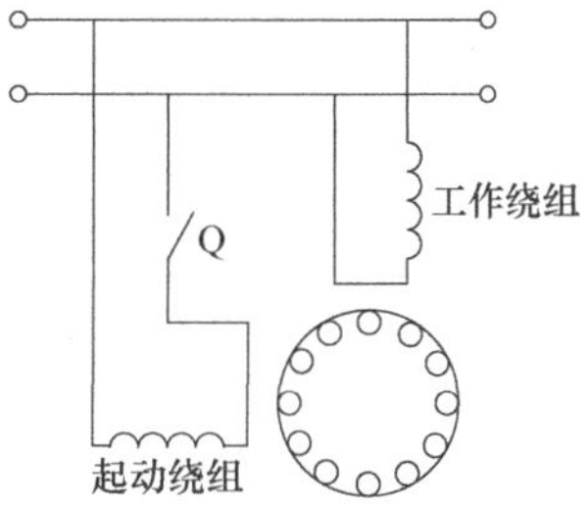

图 5-35 单相感应电动机示意图

单相感应电动机的工作原理是基于双旋转磁场理论。图 5-36 中，通入工作绕组的电流为 $i_s=\sqrt{2}I_s\cos\omega_s t$，产生的磁动势 f_s 是一个脉振磁动势，可将其分解为两个幅值相等（等于脉振磁动势幅值的一半）、转向相反、转速相同的旋转磁动势 f_s^+ 和 f_s^-。假设电动机磁路为线性，正、反向旋转磁动势各自建立的旋转磁场，将分别与转子相应的感应电流作用产生正向和反向电磁转矩，然后将两者叠加起来，即可得到电机内合成的电磁转矩，这就是双旋转磁场理论。

图 5-36 中，若转子转速为 n_r，转子对正向旋转磁场的转差率 s_+ 则为

$$s_+=\frac{n_s-n_r}{n_s}=s \tag{5-103}$$

对于反向旋转磁场，转子的转差率 s_- 则为

$$s_-=\frac{-n_s-n_r}{-n_s}=\frac{-2n_s+(n_s-n_r)}{-n_s}=2-s_+=2-s \tag{5-104}$$

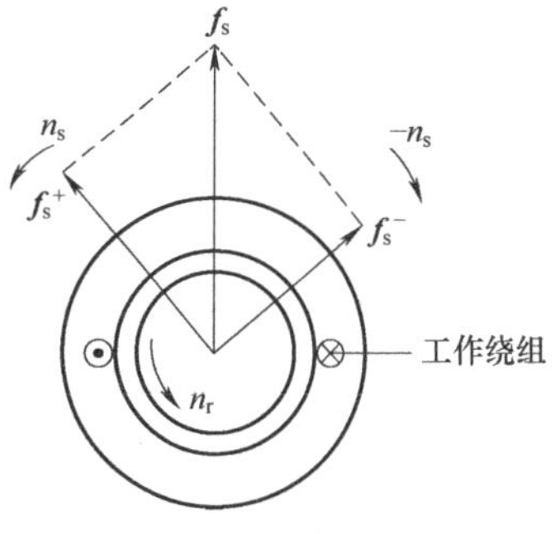

图 5-36 将单相脉振磁动势 f_s 分解为幅值相同、转向相反的两个磁动势 f_s^+ 和 f_s^-

式（5-103）和式（5-104）中，同以 s 来表示转差

率变量 s_+ 和 s_-，可以得到以同一坐标变量 s 表示的转矩-转差率特性曲线，更便于正向和反向电磁转矩的合成，也会给等效电路分析带来方便。

正向合成旋转磁场与由其所感生的转子电流相互作用，将生成正向电磁转矩 T_e^+，T_e^+-s 曲线如图 5-37 所示。若转子正向旋转，则 $s=0(s_+=0)$ 点即为 T_e^+-s 曲线的理想空载运行点；在 $0<s<1(0<s_+<1)$ 范围内，电机将作为电动机运行。若转子反向旋转，在 $1<s<2(1<s_+<2)$ 范围内，电机将处于电磁制动状态。

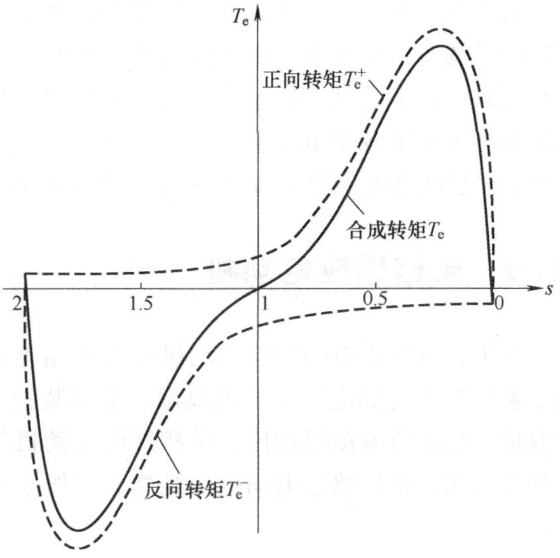

图 5-37　单相感应电动机的 T_e-s 曲线

反向合成旋转磁场与其所感生的转子电流相互作用，将产生反向电磁转矩 T_e^-，T_e^--s 曲线如图 5-37 所示。若转子反向旋转，则 $s=2(s_-=0)$ 点即为 T_e^--s 曲线的理想空载运行点；在 $1<s<2(0<s_-<1)$ 范围内，电机可作为电动机运行。若转子正向旋转，在 $0<s<1(1<s_-<2)$ 范围内，电机将处于电磁制动状态。

将 T_e^+-s 和 T_e^--s 曲线逐点相加，即可得到合成的 T_e-s 曲线。如图 5-37 所示，T_e-s 曲线在 $s=1$ 的左右两侧反向对称。在 $s=1$ 处，$T_e^+=T_e^-$，合成转矩 $T_e=0$，说明单相感应电动机无起动转矩，必须借助外力或采用措施才能使电动机起动。另外，单相感应电动机无固定的转向，反、正两个方向都可以旋转，工作时的转向将由起动时的转动方向而定。实际上，气隙内正向合成磁场还会与反向磁场所感生的转子电流相作用，反向合成磁场也会与正向磁场所感生的转子电流相作用，结果将产生 2 倍基波频率的脉振转矩，其平均值为零，对 T_e-s 曲线没有影响，但会引起振动和噪声。

2. 等效电路

图 5-36 中，已将定子工作绕组所产生的脉振磁动势分解为正向和反向旋转磁动势，在气隙中将会形成正向和反向两个旋转磁场。设 $\dot{E}_{s+}$ 和 $\dot{E}_{s-}$ 分别为正向和反向气隙合成磁场在定子绕组中感生的电动势；R_s 和 $X_{\sigma s}$ 分别为工作绕组的电阻和漏抗，于是可得定子电压相量方程为

$$\dot{U}_s=(R_s+jX_{\sigma s})\dot{I}_s-\dot{E}_{s+}-\dot{E}_{s-} \tag{5-105}$$

相应的等效电路如图 5-38 所示。

图 5-38 中，转子被分成了正向和反向两个电路来处理。Z_m 对应的是脉振磁场在工作绕组中感生的电动势，R_r' 和 $X_{\sigma r}'$ 为归算到工作绕组的转子电阻和漏抗；但正向和反向旋转磁动势的幅值均为脉振磁动势幅值的 1/2，因此相对脉振磁动势，两者产生气隙磁场和电动势的能力亦减为一半，故在正向和反向等效电路中，励磁阻抗各为 $0.5Z_m$，转子漏抗也为 $0.5X_{\sigma r}'$，总等效电阻则分别为 $0.5R_r'/s$ 和 $0.5R_r'/(2-s)$，I_{r+}' 和 I_{r-}' 分别为转子正向和反向电流归算值。

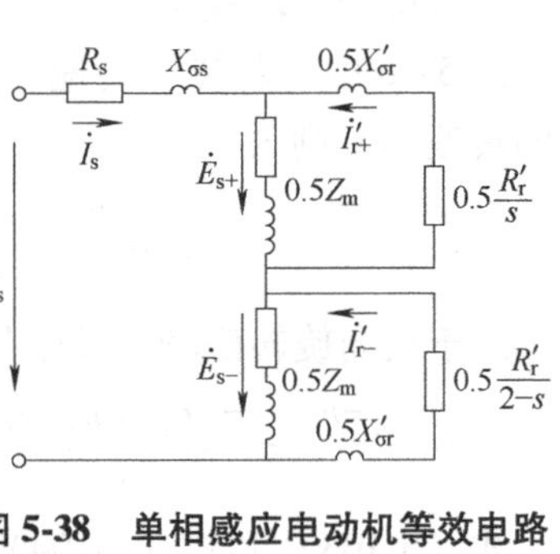

图 5-38　单相感应电动机等效电路

从等效电路可见，当转子不转，转差率 $s=1$ 时，正向

和反向转子回路完全相同，正向和反向气隙旋转磁场的幅值及其在定子工作绕组中感生的电动势 $\dot{E}_{s+}$ 和 $\dot{E}_{s-}$ 均相等，正向和反向电磁转矩也相等，合成转矩则为零。当转子正向旋转时，因 $0.5\dfrac{R'_r}{s}>0.5\dfrac{R'_r}{2-s}$，则有 $E_{s+}>E_{s-}$，故气隙中正向旋转磁场的幅值将大于反向旋转磁场的幅值，使得正向电磁转矩大于反向电磁转矩，合成转矩将成为正值。正常运行时，转差率 s 很小，正向旋转磁场数倍于反向旋转磁场的幅值，正向转矩也就远大于反向转矩，如图 5-37 所示。

3. 定、转子电流和电磁转矩

由等效电路可求得定子电流 $\dot{I}_s$ 以及转子正向和反向电流的归算值 $\dot{I}'_{r+}$ 和 $\dot{I}'_{r-}$，即有

$$\begin{cases}\dot{I}_s=\dfrac{\dot{U}_s}{Z_{\sigma s}+Z_++Z_-}\\[2ex] \dot{I}'_{r+}=-\dot{I}_s\dfrac{Z_+}{0.5\dfrac{R'_r}{s}+\mathrm{j}0.5X'_{\sigma r}}\\[2ex] \dot{I}'_{r-}=-\dot{I}_s\dfrac{Z_-}{0.5\dfrac{R'_r}{2-s}+\mathrm{j}0.5X'_{\sigma r}}\end{cases} \tag{5-106}$$

式中，$Z_{\sigma s}=R_s+\mathrm{j}X_{\sigma s}$；$Z_+$ 为 $0.5Z_m$ 与转子正向阻抗 $0.5\dfrac{R'_r}{s}+\mathrm{j}0.5X'_{\sigma r}$ 的并联值；Z_- 为 $0.5Z_m$ 与转子反向阻抗 $0.5\dfrac{R'_r}{2-s}+\mathrm{j}0.5X'_{\sigma r}$ 的并联值。

作用在转子上的正向电磁转矩 T_{e+} 和反向电磁转矩 T_{e-} 分别为

$$T_{e+}=\frac{1}{\Omega_s}I'^2_{r+}\frac{0.5R'_r}{s} \tag{5-107}$$

$$T_{e-}=-\frac{1}{\Omega_s}I'^2_{r-}\frac{0.5R'_r}{2-s} \tag{5-108}$$

合成电磁转矩 T_e 为

$$T_e=T_{e+}+T_{e-}=\frac{0.5}{\Omega_s}\left(I'^2_{r+}\frac{R'_r}{s}-I'^2_{r-}\frac{R'_r}{2-s}\right) \tag{5-109}$$

由于单相感应电动机气隙中始终存在一个反向旋转磁场，故其效率、功率因数和最大转矩倍数略低于三相感应电动机。

5.9.2 起动方法

单相感应电动机之所以不能自行起动，是因为起动时气隙中的磁场是个脉振磁场，不能产生起动转矩。为产生起动转矩，起动时气隙中必须形成一个旋转磁场，通常采用裂相法和罩极法来产生这个旋转磁场。

1. 裂相起动

起动时，为能够在气隙中产生旋转磁场，在定子上另装一个起动绕组，起动绕组与工作绕组在空间上互差 90°电角度，如图 5-35 所示。起动绕组经离心开关或继电器的触点与工作

绕组并联于电源上。通过选择起动绕组的导线线规和匝数，或者接入特殊的电阻元件，使起动绕组电阻增大，导致起动绕组中电流 $\dot{I}_{st}$在时间相位上可超前工作绕组电流 $\dot{I}_{m}$ 一定的角度，起动时就会在气隙中形成一个椭圆形旋转磁场，可产生一定的起动转矩。当电动机转速达到75%左右同步速时，离心开关或继电器将起动绕组从电源断开。这种起动方法称为裂相起动，采用裂相起动的电动机称为裂相电动机。

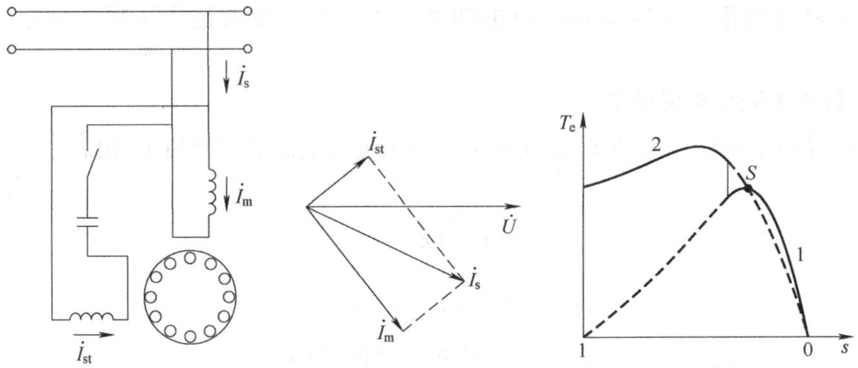

a) 接线图　　b) 相量图　　c) T_e-s曲线

图 5-39　单相电容起动电动机

裂相电动机起动绕组中电流 $\dot{I}_{st}$超前工作绕组电流 $\dot{I}_{m}$ 的时间相位是有一定限度的，只能形成椭圆形旋转磁场，因此起动转矩较小。若在起动绕组回路中串入一个适当的电容，可使起动绕组中的电流 $\dot{I}_{st}$超前工作绕组电流 $\dot{I}_{m}$ 约 90°，如图 5-39a 和 5-39b 所示。待转子转速达到75%左右同步速时，再将起动绕组断开。这种电动机称为电容起动单相电动机。图 5-39c 为这种电动机的 T_e-s 曲线，曲线 2 表示离心开关 Q 闭合（起动绕组工作）时的情况，S 点为开关 Q 的断开点，曲线 1 表示断开后作为单相电动机运行时的 T_e-s 曲线。

倘若电动机起动结束后，起动绕组不断开，一直接在电源上长期运行，则该电动机称为电容电动机。电容电动机比单相电动机的力能指标高，但在起动性能上通常不如电容起动单相电动机。

2. 罩极起动

罩极式单相感应电动机的结构如图 5-40 所示，定子铁心多为凸极式，由硅钢片叠压而成。每个极上装有主绕组，另在极靴上的一边开有一个小槽，槽内嵌短路铜环（称为罩极线圈），将部分磁极罩起来，罩极线圈所环绕的铁心面积为整个磁极面积的 1/3 左右。罩极单相感应电动机的转子为笼型转子。

当主绕组通入交流电流时，产生了脉振磁通，其中一部分磁通 $\dot{\Phi}_1$ 不通过短路环，另一部分磁通 $\dot{\Phi}_2$ 则穿过短路铜环。由于 $\dot{\Phi}_1$ 和 $\dot{\Phi}_2$ 同由单相电流产生，故 $\dot{\Phi}_1$ 和 $\dot{\Phi}_2$ 的时间相位相同，如图 5-40b 所示。穿过短路环的合成磁通为 $\dot{\Phi}_3$，$\dot{\Phi}_3=\dot{\Phi}_2+\dot{\Phi}_k$，$\dot{\Phi}_k$ 为短路环电流 $\dot{I}_k$ 产生的磁通，$\dot{\Phi}_k$ 应与 $\dot{I}_k$ 同相位。合成磁通 $\dot{\Phi}_3$ 穿过短路环时将感生电动势 $\dot{E}_k$，$\dot{E}_k$ 滞后 $\dot{\Phi}_3$ 90°电角度，$\dot{E}_k$ 产生了短路电流 $\dot{I}_k$，$\dot{I}_k$ 滞后 $\dot{E}_k$ 以 ψ_k 电角度，ψ_k 为短路环阻抗角；ψ_k 的大小则决定于短路环的电阻和漏电抗。

图 5-40b 中，由于短路环的作用，未通过短路环的磁通 $\dot{\Phi}_1$ 与通过短路环的合成磁通 $\dot{\Phi}_3$，在时间上出现了一定的相位差，而被短路环罩住部分与未罩住部分在空间上有一定的相位差，因此气隙内的合成磁场将是一个沿一定方向推移的移行磁场，移行的方向是从超前的 $\dot{\Phi}_1$ 移向

滞后的 $\dot{\boldsymbol{\Phi}}_3$。在移行磁场的作用下，电动机将产生一定的起动转矩，使转子顺着移行方向旋转起来。总之，是因为短路环的阻尼作用，使 $\dot{\boldsymbol{\Phi}}_3$ 在时间上滞后于 $\dot{\boldsymbol{\Phi}}_1$，才使得气隙合成磁场成为具有一定推移速度的移行磁场。

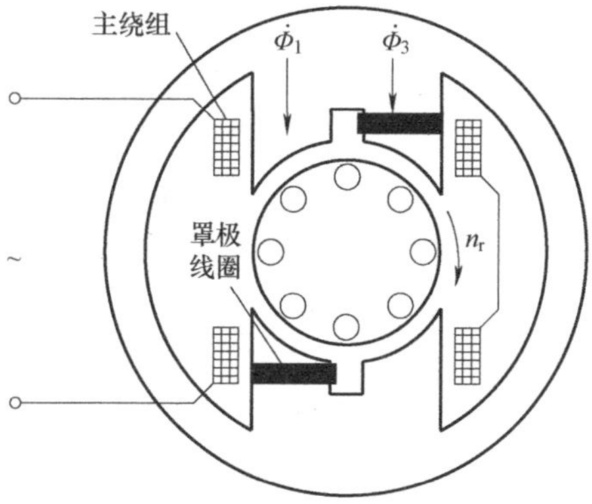

a) 结构简图

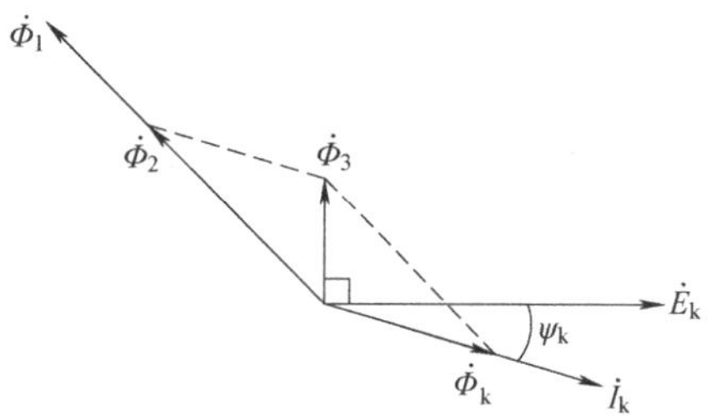

b) 相量图

图 5-40 罩极式单相感应电动机

罩极式单相感应电动机的起动转矩小，但因结构简单，故这种电动机多用于小型风扇、电唱机和录音机等装置中。

5.10 三相感应电动机的运动方程

三相感应电动机的运动方程包括动态的定、转子电压方程和转矩方程，其中动态转矩方程与直流电动机和同步电动机相同。三相感应电动机动态运行时，定、转子中电动势和电流不再为正弦量，时域内的稳态分析方法（相量方程、相量图、等效电路）亦不再适用。但是不计谐波磁场影响时，气隙中的磁场始终为正弦分布，因此可以采用矢量分析来研究三相感应电动机的动态运行。分析中假设三相感应电动机为理想电机，且不计零序系统。

如图 5-10a 所示，感应电动机负载时，无论是稳态还是动态运行，转子电流矢量 $\boldsymbol{i}_r$ 总是滞后于定子电流矢量 $\boldsymbol{i}_s$，只不过动态过程中，$\boldsymbol{i}_s$ 和 $\boldsymbol{i}_r$ 的幅值以及两者间的空间相位角 Q_{sr} 是变化的。图中的转子三相绕组进行绕组归算后，转子三相电流便为归算值 i'_a、i'_b、i'_c，但为了书写方便，在以后分析中，不再加上角标“′”。此时，在以转子 a 轴为参考轴的 abc 轴系内，转子电流矢量已为 $\boldsymbol{i}_r$ 可表示为

$$\boldsymbol{i}_r=\sqrt{\frac{2}{3}}\left(i_a+\boldsymbol{a}i_b+\boldsymbol{a}^2i_c\right) \tag{5-110}$$

同理，在以 A 轴为参考轴的定子 ABC 轴系内，定子电流矢量则为

$$\boldsymbol{i}_s=\sqrt{\frac{2}{3}}\left(i_A+\boldsymbol{a}i_B+\boldsymbol{a}^2i_C\right) \tag{5-111}$$

可认为 $\boldsymbol{i}_s$ 和 $\boldsymbol{i}_r$ 分别是由定、转子单轴绕组产生的，忽略铁心损耗后，如第 3 章所述，可将图 5-10a 表示为图 3-52 所示的形式。$\boldsymbol{i}_s$ 和 $\boldsymbol{i}_r$ 客观地反映了定、转子三相电流在定、转子内、外缘的空间分布。定、转子电流和由两者共同建立的气隙磁场是电磁转矩生成的主体，因此可将图 3-52 所示的等效感应电动机作为动态分析和研究转矩生成的重要依据。

在第 2 章和第 4 章，已将直流电机和同步电机分别等效为了如图 1-9 所示的形式，表面看

来图5-41也与图1-9形式上相同，这似乎又将三种电机回归到了图1-9所示的机电装置。但是，这仅仅是经由定、转子磁动势（电流）矢量而抽象出的结果。实际上，为产生恒定电磁转矩，在定子或转子磁动势构成上，三种电机各自采用了不同的方式和结构，由此构成了工作原理不同的三种电机。稳态运行时，由它们在时域内的相量电压方程、等效电路和以电机参数表示的电磁转矩表达式，可以得到不同的运行特性，反映了三种电机各自的特点。但是，反过来，若将三种电机均回归至图1-9所示的形式，如第3章所述，便能以电流和磁链矢量来表述电磁转矩的生成，既能反映三种电机在转矩生成上的内在联系和统一性，又能为同步和感应电机动态分析和瞬态转矩控制提供有效的方法和途径。

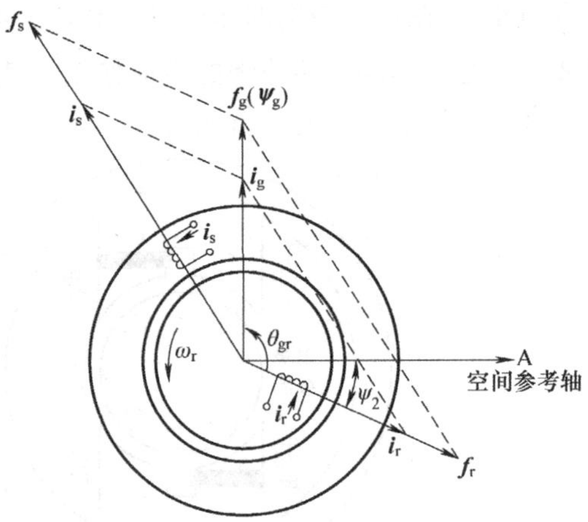

图5-41 三相感应电动机定、转子磁动势（电流）矢量

对于理想感应电动机，电流（磁动势）矢量与其建立的磁场方向相同，故图5-10a中，$\boldsymbol{i}_m(\boldsymbol{f}_m)$应与$\boldsymbol{\psi}_m$方向一致，$\boldsymbol{i}_m$已成为纯无功电流，图5-41中已将其改记为$\boldsymbol{i}_g$，将$\boldsymbol{f}_m$改记为$\boldsymbol{f}_g$。于是，可将三相感应电动机磁动势矢量方程［式（5-11）］和电流矢量方程［式（5-14）］分别表示为

$$\begin{cases}\boldsymbol{f}_s+\boldsymbol{f}_r=\boldsymbol{f}_g & (5\text{-}112)\\ \boldsymbol{i}_s+\boldsymbol{i}_r=\boldsymbol{i}_g & (5\text{-}113)\end{cases}$$

同理，气隙磁场$\boldsymbol{\psi}_g$、定子磁场$\boldsymbol{\psi}_s$和转子磁场$\boldsymbol{\psi}_r$可分别表示为式（3-211）、式（3-212）和式（3-213）所示的形式。

5.10.1 定子ABC轴系中的运动方程

定子电压矢量方程可表示为

$$\boldsymbol{u}_s=R_s\boldsymbol{i}_s+\frac{d\boldsymbol{\psi}_s}{dt} \tag{5-114}$$

将式（3-212）代入式（5-114），还可得

$$\boldsymbol{u}_s=R_s\boldsymbol{i}_s+L_s\frac{d\boldsymbol{i}_s}{dt}+L_m\frac{d\boldsymbol{i}_r}{dt} \tag{5-115}$$

在旋转的转子abc轴系内，转子三相绕组时域内的电压方程为

$$\begin{cases}0=R_r i_a+\dfrac{d\psi_a}{dt}\\ 0=R_r i_b+\dfrac{d\psi_b}{dt}\\ 0=R_r i_c+\dfrac{d\psi_c}{dt}\end{cases} \tag{5-116}$$

可得

$$0=R_{\mathrm{r}}\boldsymbol{i}_{\mathrm{r}}^{\mathrm{abc}}+\frac{\mathrm{d}\boldsymbol{\psi}_{\mathrm{r}}^{\mathrm{abc}}}{\mathrm{d}t} \tag{5-117}$$

将式（5-117）变换到定子 ABC 轴系，若以定子 A 轴为空间参考轴，由图 3-53 可得

$$\begin{cases}\boldsymbol{i}_{\mathrm{r}}^{\mathrm{abc}}=\boldsymbol{i}_{\mathrm{r}}\mathrm{e}^{-\mathrm{j}\theta}\\ \boldsymbol{\psi}_{\mathrm{r}}^{\mathrm{abc}}=\boldsymbol{\psi}_{\mathrm{r}}\mathrm{e}^{-\mathrm{j}\theta}\end{cases} \tag{5-118}$$

式中，$\theta=\int_0^t\omega_{\mathrm{r}}\mathrm{d}t+\theta_0$，$\omega_{\mathrm{r}}$ 为转子旋转的瞬时电角速度：θ_0 为初始相位角。将式（5-118）代入式（5-117），可得

$$0=R_{\mathrm{r}}\boldsymbol{i}_{\mathrm{r}}+\frac{\mathrm{d}\boldsymbol{\psi}_{\mathrm{r}}}{\mathrm{d}t}-\mathrm{j}\omega_{\mathrm{r}}\boldsymbol{\psi}_{\mathrm{r}} \tag{5-119}$$

将式（3-213）代入式（5-119），还可得

$$0=R_{\mathrm{r}}\boldsymbol{i}_{\mathrm{r}}+L_{\mathrm{r}}\frac{\mathrm{d}\boldsymbol{i}_{\mathrm{r}}}{\mathrm{d}t}+L_{\mathrm{m}}\frac{\mathrm{d}\boldsymbol{i}_{\mathrm{s}}}{\mathrm{d}t}-\mathrm{j}\omega_{\mathrm{r}}(L_{\mathrm{m}}\boldsymbol{i}_{\mathrm{s}}+L_{\mathrm{r}}\boldsymbol{i}_{\mathrm{r}}) \tag{5-120}$$

由式（5-115）和式（5-120），可得

$$\begin{bmatrix}\boldsymbol{u}_{\mathrm{s}}\\0\end{bmatrix}=\begin{bmatrix}R_{\mathrm{s}}&0\\0&R_{\mathrm{r}}\end{bmatrix}\begin{bmatrix}\boldsymbol{i}_{\mathrm{s}}\\\boldsymbol{i}_{\mathrm{r}}\end{bmatrix}+\mathrm{p}\begin{bmatrix}L_{\mathrm{s}}&L_{\mathrm{m}}\\L_{\mathrm{m}}&L_{\mathrm{r}}\end{bmatrix}\begin{bmatrix}\boldsymbol{i}_{\mathrm{s}}\\\boldsymbol{i}_{\mathrm{r}}\end{bmatrix}-\mathrm{j}\omega_{\mathrm{r}}\begin{bmatrix}0&0\\L_{\mathrm{m}}&L_{\mathrm{r}}\end{bmatrix}\begin{bmatrix}\boldsymbol{i}_{\mathrm{s}}\\\boldsymbol{i}_{\mathrm{r}}\end{bmatrix} \tag{5-121}$$

式中，p 为微分算子，$\mathrm{p}=\mathrm{d}/\mathrm{d}t$。

可将式（5-121）简写为

$$\begin{bmatrix}\boldsymbol{u}_{\mathrm{s}}\\0\end{bmatrix}=\begin{bmatrix}R_{\mathrm{s}}+\mathrm{p}L_{\mathrm{s}}&L_{\mathrm{m}}\mathrm{p}\\L_{\mathrm{m}}(\mathrm{p}-\mathrm{j}\omega_{\mathrm{r}})&R_{\mathrm{r}}+L_{\mathrm{r}}(\mathrm{p}-\mathrm{j}\omega_{\mathrm{r}})\end{bmatrix}\begin{bmatrix}\boldsymbol{i}_{\mathrm{s}}\\\boldsymbol{i}_{\mathrm{r}}\end{bmatrix} \tag{5-122}$$

式（5-114）和式（5-119）是在 ABC 轴系内，以电流和磁链矢量表示的定、转子电压矢量方程，式（5-121）或式（5-122）是以电流矢量表示的定、转子电压矢量方程。

在定子 ABC 轴系中，定、转子磁链矢量 $\boldsymbol{\psi}_{\mathrm{s}}$ 和 $\boldsymbol{\psi}_{\mathrm{r}}$ 可分别表示为

$$\begin{cases}\boldsymbol{\psi}_{\mathrm{s}}=\psi_{\mathrm{s}}\mathrm{e}^{\mathrm{j}\rho_{\mathrm{s}}}\\ \boldsymbol{\psi}_{\mathrm{r}}=\psi_{\mathrm{r}}\mathrm{e}^{\mathrm{j}\rho_{\mathrm{r}}}\end{cases} \tag{5-123}$$

式中，$\rho_{\mathrm{s}}=\int_0^t\omega_{\mathrm{ms}}\mathrm{d}t+\rho_{\mathrm{s}0}$，$\omega_{\mathrm{ms}}$ 为 $\boldsymbol{\psi}_{\mathrm{s}}$ 旋转的瞬时电角速度，$\rho_{\mathrm{s}0}$为初始值；$\rho_{\mathrm{r}}=\int_0^t\omega_{\mathrm{mr}}\mathrm{d}t+\rho_{\mathrm{r}0}$，$\omega_{\mathrm{mr}}$ 为 $\boldsymbol{\psi}_{\mathrm{r}}$ 旋转的瞬时电角速度，$\rho_{\mathrm{r}0}$为初始值。

将式（5-123）分别代入式（5-114）和式（5-119），可得

$$\boldsymbol{u}_{\mathrm{s}}=R_{\mathrm{s}}\boldsymbol{i}_{\mathrm{s}}+\frac{\mathrm{d}\psi_{\mathrm{s}}}{\mathrm{d}t}\mathrm{e}^{\mathrm{j}\rho_{\mathrm{s}}}+\mathrm{j}\omega_{\mathrm{ms}}\boldsymbol{\psi}_{\mathrm{s}} \tag{5-124}$$

$$\begin{aligned}0&=R_{\mathrm{r}}\boldsymbol{i}_{\mathrm{r}}+\frac{\mathrm{d}\psi_{\mathrm{r}}}{\mathrm{d}t}\mathrm{e}^{\mathrm{j}\rho_{\mathrm{r}}}+\mathrm{j}(\omega_{\mathrm{mr}}-\omega_{\mathrm{r}})\boldsymbol{\psi}_{\mathrm{r}}\\&=R_{\mathrm{r}}\boldsymbol{i}_{\mathrm{r}}+\frac{\mathrm{d}\psi_{\mathrm{r}}}{\mathrm{d}t}\mathrm{e}^{\mathrm{j}\rho_{\mathrm{r}}}+\mathrm{j}\omega_{\mathrm{f}}\boldsymbol{\psi}_{\mathrm{r}}\end{aligned} \tag{5-125}$$

式中，$\omega_{\mathrm{mr}}-\omega_{\mathrm{r}}=\omega_{\mathrm{f}}=s\omega_{\mathrm{mr}}$，$\omega_{\mathrm{f}}$ 为转子相对 $\boldsymbol{\psi}_{\mathrm{r}}$ 的转差电角速度，s 为转差率。

可将式（5-125）表示为

$$0=\frac{R_{\mathrm{r}}}{s}\boldsymbol{i}_{\mathrm{r}}+\frac{1}{s}\frac{\mathrm{d}\psi_{\mathrm{r}}}{\mathrm{d}t}\mathrm{e}^{\mathrm{j}\rho_{\mathrm{s}}}+\mathrm{j}\omega_{\mathrm{mr}}\boldsymbol{\psi}_{\mathrm{r}} \tag{5-126}$$

将转子电压矢量方程式（5-117）变换到 ABC 轴系，相当于用一个静止转子代替旋转的转子，如图 5-42 所示。变换后转子电流矢量 $\boldsymbol{i}_r$ 在 ABC 轴系内的幅值和相位没有改变，因为矢量变换应满足磁动势不变原则，因此 $\boldsymbol{\psi}_r$ 的幅值和相位也不应改变。但是，此时转子磁场 $\boldsymbol{\psi}_r$ 将以电角速度 ω_{mr} “切割” 转子绕组，在转子相绕组中感生的电动势将增大为原来的 $1/s$ 倍，见式（5-126），这相当于稳态分析时的频率归算。

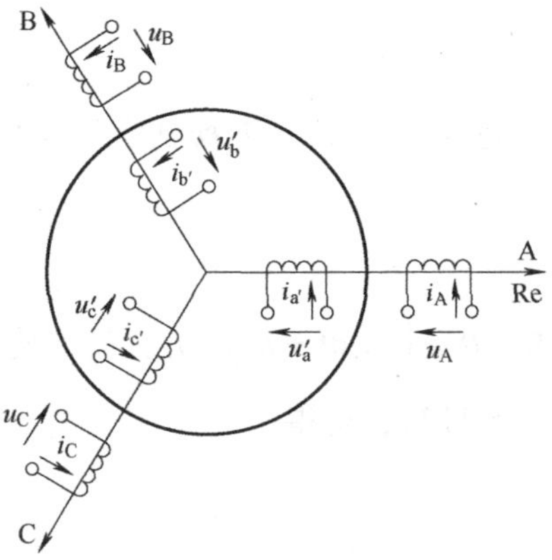

图 5-42　将转子变换到定子 ABC 轴系的三相感应电动机

稳态运行时，式（5-126）右端第 2 项为零，$\boldsymbol{\psi}_r$ 的旋转电角速度即为同步速 ω_s，在转子相绕组中感生的电动势和电流频率亦为电源角频率 ω_s，此时可将式（5-124）和式（5-126）分别表示为

$$\boldsymbol{u}_s = R_s\boldsymbol{i}_s + j\omega_s\boldsymbol{\psi}_s \tag{5-127}$$

$$\boldsymbol{0} = \frac{R_r}{s}\boldsymbol{i}_r + j\omega_s\boldsymbol{\psi}_r \tag{5-128}$$

由式（3-212）和式（3-213），可将式（5-127）和式（5-128）表示为

$$\boldsymbol{u}_s = R_s\boldsymbol{i}_s + j\omega_s L_{\sigma s}\boldsymbol{i}_s + j\omega_s L_m(\boldsymbol{i}_s + \boldsymbol{i}_r) = R_s\boldsymbol{i}_s + j\omega_s L_{\sigma s}\boldsymbol{i}_s - \boldsymbol{e}_g \tag{5-129}$$

$$\boldsymbol{0} = \frac{R_r}{s}\boldsymbol{i}_r + j\omega_s L_{\sigma r}\boldsymbol{i}_r + j\omega_s L_m(\boldsymbol{i}_s + \boldsymbol{i}_r) = \frac{R_r}{s}\boldsymbol{i}_r + j\omega_s L_{\sigma r}\boldsymbol{i}_r - \boldsymbol{e}_g \tag{5-130}$$

式中，$\boldsymbol{e}_g$ 为气隙磁场 $\boldsymbol{\psi}_g$ 在定、转子中感生的电动势，$\boldsymbol{e}_g = -j\omega_s L_m(\boldsymbol{i}_s + \boldsymbol{i}_r) = -j\omega_s L_m\boldsymbol{i}_g = -j\omega_s\boldsymbol{\psi}_g$。

可将式（5-129）、式（5-130）和式（5-113）直接转换为相量方程，其分别与式（5-41）、式（5-42）和式（5-44）相对应。

由式（5-129）、式（5-130）和式（5-113）可得如图 5-43 所示的等效电路和稳态矢量图，由于假设电机为理想电机，故图中 $R_m = 0$。可以看出，图 5-43 分别与图 5-15 和图 5-17 具有时空对应关系。

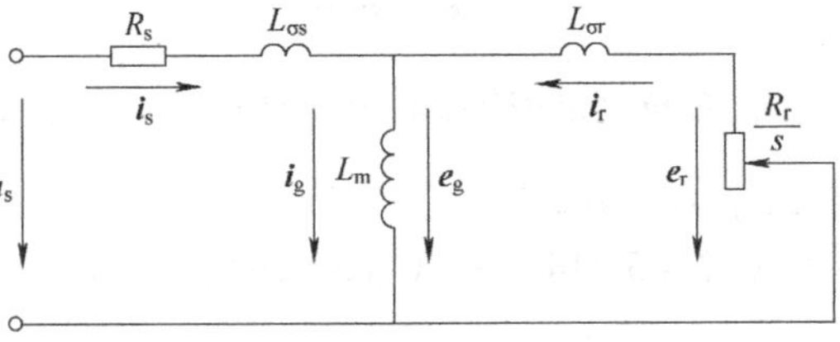

a) 等效电路

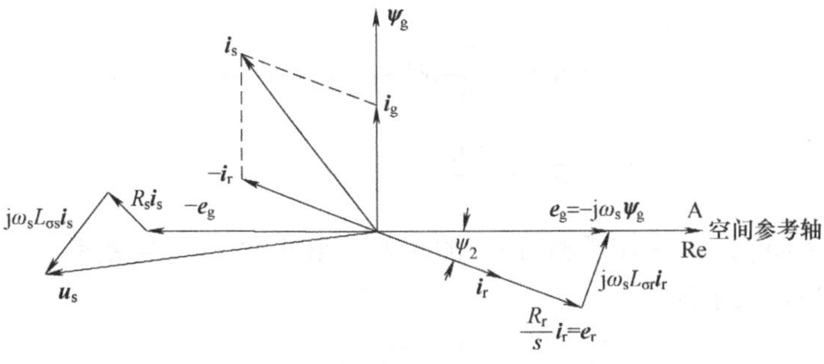

b) 稳态矢量图

图 5-43　以空间矢量表示的等效电路和稳态矢量图

在 3.7.1 节已给出了三相感应电动机电磁转矩的基本表达式式（3-214），在时域内为式（3-224），可以看出，电磁转矩为定、转子电流乘积，电磁转矩为非线性项，三相感应电动机的运动方程亦为一组非线性方程，表明将转子三相绕组由旋转 abc 轴系变换到静止 ABC 轴系，并不能改变三相感应电动机运动方程固有的非线性属性。这是因为，ABC 轴系是三相感应电动机的自然轴系，由 ABC 轴系反映的电机特性自然是三相感应电动机的固有特性。但是，如 3.7.5 所述，ABC 轴系内的运动方程是分析三相感应电动机动态过程和运动控制的基础和重要依据。

5.10.2 定子 DQ 轴系中的运动方程

图 5-44a 中，定子 DQ 轴系为正交轴系，其中 D 轴与定子绕组 A 轴取得一致；转子 αβ 轴系为旋转的正交轴系，其中 α 轴与转子绕组 a 轴取得一致。两个正交轴系内相绕组的有效匝数均为定子原相绕组的$\sqrt{\frac{3}{2}}$倍。利用坐标变换式（3-139）进行“3→2”变换，可将定子三相绕组变换为 DQ 轴系中的两相正交绕组。通过“3→2”变换，可先将转子三相绕组变换为 αβ 轴系中两相正交绕组，然后再将旋转转子 αβ 绕组变换到静止 DQ 轴系中，成为正交的 dq 绕组，通常将后者称为 dq 变换，如图 5-44b 所示。

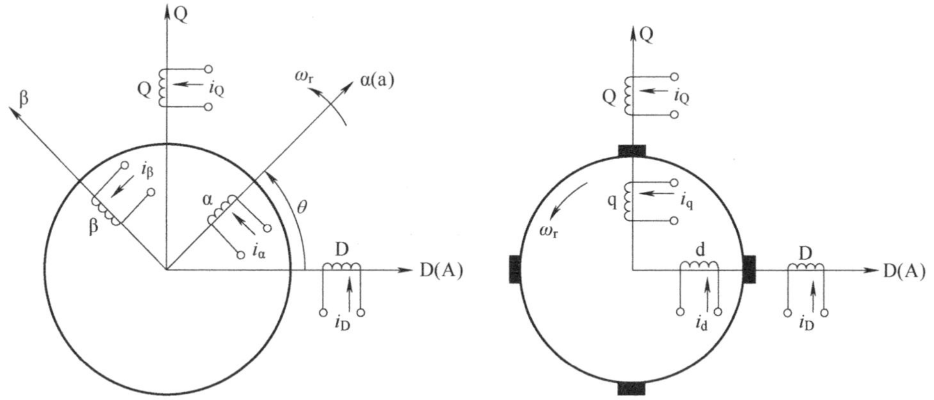

图 5-44 定子正交 DQ 轴系

1. 定、转子磁链方程

将三相感应电动机由 ABC 轴系变换到 DQ 轴系，定、转子磁动势（电流）矢量不变，由它们建立的磁场保持不变，故式（3-212）和式（3-213）仍适用于图 5-44b 所示的 DQ 轴系，但此时定、转子电流和磁链矢量已由 DQ 轴系中的定、转子绕组所产生，即有

$$\begin{cases}\boldsymbol{i}_s=i_D+ji_Q\\ \boldsymbol{i}_r=i_d+ji_q\\ \boldsymbol{\psi}_s=L_s\boldsymbol{i}_s+L_m\boldsymbol{i}_r=\psi_D+j\psi_Q\\ \boldsymbol{\psi}_r=L_m\boldsymbol{i}_s+L_r\boldsymbol{i}_r=\psi_d+j\psi_q\end{cases}\tag{5-131}$$

式中，i_D、i_Q 和 i_d、i_q 分别为定子 DQ 绕组和转子 dq 绕组中电流；ψ_D、ψ_Q 和 ψ_d、ψ_q 分别为定子 DQ 绕组和转子 dq 绕组的全磁链。

由式（5-131），可得

$$\begin{cases}\psi_D=L_s i_D+L_m i_d\\ \psi_Q=L_s i_Q+L_m i_q\\ \psi_d=L_m i_D+L_r i_d\\ \psi_q=L_m i_Q+L_r i_q\end{cases} \tag{5-132}$$

式中的 i_D、i_Q 和 i_d、i_q 已分别由定、转子的坐标变换求得。

2. 定、转子电压方程

图 5-44a 中，将三相感应电动机由定子 ABC 轴系变换为 DQ 轴系时，定子电压矢量方程形式不变，即有

$$\boldsymbol{u}_s=R_s\boldsymbol{i}_s+\frac{d\boldsymbol{\psi}_s}{dt} \tag{5-133}$$

图 5-44a 中，在旋转的 αβ 轴系中，转子电压矢量方程可表示为

$$\boldsymbol{0}=R_r\boldsymbol{i}_r^{\alpha\beta}+\frac{d\boldsymbol{\psi}_r^{\alpha\beta}}{dt} \tag{5-134}$$

由 $\boldsymbol{i}_r^{\alpha\beta}=\boldsymbol{i}_r e^{-j\theta}$ 和 $\boldsymbol{\psi}_r^{\alpha\beta}=\boldsymbol{\psi}_r e^{-j\theta}$，可将式（5-134）由 αβ 轴系变换到 DQ 轴系，可得

$$\boldsymbol{0}=R_r\boldsymbol{i}_r+\frac{d\boldsymbol{\psi}_r}{dt}-j\omega_r\boldsymbol{\psi}_r \tag{5-135}$$

式（5-135）为 DQ 轴系内的转子电压矢量方程。

当将式（5-133）和式（5-135）分别以坐标分量表示时，则有

$$u_D=R_s i_D+\frac{d\psi_D}{dt} \tag{5-136}$$

$$u_Q=R_s i_Q+\frac{d\psi_Q}{dt} \tag{5-137}$$

$$u_d=R_r i_d+\frac{d\psi_d}{dt}+\omega_r\psi_q \tag{5-138}$$

$$u_q=R_r i_q+\frac{d\psi_q}{dt}-\omega_r\psi_d \tag{5-139}$$

式（5-138）和式（5-139）与式（2-83）和式（2-84）形式相同，说明经由 dq 变换已将转子绕组变换为换向器绕组，如图 5-44b 所示，两对电刷分别位于 DQ 轴线处。

现将式（5-132）分别代入式（5-136）~式（5-139）中，则有

$$u_D=R_s i_D+L_s\frac{di_D}{dt}+L_m\frac{di_d}{dt} \tag{5-140}$$

$$u_Q=R_s i_Q+L_s\frac{di_Q}{dt}+L_m\frac{di_q}{dt} \tag{5-141}$$

$$u_d=R_r i_d+L_m\frac{di_D}{dt}+L_r\frac{di_d}{dt}+\omega_r(L_m i_Q+L_r i_q) \tag{5-142}$$

$$u_q=R_r i_q+L_m\frac{di_Q}{dt}+L_r\frac{di_q}{dt}-\omega_r(L_m i_D+L_r i_d) \tag{5-143}$$

可将式（5-140）~式（5-143）写成如下形式，即

$$\begin{bmatrix} u_D \\ u_Q \\ u_d \\ u_q \end{bmatrix} = \begin{bmatrix} R_s+L_s p & 0 & L_m p & 0 \\ 0 & R_s+L_s p & 0 & L_m p \\ L_m p & \omega_r L_m & R_r+L_r p & \omega_r L_r \\ -\omega_r L_m & L_m p & -\omega_r L_r & R_r+L_r p \end{bmatrix} \begin{bmatrix} i_D \\ i_Q \\ i_d \\ i_q \end{bmatrix} \tag{5-144}$$

3. 电磁转矩

由于电机内磁链和电流矢量是客观存在的，因此电磁转矩矢量表达式与所选的轴系无关，故 3.7.1 节所述的三相感应电动机的转矩矢量表达式均适用于图 5-44b 所示的 DQ 轴系。但当以坐标分量表示时，便与具体所选的轴系相关。由 3.7.1 节可得

$$\begin{cases} t_e = p_0 \dfrac{L_m}{L_r} \boldsymbol{\psi}_r \times \boldsymbol{i}_s = p_0 \dfrac{L_m}{L_r} (\psi_d i_Q - \psi_q i_D) = p_0 L_m (i_Q i_d - i_D i_q) \\ t_e = p_0 \boldsymbol{\psi}_g \times \boldsymbol{i}_s = p_0 (\psi_{gD} i_Q - \psi_{gQ} i_D) = p_0 L_m (i_Q i_d - i_D i_q) \\ t_e = p_0 \boldsymbol{\psi}_s \times \boldsymbol{i}_s = p_0 (\psi_D i_Q - \psi_Q i_D) = p_0 L_m (i_Q i_d - i_D i_q) \end{cases} \tag{5-145}$$

式中，$\boldsymbol{\psi}_g = \psi_{gD} + j\psi_{gQ}$，$\psi_{gD}$ 和 ψ_{gQ} 分别为气隙磁链 $\boldsymbol{\psi}_g$ 的 DQ 轴分量，$\psi_{gD} = L_m i_D + L_m i_d$，$\psi_{gQ} = L_m i_Q + L_m i_q$。

由于在 DQ 轴系内，电磁转矩仍为非线性项，故运动方程仍是一组非线性方程。稳态运行时，定子电流为交流电流，频率将决定于供电电源的交变频率；动态运行时，式（5-145）中的定、转子电流 i_D、i_Q 和 i_d、i_q 可为任意变化的交变电流。

5.10.3　任意旋转 MT 轴系中的运动方程

在 3.6.3 节已介绍了任意旋转 MT 轴系。图 5-45 中，以 D(A) 轴为空间参考轴，θ_k 为 MT 轴系的空间相位角，$\theta_k = \int_0^t \omega_k \mathrm{d}t + \theta_{k0}$，$\omega_k$ 为 MT 轴系任意旋转时的瞬时电角速度（这里假设 $\omega_k > 0$），ω_{k0}为初始相位角。

1. 磁链方程

静止 DQ 轴系变换到任意旋转 MT 轴系后，定子 DQ 绕组成为 MT 绕组，转子 dq 绕组成为 mt 绕组，如图 5-45 所示，变换后相绕组有效匝数均保持不变。图中的定子磁链 $\boldsymbol{\psi}_s$ 和转子磁链 $\boldsymbol{\psi}_r$ 原本是实际定子电流 $\boldsymbol{i}_s$ 和转子电流 $\boldsymbol{i}_r$ 共同产生的，此时可设定为是由 $\boldsymbol{i}_s$ 和 $\boldsymbol{i}_r$ 在此 MT 轴系内的坐标分量产生的，即为

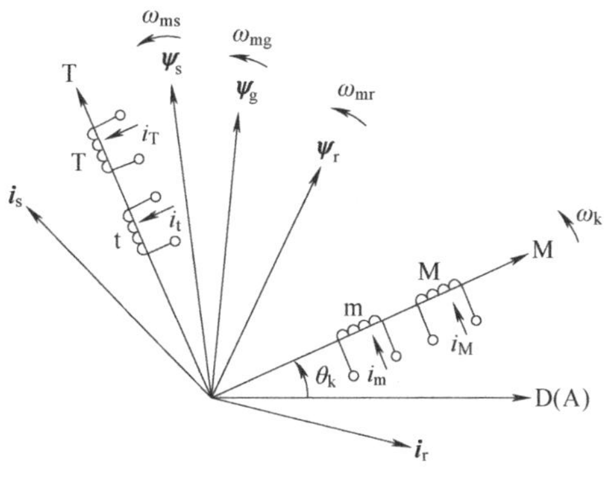

图 5-45　任意旋转的 MT 轴系

$$\boldsymbol{\psi}_s^M = L_s \boldsymbol{i}_s^M + L_m \boldsymbol{i}_r^M = \psi_M + j\psi_T \tag{5-146}$$

$$\boldsymbol{\psi}_r^M = L_m \boldsymbol{i}_s^M + L_r \boldsymbol{i}_r^M = \psi_m + j\psi_t \tag{5-147}$$

$$\boldsymbol{i}_s^M = i_M + j i_T$$

$$\boldsymbol{i}_r^M = i_m + j i_t$$

$$\psi_M = L_s i_M + L_m i_m \tag{5-148}$$

$$\psi_T = L_s i_T + L_m i_t \tag{5-149}$$

$$\psi_m = L_m i_M + L_r i_m \tag{5-150}$$

$$\psi_t = L_m i_T + L_r i_t \tag{5-151}$$

式中，i_M、i_T 和 i_m、i_t 分别为 MT 和 mt 绕组中的电流，ψ_M、ψ_T 和 ψ_m、ψ_t 分别为 MT 和 mt 绕

组的全磁链。由于 MT 轴系可任意旋转，故 $\boldsymbol{\psi}_s^M$ 和 $\boldsymbol{\psi}_r^M$ 可各自分解出无数对坐标分量，因此 $\boldsymbol{i}_s^M$ 和 $\boldsymbol{i}_r^M$ 也随之可分解出无数对坐标分量。可以看出，无论是 $\boldsymbol{\psi}_s^M$ 还是 $\boldsymbol{\psi}_r^M$，均是由 MT 轴系两轴电流（i_M、i_m 和 i_T、i_t）共同建立的，而不是仅由 M 轴电流（i_M，i_m）或 T 轴电流（i_T，i_t）单独建立，这说明无论是 M 轴电流还是 T 轴电流均不是建立定子磁场或转子磁场的纯励磁电流。

2. 定、转子电压矢量方程

将 DQ 轴系中的定、转子电压矢量方程式（5-133）和式（5-135）分别变换到任意旋转 MT 轴系，可得

$$\boldsymbol{u}_s^M = R_s \boldsymbol{i}_s^M + \frac{d\boldsymbol{\psi}_s^M}{dt} + j\omega_k \boldsymbol{\psi}_s^M \tag{5-152}$$

$$\boldsymbol{u}_r^M = R_r \boldsymbol{i}_r^M + \frac{d\boldsymbol{\psi}_r^M}{dt} + j\omega_{fk} \boldsymbol{\psi}_r^M \tag{5-153}$$

式中，ω_{fk} 为转差电角速度，$\omega_{fk} = \omega_k - \omega_r$。

可将式（5-152）和式（5-153）分别以 MT 轴系坐标分量来表示，即有

$$u_M = R_s i_M + \frac{d\psi_M}{dt} - \omega_k \psi_T \tag{5-154}$$

$$u_T = R_s i_T + \frac{d\psi_T}{dt} + \omega_k \psi_M \tag{5-155}$$

$$u_m = R_r i_m + \frac{d\psi_m}{dt} - \omega_{fk} \psi_t \tag{5-156}$$

$$u_t = R_r i_t + \frac{d\psi_t}{dt} + \omega_{fk} \psi_m \tag{5-157}$$

由式（5-154）和式（5-155）可知，经 DQ 轴系到 MT 轴系的旋转变换，定子 DQ 绕组已成为换向器绕组，如图 5-46a 所示，此时相当于两对位于 MT 轴上的电刷沿定子内缘随 MT 轴系逆时针旋转，$-\omega_k\psi_T$ 和 $\omega_k\psi_M$ 分别是在 MT 绕组内感生的旋转电压项。转子 dq 绕组已成为

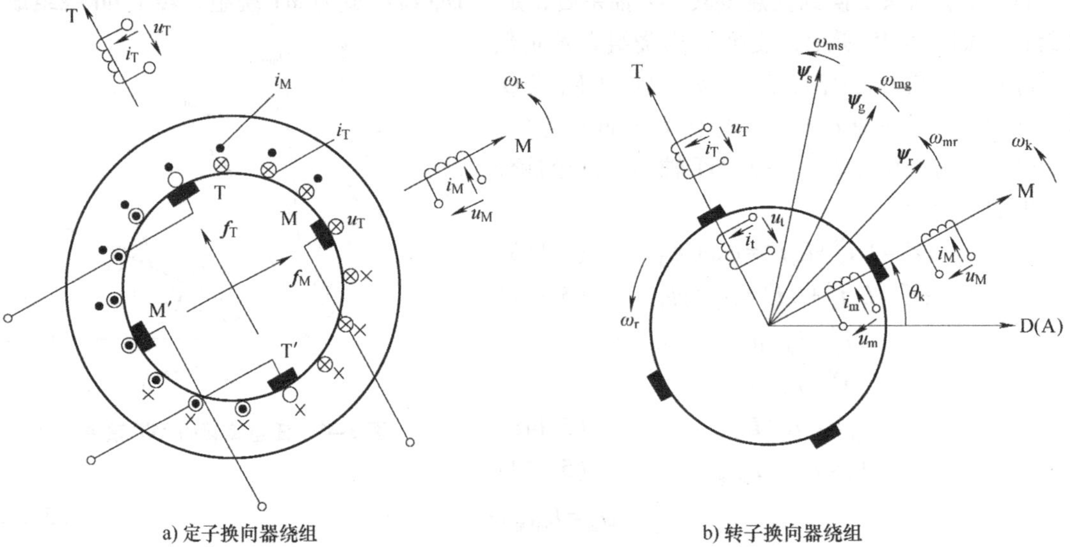

a) 定子换向器绕组　　　　b) 转子换向器绕组

图 5-46　任意旋转 MT 轴系中定、转子换向器绕组

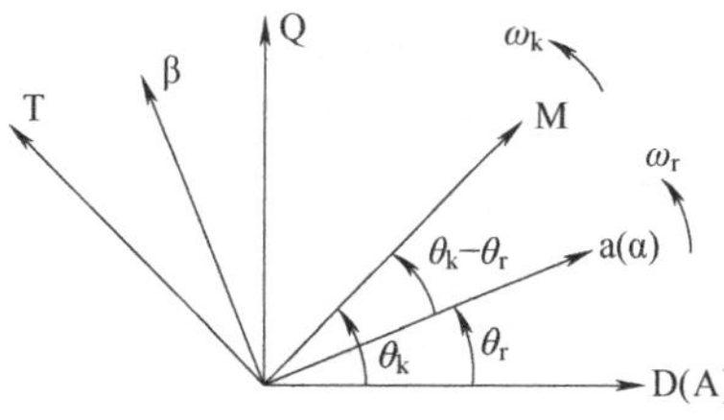

图 5-47 旋转的转子 abc(αβ) 轴系与任意旋转的 MT 轴系

mt 绕组，虽然 mt 绕组仍为换向器绕组，但对比式（5-138）和式（5-139）可以看出，其旋转电压项中的符号发生了改变，相对转速也由 ω_r 变为 ω_{fk}，这是因为，将图 5-44a 中的 αβ 轴系变换到 DQ 轴系，旋转变换的方向是顺时针方向，变换因子为 $e^{j\theta_r}$，而将 DQ 轴系变换到 MT 轴系时，旋转变换的方向为逆时针方向（这里假设 MT 轴系逆时针旋转，且 $\omega_k>\omega_r$），变换因子为 $e^{-j\theta_k}$。事实上，上述变换过程也等同于将转子 αβ(abc) 轴系直接变换到旋转的 MT 轴系，此时变换因子为 $e^{-j(\theta_k-\theta_r)}$，如图 5-47 所示，此时可看成 MT 轴系相对转子以 ω_{fk} 电角速度逆时针方向旋转。

将式（5-148）~式（5-151）分别代入式（5-154）~式（5-157），可得

$$\begin{cases} u_M=R_si_M+L_s\dfrac{di_M}{dt}+L_m\dfrac{di_m}{dt}-\omega_k(L_si_T+L_mi_t) \\ u_T=R_si_T+L_s\dfrac{di_T}{dt}+L_m\dfrac{di_t}{dt}+\omega_k(L_si_M+L_mi_m) \\ u_m=R_ri_m+L_m\dfrac{di_M}{dt}+L_r\dfrac{di_m}{dt}-\omega_{fk}(L_mi_T+L_ri_t) \\ u_t=R_ri_t+L_m\dfrac{di_T}{dt}+L_r\dfrac{di_t}{dt}+\omega_{fk}(L_mi_M+L_ri_m) \end{cases} \tag{5-158}$$

可将式（5-158）简写为

$$\begin{bmatrix} u_M \\ u_T \\ u_m \\ u_t \end{bmatrix}=\begin{bmatrix} R_s+L_sp & -\omega_kL_s & L_mp & -\omega_kL_m \\ \omega_kL_s & R_s+L_sp & \omega_kL_m & L_mp \\ L_mp & -\omega_{fk}L_m & R_r+L_rp & -\omega_{fk}L_r \\ \omega_{fk}L_m & L_mp & \omega_{fk}L_r & R_r+L_rp \end{bmatrix}\begin{bmatrix} i_M \\ i_T \\ i_m \\ i_t \end{bmatrix} \tag{5-159}$$

3. 电磁转矩

由 DQ 轴系中的电磁转矩表达式［式（5-145）］，可将在任意旋转 MT 轴系中的电磁转矩表示为

$$\begin{aligned} t_e &=p_0\frac{L_m}{L_r}\boldsymbol{\psi}_r\times\boldsymbol{i}_s=p_0\frac{L_m}{L_r}(\psi_mi_T-\psi_ti_M) \\ &=p_0\boldsymbol{\psi}_g\times\boldsymbol{i}_s=p_0(\psi_{gM}i_T-\psi_{gT}i_M) \\ &=p_0\boldsymbol{\psi}_s\times\boldsymbol{i}_s=p_0(\psi_Mi_T-\psi_Ti_M) \end{aligned} \tag{5-160}$$

式中，$\boldsymbol{\psi}_g=\psi_{gM}+j\psi_{gT}$，$\psi_{gM}$和 ψ_{gT}分别为 $\boldsymbol{\psi}_g$ 在任意 MT 轴系中的坐标分量。

任意旋转 MT 轴系中，由式（5-160）可知，电磁转矩仍为非线性项，因此运动方程亦仍为非线性方程。如图 5-46b 所示，当 $\theta_k(\omega_k)=0$ 时，MT 轴系将转换为 DQ 轴系，此时式（5-158）将转换为式（5-140）~式（5-143）。当 $\omega_k\neq0$ 时，MT 轴系以任意电角速度 ω_k 旋转，此时定、转子坐标电流的交变频率将随 ω_k 的变化而改变。稳态运行时，若 ω_k 等于同步速，图 5-45 中，MT 轴系便与 $\boldsymbol{i}_s$ 和 $\boldsymbol{i}_r$ 同步旋转，此时各坐标电流也随之成为恒定的直流。

5.10.4 转子磁场定向 MT 轴系中的运动方程

图 5-45 中，可将任意旋转的 MT 轴系沿转子磁场 $\boldsymbol{\psi}_r$ 进行定向，定向是指令 M 轴始终与转

子磁场 $\boldsymbol{\psi}_r$ 的方向取得一致，与转子磁场 $\boldsymbol{\psi}_r$ 同步旋转，通常将此称为 MT 轴系沿转子磁场定向，简称磁场定向（field orientation）。

对比图 5-48 和图 5-45 可知，MT 轴系沿转子磁场定向后，MT 轴系的空间相位已由 θ_k 转换为 θ_M，旋转速度 ω_k 转换为转子磁场 $\boldsymbol{\psi}_r$ 的旋转速度 ω_{mr}。

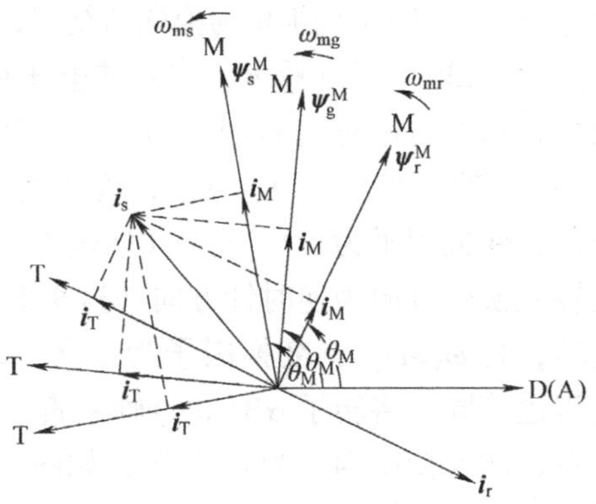

图 5-48 磁场定向 MT 轴系

1. 定、转子磁链方程

定、转子磁链矢量方程仍同式（5-146）和式（5-147），即有

$$\boldsymbol{\psi}_s^M = L_s\boldsymbol{i}_s^M + L_m\boldsymbol{i}_r^M = \psi_M + j\psi_T \tag{5-161}$$

$$\boldsymbol{\psi}_r^M = L_m\boldsymbol{i}_s^M + L_r\boldsymbol{i}_r^M = \psi_m + j\psi_t \tag{5-162}$$

MT 轴上定、转子绕组的全磁链则为

$$\psi_M = L_s i_M + L_m i_m \tag{5-163}$$

$$\psi_T = L_s i_T + L_m i_t \tag{5-164}$$

$$(\psi_r)\psi_m = L_m i_M + L_r i_m \tag{5-165}$$

$$(\psi_t)0 = L_m i_T + L_r i_t \tag{5-166}$$

式（5-163）~式（5-166）与式（5-148）~式（5-151）形式相同，但各坐标电流已不是同一轴系的电流。此时，式（5-166）中，T 轴上转子 t 绕组的全磁链 ψ_t 已变为零，即有 $\psi_t=0$，这是因为 MT 轴系沿转子磁场 $\boldsymbol{\psi}_r$ 定向后，如图 5-48 所示，$\boldsymbol{\psi}_r$ 在 T 轴方向上的分量 ψ_t 一定为零；反之，若 $\psi_t=0$，则实际已实现了转子磁场定向，因此可将 $\psi_t=0$ 作为 MT 轴系沿转子磁场定向的约束条件，或称为转子磁场定向约束。

磁场定向后，则有 $\boldsymbol{\psi}_r^M=\psi_m+j\psi_t=\psi_m$，$\boldsymbol{\psi}_r^M$ 即为 M 轴上转子 m 绕组的全磁链 ψ_m，故也可以将 $\boldsymbol{\psi}_r^M=\psi_m$ 作为转子磁场定向的约束条件。此外，与式（5-150）中的 i_M 和 i_m 不同的是，由于 M 轴已与 $\boldsymbol{\psi}_r$ 方向取得一致，故式（5-165）中，i_M 和 i_m 已成为纯励磁电流，表明 $\boldsymbol{\psi}_r^M$ 是由 M 轴上定、转子电流 i_M 和 i_m 共同励磁的结果，实际的励磁电流为 i_{mr}，将其称为等效励磁电流，则有 $\psi_r^M=L_m i_{mr}$。

由式（5-165）可得

$$i_{mr} = \frac{\psi_r^M}{L_m} = i_M + \frac{L_r}{L_m}i_m \tag{5-167}$$

由式（5-166），可得

$$i_T = -\frac{L_r}{L_m}i_t \tag{5-168}$$

磁场定向后，$\psi_t=0$，表明 T 轴方向上的转子磁动势已被定子磁动势所补偿（平衡），故式（5-168）实际也代表了 T 轴方向上的定、转子磁动势方程。

由于式（5-167）和式（5-168）是在满足磁场定向约束后得出的，因此也可将两式作为满足磁场定向的约束方程。现将 i_{mr} 表示为矢量形式，因 $\boldsymbol{i}_{mr}$ 与 $\boldsymbol{\psi}_r^M$ 方向一致，且一定位于 M 轴，故有 $|\boldsymbol{i}_{mr}|=\boldsymbol{i}_{mr}$。于是可将式（5-167）和式（5-168）统一表示为

$$|\boldsymbol{i}_{mr}| = \frac{\boldsymbol{\psi}_r^M}{L_m} = \boldsymbol{i}_s^M + \frac{L_r}{L_m}\boldsymbol{i}_r^M \tag{5-169}$$

如图 5-49 所示，$|\boldsymbol{i}_{mr}|$与 M 轴方向一致，已成为转子磁场的实际励磁电流。实际上，将矢量方程式（5-169）分解为实部和虚部，便可同时得到式（5-167）和式（5-168）。在实际控制系统中，若检测值$|\boldsymbol{i}_{mr}|$与给定值$|\boldsymbol{i}_{mr}^{*}|$相等，说明控制系统已实现了磁场定向，通过调节$|\boldsymbol{i}_{mr}^{*}|$便可控制电机内的转子磁场幅值。

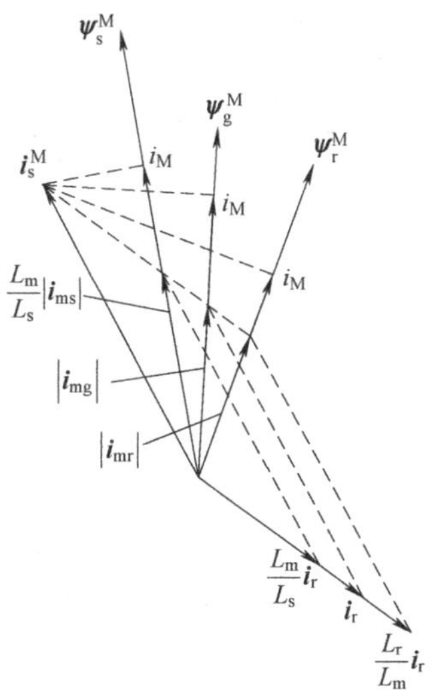

图 5-49　$\boldsymbol{\psi}_r^M$、$\boldsymbol{\psi}_g^M$、$\boldsymbol{\psi}_s^M$ 的等效励磁电流（磁场幅值增大时）

2. 定、转子电压方程

磁场定向后，由式（5-152）和式（5-153），可得

$$\boldsymbol{u}_s^M = R_s\boldsymbol{i}_s^M + \frac{d\boldsymbol{\psi}_s^M}{dt} + j\omega_{mr}\boldsymbol{\psi}_s^M \tag{5-170}$$

$$\boldsymbol{u}_r^M = R_r\boldsymbol{i}_r^M + \frac{d\boldsymbol{\psi}_r^M}{dt} + j\omega_f\boldsymbol{\psi}_r^M \tag{5-171}$$

式中，ω_{mr} 为转子磁场 $\boldsymbol{\psi}_r$ 的瞬时旋转速度；ω_f 为转差速度，$\omega_f=\omega_{mr}-\omega_r$，$\omega_r$ 为转子的瞬时电角速度。

由式（5-170）和式（5-171），可得

$$u_M = R_s i_M + \frac{d\psi_M}{dt} - \omega_{mr}\psi_T \tag{5-172}$$

$$u_T = R_s i_T + \frac{d\psi_T}{dt} + \omega_{mr}\psi_M \tag{5-173}$$

$$0 = R_r i_m + \frac{d\psi_r}{dt} \tag{5-174}$$

$$0 = R_r i_t + \omega_f\psi_r \tag{5-175}$$

将式（5-163）~式（5-166）分别代入式（5-172）~式（5-175），可得

$$\begin{bmatrix} u_M \\ u_T \\ 0 \\ 0 \end{bmatrix} = \begin{bmatrix} R_s+L_s p & -\omega_{mr}L_s & L_m p & -\omega_{mr}L_m \\ \omega_{mr}L_s & R_s+L_s p & \omega_{mr}L_m & L_m p \\ L_m p & 0 & R_r+L_r p & 0 \\ \omega_f L_m & 0 & \omega_f L_r & R_r \end{bmatrix} \begin{bmatrix} i_M \\ i_T \\ i_m \\ i_t \end{bmatrix} \tag{5-176}$$

式中，在动态情况下，ω_{mr}、ω_f 均为变量，在稳态运行时则为常量。

三相感应电动机转子绕组为短路，因此只能通过定子侧来控制电动机的运行。若矢量控制系统由电压源逆变器馈电，则可以运用定子电压方程，通过定子电压来控制定子电流。

将式（5-161）代入式（5-170），可得

$$\boldsymbol{u}_s^M = R_s\boldsymbol{i}_s^M + L_s\frac{d\boldsymbol{i}_s^M}{dt} + L_m\frac{d\boldsymbol{i}_r^M}{dt} + j\omega_{mr}L_s\boldsymbol{i}_s^M + j\omega_{mr}L_m\boldsymbol{i}_r^M \tag{5-177}$$

式（5-177）中有 $\boldsymbol{i}_r^M$ 项，而 $\boldsymbol{i}_r^M$ 是不可测量的，必须将其从方程中消去。

为使 MT 轴系沿转子磁场定向，定子电压矢量方程必须满足约束方程式（5-169），于是有

$$\boldsymbol{i}_r^M = \frac{L_m}{L_r}(|\boldsymbol{i}_{mr}| - \boldsymbol{i}_s^M) \tag{5-178}$$

将式（5-178）代入式（5-177），可得

$$T_s'\frac{d\boldsymbol{i}_s^M}{dt} + \boldsymbol{i}_s^M = \frac{\boldsymbol{u}_s^M}{R_s} - j\omega_{mr}T_s'\boldsymbol{i}_s^M - (1-\sigma)T_s\left(j\omega_{mr}|\boldsymbol{i}_{mr}| + \frac{d|\boldsymbol{i}_{mr}|}{dt}\right) \tag{5-179}$$

式中，T_s 为定子时间常数，$T_s=L_s/R_s$；T'_s 为定子瞬态时间常数，$T'_s=\sigma T_s$，σ 为漏磁系数，$\sigma=1-L_m^2/L_sL_r$。

将式（5-179）以坐标分量来表示，则有

$$T'_s\frac{di_M}{dt}+i_M=\frac{u_M}{R_s}+\omega_{mr}T'_si_T-(1-\sigma)T_s\frac{d|\boldsymbol{i}_{mr}|}{dt} \tag{5-180}$$

$$T'_s\frac{di_T}{dt}+i_T=\frac{u_T}{R_s}-\omega_{mr}T'_si_M-(1-\sigma)T_s\omega_{mr}|\boldsymbol{i}_{mr}| \tag{5-181}$$

式（5-180）和式（5-181）是满足转子磁场定向约束的定子电压方程。可以看出，在定子电压 u_M 和 u_T 作用下，对定子被控电流 i_M 和 i_T 而言，三相感应电动机表现为一阶惯性环节，时间常数为定子瞬态时间常数，增益为定子电阻的倒数。由式（5-180）和式（5-181）确定的 u_M 和 u_T，可先将其变换到DQ轴系，再经由“2→3”变换，得到定子三相控制电压 u_A、u_B 和 u_C，因此式（5-180）和式（5-181）是基于转子磁场矢量控制十分重要的电压方程。

对比式（5-174）和式（5-156）以及式（5-175）和式（5-157）可见，由于 $\psi_t=0$，已分别消除了 $-\omega_{fk}\psi_t$ 项和 $\frac{d\psi_t}{dt}$ 项；对于式（5-172）和式（5-173），如图5-48所示，由于定子磁场 $\boldsymbol{\psi}_s^M$ 在T轴方向上的分量 $\psi_T\neq0$，故式中仍包含了 $-\omega_{mr}\psi_T$ 和 $\frac{d\psi_T}{dt}$ 项。

转子电压方程式（5-174）和式（5-175）是在转子磁场定向下得出的，因此能够反映和体现出转子磁场定向的主要特征。现分析如下。

由式（5-174），可得

$$i_m=-\frac{1}{R_r}\frac{d\psi_r}{dt} \tag{5-182}$$

式（5-182）表明，当转子磁场 $\boldsymbol{\psi}_r$ 幅值变化时，一定会在转子m绕组中感生变压器电动势和电流 i_m。感生的变压器电动势仅被转子m绕组电阻电压降所平衡。当 $\boldsymbol{\psi}_r$ 幅值增大时，$i_m<0$，$\boldsymbol{i}_m$ 方向与M轴相反；否则 $i_m>0$，$\boldsymbol{i}_m$ 方向与M轴方向一致。亦即，i_m 总是阻碍转子磁场幅值 ψ_r 的变化。

由式（5-175），可得

$$i_t=-\frac{1}{R_r}\psi_r\omega_f \tag{5-183}$$

式（5-183）表明，当转子磁场以转差速度 ω_f 相对转子旋转时，一定会在转子t绕组中感生旋转电动势和电流 i_t。旋转电动势仅被转子t绕组电阻电压降所平衡。当 $\omega_f>0(\omega_{mr}>\omega_r)$ 时，$\boldsymbol{i}_t$ 方向与T轴相反。否则，$i_t>0$，$\boldsymbol{i}_t$ 方向与 T 轴方向一致。

3. 转子电动势和电流的空间分布

式（3-213）和图3-52表明，转子磁场为气隙磁场与转子漏磁场的合成磁场，$\boldsymbol{\psi}_r=\boldsymbol{\psi}_g+\boldsymbol{\psi}_{\sigma r}$，故 $\boldsymbol{\psi}_r$ 为链过转子绕组的全磁链，可将其表示为图5-50所示的形式，图中，$\boldsymbol{\psi}_{\sigma r}$ 是由转子各导条产生的漏磁场，$\boldsymbol{\psi}_{\sigma r}=L_{\sigma r}\boldsymbol{i}_r$，漏磁场轴线与转子电流 $\boldsymbol{i}_r$ 方向一致。

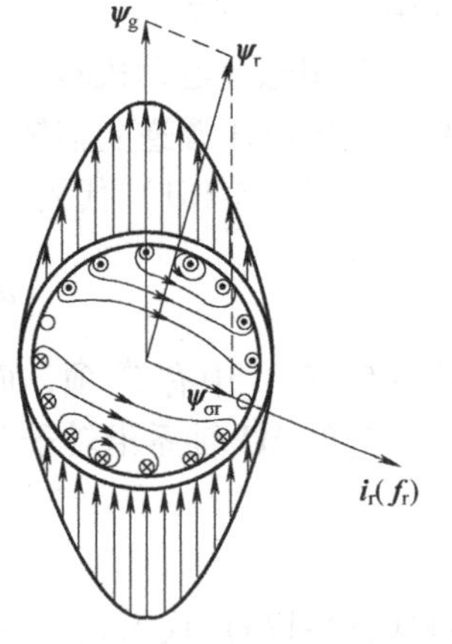

图5-50　由气隙磁场与转子漏磁场构成的转子磁场

（1）仅考虑 $\boldsymbol{\psi}_r$ 旋转时

现假设 $\boldsymbol{\psi}_r$ 的幅值不变，其旋转速度 $\omega_{mr}>\omega_r$，可将图5-50表示

为图 5-51a 所示的形式。

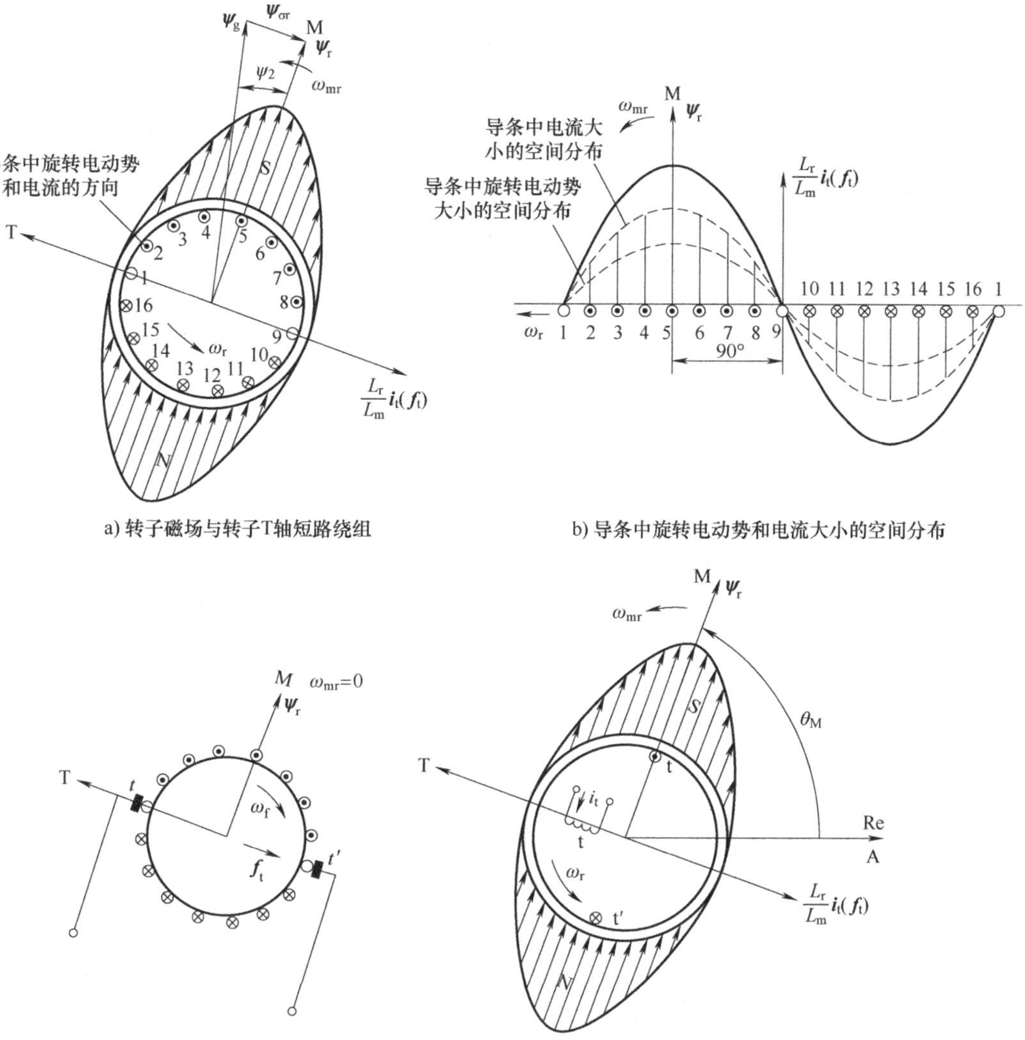

a) 转子磁场与转子T轴短路绕组　　b) 导条中旋转电动势和电流大小的空间分布

c) 等效的换向器绕组　　d) 转子电流i_t及产生的磁动势f_t

图 5-51　转子磁场旋转时在转子 t 绕组中感生的旋转电动势和电流

图 5-51a 中，转子磁场 $\boldsymbol{\psi}_r$ 以转差速度 ω_f 相对转子逆时针旋转，也可看成转子磁场静止不动，而转子相对转子磁场以转差速度 ω_f 顺时针旋转。运行于 N 极区的各导条中的电动势方向一律向里，运行于 S 极区的各导条中的电动势方向一律向外，各导条中旋转电动势的大小在空间按正弦分布，如图 5-51b 所示。这种情形与图 5-8a 和图 5-8b 所示相同，只不过此时转子电动势是由转子磁场而不是气隙磁场感生的。

图 5-51a 中，可将导条 4 和 12 看成是一个线圈，线圈匝数为 1，于是可得

$$0=R_B i_B+\frac{\mathrm{d}\phi_{gB}}{\mathrm{d}t}+\frac{\mathrm{d}\phi_{\sigma rB}}{\mathrm{d}t}$$

$$R_B i_B=-\frac{\mathrm{d}(\phi_{gB}+\phi_{\sigma rB})}{\mathrm{d}t}=e_B$$

式中，R_B 为此线圈的电阻；ϕ_{gB}为气隙磁场与此线圈交链的磁通；$\phi_{\sigma rB}$为转子漏磁场与此线圈

交链的磁通；$\phi_{gB}+\phi_{\sigma rB}$为与此线圈交链的全部（净）磁通，也就是与此线圈交链的转子磁通；e_B为转子磁通在此线圈中产生的旋转电动势。对于其他导条可同样处理。

因此，对转子磁场而言，转子各线圈就相当于一个无漏电感的转子电路。各导条中电流必然与旋转电动势方向一致，且在时间上不存在滞后问题。在转子磁场作用下，转子绕组表现出的这种无漏电感的纯电阻特性反映了转子磁场定向的主要特征，也是形成转子磁场矢量控制特点的物理基础。

由于各导条中电流与旋转电动势在时间上没有滞后，因此导条中电流与电动势的空间分布在相位上将保持一致，如图5-51b所示，于是由各导条电流构成的转子磁动势$\boldsymbol{f}_t(\boldsymbol{f}_r)$便始终与转子磁场$\boldsymbol{\psi}_r$保持正交，且总是滞后$\boldsymbol{\psi}_r$以90°电角度，即使在动态过程中转差速度$\omega_f$改变时，这种相位关系也不会改变。这与图5-9所示情形已有很大不同，因为图5-9中，转子是在气隙磁场下旋转，因此$\boldsymbol{f}_r$总是滞后$\boldsymbol{\psi}_g$以90°+ψ_{2s}电角度，且ψ_{2s}不断变化。

图5-51a中，尽管转子的各导条在N极和S极下旋转，但整个导条产生的磁动势$\boldsymbol{f}_t$其轴线始终与转子磁场轴线保持正交，笼型转子绕组表现出了具有换向器绕组的特征，可将其等效为图5-51c所示的形式，进一步可归算为图5-51d所示的伪静止绕组。此绕组即为转子磁场定向T轴上的转子绕组t，由转子电流$(L_r/L_m)i_t$产生了磁动势$\boldsymbol{f}_t$，系数L_r/L_m是由T轴定、转子磁动势平衡方程式（5-168）而来，此电流已相当于直流电动机中的电枢电流，完全用于产生转矩，故又称其为转子转矩电流。此时，转子磁场已相当于他励直流电动机的主极励磁磁场。

以上物理事实已反映在转子t绕组的电压方程式（5-175）中。事实上，任意旋转MT轴系中的转子mt绕组已变换为了换向器绕组，经转子磁场定向后，相当于图5-46中的定、转子电刷将始终位于转子磁场定向MT轴上，此时转子mt绕组仍为换向器绕组，只是在转子磁场定向$\psi_t=0$的约束下，转子电压方程式（5-154）变成了式（5-175），故方程式（5-175）既承接了转子t绕组的伪静止特性，又体现了转子磁场定向后转子绕组已相当于纯电阻的电路特征。

（2）仅考虑$\boldsymbol{\psi}_r$幅值变化时

三相感应电动机动态运行中，转子磁场$\boldsymbol{\psi}_r$幅值变化时，便会在转子m绕组中感生变压器电动势。在图5-52a所示时刻，假设ψ_r正在增大，各导条中变压器电动势方向就如图中所示，其中处于T轴上的两个导条1和9中电动势最大，而处于M轴上两个导条5和13中的电动势为零，这与旋转电动势大小的空间分布恰好相反。由于转子各线圈已相当于无漏感电路，因此各导条电流大小的空间分布与变压器电动势大小的空间分布相位一致，如图5-52b所示。转子旋转时，尽管各导条的空间位置在变化，但处于M轴左侧的各导条电流的方向始终向内，而处于M轴右侧的则始终向外，故整个导条电流产生的磁动势$\boldsymbol{f}_m$其轴线将与$\boldsymbol{\psi}_r$(M轴)方向相反（当$\boldsymbol{\psi}_r$幅值增大时）或者相同（当$\boldsymbol{\psi}_r$减小时），以阻碍转子磁场幅值的变化。此时，笼型转子也表现出具有换向器绕组的特征，同样可将其等效为换向器绕组，如图5-52c所示，再将其归算为M轴上的伪静止绕组m，如图5-52d所示。

如图5-51d和图5-52d所示，由于转子m和t绕组轴线相互正交，故$\boldsymbol{\psi}_r$幅值变化时，不会在t绕组中感生变压器电动势，又因为转子磁场$\boldsymbol{\psi}_r$在T方向上的分量$\psi_t=0$，故转子电流i_m不会在T轴转子磁场下产生电磁转矩，故m绕组中电流i_m仅能影响转子磁场的励磁变化，所以将其称为转子励磁电流。倘若转子磁场$\boldsymbol{\psi}_r$幅值恒定不变，就不会在m绕组中感生这种阻尼电流，则有$i_m=0$，此时转子电流中将仅有转矩分量i_t。

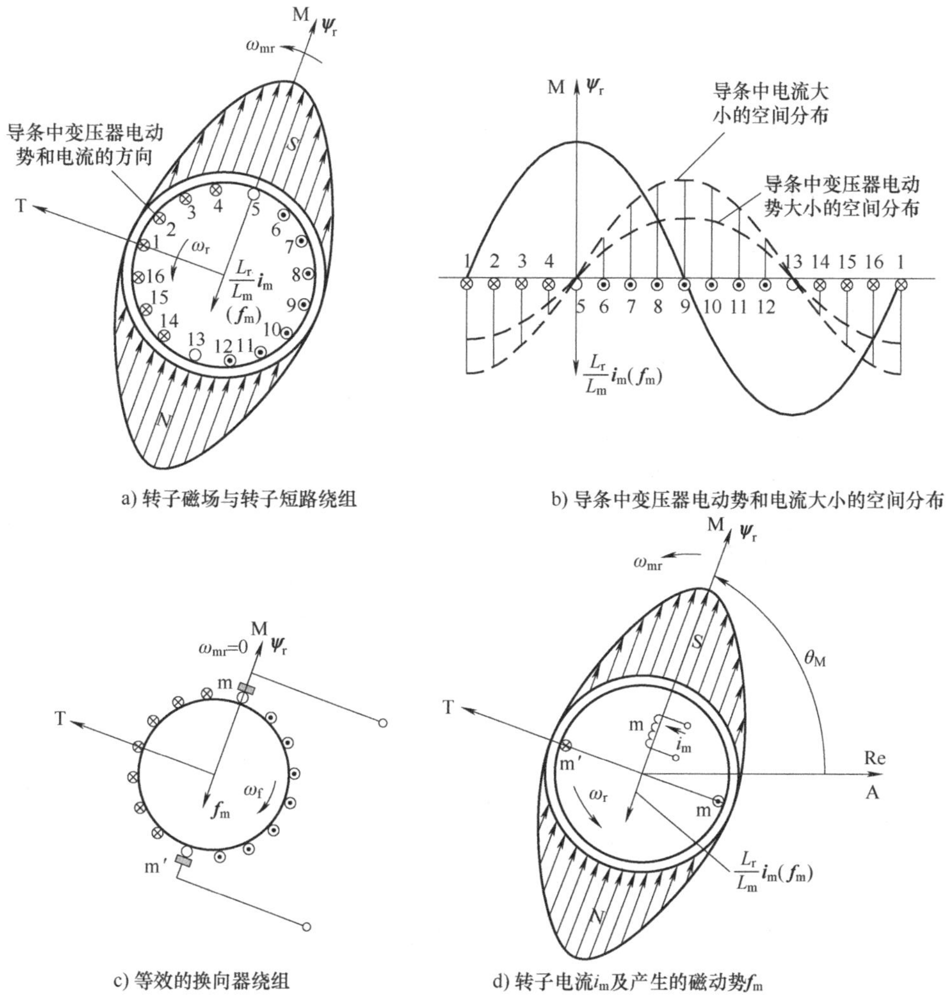

a) 转子磁场与转子短路绕组　b) 导条中变压器电动势和电流大小的空间分布

c) 等效的换向器绕组　d) 转子电流i_m及产生的磁动势f_m

图 5-52　转子磁场幅值变化时，在转子 m 绕组中感生的变压器电动势和电流

以上物理事实已反映在转子 m 绕组的电压方程式（5-182）中。式（5-182）既体现了转子磁场定向后转子绕组已相当于纯电阻电路的特征，式中的负号又体现了转子 m 绕组对转子磁场幅值变化的阻尼作用。

在动态情况下，针对转子磁场 $\boldsymbol{\psi}_r$ 旋转和幅值变化两种情况，可将图 5-51c 和图 5-52c 以及图 5-51d 和图 5-52d 叠合在一起，如图 5-53 所示，构成了 MT 轴上的转子绕组。

对笼型转子的分析结果，同样适用于绕线转子。

4. 定子电流控制方程

（1）定子励磁电流控制方程

三相感应电动机的转子绕组为短路绕组，只能在定子侧实现对电机励磁和转矩的有效控制，因此尚需根据转子电压方程式（5-182）和式（5-183）推导出定子电流控制方程。

由式（5-165），可得

$$i_M = \frac{\psi_r}{L_m} - \frac{L_r}{L_m} i_m = |\boldsymbol{i}_{mr}| - \frac{L_r}{L_m} i_m \tag{5-184}$$

式中，i_M 为定子电流励磁分量。式（5-184）表明，为保证$|\boldsymbol{i}_{mr}|$为实际的励磁电流，定子侧励

磁必须考虑转子 m 绕组对转子磁场幅值变化的阻尼作用。将式（5-182）代入式（5-184），可得定子电流励磁分量为

$$i_{\mathrm{M}}=\frac{1}{L_{\mathrm{m}}}(1+T_{\mathrm{r}}\mathrm{p})\psi_{\mathrm{r}}=(1+T_{\mathrm{r}}\mathrm{p})\,|\boldsymbol{i}_{\mathrm{mr}}| \tag{5-185}$$

式中，T_{r} 为转子时间常数，$T_{\mathrm{r}}=L_{\mathrm{r}}/R_{\mathrm{r}}$。

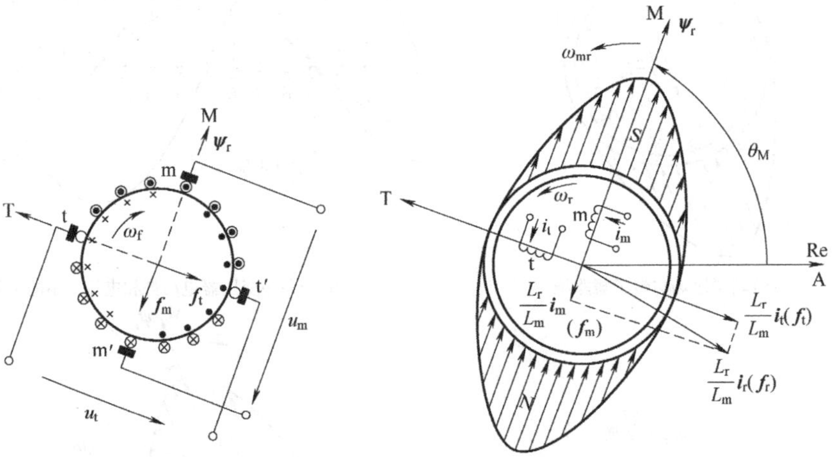

a) 等效的MT轴转子换向器绕组　　b) MT轴上的转子m和t绕组

图 5-53　转子换向器绕组与 MT 轴上的 m 和 t 绕组

式（5-185）表现为一阶微分环节，在动态运行中能实现强迫励磁，目的是抵消（补偿）转子电流 i_{m} 的阻尼作用，以保证励磁指令值 $|\boldsymbol{i}_{\mathrm{mr}}^{*}|$ 改变时，实际励磁电流 $|\boldsymbol{i}_{\mathrm{mr}}|$ 能快速严格地跟踪其变化，因此可作为定子励磁电流控制方程。在动态运行中，能够实时准确地控制电机内磁场，是电机具有良好动态性能的必要条件。稳态运行时，则有

$$i_{\mathrm{M}}=\frac{\psi_{\mathrm{r}}}{L_{\mathrm{m}}}=|\boldsymbol{i}_{\mathrm{mr}}| \tag{5-186}$$

（2）定子转矩电流控制方程

将式（5-183）代入式（5-168），可得

$$i_{\mathrm{T}}=\frac{T_{\mathrm{r}}}{L_{\mathrm{m}}}\psi_{\mathrm{r}}\omega_{\mathrm{f}}=T_{\mathrm{r}}\,|\boldsymbol{i}_{\mathrm{mr}}|\,\omega_{\mathrm{f}} \tag{5-187}$$

式中，i_{T} 为定子电流的转矩分量。式（5-187）表明，转矩电流大小正比于转子磁场 $\psi_{\mathrm{r}}(|\boldsymbol{i}_{\mathrm{mr}}|)$ 和转差速度 ω_{f}。当控制转子磁场恒定时，转矩电流将仅决定于转差速度 ω_{f}，体现了感应电机电磁感应的工作原理。可将式（5-187）作为间接矢量控制时定子转矩电流的控制方程。

式（5-168）中，当 i_{T} 突然变化时，转子电流 i_{t} 能即刻跟踪其变化，因为在 T 轴方向上不存在转子磁场（$\psi_{\mathrm{t}}=0$），故对 i_{t} 变化不存在阻碍，这意味着电机对转矩指令具有瞬时跟踪能力，可以提高电机系统的响应速度和动态性能。这只有在转子磁场定向下才可实现。

由式（5-162）、式（5-167）~式（5-169）和式（5-184），可构成转子磁场定向时磁链和电流的动态矢量图，如图 5-54a 所示，图 5-54b 为其稳态矢量图。

图 5-54a 反映了转子 m 绕组对转子磁场变化的阻尼作用，如当 ψ_{r} 增大时，转子 m 绕组内将产生阻尼电流 i_{m}，为保证 $|\boldsymbol{i}_{\mathrm{mr}}|$ 是产生转子磁场的实际励磁电流（$|\boldsymbol{i}_{\mathrm{mr}}|=\psi_{\mathrm{r}}/L_{\mathrm{m}}$），则如图中所示，$i_{\mathrm{M}}$ 比 $|\boldsymbol{i}_{\mathrm{mr}}|$ 增大的部分即为 $\frac{T_{\mathrm{r}}}{L_{\mathrm{m}}}\mathrm{p}\psi_{\mathrm{r}}=-\frac{L_{\mathrm{r}}}{L_{\mathrm{m}}}i_{\mathrm{m}}$（$\psi_{\mathrm{r}}$ 增大时，$i_{\mathrm{m}}<0$）。稳态运行时，$i_{\mathrm{m}}=0$，

转子电流中仅包含了 T 轴分量 $\dfrac{L_r}{L_m}i_t$，如图 5-54b 所示。

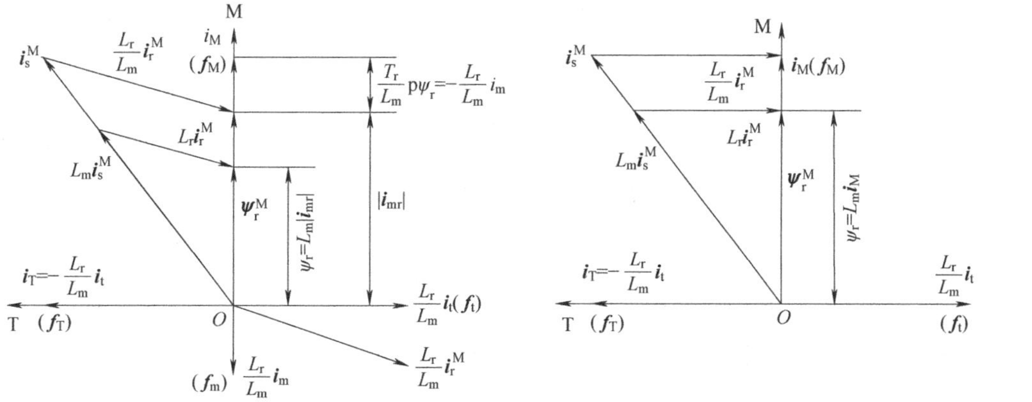

a) 动态矢量图(ψ_r增大时)　　b) 稳态矢量图

图 5-54　基于转子磁场定向的磁链和电流矢量图

由图 5-53b 和图 5-54a，可将转子磁场定向 MT 轴系表示为图 5-55 所示的形式。图中，MT 轴系相对定子 A 轴以电角速度 ω_{mr} 逆时针旋转，转子相对 A 轴以电角速度 ω_r 同为逆时针旋转，而相对 MT 轴系则以转差速度 ω_f 顺时针旋转($\omega_{mr}>\omega_r$)。经由定子 ABC 轴系到转子磁场定向 MT 轴系的矢量变换，已将定子三相绕组变换为 MT 轴上的换向器绕组 M 和 T，将转子绕组变换为了 MT 轴系上的换向器绕组 m 和 t。上面已推导出 MT 轴系内定、转子绕组的磁链、电压和电流方程，据此可推导出电磁转矩控制方程。

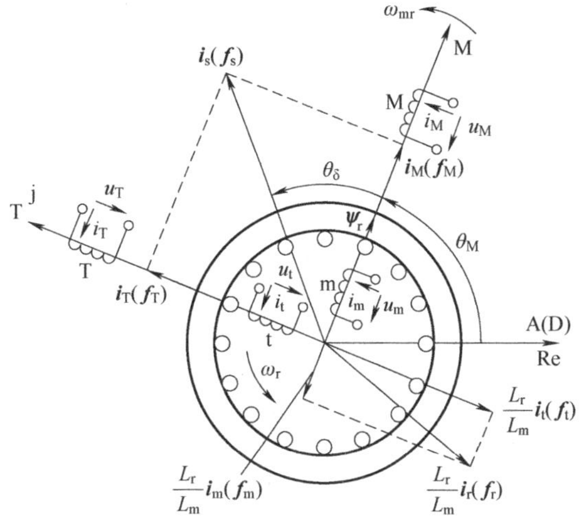

图 5-55　转子磁场定向的 MT 轴系

5. 电磁转矩控制方程

由式（3-222），可将 MT 轴系内电磁转矩表示为

$$t_e=-p_0\boldsymbol{\psi}_r^M\times\boldsymbol{i}_r^M=p_0(\psi_t i_m-\psi_m i_t)$$

MT 轴系沿转子磁场定向后，$\psi_t=0$，$\psi_m=\psi_r$，$i_t=-\dfrac{L_m}{L_r}i_T$，则有

$$\begin{aligned}t_e&=p_0\frac{L_m}{L_r}\psi_r i_T\\&=p_0\frac{L_m^2}{L_r}|\boldsymbol{i}_{mr}|i_T\end{aligned}\tag{5-188}$$

式（5-188）对稳态和动态均适用。通过控制等效励磁电流 $|\boldsymbol{i}_{mr}|$ 和转矩电流 i_T 便可控制电磁转矩，可作为直接矢量控制的转矩控制方程。当控制转子磁链恒定，或者稳态运行时，则有

$$t_e=p_0\frac{L_m^2}{L_r}i_M i_T\tag{5-189}$$

将式（5-187）代入式（5-188），可得

$$t_e = p_0 \frac{T_r}{L_r} \psi_r^2 \omega_f$$
$$= p_0 T_r \frac{L_m^2}{L_r} |\boldsymbol{i}_{mr}|^2 \omega_f \tag{5-190}$$

式（5-190）对稳态和动态均适用。

由式（5-188）可知，转子磁场恒定时，电磁转矩仅正比于转矩电流 i_T，而 $i_T(i_t)$ 仅正比于转差速度 ω_f，因此转矩仅正比于转差速度 ω_f，转矩 t_e 与 ω_f 呈现了线性关系，可以获得线性化的转矩特性，如图 5-56 所示。

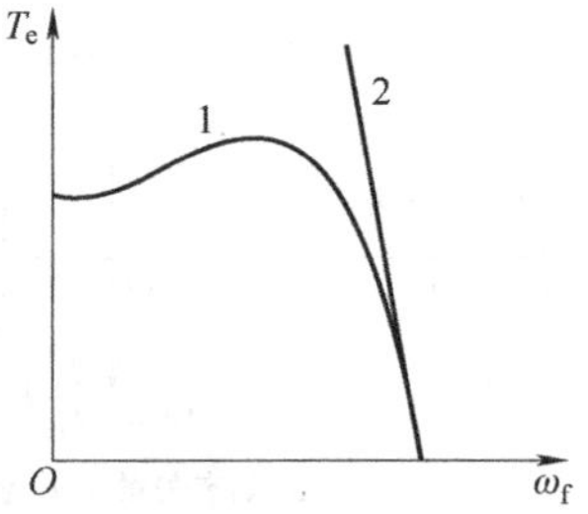

图 5-56 感应电动机的转矩特性

1—固有的机械特性

2—转子磁场定向矢量控制下的机械特性

在转子磁场定向 MT 轴系中，可以改变三相感应电动机固有的非线性转矩特性，这是转子磁场定向具有的主要特征，也是其特点和优势。在高性能伺服驱动中，电动机具有线性化的机械特性，可提高电力传动系统的控制品质。之所以如此，是因为图 5-51 中转子磁场定向后，对转子电流 i_t 而言，已相当于消除了转子漏磁的影响，由转子电压方程［式（5-183）］可知，此时转子电流 i_t 正比于旋转电动势 $\psi_r\omega_f$，即正比于转差速度 ω_f。

6. 转速方程

由式（5-187），可得

$$\omega_f = \frac{1}{T_r} \frac{i_T}{|\boldsymbol{i}_{mr}|} = \frac{1}{T_r}\left(\frac{1+T_r p}{i_M}\right) i_T \tag{5-191}$$

式（5-191）表明，转矩电流 i_T 和等效励磁电流 $|\boldsymbol{i}_{mr}|$ 的比例关系决定了转差速度 ω_f，可以看出，定子转矩电流 i_T 令 ω_f 趋于增大，而定子励磁电流 i_M 令 ω_f 趋于减小。

当转子磁场幅值恒定时，则有

$$\omega_f = \frac{1}{T_r} \frac{i_T}{i_M} \tag{5-192}$$

由式（5-190）可得

$$\omega_f = \frac{1}{p_0} \frac{L_r}{T_r} \frac{1}{\psi_r^2} t_e$$
$$= \frac{1}{p_0} \frac{1}{T_r} \frac{L_r}{L_m^2} \frac{1}{|\boldsymbol{i}_{mr}|^2} t_e \tag{5-193}$$

式（5-191）~式（5-193）反映了转子磁场、定子电流两分量、电磁转矩与转差速度的关系。应从感应电动机工作原理上理解这些物理量间的关系：如图 5-51 所示，转子电流 i_t 决定于旋转电动势 $\psi_r\omega_f$，若 ψ_r 保持恒定，则随着 ω_f 增大，转子电流 i_t 和电磁转矩随之增大，基于定、转子磁动势平衡，定子电流转矩分量 i_T 随之增加，最后表现为电磁转矩 t_e 与转差速度 ω_f 之间呈现线性关系。

如图 5-57 所示，在磁场定向 MT 轴系中，定子电流矢量给定值 $\boldsymbol{i}_s^*$ 的空间相位 θ_δ^* 为

$$\theta_\delta^* = \arctan \frac{i_T^*}{i_M^*} \tag{5-194}$$

亦即，ω_f^* 的大小决定了 $\boldsymbol{i}_s^*$ 的空间相位角 θ_δ^*。

另有

$$|\boldsymbol{i}_s^*|=\sqrt{i_T^{*2}+i_M^{*2}} \tag{5-195}$$

式（5-194）和式（5-195）表明，转子磁场幅值恒定时，若定子电流幅值一定，其转矩分量与励磁分量之比就唯一决定于转差速度，也就唯一地决定了定子电流矢量在MT轴系中的空间相位角。反之，如果定子电流矢量的实际幅值 i_s 与给定值 i_s^* 相等，即 $i_s=i_s^*$，同时转差速度实际值 ω_f 与给定值 ω_f^* 相等，即 $\omega_f=\omega_f^*$，则说明图5-57中的 $\boldsymbol{i}_s^*$ 的相位角 θ_δ^* 即为实际定子电流矢量 $\boldsymbol{i}_s$ 的相位角 θ_δ，则有 $\boldsymbol{i}_s=\boldsymbol{i}_s^*$。此时 $\boldsymbol{i}_s$ 的两个电流分量将分别与其给定值相等，即有 $i_M=i_M^*$ 和 $i_T=i_T^*$，这表明 i_M 已为转子磁场的实际励磁电流，进而表明MT轴系已沿转子磁场定向。因此，可将实际的定子电流矢量幅值和转差速度（转差频率）是否与给定值相等，即将 $i_s=i_s^*$ 和 $\omega_f=\omega_f^*$ 作为转子磁场定向的另一种约束条件。可以证明，转子磁场幅值变化时，这一结论仍然成立。

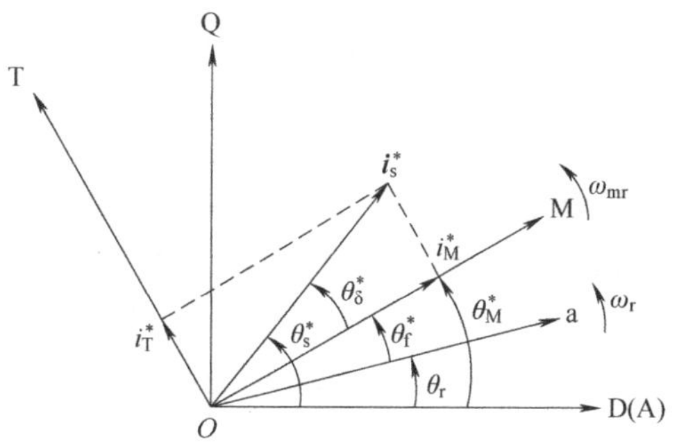

图5-57 磁场定向MT轴系中的定子电流 $\boldsymbol{i}_s^*$ 的幅值与相位

图5-57中，磁场定向MT轴系相对转子abc轴系（图中仅画出a轴）以转差速度 ω_f^* 旋转，因此通过积分环节可确定 θ_f^*，若再实际检测到转子空间相位角 θ_r，则可确定MT轴系的空间相位角 θ_M，$\theta_M^*=\theta_f^*+\theta_r$，利用变换因子 $e^{-j\theta_M^*}$，将 $\boldsymbol{i}_s^*$ 变换到定子ABC轴系，即可获得定子三相控制电流，由此可以实现基于转差频率的间接磁场定向的矢量控制。

7. 转子磁场定向MT轴系内的三相感应电动机

图5-55中，也可看作转子磁场定向MT轴系静止不动（此时位于MT轴系上的定、转子内、外缘上的四对电刷固定不动），而定子以电角速度 ω_{mr} 相对MT轴系顺时针旋转，转子则以转差速度 ω_f 相对MT轴系也顺时针旋转，如图5-58所示。对比图2-47可见，此时转差速度 ω_f 已相当于双轴直流电机电枢的转速 ω_r。

可以看出，在转子磁场定向MT轴系中，已将转子绕组（笼型或绕线转子绕组）变换为等效直流电机的换向器绕组。此时，定、转子绕组中的电压和电流已为直流量，当控制转子磁场恒定时，电磁转矩为线性项，运动方程便成为一组线性微分方程，故可以在MT轴系内采用时域内的线性控制理论和方法控制这台等效直流电机，因此可以获得与实际他励直流电动机相当的动态性能。

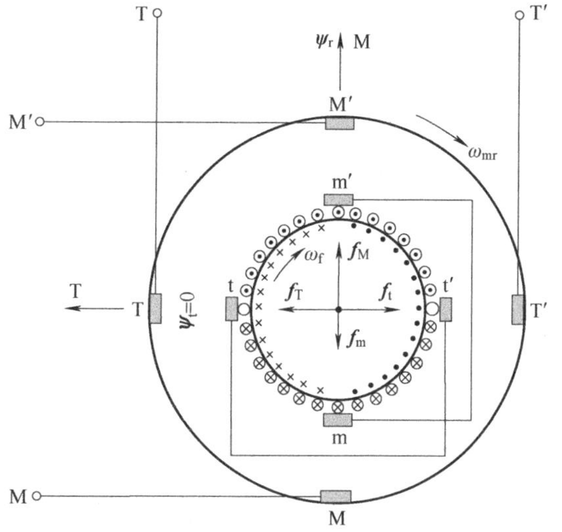

图5-58 转子磁场定向MT轴系内的感应电动机
（转子磁场幅值增大时）

在定子ABC轴系内，三相感应电动机的电磁转矩见式（3-224），电磁转矩是个多变量的非线性项，运动方程为一组多变量、强耦合的非线性微分方程，且转子电流不可控，这使得瞬态电磁转矩难以控制，导致其动态

性能远不如他励直流电动机。但在磁场定向 MT 轴系内，可以找到对瞬态电磁转矩有效的控制方法。对比式（2-75）和式（5-188）可见，$|\boldsymbol{i}_{mr}|$已相当于他励直流电动机的主极励磁电流 i_f，i_T 已相当于直流电动机的交轴电流 i_q。他励直流电动机可以各自独立地控制主极励磁电流 i_f 和交轴电流 i_q，转子磁场定向的三相感应电动机也可以在 MT 轴系内，各自独立地控制定子电流励磁分量 i_M 和转矩分量 i_T，同样可以实现两者的解耦控制。当三相感应电动机采用电流可控 PWM 逆变器馈电时，可将 i_M 和 i_T 直接变换到定子 ABC 轴系，通过控制定子三相电流 i_A、i_B、i_C 实现对 i_M 和 i_T 的实际控制，即有

$$\begin{bmatrix} i_A \\ i_B \\ i_C \end{bmatrix}=\sqrt{\frac{2}{3}}\begin{bmatrix} \sin\theta_M & -\cos\theta_M \\ \sin\left(\theta_M-\frac{2\pi}{3}\right) & -\cos\left(\theta_M-\frac{2\pi}{3}\right) \\ \sin\left(\theta_M-\frac{4\pi}{3}\right) & -\cos\left(\theta_M-\frac{4\pi}{3}\right) \end{bmatrix}\begin{bmatrix} i_M \\ i_T \end{bmatrix} \tag{5-196}$$

且有

$$\begin{bmatrix} i_M \\ i_T \end{bmatrix}=\sqrt{\frac{2}{3}}\begin{bmatrix} \sin\theta_M & \sin\left(\theta_M-\frac{2\pi}{3}\right) & \sin\left(\theta_M-\frac{4\pi}{3}\right) \\ -\cos\theta_M & -\cos\left(\theta_M-\frac{2\pi}{3}\right) & -\cos\left(\theta_M-\frac{4\pi}{3}\right) \end{bmatrix}\begin{bmatrix} i_A \\ i_B \\ i_C \end{bmatrix} \tag{5-197}$$

当三相感应电动势采用电压源逆变器馈电时，由式（5-180）和式（5-181）可得到对 i_M 和 i_T 的控制电压 u_M 和 u_T，再经由与式（5-196）相同的坐标变换，便可以得到定子三相控制电压 u_A、u_B 和 u_C。为了实现 ABC 轴系与转子磁场定向 MT 轴系间的坐标变换，一个关键问题是如何保证式中的 MT 轴系已经实现了磁场定向。一种方法就是实际检测相位角 θ_M，这种方法称为直接磁场定向；另一种方法是通过控制定子电流 i_s 和转差速度 ω_f，以满足转子磁场定向约束，这种方法称为间接磁场定向（又称转差频率法），此时不需要检测 MT 轴系空间相位角 θ_M，但需要检测转子速度 ω_r。有关磁场定向的具体方法将在第 7 章中另行讨论。

图 5-58 中，虽然将三相感应电动机的转子绕组变换为了等效直流电动机的电枢绕组，但是实际直流电动机电枢可直接由外电源馈电，而等效电枢绕组为短路，只能通过定子来间接控制电枢交、直轴电流；由于转子 m 绕组的阻尼作用，也使得转子磁场控制复杂化；再有，必须进行矢量变换和磁场定向。因此，相比实际他励直流电动机，三相感应电动机基于磁场定向的矢量控制要复杂得多。

8. 转子磁场定向的稳态等效电路和相矢图

稳态运行时，定、转子电压矢量方程式（5-170）和式（5-171）中，$\frac{d\boldsymbol{\psi}_s^M}{dt}=0$，$\frac{d\boldsymbol{\psi}_r^M}{dt}=0$，且有 $\omega_{mr}=\omega_s$，ω_s 为同步电角速度，于是可得

$$\boldsymbol{u}_s^M=R_s\boldsymbol{i}_s^M+j\omega_s(L_s\boldsymbol{i}_s^M+L_m\boldsymbol{i}_r^M) \tag{5-198}$$

$$0=R_r\boldsymbol{i}_r^M+j\omega_f(L_m\boldsymbol{i}_s^M+L_r\boldsymbol{i}_r^M) \tag{5-199}$$

可将式（5-198）和式（5-199）改写为

$$\boldsymbol{u}_s^M=R_s\boldsymbol{i}_s^M+j\omega_s\left(L_s-\frac{L_m^2}{L_r}\right)\boldsymbol{i}_s^M+j\omega_s\frac{L_m^2}{L_r}\left(\boldsymbol{i}_s^M+\frac{L_r}{L_m}\boldsymbol{i}_r^M\right) \tag{5-200}$$

$$0=R_r\boldsymbol{i}_r^M+j\omega_f L_m\left(\boldsymbol{i}_s^M+\frac{L_r}{L_m}\boldsymbol{i}_r^M\right) \tag{5-201}$$

转子磁场定向后，稳态运行时，转子磁场约束方程式（5-169）则为

$$\boldsymbol{i}_s^M+\frac{L_r}{L_m}\boldsymbol{i}_r^M=|\boldsymbol{i}_{mr}|=i_M \tag{5-202}$$

将式（5-202）分别代入式（5-200）和式（5-201），可得

$$\boldsymbol{u}_s^M=R_s\boldsymbol{i}_s^M+j\omega_s\left(L_s-\frac{L_m^2}{L_r}\right)\boldsymbol{i}_s^M+j\omega_s\frac{L_m^2}{L_r}i_M \tag{5-203}$$

$$0=\left(\frac{L_m}{L_r}\right)^2\frac{R_r}{s}\left(\frac{L_r}{L_m}\boldsymbol{i}_r^M\right)+j\omega_s\frac{L_m^2}{L_r}i_M \tag{5-204}$$

可将式（5-203）和式（5-204）用等效电路来表示，如图 5-59a 所示，与其相应的相量等效电路则如图 5-59b 所示，通常将其称为 T-I 形等效电路。图 5-59a 中，$R_m=0$（忽略了铁耗），L_s' 称为定子瞬态电感，$L_s'=L_s-\frac{L_m^2}{L_r}$，$L_s'=\sigma L_s$；转子参数和转子物理量去掉了上角标“′”。对比图 5-43a 所示的 T 形等效电路，相当于将转子漏电感移出了转子电路，除了定子电阻外，整个电路的参数都发生了变化，新参数仍借助 T 形等效电路的参数来表示，因为 T 形等效电路参数为电动机的固有参数，可通过实验获取，或由电动机设计确定。

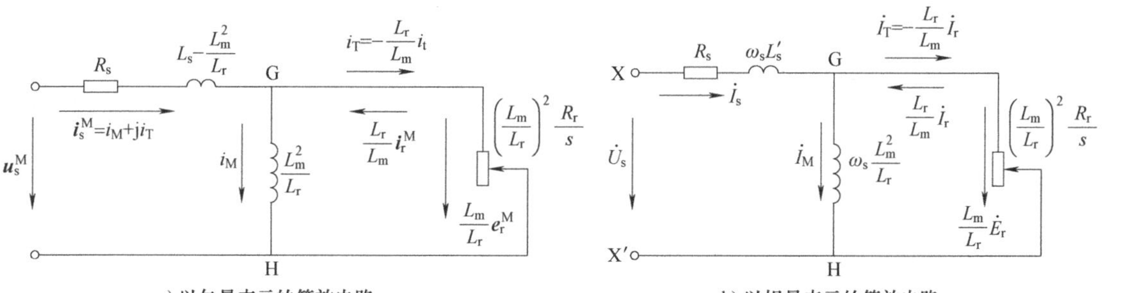

a) 以矢量表示的等效电路
b) 以相量表示的等效电路

图 5-59　转子磁场定向的稳态等效电路 T-I 形等效电路

可以证明，从图 5-59b 中 X-X′端口看进去的总阻抗 Z_s 与图 5-15 的总阻抗（$R_m=0$）相同，这意味着定子电流 $\dot{I}_s$ 是不变的，说明两者对电源是等同的，输入电动机的有功功率和无功功率不变。

图 5-59a 中，对于励磁支路 GH，则有

$$\frac{L_m^2}{L_r}i_M=\frac{L_m^2}{L_r}\left(\boldsymbol{i}_s^M+\frac{L_r}{L_m}\boldsymbol{i}_r^M\right)=\frac{L_m}{L_r}\boldsymbol{\psi}_r$$

于是有

$$\psi_r=L_m i_M \tag{5-205}$$

式（5-205）表明，图 5-59a 中的 ψ_r 即为图 5-51a 所示的实际转子磁链 ψ_r。

由图 5-59a，可得

$$\frac{L_m}{L_r}e_r=\omega_s\frac{L_m}{L_r}\psi_r$$

可得

$$e_r=\psi_r\omega_s \qquad se_r=\psi_r\omega_f \tag{5-206}$$

式（5-206）表明，图 5-59a 中的 e_r 即为转子电压方程式（5-175）中的转子电动势 $\psi_r\omega_f$ 的归

算值。

由于定子电流 $\boldsymbol{i}_{\mathrm{s}}^{\mathrm{M}}$ 没有改变，$\boldsymbol{i}_{\mathrm{s}}^{\mathrm{M}}=i_{\mathrm{M}}-\dfrac{L_{\mathrm{r}}}{L_{\mathrm{m}}}\boldsymbol{i}_{\mathrm{r}}^{\mathrm{M}}$，$i_{\mathrm{M}}$ 为定子实际励磁电流，因此图 5-59a 中的 $\dfrac{L_{\mathrm{r}}}{L_{\mathrm{m}}}\boldsymbol{i}_{\mathrm{r}}^{\mathrm{M}}$ 即与实际的转子电流相对应。

图 5-59b 中，输入转子的电磁功率为

$$P_{\mathrm{e}}=3\frac{L_{\mathrm{m}}}{L_{\mathrm{r}}}E_{\mathrm{r}}\frac{L_{\mathrm{r}}}{L_{\mathrm{m}}}I_{\mathrm{r}}=3E_{\mathrm{r}}I_{\mathrm{r}}=3\omega_{\mathrm{s}}\Psi_{\mathrm{r}}I_{\mathrm{r}}=3\omega_{\mathrm{s}}\frac{L_{\mathrm{m}}^{2}}{L_{\mathrm{r}}}I_{\mathrm{M}}I_{\mathrm{T}}=\omega_{\mathrm{s}}\frac{L_{\mathrm{m}}^{2}}{L_{\mathrm{r}}}i_{\mathrm{M}}i_{\mathrm{T}} \tag{5-207}$$

则有

$$T_{\mathrm{e}}=p_{0}\frac{L_{\mathrm{m}}^{2}}{L_{\mathrm{r}}}i_{\mathrm{M}}i_{\mathrm{T}}=p_{0}\frac{L_{\mathrm{m}}}{L_{\mathrm{r}}}\psi_{\mathrm{r}}i_{\mathrm{T}} \tag{5-208}$$

另由

$$\omega_{\mathrm{s}}\frac{L_{\mathrm{m}}^{2}}{L_{\mathrm{r}}}I_{\mathrm{M}}=I_{\mathrm{T}}\left(\frac{L_{\mathrm{m}}}{L_{\mathrm{r}}}\right)^{2}\frac{R_{\mathrm{r}}}{s}$$

可得

$$\omega_{\mathrm{f}}=\frac{1}{T_{\mathrm{r}}}\frac{I_{\mathrm{T}}}{I_{\mathrm{M}}}=\frac{1}{T_{\mathrm{r}}}\frac{i_{\mathrm{T}}}{i_{\mathrm{M}}} \tag{5-209}$$

式（5-208）和式（5-209）即为磁场定向的转矩表达式式（5-189）和转速方程式（5-192）。这表明，可以利用图 5-59 来分析转子磁场定向三相感应电动机的稳态运行。

图 5-59b 中，输入转子的电磁功率还可表示为

$$P_{\mathrm{e}}=3\left(\frac{L_{\mathrm{m}}}{L_{\mathrm{r}}}E_{\mathrm{r}}\right)^{2}\frac{s}{\left(\dfrac{L_{\mathrm{m}}}{L_{\mathrm{r}}}\right)^{2}R_{\mathrm{r}}}=3E_{\mathrm{r}}^{2}\frac{s}{R_{\mathrm{r}}} \tag{5-210}$$

式中，P_{e} 即为 T 形等效电路中输入转子的电磁功率，说明以转子磁场定向的矢量控制并没有改变三相感应电动机的电磁功率。由式（5-210），可得电磁转矩为

$$T_{\mathrm{e}}=\frac{3}{\Omega_{\mathrm{s}}}E_{\mathrm{r}}^{2}\frac{s}{R_{\mathrm{r}}} \tag{5-211}$$

对比式（5-91）和式（5-211）可知，当控制 $I_{\mathrm{M}}=$常值使转子磁场恒定($E_{\mathrm{r}}=$常值)时，后者不仅消除了转子电阻 R_{r} 以外的参数对转矩的影响，而且电磁转矩 T_{e} 与转差率 s 之间呈现了线性关系，已将三相感应电动机固有的非线性 T_{e}-s 特性线性化。对于图 5-15 所示的 T 形等效电路而言，这相当于必须能够控制作用于等效电阻 R_{s}'/s 两端的电动势 E_{r}' 为恒定值，显然电动机在外加电压下正常运行时，这是难以做到的。实际在电路中，将 T 形等效电路图 5-15 中的转子漏抗移出转子电路，也会得到图 5-59b，但在正常状态下运行时是无法对转子电动势予以控制的，或者说只有在转子电动势 E_{r}（转子磁场）可控时，图 5-59b 才具有实际意义，而这只有在以转子磁场定向的 MT 轴系中，通过控制转子磁场励磁电流 i_{M} 才可以做到。

在基于转子磁场定向的矢量控制中，转子磁场励磁电流 i_{M}^{*}（控制转子磁场恒定时，$i_{\mathrm{M}}^{*}=|\boldsymbol{i}_{\mathrm{mr}}^{*}|$）为给定值，根据系统对电磁转矩的要求确定了电磁转矩电流给定值 i_{T}^{*}。如果三相感应电动机由电流可控 PWM 逆变器馈电，可控制实际电流 $i_{\mathrm{M}}=i_{\mathrm{M}}^{*}$ 和 $i_{\mathrm{T}}=i_{\mathrm{T}}^{*}$；如果由电压源逆变器馈电，则可由定子电压方程式（5-180）和式（5-181）确定能使实际电流 i_{M} 和 i_{T} 跟踪 i_{M}^{*} 和

i_T^* 的定子电压 u_M 和 u_T，这相当于图 5-59a 中，可根据对 i_M 和 i_T 的实际要求，由里向外地来确定供电电压 $\boldsymbol{u}_s^M$。在动态运行时，同样能够实现这种矢量控制。当然，这只能在转子磁场定向 MT 轴系内才能实现。

由图 5-59 可得如图 5-60 所示的相矢图，图中已将 ABC 轴系和转子磁场定向 MT 轴系的相矢图重叠（括号内）在一起。可以看出，在自然 ABC 轴系内，由于转子漏磁的存在，使转子电流 $\boldsymbol{i}_r$ 滞后于气隙电动势 $\boldsymbol{e}_g$ 以 ψ_2 电角度，相对 $\boldsymbol{e}_g$ 而言，此时 $\boldsymbol{i}_r$ 不是转矩电流而是负载电流，定子电流 $\boldsymbol{i}_s$ 分解为 $\boldsymbol{i}_g$ 和 $-\boldsymbol{i}_r$ 两个分量，两者不能正交。

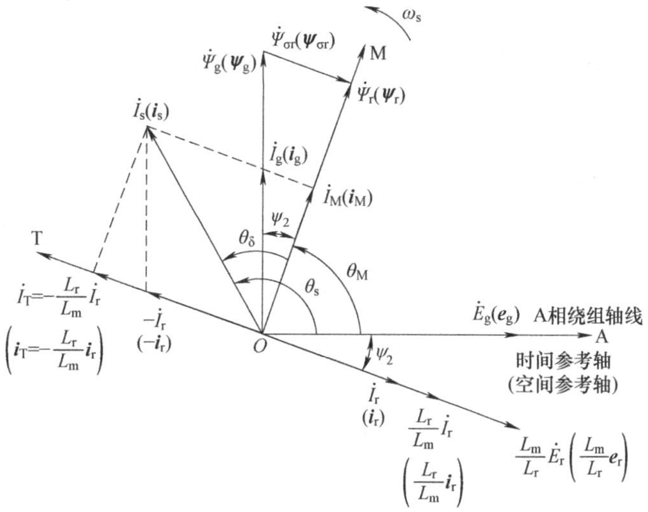

图 5-60 三相感应电动机相矢图（T-I 形等效电路）

在转子磁场定向 MT 轴系内，转子磁场 $\boldsymbol{\psi}_r$ 没变，但相对 $\boldsymbol{\psi}_r$ 而言，转子电流 $\frac{L_r}{L_m}\boldsymbol{i}_r$ 已不再受转子漏磁场影响，$\frac{L_r}{L_m}\boldsymbol{i}_r$ 与转子电动势 $\frac{L_m}{L_r}\boldsymbol{e}_r$ 方向一致，此时相对 $\frac{L_m}{L_r}\boldsymbol{e}_r$ 而言，转子电流 $\frac{L_r}{L_m}\boldsymbol{i}_r$ 已成为转矩电流；定子电流转矩分量 $\boldsymbol{i}_T=-\frac{L_r}{L_m}\boldsymbol{i}_r$，由 $\boldsymbol{\psi}_r(|\boldsymbol{i}_{mr}|)$ 可确定定子电流励磁分量 $\boldsymbol{i}_M$，定子电流分解为励磁分量 $\boldsymbol{i}_M$ 和转矩分量 $\boldsymbol{i}_T$，且两者相互正交，已不存在耦合；通过分别控制 i_M 和 i_T 便可各自独立控制转子磁场和电磁转矩。

5.10.5 气隙磁场定向 MT 轴系中的运动方程

图 5-45 中，可将任意旋转的 MT 轴系沿气隙磁场 $\boldsymbol{\psi}_g$ 定向，如图 5-48 所示。此时 M 轴始终与气隙磁场 $\boldsymbol{\psi}_g$ 方向取得一致，两者以 $\boldsymbol{\psi}_g$ 的旋转电角速度 ω_{mg} 同步旋转，在 ABC 轴系内的空间相位角为 θ_M。

1. 定、转子磁链方程

定、转子磁链方程仍同式（5-146）和式（5-147），再考虑到气隙磁链方程，即有

$$\boldsymbol{\psi}_s^M=L_s\boldsymbol{i}_s^M+L_m\boldsymbol{i}_r^M \tag{5-212}$$

$$\boldsymbol{\psi}_r^M=L_m\boldsymbol{i}_s^M+L_r\boldsymbol{i}_r^M \tag{5-213}$$

$$\boldsymbol{\psi}_g^M=L_m\boldsymbol{i}_s^M+L_m\boldsymbol{i}_r^M \tag{5-214}$$

式中，磁链和电流矢量仍采用上角标“M”。

2. 磁场定向约束方程

式（5-214）中，$\boldsymbol{\psi}_g^M=\psi_{gM}+\mathrm{j}\psi_{gT}$，$\psi_{gM}$ 和 ψ_{gT} 分别为 $\boldsymbol{\psi}_g^M$ 在 MT 轴系中的坐标分量，则有

$$\psi_{gM}=L_m i_M+L_m i_m \tag{5-215}$$

$$\psi_{gT}(0)=L_m i_T+L_m i_t \tag{5-216}$$

MT 轴系沿气隙磁场 $\boldsymbol{\psi}_g$ 定向后，$\psi_{gT}=0$，则有 $\boldsymbol{\psi}_g^M=\psi_{gM}$，此时 i_M 和 i_m 已为定、转子实际

励磁电流，等效励磁电流为 i_{mg}，$\boldsymbol{i}_{mg}$位于 M 轴，且与 $\boldsymbol{\psi}_g^M$ 方向一致，于是有

$$i_T=-i_t \tag{5-217}$$

$$|\boldsymbol{i}_{mg}|=\frac{\psi_g}{L_m}=i_M+i_m \tag{5-218}$$

可将式（5-217）和式（5-218）作为磁场定向约束条件，且可将两式统一表示为

$$|\boldsymbol{i}_{mg}|=\boldsymbol{i}_s^M+\boldsymbol{i}_r^M \tag{5-219}$$

如图 5-49 所示，若$|\boldsymbol{i}_{mg}|$为实际励磁电流，说明 MT 轴系已沿气隙磁场定向。

3. 磁链和电流矢量图

由矢量方程式（5-214）~式（5-219）可以得到气隙磁场定向的磁链和电流矢量图，如图 5-61 所示。对比图 5-61 和图 5-54a，乍看起来，两者形式相同，但在图 5-54a 中，转子电流 i_m 只有在转子磁场 $\psi_r(|\boldsymbol{i}_{mr}|)$发生变化时才存在，当转子磁场 $\psi_r(|\boldsymbol{i}_{mr}|)$稳定后，$i_m$ 便随之消失。可在图 5-61 中，即使气隙磁场 $\psi_g(|\boldsymbol{i}_{mg}|)$不变化，$i_m$ 也将始终存在。这是因为，由于转子漏磁的存在，使得转子电流 $\boldsymbol{i}_r^M$ 与气隙磁场 $\boldsymbol{\psi}_g$ 并不正交，而是滞后 $\boldsymbol{\psi}_g$ 以$(90°+\psi_2)$电角度，此时 $\boldsymbol{i}_r^M$ 在 M 轴上的励磁分量 i_m 无论稳态或动态运行时均存在，这是气隙磁场定向与转子磁场定向的差别之一。

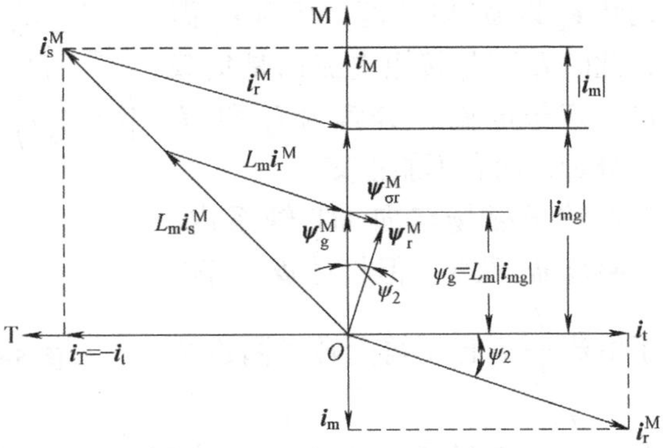

图 5-61　气隙磁场定向的磁链和电流矢量图

4. 定、转子电压矢量方程

由式（5-152）和式（5-153），可得气隙磁场定向后定、转子电压矢量方程为

$$\boldsymbol{u}_s^M=R_s\boldsymbol{i}_s^M+\frac{d\boldsymbol{\psi}_s^M}{dt}+j\omega_{mg}\boldsymbol{\psi}_s^M \tag{5-220}$$

$$\boldsymbol{u}_r^M=R_r\boldsymbol{i}_r^M+\frac{d\boldsymbol{\psi}_r^M}{dt}+j\omega_f\boldsymbol{\psi}_r^M \tag{5-221}$$

式中，ω_f 为转差速度，$\omega_f=\omega_{mg}-\omega_r$，$\omega_{mg}$为气隙磁场旋转的瞬时电角速度。

由式（5-220）和式（5-221），可得

$$u_M=R_si_M+\frac{d\psi_M}{dt}-\omega_{mg}\psi_T \tag{5-222}$$

$$u_T=R_si_T+\frac{d\psi_T}{dt}+\omega_{mg}\psi_M \tag{5-223}$$

$$0=R_ri_m+\frac{d\psi_m}{dt}-\omega_f\psi_t \tag{5-224}$$

$$0=R_ri_t+\frac{d\psi_t}{dt}+\omega_f\psi_m \tag{5-225}$$

如图 5-61 所示，转子磁场 $\boldsymbol{\psi}_r$ 在 T 轴方向上的分量 ψ_t 并不为零，故与转子磁场定向的转子电压方程式（5-174）和式（5-175）相比，式（5-224）和式（5-225）中仍存在$-\omega_f\psi_t$ 和

$\frac{\mathrm{d}\psi_{\mathrm{t}}}{\mathrm{d}t}$项。

在任意旋转 MT 轴系的定、转子电压坐标分量方程式（5-158）中，以 ω_{mg}代之以 ω_{k}，以 ω_{f} 代之以 ω_{fk}，便可得以电流表示的定、转子电压坐标分量方程。

为消除转子电流 $\boldsymbol{i}_{\mathrm{r}}^{\mathrm{M}}$，将磁场定向约束方程式（5-219）代入式（5-212），再将式（5-212）代入式（5-220），可得

$$\boldsymbol{u}_{\mathrm{s}}^{\mathrm{M}}=R_{\mathrm{s}}\boldsymbol{i}_{\mathrm{s}}^{\mathrm{M}}+L_{\sigma\mathrm{s}}\frac{\mathrm{d}\boldsymbol{i}_{\mathrm{s}}^{\mathrm{M}}}{\mathrm{d}t}+L_{\mathrm{m}}\frac{\mathrm{d}|\boldsymbol{i}_{\mathrm{mg}}|}{\mathrm{d}t}+\mathrm{j}\omega_{\mathrm{mg}}(L_{\sigma\mathrm{s}}\boldsymbol{i}_{\mathrm{s}}^{\mathrm{M}}+L_{\mathrm{m}}|\boldsymbol{i}_{\mathrm{mg}}|) \tag{5-226}$$

将式（5-226）写成坐标分量形式，可得定子电压坐标分量方程为

$$u_{\mathrm{M}}=R_{\mathrm{s}}i_{\mathrm{M}}+L_{\sigma\mathrm{s}}\frac{\mathrm{d}i_{\mathrm{M}}}{\mathrm{d}t}+L_{\mathrm{m}}\frac{\mathrm{d}|\boldsymbol{i}_{\mathrm{mg}}|}{\mathrm{d}t}-\omega_{\mathrm{mg}}L_{\sigma\mathrm{s}}i_{\mathrm{T}} \tag{5-227}$$

$$u_{\mathrm{T}}=R_{\mathrm{s}}i_{\mathrm{T}}+L_{\sigma\mathrm{s}}\frac{\mathrm{d}i_{\mathrm{T}}}{\mathrm{d}t}+\omega_{\mathrm{mg}}(L_{\sigma\mathrm{s}}i_{\mathrm{M}}+L_{\mathrm{m}}|\boldsymbol{i}_{\mathrm{mg}}|) \tag{5-228}$$

由式（5-227）和式（5-228），可得

$$T_{\sigma\mathrm{s}}\frac{\mathrm{d}i_{\mathrm{M}}}{\mathrm{d}t}+i_{\mathrm{M}}=\frac{u_{\mathrm{M}}}{R_{\mathrm{s}}}-\frac{L_{\mathrm{m}}}{R_{\mathrm{s}}}\frac{\mathrm{d}|\boldsymbol{i}_{\mathrm{mg}}|}{\mathrm{d}t}+\omega_{\mathrm{mg}}\frac{L_{\sigma\mathrm{s}}}{R_{\mathrm{s}}}i_{\mathrm{T}} \tag{5-229}$$

$$T_{\sigma\mathrm{s}}\frac{\mathrm{d}i_{\mathrm{T}}}{\mathrm{d}t}+i_{\mathrm{T}}=\frac{u_{\mathrm{T}}}{R_{\mathrm{s}}}-\frac{\omega_{\mathrm{mg}}}{R_{\mathrm{s}}}(L_{\sigma\mathrm{s}}i_{\mathrm{M}}+L_{\mathrm{m}}|\boldsymbol{i}_{\mathrm{mg}}|) \tag{5-230}$$

式中，$T_{\sigma\mathrm{s}}$为定子漏磁时间常数，$T_{\sigma\mathrm{s}}=L_{\sigma\mathrm{s}}/R_{\mathrm{s}}$。

5. 电磁转矩

由三相感应电动机转矩表达式式（3-216），可将气隙磁场定向 MT 轴系内的电磁转矩表示为

$$\begin{aligned}t_{\mathrm{e}}&=p_0\boldsymbol{\psi}_{\mathrm{g}}^{\mathrm{M}}\times\boldsymbol{i}_{\mathrm{s}}^{\mathrm{M}}\\&=p_0\psi_{\mathrm{g}}i_{\mathrm{T}}\\&=p_0L_{\mathrm{m}}|\boldsymbol{i}_{\mathrm{mg}}|i_{\mathrm{T}}\end{aligned} \tag{5-231}$$

式（5-231）表明，通过控制气隙磁场 $\psi_{\mathrm{g}}(|\boldsymbol{i}_{\mathrm{mg}}|)$和转矩电流 i_{T} 便可以控制电磁转矩。若控制$|\boldsymbol{i}_{\mathrm{mg}}|$为常值，则转矩便仅与 i_{T} 相关，且呈现正比关系。

6. 稳态运行特性

由定、转子电压方程式（5-220）、式（5-221）和磁链矢量方程式（5-212）~式（5-214），以及磁场定向方程式（5-219），可得

$$\boldsymbol{u}_{\mathrm{s}}^{\mathrm{M}}=R_{\mathrm{s}}\boldsymbol{i}_{\mathrm{s}}^{\mathrm{M}}+L_{\sigma\mathrm{s}}\frac{\mathrm{d}\boldsymbol{i}_{\mathrm{s}}^{\mathrm{M}}}{\mathrm{d}t}+L_{\mathrm{m}}\frac{\mathrm{d}|\boldsymbol{i}_{\mathrm{mg}}|}{\mathrm{d}t}+\mathrm{j}\omega_{\mathrm{mg}}L_{\sigma\mathrm{s}}\boldsymbol{i}_{\mathrm{s}}^{\mathrm{M}}+\mathrm{j}\omega_{\mathrm{mg}}L_{\mathrm{m}}|\boldsymbol{i}_{\mathrm{mg}}| \tag{5-232}$$

$$\mathbf{0}=R_{\mathrm{r}}\boldsymbol{i}_{\mathrm{r}}^{\mathrm{M}}+L_{\sigma\mathrm{r}}\frac{\mathrm{d}\boldsymbol{i}_{\mathrm{r}}^{\mathrm{M}}}{\mathrm{d}t}+L_{\mathrm{m}}\frac{\mathrm{d}|\boldsymbol{i}_{\mathrm{mg}}|}{\mathrm{d}t}+\mathrm{j}\omega_{\mathrm{f}}L_{\sigma\mathrm{r}}\boldsymbol{i}_{\mathrm{r}}^{\mathrm{M}}+\mathrm{j}\omega_{\mathrm{f}}L_{\mathrm{m}}|\boldsymbol{i}_{\mathrm{mg}}| \tag{5-233}$$

稳态运行时，则有

$$\boldsymbol{u}_{\mathrm{s}}^{\mathrm{M}}=R_{\mathrm{s}}\boldsymbol{i}_{\mathrm{s}}^{\mathrm{M}}+\mathrm{j}\omega_{\mathrm{s}}L_{\sigma\mathrm{s}}\boldsymbol{i}_{\mathrm{s}}^{\mathrm{M}}+\mathrm{j}\omega_{\mathrm{s}}L_{\mathrm{m}}|\boldsymbol{i}_{\mathrm{mg}}| \tag{5-234}$$

$$\mathbf{0}=\frac{R_{\mathrm{r}}}{s}\boldsymbol{i}_{\mathrm{r}}^{\mathrm{M}}+\mathrm{j}\omega_{\mathrm{s}}L_{\sigma\mathrm{r}}\boldsymbol{i}_{\mathrm{r}}^{\mathrm{M}}+\mathrm{j}\omega_{\mathrm{s}}L_{\mathrm{m}}|\boldsymbol{i}_{\mathrm{mg}}| \tag{5-235}$$

由式（5-234）和式（5-235）可得稳态等效电路，如图 5-62 所示。图 5-62 与图 5-15 所示

的 T 形等效电路($R_m=0$)相对应。

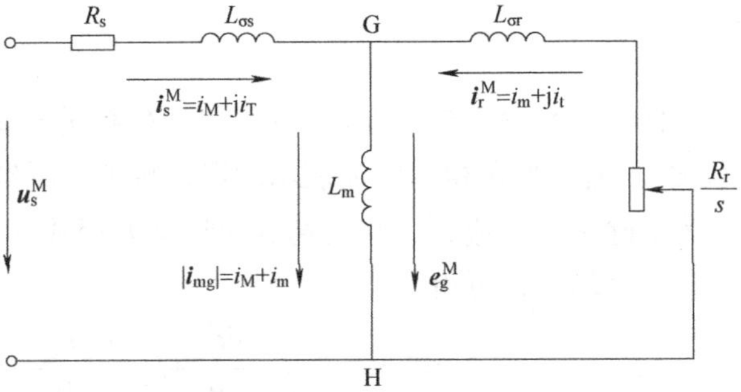

图 5-62 气隙磁场定向的稳态等效电路（T 形等效电路）

如图 5-61 所示，定、转子电流 $\boldsymbol{i}_s$ 和 $\boldsymbol{i}_r$ 在磁场定向 MT 轴系内分别分解为 $\boldsymbol{i}_s^M=i_M+ji_T$ 和 $\boldsymbol{i}_r^M=i_m+ji_t$，转子电流分量 i_t 为转矩分量，i_t 被定子电流转矩分量 i_T 所补偿（平衡）。由于转子存在漏磁，因此转子电流还包含了励磁分量 i_m，定子电流励磁分量 i_M 中，一部分($|\boldsymbol{i}_{mg}|$)建立了气隙磁场，另一部分 i_m 则建立了转子漏磁场。这些均反映在等效电路图 5-62 中。

问题是，既然图 5-15 与图 5-62 具有相同的形式，那么为什么在自然 ABC 轴系中不能对瞬态转矩实现有效控制，而在气隙磁场定向 MT 轴系中却可以实现呢？这是因为，如图 5-61 所示，在 MT 轴系内可以将 $\boldsymbol{i}_s^M$ 分解为相互正交的转矩分量 i_T 和励磁分量 i_M，由 i_T 来控制电磁转矩，由 i_M 来控制气隙磁场，而且对两者还可实现各自独立的解耦控制，无论稳态和动态运行均可如此。这在 ABC 轴系内是办不到的。

由图 5-62 所示的转子电路，可得转子转矩电流 i_t 为

$$i_t=\frac{e_g}{\sqrt{\left(\frac{R_r}{s}\right)^2+(\omega_s L_{\sigma r})^2}}\,\frac{\frac{R_r}{s}}{\sqrt{\left(\frac{R_r}{s}\right)^2+(\omega_s L_{\sigma r})^2}}=\frac{e_g\frac{R_r}{s}}{\left(\frac{R_r}{s}\right)^2+(\omega_s L_{\sigma r})^2}=\frac{\frac{R_r}{s}\psi_g\omega_s}{\left(\frac{R_r}{s}\right)^2+(\omega_s L_{\sigma r})^2} \tag{5-236}$$

由式 (5-231)，可得电磁转矩为

$$T_e=p_0\frac{\frac{R_r}{s}\omega_s}{\left(\frac{R_r}{s}\right)^2+(\omega_s L_{\sigma r})^2}\psi_g^2$$

在时域内，则有

$$T_e=\frac{m_1}{\Omega_s}\,\frac{E_g^2\frac{R_r}{s}}{\left(\frac{R_r}{s}\right)^2+X_{\sigma r}^2} \tag{5-237}$$

式中，$m_1=3$；E_g 为气隙电动势，$E_g=\omega_s\Psi_g$，$\Psi_g=\psi_g/\sqrt{3}$。

式 (5-237) 和式 (5-91) 中，$R_r=R_r'$，$X_{\sigma r}=X_{\sigma r}'$，对比两式可以看出，电磁转矩不再与外电压二次方成正比，而与气隙电动势二次方成正比，这是因为在气隙磁场定向 MT 轴系中，稳态运行时可控制 $\psi_g(|\boldsymbol{i}_{mg}|)=$ 常值，这相当于可以控制图 5-62 中的感应电动势 e_g 恒定，因此转子电流转矩分量 i_t 便仅决定于转子参数 R_r、$L_{\sigma r}$和转差率 s。

式 (5-237) 表明，此时 T_e-s 曲线仍为非线性，这是因为转子转矩电流仍受转子漏磁场的影响，因此在气隙磁场定向的 MT 轴系内不会改变三相感应电动势固有的非线性转矩特性，但与正常运行时不同，T_e-s 曲线不再与电动机所有参数相关。

由式（5-237），可得临界转差率 s_m 为

$$s_m=\frac{R_r}{X_{\sigma r}} \tag{5-238}$$

最大转矩则为

$$T_{emax}=\frac{m_1}{2\Omega_s}\frac{E_g^2}{X_{\sigma r}} \tag{5-239}$$

对比式（5-238）和式（5-94）可见，临界转差率 s_m 不再与定子漏电抗相关；对比式（5-239）与式（5-95）可见，最大转矩仍与转子电阻 R_r 无关，且不再与定子漏电抗相关，而仅与转子漏电抗 $X_{\sigma r}$成反比。

可将式（5-239）表示为

$$T_{emax}=\frac{p_0}{2L_{\sigma r}}\psi_g^2 \tag{5-240}$$

相应的 i_{Tmax}则为

$$i_{Tmax}=\frac{\psi_g}{2L_{\sigma r}} \tag{5-241}$$

式（5-241）表明，进行转矩控制时，若给定值 i_T^* 大于 i_{Tmax}，电动机运行便会进入不稳定状态。

5.10.6 定子磁场定向 MT 轴系中的运动方程

如图 5-48 所示，MT 轴系沿定子磁场定向后，M 轴与定子磁场 $\boldsymbol{\psi}_s^M$ 的方向取得一致，旋转的瞬态电角速度为 ω_{ms}，空间相位角为电角度 θ_M。

1. 定、转子磁链矢量方程

定、转子磁链矢量方程仍同式（5-146）和式（5-147），即有

$$\boldsymbol{\psi}_s^M=L_s\boldsymbol{i}_s^M+L_m\boldsymbol{i}_r^M \tag{5-242}$$

$$\boldsymbol{\psi}_r^M=L_m\boldsymbol{i}_s^M+L_r\boldsymbol{i}_r^M \tag{5-243}$$

式（5-242）和式（5-243）的 MT 轴系坐标分量形式为

$$\psi_M=L_si_M+L_mi_m \tag{5-244}$$

$$(\psi_T)0=L_si_T+L_mi_t \tag{5-245}$$

$$\psi_m=L_mi_M+L_ri_m \tag{5-246}$$

$$\psi_t=L_mi_T+L_ri_t \tag{5-247}$$

定子磁场定向后，则有 $\psi_T=0$，$\boldsymbol{\psi}_s^M=\psi_M$。由式（5-244）和式（5-245）可得磁场定向约束方程，即有

$$i_T=-\frac{L_m}{L_s}i_t \tag{5-248}$$

$$|\boldsymbol{i}_{ms}|=\frac{\psi_s}{L_m}=\frac{L_s}{L_m}i_M+i_m \quad \frac{L_m}{L_s}|\boldsymbol{i}_{ms}|=i_M+\frac{L_m}{L_s}i_m \tag{5-249}$$

可将式（5-248）和式（5-249）统一表示为

$$|\boldsymbol{i}_{ms}|=\frac{L_s}{L_m}\boldsymbol{i}_s^M+\boldsymbol{i}_r^M \quad \frac{L_m}{L_s}|\boldsymbol{i}_{ms}|=\boldsymbol{i}_s^M+\frac{L_m}{L_s}\boldsymbol{i}_r^M \tag{5-250}$$

如图 5-49 所示，如果 $|\boldsymbol{i}_{ms}|$ 为实际励磁电流，则表明 MT 轴系已沿 $\boldsymbol{\psi}_s^M$ 方向实现了定向。

2. 磁链和电流矢量图

由式（5-242）和式（5-248）~式（5-250），可给出电流和磁链矢量图，如图 5-63 所示。

图 5-63 中，由于 $\boldsymbol{i}_r^M$ 滞后 $\boldsymbol{\psi}_s^M$ 的电角度总是大于 90°，因此无论是稳态还是动态，转子电流励磁分量 i_m 总是存在的，这与气隙磁场定向时相同。

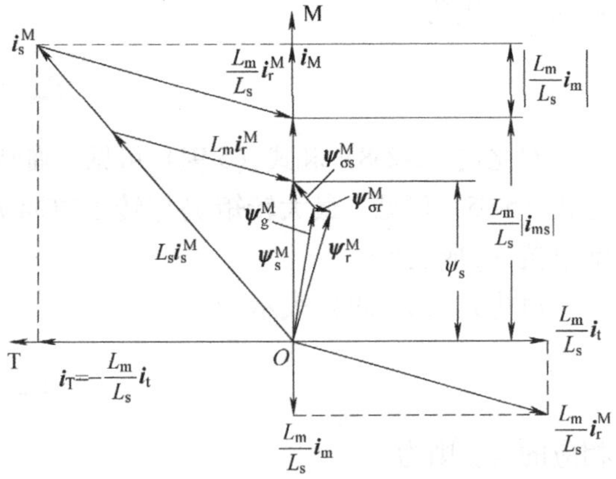

图 5-63　定子磁场定向的电流和磁链矢量图

3. 定、转子电压矢量方程

由式（5-152）和式（5-153），可得定、转子电压矢量方程为

$$\boldsymbol{u}_s^M = R_s\boldsymbol{i}_s^M + \frac{d\boldsymbol{\psi}_s^M}{dt} + j\omega_{ms}\boldsymbol{\psi}_s^M \quad (5\text{-}251)$$

$$\boldsymbol{0} = R_r\boldsymbol{i}_r^M + \frac{d\boldsymbol{\psi}_r^M}{dt} + j\omega_f\boldsymbol{\psi}_r^M \quad (5\text{-}252)$$

式中，$\omega_f = \omega_{ms} - \omega_r$。将式（5-250）代入式（5-242），再将式（5-242）代入式（5-251），可得定子电压矢量方程为

$$\boldsymbol{u}_s^M = R_s\boldsymbol{i}_s^M + L_m\frac{d|\boldsymbol{i}_{ms}|}{dt} + j\omega_{ms}L_m|\boldsymbol{i}_{ms}| \quad (5\text{-}253)$$

将式（5-253）以标量分量表示，则有

$$u_M = R_s i_M + L_m\frac{d|\boldsymbol{i}_{ms}|}{dt} = R_s i_M + \frac{d\psi_s}{dt} \quad (5\text{-}254)$$

$$u_T = R_s i_T + \omega_{ms}L_m|\boldsymbol{i}_{ms}| = R_s i_T + \omega_{ms}\psi_s \quad (5\text{-}255)$$

由于 $\psi_T = 0$，故式（5-254）和式（5-255）中消除了 $\frac{d\psi_T}{dt}$ 和 $-\omega_{ms}\psi_T$ 项。

4. 电磁转矩

由式（3-217）可得定子磁场定向 MT 轴系内的电磁转矩为

$$\begin{aligned} t_e &= p_0\boldsymbol{\psi}_s^M \times \boldsymbol{i}_s^M \\ &= p_0\psi_s i_T \\ &= p_0 L_m|\boldsymbol{i}_{ms}|i_T \end{aligned} \quad (5\text{-}256)$$

5. 稳态特性

稳态运行时，可将式（5-251）和式（5-252）改写为

$$\boldsymbol{u}_s^M = R_s\boldsymbol{i}_s^M + j\omega_s L_s\left(\boldsymbol{i}_s^M + \frac{L_m}{L_s}\boldsymbol{i}_r^M\right) \quad (5\text{-}257)$$

$$\boldsymbol{0} = \left(\frac{L_s}{L_m}\right)^2 \frac{R_r}{s}\frac{L_m}{L_s}\boldsymbol{i}_r^M + j\omega_s L_s\left(\boldsymbol{i}_s^M + \frac{L_m}{L_s}\boldsymbol{i}_r^M\right) + j\omega_s L_s\left(\frac{L_s L_r}{L_m^2} - 1\right)\frac{L_m}{L_s}\boldsymbol{i}_r^M \quad (5\text{-}258)$$

由式（5-257）和式（5-258），可得定子磁场定向 MT 轴系内的等效电路，如图 5-64 所示，称其为 T-Ⅱ形等效电路。

由图 5-64，可得

$$i_{\mathrm{T}}=\left(\frac{L_{\mathrm{m}}}{L_{\mathrm{s}}}\right)^{2}\frac{\frac{R_{\mathrm{r}}}{s}\omega_{\mathrm{s}}\psi_{\mathrm{s}}}{\left(\frac{R_{\mathrm{r}}}{s}\right)^{2}+(\omega_{\mathrm{s}}\sigma L_{\mathrm{r}})^{2}}=\left(\frac{L_{\mathrm{m}}}{L_{\mathrm{s}}}\right)^{2}\frac{R_{\mathrm{r}}\omega_{\mathrm{f}}\psi_{\mathrm{s}}}{R_{\mathrm{r}}^{2}+(\omega_{\mathrm{f}}\sigma L_{\mathrm{r}})^{2}} \tag{5-259}$$

由式（5-256），可得

$$T_{\mathrm{e}}=p_{0}\left(\frac{L_{\mathrm{m}}}{L_{\mathrm{s}}}\right)^{2}\frac{\frac{R_{\mathrm{r}}}{s}\omega_{\mathrm{s}}}{\left(\frac{R_{\mathrm{r}}}{s}\right)^{2}+(\omega_{\mathrm{s}}\sigma L_{\mathrm{r}})^{2}}\psi_{\mathrm{s}}^{2}$$

$$=p_{0}\left(\frac{L_{\mathrm{m}}}{L_{\mathrm{s}}}\right)^{2}\frac{R_{\mathrm{r}}\omega_{\mathrm{f}}}{R_{\mathrm{r}}^{2}+(\omega_{\mathrm{f}}\sigma L_{\mathrm{r}})^{2}}\psi_{\mathrm{s}}^{2} \tag{5-260}$$

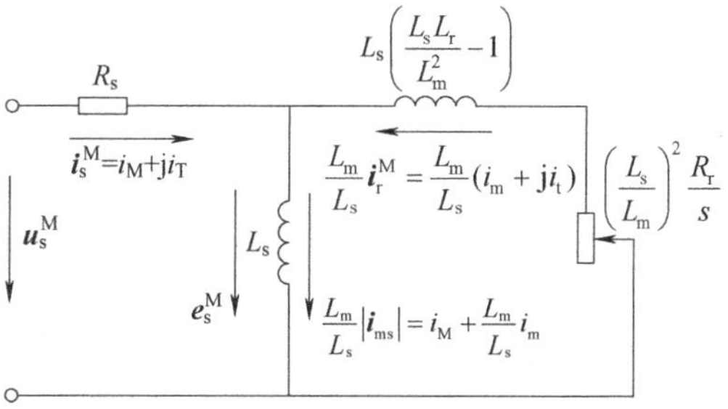

图 5-64　定子磁场定向的稳态等效电路

（T-Ⅱ形等效电路）

在时域内，则有

$$T_{\mathrm{e}}=\frac{m_{1}}{\Omega_{\mathrm{s}}}\left(\frac{L_{\mathrm{m}}}{L_{\mathrm{s}}}\right)^{2}\frac{E_{\mathrm{s}}^{2}\frac{R_{\mathrm{r}}}{s}}{\left(\frac{R_{\mathrm{r}}}{s}\right)^{2}+(\sigma X_{\mathrm{r}})^{2}} \tag{5-261}$$

式中，$m_1=3$，$E_{\mathrm{s}}=\omega_{\mathrm{s}}\Psi_{\mathrm{s}}$，$E_{\mathrm{s}}$ 为定子电动势，$E_{\mathrm{s}}=\omega_{\mathrm{s}}\Psi_{\mathrm{s}}$，$\Psi_{\mathrm{s}}=\psi_{\mathrm{s}}/\sqrt{3}$。

式（5-261）表明，稳态运行时，电动机的转矩特性仍是非线性的。当控制 ψ_{s} 恒定时，与气隙磁场定向的转矩特性比较，T_{e}-s 曲线除了与转子参数相关外，还与定子电感和励磁电感相关。

由式（5-260）可得，产生最大转矩时的转差角频率 ω_{f} 为

$$\omega_{\mathrm{fmax}}=\frac{R_{\mathrm{r}}}{\sigma L_{\mathrm{r}}}=\frac{1}{\sigma T_{\mathrm{r}}} \tag{5-262}$$

式中，T_{r} 为转子时间常数，$T_{\mathrm{r}}=L_{\mathrm{r}}/R_{\mathrm{r}}$；$\sigma=1-\frac{L_{\mathrm{m}}^{2}}{L_{\mathrm{s}}L_{\mathrm{r}}}$。

最大转矩 T_{emax} 为

$$T_{\mathrm{emax}}=\frac{p_{0}}{2\sigma L_{\mathrm{r}}}\left(\frac{L_{\mathrm{m}}}{L_{\mathrm{s}}}\right)^{2}\psi_{\mathrm{s}}^{2} \tag{5-263}$$

由式（5-263）和式（5-256）可得对应最大转矩的定子转矩 i_{Tmax}，即有

$$i_{\mathrm{Tmax}}=\frac{1}{2\sigma L_{\mathrm{r}}}\left(\frac{L_{\mathrm{m}}}{L_{\mathrm{s}}}\right)^{2}\psi_{\mathrm{s}} \tag{5-264}$$

当 ψ_{s} 保持恒定时，转矩电流 i_{T} 若大于 i_{Tmax}，电动机运行将进入不稳定状态。

例　题

【例 5-1】 有一台三相 6 极绕线转子感应电动机，额定频率 $f_{\mathrm{s}}=50\mathrm{Hz}$，在额定负载时的转速为 980r/min，归算为定子频率的转子每相感应电动势 $E_{\mathrm{r}}=110\mathrm{V}$，问此时转子电动势 E_{rs} 及其频率 f_{rs} 为何值？若转子不动，定子绕组施加某一低压使转子电流在额定值附近，测得转子绕组每相感应电动势 $E_{\mathrm{rk}}=10.2\mathrm{V}$，转子相电流 $I_{\mathrm{rk}}=20\mathrm{A}$，转子每相电阻为 0.1Ω，忽略趋肤效应的影响。试计算额定运行时的转差率 s_{N}，转子电动势 E_{rs} 和频率 f_{rs}，转子电流 I_{rs} 和转子铜

耗 p_{Cu2}。

解：1）额定转差率为

$$s_N=\frac{n_s-n_r}{n_s}=\frac{1000-980}{1000}=0.02$$

2）额定运行时，转子电动势和频率为

$$E_{rs}=sE_r=0.02\times110V=2.2V$$

$$f_{rs}=sf_r=0.02\times50Hz=1Hz$$

3）转子不动时，转子每相漏阻抗和漏抗为

$$Z_{\sigma r}=\frac{E_{rk}}{I_{rk}}=\frac{10.2}{20}\Omega=0.51\Omega$$

$$X_{\sigma r}=\sqrt{Z_{\sigma r}^2-R_r^2}=\sqrt{0.51^2-0.1^2}\,\Omega=0.5\Omega$$

4）由于转子不动，转子频率 $f_r=50Hz$，转子电流在额定值左右，忽略趋肤效应的影响，因此 R_r 可作为电动机正常运行时的转子电阻值，$X_{\sigma r}$ 可作为归算到 50Hz 时的转子漏抗值。故有

$$I_{rs}=\frac{E_{rs}}{\sqrt{R_r^2+(sX_{\sigma s})^2}}=\frac{2.2}{\sqrt{0.1^2+(0.02\times0.5)^2}}A=21.9A$$

归算为定子频率时的转子电流则为

$$I_r=\frac{E_r}{\sqrt{\left(\frac{R_r}{s}\right)^2+X_{\sigma s}^2}}=\frac{110}{\sqrt{\left(\frac{0.1}{0.02}\right)^2+0.5^2}}A=21.9A$$

5）转子铜耗为

$$p_{Cu2}=3I_{rs}^2R_r=3\times21.9^2\times0.1W=144W$$

【例 5-2】 一台三相 4 极笼型感应电动机，额定功率 $P_N=10kW$，额定电压 $U_{sN}=380V$，三角形联结；定子每相电阻 $R_s=1.33\Omega$，每相漏抗 $X_{\sigma s}=2.43\Omega$；转子每相电阻的归算值 $R'_r=1.12\Omega$，漏抗归算值 $X'_{\sigma r}=4.4\Omega$；励磁阻抗 $R_m=7\Omega$，$X_m=90\Omega$；电动机的机械损耗 $p_\Omega\approx100W$，额定负载时的杂散损耗 $p_\Delta\approx100W$。试求额定负载时电动机的转速，定子和转子相电流，定子功率因数和电动机的效率，电磁转矩和输出转矩。

解：1）采用 T 形等效电路来求解定子电流和转子电流。设额定负载时的转差率 $s_N=0.032$，此时转子的等效阻抗 Z'_r 为

$$Z'_r=\frac{R'_r}{s}+jX'_{\sigma r}=\left(\frac{1.12}{0.032}+j4.4\right)\Omega=(35+j4.4)\,\Omega=35.28\angle7.16^\circ\Omega$$

励磁阻抗 Z_m 为

$$Z_m=R_m+jX_m=(7+j90)\,\Omega=90.27\angle85.55^\circ\Omega$$

Z_m 与 Z'_r 的并联值为

$$\frac{Z'_rZ_m}{Z'_r+Z_m}=\frac{35.28\angle7.16^\circ\times90.27\angle85.55^\circ}{35+j4.4+7+j90}\Omega=30.82\angle26.7^\circ\Omega$$

取定子电压 $\dot{U}_s$ 为参考相量，于是定子电流 $\dot{I}_s$ 为

$$\dot{I}_s=\frac{\dot{U}_s}{Z_{\sigma r}+\frac{Z'_rZ_m}{Z'_r+Z_m}}=\frac{380\angle0^\circ}{1.33+j2.43+27.53+j13.85}A=11.47\angle-29.43^\circ A$$

转子电流 I_r 为

$$I_r=I_s\left|\frac{Z_m}{Z'_r+Z_m}\right|=11.47\times\frac{90.27}{103.32}\text{A}=10.02\text{A}$$

励磁电流 I_m 为

$$I_m=I_s\left|\frac{Z'_r}{Z'_r+Z_m}\right|=11.47\times\frac{35.28}{103.32}\text{A}=3.917\text{A}$$

2）功率因数 $\cos\phi_1$ 和输入功率 P_1 为

$$\cos\phi_1=\cos29.43=0.871(\text{滞后})$$

$$P_1=3U_sI_s\cos\phi_1=3\times380\times11.47\times0.871\text{W}=11389\text{W}$$

3）定、转子损耗和电动机效率为

$$p_{Cu1}=3I_s^2R_s=3\times11.47^2\times1.33\text{W}=524.9\text{W}$$

$$p_{Fe}=3I_m^2R_m=3\times3.917^2\times7\text{W}=322.2\text{W}$$

$$p_{Cu2}=3I_r'^2R'_r=3\times10.02^2\times1.12\text{W}=337.3\text{W}$$

$$\sum p=p_{Cu1}+p_{Fe}+p_{Cu2}+p_\Omega+p_\Delta=(524.9+322.2+337.3+100+100)\text{W}=1384\text{W}$$

$$P_2=P_1-\sum p=(11389-1384)\text{W}=10005\text{W}$$

$$\eta=1-\frac{\sum p}{P_1}=1-\frac{1384}{11389}=87.84\%$$

分析结果表明，在所设转差率下，输出功率 $P_2\approx10\text{kW}=P_N$，说明电动机在额定负载下运行，符合题目要求。若计算结果 $P_2\neq P_N$，可利用输出功率近似正比于转差率这一关系，重新设定转差率 s 进行重算，直到 $P_2=P_N$ 为止。

4）额定负载时的电磁转矩和输出转矩。额定负载时的转速 n_r 为

$$n_r=n_s(1-s_N)=1500\times(1-0.032)\text{r/min}=1452\text{r/min}$$

$$\Omega_r=\frac{2\pi n_r}{60}=152.1\text{rad/s}$$

额定负载下的机械功率 P_Ω 为

$$P_\Omega=3I_r'^2\frac{1-s}{s}R'_r=3\times10.02^2\times(1-0.032)\times35\text{W}=10204\text{W}$$

则有

$$T_e=\frac{P_\Omega}{\Omega_r}=\frac{10204}{152.1}\text{N}\cdot\text{m}=67.1\text{N}\cdot\text{m}$$

$$T_2=\frac{P_2}{\Omega_r}=\frac{10005}{152.1}\text{N}\cdot\text{m}=65.78\text{N}\cdot\text{m}$$

【例5-3】 有一台三相4极笼型感应电动机，三角形联结，额定电压380V，电动机参数为：$R_s=4.47\Omega$，$R'_r=3.18\Omega$，$X_{\sigma s}=6.7\Omega$，$X'_{\sigma r}=9.85\Omega$，$X_m=188\Omega$，R_m 忽略不计。试求：1）最大转矩 T_{emax} 和临界转差率 s_m，起动电流 I_{st} 和起动转矩 T_{st}；2）应用星-三角起动法起动时的起动电流和起动转矩。

解： 系数 $c=1+\dfrac{X_{\sigma s}}{X_m}=1+\dfrac{6.7}{188}=1.036$

1）临界转差率 s_m 为

$$s_m=\frac{cR'_r}{\sqrt{R_s^2+(X_{\sigma s}+cX'_{\sigma r})^2}}=\frac{1.036\times3.18}{\sqrt{4.47^2+(6.7+1.036\times9.85)^2}}=0.1884$$

近似值为

$$s_m=\frac{R'_r}{X_{\sigma s}+X'_{\sigma r}}=\frac{3.18}{6.7+9.85}=0.1921$$

最大转矩 T_{emax} 为

$$\begin{aligned}T_{emax}&=\frac{m_1}{\Omega_s}\frac{U_s^2}{2c[R_s+\sqrt{R_s^2+(X_{\sigma s}+cX'_{\sigma r})^2}]}\\&=\frac{3}{2\pi\frac{1500}{60}}\times\frac{380^2}{2\times1.036\times[4.47+\sqrt{4.47^2+(6.7+1.036\times9.85)^2}]}\text{N}\cdot\text{m}\\&=60.61\text{N}\cdot\text{m}\end{aligned}$$

近似值为

$$\begin{aligned}T_{emax}&=\frac{m_1U_s^2}{2\Omega_s(X_{\sigma s}+X'_{\sigma r})}=\frac{3}{4\pi\frac{1500}{60}}\times\frac{380^2}{6.7+9.85}\text{N}\cdot\text{m}\\&=83.36\text{N}\cdot\text{m}\end{aligned}$$

起动电流 I_{st} 和起动转矩 T_{st} 分别为

$$\begin{aligned}I_{st}&=\frac{U_s}{X_m}\frac{1}{c+\frac{X_{\sigma s}}{X'_{\sigma r}}}+\frac{U_s}{\sqrt{(R_s+cR'_r)^2+(X_{\sigma s}+cX'_{\sigma r})^2}}\\&=\frac{380}{188}\times\frac{1}{1.036+\frac{6.7}{9.85}}+\frac{380}{\sqrt{(4.47+1.036\times3.18)^2+(6.7+1.036\times9.85)^2}}\text{A}\\&=21.61\text{A}\end{aligned}$$

$$\begin{aligned}T_{st}&=\frac{m_1}{\Omega_s}\frac{U_s^2R'_r}{(R_s+cR'_r)^2+(X_{\sigma s}+cX'_{\sigma r})^2}\\&=\frac{3}{2\pi\frac{1500}{60}}\times\frac{380^2\times3.18}{(4.47+1.036\times3.18)^2+(6.7+1.036\times9.85)^2}\text{N}\cdot\text{m}\\&=25.34\text{N}\cdot\text{m}\end{aligned}$$

2）采用星-三角起动法起动时，起动电流和起动转矩分别为

$$I_{st(Y)}=\frac{1}{3}\times I_{st}=\frac{1}{3}\times21.61\text{A}=7.2\text{A}$$

$$T_{st(Y)}=\frac{1}{3}\times T_{st}=\frac{1}{3}\times25.34\text{N}\cdot\text{m}=8.45\text{N}\cdot\text{m}$$

习　题

5-1　为什么感应电机又称为异步电机？电磁感应在感应电机工作原理中是如何体现的？试述感应电机的工作原理。

5-2　转差率是如何定义的？如何根据转差率来判断感应电机的运行状态？

5-3　三相感应电动机转差率变化时，转子所生磁动势在空间的转速是否会改变？为什么？

5-4 为什么三相感应电动机的功率因数总是滞后的？为什么感应电动机的气隙必须很小？试说明其原因。

5-5 三相感应电动机正常运行时，定、转子电路其频率互不相同，为什么在T形等效电路中可将两者联系在一起？试说明转子的频率归算和绕组归算的物理意义。频率归算时，用静止的转子去代替实际旋转的转子，这样做是否会影响定子电流、功率因数、输入功率和电磁功率？为什么？

5-6 感应电动机等效电路中的$\frac{1-s}{s}R_r'$代表什么？能否用一个电抗来代替？为什么？

5-7 感应电动机定子绕组和转子绕组间没有直接电的联系，为什么负载增加时，定子电流和输入功率就会随之增大？试说明其原因和物理过程。

5-8 试述转子电阻、定子和转子漏抗、电网电压和电网频率对T_e-s曲线的影响。

5-9 一台笼型感应电动机，原来转子是插铜条的，现改为铸铝的，如果负载不变，电动机的运行性能，包括s_N、$\cos\phi_2$、η_N、I_{sN}、T_{emax}、T_{st}和I_{st}等有什么变化？

5-10 笼型转子的极数和相数决定于什么？为什么？

5-11 可用哪些指标来衡量三相感应电动机的性能？

5-12 一台三相感应电动机，额定电压为380V，定子绕组为三角形联结，频率为50Hz，额定功率为7.5kW，额定转速为960r/min，额定负载时$\cos\phi_1=0.824$，定子铜耗$p_{Cu1}=474$W，铁耗$p_{Fe}=231$W，机械损耗$p_\Omega=45$W，杂散损耗$p_\Delta=37.5$W。试计算额定负载时，1）转差率；2）转子电流的频率；3）转子铜耗；4）效率；5）定子电流。【答案：1）0.04；2）2Hz；3）316W；4）87.2%；5）15.86A】

5-13 普通笼型感应电动机在额定电压下起动时，为什么起动电流很大，但起动转矩并不大？但深槽式或双笼电动机在额定电压下起动时，起动电流较小而起动转矩较大，为什么？

5-14 绕线转子感应电动机在转子回路中串入电阻起动时，为什么能降低起动电流又能增大起动转矩？若串入电抗，是否会有同样效果？串入的电阻越大是否起动转矩越大？为什么？

5-15 三相感应电动机在运行中有一相断线，能否继续运行？当停机以后，能否再起动？

5-16 怎样改变单相电动机的旋转方向？对罩极式电动机，若不改变内部结构，它的旋转方向能改变吗？

5-17 有一台50Hz的三相感应电动机，其铭牌数据为$P_N=10$kW，$2p_0=4$，$U_{LN}=380$V，星形联结，$I_{LN}=19.8$A。已知$R_s=0.5\Omega$，空载试验数据为：U_L(线电压)=380V，$I_{s0}=5.4$A，$P_{s0}=425$W（三相功率），$p_\Omega=170$W；短路试验数据见表5-1。

表5-1 短路试验数据

U_{Lk}(线)/V	200	160	120	80	40
I_{sk}/A	36	27	18.1	10.5	4
P_{sk}(三相功率)/W	3680	2080	920	290	40

试求：1）X_m、$X_{\sigma s}$、$X_{\sigma r}'$和R_r'（设$X_{\sigma s}=X_{\sigma r}'$）；2）用T形等效电路确定额定电流$I_{sN}$和额定功率因数$\cos\phi_N$（杂耗设为1%$P_N$）；3）$T_{emax}$。【答案：1）$X_m=38.8\Omega$，$X_{\sigma s}=X_{\sigma r}'=1.835\Omega$，$R_r'=0.517\Omega$；2）$I_{sN}=20.79$A，$\cos\phi_N=0.849$；3）$T_{max}=102.87$N·m】

5-18 有一台笼型感应电动机，$P_N=17$kW，$2p_0=4$，$U_{LN}=380$V，Y形联结，电动机的参数为$R_s=0.228\Omega$，$R_r'=0.224\Omega$，$X_{\sigma s}=0.55\Omega$，$X_{\sigma r}'=0.75\Omega$，$X_m=18.5\Omega$，空载额定电压下的铁耗$p_{Fe}=350$W，机械损耗$p_\Omega=250$W，额定负载时的杂耗$p_\Delta=0.5\%P_N$。试求：1）励磁电阻R_m；2）额定负载时电动机的转速、定子电流和电磁转矩；3）电动机的额定功率因数和效率；4）最大转矩T_{emax}、起动转矩T_{st}和起动电流I_{st}。设发生最大转矩时，定、转子漏抗为上述给定值的90%，起动时为给定值的80%。【答案：1）$R_m=0.875\Omega$；2）$n_N=1451.7$r/min，$I_{sN}=32.86$A，$T_e=117.8$Nm；3）$\cos\phi_N=0.875$，$\eta_N=0.896$；4）$T_{emax}=313.1$N·m，$T_{st}=156.8$N·m，$I_{st}=203.4$A】

5-19 有一台三相、定子为星形联结的感应电动机，如果在运行时发生一相断线，负载转矩不变，试问定子电流、转速和最大转矩有何变化？断线后电机能否继续长期带上额定负载？

5-20　感应电动机无论稳态还是动态运行，转子电流和磁动势 $\boldsymbol{i}_{\mathrm{r}}(\boldsymbol{f}_{\mathrm{r}})$ 总是滞后气隙磁场 $\boldsymbol{\psi}_{\mathrm{m}}$ 以 $(90°+\psi_2)$ 电角度，为什么？稳态运行时，ψ_2 大小与哪些因素有关？

5-21　将旋转的转子 abc 轴系变换到定子 ABC 轴系，为什么转子磁动势矢量（幅值与相位）不会改变？稳态运行时，变换后的静止转子其相电流的频率发生了改变，其有效值是否会改变？为什么？

5-22　为什么将转子三相绕组由旋转 abc 轴系变换到静止 ABC 轴系，不会改变三相感应电动机运动方程的非线性属性？

5-23　何谓转子磁场定向？为什么可将 $\psi_{\mathrm{t}}=0$ 作为转子磁场定向的约束条件？为什么可将 $|\boldsymbol{i}_{\mathrm{mr}}|=\dfrac{\boldsymbol{\psi}_{\mathrm{r}}}{L_{\mathrm{m}}}=\boldsymbol{i}_{\mathrm{s}}+\dfrac{L_{\mathrm{r}}}{L_{\mathrm{m}}}\boldsymbol{i}_{\mathrm{r}}$ 作为转子磁场定向的约束方程？

5-24　为什么实现转子磁场定向后，T 轴定、转子电流方程 $i_{\mathrm{T}}=-\dfrac{L_{\mathrm{r}}}{L_{\mathrm{m}}}i_{\mathrm{t}}$ 反映了定、转子磁动势平衡关系？

5-25　为什么实现转子磁场定向后，转子绕组能够表现出无漏电感的纯电阻特性？

5-26　为什么实现转子磁场定向后，转子 m 和 t 绕组间实现了完全解耦？

5-27　为什么基于转子磁场定向的矢量控制可将感应电动机固有的非线性 T_{e}-s 曲线线性化？如果不能实现转子磁场定向，是否还会有这种结果？为什么感应电动机由电网直接供电时做不到这一点？

5-28　在基于转子磁场定向的矢量控制中，为什么转子绕组对转子磁场变化会有阻尼作用？这对转子磁场控制有什么影响？如何通过控制定子电流 i_{M} 来解决这一问题？

5-29　在基于转子磁场定向的矢量控制中，当控制转子磁场恒定时，定子转矩电流 i_{T} 仅取决于转子转差速度 ω_{f}，为什么？当指令电流 i_{T} 突然变化时，转子电流 i_{t} 能够立即跟踪其变化，为什么？

5-30　在转子磁场定向 MT 轴系中，转子电压分量方程为

$$0=R_{\mathrm{r}}i_{\mathrm{m}}+\frac{\mathrm{d}\psi_{\mathrm{r}}}{\mathrm{d}t}$$

$$0=R_{\mathrm{r}}i_{\mathrm{t}}+\omega_{\mathrm{f}}\psi_{\mathrm{r}}$$

试论述：

1）在什么情况下，才会产生电流 i_{m}？其大小和方向决定于什么？此电流是否会产生电磁转矩，为什么？

2）电流 i_{t} 大小决定于什么？为什么将其称为转矩分量？当 ψ_{r} 恒定时，i_{t} 仅决定于转差频率 ω_{f}，为什么这对 T_{e}-s 曲线实现线性化有决定性意义？

3）为什么说这两个转子电压方程反映和体现了转子磁场定向的基本特征？这点又是如何体现在电流控制方程、转速方程、电磁转矩表达式和转矩控制中的？

5-31　为什么在转子磁场定向 MT 轴系中，可将三相感应电动机变换为等效的他励直流电动机？

5-32　为什么三相感应电动机基于转子磁场定向的转矩控制要比实际的他励直流电动机复杂得多？

5-33　试说明基于气隙磁场和定子磁场的转矩控制，为什么不能使三相感应电动机固有的 T_{e}-s 曲线实现线性化？

第6章 感应发电机和双馈电机

6.1 三相感应发电机

三相感应电机运行具有可逆性，既可以作为电动机运行，又可以作为发电机运行。现对比电动机运行，来分析发电机运行。

6.1.1 转子电动势和转子电流矢量

图 6-1a 中，笼型感应电机作为电动机稳态运行，气隙磁场 $\boldsymbol{\psi}_m$ 幅值恒定，且以电角速度 ω_s 逆时针旋转，转子电角速度为 ω_r，转差速度为 $\omega_f=\omega_s-\omega_r>0$；也可看成气隙磁场 $\boldsymbol{\psi}_m$ 静止不动，而转子以转差速度 ω_f 相对气隙磁场 $\boldsymbol{\psi}_m$ 顺时针旋转，各导条中电动势和电流的实际方向则如图中所示。笼型转子各导条电动势构成了对称的正序多相系统，见图 5-8c，若转子绕组为三相绕线转子，则可构成对称的正序三相系统，其频率均为转差频率 ω_f。转子各导条电动势构成的电动势矢量 $\boldsymbol{e}_{rs}$滞后气隙磁场 $\boldsymbol{\psi}_m$ 以 90°电角度；由于转子导条存在漏磁，各导条电流构成的电流矢量 $\boldsymbol{i}_{rs}$（转子磁动势矢量$\boldsymbol{f}_r$）将滞后 $\boldsymbol{e}_{rs}$以 ψ_{2s}空间电角度，矢量 $\boldsymbol{i}_{rs}$将以转差速度 ω_f 相对转子逆时针旋转，相对定子旋转的电角速度则为同步速 ω_s。这是第 5 章中对电动机运行的分析结果。

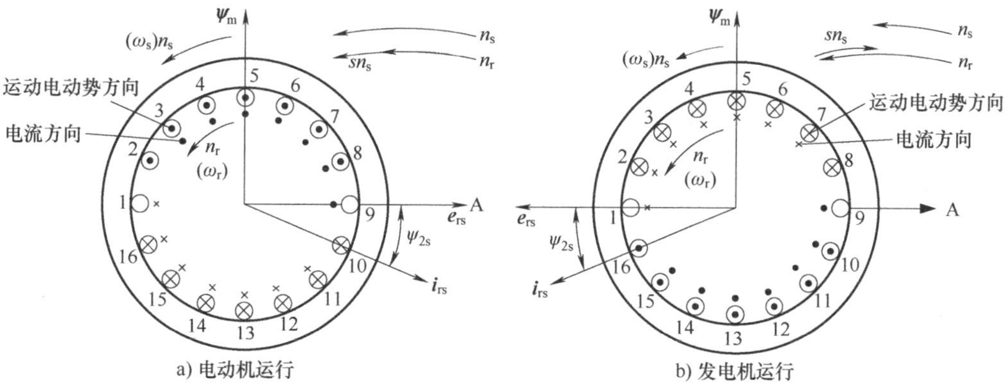

a) 电动机运行　　b) 发电机运行

图 6-1　笼型感应电机两种运行状态下的转子电动势和转子电流矢量

图 6-1b 中，笼型转子的电角速度 $\omega_r>\omega_s$，$\omega_f=\omega_s-\omega_r<0$，感应电机将作为发电机运行。图中，也可看成气隙磁场 $\boldsymbol{\psi}_m$ 静止不动，而转子以转差速度 ω_f 相对 $\boldsymbol{\psi}_m$ 逆时针旋转，转子各导条

内运动电动势方向恰好与电动机运行时相反，整个导条构成的电动势矢量 $\boldsymbol{e}_{rs}$将超前 $\boldsymbol{\psi}_m$ 以 90°电角度；由于各导条存在漏磁，导条内电流在时间上将滞后于运动电动势，假设当导条 1 旋转到导条 16 位置时才达零值，整个导条电流构成的转子电流矢量 $\boldsymbol{i}_{rs}$将超前 $\boldsymbol{e}_{rs}$以 ψ_{2s}电角度，这与电动机运行时也是不同的。由于气隙磁场 $\boldsymbol{\psi}_m$ 相对转子顺时针旋转，因此在转子绕组内感生的电动势构成了对称的负序系统，故从转子侧看，$\boldsymbol{i}_{rs}$仍然滞后于 $\boldsymbol{e}_{rs}$，此时 $\boldsymbol{e}_{rs}$和 $\boldsymbol{i}_{rs}$均以转差速度 ω_f 相对转子顺时针旋转，相对定子则仍以同步速 ω_s 正向（反时针）旋转。

6.1.2　磁动势和电流矢量方程

无论是电动机还是发电机，气隙磁场 $\boldsymbol{\psi}_m$ 均是由定、转子基波合成磁动势 $\boldsymbol{f}_m$ 建立的，故有

$$\boldsymbol{f}_s+\boldsymbol{f}_r=\boldsymbol{f}_m \tag{6-1}$$

且有

$$\boldsymbol{f}_s=\boldsymbol{f}_m+(-\boldsymbol{f}_r) \tag{6-2}$$

式（6-1）和式（6-2）为三相感应发电机的磁动势方程，与电动机磁动势矢量方程形式相同。

转子经绕组归算后，可将式（6-1）和式（6-2）转换成电流矢量方程，即有

$$\boldsymbol{i}_s+\boldsymbol{i}'_r=\boldsymbol{i}_m \tag{6-3}$$

$$\boldsymbol{i}_s=\boldsymbol{i}_m+(-\boldsymbol{i}'_r) \tag{6-4}$$

式中，$\boldsymbol{i}'_r$ 为归算值。下面分析中为简化计，均已将转子各归算量的上角标“′”略去。

图 6-2a 中，$\boldsymbol{i}_m(\boldsymbol{f}_m)$与 $\boldsymbol{\psi}_m$ 近乎同相位，电动机运行时，转子电流 $\boldsymbol{i}_r$ 滞后 $\boldsymbol{\psi}_m$ 以$(90°+\psi_2)$电角度，由式（6-3）可确定定子电流 $\boldsymbol{i}_s$ 的相位，结果是 $\boldsymbol{i}_s$ 一定超前 $\boldsymbol{i}_r$，自然也要超前 $\boldsymbol{\psi}_m$。图 6-2b 中，$\boldsymbol{i}_m$ 仍与 $\boldsymbol{\psi}_m$ 近乎同相位，但发电机运行时，$\boldsymbol{i}_r$ 超前 $\boldsymbol{\psi}_m$ 以$(90°+\psi_2)$电角度，由此确定了定子电流 $\boldsymbol{i}_s$ 的相位，可以看出，$\boldsymbol{i}_r$ 一定超前 $\boldsymbol{i}_s$，表明感应电机已作为发电机运行。

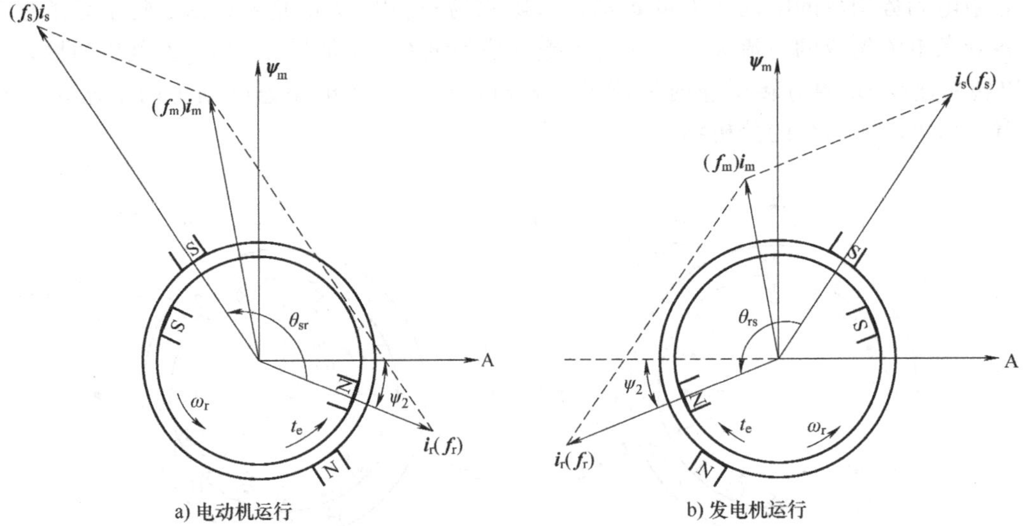

图 6-2　三相感应电机定、转子磁动势（电流）矢量图

忽略铁心损耗，将气隙磁场由 $\boldsymbol{\psi}_m$ 改为 $\boldsymbol{\psi}_g$，则有

$$\boldsymbol{\psi}_g=L_m\boldsymbol{i}_s+L_m\boldsymbol{i}_r=L_m\boldsymbol{i}_g \tag{6-5}$$

感应发电机稳态运行时，气隙磁场定向 MT 轴系的磁链和电流矢量图如图 6-3 所示，此时

实际励磁电流为 i_{mg}。

图 5-61 为三相感应电动机气隙磁场定向的磁链和电流矢量图。对比图 6-3 和图 5-61，可以看出两者定子电流励磁分量性质相同，$i_M = i_{mg} + i_m$，说明气隙磁场和转子漏磁场均是由定子励磁建立的，不同的是定子电流转矩分量 i_T 的方向不再相同，表明电磁转矩已成为制动转矩。

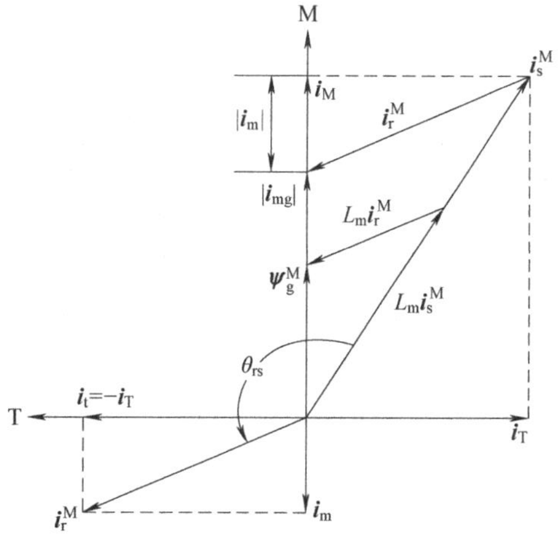

图 6-3　气隙磁场定向的磁链和电流矢量图

6.1.3　电磁转矩

如图 6-3 所示，三相感应电机由电动机运行转换为发电机运行后，转子导条中电流方向发生了变化，使得转子电流转矩分量 i_t 改变了方向，电磁转矩由驱动转矩改变为制动转矩。由三相感应电动机转矩表达式式（3-214），可得制动转矩为

$$t_e = -p_0 L_m \boldsymbol{i}_r \times \boldsymbol{i}_s = p_0 L_m \boldsymbol{i}_s \times \boldsymbol{i}_r = p_0 L_m i_s i_r \sin\theta_{rs} \tag{6-6}$$

式中，θ_{rs} 为按右手法则由 $\boldsymbol{i}_s$ 至 $\boldsymbol{i}_r$ 的空间电角度。此时电磁转矩已为正值。

由第 3 章分析可知，式（3-214）是由机电能量转换原理推导出的理想电机电磁转矩表达式，具有普遍性。如 3.7 节所述，由式（3-214）可得出一系列以不同物理量表述的电磁转矩。同理，由式（6-6）也可得到一系列以不同物理量表述的发电机运行时的电磁转矩。

6.1.4　定、转子电压矢量和相量方程、等效电路和相矢图

在定子 ABC 轴系中，感应电机作为发电机运行时，定、转子磁链仍可表示为

$$\boldsymbol{\psi}_s = L_s \boldsymbol{i}_s + L_m \boldsymbol{i}_r \tag{6-7}$$

$$\boldsymbol{\psi}_r = L_m \boldsymbol{i}_s + L_r \boldsymbol{i}_r \tag{6-8}$$

按电动机惯例，定、转子电压矢量方程仍同式（5-114）和式（5-119），即有

$$\boldsymbol{u}_s = R_s \boldsymbol{i}_s + \frac{d\boldsymbol{\psi}_s}{dt} \tag{6-9}$$

$$\boldsymbol{0} = R_r \boldsymbol{i}_r + \frac{d\boldsymbol{\psi}_r}{dt} - j\omega_r \boldsymbol{\psi}_r \tag{6-10}$$

由式（6-9）和式（6-10），可得

$$\boldsymbol{u}_s = R_s \boldsymbol{i}_s + \frac{d\psi_s}{dt} e^{j\rho_s} + j\omega_{ms} \boldsymbol{\psi}_s \tag{6-11}$$

$$\begin{aligned}\boldsymbol{0} &= R_r \boldsymbol{i}_r + \frac{d\psi_r}{dt} e^{j\rho_r} + j(\omega_{mr} - \omega_r)\boldsymbol{\psi}_r \\ &= R_r \boldsymbol{i}_r + \frac{d\psi_r}{dt} e^{j\rho_r} + j\omega_f \boldsymbol{\psi}_r \\ &= R_r \boldsymbol{i}_r + \frac{d\psi_r}{dt} e^{j\rho_r} + js\omega_{mr} \boldsymbol{\psi}_r\end{aligned} \tag{6-12}$$

发电机运行时，式（6-12）中，$\omega_f<0$，$s<0$，体现了发电机运行与电动机运行的区别。

稳态运行时，则有

$$\boldsymbol{u}_s=R_s\boldsymbol{i}_s+j\omega_s\boldsymbol{\psi}_s \tag{6-13}$$

$$\boldsymbol{0}=R_r\boldsymbol{i}_r+j\omega_f\boldsymbol{\psi}_r \tag{6-14}$$

由式（6-7）和式（6-8），忽略铁心损耗时，可将式（6-13）和式（6-14）表示为

$$\boldsymbol{u}_s=R_s\boldsymbol{i}_s+j\omega_sL_{\sigma s}\boldsymbol{i}_s+j\omega_sL_m\boldsymbol{i}_g=R_s\boldsymbol{i}_s+j\omega_sL_{\sigma s}\boldsymbol{i}_s-\boldsymbol{e}_s \tag{6-15}$$

$$\boldsymbol{0}=R_r\boldsymbol{i}_r+j\omega_fL_{\sigma r}\boldsymbol{i}_r+j\omega_fL_m\boldsymbol{i}_g=R_r\boldsymbol{i}_r+j\omega_fL_{\sigma r}\boldsymbol{i}_r-\boldsymbol{e}_{rs} \tag{6-16}$$

式中，$\boldsymbol{i}_g=\boldsymbol{i}_s+\boldsymbol{i}_r$；$\boldsymbol{e}_s=-j\omega_sL_m\boldsymbol{i}_g=-j\omega_s\boldsymbol{\psi}_g$；$\boldsymbol{e}_{rs}=-j\omega_fL_m\boldsymbol{i}_g=-j\omega_f\boldsymbol{\psi}_g$。

式（6-16）中，由于 $\omega_f<0$，故 $\boldsymbol{e}_{rs}$ 超前气隙磁场 $\boldsymbol{\psi}_g$ 以 90°电角度，如图 6-4 所示，转子电动势 $\boldsymbol{e}_{rs}$ 与定子电动势 $\boldsymbol{e}_s$ 方向相反，这与电动机运行时不同。

可将转子电压矢量方程式（6-16）两端同除以转差率 s，则有

$$\boldsymbol{0}=\frac{R_r}{s}\boldsymbol{i}_r+j\omega_sL_{\sigma r}\boldsymbol{i}_r+j\omega_s\boldsymbol{\psi}_g \tag{6-17}$$

或者

$$\boldsymbol{0}=\frac{R_r}{s}\boldsymbol{i}_r+j\omega_sL_{\sigma r}\boldsymbol{i}_r-\boldsymbol{e}_r \tag{6-18}$$

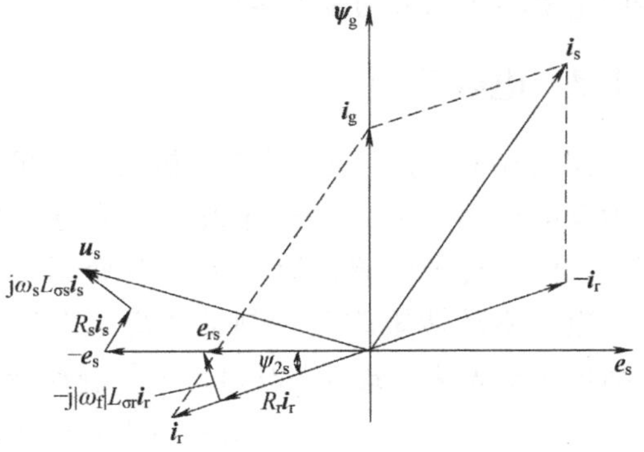

图 6-4　转子频率归算前的三相感应发电机稳态矢量图

式中，$\boldsymbol{e}_r=\dfrac{\boldsymbol{e}_{rs}}{s}=-j\omega_s\boldsymbol{\psi}_g$。

将式（6-16）两端同除以转差率 s，相当于转子绕组进行了频率归算，归算后转子已处于静止，故 $\boldsymbol{e}_r$ 已与 $\boldsymbol{e}_s$ 方向一致，均滞后 $\boldsymbol{\psi}_g$ 以 90°电角度。实际上，归算过程中，由于 $s<0$，使 $\boldsymbol{e}_r$ 已与 $\boldsymbol{e}_{rs}$ 方向相反，同时使 $j\omega_sL_{\sigma r}\boldsymbol{i}_r$ 与 $j\omega_fL_{\sigma r}\boldsymbol{i}_r$ 方向相反，且使 $\dfrac{R_r}{s}$ 成为负值，见式（6-18）。由式（6-15）和式（6-18）可得转子归算后的三相感应发电机稳态矢量图，如图 6-5 所示。

图 6-5 中，已计及铁心损耗，则有

$$\boldsymbol{e}_s=\boldsymbol{e}_r=-(R_m+j\omega_sL_m)\boldsymbol{i}_m \tag{6-19}$$

此时，式（6-15）和式（6-17）中的 $\boldsymbol{i}_g$ 和 $\boldsymbol{\psi}_g$ 应分别改为 $\boldsymbol{i}_m$ 和 $\boldsymbol{\psi}_m$。可以看出，定、转子电压矢量方程式（6-15）、式（6-18）以及电流矢量方程式（6-3）和励磁方程式（6-19）在形式上与电动机的相应方程完全相同。由此可知，在时域内，三相感应电动机的相量方程式（5-41）~式（5-44）和等效电路图 5-15 同样适用于发电机运行，但相量方程和 T 形等效电路中的转差率 s 应取为负值。此外，由图 6-4 和图 6-5 可得三相感应发电机的相量图，如图 6-6 所示。图中，对转子参数和物理量的归算值加注了上角标“′”。

如图 6-5 所示，三相感应发电机稳态运行时，与电动机相比，转子电流 $\boldsymbol{i}_r$ 和定子电流 $\boldsymbol{i}_s$ 相对气隙磁场 $\boldsymbol{\psi}_m$ 的相位均发生了变化，这都是因为转子实际电动势 $\boldsymbol{e}_{rs}$ 的方向已与电动机运行时完全相反的缘故。

由相量图图 6-6，可将转子相量方程表示为

$$-\dot{E}'_r=\frac{R'_r}{|s|}\dot{I}'_r-jX'_{\sigma r}\dot{I}'_r$$

且有

$$-|s|\dot{E}'_r=R'_r\dot{I}'_r-j|s|X'_{\sigma r}\dot{I}'_r \tag{6-20}$$

式（6-20）可看成是转子绕组频率归算前的转子电压方程，其中电动势和电流均为转差频率。$-|s|\dot{E}'_{\rm r}$ 为转子实际的转差频率电动势，看起来转子电流 $\dot{I}'_{\rm r}$ 超前 $-|s|\dot{E}'_{\rm r}$ 以 ψ_{2s} 电角度，但实际上转子绕组内的三相电动势已构成了对称的负序系统，因此两者均以转差角频率顺时针旋转，故 $\dot{I}'_{\rm r}$ 仍滞后 $-|s|\dot{E}'_{\rm r}$，且漏抗电压降 $-{\rm j}|s|X'_{\sigma \rm r}\dot{I}'_{\rm r}$ 仍然超前 $\dot{I}'_{\rm r}$。

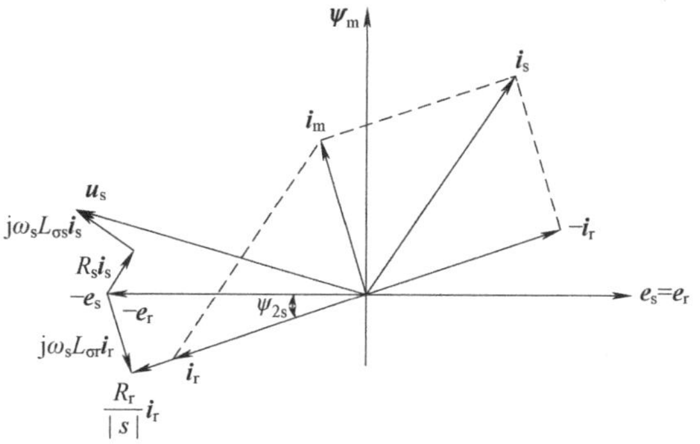

图 6-5　转子归算后的三相感应发电机稳态矢量图

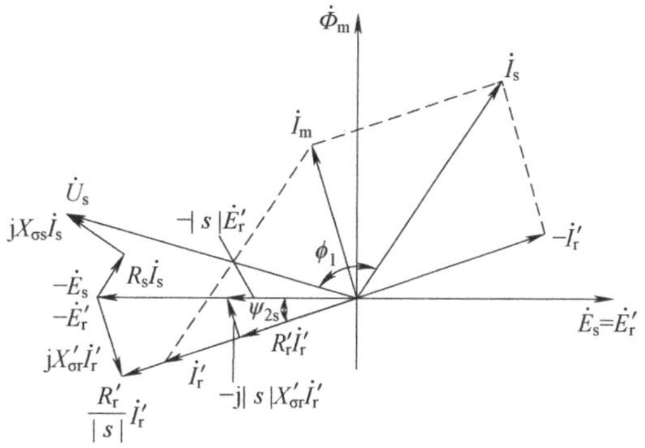

图 6-6　三相感应发电机相量图

应该指出，按电动机惯例，三相感应电动机在转子磁场、气隙磁场和定子磁场定向 MT 轴系内的定、转子磁链和电压矢量方程，同样适用于三相感应发电机，只是转子转差频率已变为 $\omega_{\rm f}<0$，定子转矩电流也变为 $i_{\rm T}<0$，体现了三相感应发电机的运行特征。同样，三相感应发电机也可以进行基于转子磁场、气隙磁场和定子磁场的矢量控制。在后续的 7.4 节中变速笼型感应发电机风力发电系统中即采用了基于转子磁场定向的矢量控制。

6.1.5　功率方程

采用电动机惯例，仍可由图 5-19 所示的 T 形等效电路来计算发电机的功率，但计算出的 P_1、P_2、$P_{\rm e}$ 和 P_Ω 将为负值。可将图 5-19 改造为图 6-7 所示的 T 形等效电路。

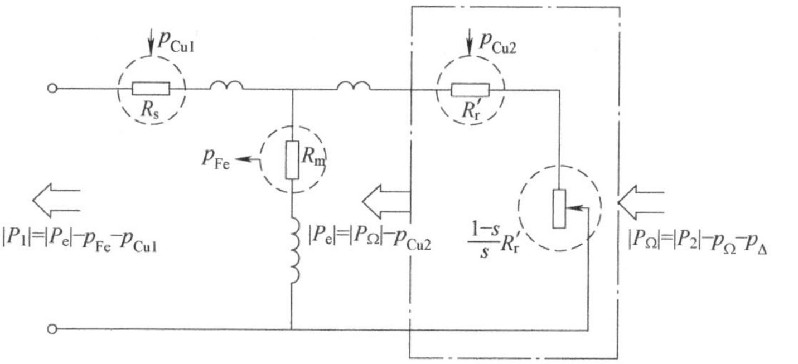

图 6-7　由 T 形等效电路表示的感应发电机功率方程

图 6-7 中，P_2 为原动机向发电机输入的总机械功率，扣除机械损耗 p_Ω 和杂散损耗 p_Δ 后，输入发电机的即为机械功率 P_Ω。即有

$$|P_\Omega|=|P_2|-p_{\rm Fe}-p_\Delta \qquad (6\text{-}21)$$

图 6-7 中，模拟机械功率的电阻 $\dfrac{1-s}{s}R'_{\rm r}$ 为负值，与之对应的机械功率 P_Ω 也为负值，以绝对值表示则为

$$\begin{cases}\left|\dot{I}'^{2}_{\rm r}\dfrac{1-s}{s}R'_{\rm r}\right|=|\dot{I}'^{2}_{\rm r}R'_{\rm r}|+\left|\dot{I}'^{2}_{\rm r}\dfrac{R'_{\rm r}}{s}\right| \\ |P_\Omega|=p_{\rm Cu2}+|P_{\rm e}|\end{cases} \qquad (6\text{-}22)$$

式（6-22）表明，从 P_Ω 中扣除转子铜耗 $p_{\rm Cu2}$ 后便可得电磁功率 $P_{\rm e}$，$P_{\rm e}$ 即为传递给定子的电功率。

从电磁功率 P_e 中扣除铁心损耗 p_{Fe} 和定子铜耗 p_{Cu1}，便可得到发电机的输出功率 P_1，即有

$$|P_1|=|P_e|-p_{Fe}-p_{Cu1} \tag{6-23}$$

对比图 5-17 和图 6-6 可以看出，电机功率因数 $\cos\phi_1$ 已由正值变为负值，说明感应发电机已向外发出电功率。同电动机运行时一样，由于转子绕组短路，因此建立气隙磁场和定、转子漏磁场的无功电流是由外部输入的，因此必须输入滞后的无功功率；从发电机观点看，必然要输出超前的无功功率。若与电网并联运行将会给电网增加无功功率负担。

6.1.6　感应发电机单独运行

感应发电机可用于小型发电站或需单独运行的场合，这就需要分析发电机单独运行的问题。

与励磁同步发电机不同，感应发电机单独运行时，空载电压的建立必须解决自励问题。自励的先决条件是转子要有一定的剩磁。若没有剩磁，需先进行充磁。其次，如图 6-8a 所示，需在定子端点并联一组对称的三相电容器。

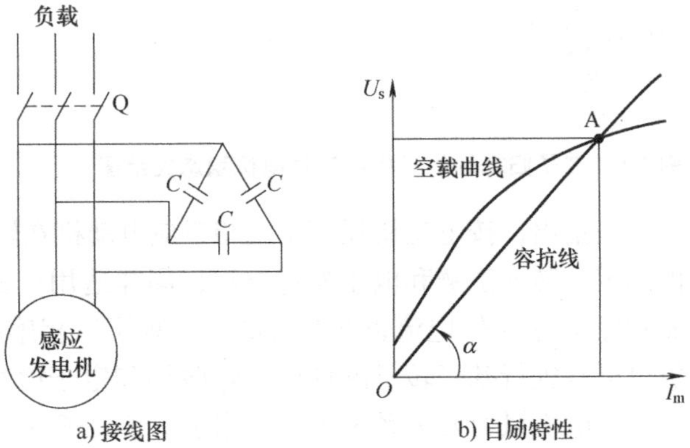

a) 接线图　　b) 自励特性

图 6-8　单机运行笼型感应发电机的自励

在工作原理上，感应发电机依靠定子绕组中的气隙电动势 E_s 向外输出电压和电流，而感生电动势 E_s 的气隙磁场只有依靠发电机自身的励磁才能建立起来。如图 6-6 所示，气隙磁场 $\dot{\Phi}_m$ 超前 $\dot{E}_s$ 90°电角度，现假设励磁电流 $\dot{I}_m$ 与 $\dot{\Phi}_m$ 同相位，这意味着空载运行时，发电机必须输出一个容性电流，才能使 $\dot{I}_{m0}$ 超前 $\dot{E}_s$ 90°电角度。图 6-8a 中，当原动机带动转子达到同步转速时，转子的剩磁磁场“切割”定子绕组，定子绕组中将感生剩磁电动势，并产生一个容性电流（空载励磁电流 $\dot{I}_{m0}$），其相位将超前剩磁电动势，此电流通过定子三相绕组将产生增磁性磁动势，使气隙磁场得以加强，并使发电机的定子电压逐步建立起来，由此实现发电机的自励。

稳定的空载电压取决于空载曲线和容抗线的交点 A，如图 6-8b 所示，α 角为容抗线与横坐标所构成的角度，对于 A 点，则有

$$\tan\alpha=\frac{U_s}{I_{m0}}=\frac{1}{\omega_s C_p} \tag{6-24}$$

式中，C_p 为对应正常运行点 A 的电容量。电容量 C_p 越小，容抗线与空载曲线交点 A（空载电压）就越低。

负载运行时，感应发电机的端电压和频率将随负载变化而变化。为保持端电压和频率恒定，必须相应地调节原动机的驱动转矩和电容 C_p 的大小。例如，当负载所需的有功功率增加时，一定要增加发电机的输入机械功率，使发电机的转速增高，使 $|s|$ 增大，以发出较大的有功功率，否则负载有功功率增大后，定子频率就要下降，磁化曲线也要降低，由式（6-24）可知，容抗线的角度也将增大（假设电容 C_p 不变），因此定子电压会下降。当负载所需的感性无功功率增大时，应增大电容 C_p，以增加电容器输入的容性电流（或者说增大输出的感性电流），否则会使电容器输入发电机的电容性电流减小，从而减小了发电机励磁电流，使定子

电压下降。总之，必须使发电机和电容器发出的有功和无功功率，与负载所需的有功和无功功率保持平衡，否则系统的频率和电压将会发生变化。

由于感应发电机负载变化时需要随时调整电容器的大小，且电容器价格较高，因此其应用受到一定局限。

6.1.7 笼型感应发电机并网运行

笼型感应发电机用于风力发电系统时可以并网运行，既可以定速并网运行，也可以变速并网运行。

定速并网运行的风力发电系统是将笼型感应发电机直接并网。由于发电机的转差率很小，对于兆瓦级风力发电机，通常速度变化小于额定转速的 1%，故称其为定速发电系统。为避免并网时刻产生冲击电流和转矩振荡，以及对电网造成扰动和产生破坏性的机械应力，通常采用软起动器并网，如图 6-9 所示。

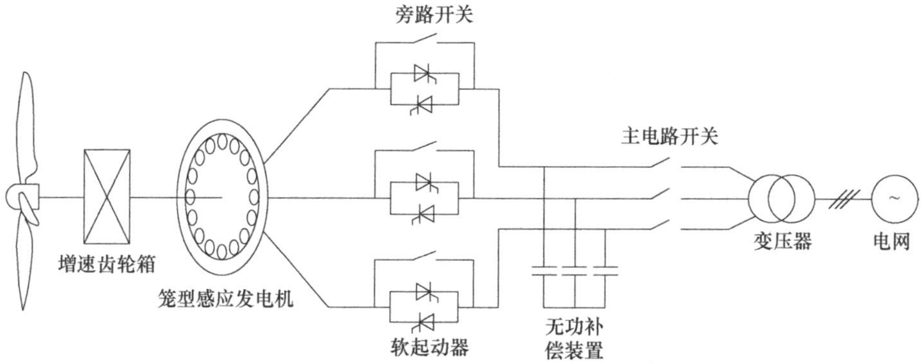

图 6-9 定速笼型感应发电机风力发电系统结构简图

软起动器实际上是一种交流电压控制器，通过调节晶闸管的触发延迟角来逐渐增大发电机定子电压，可使发电机定子电压从零增大至电网电压。当实际风速大于切入风速时，风力机桨距角经轻微调整能以较小转矩来加速发电机。此时发电机空载运行，并没有定子电压产生。当发电机转速增大到接近同步速时，通过图 6-9 所示主电路开关使其与电网并联，同时软起动器工作在一个较大的触发延迟角，产生一个很低的定子电压，发电机定子中通过很小的起动电流。软起动器可在很短时间内降至 0°，整个电网电压完全加在发电机端上。此时，因为风力机受力很小，发电机机械轴上转矩接近于零，发电机实际工作于电动机模式，产生正的电磁转矩 T_e，可使电机加速到近乎为同步速。然后，软起动器旁路开关闭合，系统的起动过程结束。通过调整风力机桨距角捕捉风能，发电机轴上传递来的机械转矩将大于电机的电磁转矩，电机转速将大于同步速，进入发电模式，风力机便开始向电网发电。

在定速风力发电系统中，感应发电机要从电网吸收无功功率，因此需要进行无功功率补偿。图 6-9 中采用了三相电容器作为无功补偿装置，但是无功功率会随有功功率的变化而变化，故需要对补偿电容不断进行调节。

这种定速风力发电系统的优点是无须闭环控制，无须 PWM 变流器，因此结构简单、成本低、较少维护和可靠性强，更适合于海上风力发电。

为了使风力机在不同风速下均能捕获最大的功率，必须对风力机的转速进行调节，以确保其始终能运行于最大功率点（maximum power point，MPP）。显然这种定速并网运行风力发电机不具有最大功率点跟踪能力，因此能量转换效率低。此外，系统不能对有功功率进行控制，在阵风下容易产生转矩振荡和破坏性机械力。为解决这一问题，可采用变速并网运行。关于变速并网运行，将在第 7 章中予以讨论。

6.2 三相感应电动机的制动

三相感应电动机的制动是指其在运行中电磁转矩成为制动转矩后的运行状态。三相感应电动机的制动主要有以下三种方式。

1. 反接制动

由交流电机旋转磁场理论已知，三相感应电机作为电动机运行时，若将定子三相引入线中的任意两根互换，气隙磁场的旋转方向将随之改变，电磁转矩便由驱动转矩变成制动转矩，此时转差率 $2>s>1$，如图 5-28 所示，电机将运行于电磁制动状态。通常将这种制动方式称为反接制动。

反接制动时，转差率 $s>1$，故定子电流很大。对于绕线转子感应电机，转子应接入一定的限流电阻。同时，当电机转速下降为零时，应及时切断电源，否则电机将会反向旋转。

2. 回馈制动

三相感应电机作为发电机运行时，电磁转矩将为制动转矩。在有些场合下，当转子转速超过同步速时，可以利用此制动转矩来限制转子的速度。例如，起重机重物下降过程中，当转子转速超过同步速时，转差率 $s<0$，感应电机将进入发电机状态，此时制动的电磁转矩会限制转速的进一步升高，可使重物在某一速度下稳定运行。感应电机作为发电机运行的过程中，已将重物的位能转化为电能回馈给电网，故又将这种制动方式称为回馈制动。

3. 能耗制动

将运行于电动机状态的感应电机从电源断开，并转接于一个直流电源，如图 6-10 所示。直流电流由 A 相流入而从 C 相流出，两相绕组的合成磁动势在气隙中建立了一个静止不动的恒定磁场，旋转的转子绕组中将感生出对称的电动势和电流。此时，感应电机已成为一台处于短路状态的旋转电枢式同步发电机，产生的电磁转矩为制动转矩，对转子的旋转具有制动作用。通过改变电阻 R_T 的大小，即通过调节定子直流磁场的强弱可以调节电磁转矩的大小。转子在旋转过程中，其储存的动能逐步转化为了电能，且全部消耗于转子铜耗和铁耗中，所以又将这种制动方式称为能耗制动。

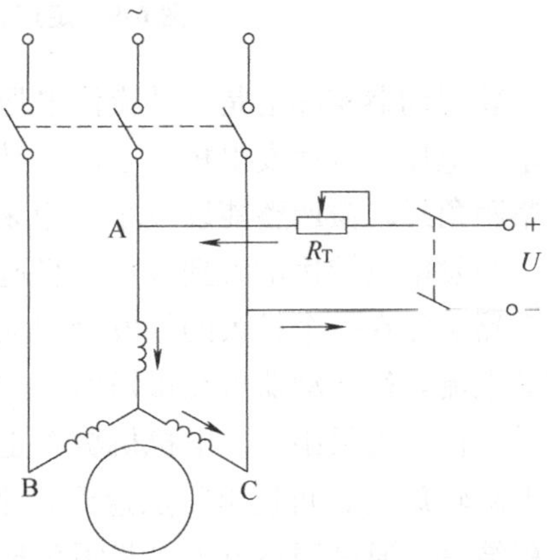

图 6-10 能耗制动示意图

6.3 双馈电机的工作原理

与笼型感应电机不同，绕线转子感应电机可在定、转子双边馈电，故称其为双馈电机。如图 6-11 所示，定子直接由三相交流电源馈电，转子三相绕组经集电环与变换器相接，变换器可为交-交变换器或交-直-交变换器或其他形式变换器。通过变换器可对双馈电机的运行状态进行控制。

双馈电机在同步速以下，既可作为电动机运行，又可作为发电机运行；在同步速以上，既可以作为发电机运行，也可作为电动机运行。转差功率既可由电网向电机馈入，也可由电机向电网反馈。双馈电机通过转子侧可调节定子侧的功率因数，功率因数可达到 1.0 或超前。双馈电机还可作为同步电机运行。

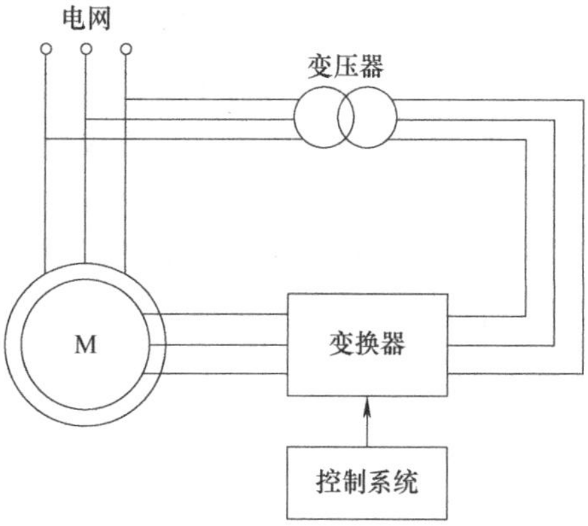

图 6-11　双馈电机运行简图

6.3.1　双馈电机的电压方程和等效电路

假设双馈电机为理想电机，分析中仍按电动机惯例来设定各物理量的正方向。

为便于了解双馈电机的工作原理，现将三相感应电机与双馈电机同在气隙磁场定向 MT 轴系内的稳态运行进行对比性分析。设定绕线转子的三相绕组外接电压 $\boldsymbol{u}_{rs}^{M}$，如图 6-12 所示。

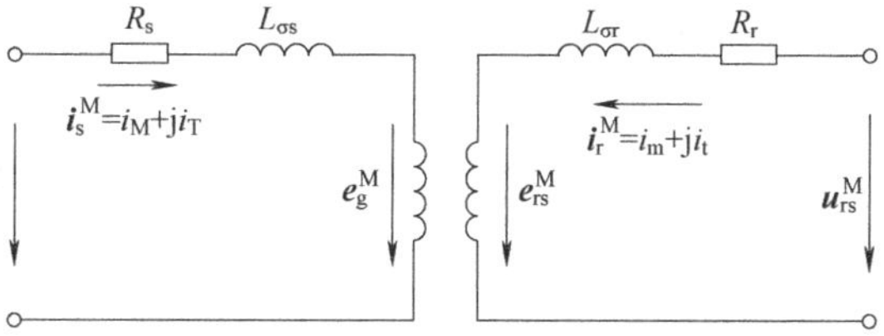

图 6-12　双馈电机等效电路

由三相感应电动机稳态定、转子电压矢量方程式（5-234）和式（5-235），可将双馈电机的定、转子电压矢量方程表示为

$$\boldsymbol{u}_s^M=R_s\boldsymbol{i}_s^M+j\omega_sL_{\sigma s}\boldsymbol{i}_s^M+j\omega_sL_m|\boldsymbol{i}_{mg}|=R_s\boldsymbol{i}_s^M+j\omega_sL_{\sigma s}\boldsymbol{i}_s^M-\boldsymbol{e}_g^M \tag{6-25}$$

$$\boldsymbol{u}_{rs}^M=R_r\boldsymbol{i}_r^M+j\omega_fL_{\sigma r}\boldsymbol{i}_r^M+j\omega_fL_m|\boldsymbol{i}_{mg}|=R_r\boldsymbol{i}_r^M+j\omega_fL_{\sigma r}\boldsymbol{i}_r^M-\boldsymbol{e}_{rs}^M \tag{6-26}$$

式中，$\omega_f>0$ 或 $\omega_f<0$；$\boldsymbol{e}_g^M$ 为定子气隙电动势，$\boldsymbol{e}_g^M=-j\omega_sL_m|\boldsymbol{i}_{mg}|$；$\boldsymbol{e}_{rs}^M=-j\omega_fL_m|\boldsymbol{i}_{mg}|$。

双馈电机的气隙磁场 $\boldsymbol{\psi}_g^M$ 仍由定、转子磁动势共同产生，当以电流矢量来表示这种作用时，则有

$$|\boldsymbol{i}_{mg}|=\boldsymbol{i}_s^M+\boldsymbol{i}_r^M \tag{6-27}$$

可得

$$i_T=-i_t \tag{6-28}$$

$$|\boldsymbol{i}_{mg}|=i_M+i_m \tag{6-29}$$

式中，$|\boldsymbol{i}_{mg}|$为建立气隙磁场 $\boldsymbol{\psi}_g^M$ 的等效励磁电流，方向与 $\boldsymbol{\psi}_g^M$ 一致，$|\boldsymbol{i}_{mg}|=\dfrac{\boldsymbol{\psi}_g^M}{L_m}$。

乍看起来，式（6-27）~式（6-29）与三相感应电动机的电流方程式（5-217）~式（5-219）形式上完全相同，但表达的物理事实却大不一样。对于三相感应电动机而言，转子电流是气隙磁场在转子绕组中感生的电流，当气隙磁场幅值恒定时，转子电流 $\boldsymbol{i}_r^M$ 总是滞后气隙磁场 $\boldsymbol{\psi}_g^M$ 以$(90°+\psi_2)$电角度，其励磁分量 $\boldsymbol{i}_m$ 总是与 M 轴相反，转矩分量 $\boldsymbol{i}_t$ 总是与 T 轴相反，如图 5-61 所示。由于转子绕组短路，对气隙磁场 $\boldsymbol{\psi}_g^M$ 的控制只能在定子侧通过控制定子电流励磁分量 $\boldsymbol{i}_M$ 来实现，$\boldsymbol{i}_M$ 一定与 $\boldsymbol{\psi}_g^M$(M 轴)方向一致；定子电流转矩分量 $\boldsymbol{i}_T=-\boldsymbol{i}_t$，$\boldsymbol{i}_T$ 一定与 T 轴方向一致。这些均是由三相感应电动机工作原理决定的。

双馈电机的定子三相绕组直接接于电网，因此对气隙磁场的控制只能在转子侧通过控制转子电流励磁分量 i_m 来实现，此时 i_m 已不是三相感应电动机中因存在转子漏磁而存在的无功电

流，而是建立气隙磁场 $\boldsymbol{\psi}_g^M$ 的转子励磁电流，因此 $\boldsymbol{i}_m$ 一定与 $\boldsymbol{\psi}_g^M$（M 轴）方向一致。式（6-29）中，$|\boldsymbol{i}_{mg}|$ 是建立 $\boldsymbol{\psi}_g^M$ 的实际励磁电流，当控制 $i_m>|\boldsymbol{i}_{mg}|$ 时，将有 $i_M<0$，否则将有 $i_M>0$；这意味着，通过控制转子电流 i_m，不仅可以建立气隙磁场 $\boldsymbol{\psi}_g^M$，还可同时控制定子电流励磁分量 i_M 的大小和方向，即可控制双馈电机的功率因数。

转子电压矢量方程式（6-26）中，当转差频率 ω_f 很小时，$R_r \gg \omega_f L_{\sigma r}$，忽略漏电感 $L_{\sigma r}$ 不会影响电机运行状态，故可得

$$\boldsymbol{u}_{rs}^M = R_r \boldsymbol{i}_r^M + \mathrm{j}\omega_f L_m \boldsymbol{i}_{mg} = R_r \boldsymbol{i}_r^M + \mathrm{j}\omega_f \boldsymbol{\psi}_g^M = R_r \boldsymbol{i}_r^M - \boldsymbol{e}_{rs}^M \tag{6-30}$$

由式（6-30），可得 MT 轴系坐标分量方程，即有

$$u_m = R_r i_m \tag{6-31}$$

$$u_t = R_r i_t - e_{rs} \tag{6-32}$$

$$e_{rs} = -\omega_f \psi_g \tag{6-33}$$

式中，u_m 和 u_t 分别为 $\boldsymbol{u}_{rs}^M$ 的 MT 轴分量，$\boldsymbol{u}_{rs}^M = u_m + \mathrm{j}u_t$。

式（6-31）表明，通过外加电压 u_m，可以控制转子电流励磁分量 i_m，即可以控制气隙磁场 ψ_g 以及定子电流励磁分量 i_M；式（6-32）表明，转子电流转矩分量 i_t 将取决于外加电压 u_t 和转子电动势 e_{rs}。

6.3.2　双馈电机的四象限运行

现将式（6-30）表示为图 6-13 所示的形式，图中各物理量方向为其正方向。在稳态运行时，MT 轴系内的转子电流、电动势、电压均为直流量，分别对应于实际转子电路中角频率为 ω_f 的正（余）弦交变量。由式（6-32），可得图 6-14 所示的转子 T 轴绕组的等效电路，电路中的 e_{rs} 和 i_t 的实际方向则与双馈电机的运行状态密切相关。

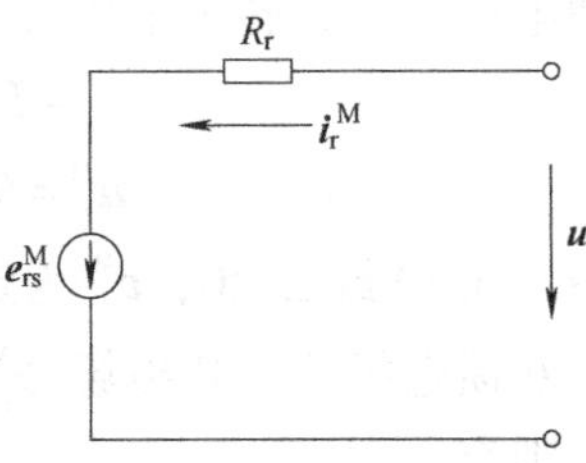

图 6-13　转子稳态等效电路

由式（6-33）可知，当 $\omega_f>0(s>0)$ 时，$e_{rs}<0$，其实际方向与正方向相反；当 $\omega_f<0(s<0)$ 时，$e_{rs}>0$，其实际方向与正方向相同。亦即，e_{rs} 的实际方向仅取决于转差速度 ω_f（或 s）的正与负，即取决于双馈电机是以亚同步速运行，还是以超同步速运行，并不取决于双馈电机是作为电动机运行还是作为发电机运行。如图 6-15 所示，当以亚同步速运行时，$e_{rs}<0$，$\boldsymbol{e}_{rs}^M$ 与 T 轴方向相反，即滞后 $\boldsymbol{\psi}_g^M$ 以 90°电角度；当以超同步速运行时，$e_{rs}>0$，$\boldsymbol{e}_{rs}^M$ 与 T 轴方向一致，即超前 $\boldsymbol{\psi}_g^M$ 以 90°电角度。

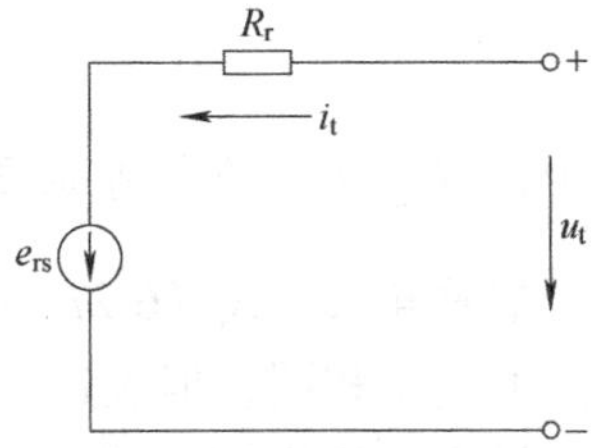

图 6-14　转子 T 轴绕组稳态等效电路

旧式（6-32）可知，i_t 的正负有两种可能，即大于零或小于零。$i_t<0$ 时，$\boldsymbol{i}_t$ 与 T 轴方向相反，如图 6-15a、b 所示，此时 $\boldsymbol{\psi}_g^M$ 超前于 $\boldsymbol{i}_r^M$，双馈电机将作为电动机运行；$i_t>0$ 时，$\boldsymbol{i}_t$ 与 T 轴方向相同，如图 6-15c、d 所示，此时 $\boldsymbol{\psi}_g^M$ 滞后于 $\boldsymbol{i}_r^M$，双馈电机将作为发电机运行。亦即，转子转矩电流 $\boldsymbol{i}_t$ 的方向唯一地决定了双馈电机运行于电动机状态还是发电机状态，而与转差速度 ω_f（或 s）大于零还是小于零无关。这意味着，双馈电机可以在同步转速以上作为电动机运行，或者在同步转速以下作为发电机运行，这与三相感应电动机大不相同。之所以如此，是因为转子转矩电流 i_t 已不是仅由 e_{rs} 决定的感应电流，而是由 e_{rs} 和外加电压 u_t 共同决定的转矩电流。

由图 6-14，可得输入转子的电磁功率 P_{er} 为

$$P_{er}=-e_{rs}i_t=\omega_f\psi_g i_t=-s\omega_s\psi_g i_T=-sP_{es} \tag{6-34}$$

式中，e_g 为气隙电动势，$e_g=\omega_s\psi_g$；P_{es} 为定子电磁功率，$P_{es}=e_g i_T$。

式（6-34）表明，P_{er} 为定子电磁功率 P_{es} 的 s 倍，故又称 P_{er} 为转差功率。由图 6-14 可以看出，当 i_t、e_{rs} 两者的实际方向相反时，通过 e_{rs} 吸收了由电网馈入的转差功率；当两者的实际方向相同时，通过 e_{rs} 的作用可将转差功率回馈于电网，即转差功率 P_{er} 的流向取决于 i_t 与 e_{rs} 的实际方向是否一致。流入双馈电机的总电磁功率 P_e 可表示为

$$P_e=P_{es}+P_{er}=(1-s)P_{es} \tag{6-35}$$

综上所述，双馈电机的运行状态主要表现为：作为电动机运行还是作为发电机运行，运行于亚同步速还是运行于超同步速。由此可产生四种运行状态，在图 6-15 中将其表示为四象限运行。图中，横坐标为电磁转矩 T_e；纵坐标为转差率 s 和 ω_r，$-1<s<1$，ω_r 为转子电角速度（标幺值），基值为同步转速 ω_s，各物理量方向为实际方向；此外，假设已控制 $i_M=0$，则有 $\boldsymbol{i}_s^M=\boldsymbol{i}_T$。

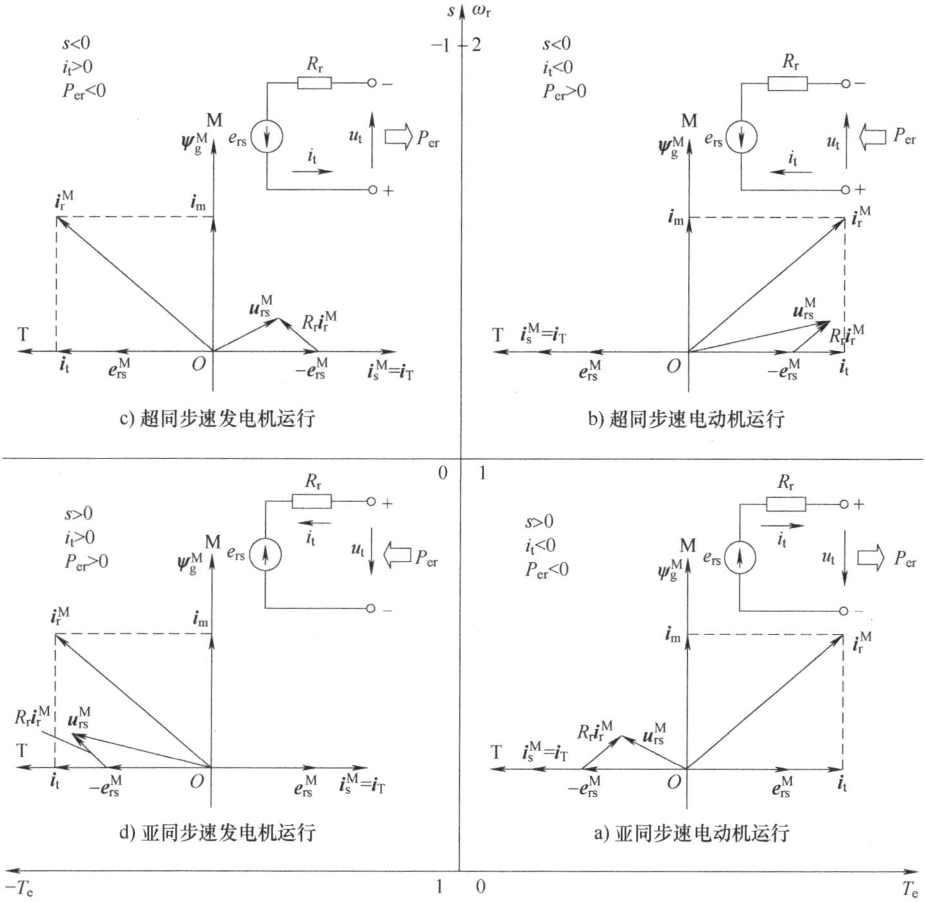

图 6-15　双馈电机四象限运行状态及转子电流、电压矢量图和转子 t 绕组电路图

1. 亚同步速电动机运行

1）此时电机的运行条件为：$i_t<0(T_e>0)$，$s>0(\omega_r<\omega_s)$。图 6-14 中的 e_{rs} 和 i_t 的实际方向则如图 6-15a 所示，由于 i_t 与 e_{rs} 方向一致，转差功率 P_{er} 将回馈于电网，$P_{er}<0$；输入电机的总

电磁功率 $P_e=(1-s)P_{es}$，如图 6-16a 所示。

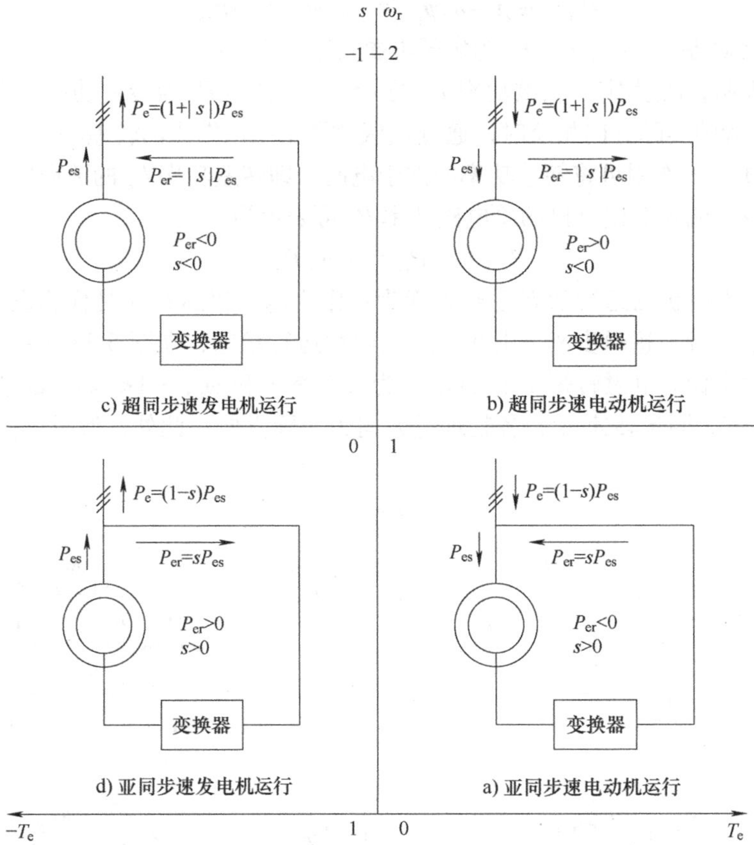

图 6-16　双馈电机四种运行状态的定、转子电磁功率流向图

2）可以看出，转子转矩电流 i_t 与转差率 s 决定了双馈电机的运行状态。

3）为实现亚同步速电动机运行，外部的控制条件是控制电压 u_t 应与 e_{rs} 方向相反，且有 $|u_t|<|e_{rs}|$。若变换器为交-直-交变换器，转子侧的变换器应工作于整流状态，而电网侧的变换器应工作于逆变状态，整流器从转子吸收转差功率，再经由逆变器回馈于电网。

4）图 6-15a 中，i_t 与 e_{rs} 方向一致，说明 i_t 是由转子电动势 e_{rs} 决定的感应电流，电动机在工作原理上与普通三相感应电动机一致。交流调速时，u_t 的作用相当于在转子电路中串联了一个反电动势，故早期又将其称为串级调速。

2. 超同步速电动机运行

1）如图 6-15b 所示，此时 $i_t<0(T_e>0)$，$s<0(\omega_r>\omega_s)$。由于 i_t 与 e_{rs} 方向相反，因此转差功率由电网馈入转子，$P_{er}>0$，输入电机的总电磁功率 $P_e=(1+|s|)P_{es}$，如图 6-16b 所示，电磁功率可以从定、转子两边馈入电机，故又将其称为双馈电机。

2）外部的控制条件是：控制电压 u_t 与 e_{rs} 方向相反，且有 $|u_t|>|e_{rs}|$；转子侧的变换器应工作于逆变状态，电网侧的变换器则应工作于整流状态。

3）在图 6-1b 所示的三相感应发电机中，当 $s<0(\omega_r>\omega_s)$ 时，气隙磁场“切割”转子绕组的方向相对电动机运行时发生了改变，转子感应电动势 e_{rs} 的方向随之改变，由于转子绕组短路，转子电流方向必然会随之改变，电磁转矩将由驱动性质转为制动性质，电机将作为发电

机运行。现双馈电机在转速已超过同步速下，为什么还可以作为电动机运行呢？这是因为，转子电动势 e_{rs} 改变了方向，但外加电压 u_t 也改变了方向，且有 $|u_t|>|e_{rs}|$，故在外加电压 u_t 作用下，转子电流 i_t 方向仍能保持不变。由此可见，对转子电流 i_t 的控制是控制双馈电机运行状态的核心。

3. 超同步速发电机运行

1）此时电机的运行条件为：$i_t>0(T_e<0)$，$s<0(\omega_r>\omega_s)$。由于 i_t 与 e_{rs} 方向一致，故转差功率将由电机回馈于电网，$P_{er}<0$，电机向外发出的总电磁功率 $P_e=(1+|s|)P_{es}$，如图 6-16c 所示。

2）为保证 i_t 与 e_{rs} 方向一致，要求 $|u_t|<|e_{rs}|$，为此转子侧变换器应工作于整流状态，电网侧的变换器应工作于逆变状态。此时在工作原理上与三相感应发电机一致，u_t 相当于转子电路中串联一个反电动势。

4. 亚同步速发电机运行

1）此时电机的运行条件为：$i_t>0(T_e<0)$，$s>0(\omega_r<\omega_s)$。由于 i_t 与 e_{rs} 方向相反，故由电网向电机馈入转差功率，$P_{er}>0$，电机向外发出的总电磁功率 $P_e=(1-s)P_{es}$，如图 6-16d 所示。

2）此时相当于改变亚同步速电动机运行时转子电流 i_t 的方向，如图 6-15d 所示，应使 $|u_t|>|e_{rs}|$，要求转子侧的变换器工作于逆变状态，电网侧的变换器应工作于整流状态。

6.3.3 双馈电机运行的特点

可将定、转子稳态电压方程［式（6-25）和式（6-26）］表示为

$$\boldsymbol{u}_s^M=R_s\boldsymbol{i}_s^M+j\omega_s L_{\sigma s}\boldsymbol{i}_s^M-\boldsymbol{e}_g^M \tag{6-36}$$

$$\boldsymbol{u}_{rs}^M=R_r\boldsymbol{i}_r^M+j\omega_f L_{\sigma r}\boldsymbol{i}_r^M-\boldsymbol{e}_{rs}^M \tag{6-37}$$

三相感应电机绕线转子三相绕组接于变换器构成双馈电机后，不仅可以扩展为四象限运行，还形成了三相感应电机运行所不具备的特点。

由式（6-27）~式（6-29）、式（6-36）和式（6-37），可构成双馈电机四种运行状态下的稳态矢量图，如图 6-17 所示。可以看出，当定子电流 $\boldsymbol{i}_s^M$ 超前转子电流 $\boldsymbol{i}_r^M$ 时，双馈电机将作为电动机运行，否则将作为发电机运行；超同步速运行时，转子电动势 $\boldsymbol{e}_{rs}^M$ 一定超前气隙磁场 $\boldsymbol{\psi}_g^M$ 90°电角度，亚同步速运行时，则滞后 $\boldsymbol{\psi}_g^M$ 90°电角度。可将图 6-17 转换为相应的相量图。

对三相感应电机而言，由于转子绕组短路，只能通过定子励磁来建立电机内磁场，因此其功率因数总是滞后的。双馈电机则不然，除了定子以外，还可以通过转子对电机进行励磁。以双馈电机亚同步速电动机运行时为例，如图 6-17a 所示，等效励磁电流 $|\boldsymbol{i}_{mg}|$ 是为建立气隙磁场 $\boldsymbol{\psi}_g^M$ 设定的给定值，若令 $i_M=0$，则可控制 $i_m=|\boldsymbol{i}_{mg}|$；若令 $i_M<0$，则可控制 $i_m>|\boldsymbol{i}_{mg}|$；若令 $i_M>0$，则可控制 $i_m<|\boldsymbol{i}_{mg}|$。即可以通过 i_m 来控制定子电流励磁分量 i_M 的方向和大小，也就可以控制和调节定子的无功功率和功率因数，这是三相感应电动机无法做到的。如图 6-17 所示，当双馈电机作四象限运行时亦如此。可见，无论双馈电机是作为电动机运行还是作为发电机运行，均可以控制定子侧的功率因数。这表明，交流励磁且异步运行的双馈电机亦表现出同步电机的特性。

双馈电机的电磁转矩可表示为

$$T_e=p_0\psi_g i_T=p_0L_m|\boldsymbol{i}_{mg}|i_T=-p_0L_m|\boldsymbol{i}_{mg}|i_t \tag{6-38}$$

双馈电机作为电动机运行时，$i_t<0$，$T_e>0$；作为发电机运行时，则相反。通过控制转子电

流转矩分量 i_t 便可以控制电磁转矩，且在动态情况下，也可以实现对转矩的有效控制。

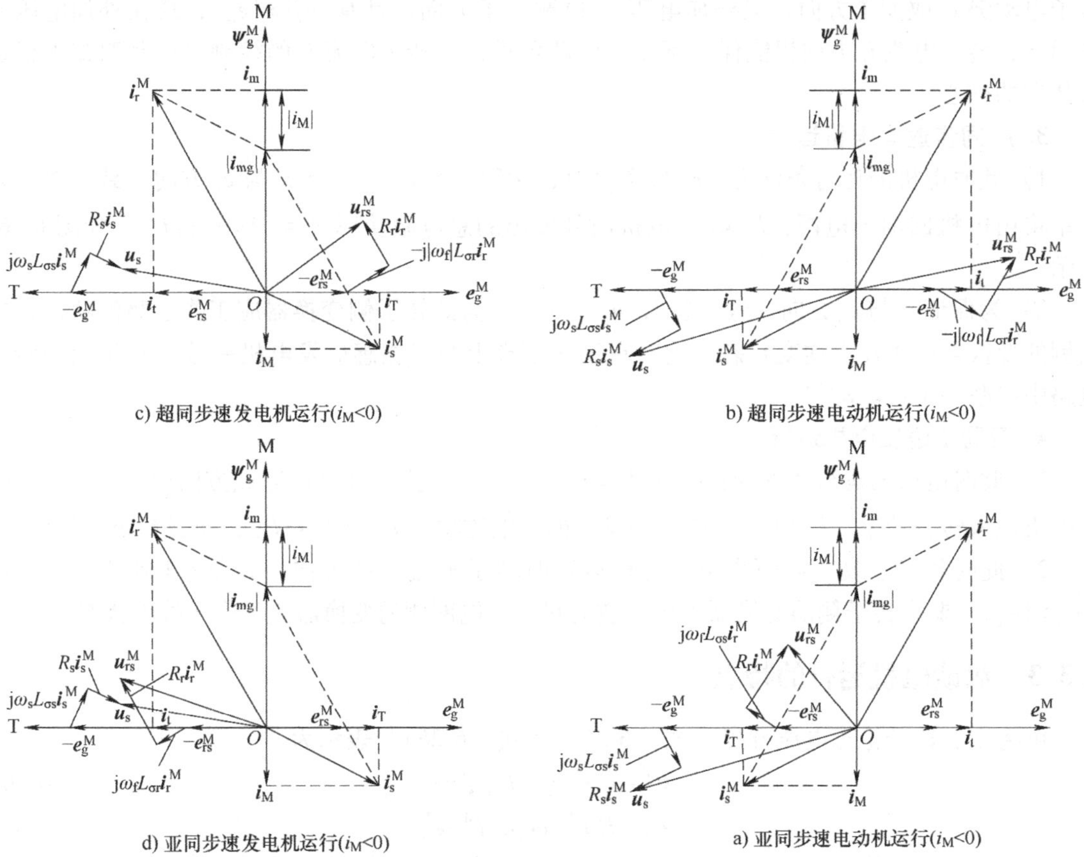

c) 超同步速发电机运行(i_M<0)　b) 超同步速电动机运行(i_M<0)

d) 亚同步速发电机运行(i_M<0)　a) 亚同步速电动机运行(i_M<0)

图 6-17　双馈电机四象限运行稳态矢量图

应该指出，三相感应电动机的交流调速是通过改变定子频率，即通过改变电机内气隙磁场的旋转速度来调节电机转速，而双馈电机定子绕组直接接于电网，定子频率是不变的，这意味着对转速的调节实质是在调节转差速度 ω_f（转差率 s），这表明双馈电机的调速原理仍属于改变转差率的交流调速。当 $s=0$ 时，双馈电机将以同步转速运行，此时转子绕组中的电流已为直流。

由三相感应电动机构成的交流调速系统，可以获得很宽的调速范围，但变频器的容量必须与电动机的容量相匹配。由双馈电机构成的调速系统，变换器的容量取决于转差功率，而转差功率仅为电动机的一部分；由于双馈电机可四象限运行，如果转速仅在同步速上下变化，还可以进一步降低变换器容量，这是双馈电机的显著特点。不足的是，由此也限制了双馈电机的调速范围。

双馈电机适用于大功率、调速范围有限的场合，如风机、水泵、压缩机等驱动系统。在这些应用场合，负载转矩与速度的二次方成正比，因此客观上也限制了调速范围。由于可降低变换器容量，且可调节功率因数，因此双馈电机已广泛应用于大型风力发电系统。

6.4　基于定子磁场定向的双馈电机

对于双馈电机而言，MT 轴系可以选择转子磁场定向、气隙磁场定向或者定子磁场定向。

在实际应用中，如大型风力发电系统，多选择定子磁场定向，原因是这样更易于实现对定子有功功率和无功功率的解耦控制。

图 5-64 为三相感应电机定子磁场定向的稳态等效电路，其转子为短路，对于双馈电机而言，相当于转子电路施加了外加电压 $\boldsymbol{u}_r^M$，如图 6-18 所示。

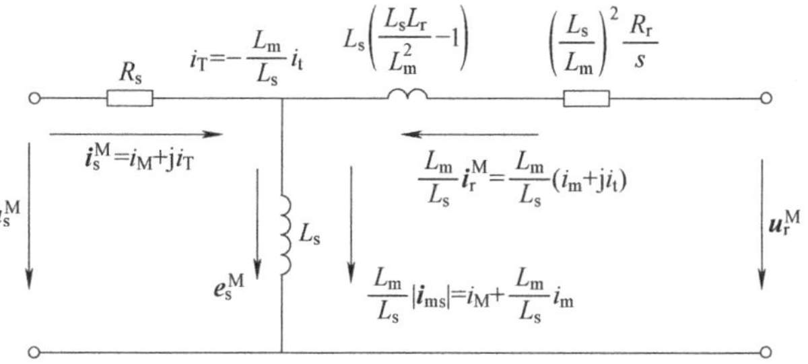

图 6-18　双馈电机定子磁场定向的稳态等效电路

6.4.1　定、转子磁链和电流矢量方程

三相感应电动机定子磁场定向下的定、转子磁链矢量方程式（5-242）和式（5-243）同样适用于双馈电机，即有

$$\boldsymbol{\psi}_s^M=L_s\boldsymbol{i}_s^M+L_m\boldsymbol{i}_r^M \tag{6-39}$$

$$\boldsymbol{\psi}_r^M=L_m\boldsymbol{i}_s^M+L_r\boldsymbol{i}_r^M \tag{6-40}$$

定子磁场定向约束方程式（5-250）同样适用于双馈电机，即有

$$|\boldsymbol{i}_{ms}|=\frac{L_s}{L_m}\boldsymbol{i}_s^M+\boldsymbol{i}_r^M \qquad \frac{L_m}{L_s}|\boldsymbol{i}_{ms}|=\boldsymbol{i}_s^M+\frac{L_m}{L_s}\boldsymbol{i}_r^M \tag{6-41}$$

可将式（6-41）表示为

$$i_T=-\frac{L_m}{L_s}i_t \tag{6-42}$$

$$|\boldsymbol{i}_{ms}|=\frac{L_s}{L_m}i_M+i_m \qquad \frac{L_m}{L_s}|\boldsymbol{i}_{ms}|=i_M+\frac{L_m}{L_s}i_m \tag{6-43}$$

式中，$|\boldsymbol{i}_{ms}|$为定子磁场等效励磁电流，即为实际励磁电流，$|\boldsymbol{i}_{ms}|=\frac{\psi_s}{L_m}$。

由式（6-39）~式（6-43）可得定子磁场定向的磁链和电流的动态矢量图，如图 6-19 所示。

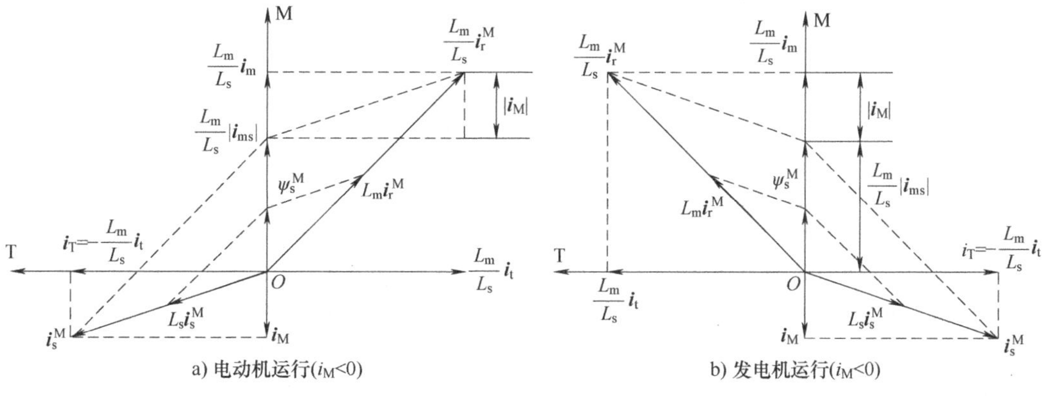

图 6-19　双馈电机定子磁场定向的磁链和电流动态矢量图

式（6-39）~式（6-43）与三相感应电动机定子磁场定向的磁链和电流矢量方程形式上相同，但两者表达的物理事实却存在很大差异，其原因如同6.3节所述。当双馈电机作为电动机运行时，对比图6-19a和图5-63可以看出两者的不同。

6.4.2 定、转子电压矢量方程

1. 定子电压矢量方程

由图6-18可知，双馈电机定子磁场定向的定子电压矢量方程应与三相感应电动机的形式相同。由式（5-251），可得

$$\boldsymbol{u}_s^M = R_s \boldsymbol{i}_s^M + \frac{d\boldsymbol{\psi}_s^M}{dt} + j\omega_{ms}\boldsymbol{\psi}_s^M \tag{6-44}$$

或者

$$\boldsymbol{u}_s^M = R_s \boldsymbol{i}_s^M + L_m \frac{d|\boldsymbol{i}_{ms}|}{dt} + j\omega_{ms} L_m |\boldsymbol{i}_{ms}| \tag{6-45}$$

式中，ω_{ms}为$\boldsymbol{\psi}_s^M$旋转的瞬时电角速度。

式（6-45）的MT轴系坐标分量方程为

$$u_M = R_s i_M + L_m \frac{d|\boldsymbol{i}_{ms}|}{dt} = R_s i_M + \frac{d\psi_s}{dt} \tag{6-46}$$

$$u_T = R_s i_T + \omega_{ms} L_m |\boldsymbol{i}_{ms}| = R_s i_T + \omega_{ms}\psi_s \tag{6-47}$$

双馈电机的定子直接接于电网，故定子电压分量u_M和u_T已失去了对定子电流和磁链的控制能力，因此同气隙磁场定向时一样，双馈电机只有通过转子侧才能实现对电机运行的控制。

2. 转子电压矢量方程

由三相感应电动机定子磁场定向的转子电压矢量方程式（5-252），可得双馈电机的转子电压矢量方程，即有

$$\boldsymbol{u}_{rs}^M = R_r \boldsymbol{i}_r^M + \frac{d\boldsymbol{\psi}_r^M}{dt} + j\omega_f \boldsymbol{\psi}_r^M \tag{6-48}$$

由式（6-40）和磁场定向约束方程式（6-41），可将转子电压矢量方程式（6-48）改写为

$$\boldsymbol{u}_{rs}^M = R_r \boldsymbol{i}_r^M + L_r' \frac{d\boldsymbol{i}_r^M}{dt} + \frac{L_m^2}{L_s}\frac{d|\boldsymbol{i}_{ms}|}{dt} + j\omega_f\left(\frac{L_m^2}{L_s}|\boldsymbol{i}_{ms}| + L_r'\boldsymbol{i}_r^M\right) \tag{6-49}$$

式中，$\omega_f = \omega_{ms} - \omega_r$，$\omega_r$为转子旋转的瞬时电角速度；$L_r'$为转子瞬态电感，$L_r' = \sigma L_r$。

将式（6-49）表示为MT轴系坐标分量的形式，即有

$$T_r' \frac{di_m}{dt} + i_m = \frac{u_m}{R_r} + \omega_f T_r' i_t - (1-\sigma) T_r \frac{d|\boldsymbol{i}_{ms}|}{dt} \tag{6-50}$$

$$T_r' \frac{di_t}{dt} + i_t = \frac{u_t}{R_r} - \omega_f T_r' i_m - (1-\sigma) T_r \omega_f |\boldsymbol{i}_{ms}| \tag{6-51}$$

式中，T_r为转子时间常数，$T_r = L_r/R_r$；T_r'为转子瞬态时间常数，$T_r' = \sigma T_r$。

可以看出，双馈电机的定子电压方程式（6-46）和式（6-47）与转子磁场定向的转子电压方程式（5-174）和式（5-175）形式上相似，而双馈电机的转子电压方程式（6-50）和式（6-51）则与转子磁场定向的定子电压方程式（5-180）和式（5-181）形式上相似。为什么会有这样的结果呢？比较图5-59a和图6-18可以看出，如果令图6-18中的$\boldsymbol{u}_s^M = 0$，则两者

的拓扑结构完全相同，相当于两者的定、转子电路进行了置换，此时双馈电机的定子绕组亦相当于无漏电感的纯电阻电路，而转子电路则因漏电感的存在，使得转子电压方程式（6-50）和式（6-51）间产生了耦合，这与图 5-59a 中的定子电路相同。此时，只能在转子侧通过控制转子电流分量 i_m 和 i_t 来控制双馈电机的运行，i_m 和 i_t 的作用就相当于三相感应电动机的定子电流分量 i_M 和 i_T，而由转子电压分量 u_m 和 u_t 代替了三相感应电动机的定子电压分量 u_M 和 u_T。

6.4.3　稳态运行时的定、转子电压方程与矢量图

由式（6-45）和式（6-49），可得稳态运行时的定、转子电压方程，即有

$$\boldsymbol{u}_s^M = R_s\boldsymbol{i}_s^M + j\omega_{ms}L_m|\boldsymbol{i}_{ms}| \tag{6-52}$$

$$\boldsymbol{u}_{rs}^M = R_r\boldsymbol{i}_r^M + j\omega_f L_r'\boldsymbol{i}_r^M + j\omega_f\frac{L_m^2}{L_s}|\boldsymbol{i}_{ms}| \tag{6-53}$$

可将式（6-52）和式（6-53）表示为

$$\boldsymbol{u}_s^M = R_s\boldsymbol{i}_s^M - \boldsymbol{e}_s^M \tag{6-54}$$

$$\boldsymbol{u}_{rs}^M = R_r\boldsymbol{i}_r^M + j\omega_f L_r'\boldsymbol{i}_r^M - \boldsymbol{e}_{rs}^M \tag{6-55}$$

式中，$\boldsymbol{e}_s^M$ 为定子磁场 $\boldsymbol{\psi}_s$ 在定子绕组中感生的电动势，$\boldsymbol{e}_s^M = -j\omega_{ms}L_m|\boldsymbol{i}_{ms}| = -j\omega_{ms}\boldsymbol{\psi}_s$；$\boldsymbol{e}_{rs}^M$为定子磁场 $\boldsymbol{\psi}_s$ 在转子绕组中感生的电动势，$\boldsymbol{e}_{rs}^M = -j\omega_f\dfrac{L_m^2}{L_s}|\boldsymbol{i}_{ms}| = -j\omega_f\dfrac{L_m}{L_s}\boldsymbol{\psi}_s$。

式（6-55）中，若不计瞬态电感 L_r' 的影响，则有

$$u_m = R_r i_m \tag{6-56}$$

$$u_t = R_r i_t - e_{rs} \tag{6-57}$$

$$e_{rs} = -\omega_f\frac{L_m}{L_s}\psi_s \tag{6-58}$$

式（6-56）~式（6-58）与式（6-31）~式（6-33）形式相同，因此图 6-15 和图 6-16 中所示同样适用于定子磁场定向的双馈电机。

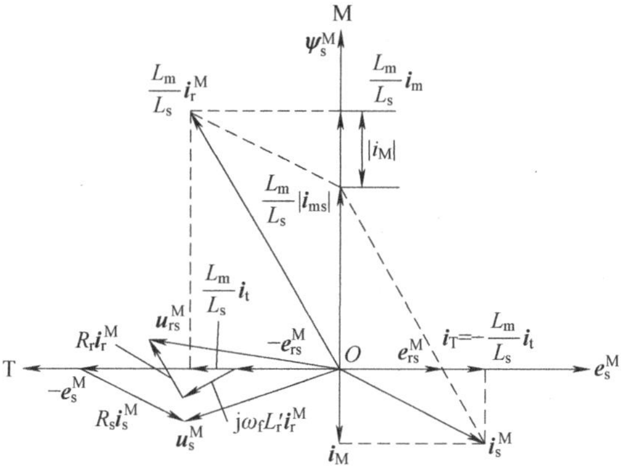

图 6-20　定子磁场定向双馈电机亚同步速发电机运行矢量图（$i_M<0$）

由电流矢量方程式（6-41）~式（6-43）以及定、转子电压矢量方程式（6-54）和式（6-55），可以给出双馈电机定子磁场定向四象限运行时，四种运行状态下的稳态矢量图。图 6-20 对应于亚同步速发电机运行状态，其余三种可参照图 6-20 得出。

6.4.4　电磁转矩与功率方程

1. 电磁转矩

定子磁场定向双馈电机的电磁转矩可表示为

$$t_e = p_0\boldsymbol{\psi}_s^M \times \boldsymbol{i}_s^M \tag{6-59}$$

可得

$$t_e=p_0\psi_s i_T=p_0L_m|\boldsymbol{i}_{ms}|i_T=-p_0\frac{L_m^2}{L_s}|\boldsymbol{i}_{ms}|i_t \tag{6-60}$$

当 $i_t<0$ 时，$t_e>0$，t_e 为驱动转矩；当 $i_t>0$ 时，$t_e<0$，t_e 为制动转矩。

2. 功率方程

（1）有功功率

由定子电压矢量方程式（6-44），可得输入定子的电功率为

$$P_s=\mathrm{Re}[\boldsymbol{u}_s^M\boldsymbol{i}_s^{M*}]=R_si_s^2+\mathrm{Re}\left[\frac{\mathrm{d}\boldsymbol{\psi}_s^M}{\mathrm{d}t}\boldsymbol{i}_s^{M*}\right]+\mathrm{Re}[\mathrm{j}\omega_{ms}\boldsymbol{\psi}_s^M\boldsymbol{i}_s^{M*}]=P_{Cus}+P_{ms}+P_{es} \tag{6-61}$$

式中，等式右端第 1 项为定子总铜耗；第 2 项为因磁场储能变化而引起的电功率；第 3 项为与机电能量转换相关的功率，称其为电磁功率。

由式（6-61），可得

$$P_{es}=\mathrm{Re}[\mathrm{j}\omega_{ms}\boldsymbol{\psi}_s^M\boldsymbol{i}_s^{M*}]=\omega_{ms}(\psi_Mi_T-\psi_Ti_M)=\omega_{ms}L_m(i_Ti_m-i_Mi_t) \tag{6-62}$$

式中，$\psi_M=L_si_M+L_mi_m$；$\psi_T=L_si_T+L_mi_t$。

同理，由式（6-48），可得输入转子的电功率为

$$P_r=\mathrm{Re}[\boldsymbol{u}_r^M\boldsymbol{i}_r^{M*}]=R_ri_r^2+\mathrm{Re}\left[\frac{\mathrm{d}\boldsymbol{\psi}_r^M}{\mathrm{d}t}\boldsymbol{i}_r^{M*}\right]+\mathrm{Re}[\mathrm{j}\omega_f\boldsymbol{\psi}_r^M\boldsymbol{i}_r^{M*}]=P_{Cur}+P_{mr}+P_{er} \tag{6-63}$$

由式（6-63），可得

$$P_{er}=\mathrm{Re}[\mathrm{j}\omega_f\boldsymbol{\psi}_r^M\boldsymbol{i}_r^{M*}]=\omega_f(\psi_mi_t-\psi_ti_m)=-\omega_fL_m(i_Ti_m-i_Mi_t) \tag{6-64}$$

式中，$\psi_m=L_mi_M+L_ri_m$，$\psi_t=L_mi_T+L_ri_t$。

由式（6-62）和式（6-64），可得

$$P_{er}=-sP_{es} \tag{6-65}$$

总电磁功率 P_e 为

$$P_e=P_{er}+P_{es}=(1-s)P_{es} \tag{6-66}$$

这与气隙磁场定向得出的结果一致，四种工作状态下的定、转子电磁功率流向则如图 6-16 所示。

稳态运行时，由式（6-61）和式（6-63）可知，若不计定、转子电阻损耗，则有

$$P_s=P_{es}\qquad P_r=P_{er}\qquad P_r=-sP_s \tag{6-67}$$

总有功功率为

$$P_1=P_s+P_r=(1-s)P_s \tag{6-68}$$

（2）无功功率

若不计电机磁场变化引起的无功功率，电网向电机定子输入的无功功率则为

$$Q_s=\mathrm{Im}[\boldsymbol{u}_s^M\boldsymbol{i}_s^{M*}]=\mathrm{Im}[\mathrm{j}\omega_{ms}\boldsymbol{\psi}_s^M\boldsymbol{i}_s^{M*}]=\omega_{ms}\psi_si_M \tag{6-69}$$

（3）有功功率和无功功率的控制

定子磁场定向后，式（6-62）中，$\psi_T=0$，不计定子损耗和电机磁场引起的损耗，则有

$$P_s=\omega_{ms}\psi_si_T=-\omega_{ms}\frac{L_m^2}{L_s}|\boldsymbol{i}_{ms}|i_t \tag{6-70}$$

由式（6-69）和式（6-43），可得

$$Q_s=\omega_{ms}\psi_si_M=\omega_{ms}\frac{L_m^2}{L_s}|\boldsymbol{i}_{ms}|(|\boldsymbol{i}_{ms}|-i_m) \tag{6-71}$$

式（6-70）和式（6-71）表明，当 $\boldsymbol{\psi}_s^M$（$|\boldsymbol{i}_{ms}|$）为常值时，有功功率和无功功率便决定于

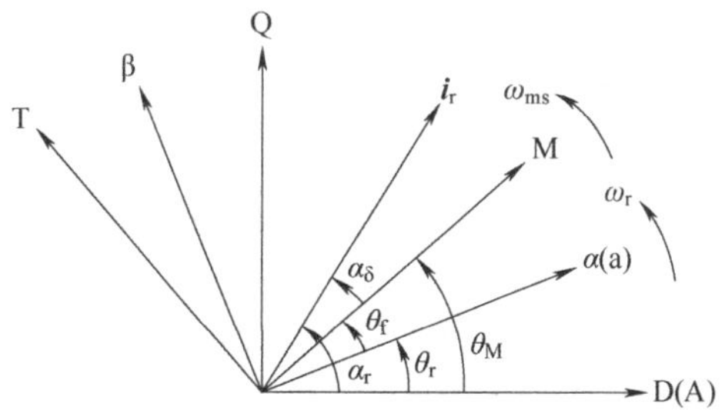

图 6-21　转子电流矢量 $\boldsymbol{i}_r^M$ 与各空间轴系

定子电流分量 i_T 和 i_M，由于定子磁场定向消除了定子漏磁场的影响，因此可以实现对 i_M 和 i_T 的解耦控制，即可以各自独立地控制有功功率和无功功率，如控制 $i_M=0$，定子侧的功率因数可为 1，这是定子磁场定向的可取之处；但是只能通过转子电流分量 i_t 和 i_m 来控制有功功率和无功功率，如果能够各自独立控制 i_t 和 i_m，就能够实现对有功功率和无功功率的解耦控制。当采用电流型变换器馈电时，可以直接控制 i_m 和 i_t；当采用电压型变换器馈电时，必须利用转子电压方程式（6-50）和式（6-51），通过外施电压 u_m 和 u_t 来分别控制转子电流 i_m 和 i_t。控制 i_m 和 i_t 的实质是控制转子电流 $\boldsymbol{i}_r^M$ 在定子磁场定向 MT 轴系内的幅值和相位，如图 6-21 所示。通过矢量变换可将 $\boldsymbol{i}_r^M$ 由 MT 轴系变换到转子 abc 轴系。

通过控制 i_m 和 i_t，如图 6-20 所示，可以控制 $i_T>0$ 或 $i_T<0$，以及 $i_M>0$ 或 $i_M<0$，即可控制有功功率和无功功率的流向，同时可控制电磁转矩和功率因数，亦即可以控制双馈电机四象限运行时的工作状态。

6.4.5　忽略定子电阻的定子磁场定向

在定子磁链 $\psi_s(|\boldsymbol{i}_{ms}|)$ 恒定的情况下，定子电压矢量方程式（6-44）可表示为

$$\boldsymbol{u}_s^M=R_s\boldsymbol{i}_s^M+j\omega_{ms}\boldsymbol{\psi}_s^M \tag{6-72}$$

如果忽略定子电阻电压降，则有

$$\boldsymbol{u}_s^M=j\omega_{ms}\boldsymbol{\psi}_s^M \tag{6-73}$$

如图 6-20 所示，此时 $\boldsymbol{u}_s^M$ 超前 $\boldsymbol{\psi}_s^M$ 90°电角度，且在四种运行状态下，$\boldsymbol{u}_s^M$ 将始终与 T 轴方向一致。则有

$$\begin{cases}u_M=0\\u_T=|\boldsymbol{u}_s|\end{cases} \tag{6-74}$$

且有

$$|\boldsymbol{u}_s|=|\boldsymbol{e}_s^M|=\omega_{ms}\psi_s=\omega_{ms}L_m|\boldsymbol{i}_{ms}| \tag{6-75}$$

$$|\boldsymbol{i}_{ms}|=\frac{1}{L_m}\frac{|\boldsymbol{u}_s|}{\omega_{ms}} \tag{6-76}$$

由式（6-43）和式（6-76），可得

$$i_M=\frac{1}{L_s}\left(\frac{|\boldsymbol{u}_s|}{\omega_{ms}}-L_m i_m\right) \tag{6-77}$$

在这种情况下，可以利用电网（定子）电压矢量 $\boldsymbol{u}_s$ 进行磁场定向。采用这种定向方式的优点是，实际检测电网电压 $\boldsymbol{u}_s$ 要比实际检测 $\boldsymbol{\psi}_s$ 容易得多，从而简化了控制系统。但是，只能使定子有功功率和无功功率近似解耦。

此时，可将式（6-70）和式（6-71）分别表示为

$$P_s=|\boldsymbol{u}_s|i_T=-\frac{L_m}{L_s}|\boldsymbol{u}_s|i_t \tag{6-78}$$

$$Q_s=|\boldsymbol{u}_s|i_M=\frac{|\boldsymbol{u}_s|}{L_s}\left(\frac{|\boldsymbol{u}_s|}{\omega_{ms}}-L_m i_m\right) \tag{6-79}$$

式（6-78）和式（6-79）表明，通过控制 i_t 和 i_m 便可以控制 P_s和 Q_s。

习 题

6-1 三相感应发电机与电动机运行的根本区别是什么？为什么说转差率 s 是三相感应电机运行的基本变量？

6-2 三相感应电机作为电动机稳态运行时，转子电流 $\boldsymbol{i}_r$ 总是滞后气隙磁场 $\boldsymbol{\psi}_m$ 以($90°+\psi_2$)电角度，而作为发电机运行时转子电流 $\boldsymbol{i}_r$ 却总是超前 $\boldsymbol{\psi}_m$ 以($90°+\psi_2$)电角度，为什么？

6-3 三相感应电机作为电动机运行时转子电流 $\boldsymbol{i}_r$ 总是滞后定子电流 $\boldsymbol{i}_s$，而作为发电机运行时转子电流 $\boldsymbol{i}_r$ 总是超前定子电流 $\boldsymbol{i}_s$，这是为什么？

6-4 为什么将三相感应发电机转子电压矢量方程式（6-16）转换为方程式（6-17），即相当于进行了转子绕组频率归算？频率归算前转子电动势 $\boldsymbol{e}_{rs}$与定子电动势 $\boldsymbol{e}_s$ 方向相反，而归算后的转子电动势 $\boldsymbol{e}_r$ 与定子电动势 $\boldsymbol{e}_s$ 方向相同，为什么？

6-5 图 6-6 所示的三相感应发电机相量图中，看起来 $\dot{I}'_r$ 超前$-|s|\dot{E}'_r$，这是为什么？

6-6 在时域内，三相感应电动机相量方程和等效电路中的转差率取为负值后，同样适用于发电机运行，但是两者的相量图却有很大差别，这是为什么？

6-7 为什么三相感应发电机仍然必须由外部输入滞后无功功率来建立电机内的磁场？

6-8 为什么三相感应发电机单独运行时，需要解决自励问题？自励的先决条件是什么？为什么自励时需要在定子端点并联一组对称的三相电容器？

6-9 在风力发电系统中，为什么称直接并网的笼型感应发电机系统为定速发电系统？为什么要采用软起动器并网？如何操作？这种定速发电系统有什么优缺点？

6-10 在三相感应电机中，转子电流仅由转子绕组电动势产生，这在双馈电机转子绕组中是否成立？为什么？

6-11 为什么双馈电机转子转矩电流 $\boldsymbol{i}_t$ 超前或滞后气隙磁场 $\boldsymbol{\psi}_g$ 决定了双馈电机是作为发电机运行还是作为电动机运行？

6-12 为什么双馈电机亚同步速运行时，转子电动势 $\boldsymbol{e}_{rs}$一定滞后气隙磁场 $\boldsymbol{\psi}_g$ 以 90°电角度，而作为发电机运行时 $\boldsymbol{e}_{rs}$一定超前 $\boldsymbol{\psi}_g$ 以 90°电角度？

6-13 双馈电机作为电动机运行还是作为发电机运行决定于什么？说明其理由。

6-14 图 6-15 中，当双馈电机由亚同步速电动机运行转换为超同步速电动机运行时，为什么转子电动势 e_{rs}的方向改变而转子转矩电流 i_t 的方向没有随之改变？这其中外加电压起到了什么作用？为什么转差功率由输出转子转换为了输入转子？为什么转子侧变换器要由整流工作状态转换为逆变工作状态？

6-15 为什么双馈电机可实现四象限运行？

6-16 为什么说双馈电机的调速原理仍属于改变转差率的交流调速？

6-17 由双馈电机构成的调速系统有什么优缺点？说明该系统适用于调速范围有限场合的理由。

6-18 基于定子磁场定向的双馈电机是如何控制转子励磁电流 i_m 和转矩电流 i_t 的？

6-19 为什么基于定子磁场定向的双馈电机，通过控制转子励磁电流就可以控制定子侧无功功率流向和功率因数？

6-20 为什么基于定子磁场定向的双馈电机可使定子有功功率和无功功率的控制实现解耦？

6-21 为什么忽略定子电阻影响，可利用电网（定子）电压矢量 $\boldsymbol{u}_s$ 进行磁场定向？

第 7 章 交流电机的运动控制

交流电机的运动控制是指对其转速或转子角位移的控制，在 2. 10. 1 节中对直流电机运动控制提出的要求以及对控制品质的评价指标同样适用于交流电机。事实上，无论是对直流电机还是交流电机，对电机的运动控制归根结底是对电磁转矩的控制，进一步而言，是在动态过程中对瞬态转矩的控制。

在第 4、5 章中已建立了三相同步电动机和三相感应电动机的运动方程，可以看出，在定子 ABC 轴系内，由于电磁转矩项为非线性，使得交流电动机运动方程为一组非线性的时变方程，因此难以采用线性控制理论和方法来控制交流电动机。由于不能有效解决动态运行中的转矩控制问题，致使交流电动机运动控制无法达到直流电动机的控制水平。但如第 3~5 章所述，通过矢量变换可以在特定的磁场定向轴系内，将交流电动机变换为等效的直流电动机，在一定条件下可将转矩控制线性化；通过矢量控制，可对瞬态转矩实现解耦控制；可借鉴直流电动机的线性控制理论和方法，构建等效直流电动机的矢量控制系统；再通过矢量变换，将等效的直流电动机还原为交流电动机，在实际的交流系统内完成对电动机的运动控制。理论与实践表明，运用矢量变换和矢量控制可将交流电动机的运动控制品质提升到与直流电动机相当的水平。

本章列举了三相永磁同步电动机、三相感应电机和双馈电机较典型的矢量控制系统，以此来进一步说明矢量控制原理和矢量控制系统的构成。分析中假设电动机为理想电动机，不计零序系统影响。

7.1 三相永磁同步电动机的运动控制

7.1.1 传统的交流调速技术

在交流电机采用矢量控制之前，同步电动机调速通常采用变频调速方式，其原理如下。

稳态运行时，同步电动机的转速与定子供电频率间有严格的对应关系，即有

$$\Omega_s = \frac{2\pi f_s}{p_0} \tag{7-1}$$

改变定子供电频率即可改变电动机的同步转速，这便是传统变频调速的基本原理。

同步电动机在 ABC 轴系内的定子电压矢量方程见式（4-8），即为

$$\boldsymbol{u}_s = R_s \boldsymbol{i}_s + \frac{d\boldsymbol{\psi}_s}{dt} = R_s \boldsymbol{i}_s + \frac{d\psi_s}{dt} e^{j\rho_s} + j\omega_{ms}\boldsymbol{\psi}_s \tag{7-2}$$

式中，ρ_s 为定子磁链 $\boldsymbol{\psi}_s$ 的空间相位，$\rho_s = \int \omega_{ms} dt$，$\omega_{ms}$ 为 $\boldsymbol{\psi}_s$ 的旋转速度。

稳态运行时，忽略定子电阻 R_s 的影响，则有

$$\boldsymbol{u}_s = j\omega_{ms}\boldsymbol{\psi}_s \tag{7-3}$$

在时域内，即有

$$U_s = 4.44 f_s N_1 k_{ws1} \Phi_s \approx 4.44 f_s N_1 k_{ws1} \Phi_g \tag{7-4}$$

式中，Φ_s 和 Φ_g 分别为定子磁通和气隙磁通。

式（7-4）表明，当改变定子供电频率时，如减小 f_s 时，若不同时降低定子电压 U_s，则气隙磁通 Φ_g 将会增大，这会使主磁路的铁心过度饱和，为使 Φ_g 保持不变，可控制 U_s/f_s = 常值，U_s/f_s 称为压频比，所以常将这种控制方式称为变频调压调速（variable voltage variable frequency，VVVF），简称 VVVF 技术。

动态运行中，定子磁链 $\boldsymbol{\psi}_s$ 的幅值和旋转速度不断变化，故式（7-2）中等式右端第 2 项不再为零，且旋转电压也不会随时间按正弦规律变化，式（7-4）自然亦不再成立。

VVVF 技术的不足之处是它仅是一种时域内的稳态调速方法，由于不能直接控制转矩，只能依靠同步电机稳态运行时转速必然为同步速的工作原理来控制转速，因此对电动机由一个稳态运行点到另一个稳态运行点的动态过程是无法控制的，这决定了由 VVVF 技术构成的变频调速系统在动态性能上无法达到直流调速系统的水平，也就无法构成高性能的调速和伺服系统。

7.1.2　基于转子磁场的矢量控制

假如三相永磁同步电动机转子为面装式结构，可将其等效为图 3-49 所示的隐极式同步电动机，电磁转矩则同式（3-195）。可以看出，在定子 ABC 轴系内，若在动态过程中能有效控制电磁转矩，就必须严格控制定子电流矢量 $\boldsymbol{i}_s$ 的幅值和相对主磁场 $\boldsymbol{\psi}_f$ 的空间相位角 β（转矩角），故常将此控制方式称为矢量控制。VVVF 控制只能在时域内控制定子电流 $\boldsymbol{i}_s$ 的稳态转速，而不能在动态过程中控制其幅值和空间相位，故常将这种控制方式称为标量控制。矢量控制相对标量控制，可以将电磁转矩控制由时域拓展到空间，由稳态控制拓展到动态控制，反映了两种控制方式的根本区别，也体现了矢量控制的特点和优势。

由式（3-195）可知，在定子 ABC 轴系内，通过直接控制定子三相电流 i_A、i_B、i_C 来控制定子电流矢量 $\boldsymbol{i}_s$ 的幅值和空间相位 β 是很困难的。但是，如图 3-50 所示，在以转子磁场定向的 dq 轴系内，电磁转矩则同式（3-196），即有

$$\begin{aligned} t_e &= p_0 \boldsymbol{\psi}_f^{dq} \times \boldsymbol{i}_s^{dq} \\ &= p_0 \psi_f i_s \sin\beta \\ &= p_0 \psi_f i_q \end{aligned} \tag{7-5}$$

在 dq 轴系内，$\boldsymbol{i}_s^{dq} = i_d + j i_q$，通过控制定子电流分量 i_d 和 i_q，即可实现对定子电流矢量 $\boldsymbol{i}_s$ 的幅值和空间相位 β 的控制，实际进行的就是矢量控制。若不计磁饱和，忽略温度变化对永磁体供磁的影响，可以认为 ψ_f 为常值，由式（7-5）可知，通过控制定子电流交轴分量 i_q，即可控制电磁转矩。

如第 3 章所述，将永磁同步电动机由定子 ABC 轴系变换到转子磁场定向 dq 轴系，意味着在 dq 轴系内，已将永磁同步电动机等效为一台电刷位于几何中性线的他励直流电动机。此时，式（7-5）中的 i_q 已相当于他励直流电动机的电枢电流，ψ_f 已相当于他励直流电动机的主

磁场，由于电磁转矩仅与交轴电流 i_q 成正比，因此可获得与实际他励直流电动机同样的线性机械特性；由于在动态过程中可以严格控制交轴电流 i_q，因此可以获得与他励直流电动机相当的动态性能。此外，交轴电流 i_q 为直流量，可借鉴控制他励直流电动机的线性控制理论和方法，在 dq 轴系内构建矢量控制系统。因此在数控机床、机器人等高性能伺服驱动领域，由三相永磁同步电动机构成的伺服系统获得了广泛应用。

7.1.3　矢量控制系统

1. 矢量控制系统的构成

转子磁场定向矢量控制系统的构成有多种方案，作为其中一个方案，图 7-1 所示为面装式永磁同步电动机矢量控制系统框图。

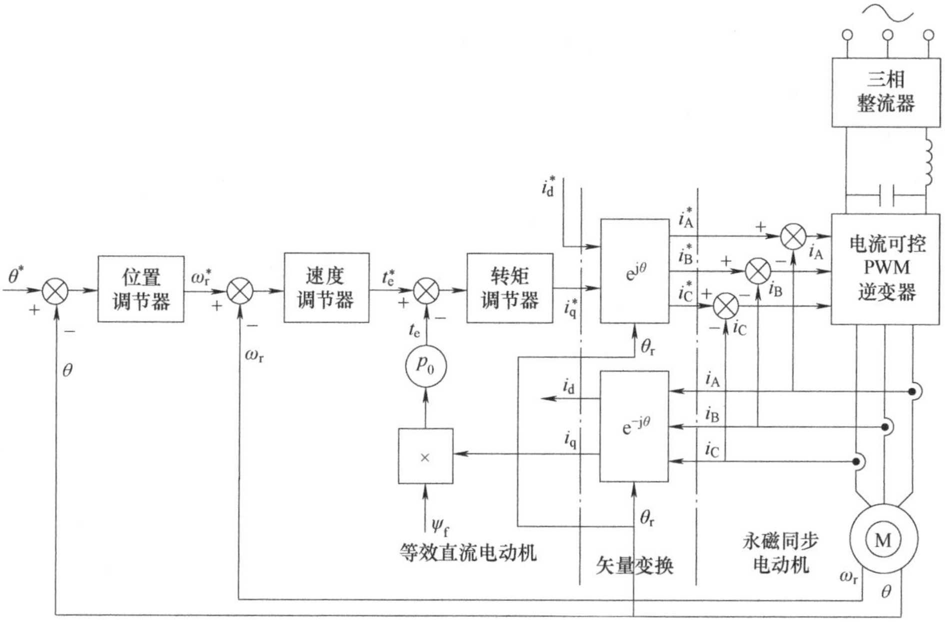

图 7-1　面装式永磁同步电动机矢量控制系统框图

如图 3-50 所示，首先要将永磁同步电动机由 ABC 轴系变换到转子磁场定向的 dq 轴系，为此需要检测转子磁场轴线的位置。图 7-1 中，假设在电机侧安装了光电编码器或者解调器（旋转变压器），通过对检测信号的处理，可以得到主磁场轴线相对定子 A 轴的空间相位角 θ 和转子电角速度 ω_r。通过变换因子 $e^{-j\theta}$，可得

$$\boldsymbol{i}_s^{dq}=\boldsymbol{i}_s e^{-j\theta} \tag{7-6}$$

坐标变换则为

$$\begin{bmatrix} i_d \\ i_q \end{bmatrix}=\sqrt{\frac{2}{3}}\begin{bmatrix} \cos\theta & \cos(\theta-120^\circ) & \cos(\theta-240^\circ) \\ -\sin\theta & -\sin(\theta-120^\circ) & -\sin(\theta-120^\circ) \end{bmatrix}\begin{bmatrix} i_A \\ i_B \\ i_C \end{bmatrix} \tag{7-7}$$

因为 i_A、i_B 和 i_C 为检测值，所以 i_d 和 i_q 应为实测值。这相当于将永磁同步电动机变换为一台等效的他励直流电动机。

图 7-1 中，伺服系统是由位置、速度和转矩控制环构成的串级结构。根据式（7-5），由实测值 i_q 和实际值 ψ_f 可得转矩实际值 t_e，将其作为反馈量输入转矩调节器，转矩调节器输出为

交轴电流给定值 i_q^*，直轴给定值 i_d^* 可根据弱磁控制的具体要求确定。各调节器设计可借鉴直流伺服系统，其中位置调节器多为 P 调节器，速度和转矩调节器多为 PI 调节器。

对直、交轴电流 i_d 和 i_q 的控制最终通过控制实际电动机实现，所以要将等效的直流电动机还原为实际的三相永磁同步电动机，需要进行 dq 轴系到 ABC 轴系的矢量变换。通过变换因子 $e^{j\theta}$可将 $\boldsymbol{i}_s^{dq}$ 变换到 ABC 轴系，即有

$$\boldsymbol{i}_s=\boldsymbol{i}_s^{dq}e^{j\theta} \tag{7-8}$$

坐标变换则为

$$\begin{bmatrix} i_A^* \\ i_B^* \\ i_C^* \end{bmatrix}=\sqrt{\frac{2}{3}}\begin{bmatrix} \cos\theta & -\sin\theta \\ \cos\left(\theta-\frac{2}{3}\pi\right) & -\sin\left(\theta-\frac{2}{3}\pi\right) \\ \cos\left(\theta-\frac{4}{3}\pi\right) & -\sin\left(\theta-\frac{4}{3}\pi\right) \end{bmatrix}\begin{bmatrix} i_d^* \\ i_q^* \end{bmatrix} \tag{7-9}$$

图 7-1 中，控制系统采用了具有快速电流控制环的电流可控 PWM 逆变器，对定子三相电流采用滞环控制，使定子电流 i_A、i_B 和 i_C 能快速跟踪参考电流 i_A^*、i_B^* 和 i_C^*，提高了系统的快速响应能力。但在低速时，容易产生冲击电流和转矩脉动，影响系统的低速性能。

控制系统也可以采用电压源 PWM 逆变器，此时在 dq 轴系内，利用定子电压方程式（3-189）和式（3-190），采用电流调节器（PI）可构成直、交轴电流控制环节，调节器的输出为电压 u_d^* 和 u_q^*，经坐标变换可得定子三相参考电压 u_A^*、u_B^* 和 u_C^*，则有

$$\begin{bmatrix} u_A^* \\ u_B^* \\ u_C^* \end{bmatrix}=\sqrt{\frac{2}{3}}\begin{bmatrix} \cos\theta & -\sin\theta \\ \cos\left(\theta-\frac{2}{3}\pi\right) & -\sin\left(\theta-\frac{2}{3}\pi\right) \\ \cos\left(\theta-\frac{4}{3}\pi\right) & -\sin\left(\theta-\frac{4}{3}\pi\right) \end{bmatrix}\begin{bmatrix} u_d^* \\ u_q^* \end{bmatrix} \tag{7-10}$$

将 u_A^*、u_B^* 和 u_C^* 输入电压源逆变器，再采用 PWM 技术控制逆变器输出，使实际三相电压 u_A、u_B 和 u_C 能严格跟踪此三相参考电压。

也可以进行 dq 轴系到静止 DQ 轴系的坐标变换，可得

$$\begin{bmatrix} u_D^* \\ u_Q^* \end{bmatrix}=\begin{bmatrix} \cos\theta & -\sin\theta \\ \sin\theta & \cos\theta \end{bmatrix}\begin{bmatrix} u_d^* \\ u_q^* \end{bmatrix} \tag{7-11}$$

由 u_D^* 和 u_Q^* 可得 $\boldsymbol{u}_s^*$ 在 DQ 轴系内的幅值和相位，然后可采用 3.5.4 节所述的空间矢量脉宽调制（SVPWM）技术来控制电压源逆变器的电压输出。

2. 弱磁控制

由式（3-128）可知，逆变器向电动机所能提供的最大电压$|\boldsymbol{u}_s|_{max}$要受到整流器可能输出的直流电压 V_d 的限制。稳态运行时，电动机定子电压 $\boldsymbol{u}_s$ 的幅值直接与转子电角速度 ω_r 有关，这意味着电动机的运行速度要受到逆变器电压极限的制约。此时，由 dq 轴系中定子电压方程式（3-189）和式（3-190），可得

$$u_d=R_si_d-\omega_rL_qi_q \tag{7-12}$$

$$u_q=R_si_q+\omega_r(L_di_d+\psi_f) \tag{7-13}$$

且有

$$|\boldsymbol{u}_s|=\sqrt{u_d^2+u_q^2} \tag{7-14}$$

当电机高速运行时，式（7-12）和式（7-13）中的定子电压降可忽略不计，式（7-14）可写为

$$|\boldsymbol{u}_s|^2=(\omega_r\psi_f+\omega_r L_d i_d)^2+(\omega_r L_q i_q)^2 \tag{7-15}$$

应有

$$|\boldsymbol{u}_s|\leqslant|\boldsymbol{u}_s|_{max} \tag{7-16}$$

在空载情况下，若忽略空载电流，则由式（7-15），可得

$$\omega_r\psi_f=e_0=|\boldsymbol{u}_s| \tag{7-17}$$

定义空载电动势 e_0 达到 $|\boldsymbol{u}_s|_{max}$ 时的转子转速为基值速度，记为 ω_{rb}。由式（7-16）和式（7-17），可得

$$\omega_{rb}=\frac{|\boldsymbol{u}_s|_{max}}{\psi_f} \tag{7-18}$$

在负载情况下，面装式永磁同步电动机于恒转矩运行时，通常控制 $i_d=0$，则有 $i_s=i_q$，由式（7-15）和式（7-16）可知，转子可达到的最大转速为

$$\omega_r=\frac{|\boldsymbol{u}_s|_{max}}{\sqrt{\psi_f^2+(L_s i_s)^2}} \tag{7-19}$$

定义在恒转矩运行时，定子电流为额定值、$|\boldsymbol{u}_s|$ 达到极限值 $|\boldsymbol{u}_s|_{max}$ 时的转子最大速度为转折速度，记为 ω_{rt}。

式（7-18）和式（7-19）表明，由于电枢磁场的存在，转折速度 ω_{rt} 要低于基值速度 ω_{rb}，但因面装式永磁同步电动机的同步电感 L_s 较小，故两者还是相近的。

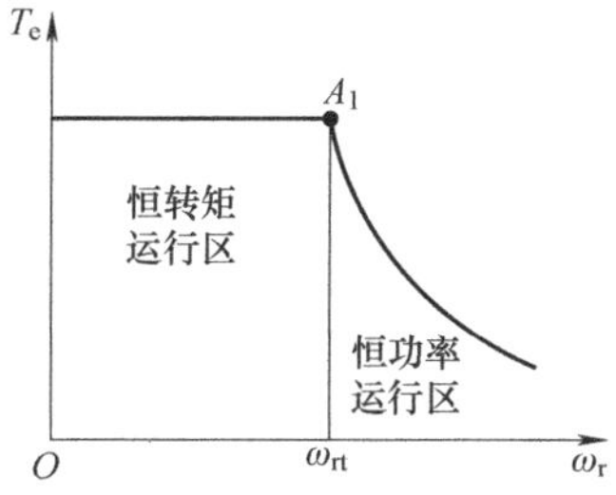

图 7-2　恒转矩与恒功率运行

图 7-2 中，A_1 点对应的是转折速度，且有额定电流 $i_{sN}=i_{smax}$。如果在 A_1 点能够控制交轴分量 i_q 逐渐减小，同时控制直轴分量 $|i_d|(i_d<0)$ 逐渐增大，并限制

$$i_d^2+i_q^2\leqslant i_{smax}^2 \tag{7-20}$$

则可得

$$\omega_r=\frac{|\boldsymbol{u}_s|_{max}}{\sqrt{(\psi_f+L_s i_d)^2+(L_s i_q)^2}} \tag{7-21}$$

式（7-21）表明，随着 i_q 的减小，且由于直轴电枢磁场 $(L_s i_d)$ 对直轴磁场 $(\psi_f+L_s i_d)$ 具有弱磁作用，转子的速度范围便会扩大。通常，将这一控制过程称为弱磁控制。弱磁过程中也可以控制电动机恒功率运行。

由永磁同步电动机稳态矢量图图 4-24 也可看出，当 $i_d<0$ 时，直轴电枢电压 $\mathrm{j}\omega_s L_d \boldsymbol{i}_d$ 的方向与励磁电动势 $\boldsymbol{e}_0$ 方向相反，对外加电压 $\boldsymbol{u}_s$ 将起减弱作用。

如果弱磁控制时，$|i_d|=i_{smax}$，即定子电流已全部为弱磁性电流，转子速度也随之达到极限值 ω_{rmax}，式（7-21）则为

$$\omega_{rmax}=\frac{|\boldsymbol{u}_s|_{max}}{\psi_f-L_s i_{smax}}=\frac{|\boldsymbol{u}_s|_{max}}{L_m I_f-L_s i_{smax}} \tag{7-22}$$

式中，$\psi_f=L_m I_f$，I_f 为永磁体等效励磁电流。

若忽略定子漏电感 $L_{\sigma s}$，则有

$$\psi_f-L_s i_{smax}\approx L_m(I_f-i_{smax}) \tag{7-23}$$

通常情况下，永磁体等效励磁电流 I_f 数值较大，而 i_{smax} 因受逆变器容量的限制不可能过大，所以弱磁效果是有限的。即使逆变器可以提供很大的弱磁性直轴电流，也会因电枢磁动势过大，造成永磁体不可逆退磁，这种情况是不允许发生的。与电励磁同步电动机相比，弱磁能力有限，速度扩展范围受到限制，是永磁同步电机调速运行的一个不足之处。

7.2 三相感应电动机的运动控制

7.2.1 传统的变频调速方法

由等效电路图 5-15，可求得稳态电磁转矩，为简单计，对转子归算量不再加上角标“′”。则有

$$T_e = 3\frac{p_0}{\omega_s}E_s I_r\cos\psi_2 = 3p_0\Psi_m I_r\cos\psi_2 \tag{7-24}$$

式中，$E_s=\omega_s\Psi_m$，$\Psi_m=L_m I_m$；ψ_2 为内功率因数角。且有

$$I_r=\frac{E_s}{\sqrt{\left(\frac{R_r}{s}\right)^2+(\omega_s L_{\sigma r})^2}}=\frac{\omega_s\Psi_m}{\sqrt{\left(\frac{R_r}{s}\right)^2+(\omega_s L_{\sigma r})^2}} \tag{7-25}$$

$$\cos\psi_2=\frac{R_r/s}{\sqrt{\left(\frac{R_r}{s}\right)^2+(\omega_s L_{\sigma r})^2}} \tag{7-26}$$

将式（7-25）和式（7-26）代入式（7-24），可得

$$T_e=3p_0\Psi_m^2\frac{s\omega_s R_r}{R_r^2+(s\omega_s L_{\sigma r})^2} \tag{7-27}$$

式（7-27）表明，当气隙磁场恒定时，转矩 T_e 仅与转差率 s 相关，由此可得在此条件下的 T_e-s 曲线，如图 7-3 中曲线 a 所示，可以看出，三相感应电动机的转矩特性为非线性。

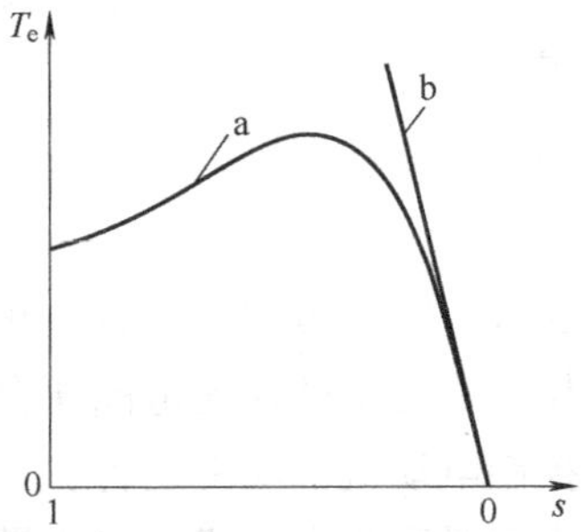

图 7-3 气隙磁场恒定时的 T_e-s 曲线

对式（7-27），令 $\mathrm{d}T_e/\mathrm{d}s=0$，可得最大转矩 T_{emax} 为

$$T_{emax}=\frac{3p_0}{2L_{\sigma r}}\Psi_m^2 \tag{7-28}$$

式（7-28）表明，当 Ψ_m 恒定时，最大转矩 T_{emax} 将保持不变。

可将式（7-27）表示为

$$T_e=\frac{3p_0}{4\pi^2}\left(\frac{E_s}{f_s}\right)^2\frac{s\omega_s R_r}{R_r^2+(s\omega_s L_{\sigma r})^2} \tag{7-29}$$

若忽略定子电阻和漏电感影响，则有 $E_s\approx U_s$，此时可将式（7-29）近似为

$$T_e\approx\frac{3p_0}{4\pi^2}\left(\frac{U_s}{f_s}\right)^2\frac{s\omega_s R_r}{R_r^2+(s\omega_s L_{\sigma r})^2} \tag{7-30}$$

式（7-30）表明，若控制 U_s/f_s=常值，则当调节定子频率 f_s 时，可使气隙磁场 Ψ_m 基本

保持不变，电机主磁路可处于适度的饱和状态。减小电源供电频率，图7-4中的T_e-s曲线将左移，但最大转矩保持不变。图中，A、B、C分别为电动机T_e-s曲线与负载特性曲线的交点，即分别为三个稳态工作点，各工作点处电动机的转速逐次减少，达到了调速目的。

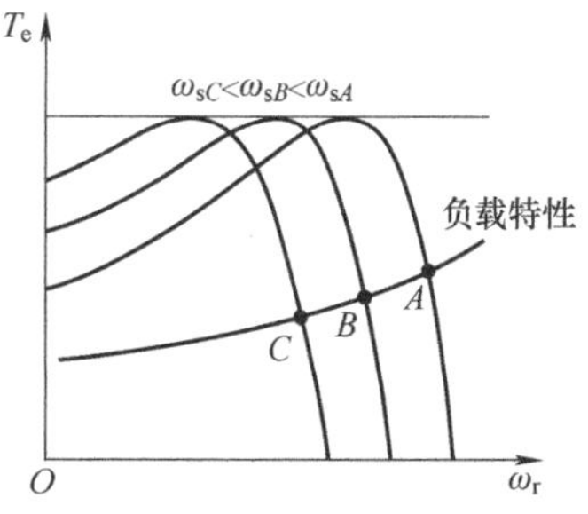

图7-4　三相感应电动机的变频调速

在实际调速系统中，通常控制U_s/f_s=常值，并将这种控制方式称为变频调压调速（VVVF），且将压-频比U_s/f_s为常值作为控制的约束条件。

从VVVF的控制原理可以看出，这是一种稳态的标量控制方式，其实质是调节电动机的转矩特性，通过改变稳态工作点来达到调速目的。其主要不足在于无法在动态过程中控制电磁转矩，因此无法控制电动机的动态运行。在图7-4中，当电动机由某一稳态运行点过渡到另一稳态运行点的动态过程中，电动机的转矩和运行状态是无法控制的，这是因为VVVF的控制规律是根据稳态等效电路得出的，动态运行时，这些规律亦不再成立。如果不能解决动态过程中转矩的有效控制问题，就无法从根本上提升交流电机的运动控制水平。比较VVVF控制，矢量控制已很好地解决了这一问题。

7.2.2　基于气隙磁场的矢量控制

1. 气隙磁场定向

磁场定向是矢量控制中必不可少的。磁场定向可分为直接磁场定向和间接磁场定向两种，通常又将采用前者方式的矢量控制称为直接矢量控制，而将采用后者方式的矢量控制称为间接矢量控制。

直接磁场定向是通过检测或运算（估计）来确定转子磁场、气隙磁场或定子磁场矢量的空间相位和幅值。直接检测磁场，方法简单，但由于受电机定、转子齿槽影响，检测信号脉动较大，实际上难以应用，通常是采用运算（估计）法，故又将其称为磁链观测法。

间接磁场定向不需要观测磁链矢量的实际位置，定向是通过控制转差频率而实现的，故又称其为转差频率法。

此处采用间接磁场定向方式。在转子磁场定向中，由式（5-191）可知，转差频率ω_f决定于定子电流分量i_M和i_T间的比例关系。对于气隙磁场定向，也先要确定转差频率ω_f与定子电流转矩分量i_T和励磁电流分量i_M间的关联性。

由5.10.5节已知，在气隙磁场定向的MT轴系内，定、转子电压矢量方程为

$$\boldsymbol{u}_s^M = R_s\boldsymbol{i}_s^M + \frac{d\boldsymbol{\psi}_s^M}{dt} + j\omega_{mg}\boldsymbol{\psi}_s^M \tag{7-31}$$

$$0 = R_r\boldsymbol{i}_r^M + \frac{d\boldsymbol{\psi}_r^M}{dt} + j\omega_f\boldsymbol{\psi}_r^M \tag{7-32}$$

可以看出，转子电流矢量方程中包含有转差频率ω_f，但必须从方程中消除转子电流$\boldsymbol{i}_r^M$和转子磁链$\boldsymbol{\psi}_r^M$，为此将转子磁链矢量方程式（5-213）和气隙磁场定向约束方程式（5-219）代入转子电压矢量方程式（7-32），可得

$$0 = R_r(|\boldsymbol{i}_{mg}| - \boldsymbol{i}_s^M) + L_r\frac{d|\boldsymbol{i}_{mg}|}{dt} - L_{\sigma r}\frac{d\boldsymbol{i}_s^M}{dt} + j\omega_f(L_r|\boldsymbol{i}_{mg}| - L_{\sigma r}\boldsymbol{i}_s^M) \tag{7-33}$$

将式（7-33）表示为坐标分量形式，则有

$$i_M=\frac{(1+T_r\mathrm{p})\,|\boldsymbol{i}_{mg}|+T_{\sigma r}i_T\omega_f}{1+T_{\sigma r}\mathrm{p}} \tag{7-34}$$

$$i_T=\frac{T_r\,|\boldsymbol{i}_{mg}|-T_{\sigma r}i_M}{1+T_{\sigma r}\mathrm{p}}\omega_f \tag{7-35}$$

式中，$T_{\sigma r}$为转子漏磁时间常数，$T_{\sigma r}=L_{\sigma r}/R_r$。

式（7-34）和式（7-35）是在满足气隙磁场定向下得出的。现将两式分别与转子磁场定向的电流控制方程式（5-185）和式（5-187）进行比较。若忽略转子漏电感$L_{\sigma r}$，则有$T_{\sigma r}=0$，式（7-34）和式（7-35）就变为

$$i_M=(1+T_r\mathrm{p})\,|i_{mg}| \tag{7-36}$$

$$i_T=T_r\,|\boldsymbol{i}_{mg}|\omega_f \tag{7-37}$$

式（7-36）和式（7-37）与式（5-185）和式（5-187）形式上相同。实际上，若不计转子漏电感$L_{\sigma r}$的影响，转子电路也就相当于无漏电感的纯电阻电路，这和转子磁场定向的效果是相当的。说明对于气隙磁场定向而言，虽然存在转子漏电感的影响，但仍可将式（7-34）和式（7-35）分别作为直接磁场定向的励磁电流控制方程和转矩电流控制方程。

由式（7-36）和式（7-37）可得

$$\omega_f=\frac{1}{T_r}\,\frac{i_T}{|i_{mg}|} \tag{7-38}$$

式（7-38）与式（5-191）形式相同，而式（5-191）中的ω_f可作为间接磁场定向约束条件。说明在计及转子漏磁后，若已知给定值i_T^*和i_M^*，可由式（7-34）和式（7-35）唯一地确定ω_f^*，就可以将此ω_f^*作为间接磁场定向的约束条件。若控制$\omega_f=\omega_f^*$，$i_s=i_s^*$，则表明i_T^*和i_M^*已成为实际的转矩电流和励磁电流，自然就实现了气隙磁场定向。

事实上，由三相感应电动机工作原理已知，定子电流i_s确定后，转差率s（转差频率ω_f）便是决定电机运行状态的唯一变量。给定值ω_f^*可以满足气隙磁场定向条件，故若实际值$\omega_f=\omega_f^*$和$i_s=i_s^*$，就确定了气隙磁场定向条件下的i_M（气隙磁场）和i_T（电磁转矩），也就完全决定了电机的运行状态。

2. 间接磁场定向的矢量控制系统

间接磁场矢量控制的具体方案有多种，图 7-5 给出了其中一个方案的框图。

图 7-5 中，$|\boldsymbol{i}_{mg}^*|$为等效励磁电流给定值，速度调节器的输出为转矩参考值t_e^*，根据式（5-231），由t_e^*和$|\boldsymbol{i}_{mg}^*|$确定了转矩电流的给定值i_T^*；根据$|\boldsymbol{i}_{mg}^*|$和i_T^*，由式（7-34）和式（7-35）可确定转差频率给定值ω_f^*。

为满足$\omega_f=\omega_f^*$的磁场定向约束条件，需限定气隙磁场旋转的电角速度，即确定下式为转速的约束方程：

$$\omega_{mg}^*=\omega_f^*+\omega_r \tag{7-39}$$

式中，ω_r为转速实际检测值。当实际转速$\omega_{mg}=\omega_{mg}^*$时，便可保证$\omega_f=\omega_f^*$。

可将式（7-39）表示为

$$\theta_M^*=\int\omega_{mg}^*\mathrm{d}t=\int(\omega_f^*+\omega_r)\mathrm{d}t=\int\omega_f^*\mathrm{d}t+\int\omega_r\mathrm{d}t=\theta_f^*+\theta_r \tag{7-40}$$

如图 7-6 所示，θ_r为转子三相轴系（图中只画出了 a 相）相对定子 DQ(ABC)轴系的空间相位角，θ_r为实际检测值；θ_f^*为气隙磁场定向 MT 轴系相对转子 abc 轴系的空间相位角，可

通过对给定值 ω_f^* 的积分来确定；θ_M^* 为 MT 轴系相对 DQ(ABC)轴系的空间相位角。然后，将 θ_M^* 作为旋转 MT 轴系到静止 DQ 轴系的实际变换因子，这样就保证了 MT 轴系的空间相位 $\theta_M = \theta_M^*$，也就满足了式（7-40）提出的磁场定向约束条件。

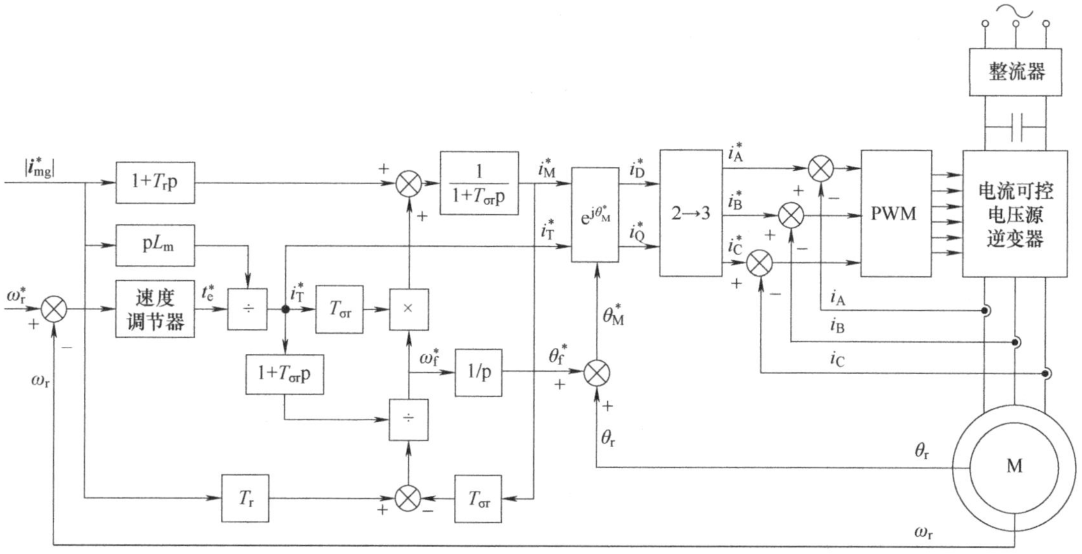

图 7-5　气隙磁场间接磁场定向的矢量控制系统框图

图 7-5 中，系统采用了电流可控电压源逆变器，可以对三相定子电流 i_A、i_B 和 i_C 进行闭环控制，使得实际定子电流矢量幅值 $|\boldsymbol{i}_s| = |\boldsymbol{i}_s^*|$，也就满足了 $i_s = i_s^*$ 的约束条件。

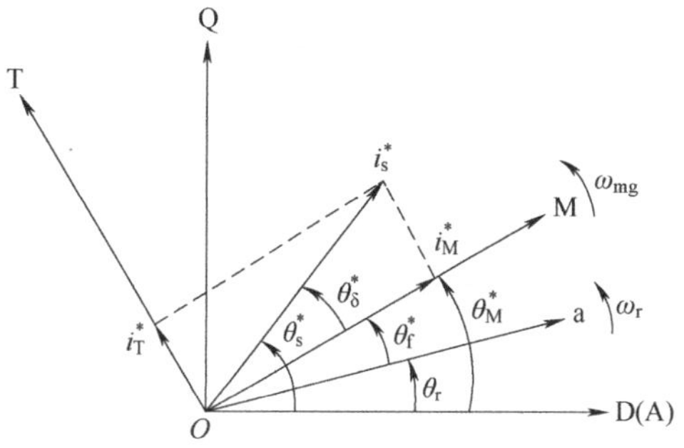

图 7-6　三个参考轴系的关系

图 7-5 中，由于采用间接磁场定向，无法对气隙磁链和转矩进行反馈控制，因此系统的稳态控制精度和控制性能更依赖于磁场定向是否准确。由于 ω_f^* 是由式（7-34）和式（7-35）确定的，因此对于 $\omega_f = \omega_f^*$ 约束而言，转子时间常数 T_r 和转子漏磁时间常数 $T_{\sigma r}$ 与实际值的偏差对磁场定向的准确性影响很大，两个参数均与转子电阻有关，但是转子电阻 R_r 在运行中会发生较大变化。

7.2.3　基于转子磁场的矢量控制

1. 转子磁场定向

基于转子磁场的矢量控制可以采用间接磁场定向，也可以采用直接磁场定向，这里采用直接磁场定向方式。直接磁场定向的磁链估计一般是根据定子电压矢量方程或转子电压矢量方程，利用可以直接检测到的物理量，如定子三相电压、电流和转速，通过必要的运算来获得转子磁链矢量的幅值和位置信息。根据直接检测的物理量不同，主要分为电压-电流模型和电流-转速模型，由此构成了两种不同的模型。

（1）电压-电流模型

电压-电流模型需要实际检测定子三相电压和电流，依据的是 ABC 轴系内定子电压矢量方

程式（5-115），即有

$$\boldsymbol{u}_s=R_s\boldsymbol{i}_s+\frac{d\boldsymbol{\psi}_s}{dt}=R_s\boldsymbol{i}_s+L_s\frac{d\boldsymbol{i}_s}{dt}+L_m\frac{d\boldsymbol{i}_r}{dt} \tag{7-41}$$

利用式（3-213），可得

$$\boldsymbol{u}_s=R_s\boldsymbol{i}_s+\sigma L_s\frac{d\boldsymbol{i}_s}{dt}+\frac{L_m}{L_r}\frac{d\boldsymbol{\psi}_r}{dt} \tag{7-42}$$

将式（7-42）以 DQ 轴系坐标分量表示，则有

$$\psi_d=\frac{L_r}{L_m p}[u_D-(R_s+\sigma L_s p)i_D] \tag{7-43}$$

$$\psi_q=\frac{L_r}{L_m p}[u_Q-(R_s+\sigma L_s p)i_Q] \tag{7-44}$$

由式（7-43）和式（7-44）可构成电压-电流模型，如图 7-7 所示。图中 R→q 表示由直角坐标到极坐标的转换，即有

$$|\boldsymbol{\psi}_r|=\sqrt{\psi_d^2+\psi_q^2}$$

$$\theta_M=\arccos\frac{\psi_d}{|\boldsymbol{\psi}_r|}$$

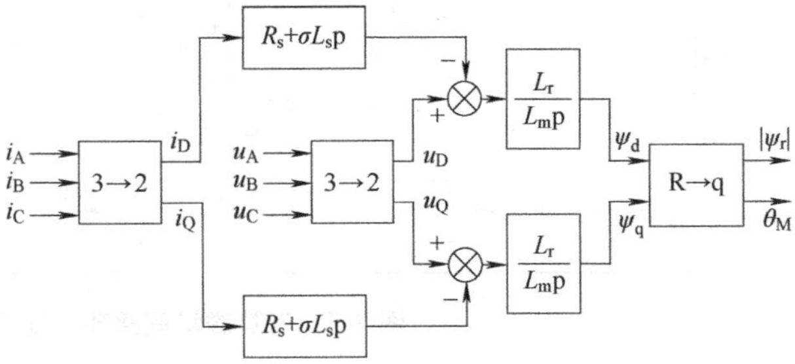

图 7-7　电压-电流模型

电压-电流模型的主要缺陷是低速时，式（7-43）和式（7-44）中的定子电压值很小，若定子电阻值不准确，定子电阻电压降的偏差对积分结果的影响会增大；定子电阻值会随着负载和环境温度的变化而变化。

（2）电流-转速模型

可以利用转子磁场定向 MT 轴系的转子电压矢量方程式（5-171）来估计 $\boldsymbol{\psi}_r$ 的幅值和相位，此时有

$$0=R_r\boldsymbol{i}_r^M+\frac{d\boldsymbol{\psi}_r^M}{dt}+j\omega_f\boldsymbol{\psi}_r^M \tag{7-45}$$

可将转子磁场定向约束方程式（5-169）改写为

$$\boldsymbol{i}_r^M=\frac{L_m}{L_r}(|\boldsymbol{i}_{mr}|-\boldsymbol{i}_s^M) \tag{7-46}$$

将式（7-46）代入式（7-45），可得

$$T_r\frac{d|\boldsymbol{i}_{mr}|}{dt}+|\boldsymbol{i}_{mr}|=\boldsymbol{i}_s^M-j\omega_f T_r|\boldsymbol{i}_{mr}| \tag{7-47}$$

将式（7-47）分解为实轴和虚轴分量，可得

$$T_r\frac{d|\boldsymbol{i}_{mr}|}{dt}+|\boldsymbol{i}_{mr}|=i_M \tag{7-48}$$

$$\omega_f=\frac{1}{T_r}\frac{i_T}{|\boldsymbol{i}_{mr}|} \tag{7-49}$$

由于式（7-46）为转子磁场定向约束方程，因此由式（7-45）得出的式（7-47）已是实现了转子磁场定向的转子电压矢量方程，进而由式（7-48）和式（7-49）得出的 $\boldsymbol{\psi}_r$ 一定是磁

场定向 MT 轴系的转子磁链。实际上，式（7-48）和式（7-49）即为转子磁场定向的定子励磁控制方程式（5-185）和转速方程式（5-191）。由实测值 i_M 和 i_T 可以得到实际值 $|\boldsymbol{i}_{mr}|$ 和 ω_f。

由式（7-48）和式（7-49）可构成电流-转速模型，如图 7-8a 所示。图中，i_A、i_B、i_C 和 ω_r 为实测值，$e^{-j\theta_M}$为 DQ 轴系变换到 MT 轴系的变换因子。也可利用实测的定子三相电流和转子位置角 θ_r 的检测值来获取 $\boldsymbol{\psi}_r$ 的幅值和相位，如图 7-8b 所示。

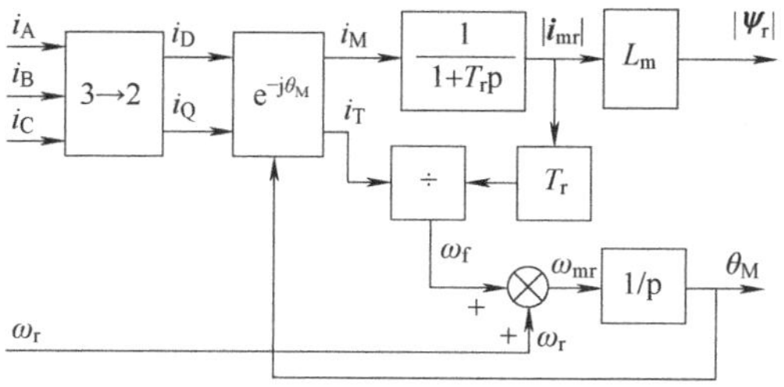

a) 以定子三相电流和转速的实测值作为输入

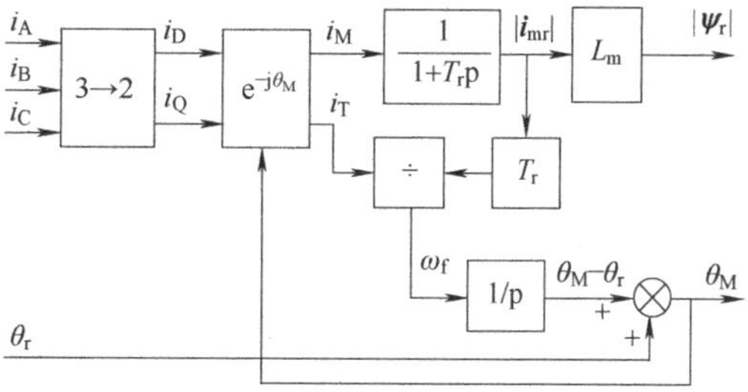

b) 以定子三相电流和转子位置角的实测值作为输入

图 7-8 电流-转速模型

图 7-8 中，利用了如下关系式

$$\omega_{mr}=\omega_r+\omega_f=\omega_r+\frac{i_T}{T_r|\boldsymbol{i}_{mr}|} \tag{7-50}$$

实际上，进行转子磁场间接磁场定向时，式（7-50）可作为转速约束方程，只是式中的 $|\boldsymbol{i}_{mr}|$和 i_T 为给定值。

电流-转速模型的主要缺陷是估计结果严重依赖于转子时间常数 T_r。如果 T_r 存在偏差，将会直接导致磁场定向不准。分析表明，电动机在高速运行时，T_r 存在偏差容易引起磁场振荡。电机在运行中，转子电阻会随负载在较大范围内变化，转子自感容易受磁饱和的影响。

综上所述，在中、高速范围选择电压-电流模型较合适，而电流-转速模型更适合低速运行。也可将两种模型结合起来，在中、高速时采用前者，在低速时采用后者，但模型切换应快速而平滑。

电流-转速模型和电压-电流模型只能按给定的数学模型来获取 $\boldsymbol{\psi}_r$ 的信息，而数学模型中的参数在电动机运行中是不断变化的，这将严重影响转子磁链观测的准确度，必要时需在线辨识电动机参数。

从控制理论角度看，这种磁链估计并没有利用转子磁链的输出误差构成负反馈，因此只能说是一种运算（估计）。为提高观测精度，还必须考虑误差修正问题，这就要构成磁链观测器。

2. 矢量控制系统

转子直接磁场定向的矢量控制系统有多种方案可供选择，图 7-9 只是其中一个方案的框图。

如图 7-9 所示，控制系统采用电流-转速模型获得了 $\boldsymbol{\psi}_r^M$ 的幅值（以$|\boldsymbol{i}_{mr}|$形式给出）和空间相位角 θ_M，同时给出了定子电流励磁分量 i_M 和转矩分量 i_T 的检测值。这实际上是将三相感应电机在转子磁场定向 MT 轴系内变换为一台等效的直流电动机。同时，将检测值$|\boldsymbol{i}_{mr}|$、i_M 和 i_T 作为反馈量，分别用于反馈控制；将 θ_M 用于 MT 轴系到 DQ 轴系的变换，再将等效直流电机还原为三相感应电机。

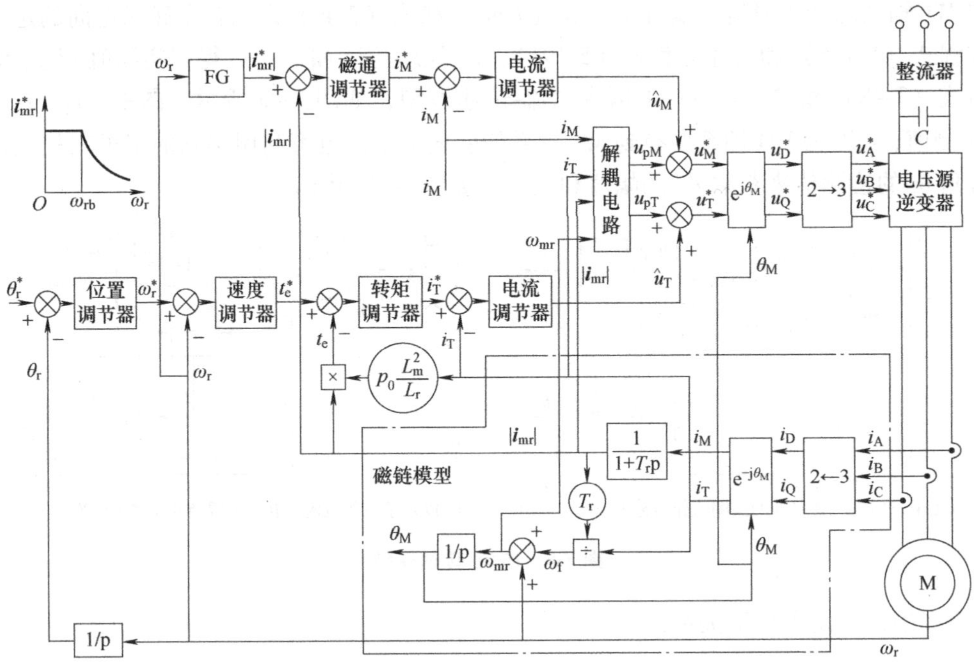

图 7-9　由电压源型逆变器馈电和直接磁场定向的伺服系统框图

给定值$|\boldsymbol{i}_{\mathrm{mr}}^*|$以指令形式由函数发生器（FG）输出，当转子速度$\omega_{\mathrm{r}}$在基值$\omega_{\mathrm{rb}}$以下时，设定$|\boldsymbol{i}_{\mathrm{mr}}^*|$为常值，$|\boldsymbol{i}_{\mathrm{mr}}^*|$值的确定取决于电动机主磁路可允许达到的饱和程度，此时电机能以最大转矩输出，可恒转矩运行。当转速ω_{r}超过ω_{rb}时，即进入弱磁控制，此时可控制电动机输出功率不变，处于恒功率运行。易于弱磁，是感应电动机矢量控制的优点之一。

将给定值$|\boldsymbol{i}_{\mathrm{mr}}^*|$与检测值$|\boldsymbol{i}_{\mathrm{mr}}|$进行比较，构成励磁的闭环控制，由转子磁场定向约束方程式（5-169）可知，若实际值$|\boldsymbol{i}_{\mathrm{mr}}|$与给定值$|\boldsymbol{i}_{\mathrm{mr}}^*|$相等，则表明 MT 轴已实现了磁场定向。由式（5-185）可知，磁通调节器的输出为i_{M}。

系统采用光电编码器作为传感器来直接获取转子速度和位置信息，将转速参考值ω_{r}^*与检测值ω_{r}比较后输入速度调节器，速度调节器（PI）的输出为转矩参考值t_{e}^*；依据式（5-188），由检测值$|\boldsymbol{i}_{\mathrm{mr}}|$和$i_{\mathrm{T}}$可得转矩检测值$t_{\mathrm{e}}$；将$t_{\mathrm{e}}^*$和$t_{\mathrm{e}}$比较后输入转矩调节器（PI），调节器的输出为转矩电流参考值i_{T}^*。事实上也可以不用转矩调节器，但这要求电感L_{m}和L_{r}为常值，因为只有在此条件下，转矩t_{e}才与i_{T}成正比。

由于系统采用电压源逆变器，故需要利用 MT 轴系电压方程式（5-180）和式（5-181）来控制定子电流励磁分量i_{M}和转矩分量i_{T}。电压方程式（5-180）和式（5-181）是相互耦合的，不能各自独立地控制i_{M}和i_{T}，而矢量控制要求能够各自独立地控制i_{M}和i_{T}，因此需要对方程式（5-180）和式（5-181）进行解耦处理。

电压解耦方程可有多种选择。这里假设$|\boldsymbol{i}_{\mathrm{mr}}|$为常值，在此前提下，可将方程式（5-180）和式（5-181）表示为

$$L_{\mathrm{s}}'\frac{\mathrm{d}i_{\mathrm{M}}}{\mathrm{d}t}+R_{\mathrm{s}}i_{\mathrm{M}}-\omega_{\mathrm{mr}}L_{\mathrm{s}}'i_{\mathrm{T}}=u_{\mathrm{M}} \tag{7-51}$$

$$L_{\mathrm{s}}'\frac{\mathrm{d}i_{\mathrm{T}}}{\mathrm{d}t}+R_{\mathrm{s}}i_{\mathrm{T}}+\omega_{\mathrm{mr}}L_{\mathrm{s}}'i_{\mathrm{M}}+(1-\sigma)L_{\mathrm{s}}\omega_{\mathrm{mr}}|\boldsymbol{i}_{\mathrm{mr}}|=u_{\mathrm{T}} \tag{7-52}$$

直接控制 M 轴和 T 轴电流的两轴电压为

$$\hat{u}_{\mathrm{M}}=L_{\mathrm{s}}' \frac{\mathrm{d}i_{\mathrm{M}}}{\mathrm{d}t}+R_{\mathrm{s}}i_{\mathrm{M}} \tag{7-53}$$

$$\hat{u}_{\mathrm{T}}=L_{\mathrm{s}}' \frac{\mathrm{d}i_{\mathrm{T}}}{\mathrm{d}t}+R_{\mathrm{s}}i_{\mathrm{T}} \tag{7-54}$$

将式（7-51）和式（7-52）中的耦合项表示为

$$u_{\mathrm{pM}}=-\omega_{\mathrm{mr}}L_{\mathrm{s}}'i_{\mathrm{T}} \tag{7-55}$$

$$u_{\mathrm{pT}}=\omega_{\mathrm{mr}}L_{\mathrm{s}}'i_{\mathrm{M}}+(1-\sigma)L_{\mathrm{s}}\omega_{\mathrm{mr}}|\boldsymbol{i}_{\mathrm{mr}}| \tag{7-56}$$

将 u_{pM}和 u_{pT}分别叠加到 M 轴和 T 轴电流调节器（PI）输出端，即有

$$u_{\mathrm{M}}^{*}=\hat{u}_{\mathrm{M}}+u_{\mathrm{pM}} \tag{7-57}$$

$$u_{\mathrm{T}}^{*}=\hat{u}_{\mathrm{T}}+u_{\mathrm{pT}} \tag{7-58}$$

根据式（7-55）和式（7-56）可确定解耦电路。

如图 7-9 所示，由于可以各自独立控制定子电流励磁分量 i_{M} 和转矩分量 i_{T}，于是构成了各自独立的励磁控制子系统和转矩控制子系统。至此，在转子磁场定向 MT 轴系内，已将三相感应电动机变换为如图 5-58 所示的等效直流电动机。在励磁控制上，控制 i_{M} 已相当于控制他励直流电动机的主极励磁电流，由式（5-185）可知，无论在稳态还是动态情况下均能严格控制 $\boldsymbol{i}_{\mathrm{m}}$；在转矩控制上，由式（5-188）可知，控制 i_{T} 已相当于控制他励直流电动机的电枢电流，当控制$|\boldsymbol{i}_{\mathrm{mr}}|$为恒定时，转矩大小便仅与 i_{T} 成正比。

图 5-58 中，转子转差速度 ω_{f} 已相当于他励直流电动机的电枢转速。当控制励磁$|\boldsymbol{i}_{\mathrm{mr}}|(\psi_{\mathrm{r}})$恒定时，如式（5-183）所示，转子电流 i_{t} 与 ω_{f} 成正比，转矩 t_{e} 与 ω_{f} 间呈现了线性关系，如图 7-3 中直线 b 所示，体现了基于转子磁场矢量控制的特点和优势。之所以能获得这样的结果，是因为实现转子磁场定向后，转子电路已相当于无漏电感的纯电阻电路。

对比图 7-1 和图 7-9 可以看出，同为基于转子磁场定向的矢量控制，三相感应电动机比三相永磁同步电动机的控制系统要复杂得多。这是因为永磁同步电动机的转子磁场在物理上是显性的，因此转子磁场定向容易实现（且不受电动机参数的影响），而感应电动机的转子磁场在物理上是隐性的，磁场定向要困难得多，而且会受电机参数的影响；此外，相比三相永磁同步电动机，三相感应电动机的定子励磁控制也要复杂得多。从交流电机工作原理看，同步电机的机电能量转换是在定子中完成的，转矩控制可直接在定子侧实现，将其变换到沿转子磁场定向的 dq 轴系后，定子绕组已等效为直流电动机电枢绕组，由于可以直接控制电枢电流，故在转矩控制上更接近于实际的他励直流电动机。三相感应电动机的工作原理是基于电磁感应，机电能量转换必须在短路的转子绕组中完成。将三相感应电动机变换到沿转子磁场定向的 MT 轴系后，如图 5-58 所示，只能在定子侧通过控制定子电流 i_{M} 和 i_{T} 来间接控制转子磁场和转子电流，这是因为建立转子磁场的无功功率只能由定子侧输入，有功功率也只能通过电磁感应传递给转子，因此在励磁和转矩控制上要比永磁同步电动机困难和复杂得多。

然而，由于三相感应电动机结构简单，运行可靠，且运行中没有永磁同步电动机永磁体供磁受温度影响的问题，也没有因电枢磁动势作用可能引起的退磁问题，特别是三相感应电动机易于弱磁，利于扩展调速范围，这些特点使得三相感应电动机伺服系统在需要高速运行的场合获得了广泛应用，如可以用于数控机床高速主轴驱动系统。

7.3　双馈电机的运动控制

7.3.1　传统的串级调速

1. 转子外加电阻调速

对于绕线转子感应电动机，如图 7-10 所示，当转子回路中加入调速电阻时，电动机 T_e-s 曲线由曲线 1 变成了曲线 2，如果负载转矩和空载转矩(T_L+T_0)保持不变，则转子转差率将由 s_1 增大为 s_2，转子速度将随之下降。

这种调速方式简单易行，不足之处是要消耗一定电功率，主要用于中小型感应电动机，如桥式起重机所用的绕线转子感应电动机。

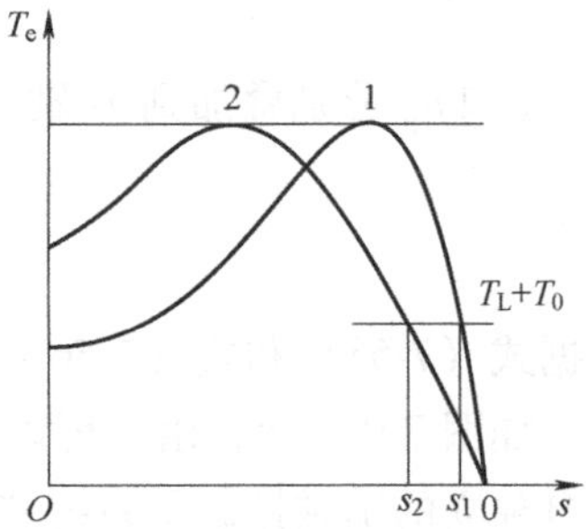

图 7-10　转子回路中加入电阻的调速方式

2. 串级调速

图 7-11 中，转子回路中附加了一个反电动势 $\dot{E}_i$，用来代替加入转子的调速电阻，$\dot{E}_i$ 与转子电动势 $\dot{E}_{rs}$ 频率相同，但相位相反。

如 5.4.2 节所述，若气隙磁通 Φ_m 保持不变，且内功率因数角 ψ_{2s} = 常值，电磁转矩就仅决定于转子电流 I_{rs}。图 7-11 中，当 E_i 增大时，转子电流 I_{rs} 将减小，但因负载转矩和空载转矩不变，为使 I_{rs} 保持不变，转差率必然增大，即有 $s_2>s_1$，通过调节附加电动势 E_i 便可改变和控制转子速度。

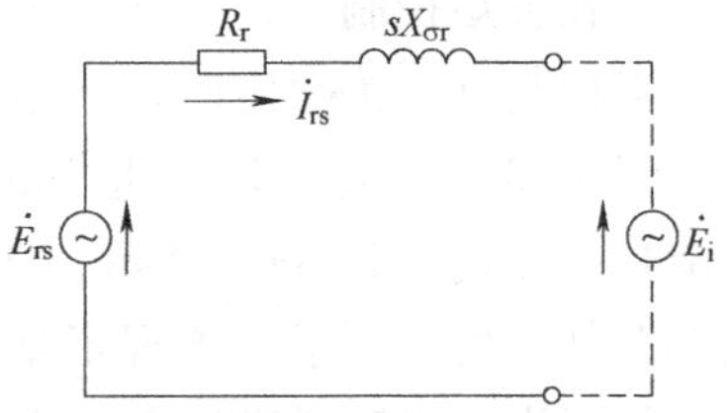

图 7-11　接入反电动势的转子回路

为了能够实现图 7-11 所示的控制原理，必须能够提供附加电动势 E_i。在实际控制系统中，采用的方法之一是在电网与转子三相绕组间接入一个交-直-交变换器，转子侧变换器具有整流功能，电网侧变换器具有逆变功能，如图 7-12 所示。转子侧电动势 sE_{r0}（$E_{rs}=sE_{r0}$，E_{r0}为 $s=1$ 时的相绕组电动势）经三相不可控整流装置整流，输出直流电压为 U_d；逆变装置直流侧提供了可调的直流电压 U_i，调节逆变器逆变角 β 便可调节 U_i 的大小。

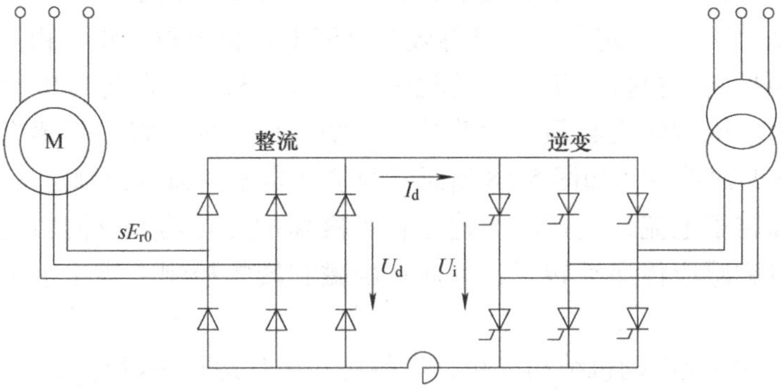

图 7-12　串级调速系统原理图

在直流回路中，可列出稳态电压方程，即有

$$U_d = R_d I_d + U_i \tag{7-59}$$

式中，R_d 为直流回路电阻。

图 7-12 中，直流电流 I_d 与转子电流 I_{rs}间具有固定的比例关系，当忽略转子回路中的漏阻抗影响时，U_d 与 sE_{r0}之间也具有固定的比例关系，U_i 即相当于附加电动势 E_i，故相当于在直流回路中实现了图 7-11 所示的控制方式。

由上述分析可知，在控制原理和控制方法上，传统串级调速可看成是定子恒压恒频供电下的转子变频调速，仍然没有超出时域内标量控制范畴，因此只能控制转子电流大小，而不能控制其相位，也就不能获得良好的动态性能。由于不能各自独立地控制转子电流励磁分量和转矩分量，也就不能有效控制无功功率、有功功率和功率因数，限制了串级调速的应用场合。

由第 6 章分析已知，当双馈电机以亚同步速电动机运行时，同样可进行串级调速，但通过矢量控制，已有效解决了传统串级调速无法解决的问题。

7.3.2　由电压型交-直-交变换器馈电的矢量控制系统

现以并网型变速恒频风力发电机为例，来分析双馈电机由电压源型变换器馈电时矢量控制系统的构成与特点。

并网型大型风力发电机的定子接于电网，而转子速度却随风速变化而变化，这就要求发电机能够运行于变速恒频状态。从工作原理看，双馈电机可以满足这一运行要求。由双馈电机构成的交流励磁变速恒频发电机组，一般可在同步速上下 30%左右的速度范围内运行，可实现有功功率和无功功率的独立控制。但是电机的运行状态只能依靠接于转子的变换器来实现，因此变换器的功能及采用的控制策略至关重要。

图 7-13 所示为电压型双 PWM 变换器，变换器由两个完全相同的电压型变换器通过直流母线连接而成，直流母线电容可使两变换器各自独立控制而不会互相干扰，两侧的变换器在转子能量不同流向下，可交替运行于整流和逆变状态。由于电机转速在同步速上下 30%范围内，因此与全功率变换器相比，可大幅缩减变换器容量。有关变换器的内容，这里不再赘述。

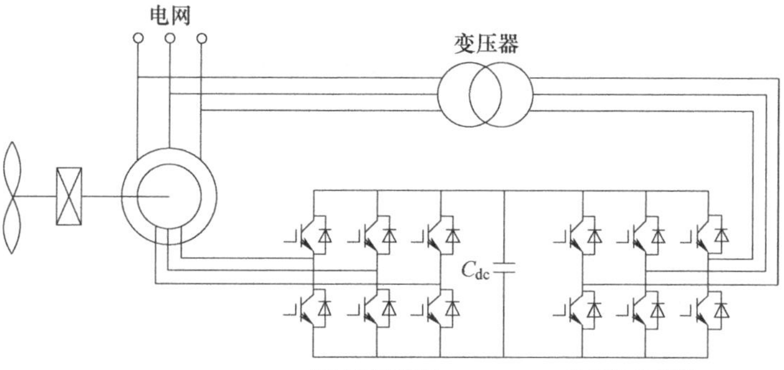

图 7-13　电压型双 PWM 变换器

图 7-14 为其中一种控制方案的矢量控制系统框图。矢量控制采用定子磁场直接定向方式，利用磁链模型来观测定子磁链。先将定子三相电压、电流检测值变换到 DQ 轴系，得到 u_D、u_Q 和 i_D、i_Q，再利用电压-电流模型估计出与定子磁链矢量 $\boldsymbol{\psi}_s$ 幅值相应的$|\boldsymbol{i}_{ms}|$和相位 θ_M。电压-电流模型可由定子电压矢量方程式（7-41），借鉴 7.2.3 节所述方法来构成。

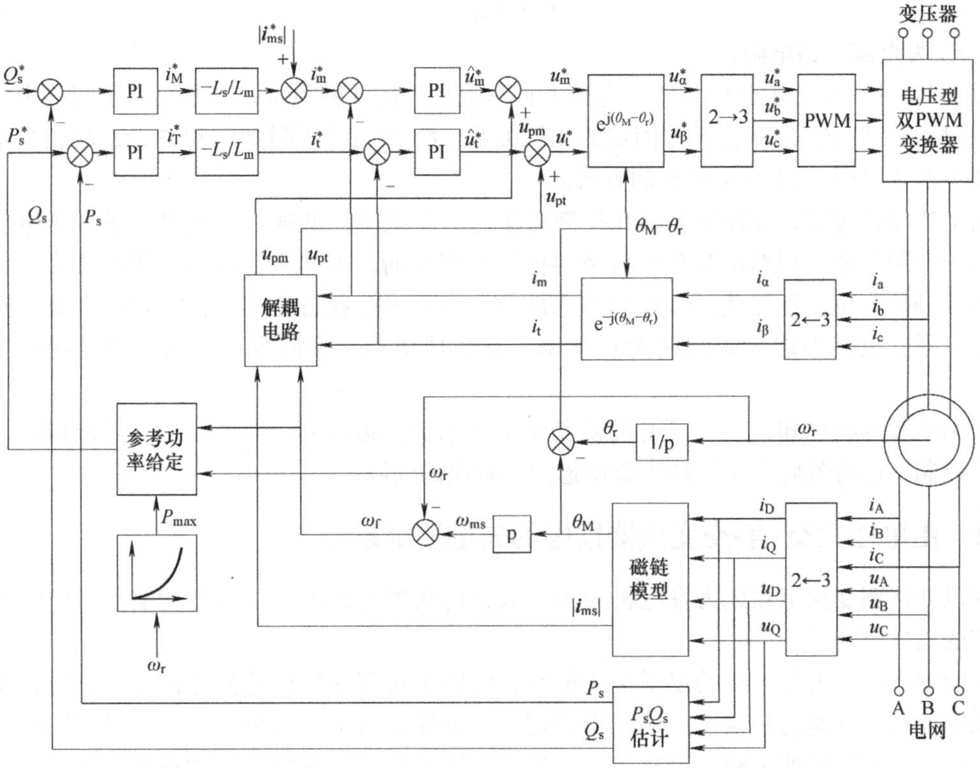

图 7-14　变速恒频风力发电机定子磁场直接定向矢量控制系统框图

定子有功功率可表示为

$$P_s=\mathrm{Re}[\boldsymbol{u}_s\boldsymbol{i}_s^*]=\mathrm{Re}[\boldsymbol{u}_s^D\boldsymbol{i}_s^{*D}]=u_Di_D+u_Qi_Q \tag{7-60}$$

定子无功功率可表示为

$$Q_s=\mathrm{Im}[\boldsymbol{u}_s^D\boldsymbol{i}_s^{*D}]=u_Qi_D-u_Di_Q \tag{7-61}$$

利用磁链模型输入值 u_D、u_Q 和 i_D、i_Q，由式（7-60）和式（7-61）可以得到定子有功功率和无功功率的检测值 P_s 和 Q_s。

将检测值 P_s 和 Q_s 分别与给定值 P_s^* 和 Q_s^* 进行比较，其差值被分别输入功率调节器（PI），构成有功功率和无功功率的闭环控制，两个调节器的输出分别为定子转矩电流参考值 i_T^* 和励磁电流参考值 i_M^*，调节器确定可依据式（6-70）和式（6-71），即有

$$P_s^*=\omega_{ms}L_m|\boldsymbol{i}_{ms}^*|i_T^* \tag{7-62}$$

$$Q_s=\omega_{ms}L_m|\boldsymbol{i}_{ms}^*|i_M^* \tag{7-63}$$

依据定子磁场定向约束方程式（6-42）和式（6-43）以及给定值 $|\boldsymbol{i}_{ms}^*|$，由参考值 i_M^* 和 i_T^*，可得转子电流励磁分量参考值 i_m^* 和转矩分量参考值 i_t^*。如果实际值 $i_m=i_m^*$ 和 $i_t=i_t^*$，表明已实现了定子磁场定向。

图 7-14 中，i_a、i_b 和 i_c 为转子三相电流检测值，经由 3→2 变换可将其变换为转子 αβ 轴系内直、交轴电流 i_α 和 i_β，进而将 i_α 和 i_β 变换为定子磁场定向 MT 轴系内转子励磁电流 i_m 和转矩电流 i_t，如图 6-21 所示，变换因子为 $e^{-j(\theta_M-\theta_r)}$，其中 θ_M 为磁链模型给出的定子磁链 $\boldsymbol{\psi}_s$ 的相位估计值，θ_r 为转子相位角检测值。

由于系统采用了电压型双 PWM 变换器，因此必须利用转子电压方程式（6-50）和式（6-51）来控制 i_m 和 i_t，但是需要对两方程进行解耦处理。这里设定 $|\boldsymbol{i}_{ms}^*|$ = 常值，可将式（6-50）和

式（6-51）分别表示为

$$L_r'\frac{\mathrm{d}i_m}{\mathrm{d}t}+R_ri_m-\omega_fL_r'i_t=u_m \tag{7-64}$$

$$L_r'\frac{\mathrm{d}i_t}{\mathrm{d}t}+R_ri_t+\omega_fL_r'i_m+(1-\sigma)L_r\omega_f|\boldsymbol{i}_{ms}|=u_t \tag{7-65}$$

用于控制 i_m 和 i_t 的两轴电压为

$$\hat{u}_m=L_r'\frac{\mathrm{d}i_m}{\mathrm{d}t}+R_ri_m \tag{7-66}$$

$$\hat{u}_t=L_r'\frac{\mathrm{d}i_t}{\mathrm{d}t}+R_ri_t \tag{7-67}$$

将式（7-64）和式（7-65）的耦合项分别表示为

$$u_{pm}=-\omega_fL_r'i_t \tag{7-68}$$

$$u_{pt}=\omega_fL_r'i_m+(1-\sigma)L_r\omega_f|\boldsymbol{i}_{ms}| \tag{7-69}$$

根据式（7-68）和式（7-69）可确定解耦电路。

将 i_m 和 i_m^* 以及 i_t 和 i_t^* 进行比较后的差值分别输入转子励磁电流调节器（PI）和转矩电流调节器（PI），两个调节器的输出分别为 $\hat{u}_m$ 和 $\hat{u}_t$，再将 u_{pm}和 u_{pt}分别叠加到两个调节器的输出 $\hat{u}_m$ 和 $\hat{u}_t$ 中，最后可得到控制电压参考值 u_m^* 和 u_t^*，由此对 i_m 和 i_t 构成了各自独立的闭环控制子系统。

u_m^* 和 u_t^* 经由 MT 轴系到转子 αβ 轴系的变换（变换因子为 $e^{j(\theta_M-\theta_r)}$），可得到 u_α^* 和 u_β^*，再经 2→3 变换，便可确定转子三相电压参考值 u_a^*、u_b^* 和 u_c^*。

图 7-14 中，控制系统可以实现对无功功率和有功功率的解耦控制，进而可以控制功率因数，体现了定子磁场定向的特点和优势。此外还可以实现基于风力发电机功率曲线的最大功率点跟踪（MPPT）控制，即根据制造商提供的风力发电机转速-功率曲线，可以给定不同风速和转速下的最大功率输出目标 P_s^*，当实际控制实际值 P_s 与给定 P_s^* 相等时，系统便进入最大功率运行状态。

7.4　三相感应发电机的运动控制

7.4.1　风力发电机的运动控制

图 7-15 为变速笼型感应发电机风力发电系统结构简图。为了在不同风速中均能获得最大功率，配置了调节风力发电机转速所需的全功率变换器，采用的变换器为图 7-13 中所示的电压型双 PWM 变换器。

风力发电机可以采用矢量控制，矢量控制可以采用定子磁场定向、气隙磁场定向或转子磁场定向，磁场定向可采用直接磁场定向或间接磁场定向。这里采用了基于转子磁场和直接磁场定向的矢量控制。

采用电动机惯例后，笼型感应电动机在转子磁场定向 MT 轴系内的定、转子磁链和电压矢量方程同样适用于发电机运行。此时 $\omega_r>\omega_{mr}$，故有 $\omega_f<0$，反映了发电机运行与电动机运行的不同；另外如图 7-16 所示，在转子磁场定向 MT 轴系内，$i_T<0$，电磁转矩则为

$$t_e=p_0\frac{L_m}{L_r}\psi_ri_T=p_0\frac{L_m^2}{L_r}|\boldsymbol{i}_{mr}|i_T \tag{7-70}$$

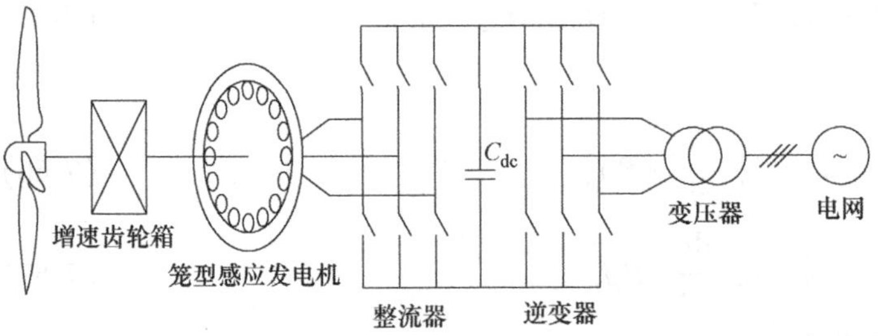

图 7-15 变速笼型感应发电机风力发电系统结构简图

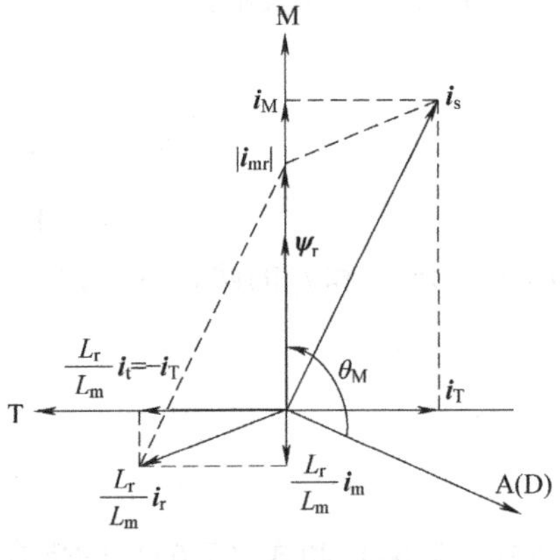

图 7-16 笼型感应发电机转子磁场定向的动态矢量图（ψ_r 增大时）

由式（7-70）得出的电磁转矩为负值，转矩具有制动性质。

图 7-17 为基于转子磁场和直接磁场定向的变速恒频风力发电系统框图。图中，功率变换器由两个相同的两电平电压源 PWM 变换器通过直流母线连接而成，直流母线电容器使两个变换器可以独立控制而不相互干扰，可实现解耦控制，但前提是必须保证电容器电压稳定。能量可以双向流动，现能量由发电机流向电网，故发电机测变换器具有整流功能（作为整流器），电网侧变换器具有逆变功能（作为逆变器），前者用于发电机转矩控制，后者用于直流环节电容器电压控制和无功功率（功率因数）控制。

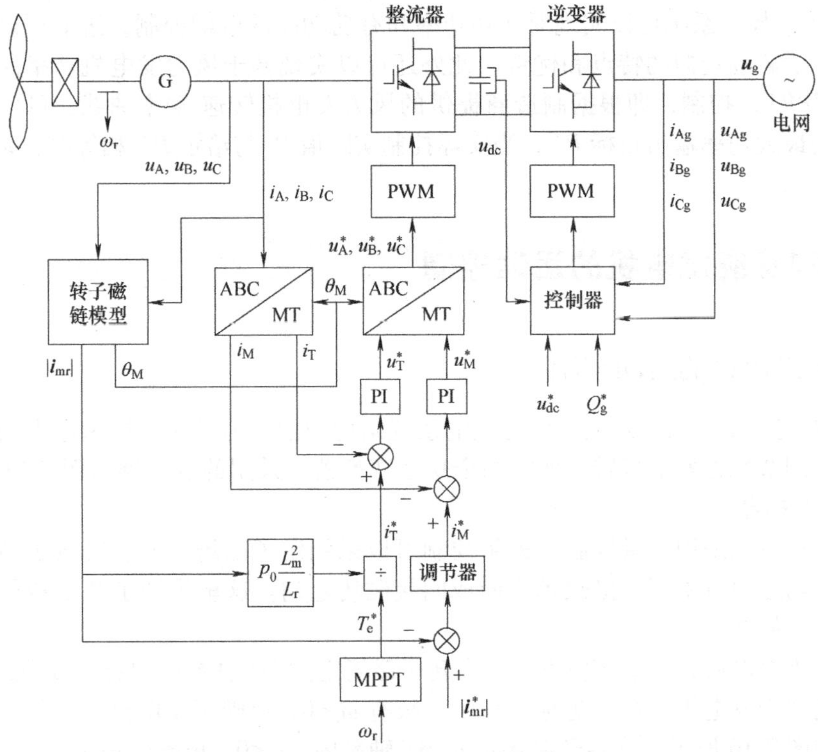

图 7-17 基于转子磁场和直接磁场定向的变速恒频风力发电系统框图

对比图 7-17 和图 7-9 可以看出，发电机侧的控制系统与电动机基于转子磁场和直接磁场

定向的控制系统在构成上基本相同。不同的是，图 7-9 中采用的磁链模型是电流-转速模型，而图 7-17 中采用的是图 7-7 所示的电压-电流模型，模型的输入为发电机定子三相电压和电流检测值，输出为转子磁场 $\boldsymbol{\psi}_r$ 的幅值 $|\boldsymbol{\psi}_r|(|\boldsymbol{i}_{mr}|)$ 和空间相位角 θ_M。

采用变速风力发电机的主要目的是使发电机在较宽的速度范围内均能实现最大功率点跟踪，令不同风速下捕获的功率实现最大化，基于转子磁场的矢量控制可以提高系统的快速响应能力，更有利于 MPPT 控制。

风力机可捕获的最大功率 P_M 与风力机的转速 ω_M 具有如下关系，即

$$P_M \propto \omega_M^3 \tag{7-71}$$

可将最大功率（机械功率）P_M 表示为

$$P_M = T_M \omega_M \tag{7-72}$$

式中，T_M 为风力机的机械转矩。

将式（7-72）代入式（7-71），可得

$$T_M \propto \omega_M^2 \tag{7-73}$$

式（7-73）表明，通过转矩最优控制便可使风力机实现最大功率点跟踪。忽略变速箱和机械传动链造成的机械功率损耗，则可将风力机的机械转矩 T_M 和转速 ω_M 转换为发电机的电磁转矩 T_e 和转速 ω_r。进入稳态后，测得发电机的转速便可得到期望的电磁转矩参考值 T_e^*，通过反馈控制使实际值 T_e 与参考值 T_e^* 相等，便可实现最大功率点跟踪控制。

根据式（7-70），由 T_e^* 可得到定子电流转矩分量参考值 i_T^*，另由磁通调节器的输出可得定子电流励磁分量参考值 i_M^*，依据转子磁场定子电压方程式（5-180）和式（5-181），通过两个电流调节器（PI）作用，得到直、交轴控制电压 U_T^* 和 U_M^*，可以实现对定子电流两个分量 i_T 和 i_M 各自的闭环控制。但是，为了能够各自独立控制定子电流转矩分量和励磁分量，尚需实现解耦控制，解耦环节在图 7-17 中没有标出。经由 MT 轴系到 ABC 轴系的变换，由 u_T^* 和 u_M^* 可得定子三相电压参考值 u_A^*、u_B^* 和 u_C^*，运用 PWM 或 SVPWM 技术可实现对整流器的控制。

7.4.2　并网逆变器控制

对并网逆变器可实现独立控制。如图 7-17 所示，逆变器与电网相连，通过控制逆变器可以控制直流环节电压和输入电网的无功功率。控制原理如下。

图 7-18 中，$\boldsymbol{u}_g$ 为由电网三相电压 u_{Ag}、u_{Bg}、u_{Cg} 构成的电压矢量，$\boldsymbol{i}_g$ 为由输入逆变器的三相电流 i_{Ag}、i_{Bg}、i_{Cg} 构成的电流矢量。在稳态运行时 $\boldsymbol{u}_g$ 和 $\boldsymbol{i}_g$ 幅值恒定，且以电源角频率 ω_s 逆时针旋转。可以看出，通过控制电流矢量 $\boldsymbol{i}_g$ 相对电压矢量 $\boldsymbol{u}_g$ 的空间相位角 ϕ_g 便可控制风电系统向电网输入的无功功率。图中，MT 轴系已沿定子电压 $\boldsymbol{u}_g$ 实现了定向，其 M 轴已与 $\boldsymbol{u}_g$ 在方向上取得了一致。

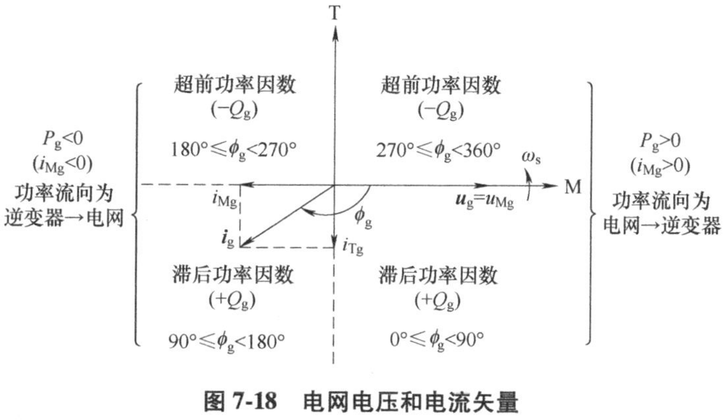

图 7-18　电网电压和电流矢量

按电动机惯例，电网向逆变器输入的电功率可表示为

$$S=\boldsymbol{u}_{g}\boldsymbol{i}_{g}^{*}=u_{Mg}i_{Mg}+u_{Tg}i_{Tg}+j(u_{Tg}i_{Mg}-u_{Mg}i_{Tg}) \tag{7-74}$$

$$P_{g}=u_{Mg}i_{Mg} \tag{7-75}$$

$$Q_{g}=-u_{Mg}i_{Tg} \tag{7-76}$$

式中，$\boldsymbol{u}_g=u_{Mg}+ju_{Tg}$，$u_g=u_{Mg}$，$u_{Tg}=0$；$\boldsymbol{i}_g=i_{Mg}+ji_{Tg}$，$i_{Mg}$为有功分量，$i_{Tg}$为无功分量。

图 7-18 中，当 $i_{Mg}>0$ 时，$P_g>0$，表示电网向变换器输入有功功率；当 $i_{Mg}<0$ 时，$P_g<0$，表示变换器（风力系统）向电网输出有功功率。当 $i_{Mg}<0$ 时，若控制 $i_{Tg}<0$，则有 $Q_g>0$，$\boldsymbol{i}_g$ 将滞后 $\boldsymbol{u}_g$，功率因数角的范围为 $90°\leqslant\phi_g<180°$；当 $i_{Mg}<0$ 时，若控制 $i_{Tg}>0$，则有 $Q_g<0$，$\boldsymbol{i}_g$ 将超前 $\boldsymbol{u}_g$，功率因数角的范围为 $180°\leqslant\phi_g<270°$。在实际的风力发电系统中，通常要求逆变器运行于超前功率因数（容性）状态，用以支撑电网电压，此时 Q_g 为负值，功率因数角的范围应为 $180°\leqslant\phi_g<270°$，在此条件下可向电网输出滞后无功功率。因此通过控制网侧无功电流 i_{Tg} 便可控制向电网输出的无功功率 Q_g 和功率因数。

忽略逆变器损耗，逆变器电网侧的有功功率应与直流功率相等，即有

$$P_{g}=u_{Mg}i_{Mg}=u_{dc}i_{dc} \tag{7-77}$$

式中，u_{Mg} = 常值。

式（7-77）表明，通过控制 i_{Mg} 可以达到控制直流电压 u_{dc} 的目的。当逆变器向电网输出的功率小于直流侧的输入功率时，多余的能量将存储于电容器中，会使直流电压 u_{dc} 升高，反之会使其下降，因此通过控制网侧有功电流 i_{Mg}，就可以控制变换器两侧有功功率处于平衡状态，从而保持 u_{dc} 稳定。

图 7-19 中，可将逆变器的直流侧看作是电阻 R 与电动势 E 串联的电路。在给定电压 u_{dc}^* 的作用下，逆变器的平均直流电压 u_{dc} 经 PI 调节器作用被控制为恒值，故 E 与 u_{dc} 的差值决定了电能传输的方向，当 $E>u_{dc}$ 时，则有 $P_g<0$，电能将由逆变器向电网流动，电网侧的逆变器将运行于逆变模式。

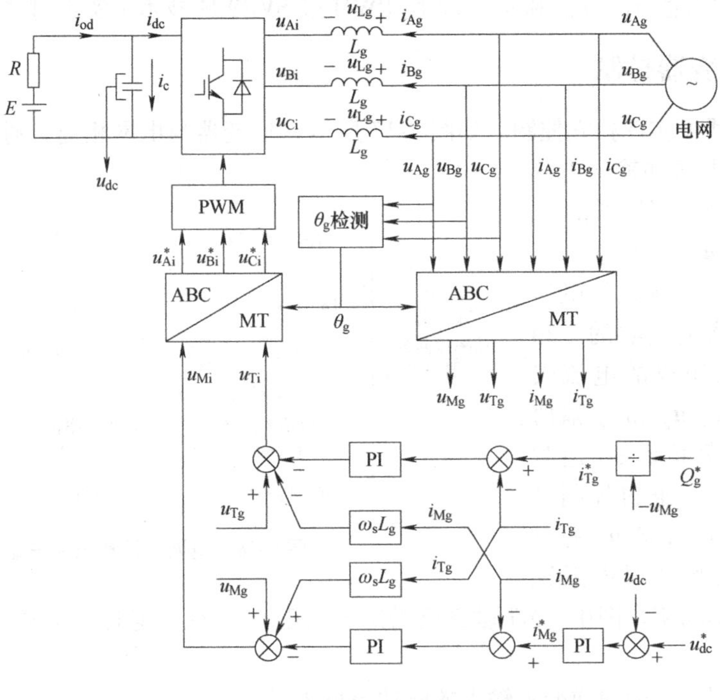

图 7-19 并网逆变器的电网电压定向控制

图 7-19 中，u_{Ai}、u_{Bi}、u_{Ci}为加于逆变器的三相电压，在 ABC 轴系内定子三相电流的状态方程为

$$\begin{cases} L_g \dfrac{\mathrm{d}i_{Ag}}{\mathrm{d}t} = u_{Ag} - u_{Ai} \\ L_g \dfrac{\mathrm{d}i_{Bg}}{\mathrm{d}t} = u_{Bg} - u_{Bi} \\ L_g \dfrac{\mathrm{d}i_{Cg}}{\mathrm{d}t} = u_{Cg} - u_{Ci} \end{cases} \tag{7-78}$$

式中，L_g 为电网侧电感，包括变压器漏电感，电网侧电感通常是为降低网侧电流畸变而增加的。网侧电阻很小，对系统动态性能的影响也很小，故可以忽略不计。

由式（7-78），可得以 ABC 轴系表示的矢量方程为

$$L_g \frac{\mathrm{d}\boldsymbol{i}_g}{\mathrm{d}t} = \boldsymbol{u}_g - \boldsymbol{u}_i \tag{7-79}$$

式中，$\boldsymbol{i}_g = \sqrt{\dfrac{2}{3}}(i_{Ag} + \boldsymbol{a} i_{Bg} + \boldsymbol{a}^2 i_{Cg})$，$\boldsymbol{u}_g = \sqrt{\dfrac{2}{3}}(u_{Ag} + \boldsymbol{a} u_{Bg} + \boldsymbol{a}^2 u_{Cg})$，$\boldsymbol{u}_i = \sqrt{\dfrac{2}{3}}(u_{Ai} + \boldsymbol{a} u_{Bi} + \boldsymbol{a}^2 u_{Ci})$。

通过变换因子 $e^{-j\theta_g}$，将式（7-79）由 ABC 轴系变换到图 7-18 中沿电压矢量 $\boldsymbol{u}_g$ 定向的 MT 轴系，可得

$$L_g \frac{\mathrm{d}\boldsymbol{i}_g^M}{\mathrm{d}t} + j\omega_s L_g \boldsymbol{i}_g^M = \boldsymbol{u}_g^M - \boldsymbol{u}_i^M \tag{7-80}$$

式中，ω_s 为 $\boldsymbol{u}_g$ 的旋转速度，$\theta_g = \int \omega_s \mathrm{d}t$，$\theta_g$ 为 $\boldsymbol{u}_g$ 在 ABC 轴系内的空间相位角；$j\omega_s L_g \boldsymbol{i}_g^M$ 为因为 ABC 轴系到 MT 轴系的旋转变换而引起的电压项。

可将式（7-80）表示为

$$\begin{aligned} L_g \frac{\mathrm{d}i_{Mg}}{\mathrm{d}t} &= u_{Mg} - u_{Mi} + \omega_s L_g i_{Tg} \\ L_g \frac{\mathrm{d}i_{Tg}}{\mathrm{d}t} &= u_{Tg} - u_{Ti} - \omega_s L_g i_{Mg} \end{aligned} \tag{7-81}$$

式中，$\boldsymbol{u}_i^M = u_{Mi} + j u_{Ti}$。

式（7-81）表明，通过控制 u_{Mi}和 u_{Ti}可以控制 i_{Mg}和 i_{Tg}，但两式间存在交叉耦合，这会影响系统的动态性能，因此还应进行解耦处理。

图 7-19 中，对 i_{Mg}和 i_{Tg}的控制分别采用了 PI 调节器，则由式（7-81），可得

$$\begin{aligned} u_{Mi} &= -(k_1 + k_2/s)(i_{Mg}^* - i_{Mg}) + \omega_s L_g i_{Tg} + u_{Mg} \\ u_{Ti} &= -(k_1 + k_2/s)(i_{Tg}^* - i_{Tg}) - \omega_s L_g i_{Mg} + u_{Tg} \end{aligned} \tag{7-82}$$

将式（7-82）代入式（7-81）可得

$$\begin{aligned} L_g \frac{\mathrm{d}i_{Mg}}{\mathrm{d}t} &= (k_1 + k_2/s)(i_{Mg}^* - i_{Mg}) \\ L_g \frac{\mathrm{d}i_{Tg}}{\mathrm{d}t} &= (k_1 + k_2/s)(i_{Tg}^* - i_{Tg}) \end{aligned} \tag{7-83}$$

式（7-83）表明，对 i_{Mg}和 i_{Tg}的控制已实现解耦。

图 7-19 中，由检测到的电网三相电压 u_{Ag}、u_{Bg}、u_{Cg}和 i_{Ag}、i_{Bg}、i_{Cg}，可得电网矢量 $\boldsymbol{u}_g$ 的幅

值u_g和空间相位角θ_g，通过ABC轴系到电网电压定向MT轴系的变换，可得到实际值u_{Mg}、u_{Tg}($u_{Tg}=0$)和i_{Mg}、i_{Tg}，可将u_{Mg}、i_{Mg}和i_{Tg}作为反馈量。Q_g^*为无功功率参考值，由式（7-76）可得给定值i_{Tg}^*。u_{dc}^*为直流电压参考值，将检测值u_{dc}与u_{dc}^*比较后的差值输入直流电压调节器（PI），调节器的输出为给定值i_{Mg}^*。根据i_{Mg}^*和i_{Tg}^*，由式（7-82）可得u_{Mi}和u_{Ti}，经由电网电压定向MT轴系到ABC轴系的变换，可得u_{Ai}^*、u_{Bi}^*、u_{Ci}^*，可利用PWM技术来控制逆变器。

7.5 交流电动机的直接转矩控制

7.5.1 控制原理

如7.1和7.2节所述，三相同步电动机和感应电动机均可采用VVVF技术进行交流调速，其核心是依靠调节压频比U_s/f_s来同时控制定子磁场的幅值和旋转速度，不足之处是不能在动态过程中控制定子磁场的幅值和空间相位，也就不能控制瞬态电磁转矩，因此VVVF技术仅是一种稳态的标量控制方法。

如果在动态运行中，依靠定子电压矢量$\boldsymbol{u}_s$，既能控制定子磁场ψ_s的幅值，又能控制其空间相位，就可以有效控制瞬态电磁转矩，同样可以有效地解决交流电机运动控制问题。

如第3章所述，电磁转矩可看成是电机内磁场相互作用的结果，其中可看成是由定子磁场与转子磁场相互作用生成的。如果能够控制转子磁场幅值恒定，同时能够控制定子磁场幅值和相对转子磁场的空间相位，就能有效控制瞬态电磁转矩。由于直接将转矩作为控制变量，又不必进行矢量变换，可在定子ABC轴系内直接控制电磁转矩，故通常又将这种控制方法称为直接转矩控制。

1. 面装式永磁同步电动机的直接转矩控制

隐极同步电动机的定子磁场$\boldsymbol{\psi}_s$和转子磁场$\boldsymbol{\psi}_f$如图3-51所示，又可将其表示为如图7-20所示的形式。在定子ABC轴系内，隐极同步电动机的电磁转矩则同式（3-206），即有

$$t_e=p_0\frac{1}{L_s}\boldsymbol{\psi}_f\times\boldsymbol{\psi}_s=p_0\frac{1}{L_s}\psi_f\psi_s\sin\delta_{sf} \tag{7-84}$$

式（7-84）表明，若转子励磁恒定，通过控制定子磁场$\boldsymbol{\psi}_s$的幅值和负载角δ_{sf}便可以控制电磁转矩。这便是同步电动机直接转矩控制的基本原理。

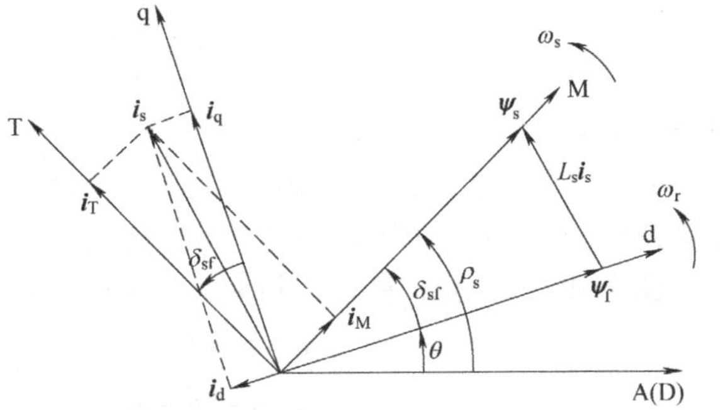

图7-20 面装式永磁同步电动机的定子磁场和转子磁场

图7-20中，对$\boldsymbol{\psi}_s$幅值ψ_s和负载角δ_{sf}的控制可看成是相对转子磁场轴线的相位和幅值的控制，因此直接转矩控制实质也是一种矢量控制。

2. 三相感应电动机的直接转矩控制

如第3章所述，在定子ABC轴系内三相感应电动机的电磁转矩可表示为

$$t_e = p_0 \boldsymbol{\psi}_s \times \boldsymbol{i}_s \tag{7-85}$$

定、转子磁链方程为

$$\boldsymbol{\psi}_s = L_s \boldsymbol{i}_s + L_m \boldsymbol{i}_r \tag{7-86}$$

$$\boldsymbol{\psi}_r = L_m \boldsymbol{i}_s + L_r \boldsymbol{i}_r \tag{7-87}$$

由式（7-86）和式（7-87）可得

$$\boldsymbol{i}_s = \frac{1}{L_s'}\left(\boldsymbol{\psi}_s - \frac{L_m}{L_r}\boldsymbol{\psi}_r\right) \tag{7-88}$$

式中，L_s' 为定子瞬态电感，$L_s' = \sigma L_s$。

将式（7-88）代入式（7-85），即有

$$\begin{aligned} t_e &= p_0 \frac{L_m}{L_s' L_r} \boldsymbol{\psi}_r \times \boldsymbol{\psi}_s = p_0 \frac{L_m}{L_s' L_r} \psi_r \psi_s \sin(\rho_s - \rho_r) \\ &= p_0 \frac{L_m}{L_s' L_r} \psi_r \psi_s \sin\delta_{sf} \end{aligned} \tag{7-89}$$

式中，ρ_s 和 ρ_r 分别为定、转子磁链矢量相对 A 轴的空间电角度；δ_{sf} 为两者间的空间相位差，$\delta_{sf} = \rho_s - \rho_r$，称为负载角。

式（7-89）表明，若幅值 ψ_r 和 ψ_s 保持不变，电磁转矩就仅仅与负载角 δ_{sf} 相关。此时可得

$$\frac{\mathrm{d}t_e}{\mathrm{d}\delta_{sf}} = p_0 \frac{L_m}{L_s' L_r} \psi_r \psi_s \cos\delta_{sf} \tag{7-90}$$

通常 δ_{sf} 的值较小，可见 δ_{sf} 对电磁转矩的调节和控制作用是明显的，于是通过调节负载角 δ_{sf} 便可有效控制电磁转矩，这就是三相感应电机直接转矩控制的基本原理。

由式（7-88），可得

$$\boldsymbol{\psi}_s = L_s' \boldsymbol{i}_s + \frac{L_m}{L_r} \boldsymbol{\psi}_r \tag{7-91}$$

由感应电动机运行原理可知，定子电流矢量 $\boldsymbol{i}_s$ 一定超前于 $\boldsymbol{\psi}_s$，于是由式（7-91），可得相应的电流-磁链矢量图，如图 7-21 所示，图中将 $\frac{L_m}{L_r}\boldsymbol{\psi}_r$ 与定子等效漏磁链矢量 $L_s'\boldsymbol{i}_s$ 合成便得到定子磁链矢量 $\boldsymbol{\psi}_s$。

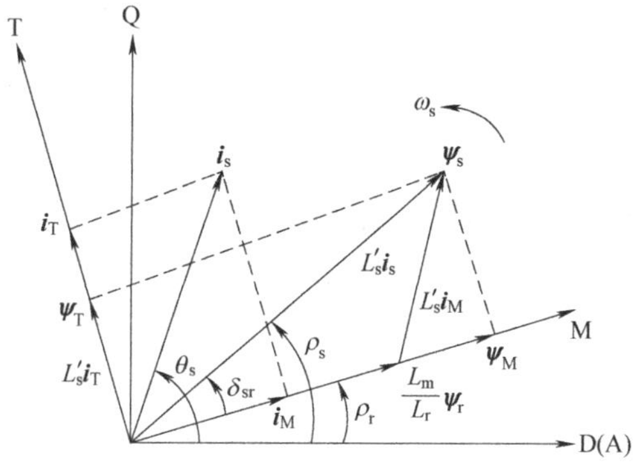

图 7-21　直接转矩控制的电流-磁链矢量图

3. 常用的转矩控制方式

在直接转矩控制中，一般常用的控制方式是不去人为地控制转子磁链矢量 $\boldsymbol{\psi}_r$，而上面提到的 $|\boldsymbol{\psi}_r|$ 保持恒定，是指当定子磁链矢量 $\boldsymbol{\psi}_s$ 快速变化时，在极短时间内，可以认为 $|\boldsymbol{\psi}_r|$ 是相对不变的。对于三相永磁同步电动机，可认为 $|\boldsymbol{\psi}_r|$（$|\boldsymbol{\psi}_r| = \psi_f$）是恒定的；对于三相感应电动机，这一点可做如下解释。

图 7-22 为三相感应电动机以空间矢量表示的 T-I 形等效电路，由励磁支路 GH，可得 $\frac{L_m^2}{L_r} i_M = \frac{L_m}{L_r} \psi_r$。

在直接转矩控制中，定子磁链矢量 $\boldsymbol{\psi}_s$ 幅值或相位的变化，是依靠改变外加定子电压矢量 $\boldsymbol{u}_s$ 实现的。当外加电压矢量突然改变时，这一瞬变过程的初始阶段，因为励磁支路 GH 的等效励磁电感 L_m^2/L_r 数值较大，可以认为 $\boldsymbol{\psi}_r$ 近乎不变。

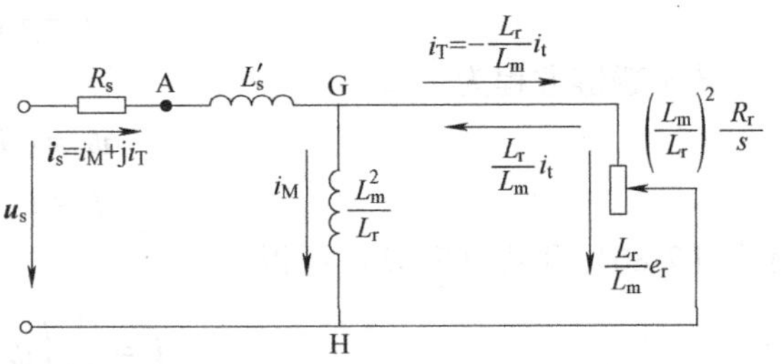

图 7-22 以空间矢量表示的 T-I 形等效电路

另一方面，由式（7-86）和式（7-87），可得

$$\boldsymbol{i}_r=\frac{1}{\sigma L_r}\left(\boldsymbol{\psi}_r-\frac{L_m}{L_s}\boldsymbol{\psi}_s\right) \tag{7-92}$$

将式（7-92）代入 ABC 轴系内转子电压矢量方程式（5-119），则有

$$T_r\frac{\mathrm{d}\boldsymbol{\psi}_r}{\mathrm{d}t}+\left(\frac{1}{\sigma}-\mathrm{j}\omega_r T_r\right)\boldsymbol{\psi}_r=\frac{L_m}{L'_s}\boldsymbol{\psi}_s \tag{7-93}$$

式（7-93）表明，如果定子磁链矢量 $\boldsymbol{\psi}_s$（幅值和相位）发生变化，转子磁链矢量 $\boldsymbol{\psi}_r$ 的响应具有滞后性，$\boldsymbol{\psi}_r$ 的变化总是滞后于 $\boldsymbol{\psi}_s$ 的变化。如低速时可将式（7-93）近似为

$$\boldsymbol{\psi}_r=\frac{L_m}{L_s}\frac{\boldsymbol{\psi}_s}{1+\sigma T_r \mathrm{p}} \tag{7-94}$$

式（7-94）是一个滞后环节。表明动态过程中，只要控制的响应时间比转子时间常数快得多，在短暂的瞬变过程中就可以认为 $\boldsymbol{\psi}_r$ 近乎不变；于是，若快速改变负载角 δ_{sf}，且能保持 $\boldsymbol{\psi}_s$ 的幅值不变，就可以快速改变和控制电磁转矩。

对于三相永磁同步电动机而言，如图 7-20 所示，当定子磁场 $\boldsymbol{\psi}_s$ 的相位角 ρ_s 快速变化时（电气时间常数较小，这是可以实现的），这期间转子速度 ω_r 尚来不及变化（机械常数比电气常数大得多），因此可以拉大或减小负载角 δ_{sf}，在这一过程中，若能控制 $\boldsymbol{\psi}_s$ 的幅值不变，就可以快速控制电磁转矩。

7.5.2 定子电压矢量的作用与定子磁链轨迹变化

在 ABC 轴系中，三相永磁同步电动机和感应电动机的定子电压矢量方程均为

$$\boldsymbol{u}_s=R_s\boldsymbol{i}_s+\frac{\mathrm{d}\psi_s}{\mathrm{d}t} \tag{7-95}$$

若忽略定子电阻的影响，则有

$$\boldsymbol{u}_s=\frac{\mathrm{d}\psi_s}{\mathrm{d}t} \tag{7-96}$$

可近似地表示为

$$\Delta\boldsymbol{\psi}_s\approx\boldsymbol{u}_s\Delta t \tag{7-97}$$

式（7-97）表明，在 $\boldsymbol{u}_s$ 作用的很短时间 Δt 内，矢量 $\boldsymbol{\psi}_s$ 的增量 $\Delta\boldsymbol{\psi}_s$ 等于 $\boldsymbol{u}_s$ 与 Δt 的乘积，$\Delta\boldsymbol{\psi}_s$ 的方向与外加电压矢量 $\boldsymbol{u}_s$ 相同，如图 7-23 所示（图中的 $\frac{L_m}{L_r}\boldsymbol{\psi}_r$ 也可以是永磁同步电动机的转子磁场 $\boldsymbol{\psi}_r$），$\Delta\boldsymbol{\psi}_s$ 的大小 $\Delta|\boldsymbol{\psi}_s|$ 取决于 $\boldsymbol{u}_s$ 的作用强度 $|\boldsymbol{u}_s|$ 和作用时间 Δt，由此决

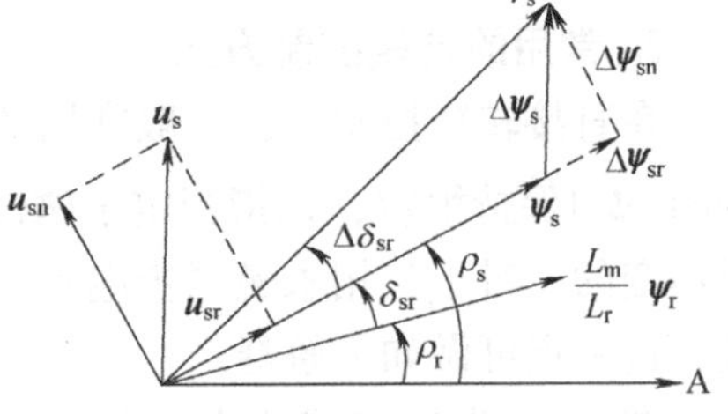

图 7-23 定子电压矢量作用与定子磁链轨迹变化

定了 $\boldsymbol{\psi}_s$ 的轨迹变化，轨迹的变化速率等于 $|\boldsymbol{u}_s|$。

图 7-23 中，定子磁链矢量 $\boldsymbol{\psi}_s$ 可表示为

$$\boldsymbol{\psi}_s=|\boldsymbol{\psi}_s|e^{j\rho_s} \tag{7-98}$$

式中，$\rho_s=\int\omega_{ms}dt$，ω_{ms} 为 $\boldsymbol{\psi}_s$ 旋转的瞬时电角速度。

将式（7-98）代入式（7-96），可得到

$$\begin{aligned}\boldsymbol{u}_s&=\frac{d|\boldsymbol{\psi}_s|}{dt}e^{j\rho_s}+j\omega_{ms}\boldsymbol{\psi}_s\\&=\boldsymbol{u}_{sr}+\boldsymbol{u}_{sn}\end{aligned} \tag{7-99}$$

式（7-99）中，右端第 1 项为 $\boldsymbol{\psi}_s$ 相位不变，而因其幅值变化产生的感应电压，$\boldsymbol{u}_{sr}$与 $\boldsymbol{\psi}_s$ 方向一致或相反，称其为径向分量；第 2 项为 $\boldsymbol{\psi}_s$ 幅值不变，而因其旋转产生的感应电压，$\boldsymbol{u}_{sn}$与 $\boldsymbol{\psi}_s$ 正交，相对 $\boldsymbol{\psi}_s$ 超前($\omega_{ms}>0$)或滞后($\omega_{ms}<0$)，称其为切向分量。即有

$$u_{sr}=\frac{d|\boldsymbol{\psi}_s|}{dt}=\frac{d\psi_s}{dt} \tag{7-100}$$

$$u_{sn}=\omega_{ms}|\boldsymbol{\psi}_s|=\omega_{ms}\psi_s \tag{7-101}$$

通过控制定子电压径向分量 $\boldsymbol{u}_{sr}$可以控制 $\boldsymbol{\psi}_s$ 的幅值（增加或减小），通过控制切向分量 $\boldsymbol{u}_{sn}$可以控制 $\boldsymbol{\psi}_s$ 的旋转速度（大小和方向）。若使 $\boldsymbol{\psi}_s$ 的旋转速度 ω_{ms}大于 $\boldsymbol{\psi}_r$ 的旋转速度 ω_{mr}，则会增大负载角 δ_{sf}，否则会使其减小，于是通过分别控制 $\boldsymbol{u}_{sr}$ 和 $\boldsymbol{u}_{sn}$ 便可以同时控制 $|\boldsymbol{\psi}_s|$ 和 δ_{sf}，也就控制了电磁转矩。

由式（7-101），可得

$$\frac{du_{sn}}{dt}=\frac{d\omega_{ms}}{dt}\psi_s \tag{7-102}$$

式（7-102）表明，通过控制切向电压的作用速率，即在极短的时间内施加较大的 $\boldsymbol{u}_{sn}$，就可以提高 ω_{ms}的变化速率，加快 δ_{sf}的变化，从而加快电磁转矩变化，获得快速的转矩响应。这也是采用直接转矩控制能够提升系统快速性的重要原因之一。

当三相永磁同步电动机和感应电动机由图 3-38 所示的电压源逆变器馈电时，逆变器仅能提供 6 个非零开关电压矢量 $\boldsymbol{u}_{s1}$、$\boldsymbol{u}_{s2}$、…、$\boldsymbol{u}_{s6}$，以及 2 个零开关电压矢量 $\boldsymbol{u}_{s7}$和 $\boldsymbol{u}_{s8}$，如图 7-24 所示。图中，对于 $\boldsymbol{\psi}_s$ 所处的位置，6 个非零开关电压矢量中，每一个对 $\boldsymbol{\psi}_s$ 幅值和旋转的作用均不相同，这取决于它们与 $\boldsymbol{\psi}_s$ 的相对位置。每一开关电压矢量相对 $\boldsymbol{\psi}_s$ 都可以分解出径向分量 $\boldsymbol{u}_{sr}$和切向分量 $\boldsymbol{u}_{sn}$，而且随着 $\boldsymbol{\psi}_s$ 相位 ρ_s 的改变，$\boldsymbol{u}_{sr}$和 $\boldsymbol{u}_{sn}$ 作用的强度和性质也会随之改变。但是，无论 $\boldsymbol{\psi}_s$ 处于何处，总可以从 6 个非零开关电压中选出更合适的一个来同时改变 $\boldsymbol{\psi}_s$ 的幅值和速度，通常将这个开关电压矢量称为优选电压开关矢量。或者说，可以通过优选开关电压矢量来合理地控制 $\boldsymbol{\psi}_s$。

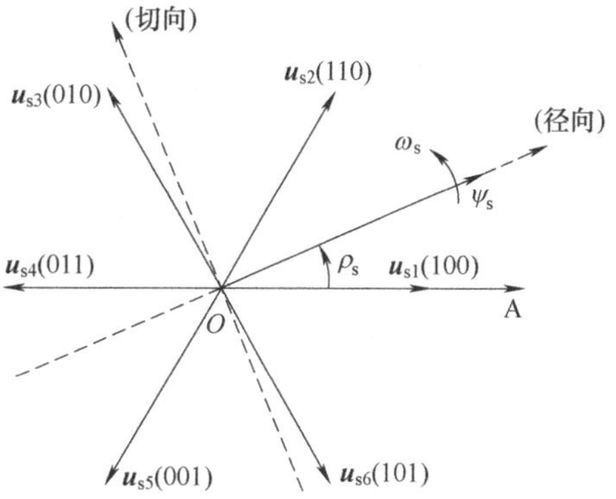

图 7-24　定子磁链矢量与开关电压矢量

对 $\boldsymbol{\psi}_s$ 运行轨迹的控制，通常有两种选择，一种是正六边形轨迹控制，另一种是圆形轨迹控制。

六边形轨迹控制如图7-25所示。图中当$t=0$时，设定$\boldsymbol{\psi}_s$的轨迹位于M点，若此时施加开关电压矢量$\boldsymbol{u}_{s1}$，则$\boldsymbol{\psi}_s$会沿着MN方向向右移动，当运动到N点时，再施加$\boldsymbol{u}_{s2}$，$\boldsymbol{\psi}_s$便会沿NP方向移动。于是，在6个非零开关电压矢量的依次作用下，$\boldsymbol{\psi}_s$的变化轨迹便为一正六边形。由图7-25可以看出，$\boldsymbol{\psi}_s$的幅值不是恒定的，在正六边形的拐角处达到最大值，当运行到与正六边形某一条边垂直的位置时幅值最小。$\boldsymbol{\psi}_s$的速度也是变化的，在拐点处的速度最小，在垂直处的速度最大。稳定运行时，由矢量$\boldsymbol{\psi}_s$在三相绕组ABC轴线上的投影可得到每相绕组的磁链值，显然每相绕组的磁链值不是时间的正弦函数。由于$\boldsymbol{\psi}_s$的幅值和旋转速度不断变化，不仅产生的转矩是脉动的，还会增大电动机的损耗。尽管如此，这种控制模式具有简捷快速和逆变频率低的特点，在某些大功率的电力传动领域还是得到了实际应用。

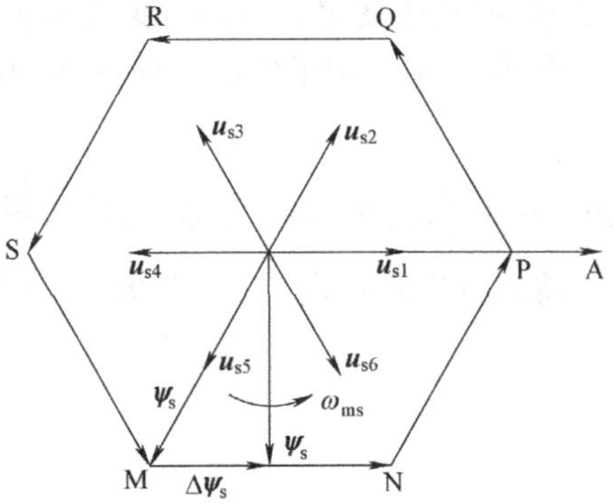

图7-25 $\boldsymbol{\psi}_s$在6个非零开关电压矢量作用下的正六边形运行轨迹

对于伺服驱动而言，为严格精确地控制电磁转矩，由式（7-89）可知，要求控制$\boldsymbol{\psi}_s$幅值始终保持不变，为此应设定参考矢量$\boldsymbol{\psi}_s^*$的运行轨迹为一圆形。这种控制模式也可保证电动机主磁路始终处于所期望的饱和状态。

综上所述，可以看出，三相同步电动机和感应电动机之所以可以在ABC轴系内直接控制电磁转矩，是因为如式（7-96）所示，在自然ABC轴系内可以直接利用定子电压$\boldsymbol{u}_s$来控制$\boldsymbol{\psi}_s$，这也是能够实现直接转矩控制的主要因素。

7.5.3 控制系统

1. 滞环控制与滞环比较器

（1）滞环控制

由式（7-84）和式（7-89）可知，为控制电磁转矩，必须同时控制定子磁链矢量$\boldsymbol{\psi}_s$的幅值$|\boldsymbol{\psi}_s|$和负载角δ_{sf}。若依赖于同一开关电压矢量来完成，如图7-23所示，两项控制之间必然存在耦合，因此确定直接转矩控制的控制规律是件困难的事。目前，最基本的控制方式采用的是滞环控制，又称“Bang-Bang”控制，这种控制方式常被用于非线性控制系统。滞环控制由两个滞环比较器来分别控制定子磁链$\boldsymbol{\psi}_s$的幅值和电磁转矩，但只能将两者的偏差限制在一定的容差之内。

（2）滞环比较器

为使实际$\boldsymbol{\psi}_s$的运行轨迹能沿圆形轨迹变化，应设定指令$\boldsymbol{\psi}_s^*$的幅值$|\boldsymbol{\psi}_s^*|$为常值，滞环的总带宽为$2\Delta|\boldsymbol{\psi}_s|$，其上限值为$|\boldsymbol{\psi}_s^*|+\Delta|\boldsymbol{\psi}_s|$，下限值为$|\boldsymbol{\psi}_s^*|-\Delta|\boldsymbol{\psi}_s|$，如图7-26所示，可始终将$|\boldsymbol{\psi}_s|$与$|\boldsymbol{\psi}_s^*|$的偏差$\Delta|\boldsymbol{\psi}_s|$控制在滞环的上下带宽内。可将空间复平面分成6个扇形区间，每个区间的范围是以定子开关电压矢量为中线，各向前、向后扩展30°电角度，扇区的跨度为60°电角度，扇区的序号S_ψ=①,②,…,⑥，与开关电压矢量的序号相同，如扇区①就是$\boldsymbol{u}_{s1}$所在的区间。之所以将ABC平面分成6个区间，是因为这样能便于合理选择开关电压矢量。

同控制定子磁链一样，为控制电磁转矩，也是通过滞环控制将其偏差控制在一定的带宽内。

滞环总带宽为 $2\Delta|t_e|$，其上限值为 $|t_e^*|+\Delta|t_e|$，下限值为 $|t_e^*|-\Delta|t_e|$，t_e^* 为转矩参考值。

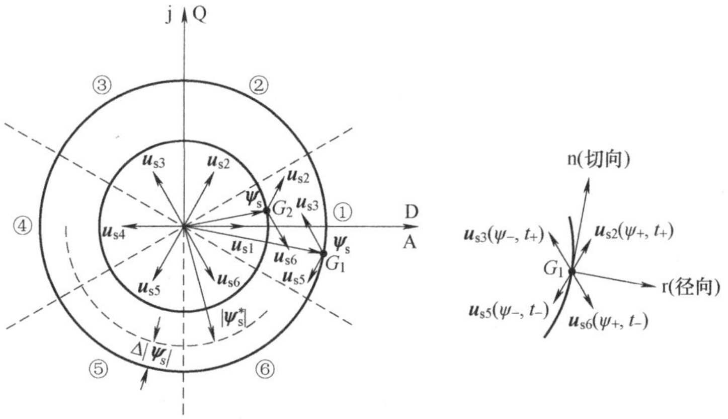

图 7-26　滞环比较控制

能否将 $|\boldsymbol{\psi}_s|$ 和 t_e 各自的偏差限制在滞环带宽内，关键是如何运用离散的 8 个开关电压矢量来合理有效地控制 $|\boldsymbol{\psi}_s|$ 和 t_e 的轨迹变化，这也关系到直接转矩控制的结果和质量。为此，可采用多种控制方式。下面介绍的是一种基本的控制方式。

图 7-26 给出了定子磁链矢量在扇区①的情况。在此区间内选择 $\boldsymbol{u}_{s1}$ 和 $\boldsymbol{u}_{s4}$ 是不合适的，因为会使 $\boldsymbol{\psi}_s$ 幅值急剧变化，而难以将其控制在滞环带宽内，另外对 $\boldsymbol{\psi}_s$ 旋转的作用又十分有限。余下可供选择的开关电压矢量还有 $\boldsymbol{u}_{s2}$、$\boldsymbol{u}_{s3}$、$\boldsymbol{u}_{s5}$、$\boldsymbol{u}_{s6}$ 以及 $\boldsymbol{u}_{s7}$、$\boldsymbol{u}_{s8}$。由前 4 个开关电压矢量在 $\boldsymbol{\psi}_s$ 运动轨迹径向和切向方向的投影，可以判断出各矢量对定子磁链和转矩所起的作用。例如，在 G_1 点，它们的作用可分别用 ψ_+、ψ_- 和 t_+、t_- 来表示，下标"+"号表示增加，"−"号表示减少。于是可根据定子磁链和转矩滞环比较器的输出信息来合理选择其中的开关电压矢量。因为此时 $\boldsymbol{\psi}_s$ 的幅值已经达到滞环比较的上限值（$|\boldsymbol{\psi}_s^*|+\Delta|\boldsymbol{\psi}_s|$），应使磁链值减小，故可选择 $\boldsymbol{u}_{s3}$ 或 $\boldsymbol{u}_{s5}$；选择 $\boldsymbol{u}_{s3}$ 可使 $\boldsymbol{\psi}_s$ 快速离开 $\boldsymbol{\psi}_r$，拉大了 δ_{sf}；选择 $\boldsymbol{u}_{s5}$ 会取得相反的效果。究竟选择 $\boldsymbol{u}_{s3}$ 还是 $\boldsymbol{u}_{s5}$，将取决于转矩滞环比较器的输出；当要求增大转矩时，应选择 $\boldsymbol{u}_{s3}$，否则应选择 $\boldsymbol{u}_{s5}$。这种选择开关电压矢量的顺序和原则对其他扇区同样适用。对于三相感应电动机，6 个扇区开关电压矢量选择见表 7-1，表中用①、②、…、⑥来表示扇区。

表 7-1　开关电压矢量选择表

$\Delta\psi$	Δt	①	②	③	④	⑤	⑥
1	1	$\boldsymbol{u}_{s2}$	$\boldsymbol{u}_{s3}$	$\boldsymbol{u}_{s4}$	$\boldsymbol{u}_{s5}$	$\boldsymbol{u}_{s6}$	$\boldsymbol{u}_{s1}$
	0	$\boldsymbol{u}_{s7}$	$\boldsymbol{u}_{s8}$	$\boldsymbol{u}_{s7}$	$\boldsymbol{u}_{s8}$	$\boldsymbol{u}_{s7}$	$\boldsymbol{u}_{s8}$
	−1	$\boldsymbol{u}_{s6}$	$\boldsymbol{u}_{s1}$	$\boldsymbol{u}_{s2}$	$\boldsymbol{u}_{s3}$	$\boldsymbol{u}_{s4}$	$\boldsymbol{u}_{s5}$
−1	1	$\boldsymbol{u}_{s3}$	$\boldsymbol{u}_{s4}$	$\boldsymbol{u}_{s5}$	$\boldsymbol{u}_{s6}$	$\boldsymbol{u}_{s1}$	$\boldsymbol{u}_{s2}$
	0	$\boldsymbol{u}_{s8}$	$\boldsymbol{u}_{s7}$	$\boldsymbol{u}_{s8}$	$\boldsymbol{u}_{s7}$	$\boldsymbol{u}_{s8}$	$\boldsymbol{u}_{s7}$
	−1	$\boldsymbol{u}_{s5}$	$\boldsymbol{u}_{s6}$	$\boldsymbol{u}_{s1}$	$\boldsymbol{u}_{s2}$	$\boldsymbol{u}_{s3}$	$\boldsymbol{u}_{s4}$

表 7-1 中，$\Delta\psi$ 的取值是由磁链滞环比较器的输出信息来确定，即有

$$\begin{aligned} &|\boldsymbol{\psi}_s| \leqslant |\boldsymbol{\psi}_s^*|-\Delta|\boldsymbol{\psi}_s| \quad \Delta\psi=1 \\ &|\boldsymbol{\psi}_s| \geqslant |\boldsymbol{\psi}_s^*|+\Delta|\boldsymbol{\psi}_s| \quad \Delta\psi=-1 \end{aligned} \tag{7-103}$$

Δt 的取值由转矩滞环比较器的三个输出信号来确定，即有

$$\begin{aligned} &t_e \leqslant |t_e^*| - \Delta|t_e| && \Delta t = 1 \\ &t_e \geqslant |t_e^*| && \Delta t = 0 \\ &t_e \geqslant |t_e^*| + \Delta|t_e| && \Delta t = -1 \\ &t_e \leqslant |t_e^*| && \Delta t = 0 \end{aligned} \tag{7-104}$$

同定子磁链矢量控制不同的是，电磁转矩中采用了零开关电压矢量 $\boldsymbol{u}_{s7}$ 或 $\boldsymbol{u}_{s8}$，主要是为了减小转矩脉动。如图 7-27 所示，当电磁转矩实际值达到滞环比较上限 $t_e = |t_e^*| + \Delta|t_e|$ 时，选择合理的开关电压矢量可使电磁转矩开始减小，当转矩 t_e 由 B 点下降到 $t_e = t_e^*$ 时，开始采用零开关电压矢量，此时 $\boldsymbol{\psi}_s$ 近乎停止旋转，使转矩变化趋势放缓。当 $t_e < t_e^*$ 时，零开关电压矢量仍在起作用，但 $\boldsymbol{\psi}_r$ 还在继续旋转，使 t_e 进一步下降，直到 t_e 达到滞环比较器下限值为止。可见，零开关电压矢量能缓和电磁转矩的剧烈变化，以减小转矩脉动。

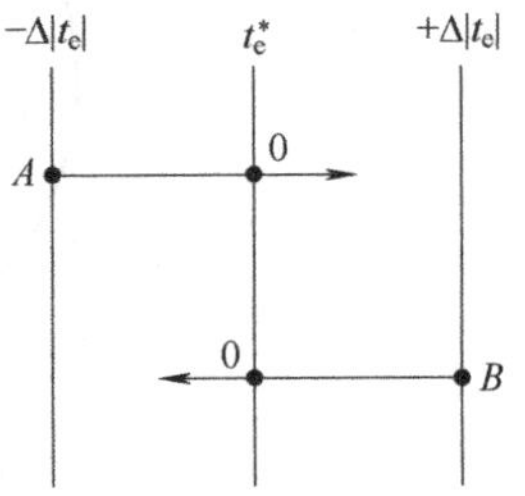

图 7-27 采用零电压矢量

表 7-1 中，在扇区①内，当由 $\boldsymbol{u}_{s2}$ 改用零开关电压矢量时，可选用 $\boldsymbol{u}_{s7}$ 也可选用 $\boldsymbol{u}_{s8}$，但由于 $\boldsymbol{u}_{s2}$ 的开关状态是(110)，所以选择 $\boldsymbol{u}_{s7}$(111)是合理的，因为此时仅需要一对逆变器开关进行转换。

三相永磁同步电动机不采用零开关电压矢量，这是与三相感应电动机的区别。

2. 控制系统构成

图 7-28 为三相感应电动机直接转矩控制系统原理性框图。图中，仅给出了速度控制环节，作为速度控制系统还可以进行弱磁控制。电压源逆变器能提供 8 个开关电压矢量。将定子磁链实际值与给定值比较后的差值输入磁链滞环比较器，同时将转矩实际值与给定值比较后的差值输入转矩滞环比较器，根据两个滞环比较器的输出，通过查阅表 7-1，可以选择到合理的开关电压矢量。但在查阅前，需要提供定子磁链矢量的位置信息。图中的 S_ψ 表示的是扇区顺序号。

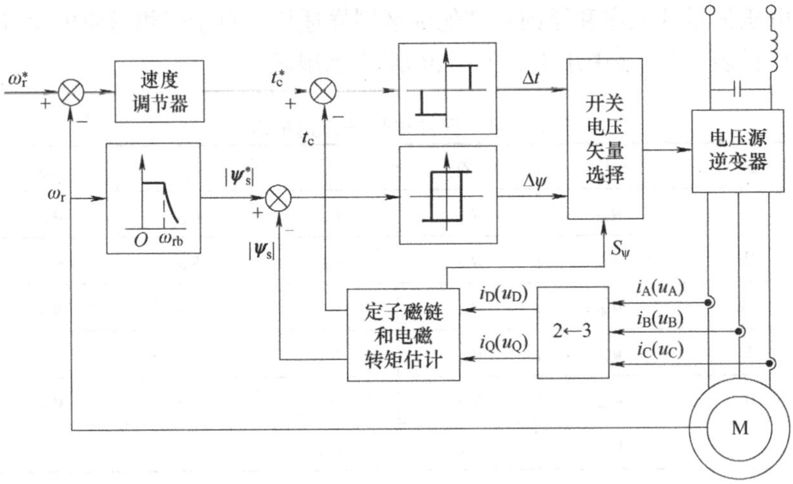

图 7-28 直接转矩控制系统原理性框图

根据定子三相电压和电流检测值，采用电压-电流模型，可估计出定子磁链矢量的幅值和

相位，同时给出转矩值。

由定子电压矢量方程式（7-95），可得

$$\begin{cases}\boldsymbol{\psi}_{s}=\int(\boldsymbol{u}_{s}-R_{s}\boldsymbol{i}_{s})\mathrm{d}t\\ \psi_{D}=\int(u_{D}-R_{s}i_{D})\mathrm{d}t\\ \psi_{Q}=\int(u_{Q}-R_{s}i_{Q})\mathrm{d}t\end{cases} \tag{7-105}$$

式中，u_D、u_Q 和 i_D、i_Q 由 ABC 轴系到 DQ 轴系的坐标变换而得。

由图 7-26 可知，定子磁链矢量 $\boldsymbol{\psi}_s$ 在 DQ 轴系内可表示为

$$\boldsymbol{\psi}_{s}=|\boldsymbol{\psi}_{s}|e^{j\rho_{s}}=\psi_{D}+j\psi_{Q} \tag{7-106}$$

于是

$$|\boldsymbol{\psi}_{s}|=\sqrt{\psi_{D}^{2}+\psi_{Q}^{2}} \tag{7-107}$$

$$\rho_{s}=\arccos\frac{\psi_{D}}{|\boldsymbol{\psi}_{s}|} \tag{7-108}$$

由 ρ_s 可以确定定子磁链矢量 $\boldsymbol{\psi}_s$ 所属的扇区顺序号 S_ψ。

在低频情况下，因式（7-105）中的定子电压很小，定子电阻是否准确就变得十分重要，定子电阻参数的变化对积分结果影响会很大，随着温度的变化应对定子电阻值进行修正，必要时需要在线辨识定子电阻 R_s。此外，还要受逆变器电压降和开关死区的影响。也可以采用其他方法来估计定子磁链。

图 7-28 中，利用式（7-85）来估计电磁转矩，即有

$$t_{e}=p_{0}\boldsymbol{\psi}_{s}\times\boldsymbol{i}_{s}=p_{0}(\psi_{D}i_{Q}-\psi_{Q}i_{D}) \tag{7-109}$$

式中，ψ_D 和 ψ_Q 为估计值；i_D 和 i_Q 为实测值。

图 7-28 所示的控制系统以及磁链和转矩估计同样适用于三相永磁同步电动机，但用于永磁同步电动机时，对于表 7-1 中的开关电压矢量选择，只是不再选择零开关电压矢量。

7.5.4　直接转矩控制的特点

在 7.5.1 节中，由三相永磁同步电动机和感应电动机的 VVVF 控制引申阐明了直接转矩控制的基本原理。事实上，对比 VVVF 控制与直接转矩控制可以看出，在控制方法上，两者均是运用定子电压来同时控制定子磁场的幅值和旋转速度。前者通过调节压频比（U_s/f_s），只能控制稳态运行下的定子磁场幅值和旋转速度，因此无法在动态过程中实现对瞬态转矩的控制。后者则如式（7-100）和式（7-101）所示，通过调节定子电压矢量的两个分量（实际为调压和调频），可分别控制定子磁场的幅值和旋转速度，且式（7-100）亦为动态的电压方程，式（7-101）中的 ω_{ms} 亦为定子磁场的瞬时电角速度，因此可以在动态过程中控制定子磁场的幅值和相对转子磁场的空间相位角，进而能够控制瞬态电磁转矩。

实际上，稳态运行时，式（7-100）中的 $u_{sr}=0$，式（7-101）则为

$$u_{s}=\omega_{s}\psi_{s}=2\pi f_{s}\psi_{s} \tag{7-110}$$

此时在时间复平面内，$\dot{U}_s$ 超前 $\dot{\Psi}_s$ 90°电角度（忽略 R_s 影响），以电角速度 ω_s 正向旋转，若控制压频比 U_s/f_s 不变，即构成了 VVVF 控制。因此可以说，采用直接转矩控制，可将稳态的 VVVF 控制提升到动态的矢量控制。此外，如图 7-28 所示，采用直接转矩控制后，可以估计

定子磁链和电磁转矩，进而构成定子磁链和转矩的闭环控制系统，这是传统 VVVF 控制无法做到的。

对比三相感应电动机的矢量控制系统，直接转矩控制系统要简单得多，这主要是因为直接转矩控制无须磁场定向和矢量变换（磁链估计除外）。图 7-28 中，直接转矩控制对磁链和转矩均采用了滞环控制，滞环比较器相当于高增益 P 调节器，可使转矩响应加快。此外，从转矩生成角度看，由式（7-84）可得隐极同步电动机的矩-角特性，若保持 ψ_s 和 ψ_f 不变，电磁转矩就仅决定于负载角 δ_{sf}，因此负载角 δ_{sf} 是决定同步电动机转矩输出的唯一变量，由式（7-102）可知，通过加大切向电压的作用速率，可快速改变负载角，由此能够获得快速的转矩响应。对于三相感应电动机，转差率 s 是决定其转矩输出的基本变量，当加大切向电压的作用速率时，由于定子磁场相对转子的速度会加快，这相当于快速改变了转差率 s，从而引起了三相感应电动机转矩输出的快速响应。以上两点都会提升系统的快速性。

图 7-28 中，除了定子磁链和转矩估计外，滞环控制自身并不依赖电机的数学模型，前面列举的数学表达式、矢量图和等效电路，只是用来分析直接转矩控制原理，在控制系统的构成上并没有涉及电动机的运动方程。由于很少受电机参数的影响，相对矢量控制，直接转矩控制提高了系统的鲁棒性。

直接转矩控制采用的滞环控制是一种有差控制，磁链和转矩控制一定存在偏差。过于减小带宽并不能实质减小控制偏差，反而会增大逆变器的开关频率和损耗。此外，由式（7-102）可知，当在短时间内施加过大的切向电压时，由于负载角 δ_{sf} 急剧拉大，会引起转矩脉动，同时会产生较大的冲击电流，在低速运行时，转矩脉动将会更为剧烈。这些是滞环控制明显的不足。

7.5.5 直接转矩控制与矢量控制的内在联系

1. 直接转矩控制与定子磁场定向矢量控制

（1）三相永磁同步电动机

图 7-20 中，$\boldsymbol{\psi}_s = L_s \boldsymbol{i}_s + \boldsymbol{\psi}_f$，这表明对三相永磁同步电动机而言，直接转矩控制只有通过改变电枢磁场 $L_s \boldsymbol{i}_s$ 才能达到控制定子磁场 $\boldsymbol{\psi}_s$ 幅值和负载角 δ_{sf} 的目的，这也是直接转矩控制的实质。

由式（7-96）可知，直接转矩控制之所以可以利用定子电压 $\boldsymbol{u}_s$ 来直接控制定子磁链 $\boldsymbol{\psi}_s$，是因为忽略定子电阻影响后，$\boldsymbol{u}_s$ 与 $\boldsymbol{\psi}_s$ 间具有了直接微分关系，但是这种控制方式决定了无法利用 $\boldsymbol{u}_s$ 来直接控制电枢磁场 $L_s \boldsymbol{i}_s$。

矢量控制与直接转矩控制不同，矢量控制是以定子电流为控制变量。如图 7-20 所示，在以定子磁场定向的 MT 轴系内，通过控制定子电流两个分量 i_M 和 i_T 可以达到控制定子电流 $\boldsymbol{i}_s$ 的目的，进而可以控制电枢磁场 $L_s \boldsymbol{i}_s$。

图 7-20 中，利用变换因子 $e^{-j\rho_s}$，可将定子电压方程式（7-95）变换到定子磁场定向 MT 轴系，可得

$$\boldsymbol{u}_s^M = R_s \boldsymbol{i}_s^M + \frac{d\boldsymbol{\psi}_s^M}{dt} + j\omega_{ms} \boldsymbol{\psi}_s^M \tag{7-111}$$

式中，$\boldsymbol{i}_s^M = i_M + ji_T$；$\boldsymbol{\psi}_s^M = \psi_M + j\psi_T$；$\omega_{ms}$ 为 $\boldsymbol{\psi}_s^M$ 旋转的瞬时电角速度。

由于 MT 轴系已沿定子磁场定向，故有 $\psi_T = 0$，$\psi_M = \psi_s$，于是可将式（7-111）表示为

$$u_M = R_s i_M + \frac{d\psi_s}{dt} \tag{7-112}$$

$$u_T = R_s i_T + \omega_{ms}\psi_s \tag{7-113}$$

若计及定子电阻影响，式（7-100）和式（7-101）便与式（7-112）和式（7-113）具有相同的形式，但式（7-112）和式（7-113）已成为定子磁场定向 MT 轴系内的电压分量方程，电压和电流已为直流量。这表明，直接转矩控制已相当于定子磁场定向的矢量控制，但两者的控制方式和控制变量已大不相同。

在定子磁场定向的 MT 轴系内，控制 M 轴电流 i_M，便可控制定子磁场 ψ_s，或者说，只能通过控制直轴电流 i_M 来控制定子磁场 ψ_s。由式（3-201），可得电磁转矩为

$$t_e = p_0 \boldsymbol{\psi}_s^M \times \boldsymbol{i}_s^M = p_0 \psi_s i_T \tag{7-114}$$

式（7-114）表明，在控制 ψ_s 恒定后，控制 i_T 便可以控制电磁转矩。

图 7-20 中，MT 轴系沿定子磁场 $\boldsymbol{\psi}_s$ 定向后，则有 $\psi_T = 0$，故可得

$$L_s i_T = \psi_f \sin\delta_{sf} \tag{7-115}$$

可以看出，控制 T 轴电枢磁场 $L_s i_T$ 也相当于控制负载角 δ_{sf}。将式（7-115）代入式（7-114），可得

$$t_e = p_0 \psi_s i_T = p_0 \frac{1}{L_s} \psi_s L_s i_T = p_0 \frac{1}{L_s} \psi_s \psi_f \sin\delta_{sf} \tag{7-116}$$

式（7-116）即为直接转矩控制原理性表达式式（7-84）。这表明，直接转矩控制通过控制负载角 δ_{sf}来控制电磁转矩，实质上是在间接控制 T 轴电枢磁场 $L_s i_T$，或者说只能通过改变 T 轴电枢磁场才能实现。

磁场毕竟是由电流产生的。矢量控制可以直接控制定子电流 i_T，从这一角度看，矢量控制对转矩控制才更为直接。直接转矩控制采用滞环比较器，直接将转矩作为控制变量，在每一周期得到的只是转矩生成的结果，对转矩生成的过程却无法控制，控制结果也是有差的。矢量控制将定子电流作为控制变量，采用电流调节器，利用调节器的积分功能，可以提高磁场和转矩控制的精确性，但必须进行磁场定向和矢量变换，这将会增加控制系统的复杂性，也会影响系统的快速响应能力。

（2）三相感应电动机

可将图 7-21 表示为图 7-29 所示的形式，图中 MT 轴系已沿定子磁场 $\boldsymbol{\psi}_s$ 实现了定向。可将表述三相感应电动机直接转矩控制原理的式（7-89）改写为

$$t_e = p_0 \frac{L_m}{L_s' L_r} \psi_s \psi_r \sin\delta_{sf} = p_0 \psi_s i_T \tag{7-117}$$

式中，$\frac{L_m}{L_r}\psi_r \sin\delta_{sf} = L_s' i_T$。$i_T$ 为定子磁场定向 MT 轴系内的定子 T 轴电流，通过控制 i_T 便可控制电磁转矩。

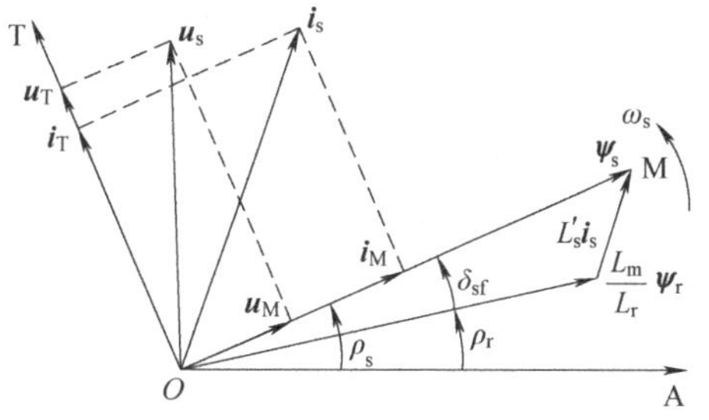

图 7-29　定子磁场定向的 MT 轴系

如图 7-29 所示，只有改变 $i_T(L_s' i_T)$时，负载角 δ_{sf}才会改变。这意味着，对直接转矩控制而言，通过控制负载角 δ_{sf}来控制转矩。也只有通过改变 T 轴电流 i_T，即通过改变定子 T 轴瞬态磁场 $L_s' i_T$ 时才可能实现。显然，矢量控制通过定子电流 T 轴分量 i_T 来控制转矩更为直接。

2. 直接转矩控制与转子磁场定向矢量控制

(1) 三相永磁同步电动机

图7-20中，可将直接转矩控制表达式式（7-84）改写为

$$t_e = p_0 \frac{1}{L_s} \psi_f \psi_s \sin\delta_{sf} = p_0 \psi_f i_q \tag{7-118}$$

式中，$\psi_s \sin\delta_{sf} = L_s i_q$，$i_q$ 为以转子磁场定向dq轴系内的定子T轴电流（转矩电流）。

如图7-20所示，只有存在T轴电枢磁场 $L_s i_q$，定子磁场 $\boldsymbol{\psi}_s$ 才会超前于转子磁场 $\boldsymbol{\psi}_f$，或者说T轴电枢磁场 $L_s i_q$ 决定了负载角 δ_{sf}。这表明，在基于转子磁场定向的矢量控制中控制T轴电流 i_q，即相当于直接转矩控制中控制负载角 δ_{sf}，体现了两种控制方式的内在联系。

(2) 三相感应电动机

图7-21中，可将直接转矩控制表达式式（7-89）改写为

$$t_e = p_0 \frac{L_m}{L'_s L_r} \psi_r \psi_s \sin\delta_{sf} = p_0 \frac{L_r}{L_m} \psi_r i_T \tag{7-119}$$

式中，$\psi_s \sin\delta_{sf} = L'_s i_T$，$i_T$ 为基于转子磁场定向MT轴系中的定子T轴电流（转矩电流）。

式（7-119）表明，只有通过控制转矩电流 i_T 才能控制电磁转矩；对直接转矩控制而言，如图7-21所示，只有改变 $L'_s i_T$ 才能达到控制负载角，即达到控制电磁转矩的目的。

表面看来，直接转矩控制与转子磁场定向矢量控制相比仅是控制方式的不同，只不过前者不能直接控制定子电流，而后者可以直接控制定子电流。实际上，将三相永磁同步电动机和感应电动机由ABC轴系变换到转子磁场定向的dq(MT)轴系，已在dq(MT)轴系内将其变换为了等效的直流电动机。从控制理论角度看，已分别将其非线性的运动方程转换为一组线性化的运动方程，在转矩控制上有效解决了非线性和耦合问题，因此在运动控制上可以获得与直流电动机相当的动态性能。

直接转矩控制的特点和优势是转矩控制可在定子ABC轴系内进行。但是，三相同步电机和感应电机自身是个高阶、多变量、强耦合的非线性系统，尽管采用滞环控制，利用非线性滞环控制的特点，充分体现了直接转矩控制的优势，但毕竟改变不了交流电机运动方程的非线性属性，也改变不了交流电机固有的非线性机械特性，因此图7-28所示的直接转矩控制系统尚难以达到直流电动机的控制水平。然而，直接转矩控制仍属于矢量控制范畴，充分地利用了定子电压矢量，有效地解决了交流电机动态运行中的瞬态转矩控制问题，提升了系统的动态响应能力，构成了高性能运动控制系统，可以满足电力传动领域的多种需求。由于直接转矩控制自身具有的独特优势，加之直接转矩控制理论和控制技术的不断完善和改进，因此获得了广泛的应用。

习 题

7-1 为什么三相永磁同步电动机采用VVVF技术构成的变频调速系统，在动态性能上无法达到直流调速系统的水平？

7-2 为什么在转子磁场定向的dq轴系内，可将三相永磁同步电动机变换为一台电刷位于几何中性线的等效直流电动机？

7-3 三相永磁同步电动机的弱磁控制指的是什么？为什么弱磁控制的效果是有限的？

7-4 能否将弱磁的效果理解为是削弱了永磁体的供磁能力？为什么？

7-5 为什么三相感应电动机采用VVVF技术进行的交流调速是一种稳态调速方法？

7-6 为什么交流伺服系统采用矢量控制可以提高其动态性能？矢量控制比传统VVVF控制究竟好在

哪里？

7-7　为什么矢量控制一定要进行磁场定向？三相感应电动机采用转子磁场定向进行磁链估计时可以采用哪两种模型？各有什么不足？

7-8　为什么图 7-9 所示的矢量控制系统构成了两个相互独立的励磁控制和转矩控制子系统？

7-9　为什么矢量控制要选择定子电流为控制变量？为什么矢量控制中矢量变换和定子电流控制环节是必不可少的？

7-10　图 7-14 所示的变速恒频风力发电机采用定子磁场定向有什么优点？为什么？

7-11　试述图 7-19 所示的变速恒频风力发电系统是如何控制功率因数的。

7-12　为什么直接转矩控制一定要选择定子磁链作为控制变量？选择气隙磁链和转子磁链不可以吗？为什么？

7-13　为什么说直接转矩控制的实质是一种矢量控制？

7-14　图 7-28 所示的直接转矩控制系统对定子磁链和转矩采用了滞环控制，这种控制方式有什么优点？又有什么不足？

7-15　为什么直接转矩控制在低速时易产生转矩脉动现象？

7-16　直接转矩控制的特点和优势是什么？不足是什么？

7-17　图 7-28 中，除了磁链和转矩估计外，直接转矩控制并没有利用电机的数学模型（运动方程），为什么还说直接转矩控制仍是一种非线性控制？

7-18　交流调速采用的 VVVF 控制与直接转矩控制有什么关联性？两者的根本差别是什么？

7-19　直接转矩控制与定子磁场定向矢量控制有什么内在联系？两种控制方式的主要差别是什么？

7-20　直接转矩控制与转子磁场定向矢量控制有什么内在联系？又有什么不同？

7-21　表 7-1 中，三相永磁同步电动机不采用零开关电压矢量，为什么？

8

第 8 章 交流电机的谐波问题

此前在对同步电机和感应电机的分析中，一直强调电机气隙内的磁场是正弦分布的，实际上除了基波磁场外还包含了一系列谐波磁场，某些谐波磁场在定子绕组中会感生谐波电动势，还会产生谐波转矩，这将影响发电机的供电质量，也会影响电动机的运行性能。

电机气隙内的谐波磁场主要有以下几种来源：①定子绕组谐波磁动势；②转子绕组谐波磁动势；③主磁路饱和；④由定、转子齿槽或凸极或气隙偏移引起的气隙磁导不均匀；⑤变频器供电时，由谐波电流产生的基波和谐波磁动势。

通常情况下，气隙谐波磁场的来源不是单一的，可以是多种来源的组合。同时对于不同种类的电机，每一谐波问题都有自身的特征，因此解决的方法也不尽相同。在以下分析中，如不特别说明，均假设电机磁路为线性，因此可以采用叠加原理。

8.1 隐极式同步电机的齿槽转矩及削弱方法

1. 齿槽转矩的生成机理

对于凸极式同步电机，如图 1-16 所示，由凸极转子引起的气隙磁导变化会产生磁阻转矩。同理，由于定子齿槽的存在，同样会引起气隙磁导的变化，在一定条件下，也会产生磁阻转矩，通常将其称为齿槽转矩（cogging torque）。现以理想隐极式同步电机为例分析齿槽转矩的生成。

图 8-1 所示为面装式永磁同步电机，定子齿数为 Z，极对数为 p_0。现取某齿的中心线为切向坐标 x（机械角度）的原点。

气隙中 x 处的单位磁导 λ 可表示为

$$\lambda=\mu_0\frac{l}{c} \tag{8-1}$$

式中，l 为定子铁心长度；c 为 x 处气隙的实际长度。齿身部位的 λ 值最大，槽口部位的 λ 值最小。

齿槽的存在导致气隙不均匀，气隙磁导中呈现了交变分量，其基波周期为空间机械角度 2π，于是可将气隙单位磁导 $\lambda(x)$ 表示为

$$\lambda(x)=\lambda_0+\sum\lambda_\mu\cos\mu x \tag{8-2}$$

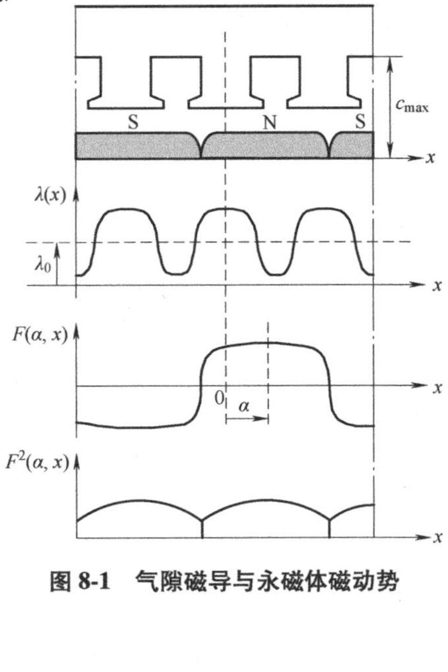

图 8-1 气隙磁导与永磁体磁动势

式中，λ_0 为平均磁导；μ 为磁导谐波次数，$\mu=Z,2Z,$

$3Z,\cdots,\ kZ,\ k=1,2,3,\cdots$；$\lambda_\mu$ 为第 μ 次谐波磁导的幅值。

假设永磁体磁动势为对称分布，不含偶次谐波，可将其表示为

$$F(x,\alpha)=\sum_{\varepsilon}F_{\varepsilon}\cos\varepsilon(x-\alpha) \tag{8-3}$$

式中，α 为基波磁动势轴线与 x 坐标原点间的机械角度；ε 为谐波次数，$\varepsilon=p_0,3p_0,5p_0,\cdots$；$F_\varepsilon$ 为第 ε 次谐波的幅值。

实际气隙中单位体积内的磁场储能可表示为

$$w_{\mathrm{m}}=\frac{1}{2}B_{\mathrm{c}}H_{\mathrm{c}}=\frac{\mu_0}{2}H_{\mathrm{c}}^2=\frac{\mu_0}{2}\left(\frac{F}{c}\right)^2 \tag{8-4}$$

式中，B_{c} 为气隙磁感应强度；H_{c} 为气隙磁场强度，$H_{\mathrm{c}}=\dfrac{F}{c}$。

实际气隙中磁场储能则为

$$W_{\mathrm{m}}=\frac{1}{2}\int_0^{2\pi}\mu_0\left(\frac{F}{c}\right)^2 clr\mathrm{d}x=\frac{1}{2}\int_0^{2\pi}[F(x,\alpha)]^2\lambda(x)r\mathrm{d}x \tag{8-5}$$

式中，r 为铁心转子半径。磁动势的二次方可表示为

$$[F(x,\alpha)]^2=A_0+\sum_{\nu}A_{\nu}\cos\nu(x-\alpha) \tag{8-6}$$

式中，A_0 为平均值；ν 为谐波次数，$\nu=2p_0,4p_0,6p_0,\cdots,\ 2bp_0,\ b=1,2,3,\cdots$；$A_\nu$ 为第 ν 次谐波幅值。

设齿槽转矩正方向与转子旋转方向一致，根据机电能量转换原理，由虚位移法可得到齿槽转矩，即有

$$T_{\mathrm{c}}=-\frac{\partial W_{\mathrm{m}}}{\partial\alpha}=-\frac{1}{4}\lambda_{\mu}A_{\nu}\frac{\partial}{\partial\alpha}\int_0^{2\pi}\cos[(\nu-\mu)x-\nu\alpha]r\mathrm{d}x \tag{8-7}$$

式（8-7）中，当 $\nu\neq\mu$ 时，$T_{\mathrm{c}}=0$；当 $\nu=\mu$ 时，T_{c} 则为

$$T_{\mathrm{c}}=-\frac{\pi}{2}r\lambda_{\mu}A_{\nu}\mu\sin\mu\alpha \tag{8-8}$$

2. 齿槽转矩的生成条件

假设永磁体磁动势为正弦分布，此时，式（8-6）中，若 $p_0=1$，则有 $\nu=2$，由式（8-7）可知，只有 $\mu=2$ 时，才会生成齿槽转矩。图 8-2a 中，$Z=2$，气隙基波磁导的变化如图 8-2b 所示，即在一对极内其最低次谐波为 2 次谐波($\mu=2$)。可以看出，当 $\alpha=0°$时，齿槽（磁阻）转矩 $T_{\mathrm{c}}=0$；当 $0°<\alpha<90°$时，$T_{\mathrm{c}}<0$（方向与正方向相反）；当 $\alpha=90°$时，$T_{\mathrm{c}}=0$；当 $90°<\alpha<180°$时，$T_{\mathrm{c}}>0$；当 $\alpha=180°$时，$T_{\mathrm{c}}=0$；当 $180°<\alpha<270°$时，$T_{\mathrm{c}}<0$；当 $\alpha=270°$时，$T_{\mathrm{c}}=0$；当 $270°<\alpha<360°$时，$T_{\mathrm{c}}>0$。转子旋转一周，齿槽（磁阻）转矩交变了 4 次。这表明，当 $p_0=1$ 时，定子开槽后，只有气隙磁导中存在 2 次谐波时，在此谐波磁导的作用下，才会生成齿槽转矩。同样道理，当 $p_0=1$ 时，若永磁体磁动势波中原本含有 3 次谐波($\varepsilon=3,\nu=6$)，则气隙磁导中必须存在 6 次谐波（$\mu=6$）时才会生成齿槽转矩。

由以上分析可知，只有永磁体磁动势中存在的谐波磁动势与气隙磁导中存在的某次谐波磁导互相匹配时，才会有齿槽转矩生成。这种相互关系，在式（8-7）中则体现在气隙磁导与磁动势二次方中的谐波次数上，由此可得产生齿槽转矩需要满足的两个条件：

1）气隙磁导和磁动势二次方中的谐波次数相同，即有

$$\mu=\nu,\ \mu=kZ,\ \nu=2bp_0,\ 2bp_0=kZ\quad b=1,2,3,\cdots,k=1,2,3,\cdots \tag{8-9}$$

2）该次谐波的磁导谐波幅值 λ_μ 和磁动势二次方中的谐波幅值 A_ν 均不为零。

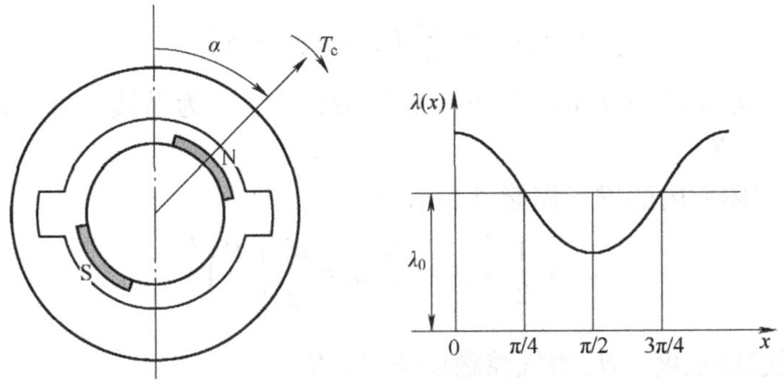

a) 定子槽数Z=2　　b) 气隙磁导谐波μ=Z=2

图 8-2　$p_0=1$ 和 Z=2 时的齿槽转矩生成

显然，满足上述条件的谐波次数很多，但谐波次数越高，谐波幅值越小，故应首先确定最低次谐波转矩的生成条件。由式（8-9）可得：

1）当极数 $2p_0$ 与定子齿数 Z 互为质数时，最低次谐波次数则为

$$\mu_{\min}=\nu_{\min}=2p_0Z \quad b=Z, k=2p_0 \tag{8-10}$$

$2p_0Z$ 又是 $2p_0$ 和 Z 的最小公倍数，即最低次谐波次数等于 $2p_0$ 和 Z 的最小公倍数。

2）若 $2p_0$ 和 Z 间存在最大公约数 e，则有

$$\mu_{\min}=\nu_{\min}=\frac{2p_0Z}{e} \quad b=\frac{Z}{e}, k=\frac{2p_0}{e} \tag{8-11}$$

$\frac{2p_0Z}{e}$也是 $2p_0$ 和 Z 的最小公倍数，即最低次谐波次数仍等于 $2p_0$ 和 Z 的最小公倍数。

由式（8-9），可得

$$k=\frac{\mu_{\min}}{Z} \tag{8-12}$$

式中，k 为齿槽转矩最低谐波次数与定子槽数的比值，称为齿槽转矩的阶数。

例如，一整数槽电机，极数 $2p_0=4$，定子槽数 $Z=36$，由式（8-11）可知，齿槽转矩最低谐波次数 $\mu_{\min}=v_{\min}=Z=36(b=9,k=1)$，一对极的最低谐波次数$\frac{\mu_{\min}}{p_0}=\frac{Z}{p_0}=18$；生成的条件是气隙磁导中应存在 $\mu_{\min}=36$ 次的谐波，而主极磁动势中应包含 18 次谐波（一对极中应包含 9 次谐波）。

此例中，$\mu_{\min}=Z$，齿槽转矩最低次谐波的阶数为 $1(k=1)$，说明气隙磁导交变分量中的基波在起作用，生成的是基波齿槽转矩。由式（8-8）可知，齿槽转矩是永磁体谐波磁动势与气隙谐波磁导共同作用生成的。k 值越小，磁导谐波次数越低，幅值越高，对齿槽转矩生成的影响越大。

3. 齿槽转矩的削弱方法

齿槽转矩会引起永磁同步电动机转速波动，特别是低速时影响更为严重，高速运行时会引起电机的振动和噪声，增大电机损耗，降低电机效率，从而影响由永磁同步电动机构成的调速系统和伺服系统的运行性能。当永磁同步电动机作为伺服电动机运行时，通常又将齿槽

转矩称为齿槽定位力矩。在电动机执行位置指令时，定位力矩的扰动会严重影响系统的定位精度。

由齿槽转矩生成的机理可知，削弱和消除齿槽转矩应从两方面入手，一是尽量使永磁体产生的磁动势波接近正弦分布，或者尽量削弱其中可生成齿槽转矩的谐波磁动势；二是尽量减小气隙磁导的波动，以减小可生成齿槽转矩的谐波磁导的幅值。理论分析和实践证明，在工程上可采取多种措施有效地削弱和消除齿槽转矩。

实际上，在生成齿槽转矩的同时，同样会感生齿谐波电动势，对谐波电动势的削弱也就是对齿槽转矩的削弱。分析表明，定子斜槽或转子斜极是削弱齿谐波电动势和齿谐波转矩的有效方法，定子采用分数槽结构也可以达到很好的效果，两者均已获得了广泛应用。

由式（8-10）可知，增加定子槽数可以提高齿槽转矩最低次谐波的次数，但这会受电机结构的限制，而增加电机的极数也可以达到同样的目的，同样可以显著地削弱齿槽转矩，此时转子极数 $2p_0$ 已接近于定子槽数 Z，构成了具有近极槽结构的分数槽电机。如某分数槽电动机的定子槽数 $Z=9$，极数 $2p_0=8$，可得

$$\mu_{\min}=2p_0Z=72$$

$$k=2p_0=8$$

此时，如果主极磁动势中含有 9 次谐波（一对极内），便会产生 $\mu_{\min}=72$ 次的齿槽转矩。对比上述 $Z=36$ 和 $2p_0=4$ 的整数槽电机，可以看出，当两者主极磁动势中均含有 9 次谐波时，整数槽电机 $\mu_{\min}=36$ 和 $k=1$，而此分数槽电机的 $\mu_{\min}=72$ 和 $k=8$，不仅提高了最低谐波次数，还大大提高了齿槽转矩阶数，可显著地削弱齿槽转矩谐波的幅值。

8.2 交流电机的谐波电动势及削弱方法

稳态运行时，如图 3-21 所示，同步电机主极磁场中的谐波磁场会在定子绕组中感生谐波电动势；同样，感应电机气隙磁场中的谐波磁场也会在定子绕组中感生谐波电动势。谐波电动势的存在会带来诸多弊害，如使发电机的电动势波形发生畸变，降低了供电质量，且使杂散损耗增大，效率下降，温升增高；又会使输电线路损耗增加，谐波电流产生的电磁场对附近的通信线路产生干扰。电动机运行时，还会产生谐波转矩和齿槽转矩。谐波电动势可分为一般谐波和齿谐波，对这两种谐波可采用不同的方法予以削弱。

1. 削弱一般谐波电动势的方法

由同步电机谐波电动势 $E_{\phi\nu}=4.44f_\nu N_1 k_{ws\nu}\Phi_{f\nu}$ 可知，可以通过减小谐波绕组因数和谐波磁通量来削弱一般谐波电动势。主要有以下三种方法。

（1）采用分布绕组

表 8-1 给出了 60°相带整数槽绕组的分布因数。可以看出，当每极每相绕组槽数 q 增大时，谐波的分布因数明显减小。如当 $q=3$ 时，对 $\nu=5,7,9,11,13$ 次谐波均有抑制作用。而且 q 值越大，抑制谐波电动势的效果越好。但是 q 值越大，槽数越多，电机的成本越高，且 $q>6$ 时，对谐波的抑制作用已不太明显，因此现代交流电机一般选用 $2\leqslant q\leqslant 6$。

（2）采用短距绕组

基波和部分高次谐波的短距因数见表 8-2。适当选择线圈的节距，令某次谐波的短距因数接近或等于零，便可有效削弱或消除该次谐波。

表 8-1 三相 60°相带整数槽绕组的分布因数

ν	q					
	2	3	4	5	6	∞
1	0.966	0.960	0.958	0.957	0.957	0.955
3	0.707	0.677	0.654	0.646	0.644	0.636
5	0.259	0.217	0.205	0.200	0.197	0.191
7	−0.259	−0.177	0.158	−0.149	−0.145	−0.136
9	−0.707	−0.333	−0.270	−0.247	−0.236	−0.212
11	−0.966	−0.177	−0.126	−0.110	−0.102	−0.087
13	−0.966	0.217	0.126	0.102	0.092	0.075
15	−0.707	0.677	0.270	0.200	0.172	0.127
17	−0.259	0.960	0.158	0.102	0.084	0.056
19	0.259	0.960	−0.205	−0.110	−0.084	−0.050

表 8-2 基波和部分高次谐波的短距因数

ν	y_1/τ					
	1	8/9	5/6	4/5	7/9	2/3
1	1	0.985	0.966	0.951	0.940	0.866
3	1	−0.866	−0.707	−0.588	−0.500	0
5	1	0.643	0.259	0	−0.174	−0.866
7	1	−0.342	0.259	0.588	0.766	0.866

由式（3-27）可知，要清除 ν 次谐波，应使

$$k_{p\nu}=\sin\nu\left(\frac{y_1}{\tau}90°\right)=0$$

可令

$$\nu\frac{y_1}{\tau}=2k \quad 或 \quad y_1=\frac{2k}{\nu}\tau \quad k=1,2,3,\cdots \tag{8-13}$$

为尽可能减小对基波磁动势的削弱，应使 y_1 尽量接近于 τ，故有 $2k=\nu-1$，此时

$$y_1=\left(1-\frac{1}{\nu}\right)\tau=\tau-\frac{\tau}{\nu} \tag{8-14}$$

式（8-14）表明，为消除某次谐波，应当选用比整距短 $1/\nu$ 的短距线圈。图 8-3 中，短距线圈 $y_1=4/5$（虚线所示），若气隙磁场中存在 5 次谐波，则两条线圈边感生的谐波电动势瞬时值总是大小相等，方向相反，故线圈内不会含有 5 次谐波电动势。

由于三相绕组无论为三角形联结还是星形联结，线电压间均不会出现 3 次谐波，因此选用绕组节距时，主要应当考虑如何减小 5 次和 7 次谐波，故 $\frac{y_1}{\tau}$ 可选为 5/6 左右。

（3）使主极磁场尽量接近正弦分布

在凸极电机中，可通过改变主极的极靴外形，尽量使主极磁场接近正弦分布。为此，图 4-15b 中，通常使极靴宽度和极距的比值为 0.7～0.75，极靴边缘处的最大气隙与主极中心处的最小气隙之比为 1.5 左右。对于隐极同步电机，可通过合理安排励磁绕组的分布，使主极磁场尽量接近正弦分布。为此，通常使励磁绕组嵌线部分与极距之比为 0.7～0.8。对于面装式永磁同步电机，应通过合理设计永磁体形状，优化选定极弧系数，使主极磁场尽量接近正弦分布。使主极磁场正弦分布，不仅可以有效削弱一般谐波电动势，也有助于削弱齿谐波电动势。

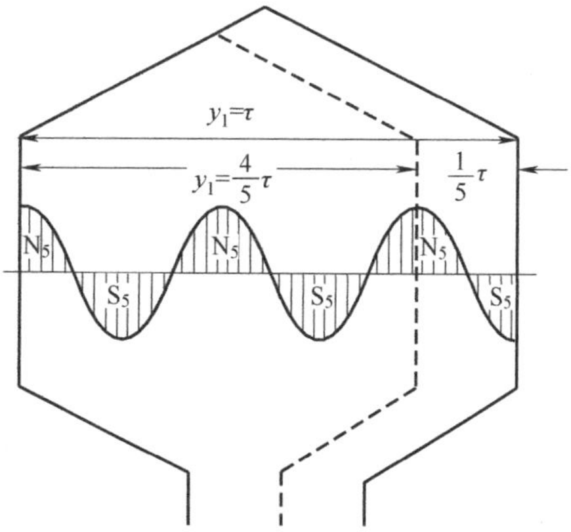

图 8-3　采用 $y_1=4/5$ 的短距线圈消除 5 次谐波

2. 削弱齿谐波电动势的方法

如图 8-2a 所示，当基波磁动势轴线与定子齿中心线重合时，产生的磁场达到最大值；当基波磁动势轴线与定子槽中心线重合时，产生的磁场达到最小值，这表明在产生齿槽转矩的同时，在定子绕组中还会感生出齿谐波电动势。由式（8-9）可知，对一对极而言，齿槽转矩的谐波次数为 $k\dfrac{Z}{p_0}$，即齿谐波电动势的波动频率为 $k\dfrac{Z}{p_0}$。但分析表明，齿谐波电动势的大小还与主极轴线与定子线圈轴线的相对位置有关，当两者的轴线重合时达最小值，当两者正交时达最大值。亦即，如果认为齿谐波电动势是一个按基波规律调幅的正弦波，便可将这个齿谐波分解为两个幅值不变、次数分别为 $k\dfrac{Z}{p_0}+1$ 和 $k\dfrac{Z}{p_0}-1$ 的 k 阶齿谐波，即有

$$\gamma=k\frac{Z}{p_0}\pm1=2mqk\pm1 \tag{8-15}$$

式中，k 为齿谐波电动势的阶数。当 $k=1$ 时，称 γ 为一阶齿谐波。

对于 $Z=36$ 和 $2p_0=4$ 的面装式永磁同步电机，由 8.1 节分析已知 $k=1$，一对极下齿槽转矩最低谐波次数 $\dfrac{\mu_{\min}}{p_0}=\dfrac{Z}{p_0}=18$，相应的齿谐波电动势次数则为 $\gamma=\dfrac{Z}{p_0}\pm1=\begin{cases}17\\19\end{cases}$。

可以证明，齿谐波的绕组因数与基波的绕组因数相等，即有

$$k_{\mathrm{ws}\nu}\Big|_{\nu=2mqk\pm1}=\pm k_{\mathrm{ws1}} \tag{8-16}$$

由表 8-1 可知，当 $q=2$ 时，一阶齿谐波次数 $\gamma=11$、13，两者的绕组分布因数皆与基波绕组因数相同；当 $q=3$ 时，$\gamma=17$、19，两者的绕组分布因数同样与基波绕组因数相同。因此，不能采用短距和分布绕组来削弱齿谐波电动势，否则基波电动势会同时被严重削弱，但可以采用以下方法来削弱它。

（1）采用斜槽

如图 8-4 所示，定子斜槽后，槽内同一根导体的每一部分都处于磁场的不同位置。可以将斜槽内导体看成是由 s 根短小直导体串联而成，每两根相邻直导体之间均有一个微小的相位差 α，且有 $s\to\infty$ 时，$\alpha\to0$，而 $s\alpha=\nu\beta$，β 为整个导体在基波磁场中斜过的电弧度。与直槽时相比，斜槽内导体的电动势将有所削弱，这种削弱可看成是由串联短小直导体的分布效应引起，故由式（3-18），可得

$$k_{sk\nu}=\lim_{\substack{\alpha\to 0\\ s\alpha\to\nu\beta}}\frac{\sin\dfrac{s\alpha}{2}}{s\sin\dfrac{\alpha}{2}}=\frac{\sin\nu\dfrac{\beta}{2}}{\nu\dfrac{\beta}{2}} \tag{8-17}$$

式中，$k_{sk\nu}$为ν次齿谐波的斜槽系数。图8-5为$k_{sk\nu}$随β角变化的曲线。

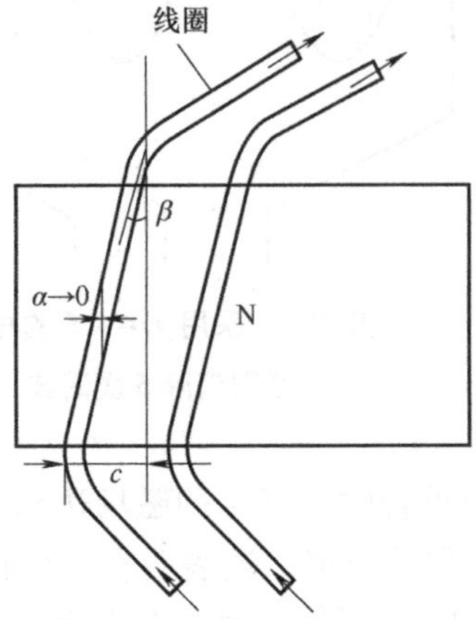

图8-4 斜槽中的导体

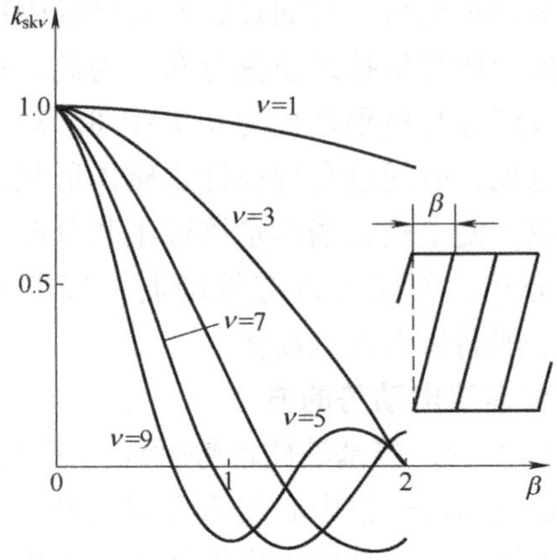

图8-5 ν次谐波的斜槽系数$k_{sk\nu}$

式（8-17）表明，若能令$k_{sk\nu}=0$，便可消除齿谐波电动势中的第ν次谐波，此时应有

$$\beta=\frac{2\pi}{\nu}=\frac{2\tau}{\nu}=2\tau_\nu \tag{8-18}$$

式中，$2\tau_\nu$为第ν次谐波的波长（电弧度）。

如图8-6所示，若斜过的距离恰好等于ν次谐波的波长$2\tau_\nu$，导体内ν次谐波的电动势互相抵消，由此便消除了该次齿谐波电动势。

对于谐波次数$\nu=2mq\pm1$的一阶齿谐波，为使$k_{sk1}=0$，应令$\beta=\dfrac{2\tau}{2mq\pm1}$。为使这两个齿谐波均得到削弱，通常令$\beta=\dfrac{2\tau}{2mq}=t$，即令斜过的距离恰好等于一个齿距$t$（电弧度）。

应该指出，斜槽对基波电动势也有削弱。由式（8-17）可得基波斜槽因数为

$$k_{sk1}=\frac{\sin\dfrac{\beta}{2}}{\dfrac{\beta}{2}} \tag{8-19}$$

由于β值较小，$\sin\dfrac{\beta}{2}\approx\dfrac{\beta}{2}$，因此基波电动势只是略有减小，如图8-5所示。

斜槽主要用于中、小型电机。在凸极电机中，也可采用斜极来削弱齿谐波电动势。

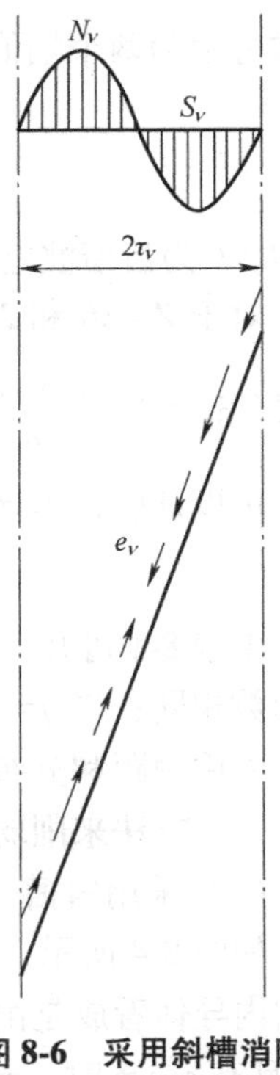

图8-6 采用斜槽消除ν次齿谐波电动势

（2）采用半闭口槽和磁性槽楔

在小型电机中常采用半闭口槽、在中型电机中常采用磁性槽楔来减小由于槽开口引起的

气隙磁导的变化，以此来削弱齿谐波电动势。

（3）采用分数槽绕组

分数槽绕组主要用于多极低速同步电机，如大型水轮发电机和低速同步电动机。交流调速和伺服系统中的永磁同步电机以及风力发电系统中的大型低速永磁同步发电机中，很多采用了极数和槽数相近的分数槽绕组。在系列同步电机和感应电机中，为了提高冲片的通用性，有时也采用分数槽绕组。

采用分数槽绕组不仅可以有效削弱齿谐波电动势，还可减小电动势中的一般谐波。

8.3 分数槽绕组

每极每相槽数 q 是一个分数的绕组称为分数槽绕组。普遍而言，分数槽绕组的每极每相槽数 q 可表示为

$$q=\frac{Z}{2mp_0}=b+\frac{c}{d}=\frac{N}{d} \tag{8-20}$$

式中，c/d 为一不可约真分数；b 为零或正整数；N/d 为不可约分数，既可为真分数，也可为假分数。

同整数槽一样，分数槽绕组在构成上可分为双层绕组和单层绕组，在相带划分上可分为 60°相带和 120°相带，在连接方式上可分为叠绕组和波绕组。

8.3.1 分数槽绕组的构成

1. Z_t/m=奇数

一台同步电机，$Z=30$，$2p_0=8$，$m=3$，每极每相槽数 q 为

$$q=\frac{Z}{2mp_0}=\frac{30}{2\times3\times4}=1+\frac{1}{4}=\frac{5}{4} \tag{8-21}$$

（1）电动势星形图

对所研究的电机，相邻两槽间的电角度 α 为

$$\alpha=\frac{p_0\times360°}{Z}=\frac{4\times360°}{30}=48°$$

若以 1 号槽作为 0°，则 2 号槽将滞后于 1 号槽 48°，3 号槽又滞后于 2 号槽 48°，以此类推，可画出相应的电动势星形图，如图 8-7a 所示。

由图 8-7a 可以看出，16 号槽与 1 号槽的电动势相量重叠，17 号槽与 2 号槽的电动势相量重叠，其余槽号以此类推。这表明，16 号槽与 1 号槽在主磁场中的位置相同，17 号槽与 2 号槽主磁场中的位置相同，即前 15 个槽在前 2 对极磁场下的位置与后 15 个槽在后 2 对极磁场下的位置完全相同，因此可将 $Z=30$ 和 $p_0=4$ 的分数槽电机一分为二，只需对前半部分进行研究就可以了。普遍而言，若总槽数 Z 和极对数 p_0 之间具有最大公约数 t，则整个绕组可以分成 t 个完全相同的单元，每一单元内的极对数 $p_{0t}=\dfrac{p_0}{t}$，槽数 $Z_t=\dfrac{Z}{t}$；由于各个单元的相应槽号在磁场中所处的位置完全相同，因此只要对一个单元进行研究就可以了。通常，又将这个单元称为单元电机。

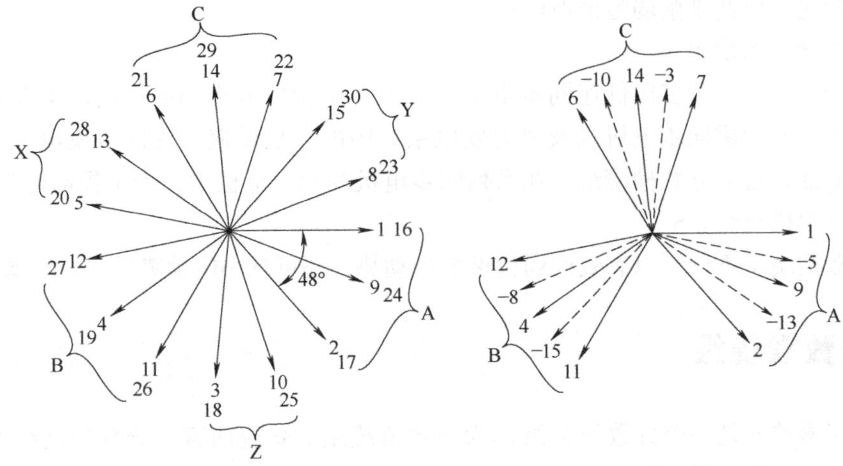

a) 完整电动势星形图　　　　b) 单元电机电动势星形图

图 8-7　三相分数槽绕组的电动势星形图

$$(Z=30, 2p_0=8, q=\frac{5}{4})$$

（2）单元电机的相带划分

分数槽绕组同样可由电动势星形图划分相带。三相分数槽绕组通常也采用 60°相带。由单元电机电动势星形图 8-7a 可见，1 号、9 号和 2 号槽在 0°～60°电角度范围内，故可确定三者属于 A 相带，B 相带应滞后 A 相带 120°电角度，由此可确定 11 号、4 号和 12 号槽属于 B 相带，同理可确定 6 号、14 号和 7 号槽属于 C 相带。由 A、B、C 相带可分别确定 X、Y、Z 相带内的槽号。

在单元电机内，$\frac{Z_t}{m}$为一相绕组的槽数。上述例子中，$\frac{Z_t}{m}=\frac{Z}{mt}=\frac{30}{3\times2}=5$，此时$\frac{Z_t}{m}=$奇数，故此分数槽绕组只能构成双层绕组，此时图 8-7a 中的电动势相量应是一个线圈的电动势相量。另外，由于$\frac{Z_t}{m}=$奇数，电动势星形图中每相包含了大小不同的两个相带，如 A 相带和 X 相带，这给直接利用电动势星形图带来了不便。为此，可将此单元电机的星形图表示为图 8-7b 所示的形式。这相当于单元电机仅具有 A 相带、B 相带和 C 相带，故又将其称为非完整单元电机。

图 8-7a 中，由 16～30 号槽构成了另一单元电机，可以将其 15 个电动势相量归属为 X、Y、Z 相带。于是，由两个单元电机可得到如图 8-8 所示的电动势星形图，其与图 8-7a 所示的电动势星形图在电动势相量分布上是等效的。这表明，在电动势计算上，可将 $Z=30$、$2p_0=8$、$q=5/4$、$\alpha=48°$ 的分数槽绕组，等效为 $Z=30$、极对数 $p_0'=\frac{t}{2}=1$、每极每相槽数 $q'=\frac{Z_t}{m}=5$、

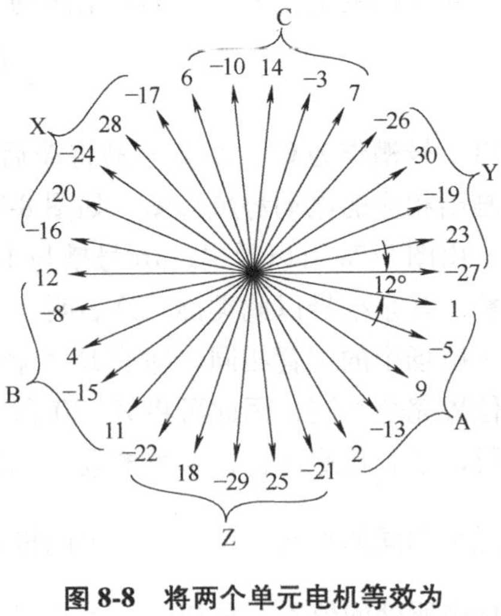

图 8-8　将两个单元电机等效为极对数 $p_0'=1$ 的整数槽绕组

相邻两槽间电角度 $\alpha'=\dfrac{60°}{Z_t/m}=\dfrac{60°}{q'}=12°$，且相带完整的整数槽绕组。

（3）分数槽绕组的节距因数和分布因数

极距为

$$\tau=\frac{Z}{2p_0}=\frac{30}{8}=3.75$$

节距为

$$y=\frac{y_1}{\tau}=\frac{3}{3.75}$$

基波电动势的节距因数为

$$k_{p1}=\sin y90°=0.95$$

5 次谐波的节距因数为

$$k_{p5}=\sin 5y90°=0$$

7 次谐波的节距因数为

$$k_{p7}=\sin 7y90°=0.508$$

由图 8-8 可得基波分布因数，此时分数槽绕组每极每相等效槽数 $q'=5$，相邻电动势相量的电角度 $\alpha'=12°$，故有

$$k_{d1}=\frac{\sin\dfrac{q'\alpha'}{2}}{q'\sin\dfrac{\alpha'}{2}}=\frac{\sin\dfrac{5\times 12°}{2}}{5\sin\dfrac{12°}{2}}=0.957 \tag{8-22}$$

高次谐波的分布因数为

$$k_{d\nu}=\frac{\sin\nu\dfrac{q'\alpha'}{2}}{q'\sin\dfrac{\nu\alpha'}{2}} \tag{8-23}$$

由式（8-23）可知，5 次谐波分布因数 $k_{d5}=0.2$，7 次谐波分布因数 $k_{d7}=0.149$。

由上可知，分数槽绕组对一般谐波电动势同样有抑制作用。

（4）分数槽绕组的连接方式

相带划分后，由图 8-8 可将分数槽绕组连接成叠绕组或波绕组。图 8-9 为一个单元中 A 相的展开图。此时 A 相共有 4 个极相组，其中一个大极相组由两个线圈（图中线圈 1 和 2）串联组成，三个小极相组只有一个线圈（图中线圈 5、9 和 13）。不同磁极下的极相组

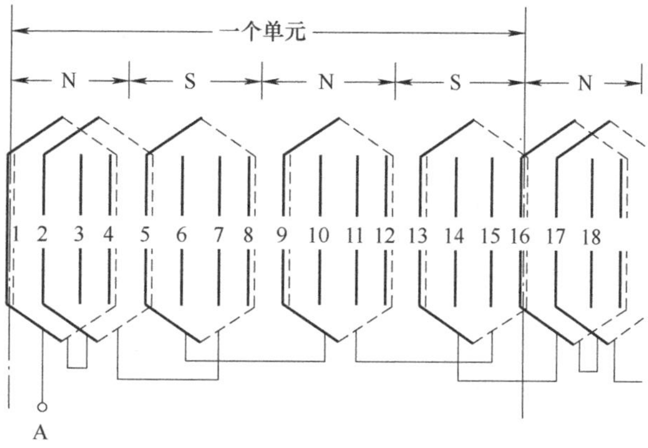

图 8-9　三相分数槽绕组一个单元中 A 相的展开图

$(Z=30, 2p_0=8, q=\frac{5}{4})$

串联时应反向连接，即头-头相连或尾-尾相连。可以看出，在多极电机中，叠绕组的极间连接线较多，故多用于线圈匝数较多而极数较少的电机。波绕组可以减小极间连接线，比较省铜，特别适用于单匝线圈和多极电机，故大型水轮发电机多采用分数槽波绕组。

（5）分数槽绕组的特点

分数槽绕组的 q 值虽然只有$\frac{5}{4}$，与集中绕组 $q=1$ 相差无几，但如电动势星形图图 8-7 所示，却获得了 $q'=5$ 的分布效果。属于 A 相的 1 号、2 号、5 号、9 号和 13 号槽分布在 4 个极下，且在磁场中的位置互不相同，具体如图 8-10 所示。在此例中，槽距角为 48°电角度，可以看出，同属 A 相的各槽导体所感生的齿谐波电动势不同相。当由图 8-8 求得合成总电动势时将会取得削弱齿谐波电动势的效果。

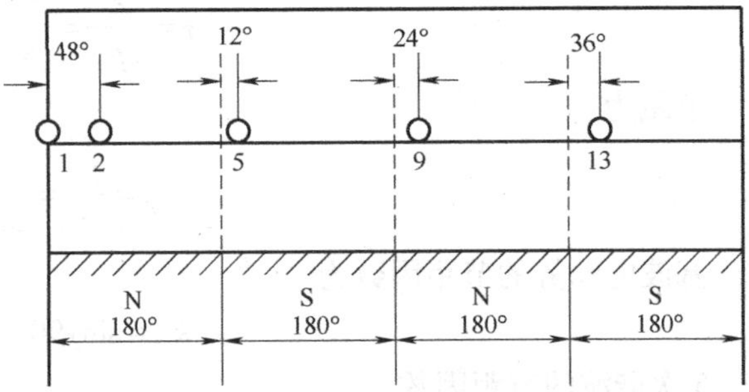

图 8-10　分数槽绕组 A 相定子槽在磁场中的位置

此外，分数槽绕组以每极每相少数槽获得了等效的多数槽分布效果，还可以有效削弱由主磁场非正弦分布所感生的一般谐波电动势，使电动势波形得以改善。

2. $\frac{Z_t}{m}$=偶数

一台同步电机，$Z=36$，$2p_0=20$，$m=3$，每极每相槽数为

$$q=\frac{Z}{2mp_0}=\frac{36}{2\times3\times10}=\frac{3}{5}$$

相邻两槽间的电角度 α 为

$$\alpha=\frac{p_0 360°}{Z}=\frac{10\times360°}{36}=100°$$

以 1 号槽作为 0°，可画出电动势星形图，如图 8-11 所示，其为两个基本电动势星形图叠合在一起。此例中，Z 与 p_0 的最大公约数 $t=2$，故可构成两个单元电机。图中，每个单元电机包含 18 个电动势相量，按 60°相带划分，每相槽数$\frac{Z_t}{m}=6$（偶数）。由于每相所属相量可平分于 N 极和 S 极下，因此相带 A 和 X、B 和 Y 以及 C 和 Z 大小相同。这表明可将两个单元电机等效为极对数 $p_0'=t=2$、每极每相槽数 $q'=\frac{Z_t}{2m}=3$、相邻两槽间电角度 $\alpha'=\frac{60°}{q'}=\frac{60°}{Z_t/2m}=20°$的整数槽绕组。这与 Z_t/m=奇数时不同。

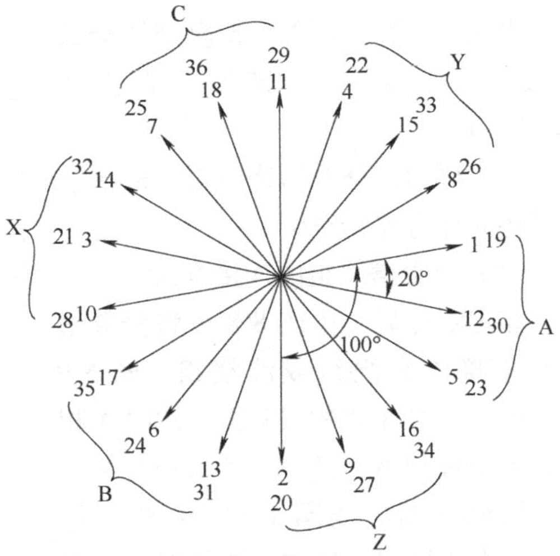

图 8-11　三相分数槽绕组电动势星形图

（$Z=36, 2p_0=20, q=\frac{3}{5}$）

8.3.2　分数槽绕组的一般性规律

1. $\frac{Z_t}{m}$=奇数

一般而言，可将分数槽绕组的每极每相槽数 q 表示为

$$q=\frac{Z}{2mp_0}=\frac{Z/t}{2mp_0/t}=b+\frac{c}{d}=\frac{N}{d} \tag{8-24}$$

可将式（8-24）表示为

$$q=\frac{Z_t/m}{2p_{0t}}=\frac{N}{d} \tag{8-25}$$

由式（8-25）可得

$$q'=\frac{Z_t}{m}=N \quad 当\ b=0\ 时，q'=c \tag{8-26}$$

$$2p_{0t}=d \tag{8-27}$$

将 $p_{0t}=\frac{p_0}{t}$代入式（8-27），可得

$$t=\frac{2p_0}{d} \tag{8-28}$$

如图 8-8 所示，当$\frac{Z_t}{m}$为奇数时，由两个单元电机绕组才能将其等效为极对数 $p_0'=1$ 的整数槽绕组，故有

$$p_0'=\frac{t}{2}=\frac{p_0}{d} \tag{8-29}$$

2. $\frac{Z_t}{m}$=偶数

可将每极每相槽数 q 表示为

$$q=\frac{Z}{2mp_0}=\frac{Z/t}{2mp_0/t}=b+\frac{c}{d}=\frac{N}{d} \tag{8-30}$$

可将式（8-30）表示为

$$q=\frac{Z_t/2m}{p_{0t}}=\frac{N}{d} \tag{8-31}$$

由式（8-31）可得

$$q'=\frac{Z_t}{2m}=N \quad 当\ b=0，q'=c \tag{8-32}$$

$$p_{0t}=d \tag{8-33}$$

将 $p_{0t}=\frac{p_0}{t}$代入式（8-33），可得

$$t=\frac{p_0}{d} \tag{8-34}$$

由图 8-11 可见，每一单元电机均可将其等效为极对数 $p_0'=1$ 的整数槽绕组，故有

$$p_0' = t = \frac{p_0}{d} \tag{8-35}$$

3. 一般性结论

无论$\frac{Z_t}{m}$为奇数还是偶数，可得到如下一般性结论：任一双层和 m 相对称分数槽绕组，在计算电动势时，可将其等效为一整数槽绕组，其极对数 $p_0' = \frac{p_0}{d}$，每极每相槽数 $q' = N$（若 $b = 0$，则有 $q' = c$）。

此外，由 $q' = N$，$\alpha' = \frac{\pi}{mq'} = \frac{\pi}{mN}$，可将式（8-22）表示为

$$k_{d1} = \frac{\sin\frac{q'\alpha'}{2}}{q'\sin\frac{\alpha'}{2}} = \frac{\sin\frac{\pi}{2m}}{N\sin\frac{\pi}{2mN}} \tag{8-36}$$

可将式（8-23）表示为

$$k_{d\nu} = \frac{\sin\frac{\nu q'\alpha'}{2}}{q'\sin\frac{\nu\alpha'}{2}} = \frac{\sin\frac{\nu\pi}{2m}}{N\sin\frac{\nu\pi}{2mN}} \tag{8-37}$$

8.3.3 分数槽绕组的对称条件和并联支路数

由 8.3.2 节分析可知，为能感生对称的三相电动势，分数槽绕组的对称条件是：若整个电机可分为 t 个单元，则每一个单元内，每相的槽数应该相等且为一整数，即有

$$\frac{Z_t}{m} = \frac{Z}{mt} = \text{整数} \tag{8-38}$$

式（8-38）是对称的基本条件，此条件可以变化为其他形式，最通用的是利用式（8-20）中的分母 d 来判断绕组是否对称，即有

$$\frac{2p_0}{d} = \text{整数}，\quad \frac{d}{m} \neq \text{整数} \tag{8-39}$$

由于对称时每相所占槽数必须相等，故必须有 $2p_0 q = 2p_0\frac{N}{d} = $整数；因 N 与 d 间没有公约数，故只有在$\frac{2p_0}{d} = $整数时，才可满足要求。

若令$\frac{Z_t}{m} = Z'$，则有

$$\begin{aligned} Z &= mtZ' \\ p_0 &= p_{0t}t \end{aligned} \tag{8-40}$$

由于 t 是 Z 和 p_0 的最大公约数，因此 p_{0t} 和 m 间不能再有公约数，即 p_{0t} 和 m 互为素数。由式（8-27）和式（8-33）可得，$d = 2p_{0t}$（Z'为奇数时），$d = p_{0t}$（Z'为偶数时），由此可见，d 中必然没有因子 m，即$\frac{d}{m} \neq $整数。

对于整数槽双层绕组，每相的可能最大并联支路数等于电机的极数。由前面的分析可知，可将分数槽绕组等效为整数槽绕组，其极数 $2p_0'=\frac{2p_0}{d}$，故分数槽绕组的可能最大并联支路数 $a_{\max}$ 为

$$a_{\max}=\frac{2p_0}{d} \tag{8-41}$$

实际上，并联支路数 a 可以小于 $a_{\max}$，但 $a_{\max}$ 必须是 a 的整数倍。故从并联支路数角度，当支路数 $a\neq1$ 时，分数槽绕组的对称条件还可表示为

$$\begin{cases}\dfrac{a_{\max}}{a}=\dfrac{2p_0}{ad}\\[2mm]\dfrac{d}{m}\neq\text{整数}\end{cases} \tag{8-42}$$

8.3.4　线圈节距 $y=1$ 的分数槽绕组

在永磁电机中经常采用节距 $y=1$ 的分数槽绕组。此时每个线圈只绕在一个齿上，缩短了线圈端部长度和周长，降低了用铜量，减小了定子电阻，降低了定子铜耗，提高了电机效率和功率密度；选择合理的槽极比 Z/p_0，可以更有效地削弱齿槽转矩，而不必采用斜槽或斜极，降低了制造成本；更有利于生产自动化。

线圈节距 $y=1$ 时，为获得更大的电动势，提高绕组的利用率，转子极数必须与定子槽数相近，由此构成了近极槽结构的多极电机。如 8.1 节所述，增大定子槽数可以提高齿槽转矩最低谐波的次数，但这会受电机空间的限制，而增大电机的极数也会达到同样的目的。

1. $y=1$ 分数槽绕组的构成与特点

1）由于 $Z\approx2p_0$，因此可将式（8-20）表示为

$$q=\frac{Z}{2mp_0}=b+\frac{c}{d}=\frac{c}{d} \tag{8-43}$$

$$q=\frac{c}{d}\approx\frac{1}{m}=\frac{1}{3} \tag{8-44}$$

8.3.3 节所述的分数槽绕组构成的一般性规律、对称条件和并联支路数同样适用于 $y=1$ 的分数槽绕组，此外又有其自身的特点。由式（8-43）可知，此时 $q=\frac{c}{d}$ 为一不可约真分数，且 q 值越接近 1/3，绕组利用率越高；但是，不能存在 $Z=2p_0$，因为这时 $\frac{d}{m}=c$，将不再满足分数槽绕组的对称条件。

2）可将式（8-43）表示为

$$q=\frac{Z}{2mp_0}=\frac{1}{m}\left(\frac{Z/e}{2p_0/e}\right)=\frac{Z/me}{2p_0/e}=\frac{c}{d} \tag{8-45}$$

式中，e 为 Z 和 $2p_0$ 间的最大公约数。

式（8-45）中，$2p_0/e=d$，由式（8-11），可得

$$d=k \tag{8-46}$$

式（8-46）表明，d 值可以映射为齿槽转矩的阶数 k。增大 d 值，可以提高齿槽转矩的阶数。通常，由 $y=1$ 的分数槽绕组可以获得较大的 d 值。

3）由式（8-26）和式（8-32），可得

$$q'=c \tag{8-47}$$

式（8-47）表明，c 值大小反映了分数槽绕组的分布效应。

4）由式（8-45），可将 p_0' 表示为

$$p_0'=\frac{p_0}{d}=\frac{e}{2} \tag{8-48}$$

式（8-48）同样适用于 $q>1$ 的分数槽绕组。

5）对于 $y=1$ 的分数槽绕组，当每相槽数 Z/m 为奇数时，将不能采用单层绕组，而只能采用双层绕组；当 Z/m 为偶数时，则既可以采用单层绕组，也可采用双层绕组。由于 Z/m 为奇数时，Z 也为奇数，Z/m 为偶数时，Z 也为偶数，因此可直接根据定子槽数的奇偶性来判断定子绕组可以采用的绕组形式。

6）将 $q=c/d$ 代入式（8-15），可得齿谐波电动势谐波次数为

$$\gamma=2mqk\pm1=2m\frac{c}{d}k\pm1 \tag{8-49}$$

式（8-49）中，$\frac{mc}{d}\neq$整数，故只有在 $d=k$ 时，$2m\frac{c}{d}k\pm1$ 才为奇数，于是可将齿谐波电动势的阶数 k 提高到 $k=d$。此时最低次谐波次数为

$$\gamma_{\min}=2m\frac{c}{d}k\pm1=2mc\pm1 \tag{8-50}$$

式（8-50）表明，c 值越大，齿谐波电动势削弱效应越强。

7）由式（8-43），可得 $2mp_0c=dZ$，则有

$$2mc=\frac{1}{p_0}kZ=\frac{1}{p_0}\mu_{\min} \tag{8-51}$$

式中，$\mu_{\min}$为电机在一个圆周（机械角度 2π）内齿槽转矩的最低次谐波次数，$\frac{1}{p_0}\mu_{\min}$为一对极内齿槽转矩的最低谐波次数。式（8-51）表明，$\frac{1}{p_0}\mu_{\min}$与 $\gamma_{\min}$互相对应，在生成$\frac{1}{p_0}\mu_{\min}$次齿槽转矩的同时，在相绕组内同时感生的最低次齿槽波电动势则为

$$\gamma_{\min}=\frac{1}{p_0}\mu_{\min}\pm1$$

2. $y=1$ 分数槽绕组的槽/极数匹配与绕组参数

表 8-3 给出了部分 $y=1$ 分数槽绕组的槽/极数匹配与绕组参数，表中所列的槽/极数匹配均已满足绕组对称条件。

表 8-3　$y=1$ 分数槽绕组的槽/极数匹配与绕组参数表

Z	$2p_0$	q	t	e	p_0'	q'	α	k_{p1}	k_{d1}	k_{dp1}	$\alpha_{\max}$	单/双
3	2	1/2	1	1	1/2	1	120°	0.866	1	0.866	1	双
	4	1/4	1	1	1/2	1	240°	0.866	1	0.866	1	
6	4	1/2	2	2	1	1	120°	0.866	1	0.866	2	单/双
	8	1/4	2	2	1	1	240°	0.866	1	0.866	2	

（续）

Z	$2p_0$	q	t	e	p_0'	q'	α	k_{p1}	k_{d1}	k_{dp1}	α_{max}	单/双
9	8	3/8	1	1	1/2	3	160°	0.985	0.960	0.936	1	双
	10	3/10	1	1	1/2	3	200°	0.985	0.960	0.936	1	
	12	1/4	3	3	3/2	1	240°	0.866	1	0.866	3	
12	8	1/2	4	4	2	1	120°	0.866	1	0.866	4	单/双
	10	2/5	1	2	1	2	150°	0.966	0.966	0.933	2	
	14	2/7	1	2	1	2	210°	0.966	0.966	0.933	2	
15	14	5/14	1	1	1/2	5	168°	0.995	0.957	0.952	1	双
	16	5/16	1	1	1/2	5	192°	0.995	0.957	0.952	1	
18	14	3/7	1	2	1	3	140°	0.940	0.960	0.902	2	单/双
	16	3/8	2	2	1	3	160°	0.985	0.960	0.946	2	
	20	3/10	2	2	1	3	200°	0.985	0.960	0.946	2	
	22	3/11	1	2	1	3	220°	0.940	0.960	0.902	2	
21	20	7/20	1	1	1/2	7	171°	0.997	0.956	0.953	1	双
	22	7/22	1	1	1/2	7	189°	0.997	0.956	0.953	1	
24	20	2/5	2	4	2	2	150°	0.966	0.966	0.933	4	单/双
	22	4/11	1	2	1	4	165°	0.991	0.958	0.950	2	
	26	4/13	1	2	1	4	195°	0.991	0.958	0.950	2	
	28	2/7	2	4	2	2	210°	0.966	0.966	0.933	4	
27	24	3/8	3	3	3/2	3	160°	0.985	0.960	0.946	3	双
	26	9/26	1	1	1/2	9	173.3°	0.998	0.955	0.953	1	
	28	9/28	1	1	1/2	9	186.7°	0.998	0.955	0.953	1	
	30	3/10	3	3	3/2	3	200°	0.985	0.960	0.946	3	
30	26	5/13	1	2	1	5	156°	0.978	0.957	0.936	2	单/双
	28	5/14	2	2	1	5	168°	0.995	0.957	0.952	2	
	32	5/16	2	2	1	5	192°	0.995	0.957	0.952	2	
备注		c/d	Z 与 p_0 最大公约数	Z 与 $2p_0$ 最大公约数	$e/2$	c					$2p_0/d$	

例证一：$Z=9$，$2p_0=8$。

$$q=\frac{Z}{2mp_0}=\frac{9}{3\times8}=\frac{3}{8}$$

$$\alpha=\frac{360°p_0}{Z}=\frac{360°\times4}{9}=160°$$

图 8-12a 所示为该电机的电动势星形图。若以 1 号槽为 0°，则 2 号槽滞后 1 号槽 160°电角度。由于 Z 与 p_0 互为质数，故可以构成 $t=1$ 的单元电机，由图 8-12b 可以看出，按 60°相带划

分，仅可以得到 A、B 和 C 三个相带，此时 $q'=c=3$，槽距角 $\alpha'=\frac{60°}{q'}=20°$。亦即，可以将 $y=1$、$Z=9$、$2p_0=8$ 的分数槽电机等效为一台 $q'=3$、$\alpha'=20°$、$p_0'=1/2$ 的非完整的整数槽电机。根据图 8-12b，可以给出三相绕组的展开图，如图 8-13 所示。图中，线圈 1 与线圈 2 尾-尾相连，线圈 2 与线圈 3 头-头相连，由线圈 1、2、3 构成了 A 相绕组。由线圈 4、5、6 构成了 B 相绕组，由线圈 7、8、9 构成了 C 相绕组。显然，对于图 8-13 所示的三相绕组，只能构成一条并联支路。以上分析得出的结果与表 8-3 给出的绕组参数完全一致。

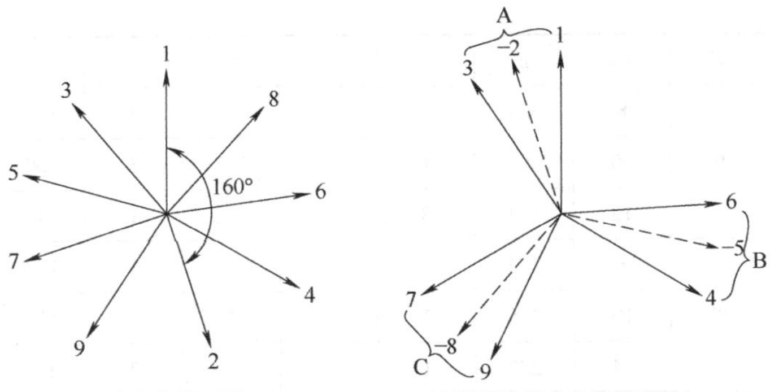

a) 电动势星形图　　b) 单元电机电动势星形图

图 8-12　$Z=9$ 和 $2p_0=8$ 分数槽绕组的电动势

由于 $Z=9$ 和 $2p_0=8$，槽数和极数互为质数，由式（8-10）可知，齿槽转矩最低次数 $\mu_{min}=2p_0Z=8\times9=72$，齿槽转矩的最低阶数 $k=\frac{\mu_{min}}{Z}=\frac{72}{9}=8$，即有 $k=d$，这与式（8-46）给出的结果一致。

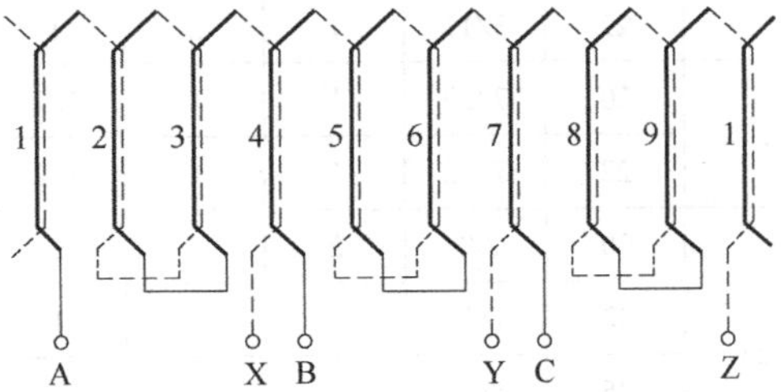

图 8-13　$Z=9$ 和 $2p_0=8$ 的分数槽绕组展开图

或者可以采用另一种方法计算齿槽转矩阶数，对于 $Z=9$ 和 $2p_0=8$，两者的最小公倍数 $s=72$，齿槽转矩的最低阶数 k 则为

$$k=\frac{s}{Z}=\frac{72}{9}=8=d$$

由式（8-50），可得齿谐波电动势最低谐波次数为

$$\nu_{min}=2mc\pm1=18\pm1=\begin{cases}17\\19\end{cases}\tag{8-52}$$

图 8-12b 中，已将 $q=3/8$ 的分数槽绕组等效为了 $q'=c=3$ 的分布绕组，由表 8-1 可知，此时 3、5、7、9、11、13、15 次谐波的分布因数均很低，体现了分数槽绕组分布效应对高次谐波的抑制作用。但是，17 次和 19 次谐波的分布因数与基波分布因数 k_{d1} 相同，表明 17 次和 19 次谐波一定为齿谐波，这与式（8-52）得出的结果一致。

例证二：$Z=9$，$2p_0=12$。

表 8-3 中，$q=\frac{1}{4}$，$t=3$，单元电机为 $Z_t=3$ 和 $2p_{0t}=4$；槽距角 $\alpha=240°$，电动势星形图如图 8-14 所示，可以构成 $p_0'=\frac{3}{2}$ 个整数槽电机。

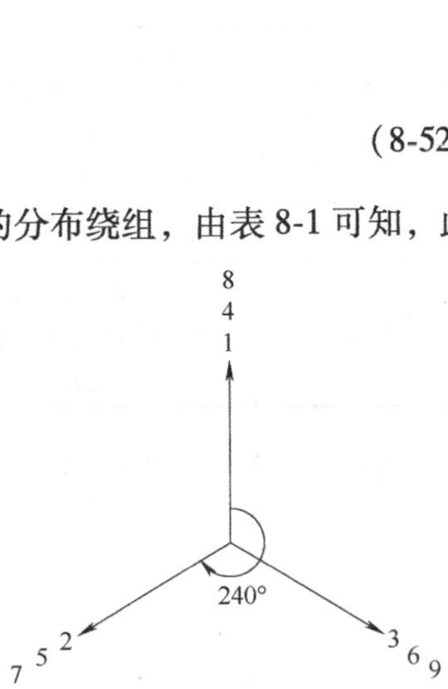

图 8-14　$Z=9$ 和 $2p_0=12$ 的电动势星形图

与例证一相比，$q=\frac{1}{4}$与$\frac{1}{m}$的差值要比$q=\frac{3}{8}$与$\frac{1}{m}$的差值大得多，且 c 值和 d 值均小得多。由于 c 等于 1，故体现不了分数槽绕组的分布效应；由于 $d=4$，对齿谐波转矩的削弱能力也很有限。

表 8-3 中，随着槽数和极数的增加，$q=\frac{c}{d}$更接近$\frac{1}{m}$，c 值和 d 值均有增大的趋势，且槽数和极数越接近，这种趋势越明显。如当 $Z=21$ 和 $2p_0=20$ 时，$q=\frac{7}{20}$；当 $Z=27$ 和 $2p_0=26$ 时，$q=\frac{9}{26}$；同时，两者又具有很高的绕组因数。

8.4　定、转子谐波磁动势与谐波转矩

8.4.1　同步电动机定子谐波磁动势与谐波转矩

1. 变频器供电下的定子磁动势

如 3.4.4 节所述，当定子三相绕组接于各种静止变频器时，定子三相基波电流会产生基波磁动势和谐波磁动势，与此同时谐波电流也会产生基波磁动势和谐波磁动势。式（3-78）中已将第 μ 次谐波电流产生的第 ν 次谐波磁动势表示为

$$f_{\mu\nu}=\frac{3}{2}F_{\phi\mu\nu}\cos(\mu\omega t\mp\nu\theta_s) \tag{8-53}$$

$$\mu=6k\pm1,\ k=0,1,2,3,\cdots \tag{8-54}$$

$$\nu=6n\pm1,\ n=0,1,2,3,\cdots \tag{8-55}$$

式（8-54）中，“+”号对应于正序电流，$\mu=1,7,13,\cdots$，各次正序电流将产生旋转速度 μ 倍于同步转速、相对定子正向旋转的基波磁动势；“-”号对应于负序电流，$\mu=5,11,17,\cdots$，各次负序电流将产生旋转速度 μ 倍于同步转速、相对定子反向旋转的基波磁动势。式（8-55）中，“+”号对应的谐波磁动势次数 $\nu=1,7,13,\cdots$，其旋转方向与 μ 次基波磁动势相同，旋转速度为同步转速的 μ/ν 倍；“-”号对应的谐波磁动势次数为 $\nu=5,11,17,\cdots$，其旋转方向与 μ 次基波磁动势相反，旋转速度为同步转速的 μ/ν 倍。

稳态运行时，转子速度 ω_r 即为同步转速，式（8-53）所示的定子磁动势波相对定子的旋转速度和方向为

$$\omega_{\mu\nu s}=\pm\frac{\mu}{\nu}\omega_r \tag{8-56}$$

式中，ν 次谐波磁动势相对定子正向旋转时取“+”号，否则取“-”号。例如，当 $\mu=1$ 时，定子基波电流产生的基波磁动势以同步转速 ω_r 相对定子正向旋转，同时产生的 $\nu=7$、13、19、…次谐波磁动势以$\frac{1}{7}\omega_r$、$\frac{1}{13}\omega_r$、$\frac{1}{19}\omega_r$、…相对定子正向旋转，而 $\nu=5$、11、17、…次谐波磁动势以$\frac{1}{5}\omega_r$、$\frac{1}{11}\omega_r$、$\frac{1}{17}\omega_r$、…相对定子反向旋转。当 $\mu=5$ 时，定子 5 次谐波电流产生的基波合成磁动势将以速度 $5\omega_r$ 相对定子反向旋转，同时产生的 $\nu=7$、13、19、…次谐波磁动势则以速度

$\frac{5}{7}\omega_r$、$\frac{5}{13}\omega_r$、$\frac{5}{19}\omega_r$、…相对定子反向旋转，而 $\nu=5$、11、17、…次谐波磁动势以速度$\frac{5}{5}\omega_r$、$\frac{5}{11}\omega_r$、$\frac{5}{17}\omega_r$、…相对定子正向旋转。

定子谐波磁动势$f_{\mu\nu}$相对转子的旋转速度为

$$\omega_{\mu\nu r}=\omega_r-\left(\pm\frac{\mu}{\nu}\right)\omega_r=\left(1\mp\frac{\mu}{\nu}\right)\omega_r \tag{8-57}$$

式中，"+"号对应于相对定子反向旋转的 ν 次谐波磁动势；"-"号对应于相对定子正向旋转的 ν 次谐波磁动势。谐波磁动势$f_{\mu\nu}$在气隙中产生了相应的谐波磁场。

2. 谐波转矩

电磁转矩可看成定、转子磁场相互作用的结果。定子谐波磁场与转子谐波磁场相互作用同样会生成电磁转矩，但是两个次数不同的定、转子谐波磁场不会生成电磁转矩，只有两者次数相同时才会生成电磁转矩。这意味着，转子谐波磁场中必须存在与定子相对应的谐波磁场才能生成谐波转矩。

如果 ε 是主极谐波磁场的次数，且有 $\varepsilon=1,5,7,\cdots$，那么只有在满足 $\nu=\varepsilon$ 的情况下，才会有电磁转矩生成。若这两个谐波磁场旋转方向和速度相同，便会生成平均转矩；否则只能生成脉动转矩，其平均转矩一定为零，当转子速度为 ω_r 时，这个脉动转矩的频率可表示为

$$\omega_{\nu\varepsilon}=\nu\left(1\mp\frac{\mu}{\nu}\right)\omega_r=|\nu\mp\mu|\omega_r \tag{8-58}$$

式中，$\omega_{\nu\varepsilon}$为以转速倍数给出的谐波转矩的频率；相对定子反向旋转的 ν 次谐波磁场括号内取"+"号，相对定子正向旋转的 ν 次谐波磁场则取"-"号。

式（8-58）中，可以生成平均转矩的条件是 $\varepsilon=\nu=\mu$。当 $\mu=1$ 时，可有 $\nu=1,5,7,11,13,\cdots$；其中 $\nu=1$ 为正向旋转的基波磁场，其与转子转速相同，因此可以产生平均转矩，此时式（8-58）中 ν 应取"-"号；$\nu=5$ 的谐波磁场相对定子的旋转速度为$-\frac{1}{5}\omega_r$，相对转子的旋转速度为$\frac{6}{5}\omega_r$，若主极磁场中存在 5 次谐波磁场（$\varepsilon=\nu=5$），则两个旋转磁场生成的脉动转矩频率便为 $6\omega_r$，由于 $\nu=5$ 的谐波磁场反向旋转，故在式（8-58）中应取"+"号；$\nu=7$ 的谐波磁场相对定子的旋转速度为$\frac{1}{7}\omega_r$，相对转子的旋转速度为$\frac{6}{7}\omega_r$，若主极磁场中存在 7 次谐波磁场（$\varepsilon=\nu=7$），则两个旋转磁场生成的脉动转矩频率为 $6\omega_r$，此时式（8-58）中，由于 $\nu=7$ 次谐波磁场正向旋转，故应取为"-"号；对于 $\nu=11$、13 和 $\nu=17$、19 次谐波，同样可判断出其转矩脉动频率分别为 $12\omega_r$ 和 $18\omega_r$。当 $\mu=5$ 时，可有 $\nu=1,5,7,11,13,\cdots$，其中 $\nu=1$ 为定子基波磁场，以 $5\omega_r$ 速度相对定子反时针旋转，与主极基波磁场相互作用，生成转矩的脉动频率为 $6\omega_r$，此时式（8-58）中，$\nu=1$ 且应取"+"号；$\nu=5$ 的谐波磁场以 ω_r 速度相对定子正向旋转，因此可以生成平均转矩，此时式（8-58）中，$\nu=5$ 且应取"-"号；$\nu=7$ 的谐波磁场相对定子的转速为$-\frac{5}{7}\omega_r$，相对转子的速度为$\frac{12}{7}\omega_r$，转矩的脉动频率为 $12\omega_r$，此时式（8-58）中，$\nu=7$ 且应取"+"号；同样可判断出 $\nu=11$ 和 $\nu=13$ 时，转矩的脉动频率分别为 $6\omega_r$ 和 $18\omega_r$。

表 8-4 中的数据为各谐波转矩的频率（以 ω_r 的倍数给出）。表中给出 $\varepsilon=\nu$，强调谐波转矩是由定子 μ 次谐波电流产生的 ν 次谐波磁场与主极 ε 次谐波磁场相互作用生成的，条件是主极磁场中必须存在 ε 次谐波磁场，且有 $\varepsilon=\nu$；谐波转矩的次数为 $|\nu\mp\mu|$，$|\nu\mp\mu|$ 应为 6 的整数倍，并可由此来决定两者应相加还是相减。

表 8-4　脉动转矩频率

μ	$\nu(\varepsilon=\nu)$									
	1	5	7	11	13	17	19	23	25	29	…
1	0	6	6	12	12	18	18	24	24	30	
5	6	0	12	6	18	12	24	18	30	24	
7	6	12	0	18	6	24	12	30	18	36	
11	12	6	18	0	24	6	30	12	36	18	
13	12	18	6	24	0	30	6	36	12		
17	18	12	24	6	30	0	36	6	42		
19	18	24	12	30	6	36	0	42	6		
23	24	18	30	12	36	6	42	0	48		
25	24	30	18	36	12	42	6	48	0		
29	30	24		18	42						
31					18						

由以上分析可将整个转矩表示为

$$t_e = \sum_{\mu=\nu} T_{\mu\nu} \pm \sum_{\mu\neq\nu} T_{\mu\nu}\cos(\nu\mp\mu)\omega_r t \tag{8-59}$$

式中，右端第 1 项为平均转矩；第 2 项为谐波转矩，其脉动频率为$(\nu\mp\mu)\,\omega_r$。当 ν-μ 为 6 的整数倍时，$T_{\mu\nu}$前取正值；当 $\nu+\mu$ 为 6 的整数倍时，$T_{\mu\nu}$前取负值。

3. 谐波转矩幅值的计算

式（8-59）中，谐波转矩可看成是主极谐波磁场与定子谐波磁场相互作用的结果。另一方面，主极各谐波磁场会在定子绕组中感生电动势，而定子谐波磁场是由定子电流产生的，因此可在定子电路中，通过感应电动势和定子电流来计算谐波转矩。

为分析方便，假设定子三相绕组为Y形联结，且没有中性线引出，定子相电流中不包含 3 次和 3 的倍数次谐波；假设在基于转子磁场定向的矢量控制中，控制转矩角 $\beta=90°$，在稳态运行时，相绕组中定子电流的基波与电动势的基波同相位。于是，可将 A 相电流和感应电动势分别表示为

$$i_A(t)=I_{m1}\sin\omega_r t+I_{m5}\sin5\omega_r t+I_{m7}\sin7\omega_r t+\cdots \tag{8-60}$$

$$e_A(t)=E_{m1}\sin\omega_r t+E_{m5}\sin5\omega_r t+E_{m7}\sin7\omega_r t+\cdots \tag{8-61}$$

式中，ω_r 为转子电角速度，稳态运行时即为电源角频率。

定子三相绕组的电磁功率则为

$$P_{eA}=e_A(t)i_A(t)=P_0+P_2\cos2\omega_r t+P_4\cos4\omega_r t+P_6\cos6\omega_r t+\cdots \tag{8-62}$$

$$P_{eB}=e_B(t)i_B(t)=P_0+P_2\cos2\left(\omega_r t-\frac{2\pi}{3}\right)+P_4\cos4\left(\omega_r t-\frac{2\pi}{3}\right)+P_6\cos6\left(\omega_r t-\frac{2\pi}{3}\right)+\cdots \tag{8-63}$$

$$P_{eC}=e_C(t)i_C(t)=P_0+P_2\cos2\left(\omega_r t+\frac{2\pi}{3}\right)+P_4\cos4\left(\omega_r t+\frac{2\pi}{3}\right)+P_6\cos6\left(\omega_r t+\frac{2\pi}{3}\right)+\cdots \tag{8-64}$$

电磁转矩为

$$\begin{aligned}t_e&=\frac{1}{\Omega_r}(P_{eA}+P_{eB}+P_{eC})\\&=T_0+T_6\cos6\omega_r t+T_{12}\cos12\omega_r t+T_{18}\cos18\omega_r t+T_{24}\cos24\omega_r t+\cdots\end{aligned} \tag{8-65}$$

其中

$$\begin{cases}T_0=\dfrac{3}{2\Omega_r}(E_{m1}I_{m1}+E_{m5}I_{m5}+E_{m7}I_{m7}+E_{m11}I_{m11}+\cdots)\\T_6=\dfrac{3}{2\Omega_r}[I_{m1}(E_{m7}-E_{m5})+I_{m5}(E_{m11}-E_{m1})+I_{m7}(E_{m13}+E_{m1})+I_{m11}(E_{m17}+E_{m5})+\cdots]\\T_{12}=\dfrac{3}{2\Omega_r}[I_{m1}(E_{m13}-E_{m11})+I_{m5}(E_{m17}-E_{m7})+I_{m7}(E_{m19}-E_{m5})+I_{m11}(E_{m23}-E_{m1})+\cdots]\\T_{18}=\dfrac{3}{2\Omega_r}[I_{m1}(E_{m19}-E_{m17})+I_{m5}(E_{m23}-E_{m13})+I_{m7}(E_{m25}-E_{m11})+I_{m11}(E_{m29}-E_{m7})+\cdots]\\T_{24}=\dfrac{3}{2\Omega_r}[I_{m1}(E_{m25}-E_{m23})+I_{m5}(E_{m29}-E_{m19})+I_{m7}(E_{m31}-E_{m17})+I_{m11}(E_{m35}-E_{m13})+\cdots]\end{cases} \tag{8-66}$$

式（8-66）写成矩阵形式，则有

$$\begin{bmatrix}T_0\\T_6\\T_{12}\\T_{18}\end{bmatrix}=\frac{3}{2\Omega_r}\begin{bmatrix}E_{m1}&E_{m5}&E_{m7}&E_{m11}\\E_{m7}-E_{m5}&E_{m11}-E_{m1}&E_{m13}+E_{m1}&E_{m17}+E_{m5}\\E_{m13}-E_{m11}&E_{m17}-E_{m7}&E_{m19}-E_{m5}&E_{m23}-E_{m1}\\E_{m19}-E_{m17}&E_{m23}-E_{m13}&E_{m25}-E_{m11}&E_{m29}-E_{m7}\end{bmatrix}\begin{bmatrix}I_{m1}\\I_{m5}\\I_{m7}\\I_{m11}\end{bmatrix} \tag{8-67}$$

式（8-67）中，T_0 为式（8-59）中的平均转矩，T_6、T_{12}、T_{18}、T_{24}、…为式（8-59）中所示各项谐波转矩的幅值，其脉动频率为 6 的倍数。于是，可将式（8-59）表示为

$$t_e=\frac{3}{2\Omega_r}\left[\sum_{\varepsilon=\mu}E_{m\varepsilon}I_{m\mu}\pm\sum_{\varepsilon\neq\mu}E_{m\varepsilon}I_{m\mu}\cos(\varepsilon\mp\mu)\omega_r t\right] \tag{8-68}$$

式中，当 $\varepsilon-\mu$ 为 6 的整数倍时，第 2 项取“+”号；当 $\varepsilon+\mu$ 为 6 的整数倍时，第 2 项取“-”号。

主极 ε 次谐波磁场在定子相绕组中感生的电动势可表示为

$$E_{m\varepsilon}=\left(\frac{2}{\pi}\hat{B}_{f\varepsilon}\frac{\pi D_s}{2\varepsilon p_0}l_s N_1 k_{ws\varepsilon}\right)\varepsilon\omega_r \tag{8-69}$$

式中，$\hat{B}_{f\varepsilon}$为主极 ε 次谐波磁场幅值；D_s 为电枢内圆直径；l_s 为电枢长度；N_1 为每相绕组总匝数；$k_{ws\varepsilon}$为 ε 次谐波绕组因数。

由式（8-69），可得

$$T_{\mu\varepsilon}=\frac{3}{2\Omega_r}E_{m\varepsilon}I_{m\mu}=\frac{3}{2}D_s l_s N_1 k_{ws\varepsilon}\hat{B}_{f\varepsilon}I_{m\mu} \tag{8-70}$$

式（8-70）表明，对于给定的电机，谐波转矩的幅值取决于主极谐波磁场的幅值和定子谐波电流的幅值以及各次谐波的绕组因数。因此，应从这三个方面入手来削弱谐波转矩。

首先，应使主极磁场在空间上尽量接近正弦分布，以降低谐波磁场的幅值 $\hat{B}_{f\varepsilon}$；其次，在定

子绕组设计上应尽量减小谐波绕组因数 $k_{ws\varepsilon}$，可以采用短距和分布绕组，尽量削弱或消除各低次谐波电动势；最后，应使定子电流波形尽量接近正弦。对于三相永磁同步电动机，由于对逆变器供电可采用各种调制技术，可以使定子电流快速跟踪正弦参考值，因此低次谐波含量不大，而是含有较丰富的高次谐波，但高次谐波的幅值较低，产生的高频转矩脉动容易被转子滤掉。

4. 转速波动

将式（8-68）表示为

$$t_e = T_{ev} + \sum T_{ek} \tag{8-71}$$

式中，T_{ev}为平均转矩，与式（8-68）中右端第 1 项相对应；$\sum T_{ek}$为脉动转矩，与式（8-68）中右端第 2 项相对应。

电动机的机械方程为

$$t_e - t_L = R_\Omega \Omega_r + J\frac{d\Omega_r}{dt} \tag{8-72}$$

在谐波转矩作用下，转速会产生波动，可将实际转速表示为

$$\Omega_r = \Omega_{rv} + \sum \Omega_{rk} \tag{8-73}$$

式中，Ω_{rv}为平均转速。

将式（8-71）和式（8-73）分别代入式（8-72），可得

$$T_{ev} + \sum T_{ek} - t_L = R_\Omega(\Omega_{rv} + \sum \Omega_{rk}) + J\frac{d}{dt}(\Omega_{rv} + \sum \Omega_{rk}) \tag{8-74}$$

于是，有

$$\sum T_{ek} = R_\Omega \sum \Omega_{rk} + J\frac{d}{dt}(\sum \Omega_{rk}) \tag{8-75}$$

若忽略 $R_\Omega \sum \Omega_{rk}$项，则有

$$\sum \Omega_{rk} = \frac{1}{J}\int \sum T_{ek}\, dt \tag{8-76}$$

将式（8-68）右端第 2 项代入式（8-76），可得

$$\Omega_r = \Omega_{rv} \pm \frac{1}{J}\int \frac{3}{2\Omega_r}\sum_{\varepsilon \neq \mu} E_{m\varepsilon} I_{m\mu} \cos(\varepsilon \mp \mu)\omega_r t \tag{8-77}$$

最后可得转速方程为

$$\Omega_r = \Omega_{rv} \pm \frac{3}{2}\frac{1}{Jp_0}\frac{1}{\Omega_r^2}\sum_{\varepsilon \neq \mu}\frac{1}{(\varepsilon \mp \mu)} E_{m\varepsilon} I_{m\mu} \sin(\varepsilon \mp \mu)\omega_r t$$

$$\varepsilon \mp \mu = 6n, \quad n = 1,2,3,\cdots \tag{8-78}$$

式（8-78）表明，在谐波转矩作用下，电动机转速产生了一系列谐波分量，各次谐波分量中的幅值与转速的二次方成反比，这会使电动机允许运行的最低转速受到影响，也会直接影响到低速时电动机的伺服性能。

系统的转动惯量 J 值对转速波动影响很大，增大转动惯量可以有效抑制转速波动，但过大的惯量会影响系统的动态响应能力。

在转矩谐波幅值相同的情况下，谐波次数 $\varepsilon \mp \mu$ 越低，对转速波动影响越大，应尽量消除 6 次和 12 次等低次谐波转矩。

8.4.2 感应电动机定、转子谐波磁动势与谐波转矩

1. 由变频器供电时

(1) 定子谐波磁动势与转子谐波电流

现将 8.4.1 节所述的变频器供电于笼型感应电动机，此时定子三相电流中的正序谐波电流($\mu=1,7,13,19,\cdots$)和负序谐波电流($\mu=5,11,17,\cdots$)各自产生的基波合成磁动势，以 μ 倍同步速($\mu\omega_s$)、相对定子正向或反向旋转。这些基波合成磁动势产生的基波旋转磁场均会“切割”转子导条，而在转子中感生交变电流，转子电流的频率将取决于转子相对各次基波磁场的相对速度。现将这个相对速度用转差率 s_μ 来表示，即有

$$s_\mu=\frac{\pm\mu\omega_s-\omega_r}{\pm\mu\omega_s} \tag{8-79}$$

式中，ω_r 为转子电角速度，对于正向旋转基波磁场，$\mu\omega_s$ 前取“+”；对于反向旋转磁场则取“-”。

将 $\omega_r=(1-s)\omega_s$ 代入式 (8-79)，可得

$$s_\mu=\frac{(\mu\mp1)\pm s}{\mu} \tag{8-80}$$

式中，对于正序电流，括号内 1 前用“-”号，s 前用“+”号；对于负序电流则相反。

由式 (8-80) 可以看出，当 s 从 0 变化为 1 时，各次谐波的 s_μ 变化不大，这主要是因为谐波同步转速 $\mu\omega_s$ 远大于转子速度 ω_r，使得 s_μ 的值基本接近于 1，此时不同转速的基波旋转磁场在转子中感生的谐波电流角频率为

$$\omega_{r\mu}=s_\mu\mu\omega_s=[(\mu\mp1)\pm s]\omega_s \tag{8-81}$$

感应电动机稳态运行时，s 值接近于 0，故可将式 (8-81) 近似为

$$\omega_{r\mu}=(\mu\mp1)\omega_s=6n\omega_s\quad \mu=6n\pm1,n=1,2,3,\cdots \tag{8-82}$$

式 (8-82) 表明，转子谐波电流的角频率为电源角频率 ω_s 的 $6n$ 倍，其中主要是 6 倍、12 倍和 18 倍于电源角频率的交变电流。

(2) 定子谐波电流等效电路

当感应电动机由电流可控 PWM 逆变器馈电时，可将逆变器看成是电流源，先分别计算各次谐波电流的响应，然后再将各次谐波的响应迭加起来；对于电压源逆变器，可将其作为电压源处理。当采用转子磁场定向进行矢量控制时，可画出各谐波电流的等效电路，如图 8-15 所示。对于定子谐波电流，由于 $s_\mu\approx1$，励磁支路的电抗值 $\mu\omega_s\dfrac{L_m^2}{L_r}$ 远大于转子等效电阻 $\left(\dfrac{L_m}{L_r}\right)^2R_r/s_\mu$，故可将谐波励磁电流忽略不计，定子谐波电流与转子谐波电流相等相反，于是可将图 8-15 简化为图 8-16 的形式。

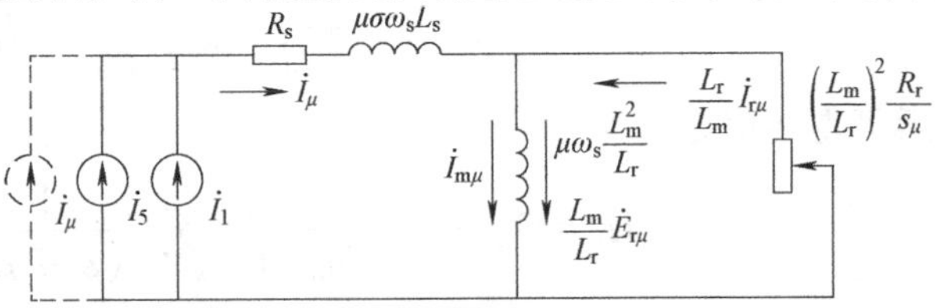

a) 电流源

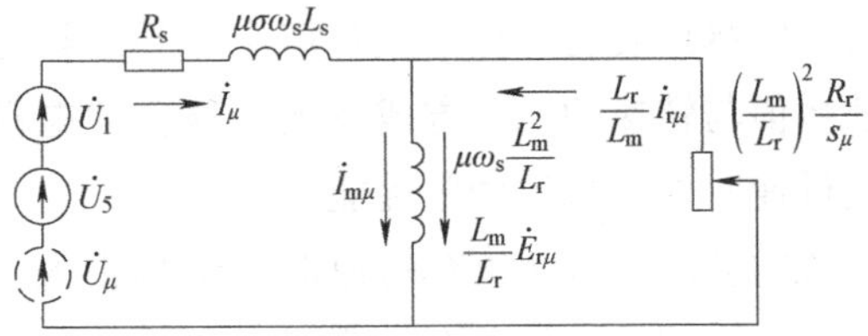

b) 电压源

图 8-15 定子谐波电流等效电路

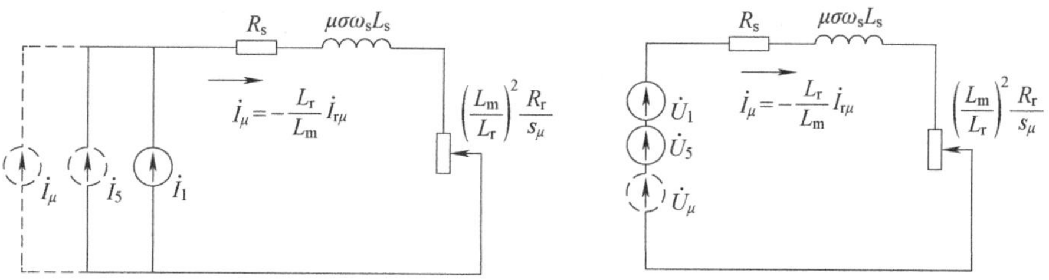

a) 电流源　　　　b) 电压源

图 8-16　定子谐波电流简化等效电路

图 8-16b 中，因 $\mu\omega_s\sigma L_s \gg R_s+(L_m/L_r)^2R_r/s_\mu$，故可认为谐波电流滞后于相应谐波电压 π/2 电角度。

（3）谐波转矩

由图 8-15 可知，定子谐波电流中的励磁分量会很小，这意味着产生的气隙磁场很弱，电动机气隙磁场中主要还是定子三相基波电流($\mu=1$)产生的基波旋转磁场，由这个基波旋转磁场与转子谐波电流相互作用，才生成了谐波转矩。下面以电流可控 PWM 逆变器为例来计算谐波转矩。

根据等效电路图 8-15a 和图 8-16a，可写出由定子侧传递给转子的瞬时电磁功率为

$$\begin{aligned}P_\mu &= \frac{L_m}{L_r}e_{ra}\frac{L_r}{L_m}i_{ra\mu}+\frac{L_m}{L_r}e_{rb}\frac{L_r}{L_m}i_{rb\mu}+\frac{L_m}{L_r}e_{rc}\frac{L_r}{L_m}i_{rc\mu}\\&=-\frac{L_m}{L_r}e_{ra}i_{A\mu}-\frac{L_m}{L_r}e_{rb}i_{B\mu}-\frac{L_m}{L_r}e_{rc}i_{C\mu}\end{aligned}\tag{8-83}$$

式中，$\frac{L_m}{L_r}e_{ra}$、$\frac{L_m}{L_r}e_{rb}$、$\frac{L_m}{L_r}e_{rc}$为转子三相基波电动势归算值；$\frac{L_r}{L_m}i_{ra\mu}$、$\frac{L_r}{L_m}i_{rb\mu}$、$\frac{L_r}{L_m}i_{rc\mu}$为转子谐波电流归算值；$i_{A\mu}$、$i_{B\mu}$、$i_{C\mu}$为定子三相谐波电流。

由图 8-15a，可得

$$\begin{cases}e_{ra}=\sqrt{2}\frac{L_m}{L_r}E_r\sin(\omega_s t-\phi_e)\\e_{rb}=\sqrt{2}\frac{L_m}{L_r}E_r\sin\left(\omega_s t-\phi_e-\frac{2\pi}{3}\right)\\e_{rc}=\sqrt{2}\frac{L_m}{L_r}E_r\sin\left(\omega_s t-\phi_e-\frac{4\pi}{3}\right)\end{cases}\tag{8-84}$$

式中，ω_s 为电源角频率；$\frac{L_m}{L_r}E_r$ 为图 8-15a 中转子三相基波电动势有效值；ϕ_e 为 $\dot{E}_{ra}$相对参考相量 $\dot{I}_A$(A 相基波电流)的相位角。

由图 8-16a，可得

$$\begin{cases}\frac{L_r}{L_m}i_{ra\mu}=-i_{A\mu}=-\sqrt{2}I_\mu\sin(\mu\omega_s t+\phi_\mu)\\\frac{L_r}{L_m}i_{rb\mu}=-i_{B\mu}=-\sqrt{2}I_\mu\sin\left(\mu\omega_s t+\phi_\mu\mp\frac{2\pi}{3}\right)\\\frac{L_r}{L_m}i_{rc\mu}=-i_{C\mu}=-\sqrt{2}I_\mu\sin\left(\mu\omega_s t+\phi_\mu\pm\frac{4\pi}{3}\right)\end{cases}\tag{8-85}$$

式中，I_μ 为定子谐波电流有效值；ϕ_μ 为 $\dot{I}_\mu$ 相对参考相量 $\dot{I}_A$ 的相位角。

将式（8-84）和式（8-85）代入式（8-83），可得

$$P_\mu = \pm 3\frac{L_m}{L_r}E_r I_\mu \cos(6n\omega_s t + \phi_\mu \mp \phi_e)$$

$$n=1,2,\cdots,\ \mu=6n\pm1 \tag{8-86}$$

式中，对正序谐波电流，$3\frac{L_m}{L_r}E_r$ 前取“-”号，ϕ_e 前取“+”号；对负序谐波电流则相反。

总的谐波转矩为

$$\sum T_{e\mu} = \pm\frac{3p_0}{\omega_s}\frac{L_m}{L_r}E_r\sum_{n=1}^{\infty}I_\mu\cos(6n\omega_s t + \phi_\mu \mp \phi_e) \tag{8-87}$$

式中，$\frac{L_m}{L_r}E_r=\omega_s\frac{L_m^2}{L_r}I_M$，$I_M$ 为定子基波电流励磁分量。可将式（8-87）表示为

$$\sum T_{e\mu} = \pm 3p_0\frac{L_m^2}{L_r}I_M\sum_{n=1}^{\infty}I_\mu\cos(6n\omega_s t + \phi_\mu \mp \phi_e)$$

$$n=1,2,\cdots,\ \mu=6n\pm1 \tag{8-88}$$

式（8-88）表明，电动机在负载情况下，若定子电流中存在谐波电流，将会产生 6 倍基频的谐波转矩。这是因为，定子谐波电流的存在会在转子中感生 6 倍基频的谐波电流，如定子电流中若存在 7 次谐波电流，在转子中将会感生频率为 $6\omega_s$ 的谐波电流，此谐波电流会产生以电角速度 $6\omega_s$ 相对转子正向旋转的基波气隙磁场，与定子基波电流产生的基波旋转磁场的相对转速仍为 $6\omega_s$。对于定子中存在的 5 次谐波电流，转子中感生的谐波电流其角频率也为 $6\omega_s$，其产生的基波气隙磁场以 $6\omega_s$ 速度相对转子反向旋转，相对基波电流产生的基波旋转磁场的相对转速亦为 $6\omega_s$。两个 6 倍基频谐波转矩的大小各自正比于定子基波电流励磁分量 I_M 以及 5 次和 7 次谐波电流有效值，反映了谐波转矩是定子基波电流产生的基波气隙磁场与转子谐波电流相互作用的结果。

对于电压源型逆变器，式（8-88）中的初始相位角 ϕ_e 和 ϕ_μ 则以逆变器输出的基波电压 $\dot{U}_A$ 为参考相量，已知谐波电压后，由等效电路图 8-16b 可求得各次的谐波电流。显然，定、转子漏抗之和越大，谐波电流则越小，谐波转矩将越低。

（4）转速波动

由式（8-88），可得变频器供电时感应电动机的转速方程为

$$\Omega_r = \Omega_{rv} \mp \frac{1}{J}\frac{p_0}{2n\omega_s}\frac{L_m^2}{L_r}I_M\sum_{n=1}^{\infty}I_\mu\sin(6n\omega_s t + \phi_\mu \mp \phi_e)$$

$$n=1,2,\cdots,\ \mu=6n\pm1 \tag{8-89}$$

综上分析，可以看出：

1）在谐波转矩作用下，电动机转速产生了一系列谐波分量，各谐波分量的幅值与 n 值成反比，即定子电流谐波次数越低，转速波动幅值越大。

2）电动机极数确定后，电源角频率越低，转速波动幅值越大，即电动机转速越低，定子谐波电流的影响越大。

3）当定子电流低次谐波较强时，会影响电动机在低速运行的平稳性，使最低转速受到限制，也会影响到电动机的伺服性能。

由上所述可知，为减小转速波动，首先要消除电源中的低次谐波。但是随着转速的降低，要消除的最低次谐波的次数也随之上升。例如，当逆变器输出频率为 50Hz 时，如果已消除了 5 次和 7 次谐波，余下的谐波中最低次数为 11 次和 13 次谐波（此时 $n=2$），由它们产生的转速最低波动频率为 $12f_s=600\text{Hz}$。若电动机转速降低，如 $f_s=5\text{Hz}$，现仍只消除了 5 次和 7 次谐波，则由 11 次和 13 次谐波电流产生的转速最低波动频率 $12f_s=60\text{Hz}$，而波动幅值却增为 $f_s=50\text{Hz}$ 时的 10 倍（假设谐波转矩幅值不变）。若想将 $f_s=5\text{Hz}$ 时的转速波动抑制在 $f_s=50\text{Hz}$ 时的水平，就要消除多个次数更高的谐波。为此，必须采用更加有效的技术措施，能够抑制更高次的谐波电流。

2. 由电网直接供电时

当感应电动机在电网直接供电下稳态运行时，定子磁动势中不再包含由谐波电流产生的谐波磁动势。但是，由于定子绕组在空间为非正弦分布，定子磁动势中除了基波磁动势外，还有一系列谐波磁动势，这些谐波磁动势在气隙中产生了 ν 次谐波磁场；若其中的谐波磁场次数 $\nu=\dfrac{Z}{p_0}\pm1$，又将其称为绕组齿谐波。此外基波磁动势作用在开槽的定子上，由于定子齿、槽的存在，使得气隙磁导不均匀，也会产生 $\nu=\dfrac{Z}{p_0}\pm1$ 的齿谐波磁场，将其称为磁导齿谐波。

这些谐波磁场会在转子绕组中感生电流，谐波磁场与转子感应电流相互作用，产生了一系列的谐波转矩，称为寄生转矩。寄生转矩可分为异步寄生转矩和同步寄生转矩两类，现对两者简要分析如下。

（1）异步寄生转矩

由第 5 章所述可知，对于笼型转子，转子磁动势波的极数恒与感生它的气隙磁场的极数相同，两者在空间具有相同的转速，因此在任何异步转速下，转子谐波电流与感生它的定子谐波磁场相互作用，总会产生一定的平均转矩。这与定子基波磁场作用于转子，无论转子是何转速，总会产生平均转矩在原理上是一样的。例如，对于定子产生的 7 次谐波磁场，相对于基波磁场，电机已相当于一台极对数为 $7p_0$ 的感应电机，其同步速为$\dfrac{n_s}{7}$。当转子速度 $0<n_r<\dfrac{n_s}{7}$时，感应电机处于电动机状态，谐波转矩 T_{e7}具有驱动性质；当 $n_r>\dfrac{n_s}{7}$时，感应电机处于发电机状态，谐波转矩 T_{e7}具有制动性质；当 $n_r=\dfrac{n_s}{7}$时，7 次谐波磁场与转子同步旋转，将不会在转子绕组中感生电流，也就不会产生谐波转矩。相对于基波旋转磁场，可将 7 次谐波磁场同步点处的转差率表示为 $s=\dfrac{n_s-n_s/7}{n_s}=1-\dfrac{1}{7}=0.857$。同理，对于定子 5 次谐波磁场，因其为反向旋转磁场，故同步点应落在$-\dfrac{n_s}{5}$处，即落在 $s=1+\dfrac{1}{5}=1.2$ 处。当 $s<1.2$ 时（转子反向旋转速度低于 $n_s/5$），5 次谐波磁场产生的转矩具有制动性质；当 $s>1.2$ 时（转子反向旋转速度大于 $n_s/5$），转矩具有驱动性质。

图 8-17 给出了定子基波磁场、5 次和 7 次谐波磁场各自产生的转矩曲线，以及三者合成的 T_e-s 曲线。可以看出，在靠近 $n_s/7$ 处出现了下凹，有一个最小转矩 T_{emin}；若 T_{emin}小于负载转矩 T_2+T_0，则起动时转子将在 P 点处低速爬行，致使电动机无法正常起动。

由于定子谐波磁动势的相对幅值 $\frac{F_\nu}{F_1}=\frac{1}{\nu}\frac{k_{ws\nu}}{k_{ws1}}$，谐波的次数越高，谐波的绕组因数越小，谐波磁动势的相对幅值就越小，因此对高于7次的高次谐波可不予考虑。但这不应包括齿谐波，由于齿谐波的绕组因数与基波的绕组因数相等，因此相对而言，其幅值较大。

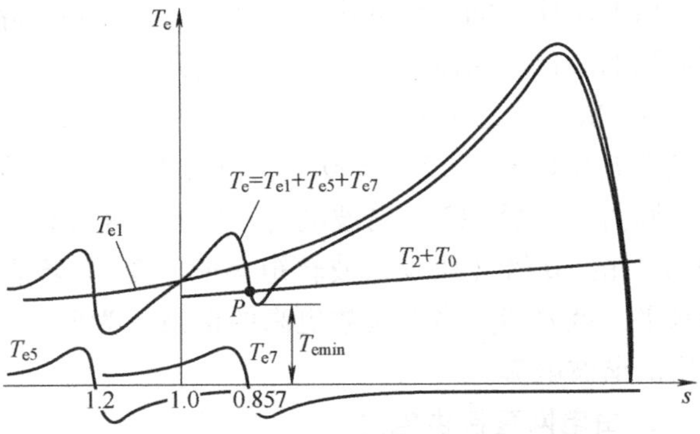

图8-17　定子5次和7次谐波磁场产生的异步附加转矩及对 T_e-s 曲线的影响

（2）同步寄生转矩

在感应电机内，最主要的同步寄生转矩是由定子和转子的齿谐波磁场相互作用产生的。因为仅在某个特定的转子转速下，这两个齿谐波磁场在空间才具有相同的转速，才会生成寄生转矩，这类似于同步电机的转矩生成，故又将这种转矩称为同步寄生转矩。下面通过举例予以说明。

一台4极笼型感应电动机，定子槽数 $Z_1=24$，转子槽数 $Z_2=28$。定子齿谐波次数 ν 为

$$\nu=\frac{Z_1}{p_0}\pm1=\frac{24}{2}\pm1=\frac{13(\text{正转})}{11(\text{反转})} \tag{8-90}$$

定子基波磁场在转子中将会感生转子电流，此电流产生了转子齿谐波磁场，谐波次数 ε 为

$$\varepsilon=\frac{Z_2}{p_0}\pm1=\frac{28}{2}\pm1=\frac{15(\text{正转})}{13(\text{反转})} \tag{8-91}$$

由式（8-90）和式（8-91）可知，定、转子齿谐波中均有13次谐波磁场，其中定子13次齿谐波磁场在空间（相对定子）的转速为 $+\frac{n_s}{13}$，而转子13次谐波磁场相对转子的转速为 $-\frac{\Delta n}{13}$，它相对定子的转速为 $n_r+\frac{n_s-n_r}{-13}=\frac{14n_r-n_s}{13}$。可以看出，只有当 $n_r=\frac{n_s}{7}$ 时，定、转子两个13次谐波磁场的转速才会相同，也只有在这种情况下才会生成寄生转矩。

可以看出，式（8-91）中的转子13次齿谐波磁场不是由式（8-90）中的定子13次齿谐波磁场感生的；换言之，倘若前者是由后者感生的，则转子在任何转速下，两个谐波磁场均会同步旋转，产生的将是异步附加转矩。由于两式中的齿谐波磁场并无直接感应关系，且各有其独立来源，因此仅能在特定的转速下，当两个定、转子谐波磁场可保持相对静止时，才会有同步寄生转矩生成。

同步寄生转矩其值可正、可负，具体将由定、转子谐波磁场的相对位置决定，相当于同步电机中定子磁场是超前主极磁场还是滞后主极磁场，因此在感应电机 T_e-s 曲线中，在某特定转速下，同步寄生转矩将表现为一上、一下的跳跃。在其他转速下，定、转子谐波磁场不再相对静止，同步寄生转矩不复存在，生成的将是脉动转矩，平均转矩亦为零。图8-18a中，T_e-s 曲线在 $\frac{n_s}{7}$ 处有个明显的跳跃。可以看出，这会影响到电动机的正常起动。如果同步附加转矩发生在 $s=1$ 处，如图8-18b所示，常可造成“死点”，使电机在起动初始就转不起来。

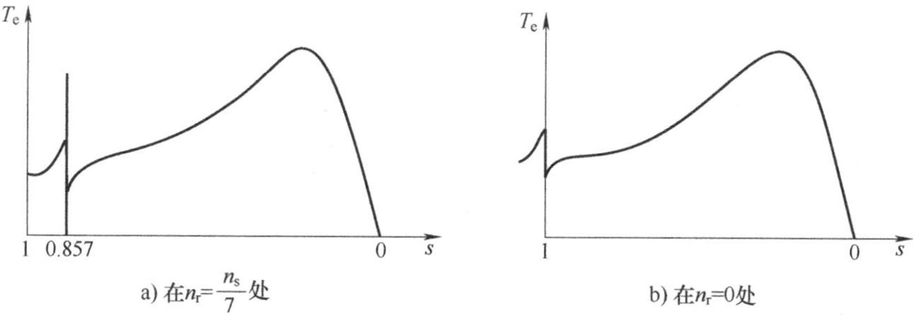

图 8-18　T_e-s 曲线中的同步寄生转矩

（3）削弱寄生转矩的方法

由以上分析可知，为削弱寄生转矩，应从减小定子谐波磁场入手，为此可采取以下方法：

1）定子采用短距绕组，通常选择 $y_1=\frac{5}{6}\tau_1$，同时削弱 5 次和 7 次谐波。

2）转子斜过一个定子齿距，使定子齿谐波磁场在转子导条中感生的电动势和电流近乎为零。

3）在小型感应电动机中，定子采用半闭口槽，转子采用半闭口槽或者闭口槽，以减小齿谐波磁场。

4）合理地选择定、转子槽配合，使定子的齿谐波次数与转子的齿谐波次数没有相等的机会，可有效消除同步寄生转矩。

当感应电动机由变频器供电时可以采用变频起动方式，且可选择最大转矩为起动转矩($s_m=1$)，此时感应电动机不仅可以在最大转矩下起动，起动电流倍数也要比直接起动时小很多。若感应电动机采用矢量控制，如采用转子磁场定向矢量控制，则由式（5-190）可知，给定适当的转差速度 ω_f，便可获得较高的起动转矩，这在很大程度上可以避开寄生转矩对电机起动的影响。

以上分析表明，尽管定子谐波磁动势产生的谐波磁场与主磁场一样，也可以穿过气隙与转子电流作用，但不会生成有用转矩。另一方面，它们在定子绕组中感生的电动势的频率与定子基波频率 f_s 相同，由于这些谐波磁场没有参与机电能量转换，其作用与定子绕组产生的槽漏磁和端部漏磁相似，因此通常将它们作为定子漏磁场的一部分来处理，称为谐波漏磁。

习　题

8-1　面装式永磁同步电机产生齿槽转矩的原因是什么？将齿槽转矩归属为磁阻转矩的理由是什么？

8-2　图 8-1 中，若永磁体磁动势为正弦波磁动势，是否还会产生齿槽转矩？为什么？

8-3　图 8-1 中，如何确定齿槽转矩最低次谐波次数？

8-4　习题 8-3 中，齿槽转矩阶数 k 的物理含义是什么？如何提高 k 值？

8-5　习题 8-4 中，谐波电动势生成与齿槽转矩生成有什么关联性？两者的最低谐波次数有什么关联性？为什么？

8-6　习题 8-5 中，为什么齿槽转矩谐波次数为偶数，而齿谐波电动势谐波的次数为奇数？

8-7　试述一般谐波电动势和齿谐波电动势的削弱方法。

8-8　分数槽绕组的定义是什么？为什么采用分数槽绕组可以削弱齿谐波电动势？

8-9　单元电机的物理含义是什么？单元电机的极对数 p_{0t} 和槽数 Z_t 是如何确定的？

8-10　分数槽绕组每极每相槽数 $q=\frac{Z}{2mp_0}=b+\frac{c}{d}=\frac{N}{d}$。在电动势计算上，单元电机每极每相槽数 $q'=$

N（若 $b=0$，则 $q'=c$），试说明原因。

8-11 为什么在电动势计算上，可将分数槽绕组等效为整数槽绕组？

8-12 为什么分数槽绕组对一般谐波电动势同样有削弱作用？

8-13 试推导分数槽绕组的基波分布因数 $k_{d1}\approx\dfrac{3}{\pi}$。

8-14 线圈节距 $y=1$ 的分数槽电机有什么优点？

8-15 为什么 $y=1$ 的分数槽绕组每极每相槽数 $q\approx\dfrac{1}{m}$？

8-16 $y=1$ 的分数槽绕组每极每相槽数 $q=\dfrac{Z}{2mp_0}=\dfrac{c}{d}$，试说明如何由 $\dfrac{c}{d}$ 来判断分数槽绕组的分布效应和对齿槽转矩的削弱能力。

8-17 一台永磁同步电动机，$Z=9$，$2p_0=10$，试确定齿槽转矩最低次谐波次数 $\mu_{\min}$、齿槽转矩阶数 k、可构成单层绕组还是双层绕组、最大并联支路数、等效整数槽每极每相槽数 q' 和绕组因数。将结果与另一台 $Z=9$、$2p_0=8$ 的分数槽电动机进行比较，可得出什么结论？

8-18 若同步电动机定子磁动势中存在空间谐波，是否一定会产生谐波转矩？谐波转矩产生的条件是什么？

8-19 表 8-4 中，当 $\nu=1$ 和 $\mu=5,7,11,13,17,\cdots$ 时，脉动转矩的次数均为 6 倍频，为什么？当 $\mu=\nu$ 时，均会产生平均转矩，为什么？

8-20 由变频器供电的永磁同步电动机产生的脉动转矩对其伺服性能有什么影响？

8-21 试说明由变频器供电时，三相感应电动机产生谐波转矩的原因，以及谐波转矩对转速波动的影响。随着转速的降低，需要消除的最低次谐波的次数将随之上升，为什么？

8-22 由电网直接供电时，三相感应电动机产生异步寄生转矩和同步寄生转矩的原因各是什么？对电动机运行有何影响？如何削弱寄生转矩？

第 9 章 电机的发热与冷却

电机在运行过程中，不可避免地会产生损耗，这些损耗转变为了热能，使电机各部件和绝缘材料的温度升高，不仅影响到绝缘的使用寿命，超过绝缘允许的温度甚至还可能在短期内将电机烧毁。为将电机各部件的温度控制在允许范围内，一方面要降低损耗，减小电机的发热；另一方面要改善电机的冷却条件，提高电机的散热能力。

电机的热源是绕组中的铜耗和铁心中的铁耗。这些损耗产生的热量，通常是由发热体内部通过热传导作用传到发热体表面，然后再通过对流和辐射作用散发到周围介质中去。如图 9-1 所示，槽内绕组铜耗产生的热量借助热传导的作用，先从铜线穿过绕组的主绝缘，将其传导到铁心的齿部和轭部，再由铁心内、外表面和两侧，借助对流和辐射作用，将热量散出到周围冷空气中。因此，电机结构确定后，由损耗、热传导、对流和辐射作用共同决定了电机运行时其内部各点的温度。

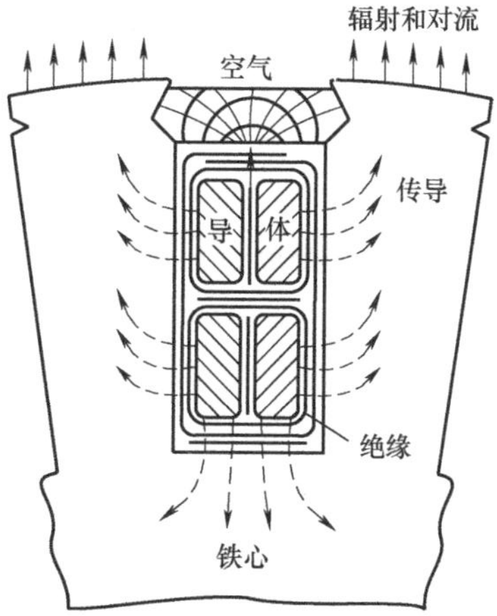

图 9-1　槽内绕组铜耗所产生热量的散出

9.1　电机内的热传导和电机表面的散热

1. 物体内部热量的传导

热传导只会发生在温度有差异的温度场中。将温度场中具有相同温度的各点连接起来，可得到等温度面或者等温度线，如图 9-2 所示。热量总是由高温区向低温区流动。单位时间内通过的热量称为热流（单位为 W），用 $\boldsymbol{\Phi}$ 来表示；单位面积上所通过的热流称为热流密度（单位为 $\mathrm{W/m^2}$），用 $\boldsymbol{q}$ 来表示，$\boldsymbol{q}$ 为矢量。在导热性能均匀的各向同性介质中，各点热流密度的方向总是与通过该点的等温线的法线方向相重合，当用该点温度梯度 $\mathrm{grad}\theta$ 来表示时，则有

$$\boldsymbol{q}=-\lambda\,\mathrm{grad}\theta \tag{9-1}$$

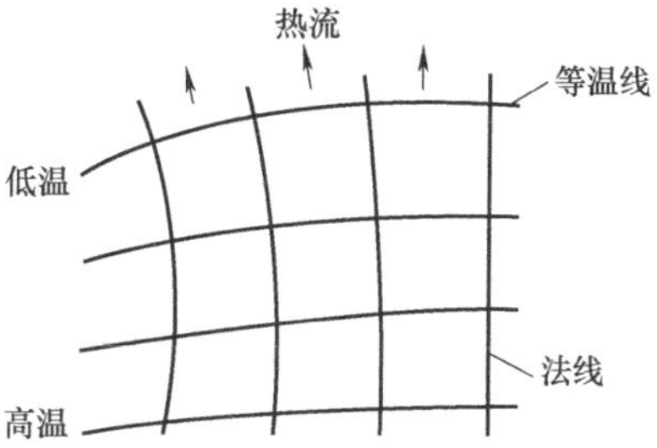

图 9-2　温度场中的等温线

式中，$\mathrm{grad}\theta$ 为温度梯度。

式（9-1）为傅里叶定律。由于 $\mathrm{grad}\theta$ 的正方向为温度上升的方向，而 $\boldsymbol{q}$ 的方向为温度下

降的方向，故式（9-1）中出现了负号；比例系数 λ 称为材料的导热系数或热导率，$\lambda=\left|\frac{q}{\mathrm{grad}\theta}\right|$，故 λ 即为温度梯度设为1℃/m 时的热流密度值，单位为 W/(m · ℃)。

式（9-1）表明，在相同温度梯度下，热流密度 $\boldsymbol{q}$ 的大小将取决于材料的热导率 λ。不同材料的热导率相差很大，其中金属材料的热导率最高，如紫铜的 $\lambda=385$W/(m · ℃)，绝缘材料的热导率很低，如云母的 $\lambda=0.36$W/(m · ℃)，静止薄空气的热导率最小，$\lambda=0.023$W/(m · ℃)。

若热流密度 $\boldsymbol{q}$ 均匀地通过等温面，等温面的面积为 A，则有

$$q=\frac{\Phi}{A} \tag{9-2}$$

此时，可将式（9-1）近似地表示为

$$\frac{\Phi}{A}=\lambda\,\frac{\theta_1-\theta_2}{l}$$

或者

$$\Delta\theta_\lambda=\frac{l}{\lambda A}\Phi=R_\lambda\Phi \tag{9-3}$$

式中，$\Delta\theta_\lambda$ 为距离为 l 的高温 θ_1 与低温 θ_2 间的温差(℃)，$\Delta\theta_\lambda=\theta_1-\theta_2$；$R_n$ 称为导热热阻（℃/W），$R_\lambda=\frac{l}{\lambda A}$。

式（9-3）表明，为使发热体的热量较容易地从内部传导到发热体表面，应尽量减小导热热阻 R_λ，亦即为使绕组内部的热量较容易地传导出去，应尽量减小槽内绝缘层的热阻。如采用导热性能好的绝缘材料，且在保证绝缘性能的前提下减小绝缘厚度；为清除槽内存在的薄空气层，可采用浸漆或浸胶工艺来填满导线与槽绝缘以及槽绝缘与铁心之间的间隙，这样既可以改善导热性能，又增强了绕组及其绝缘的机械性能。

若将式（9-3）中的温差、热流和导热热阻分别类比于电路中的电位差（电压）、电流和电阻，便可将式（9-3）表示为图 9-3 所示的形式，称其为热路图，图中热源为产生热流 Φ 的电机损耗。因此也可将温度场的“场”问题转换为“路”问题，利用等效的热路图来计算稳态运行时电机的温升和发热，称为热路法。

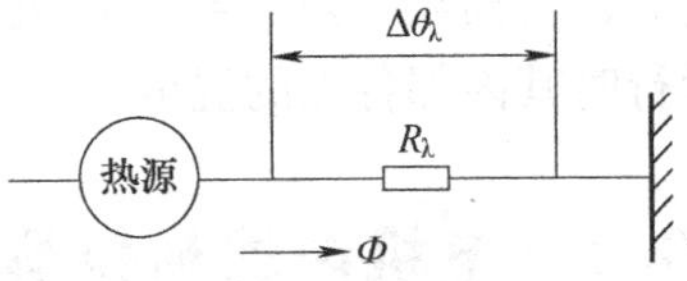

图 9-3　热路图

2. 物体表面的散热

热量从发热体表面散发到周围介质中去主要有两个途径：辐射和对流。在电机中，对流是主要途径。

（1）辐射散热

辐射是将热能转换为辐射能，以电磁波的形式将热量带走。按辐射定律，每秒从每平方米发热体表面辐射出去的热量可表示为

$$q=\nu\sigma(T^4-T_0^4) \tag{9-4}$$

式中，T 和 T_0 分别为发热表面和周围介质的绝对温度（K）；σ 为纯黑物体的斯蒂芬-玻尔兹曼常数，$\sigma=5.74\times10^{-8}$W/(m^2 · K)；ν 为相对辐射系数，与发热体表面的情况有关，表面晦暗物体的 ν 值比表面光泽的大，ν 值可由表 9-1 查得。

表 9-1 物体的相对辐射系数 ν

发热体	纯黑物体	粗铸铁	毛面锻铁	磨光锻铁	毛面黄铜	磨光黄铜
ν	1	0.97	0.95	0.29	0.2	0.17

式（9-4）表明，由辐射散出的热量，一方面决定于发热体表面与周围介质的温度差，另一方面决定于发热体表面的特性。

通常，在平静的大气中，辐射散发的热量约占总散热量的 40%。但是，对于采用强制对流来冷却的电机，辐射所占的比例很小，可以忽略不计。

（2）对流散热

对流是依靠与物体表面接触的冷却气体（或液体）的流动，将热量从物体表面带走。对流就其成因而言，又可分为自然对流和强迫对流两种方式。自然对流是冷却介质（气体或液体）的微粒因温度不同而引起密度不同，在重力场作用下所形成的自然流动。强迫对流则是由风扇或泵等外界因素造成的气体（液体）流动。

可用牛顿定律来描述物体表面散热的规律，即可将热流密度 q 表示为

$$q=a(\theta_s-\theta_a)=a\Delta\tau \tag{9-5}$$

式中，θ_s 为物体表面温度，θ_a 为冷却介质的温度，$\Delta\tau=\theta_s-\theta_a$，称为温升(℃)；$a$ 为比例系数，称为散热系数[W/(m^2 · ℃)]，a 的物理含义是当温差 $\Delta\tau$ 为 1℃时，物体表面在单位时间内由单位面积散发到周围介质的热量，即热流密度 q。

在已知热流密度 q 的情况下，由式（9-5）可求得温升 $\Delta\tau$，或者相反。但是，电机表面散热的物理过程十分复杂，决定表面散热能力的因素很多，除与冷却介质的温度、密度、黏度、流速和导热系数有关外，还与介质的流动形态（是层流还是紊流）等因素有关，因此要十分精确地确定散热系数 a 十分困难，通常情况下，只能通过实验来确定。

当用冷却空气作为介质时，若不计散热表面几何尺寸等因素的影响，则可近似认为电机各部件的散热系数仅与空气的流速相关。实验表明，当采用强制对流时，若空气流速在 5~25m/s 的范围内，则可将散热系数 a 表示为

$$a=a_0(1+k\sqrt{v}) \tag{9-6}$$

式中，a_0 为发热表面在平静空气中，即在自然对流时的散热系数；k 为吹风系数，$k=0.6$~1.3，其值与吹风表面是局部还是整体等因素相关；v 为物体表面的风速(m/s)。可以看出，强制对流时的散热系数 a 要比自然对流时的散热系数 a_0 大得多。

由式（9-2），可将式（9-5）表示为

$$\Delta\tau=\frac{1}{aA}\Phi=R_a\Phi \tag{9-7}$$

且有

$$R_a=\frac{1}{aA} \tag{9-8}$$

式中，R_a 为物体表面的散热热阻。

式（9-8）表明，R_a 与散热系数 a 和散热面积 A 成反比，a 和 A 越大，散热热阻越小。因此可以通过增大散热面积，提高冷却介质的流动速度，降低冷却介质的温度，来增强物质表面的散热能力，以达到降低部件温升的目的。

由式（9-3）和式（9-7），可以采用热路法来计算电机部件的稳定温升，最主要的是计算

绕组和铁心的温升，这些部件既是导热介质，又是电机发热的热源。但采用热路法计算电机部件的温升时，由于式（9-3）是将铜线和铁心都看作是均质的等温体，因此计算得出的是发热体的平均温升。事实上，铜线和铁心的导热系数都不是无穷大，而是有限度的，所以实际发热时，两者都不是等温体，在其内部，温度的分布是不均匀的，而电机部件的发热限度应以最高温度为准，为此尚需分析和确定电机部件内温度的分布规律，以确定其平均温度与最高温度间的关联性。必要时，可直接建立温度场与热源间的关系，通过建立空间热传导方程，采用数值计算来求解电机内的温度分布情况。

9.2 电机的发热和冷却过程

为了便于分析，假设可将整个电机看成是一个均质的等温体。这种简化处理虽然与电机的实际情况不尽相符，但分析结果可以反映出电机发热和冷却的一般性规律，以及影响此规律的各种因素。

1. 发热过程

在时间 $\mathrm{d}t$ 内，物体产生的热量为 $\Phi\mathrm{d}t$，表面散热的热量为 $aA(\Delta\tau)\mathrm{d}t$。在热稳定状态下，产生的热量全部由物体表面所散出，物体的温度不再升高，将 $aA(\Delta\tau)\mathrm{d}t$ 于此状态下的温升称为稳定温升 $\Delta\tau_\infty$，即有

$$\Delta\tau_\infty=\frac{\Phi}{aA} \tag{9-9}$$

物体在发热过程中与热稳定状态时不同，此时在 $\mathrm{d}t$ 时间内，产生的热量 $\Phi\mathrm{d}t$ 一部分由表面所散出，余下部分则由物体所吸收，使物体自身的温升提高了 $\mathrm{d}(\Delta\tau)$。表面所散出的热量为 $aA(\Delta\tau)\mathrm{d}t$，物体所吸收的热量为 $cM\mathrm{d}(\Delta\tau)$，M 为物体的质量(kg)，c 为物体的比热容[J/(kg·℃)]，物理含义为单位质量物体温度升高 1℃时所吸收的热量。根据能量守恒定律，可得热平衡方程为

$$\Phi\mathrm{d}t=cM\mathrm{d}(\Delta\tau)+aA(\Delta\tau)\mathrm{d}t$$

则有

$$\Phi=cM\frac{\mathrm{d}(\Delta\tau)}{\mathrm{d}t}+aA(\Delta\tau) \tag{9-10}$$

当电机在恒定负载下运行时间足够长时，则已达到热稳定状态，式（9-10）中的 Φ 值恒定不变，若认为散热系数 a 为常值，则式（9-10）的解为

$$\Delta\tau=\Delta\tau_\infty(1-\mathrm{e}^{-\frac{t}{T}})+\Delta\tau_0\mathrm{e}^{-\frac{t}{T}} \tag{9-11}$$

式中，$\Delta\tau_\infty$ 为 $t=\infty$ 时的稳定温升，$\Delta\tau_\infty=\dfrac{\Phi}{aA}$；$\Delta\tau_0$ 为 $t=0$ 时物体的原有温升；T 为物体的发热时间常数(s)，$T=\dfrac{cM}{aA}$。

如果物体从原始的冷态开始发热，即有 $t=0$ 时，$\Delta\tau_0=0$，式（9-11）则为

$$\Delta\tau=\Delta\tau_\infty(1-\mathrm{e}^{-\frac{t}{T}}) \tag{9-12}$$

由式（9-12），可得均质等温固体发热过程中温升的变化曲线，如图 9-4 所示。

实际上，电机整体并非为均质的等温体，如在发热过程中，由于绕组热量外散较难而使得铜线的温升要快于铁心温升，因此电机实际的温升曲线与图 9-4 所示的指数曲线会有所差

别，但是忽略这种差异而得到的基本规律对电机大体上是适用的。

图 9-4 中，温升的上升速度为

$$\frac{d(\Delta\tau)}{dt}=\frac{\Delta\tau_{\infty}}{T}e^{-\frac{t}{T}} \tag{9-13}$$

式（9-13）表明，在发热过程的初始，即 $t=0$ 时，温升的上升速度最快，$\left.\frac{d(\Delta\tau)}{dt}\right|_{t=0}=\frac{\Delta\tau_{\infty}}{T}$，此后温升的上升速度按时间的指数规律逐步变慢。这是因为在发热初始，物体的温升为零，散热量也为零，因此产生的热量将全部用以升高物体自身的温度，所以温升上升得最快；此后，由于表面的散热作用，温升的上升速度逐步趋缓；最后，产生的热量全部由表面所散发，温升不再变化，物体即达到热稳定状态。从理论上讲，只有 $t=\infty$ 时，才能达到热稳定状态，但实际上，当 $t=4T$ 时，$\Delta\tau=0.985\Delta\tau_{\infty}$，实际温升已接近稳定值。

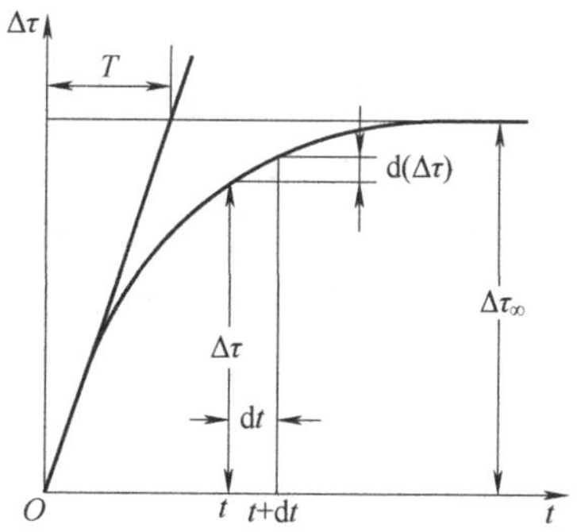

图 9-4　均质等温固体的发热曲线

2. 冷却过程

当物体的温升达到热稳定值后，如果停止运行，物体不再产生热量，即刻转入冷却过程。此时，式（9-10）中的 $\Phi=0$，可得

$$cM\frac{d(\Delta\tau)}{dt}+aA(\Delta\tau)=0 \tag{9-14}$$

设定冷却过程初始，即 $t=0$ 时，初始温升 $\Delta\tau=\Delta\tau_0$，可得

$$\Delta\tau=\Delta\tau_0 e^{-\frac{t}{T'}} \tag{9-15}$$

式中，T'为冷却时间常数。

式（9-15）表明，均质等温固体的冷却曲线同样是一条指数曲线，如图 9-5 所示。可以看出，在冷却过程初始时刻，物体的冷却速度最快，随着温升的下降，冷却速度逐步放缓。

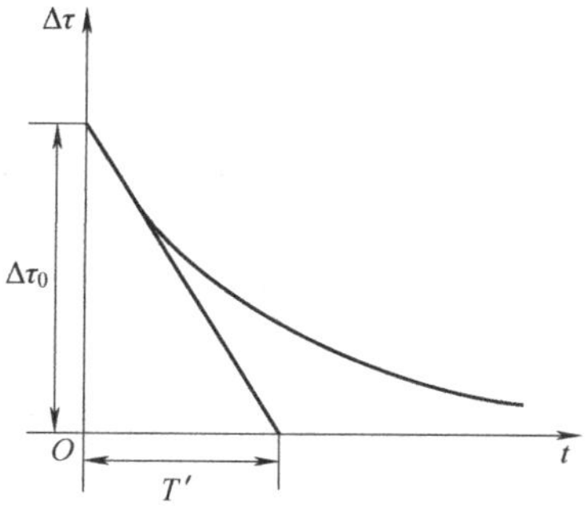

图 9-5　均质等温固体的冷却曲线

由均质等温体的发热和冷却过程，可以得出如下结论：

1）由于稳定温升 $\Delta\tau_{\infty}=\frac{\Phi}{aA}$，因此物体产生的热流越大，稳定温升就越高；表面的散热能力越强，稳定温升就越低。

2）发热和冷却的速度取决于时间常数 T 和 T'，随着电机尺寸和容量的增大，发热和冷却时间常数也相应增大。

3）由于发热和冷却时的散热条件不同，通常情况下 $T\neq T'_0$。

9.3　电机的温升限度

当电机在某一恒定负载下长期运行时，绕组和铁心的发热将达到热稳定状态，其温升随之达到稳定值，即电机在一定容量下正常运行时，电机的温升也是一定的。电机在额定状态下长期运行其温升达到稳定时，电机各部件温升的容许极限值称为温升限值。温升限值主要取决于绝缘材料的允许工作温度和冷却介质的温度，还与温度的测量方法和运行地点等因素有关。

1. 绝缘材料的绝缘等级及容许工作温度

电机绕组所采用的材料，在高温下，其电气、机械等物理性能将逐渐变差，当温度高到一定程度时，绝缘材料的特性会发生本质的变化，甚至丧失绝缘能力。在电工技术中，将绝缘材料按其工作温度分成若干耐热等级，见表 9-2。绝缘材料在相应等级的温度下长期运行，一般不会有性能的变化。

表 9-2 各级绝缘的最高容许工作温度

绝缘材料等级	A 级	E 级	B 级	F 级	H 级
允许工作温度/℃	105	120	130	155	180

A 级绝缘材料包括经过浸渍或使用时浸于油中的棉纱、丝和纸等有机材料；E 级绝缘材料包括聚酯树脂、环氧树脂以及三脂酸纤维等制成的绝缘薄膜，也包括高强度漆包线上的聚酯涂漆；B、F 和 H 级绝缘材料包括云母、石棉及玻璃纤维等无机物。

绝缘材料的使用寿命对温度的高低十分敏感。实验表明，对 A 级绝缘材料而言，当一直工作在 90~95℃时，使用寿命可达 20 年，工作温度在 95℃以上时，温度每增加 8℃，使用寿命将减少一半。目前已较少采用 A 级绝缘材料，通常采用 E 级或 B 级绝缘材料，要求在高温下工作的电机可采用 F 级或 H 级绝缘材料。

2. 冷却介质的温度

绕组绝缘等级确定后，绕组容许的温升限值就取决于冷却介质的温度。对目前采用的各种冷却系统而言，冷却介质的温度基本取决于大气温度，但大气温度随不同时间和地点而变化。目前，世界各国一般都采用大部分地区的大气绝对最高温度作为冷却介质的温度。我国平均最高温度不超过 35℃，而绝对最高温度一般在 35~40℃之间，因此我国的国家标准中规定+40℃为冷却介质的温度，同时规定海拔不超过 1000m。当最高环境温度超过 40℃时，若超出的温度不大于 20℃，对于间接冷却的绕组，温升限值可相应地减去超出的温度值；当海拔超过 1000m 时，可按规定对温升限值做出相应地修正。

3. 绕组温度的测量

电机部件的最热点温度是关系到电机能否长期安全运行的关键。但是，测量方法不同，得出的结果与最热点温度的差异也不同。因此，在规定温升限值的同时，还要规定测量方法。常用的测量方法有以下三种。

（1）温度计法

这种方法可直接测得部件的表面温度，虽然简便易行，但是无法测得内部的最热点温度，因此针对温度计法，规定的温升限值要低一些。

（2）电阻法

铜线绕组的电阻 R 随温度 θ 的升高而增大，即有

$$R=R_0\frac{235+\theta}{235+\theta_0} \tag{9-16}$$

式中，R_0 为冷态温度 θ_0（通常为室温）时的电阻。对于铝线，式中常数应改为 225。测量时，先要在电机冷态下测量室温和绕组电阻，当电机温升达到稳定且停机后，再迅速测量绕组电阻。由式（9-16）可计算出绕组的温升。该方法测定的是绕组的平均温升，而不能测定电机

部件最热点的温度。

(3) 埋置检温计法

较大容量的电机装配时，可在预计有最高温度发生的地方，如槽内上、下层之间或线圈绝缘层外部和槽楔之间，埋置热电偶或电阻温度计等多个检温计，可以测得电机内部接近于最热点的温度。

由于采用电阻法和埋置检温计法测得的结果不同，因此国家标准中针对两种测量方法对绕组规定了不同的温升限值。

4. 电机工作制与容许温升限值

电机的温升不仅取决于损耗和散热能力，还与电机的工作制有关。电机的工作制是指电机承受的负载以及持续时间，负载包括起动、电制动、停机、空载和恒定负载等，持续时间则为负载组合时，每一阶段的持续时间和先后顺序。国家标准 GB 755—2008 中将电机工作制分为十种，分别标记为 S1、S2、…、S10，下面以其中连续工作制（S1）、短时工作制（S2）和断续周期工作制（S3）为例予以说明。

(1) 连续工作制（S1）

连续工作制是指电机在恒定负载下运行时间足够长，能够达到热稳定状态，在此工作制下，电机的发热过程和容许温升限值已在前面进行了分析和说明。

(2) 短时工作制（S2）

短时工作制是指在恒定负载下按给定时间运行，电机在该时间内不足以达到热稳定，随之停机和断电足够长时间，使电机再度冷却到与冷却介质温度之差在2℃以内。短时工作制应标以持续时间，如 S260min。

对于 5000kW 以下的空冷电机，短时工作制的绕组温升限值可比长期工作制时增加 10℃，但不能将短时工作制所规定的负载做长期运行，否则绕组温升将超过容许的温升限值，影响电机的使用寿命，甚至使电机烧毁。

(3) 断续周期工作制（S3）

断续周期工作制是指，电机按一系列相同的工作周期运行，每一周期包括一段恒定负载运行时间和一段停机时间。负载时间（包括起动和电制动）与整个周期之比称为负载持续率。

电机在断续周期工作制运行时，电机的发热和冷却是交替发生的，此状态下绕组的温升应低于连续工作制中所规定的温升限值。但是，这类电机不能按断续周期工作制中所规定的恒定负载连续运行，否则温升会超过容许限值，严重时会使电机烧毁。

9.4 电机的冷却方式

由前面分析可知，电机的温升与电机容许的输出功率和可靠性密切相关，直接影响到电机的额定容量和使用寿命，因此电机的冷却方式和效果是十分重要的。通常电机的冷却方式分为表面冷却和内部冷却两种，冷却介质可以采用空气、氢气、水和油等。对冷却系统的要求是不仅对各部件的冷却要均匀，不会产生局部过热，具有良好的冷却效果，还要结构尽量简单，消耗功率要少。

9.4.1 表面冷却方式

表面冷却时，冷却介质通常为空气。表面冷却仅通过绕组的绝缘表面、铁心和机壳的表面将热量带走，因此只能实现间接冷却。尽管冷却效果较差，但这种冷却方式结构简单，主要用于中、小型电机中。表面冷却系统可分为自冷式、自扇冷式和他扇冷式三种方式。

（1）自冷式

自冷式电机没有任何冷却装置，仅依靠电机表面的辐射和自然对流进行散热。由于散热能力差，故只适应于几百瓦以下的小型电机。

（2）自扇冷式

自扇冷式是在电机转子上装有风扇，利用风扇所产生的风压强迫空气流动，从而增强了电机的散热能力。自扇冷式可分为径向通风式和轴向通风式两种。风扇驱使冷空气流过电枢表面，并从径向或轴向的通风道通过，将热量带走。适用于开启式电机。

在封闭式及防爆式电机里，电机内部所产生的热量全部由机座的外表面散出。为了增强散热能力，一般装有两套风扇，一套装在端盖外侧的转轴上，用以吹冷机座；另一套装在电机内部，用以加速内部空气循环，使内部热量易于传到机壳上，如图 9-6 所示。

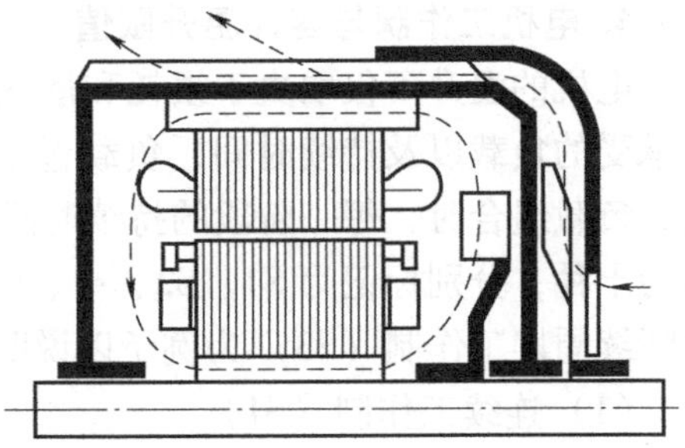

图 9-6　外部风扇自冷式电机

（3）他扇冷式

他扇冷式电机的风扇不由自身驱动，而是由另外的动力驱动。

开启式通风系统多用于小型电机，封闭式循环通风系统多用于大型电机。在封闭式循环系统中，冷却介质不一定是空气，也可以是其他气体，如采用氢气作为冷却介质。

9.4.2　内部冷却方式

内部冷却是采用空心导体，将冷却介质通入导体内部而直接将热量带走，因此大大提高了冷却效果。根据冷却介质的不同，一般采用氢内冷和水内冷两种。

（1）氢内冷

与表面氢冷相比较，采用氢内冷且提高氢气压力后，冷却效果可提高 2~4 倍，电机的容量可相应提高 50%~70%。

（2）水内冷

由于水的热容量、散热能力和密度比氢气大几倍和几百倍，因此水内冷的效果比氢内冷大大提高。采用水内冷以后，电机的电负荷和磁负荷均可相应提高，在同样体积下，可提高电机的容量。水内冷电机的不足之处是制造工艺比较复杂。但对极限容量的大型交流发电机，如对于高速大型汽轮发电机而言，定子绕组采用水冷仍然是有效的冷却方式。

内部冷却的另一种方式是蒸发冷却。蒸发冷却采用的冷却介质（液体氟碳化合物）绝缘性能良好、沸点低(50~60℃)，且无毒、不腐蚀金属。定子空心线圈内的冷却介质吸收热量，在沸腾汽化的过程中，将电阻损耗产生的热量带走。这是一项由我国科技人员研发、拥有自主知识产权的冷却技术。

习　题

9-1　电机运行时，热量主要来源于哪些部分？

9-2　电机和均质物体的发热规律有何相同和不同之处？

9-3　测量电机绕组温度的方法有哪几种？测量结果有什么不同？

9-4　冷却方式和通风系统有哪些种类？一台制成的电机加强冷却后，容量可否提高？

9-5　电机的发热或冷却的规律如何？为什么电机刚投入运行时温升增长得快些，越到后来温升增长得越慢？

9-6　电机中常用的绝缘材料有哪些种类？根据什么划分绝缘等级？各级材料的最高允许温度是多少？绝缘材料的好坏对电机有什么影响？

第10章 变 压 器

与电机不同，变压器是一种静止的电磁装置，不能将电能转换为机械能，只能在电能传递中，将一种电压等级的交流电压变换为同一频率的另一种电压等级的交流电压，故称其为变压器。

在电力系统中，变压器是电能经济传输、合理配送和安全利用的重要设备。众所周知，输送一定电能时，输电线路的电压越高，线路中的电阻损耗就越小。为此，要由升压变压器将发电机发出的电压升高到输电电压，通过高压输电线路将电能输送到用电地区；为保证用电安全，再由降压变压器逐级将电压从输电电压降到配电电压。此外，变压器在大功率电力电子装置、各种检测和控制系统中也获得了广泛应用；在小功率电子控制电路中，常用于阻抗匹配和电路隔离等方面。

在变压器中，铁心磁路内的磁场在空间为非正弦分布，因此在分析时不能采用空间矢量，但是可以采用时间相量。特别是变压器与感应电机的工作原理都是基于电磁感应，均是通过电磁感应作用实现了电能传递，故两者在相量方程和等效电路等方面多有相似之处。然而，变压器只能进行电能的传递，而不能像感应电动机那样，可将电能转换为机械能，因此在基本方程和等效电路等方面又有所区别。

10.1 变压器的空载运行

对于图 1-1 所示的电磁装置，若令铁心气隙 $\delta=0$，便构成了单相变压器。现将线圈 A 改记为绕组 1，匝数为 N_1，将线圈 B 改记为绕组 2，匝数为 N_2。若将绕组 1 接入交流电源，绕组 1 便成为变压器的一次绕组；绕组 2 外接负载，即成为单相变压器的二次绕组。

现令二次绕组开路，如图 10-1 所示，此时负载电流为零，将此运行状态称为变压器空载运行。一次绕组产生的主磁通为 ϕ_{10}；为简化分析，不计一次绕组产生的漏磁通，即令 $\phi_{1\sigma}=0$。

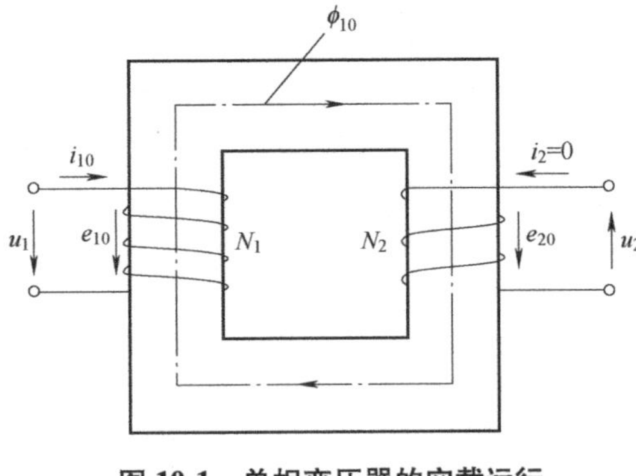

图 10-1 单相变压器的空载运行

1. 变压器的电压比

图 10-1 中，对各物理量正方向的规定如下：

1）一次绕组内电流 i_{10} 正方向与电压 u_1 的正方向一致，电能由电源流向变压器。

2）i_{10} 正方向与 ϕ_{10} 正方向符合右手螺旋关系。

3）e_{10}正方向与i_{10}正方向一致。

4）e_{10}和e_{20}正方向与ϕ_{10}正方向均符合右手螺旋关系。

空载运行时，电源流入一次绕组的电流i_{10}为空载电流。i_{10}产生了交变磁动势$N_1 i_{10}$，并在铁心内建立了交变的主磁通ϕ_{10}。主磁通ϕ_{10}同时与一次和二次绕组交链，将在一次和二次绕组中感生交变电动势e_{10}和e_{20}，在规定的正方向下，则有

$$e_{10}=-N_1\frac{\mathrm{d}\phi_{10}}{\mathrm{d}t} \tag{10-1}$$

$$e_{20}=-N_2\frac{\mathrm{d}\phi_{10}}{\mathrm{d}t} \tag{10-2}$$

由图10-1，可列出空载时一次和二次绕组的电压方程，即有

$$u_1=R_1 i_{10}-e_{10} \tag{10-3}$$

$$u_{20}=e_{20} \tag{10-4}$$

式中，R_1为一次绕组的电阻；u_{20}为二次绕组的空载电压（开路电压）。

在一般变压器中，空载电流产生的电阻电压降$R_1 i_{10}$很小，可以忽略不计，于是有

$$u_1\approx -e_{10} \tag{10-5}$$

式（10-5）表明，当忽略一次绕组电阻和漏磁场影响时，u_1仅由电动势e_{10}所平衡，e_{10}与u_1大小相等、方向相反。

由式（10-1）、式（10-2）以及式（10-4）、式（10-5），可得

$$\left|\frac{u_1}{u_{20}}\right|\approx\frac{e_{10}}{e_{20}}=\frac{N_1}{N_2}=k \tag{10-6}$$

稳态运行时，则有

$$\dot{U}_1\approx -\dot{E}_{10} \tag{10-7}$$

$$\dot{U}_{20}=\dot{E}_{20} \tag{10-8}$$

$$\frac{U_1}{U_{20}}\approx\frac{E_{10}}{E_{20}}=\frac{N_1}{N_2}=k \tag{10-9}$$

式中，k为变压器的电压比。

变压器一次绕组和二次绕组在同一主磁通交链下，通过电磁感应，在一次绕组和二次绕组中同时感生了电动势，两感应电动势大小之比称为变压器的电压比。电压比决定于一次绕组和二次绕组的匝数，改变一次绕组和二次绕组的匝数比例，便可以改变电压比。可以看出，变压器以铁心磁路中的主磁通为媒介，可将电能由一次侧传递给二次侧，在这种能量传递过程中可以改变交流电的电压等级，这便是变压器的工作原理。

2. 励磁电流、励磁阻抗和励磁方程

（1）励磁电流

当外加电压u_1为正弦电压时，由式（10-5）可设定感应电动势e_{10}为

$$e_{10}=\sqrt{2}E_{10}\sin\omega t$$

由式（10-1），可得

$$\phi_{10}=-\frac{1}{N_1}\int e_{10}\mathrm{d}t=-\frac{1}{N_1}\int\sqrt{2}E_{10}\sin\omega t\mathrm{d}t$$

$$= \frac{\sqrt{2}E_{10}}{\omega N_1}\cos\omega t = \Phi_{m0}\cos\omega t \tag{10-10}$$

式中，Φ_{m0}为空载运行时的主磁通幅值。

式（10-10）表明，虽然铁心磁路中的磁场在空间并非为正弦分布，但在外加正弦电压作用下，感应电动势和主磁通的大小却随时间按正弦规律变化，因此可将其表示为相量。

由式（10-10），可得幅值 Φ_{m0}为

$$\Phi_{m0} = \frac{\sqrt{2}E_{10}}{2\pi f N_1} = \frac{E_{10}}{4.44fN_1} \approx \frac{U_1}{4.44fN_1} \tag{10-11}$$

$$U_1 \approx E_{10} = \sqrt{2}\pi f N_1 \Phi_{m0} = 4.44fN_1\Phi_{m0} \tag{10-12}$$

用相量表示时，$\dot{\Phi}_{m0}$的相位超前 $\dot{E}_{10}$和 $\dot{E}_{20}$以 90°电角度，如图 10-2 所示，图中，$-\dot{E}_{10} \approx \dot{U}_1$。

式（10-11）表明，主磁通的幅值将决定于电源电压有效值、电源频率和一次绕组匝数。

建立主磁场所需要的电流称为励磁电流，记为 i_m；空载运行时，空载电流 i_{10}就是励磁电流，即有 $i_{10} = i_{m0}$。

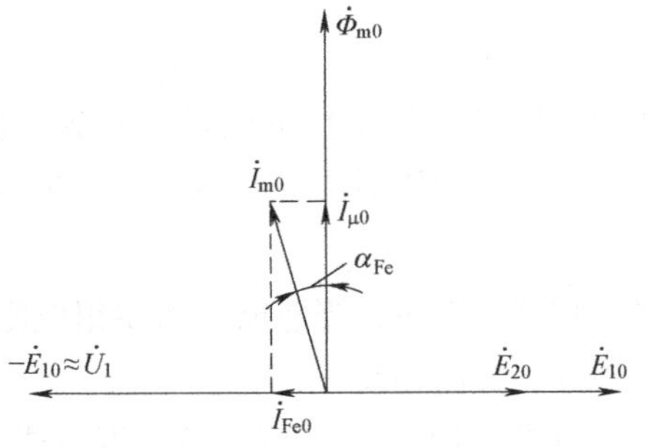

图 10-2 变压器空载运行时的相量图

对变压器主磁路而言，为建立同一主磁场，励磁电流的大小则与主磁路所采用的材料密切相关。图 1-1 中，主磁路中存在气隙，当不计铁心磁阻时，主磁路磁阻仅决定于气隙磁路的磁阻，可认为主磁路是线性的。当气隙 $\delta = 0$ 时，主磁路全部为铁心磁路，磁路的磁阻特性则决定于铁磁材料的磁化特性。此时励磁电流 i_{m0}中包含了两个分量，即有

$$i_{m0} = i_{\mu0} + i_{Fe0} \tag{10-13}$$

式中，$i_{\mu0}$为磁化电流；i_{Fe0}为铁耗电流。

磁化电流 $i_{\mu0}$用以建立主磁通 ϕ_{10}，$i_{\mu0}$的大小和波形取决于主磁通 ϕ_{10}和铁心的磁化曲线 $\phi = f(i_\mu)$。当铁心中主磁通的幅值 ϕ_{m0}处于磁化曲线直线段时，ϕ_{10}与 $i_{\mu0}$之间的关系是线性的，故主磁通 ϕ_{10}随时间按正弦规律变化时，$i_{\mu0}$也随时间正弦变化，且 $i_{\mu0}$与 ϕ_{10}同相位，两者均超前感应电动势 e_{10} 90°电角度，故对$-e_{10}$而言，磁化电流 $i_{\mu0}$是纯无功电流。当主磁通的幅值 Φ_{m0}使主磁路达到饱和时，如图 10-3 所示，$i_{\mu0}$的大小和波形要由磁化曲线来确定。可以看出，由于磁化曲线为非线性，磁化电流 $i_{\mu0}$不再按正弦规律变化，而成为尖顶波，磁路饱和程度越高，波形就越尖，畸变就越严重。但是，不管波形如何畸变，当将 $i_{\mu0}$分解为基波、3 次谐波和其他高次谐波时，其中的基波分量将始终与主磁通 ϕ_{10}同相位。为便于计算，可以用一个有效值与之相等的等效正弦波来代替非正弦的磁化电流。若只计及谐波中的 3 次谐波，则磁化电流等效正弦波的有效值可确定为

$$I_{\mu0} = \sqrt{I_{\mu01}^2 + I_{\mu03}^2} \tag{10-14}$$

式中，$I_{\mu01}$和 $I_{\mu03}$分别为基波和 3 次谐波的有效值。于是，可将 $i_{\mu0}$等效为正弦量 $\dot{I}_{\mu0}$，其方向与 $\dot{\Phi}_{m0}$方向一致。

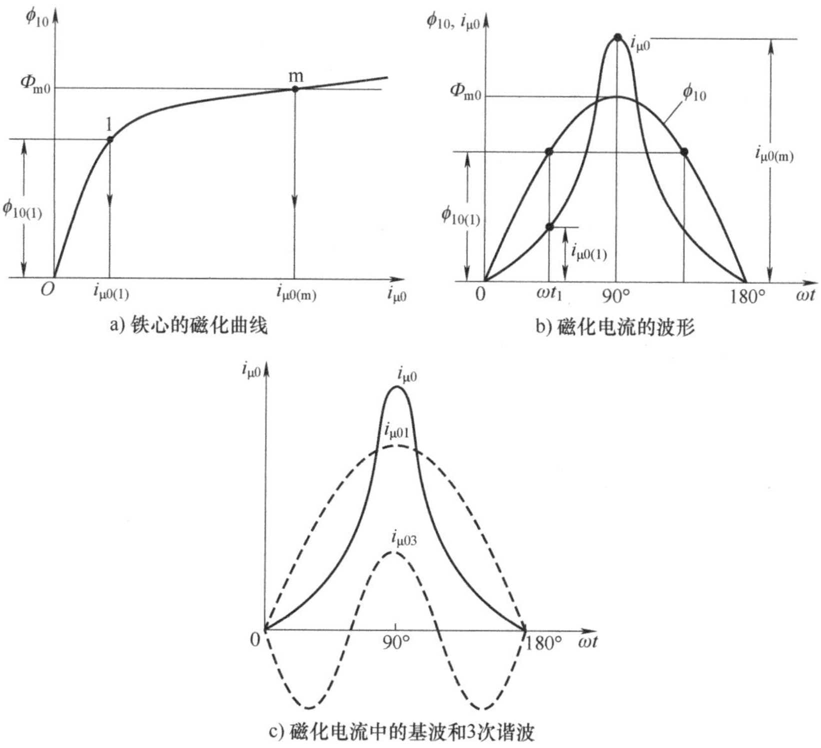

a) 铁心的磁化曲线

b) 磁化电流的波形

c) 磁化电流中的基波和3次谐波

图 10-3 主磁路饱和时磁化电流的确定

励磁电流在建立主磁场的过程中将会产生铁耗，因此励磁电流 i_{m0} 中，除了无功的磁化电流分量 $i_{\mu0}$ 外，还有一个对应于铁心损耗的有功分量 i_{Fe0}。同样可将 i_{Fe0} 等效为正弦量 $\dot{I}_{Fe0}$，由于所需的铁耗功率是通过 $-e_{10}$ 的作用，由电源吸收到变压器，因此 $\dot{I}_{Fe0}$ 应与 $-\dot{E}_{10}$ 同相位，如图 10-2 所示。

将 i_{m0} 用相量表示时，则有

$$\dot{I}_{m0} = \dot{I}_{\mu0} + \dot{I}_{Fe0} \tag{10-15}$$

相量图如图 10-2 所示，图中的 α_{Fe} 为 $\dot{I}_{m0}$ 与 $\dot{\Phi}_{m0}$ 间的相位角，称为铁耗角。

（2）励磁阻抗

稳态运行时，则有

$$\dot{E}_{10} = -j\omega L_{1\mu}\dot{I}_{\mu0} = -jX_{\mu}\dot{I}_{\mu0} \tag{10-16}$$

$$\dot{I}_{\mu0} = -\frac{\dot{E}_{10}}{jX_{\mu}} \tag{10-17}$$

式中，X_{μ} 为变压器的磁化电抗，它是表征铁心磁化性能的参数，$X_{\mu} = \omega L_{1\mu}$；$L_{1\mu}$ 为铁心绕组的磁化电感，$L_{1\mu} = N_1^2 \Lambda_{m0}$，$\Lambda_{m0}$ 为空载运行时的主磁路磁导。

对于铁心损耗，若设定 R_{Fe0} 为等效的铁耗电阻，在电路上，则有

$$p_{Fe0} = \frac{E_{10}^2}{R_{Fe0}} \tag{10-18}$$

$$p_{Fe0} = -\dot{E}_{10}\dot{I}_{Fe0} \tag{10-19}$$

由于 $\dot{I}_{Fe0}$ 与 $-\dot{E}_{10}$ 同相位，故由式（10-18）和式（10-19），可得

$$\dot{I}_{Fe0}=-\frac{\dot{E}_{10}}{R_{Fe0}} \tag{10-20}$$

将式（10-17）和式（10-20）分别代入式（10-15），则有

$$\dot{I}_{m0}=\dot{I}_{\mu0}+\dot{I}_{Fe0}=-\dot{E}_{10}\left(\frac{1}{R_{Fe0}}+\frac{1}{jX_\mu}\right) \tag{10-21}$$

可将式（10-21）表示为图 10-4a 所示的形式。可以看出，通过式（10-21）可以将具有铁心线圈的磁路转换为相应的电路，参数 X_μ 和 R_{Fe0} 分别反映了变压器在电源电压作用下的磁化状态和引起的损耗。

为便于计算，可用一个等效的串联电路来代替图 10-4a 中的并联电路，如图 10-4b 所示。

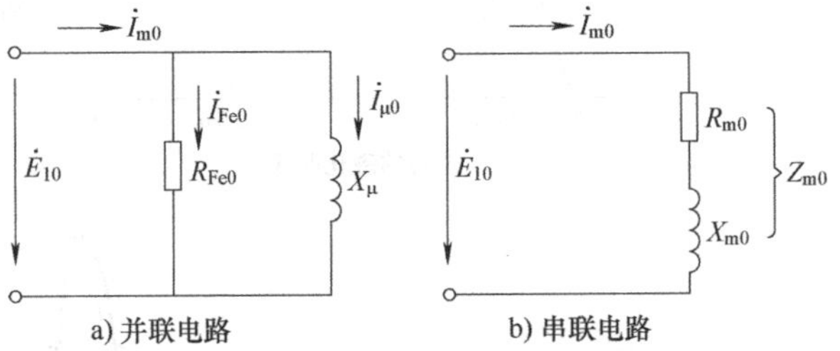

图 10-4　铁心线圈的等效电路

$$Z_{m0}=\frac{R_{Fe0}(jX_\mu)}{R_{Fe0}+jX_\mu}=R_{m0}+jX_{m0} \tag{10-22}$$

$$R_{m0}=R_{Fe0}\frac{X_\mu^2}{R_{Fe0}^2+X_\mu^2} \tag{10-23}$$

$$X_{m0}=X_\mu\frac{R_{Fe0}^2}{R_{Fe0}^2+X_\mu^2} \tag{10-24}$$

（3）励磁方程

由图 10-4b，可得

$$\dot{E}_{10}=-Z_{m0}\dot{I}_{m0}=-(R_{m0}+jX_{m0})\dot{I}_{m0} \tag{10-25}$$

$$\dot{I}_{m0}=-\frac{\dot{E}_{10}}{Z_{m0}} \tag{10-26}$$

式（10-25）称为变压器的励磁方程。式中，R_{m0}为励磁电阻，是表征铁心损耗的一个等效参数；X_{m0}称为励磁电抗，是表征铁心磁化特性的一个等效参数；$Z_{m0}=R_{m0}+jX_{m0}$，称为变压器的励磁阻抗，它是用串联阻抗表征变压器主磁路磁化特性和铁心损耗的一个综合参数。

由于铁心磁路的磁化曲线为非线性，因此 E_{10}与 I_{m0}间具有非线性关系，故励磁阻抗 Z_{m0}不是常值。

式（10-25）与感应电机励磁方程式（5-4）具有相同的形式，两者均表征主磁路特性。不同的是，变压器主磁路中不存在气隙，因此相对感应电机，其空载电流相对额定值要小得多。

3. 空载运行时的基本方程和等效电路

如图 1-1 所示，对于铁心绕组 A 而言，除了主磁通与其交链外，还有自身绕组产生的漏磁通与其交链；对于变压器而言，这便是与一次绕组交链的漏磁通，用 $\phi_{1\sigma}$来表示，其正方向规定与主磁通的正方向相同。空载运行时，交变的漏磁通 $\Phi_{1\sigma0}$在一次绕组中感生的电动势为 $e_{1\sigma0}$，则有

$$e_{1\sigma0}=-N_1\frac{d\phi_{1\sigma0}}{dt}=-\frac{d\psi_{1\sigma0}}{dt}=-L_{1\sigma}\frac{di_{m0}}{dt} \tag{10-27}$$

稳态运行时，则有

$$\dot{E}_{1\sigma 0}=-\mathrm{j}\omega L_{1\sigma}\dot{I}_{m0}=-\mathrm{j}X_{1\sigma}\dot{I}_{m0} \tag{10-28}$$

式中，$L_{1\sigma}$为一次绕组的漏磁电感（简称漏感），$L_{1\sigma}=N_1^2\Lambda_{1\sigma}$，$\Lambda_{1\sigma}$为一次漏磁路的磁导，由于漏磁路的主要部分是空气和油，故可认为$\Lambda_{1\sigma}$是常值，相应地可认为$L_{1\sigma}$是常值；$X_{1\sigma}$为一次绕组的漏磁电抗（简称漏抗），$X_{1\sigma}=\omega L_{1\sigma}$，同样为常值。

考虑到一次绕组漏磁场的影响，可将式（10-3）改写为

$$u_1=R_1 i_{m0}-e_{1\sigma}-e_{10} \tag{10-29}$$

稳态运行时，则有

$$\dot{U}_1=R_1\dot{I}_{m0}+\mathrm{j}X_{1\sigma}\dot{I}_{m0}-\dot{E}_{10}=Z_{1\sigma}\dot{I}_{m0}-\dot{E}_{10} \tag{10-30}$$

式中，$Z_{1\sigma}$为一次绕组的漏阻抗，$Z_{1\sigma}=R_1+\mathrm{j}X_{1\sigma}$。另有

$$\dot{E}_{10}=-(R_{m0}+\mathrm{j}X_{m0})\dot{I}_{m0}=-Z_{m0}\dot{I}_{m0} \tag{10-31}$$

式（10-30）和式（10-31）为单相变压器空载运行的基本方程。

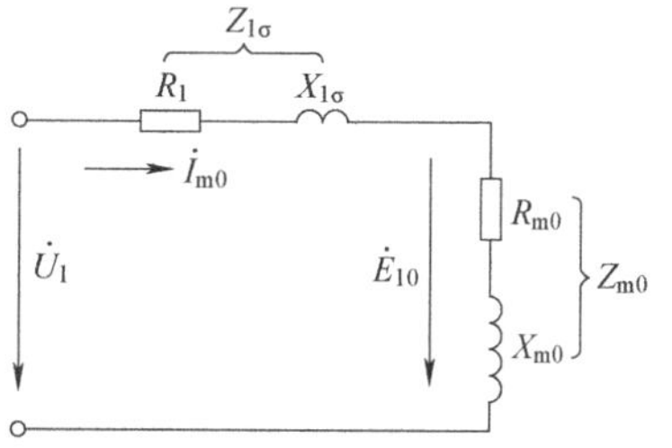

图 10-5 变压器空载运行的等效电路

由式（10-30）和式（10-31）可得变压器空载运行的等效电路，如图 10-5 所示。

10.2 变压器负载运行时的基本方程

变压器一次绕组接到电源后，当二次绕组接上负载阻抗 Z_L 时，二次绕组将有电流流过，这种运行状态为变压器的负载运行，如图 10-6 所示。图中，规定二次电流 i_2 正方向与 e_2 的正方向一致，二次电压 u_2 的正方向与负载电流 i_2 的正方向一致，其余各物理量正方向规定与空载运行时相同。

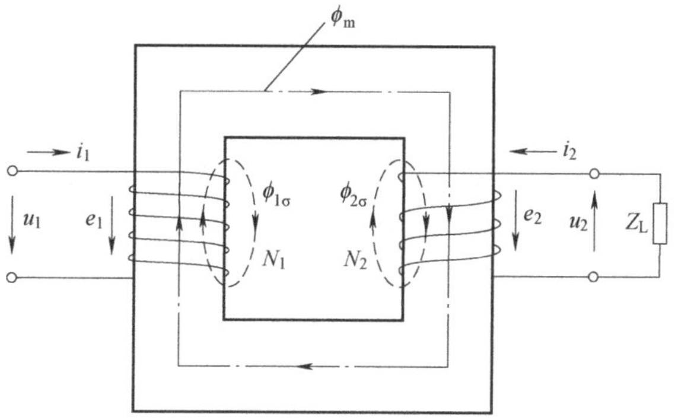

图 10-6 变压器的负载运行

1. 电压方程

根据图 10-6，可列写出一次、二次绕组的电压方程，即有

$$u_1=R_1 i_1+L_{1\sigma}\frac{\mathrm{d}i_1}{\mathrm{d}t}-e_1 \tag{10-32}$$

$$e_2=R_2 i_2+L_{2\sigma}\frac{\mathrm{d}i_2}{\mathrm{d}t}+u_2 \tag{10-33}$$

式中，R_2 和 $L_{2\sigma}$分别为二次绕组的电阻和漏电感。

稳态运行时，则有

$$\dot{U}_1=(R_1+\mathrm{j}X_{1\sigma})\dot{I}_1-\dot{E}_1=Z_{1\sigma}\dot{I}_1-\dot{E}_1 \tag{10-34}$$

$$\dot{E}_2=(R_2+\mathrm{j}X_{2\sigma})\dot{I}_2+\dot{U}_2=Z_{2\sigma}\dot{I}_2+\dot{U}_2 \tag{10-35}$$

式中，$Z_{2\sigma}$为二次绕组的阻抗，$Z_{2\sigma}=R_2+\mathrm{j}X_{2\sigma}$。

2. 磁动势方程

变压器负载后，一次电流 i_1 中，除了用以建立主磁场的励磁电流 i_m 外，还将增加一个负载分量 i_{1L}，即有

$$i_1 = i_m + i_{1L}$$

此时，作用于主磁路的磁动势已为一次绕组和二次绕组的合成磁动势 $N_1 i_1 + N_2 i_2$。由单相变压器工作原理可知，建立主磁场的无功功率只能是由一次侧输入，因此 i_m 仍是建立主磁场的唯一无功电流。于是有

$$N_1 i_1 + N_2 i_2 = N_1 i_m \tag{10-36}$$

式（10-36）即为负载时变压器的磁动势方程。

可将式（10-36）表示为

$$i_1 = i_m - \frac{N_2}{N_1} i_2 = i_m + i_{1L}$$

可得

$$i_{1L} = -\frac{N_2}{N_1} i_2 \quad 或 \quad N_1 i_{1L} + N_2 i_2 = 0 \tag{10-37}$$

式（10-37）表明，变压器负载运行时，一次电流中负载分量 i_{1L} 产生的磁动势应与 i_2 所产生的磁动势大小相等、方向相反，用以抵消（平衡）二次绕组产生的磁动势。

稳态运行时，可将式（10-36）表示为

$$N_1 \dot{I}_1 + N_2 \dot{I}_2 = N_1 \dot{I}_m \tag{10-38}$$

3. 励磁方程

对比式（10-30）和式（10-34）可以看出，由于 $\dot{I}_1$ 已不同于 $\dot{I}_{10}$，故变压器负载运行时，一次绕组电动势 $\dot{E}_1$ 亦不同于空载电动势 $\dot{E}_{10}$，主磁通 Φ_m 已不同于空载时的主磁通 Φ_{m0}，一次绕组的励磁电流 $\dot{I}_m$ 应为

$$\dot{E}_1 = -(R_m + jX_m)\dot{I}_m = -Z_m \dot{I}_m \tag{10-39}$$

式中，$Z_m = R_m + jX_m$。R_m 和 X_m 分别为负载运行时的励磁电阻和励磁电抗，两者均决定于负载后主磁路的磁化状态，因此 Z_m 不是常值。式（10-39）即为变压器负载运行时的励磁方程。

4. 变压器负载运行时的基本方程

变压器负载运行后，一次绕组电动势 $\dot{E}_1$、电流 $\dot{I}_1$ 和励磁电流 $\dot{I}_m$ 将如何确定呢？空载运行时，一次绕组电动势 $\dot{E}_{10}$和励磁电流 $\dot{I}_{m0}$在电路上要满足一次绕组电压方程式（10-30），同时在磁路上要满足励磁方程式（10-31）。负载运行时，除了要满足一次绕组的电压方程式（10-34）和励磁方程式（10-39）外，还要同时满足二次绕组电压方程式（10-35）以及磁动势方程式（10-38），由此才可以确定变压器的运行状态，故将这些方程称为变压器负载运行时的基本方程，即有

$$\begin{cases} \dot{U}_1 = Z_{1\sigma}\dot{I}_1 - \dot{E}_1 \\ \dot{E}_2 = Z_{2\sigma}\dot{I}_2 + \dot{U}_2 \\ \dfrac{\dot{E}_1}{\dot{E}_2} = k \\ N_1\dot{I}_1 + N_2\dot{I}_2 = N_1\dot{I}_m \\ \dot{E}_1 = -Z_m\dot{I}_m \end{cases} \tag{10-40}$$

对于电力变压器而言，通常情况下，一次绕组的漏阻抗较小，负载变化时，$E_1 \approx U_1$，考虑到电源电压 U_1 = 常值，故有主磁通 $\Phi_m \approx$ 常值，此时可近似认为 Z_m 为一常值。

5. 理想变压器的阻抗变换

假设变压器的铁心磁阻为零，即一次绕组的励磁电流 $i_m=0$，由式（10-38）可得

$$\frac{\dot{I}_1}{\dot{I}_2}=-\frac{N_2}{N_1}=-\frac{1}{k} \tag{10-41}$$

忽略一次和二次绕组的漏阻抗，由式（10-40），可得

$$\frac{\dot{U}_1}{\dot{U}_2}=-\frac{N_1}{N_2}=-k \tag{10-42}$$

设 Z_L 为二次侧的负载阻抗，用二次侧的端电压 $\dot{U}_2$ 和电流 $\dot{I}_2$ 表示时，$Z_L=\dot{U}_2/\dot{I}_2$。从一次侧看进去 Z_L 应为输入阻抗 Z'_L，则有

$$Z'_L=\frac{\dot{U}_1}{\dot{I}_1}=\frac{k\dot{U}_2}{\dot{I}_2/k}=k^2Z_L \tag{10-43}$$

式（10-43）表明，经过理想变压器的变压和变流作用，一次侧的输入阻抗已为负载实际阻抗的 k^2 倍，说明理想变压器不仅有变压和变流的作用，还具有变换阻抗的作用。

理想变压器的阻抗变换功能在电子技术中获得了广泛应用。例如，在放大电路中，可使负载阻抗与放大器的内阻抗相匹配，由此来获得最大功率。

10.3 变压器的等效电路和相量图

如图10-6所示，变压器通过主磁场将一次绕组和二次绕组耦合在一起；由式（10-40）可知，由电磁感应确定了一次绕组和二次绕组感应电动势间的关系，由磁动势方程建立了一次电流和二次电流间的联系。但是，由式（10-40）进行工程计算十分不便，为此需要有一个既能反映变压器一次绕组和二次绕组间的电磁关系，又便于工程计算的基本方程和等效电路。

1. 绕组归算

式（10-37）反映了变压器一次、二次绕组的磁动势平衡关系，即有

$$-N_1\dot{I}_{1L}=N_2\dot{I}_2 \quad \dot{I}_{1L}=-\frac{N_2}{N_1}\dot{I}_2 \tag{10-44a}$$

由 $\frac{\dot{E}_1}{\dot{E}_2}=\frac{N_1}{N_2}$，可得

$$-\dot{E}_1\dot{I}_{1L}=\dot{E}_2\dot{I}_2 \tag{10-44b}$$

式（10-44）表明，二次侧对一次侧的影响是通过二次绕组磁动势 $N_2\dot{I}_2$ 实现的。变压器负载后，通过一次、二次绕组的磁动势平衡，一次绕组从电源吸收了电功率 $-\dot{E}_1\dot{I}_{1L}$，与此同时通过电磁感应将其传递给了二次侧。

为将在电路方面没有直接联系的一次和二次绕组直接连接在一起，可以将二次绕组的匝数变换成一次绕组的匝数，这实际是一种绕组归算。只要归算前、后二次绕组的磁动势保持不变，就不会改变一次绕组的电流和从电源吸收的电功率，也不会改变传递给二次侧的电功率。绕组归算后，二次侧各物理量由原值改变为归算值，用原物理量的符号加上角标“′”来表示。

根据磁动势不变的原则，可得

$$N_1\dot{I}'_2=N_2\dot{I}_2$$

则有

$$\dot{I}'_2=\frac{N_2}{N_1}\dot{I}_2=\frac{1}{k}\dot{I}_2 \tag{10-45}$$

由于归算前、后二次绕组的磁动势没有变化，因此铁心中主磁通保持不变，故有

$$\frac{\dot{E}'_2}{\dot{E}_2}=\frac{N_1}{N_2}=k \quad \dot{E}'_2=k\dot{E}_2 \tag{10-46}$$

将式（10-40）中第 2 式两端乘以电压比 k，可得

$$k\dot{E}_2=(R_2+\mathrm{j}X_{2\sigma})k\dot{I}_2+k\dot{U}_2=(k^2R_2+\mathrm{j}k^2X_{2\sigma})\frac{\dot{I}_2}{k}+k\dot{U}_2$$

则有

$$\dot{E}'_2=(R'_2+\mathrm{j}X'_{2\sigma})\dot{I}'_2+\dot{U}'_2 \tag{10-47}$$

式中，$R'_2=k^2R_2$，$X'_{2\sigma}=k^2X_{2\sigma}$，$R'_2$ 和 $X'_{2\sigma}$ 分别为二次绕组电阻和漏抗的归算值；$\dot{U}'_2=k\dot{U}_2$，$\dot{U}'_2$ 为二次电压的归算值。

归算后，传递到二次绕组的复功率为

$$\dot{E}'_2\dot{I}'^*_2=(k\dot{E}_2)\left(\frac{\dot{I}^*_2}{k}\right)=\dot{E}_2\dot{I}^*_2 \tag{10-48}$$

二次绕组的电阻损耗和漏磁场的无功功率为

$$\begin{aligned}\dot{I}'_2R'_2&=\left(\frac{1}{k}\dot{I}_2\right)^2(k^2R_2)=I_2^2R_2\\ \dot{I}'^2_2X'_{2\sigma}&=\left(\frac{1}{k}\dot{I}_2\right)^2(k^2X_{2\sigma})=I_2^2X_{2\sigma}\end{aligned} \tag{10-49}$$

负载的复功率为

$$\dot{U}'_2\dot{I}'^*_2=(k\dot{U}_2)\left(\frac{1}{k}\dot{I}^*_2\right)=\dot{U}_2\dot{I}^*_2 \tag{10-50}$$

可以看出，二次绕组在归算前、后其所有的无功功率和有功功率均保持不变。

归算后，可以将磁动势方程式（10-38）改写为

$$\dot{I}_1+\dot{I}'_2=\dot{I}_\mathrm{m} \tag{10-51}$$

最后，可将基本方程式（10-40）改变为

$$\begin{cases}\dot{U}_1=Z_{1\sigma}\dot{I}_1-\dot{E}_1\\ \dot{E}'_2=Z_{2\sigma}\dot{I}'_2+\dot{U}'_2\\ \dot{I}_1+\dot{I}'_2=\dot{I}_\mathrm{m}\\ \dot{E}_1=\dot{E}'_2=-Z_\mathrm{m}\dot{I}_\mathrm{m}\end{cases} \tag{10-52}$$

2. T 形等效电路

归算以后，一、二次绕组的感应电动势已经相同，$\dot{E}'_2=\dot{E}_1$；通过磁动势方程式（10-51），已建立起一、二次电流 $\dot{I}_1$ 和 $\dot{I}'_2$ 间的直接联系；此外，二次侧的电压方程式（10-47）已满足有功和无功功率不变约束。因此，根据基本方程式（10-52），便可得到变压器的 T 形等效电

路，如图 10-7 所示。

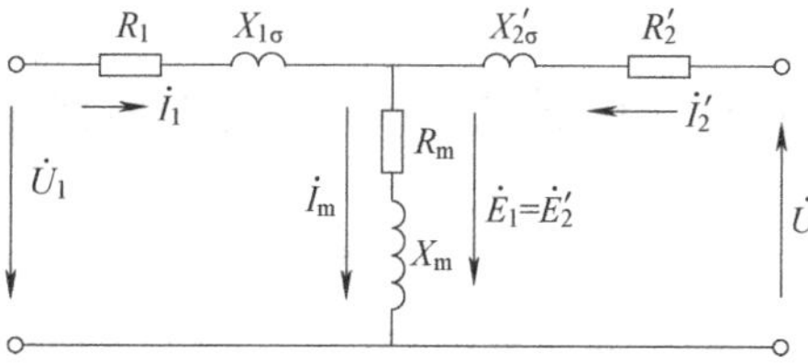

图 10-7　变压器的 T 形等效电路

可以利用 T 形等效电路来分析变压器的各种运行问题。应注意的是，图 10-7 中，一次侧的各物理量均为实际值；二次侧的各物理量均为归算值，但由归算值可求得实际值，即有 $\dot{I}_2=k\dot{I}'_2$，$\dot{U}_2=\dot{U}'_2/k$。

3. 近似和简化等效电路

T 形等效电路比较复杂，计算起来相对繁琐。但是对于一般的电力变压器而言，额定负载时，一次绕组的漏阻抗电压降仅为额定电压的百分之几，且励磁电流 I_m 远小于额定电流 I_{1N}，因此可将 T 形等效电路中的励磁支路移到电源端，如图 10-8a 所示，通常将其称为近似等效电路。

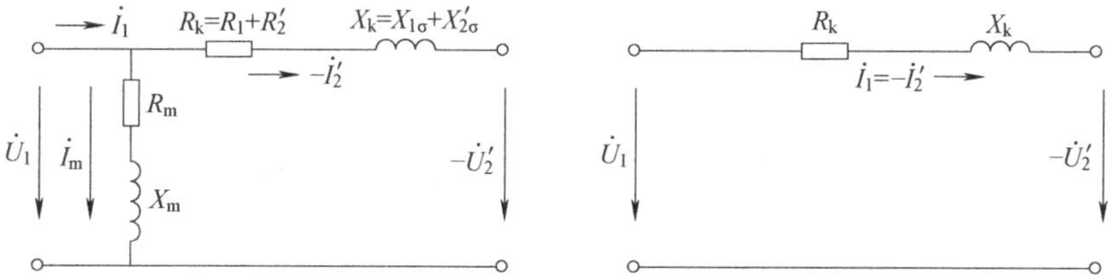

a) 近似等效电路　　b) 简化等效电路

图 10-8　变压器的近似和简化等效电路

如果进一步将图 10-8a 中的励磁支路断开，则等效电路就简化成一条串联电路，如图 10-8b 所示，称其为简化等效电路。在简化等效电路中，已将变压器等效为一串联阻抗 Z_k，Z_k 称为等效漏阻抗。即有

$$\begin{cases} Z_k=Z_{1\sigma}+Z'_{2\sigma}=R_k+jX_k \\ R_k=R_1+R'_2 \\ X_k=X_{1\sigma}+X'_{2\sigma} \end{cases} \tag{10-53}$$

图 10-8b 中，当负载侧短路时（$-\dot{U}'_2=0$），从电源侧看来，串联阻抗 Z_k 即为短路阻抗，因此又将 Z_k 称为短路阻抗，而将 R_k 和 X_k 分别称为短路电阻和短路电抗。显然，运用简化等效电路计算实际问题十分方便，在多数情况下，可以满足工程要求。

4. 相量图

由变压器基本方程式（10-52）可以画出负载运行时的相量图，如图 10-9 所示。画图时，以负载电压 $\dot{U}'_2$ 为参考相量，由负载功率因数角 ϕ_2，可画出二次侧电流 $\dot{I}'_2$（图中以感性负载为例）；由二次侧电压方程，可画出 $\dot{E}'_2(\dot{E}_1=\dot{E}'_2)$；按主磁通与一、二次绕组感应电动势的正方向规定，主磁通 $\dot{\Phi}_m$ 应超前 $\dot{E}'_2(\dot{E}_1)$ 90° 电角度，由 $\dot{\Phi}_m$ 可画出 $\dot{I}_m$；由 $\dot{I}_1=\dot{I}_m+(-\dot{I}'_2)$ 可画出一次侧电流 $\dot{I}_1$；由一次侧电压方程以及 $\dot{I}_1$ 和 $-\dot{E}_1$，可以画出 $\dot{U}_1$。

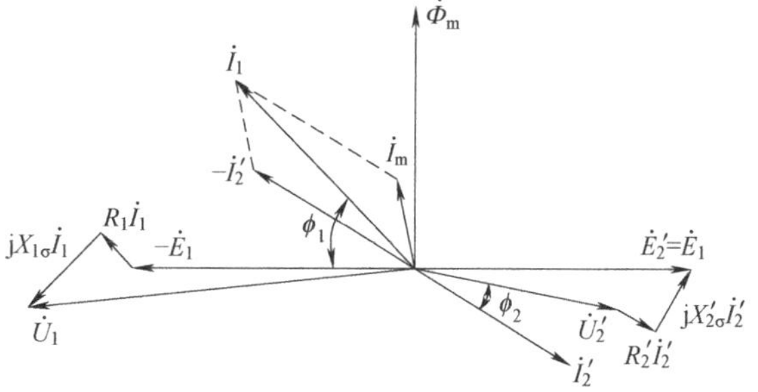

图 10-9　变压器负载运行的相量图

10.4 变压器等效电路的参数测定

通过空载试验和短路试验，可以测定变压器等效电路的参数，故空载试验和短路试验是变压器的重要试验项目。

1. 空载试验

变压器空载试验的接线图如图 10-10 所示。试验时，二次侧开路，一次侧加以额定电压，测量输入功率 P_0、电压 U_1 和电流 I_0。

由空载等效电路图 10-5 可知，空载时的总阻抗为

$$Z_0 = Z_{1\sigma} + Z_{m0} = R_1 + jX_{1\sigma} + R_{m0} + jX_{m0}$$

由测量结果，可得

$$|Z_0| = \frac{U_1}{I_0} \tag{10-54}$$

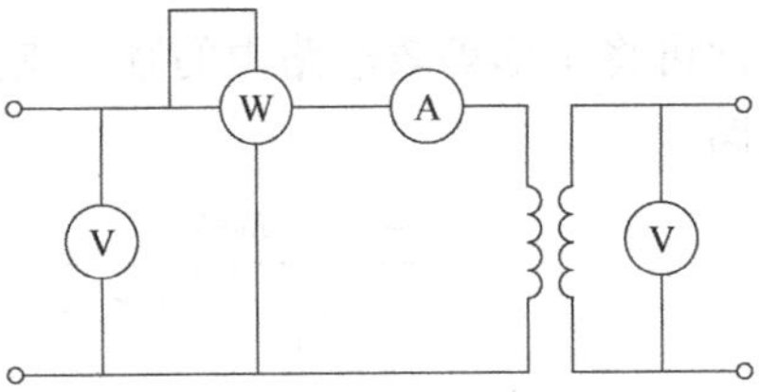

图 10-10 变压器空载试验的接线图

式中，空载电流 I_0 即为空载励磁电流 I_{m0}。且有

$$R_1 + R_{m0} = \frac{P_0}{I_0^2} \tag{10-55}$$

可以实际测得一次侧绕组电阻 R_1，由式（10-55）可得 R_{m0}。

由于 $X_{1\sigma} \ll X_{m0}$，故可得空载励磁电抗 X_{m0} 为

$$X_{m0} = \sqrt{|Z_0|^2 - (R_1 + R_{m0})^2} \tag{10-56}$$

应该强调的是，由于主磁路非线性的原因，不同电压下测得的 R_{m0} 和 X_{m0} 是不同的。

对于电力变压器，由于 $Z_{1m} \approx Z_{m0}$，因此 $R_{m0} \approx R_m$，$X_{m0} \approx X_m$，$Z_{m0} \approx Z_m \approx Z_0$，则有 $X_m = \sqrt{|Z_m|^2 - R_m^2}$。

在进行空载试验时，为了安全起见，通常在低压侧进行，此时测得的结果为归算到低压侧的值。若想得到归算到高压侧的参数值，各参数应乘以 k^2，k 为高压侧对低压侧的电压比。

2. 短路试验

短路试验的接线图如图 10-11 所示。试验时，将二次绕组短路，而在一次绕组加上一可调的低电压，以避免短路电流过大会损坏变压器绕组。当短路电流为额定值时，测得一次绕组电压 U_k、输入功率 P_k 和电流 I_k。

变压器短路试验时，外加一次绕组的低电压一般只有额定电压的 5%～10%，因此主磁路内的主磁通很小，励磁电流和铁心损耗可忽略不计，因此可以采用简化等效电路，由短路试验结果来计算变压器短路阻抗。

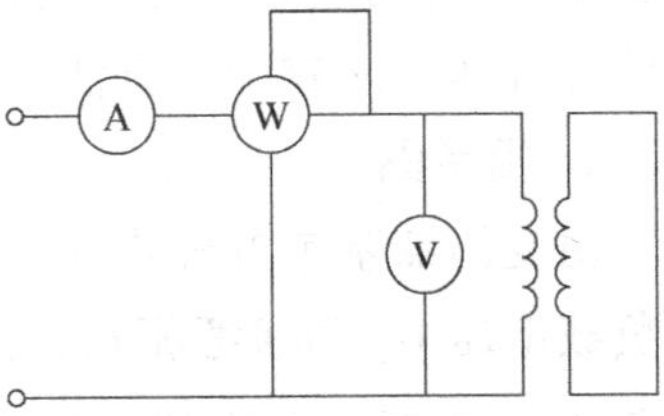

图 10-11 变压器短路试验的接线图

图 10-8b 中，短路试验时，二次绕组为短路（$-\dot{U}_2' = 0$），于是变压器的漏阻抗即为短路时所表现出的短路阻抗 Z_k，即有

$$|Z_k| = \frac{U_k}{I_k} \tag{10-57}$$

短路电阻 R_k 和短路电抗 X_k 则分别为

$$R_k = \frac{P_k}{I_k^2} \tag{10-58}$$

$$X_k = \sqrt{|Z_k|^2 - R_k^2} \tag{10-59}$$

短路试验时，绕组的温度与实际运行时不一定相同，因此应将 R_k 换算为 75℃时的值。如果绕组为铜线绕组，即有

$$R_{k(75℃)} = R_k \frac{234.5+75}{234.5+\theta} \tag{10-60}$$

式中，θ 为试验时绕组的温度，通常情况下为室温。

对于空载试验时测定的 R_1 值，可同样按式（10-60）进行换算。由 $R_{1(75℃)}$ 和 $R_{k(75℃)}$，便可得到 $R'_{2(75℃)}$。

因为高压侧的额定电流比低压侧的低，所以短路试验通常在高压侧进行，由此所得的参数值为归算到高压侧时的值。归算到低压侧时，各参数值应除以 k^2。

短路试验时，使短路电流达到额定电流时所加的电压 U_k 称为阻抗电压。阻抗电压一般用额定电压的百分数表示，即有

$$U_k = \frac{U_{1k}}{U_{1N}} \times 100\% = \frac{I_{1N}|Z_k|}{U_{1N}} \times 100\% \tag{10-61}$$

阻抗电压的百分数通常是铭牌数据之一。

由空载和短路试验，尚无法测定一、二次绕组的漏电抗 $X_{1\sigma}$ 和 $X'_{2\sigma}$，在 T 形等效电路中，通常设定 $X_{1\sigma} = X'_{2\sigma}$。

10.5　三相变压器

由于电力系统均采用三线制，因此需要采用三相变压器进行电压变换，三相变压器稳态对称运行时，可以取其一相来研究。

10.5.1　三相变压器的磁路系统

三相变压器的磁路系统可由三个单相独立磁路构成，也可以由三相磁路构成。图 10-12 所示的三相变压器是由三个单相变压器组成，这种组合称为三相变压器组。其特点是电路上构成了三相系统，但磁路上是彼此独立的。

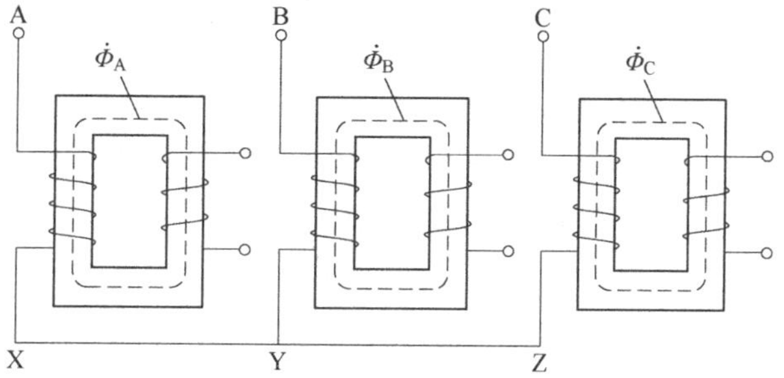

图 10-12　三相变压器组及其磁路系统

如果将图 10-12 所示三台单相变压器的高、低绕组均放置于一个铁心柱上，而将另外三个不放置绕组的铁心柱合并成一个铁心柱，铁心磁路就成为一个星形磁路，如图 10-13a 所示，则当三相绕组外施对称三相电压时，由于三相主磁通 $\dot{\Phi}_A$、$\dot{\Phi}_B$、$\dot{\Phi}_C$ 在时域上是对称的，如图 10-13b 所示，故有

$$\dot{\Phi}_A + \dot{\Phi}_B + \dot{\Phi}_C = 0 \tag{10-62}$$

显然，中间铁心柱中的磁通为零，可以将其省略。进而，再将三个铁心柱安排在同一平面内，便可得到三相心式变压器，如图 10-13c 所示。可以看出，三相心式变压器的三相磁路彼此相关，任何一相磁路均以其他两相磁路作为自己的回路。

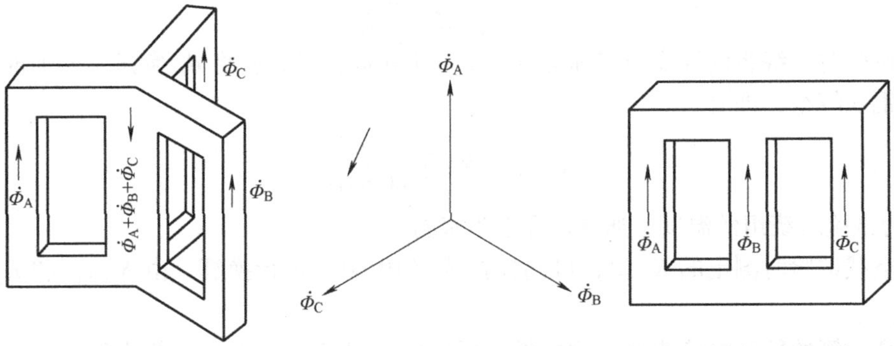

a) 三相星形磁路　　b) 三相主磁通的相量图　　c) 实际心式变压器的磁路

图 10-13　三相心式变压器的磁路

对比图 10-12 和图 10-13c 可以看出，三相心式变压器的材料消耗较少，制造成本低、占地面积小。但是，对于大型或超大型变压器，为了便于制造和运输，且为了减少电站的备用容量，往往采用三相变压器组。

10.5.2　三相变压器绕组的联结和标号

三相心式变压器中，三相高压绕组 AX、BY、CZ 可采用星形联结（用 Y 表示），此时把三个首端 A、B、C 引出，而将三个尾端 X、Y、Z 连接成中性点，当有中性点引出时，中性线则用 N 来表示；也可以采用三角形联结（用 D 来表示），此时把首端 A、B、C 引出。三相低压绕组 ax、by、cz 可采用星形联结（用 y 来表示），此时把首端 a、b、c 引出，而将尾端 x、y、z 连接成中性点，当有中性点引出时，中性线用 n 来表示；也可以采用三角形联结（用 d 来表示），此时把首端 a、b、c 引出。

由于高、低压三相绕组可分别采用星形或三角形联结，星形联结时又可将中性点引出，因此三相变压器可组合成多种联结方式。国产电力变压器常采用 Yyn、Yd、YNd 三种联结，分别是高、低压三相绕组均为星形联结且低压侧有中性点引出、高压三相绕组为星形联结而低压三相绕组为三角形联结和高压三相绕组为星形联结且将中性点引出而低压三相绕组为三角形联结。

变压器并联运行时，除了要知道高、低压绕组的联结外，还需知道高、低压绕组对应的线电压之间的相位关系，为此先要了解高、低压绕组相电压的相位关系。

1. 高、低压绕组相电压的相位关系

图 10-14 中，同一相的高压和低压绕组套在同一铁心柱上，且高、低压绕组的首端和尾端业已确定。由于高、低压绕组被同一主磁通 ϕ 所交链，因此当主磁通 ϕ 交变时，在同一瞬间，高、低压绕组内感应电动势的方向（由首端指向尾端，或相反）则取决于绕组的各自的绕向。那么，在不清楚高、低压绕组绕向的情况下，如何确定两绕组内感应电动势的方向（相同或相反）呢？对此，在电工理论中常依据同名端来确定，即当电流同时由高、低压绕组端点流入时，若两绕组产生的磁场是相互加强的，则高、低压绕组的这两个端点即为同名端，否则为非同名端。图 10-14a 中，高、低压绕组的首端为同名端（端点旁边加注圆点“·”）。

为了确定高、低压绕组相电压的相位关系，对高压和低压绕组相电压的正方向统一规定为由首端指向尾端。若高压和低压绕组的首端同为同名端，则相电压 $\dot{U}_A$ 和 $\dot{U}_a$ 应为同相位，如图 10-14a、b 所示；若高压和低压绕组的首端为非同名端，相电压 $\dot{U}_A$ 和 $\dot{U}_a$ 应为反相，如

图 10-14c、d 所示。

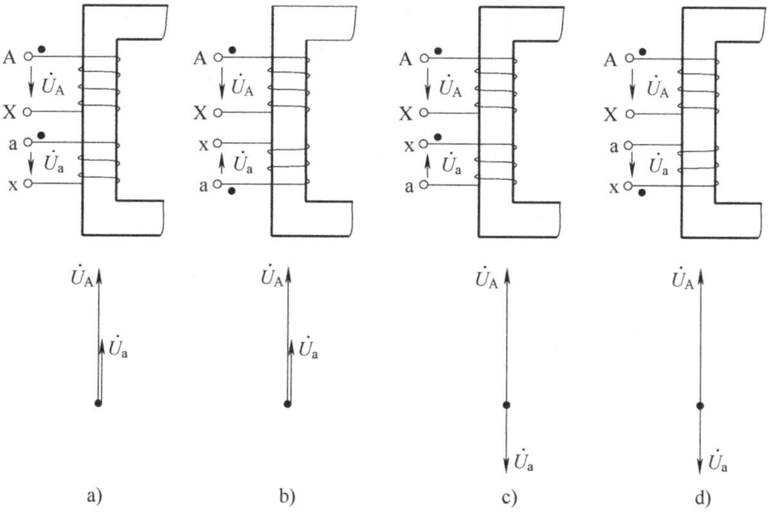

图 10-14 高、低压绕组的同名端和相电压的相位关系

2. 高、低压绕组线电压的相位关系

高、低压绕组对应线电压之间的相位关系决定于高、低压绕组的同名端和联结。下面予以举例说明。

（1）Yy0 和 Yy6 联结组

图 10-15a 中，高、低压绕组分别为 Yy 联结，高、低压绕组的首端为同名端。首先，可以判定高、低压绕组相电压间的相位关系，即 $\dot{U}_A$ 与 $\dot{U}_a$ 同相位，$\dot{U}_B$ 与 $\dot{U}_b$ 同相位，$\dot{U}_C$ 与 $\dot{U}_c$ 同相位；其次，由于高、低压绕组同为星形联结，因此高压和低压侧两个线电压也是同相位，即 $\dot{U}_{AB}$与 $\dot{U}_{ab}$同相位、$\dot{U}_{BC}$与 $\dot{U}_{bc}$同相位、$\dot{U}_{CA}$与 $\dot{U}_{ca}$同相位，如图 10-15b 所示。

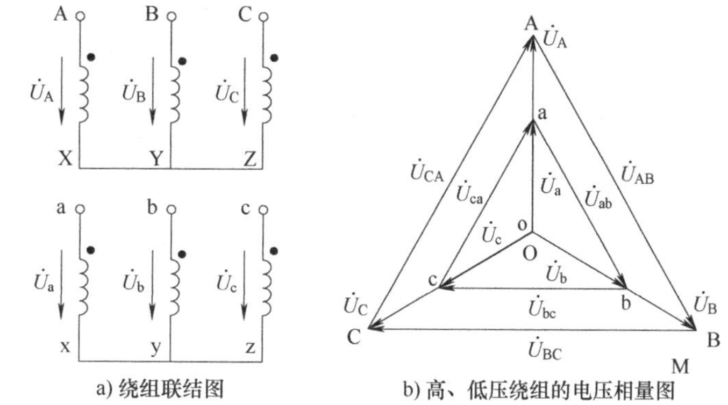

a) 绕组联结图　　b) 高、低压绕组的电压相量图

图 10-15 Yy0 联结组

为了表明高、低压绕组对应的线电压之间的相位关系，通常采用时钟表示法。即将高、低压绕组的两个线电压三角形的重心 O 和 o 重合，将高压侧线电压三角形的一条中线（如 OA）作为时钟的长针，指向钟面的 12 点，再将低压侧线电压三角形对应的中线（如 oa）作为短针，它所指的钟点就是联结组的标号。这样从 0 到 11 共计 12 个标号，每个标号相差 30° 电角度。

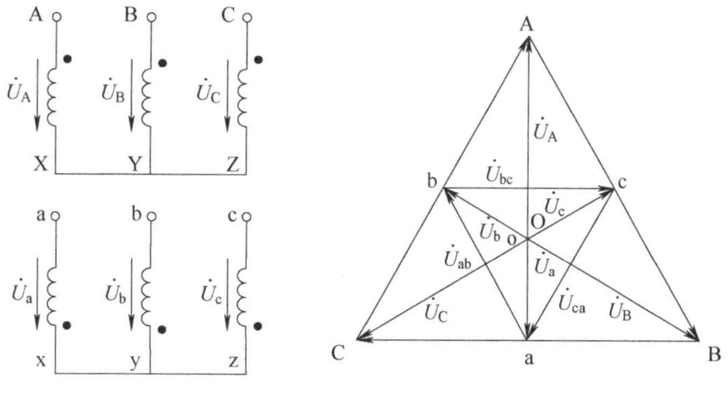

a) 绕组联结图　　b) 高、低压绕组的电压相量图

图 10-16 Yy6 联结组

图 10-15b 中，高压侧三角形的中线指向钟面的 12 点，低压侧对应的中线 oa 也指向 12 点，从时间上看为 0 点，故该联结组的标号为 0，记为 Yy0。

图 10-15a 中，若高压侧同名端 A、B、C 不变，而低压侧同名端改为尾端 x、y、z，则图 10-15a 便改为图 10-16a 所示的形式。图 10-16b 为与图 10-16a 相对应的电压相量图，可以看出，此时 $\dot{U}_A$ 和 $\dot{U}_a$ 相位相反，联结组标号已变为 Yy6，此时高、低压绕组相应的线电压相位是相反的，如图 10-16b 所示。

（2）Yd11 和 Yd5 联结组

图 10-17a 是 Yd 联结的绕组联结图，与图 10-15a 相比，三相高压绕组的联结和同名端保持不变，三相低压绕组的同名端没变，但联结方式已由星形联结改为按 a→y、b→z、c→x 的顺序依次连接成三角形，即由 y 联结改为 d 联结。

图 10-17b 中，三相高压绕组的电压相量图与图 10-15b 相比没有变化，且低压侧相电压 $\dot{U}_A$ 仍与 $\dot{U}_a$ 同相、$\dot{U}_B$ 仍与 $\dot{U}_b$ 同相、$\dot{U}_C$ 仍与 $\dot{U}_c$ 同相，又有 a 与 y、b 与 z、c 与 x 相连接，可得低压侧的相量图。此时，高压侧三角形的中线 OA 指向钟面 12 点，而低压侧的对应中线 oa 的指向为 11 点，故联结组的标号为 11，记为 Yd11。实际上，图 10-17b 中，$\dot{U}_b$ 即为 $\dot{U}_{ab}$，与 $\dot{U}_B$ 同相位，故 $\dot{U}_{AB}$滞后 $\dot{U}_{ab}$ 30°，在相位上与联结组标号 Yd11 相符。

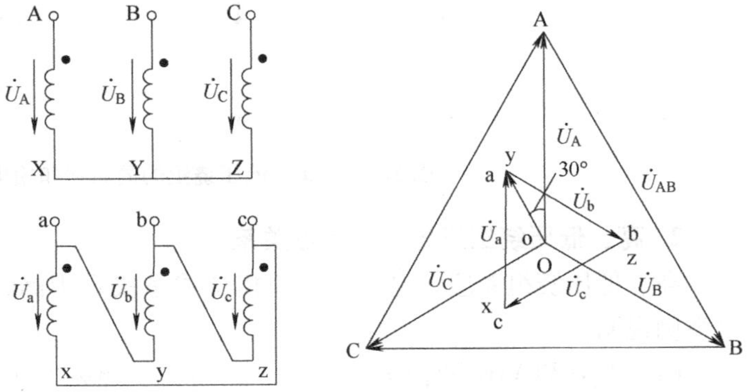

a) 绕组联结图　　b) 高、低压绕组的电压相量图

图 10-17　Yy11 联结组

若将图 10-17a 中低压侧的同名端由首端 a、b、c 改为尾端 x、y、z，而其他保持不变，则可将图 10-17a 表示为图 10-18a 所示的形式，图 10-18b 为与之相应的电压相量图。可以看出，此时 $\dot{U}_A$ 已与 $\dot{U}_a$ 相位相反、$\dot{U}_B$ 与 $\dot{U}_b$ 相位相反、$\dot{U}_C$ 与 $\dot{U}_c$ 相位相反，低压侧中线 oa 与图 10-17b 中的中线 oa 方向恰好相反，联结组标号由 Yd11 改变为 Yd5。

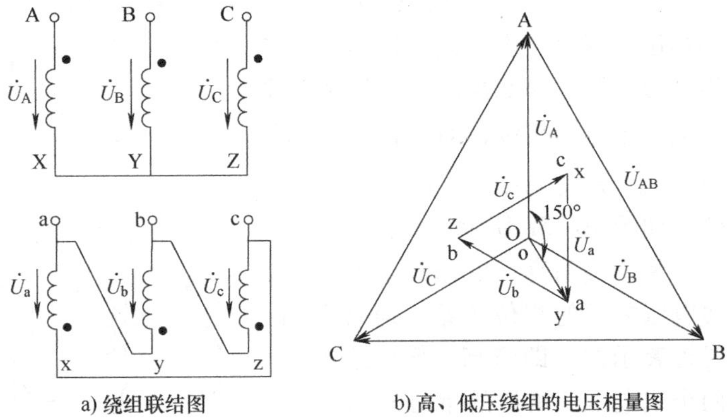

a) 绕组联结图　　b) 高、低压绕组的电压相量图

图 10-18　Yd5 联结组

实际上，图 10-18b 中，$\dot{U}_b = \dot{U}_{ab}$，$\dot{U}_{ab}$滞后 $\dot{U}_{AB}$ 150°，相位上也符合联结组标号 Yd5。如果将图 10-17a 高压侧的同名端由首端 A、B、C 改为尾端 X、Y、Z，而其他保持不变，也可得到联结组标号 Yd5。

（3）各种联结组标号及其应用场合

对于图 10-15a 所示的 Yy 联结组，若高压侧的三相标号 A、B、C 保持不变，而将低压侧三相 a、b、c 按顺序改为 c、a、b，则低压侧的各相电压和线电压均分别转过 120°，相当于短时针转过 4 个钟点，如图 10-19 所示；若将 a、b、c 改为 b、c、a，则相当于短时针转过 8 个钟点，于是，可得 0、4、8 三个标号。同样，由图 10-16a 所示的 Yy 联结组，可得 6、10、2 三个标号。一共 6 个偶数标号。同理，由图 10-17a 和图 10-18a 的 Yd 联结组，可得 11、3、7、5、9、1 六个奇数标号。总共可得 12 个标号。

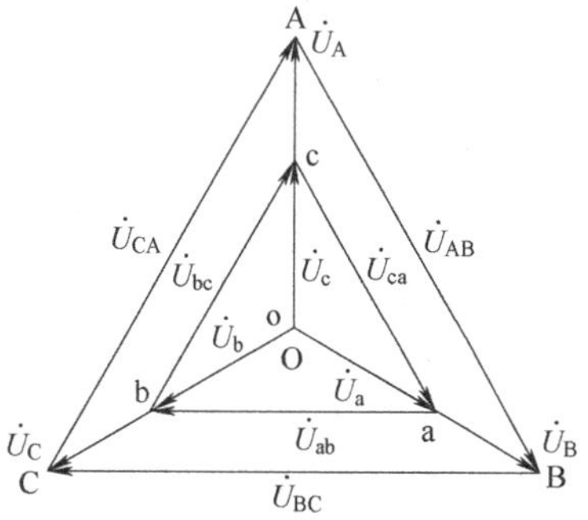

图 10-19 Yy4 联结组的电压相量图

为了制造和并联运行的方便，我国国家标准规定只采取 5 种标准联结组，即 Yyn0、Yd11、YNd11、YNy0 和 Yy0 五种，其中最常用的是前三种。Yyn0 联结组的二次侧可引出中性线，成为三相四线制，可兼供动力和照明负载。Yd11 联结组用于二次侧电压超过 400V 的线路中，此时变压器有一侧接成三角形，对运行有利。YNd11 联结组主要用于高压输电线路中，使电力系统的高压侧中性点可以接地。

10.5.3 绕组接法和磁路结构对二次电压波形的影响

如 10.1 节所述，对于单相变压器而言，电源电压为正弦波时，感应电动势接近为正弦波，这要求主磁通随时间按正弦规律变化。当磁路达到饱和时，为使主磁通成为正弦波，励磁电流将变为尖顶波，如图 10-3 所示。但是，对三相变压器而言，由于三相励磁电流中的 3 次谐波大小相等、方向相同，因此 3 次谐波电流能否流通将取决于绕组的联结。如果 3 次谐波电流不能流通，反过来会影响到主磁通和相电动势的波形。下面针对 Yy 和 Yd 两种联结组的铁心结构予以分析。

1. Yy 联结组

Yy 联结组的一、二次绕组均为星形联结且无中性线引出，励磁电流中的 3 次谐波电流无法流通，因此励磁电流 i_m 将接近为正弦波。如图 10-20 所示，当励磁电流幅值超过铁心磁化曲线 $\phi=f(i_m)$ 膝点对应的励磁电流时，主磁通将成为平顶波，其中除了基波分量 ϕ_1 外，还含有 3 次谐波分量 ϕ_3，其他更高次的奇次谐波分量因数值不大可忽略不计。

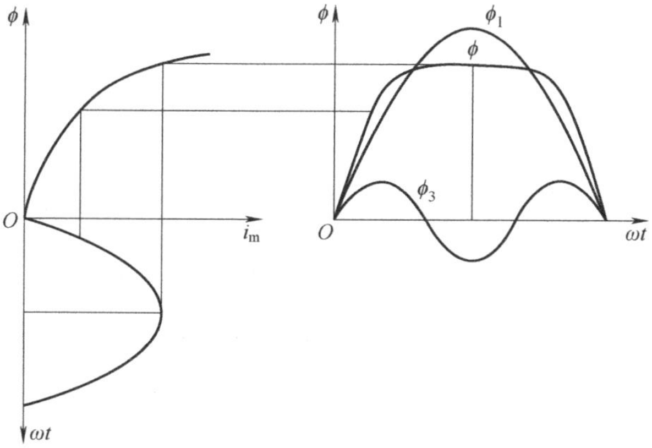

图 10-20 主磁路饱和时，正弦波励磁电流产生的平顶波主磁通

对于三相变压器组，如图 10-21 所示，由于各相磁路是相互独立的，3 次谐波磁通可以在各自的铁心内形成闭合回路。当主磁通波形畸变较大时，3 次谐波的幅值还是较大的，加之 3 次谐波的频率为基波频率的 3 倍，故 3 次谐波磁通可在各自相绕组中感生出较强的 3 次谐波电动势 e_3，严重时 e_3 的幅值可以达到基波 e_1 幅值的 50% 以上，结果使相电动势的波形成为尖顶波，如图 10-21 所示。实际上，由于主磁通畸变为平顶波，由电磁感应可知，相电动势自然为尖顶波，且主磁通波形畸变越严重，尖顶波的幅值也就越大。

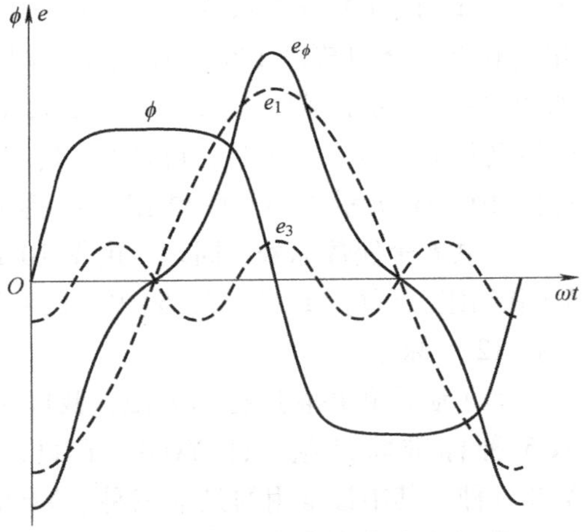

图 10-21 三相变压器组的 Yy 联结组相电动势波形

虽然在三相线电动势 e_L 中的 3 次谐波电动势互相抵消，使线电动势仍为正弦波，但是相电动势峰值过高将会危害到各自绕组的绝缘，因此三相变压器组不宜采用 Yy 联结组。

对于三相心式变压器，如图 10-13 所示，由于主磁路为三相星形磁路，而各相的 3 次谐波磁通大小相等、相位相同，因此 3 次谐波磁通不能沿铁心磁路闭合，而只能以铁心周围的油、油箱壁等形成回路，如图 10-22 中虚线所示。由于这条磁路的磁阻较大，限制了 3 次谐波磁通，因此 3 次谐波电动势也很小，使相电动势接近于正弦波。三相心式变压器可以接成 Yy 联结组，但 3 次谐波磁通经过油箱壁等钢制实心构件时，将在其中引起涡流杂散损耗，故三相心式变压器采用 Yy 联结时，容量不宜过大。

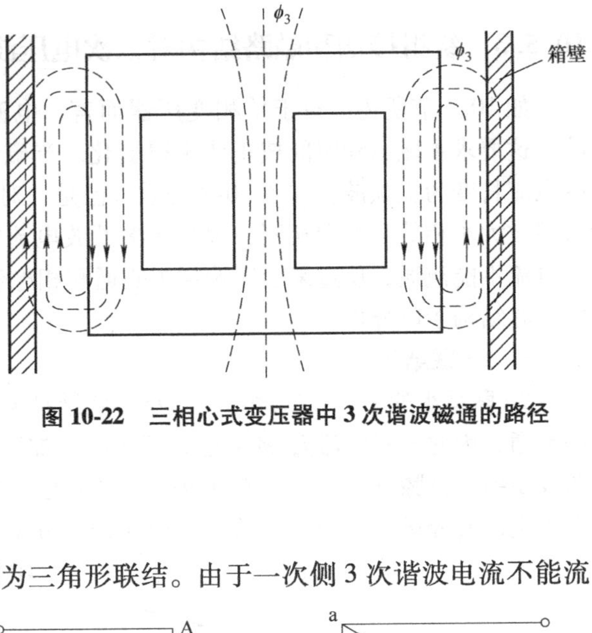

图 10-22 三相心式变压器中 3 次谐波磁通的路径

2. Yd 联结组

Yd 联结组的高压侧为星形联结，低压侧为三角形联结。由于一次侧 3 次谐波电流不能流通，因此主磁通中将产生 3 次谐波，相电动势中会出现 3 次谐波。但因二次侧为三角形联结，故三相的 3 次谐波电动势将在闭合的三角形内产生 3 次谐波电流，如图 10-23 所示。由于主磁通是由一、二次侧磁动势的合成磁动势产生的，因此一次侧正弦波励磁电流和二次侧 3 次谐波电流共同励磁时，其效果应与一次侧励磁电流为尖顶波时的效果相同，显然此时主磁通和相电动势的波形将接近正弦波。

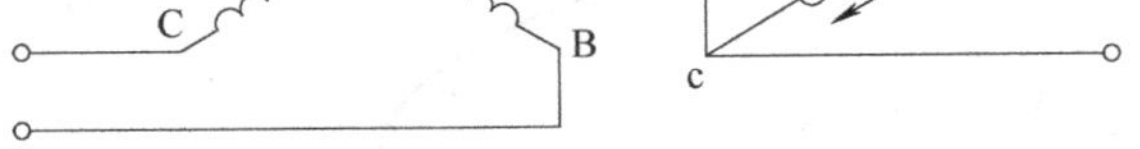

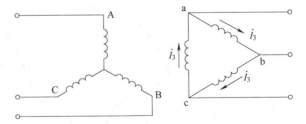

图 10-23 Yd 联结组中二次侧三角形内部的 3 次谐波环流

上述分析表明，为使相电动势波形接近于正弦形，希望三相变压器的一次或二次侧中最好能有一侧为三角形联结。在大容量高压变压器中，当需要一、二次侧均为星形联结时，可另加一个接成三角形的小容量的第三绕组，可以改善相电动势波形。

10.5.4 变压器额定值

在变压器铭牌上标有额定值，亦称铭牌值。额定值是制造厂对变压器在额定状态和指定工作条件下运行时所规定的一些量值。在额定状态下运行时，变压器可长期可靠地工作，且具有优良的性能。额定值是进行产品设计和试验的依据。

变压器的额定值主要有：

（1）额定容量 S_N

额定容量是变压器在额定状态下输出视在功率的保证值。额定容量的单位为伏安(V·A)或千伏安(kV·A)。通常一、二次侧的额定容量设计为相等。对于三相变压器，额定容量是指三相容量之和。

（2）额定电压 U_N

铭牌规定的各个绕组在空载且在指定分接开关位置下的端电压称为额定电压。额定电压用伏(V)或千伏(kV)来表示。对三相变压器，额定电压是指线电压。

（3）额定电流 I_N

根据额定容量和额定电压计算出的电流称为额定电流，以安(A)或千安(kA)来表示。对三相变压器，额定电流是指线电流。

对于单相变压器，一、二次额定电流分别为

$$I_{1N}=\frac{S_N}{U_{1N}} \qquad I_{2N}=\frac{S_N}{U_{2N}}$$

对于三相变压器，一、二次额定电流分别为

$$I_{1N}=\frac{S_N}{\sqrt{3}U_{1N}} \qquad I_{2N}=\frac{S_N}{\sqrt{3}U_{2N}}$$

（4）额定频率 f_N

我国的标准工频为50Hz。

此外，额定工作状态下变压器的效率、温升等数据也属于额定值。

10.6 标幺值

在工程计算中，通常不用各自物理量的实际值计算，而是采用标幺值。标幺值是某一物理量的实际值与选定的基值之比，因此标幺值没有量纲，用物理量加上标“∗”来表示。标幺值乘以100，便是百分值。

采用标幺值，首先要选定基值，基值用该物理量加下标“b”来表示。对电路计算而言，四个基本物理量——电压 U、电流 I、阻抗 Z、视在功率 S 之中，只要选定其中两个量的基值，其他两个量的基值可以由已选定的两个量的基值来表示。

对单相系统，若电压和电流的基值分别为 U_b 和 I_b，则视在功率基值 S_b 和阻抗基值 Z_b 分别为

$$S_b=U_bI_b \qquad Z_b=\frac{U_b}{I_b} \tag{10-63}$$

在计算变压器稳态运行问题时，通常以额定电压和额定电流为基值，这样一、二次相电压的标幺值为

$$U_1^* = \frac{U_1}{U_{1b}} = \frac{U_1}{U_{1N\phi}} \qquad U_2^* = \frac{U_2}{U_{2b}} = \frac{U_2}{U_{2N\phi}} \tag{10-64}$$

式中，$U_{1N\phi}$和$U_{2N\phi}$分别为一次和二次绕组的额定相电压。

一次和二次相电流的标幺值为

$$I_1^* = \frac{I_1}{I_{1b}} = \frac{I_1}{I_{1N\phi}} \qquad I_2^* = \frac{I_2}{I_{2b}} = \frac{I_2}{I_{2N\phi}} \tag{10-65}$$

式中，$I_{1N\phi}$和$I_{2N\phi}$分别为一次和二次绕组的额定相电流。

归算到一次侧时，漏阻抗的标幺值 Z_k^* 为

$$|Z_k^*| = \frac{|Z_k|}{Z_{1b}} = \frac{I_{1N\phi}|Z_k|}{U_{1N\phi}} \tag{10-66}$$

三相变压器功率的基值取变压器的三相额定容量，即有

$$S_b = S_N = 3U_{N\phi}I_{N\phi} = \sqrt{3}\,U_N I_N \tag{10-67}$$

式中，$U_{N\phi}$和$I_{N\phi}$为相电压和相电流的额定值；U_N 和 I_N 为线电压和线电流的额定值。

当系统中装有多台变压器时，可以选择某一特定的视在功率 S_b 作为整个系统的功率基值。这时系统中各变压器的标幺值需要换算到以 S_b 作为功率基值时的标幺值。由于功率的标幺值与对应的功率基值成反比，而在同一电压基值下，阻抗的标幺值与对应的功率基值成正比，所以选用不同的功率基值时，功率和阻抗的标幺值换算为

$$S^* = S_1^* \frac{S_{b1}}{S_b} \qquad Z^* = Z_1^* \frac{S_b}{S_{b1}} \tag{10-68}$$

式中，S_1^* 和 Z_1^* 为功率基值选为 S_{b1}时功率和阻抗的标幺值；S^*和 Z^*为功率基值选为 S_b 时功率和阻抗的标幺值。

采用标幺值具有以下优点：

1）采用标幺值时，不论变压器容量大小如何，各参数和典型性能数据都能在一定范围内，便于比较和分析。例如，对于电力变压器，漏阻抗的标幺值 $Z_k^* = 0.04 \sim 0.17$，空载电流的标幺值 $I_0{}^* = 0.02 \sim 0.10$。

2）采用标幺值表示时，归算到高压侧或低压侧时变压器的参数恒相等，故用标幺值计算时不必进行归算。例如

$$R_2^* = \frac{I_{2N\phi}R_2}{U_{2N\phi}} = \frac{I_{2N\phi}U_{2N\phi}R_2}{U_{2N\phi}^2} = \frac{U_{1N\phi}I_{1N\phi}R_2}{U_{1N\phi}^2/k^2} = \frac{I_{1N\phi}k^2R_2}{U_{1N\phi}} = \frac{I_{1N\phi}}{U_{1N\phi}}R_2' = R_2'{}^* \tag{10-69}$$

3）采用标幺值后，某些物理量还具有相同的数值，如短路阻抗 Z_k 的标幺值等于阻抗电压 U_k 的标幺值，即有

$$|Z_k^*| = \frac{|Z_k|}{Z_{1b}} = \frac{I_{1N\phi}|Z_k|}{U_{1N\phi}} = \frac{U_k}{U_{1N\phi}} = U_k^* \tag{10-70}$$

10.7 变压器的运行特性

变压器的运行特性主要包括外特性和效率特性。从外特性可以确定变压器的额定电压调整率，从效率特性可以确定变压器的额定效率。这两个数据是标志变压器性能的主要指标。

10.7.1 电压调整率和外特性

外特性指的是一次侧外加额定电压、二次侧负载功率因数保持不变时，二次绕组的端电压与负载电流之间的关系，即 $U_2=f(I_2)$。外特性反映了负载变化时，变压器二次电压能否保持恒定，因此是标志变压器性能的主要特性之一。

1. 电压调整率

负载时二次电压变化的大小可以用电压调整率 Δu 来衡量。电压调整率 Δu 定义为：当一次电压保持为额定，负载功率因数保持不变，从空载到负载时二次电压变化的百分值。即有

$$\Delta u=\frac{U_{20}-U_2}{U_{2N\phi}}\times100\%=\frac{U_{2N\phi}-U_2}{U_{2N\phi}}\times100\%=\frac{U_{1N\phi}-U_2'}{U_{1N\phi}}\times100\% \tag{10-71}$$

式中，U_{20}为二次侧的空载电压，即为二次额定电压，$U_{20}=U_{2N\phi}$；U_2 为负载时二次绕组的端电压；U_2' 为 U_2 归算到一次侧的电压值。

变压器由空载变为负载后，由于负载电流在变压器内部产生了漏阻抗电压降，使得二次端电压发生了变化，因此电压调整率 Δu 可由 T 形等效电路算出。对于电力变压器，由于励磁电流相对很小，故可用简化等效电路和相应的相量图求得 Δu。

图 10-24a 为简化等效电路，若设负载为感性，相应的相量图则如图 10-24b 所示。图中，U_1 为一次侧额定电压，$U_1=U_{1N\phi}$，$\dot I_2'$ 为负载电流归算值。

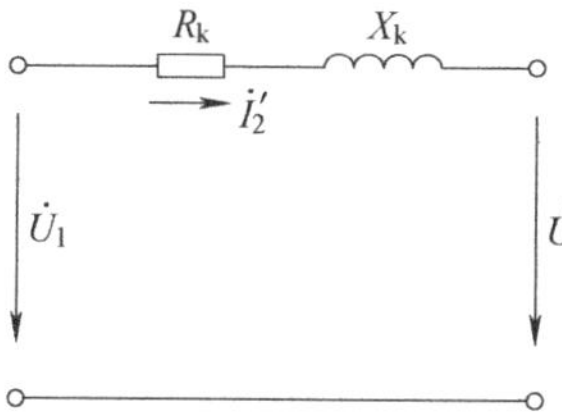

a) 简化等效电路

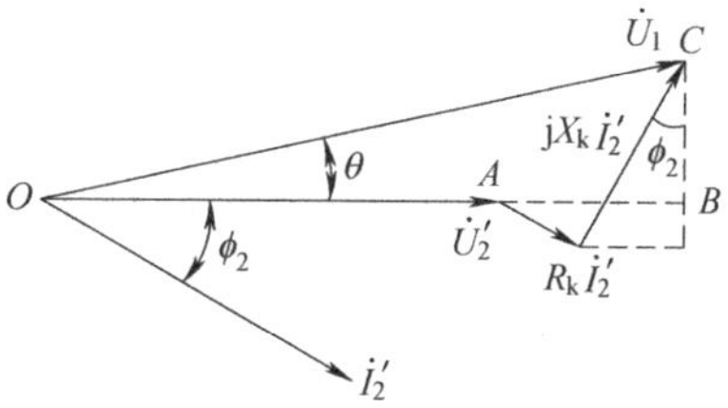

b) 相量图

图 10-24 简化等效电路及相量图

图 10-24b 中，作 $\dot U_2'$ 延长线 AB，再作线段 CB 与 AB 正交。当漏阻抗电压降较小时，$\dot U_1$ 与 $\dot U_2'$ 之间的相位差 θ 较小，可认为 $U_1\approx OB$，故可得

$$U_1-\dot U_2'\approx OB-OA=AB$$

其中

$$AB=R_kI_2'\cos\phi_2+X_kI_2'\sin\phi_2$$

于是有

$$\begin{aligned}\Delta u&=\frac{U_{1N\phi}-U_2'}{U_{1N\phi}}\times100\%\approx\frac{R_kI_2'\cos\phi_2+X_kI_2'\sin\phi_2}{U_{1N\phi}}\times100\%\\&=I_2^*(R_k^*\cos\phi_2+X_k^*\sin\phi_2)\times100\%\end{aligned} \tag{10-72}$$

式中，$I_2^*=I_2'/I_{1N\phi}$为负载电流标幺值，不计励磁电流时 $I_2^*=I_1^*$；$R_k^*=R_k/(U_{1N\phi}/I_{1N\phi})$；$X_k^*=X_k/(U_{1N\phi}/I_{1N\phi})$。

2. 外特性

式（10-72）表明，电压调整率与负载的性质和漏阻抗有关。当负载为感性时，因 ϕ_2 角为正值，负载时的二次电压总比空载时低，所以电压调整率恒为正值；当负载为容性时，ϕ_2

角为负值，电压调整率可能成为负值，此时负载时的二次电压可以高于空载电压。图 10-25 是一台变压器负载功率因数分别为 0.8（滞后）、1 和 0.8（超前）时，用标幺值表示的外特性 $U_2^*=f(I_2^*)$。

负载为额定负载（$I_2^*=1$）、功率因数为指定值（通常为0.8滞后）时的电压调整率称为额定电压调整率，用 Δu_N 来表示。额定电压调整率是变压器的主要性能指标之一。电力变压器的 Δu_N 约为5%，所以一般电力变压器的高压绕阻上均设有±5%的抽头，以便进行电压调节。

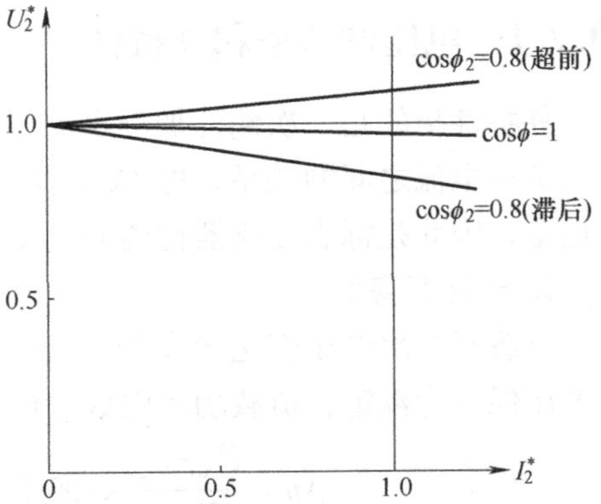

图 10-25 不同负载功率因数下的外特性 $U_2^*=f(I_2^*)$

10.7.2 效率和效率特性

1. 变压器的损耗

变压器的损耗分为铁耗和铜耗两类，每一类又包括基本损耗和杂散损耗。

基本铁耗是指变压器铁心中的磁滞损耗和涡流损耗；杂散铁耗包括铁心叠片间由于绝缘损伤引起的局部涡流损耗，主磁通在结构部件中引起的涡流损耗等。铁耗可近似认为与铁心磁密幅值 B_m 的二次方或 U_1^2 成正比。由于变压器的一次电压保持不变，故铁耗可视为不变损耗，亦即空载时的铁耗即为负载时的铁耗。

基本铜耗是指绕组产生的电阻损耗；杂散铜耗包括由于漏磁场引起的趋肤效应使导线有效电阻变大所增加的铜耗，以及漏磁场在结构部件中所引起的涡流损耗等。铜耗与负载电流的二次方成正比，因此为可变损耗。铜耗与绕组的温度有关，计算时绕组电阻应换算为工作温度（通常为75℃）。

2. 变压器的效率

输出功率 P_2 与输入功率 P_1 之比称为变压器的效率，即有

$$\eta=\frac{P_2}{P_1}=\frac{P_2}{P_2+\sum P} \tag{10-73}$$

式中，$\sum P$ 为变压器内部的总损耗。

变压器输出功率 P_2 和总损耗 $\sum P$ 可表示为

$$P_2=mU_2I_2\cos\phi_2=mU_{20}I_2\cos\phi_2 \tag{10-74}$$

$$\sum P=p_{Fe}+p_{Cu}=p_{Fe}+mI_2^2R_k'' \tag{10-75}$$

式中，m 为相数；$U_2=U_{20}$（忽略二次电压变化对输出功率影响）；R_k'' 为归算到二次侧的短路电阻。

将式（10-74）和式（10-75）代入式（10-73），可得

$$\eta=\frac{mU_{20}I_2\cos\phi_2}{mU_{20}I_2\cos\phi_2+p_{Fe}+mI_2^2R_k''} \tag{10-76}$$

3. 效率特性

式（10-76）表明，效率 η 为负载电流 I_2 的函数。当 $U_1=U_{1N\phi}$，$\cos\phi_2=$常数时，效率与负载电流的关系 $\eta=f(I_2)$ 即为效率特性，如图 10-26 所示。

效率特性是表征变压器力能指标的特性。额定负载时变压器的效率称为额定效率，用 η_N

表示。额定效率是变压器的一个重要性能指标。电力变压器的额定效率通常为 $\eta_N=95\%\sim99\%$。

从效率特性 $\eta=f(I_2)$ 可以看出，当负载电流 I_2 达到一定数值时，效率达到其最大值 η_{max}。将式（10-76）对负载电流 I_2 求导，并令 $d\eta/dI_2=0$，可得

$$mI_2^2R_k''=p_{Fe} \tag{10-77}$$

式（10-77）表明，当变压器铜耗恰好等于铁耗时，其效率达到了最大值，如图 10-26 所示。

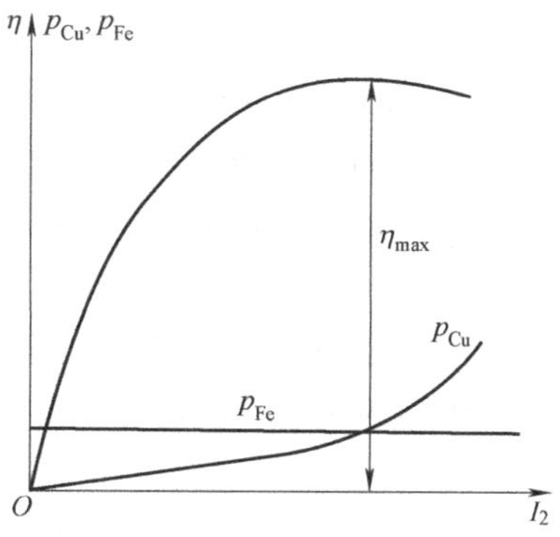

图 10-26 变压器的效率特性 $\eta=f(I_2)$

变压器空载试验时，额定电压下测得的损耗 P_0 近似等于铁耗 p_{Fe}，$P_0\approx p_{Fe}$；短路试验时，额定电流下测得损耗 P_k 近似等于铜耗，$P_k\approx mI_2^2R_k''=p_{Cu}$，且有

$$mI_2^2R_k''=m\left(\frac{I_2}{I_{2N}}\right)^2I_{2N}^2R_k''=I_2^{*2}P_{kN} \tag{10-78}$$

式中，P_{kN}为额定电流下的短路损耗。

当效率达最大值时，则有

$$I_2^{*2}P_{kN}=P_0$$

此时负载电流的标幺值 I_2^* 为

$$I_2^*=\sqrt{\frac{P_0}{P_{kN}}} \tag{10-79}$$

效率可以用直接负载法测定。但对于电力变压器，直接负载法耗能很大，且难以获得准确结果，因此工程上通常采用间接法来计算效率，即由空载和短路试验测得的铁耗和铜耗来计算效率，由此确定的效率称为惯例效率。

若不计负载时二次电压的变化对效率的影响，则可将惯例效率表示为

$$\eta=1-\frac{\sum P}{P_1}=1-\frac{p_{Fe}+p_{Cu}}{mU_{20}I_2\cos\phi_2+p_{Fe}+p_{Cu}}=1-\frac{P_0+I_2^{*2}P_{kN}}{S_NI_2^*\cos\phi_2+P_0+I_2^{*2}P_{kN}} \tag{10-80}$$

式中，$mU_{20}I_2=mU_{20}I_{2N}I_2/I_{2N}=S_NI_2^*$。

10.8 变压器的并联运行

变压器的并联运行是指将两台或多台变压器的一、二次侧绕组分别并联到一、二次侧公共母线上，共同对负载供电。并联运行可以提高供电的可靠性，减少备用容量，可根据负载的大小调节投入运行的变压器台数，以提高运行效率。图 10-27 所示为两台变压器并联运行，图中已将两台变压器的一、二次绕组分别并联到一、二次侧的公共母线上。

对于变压器的并联运行，要求总体上能够达到理想状态。下面以两台变压器并联运行为例，说明何为理想的并联运行，以及为达到理想并联运行各变压器应满足的条件。

10.8.1 理想的并联运行

设两台变压器分别为Ⅰ和Ⅱ，对称运行时，分别取其对应的一相来分析。两台变压器的电压比分别为 $k_{Ⅰ}$ 和 $k_{Ⅱ}$，且有 $k_{Ⅰ}<k_{Ⅱ}$，为分析方便，采用了归算到二次侧的简化等效电路，如

图 10-28a 所示。图中，$Z''_{k\mathrm{I}}$、$Z''_{k\mathrm{II}}$ 分别为归算到二次侧的等效漏阻抗，$\dot{I}_{2\mathrm{I}}$、$\dot{I}_{2\mathrm{II}}$ 分别为两台变压器的负载电流，$\dot{I}_2$ 和 $\dot{U}_2$ 分别为总负载电流和负载电压。各物理量正方向如图中所示。为清晰起见，可将图 10-28a 表示为图 10-28b 所示的形式。

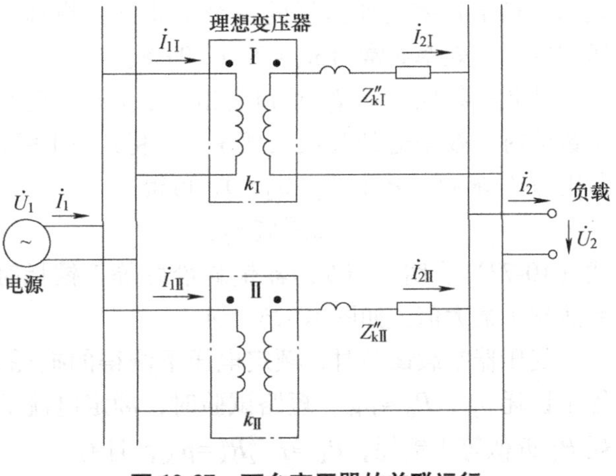

图 10-27　两台变压器的并联运行

变压器的理想并联运行主要体现在以下几个方面：

1）空载时各变压器之间没有环流。

2）负载时各变压器能够按容量合理分担负载，不能出现一台变压器过载，而另一台轻载的现象。

3）各变压器的负载电流应同相位，总负载电流是各负载电流的代数和。

理想并联运行时，并联组的最大容量可以达到各台变压器的额定容量之和，且总损耗最小，以提高运行效率。

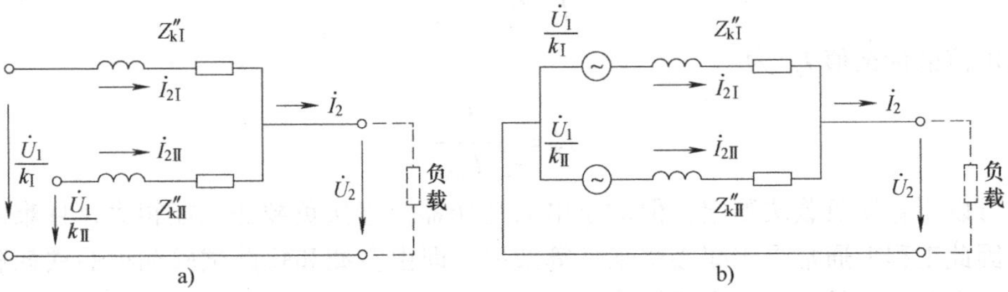

图 10-28　两台变压器并联运行的简化等效电路

10.8.2　理想并联运行需要满足的条件

图 10-28a 中，两台变压器的电压方程和负载电流可表示为

$$\begin{cases}\dfrac{\dot{U}_1}{k_{\mathrm{I}}}=\dot{U}_2+Z''_{k\mathrm{I}}\dot{I}_{2\mathrm{I}}\\[2ex]\dfrac{\dot{U}_1}{k_{\mathrm{II}}}=\dot{U}_2+Z''_{k\mathrm{II}}\dot{I}_{2\mathrm{II}}\\[2ex]\dot{I}_2=\dot{I}_{2\mathrm{I}}+\dot{I}_{2\mathrm{II}}\end{cases}\tag{10-81}$$

求解式（10-81），可得两台变压器的负载电流 $\dot{I}_{2\mathrm{I}}$ 和 $\dot{I}_{2\mathrm{II}}$ 分别为

$$\begin{cases}\dot{I}_{2\mathrm{I}}=\dot{I}_2\dfrac{Z''_{k\mathrm{II}}}{Z''_{k\mathrm{I}}+Z''_{k\mathrm{II}}}+\dfrac{\dot{U}_1\left(\dfrac{1}{k_{\mathrm{I}}}-\dfrac{1}{k_{\mathrm{II}}}\right)}{Z''_{k\mathrm{I}}+Z''_{k\mathrm{II}}}=\dot{I}_{\mathrm{LI}}+\dot{I}_{\mathrm{c}}\\[4ex]\dot{I}_{2\mathrm{II}}=\dot{I}_2\dfrac{Z''_{k\mathrm{I}}}{Z''_{k\mathrm{I}}+Z''_{k\mathrm{II}}}-\dfrac{\dot{U}_1\left(\dfrac{1}{k_{\mathrm{I}}}-\dfrac{1}{k_{\mathrm{II}}}\right)}{Z''_{k\mathrm{I}}+Z''_{k\mathrm{II}}}=\dot{I}_{\mathrm{LII}}-\dot{I}_{\mathrm{c}}\end{cases}\tag{10-82}$$

式（10-82）表明，每台变压器内的电流均包含两个分量：第 1 个分量为每台变压器所分担的

负载电流 $\dot{I}_{L\mathrm{I}}$ 和 $\dot{I}_{L\mathrm{II}}$，第2个分量由两台变压器的电压比不同所引起的二次侧环流 $\dot{I}_c$。

下面分析变压器理想并联运行应满足的条件。

1. 电压比必须相等

由式（10-82）可知，由电压比不同所引起的二次侧环流 $\dot{I}_c$ 为

$$\dot{I}_c=\frac{\dot{U}_1\left(\frac{1}{k_{\mathrm{I}}}-\frac{1}{k_{\mathrm{II}}}\right)}{Z''_{k\mathrm{I}}+Z''_{k\mathrm{II}}} \tag{10-83}$$

由图10-28b也可以看出，由于 $k_{\mathrm{I}}\neq k_{\mathrm{II}}$，在二次侧内将引起开路电压差 $\dot{U}_1\left(\frac{1}{k_{\mathrm{I}}}-\frac{1}{k_{\mathrm{II}}}\right)$。环流大小与 $\dot{U}_1\left(\frac{1}{k_{\mathrm{I}}}-\frac{1}{k_{\mathrm{II}}}\right)$ 成正比，与漏阻抗之和（$Z''_{k\mathrm{I}}+Z''_{k\mathrm{II}}$）成反比；环流仅在两台变压器的内部流动（一次侧和二次侧都有），其与负载无关，即使在空载时，两台变压器内部也会出现环流；由于变压器的漏阻抗很小，即使电压比相差很小，也会引起较大的环流，因此在制造变压器时，对电压比的误差应严加控制。

2. 联结组标号必须相同

对于三相变压器，如果电压比相等但联结组标号不同，则两台变压器二次侧的开路电压 $\dot{U}_{20(\mathrm{I})}$ 和 $\dot{U}_{20(\mathrm{II})}$ 间将产生电压差 $\Delta\dot{U}_{20}$，即有

$$\Delta\dot{U}_{20}=\dot{U}_{20(\mathrm{I})}-\dot{U}_{20(\mathrm{II})} \tag{10-84}$$

图10-28b中，两台变压器一次绕组电压归算到二次侧后，$\dot{U}_1/k_{\mathrm{I}}$、$\dot{U}_1/k_{\mathrm{II}}$ 即为二次侧开路电压 $\dot{U}_{20(\mathrm{I})}$、$\dot{U}_{20(\mathrm{II})}$，故在环路内由电压差 $\Delta\dot{U}_{20}$ 产生的环流 $\dot{I}_c$ 可表示为

$$\dot{I}_c=\frac{\Delta\dot{U}_{20}}{Z''_{k\mathrm{I}}+Z''_{k\mathrm{II}}} \tag{10-85}$$

$\dot{U}_{20(\mathrm{I})}$ 与 $\dot{U}_{20(\mathrm{II})}$ 间的相位差至少是30°，如图10-29所示，此时 $\Delta\dot{U}_{20}$ 的大小为

$$\Delta U_{20}=|\dot{U}_{20(\mathrm{I})}-\dot{U}_{20(\mathrm{II})}|=2U_{20}\sin15°=0.518U_{20} \tag{10-86}$$

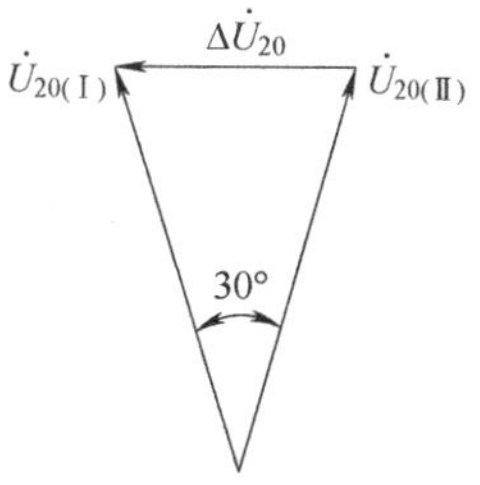

图10-29 相位不同的二次侧开路电压

式中，$U_{20}=U_{20(\mathrm{I})}=U_{20(\mathrm{II})}$。由于漏阻抗很小，因此产生的环流很大，可将变压器烧毁。

由以上分析可知，为满足理想并联运行的第一个要求，除了变压器电压比应相等外，要求联结组的标号必须相同，或者说，联结组的标号不同的变压器绝对不允许并联运行。

3. 短路阻抗标幺值需相等、阻抗角要相同

图10-28b中，若两台变压器电压比和联结组标号均相同，则两台变压器中的环流为零，此时式（10-82）中的负载电流 $\dot{I}_{L\mathrm{I}}$ 和 $\dot{I}_{L\mathrm{II}}$ 则分别为

$$\dot{I}_{L\mathrm{I}}=\dot{I}_2\frac{Z''_{k\mathrm{II}}}{Z''_{k\mathrm{I}}+Z''_{k\mathrm{II}}}\qquad \dot{I}_{L\mathrm{II}}=\dot{I}_2\frac{Z''_{k\mathrm{I}}}{Z''_{k\mathrm{I}}+Z''_{k\mathrm{II}}} \tag{10-87}$$

可得

$$\frac{\dot{I}_{L\mathrm{I}}}{\dot{I}_{L\mathrm{II}}}=\frac{Z''_{k\mathrm{II}}}{Z''_{k\mathrm{I}}} \tag{10-88}$$

式（10-88）表明，在并联变压器之间，负载电流按其漏阻抗成反比分配。事实上，如

图 10-28b 所示，若两台变压器 $k_{\mathrm{I}}=k_{\mathrm{II}}$，且联结组标号相同，则有$\dfrac{\dot{U}_1}{k_{\mathrm{I}}}=\dfrac{\dot{U}_1}{k_{\mathrm{II}}}$，自然漏阻抗越大者，其负载电流越小，或反之。但是，两台变压器额定电流不等时，一种理想状态是 $\dot{I}_{\mathrm{LI}}$ 和 $\dot{I}_{\mathrm{LII}}$ 能够按变压器额定电流的大小成比例地分配，即有$\dfrac{\dot{I}_{\mathrm{LI}}}{I_{\mathrm{N1}}}=\dfrac{\dot{I}_{\mathrm{LII}}}{I_{\mathrm{NII}}}$，也就是 $\dot{I}_{\mathrm{LI}}^*=\dot{I}_{\mathrm{LII}}^*$。

将式（10-88）两端同乘以$\dfrac{I_{\mathrm{NII}}}{I_{\mathrm{NI}}}$，且考虑到两台变压器具有相同的额定电压，则可得

$$\frac{\dot{I}_{\mathrm{LI}}^*}{I_{\mathrm{LII}}^*}=\frac{Z_{\mathrm{kII}}^*}{Z_{\mathrm{kI}}^*}=\frac{|Z_{\mathrm{kII}}^*|}{|Z_{\mathrm{kI}}^*|}\underline{/\psi_{\mathrm{kI}}-\psi_{\mathrm{kII}}} \tag{10-89}$$

式中，电流和阻抗的标幺值均以各变压器的额定值为基值；ψ_{kI} 和 ψ_{kII} 分别为 Z''_{KI} 和 Z''_{KII} 的相位角。

式（10-89）表明，并联变压器所分担的负载电流的标幺值与漏阻抗的标幺值成反比。当 $|Z_{\mathrm{kI}}^*|=|Z_{\mathrm{kII}}^*|$和 $\psi_{\mathrm{kI}}=\psi_{\mathrm{kII}}$时，不仅使 $I_{\mathrm{LI}}^*=I_{\mathrm{LII}}^*$，令两台变压器负载电流大小可按各台变压器额定电流成比例地分配，而且可使 $\dot{I}_{\mathrm{LI}}$ 与 $\dot{I}_{\mathrm{LII}}$ 同相位，令总负载电流为两台变压器负载电流的代数和。此时，变压器已实现了理想的负载分配，完全满足了理想并联运行的第二、第三个要求。

实际变压器并联运行时，要求各变压器的联结组标号必须相同，电压比的偏差要严格控制在±5%之内，漏阻抗的标幺值相差不能大于 10%，阻抗角可以有一定差别。

10.9 三绕组变压器、自耦变压器和仪用互感器

10.9.1 三绕组变压器

1. 绕组结构

在发电站和变电站内，通常需要将几种不同电压等级的输电系统联系起来。有时，由于输电距离的不同，发电站发出的电能需要以两种不同的电压等级输出，采用三绕组变压器比较经济。对于比较重要的负载，为安全可靠和经济供电，也可以由两条不同电压等级的线路通过三绕组变压器共同供电。

三绕组变压器的三个绕组有高压、中压和低压三种额定电压。三绕组变压器的三次绕组常常接成三角形联结，供电给附近的低电压配电线，有时仅仅接有同步补偿机或静电电容器，以改善电网的功率因数。三相三绕组变压器的铁心一般为心式结构，每个心柱上套装有三个绕组。由于绝缘结构的要求，高压绕组通常套装在铁心的最外边；中压和低压绕组与铁心的相对位置，要根据是升压还是降压变压器，以及对短路电抗的要求等多种因素来确定。三个绕组的容量可以相等，也可以不等，其中最大的容量规定为三绕组变压器的额定容量。三相三绕组变压器的标准联结组有 YNyn0d11 和 YNyn0y0 两种。

2. 基本方程

图 10-30 中，一次绕组的匝数为 N_1，二次绕组的匝数为 N_2，三次绕组的匝数为 N_3，则一次绕组和二次绕组、一次绕组和三次绕组的电压比 k_{12}、k_{13}分别为

$$k_{12}=\frac{N_1}{N_2}\qquad k_{13}=\frac{N_1}{N_3}\tag{10-90}$$

三绕组变压器的磁通仍可分为主磁通和漏磁通两部分。主磁通与一次、二次和三次绕组同时交链；漏磁通则分为自漏磁通和互漏磁通，前者仅链过一个绕组，后者与两个绕组同时交链，两者主要通过空气和油闭合。图10-30中，ϕ为主磁通，$\phi_{11\sigma}$、$\phi_{22\sigma}$、$\phi_{33\sigma}$分别为一、二次绕组和三次绕组的自漏磁通，$\phi_{12\sigma}$、$\phi_{23\sigma}$、$\phi_{31\sigma}$为互漏磁通。

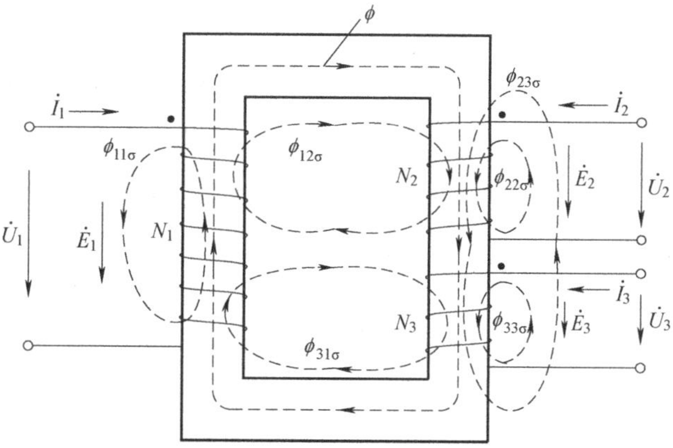

图10-30　三绕组变压器的磁场分布示意图

主磁通由三个绕组共同励磁所产生。将二次绕组和三次绕组归算到一次绕组后，按图10-30中所示的正方向，可得三绕组变压器的磁动势方程为

$$\dot I_1+\dot I_2'+\dot I_3'=\dot I_{\mathrm m}\tag{10-91}$$

式中，$\dot I_{\mathrm m}$为励磁电流；$\dot I_2'$为二次绕组的归算值，$\dot I_2'=\dot I_2/k_{12}$；$\dot I_3'$为三次绕组的归算值，$\dot I_3'=\dot I_3/k_{13}$。

三个绕组的电压方程分别为

$$\begin{cases}\dot U_1=(R_1+\mathrm jX_{11\sigma})\dot I_1+\mathrm jX_{12\sigma}'\dot I_2'+\mathrm jX_{13\sigma}'\dot I_3'-\dot E_1\\ \dot U_2'=(R_2'+\mathrm jX_{22\sigma}')\dot I_2'+\mathrm jX_{21\sigma}'\dot I_1+\mathrm jX_{23\sigma}'\dot I_3'-\dot E_2'\\ \dot U_3'=(R_3'+\mathrm jX_{33\sigma}')\dot I_3'+\mathrm jX_{31\sigma}'\dot I_1+\mathrm jX_{32\sigma}'\dot I_2'-\dot E_3'\end{cases}\tag{10-92}$$

式中，加“′”的量表示归算值；R_1、R_2'、R_3'为各绕组电阻；$X_{11\sigma}$、$X_{22\sigma}'$、$X_{33\sigma}'$为各绕组的自漏抗；$X_{12\sigma}'$、$X_{23\sigma}'$、$X_{31\sigma}'$为一次和二次绕组、二次和三次绕组、三次和一次绕组的互漏抗，且$X_{12\sigma}'=X_{21\sigma}'$，$X_{23\sigma}'=X_{32\sigma}'$、$X_{13\sigma}'=X_{31\sigma}'$；$\dot E_1$、$\dot E_2'$、$\dot E_3'$为主磁通在各个绕组内感生的电动势。

三绕组变压器的励磁方程为

$$\dot E_1=\dot E_2'=\dot E_3'=-Z_{\mathrm m}\dot I_{\mathrm m}\tag{10-93}$$

式中，$Z_{\mathrm m}$为励磁阻抗。

3. 等效电路

根据磁动势方程式（10-91）、电压方程式（10-92）和励磁方程式（10-93），可得到三绕组变压器的T形等效电路，如图10-31所示。

与两绕组变压器的等效电路比较，三绕组变压器的T形等效电路中，除了多出了一条支路外，一次和二次回路、二次和三次回路、三次和二次回路之间还有互漏抗$X_{12\sigma}'$、$X_{23\sigma}'$、$X_{31\sigma}'$，增加了等效电路的复杂性。

通常情况下，电力变压器励磁电流较小，若将其略去不计，则有

$$\dot I_1+\dot I_2'+\dot I_3'=0\tag{10-94}$$

将式（10-92）中的第1式减去第2式，并以$\dot I_3'=-(\dot I_1+\dot I_2')$代入，再将第1式减去第3式，并以$\dot I_2'=-(\dot I_1+\dot I_3')$代入，可得

$$\begin{cases}\dot{U}_1-\dot{U}'_2=(R_1+\mathrm{j}X_1)\dot{I}_1-(R'_2+\mathrm{j}X'_2)\dot{I}'_2\\ \dot{U}_1-\dot{U}'_3=(R_1+\mathrm{j}X_1)\dot{I}_1-(R'_3+\mathrm{j}X'_3)\dot{I}'_3\end{cases}\tag{10-95}$$

其中

$$\begin{cases}X_1=X_{11\sigma}+X'_{23\sigma}-X'_{12\sigma}-X'_{13\sigma}\\ X'_2=X'_{22\sigma}+X'_{13\sigma}-X'_{23\sigma}-X'_{21\sigma}\\ X'_3=X'_{33\sigma}+X'_{12\sigma}-X'_{31\sigma}-X'_{32\sigma}\end{cases}\tag{10-96}$$

式中，X_1、X'_2 和 X'_3 分别为一次、二次和三次绕组的等效漏抗。

由式（10-95）可得三绕组变压器的简化等效电路如图 10-32 所示。应该指出，图中的等效漏电抗 X_1、X'_2、X'_3 仅是个计算量，大小与绕组的空间布置有关；其中一个若为负值，则相当于容抗。

等效电路确定后，可以用来分析和计算三绕组变压器的各种运行问题，如电压调节率、效率、短路电流和并联运行等。

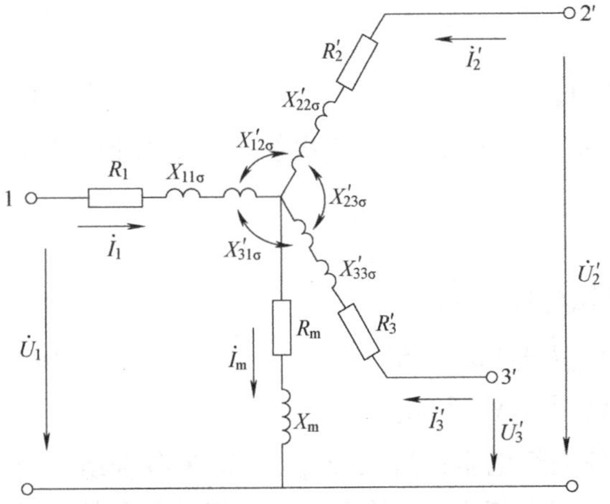

图 10-31 三绕组变压器的 T 形等效电路

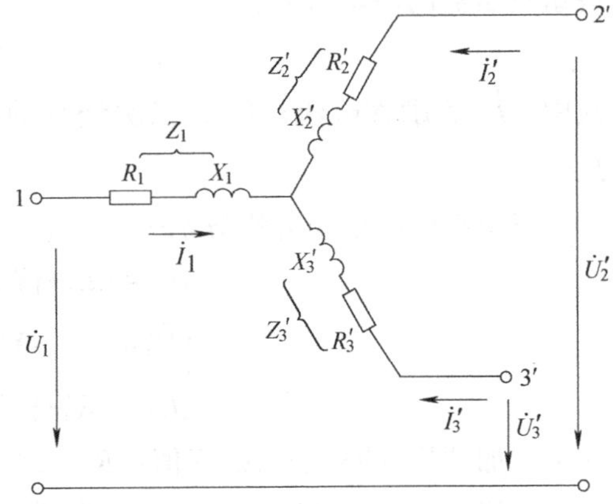

图 10-32 三绕组变压器的简化等效电路

10.9.2 自耦变压器

1. 自耦变压器的结构与特点

自耦变压器的绕组由两部分串联构成，其中一部分是一次和二次侧共用的公共绕组，另一部分是一次（或二次）侧串联绕组；公共绕组与串联绕组串联后作为自耦变压器的一次（或二次）绕组，公共绕组则作为二次（或一次）绕组，因此自耦变压器可作为降压变压器，也可以作为升压变压器。图 10-33 为一台普通的 N_1/N_2 匝的单相变压器作为降压自耦变压器时的原理图和接线图。作为普通的单相两绕组变压器时，一次和二次电压分别为 $\dot{U}_1$ 和 $\dot{U}_2$，电流为 $\dot{I}_1$ 和 $\dot{I}_2$，改接成自耦降压变压器后，一次电压为 $\dot{U}_{1a}$、电流为 $\dot{I}_{1a}$，二次电压为 $\dot{U}_{2a}$、电流为 $\dot{I}_{2a}$，可以看出，$\dot{U}_{1a}=\dot{U}_1+\dot{U}_2$，$\dot{U}_{2a}=\dot{U}_2$，$\dot{I}_{1a}=\dot{I}_1$，$\dot{I}_{2a}=\dot{I}_2-\dot{I}_1$。

由图 10-33 可见，一次和二次绕组之间不仅有磁的耦合，还有电的直接联系，反映了自耦变压器电磁关系上的特点。

自耦变压器的电压比 k_a 为

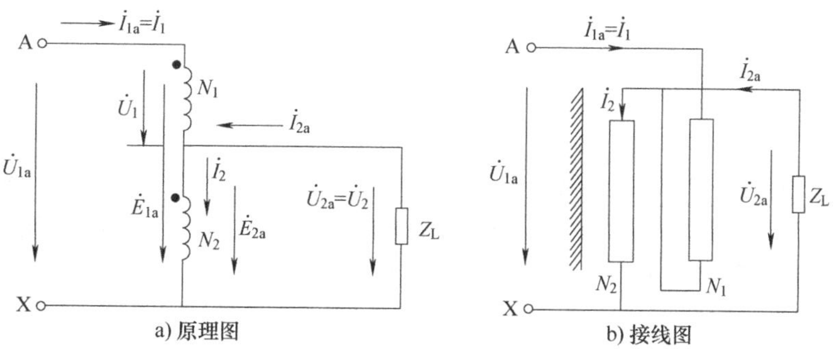

图 10-33 降压自耦变压器

$$k_a=\frac{N_1+N_2}{N_2}=1+k \tag{10-97}$$

式中，k 为两绕组变压器时的电压比，$k=\dfrac{N_1}{N_2}$。

设单相两绕组变压器的一、二次绕组额定电压分别为 U_{1N} 和 U_{2N}，额定电流分别为 I_{1N} 和 I_{2N}，额定容量则为 $S_N=U_{1N}I_{1N}=U_{2N}I_{2N}$。若将其接成图 10-33 所示的降压自耦变压器，额定容量则为

$$\begin{aligned}S_{aN}&=(U_{1N}+U_{2N})I_{1aN}=U_{1N}I_{1aN}+U_{2N}I_{1aN}\\&=S_N+\frac{S_N}{k}=S_N+\frac{S_N}{k_a-1}=\frac{k_a}{k_a-1}S_N\end{aligned} \tag{10-98}$$

式中，$I_{1aN}=I_{1N}$；$U_{2N}=U_{1N}/k$。

式（10-98）表明，自耦变压器的视在功率由两部分构成，一部分功率 S_N 与普通两绕组变压器一样，是通过电磁感应传递到二次侧的，称为感应功率；另一部分功率 $S_N/(k_a-1)$ 则是通过直接传导作用，由一次侧传递到二次侧，称为传导功率，传递这部分功率时不需要耗费变压器的有效材料，所以自耦变压器具有重量轻、价格低、效率高等特点。电压比 k_a 越接近于 1，传导功率所占的比例就越大，经济效果就越显著。

自耦变压器常用于高、低压比例接近的场合，如用以连接两个电压相近的电力系统，在企业和实验室中，常用作调压器和起动补偿器。

2. 自耦变压器的基本方程

如图 10-33a 所示，串联绕组的磁动势为 $N_1\dot I_{1a}$，公共绕组的磁动势为 $N_2\dot I_2$，作用于铁心磁路（主磁路）的磁动势则为

$$N_1\dot I_{1a}+N_2\dot I_2=(N_1+N_2)\dot I_m \tag{10-99}$$

式中，$\dot I_m$ 为自耦变压器的励磁电流。式（10-99）即为自耦变压器的磁动势方程。

由于 $\dot I_2=\dot I_{1a}+\dot I_{2a}$，故可将式（10-99）表示为

$$\dot I_{1a}+\dot I'_{2a}=\dot I_m \tag{10-100}$$

式中，I'_{2a} 为归算值，$I'_{2a}=\dfrac{N_2}{N_1+N_2}I_{2a}=\dfrac{I_{2a}}{k_a}$。

按图 10-33a 中所示正方向，可列出自耦变压器一次和二次绕组的电压方程，即有

$$\dot U_{1a}=Z_{1\sigma}\dot I_{1a}+Z_{2\sigma}\dot I_2-\dot E_{1a} \tag{10-101}$$

$$\dot{E}_{2a}=Z_{2\sigma}\dot{I}_2-\dot{U}_{2a} \tag{10-102}$$

$$\dot{E}_{1a}=k_a\dot{E}_{2a}=-Z_m\dot{I}_m \tag{10-103}$$

$$\dot{I}_2=\dot{I}_{1a}+\dot{I}_{2a} \tag{10-104}$$

式中，$\dot{U}_{1a}$、$\dot{U}_{2a}$分别为一次和二次绕组的端电压；$\dot{E}_{1a}$、$\dot{E}_{2a}$分别为主磁通在一次和二次绕组感应的电动势；$Z_{1\sigma}$、$Z_{2\sigma}$分别为串联绕组和公共绕组的漏阻抗；Z_m 为一次侧的励磁阻抗。

3. 自耦变压器的等效电路

将式（10-103）、式（10-104）分别代入式（10-101）、式（10-102），再利用式（10-100），可得

$$\begin{aligned}\dot{U}_{1a}&=Z_{1\sigma}\dot{I}_{1a}+Z_{2\sigma}(\dot{I}_{1a}+\dot{I}_{2a})+Z_m\dot{I}_m\\&=(Z_{1\sigma}+Z_{2\sigma})\dot{I}_{1a}+k_a(\dot{I}_m-\dot{I}_{1a})Z_{2\sigma}+Z_m\dot{I}_m\\&=[Z_{1\sigma}-(k_a-1)Z_{2\sigma}]\dot{I}_{1a}+(Z_m+k_aZ_{2\sigma})\dot{I}_m\end{aligned} \tag{10-105}$$

$$\begin{aligned}\dot{U}'_{2a}&=k_a\dot{U}_{2a}=k_a(\dot{I}_2Z_{2\sigma}-\dot{E}_{2a})=Z_m\dot{I}_m+k_a\dot{I}_2Z_{2\sigma}\\&=Z_m\dot{I}_m+k_a(\dot{I}_{2a}+\dot{I}_{1a})Z_{2\sigma}\\&=Z_m\dot{I}_m+k_a(k_a\dot{I}'_{2a}+\dot{I}_{1a})Z_{2\sigma}\\&=Z_m\dot{I}_m+k_a^2\dot{I}'_{2a}Z_{2\sigma}+k_a(\dot{I}_m-\dot{I}'_{2a})Z_{2\sigma}\\&=(Z_m+k_aZ_{2\sigma})\dot{I}_m+k_a(k_a-1)Z_{2\sigma}I'_{2a}\end{aligned} \tag{10-106}$$

由电压方程式（10-105）和式（10-106）、磁动势方程式（10-100）和励磁方程式（10-103），即可得出自耦变压器的等效电路，如图 10-34a 所示。忽略励磁电流，可得简化等效电路，如图 10-34b 所示。

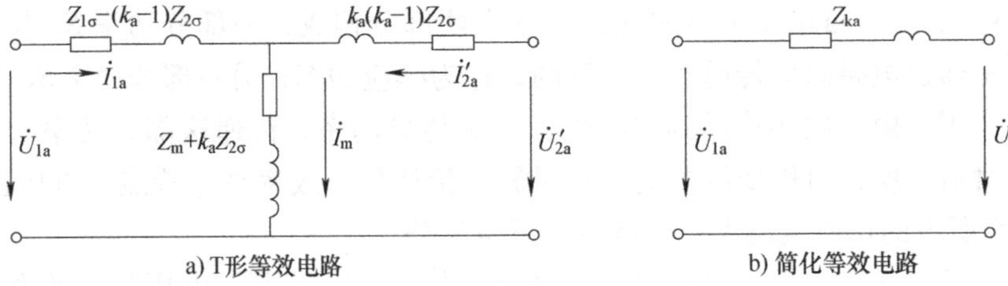

图 10-34　自耦变压器的等效电路

4. 自耦变压器的短路阻抗

由简化等效电路可知，自耦变压器的短路阻抗 Z_{ka}为

$$\begin{aligned}Z_{ka}&=Z_{1\sigma}-(k_a-1)Z_{2\sigma}+k_a(k_a-1)Z_{2\sigma}\\&=Z_{1\sigma}+(k_a-1)^2Z_{2\sigma}\\&=Z_{1\sigma}+k^2Z_{2\sigma}=Z_k\end{aligned} \tag{10-107}$$

式（10-107）表明，自耦变压器的短路阻抗 Z_{ka}与普通的两绕组变压器的短路阻抗 Z_k 相等，$Z_{ka}=Z_k$。

图 10-33a 中，若串联绕组 N_1 是原两绕组变压器的一次绕组，其额定电压为 U_{1N}，额定电流为 I_{1N}，而公共绕组 N_2 是原两绕组变压器的二次绕组，改接成自耦变压器后，则有 $I_{1aN}=I_{1N}$，$U_{1aN}=U_{1N}+U_{2N}=U_{1N}\left(1+\dfrac{1}{k}\right)$，故可得

$$Z_{ka}^{*}=\frac{Z_{ka}I_{1aN}}{U_{1aN}}=\frac{Z_{k}I_{1N}}{U_{1N}\left(1+\frac{1}{k}\right)}=\frac{Z_{k}^{*}}{1+\frac{1}{k}}=Z_{k}^{*}\left(1-\frac{1}{k_{a}}\right) \tag{10-108}$$

式（10-108）表明，两绕组变压器改接成自耦变压器后，虽然有 $Z_{ka}=Z_k$，但是由于自耦变压器一次侧的额定电压 U_{1aN} 已增为两绕组变压器一次侧额定电压的 $\left(1+\frac{1}{k}\right)$ 倍，故自耦变压器短路阻抗的标幺值减为原两绕组变压器 Z_k^* 的 $\left(1-\frac{1}{k_a}\right)$ 倍。因此发生短路时，短路电流的标幺值较大，这是自耦变压器的不足；另一不足是自耦变压器一次侧和二次侧之间没有电的隔离。

10.9.3　仪用互感器

在电力系统中，在测量高压线路的电压和电流时，为保证人身安全，需采用电压互感器和电流互感器，使测量回路与高压线路隔离。电压互感器和电流互感器还广泛用于电气测量系统，用来提取线路的电压和电流信息。这种接在仪表前的互感器称为仪用互感器。电流互感器和电压互感器的工作原理与普通变压器基本相同，但各自有其特殊性和设计要求。

1. 电压互感器

图 10-35 为电压互感器的接线图，其一次绕组接于被测的高压线路，二次绕组接于测量的电压表。电压互感器的一次绕组匝数很多，二次绕组的匝数很少。通常二次侧的额定电压设计为 100V。

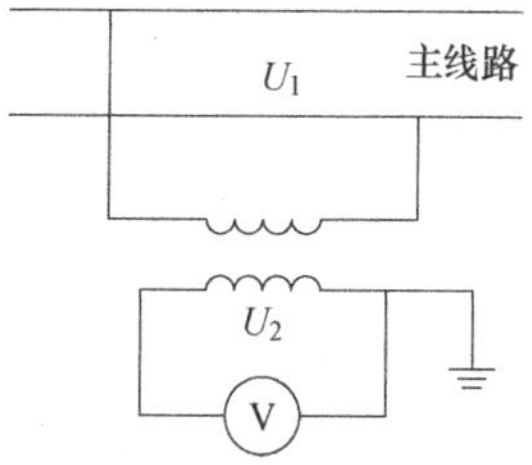

图 10-35　电压互感器接线图

由于电压表电压线圈的阻抗很大，因此电压互感器相当于一台降压变压器的空载运行。如果忽略漏阻抗电压降，则有 $U_1/U_2=N_1/N_2$，因此通过选择合适的一、二次匝数比，即可将高电压转换为低电压来测量。但是，电压互感器总是存在漏阻抗的，此时 $U_1/U_2\neq N_1/N_2$，将会产生电压比误差；高、低压侧电压相位不同，将会产生相位误差。为减小误差，设计电压互感器时应尽量减小漏阻抗和励磁电流，根据电压比误差的大小，电压互感器的精度可分为 0.5、1.0 和 3.0 等三个标准等级。

使用电压互感器时，二次侧不能短路，否则将会产生很大的短路电流。此外，为安全起见，互感器的二次绕组连同铁心一起必须可靠地接地。

2. 电流互感器

图 10-36 是电流互感器的接线图，其一次绕组串联在被测线路中，二次绕组连接电流表。电流互感器的一次绕组匝数很少，只有一匝或几匝，二次绕组匝数很多。

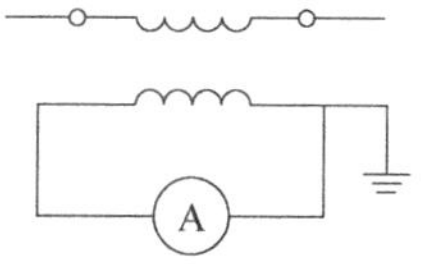

图 10-36　电流互感器接线图

由于电流表的阻抗很小，所以电流互感器相当于短路运行。如果忽略励磁电流，则有 $I_1/I_2=N_2/N_1$，于是通过选择合适的匝数比，即可将大电流转变为小电流来测量。通常，二次绕组的额定电流设计为 5A 或 1A。实际的电流互感器总存在励磁电流，按照电流比误差的大小，电流互感器的精度可分为 0.2、0.5、1.0、3.0、4.0 和 10.0 等五个标准等级。

在使用电流互感器时，二次侧不允许开路。如果二次侧开路，一次侧的线路电流将全部变成为励磁电流，使铁心的磁密急剧增加，二次侧将出现危险的过电压。通常，电流互感器的二次侧设置有并联的短路开关，以供二次侧电流表退出时的需要。此外，为安全起见，二次侧必须可靠接地。

例 题

【例 10-1】 一台单相变压器，$S_N=10\text{kV}\cdot\text{A}$，$U_{1N}/U_{2N}=380\text{V}/220\text{V}$，$R_1=0.14\Omega$，$R_2=0.035\Omega$，$X_{1\sigma}=0.22\Omega$，$X_{2\sigma}=0.055\Omega$，$R_m=30\Omega$，$X_m=310\Omega$。一次侧外加电源电压为额定电压并保持不变，二次侧负载阻抗 $Z_L=(4+\text{j}3)\Omega$。试分别用 T 形、近似和简化等效电路计算下列各项：

1）一、二次电流及二次电压。

2）一、二次侧功率因数及输入功率、输出功率和效率。

3）励磁电流、铁耗和铜耗。

解： 额定电流及电压比为

$$I_{1N}=\frac{S_N}{U_{1N}}=\frac{10\times10^3}{380}\text{A}=26.32\text{A}$$

$$I_{2N}=\frac{S_N}{U_{2N}}=\frac{10\times10^3}{220}\text{A}=45.45\text{A}$$

$$k=\frac{U_{1N}}{U_{2N}}=\frac{380}{220}=1.727$$

用 T 形等效电路计算如下：

1）一、二次电流及二次电压为

$$R_2'=k^2R_2=1.727^2\times0.035\Omega=0.1044\Omega$$

$$X_{2\sigma}'=k^2X_{2\sigma}=1.727^2\times0.055\Omega=0.164\Omega$$

$$Z_L'=k^2Z_L=1.727^2\times(4+\text{j}3)\Omega=(11.93+\text{j}8.95)\Omega$$

$$\begin{aligned}Z_d&=Z_{1\sigma}+\frac{1}{\dfrac{1}{Z_m}+\dfrac{1}{Z_{2\sigma}'+Z_L'}}=Z_{1\sigma}+\frac{Z_m(Z_{2\sigma}'+Z_L')}{Z_m+Z_{2\sigma}'+Z_L'}\\&=(0.14+\text{j}0.22)\Omega+\frac{(30+\text{j}310)(0.1044+\text{j}0.164+11.93+\text{j}8.95)}{30+\text{j}310+0.1044+\text{j}0.164+11.93+\text{j}8.95}\Omega\\&=(11.47+\text{j}9.43)\Omega=14.85\angle39.43^\circ\Omega\end{aligned}$$

选 $\dot{U}_1=U_1\angle0^\circ$，则

$$\dot{I}_1=\frac{\dot{U}_1}{Z_d}=\frac{380\angle0^\circ}{14.85\angle39.43^\circ}\text{A}=25.59\angle-39.43^\circ\text{A}=(19.77-\text{j}16.25)\text{A}$$

$$Z_{1\sigma}=(0.14+\text{j}0.22)\Omega=0.26\angle57.53^\circ\Omega$$

$$\begin{aligned}-\dot{E}_1&=\dot{U}_1-\dot{I}_1Z_{1\sigma}=(380\angle0^\circ-25.59\angle-39.43^\circ\times0.26\angle57.53^\circ)\text{V}\\&=(373.68-\text{j}2.067)\text{V}=373.7\angle-0.317^\circ\text{V}\end{aligned}$$

$$-\dot{I}_2' = \frac{-\dot{E}_1}{Z_{2\sigma}'+Z_L'} = \frac{373.7\angle-0.317^\circ}{12.03+j9.114}$$

$$= 24.76\angle-37.47^\circ A$$

$$\dot{I}_2' = -(-\dot{I}_2') = 24.76\angle142.53^\circ A$$

$$I_2 = kI_2' = 1.727\times24.76A = 42.76A$$

$$\dot{U}_2' = \dot{I}_2'Z_L' = 24.76\angle142.53^\circ\times1.727^2\times5\angle36.87^\circ V = 369.24\angle179.4^\circ V$$

$$U_2 = \frac{U_2'}{k} = \frac{369.24}{1.727}V = 213.8V$$

2）一、二次侧功率因数，输入、输出功率及效率为

$$\phi_1 = -39.4^\circ$$

$$\cos\phi_1 = \cos(-39.4^\circ) = 0.772$$

$$\phi_2 = \arctan\frac{X_L}{R_L} = 36.87^\circ$$

$$\cos\phi_2 = \cos36.87^\circ = 0.8 \text{（滞后）}$$

$$P_1 = U_1I_1\cos\phi_1 = 380\times25.59\times0.772W = 7507.1W$$

$$P_2 = U_2I_2\cos\phi_2 = 213.8\times42.76\times0.8W = 7313.7W$$

$$\eta = \frac{P_2}{P_1} = \frac{7313.7}{7507.1}\times100\% = 97.42\%$$

3）励磁电流、铁耗和铜耗为

$$\dot{I}_m = \frac{-\dot{E}_1}{Z_m} = \frac{373.7\angle-0.317^\circ}{30+j310}A = 1.2\angle-84.79^\circ A$$

$$p_{Fe} = I_m^2R_m = 1.2^2\times30W = 43.2W$$

$$p_{Cu1} = I_1^2R_1 = 25.59^2\times0.14W = 91.7W$$

$$p_{Cu2} = I_2^2R_2 = 42.76^2\times0.035W = 64W$$

同样可以采用近似和简化等效电路进行计算，三种等效电路的计算结果见表10-1。可以看出，三种等效电路的计算结果相差很小。

表10-1 三种等效电路的计算结果

计算结果	I_1/A	I_2/A	U_2/V	$\cos\phi_1$	$\cos\phi_2$	P_2/W
T形电路	25.59	42.76	213.8	0.772	0.8	7507.1
近似T形电路	25.62	42.78	213.9	0.772	0.8	7515.9
简化电路	24.77	42.78	213.9	0.794	0.8	7473.6

计算结果	P_2/W	p_{Fe}/W	p_{Cu1}/W	p_{Cu2}/W	I_m/A	η(%)
T形电路	7313.7	43.2	91.7	64	1.2	97.42
近似T形电路	7320.5	44.65	85.9	64.05	1.22	97.40
简化电路	7320.5	0	84.93	64.05	0	97.95

【例10-2】 一台单相变压器，$S_N = 1000kV\cdot A$，$U_{1N}/U_{2N} = 60kV/6.3kV$，$f = 50Hz$，空载及短路试验的结果见表10-2。

表 10-2　空载及短路试验结果

试验名称	电压/V	电流/A	功率/W	备　注
空载试验	6300	19.1	5000	电源加在低压侧
短路试验	3240	15.15	14000	电源加在高压侧

试计算归算到高压侧及低压侧的励磁参数和等效漏阻抗参数，假定 $R_1=R'_2=R_k/2$，$X_{1\sigma}=X'_{2\sigma}=X_k/2$。

解：一次侧及二次侧的额定电流为

$$I_{1N}=\frac{S_N}{U_{1N}}=\frac{1000\times10^3}{60\times10^3}\text{A}=16.7\text{A}\qquad I_{2N}=\frac{S_N}{U_{2N}}=\frac{1000\times10^3}{6.3\times10^3}\text{A}=158.7\text{A}$$

电压比为

$$k=\frac{U_{1N}}{U_{2N}}=\frac{60}{6.3}=9.52$$

1）由空载试验可以得到归算到低压侧的励磁阻抗参数为

$$|Z_m|=\frac{U_2}{I_{20}}=\frac{6300}{19.1}\Omega=329.8\Omega$$

$$R_m=\frac{p_{20}}{I_{20}^2}=\frac{5000}{19.1^2}\Omega=13.7\Omega$$

$$X_m=\sqrt{|Z_m|^2-R_m^2}=\sqrt{329.8^2-13.7^2}\,\Omega=329.5\Omega$$

归算到高压侧的励磁阻抗参数为

$$|Z'_m|=k^2|Z_m|=9.52^2\times329.8\Omega=29889.9\Omega$$

$$R'_m=k^2R_m=9.52^2\times13.7\Omega=1241.6\Omega$$

$$X'_m=k^2X_m=9.52^2\times329.5\Omega=29862.7\Omega$$

2）由短路试验可以得到归算到高压侧的等效漏阻抗参数为

$$|Z'_k|=\frac{U_{1k}}{I_{1k}}=\frac{3240}{15.15}\Omega=213.86\Omega$$

$$R'_k=\frac{p_{1k}}{I_{1k}^2}=\frac{14000}{15.15^2}\Omega=61\Omega$$

$$X'_k=\sqrt{|Z'_k|^2-R'^2_k}=\sqrt{213.86^2-61^2}\,\Omega=205\Omega$$

归算到低压侧的等效漏阻抗参数为

$$|Z_k|=\frac{|Z'_k|}{k^2}=\frac{329.8}{9.52^2}\Omega=3.64\Omega$$

$$R_k=\frac{R'_k}{k^2}=\frac{61}{9.52^2}\Omega=0.67\Omega$$

$$X_k=\frac{X'_k}{k^2}=\frac{205}{9.52^2}\Omega=2.26\Omega$$

注意：在短路试验时，如果告知试验时的工作温度，应将等效漏阻抗的值换算到 75℃时的数值。

【例 10-3】　一台三相变压器，Yd 联结，$S_N=1000\text{kV}\cdot\text{A}$，$U_{1N}/U_{2N}=10\text{kV}/6.3\text{kV}$，当外施

额定电压时，变压器的空载损耗 $p_0=4.9\text{kW}$，空载电流为额定电流的5%。当短路电流为额定电流时，短路损耗 $p_k=15\text{kW}$（已换算到75℃时的值），短路电压为额定电压的5.5%。试求归算到高压侧的励磁阻抗和漏阻抗的实际值和标幺值。

解： 1）励磁阻抗和漏阻抗的标幺值。忽略一次绕组的漏阻抗，可得

$$|Z_m^*|=\frac{U_1^*}{I_{10}^*}=\frac{1}{0.05}=20$$

$$R_m^*=\frac{p_0^*}{I_{10}^{*2}}=\frac{p_0/S_N}{I_{10}^{*2}}=\frac{4.9}{1000\times(0.05)^2}=1.96$$

$$X_m^*=\sqrt{|Z_m^*|^2-R_m^{*2}}=\sqrt{20^2-1.96^2}=19.9$$

$$|Z_k^*|=\frac{U_k^*}{I_k^*}=U_k^*=0.055$$

$$R_k^*=\frac{p_k^*}{I_k^{*2}}=\frac{p_k/S_N}{I_k^{*2}}=\frac{15}{1000}=0.015$$

$$X_k^*=\sqrt{|Z_k^*|^2-R_k^{*2}}=0.053$$

2）归算到高压侧时励磁阻抗和漏阻抗的实际值。高压侧的额定电流 I_{1N} 和阻抗基值 Z_{1b} 为

$$I_{1N}=\frac{S_N}{\sqrt{3}U_{1N}}=\frac{1000}{\sqrt{3}\times10}\text{A}=57.74\text{A}$$

$$Z_{1b}=\frac{U_{1N}}{\sqrt{3}I_{1N}}=\frac{10\times10^3}{\sqrt{3}\times57.74}\Omega=100\Omega$$

于是归算到高压侧时各阻抗的实际值为

$$|Z_m|=|Z_m^*|Z_{1b}=20\times100\Omega=2000\Omega$$

$$R_m=R_m^*Z_{1b}=1.96\times100\Omega=196\Omega$$

$$X_m=X_m^*Z_{1b}=19.9\times100\Omega=1990\Omega$$

$$|Z_k|=|Z_k^*|Z_{1b}=0.055\times100\Omega=5.5\Omega$$

$$R_k=R_k^*Z_{1b}=0.015\times100\Omega=1.5\Omega$$

$$X_k=X_k^*Z_{1b}=0.053\times100\Omega=5.3\Omega$$

注意：由于功率的基值是三相变压器的总容量，因此由功率的标幺值计算电阻的标幺值时，没有出现变压器相数。

【例10-4】 一台50Hz变压器，$S_N=20000\text{kV}\cdot\text{A}$，$R_k^*=0.008$，$X_k^*=0.0725$，额定电压时的空载损耗 $p_0=47\text{kW}$，额定短路电流时的短路损耗 $p_{kN}=160\text{kW}$，试求变压器带额定负载、$\cos\phi_2=0.8$（滞后）时的额定电压调整率和额定效率，并确定最大效率和达到最大效率时的负载电流。

解： 1）额定电压调整率和额定效率为

$$\begin{aligned}\Delta u_N&=I_2^*(R_k^*\cos\phi_2+X_k^*\sin\phi_2)\times100\%\\&=1\times(0.008\times0.8+0.0725\times0.6)\times100\%=4.99\%\end{aligned}$$

$$\eta=1-\frac{p_0+p_{kN}}{S_N\cos\phi_2+p_0+p_{kN}}=1-\frac{47+160}{20000\times0.8+47+160}=98.7\%$$

2）最大效率和达到最大效率时的负载为

$$I_2^* = \sqrt{\frac{p_0}{p_{kN}}} = \sqrt{\frac{47}{160}} = 0.542$$

$$\eta_{max} = 1 - \frac{2p_0}{S_N I_2^* \cos\phi_2 + 2p_0} = 1 - \frac{2\times47}{0.542\times20000\times0.8+2\times47} = 98.92\%$$

【例 10-5】 某变电所有两台联结组标号为 Yyn0 的三相变压器，数据如下。

第一台：$S_{\mathrm{I N}}=180\text{kV}\cdot\text{A}$，$U_{1N}/U_{2N}=6.3\text{kV}/0.4\text{kV}$，$|Z_{k\mathrm{I}}^*|=0.07$。

第二台：$S_{\mathrm{II N}}=320\text{kV}\cdot\text{A}$，$U_{1N}/U_{2N}=6.3\text{kV}/0.4\text{kV}$，$|Z_{k\mathrm{II}}^*|=0.065$。

不计漏阻抗角的差别，试计算：

1）当负载为 400kV · A 时，每台变压器应分担多少负载？

2）在每台变压器均不过载的情况下，并联组的最大输出是多少？

解： 1）每台变压器分担的负载分别为 S_{I}、S_{II}，满足：

$$\frac{S_{\mathrm{I}}/S_{\mathrm{I N}}}{S_{\mathrm{II}}/S_{\mathrm{II N}}} = \frac{I_{\mathrm{I}}^*}{I_{\mathrm{II}}^*} = \frac{|Z_{k\mathrm{II}}^*|}{|Z_{k\mathrm{I}}^*|} = \frac{0.065}{0.07} = 0.9286$$

$$S_{\mathrm{I}} + S_{\mathrm{II}} = (180+320)\text{kV}\cdot\text{A} = 400\text{kV}\cdot\text{A}$$

经计算得：$S_{\mathrm{I}}=137\text{kV}\cdot\text{A}$；$S_{\mathrm{II}}=263\text{kV}\cdot\text{A}$。

2）第二台变压器阻抗标幺值小，因此首先达到满载，当 $I_{\mathrm{II}}^*=1$ 时，则有

$$I_{\mathrm{I}}^* = 0.9286 I_{\mathrm{II}}^* = 0.9286$$

并联组的最大输出 S_{max} 则为

$$S_{max} = I_{\mathrm{II}}^* S_{\mathrm{II N}} + I_{\mathrm{I}}^* S_{\mathrm{I N}} = (320+0.9286\times180)\text{kV}\cdot\text{A} = 487.1\text{kV}\cdot\text{A}$$

习　题

10-1　一台 110V/220V 的变压器，若误接到 110V 的直流电源，将会产生什么后果？为什么？

10-2　一台变压器，原设计为 50Hz，现将它接到 60Hz 电网上，额定电压不变，试问励磁电流、铁耗、漏抗会怎样变化？

10-3　为了得到正弦波感应电动势，铁心不饱和与饱和时，空载电流各呈现何种波形？为什么？

10-4　变压器二次侧加电阻、电感和电容负载时，从一次侧输入的无功功率有何不同？为什么？输入三相感应电动机的无功功率决定于什么？试将两者比较之。

10-5　变压器二次侧加电感性负载及电容性负载时，在二次侧电流大小相等的情况下，二次侧电压是否相等？二次侧电压在什么情况下才会高于空载值？

10-6　有一台两绕组变压器，若一次侧的空载电流为 I_0，试问变压器的磁动势方程为什么不能写成 $N_1\dot{I}_1+N_2\dot{I}_2=N_1\dot{I}_0$？

10-7　说明变压器电抗参数 X_m 的物理意义。在什么条件下，可认为 X_m 为一常值？

10-8　变压器与三相感应电动机的等效电路和相量图有何不同，为什么？

10-9　变压器的励磁阻抗和漏阻抗如何测定？

10-10　对于三相变压器组的联结，什么是标号的时钟表示法？

10-11　什么是变压器的电压调整率？它与哪些因素有关？Δu 是否能变为负值？

10-12　变压器的理想并联运行是指什么？如何才能达到理想并联运行？

10-13　试述自耦变压器的优、缺点和应用范围。

10-14　有一台单相变压器，额定容量 $S_N=5000\text{kV}\cdot\text{A}$，额定电压 $U_{1N}/U_{2N}=35\text{kV}/6.6\text{kV}$，额定频率 $f_N=50\text{Hz}$，铁柱有效截面积为 1120cm^2，铁柱中磁通密度的最大值 $B_m=1.45\text{Wb/m}^2$，试求高、低压线圈的匝数。

【答案：$N_1=971$ 匝，$N_2=183$ 匝】

10-15 将一次绕组 $N_1=100$ 匝的单相变压器接到 110V、50Hz 的交流电源，二次绕组开路，测得输入电流 $I_0=0.5\text{A}$，输入功率 $P_0=10\text{W}$。不计漏磁和线圈电阻。试求：1）励磁电阻 R_{m0}，励磁电抗 X_{m0}，励磁阻抗 Z_{m0}；2）磁化电流 $I_{\mu0}$ 和铁耗电流 I_{Fe0}；3）主磁通幅值 Φ_{m0}。【答案：1）$R_{m0}=40\Omega$，$X_{m0}=216.3\Omega$，$Z_{m0}=220\Omega$；2）$I_{\mu0}=0.492\text{A}$，$I_{Fe0}=0.089\text{A}$；3）$\Phi_{m0}=0.00496\text{Wb}$】

10-16 习题 10-15 中，若铁心抽出，主磁通 Φ_{m0} 是否会有变化？为什么？此时变压器是否有烧毁的危险？为什么？

10-17 变压器在额定电压下进行开路试验和额定电流下进行短路试验时，电压加在高压侧所测得的 P_0 和 P_k，与加在低压测所得的结果是否一样？

10-18 有一台单相变压器，已知参数为：$R_1=2.19\Omega$，$X_{1\sigma}=15.4\Omega$，$R_2=0.15\Omega$，$X_{2\sigma}=0.964\Omega$，$R_m=1250\Omega$，$X_m=12600\Omega$，$N_1/N_2=870$ 匝/260 匝。当二次电压 $U_2=6000\text{V}$，二次电流 $I_2=180\text{A}$，且 $\cos\phi_2=0.8$（滞后）时：1）试画出归算到高压侧的 T 形等效电路；2）用 T 形等效电路和简化等效电路求 $\dot{U}_1$ 和 $\dot{I}_1$，并比较其结果。【答案：用 T 形等效电路，以 $\dot{U}_2'$ 为参考相量，$\dot{I}_1=54.57\angle-38.03°\text{A}$，$\dot{U}_1=21272\angle2.7°\text{V}$；用简化等效电路，$\dot{I}_1=54.34\angle-36.8°\text{A}$，$\dot{U}_1=21265\angle2.75°\text{V}$。】

10-19 图 10-37 中，各铅垂线上对应的高、低压绕组在同一铁心柱上。已知 A、B、C 为正相序，试判断 a、b、c、d 四图所示联结组的标号。

10-20 有一台 1000kV·A、10kV/6.3kV 的单相变压器，额定电压下的空载损耗为 4900W，空载电流为 0.05（标幺值），额定电流下 75℃ 时的短路损耗为 14000W，短路电压为 5.2%（百分值）。设归算后一次和二次绕组的电阻、漏抗相等，试计算：1）归算到一次侧时 T 形等效电路的参数；2）用标幺值表示时近似等效电路的参数；3）负载功率因数为 0.8（滞后）时，变压器的额定电压调整率和额定效率；4）变压器的最大效率，发生最大效率时负载电流的大小（$\cos\phi_2=0.8$，滞后）。【答案：1）$R_m=196\Omega$，$X_m=1990.4\Omega$，$R_{1(75℃)}=R'_{2(75℃)}=0.7\Omega$，$X_{1\sigma}=X'_{2\sigma}=2.5\Omega$；2）$R_m^*=1.96$，$X_m^*=1.99$，$R_k^*=0.014$，$X_k^*=0.05$；3）$\Delta u_N=0.0412$，$\eta_N=97.69\%$；4）$\eta_{max}=97.97\%$，$I^*_{2\eta=\eta_{max}}=0.5916$】

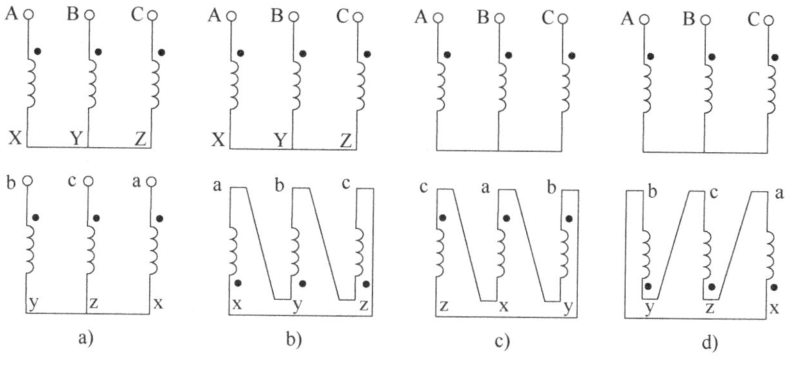

图 10-37 习题 10-20 的绕组

10-21 有一台三相变压器，$S_N=5600\text{kV}\cdot\text{A}$，$U_{1N}/U_{2N}=10\text{kV}/6.3\text{kV}$，联结组标号为 Yd11。变压器的开路和短路试验数据见表 10-3。

表 10-3 变压器开路和短路试验数据

试验名称	线电压/V	线电流/A	三相功率/W	备 注
开路试验	6300	7.4	6800	电压加在低压侧
短路试验	550	323	18000	电压加在高压侧

试求一次侧加额定电压时：1）归算到一次侧时近似等效电路的参数（实际值和标幺值）；2）满载且

$\cos\phi_2=0.8$（滞后）时，二次电压 $\dot{U}_2$ 和一次电流 $\dot{I}_1$；3）满载且 $\cos\phi_2=0.8$（滞后）时的额定电压调整率和额定效率。【答案：1）$R_m=104.19\Omega$，$X_m=1232.8\Omega$，$R_k=0.0575\Omega$，$X_k=0.981\Omega$；$R_m^*=5.834$，$X_m^*=69.03$，$R_k^*=0.00322$，$X_k^*=0.055$；2）$\dot{U}_2=6073.4\angle 0°V$，$\dot{I}_1=326.5\angle -37.46°A$；3）$\Delta u_N=0.0356$，$\eta_N=99.45\%$】

10-22 某变电所有两台联结组标号为 Yyn0 的三相变压器并联运行，变压器的数据如下。

第一台：$S_{\text{I}N}=5000kV\cdot A$，$U_{1N}/U_{2N}=6.3kV/0.4kV$，$|Z_k^*|=0.07$。

第二台：$S_{\text{II}N}=6300kV\cdot A$，$U_{1N}/U_{2N}=6.3kV/0.4kV$，$|Z_k^*|=0.075$。

不计漏阻抗角的差别，试求：1）当总负载为 9000kV · A 时，每台变压器分担多少负载？2）在每台变压器均不过载的情况下，并联组的最大输出是多少？【答案：1）$S_{\text{I}}=4135.14kV\cdot A$，$S_{\text{II}}=4864.86kV\cdot A$；2）$S_{max}=10884kV\cdot A$】

附　　录

附录 A　同步发电机的不对称运行

由于各种原因，如三相负载不对称（系统内部接有较大的单相负载），或者发生不对称短路事故（单相或相间短路），会使得发电机在不对称状态下运行。下面运用对称分量法分别对单相短路和相间短路引发的不对称运行进行分析。

A.1　对称分量法

由电工理论可知，当电机端点的三相电压 $\dot{U}_A$、$\dot{U}_B$ 和 $\dot{U}_C$ 不对称时，可将各相电压分别分解为 $\dot{U}_{A+}$、$\dot{U}_{A-}$、$\dot{U}_{A0}$和 $\dot{U}_{B+}$、$\dot{U}_{B-}$、$\dot{U}_{B0}$及 $\dot{U}_{C+}$、$\dot{U}_{C-}$、$\dot{U}_{C0}$，其中由 $\dot{U}_{A+}$、$\dot{U}_{B+}$、$\dot{U}_{C+}$构成了一组对称分量，相序与原三相电压相序相同，为正序分量；由 $\dot{U}_{A-}$、$\dot{U}_{B-}$、$\dot{U}_{C-}$构成了另一组对称分量，相序与原三相电压相序相反，为负序分量；$\dot{U}_{A0}$、$\dot{U}_{B0}$、$\dot{U}_{C0}$则是一组幅值和相位相同的单相电压，为零序分量。若将 $\dot{U}_{A+}$、$\dot{U}_{A-}$、$\dot{U}_{A0}$分别表示为 $\dot{U}_+$、$\dot{U}_-$、$\dot{U}_0$，则因 $\dot{U}_{B+}$超前 $\dot{U}_{A+}$ 240°电角度，故可将 $\dot{U}_{B+}$表示为 $\dot{U}_{B+}=\boldsymbol{a}^2\dot{U}$，$\boldsymbol{a}^2=e^{j240°}$；因 $\dot{U}_{C+}$超前 $\dot{U}_{A+}$ 120°电角度，则有 $\dot{U}_{C+}=\boldsymbol{a}\dot{U}_+$，$\boldsymbol{a}=e^{j120°}$；同理可知，$\dot{U}_{B-}=\boldsymbol{a}\dot{U}_-$，$\dot{U}_{C-}=\boldsymbol{a}^2\dot{U}_-$；且有 $\dot{U}_{A0}=\dot{U}_{B0}=\dot{U}_{C0}=\dot{U}_0$。于是，可将不对称的三相电压 $\dot{U}_A$、$\dot{U}_B$ 和 $\dot{U}_C$ 分别表示为

$$\begin{cases}\dot{U}_A=\dot{U}_{A+}+\dot{U}_{A-}+\dot{U}_{A0}=\dot{U}_++\dot{U}_-+\dot{U}_0\\ \dot{U}_B=\dot{U}_{B+}+\dot{U}_{B-}+\dot{U}_{B0}=\boldsymbol{a}^2\dot{U}_++\boldsymbol{a}\dot{U}_-+\dot{U}_0\\ \dot{U}_C=\dot{U}_{C+}+\dot{U}_{C-}+\dot{U}_{C0}=\boldsymbol{a}\dot{U}_++\boldsymbol{a}^2\dot{U}_-+\dot{U}_0\end{cases}\tag{A-1}$$

反之，通过求解式（A-1），即可得出正序、负序和零序分量分别为

$$\begin{cases}\dot{U}_+=\dfrac{1}{3}(\dot{U}_A+\boldsymbol{a}\dot{U}_B+\boldsymbol{a}^2\dot{U}_C)\\ \dot{U}_-=\dfrac{1}{3}(\dot{U}_A+\boldsymbol{a}^2\dot{U}_B+\boldsymbol{a}\dot{U}_C)\\ \dot{U}_0=\dfrac{1}{3}(\dot{U}_A+\dot{U}_B+\dot{U}_C)\end{cases}\tag{A-2}$$

已知 $\dot{U}_A$、$\dot{U}_B$ 和 $\dot{U}_C$，根据式（A-2）由作图法也可以得到 $\dot{U}_+$、$\dot{U}_-$、$\dot{U}_0$，如图 A-1a 所示；由 $\dot{U}_+$、$\dot{U}_-$、$\dot{U}_0$，进而可得到正序、负序、零序系统，如图 A-1b 所示。可以看出，由不对称

的三相电压 $\dot{U}_A$、$\dot{U}_B$、$\dot{U}_C$ 可以得到三组对称分量，而且是唯一的。这种分解同样适用于不对称的三相电流、电动势、磁动势和磁链。

若电机磁路为线性，则可以应用叠加原理，先分别求出这三组电压单独作用时电机内的各序电流和电磁转矩，再将其分别叠加起来，便可以得到总的电流和电磁转矩。由于正序、负序和零序系统均为对称系统，故只需取其一相来计算即可。通常情况下，取 A 相为参考相，此时只需求取 $\dot{U}_+$、$\dot{U}_-$和 $\dot{U}_0$ 的作用结果，所以运用对称分量法，不仅可以将电机不对称问题转化为对称问题来分析，还使整个计算得以简化，而且就基波而言，计算结果可认为基本正确。

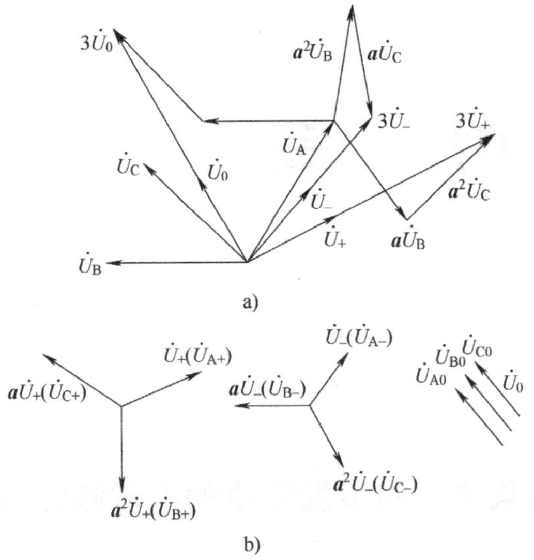

图 A-1　由不对称三相电压求取正序、负序和零序分量

A. 2　同步发电机的各序阻抗和等效电路

同步发电机稳态运行时，转子正向同步旋转，而正序和负序电流建立的旋转磁场分别以同步速正向和反向旋转，由于两者相对转子的转速不同，因此同步电机对正序电流和负序电流表现出的阻抗不同，前者称为正序阻抗，后者称为负序阻抗。此外，由于三个零序电流的相位相同，因此同步电机所表现的零序阻抗也与同步电机正常运行时不尽相同。

1. 正序阻抗和正序等效电路

正序阻抗记为 Z_+，可将其表示为

$$Z_+=R_++\mathrm{j}X_+ \tag{A-3}$$

对于隐极同步电机，Z_+即为正常运行时的同步阻抗；R_+即为电枢电阻，$R_+=R_s$；正序电抗即为同步电抗，$X_+=X_s$。对于凸极同步电机，当电枢磁动势与直轴重合时，$X_+=X_d$；当电枢磁动势与交轴重合时，$X_+=X_q$；当在其他位置时，X_+的值则介于 X_d 和 X_q 之间。

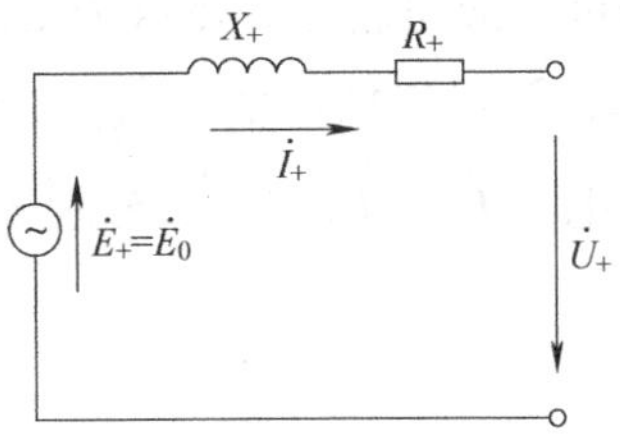

图 A-2　同步发电机的正序等效电路

在研究不对称短路问题时，由于电枢电阻通常远小于电抗，短路电流中的正序分量基本上为一感性电流，故此时同步电机的 $X_+\approx X_d$。由于电枢三相绕组中的励磁电动势为三相对称，故只有正序分量，而无负序和零序分量，则有 $E_+=E_0$。稳态运行时，正序电压方程可表示为

$$\dot{E}_+=\dot{U}_++Z_+\dot{I}_+ \tag{A-4}$$

同步发电机的正序等效电路如图 A-2 所示。

2. 负序阻抗和负序等效电路

现设定同步发电机的转子为凸极结构，且交、直轴上均装有阻尼绕组。由于 $\dot{E}_-=0$，故对负序系统而言，转子励磁绕组相当于短路。负序电流建立的气隙磁场相对转子的旋转速度为

$2n_s$，这相当于感应电动机运行于转差率 $s=2$ 的情况。考虑到直轴与交轴在磁路和电路上的差异，可将直轴和交轴负序阻抗表示为如图 A-3 所示的形式。图中忽略了励磁绕组与阻尼绕组间的互漏抗，R_f 和 $X_{\sigma f}$ 分别为励磁绕组电阻和漏抗的归算值，R_D、R_Q 和 $X_{\sigma D}$、$X_{\sigma Q}$ 分别为直、交轴阻尼绕组的电阻和漏抗的归算值。由图 A-3a 可得直轴负序阻抗 Z_{-d} 为

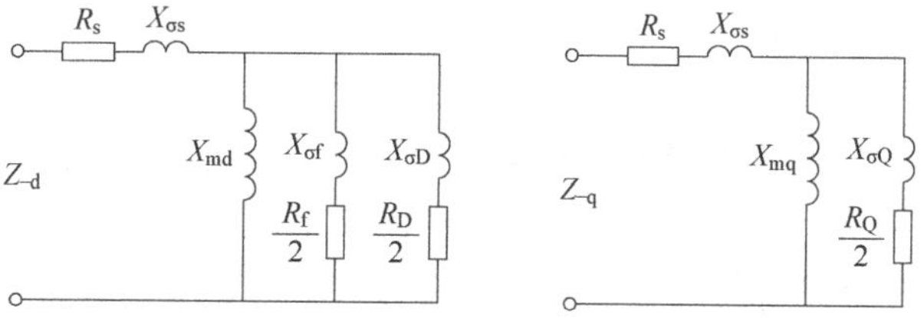

a) 直轴等效电路　　b) 交轴等效电路

图 A-3　直轴和交轴的负序等效电路

$$Z_{-d}=R_s+jX_{\sigma s}+\cfrac{1}{\cfrac{1}{jX_{md}}+\cfrac{1}{\cfrac{R_f}{2}+jX_{\sigma f}}+\cfrac{1}{\cfrac{R_D}{2}+jX_{\sigma D}}}=R_{-d}+jX_{-d} \tag{A-5}$$

若 $X_{\sigma f}\gg R_f$，$X_{\sigma D}\gg R_D$，则 X_{-d} 近似为

$$X_{-d}\approx X_{\sigma s}+\cfrac{1}{\cfrac{1}{X_{md}}+\cfrac{1}{X_{\sigma f}}+\cfrac{1}{X_{\sigma D}}}=X''_d \tag{A-6}$$

式中，X''_d 为直轴超瞬态电抗。

由图 A-3b 可得交轴负序阻抗 Z_{-q} 为

$$Z_{-q}=R_s+jX_{\sigma s}+\cfrac{1}{\cfrac{1}{jX_{mq}}+\cfrac{1}{\cfrac{R_Q}{2}+jX_{\sigma Q}}}=R_{-q}+jX_{-q} \tag{A-7}$$

若 $X_{\sigma Q}\gg R_Q$，则 X_{-q} 近似为

$$X_{-q}\approx X_{\sigma s}+\cfrac{1}{\cfrac{1}{X_{mq}}+\cfrac{1}{X_{\sigma Q}}}=X''_q \tag{A-8}$$

式中，X''_q 为交轴超瞬态电抗。

由于负序电流建立的负序磁场与转子间具有 2 倍同步速的相对运动，负序磁场轴线将与转子直轴和交轴交替重合，因此负序电抗 X_- 的值应介于 X_{-d} 和 X_{-q} 之间，可近似认为

$$X_-\approx\frac{1}{2}(X_{-d}+X_{-q})\approx\frac{1}{2}(X''_d+X''_q) \tag{A-9}$$

若转子上无阻尼绕组，且有 $X_{\sigma f}\gg R_f$，则 X_{-d} 近似为

$$X_{-d}\approx X_{\sigma s}+\cfrac{1}{\cfrac{1}{X_{md}}+\cfrac{1}{X_{\sigma f}}}=X'_d \tag{A-10}$$

式中，X'_d 为直轴瞬态电抗。另有，$X_{-q}=X_q$。此时负序电抗应为

$$X_-\approx\frac{1}{2}(X'_d+X_q) \tag{A-11}$$

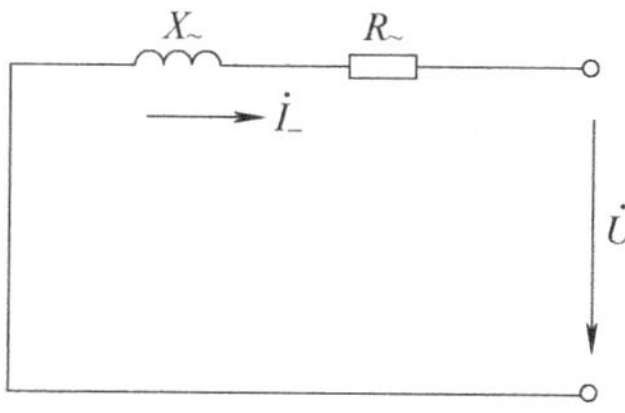

图 A-4　同步发电机的负序等效电路

图 A-4 所示为同步发电机的负序等效电路。负序电压方

程可表示为

$$0=\dot{U}_{-}+Z_{-}\dot{I}_{-} \tag{A-12}$$

3. 零序阻抗和零序等效电路

由于三相绕组各相零序电流的幅值和相位相同，故零序基波合成磁动势为零，自然零序基波气隙磁场也为零，因此零序电抗 X_0 具有漏电抗性质。又因三相绕组中零序电流方向相同，所以零序电抗的大小还与绕组的节距有关。如双层绕组节距 y_1 为整距时，同一槽内上、下层导体中电流方向一致，产生的槽漏抗最大；当节距为 $\frac{2}{3}\tau$ 时，上、下层导体中电流方向则相反，产生的槽漏抗近似为零。通常情况下，当 $\frac{2}{3}\tau<y_1<\tau$ 时，零序电抗比对称运行时的定子漏抗略小，$X_0<X_{\sigma s}$。零序电阻 R_0 即为电枢相电阻 R_s，$R_0=R_s$。零序阻抗 Z_0 则为

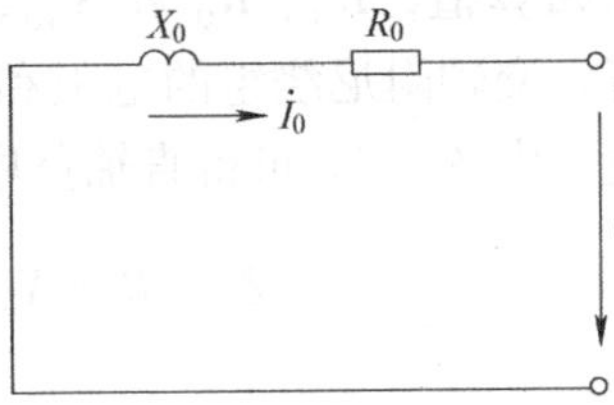

图 A-5 同步发电机的零序等效电路

$$Z_0=R_0+\mathrm{j}X_0 \tag{A-13}$$

图 A-5 为同步发电机的零序等效电路。零序电压方程可表示为

$$0=\dot{U}_0+Z_0\dot{I}_0 \tag{A-14}$$

A.3 同步发电机的单相短路

设同步发电机转子励磁绕组正常励磁。转子以同步速正向旋转，在电枢相绕组中感生的电动势为 E_0。现 A 相对中性线短路，B、C 相为空载，如图 A-6 所示。下面采用对称分量法求解 A 相的稳态短路电流。

可以利用正序、负序和零序电压方程式（A-4）、式（A-12）和式（A-14）求解 A 相的稳态短路电流，但式中含有 $\dot{U}_{+}$、$\dot{U}_{-}$，$\dot{U}_0$ 和 $\dot{I}_{+}$、$\dot{I}_{-}$、$\dot{I}_0$ 六个变量。为求解尚需列出另外的约束方程，这可由约束条件得出。约束条件为

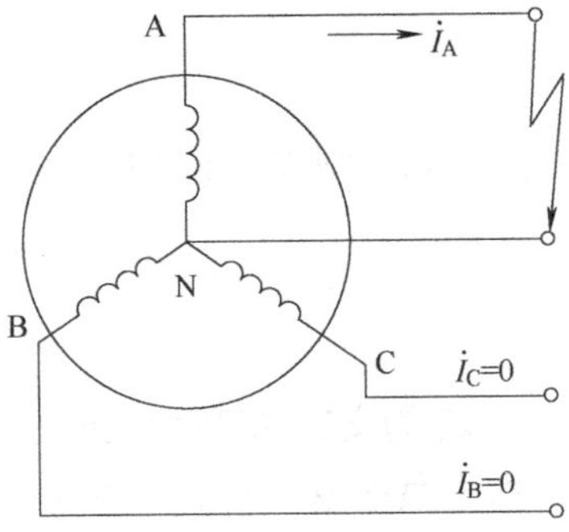

图 A-6 同步发电机的单相短路

$$\dot{U}_A=0 \tag{A-15}$$

$$\dot{I}_B=\dot{I}_C=0 \tag{A-16}$$

由式（A-15），可知

$$\dot{U}_{+}+\dot{U}_{-}+\dot{U}_0=0 \tag{A-17}$$

由式（A-16），可知

$$\dot{I}_{+}=\dot{I}_{-}=\dot{I}_0=\frac{1}{3}\dot{I}_A \tag{A-18}$$

由式（A-4）、式（A-12）、式（A-14）和式（A-17）、式（A-18），可得

$$\dot{I}_{+}=\dot{I}_{-}=\dot{I}_0=\frac{\dot{E}_0}{Z_{+}+Z_{-}+Z_0} \tag{A-19}$$

短路电流 $\dot{I}_A$ 则为

$$\dot{I}_A=\frac{3\dot{E}_0}{Z_{+}+Z_{-}+Z_0} \tag{A-20}$$

短路电流 $\dot{I}_A$ 也可利用正序、负序和零序等效电路来求解。至于三个等效电路如何连接，

则取决于不对称短路的约束条件。根据式（A-17）和式（A-18），可知应将三个等效电路串联后再短接起来，如图 A-7 所示，由此也可以得到式（A-20）。

以上分析得出的仅是短路电流的基波，因为没有考虑 A 相绕组对转子励磁绕组的互感耦合。实际上，A 相电流建立的气隙磁场为脉振磁场，可将其分解为两个幅值相等、转向相反的旋转磁场。其中反向旋转磁场相对转子的转速为 $2n_s$，其在转子励磁绕组中感生的电流频率为 $2f_s$。此电流建立的脉振磁场又可分解为两个幅值相同、转向相反的旋转磁场，考虑到转子自身的转速，两个磁场在空间的旋转速度分别为 $-n_s$ 和 $3n_s$，其中转速为 $3n_s$ 的旋转磁场将在定子绕组内感生 $3f_s$ 的电动势和电流，依此往复下去，定子短路电流中还将包含 3 次、5 次等一系列奇次谐波；励磁电流中除直流励磁分量外，还包含了一系列偶次谐波。

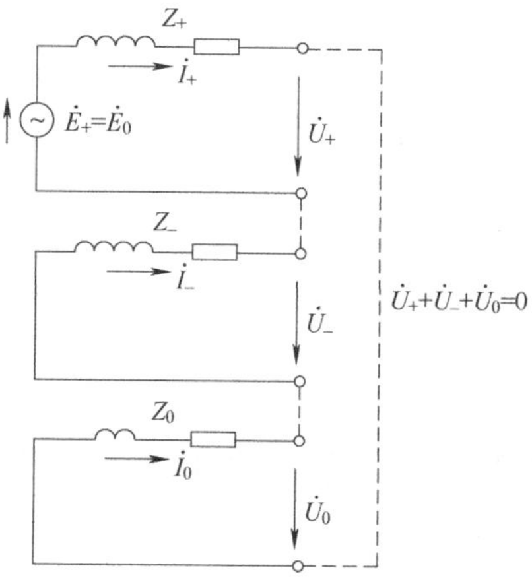

图 A-7　单相短路时正序、负序和零序等效电路的连接

A.4　同步发电机的线间短路

1. 对称分量法求解

图 A-8 中，同步发电机在正常励磁下以同步速旋转，A 相空载，B、C 两相发生线间短路。下面求解稳态短路电流和 A 相的开路电压。

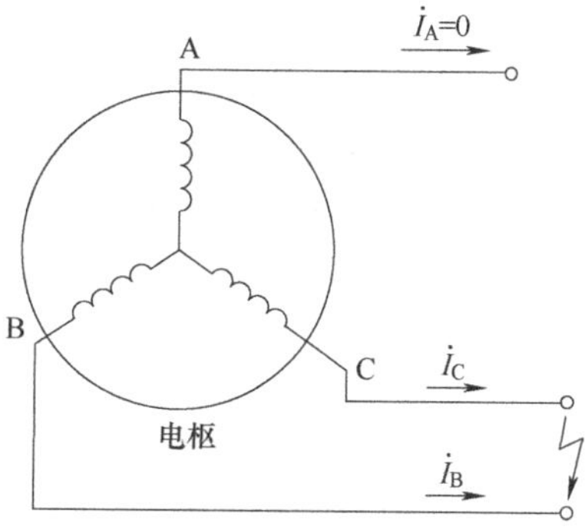

图 A-8　同步发电机的线间短路

发电机端点处的约束条件为

$$\begin{cases}\dot{U}_{BC}=\dot{U}_B-\dot{U}_C=0\\ \dot{I}_B=\dot{I}_C,\dot{I}_A=0\end{cases} \tag{A-21}$$

由约束条件，可得

$$\dot{I}_0=\frac{1}{3}(\dot{I}_A+\dot{I}_B+\dot{I}_C)=0$$

$$\dot{I}_A=\dot{I}_++\dot{I}_-+\dot{I}_0=0$$

$$\dot{U}_{BC}=\dot{U}_B-\dot{U}_C=(\boldsymbol{a}^2-\boldsymbol{a})(\dot{U}_+-\dot{U}_-)=0$$

则有

$$\begin{cases}\dot{I}_+=-\dot{I}_-\\ \dot{U}_+=\dot{U}_-\end{cases} \tag{A-22}$$

由于零序分量为零，三相感应电动势只存在正序和负序分量，故根据式（A-22），可将正序和负序等效电路连接起来，如图 A-9 所示。由此可得

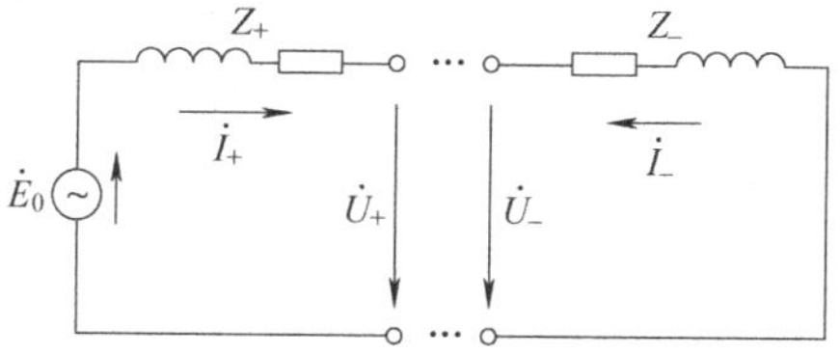

图 A-9　线间短路时正序和负序等效电路的连接

$$\dot{I}_+=-\dot{I}_-=\frac{\dot{E}_0}{Z_++Z_-} \tag{A-23}$$

短路电流则为

$$\dot{I}_B=-\dot{I}_C=\boldsymbol{a}^2\dot{I}_++\boldsymbol{a}\dot{I}_-=(\boldsymbol{a}^2-\boldsymbol{a})\dot{I}_+=-\mathrm{j}\frac{\sqrt{3}\dot{E}_0}{Z_++Z_-} \tag{A-24}$$

发电机端点的正、负序电压为

$$\dot{U}_+ = \dot{U}_- = -Z_- \dot{I}_- = \frac{Z_- \dot{E}_0}{Z_+ + Z_-}$$

A 相开路电压为

$$\dot{U}_A = \dot{U}_+ + \dot{U}_- = \dot{E}_0 \frac{2Z_-}{Z_+ + Z_-} \tag{A-25}$$

同单相短路时一样，两相短路时定子磁场也是脉振的，故短路电流中还将包含一系列奇次谐波。

附录 B　三相变压器的不对称运行

三相变压器在负载不对称或者发生不对称短路时，将会在不对称状态下运行。分析表明，三相变压器的不对称运行与绕组的联结方式和磁路结构有密切关系，尤其是在 Yyn 联结和磁路为三相独立系统时，负载的不对称可能会引起线路电压的显著不对称，甚至使变压器无法正常工作。下面采用对称分量法，对 Yyn 联结三相变压器（组）的单相负载运行进行分析。

B.1　三相变压器的各相序阻抗和等效电路

先来说明三相变压器的正序、负序、零序阻抗及相应的等效电路。

1. 正序阻抗和等效电路

三相变压器对称运行时，变压器所表现的阻抗即为正序阻抗，相应的等效电路即为正序阻抗的电路。分析中究竟采用 T 形等效电路，还是近似或简化等效电路，需要根据计算精度的要求而定。图 B-1 所示为正序简化等效电路，此时正序阻抗就是短路阻抗，即有

$$Z_+ = Z_k \tag{B-1}$$

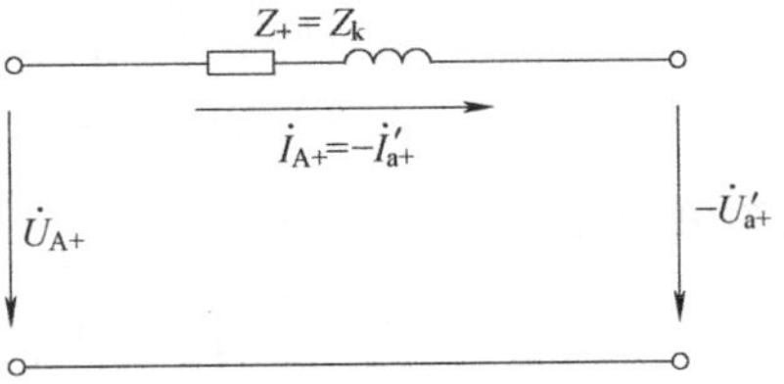

图 B-1　正序简化等效电路

2. 负序阻抗和等效电路

当在三相变压器上施加一组对称的负序电压时，变压器所表现的阻抗即为负序阻抗。此时，除了相序不同外，变压器内的磁场分布与施加正序电压时相同，故变压器的负序阻抗与正序阻抗相等，即有

$$Z_- = Z_+ \tag{B-2}$$

负序简化等效电路如图 B-2 所示。

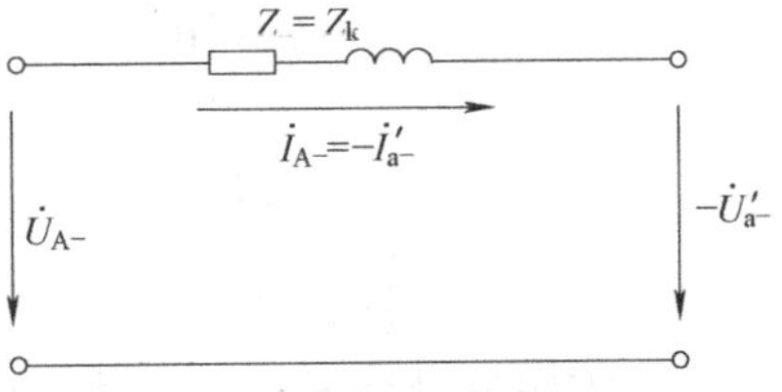

图 B-2　负序简化等效电路

3. 零序阻抗

当在三相变压器上施加一组零序电压时，变压器所表现的阻抗即为零序阻抗。与正序系统和负序系统不同，零序系统中的一组零序电流为同幅值、同相位，因此零序电流能否在变压器的一次和二次侧流通，便取决于绕组的联结方式；零序电流建立的零序磁场能否沿铁心磁路闭合，便取决于三相磁路的结构。对于三相变压器（组），由于各组的磁路各自独立，因此零序电流建立的主磁场，其磁路与对称运行时主磁场的主磁路相同，故零序励磁阻抗 Z_{m0} 与正序励磁阻抗 Z_m 相等，即有

$$Z_{m0} = Z_m \tag{B-3}$$

对于三相心式变压器，由于三个零序电流建立的主磁场无法在铁心内形成闭合磁路，而

只能通过变压器油、箱壁等部件形成闭合通路，故 $Z_{m0}<Z_m$。

当三相绕组为 Y 联结时，因无中性线引出，零序电流无法流通，故应将零序等效电路中 Y 联结的一侧视为开路；当三相绕组为 Y_0 联结时，因有中性线存在，故对零序电流而言，Y_0 联结一侧应视为通路。由此，可将 Yyn 联结的零序等效电路表示为图 B-3 所示形式。图中，从一次侧看，零序阻抗 $Z_0=\infty$；而从二次侧看，零序阻抗则为

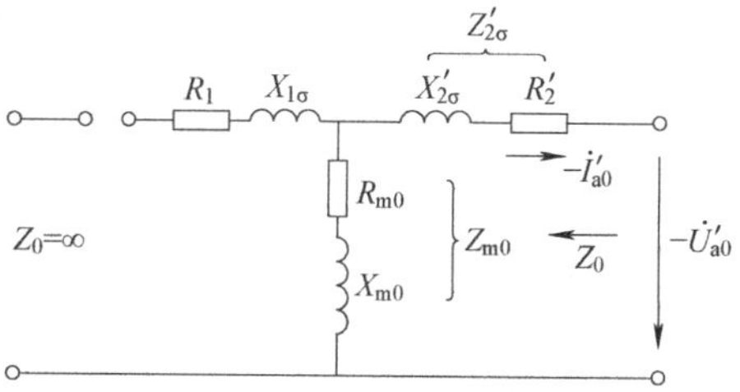

图 B-3　Yyn 联结的零序等效电路

$$Z_0=Z'_{2\sigma}+Z_{m0} \tag{B-4}$$

B.2　Yyn 联结变压器的单相负载运行

图 B-4 中，三相变压器（组）一次侧外接电源的线电压为三相对称，二次侧的 a 相接有阻抗 Z_L，b 相和 c 相为开路，下面分析变压器的不对称运行，并求取一次电流 $\dot{I}_A$、$\dot{I}_B$、$\dot{I}_C$ 和负载电流 $\dot{I}$，一、二次电压 $\dot{U}_A$、$\dot{U}_B$、$\dot{U}_C$ 和 $\dot{U}_a$、$\dot{U}_b$、$\dot{U}_c$。为简化分析，假设一、二次相绕组的匝数相同，不必进行二次侧到一次侧的绕组归算。图中所示电压和电流方向均为其正方向。

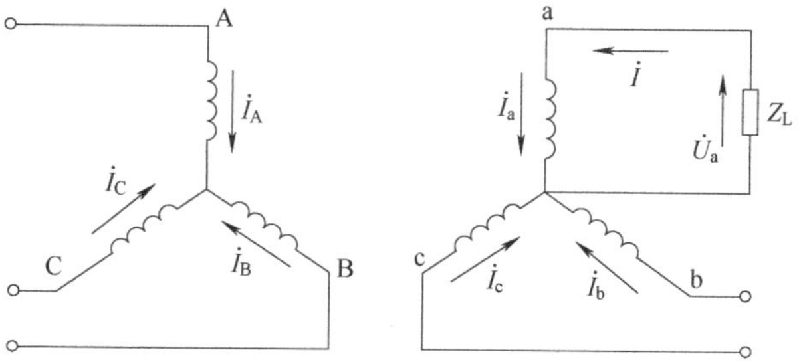

图 B-4　Yyn 联结三相变压器（组）的单相负载运行

1. 一次电流 $\dot{I}_A$、$\dot{I}_B$ 和 $\dot{I}_C$

由图 B-4 可知，变压器单相负载时，二次电流和电压应为

$$\begin{cases}\dot{I}_a=\dot{I} \quad \dot{I}_b=\dot{I}_c=0\\ \dot{U}_a=Z_L\dot{I}_a\end{cases} \tag{B-5}$$

可得

$$\begin{cases}\dot{I}_{a+}=\dfrac{1}{3}(\dot{I}_a+\boldsymbol{a}\dot{I}_b+\boldsymbol{a}^2\dot{I}_c)=\dfrac{1}{3}\dot{I}\\ \dot{I}_{a-}=\dfrac{1}{3}(\dot{I}_a+\boldsymbol{a}^2\dot{I}_b+\boldsymbol{a}\dot{I}_c)=\dfrac{1}{3}\dot{I}\\ \dot{I}_{a0}=\dfrac{1}{3}(\dot{I}_a+\dot{I}_b+\dot{I}_c)=\dfrac{1}{3}\dot{I}\end{cases} \tag{B-6}$$

则有

$$\dot{I}_{a+}=\dot{I}_{a-}=\dot{I}_{a0}=\frac{1}{3}\dot{I} \tag{B-7}$$

由图 B-1 和图 B-2 可知，$\dot{I}_{A+}=-\dot{I}_{a+}=-\dfrac{1}{3}\dot{I}$，$\dot{I}_{A-}=-\dot{I}_{a-}=-\dfrac{1}{3}\dot{I}$，于是有

$$\begin{cases}\dot{I}_A=\dot{I}_{A+}+\dot{I}_{A-}=-\dfrac{2}{3}\dot{I}\\ \dot{I}_B=(\boldsymbol{a}^2\dot{I}_{A+}+\boldsymbol{a}\dot{I}_{A-})=\dfrac{1}{3}\dot{I}\\ \dot{I}_C=(\boldsymbol{a}\dot{I}_{A+}+\boldsymbol{a}^2\dot{I}_{A-})=\dfrac{1}{3}\dot{I}\end{cases} \tag{B-8}$$

2. 负载电流 $\dot{I}$

由式（B-5）第 2 式，可得

$$\dot{U}_{a}=\dot{U}_{a+}+\dot{U}_{a-}+\dot{U}_{a0}=(\dot{I}_{a+}+\dot{I}_{a-}+\dot{I}_{a0})Z_{L}=3Z_{L}\dot{I}_{a+} \tag{B-9}$$

由式（B-7）和式（B-9），可将正序、负序和零序等效电路图 B-1~图 B-3 串联起来，如图 B-5 所示。因变压器一次侧为 Y 联结，由电工理论可知，此时线电压与相电压中的正、负序分量是对应存在的，由于电源线电压三相对称，故一次相电压中不会存在负序分量，即有 $\dot{U}_{A-}=0$，但负序电流仍可流通，故可将图 B-2 中的一次侧短路。

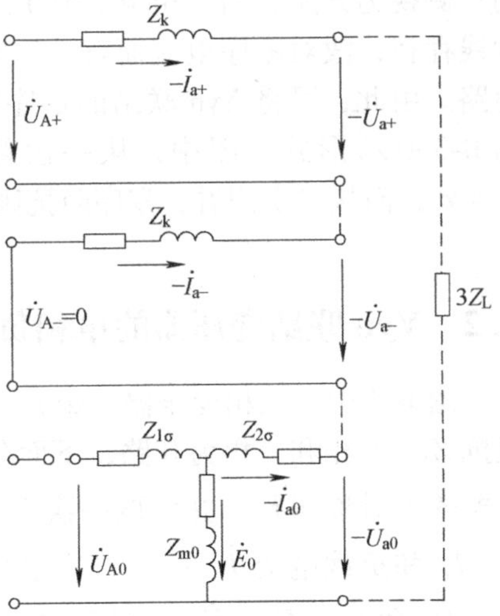

图 B-5 Yyn 联结三相变压器单相负载时的等效电路

由图 B-5 可得

$$-\dot{I}_{a+}=\frac{\dot{U}_{A+}}{2Z_{k}+Z_{2\sigma}+Z_{m0}+3Z_{L}} \tag{B-10}$$

则有

$$-\dot{I}=\frac{3\dot{U}_{A+}}{2Z_{k}+Z_{2\sigma}+Z_{m0}+3Z_{L}} \tag{B-11}$$

由于 $Z_{m0}\gg Z_{k}$，$Z_{m0}\gg Z_{2\sigma}$，故不计 Z_k 和 $Z_{2\sigma}$ 影响时，可将式（B-11）表示为

$$\begin{aligned}-\dot{I}&\approx\frac{3\dot{U}_{A+}}{Z_{m0}+3Z_{L}}\\&=\frac{\dot{U}_{A+}}{\frac{1}{3}Z_{m0}+Z_{L}}\end{aligned} \tag{B-12}$$

3. 一、二次电压 $\dot{U}_A$、$\dot{U}_B$、$\dot{U}_C$ 和 $\dot{U}_a$、$\dot{U}_b$、$\dot{U}_c$

由图 B-5 可知，若忽略 Z_k 和 $Z_{2\sigma}$ 的影响，则有

$$\begin{cases}-\dot{U}_{a+}=\dot{U}_{A+}\\-\dot{U}_{a-}=0\\-\dot{U}_{a0}=-\dot{E}_{0}\end{cases} \tag{B-13}$$

其中，$\dot{E}_0=-Z_{m0}\dot{I}_{a0}$。

由式（B-13），可得二次电压 $\dot{U}_a$、$\dot{U}_b$ 和 $\dot{U}_c$ 分别为

$$\begin{cases}-\dot{U}_{a}=-(\dot{U}_{a+}+\dot{U}_{a-}+\dot{U}_{a0})=\dot{U}_{A+}-\dot{E}_{0}\\-\dot{U}_{b}=-(\boldsymbol{a}^{2}\dot{U}_{a+}+\boldsymbol{a}\dot{U}_{a-}+\dot{U}_{a0})=\dot{U}_{B+}-\dot{E}_{0}\\-\dot{U}_{c}=-(\boldsymbol{a}\dot{U}_{a+}+\boldsymbol{a}^{2}\dot{U}_{a-}+\dot{U}_{a0})=\dot{U}_{C+}-\dot{E}_{0}\end{cases} \tag{B-14}$$

式（B-14）中，$\dot{E}_0$ 为零序电流建立的主磁场在二次绕组中感生的电动势，此零序磁场同时也会在一次绕组中感生电动势，即此电动势会在一次绕组中出现，可知 $\dot{U}_{A0}=-\dot{E}_0$（见图 B-5）。于是，可得 $\dot{U}_A$、$\dot{U}_B$ 和 $\dot{U}_C$ 为

$$\begin{cases}\dot{U}_{\mathrm{A}}=(\dot{U}_{\mathrm{A+}}+\dot{U}_{\mathrm{A-}}+\dot{U}_{\mathrm{A0}})=\dot{U}_{\mathrm{A+}}-\dot{E}_0=-\dot{U}_{\mathrm{a}}\\ \dot{U}_{\mathrm{B}}=(\boldsymbol{a}^2\dot{U}_{\mathrm{A+}}+\boldsymbol{a}\dot{U}_{\mathrm{A-}}+\dot{U}_{\mathrm{A0}})=\dot{U}_{\mathrm{B+}}-\dot{E}_0=-\dot{U}_{\mathrm{b}}\\ \dot{U}_{\mathrm{C}}=(\boldsymbol{a}\dot{U}_{\mathrm{A+}}+\boldsymbol{a}^2\dot{U}_{\mathrm{A-}}+\dot{U}_{\mathrm{A0}})=\dot{U}_{\mathrm{C+}}-\dot{E}_0=-\dot{U}_{\mathrm{c}}\end{cases}\tag{B-15}$$

4. 中性点位移

假设单相负载为感性负载，由式（B-15）可得如图 B-6 所示的相量图。图中，$\dot{U}_{\mathrm{A+}}$、$\dot{U}_{\mathrm{B+}}$、$\dot{U}_{\mathrm{C+}}$为一次对称的正序电压。由式（B-11）可得到负载电流$-\dot{I}$，$-\dot{I}_{\mathrm{a0}}=-\frac{1}{3}\dot{I}$，由$-\dot{I}_{\mathrm{a0}}$可得到零序主磁通$-\dot{\Phi}_0$，进而可得到$-\dot{E}_0$；由式（B-15）第 1 式便可得到$\dot{U}_{\mathrm{A}}(-\dot{U}_{\mathrm{a}})$，由第 2 式和第 3 式，可分别得到$\dot{U}_{\mathrm{B}}(-\dot{U}_{\mathrm{b}})$和$\dot{U}_{\mathrm{C}}(-\dot{U}_{\mathrm{c}})$。图中，$\phi$ 为负载功率因数角。由式（B-14）和式（B-15）可知，一、二次线电压为三相对称，但相电压均不再对称，使得中性点偏离了线电压三角形中心，产生了中性点位移现象。可以看出，A(a)相电压幅值明显降低，而另两相电压的幅值显著上升。

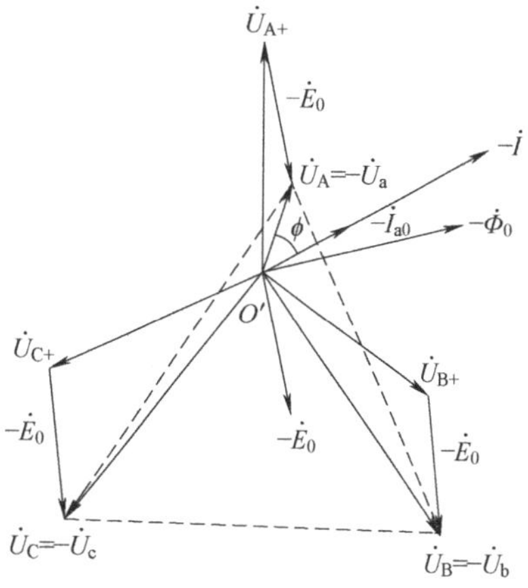

图 B-6　中性点位移相量图

由以上分析可知，Yyn 联结的三相变压器（组）单相运行时，二次侧存在正序、负序和零序电流，而一次侧仅有正序和负序电流。其中一、二次侧构成的正序系统与变压器正常对称运行时相同，等效电路见图 B-1。

由一、二次构成的负序系统与正序系统的区别是：一次负序电压分量为零，故无须建立主磁场，此时一、二次负序电流产生的磁动势相互平衡，二次侧相电压中也不存在负序分量。

对于由一、二次侧构成的零序系统，由于一次侧没有零序电流，因此二次零序电流产生的磁动势没有相应的一次磁动势与其平衡，故零序电流便起到了励磁电流的作用，建立的漏磁场仅与二次绕组相交链，而建立的零序主磁场则同时与一、二次绕组相交链，在其中同时感生了零序电动势 $\dot{E}_0$（见图 B-5）。若 $\dot{E}_0$ 不存在，由式（B-15）可知，一、二次侧的相电压将三相对称，这说明正是由于 $\dot{E}_0$ 的存在才使得一、二次三相电压不再对称，由此引起了中性点位移。从主磁场角度来看，此时一、二次三相绕组中，除了正序电流建立的主磁场外，还叠加了一个由零序电流建立的零序主磁场。由图 B-6 可以看出，零序主磁场感生的零序主电动势 $\dot{E}_0$ 与正序电压 $\dot{U}_{\mathrm{A+}}$在相位上近乎相反，使得 A(a)相电压 $U_{\mathrm{A}}(-U_{\mathrm{a}})$大幅减小。在电路上，$\dot{E}_0$ 的作用则体现在励磁阻抗 Z_{m0}上，由于零序励磁阻抗 $Z_{\mathrm{m0}}=Z_{\mathrm{m}}$，故负载电流 $\dot{I}$ 大小主要受励磁阻抗 Z_{m0}的限制，即使负载 $Z_{\mathrm{L}}=0$（相当于单相短路），负载电流也仅为正常励磁电流的 3 倍左右，即有

$$-\dot{I}_{(\text{短})}=\frac{3\dot{U}_{\mathrm{A+}}}{Z_{\mathrm{m0}}}\tag{B-16}$$

综上所述，Yyn 联结的三相变压器（组）不能承担单相负载。对于三相心式变压器，由于零序励磁阻抗 Z_{m0}较小，因此这种变压器可以负担一定的单相负载。

参考文献

[1] 汤蕴璆. 电机学 [M]. 5 版. 北京：机械工业出版社，2014.
[2] 汤蕴璆. 电机学：机电能量转换 [M]. 北京：机械工业出版社，1981.
[3] 章名涛. 电机学：上册 [M]. 北京：科学出版社，1964.
[4] 章名涛. 电机学：下册 [M]. 北京：科学出版社，1964.
[5] 许实章. 电机学 [M]. 3 版. 北京：机械工业出版社，1995.
[6] 唐任远. 特种电机原理及应用 [M]. 2 版. 北京：机械工业出版社，2010.
[7] 唐任远. 现代永磁电机理论与设计 [M]. 北京：机械工业出版社，1997.
[8] 陈伯时. 电力拖动自动控制系统 [M]. 2 版. 北京：机械工业出版社，2005.
[9] 王秀和，孙雨萍. 电机学 [M]. 2 版. 北京：机械工业出版社，2016.
[10] 王秀和，等. 永磁电机 [M]. 2 版. 北京：中国电力出版社，2011.
[11] BOSE B K. Power electronics and variable frequency drives [M]. New York：IEEE Press，1977.
[12] VAS P. Vector control of AC machine [M]. New York：Oxford University Press，1990.
[13] SAY M G. Alternating current machines [J]. IEE Review，1977，23 (1)：69.
[14] FITZGERALD A E. Electric machinery [M]. New York：McGraw-Hill College Press，1990.
[15] KRAUSE P C. Analysis of electric machinery [M]. New York：McGraw-Hill College Press，1987.
[16] GRAY C B. Electrical machines and drive systems [M]. New York：Longman Scientific & Technical Press，1989.
[17] 汤蕴璆，王成元. 交流电机动态分析 [M]. 2 版. 北京：机械工业出版社，2015.
[18] 王成元，周美文，郭庆鼎. 矢量控制交流伺服驱动电动机 [M]. 北京：机械工业出版社，1995.
[19] 王成元，夏加宽，孙宜标. 现代电机控制技术 [M]. 2 版. 北京：机械工业出版社，2014.
[20] 郭庆鼎，王成元. 交流伺服系统 [M]. 北京：机械工业出版社，1994.
[21] 郭庆鼎，王成元. 异步电动机的矢量变换控制原理及应用 [M]. 沈阳：辽宁民族出版社，1988.
[22] 李夙. 异步电动机直接转矩控制 [M]. 北京：机械工业出版社，1994.
[23] 杨耕，罗应立. 电机与运动控制系统 [M]. 2 版. 北京：清华大学出版社，2006.
[24] 吴贵文. 运动控制系统 [M]. 北京：机械工业出版社，2014.

[25] 贺益康，胡家兵，徐烈. 并网双馈异步风力发电机运行控制 [M]. 北京：中国电力出版社，2012.
[26] WU B，LANG Y Q，ZARGARI N，等. 风力发电系统的功率变换与控制 [M]. 卫三民，周京华，王政，等译. 北京：机械工业出版社，2012.
[27] 姚兴佳. 风力发电机组理论与设计 [M]. 北京：机械工业出版社，2013.
[28] 莫会成. 分数槽绕组与永磁无刷电动机 [J]. 微电机，2007，40 (11)：39-42.
[29] BLASCHKE F. The principle of field orientation as applied to the new transvector closed-loop control system for rotating field machines [J]. Siemens Review，1972，34 (5)：217-219.
[30] VAS P，BROWN J E. Real-time monitoring of the electromagnetic torque of multi-phase A. C. machines [C]. IEEE IAS Meeting，Toronto：IEEE，1985：732-737.
[31] VAS P，WILLEMS J L，BROWN J E. The application of space-phasor theory to the analysis of electrical machines with space harmonics [J]. Archiv Fur Elektrotechnik，1987 (69)：359-363.
[32] BAYER K H，BLASCHKE F. Stability problems with the control of induction machines using the method of field orientation [C]. IFAC Symposium on Control in Power Electronics and Drives，Dusseldorf：IFAC，1977：483-492.
[33] DENG D，LIPO T A. A modified control method for fast response current source inverter drives [J]. IEEE Trans. on Industry Applications，1986，22 (4)：653-665.
[34] KAWAMURA A，HOFT R. An analysis of induction motor for field oriented or vector control [C]. IEEE Power Electronics Specialists Conference，Albuquerque，New Mexico：IEEE 1983：91-100.
[35] OHNISHI K，SUZUKI H，MIYACHI K，et al. Decoupling control of secondary flux and secondary current in induction motor drive with controlled voltage source and its comparison with volts/hertz control [J]. IEEE Trans. on Industry Applications，1985，21 (1)：241-247.
[36] NORDIN K B，NOVOTNY D W，ZINGER D S. The influence of motor parameter deviations in feedforward field orientation drive systems [J]. IEEE Trans. on Industry Applications，1985，21 (4)：1009-1015.
[37] LORENZ R D，NOVOTNY D W. Optimal utilization of induction machines in field oriented drives [J]. J. Electrical and Electronics Engine，Australia，1990，10 (2)：95-100.
[38] JANSEN P L，LORENZ R D，NOVOTNY D W. Observer-based direct field orientation：analysis and Comparison of Alternative Methods [C]. Proc. of IEEE IAS Annual Meeting，Toronto：IEEE，1993：536-543.
[39] XU X，Doncker R D，NOVOTNY D W. A stator flux oriented induction machine drive [C]. Power Electronics Specialist's Conference，Kyoto，Japan：IEEE，1988：870-876.
[40] COLBY R S，NOVOTNY D W. Transient performance of permanent magnet a. c. motor drives [J]. IEEE Trans. on Industry Applications，1986，IA-22：32-41.
[41] LEONHARD W. Field-orientation for controlling a. c. machines-principle and application [C]. 3rd IEEE International Conference on Power Electronics and Variable Speed Drives，London：IEEE，1988：277-282.
[42] NOVOTNY D W，LORENZ R D. Introduction to field orientation and high performance AC

drives [C]. IEEE Industry Applications Society. Annual Meeting, Toronto: IEEE, 1985.

[43] OGASAWARA S, NISHIMURA M, AKAGI H, et al. A high performance a. c. servo system with permanent magnet synchronous motors [J]. IEEE Trans. on Industrial Electronics, 1986, IE-33: 87-91.

[44] PACAS M, WEBER J. Predictive direct torque control for the PM synchronous machine [J]. IEEE Trans. on Industrial Electronics, 2005, 25 (5): 1350-1356.

[45] RODRIGUEZ J, PONTT J, SILVA C, et al. Simple direct torque control of induction machine using space vector modulation [J]. Electronics Letters, 40 (7): 412-413.

[46] ORTEGA R, BARABANOV N, ESCOBAR G, et al. Direct torque control of induction motors: stability analysis and performance improvement [J]. IEEE Trans. on Automatic Control, 2001, 46 (8): 1209-1222.

[47] TAKAHASHI I, OHMORI Y. High-performance direct torque control of an induction motor [J]. IEEE Trans. on Industry Applications, 1989, 25 (2): 257-264.

[48] MATSUO TAKAYOSHI, LIPO Thomas A. A rotor parameter identification scheme for vector-controlled induction motor drives [J]. IEEE Trans. on Industry Applications, 1985, IA-21 (3): 624-632.

[49] OGASAWARA S, AKAGI H, NABAE A. The generalized theory of indirect vector control for AC machines [J]. IEEE Trans. on Industry Applications, 1988, 24 (3): 470-478.

[50] HOLTZ J, THIMM T. Identification of the machine parameters in a vector-controlled induction motor drive [J]. IEEE Trans. on Industry Applications, 1991, 27 (6): 1111-1118.

[51] WILLIAMSON S, HEALEY R C. Space vector representation of advanced motor models for vector controlled induction motors [J]. IEE Proceedings Electric Power Applications, 1996, 143 (1): 69-77.

[52] NAUNIN D. The calculation of the dynamic behavior of electrical machines by space phasors [J]. Electrical Machines and Electromechanics 1979 (4): 33-45.